TRAITÉ ÉLÉMENTAIRE

DE

PHYSIQUE MÉDICALE

PARIS. — IMP. SIMON RAÇON ET COMP., RUE D'ERFURTH, 1

TRAITÉ ÉLÉMENTAIRE

DE

PHYSIQUE MÉDICALE

L'ABBÉ HAUY

CONTINUÉ PAR M. FLEURY, ANCIEN ÉLÈVE DE L'ÉCOLE NORMALE

Professeur de Physique de l'Université.

PARIS

ADOLPHE DELAHAYS, LIBRAIRE

4-6, RUE VOLTAIRE, 4-6

1855

Tout le monde connaît l'immense réputation de l'abbé HAUY comme minéralogiste et physicien. Nous n'avons donc pas grand'chose à dire pour justifier le choix que nous avons fait, pour l'Encyclopédie, du Traité de physique de ce célèbre auteur. Cet ouvrage lui fut commandé par le premier consul, dont le prodigieux génie appréciait à la fois les besoins des sciences et les hommes les plus capables de les satisfaire. Ce Traité fut digne de son auteur et du souverain qui présidait alors aux destinées de la France. Il se fait remarquer par une connaissance profonde de toutes les acquisitions positives de la physique, par une grande précision qui ne nuit jamais à la clarté, première qualité d'un livre élémentaire, par une pureté de style qui n'est pas commune dans les livres consacrés aux sciences.

La première édition de ce Traité parut en 1803; la seconde a été publiée en 1806, et la troisième et dernière en 1821, un an avant la mort de l'auteur. Chacune de ces deux dernières ont été revues et considérablement augmentées.

Depuis 1821 jusqu'aujourd'hui, c'est-à-dire dans l'espace de vingt-quatre ans, la physique, comme les autres sciences, s'est enrichie de faits nombreux et de théories dont il faut tenir compte. M. FLEURY, ancien élève de l'École-Normale et professeur de physique de l'Université, s'est chargé d'en faire le résumé dans cette quatrième édition de la physique d'Haüy, et d'y faire toutes les additions que réclamaient les récentes acquisitions de la science.

TRAITÉ ÉLÉMENTAIRE

DE PHYSIQUE.

1. La physique a pour objet la connaissance des phénomènes de la nature. Dans la production de ces phénomènes, les corps manifestent diverses propriétés dont l'étude doit exciter particulièrement notre attention ; et c'est en recherchant les lois établies par l'Etre suprême pour régler l'exercice de ces mêmes propriétés, que nous nous élevons jusqu'aux théories qui servent à lier les faits entre eux et à nous en montrer la dépendance mutuelle.

I. DES PROPRIÉTÉS LES PLUS GÉNÉRALES DES CORPS.

2. Parmi les différentes propriétés dont jouissent les corps, les premières qui s'offrent à notre observation sont celles qui tiennent de plus près à la nature même de ces êtres, considérés comme de simples assemblages de particules matérielles. On peut les réduire aux quatre suivantes : l'étendue, la mobilité, l'impénétrabilité, la divisibilité.

De l'étendue.

3. Les philosophes se sont épuisés en longues discussions pour rechercher quelle est la véritable notion de l'étendue, et si elle constitue l'essence de la matière. Nous ne connaissons pas assez la nature des corps pour décider ces sortes de questions, et les véritables physiciens ne s'en occupent plus aujourd'hui. Contents de ce que le rapport de leurs sens leur apprend au sujet de l'étendue, ils conçoivent qu'il y a étendue partout où il y a contiguïté et distinction de parties ; et ce qui les intéresse, c'est de pouvoir mesurer l'étendue au lieu de s'amuser à la définir ; c'est d'en comparer les différentes parties, et de tirer de cette comparaison des résultats vraiment utiles aux progrès de nos connaissances.

4. La manière dont l'étendue d'un corps est bornée en tout sens détermine la figure de ce corps ; et l'on peut dire que les figures des corps varient à l'infini, à ne considérer la chose qu'en général et en réunissant toutes les nuances que peut offrir le tableau de la nature. Mais ces nuances ne font que modifier plus ou moins légèrement les ressemblances frappantes qui existent d'ailleurs entre les êtres de chaque espèce, soit parmi les animaux et les végétaux, soit même parmi un grand nombre de corps inorganiques renfermés dans le sein de la terre ; et pour fixer ici principalement notre attention sur ces derniers dont la considération, sous un certain point de vue, est du ressort de la physique, on remarque qu'un grand nombre de ces corps présentent des figures régulières et déterminées, en sorte que leur seul aspect annonce l'action d'une cause soumise à des lois qui ont leur mesure et leurs limites. Ces corps, que l'on a nommés *cristaux*, sont terminés par des faces planes et ont beaucoup d'analogie avec les solides que considèrent les géomètres ; et ainsi, dans les minéraux, le caractère de la perfection est attaché à la ligne droite ; les formes arrondies sont dues à des espèces de perturbations qu'ont éprouvées les forces qui sollicitaient les molécules à

se réunir, tandis que dans les animaux et dans les végétaux les contours et les arrondissements tiennent à l'organisation elle même et contribuent à la grâce et à l'élégance des formes.

5. Les physiciens ont conclu de ces observations que les corps cristallisés sont eux-mêmes composés de particules d'une figure déterminée, et plusieurs d'entre eux ont eu recours au microscope pour essayer de surprendre à la nature le secret des formes élémentaires, en se servant de cet instrument comme pour assister à la naissance des cristaux. Mais le microscope ne nous apprend ici rien au delà de ce que nous disent nos yeux abandonnés à eux-mêmes; les plus petits corps qu'il puisse nous faire apercevoir sont des cristaux déjà tout formés, qui ne diffèrent que par leurs dimensions de ceux dont l'accroissement est parvenu à son terme. Nous exposerons plus bas le moyen qui paraît seul susceptible de nous guider relativement aux recherches de ce genre et de nous offrir, dans ce qui est soumis à nos observations, des indices, sinon certains, du moins vraisemblables, des formes qu'affectent ces infiniment petits de la nature qui échapperont toujours à nos regards.

6. [L'étendue d'un corps, considérée relativement à la grandeur de ses dimensions, donne le volume ou la solidité de ce corps. La géométrie ramène l'évaluation des volumes réguliers à des mesures de lignes et d'angles; la physique donne les moyens de déterminer les volumes des corps irréguliers. Dans un grand nombre d'instruments on fait usage, pour mesurer les lignes droites, de deux appareils qu'il est important de bien connaître : ce sont le vernier et la vis micrométrique.

Vernier. — Supposons une règle AB (*fig*. 1) divisée en millimètres et destinée à mesurer des longueurs. On ajuste à cette règle une autre petite règle CD mobile, d'une longueur de 9 millimètres, divisée en 10 parties égales; chacune de ces parties sera par conséquent de 9/10 de millimètre, et la différence entre une partie de la grande règle et une de la petite sera 1/10 de millimètre; et la différence entre 2, 3, 4, etc., parties de la grande règle, et 2, 3, 4, etc., parties de la petite, sera de 2, 3, 4, etc., dixièmes de millimètre. Lorsque l'on veut mesurer une longueur quelconque *mn*, on place cette longueur le long de la grande règle de manière que l'une des extrémités *m* coïncide avec une des divisions, puis on amène le vernier CD à l'extrémité *n* en le faisant glisser le long de la règle : la longueur à mesurer sera évidemment de 27 millimètres, plus la fraction *ab*. Or, en remarquant que l'une des divisions du vernier, la quatrième, par exemple, coïncide avec une des divisions de la règle, on reconnaît immédiatement que *ab*, étant la différence entre 4 divisions du vernier et 4 divisions de la règle, a pour longueur 4 millimètres; et la longueur à mesurer est donc de 27 millimètres 4 dixièmes. On comprendra facilement que, pour donner le vingtième du millimètre, le vernier devrait avoir pour longueur 19 millimètres, divisés en 20 parties. On peut à la rigueur obtenir ainsi le cinquantième du millimètre; mais on ne peut pas aller au delà, parce qu'il devient difficile de bien voir quelle est la division du vernier qui coïncide avec une division de la règle. — Sur les cercles le vernier est circulaire; et le cercle étant divisé en demi-degrés, par exemple, pour avoir la minute il faudra prendre pour vernier un arc de 29 demi-degrés et le diviser en 30 parties égales.

7. La *vis micrométrique* sert de base à la construction d'un grand nombre d'instruments de précision; nous en donnerons une idée par la description du sphéromètre, destiné à mesurer de petites épaisseurs. Le sphéromètre se compose (*fig*. 2) d'un écrou A en bronze, supporté par trois pieds dont les extrémités en acier trempé sont arrondies. Une vis en acier parfaitement travaillée passe dans l'écrou; elle porte à sa partie supérieure un cercle divisé en 400 parties; à l'un des trois pieds est fixée une règle verticale divisée en demi-millimètres et qui vient passer au bord du cercle divisé. On doit d'abord s'assurer de la régularité de la vis en cherchant si, pour un même nombre de tours, elle s'avance constamment dans l'écrou d'une même quantité : la petite règle verticale sert à cette première opération. On détermine ensuite la longueur du pas de la vis : pour cela, on fait tourner la vis de manière que le cercle vienne se placer vers la partie supérieure de la règle verticale, puis on la fait descendre jusqu'à sa partie inférieure. On divise la longueur parcourue sur la petite règle par le nombre de

tours, le quotient donne évidemment le pas de la vis. Voici maintenant de quelle manière on se sert de l'appareil : on le place sur un plan de verre bien dressé, la vis étant suffisamment élevée, les trois pieds seuls posent sur la glace et l'instrument n'éprouve aucun ballottement; on enfonce la vis peu à peu, elle vient toucher le verre; puis descend un peu plus bas que les pieds; on en est averti parce qu'on observe alors dans l'appareil un petit ballottement qui tient à ce que les quatre pieds ne sont plus dans un même plan; on détourne un peu la vis pour la faire remonter, l'instrument cesse de remuer; et par un tâtonnement très-court on arrive à saisir le point où l'extrémité de la vis est dans le même plan que les trois pieds. On note le point de la division du cercle correspondant à la petite règle verticale; on fait remonter la vis, on place dessous la lame dont on veut mesurer l'épaisseur, on amène la vis à toucher la face supérieure de cette lame, la quantité dont le cercle a tourné fait connaître l'épaisseur de la lame.]

De la porosité.

8. Lorsque nous avons fait entrer dans la notion de l'étendue la contiguïté des parties dont les corps sont les assemblages, nous ne prétendions pas nous exprimer d'une manière rigoureuse. On sait que l'intérieur des corps est criblé d'une infinité de vacuoles auxquels on a donné le nom de *pores;* et il est même très-vraisemblable qu'il y a dans les corps beaucoup plus de vide que de plein. La somme totale des parties matérielles d'un corps est ce qu'on appelle la *masse* de ce corps; et la somme des parties matérielles renfermées sous un volume donné, tel qu'un mètre cube ou un centimètre cube, est ce qu'on appelle la *densité* du corps : d'où il résulte que la densité est le rapport de la masse au volume, ou, ce qui revient au même, elle est égale à la masse divisée par le volume. Par exemple, un morceau de bois peut avoir plus de masse qu'un morceau d'or, si son volume l'emporte assez pour cela sur celui de l'or; mais le bois a nécessairement moins de densité que l'or, parce qu'il renferme, sous un volume donné, beaucoup moins de parties matérielles.

9. La faculté qu'ont tous les corps de se contracter en se refroidissant, ainsi que nous l'expliquerons dans la suite, fait voir que leurs molécules laissaient entre elles de petits interstices qui leur ont permis de se rapprocher; mais quand même on supposerait le refroidissement porté à l'extrême, il ne s'ensuit pas que les molécules dussent franchir entièrement les petits espaces qui les séparent, parce qu'il peut y avoir dans leur forme, dans leur arrangement et autres circonstances une cause d'écartement qui tienne à la nature intime des corps. On voit par là que cette expression de *contact immédiat*, que nous employons souvent en parlant des molécules des corps, ne doit pas être prise à la lettre; elle désigne seulement la plus petite distance respective à laquelle les molécules puissent parvenir, eu égard aux circonstances où elles se trouvent. Les physiciens prouvent la porosité des corps à l'aide de plusieurs expériences fort connues. On fait le vide, au moyen de la machine pneumatique, dans un tube de verre terminé à sa partie supérieure par un godet de bois dont le fond a 7 ou 8 millimètres d'épaisseur, et dans lequel on a versé de l'eau. Ce liquide passe à travers les pores du fond et tombe par gouttes dans l'intérieur du tube. On substitue à celui-ci un autre tube garni en haut d'un flacon de cristal, auquel un morceau de cuir de buffle sert de fond, et qui est rempli de mercure jusqu'à la hauteur de deux doigts. Dès les premiers coups de piston, on aperçoit dans le tube le mercure qui tombe sous la forme d'une pluie argentée.

10. On peut démontrer la même propriété au moyen d'une expérience simple et intéressante faite sur une pierre dont Newton a parlé au sujet de cette même propriété, parce qu'elle donne lieu à un phénomène particulier de lumière (1). Cette pierre est du genre de celles que l'on nomme *agates*, qui sont demi-transparentes et assez dures pour étinceler par le choc du briquet. On lui a donné le nom particulier d'*hydrophane*. Lorsqu'on l'a plongée dans l'eau, on voit s'élever de sa surface des files nombreuses de petites bulles d'air qui se succèdent sans interruption. Cet air, qui occupait les pores de la pierre, en est délogé par l'eau qui le remplace; en

(1) Optice lucis, lib. II, pars tertia, propos. tertia.

même temps la pierre acquiert un nouveau degré de transparence; et si on la pèse d'abord avant l'expérience et de nouveau après l'expérience, on trouve que son poids est augmenté d'une quantité sensible. Nous expliquerons la cause physique de la transparence acquise par l'hydrophane lorsque nous parlerons des phénomènes de la lumière : nous ne la considérons ici que comme offrant un exemple remarquable de la porosité des corps; et même l'expérience que nous venons de citer nous apprend ce que ne disent pas les expériences ordinaires, savoir : qu'on ne doit pas considérer les pores comme étant absolument vides de toute matière étrangère, mais plutôt comme étant occupés par l'air ou par quelque autre fluide subtil disséminé entre les molécules des corps. Un hydrophane du poids d'environ 18 décigrammes dans son état ordinaire, après avoir été soumis à cette expérience, pesait à peu près 21 décigrammes, d'où il suit que son poids était augmenté de 1/6. La pierre perd par le dessèchement l'eau dont elle s'était imbibée et reprend en même temps son opacité naturelle.

11. La peau de l'homme et des animaux est criblée d'une infinité de pores par lesquels s'échappent, au moyen de la transpiration, les parties des aliments qui ne contribuent point à la nutrition. Indépendamment de la transpiration sensible que l'on nomme *sueur*, et qui est accidentelle, il s'en fait une insensible, qui agit plus ou moins à tous les instants, et que l'on n'aurait pas imaginée être aussi abondante avant les expériences de Sanctorius. Ce savant célèbre a eu la constance de passer une partie de sa vie dans une balance où il se pesait lui-même pour déterminer les pertes occasionnées par les effets de la transpiration. Il a trouvé que cette espèce d'évacuation nous faisait perdre, dans l'espace de vingt-quatre heures, environ les 3/8 de la nourriture que nous avions prise.

12. Dodard, en reprenant depuis ces mêmes expériences, a eu égard à la différence de l'âge et s'est assuré que l'on transpirait beaucoup plus dans la jeunesse. Mais les physiciens qui s'étaient occupés de cet objet n'avaient pas distingué l'effet de la transpiration qui se fait par le poumon, et dont la matière s'échappe au moyen de l'expiration, de l'effet qui est dû à la transpiration cutanée, ou à celle qui a lieu par l'intermède de la peau. Séguin a entrepris, conjointement avec Lavoisier, de déterminer les deux effets; et après avoir cherché à l'ordinaire le résultat de la transpiration totale, il a supprimé celle qui se fait par la peau, en appliquant sur cet organe une enveloppe imperméable à l'humeur qu'il transmet au dehors : il a obtenu ainsi la quantité de la transpiration pulmonaire, et la moyenne entre les résultats de ses expériences donne 7/11 pour le rapport entre cette quantité et celle de la transpiration cutanée, c'est-à-dire que l'effet qui provient de la transpiration pulmonaire est plus que le tiers de l'effet total.

13. Nous n'avons aucun moyen d'estimer la densité absolue des corps. Il faudrait pour cela qu'il existât une matière parfaitement dense, qui pût servir de terme de comparaison, pour déterminer, à l'égard de chaque corps, le rapport entre la quantité de matière propre et la somme des pores. Au défaut d'une pareille matière, nous ne pouvons que comparer entre elles les différentes densités du corps, ce qui se fait à l'aide du poids, ainsi que nous le dirons bientôt.

De la mobilité.

14. La mobilité est la faculté qu'a un corps de pouvoir être transporté d'un lieu dans un autre. Cet état, que l'on appelle *mouvement*, suppose l'action d'une cause à laquelle on a donné le nom de *force* ou de *puissance*. Pour que cette cause existe, il n'est pas nécessaire que le corps qu'elle sollicite ait un mouvement réel. Ainsi, lorsque deux corps se font équilibre aux deux extrémités du levier d'une balance, ils sont maintenus dans cet état par des forces réellement existantes, mais dont les effets se détruisent mutuellement ou se bornent à produire dans les corps une tendance à se mouvoir.

15. Le mouvement est uniforme lorsque le mobile parcourt toujours le même espace dans le même temps; il est accéléré ou retardé lorsque le mobile parcourt dans des temps égaux des espaces qui vont successivement en augmentant ou en diminuant.

De la vitesse.

16. Dans le mouvement uniforme, le temps employé à parcourir chaque espace déterminé peut être plus ou moins

long, suivant le plus ou moins d'énergie de la force motrice. Pour comparer entre eux les mouvements de deux corps, dans le cas de l'uniformité, on prend un intervalle de temps, par exemple, la seconde, pour unité de temps : on choisit de même une unité d'espace, telle que le mètre. De cette manière, on exprime l'espace total qu'a parcouru chaque corps et le temps employé à le parcourir par des nombres abstraits, qui indiquent combien de fois ils renferment l'unité de leur espèce; et en divisant le nombre qui représente l'espace par celui qui représente le temps, on a la vitesse de chaque corps. Si l'on suppose, par exemple, que l'un des corps ait parcouru trente-cinq mètres en sept secondes et l'autre vingt-quatre mètres en six secondes, la vitesse du premier sera 35/7 et celle du second 24/6, c'est-à-dire que les vitesses seront entre elles dans le rapport de 5 à 4. On voit par là dans quel sens doit être prise la notion que l'on donne de la vitesse, lorsqu'on dit qu'elle est égale à l'espace divisé par le temps. A la rigueur, on ne peut pas diviser l'une par l'autre deux quantités hétérogènes, telles que l'espace et le temps. Ainsi, le langage dont il s'agit n'est qu'une manière abrégée d'exprimer que la vitesse est égale au nombre d'unités d'espace divisé par le nombre d'unités de temps qui mesurent le mouvement d'un corps.

17. Comme les forces ne se manifestent à notre égard que par leurs effets, ce n'est que par les effets qu'elles sont capables de produire que nous pouvons les mesurer. Or, l'effet d'une force est d'imprimer à chaque particule d'un corps une certaine vitesse. On suppose, dans ce cas, que toutes les particules reçoivent la même vitesse, et l'effet de la force a pour mesure la vitesse prise autant de fois qu'il y a de particules dans le corps, ou, pour abréger, sa mesure est le produit de la masse par la vitesse. Ce produit est ce qu'on appelle la *quantité de mouvement d'un corps*.

De l'inertie.

18. Tous les corps persévèrent d'eux-mêmes dans leur état de repos ou de mouvement uniforme en ligne droite; en sorte qu'un corps en repos ne peut se mouvoir sans y être sollicité par quelque force; et que de même le mouvement rectiligne uniforme d'un corps ne peut être détruit ou changé sans l'action d'une cause étrangère. Il suit de là que quand un corps se meut d'un mouvement accéléré ou retardé, on doit supposer l'action d'une force qui intervient à chaque instant pour occasionner une variation dans la vitesse qui, sans cela, serait uniforme.

19. Ce que nous venons de dire n'est qu'une manière différente d'énoncer qu'un corps ne peut se donner de mouvement à lui-même, ni rien s'ôter de celui qu'il avait déjà. On a appelé *inertie* ce défaut d'aptitude qu'ont les corps pour apporter d'eux-mêmes un changement dans leur état actuel. Or, on sait qu'un corps dont l'état vient à changer par l'action d'une force étrangère ne se prête à cet effet qu'en altérant lui-même l'état de cette force, c'est-à-dire en lui enlevant une partie de son mouvement. On en a conclu que la persévérance d'un corps, dans son état de repos ou de mouvement uniforme, était elle-même l'effet d'une force réelle qui résidait dans ce corps; et l'on a envisagé cette force tantôt comme une résistance, en ce qu'elle s'opposait à l'action de l'autre force pour changer l'état de ce corps, tantôt comme un effort, en ce qu'elle tendait à apporter du changement dans l'état de l'autre force.

20. Le célèbre Laplace a proposé une manière plus nette et plus naturelle d'envisager l'inertie. Pour concevoir en quoi elle consiste, supposons un corps en mouvement qui rencontre un corps en repos : il lui communiquera une partie de son mouvement; en sorte que si le premier a, par exemple, une masse double de celle du second, auquel cas sa masse sera les deux tiers de la somme des masses; la vitesse qu'il conservera sera aussi les deux tiers de celle qu'il avait d'abord; et comme l'autre tiers qu'il a cédé au second corps se trouve répandu sur une masse une fois plus petite, les deux corps auront après le choc la même vitesse. L'effet de l'inertie se réduit donc à la communication que l'un des deux corps fait à l'autre d'une partie de son mouvement; et parce que ce dernier ne peut recevoir sans que le premier ne perde, on a attribué cette perte à une résistance exercée par le corps qui reçoit. Mais il en est ici à peu près du mouvement comme d'un fluide élastique contenu dans un vase, avec lequel on mettrait en communication un autre vase qui serait vide;

ce fluide s'introduirait par sa force expansive dans le second vase, jusqu'à ce qu'il se trouvât distribué uniformément dans les capacités des deux vases : de même, un corps qui en choque un autre ne fait, pour ainsi dire, autre chose que verser dans celui-ci une partie de son mouvement ; et il n'y a pas plus de raison pour supposer ici une résistance que dans l'exemple que nous venons de citer. Il est vrai que quand on frappe avec la main un corps en repos, ou dont le mouvement est moins rapide que celui de cette main, on croit éprouver une résistance ; mais cette illusion provient de ce que l'effet est le même à l'égard de la main, que si elle était en repos et que ce fût le corps qui vînt la frapper avec un mouvement en sens contraire.

21. [Le mouvement est *relatif* ou *absolu* : on entend par mouvement absolu d'un corps le déplacement réel de ce corps dans l'espace ; le mouvement relatif, au contraire, n'est que le déplacement du mobile par rapport à un système de corps eux-mêmes en mouvement : ainsi, un objet quelconque placé sur le pont d'un navire en mouvement sera en repos relativement aux diverses parties du bâtiment, bien qu'il soit réellement en mouvement ; une personne se promenant sur le navire sera en mouvement par rapport aux diverses parties du navire, mais elle est en outre emportée dans le déplacement du bâtiment ; et pour connaître le déplacement réel de cette personne dans l'espace, il faudrait combiner ensemble ces deux mouvements. Les mouvements que nous observons à la surface de la terre sont des mouvements relatifs, puisque tous les corps sont emportés dans le double mouvement de la terre. Dans un système de corps, le mouvement relatif d'une des parties est indépendant du mouvement absolu du système, c'est-à-dire qu'il faut, pour produire le mouvement relatif, placer le corps dans les mêmes conditions que si le système était en repos.

22. Le mouvement est *rectiligne* ou *curviligne* : dans le premier cas, la ligne droite que parcourt le mobile est la direction du mouvement ; dans le second cas, pour avoir la direction du mouvement à un instant quelconque, il faut considérer la courbe que suit le mobile comme composée d'une infinité de petites lignes droites se confondant dans un espace très-court avec la tangente à la courbe ; chacune de ces petites lignes donne la direction du mouvement à chaque point de la courbe ; d'où il suit que dans un mouvement curviligne le mobile change à chaque instant de direction.

23. *Du mouvement uniforme.*—Lorsqu'une force unique agit sur un corps pendant un temps très-court, elle lui communique un mouvement rectiligne et uniforme, c'est-à-dire que le mobile parcourt constamment des espaces égaux dans des intervalles de temps égaux. On appelle *vitesse* l'espace que le mobile parcourt dans l'unité de temps : par conséquent, l'espace E parcouru par un mobile qui se meut d'un mouvement uniforme avec une certaine vitesse V, et pendant un temps quelconque T, est exprimé par le produit de la vitesse multipliée par le temps, en sorte que l'on aura $E = V \times T$, ou, ce qui revient au même, $V = \frac{E}{T}$, c'est-à-dire que la vitesse, dans un mouvement uniforme, est égale au rapport de l'espace parcouru, au temps employé à le parcourir.

24. *Du mouvement varié.* — Dans les mouvements variés, le mobile ne parcourant pas le même espace dans le même temps, la vitesse ne peut pas être définie comme dans le mouvement uniforme. Pour que le mouvement soit varié, il faut qu'à chaque instant une force agisse sur le mobile de manière à en modifier la vitesse ; mais il est clair que le mouvement deviendrait uniforme si cette force venait à cesser d'agir. Or, la vitesse du mouvement uniforme que prendrait le mobile, si la cause de toute variation venait à cesser, est ce qu'on appelle vitesse du mouvement varié.

25. *Mouvement uniformément varié.* — De tous les mouvements variés nous ne considérerons que celui qui résulte de l'action d'une force agissant constamment avec la même intensité. Pour bien concevoir la loi de l'accélération qui en résulte, supposons qu'un corps emploie un temps fini, tel que trois ou quatre secondes, à parcourir sous l'action d'une pareille force une certaine distance ; nous pourrons admettre que le temps est partagé en une infinité de petits instants égaux ; que dans chacun de ces instants le mobile reçoit une impulsion qui augmente la vitesse précédente, en sorte que les vitesses du mobile, peu-

dant les divers instants du mouvement, croîtront comme les nombres 1, 2. 3, 4, etc., *c'est-à-dire que la vitesse croît proportionnellement au temps*, et le mouvement est dit *uniformément accéléré*.

26. Si l'on représente par g la vitesse que possède le mobile à la fin de la première unité de temps, à la fin de la deuxième, troisième, quatrième, la vitesse sera $2g$, $3g$, $4g$. Et après un temps quelconque t, la vitesse sera donnée par la formule

$$v = g\ t.$$

Le nombre g dépend de l'*intensité de la force accélératrice*, et peut lui servir de mesure. Si le mobile avant d'être soumis à l'action de la force accélératrice avait eu une certaine vitesse a, il faudrait en tenir compte; la vitesse totale serait alors $a + gt$.

27. Il nous reste à déterminer l'espace parcouru dans un temps t, par un corps qui se meut d'un mouvement uniformément accéléré. — La vitesse croissant d'une manière uniforme depuis le commencement jusqu'à la fin du mouvement, il est évident que le mobile parcourra dans un temps t le même espace que s'il s'était mu d'un mouvement *uniforme* pendant le même temps, mais avec une vitesse moyenne entre les deux vitesses extrêmes; cette vitesse moyenne est $\frac{gt}{2}$. En effet, dans chaque instant de la première moitié du temps la vitesse est trop grande, mais elle est trop petite de la même quantité dans la deuxième moitié du temps; il y a donc compensation exacte. Or l'espace parcouru dans cette hypothèse sera le produit de la vitesse $\frac{gt}{2}$ par le temps t, ce qui donne

$$e = \frac{gt^2}{2}.$$

Formule qui indique que l'espace parcouru croît proportionnellement au carré du temps.

A la fin de la première unité de temps, $t = 1$ et la formule donne $e = \frac{g}{2}$ ou $g = 2e$, c'est-à-dire que l'intensité d'une force accélératrice constante est représentée par le double de l'espace parcouru dans la première unité de temps du mouvement.

Des deux formules $v = gt$ $e = \frac{gt^2}{2}$ on déduit la troisième $v = \sqrt{2ge}$, ces trois formules servent à la résolution de toutes les questions relatives au mouvement uniformément accéléré.

28. Supposant maintenant qu'un corps ayant reçu une impulsion unique soit soumis à l'action d'une force constante agissant en sens inverse du mouvement, il est facile de comprendre que la vitesse sera uniformément retardée, et s'obtiendra en retranchant de la vitesse initiale celle que le corps aurait acquise sous la seule action de la force accélératrice. L'espace parcouru s'obtiendra facilement en faisant la différence entre l'espace que le mobile aurait parcouru avec sa vitesse initiale, et celui qu'il aurait parcouru dans le même temps sous l'action de la force constante.

Des forces.

29. Nous ne savons rien sur la nature des forces; nous ne pouvons les étudier que dans les effets qu'elles produisent, dans les mouvements et les pressions. On a à considérer dans une force la *direction*, le *point d'application* et l'*intensité*. La direction d'une force est la ligne droite qui suivrait un corps s'il entrait en mouvement sous l'action unique de cette force. Le point d'application sera un point quelconque de la direction, pourvu que ce point soit lié au mobile d'une manière invariable. — Quant à l'intensité, on regarde comme égales deux forces qui, appliquées en un même point en sens opposé, se font équilibre, ou bien deux forces qui, appliquées successivement à un même corps dans les mêmes circonstances, produisent le même mouvement. Et l'on peut résumer dans les trois principes suivants la loi qui lie les vitesses aux forces qui les produisent :

30. 1° La vitesse V d'une masse M est proportionnelle à la force F qui produit le mouvement. Ce principe résulte de l'indépendance des mouvements relatifs et des mouvements absolus (21). En effet, supposons un corps parcourant, sous l'action d'une force, un mètre par seconde, si à la fin de la première seconde on lui imprime une impulsion égale à la première, il acquerra une nouvelle vitesse égale à celle qu'il possédait déjà, en sorte que dans la deuxième seconde il aura une vitesse totale de deux

mètres et ainsi de suite. Si donc deux forces F et F′ produisent sur une même masse des vitesses V et V′, on aura la proportion F : F′ :: V : V′.

2° Deux forces F et F′ sont entre elles comme les masses M et M′, auxquelles elles impriment une même vitesse ; ce principe est un résultat de l'observation, il donne la proportion F : F′ :: M : M′.

3° On déduit de ces deux principes que si une force F produit sur une masse M une vitesse V et une force F′ sur une masse M′ une vitesse V′, on aura la proportion :

$$F : F' :: M \times V : M' \times V'.$$

C'est-à-dire que les forces sont entre elles comme les produits des masses par les vitesses.

Ces produits M V, M′ V′ ne sont autre chose que les quantités de mouvement ; comme elles sont proportionnelles aux forces, elles peuvent leur servir de mesure.

31. *Composition des forces.* Lorsque deux forces sont appliquées en un même point d'un corps dans des directions différentes, le corps ne peut se mouvoir que dans un sens et, pour le maintenir en repos, il suffirait d'appliquer dans une direction contraire une force d'une certaine intensité ; par conséquent les deux forces agissent de la même manière qu'une force unique, que l'on appelle la résultante. Il s'agit de trouver la direction et l'intensité de cette résultante. Supposons que le point A (fig. 3) soit le point d'application des deux forces représentées en grandeur et en direction par les lignes AP, AQ, il est clair d'abord que la résultante doit se trouver dans le plan des deux forces, car il n'existe aucune raison pour qu'elle soit d'un côté plutôt que de l'autre de ce plan ; elle peut donc être représentée par une ligne RA dont il reste à déterminer la longueur et la direction. Quelle que soit la position du point R, on pourra toujours mener les lignes PR et QR, en sorte que la résultante se trouvera être la diagonale d'un quadrilatère APQR. Or, la résultante ne peut varier, soit en grandeur soit en direction, qu'avec la grandeur relative des *composantes* AP et AQ et avec l'angle PAQ. Il est donc nécessaire que le quadrilatère soit déterminé par ces éléments, savoir : deux côtés adjacents et l'angle compris entre ces côtés ; mais parmi tous les quadrilatères, il n'y a que le parallélogramme qui soit déterminé par ces données ; donc la résultante de deux forces agissant en un même point est représentée en grandeur et en direction par la diagonale du parallélogramme construit sur ces deux forces.

32. De ce principe, appelé le *parallélogramme* des forces, il suit qu'on peut toujours remplacer par une force unique un système de deux forces appliquées en un même point, et *vice versâ*, une seule force pourra toujours être remplacée par deux autres appliquées au même point. On détermine la résultante d'un nombre quelconque de forces en les composant deux à deux autant de fois que cela serait nécessaire, et le système se trouverait ainsi remplacé par une résultante unique. Si toutes ces forces se faisaient équilibre, la résultante finale à laquelle on arriverait serait nulle.

33. Quand deux forces, P et Q (fig. 4), sont parallèles, dirigées dans le même sens et que leurs points d'application sont invariablement liés ensemble, elles ont une résultante unique R égale à leur somme, et appliquée en un point M situé sur la ligne AB, de manière que l'on a la proportion P : Q :: MB : AM, ou ce qui revient au même $P \times AM = Q \times MB$. Si les forces parallèles étaient inégales et dirigées en sens contraire, il y aurait encore une résultante unique égale à la différence des deux forces, dirigée dans le sens de la plus grande (fig. 5). Mais si les forces sont égales et dirigées en sens contraire, on ne peut plus leur faire équilibre au moyen d'une seule force ; elles ont pour effet de faire tourner le corps ; ce système s'appelle un *couple*.

34. *Équilibre du levier.* On donne le nom de *levier* à une barre inflexible AB (fig. 6), mobile autour d'un point O, appelé le point d'appui, et à laquelle sont appliquées deux forces P et R appelées la *puissance* et la *résistance :* on appelle *bras de levier* les perpendiculaires *om* et *on* abaissées du point d'appui sur la direction de chacune des forces ; on déduit des principes que nous avons donnés sur la composition des forces que, pour qu'un levier soit en équilibre, il faut que l'on ait la proportion P : R :: *on* : *om*, ou bien $P + on = R + om$, c'est-à-dire qu'il doit y avoir égalité entre les produits de chacune des forces par son bras de levier. Le levier est dit du *premier genre* quand le point d'appui se trouve situé

entre la puissance et la résistance; il est du *deuxième genre* quand la résistance se trouve entre la puissance et le point d'appui; enfin il est du *troisième genre* quand la puissance se trouve entre la résistance et le point d'appui.

35. *Force centrifuge.* Lorsqu'un corps a reçu une impulsion d'une force unique, il doit en vertu de l'inertie se mouvoir suivant une ligne droite; mais supposant qu'une cause quelconque l'oblige à changer à chaque instant de direction et à parcourir une ligne courbe, le mobile tendant continuellement à suivre la direction de l'élément de courbe sur lequel il s'est mu pendant un instant, exerce contre la courbe une pression perpendiculaire à la tangente, que l'on appelle *force centrifuge.* Nous ne considérons que le cas d'un mouvement circulaire uniforme. La force centrifuge est alors dirigée suivant le rayon du cercle, et a pour expression $F = \frac{V^2}{R}$, V représentant la vitesse du mobile sur la courbe et R le rayon du cercle. Formule qui indique que la force centrifuge augmente proportionnellement au carré de la vitesse. L'action de la force centrifuge se manifeste journellement dans une foule de circonstances qui nous sont familières : c'est la force centrifuge qui retient une pierre sur une fronde et lui imprime sa vitesse suivant la tangente à la courbe, lorsqu'elle vient à quitter la fronde. — C'est encore la force centrifuge qui empêche l'eau de s'échapper d'un vase lorsqu'on lui imprime un mouvement rapide, etc.

36. *Communication du mouvement.* Le plus ordinairement les forces qui dans la nature mettent le corps en mouvement, n'agissent que sur une petite portion du corps : par exemple, la masse gazeuse qui lance le boulet de canon n'imprime l'impulsion qu'à la partie qui se trouve tournée vers le fond de la pièce; et, dans toute machine, la force motrice n'agit que sur quelques parties très-limitées, desquelles le mouvement se communique à tout le système. Il faut donc un certain temps à la force motrice pour vaincre l'inertie de la matière, pour mettre toutes les parties du corps en mouvement; il faut donc en conclure qu'il n'y a pas de forces instantanées, et que le temps nécessaire pour qu'une force mette un corps en mouvement dépend de la masse et de la nature du corps. Ce principe explique un grand nombre de faits que tout le monde a pu observer : les personnes qui se trouvent dans une voiture au moment où elle part avec une certaine vitesse, sont poussées en arrière; de même si la voiture s'arrête brusquement, les voyageurs sont jetés en avant avec plus ou moins de force, suivant que la vitesse de la voiture est plus ou moins grande. — Il arrive très-souvent qu'une balle de fusil tirée de très-près dans une vitre ne la brise pas, mais y pratique seulement un trou rond d'un diamètre à peine plus grand que celui de la balle; la balle est lancée avec une si grande vitesse, qu'elle emporte les parties du verre qu'elle rencontre, avant que le mouvement ait eu le temps de se communiquer aux parties voisines. Lorsqu'un corps en mouvement rencontre un autre corps en repos, le premier communique au second une partie de son mouvement, et les deux corps se meuvent ensemble avec une vitesse telle que la quantité de mouvement du système est égale à la quantité de mouvement du premier mobile; en sorte que si l'on représente par M et M' les masses des deux corps, par V la vitesse avant le choc et V' la vitesse après le choc, on aura $M V = (M + M') V'$, ce qui donnera la proportion $\frac{V'}{V} = \frac{M}{M+M'}$.

Nous faisons ici abstraction de l'élasticité des corps, dont nous parlerons plus tard.]

De l'impénétrabilité.

37. Lorsqu'un corps en mouvement rencontre un autre corps qui est en repos, il ne prend la place que ce dernier occupait dans l'espace, qu'en le forçant à la quitter, en vertu de la partie qu'il lui a communiquée de son propre mouvement. Cette observation nous aide à découvrir dans les corps une autre propriété à laquelle on a donné le nom d'*impénétrabilité*, et qui consiste dans la faculté qu'a un corps d'exclure tout autre corps du lieu qu'il occupe; de manière que deux corps mis en contact ne peuvent jamais occuper un espace moindre que celui qu'ils remplissaient lorsqu'ils étaient séparés.

38. S'il existait des corps dont on pût être tenté de révoquer en doute l'impénétrabilité, ce seraient ceux qui, étant invisibles et ayant leurs molécules parfaitement mobiles, sont susceptibles de céder à la plus légère pression. Quoique

nous ne soyons pas encore au moment de donner une notion exacte de ces corps que l'on a nommés *fluides*, il en est un; savoir l'air atmosphérique, dont l'existence nous est trop familière, pour qu'il ne nous soit pas permis de le citer ici comme exemple. Tant que ce fluide n'est pas renfermé, son extrême mobilité fait qu'il livre un libre passage à tous les corps qui se meuvent au milieu de lui; mais dans ce cas il est proprement remplacé et non pas pénétré: car si on le contient par les parois d'un vase, et qu'alors un autre corps se présente pour prendre sa place, sans lui permettre de sortir, il exerce son impénétrabilité à la manière des corps solides. C'est ce dont on se convaincra aisément à l'aide d'une expérience fort simple, et que chacun peut faire. Elle consiste à plonger un vase verticalement, l'orifice en bas, dans un autre vase rempli d'eau jusqu'à une certaine hauteur. La surface de l'eau, qui répond à l'orifice du premier vase, s'abaisse à mesure que ce vase descend lui-même; et l'on peut rendre cet abaissement plus sensible, au moyen d'une petite lame de liége que l'on fait flotter sur la surface de l'eau. Cependant cette eau n'est pas entièrement exclue par l'air qui occupe le vase plongé; il s'en élève toujours une certaine quantité qui augmente à mesure que le vase descend à une plus grande profondeur. Mais cet effet est dû à une propriété de l'air que nous ferons connaître plus particulièrement dans la suite, et en vertu de laquelle son volume se resserre dans un plus petit espace, par l'effort que fait la colonne d'eau qui répond à l'ouverture du vase, pour se mettre de niveau avec l'eau environnante.

39. Nous devons prévenir ici une difficulté qui paraît résulter de ce que, quand on a mêlé certains corps, le volume du mélange est moindre que la somme des volumes pris séparément. C'est ce qui arrive, par exemple, lorsqu'on mêle à parties égales de l'*alcool* avec de l'*eau;* c'est ce qui a lieu encore lorsqu'on allie par la fusion le *cuivre* avec le *zinc*, pour former le métal composé que l'on appelle *cuivre jaune* ou *laiton*. On observe qu'alors la densité du mélange est augmentée d'environ un dixième. Cette pénétration apparente provient de ce que les molécules des deux corps, en vertu de leurs figures particulières, se rapprochent en général davantage que les deux corps pris séparément. Il en résulte dans la figure des pores, un changement qui diminue l'espace égal à la somme de ces pores; au contraire, dans l'alliage de l'*argent* et du *cuivre*, il se fait une sorte de raréfaction, en sorte que le volume du mélange est un peu plus grand que la somme des volumes des deux corps avant la fusion.

De la divisibilité.

40. Le mot de *divisibilité* restreint à sa simple signification, ne présente rien qui ne soit parfaitement connu; puisque tous les corps ont des parties que l'on conçoit aisément comme étant séparables les unes des autres. Mais la matière est-elle réellement divisible à l'infini, en sorte que sa division n'admette aucunes bornes possibles? ou bien est-elle composée, en dernier résultat, de molécules indivisibles, et que l'on doive regarder comme simples? Nouvelle source de discussions interminables entre les partisans des deux opinions, où l'esprit humain a exercé toute sa subtilité pour trouver des arguments en faveur de chacune, et des difficultés contre l'autre: après avoir beaucoup disputé, beaucoup écrit, le tout au sujet d'un atome, on n'en a pas été plus avancé, et la solution de la question elle-même n'aurait pas fait faire à la science un pas de plus. On a banni de la physique toutes ces questions stériles pour le progrès de nos connaissances. Au lieu de chercher si les corps pouvaient être divisés à l'infini, on les a analysés autant qu'ils pouvaient l'être, et on a tiré de ces analyses des connaissances qui ont répandu la lumière sur des faits regardés auparavant comme inexplicables. On a vu sagement que les bornes de l'expérience et de l'observation sont pour nous celles de la nature elle-même.

41. Ce qu'il y a de certain par rapport à la division des corps, c'est qu'il en résulte des parties séparées les unes des autres, dont la finesse étonne notre imagination. Nous pouvons d'abord citer en preuve les matières colorantes, et en particulier le carmin, qui est une espèce de poudre que l'on retire de l'insecte nommé communément *cochenille*. On délaye une petite quantité de cette poudre, du poids de 5 centigrammes (un peu moins d'un grain), au fond d'un vase, dans lequel on verse ensuite 15 kilogrammes ou environ 30 livres d'eau. La couleur s'étend de manière qu'elle

devient sensible dans tout le volume de l'eau. Le poids de cette eau étant trois cent mille fois plus grand que celui des cinq centigrammes de carmin, si l'on suppose que chaque centigramme contienne seulement deux molécules de principe colorant, on aura trois millions de parties visibles dans cinq centigrammes de carmin.

42. Les impressions qui se font sur l'odorat, ne sont pas moins propres que celles qui affectent la vue, à nous faire juger de l'extrême division à laquelle se prête la matière. Il est des corps dont le poids est à peine sensiblement altéré après un long intervalle de temps, pendant lequel tous ceux qui se trouvent à une certaine distance ne cessent de ressentir l'action des particules odoriférantes émanées de la substance de ces corps. On retire d'une poche renfermée dans le corps de certains animaux, une substance à laquelle on a donné le nom de *musc*, et dont un seul grain répand une odeur, pendant un certain nombre d'années, dans un appartement où l'air est souvent renouvelé. Le simple frottement d'un papier qui a servi à envelopper un morceau de la même substance, suffit pour rendre un habit odorant pendant plusieurs jours.

43. Les procédés des arts peuvent nous donner une idée d'autant plus juste de la même propriété, qu'ici les résultats sont susceptibles d'être soumis au calcul. Suivant l'observation de Boyle, le poids d'un grain d'or, ou d'environ 53 milligrammes, réduit en feuilles, peut couvrir une surface de 50 pouces carrés, dont chacun aura par conséquent a peu près 27 millimètres de côté : or on peut concevoir le millimètre divisé en 8 parties visibles, ce qui donne 46656 petits carrés visibles dans une feuille d'or carrée de 27 millimètres de côté ; et comme le nombre de ces feuilles est de 50, on en conclura qu'une petite masse d'or du poids de 53 milligrammes, peut être divisée en plus de deux millions de parties sensibles, j'entends à la vue simple ; car, au moyen du microscope, chaque partie redeviendrait une feuille d'or, où l'œil et le calcul trouveraient encore de quoi s'exercer. La division va beaucoup plus loin dans le travail du tireur d'or. On prend une certaine quantité de feuilles de ce métal, dont le poids peut ne pas excéder celui de 3 décagrammes ou d'environ une once, et l'on en couvre un cylindre d'argent. On fait passer ensuite ce cylindre par différentes filières, et lorsqu'on l'a réduit en un fil aussi délié qu'un cheveu, recouvert dans tous ses points d'une couche d'or extrêmement mince, on l'aplatit entre deux rouleaux d'acier. Dans cet état, il forme une lame dont la longueur est à peu près égale à 444 mille mètres qui répondent à 111 lieues de 2000 toises chacune. Mais cette lame étant revêtue d'une couche d'or sur chacune de ses faces, on peut considérer les deux couches comme deux lames d'or d'une extrême ténuité, et les mettre par la pensée à la suite l'une de l'autre. De plus, la largeur de la lame étant d'environ 1/9 de millimètre ou 1/4 de ligne, on peut supposer cette largeur divisée en deux, et ainsi la quantité d'or employée équivaut à quatre lames dont chacune serait longue de 444 mille mètres. Maintenant si l'on conçoit que chacun des millimètres renfermés dans cette longueur soit divisé en huit, on aura plus de 14 billions de parties visibles dans une petite masse d'or du poids de 3 décagrammes, et qui équivaut à un cube d'or dont le côté n'aurait pas 12 millimètres ou 5 lignes 1/3 de longueur. Cette prodigieuse extension dont l'or est susceptible, dépend de sa ductilité jointe à sa grande densité ; deux qualités également précieuses pour les arts dont le but est d'appliquer ce metal sur la surface du bois, du cuivre et autres matières auxquelles il sert à la fois d'abri et d'ornement.

44. Ajoutons un exemple tiré de la substance pierreuse qui porte le nom de *mica*, et qui se prête avec une grande facilité à l'opération que nous avons appelée *division mécanique*. Nous sommes parvenu à détacher de la substance dont il s'agit une lame qui, au lieu de la couleur jaunâtre naturelle à la pierre, réfléchissait le beau bleu, ce qui était l'indice d'un extrême degré de ténuité, comme nous l'expliquerons en parlant de la lumière. Ayant calculé l'épaisseur de cette lame d'après une règle indiquée par Newton, et que nous ferons également connaître, nous l'avons trouvée égale à 43 millionièmes de millimètre, ou environ 1,6 millionième de pouce, ce qui suppose que l'on peut obtenir 23255 lames isolées, en divisant un morceau de mica de l'épaisseur d'un millimètre ou 5/9 de ligne.

45. Nous ne pouvons mieux terminer cet article, qu'en exposant une vue très-

sage de Newton, sur les bornes prescrites à la division des corps, dans l'état actuel des choses. Ce grand philosophe pense que l'Être suprême, en créant la matière, l'a composée de diverses espèces de molécules élémentaires, solides, dures, invariables, dont les dimensions, les figures et les différentes qualités étaient assorties aux fins qu'il se proposait (1). Or, telle est la fixité de ces molécules, qu'aucun procédé de l'art, et même qu'aucune des forces existantes dans la nature, ne peuvent ni les diviser, ni les altérer, sans quoi l'essence des corps changerait avec le temps. Ainsi toutes les modifications que subissent les corps, dépendent uniquement de ce que ces molécules durables se séparent les unes des autres, et se réunissent ensuite de diverses manières pour former de nouvelles combinaisons. Ces différentes molécules sont ainsi les véritables substances simples de la chimie ; et les résultats des opérations qui les présenteraient isolées seraient le terme des efforts de cette science qui, en attendant, considère comme simples les substances qu'elle n'est pas encore parvenue à décomposer, et place sagement la simplicité à l'endroit où s'arrête l'observation.

II. DE L'ATTRACTION.

46. Dans les actions soumises aux lois de la mécanique ordinaire, les mouvements qui sollicitent les corps à se porter les uns vers les autres, sont dus à des agents extérieurs bien connus, qui poussent ces corps ou les tirent, de manière à diminuer leur distance respective; mais l'observation de ce qui se passe dans la nature nous offre une multitude de phénomènes, dans lesquels il suffit que deux corps soient en présence, pour qu'étant abandonnés à eux-mêmes ils s'approchent l'un de l'autre, sans qu'il existe entre eux ou autour d'eux aucune cause sensible de ce mouvement. Plusieurs physiciens ont pensé que, dans ces circonstances, les corps étaient mus par des agents invisibles, qui se refusaient à tous les moyens de constater directement leur existence, et Newton lui-même n'a osé assurer que l'impulsion fût étrangère à cette classe de phénomènes (2). Mais ce grand géomètre et ceux qui ont suivi sa doctrine, ont senti que le point essentiel n'était pas de rechercher ici la nature de la cause motrice, mais d'étudier sa manière d'agir, en déduisant de certains phénomènes les lois qui la régissent et d'employer ensuite ces lois comme principes pour expliquer ou même prévoir tous les autres phénomènes qui ont une liaison intime avec les premiers. Et parce que les choses se passent, à notre égard, comme si les corps tendaient d'eux-mêmes à se réunir, on a désigné cette sorte de tendance mutuelle par le mot d'*attraction* qui, réduit à sa vraie signification, n'exprime que le fait et non la cause.

47. Il y a aussi des circonstances où des corps séparés par un intervalle plus ou moins sensible, s'éloignent les uns des autres, sans qu'aucune cause extérieure paraisse les y déterminer, et l'on indique par le mot de *répulsion* l'effort qu'ils exercent pour se fuir mutuellement.

48. La diversité des phénomènes qui dépendent de l'attraction, a fait sous-diviser cette force en deux espèces. L'une, qui appartient plus particulièrement à la physique, est la *pesanteur* ou la *gravitation ;* l'autre, dont la physique partage l'étude avec la chimie, est l'*affinité* ou l'*attraction moléculaire*.

1. *De la pesanteur.*

49. On a donné le nom de *pesanteur* ou de *gravité*, à la force en vertu de laquelle un corps abandonné à lui-même se précipite vers la terre.

50. Les anciens philosophes ont imaginé divers systèmes pour remonter jusqu'à la cause de ce phénomène, si simple aux yeux du vulgaire, qui trouve tout naturel qu'un corps tombe dès qu'il n'est plus soutenu. De tous ces systèmes, le plus ingénieux et le plus séduisant a été celui de Descartes, qui faisait dépendre la chute des corps du mouvement de la matière subtile dont le tourbillon circulait autour de la terre. Toutes les parties de ce tourbillon ayant une force centrifuge qui les sollicitait à s'éloigner de la terre, déterminaient les corps à se mouvoir de haut en bas, dans une direction contraire à celle de cette force. Mais en supposant même l'existence des tourbillons, que personne n'admet plus aujourd'hui, l'explication de Descartes avait contre elle plusieurs difficultés insolubles, dont l'une consistait en ce

(1) Optice lucis, lib. III, quæst. 31.
(2) Ibid.

qu'un corps placé dans le plan d'un parallèle à l'équateur, devrait descendre obliquement à la surface de la terre, vers le point de l'axe auquel répondrait le centre du parallèle dont il s'agit, au lieu que la direction de la pesanteur est partout perpendiculaire à la même surface. Ce système de Descartes a disparu devant la théorie de la *gravitation universelle*, dont le nom seul exprime l'effort sublime à l'aide duquel le génie de Newton a fait rentrer les mouvements célestes et les plus grands phénomènes de la nature dans le domaine de la pesanteur.

De la différence entre la pesanteur et le poids.

51. La pesanteur doit être envisagée comme agissant également à chaque instant sur chacune des molécules d'un corps. Il résulte d'abord de ce principe que la vitesse qu'elle imprime à un corps qui tombe ne dépend pas de la masse de ce corps ; elle est, par rapport à l'ensemble de toutes les molécules du corps, la même qu'elle serait pour chaque molécule détachée de la masse. Que cette masse soit plus grande ou plus petite, il s'ensuivra seulement qu'il y a plus ou moins de molécules animées de la même vitesse ; mais la vitesse commune n'en sera ni augmentée ni diminuée. Cependant nous ne voyons pas tous les corps tomber avec la même vitesse et arriver dans des temps égaux à la surface de la terre, en les supposant partis de la même hauteur. Nous allons donner la raison de cette différence, après que nous aurons établi la distinction qui existe entre la pesanteur d'un corps et ce qu'on appelle proprement le *poids* de ce corps. La pesanteur se mesure, ainsi que nous venons de le dire, par la vitesse qu'elle imprime à chaque molécule d'un corps, et cette vitesse est indépendante du nombre des molécules; mais le poids d'un corps se mesure par l'effort qu'il faut faire pour soutenir ce corps et l'empêcher de tomber. Or, cet effort est d'autant plus considérable qu'il y a dans ce corps plus de molécules animées de la même vitesse ; et ainsi le poids a proprement pour expression le produit de la masse par la vitesse, d'où il suit qu'il varie dans le même rapport que la masse, relativement aux corps que nous pesons, parce que ces corps sont censés être sollicités par des vitesses égales. Il est facile de concevoir maintenant pourquoi, parmi les corps abandonnés à eux-mêmes, ceux qui ont plus de masse tombent plus vite de la même hauteur que ceux dont la masse est moins considérable. Cette différence provient de la résistance de l'air, qui est plus grande à l'égard des corps qui ont moins de masse ; car si nous supposons, par exemple, deux balles de même diamètre, l'une de plomb, l'autre de liége, qui commencent à tomber en même temps, ces deux balles présentant des surfaces égales à la résistance de l'air, on aura ainsi deux résistances égales appliquées à deux corps animés de la même vitesse initiale ; d'où il suit que la résistance de l'air enlèvera à la balle de liége, qui a la plus petite quantité de mouvement, une portion plus grande de vitesse que celle qui sera perdue dans le même temps par la balle de plomb ; et la première, continuant de perdre à chaque instant plus que la seconde, se trouvera plus en retard.

52. [Le poids d'un corps est la pression que ce corps exerce contre un obstacle qui s'oppose à sa chute ; c'est, en d'autres termes, la résultante des actions de la pesanteur sur chacune des molécules du corps. Le point d'application de cette résultante s'appelle le *centre de gravité* du corps. Le centre de gravité d'un corps peut se déterminer par expérience de la manière suivante : on suspend le corps par un point au moyen d'un fil, la résultante des actions de la pesanteur étant détruite par la résistance du fil, a nécessairement la direction de ce fil, le centre de gravité se trouve donc dans la direction du fil ; on le suspend ensuite par un autre point ; le centre de gravité se trouve encore dans la direction du nouveau, par conséquent il se trouve à l'intersection de ces deux lignes. Lorsqu'un corps est homogène et d'une forme régulière, de manière que la matière se trouve répandue symétriquement par rapport à un point, ce point est lui-même le centre de gravité : ainsi, dans une sphère, le centre de gravité est au centre de la figure ; dans un cube, il est à l'intersection des diagonales, etc.

53. Pour qu'un corps ne tombe pas, il faut qu'il rencontre un obstacle situé sur la verticale passant par son centre de gravité ; toutes les fois que cette condition est remplie, le corps est dit *en équilibre*. Mais l'équilibre peut être

stable ou instable : il est stable lorsque le corps, après avoir été dérangé d'une petite quantité de sa position, y revient par une série d'oscillations; l'équilibre est instable quand le corps, après avoir été un peu dérangé, n'y revient plus et que le centre de gravité décrit une courbe pour venir se placer dans une position d'équilibre stable. Dans la position d'équilibre stable, le centre de gravité occupe le point le plus bas possible; il est au contraire le plus haut possible dans le cas d'équilibre instable.]

54. Galilée, à qui était réservée la gloire de préparer de loin la théorie de Newton, par la découverte de la loi à laquelle est soumise l'accélération des graves; Galilée, dis-je, ayant fait tomber d'une grande hauteur différentes boules d'*or*, de *plomb*, de *cuivre*, de *porphyre*, avec une boule de *cire*, observa que tous ces corps employaient presque le même temps pour arriver à terre. La boule de cire, la seule qui fût sensiblement en retard, n'était plus qu'à quatre pouces de terre à la fin de la chute des autres corps. Galilée, considérant que cette différence était bien éloignée d'être proportionnelle à celle des poids, en conclut qu'elle dépendait uniquement de la résistance de l'air. Cette conjecture a été vérifiée depuis par des expériences directes, qui consistent à faire tomber du haut d'un tube, sous lequel on a fait le vide le plus parfait possible, des corps de différentes masses, tels que du plomb, du fer, du bois, du liége, de la plume, de la laine, etc.; et l'on a observé que tous ces corps ne laissaient apercevoir aucune différence sensible dans la durée de leur chute. Quant aux corps qui s'élèvent en l'air, tels que la fumée, on sait que leur ascension est due à ce qu'ils se trouvent spécifiquement plus légers que l'air : ils sont, à l'égard de ce fluide, ce qu'est, à l'égard de l'eau, un morceau de liége qui, plongé dans cette eau à une certaine profondeur et abandonné ensuite à lui même, remonte à la surface. Le vulgaire regarde comme étant sans pesanteur tout ce qui s'élève au lieu de tomber; ce qui a fait dire à Newton que les poids du vulgaire étaient les excès des poids absolus des corps sur le poids de l'air. L'ascension des ballons aérostatiques au milieu de l'air est bien faite pour désabuser les partisans de cette théorie des corps sans pesanteur.

Lois de la chute des corps.

55. Un corps suspendu à l'extrémité d'un fil, un *fil à plomb*, nous fait connaître la direction suivant laquelle les corps tombent à la surface de la terre; cette direction, appelée *verticale*, est dans tous les lieux de la terre perpendiculaire à la surface des eaux tranquilles, ainsi qu'on s'en assure par la simple observation. Il en résulte que, la terre étant à peu près sphérique, la direction de la pesanteur va passer par le centre du globe : que, dans un même lieu, les fils à plomb sont sensiblement parallèles à cause de leur petite dimension relativement au rayon de la terre; mais lorsqu'ils sont situés à une grande distance les uns des autres, ils font entre eux un certain angle.

56. Galilée a trouvé le premier que les corps, en tombant, parcourent des espaces croissant comme le carré du temps. On en conclut que la force qui produit le mouvement est accélératrice constante, par conséquent que les formules que nous avons données (27) pour le mouvement uniformément accéléré sont applicables au cas de la pesanteur; par conséquent la vitesse d'un corps qui tombe pendant le temps t sera exprimée ainsi $v=gt$, g exprimant le double de l'espace parcouru dans la première seconde de la chute; et l'espace parcouru dans le temps t sera $e=\frac{gt^2}{2}$. On a trouvé par expérience qu'à Paris l'*intensité de la pesanteur* représentée par g est égale à $9^m,8088$.

57. Pour établir cette loi, il suffisait de déterminer exactement l'espace parcouru par un corps tombant pendant 1, 2, 3 secondes; mais la grande vitesse de la chute des corps rend l'observation directe impossible. Galilée parvint à diminuer la vitesse sans changer la nature de la force, en faisant tomber le corps sur un plan incliné. Supposons (fig. 7) que AB représente une corde d'environ 10 mètres de longueur, tendue de manière que l'une des extrémités soit plus élevée que l'autre; M est un petit chariot disposé convenablement pour rouler tout le long de la corde; la pesanteur tend à faire tomber le chariot suivant la verticale MG; mais cette force se décompose en deux : l'une MK, perpendiculaire sur AB, est détruite par la résistance du fil; l'autre

MH, fait rouler le chariot sur la corde ; or il est facile de voir que la force, agissant suivant MH, décroît en même temps que la hauteur AC, et qu'en rendant cette hauteur de plus en plus petite on arrivera à diminuer suffisamment la vitesse du chariot pour qu'il soit possible d'observer commodément l'espace parcouru dans 1, 2, 3, 4 secondes ; on reconnaîtra que ces espaces sont entre eux comme les nombres 1, 4, 9, 16.

58. Bien que cette expérience ait servi à établir les lois de la pesanteur, nous devons dire qu'elle n'est pas susceptible d'une grande précision à cause du frottement, de la courbure que prend nécessairement la corde sous le poids du chariot, etc. La *machine d'Atwood* fournit un moyen plus facile et plus exact de vérification de la même loi (fig. 8). Cette machine consiste essentiellement en une poulie métallique très-légère et rendue aussi mobile que possible sur son axe par la diminution du frottement ; sur la gorge de cette poulie passe un fil de soie aux extrémités duquel sont suspendues deux masses métalliques égales ; ces deux masses doivent se faire équilibre dans toutes les positions, car le poids du fil, qui se trouve plus long d'un côté que de l'autre, est trop faible pour mettre le système en mouvement. La poulie est ordinairement placée sur une colonne d'environ 3 mètres de hauteur, le long de laquelle se trouve une règle divisée en centimètres servant à mesurer l'espace parcouru par l'une des masses de métal ; une horloge est pareillement fixée à la colonne pour mesurer le temps que dure le mouvement. Pour faire les observations, on place l'une des masses à la partie supérieure de la règle graduée, et l'autre se trouve naturellement à la partie inférieure. A un instant marqué, on surcharge la masse supérieure d'un petit poids additionnel qui met tout le système en mouvement, mais ne lui imprime qu'une vitesse très-petite, puisqu'il est obligé de communiquer le mouvement (36) à la masse qui descend et à celle qui monte ; en sorte que si le petit poids est de 1 gramme, les deux masses ensemble de 200 grammes, la vitesse de tout le système sera 201 fois plus petite que celle du petit poids s'il tombait librement ; et comme on peut prendre ce petit poids additionnel aussi faible que l'on veut par rapport aux deux grandes masses, on diminuera la vitesse à volonté de manière à rendre facile l'observation de l'espace parcouru dans 1 seconde, 2 secondes, etc. Pour faciliter les observations, on fixe le long de la règle un petit plan horizontal destiné à arrêter la masse qui tombe à la fin de la première ou de la deuxième seconde de la chute. Les points où l'on doit fixer ce petit plan se déterminent par le tâtonnement, mais avec assez de facilité. On trouve ainsi que les espaces parcourus dans 1, 2, 3 secondes sont entre eux comme les nombres 1, 4, 9, ainsi que l'avait trouvé Galilée.

59. Mais la machine d'Atwood fournit le moyen de faire une autre vérification. A la place du petit plan qui a arrêté la masse à la fin de la première seconde, on fixe un anneau à travers lequel passe cette masse ; puis on donne au poids additionnel une forme allongée qui ne lui permet pas de traverser l'anneau, en sorte qu'il reste dessus et que les deux masses continuent à se mouvoir d'un mouvement uniforme avec la vitesse acquise à la fin de la première seconde. On peut faire la même observation à la fin de la deuxième seconde, etc., et vérifier ainsi expérimentalement cette loi, que la vitesse croît proportionnellement au temps.]

60. La découverte de la loi suivant laquelle la pesanteur agit sur les corps placés dans le voisinage de la terre, et que nous avons dit être due à Galilée, n'était que comme un premier pas fait à l'entrée d'une carrière immense qu'il était réservé à Newton de parcourir. Le principe de la pesanteur est devenu entre ses mains d'une fécondité qui n'a, pour ainsi dire, d'autres bornes que celles de l'univers lui même. Ce grand géomètre conjectura que cette force, dont l'intensité ne paraissait pas être sensiblement plus petite sur la cime des plus hautes montagnes qu'à la surface du globe, s'étendait jusqu'à la lune, et que, combinée avec le mouvement de projection de ce satellite, elle lui faisait décrire un orbe elliptique autour de la terre. La pesanteur, à cette distance, devait se trouver diminuée d'une quantité appréciable ; et pour déterminer la loi de cette diminution, Newton chercha, d'après le mouvement connu de la lune dans son orbite et d'après le rapport entre le rayon de la terre et celui de la même orbite, de quelle hauteur la lune, abandonnée à sa seule pesanteur,

descendrait vers la terre, dans un instant déterminé. Comparant ensuite cette hauteur avec celle qui mesure, pendant le même temps, la chute des corps près de la surface de la terre, il trouva que la loi de la pesanteur, en supposant que cette force s'étendît jusqu'à la lune, suivait la raison inverse du carré des distances. Enfin il généralisa ce résultat, en considérant le soleil comme le foyer d'une force qui se propage indéfiniment dans l'espace, et qui agit, en raison directe des masses, et réciproquement au carré des distances, sur tous les corps de notre système planétaire, en même temps que ces corps exercent les uns sur les autres de semblables actions. Ce court exposé suffit pour faire entrevoir l'immensité du travail entrepris par Newton et par les illustres géomètres qui ont perfectionné sa théorie, pour déterminer les diverses modifications d'une loi si simple en elle-même et si compliquée dans ses résultats, pour démêler l'influence mutuelle des phénomènes et résoudre le nœud par lequel chacun des détails tient à l'ensemble.

61. L'attraction que les différents corps de la nature exercent entre eux n'est autre chose que la somme des attractions particulières de toutes les molécules dont ces corps sont les assemblages ; d'où il résulte que le principe qui a fourni à Newton comme la clef de sa théorie, si on le considère dans son plus haut degré de généralité, doit être énoncé ainsi : *Toutes les molécules de la matière s'attirent mutuellement en raison directe des masses et inverse du carré des distances.*

62. Pour donner un nouveau développement à ce principe, que nous aurons occasion d'appliquer à divers phénomènes qui sont du ressort de la physique, supposons avec Newton une enveloppe sphérique *pnx* (fig. 9), dont toutes les particules agissent par des attractions en raison inverse du carré des distances, sur une molécule *m* située en dehors à une distance quelconque. Newton a prouvé que, dans ce cas, l'attraction totale qui résulte de toutes les attractions particulières est la même, par rapport à la molécule attirée, que si toutes les molécules attirantes se trouvaient réunies au centre *c* de l'enveloppe sphérique qu'elles composent (1).

(1) Princ. math., l. I, prop. 71, th. 31.

Car si l'on imagine qu'elles aillent toutes se placer dans ce point, les attractions de celles qui étaient plus voisines de la molécule attirée que le centre diminueront par une suite de l'augmentation de distance, tandis que les attractions de celles qui étaient plus éloignées de la molécule attirée que le centre augmenteront en vertu d'une distance plus petite (1). Or on démontre, par la géométrie, qu'il s'établit, dans ce cas, une compensation entre les attractions qui décroissent et celles qui proviennent de l'accroissement, de manière que la somme des forces conserve sa valeur primitive. Maintenant une sphère pouvant être considérée comme un assemblage d'enveloppes sphériques superposées, à chacune desquelles s'applique le raisonnement que nous venons de faire, il en résulte que la sphère entière, toujours dans l'hypothèse d'une attraction en raison inverse du carré de la distance, agit sur une molécule située extérieurement, comme si toute la matière de cette sphère était réunie au centre. On a appelé *centre d'action* ce point dans lequel il faudrait supposer que toutes les particules d'un corps se trouvassent rassemblées, pour que leur action totale fût encore la même que quand elles étaient disséminées dans toute l'étendue de ce corps. Le théorème dont nous venons de donner une idée est très-remarquable, en ce qu'il conduit à considérer les sphères comme de simples points pesants.

63. Quelle que soit la figure du corps qui attire la molécule *m*, il est visible que le centre d'action sera toujours placé dans l'intérieur de ce corps, à une distance finie de la surface; et si l'on substitue à la molécule *m* un nouveau corps d'une certaine étendue, les deux corps s'attireront en raison directe de leurs masses et en raison inverse des carrés des distances entre leurs centres d'action.

64. On voit maintenant pourquoi un

(1) Si du point *m* pris comme centre, et de l'intervalle *me* pris comme rayon, on décrit un arc de cercle *rcs* qui coupe la circonférence *pnx*, et si l'on suppose que cet arc appartienne à une seconde enveloppe sphérique, qui ait pour centre le point *m*, celle-ci déterminera la limite entre les points *a*, *b*, *p*, *z*, etc., qui s'écarteront de la molécule *m*, et les points *e*, *g*, *h*, *o*, etc., qui s'en rapprocheront.

corps porté à la plus grande hauteur à laquelle nous puissions atteindre n'est pas sensiblement moins attiré que s'il était placé à la surface de la terre : car l'élévation de ce corps au-dessus de la surface n'étant pas comparable au rayon terrestre, la distance entre les deux centres d'action ne se trouve augmentée que d'une quantité extrêmement petite par rapport à elle-même, et ainsi l'attraction n'a dû éprouver qu'une diminution inappréciable par le trajet qu'a fait le corps en s'éloignant de la terre.

65. On conçoit aussi pourquoi deux corps d'un volume peu considérable, même en les supposant librement suspendus à une petite distance réciproque, ne prennent aucun mouvement sensible l'un vers l'autre. Car ces corps n'étant que comme des points en comparaison de la terre, l'attraction que celle-ci exerce sur eux devient tellement prépondérante qu'elle les dérobe à l'effet de leur attraction mutuelle. Si l'on représente les deux attractions par deux côtés d'un parallélogramme, dont l'un coïncide avec la ligne qui joint les centres d'action des deux corps, et l'autre avec celle qui passe par l'un de ces centres et par le centre de la terre, le rapport entre ces côtés sera si grand que la résultante représentée par la diagonale du parallélogramme ne s'écartera qu'infiniment peu du grand côté situé sur la direction de l'attraction terrestre.

66. Ce que nous venons de dire doit s'entendre des circonstances ordinaires dans lesquelles nous jugeons, d'après ce que nous en disent nos sens, de l'état des corps situés en présence les uns des autres. Mais le célèbre Cavendish a été conduit, par des moyens aussi précis qu'ingénieux, à saisir et à mesurer les effets de l'attraction mutuelle de ces corps, en rendant l'un d'eux susceptible, par son extrême mobilité, d'obéir à une très-petite force (1). L'appareil était le même que celui dont M. Coulomb s'est servi avec tant d'avantage pour déterminer la loi à laquelle sont soumises les actions électriques, et que nous décrirons avec détail dans l'article relatif à l'électricité. Il nous suffira de dire ici que la pièce principale de cet appareil est un levier suspendu librement à un fil métallique, qui, en se tordant par l'effet de l'attraction ou de la répulsion qu'un corps exerce sur une des extrémités de ce levier, y fait naître un mouvement qui donne la mesure de l'une ou l'autre des forces dont il s'agit. — Dans les expériences faites par le célèbre chimiste anglais, le levier portait à chacune de ses extrémités un petit globe de fer ou de cuivre. On approchait de ces globes deux boules de plomb d'environ 3 décimètres ou 1 pied de diamètre, disposées de manière à ce que leurs actions conspirassent pour faire tourner dans le même sens les deux bras du levier. Elles se manifestèrent par un mouvement oscillatoire très-sensible qu'elles imprimèrent à ce levier. M. Cavendish compara ce mouvement avec celui que la pesanteur imprime à un pendule ; et, connaissant de plus la densité et le volume de chaque boule, ainsi que celui du globe terrestre, il déduisit de ces différentes données la densité moyenne de ce globe, qui se trouva être à celle de l'eau dans le rapport de 5,5 à l'unité. Ce résultat est un des plus remarquables parmi ceux qui offrent la preuve du haut degré de perfection auquel la physique est parvenue de nos jours, et qu'atteste surtout le succès des expériences qui, comme celle que nous venons d'exposer, exigent une précision assortie à leur délicatesse.

DU PENDULE.

67. [*Pendule simple.*— Supposons un fil AB (fig. 10) sans pesanteur et inextensible, suspendu au point A et portant au point B un corps pesant de dimensions infiniment petites. Ce fil, abandonné à l'action de la pesanteur, prendra la position verticale, mais si on le dérange de cette position, qu'on l'amène en B', la pesanteur agissant suivant la verticale AB' pourra se décomposer en deux forces, l'une B'K dans la direction du fil, sera détruite ; l'autre B'H, perpendiculaire à cette direction, ramènera le pendule dans sa position primitive en lui imprimant une vitesse toujours croissante ; arrivé en B, le pendule aura acquis une vitesse capable de le faire remonter de l'autre côté jusqu'en B'', à une hauteur égale à celle du point B'. Le pendule reprendra le même mouvement en sens inverse, et les *oscillations* se continueront ainsi indéfiniment.

68. Le temps que le pendule emploie

(1) Transact. philosoph. de la Société royale de Londres, année 1798.

à faire une oscillation est indépendant de l'*amplitude*, c'est-à-dire de l'angle B'AB'', pourvu que cet angle soit très-petit; ce temps ne dépend que de la longueur du pendule et de l'intensité de la pesanteur. Cette loi, déduite rigoureusement des principes de mécanique, se trouve constamment vérifiée par l'observation. — Si l'on représente par T le temps d'une oscillation exprimée en secondes; par l la longueur du pendule exprimée en mètres; par g l'intensité de la pesanteur; et enfin par π le rapport de la circonférence au diamètre, 3,1416926, on aura pour valeur de T :

$$T=\pi\sqrt{\frac{l}{g}}$$

formule de laquelle on déduit $g=\frac{\pi^2 l}{T^2}$.

69. Le pendule simple ne peut pas être réalisé : c'est une conception idéale qui conduit aux lois que nous venons d'énoncer; mais ces lois et la formule qui en est l'expression s'appliquent au *pendule composé*. On donne ce nom à un corps de forme quelconque mobile autour d'un axe horizontal A (fig. 11). Chacun des points de ce corps peut être considéré comme un pendule simple faisant ses oscillations autour du point A. Les longueurs de ces pendules simples seraient déterminées par les distances du point A : or ces pendules, ayant des longueurs différentes, feraient leurs oscillations dans des temps différents, s'ils étaient indépendants les uns des autres; mais comme ils sont assujettis à se mouvoir ensemble, la vitesse des uns sera augmentée tandis que celle des autres sera retardée, et tout le système fera ses oscillations dans le même temps qu'un pendule simple d'une certaine longueur AM, que l'on appelle à cause de cela pendule *simple synchrone*. La formule du pendule simple $T=\pi\sqrt{\frac{l}{g}}$ est applicable au pendule composé, pourvu que l'on prenne pour l la longueur du pendule simple synchrone. Le point M situé sur la verticale passant par le point de suspension, et à une distance de ce point égale à la longueur du pendule simple synchrone, s'appelle centre d'oscillation ; le calcul donne dans certains cas la position du centre d'oscillation. On démontre aussi que le centre d'oscillation est réciproque du centre de suspension; ce qui veut dire que, si l'on suspendait un pendule composé par son centre d'oscillation, le point de suspension deviendrait alors centre d'oscillation.

70. Dans l'application la plus familière du pendule, qui a pour objet de régler le mouvement des horloges, il n'est pas nécessaire de déterminer exactement la position du centre d'oscillation. Les pendules employés à cet usage se composent ordinairement d'une tige à l'extrémité inférieure de laquelle se trouve une *lentille* métallique que l'on peut faire monter ou descendre au moyen d'une vis, et on parvient ainsi par le tâtonnement à donner au pendule la longueur convenable.

71. Mais cette application n'est pas la seule qu'ait reçue le pendule; il a servi à déterminer, dans les différents lieux de la terre, l'intensité de la pesanteur que nous avons représentée par g, et par suite à faire connaître la forme de la terre; nous avons vu, en effet, que la formule du pendule donne $g=\frac{\pi^2 l}{T^2}$. Il suffit donc, pour déterminer la valeur de g, de mesurer avec précision la longueur d'un pendule et déterminer exactement la durée d'une oscillation. Borda est le premier qui ait résolu ces deux grandes difficultés.

72. Le pendule dont se servait Borda s'appelle *pendule absolu*; il se compose d'un fil très-fin de cuivre fixé à un *couteau* d'acier reposant sur deux plans d'agate, afin que le frottement soit le moins considérable possible; à l'extrémité inférieure du fil se trouve suspendue une petite calotte sphérique; dans cette calotte s'adapte une sphère de platine de même rayon, que l'on y fait adhérer au moyen d'une légère couche d'huile. Le platine avait été choisi non-seulement parce qu'il est le plus inaltérable des métaux, mais aussi parce qu'il est le plus dense et que la résistance de l'air devient moins sensible sur les oscillations. Le mode de suspension de la boule au moyen d'une calotte sphérique permet d'ailleurs d'adapter à l'appareil des boules de diverses substances, et de s'assurer ainsi que la durée des oscillations du pendule reste la même quelle que soit la nature de cet instrument; ce qui fournit une confir-

mation de cette loi, que la pesanteur agit également sur tous les corps.

73. Le pendule une fois construit, il s'agit d'en mesurer exactement la longueur; or, sa forme et ses dimensions étant bien déterminées, on trouve par le calcul la position du centre d'oscillation : il suffit alors de mesurer la longueur totale depuis le point de suspension jusqu'au point le plus bas de la boule, et d'en retrancher la hauteur à laquelle se trouve le centre d'oscillation au-dessus de ce point. Pour y parvenir, Borda faisait osciller son pendule en plaçant au-dessous un plan horizontal d'acier poli, qu'il pouvait faire monter au moyen d'une vis jusqu'à ce que la boule vînt en raser la surface; ce qui a lieu lorsqu'on n'aperçoit plus aucun intervalle entre la boule et son image réfléchie par le plan métallique. Cela fait, on enlève le pendule sans toucher au plan d'acier, et on le remplace par une règle divisée, suspendue comme le pendule, et pouvant s'allonger au moyen d'une autre petite règle ajustée contre la première, et que l'on fait mouvoir au moyen d'une vis; on fait osciller cette règle comme le pendule, puis on l'allonge peu à peu jusqu'à ce que son extrémité inférieure vienne effleurer la surface du plan, comme le faisait la boule du pendule. La longueur de la règle donne alors la longueur totale du pendule, de laquelle on doit retrancher, comme nous l'avons dit, la distance du centre d'oscillation au point le plus bas de la boule.

74. Pour compter les oscillations, Borda employait une méthode très-ingénieuse appelée *méthode des coïncidences*. Elle consiste à placer le pendule devant le balancier d'une horloge dont les oscillations soient un peu plus lentes ou un peu plus rapides que celles du pendule. On les fait partir ensemble à une heure déterminée; à la seconde oscillation, celui qui se meut le moins vite se trouve un peu en retard sur l'autre; et ce retard augmente d'une oscillation à l'autre jusqu'à ce qu'il soit d'une oscillation entière; alors il y a une *coïncidence ;* c'est-à-dire que les deux pendules partent de nouveau en même temps, et ces coïncidences se reproduisent constamment à des intervalles égaux; il suffit donc de compter avec soin le nombre d'oscillations que fait le pendule entre deux coïncidences, puis le nombre de coïncidences qui se produisent dans un temps donné : le produit de ces deux nombres donnera le nombre total des oscillations; et l'on aura la durée d'une oscillation en divisant par ce nombre le temps exprimé en secondes pendant lequel on a fait osciller le pendule.

75. Ces expériences furent faites en 1790, à l'Observatoire de Paris, par Borda ; elles ont été répétées depuis par plusieurs physiciens célèbres : il en résulte que l'intensité de la pesanteur à Paris est de $9^{m},8088$, c'est-à-dire qu'un corps tombant librement parcourt dans la première seconde de sa chute une hauteur de $4^{m},9044$. Mettant cette valeur à la place de g dans la formule, et supposant que $T=1$, on trouve que la longueur du pendule qui fait à Paris ses oscillations dans une seconde est $0^{m},9938267$.

76. *Forme de la terre.* — Si l'on fait osciller un même pendule, dans un même lieu, à des époques différentes, on trouve qu'il fait constamment ses oscillations dans le même temps ; mais il n'en est plus ainsi pour un même pendule oscillant dans les différents lieux de la surface du globe. Un grand nombre d'observations ont prouvé que la durée des oscillations va en diminuant à mesure que l'on s'éloigne de l'équateur, ce qui indique que la valeur de g irait en augmentant de l'équateur vers les pôles. Cette variation est due d'abord à ce que les points de l'équateur étant plus éloignés de l'axe de rotation que ceux des autres parallèles, la force centrifuge est plus grande vers l'équateur que vers les pôles; cette variation est due en second lieu à ce que la terre n'est pas parfaitement sphérique, qu'elle est, ainsi que l'avait annoncé Newton, aplatie aux pôles et renflée vers l'équateur : il en résulte que, les rayons étant plus grands à l'équateur qu'aux pôles, l'intensité de la pesanteur varie en raison inverse du carré de ces rayons. En déterminant, comme on l'a fait au moyen du pendule, l'intensité de la pesanteur en différents lieux de la terre, on en déduit le rapport des rayons de la terre pour ces mêmes lieux, et par suite l'aplatissement du globe, c'est-à-dire la différence entre le plus grand et le plus petit rayon divisé par le plus grand. Laplace avait trouvé que cet aplatissement devait être de 1/305; les observations du pendule ont conduit à un nom-

bre qui en diffère très-peu, en sorte qu'on peut le regarder comme exact.

DES BALANCES.

77. On donne en général le nom de *balances* à tous les instruments destinés à *peser* les corps, c'est-à-dire à déterminer le rapport de leur poids à un poids pris pour unité. La balance ordinaire (fig. 12) se compose d'un levier, appelé fléau, mobile autour d'un axe placé au milieu et portant à ses extrémités deux *bassins* ou plateaux destinés à recevoir les *poids* et les corps à peser. Le fléau doit rester horizontal lorsque les plateaux ne sont pas chargés : il faut pour cela que le centre de gravité de tout le système soit situé un peu au-dessous du point d'appui; car, s'il se trouvait exactement à ce point, la balance resterait en équilibre dans toutes les positions, et s'il était au-dessus la balance basculerait aussitôt qu'on viendrait à la déranger de sa position d'équilibre. Le point d'appui doit se trouver à égale distance des points de suspension des plateaux, qui doivent être de même poids.

78. Ces conditions étant remplies, si l'on vient à placer un corps sur l'un des plateaux, le fléau s'inclinera, et la balance, après avoir fait une série d'oscillations, se constituera dans une nouvelle position d'équilibre, et pour lui faire reprendre sa position primitive il faudra mettre dans l'autre bassin un poids égal à celui du corps; mais si les bras du levier étaient inégaux, si les plateaux n'étaient pas de même poids, les corps qui se feraient équilibre dans les bassins seraient eux-mêmes de poids différents : on s'en apercevrait en les changeant de bassin, parce qu'alors la balance cesserait d'être en équilibre.

79. Cependant on peut peser exactement avec une balance dont les bras et les plateaux sont inégaux, en suivant la méthode appelée de *double pesée* ou de *Borda*. On place le corps à peser dans un des bassins; on lui fait équilibre avec de la grenaille de plomb ou toute autre matière, puis on enlève le corps et on le remplace par des poids : il est clair alors que ces poids, qui ont pris la place du corps et ont rétabli l'équilibre primitif, donnent exactement le poids du corps, indépendamment de l'égalité des bras de levier et des bassins.

80. La *sensibilité* d'une balance se mesure par la quantité dont le fléau est dérangé par l'addition d'un poids donné dans l'un des plateaux.]

De l'affinité ou attraction moléculaire.

81. L'attraction qui sollicite les corps de notre système planétaire à tendre vers le soleil et les uns vers les autres ne diffère pas de celle qui détermine la chute des corps placés dans le voisinage de la terre. Ces derniers corps ont aussi une tendance à s'approcher les uns des autres en vertu de la même force; mais l'effet en est détruit par l'attraction beaucoup plus énergique que la terre exerce sur eux. Si l'on suppose une série de corps dont les volumes aillent en diminuant, on est conduit par le raisonnement à conclure que leur tendance mutuelle doit s'éloigner toujours davantage du terme où elle commencerait à être comparable avec l'attraction terrestre. Cependant les molécules des corps solides placés à l'extrémité de cette série sont enchaînées les unes aux autres par une action puissante, et l'on sait jusqu'à quel point plusieurs de ces corps résistent aux efforts que nous faisons pour les diviser. Cette considération, jointe à d'autres dont nous parlerons dans la suite, a fait naître l'idée d'une nouvelle espèce d'attraction d'où dépendait la cohésion de ces molécules, et qui était distinguée de la pesanteur en ce qu'elle n'agissait qu'au contact, ou près du contact, et s'évanouissait à une distance tant soit peu sensible du contact. On a donné à l'attraction dont il s'agit les noms d'*affinité* ou d'*attraction moléculaire*. A la rigueur, l'action de l'affinité s'étend indéfiniment autour de chaque molécule; mais elle diminue avec beaucoup de rapidité, en sorte que passé une très-petite distance elle cesse d'être appréciable : on la regarde comme nulle à ce terme, et l'on appelle *sphère d'activité sensible* celle dont le centre se confond avec celui de la molécule et dont le rayon est égal à la distance dont nous avons parlé.

82. Une observation très-simple peut déjà nous faire entrevoir la manière d'agir de cette force. Elle consiste en ce qu'un petit fragment séparé d'une masse de métal ou de pierre ne résiste pas moins à l'effort de la lime, pour en détacher des particules, que quand ce fragment tenait au corps; d'où l'on voit que tout le reste de la masse n'influait

en rien sur la force avec laquelle les particules du fragment adhéraient entre elles.

83. Diverses expériences intéressantes répandent un nouveau jour sur cette conséquence. Si l'on prend deux plaques de marbre ou deux glaces bien polies et qu'on les fasse glisser l'une sur l'autre, pour qu'elles se touchent le plus exactement qu'il est possible, on observe qu'elles tiennent fortement l'une à l'autre. Chacune des deux surfaces ayant, dans ce cas, un grand nombre de points qui se mettent en contact avec les points correspondants de l'autre surface, ou n'en sont séparés que par une distance extrêmement petite, il en résulte une somme d'attraction comparable, en quelque sorte, à celle qui lie entre elles deux parties d'un même corps distinguées par un plan imaginaire. La pression de l'air environnant, à laquelle on pourrait d'abord être tenté d'attribuer l'adhérence des deux corps, ne fait autre chose qu'ajouter à l'effet de l'attraction : car si l'on place ces deux corps dans le vide, ils continueront d'adhérer entre eux avec une force qui sera seulement diminuée d'une quantité égale à l'action de l'air. On a remarqué que les mêmes corps, après être restés pendant quelque temps en contact, opposaient plus de résistance à leur séparation que dans le premier moment. Il paraît que l'action prolongée de la force attractive sollicite les molécules à de petites oscillations, à la faveur desquelles les parties saillantes de chaque surface se placent dans les interstices de l'autre, d'où résulte un rapprochement plus intime entre les deux surfaces.

84. Si l'on étend une couche très-mince de quelque matière grasse sur les deux surfaces, avant de les appliquer l'une contre l'autre, elles adhéreront beaucoup plus fortement entre elles. Dans ce cas, les molécules grasses servent aux deux surfaces comme de lien commun, en vertu des attractions qu'elles exercent sur chacune d'elles; et ce lien est d'autant plus puissant que les molécules dont il s'agit, non-seulement se moulent en quelque sorte sur les endroits où les surfaces sont de niveau, mais s'insinuent dans les cavités imperceptibles qui interrompent ce niveau, et multiplient ainsi le nombre des points attirants. Pour juger de la grande résistance que les corps dont nous venons de parler opposent à leur séparation, il faut diriger la force qui tend à produire celle-ci dans un sens perpendiculaire aux surfaces de contact. Mais si l'on fait glisser doucement les deux corps l'un sur l'autre, on parvient facilement à les séparer. Dans le premier cas, la résistance est égale à la somme des attractions réciproques de toutes les molécules en contact, en sorte que, pour opérer la séparation, il faut vaincre toutes ces attractions par un effort unique. Dans le second cas, au contraire, la séparation se fait pour ainsi dire en détail, par des actions successives, dont chacune ne dérobe qu'une petite partie des molécules à la force attractive.

85. La figure sphérique que prennent les gouttes d'eau et de mercure, et qui a lieu même dans le vide, offre une nouvelle preuve des effets de l'attraction moléculaire. Cette figure est d'autant plus exacte que la goutte est plus petite et que le plan qui la soutient agit moins sur elle par son attraction particulière. Ainsi, la rosée forme sur les feuilles de certaines plantes des globules qui ne les touchent que par un point. Mais les gouttes qui se trouvent sur le verre et sur différentes pierres sont seulement hémisphériques; et comme l'attraction réciproque des molécules aqueuses est considérablement affaiblie par l'action contraire d'une autre cause que nous ferons connaître ailleurs, si la goutte qui est dans le cas dont nous venons de parler a un certain volume, la pesanteur lui fait prendre la forme d'une moitié de sphéroïde dont le petit axe est dans une position verticale. Si, au contraire, la goutte est suspendue à la surface inférieure du corps, elle s'allonge de manière que c'est le grand axe du sphéroïde qui est situé verticalement.

86. Si l'on fait avancer doucement deux gouttes d'eau ou de mercure l'une vers l'autre, jusqu'à une très-petite distance, on les verra s'élancer pour se réunir en une seule. Nous aurons occasion, dans la suite, de citer beaucoup d'autres phénomènes qui dépendent de l'affinité; mais les effets de cette force ne se montrent nulle part d'une manière plus évidente, et à la fois plus admirable, que dans ces opérations si variées où la chimie met les éléments des corps, pour ainsi dire, aux prises les uns avec les autres, fait renaître ce qu'elle avait détruit ou le transforme en un être tou nouveau, et, par des décompositions e des combinaisons successives, obtient

des résultats qui sont autant d'imitations fidèles de ceux de la nature et d'autres dont celle-ci ne lui avait pas fourni le modèle.

De l'équilibre entre les affinités des principes qui forment les combinaisons neutres.

Quoique le développement des phénomènes qui dépendent des actions qu'exercent les unes sur les autres les molécules élémentaires des corps n'entre pas dans notre plan, le point de vue sous lequel nous allons ici les envisager n'est pas étranger à la physique, puisqu'il nous fait apercevoir la généralité des lois auxquelles ces phénomènes sont soumis.

87. Dans la combinaison mutuelle d'un acide avec un alcali, si l'on suppose que la quantité d'alcali, d'abord très-petite, augmente progressivement par rapport à la quantité d'acide, il y aura un terme où les propriétés des deux principes disparaîtront, en sorte, par exemple, que si le sel qui résulte de la combinaison est soluble, une teinture bleue végétale mise en contact avec la solution ne subira aucune altération. On dit alors que la combinaison est dans l'*état neutre*. On emploie aussi le mot de *saturation* pour indiquer le terme où les affinités réciproques des deux principes étant satisfaites, l'un quelconque des deux n'est plus susceptible de s'unir avec une nouvelle quantité de l'autre : or, ce terme ne répond pas à celui qui constitue l'état neutre, nous allons essayer d'éclaircir cette distinction d'après les idées du célèbre Laplace. Lorsqu'un acide est uni avec un alcali, on peut concevoir les molécules de l'acide comme agissant par des centres d'action (62) sur les molécules de l'alcali réunies autour d'elles, de manière à former autant de petites sphères dont les centres seraient occupés par ce même acide, et la combinaison des deux principes sera celle qui donne le point de saturation, si l'alcali est dans la proportion requise, pour que le rayon de chaque petite sphère soit égal à celui de la sphère d'affinité sensible de l'acide par rapport à l'alcali (81). On peut substituer à cette hypothèse celle où les petites sphères seraient composées de molécules d'acide et auraient leurs centres occupés par l'alcali. Pour qu'il y ait saturation, il faudra encore que le rayon de chaque petite sphère soit égal à celui de la sphère d'affinité sensible de l'alcali pour l'acide, et il est visible qu'alors les quantités relatives d'acide et d'alcali seront les mêmes que dans le cas précédent, chacune des deux hypothèses n'étant qu'une manière équivalente de concevoir les actions réciproques des deux principes qui forment la combinaison.

88. Imaginons maintenant que les centres des petites sphères étant occupés par l'alcali, on mette une teinture bleue végétale en contact avec le sel, et qu'elle reste sans altération. Les molécules colorées sont susceptibles d'agir par affinité, soit sur l'acide, soit sur l'alcali; et puisque, dans le cas présent, cette affinité ne produit aucun effet, si nous nous bornons à la considérer par rapport à l'acide, nous conclurons qu'elle est en équilibre avec celle que l'alcali exerce sur les parties de cet acide qui composent la couche extérieure de la petite sphère, ou celle avec laquelle les molécules bleues sont en contact. Le sel alors est dans l'état neutre relativement à la teinture végétale, mais il ne s'ensuit pas qu'il y ait saturation : car, si cela était, l'action de l'alcali sur l'acide se terminerait à la surface de la petite sphère ; et l'affinité de la couleur bleue étant libre de s'exercer, les molécules colorées passeraient au rouge en se combinant avec une partie de l'acide. Ainsi, lorsqu'un sel offre les caractères de l'état neutre, à l'aide d'une expérience semblable à celle que nous venons de citer, on doit concevoir que le rayon de la sphère d'affinité sensible de l'alcali pour l'acide s'étend plus loin que celui des petites sphères dont l'acide est supposé fournir la matière; en sorte que ces sphères sont susceptibles de s'accroître par l'addition d'une nouvelle couche d'acide, jusqu'à ce que les rayons soient devenus égaux. Il suit de là que l'état de saturation doit être considéré comme un terme absolu, au lieu que l'état neutre n'est qu'un terme relatif, qui dépend des affinités réciproques entre l'acide ou l'alcali et la substance colorante que l'on met en contact avec le sel. Le sulfate de potasse peut servir ici d'exemple. Une solution de ce sel fait passer au rouge les teintures bleues végétales, parce que la quantité d'acide, relativement à celle d'alcali, dépasse le terme qui constitue l'état neutre et se rapproche de la limite qui répond à la saturation. On a donné aux sels qui sont dans ce cas le nom de *sels avec excès*

d'acide ou de *sels acidules*. — Ce que nous venons de dire d'un alcali doit s'entendre généralement de toutes les bases susceptibles de se combiner avec des acides. Il y a aussi des sels dans lesquels c'est au contraire la quantité d'alcali qui, relativement à la quantité d'acide, dépasse le point d'où dépend l'état neutre, en sorte que leur action verdit les teintures bleues végétales. Ces sels sont appelés par les chimistes *sels avec excès d'alcali* ou *sels alcalinules*. De ce nombre sont le borate de soude, vulgairement *borax*, et le carbonate de soude.

89. Cette manière de représenter les résultats des combinaisons produites par les acides et les alcalis conduit à expliquer ce qui arrive à deux sels neutres qui, mêlés l'un avec l'autre, échangent leurs bases, en sorte que les nouveaux produits qui naissent de cette opération sont encore dans l'état neutre. L'accord qui existe à cet égard entre la théorie et l'expérience sert à dévoiler une propriété très-remarquable de l'affinité, savoir, que la loi à laquelle son action est soumise à raison de sa distance est la même pour tous les corps, en sorte que les différences entre les actions de ces corps ne dépendent que de l'intensité plus ou moins grande de l'affinité particulière à chacun d'eux. Pour éclaircir ceci par un exemple très-simple, imaginons une particule d'acide sulfurique logée au centre d'une petite sphère composée d'un alcali quelconque, de manière qu'il y ait saturation, et désignons par a la quantité de cet alcali. Substituons maintenant l'acide hydrochlorique à l'acide sulfurique, et supposons que l'action du premier soit une fois moins intense que celle du second. Pour que l'acide hydrochlorique sature la même quantité a d'alcali, il faudra, dans l'hypothèse où la loi relative à la distance serait la même de part et d'autre, que la particule de cet acide placée au centre de la petite sphère ait une masse double de celle de la particule d'acide sulfurique qu'elle a remplacée. Supposons, d'un autre côté, que cette dernière particule soit capable de saturer une quantité de chaux égale à $2a$. Nous en conclurons qu'il faut la même quantité $2a$ de chaux pour saturer la particule d'acide hydrochlorique : car, puisque l'acide sulfurique est capable d'agir jusqu'à saturation sur deux sphères composées l'une de a d'alcali et l'autre de $2a$ de chaux, et que l'acide hydrochlorique est dans la proportion requise pour saturer la sphère composée de a d'alcali, il faudra bien que son action sur la sphère composée de $2a$ de chaux atteigne encore le terme de la saturation, par une suite de ce que, la fonction de la distance étant la même de part et d'autre, les limites de l'action sont aussi les mêmes. On peut supposer que la quantité a d'alcali et la quantité $2a$ de chaux, inférieures à celles qu'exige la saturation, soient seulement suffisantes pour amener, par exemple, l'acide sulfurique à l'état neutre; dans ce cas, l'union des mêmes quantités avec l'acide hydrochlorique déterminera encore l'état neutre dans un égal degré, c'est-à-dire que les rayons des petites sphères, dont on suppose les centres occupés par les deux acides, différeront de la même quantité avec les rayons des sphères d'activité sensible des mêmes acides sur l'alcali et sur la chaux. D'après cette théorie, si l'on mêle ensemble deux sels neutres, qui aient les conditions nécessaires pour faire échange de leurs bases (1), comme cela a lieu par rapport à l'hydrochlorate de baryte et au sulfate de soude, les nouveaux sels qui résulteront de ce mélange, et qui seront, dans le cas présent, le sulfate de baryte et l'hydrochlorate de soude, se trouveront à leur tour dans l'état neutre : car si les deux premiers sels sont dans un tel rapport, que la quantité de baryte, par exemple, renfermée dans l'hydrochlorate de baryte, soit celle qui est requise pour neutraliser la quantité d'acide sulfurique que contient l'autre sel, la quantité de soude renfermée dans ce dernier sera aussi celle qui est capable de neutraliser la quantité d'acide hydrochlorique que contient l'hydrochlorate de baryte. Si au contraire un des deux sels, tel que le sulfate de soude, est en trop grande proportion, il ne s'en décomposera que la partie nécessaire pour que les produits de l'opération atteignent le degré qui répond à l'état neutre. Le surplus restera comme étranger à la combinaison en conservant son état primitif, sans qu'aucune portion d'acide ou de base soit mise en liberté.

90. On avait déjà observé cette corrélation entre les affinités dans le mé-

(1) Statique chimique, t. I, p. 94 et suiv.

lange de différents sels neutres. Mais les quantités respectives de base et d'acide que plusieurs chimistes avaient assignées pour les mêmes sels ne s'accordaient pas avec celles qu'exigeait la permanence de l'état neutre, ainsi que l'a prouvé dans une discussion lumineuse M. Guyton, qui en a conclu que ces quantités n'étaient pas exactes (1). Les recherches faites depuis par M. Berthollet ont servi à vérifier de plus en plus l'existence des lois que nous avons exposées, et qui ne sont autre chose que des inductions de la belle théorie que ce savant chimiste a donnée sur les affinités (2). Voici une partie des résultats qu'il a bien voulu nous communiquer. Si on mêle une solution de nitrate ou d'acétate de baryte qui soit parfaitement neutre avec une solution de sulfate de potasse ou d'ammoniaque, qui soit neutre dans un égal degré, l'échange de base qui se fait entre les deux sels employés détermine un précipité de sulfate de baryte, et le sel qui reste en solution est encore dans un état parfaitement neutre. Le même effet a lieu lorsqu'on mêle de l'hydrochlorate ou du nitrate de chaux avec du sulfite de potasse ou de soude, auquel cas il se précipite du sulfite de chaux; ou lorsqu'on mêle du sulfate de magnésie avec de l'hydrochlorate ou du nitrate de baryte et de strontiane : c'est alors le sulfate de baryte ou de strontiane qui se précipite. La même propriété s'étend aux sels métalliques qui peuvent être amenés à l'état neutre; ainsi le mélange du nitrate d'argent avec l'hydrochlorate de potasse ou de soude détermine un précipité d'hydrochlorate d'argent, et tout reste comme auparavant dans l'état neutre.

Comparaison de l'affinité avec la pesanteur.

91. Il était naturel de regarder cette attraction, qui ne se manifeste que dans le voisinage du contact, comme étant entièrement indépendante de la pesanteur, dont l'action franchit les intervalles immenses qui séparent les corps célestes. Aussi un grand nombre de physiciens, à la tête desquels se trouve Newton lui-même, ont-ils pensé que l'affinité devait être soumise à une loi plus rapide que celle de la raison inverse du carré des distances, et que peut-être elle suivait la raison inverse du cube.

92. Pour mieux concevoir la différence qui, d'après cette opinion, existerait entre les effets des deux attractions, reprenons la considération d'un corps sphérique *pnx* (fig. 9) dont toutes les particules agissent par des attractions en raison inverse du carré des distances, sur une molécule *m* située à une distance quelconque. Nous avons vu (62) que l'attraction totale qui résulte ici de toutes les attractions particulières est la même, à l'égard de la molécule *m*, que si toute la matière de la sphère se trouvait réunie au centre. Or, dans l'hypothèse actuelle, il n'arrivera jamais que l'attraction au contact soit infinie relativement à celle qui avait lieu avant le contact : car le rayon de la sphère, qui mesure la distance au centre d'action dans le premier cas, sera toujours en rapport fini avec la distance qui a lieu hors du contact, et ainsi les attractions elles-mêmes seront comparables (1).

93. Supposons maintenant une autre sphère *pnx* (fig. 13) composée de particules qui agissent en raison inverse du cube des distances, sur une molécule *m*, située extérieurement à une distance sensible, et concevons de nouveau que toutes les particules attirantes aillent se réunir au centre *c*. Dans ce cas, les attractions des particules qui s'éloigneront de la molécule *m* diminueront, en général, dans un plus grand rapport que celui suivant lequel augmenteront les attractions des particules qui se rapprocheront de la même molécule *m*. Donc, la perte n'étant pas compensée par l'avantage, l'attraction totale des particules réunies en *c* sera devenue plus faible que quand elles agissaient de tous les points de la sphère. Donc, pour rétablir l'égalité d'attraction, il faudra

(1) Mémoires de l'Institut national, Sciences mathém. et phys., t. II, p. 326 et suiv. Voyez aussi, dans la Statique chimique, t. I, p. 134, les résultats d'un travail entrepris par Richter, antérieurement à celui de Guyton, dans la vue de déterminer le véritable rapport entre les quantités de base et d'acide que renferment les sels les plus connus.

(2) Statique chimique, t. I. Mémoires de l'Institut, Sciences mathém. et phys., t. III, p. 1 et suiv.

(1) Newtonis, Princip. mathem. propos. 81, theor. 51, exempl. 2.

supposer que le centre d'action soit situé quelque part en c', entre le centre c et la surface de la sphère. Plaçons la molécule attirée plus près de cette même surface, comme en m'. Alors, pendant le mouvement des particules de la sphère vers le centre, les attractions décroissantes perdront encore davantage, en comparaison de ce que gagneront les attractions croissantes, que dans le cas où la molécule attirée était en m; d'où l'on voit que le centre d'action se trouvera quelque part en c'', toujours plus près de la surface. Ainsi, à mesure que la distance diminue entre la molécule attirée et la surface de la sphère, le centre d'action, de son côté, au lieu de rester fixe comme dans l'hypothèse précédente, s'avance continuellement vers cette surface, et l'attraction s'accroît par une progression dont la limite, qui a lieu au contact, est l'infini; d'où il suit qu'elle est alors infiniment plus grande qu'à une distance appréciable du contact : à plus forte raison la même chose aura-t-elle lieu si l'on suppose que l'attraction diminue dans un rapport plus grand que celui de la raison inverse du cube. Ces résultats, qui étaient conformes à l'observation de ce qui se passe dans les phénomènes offerts par les molécules élémentaires des corps, semblaient indiquer une ligne de séparation entre la force qui sollicite ces molécules et celle qui régit les grandes masses de notre système planétaire.

94. Il y aurait cependant une manière de concilier les actions de ces deux forces, en adoptant une idée très-heureuse de M. de Laplace, qui consiste à supposer que les distances entre les molécules d'un corps soient incomparablement plus grandes que les diamètres de ces molécules, de manière que la densité de chaque molécule surpasse de beaucoup la densité moyenne de l'ensemble, ou celle qui aurait lieu si toute la matière des molecules était distribuée uniformément dans l'intérieur du corps. Suivant cette hypothèse, le contact donnerait une grande supériorité à la molécule attirante située dans ce même point, sur l'attraction à une distance finie du contact, conformément à l'observation, et la scène des affinités rentrerait ainsi sous la dépendance de l'attraction planétaire. Plusieurs phénomènes, entre autres l'extrême facilité avec laquelle les rayons de la lumière traversent les corps dans toutes les directions imaginables, semblent être favorables à cette hypothèse. Les diversités que présentent les résultats de l'affinité dépendraient alors de la forme des molécules élémentaires. Mais nous sommes encore loin d'avoir acquis les connaissances nécessaires pour être en état d'appliquer le calcul aux actions intimes que les corps mus par l'affinité exercent les uns sur les autres, et de manier cette branche délicate de physique avec l'instrument dont Newton et ses successeurs se sont servis pour élever la théorie des phénomènes célestes à un si haut degré de perfection.

DE QUELQUES PROPRIÉTÉS DES CORPS SOLIDES QUI ONT DU RAPPORT AVEC L'AFFINITÉ.

De la dureté.

95. La dureté est la résistance qu'un corps oppose à la séparation de ses molécules : cette propriété dépend de la force de cohésion, jointe à l'arrangement des molécules, à leur figure et aux autres circonstances. Un corps est censé plus dur, à proportion qu'il résiste davantage au frottement d'un autre corps dur, tel qu'une lime d'acier, ou qu'il est plus susceptible d'attaquer tel autre corps sur lequel on le passe lui-même avec frottement. Les lapidaires jugent de la dureté des pierres fines et autres corps qui sont les objets de leur art, d'après la difficulté qu'ils éprouvent à les user en les présentant à l'action de la meule.

96. Le diamant est le plus dur de tous les corps connus. Les facettes artificielles qui font ressortir la vivacité de ses reflets sont l'ouvrage du diamant même, et ce n'est qu'à l'aide de sa propre poussière que l'on parvient à l'user et à le tailler.

97. Nous avons indiqué le frottement plutôt que la percussion comme étant, en quelque sorte, la mesure de la dureté des corps, parce que la résistance que ceux-ci opposent à la première de ces forces n'annonce pas toujours celle qu'ils sont capables d'opposer à la seconde. Ainsi, le verre, quoique plus dur que le bois, cède plus facilement que lui à la percussion. Le diamant même se divise par l'effort du marteau, tandis que d'autres corps restent entiers dans le même cas. Cette faculté qu'ont certains corps de se prêter plus ou moins à l'effet de la percussion, pour les briser, a été désignée sous le nom de *fragilité*; d'où il

suit qu'il ne faut pas confondre les corps *fragiles* avec les corps *tendres*, qui sont en opposition avec les corps *durs*. Il n'est peut-être point de corps dont la fragilité contraste plus fortement avec sa dureté, qu'une pierre verdâtre transparente et très-sensiblement lamelleuse qui se trouve au Pérou, et à laquelle on a donné le nom d'*euclase*. Après qu'elle a cédé avec beaucoup de difficulté aux efforts que l'on a faits pour l'user, on est surpris de la voir se séparer en éclats par l'effet d'une assez légère pression.

De l'élasticité et de la ductilité.

98. L'action d'un corps sur un autre peut être telle qu'il n'en résulte point l'entière séparation des parties de celui-ci, mais un simple déplacement de ses molécules, dont l'effet est de faire varier sa figure ou même son volume. On appelle en général *compressibles* les corps susceptibles de changer de figure par l'action d'une cause extérieure, et les résultats de ce genre d'action donnent naissance à un nouvel ordre de phénomènes qui se sous-divisent en deux classes : dans l'une, le corps qui a subi le changement a la propriété de revenir de lui-même à sa figure naturelle, dès que la cause qui avait dérangé ses parties cesse d'agir sur lui. Ainsi, une lame d'acier que l'on a courbée se redresse aussitôt qu'on l'abandonne à elle-même. Cette propriété a été nommée *élasticité*, et l'on appelle *élastiques* les corps qui en sont pourvus. Dans l'autre classe, le corps conserve la nouvelle figure qu'il a été forcé de prendre. Ainsi, l'inflexion qu'a subie une lame de plomb persévère lorsque rien n'agit plus sur cette lame. Nous allons donner quelques détails sur ces deux classes de phénomènes.

99. Le retour des corps élastiques à leur forme naturelle ne se fait pas brusquement et par un mouvement unique en sens contraire de celui qui a produit le changement de forme ; mais les molécules de ces corps font des vibrations qui les transportent successivement au delà et en deçà de leurs premières positions, et qui vont toujours en diminuant jusqu'à ce que les molécules aient repris ces positions. Les vibrations dont il s'agit se montrent surtout d'une manière très-marquée dans les cordes de plusieurs instruments de musique, ainsi que nous l'expliquerons en parlant du son. Elles sont encore très-apparentes dans une lame d'acier fixée par une extrémité et que l'on courbe en appuyant sur l'extrémité opposée, pour la laisser ensuite jouer en liberté.

100. Le choc d'un corps dur produit des effets analogues sur un globe d'ivoire, quoiqu'ils s'opèrent avec une rapidité qui les rend inappréciables pour nos sens, et que le changement même de figure que subit le globe ne puisse être aperçu ; mais on parvient à le rendre sensible en laissant tomber le globe sur une tablette de marbre noir bien unie, et enduite d'une légère couche d'huile. Lorsqu'ensuite on regarde obliquement cette tablette on voit, à l'endroit du contact, une tache ronde, dont le diamètre est plus ou moins considérable, suivant la hauteur d'où le globe est tombé. Or il est évident que ce corps, en conservant sa figure, n'aurait pu toucher la table que par un point ; et quoique le marbre, de son côté, puisse éprouver une dépression et se rétablir aussitôt, il n'est pas douteux que le globe lui-même ne contribue pour beaucoup à la formation de la tache par son changement de figure : en sorte que cette expérience offre une double preuve de l'effet que nous considérons.

101. Voici maintenant de quelle manière on doit concevoir le rétablissement de figure qui se fait dans le globe par une gradation imperceptible et presque instantanée : au moment du choc, les parties les plus voisines du contact sont refoulées vers le centre ; tandis que les parties les plus éloignées s'avancent par un mouvement contraire : d'où il suit que le globe prend une forme aplatie dans le sens de son axe vertical, et allongée dans le sens de son axe horizontal. Lorsqu'ensuite le débandement commence, il se fait un nouveau changement de figure opposé au premier, en sorte que le globe s'allonge dans le sens de l'axe vertical, et les deux changements de figure continuent de se succéder, en passant par des degrés décroissants, jusqu'à ce que le corps se trouve amené à la forme globuleuse qu'il avait avant le choc. C'est en conséquence du débandement qui suit le choc, que le globe, après avoir frappé la table de marbre, rejaillit en remontant vers le point d'où on l'a laissé tomber. Lorsque deux corps élastiques se choquent, le débandement leur imprime des vitesses en sens contraire du mouvement qui les avait portés l'un vers l'autre. Les géomètres ont re-

présenté par des formules les rapports de ces vitesses dans les différents cas auxquels s'étend le phénomène.

102. Il existe un certain nombre de corps qui sont en même temps très-durs et très-élastiques, en sorte que les deux qualités paraissent avoir beaucoup de rapports entre elles. On sait à quel point l'une et l'autre s'accroissent dans l'acier, par l'opération de la trempe.

103. La plupart des physiciens qui ont essayé de donner une théorie de l'élasticité ont surtout considéré que quand on bande un corps élastique, par exemple un arc, les particules situées du côté convexe s'éloignent les unes des autres, tandis que celles qui sont du côté concave se rapprochent. Mais de toutes les causes dont on a fait dépendre le rétablissement du corps dans son premier état, telles que l'attraction, la résistance d'une matière subtile particulière, disséminée entre les molécules du corps, l'action du calorique, il n'en est aucune qui conduise à une explication satisfaisante du phénomène.

104. C'est à l'élasticité que nous devons une grande partie des services que nous rend le fer converti en acier et travaillé par les arts. C'est d'elle qu'empruntent leur force les ressorts en spirale qui animent les montres et autres machines destinées à nous donner la mesure du temps. Mais ici l'affaiblissement du ressort, pendant qu'il se débande, deviendrait une cause de retard, relativement à un mouvement dont l'essence consiste dans son uniformité. Pour obvier à cet inconvénient, on donne à la fusée sur laquelle est enveloppée la chaîne tirée par le ressort, la forme d'un cône tronqué, dans lequel le rapport entre les diamètres des cercles parallèles aux bases est combiné avec les variations de la force motrice. Dans le premier moment où cette force jouit de toute son intensité, la partie de la chaîne qu'elle tire repose sur la spire la plus étroite de la fusée, et à mesure qu'ensuite le ressort s'affaiblit, les spires auxquelles répondent les parties de la chaîne qui se développent, vont en s'élargissant. Ainsi, d'une part, le bras du levier sur lequel agit la résistance du rouage, reste le même, puisqu'il n'est autre chose que le rayon de la roue de fusée, dont le mouvement se communique de proche en proche jusqu'aux aiguilles. D'une autre part, le bras de levier sur lequel s'exerce la puissance du moteur, à l'endroit qu'abandonne la chaîne en se développant, s'allonge continuellement ; en sorte que la puissance motrice regagne à chaque instant, par cet allongement, ce qu'elle perd en intensité, et tout marche comme si les deux bras de levier étaient parfaitement égaux. Toute la mécanique est pleine d'applications également intéressantes et ingénieuses de la force de ressort : c'est à elle qu'obéissent les pièces qui déterminent, en un clin d'œil, l'explosion des armes à feu portatives, les lames flexibles qui amollissent le mouvement des voitures, et les rendent d'un usage si commode, et les cordes de différents instruments, dont les vibrations, combinées avec celles de l'air, diversifient les plaisirs de l'oreille.

105. Il n'est point de corps dont l'élasticité soit parfaite, et peut-être n'en est-il aucun qui soit entièrement dépourvu de cette qualité. Mais ici, comme par rapport à un grand nombre d'autres phénomènes, nous nous arrêtons à la limite où une qualité cesse d'être appréciable, et nous regardons comme non élastiques les corps qui, après avoir été comprimés et forcés de changer de figure, restent dans le même état, et ceux qui résistent absolument à la compression.

106. On a donné le nom de *ductilité* à la facilité qu'ont les premiers corps, et particulièrement certains métaux, de s'aplatir par la pression ou par la percussion, de manière à conserver la figure qu'ils ont prise en vertu de l'une de ces deux forces. Les molécules, dans ce cas, glissent les unes sur les autres, en sorte que les points de contact, quoique déplacés, restent toujours à des distances assez petites pour que l'adhérence continue d'avoir lieu.

107. En comparant l'élasticité, la ductilité et la dureté dans les six métaux les plus connus, on trouve que l'ordre des élasticités suit celui des duretés ; et telle est la succession de ces métaux, en commençant par celui qui possède les deux qualités au plus haut degré, *fer*, *cuivre*, *argent*, *or*, *étain* et *plomb*. Les ductilités, relativement aux quatre premiers métaux, suivent une marche inverse de celle des autres propriétés, en sorte que l'ordre est celui-ci : *or*, *argent*, *cuivre* et *fer*. Mais l'étain tient le cinquième rang et le plomb le sixième, relativement aux trois propriétés à la fois ; en sorte que ces deux métaux sont

les plus tendres, les moins élastiques et les moins ductiles de tous. C'est que le défaut de jeu nécessaire entre les molécules, pour produire la ductilité, peut provenir également et de la grande force d'adhérence qui a lieu dans les corps durs, et de la facilité avec laquelle cette adhérence peut être totalement rompue dans les corps tendres.

108. Il y a des corps qui sont ductiles à chaud et à froid : de ce nombre sont encore les métaux; quelques-uns, tels que le verre, acquièrent de la ductilité par la chaleur; d'autres enfin, tels que l'argile, deviennent ductiles par l'interposition d'un liquide entre les molécules.

109. La ductilité, qui est une qualité précieuse dans les métaux, quand il s'agit de les étendre et de les appliquer sur la surface des corps, ce qui a lieu surtout par rapport à l'or, le plus ductile de tous, devient au contraire un inconvénient lorsqu'on les emploie en masse; et les ouvrages faits avec ces métaux, façonnés dans leur état naturel, n'auraient pas assez de consistance, et seraient sujets à se déformer et à perdre le fini que la main de l'art leur a donné. On y remédie en alliant avec le métal que l'on emploie, un autre métal dont les molécules interposées entre les siennes, en diminuent le jeu, et les lient plus fortement les unes aux autres. Au moyen de ces alliages, les arts parviennent à rendre les métaux plus durs ou plus sonores; ils en modifient à leur gré les propriétés et les transforment en d'autres métaux intermédiaires, dont la diversité est assortie à celle de nos usages.

110. On dit d'un corps qu'il est *mou* lorsque ses parties cèdent facilement à la pression, en conservant néanmoins une certaine adhérence entre elles. L'effet de cette pression persiste dans plusieurs corps, sans être suivie d'un retour vers la forme que ces corps avaient primitivement, et alors on peut considérer la mollesse comme n'étant qu'un haut degré de ductilité. Ce cas est celui de l'argile humectée d'eau, que nous avons déjà prise pour exemple. Mais le terme de *mollesse* a une plus grande extension que celui de *ductilité*, en ce qu'il y a des corps mous qui sont en même temps élastiques. Tel est le caoutchouc, que l'on a nommé aussi pour cette raison *gomme élastique*.

De la cristallisation.

111. L'action de l'affinité sur les molécules de la matière n'a été considérée jusqu'ici que comme le moyen employé par la nature pour composer des masses d'un volume plus ou moins sensible. Du reste, nous n'avons supposé ces molécules soumises, dans leur réunion, à d'autres conditions que celle de se mettre presque en contact les unes avec les autres, et nous avons fait abstraction de l'influence que leurs formes particulières et leurs positions respectives pouvaient avoir sur la structure et sur la configuration des masses. Nous avons maintenant à parler d'un des résultats les plus remarquables de cette même affinité, qui consiste dans l'arrangement régulier des molécules de certains corps, sous un aspect géométrique. C'est à la chimie qu'appartient le développement des circonstances qui déterminent ce phénomène, où les molécules, séparées d'abord les unes des autres par l'interposition d'un liquide, se rapprochent ensuite et se réunissent en vertu de leurs attractions mutuelles, à mesure que les molécules du liquide les abandonnent en s'évaporant, ou par une cause quelconque. On a donné à cette opération le nom de *cristallisation*, et celui de *cristaux* aux corps réguliers qui en sont les produits. La formation des sels, qui a lieu tous les jours sous nos yeux, par l'intermède des dissolvants qu'emploie le chimiste, n'est autre chose qu'une imitation de ce qui se passe dans l'immense laboratoire de la nature, et de la manière dont s'est opérée la production de tous ces cristaux de différentes espèces qui tapissent certaines cavités du globe, ou qui se trouvent engagés dans certaines terres.

112. Ici se présente une différence très-marquée entre les minéraux et les êtres organiques. Le végétal, par exemple, tire son origine d'un germe que la nutrition développe en lui conservant sa forme, et l'empreinte de cette forme se transmet ensuite, par la voie de la reproduction, aux individus dont la succession propage l'espèce. Tous ont leurs fleurs composées de parties égales en nombre, et semblables par leur figure et par leur arrangement; les mêmes rapports existent dans les positions respectives des feuilles, dans leurs contours arrondis ou anguleux, unis ou dentelés. Les diversités ne tiennent qu'à des

nuances légères et fugitives, en sorte qu'on peut dire que qui a vu un individu, a vu l'espèce entière. Mais le minéral n'est qu'un assemblage de molécules similaires, réunies par l'affinité; son accroissement se fait par la juxtaposition de nouvelles molécules qui s'appliquent à sa surface, et sa configuration, qui dépend uniquement de l'arrangement des molécules, peut varier par l'effet de diverses circonstances. De là cette multitude de formes différentes, et en même temps régulières et bien prononcées, qu'affectent souvent les cristaux d'une même substance. Ainsi la combinaison de la chaux avec l'acide carbonique ou la chaux carbonatée, présente tantôt la forme d'un rhomboïde, c'est-à-dire d'un parallélipipède terminé par six rhombes égaux et semblables, tantôt celle d'un prisme hexaèdre régulier; ici c'est un dodécaèdre terminé par douze triangles scalènes; ailleurs c'est encore un dodécaèdre, mais dont les faces sont des pentagones, etc.

113. Toutes ces différentes formes qu'un même minéral est susceptible de prendre, et qui s'éloignent quelquefois totalement les unes des autres par leur aspect, se tiennent cependant par un lien commun, et quoiqu'il ne nous ait pas encore été donné jusqu'ici de dévoiler les lois auxquelles l'Être suprême a soumis les forces qui les produisent, nous connaissons du moins celles qui suivent, dans leur arrangement, les molécules qui concourent à les déterminer.

ÉTAT DES CORPS DANS LA NATURE.

114. [Si l'affinité ou attraction agissait seule sur les molécules des corps, on conçoit qu'elles se précipiteraient les unes vers les autres et se toucheraient constamment; mais il existe une autre force agissant en sens inverse de l'attraction moléculaire, c'est-à-dire tendant à éloigner les molécules les unes des autres: c'est la *force expansive de la chaleur*, dont les effets sont étudiés dans la partie qui traite du calorique. C'est certainement de la combinaison de ces deux actions que résultent les trois états sous lesquels les corps se présentent à nous.

115. A l'*état solide*, les corps conservent en général leur forme, même sous des efforts assez considérables. Leurs molécules paraissent être dans un état d'équilibre stable quant à leurs distances respectives et quant à leurs positions relatives, en sorte que si on vient à les déranger d'une petite quantité, soit en les rapprochant, soit en les écartant les unes des autres, soit en changeant seulement leur position relative, elles reprennent leur première position aussitôt que la force cesse d'agir, et le corps reprend sa forme et ses dimensions primitives (98). On admet que cet état d'équilibre des molécules dans les corps solides dépend en partie de leur forme, en partie de leur nature. On donne le nom de *cohésion* à la force qui empêche les molécules de se séparer; la cohésion se mesure par l'effort que l'on est obligé de faire pour briser le corps.

116. L'*état liquide* des corps est caractérisé par la mobilité parfaite de leurs molécules les unes autour des autres, en sorte qu'un corps liquide prend avec la plus grande facilité la forme du vase qui le contient, mais il conserve toujours le même volume; ce qui indique que les molécules se constituent dans un état d'équilibre dépendant de leurs distances respectives et nullement de leur forme. De ce que les molécules des liquides possèdent une grande mobilité, il ne faut pas conclure que la cohésion soit nulle; la goutte de liquide qui reste suspendue à l'extrémité d'un corps solide, après l'immersion, indique au contraire que cette force peut être très-considérable, bien qu'elle soit plus faible que dans les solides. — Pendant longtemps la compressibilité des liquides avait été mise en doute. Les académiciens de Florence avaient tenté à ce sujet plusieurs expériences sans succès. C'est Canton qui a le premier mis en évidence cette compressibilité, puis OErsted a mesuré la diminution du volume de l'eau et de plusieurs autres liquides sous une pression donnée. MM. Sturm et Colladon ont repris plus tard les expériences d'OErsted et ont trouvé que, sous une pression d'une atmosphère, l'eau se comprime de 0,00004965; l'alcool, de 0,00009165; l'éther sulfurique, de 0,00012665. On voit par ces nombres que la compressibilité des liquides est extrêmement petite; aussi les considère-t-on ordinairement comme absolument incompressibles.

117. Enfin, dans l'*état gazeux*, la force expansive l'emporte sur la force attractive. Outre la mobilité parfaite des molécules, les gaz jouissent de la pro-

priété d'augmenter constamment de volume, et d'exercer par conséquent un effort continuel contre les obstacles qu'on oppose à leur extension. La mobilité des molécules, dans les liquides et les gaz, modifie considérablement les conditions d'équilibre que nous avons trouvées pour les solides : il est important d'étudier avec soin l'action des forces agissant sur les liquides et les gaz.

HYDROSTATIQUE.

118. *Principe de transmission de pression.* — La propriété qui distingue véritablement les solides des liquides, c'est celle que possèdent ces derniers, de transmettre les pressions également dans tous les sens. Supposons un vase de forme quelconque, auquel se trouve adapté un tube cylindrique muni d'un piston; le vase étant complétement rempli de liquide, si l'on vient à exercer sur le piston une pression quelconque, chacune des parties des parois du vase égale à la section du tube éprouvera en même temps cette même pression; en sorte que si la base du piston est de 1 décimètre carré, que la pression exercée soit représentée par 1 kilogramme, chaque décimètre carré de la surface intérieure du vase éprouvera une pression de 1 kilogramme. Ce principe est ordinairement admis comme axiome et sert de point de départ pour établir les calculs dans les traités de mathématiques; mais on peut concevoir des appareils au moyen desquels on l'établirait d'une manière expérimentale.

119. Imaginons, par exemple, qu'à un vase de forme quelconque (fig. 14) on ait adapté deux tubes cylindriques de diamètres différents; la base du premier piston sera la dixième partie de celle du second. Le vase étant rempli d'eau, que l'on charge le petit piston de 1 kilogramme, on verra aussitôt le grand piston s'élever dans le tube, et pour le maintenir à sa hauteur primitive on sera obligé de le charger de 10 kilogrammes; par conséquent, la pression exercée sur le petit piston aura été transmise sans altération à toute la surface du grand piston. Il est bien entendu que, dans ce mode d'expérimentation, il faudrait tenir compte des frottements plus ou moins grands exercés par les pistons contre les parois des tubes.

120. La *presse hydraulique* nous offre une application simple et directe du principe des transmissions de pression dans les liquides. Voici en quoi consiste cette ingénieuse machine : un petit cylindre C (fig. 15) est muni d'un piston A; au fond du cylindre se trouve une soupape B, s'ouvrant de bas en haut et communiquant avec un tube qui descend dans un réservoir d'eau; sur le côté du cylindre C, vers la partie supérieure, se trouve un petit tube horizontal D communiquant avec un autre grand cylindre C′, dans lequel se trouve un gros piston A′. La tige de ce piston est appuyée contre l'objet que la machine est destinée à soulever ou à comprimer. GHIK représente un fort châssis en fer, et en F se trouve un plateau de forme carrée fixé à la partie supérieure de la tige du piston; comme le piston s'élève à mesure que l'on introduit de l'eau dans le cylindre, les objets placés entre le plateau et la partie supérieure du châssis se trouvent comprimés. Dans le tube DE se trouve une soupape O s'ouvrant vers le grand cylindre C′, et dans le même tube il existe un robinet P au moyen duquel on peut à volonté établir une communication entre le grand cylindre et le réservoir. La tige du petit piston est mise en mouvement par un levier LM, mobile autour du point M. — Supposons que le cylindre C′ ne contient pas d'eau et que le robinet P est fermé de manière à intercepter toute communication entre ce cylindre et le réservoir; le piston A′ se trouve alors descendu au bas du cylindre C′. Supposons en outre le piston A amené au fond du cylindre C; si, au moyen du levier LM, on vient à soulever ce piston, la soupape B s'ouvrira et l'eau du réservoir pénétrera dans le cylindre en vertu de la pression atmosphérique, comme nous l'expliquerons dans un chapitre suivant. Lorsqu'on viendra à baisser le piston, la soupape B se fermera par son propre poids, et l'eau contenue dans le cylindre, se trouvant comprimée, sera forcée d'entrer dans le tube latéral; la pression fera ouvrir la soupape O, et le liquide passera dans le grand cylindre où se transmettra toute la pression exercée sur le petit piston; en sorte que si la section du grand piston est égale, par exemple, à mille fois celle du petit, une pression de 10 kilogrammes exercée en A en produira une de 10,000 kilogrammes en A′. Pendant le mouvement ascensionnel du piston, la soupape O se ferme par la pression

exercée dans le grand cylindre, en sorte que l'eau ne peut revenir par le tube latéral. L'opération étant terminée, on ouvre le robinet P, et le poids du grand piston force l'eau que contenait le cylindre à rentrer dans le réservoir. — La longueur relative des bras du levier LM peut augmenter encore considérablement la force, et la puissance de la machine dépend de la disposition du levier et de la grandeur relative des pistons.

Action de la pesanteur sur les liquides.

121. Dans ce qui précède, nous avons fait abstraction du poids des liquides; nous n'avons considéré ces corps que comme des machines propres à transmettre et à modifier certaines forces. Mais les liquides étant soumis à l'action de la pesanteur, il en résulte des conditions particulières d'équilibre et des pressions exercées sur les parois des vases qu'il est important d'étudier.

122. *Surface.* — La simple observation nous prouve que la surface d'un liquide pesant est horizontale, c'est-à-dire perpendiculaire à la direction de la pesanteur; et il ne peut pas en être autrement : car, si la surface était oblique par rapport à la verticale, les molécules de la partie la plus élevée viendraient, en vertu de leur grande mobilité, tomber à la partie inférieure. La surface de la mer, devant être perpendiculaire en chaque point à la direction de la pesanteur, présente en général une forme sphérique.

123. *Pressions.* — Toutes les fois qu'un liquide est contenu dans un vase, il exerce contre les parois de ce vase une certaine pression provenant uniquement de l'action de la pesanteur sur chaque molécule. Il existe un principe qui permet de déterminer exactement, dans tous les cas, la pression supportée par une portion quelconque de la paroi du vase : chaque partie de la surface intérieure du vase en contact avec le liquide supporte une pression égale au poids d'une colonne liquide ayant pour base la surface que l'on considère, et pour hauteur la hauteur de la surface libre du liquide au-dessus du point où s'exerce la pression.

124. *Pressions sur le fond des vases.* — On peut facilement prouver par expérience la vérité de ce principe, lorsqu'on ne considère que la pression exercée par un liquide sur le fond horizontal d'un vase dont les parois sont verticales. Supposons, par exemple, un vase sans fond (fig. 16) dont les bords inférieurs soient bien dressés, de manière qu'on puisse le fermer exactement en y appliquant une plaque AB. Supposons de plus que cette plaque soit retenue par un fil passant sur une poulie et portant à son autre extrémité un plateau de balance; on commencera par équilibrer l'appareil en mettant des poids dans le plateau, de manière que la plaque s'applique contre les bords inférieurs du vase, mais qu'elle s'en détache par l'addition d'un très-petit poids à sa partie supérieure. Cela fait, on ajoutera un poids déterminé dans le plateau, puis on versera de l'eau dans le vase. Tant que le poids de l'eau ne dépassera pas celui qu'on a ajouté dans le plateau, la plaque restera appliquée contre les bords du vase; mais aussitôt qu'on aura dépassé cette limite, la plaque se détachera du vase et laissera couler l'eau.

125. On peut faire la même expérience avec un vase de forme quelconque. Que l'on prenne un vase dont les bords s'élargissent ou se rétrécissent (fig. 17), de manière à contenir plus ou moins de liquide que le vase cylindrique, de même largeur à la base, on trouvera toujours que la pression exercée sur le fond est égale au poids d'une *colonne cylindrique* du liquide ayant pour base le fond du vase et pour hauteur la hauteur du liquide; en sorte que, dans un vase qui s'élargit à la partie supérieure, la pression exercée sur le fond est plus faible que le poids du liquide contenu dans ce vase; au contraire, dans un vase qui se rétrécit, la pression exercée sur le fond est plus grande que le poids du liquide.

126. *Pressions latérales.* — Mais les liquides exercent aussi des pressions sur les parois latérales des vases, ainsi que nous l'avons énoncé dans le principe général; nous pouvons nous rendre facilement compte de ce phénomène et déterminer quelle est la pression pour chaque partie de la surface. Soit, en effet, un vase de forme quelconque (fig. 18) contenant un liquide; considérons un point A de l'une des parois; par ce point imaginons que l'on mène un plan horizontal dans l'intérieur du liquide, et supposons pour un instant que ce plan soit une surface résistante comme le fond du vase, il est clair qu'il supportera une pression égale au poids

d'une colonne liquide ayant pour base les dimensions du plan lui-même et pour hauteur la hauteur du liquide : or, si on supprime cette surface résistante, le liquide inférieur éprouvera lui-même cette pression et la transmettra sans altération dans tous les sens. Par conséquent, toutes les portions de surface telles que A auront à supporter une pression égale au poids d'une colonne liquide ayant pour base la portion de surface elle-même et pour hauteur la hauteur du liquide au-dessus de cette portion de surface.

127. Cette conséquence peut être rendue sensible par une expérience très-simple. Prenez un gros tube de verre usé à la partie inférieure de manière à pouvoir être fermé exactement par une plaque de verre dépoli ; enfoncez ce tube dans un liquide en le maintenant vertical et en soutenant la plaque de verre au moyen d'un fil (fig. 19). Lorsque vous lâcherez ce fil, la plaque sera maintenue par la pression du liquide s'exerçant de bas en haut; et pour la faire tomber, il faudra remplir le tube jusqu'à la hauteur de la surface du liquide extérieur. Au moyen de cette expérience, on s'assure aussi que la pression dans l'intérieur d'une masse liquide est la même sur tous les points d'un même plan horizontal. Ces plans sont appelés *surfaces de niveau.*

128. Les pressions latérales étant proportionnelles à la hauteur du liquide au-dessus des points que l'on considère, il s'ensuit que toutes les parties des parois ne sont pas pressées avec la même énergie. La pression totale exercée contre les parois est la résultante de toutes ces actions; le point d'application de cette résultante s'appelle le *centre de pression*, il est toujours placé au-dessous du centre de gravité.

129. Il ne faut pas confondre la pression exercée sur le fond d'un vase par un liquide avec celle que le même vase plein exerce sur le support qui l'empêche de tomber; cette dernière pression est toujours égale au poids du vase augmenté de celui du liquide.

130. *Des vases communiquants.* — Lorsque deux ou plusieurs vases de forme quelconque, contenant un même liquide, sont mis en communication les uns avec les autres, les surfaces du liquide dans ces vases sont toutes sur le même plan horizontal. Ce principe, constamment vérifié par l'observation, est une conséquence nécessaire de ceux que nous avons déjà établis. Supposons, en effet, deux vases (fig. 20) communiquant par le tube MN ; soit mené un plan horizontal AB à une hauteur quelconque : la pression exercée en A est proportionnelle à la hauteur AC du liquide, et elle se transmet dans toutes les directions. La pression exercée en B est pareillement proportionnelle à la hauteur BD et doit faire équilibre à la pression première ; il faut donc que les deux surfaces C et D soient sur le même plan horizontal. Mais si les liquides contenus dans les deux vases étaient de densité différente, les surfaces ne seraient plus à la même hauteur. En effet, les pressions exercées en A et en B sont représentées par le poids d'une colonne du liquide supérieur : or, les poids sont proportionnels aux densités, par conséquent les hauteurs des liquides seront en raison inverse de ces densités.

131. *Niveau d'eau.* — Cet appareil est fondé sur le principe précédent ; il se compose ordinairement d'un tube métallique d'environ un mètre de longueur (fig. 21) recourbé à ses deux extrémités, auxquelles sont adaptées deux fioles de verre sans fond ; l'appareil est porté sur un pied à trois branches et peut tourner sur le pivot de manière à prendre toutes les directions, le tube restant toujours à peu près horizontal. Pour se servir de cet instrument, on y verse de l'eau jusqu'à ce que la surface de ce liquide se trouve, dans chaque côté, un peu au-dessus du métal ; ces deux surfaces sont sur un même plan horizontal : or si, en plaçant l'œil à la hauteur de ces deux surfaces, on aperçoit sur la même ligne un point plus ou moins éloigné, on sera certain que ce point est dans le même plan que les deux surfaces liquides. Supposons maintenant que l'on fasse tourner le niveau de manière à le diriger vers un autre point plus bas que le premier, par exemple, on placera sur ce point une règle divisée ; puis on déterminera le point de cette règle qui est vu sur la *ligne de niveau*, et l'on connaîtra ainsi de combien le premier point est plus élevé que le second. En combinant convenablement les opérations, on pourra de cette manière déterminer l'élévation relative des points d'un terrain. Ce niveau est constamment employé dans les travaux de terrassement.

132. *Niveau à bulle d'air.* — Cet in-

strument consiste en un tube de verre légèrement courbé, rempli d'alcool, excepté un très-petit espace occupé par une bulle d'air ; les deux extrémités du tube sont hermétiquement fermées. Dans quelque position que l'on place ce tube, le liquide tend toujours à occuper la partie inférieure, et la bulle d'air vient se placer au point le plus élevé de la courbe. Ce tube est monté dans une garniture de cuivre (fig. 22) présentant une surface plane à la partie inférieure, et l'appareil est réglé de telle sorte que la bulle d'air occupe l'espace compris entre deux points AB marqués sur le tube lorsque la surface inférieure est horizontale. — On s'assure que le niveau a été bien réglé par un procédé très-simple : pour cela, on le place sur une surface unie et on le fait tourner jusqu'à ce que la bulle occupe la place marquée; l'instrument doit alors occuper une ligne horizontale : par conséquent, si on vient à le retourner de manière que chaque extrémité prenne la place de l'autre, la bulle doit encore rester entre les deux points fixes. — Le niveau à bulle d'air sert à placer les plans dans une position horizontale ; or, un plan est horizontal quand deux lignes droites qui se coupent dans ce plan sont elles-mêmes horizontales : il faudra donc que le niveau indique sur le plan l'horizontalité dans deux directions différentes. Plusieurs instruments ont besoin d'être constamment dans une position horizontale ; ils sont, à cet effet, munis de deux niveaux fixes placés perpendiculairement l'un à l'autre.

133. *Principe d'Archimède.* — Ce principe s'énonce ordinairement de la manière suivante : *Un corps plongé dans un liquide y perd de son poids une quantité égale au poids du liquide déplacé.* Il fut découvert par Archimède à l'occasion d'un problème que Hiéron, roi de Syracuse, lui avait, dit-on, proposé. Ce prince ayant ordonné à un orfévre de fabriquer une couronne d'or pur, le soupçonna d'avoir allié à ce métal une certaine quantité d'argent, et désira qu'Archimède pût vérifier le fait sans endommager la couronne, et, au cas que l'alliage existât, en déterminer la quantité. Pour donner une notion claire du principe qui a conduit ce savant célèbre à la solution du problème, concevons un corps qui, à volume égal, pèse précisément autant que l'eau. Si l'on tient ce corps suspendu à un fil que nous considérons ici comme étant sans pesanteur, et qu'on le plonge dans l'eau, il ne faudra plus employer aucune force pour le soutenir, parce qu'il est soutenu tout entier par le liquide, qui exerce sur lui le même effort que quand il tenait en équilibre le volume d'eau dont ce corps a pris la place. Imaginons maintenant que ce corps, en conservant son volume, devienne plus pesant; l'eau continuera de faire équilibre à toute la partie du poids du corps qui égale le poids primitif ou celui du volume d'eau déplacé, en sorte que, si l'on pèse le corps ainsi plongé, il n'y aura que l'excédant du poids primitif qui agisse sur la balance. Il suit de là, et c'est en quoi consiste le principe que nous avons énoncé, que, si l'on pèse d'abord dans l'air, ensuite dans l'eau, un corps respectivement plus pesant que ce liquide, il y perd une partie de son poids égale à celui du volume d'eau déplacé.

134. Le principe d'Archimède s'établit par une expérience très-simple. Sous l'un des bassins d'une balance ordinaire, on suspend un cylindre plein en laiton ; dans le même bassin, on place un cylindre creux du même métal. Le premier cylindre entre à frottement dans le second, de manière à le remplir complétement, en sorte que le volume du cylindre plein est parfaitement égal au volume intérieur du cylindre creux. On établit l'équilibre en plaçant des poids dans l'autre bassin ; cela fait, on plonge le cylindre plein dans de l'eau. L'équilibre est détruit, mais on le rétablit en remplissant d'eau le vase cylindrique ; ce qui démontre bien que le corps plongé dans l'eau y perd de son poids une quantité égale au poids de l'eau déplacée. La figure 23 représente la disposition de l'appareil.

135. Il résulte de ce principe qu'un corps flottera si sa densité est plus faible que celle du liquide; il tombera au fond dans le cas contraire. — La résistance que les corps plongés éprouvent de la part des liquides est verticale, et elle a pour point d'application le centre de gravité de la masse liquide déplacée; il est facile de concevoir qu'il doit en être ainsi. En effet, supposons que l'on enlève le corps plongé, il sera remplacé par une masse liquide de même volume; or, imaginons que cette masse liquide se solidifie sans que les molécules changent de position : les conditions d'équilibre resteront les mêmes et la masse solidifiée

demeurera suspendue au milieu du liquide; or, pour que cette masse ne tombe pas, il faut que la force qui s'oppose à sa chute, c'est-à-dire la résistance du liquide, soit verticale et passe par son centre de gravité; replaçons maintenant par la pensée le corps plongé, il sera évidemment soutenu par cette même force qui détruit une partie de son poids. Ce point d'application de la résistance du liquide s'appelle *centre de poussée*.

136. Il est facile, d'après cela, de déterminer les conditions d'équilibre et de stabilité des corps plongés et des corps flottants. Il est nécessaire d'abord que le centre de gravité du corps et le centre de poussée soient sur une même verticale : car, s'il en était autrement, le corps serait sollicité par deux forces parallèles, agissant en sens contraire, qui le feraient tourner jusqu'à ce que ces deux points se trouvassent sur une même ligne verticale. Il faut en second lieu, pour les corps plongés, que le centre de gravité soit au-dessous du centre de poussée; si le contraire avait lieu, le corps tournerait sur lui-même jusqu'à ce que le centre de gravité fût venu se placer au-dessous du centre de poussée. Cette seconde condition n'est pas nécessaire pour la stabilité des corps flottants. Supposons, en effet, un corps flottant en équilibre (fig. 24 *a*) : AB représente la surface du liquide, le point G le centre de gravité de ce corps et P le centre de poussée, HK la verticale sur laquelle se trouvent ces deux points; si l'on vient à déranger le corps de cette position d'équilibre, le point G ne variera pas (fig. 24 *b*), mais le centre de poussée se sera déplacé et sera, par exemple, en P'; élevons par ce point une verticale qui ira couper la ligne HK en un point M. On pourra admettre que la poussée s'exerce en M au lieu de s'exercer en P' (29). Or, on voit clairement que tant que le point M, appelé *métacentre*, se trouvera au-dessus du centre de gravité, l'équilibre sera stable; mais, dans le cas contraire, l'équilibre sera instable et le corps chavirera. Il est facile de reconnaître que la stabilité sera d'autant plus grande que le centre de gravité sera plus éloigné du métacentre; cette condition est remplie lorsque le centre de gravité est le plus bas possible : c'est pour cette raison que l'on place dans les navires, au fond de la cale, une certaine quantité de corps lourds que l'on appelle le *lest*. Cette précaution est surtout nécessaire à bord des navires de guerre, parce que le centre de gravité se trouve très-haut à cause du poids considérable des canons, placés nécessairement au-dessus du niveau de la mer.]

Du poids spécifique des corps.

137. Supposons une suite de corps de différentes nature qui aient des volumes égaux. Si l'on pèse successivement tous ces corps à l'aide de la balance ordinaire, il faudra, pour établir l'équilibre, employer des poids plus ou moins considérables, suivant que ces mêmes corps seront plus ou moins denses. Supposons de plus qu'ayant choisi pour terme de comparaison l'un de ces corps, par exemple le plus léger, on représente son poids par l'unité, et que l'on exprime les poids de tous les autres corps par des nombres relatifs à cette unité, on aura les rapports entre les poids des différents corps comparés à une mesure commune ou les *poids spécifiques de ces corps*. On prend pour terme de comparaison le poids spécifique de l'eau pure à une certaine température; de manière que si l'on désigne par P le poids d'un certain volume d'un corps, par P' le poids d'un même volume d'eau, le rapport $\frac{P}{P'}$ donnera le poids spécifique D du corps, $\frac{P}{P'}=D$.

On peut encore dire que le poids spécifique d'un corps est le poids de l'unité de volume du corps, de manière que le poids P d'un corps sera représenté par le produit de son volume V et de son poids spécifique D. $P=V\times D$, et en prenant toujours pour unité le poids spécifique de l'eau, le poids P' d'un volume V d'eau serait $P'=V\times I=V$; ce qui donnerait encore $\frac{P}{P'}=D$ pour le poids spécifique du corps. Par conséquent les deux définitions rentrent exactement l'une dans l'autre.

138. La détermination du poids spécifique des corps se fait au moyen de la balance hydrostatique qui nous a déjà servi à établir expérimentalement le principe d'Archimède. Le corps sur lequel on opère est suspendu par un crin, à un petit crochet fixé sous l'un des bassins, ce qui procure la facilité de plon-

ger ce corps dans l'eau pour l'y peser. Rendons sensible, par un exemple, la marche qui doit être suivie dans la détermination de la pesanteur spécifique d'un corps. Supposons qu'une masse d'or pese 6 décagrammes dans l'air, et que son poids, dans l'eau, ne soit que de 5688 centigrammes : retranchant ce second poids de 6 décagrammes ou 6000 centigrammes qui représentent le premier poids, on trouvera 312 centigrammes pour la perte que l'or a faite dans l'eau, et en même temps pour le poids d'un égal volume d'eau. On aura donc cette proportion : 312 ou le poids du volume d'eau égal à celui de l'or est à 6000, poids absolu de l'or, comme l'unité, qui représente en général la pesanteur spécifique de l'eau, est à un quatrième terme, qui donnera la pesanteur spécifique de l'or. On voit que l'opération se réduit à diviser le poids absolu par la perte dans l'eau. Le terme inconnu, pris avec quatre décimales, sera 19,2308.

139. Il est facile maintenant de concevoir comment Archimède a pu s'y prendre pour résoudre le problème dont nous avons parlé. Il n'eut besoin que de connaître le poids absolu de la couronne, sa pesanteur spécifique, celle de l'or pur, telle que nous venons de la donner, et celle de l'argent pur, qui est à peu près 10,5. Il trouva d'abord que la pesanteur spécifique de la couronne était moindre que celle de l'or pur, ce qui seul indiquait un alliage d'argent. Ayant combiné ensuite, au moyen du calcul, les diverses données que nous venons de citer, il parvint à déterminer les quantités relatives des deux métaux que renfermait la couronne, sauf la petite différence qui devait résulter de ce que jamais le volume de l'alliage n'est tout à fait égal à la somme des volumes qu'avaient les métaux pris séparément.

140. L'or, qui avait été regardé, pendant long-temps, comme le plus dense de tous les corps naturels, le cède, sous ce rapport, à un métal nommé *platine*, qui a été découvert en 1741, et dont la pesanteur spécifique, déterminée par le célebre Borda, est de 20,980. Les connaissances relatives à ce genre d'observations, déjà si précieuses pour le physicien, n'offrent pas moins d'avantages au naturaliste, qui leur doit un des caractères les plus décisifs pour la distinction des minéraux. Ainsi on évitera de confondre le minéral appelé *dichroïte* (*saphir d'eau* des lapidaires) avec la variété de corindon connue sous le nom de *saphir oriental*, la pesanteur spécifique du premier n'étant que d'environ 2,8, tandis que celle du second est d'environ 4 ; et ici l'on est d'autant plus intéressé à éviter la méprise, que la différence des prix surpasse de beaucoup celle des pesanteurs spécifiques.

141. La construction de l'aréomètre de Fahrenheit, dont on se sert pour peser spécifiquement les liquides, est fondée sur un principe qui n'est autre chose qu'un corollaire du précédent ; savoir, que dans un corps respectivement plus léger que l'eau, et qui, en conséquence surnage en partie, le poids du volume d'eau déplacé par la partie plongée est égal au poids du corps entier. En plongeant successivement l'aréomètre dans des liquides de différentes densités, on fait varier son poids par les poids additionnels dont on le charge, de manière que le volume de la partie plongée soit constant ; et on a ainsi une mesure commune qui sert à déterminer les pesanteurs spécifiques des divers liquides, rapportées à celle de l'eau distillée. Nous donnerons dans l'instant une description détaillée d'un instrument du même genre que cet aréomètre, d'après laquelle on pourra s'en former une juste idée.

142. L'usage des aréomètres ordinaires dépend d'une autre application du même principe, fondée sur ce qu'un corps qui surnage en partie, s'enfonce plus profondément dans les liquides moins denses que dans ceux qui ont plus de densité. Il consiste en un tube de verre terminé en boule par sa partie inférieure, et divisé dans toute sa longueur en parties égales. Pour que cet instrument puisse se tenir dans une situation verticale lorsqu'il est plongé, on soude en dessous de la boule dont nous avons parlé, une autre boule qui contient du mercure. Mais cet aréomètre ne peut qu'indiquer si une liqueur est plus ou moins dense que l'autre ; il ne donne pas, comme celui de Fahrenheit, le rapport entre les deux densités.

143. *L'aréomètre*, ou pèse acide de Beaumé, a la même forme que le précédent, mais il est gradué de la manière suivante : on marque zéro au point où il s'arrête dans l'eau pure, et 15° au point où il s'arrête dans un mélange de 15 parties de sel marin et 85 parties d'eau ; on divise l'intervalle en 15 parties égales et l'on continue les divisions au-dessous. Cet instrument indique bien que deux dissolutions salines ont la même densité,

ou que l'une est plus dense que l'autre, mais on ne peut rien en conclure relativement à la densité absolue de chacune d'elles, et aux quantités de sels qu'elles contiennent. Le *pèse-liqueur* ordinaire, que l'on emploie pour les liqueurs alcooliques, est gradué d'après le même principe, seulement le zéro indique le point où l'appareil s'arrête dans un mélange de 90 parties d'eau et 10 de sel, et le chiffre 10° le point où l'appareil s'arrête dans l'eau pure.

144. M. Gay-Lussac a construit un *alcoomètre centésimal* qui indique immédiatement la proportion d'alcool que contient un mélange de ce liquide et d'eau. Pour y arriver, M. Gay-Lussac a déterminé directement le point où l'instrument s'arrête dans du mélange de 90, 80, 70... d'alcool et de 10, 20, 30... d'eau, en ayant égard aux changements de température. Cet instrument est employé dans le commerce, dans les octrois et par la régie. L'auteur a publié en 1824 une instruction détaillée sur l'usage de l'alcoomètre.

145. Nickolson a imaginé d'employer à la détermination des pesanteurs spécifiques des solides, un instrument qui a beaucoup de rapport avec ce dernier aréomètre, et qui mérite d'être connu. Il consiste dans un tube MN (fig. 25) de fer-blanc, surmonté d'une tige B, faite d'un fil de laiton, et qui porte à son extrémité une petite cuvette A. Cette tige est marquée vers son milieu d'un trait *b* fait avec la lime. La partie inférieure tient suspendu un cône renversé EG, concave à l'endroit de sa base, et lesté en dedans avec du plomb. Le poids de l'instrument doit être tel, que quand on plonge celui-ci dans l'eau pour l'abandonner ensuite à lui-même une partie du tube surnage. La cuvette qui termine la tige, et qui a la forme d'une calotte sphérique, y est assujettie au moyen d'un petit tube de fer-blanc, dans lequel cette tige entre avec frottement. On a ordinairement une seconde cuvette plus large, que l'on place au-dessus de la première, dans la concavité de laquelle elle s'engage par sa convexité. On peut ainsi enlever à volonté cette seconde cuvette, soit pour retirer plus facilement les poids dont elle est chargée, comme nous le dirons dans un instant, soit pour faire quelque changement dans leur assortiment. L'usage de cet instrument est facile à concevoir. On commence par placer dans la cuvette supérieure les poids nécessaires pour que le trait *b*, marqué sur la tige, descende à fleur d'eau : c'est ce que nous appelons *effleurer* l'aréomètre ; et la quantité de poids dont nous venons de parler se nomme la *première charge* de l'aréomètre (1). Ayant repris cette charge, on met dans la même cuvette le corps destiné pour l'expérience, et que nous supposons toujours plus dense que l'eau, puis l'on place à côté les poids nécessaires pour produire l'affleurement. On retranche cette seconde charge de la première, et la différence donne le poids du corps dans l'air. On retire l'aréomètre pour placer le corps dans le bassin inférieur E ; puis, ayant replongé l'instrument, on ajoute de nouveaux poids dans la cuvette A, jusqu'à ce que l'affleurement ait encore lieu. Ces nouveaux poids forment, avec ceux qui étaient déjà dans la cuvette, la troisième charge de la balance. On soustrait de cette charge la seconde, et la différence donne la perte que le corps a faite de son poids dans l'eau, ou le poids du volume d'eau déplacé, après quoi on divise par ce poids celui du corps pesé dans l'air.

146. Si l'on voulait poser une substance respectivement plus légère que l'eau, il faudrait, en la plaçant dans le bassin inférieur, l'y assujettir d'une manière fixe. Dans ce cas, le corps qui sert d'attache est censé faire partie de l'aréomètre. Du reste, l'opération est la même que dans le cas précédent ; seulement, le poids du corps soumis à l'expérience, divisé par le poids du volume d'eau déplacé, donne un quotient plus petit que l'unité. Supposons que le poids du corps étant de 4 grammes, on ait trouvé 5 grammes pour différence entre la seconde charge et la troisième ; il en résulte que le corps pèse un gramme de moins qu'il ne faut, pour que son poids représente celui du volume d'eau déplacé. Ce dernier poids étant donc de 5 grammes, on aura 4/5 ou 0,8 pour la pesanteur spécifique du corps.

147. Il y a des substances qui, étant plongées dans l'eau, s'imbibent de ce liquide : tel est le grès ordinaire. On s'aperçoit de cette propriété lorsque, ayant placé le corps dans le bassin inférieur E, on voit l'aréomètre descendre

(1) Il est presque inutile d'avertir que l'usage de l'instrument est limité aux corps dont le poids dans l'air n'excède pas cette première charge.

après être remonté, quoique la cuvette A reste chargée du même poids. Dans ce cas, on laissera le corps s'imbiber de toute la quantité d'eau qu'il peut admettre dans ses pores, et l'on jugera qu'il est parvenu à cette espèce de point de saturation lorsque l'aréomètre restera dans une position fixe; alors on l'affleurera et l'on cherchera, à l'ordinaire, la perte que le corps a faite de son poids dans l'eau. On cherchera ensuite le poids de la quantité d'eau dont il s'est imbibé, en le pesant dans l'air le plus promptement possible, et en retranchant le premier poids du second, puis on ajoutera la différence à la perte trouvée précédemment, et le résultat donnera la véritable perte, ou celle qui aurait lieu si le corps n'était pas susceptible d'imbibition; après quoi on opérera comme il a été dit plus haut. Supposons que le corps pèse 10 grammes avant l'imbibition, et que la quantité d'eau dont il s'est imbibé soit de 2 décigrammes; supposons de plus que la perte qu'il a faite de son poids dans l'eau, y compris l'effet de l'imbibition, soit de 4 grammes 3; comme les corps, à égalité de volume, perdent moins de leur poids dans l'eau, à proportion qu'ils sont plus denses, il en résulte que le corps soumis à l'expérience a perdu 2 décigrammes de moins que dans le cas où l'imbibition n'aurait pas eu lieu, puisque celle-ci équivaut à un accroissement de densité: donc il faut ajouter 2 décigrammes à la perte trouvée, qui est de 4 grammes 3; ce qui donnera 4 grammes 5 pour la perte corrigée. La pesanteur spécifique du corps, considéré comme exempt d'imbibition, sera donc de 100/45 ou de 2,2222, en se bornant à 4 décimales.

148. La double propriété qu'a le même instrument de pouvoir faire en même temps la fonction de véritable aréomètre et celle de balance hydrostatique, deviendrait utile dans le cas où l'on n'aurait à sa disposition qu'un liquide dont la densité différât sensiblement de celle de l'eau distillée, et dont la température fût de plusieurs degrés au-dessus ou au-dessous de celle qui aurait été choisie comme terme de comparaison. Il serait facile de ramener le résultat de la pesée faite au moyen de ce liquide, à celui qu'aurait donné l'eau distillée à 14 degrés de Réaumur. Cette opération exige seulement une connaissance de plus, savoir, celle du poids absolu de l'instrument. Supposons que ce poids soit de 152 grammes, et que le poids additionnel qui donne, à l'ordinaire, la première charge, quand on emploie l'eau distillée à 14 degrés, soit de 20 grammes, on aura 172 grammes pour la somme de ces deux poids. Supposons maintenant que le poids qui forme la première charge avec le liquide substitué à l'eau distillée, soit de 20 grammes 5, la somme deviendra 172 grammes 5 : or la partie plongée de l'instrument étant la même de part et d'autre, il en résulte que les poids des deux liquides, à volume égal, ou, ce qui revient au même, leurs pesanteurs spécifiques, sont dans le rapport de 1720 à 1725. Cela posé, il est d'abord évident que le liquide substitué à l'eau distillée donne immédiatement le poids absolu du corps soumis à l'expérience. Soit ce poids de 11 grammes; on cherchera la quantité que le corps pesé dans le liquide que l'on emploie y perd de son poids, et que nous supposerons être de 4 grammes 7; mais les corps pesés dans un liquide y perdent davantage de leur poids, à proportion que ce liquide est plus dense; ce qui revient à dire que les pertes sont proportionnelles aux densités des liquides. Donc on aura la perte corrigée, ou celle qui aurait lieu avec l'eau distillée à 14 degrés, en multipliant 4 grammes 7, par le rapport 1720/1725 entre les pesanteurs spécifiques des deux liquides; ce qui donne 4 grammes 69 pour la perte corrigée : divisant par ce nombre le poids absolu, qui est 11, on trouvera 2,3454 pour la vraie pesanteur spécifique du corps; en ne faisant aucune correction, on aurait trouvé 2,3404. On voit, par ces détails, que l'instrument dont il s'agit, quoique peut-être moins susceptible de précision que la balance hydrostatique ordinaire, l'emporte sur elle par l'avantage qu'il a de se prêter à des usages plus variés, d'être moins dispendieux et d'un transport plus facile.

149. [On détermine aussi le poids spécifique des solides, comme celui des liquides, en se servant d'un petit flacon de verre; ce flacon doit contenir environ 2 ou 3 décilitres; il doit être bouché à l'émeri au moyen d'un bouchon légèrement conique, bien travaillé, qui s'enfonce toujours de la même quantité; ou bien le flacon doit être surmonté d'un tube étroit, sur lequel on marque un point où devra se trouver le niveau du liquide dans toutes les expériences. Voici la manière de procéder : 1° on pèse le

corps solide dont on veut déterminer le poids spécifique ; 2° on pèse ensemble le même corps et le flacon plein d'eau pure, en les plaçant dans le même bassin d'une balance; 3° on introduit le corps dans le flacon, ce qui détermine la sortie d'un volume d'eau égal à celui du corps, on pèse alors le flacon ; la différence entre le poids que l'on obtient et celui de la deuxième pesée donne le poids de l'eau déplacée. On a donc les éléments nécessaires pour déterminer le poids spécifique du corps soumis à l'expérience (137). On réduit ordinairement en poudre les substances dont on veut déterminer le poids spécifique par ce procédé. Cette précaution est nécessaire lorsqu'il s'agit de corps poreux et susceptibles de s'imbiber, car si on les prenait en fragments, ils auraient une densité variable, selon leur degré d'imbibition.]

150. Les mouvements à l'aide desquels les poissons s'élèvent et descendent alternativement dans l'eau, sont dus à la faculté qu'ont ces animaux de faire varier à leur gré la pesanteur spécifique de leur corps : c'est à quoi ils parviennent au moyen d'une vessie communément double, à laquelle on a donné le nom de *vessie natatoire*, et qui est placée, pour l'ordinaire, au-dessus des viscères abdominaux. Un petit canal pneumatique, qui établit la communication entre l'arrière-bouche et la vessie, sert au poisson pour introduire dans cette espèce de sac un fluide aériforme, qui varie, par sa nature, suivant les différentes espèces de poissons (1). La vessie, dilatée par cet air, détermine, relativement à l'animal lui-même, une augmentation de volume qui le rend respectivement plus léger que l'eau, en sorte qu'il s'élève dans ce liquide sans l'intermède des organes du mouvement; et lorsqu'il veut descendre, il n'a besoin que d'expulser assez d'air de sa vessie, pour qu'il en résulte une diminution de volume qui le rend plus pesant que le volume d'eau qu'il déplace. Quelques poissons qui sont privés du canal pneumatique, paraissent agir directement sur l'air renfermé dans leur vessie, pour le comprimer ou lui permettre de se dilater. Des observations faites par mon savant collègue M. Geoffroy, et qu'il a bien voulu me communiquer, prouvent que dans les deux familles de poissons nommées *diodons* et *tétrodons* c'est l'estomac qui, en se gonflant et en se resserrant, suivant que le poisson y introduit de l'air ou expulse une partie de celui qui en occupait la capacité, fait réellement la fonction de vessie natatoire ; en sorte que la destination de cette vessie, qui néanmoins existe toujours, est de se porter, à l'aide d'un mécanisme particulier, entre la cavité de la bouche et celle de l'estomac, pour s'opposer à la sortie de l'air, lorsque le poisson veut s'élever. Parvenu à la surface de l'eau, il continue de se dilater ; et bientôt il s'établit une si grande disproportion entre le poids du dos et celui du ventre, que le premier venant à l'emporter, l'animal se renverse. Dans cette position, il flotte au gré de l'eau, en se gonflant de plus en plus, de manière que son corps, qui naturellement est d'une forme allongée, passe à celle d'un globe dont la surface, hérissée d'épines, présente de toutes parts une arme défensive redoutable aux autres poissons, qui, après avoir poussé ce globe devant eux, sont forcés d'abandonner l'attaque.

(1) On peut lire dans le Discours sur la nature des poissons, par M. de Lacépède, les détails intéressants dans lesquels ce célèbre naturaliste est entré sur tout ce qui concerne la vessie natatoire de ces animaux. Hist. nat. des poissons, édit. in-12, t. I, p. 147 et suiv.

De la nouvelle unité de poids.

151. Nous ne quitterons pas cette matière sans avoir fait connaître une opération de pesanteur spécifique, également remarquable par l'importance de son objet et par la perfection des méthodes employées pour l'exécuter, savoir, celle qui a conduit à déterminer l'unité de poids relative au nouveau système des poids et mesures. Le type commun auquel se rapportent toutes les branches de ce système, est l'unité des mesures linéaires, ou la dix-millionième partie de la distance entre l'équateur et le pôle boréal, et on lui a donné le nom de *mètre*. En comparant la grandeur de l'arc terrestre qui s'étend depuis Barcelone jusqu'à Dunkerque, telle que la donnent les opérations faites par Delambre et Méchain, avec celle de l'arc mesuré au Pérou, vers l'année 1740, on en a conclu que la distance cherchée, ou le quart du méridien situé vers le pôle boreal, était de 5130740 toises; d'où il suit que

le mètre répond à une longueur de 0 toises,513074, ou de 3 pieds 11 lignes 3/10 à très-peu près.

152. L'unité de poids, que l'on a nommée *gramme*, est le poids absolu du cube de la centième partie du mètre, en eau distillée, prise à son *maximum* de densité. Nous verrons dans la suite que ce *maximum* ne répond pas au terme de la congélation, mais à quelques degrés au-dessus. Ces précautions étaient nécessaires pour attacher, en quelque sorte, le résultat à un point fixe auquel on pût toujours le ramener, si l'on répétait l'expérience. Le liquide se trouvait débarrassé, par la distillation, de toutes les particules hétérogènes qui altèrent sa pureté; en le prenant au *maximum* de densité, on avait une limite au milieu de toutes les variations de volume qui résultent du changement de température. Enfin la détermination du poids absolu, qui supposait la pesée faite dans le vide, débarrassait encore le résultat d'une quantité hétérogène et variable; savoir, la perte que le corps fait de son poids dans l'air, et que l'on néglige dans les expériences ordinaires.

153. M. Lefebvre-Gineau fut chargé de tout ce qui concernait cette opération, ou plutôt cette réunion d'opérations toutes extrêmement délicates. La précision à laquelle il se proposait d'atteindre, excluait un moyen qui, au premier aperçu, paraît fort simple, et qui consisterait à prendre un vase cubique, dont le côté eût un rapport connu avec le centième du mètre, à le peser d'abord seul, puis à le peser de nouveau, après l'avoir rempli d'eau distillée. La différence entre les poids donnerait le poids du volume d'eau employé; mais on conçoit, sans qu'il soit besoin d'entrer dans les détails, que le résultat serait affecté de diverses erreurs, qu'il eût été impossible d'éviter ou d'apprécier. On a donc adopté un autre moyen, susceptible d'une beaucoup plus grande exactitude : il consiste à peser spécifiquement dans l'eau un cylindre creux, de cuivre, dont on a auparavant comparé le volume avec celui du cube qui a pour côté le centième du mètre. L'opération fait connaître le poids du volume d'eau distillée égal à celui du cylindre, et l'on en conclut le poids cube de la même eau qui représente l'unité cherchée. Nous espérons qu'on nous saura gré d'entrer ici dans quelques détails sur la marche que l'on a suivie pour arriver à ce résultat.

154. La machine destinée à mesurer le cylindre avait été construite avec autant de soin que d'intelligence par Fortin, l'un des artistes les plus distingués de cette ville. Sans nous arrêter à en donner la description, il suffira de dire qu'elle rend appréciable une différence égale à un deux-millième ou même à un quatre-millième de ligne : cette évaluation se fait au moyen d'un levier, dont un des bras est dix fois plus court que l'autre; le tout est tellement disposé, que les différences réelles qu'il s'agit de déterminer, occasionnant dans le plus petit bras des mouvements égaux à ces différences, les mouvements du plus long bras, qui sont décuples et qui par là deviennent sensibles au moyen d'un nonius appliqué à l'extrémité de ce bras, font connaître les deux-millièmes de ligne mesurés par le jeu du bras le plus court. Quelque attention que le même artiste eût apportée dans la fabrication du cylindre, la forme de ce solide se trouvait nécessairement affectée d'une multitude de petites inégalités qui pouvaient influer sensiblement sur le résultat, si on les eût négligées; car ici une erreur commise sur une seule des deux dimensions du cylindre, savoir, la hauteur et le diamètre de la base, est, pour ainsi dire, une erreur cubique, et non pas seulement une erreur linéaire, comme dans la détermination d'une simple distance Il a fallu suivre, en quelque sorte, d'un point à l'autre, la surface du corps dans tous ses écarts, et mesurer un nombre suffisant de hauteurs et de diamètres, à différents endroits des bases et de la convexité, pour ramener la solidité du cylindre, qui était l'objet de l'opération, à celle d'un cylindre parfaitement régulier et d'un égal volume. Cette opération terminée, on a pesé le cylindre dans l'air, en employant un procédé aussi simple qu'ingénieux, qui fait disparaître l'inconvénient occasionné par l'inégalité presque inévitable entre les bras des balances même les mieux exécutées. On place dans un des bassins le corps que l'on veut peser, et l'on charge l'autre bassin avec des poids quelconques, jusqu'à ce que le fléau soit horizontal. On retire ensuite le corps du premier bassin, et on le remplace par des poids connus, jusqu'à ce que le fléau ait repris la position horizontale. Il est évident que le poids de ce corps est représenté exactement par la somme des poids qu'on lui a substitués, quoiqu'il

puisse bien arriver que cette somme diffère de celle des poids qui sont de l'autre côté, par une suite de la construction vicieuse de la balance. La pesée du cylindre dans l'air, faite au moyen de ce procédé, a eu de plus l'avantage de donner précisément le même résultat que si elle avait eu lieu dans le vide. D'abord les poids substitués au cylindre étant de la même matière que ce corps, leur volume égalait celui de la partie solide du cylindre; et sous ce rapport, la perte dans l'air était aussi égale de part et d'autre. Mais de plus, on avait pratiqué à l'une des bases du cylindre une petite ouverture qui établissait une communication entre l'air intérieur et celui de l'atmosphère. Il en résulte qu'au moment de la pesée, l'air intérieur était de la même densité que celui qui avait été remplacé par le cylindre; l'air environnant lui faisait donc équilibre, et ainsi la perte de poids était nulle à cet égard. On a pesé ensuite le cylindre dans l'eau, et comme alors le poids qui lui faisait équilibre était seul soutenu par l'air, il a fallu tenir compte de la petite perte qu'il faisait dans ce fluide, comme n'étant plus commune au cylindre plongé dans l'eau. On a eu égard aussi à la petite augmentation de poids qu'occasionnait, par rapport au cylindre, l'air renfermé dans son intérieur. Enfin on a ramené le résultat à ce qu'il aurait été dans l'eau prise à son *maximum* de densité, et l'on a trouvé que la nouvelle unité de poids, ou le gramme, répondait à 18 grains, 82715 de l'ancien poids de marc.

155. Nous terminerons ce qui regarde cet objet par un exposé succinct du système des nouvelles mesures : nous avons déjà dit (151) que l'unité des mesures linéaires ou le mètre était une longueur de 3 pieds 11 lignes 3/10. Ses sous-divisons en parties, successivement dix fois plus petites, portent les noms de *décimètre*, *centimètre*, *millimètre*; et ses multiples décimaux, ceux de *décamètre*, *hectomètre* et *kilomètre*. On a adopté le même mode de division pour toutes les autres espèces de mesures, et l'on indique les degrés de l'échelle relative à chacune d'elles par les mêmes expressions initiales ajoutées au nom de l'unité à laquelle ils se rapportent. Il en faut excepter les divisions de l'unité monétaire, comme nous le verrons dans l'instant.

156. Pour se ménager la facilité de réduire sur-le-champ, par approximation, une nouvelle mesure linéaire en ancienne ou réciproquement, on peut observer que le millimètre est sensiblement égal à 4/9 de ligne du pied français, ou, ce qui revient au même, la ligne est égale à 9 4 de millimètre. Il en résulte que le pouce vaut 27 millimètres.

157. L'unité des mesures superficielles pour le terrain est un carré, dont le côté est de dix mètres; elle se nomme *are*, et vaut environ 948 pieds carrés.

158. On appelle *stère* une mesure égale au mètre cube, et destinée particulièrement pour le bois de chauffage : elle répond à un peu plus de 29 pieds cubes.

159. L'unité des mesures de capacité est le cube du décimètre. On le nomme *litre*, et elle vaut à peu près 50 pouces cubes 4/10. Elle surpasse de 1/14 la pinte de Paris, qui contient 46 pouces cubes, 95.

160. Le *gramme*, ou l'unité de poids, répond, ainsi que nous l'avons dit, à près de 19 grains. Le *kilogramme*, ou le poids de mille grammes, équivaut à 2 livres 5 gros 35 grains. L'once diffère très-peu de 3 décagrammes, et le grain de 53 milligrammes.

161. La livre monétaire porte le nom de *franc* d'argent. Sa dixième partie s'appelle *décime*, et la centième partie *centime*. Il appartenait d'autant mieux à la France de voir sortir de son sein ce nouveau système de mesures qui remontent toutes à une partie déterminée de la circonférence du globe, comme à leur origine commune, que nul autre pays n'offrait une position aussi heureuse, par rapport à l'arc du méridien qui devait être mesuré; celui qui traverse la France ayant le double avantage d'être coupé par le parallèle moyen, et de reposer par ses extrémités sur les bords des deux mers. Mais ce système, dont la base est prise dans la nature et invariable comme elle, convient également à tous les peuples. Plusieurs puissances étrangères, sur l'invitation du gouvernement français, ont envoyé des savants d'un mérite distingué, qui, réunis aux commissaires de l'Institut national, ont discuté avec eux les observations et les expériences, d'où l'on a déduit les unités fondamentales de longueur et de poids, et ont concouru ainsi, par leur zèle et par leurs lumières, à consommer cette vaste entreprise. Jamais les sciences n'ont offert un spectacle plus digne d'elles que celui de cette société si intéres-

sante, qui, en fournissant une nouvelle preuve que les hommes éclairés de tous les pays ne composent qu'une même famille, donnait en quelque sorte sa sanction à ce système, dont l'adoption pourra devenir le gage d'une union plus étroite entre les nations elles-mêmes.

Écoulement des liquides.

162. [Tout le monde sait que si l'on enlève une portion quelconque du fond ou des parois latérales d'un vase contenant un liquide, il se produit un écoulement plus ou moins rapide. Nous ferons abstraction, pour le moment, de l'influence de la pression atmosphérique sur le phénomène : nous aurons plus tard occasion d'examiner quelle part peut y avoir cette pression. Quand l'orifice d'écoulement est pratiqué au fond du vase, on voit que les molécules liquides descendent verticalement jusqu'à une certaine distance de cet orifice; puis elles acquièrent une vitesse plus grande à mesure qu'elles approchent de l'ouverture, en sorte qu'il se forme dans le liquide une espèce d'entonnoir dont la pointe correspond au centre de l'ouverture. Si l'orifice se trouve dans une des parois latérales, on voit pareillement le liquide se déprimer à la surface qui se trouve près de l'ouverture. Il est facile d'observer les mouvemeuts qui se produisent dans la masse liquide en y projetant de petits corps d'une densité à peu près égale à celle du liquide, de la sciure de bois ou de la poudre de cire d'Espagne. Ces mouvements dépendent de la hauteur du liquide au-dessus de l'ouverture, et de la forme et des dimensions de l'orifice.

163. *Constitution de la veine fluide.* — Lorsque l'orifice est circulaire et pratiqué en *mince paroi*, le liquide s'écoule sous la forme d'une veine fluide, rectiligne et verticale si l'ouverture se trouve au fond du vase, parabolique si l'ouverture est latérale. La veine fluide se compose de deux parties bien distinctes : la première, qui s'étend depuis l'orifice jusqu'à une certaine distance, paraît limpide, unie, cylindrique; l'autre partie n'offre point cette limpidité, elle paraît opaque, agitée, et présente de distance en distance des renflements et des rétrécissements successifs. Savart a reconnu que dans cette partie de la veine le liquide n'est pas continu : il tombe sous forme de gouttelettes qui s'allongent tantôt dans le sens vertical, tantôt dans le sens horizontal, de manière à présenter à l'œil ces renflements que l'on observe (fig. 26). Savart a observé en outre que près de l'orifice, sur la partie limpide de la veine, il se produit de petits renflements annulaires qui grossissent à mesure qu'ils descendent, et se détachent de la partie transparente en forme de gouttes à des intervalles égaux. Il en résulte à l'orifice une série de pulsations qui rendent constamment variable la vitesse de l'écoulement. Ces pulsations se succèdent avec tant de régularité et de rapidité qu'il en résulte un son bien déterminé. Une observation très-curieuse a été faite à ce sujet par Savart : c'est que la veine fluide se trouve notablement modifiée par le son d'un instrument, produit même à une grande distance; la partie limpide de la veine se raccourcit et disparaît, toute la veine devient trouble, et les gouttes qui la composent prennent plus de transparence et plus de régularité dans leurs changements de forme.

164. La fabrication du plomb de chasse est fondée sur ce fait, que les liquides en s'écoulant se partagent en petites gouttes à peu près sphériques. En effet, cette fabrication consiste à faire couler par de petites ouvertures du plomb fondu d'une hauteur assez grande pour que les gouttelettes aient le temps de se solidifier avant d'arriver à la partie inférieure. Le changement de forme observé par Savart empêche que ces gouttelettes soient parfaitement sphériques; pour leur donner cette forme, on est obligé de les rouler entre deux corps durs à surfaces planes.

165. *Contraction de la veine fluide.* — Depuis long-temps on a observé que la veine fluide n'est pas cylindrique, mais qu'elle se rétrécit d'une manière très-sensible à une petite distance de l'orifice, puis elle va ensuite en augmentant jusqu'à la partie trouble. Ce phénomène de la contraction de la veine dépend des dimensions de l'ouverture et de la hauteur du liquide. On a constaté que, pour des orifices qui n'ont que quelques centimètres de diamètre, la section contractée est à peu près les 2/3 de l'ouverture, et qu'elle se trouve à une distance de l'orifice un peu plus petite que le diamètre de cet orifice.

166. *Théorème de Torricelli.* — Ce théorème, qui exprime la loi de l'écoulement des liquides et qui se trouve gé-

néralement vérifié par expérience, s'énonce ainsi : *Les molécules, en sortant de l'orifice d'un vase, ont la même vitesse que si elles étaient tombées librement dans le vide d'une hauteur égale à l'élévation du niveau au-dessus du centre de l'orifice.* Il résulte de ce théorème que la vitesse d'écoulement ne dépend nullement de la nature du liquide, mais que tous les liquides s'écoulent dans les mêmes circonstances avec la même vitesse. — On peut, au moyen du même théorème, calculer quelle doit être la quantité de liquide qui s'écoule par une ouverture donnée et sous une hauteur connue : car on peut supposer que dans chaque seconde de temps il s'écoule un volume de liquide égal à un cylindre ayant pour base l'ouverture d'écoulement, et pour hauteur la vitesse d'écoulement qui est $v = \sqrt{2gh}$, h étant la hauteur du liquide et g l'intensité de la pesanteur. Le résultat de ce calcul se nomme la *dépense théorique ;* mais l'expérience démontre que la *dépense effective*, c'est-à-dire la quantité d'eau qui s'écoule réellement par l'orifice n'est que les 2/3 environ de la dépense théorique. Cette différence est due à la contraction de la veine.

167. *Des ajutages* — On donne ce nom à des tuyaux ou à des plaques d'une certaine forme qui s'ajustent aux orifices d'écoulement. Les ajutages exercent en général une certaine influence sur l'écoulement des liquides. — Un ajutage ayant exactement la forme que prend la veine, depuis l'orifice jusqu'au point où elle se contracte, n'exerce aucune influence sur la vitesse d'écoulement, pourvu toutefois que la surface intérieure soit bien polie. Lorsque l'ajutage est cylindrique, il arrive quelquefois que la veine presse dans l'intérieur sans le toucher : c'est ce qui a lieu, en général, lorsque la pression est considérable, alors cet ajutage n'exerce aucune influence sur la vitesse d'écoulement; mais lorsque la pression est faible, le liquide coule ordinairement *à gueule bée*, c'est-à-dire à plein tuyau, et la dépense se trouve considérablement augmentée ; elle l'est encore davantage quand l'ajutage est légèrement évasé. L'ajutage qui augmente le plus la dépense est celui qui se compose de cônes opposés, le premier ayant la forme que prend la veine contractée. Tout renflement pratiqué dans un ajutage diminue sensiblement la vitesse d'écoulement.

168. *Des jets d'eau.* — D'après le théorème de Torricelli, la vitesse du liquide sortant de l'orifice d'écoulement est capable de le faire remonter à une hauteur égale à celle du niveau du liquide dans le réservoir ; par conséquent, si on adapte à cette ouverture un tube dont l'ouverture soit recourbée en haut, le liquide s'élancera, sous forme de jet, à une hauteur à peu près égale à celle du niveau.

169. *Unité des fontainiers.* — Il est souvent important, dans la distribution des eaux, de mesurer la quantité qui s'écoule dans un temps donné ; la mesure anciennement adoptée pour cet usage était le *pouce d'eau :* on donnait ce nom à la quantité d'eau qui s'écoule dans une minute, par un orifice circulaire d'un pouce de diamètre, percé en mince paroi, sous une pression de 7 lignes comptées à partir du centre, c'est-à-dire une ligne au-dessus du bord supérieur de l'orifice. Le pouce d'eau équivaut à environ 19200 litres d'eau en vingt-quatre heures.]

Des tubes capillaires.

170. Toutes les eaux tranquilles ont leur surface de niveau (122), lorsque leurs molécules ne sont sollicitées que par les actions de la pesanteur, dont les directions sont toujours perpendiculaires à cette même surface. Mais il suffit de plonger un corps dans le liquide pour que ce niveau soit altéré. Si le corps est, par exemple, une lame de verre, la partie adjacente du liquide s'infléchit en se relevant vers chaque face, de manière que tous ses points de contact avec elle forment une ligne horizontale située au-dessus du niveau. Dans la figure 27, *abeg* représente une coupe de la lame de verre, faite par un plan vertical, perpendiculairement aux grandes faces de cette lame ; Mc'cN le niveau de l'eau, et *hf*, *h'f'* les deux courbures de ce liquide.

171. Si l'on substitue un tube à la lame de verre, l'eau s'élèvera de même au dedans et au dehors, en formant deux petites concavités dont les bords supérieurs coïncideront avec deux anneaux du tube situés au-dessus de celui qui répond au niveau ; mais nous ne nous occuperons guère dans la suite que de la concavité qui est produite à l'intérieur.

— Tant que le tube aura un diamètre d'une certaine étendue, la concavité ne sera sensible qu'auprès de ses parois, en sorte que l'eau paraîtra encore de niveau dans toute la partie moyenne de la surface circonscrite par le tube. A mesure que l'on choisira des tubes plus étroits, la concavité s'infléchira davantage ; il y aura un terme où le point qui répond à l'axe du tube commencera à dépasser visiblement le niveau ; et enfin, si l'intérieur du tube représente un cylindre très-délié, le liquide, au moment de l'immersion, s'y élancera et y demeurera suspendu à une hauteur considérable. Cette expérience, qui place le phénomène dans une des circonstances où il est le plus frappant, a fait naître la dénomination qu'on lui a donnée de *phénomène des tubes capillaires*, quoiqu'il soit soumis comme les autres à la loi de continuité, et marche par un progrès de nuances imperceptibles.

172. Les mêmes effets ont lieu, proportion gardée, par rapport à tous les autres liquides susceptibles de mouiller le verre, ce qui n'est pourtant pas aussi généralement vrai qu'on l'avait cru d'abord, comme nous l'expliquerons dans la suite. Mais si l'on emploie le mercure, les changements de figure et de position que subira la surface de ce métal liquide se feront en sens opposé. Dans l'expérience d'une simple lame de verre, la partie adjacente du mercure s'infléchira de part et d'autre, de manière que les extrémités de chaque courbure *fh* ou *f'h'* (fig. 28) seront sur une ligne horizontale abaissée au-dessous du niveau. En employant un tube, surtout s'il est étroit, on verra la surface du métal liquide prendre à l'intérieur une figure convexe dont les bords adhéreront à un anneau du tube inférieur au niveau ; mais cet effet suppose que l'on prenne le tube tel qu'il se présente : car nous verrons dans la suite qu'au moyen de certaines précautions on peut obtenir de même l'élévation du mercure au-dessus du niveau.

173. La loi du phénomène, telle que la donne l'expérience, consiste en ce qu'un même liquide s'élève dans différents tubes homogenes à des hauteurs qui sont à très-peu près en raison inverse des diamètres de ces tubes (1) ; et s'il s'agit du mercure, son abaissement au-dessous du niveau est soumis au même rapport.

174. L'observation fait voir encore que les hauteurs auxquelles différents liquides s'élèvent dans un même tube n'ont pas lieu en raison de la légèreté spécifique de ces liquides ; par exemple, l'alcool et les huiles s'y élèvent moins que l'eau.

175. Enfin, si l'on enduit l'intérieur du tube d'une couche mince de matière grasse, telle que le suif, le liquide dans lequel on plonge ce tube s'abaisse d'abord au-dessous du niveau, en formant une légère convexité à sa surface supérieure. Mais peu à peu il monte dans le tube, arrive au niveau, puis s'élève au-dessus, quoique d'une moindre quantité que si l'intérieur du tube était net ; et alors sa surface supérieure est concave.

Diverses causes dont on a fait dépendre les effets des tubes capillaires.

176. L'explication des phénomènes que nous venons de décrire a fort exercé la sagacité des physiciens. Les uns ont essayé d'en rendre raison en supposant que l'air, ne pouvant s'introduire dans le tube que difficilement et en petite quantité, y exerçait sur la colonne intérieure une pression moins forte que celle de l'air environnant sur le liquide extérieur ; et si on leur objectait que les mêmes effets ont lieu dans le vide, ils répondaient que, comme on ne pouvait jamais faire un vide parfait, l'air qui restait sous le récipient, dans toutes les parties extérieures au tube, conservant le même rapport avec l'air intérieur, l'inégalité de pression et la différence de niveau qui en était la suite devaient encore subsister. D'autres avaient recours à un fluide subtil pour expliquer le phénomène, et les opinions se parta-

(1) Pour que ces expériences, qui sont délicates, donnent des résultats comparables, il faut d'abord plonger le tube entièrement dans le liquide, et, après l'avoir retiré, le secouer à plusieurs reprises ou le frapper avec un autre corps, jusqu'à ce que ses parois ne soient plus que légèrement humectées. La nécessité de ces précautions avait été sentie par Hauksbée ; et c'est parce que plusieurs physiciens les ont négligées que l'on trouve tant de diversités dans les hauteurs auxquelles ils disent avoir vu l'eau, et d'autres liquides, s'élever dans des tubes d'un diamètre donné.

geaient de nouveau sur la manière d'agir de ce fluide : suivant les uns, ses parties étaient d'une forme globuleuse qui ne leur permettait pas de s'arranger exactement dans un tube d'un petit diamètre, pour exercer, sur la colonne qui occupait ce tube, une pression égale à celle que les colonnes extérieures éprouvaient de la part du même fluide; selon d'autres, la matière subtile formait de petits tourbillons dont les molécules, ayant un mouvement circulaire dans des plans qui passaient par l'axe du tube et venant à rencontrer l'orifice inférieur, poussaient de bas en haut la colonne renfermée dans ce tube. Une seule considération suffisait pour renverser toutes ces hypothèses : c'est que les hauteurs auxquelles s'élèvent différentes liqueurs dans un même tube ne sont pas en rapport avec la légèreté spécifique de ces liqueurs; ce qui aurait pourtant lieu dans ces mêmes hypothèses, puisque le fluide subtil, qui produirait les phénomènes de quelque manière qu'il agît, devrait favoriser davantage l'élévation des liquides moins denses, qui seraient par là moins susceptibles de s'opposer à son action. — Ainsi, les physiciens s'agitaient inutilement pour trouver dans des agents extérieurs et invisibles la véritable cause du phénomène, tandis que cette cause existait dans le tube même qu'ils avaient entre les mains, et dépendait de cette espèce d'attraction que l'on a désignée par le nom d'*attraction dans les petites distances*.

177. Newton, après avoir trouvé dans la gravitation universelle le principe des mouvements célestes et des phénomènes où la nature agit en grand sur des masses, quelquefois séparées par d'immenses intervalles (60), avait observé aussi les effets d'une certaine attraction qui n'agissait que près du contact, et de molécule à molécule. Les chimistes, qui avaient continuellement sous les yeux des exemples de l'action de cette force, dans la composition et la décomposition des corps, l'adoptèrent sous le nom d'*affinité*. Les physiciens ont été plus tardifs à la reconnaître dans d'autres effets, où les substances qu'elle sollicite conservent leur état naturel, comme cela a lieu par rapport au phénomène des tubes capillaires. Ils aimaient mieux attribuer ces effets à la pression de quelque effluve ou de quelque tourbillon de matière subtile, qui s'offrait sous l'apparence spécieuse d'une cause mécanique, mais que les phénomènes démentaient toujours par quelque endroit, quoiqu'on fût le maître de l'y adapter d'avance, en la modifiant à volonté. C'était comme le dernier refuge des tourbillons, qui, après avoir été bannis des espaces célestes, cherchaient à se maintenir dans les recoins de la nature où l'attraction, reproduite sous une autre forme, leur disputait encore la place. On comparait cette attraction à la première; et comme elle semblait en différer par sa manière d'agir, à raison des distances, et que d'ailleurs elle se modifie suivant la diversité des circonstances où elle agit, on accusait les physiciens qui l'adoptaient de la multiplier arbitrairement et d'imaginer autant d'attractions particulières qu'il se présentait de nouveaux faits à expliquer. Mais un examen attentif suffisait pour faire reconnaître qu'en supposant même que cette attraction soit distinguée de la gravitation universelle, elle n'en est pas moins une force unique dans son genre, qui s'étend à une classe nombreuse de phénomènes, et dont les diversités dépendent de celles qui existent entre les corps mêmes sur lesquels son action s'exerce. Newton remarquait que cette force une fois admise, la nature entière devenait simple et partout d'accord avec elle-même; tandis que l'astronomie physique d'une part, et la physique ordinaire de l'autre, avaient chacune leur attraction, et partageaient entre ces deux forces l'explication des mouvements qui, de loin, frappent nos regards, et de ceux qui demandent à être suivis de près. Mais peut-être même n'est-ce pas en dire assez, puisqu'à l'aide d'une hypothèse plausible dont nous avons parlé plus haut (94) on parviendrait encore à simplifier le tableau, en ramenant les deux attractions à l'unité.

178. La plupart des physiciens modernes s'accordent à regarder l'attraction dans les petites distances comme la véritable cause des phénomènes que présentent les tubes capillaires; mais ils diffèrent entre eux dans la manière de concevoir le mécanisme à l'aide duquel cette cause élève l'eau au-dessus de son niveau. Suivant Hauksbée, aussitôt qu'un tube capillaire entre dans l'eau par une de ses extrémités, l'anneau de verre, situé au même endroit, agissant par des forces perpendiculaires sur la petite lame de liquide que l'immersion a mise en contact avec son intérieur, la

rend spécifiquement plus légère ; la pression de cette lame sur les parties situées au-dessous d'elle se trouvant ainsi diminuée, celle du liquide environnant, qui est devenue prépondérante, pousse la lame d'eau dans l'intérieur de l'anneau suivant, et fait entrer une nouvelle lame à sa place dans l'intérieur de l'anneau terminal. Les deux anneaux exerçant alors des actions semblables à la première sur la portion de liquide qui les baigne, la pression de l'eau environnante fait monter une nouvelle couche d'eau dans le tube, et ainsi de suite, jusqu'à ce que la colonne de liquide soit parvenue à une telle hauteur, que son poids, diminué par l'attraction, fasse équilibre à la pression du liquide environnant (1).—Jurin, qui a fait une suite d'expériences intéressantes sur les effets des tubes capillaires, attribue au contraire l'élévation de l'eau à l'attraction de l'anneau situé immédiatement au-dessus de la colonne que forme ce liquide. Dans cette hypothèse, la force qui fait monter l'eau et celle qui la tient ensuite suspendue à sa plus grande hauteur s'exercent constamment de bas en haut, dans des directions à peu près parallèles à l'axe du tube, ce qui s'écarte moins de la vérité que le mécanisme imaginé par Hauksbée pour expliquer le même phénomène (2). — Veitbrecht a publié sur le même sujet un travail fort étendu, dans lequel il procède méthodiquement par une suite de propositions dont l'enchaînement donne une apparence spécieuse à sa théorie (3). Il se rapproche de l'opinion de Jurin, sur la partie du tube dans laquelle réside l'action principale, et il établit une distinction, dont on sentira dans la suite la justesse, entre la couche d'eau qui baigne le tube, jusqu'à la distance à laquelle s'étend l'attraction du verre, et le cylindre formé par la partie du liquide que cette couche enveloppe. Selon lui, cette même couche est soutenue par l'anneau de verre situé au-dessus d'elle, tandis qu'elle soutient à son tour, à l'aide de la cohérence, les molécules qui composent le cylindre intérieur.

(1) Expériences physico-mécaniques sur différents sujets. Paris, 1754, t. II, p. 142 et suiv.

(2) Voyez les Leçons de physique expérimentale, par Costes, p. 410 et suiv.

(3) Mémoires de l'Académie de Péters-bourg, t. IX.

179. Les auteurs de ces hypothèses ont cru pouvoir démontrer rigoureusement le rapport inverse entre les élévations ou les abaissements d'un même liquide et les diamètres des tubes que l'on y plongeait, en supposant ces tubes homogènes. Par exemple, dans l'hypothèse de Jurin, lorsque le liquide s'élevait au-dessus du niveau dans deux tubes différents, les attractions étaient entre elles comme les circonférences de ces tubes, ou, ce qui revient au même, comme leurs diamètres; mais elles étaient en même temps comme les poids des cylindres de liquide suspendus dans les tubes, c'est-à-dire comme les carrés des diamètres multipliés par les hauteurs, ce qui donne le rapport inverse entre le diamètre et la hauteur (1). Le grand défaut de ces hypothèses, et de plusieurs autres que nous omettons, provenait des abstractions que leurs auteurs se permettaient, en sorte qu'un fait réellement compliqué d'une multitude d'actions différentes et inégales devenait d'une simplicité illusoire, par la manière vague dont ils le considéraient. Il semblait que le principe eût été arrangé pour arriver aux conséquences indiquées par l'observation des phénomènes.

180. Clairaut est le premier qui ait entrepris de soumettre ces phénomènes à une analyse vraiment rigoureuse. Il envisagea, dans leur ensemble, les diverses forces qui concourent à les produire, telles que la pesanteur, l'attraction des molécules du tube sur les molécules du liquide, et les attractions mutuelles de ces derniers; et, de plus, il eut égard à une circonstance essentielle, négligée par les autres physiciens, savoir, la figure concave ou convexe que prend la surface supérieure du liquide renfermé dans le tube (2). Mais sa théorie, conçue d'ailleurs avec beaucoup de sagacité, ne résout la question que d'une manière incomplète. Il se contente de faire voir qu'il y a une infinité de lois d'attraction admissibles, parmi lesquelles on pourra toujours en choisir une qui donne le rapport inverse entre le diamètre du tube et l'élévation du liquide

(1) Soient D, d, les diamètres, et H, h, les hauteurs ; on aura par la supposition, $D : d :: D^2 \times H : d^2 \times h$; d'où l'on tire $H : h :: d : D$.

(2) Théorie de la figure de la terre, p. 105 et suiv.

au-dessus du niveau. Ainsi il prouve bien que sa formule renferme le mot de l'énigme, mais sans pouvoir le donner. L'imperfection de sa méthode tient à ce qu'il supposait que l'attraction du tube capillaire s'étendait à des distances sensibles, ce qui l'a conduit à faire entrer dans sa théorie des termes qui s'évanouissent, et dont il eût fallu la débarrasser.

Théorie de Laplace.

181. Le travail de Clairaut, qui, malgré ce qu'il laisse à désirer, efface tout ce qu'on avait fait jusqu'alors en ce genre, disparaît à son tour devant celui de Laplace. Ce savant illustre, en considérant l'action du tube capillaire comme sensible seulement à des distances imperceptibles, a d'abord restreint le problème à ses véritables données, et les géomètres en état de suivre ses calculs reconnaîtront doublement l'auteur de la *Mécanique céleste* dans une solution où il s'est servi des mêmes formules qu'il avait créées pour expliquer les plus grands phénomènes de la nature (1). Dans l'exposition raisonnée que nous allons donner des résultats auxquels il est parvenu, nous suivrons la marche qu'il a bien voulu lui-même nous tracer.

Action d'une masse de liquide sur une colonne située à l'intérieur.

182. Nous supposerons d'abord que la masse de ce liquide dont nous avons à considérer l'action ait une base plane, parce que cette action entre comme élément dans la détermination de celle qu'exerce un liquide convexe ou concave. Représentons par *abcd* (fig. 29) la masse dont il s'agit, et examinons l'effet de son attraction, à des distances imperceptibles, sur une colonne infiniment déliée *or* renfermée dans son intérieur, et perpendiculairement à sa base *ab*. Ayant pris dans la partie supérieure *oz* de cette colonne une molécule *m*, située à une distance de *ab* moindre que le rayon de la sphère d'attraction sensible du liquide, si nous menons, en dessous de la molécule, un plan *lk*, dont elle soit autant éloignée que du plan *ab*, il est visible qu'elle sera également attirée vers le haut et vers le bas, par la petite masse de liquide qu'interceptent les deux plans *ab*, *lk*, puisqu'il y a égalité entre les quantités de liquide situées de part et d'autre. Mais le liquide inférieur au plan *lk*, et dont l'action n'est balancée par aucune autre, attirera la molécule *m* vers le bas, et cet effet aura lieu jusqu'à une distance égale au rayon de la sphère d'attraction sensible du liquide. Le même raisonnement s'applique à toute autre molécule éloignée de *ab* d'une quantité plus petite que la distance dont nous venons de parler. Or, comme la partie *oz* de la colonne agit à son tour sur les parties inférieures, en les poussant vers le bas, nous pouvons considérer l'effet de l'attraction comme une pression que la colonne exercerait sur une base située dans l'intérieur de la même colonne, perpendiculairement à ses côtés, et à un distance sensible de la surface *ab*.

183. Il ne sera pas inutile de considerer aussi l'action de la masse *abcd* sur une colonne infiniment déliée *or'* renfermée dans un canal situé au-dessus du plan *ab*, de manière que son axe coïncide avec le prolongement de celui de la colonne *ro*. Choisissons, dans la première, une molécule *m'* dont la distance au plan *ab* soit la même que celle de la molécule *m* en sens contraire. La masse *abcd* agira sur la molécule *m'*, d'où nous conclurons que la molécule *m'* est aussi tirée vers le bas. On pourra étendre la même comparaison à toute autre molécule située dans la colonne *or'*, à une distance convenable de *ab*, en supposant une nouvelle molécule placée à la même distance dans la colonne *or*, et en transportant, par la pensée, le plan *lk*, de manière que la nouvelle molécule en soit autant éloignée que du plan *ab*, d'où l'on conclura que l'action de la masse plane *abcd* sur la colonne *or'* produit dans la partie inférieure de cette colonne une tendance à descendre, qui se communique à la colonne entière.

184. Concevons maintenant que la masse du liquide, au lieu d'être plane, soit terminée par une convexité sphérique *qol* (fig. 30) d'un rayon quelconque, tangente au plan *ab*, et voyons ce que devient la première action, par la suppression de l'espèce de ménisque *ablq*. Ainsi la question se réduit à déterminer l'action de ce ménisque, et à la retran-

(1) Théorie de l'action capillaire, ou Supplément au dixième livre du Traité de mécanique céleste. Paris, 1806.

cher de celle de la masse plane. Soit *s* une molécule prise à volonté dans l'intérieur du ménisque, à une distance du point *o*, moindre que le rayon de la sphère d'activité du liquide. Menons la ligne *so*, puis la ligne *sh*, de manière que le triangle *osh* soit isocèle. La molécule *s* exerce sur le point *o* une force oblique dont une partie agit pour tirer ce même point vers le bas. Mais la molécule *s* exerce sur le point *h* une autre force oblique dont une partie a une action égale pour tirer ce dernier point vers le haut, en sorte que cette action détruit celle qui tend à faire descendre le point *o*. On peut concevoir dans l'intérieur du triangle d'autres lignes menées du point *s* sur la base *oh*, à des distances égales de ses extrémités, et en appliquant le même raisonnement aux forces qui s'exercent suivant ces lignes, on en conclura que l'action de la molécule *s* est nulle pour faire descendre ou monter la partie *oh* de la colonne *or*. Mais cette molécule exerce aussi des actions obliques sur les points situés en dessous de *h*, jusqu'à la distance où l'attraction cesse d'être sensible et, parce que l'angle *shr* est obtus, ces actions réduites dans le sens vertical tendent à tirer en haut les points dont il s'agit. Ce que nous disons ici de la molécule *s* a également lieu pour toutes les autres molécules situées dans l'intérieur du ménisque *aoblq*, à des distances convenables de la colonne *or*, d'où il suit que l'action totale du ménisque s'exerce pour faire mouvoir cette colonne de bas en haut. Or nous avons vu (182) que l'action de la masse terminée par le plan *ab* sollicite au contraire cette colonne à descendre. Donc la suppression du ménisque augmente l'action de la masse pour pousser la colonne vers le bas, d'une quantité équivalente à l'action de ce ménisque en sens opposé, ou, ce qui revient au même, l'action de la masse convexe est égale à l'action de la masse plane plus à celle du ménisque.

185. Prenons au-dessus du plan *ab* un nouveau ménisque *fogba*, dont la concavité soit tournée vers le haut, et cherchons aussi l'action de ce ménisque sur la colonne *or*. Si du point *o* nous menons *on* parallèle et égale à *hs*, une molecule placée en *n* agira sur les molécules situées au-dessous de *o*, comme la molécule placée en *s* agit sur les molécules inférieures à *h*, et, parce que la même comparaison a lieu entre tous les autres points semblablement situés dans l'intérieur des deux ménisques, nous en conclurons que l'action totale du ménisque *fogba* tend aussi à faire monter la colone *or*, ou, ce qui revient au même, à détruire une partie de l'action produite par la masse plane. Or cet effet devient ici négatif par l'addition du ménisque. Donc l'action de la masse terminée par la surface concave *fog* est égale à l'action de la masse plane, moins l'action du ménisque *fogba*. Si l'on suppose que la ligne *ab* qui mesure la corde de l'arc *fog* ou *qol* étant constante, la courbure de cet arc devienne plus sensible, ou forme une plus grande partie de la circonférence, le rayon de celle-ci deviendra toujours plus petit. En même temps le nombre des molécules contenues dans chacun des deux ménisques augmentera, et, par une suite nécessaire, l'action du ménisque s'accroîtra elle-même. Or M. de Laplace démontre par l'analyse que cette action est en raison inverse du rayon de la surface sphérique (1).

186. Ces résultats ont conduit M. de Laplace à un très-beau théorème dont nous allons essayer de donner une idée. Imaginons un corps terminé par une surface curviligne d'une figure quelconque, et prenons, dans l'intérieur de ce corps, un canal infiniment délié perpendiculaire à la surface dans un point quelconque. Si nous supposons cette même surface coupée dans tous les sens par des plans qui lui soient perpendiculaires et qui passent par le point dont il s'agit, ces plans intercepteront diverses courbes dont chacune aura un cercle osculateur au point dont il s'agit et, parmi tous les rayons de courbure relatifs aux

(1) Soit H une quantité constante, et *b* le rayon de la surface sphérique. L'action du ménisque sera en général $\frac{H}{b}$; et si nous désignons par K l'action de la masse plane, celle de la masse convexe sera $K + \frac{H}{b}$, et celle de la masse concave sera $K - \frac{H}{b}$. Nous observerons que K est beaucoup plus grand que $\frac{H}{b}$. La manière dont H et K dépendent de la loi d'attraction est développée dans le Mémoire de M. de Laplace.

différents cercles, le plus grand et le plus petit seront situés dans deux plans perpendiculaires entre eux. Or l'action du corps sur le canal dont nous avons parlé est égale à la demi-somme des actions que deux sphères qui auraient pour rayons le plus grand et le plus petit des rayons de courbure, exerceraient chacune sur un canal semblable situé à l'intérieur. Dans le cas où le canal que renferme le corps répondrait au point situé comme *o*, et où le solide serait de révolution autour de la perpendiculaire à ce même point, il est visible que tous les rayons de courbure étant égaux, il y aurait aussi égalité entre les deux sphères dont les actions, prises par moitié, donnent celles du corps, d'où il suit que l'action sera la même que celle d'une des deux sphères.

187. La même théorie sert à déterminer la figure de la courbe que produit la section de la surface du liquide par un plan vertical. Lorsque ce liquide est renfermé dans un vase indéfini, la courbe dont il s'agit est semblable à celle que les géomètres nomment *élastique*, parce que c'est la figure que prend une lame de ressort fixée horizontalement, par une de ses extrémités, à un plan vertical, et chargée, à l'extrémité opposée, d'un poids dont l'action force cette lame de s'infléchir. L'analogie entre la figure de la section dont nous venons de parler et celle de l'élastique, provient de ce que dans l'une et l'autre la force due à la courbure est réciproque au rayon du cercle osculateur.

188. Dans les tubes étroits la surface du liquide approche de celle d'un segment sphérique, à mesure que le diamètre de ces tubes est plus petit, et le changement de figure se fait alors d'une manière si peu sensible, que quand les tubes sont en même temps homogènes, les segments sont à très-peu près semblables. C'est ce que l'on concevra, si l'on fait attention que la distance à laquelle l'action du tube cesse d'être appréciable est presque nulle : « En sorte, dit M. de » Laplace, que si, par le moyen d'un » très-fort microscope, on parvient à la » faire paraître égale à un millimètre, il » est vraisemblable que le même pou- » voir amplifiant donnerait au diamètre » du tube une grandeur apparente de » plusieurs mètres. » La surface du tube peut donc être considérée comme étant plane à très-peu près dans un intervalle mesuré par cette distance. Le liquide qui répond à cet intervalle, s'élèvera donc ou s'abaissera depuis la surface à très-peu près comme si elle était plane, d'où il résulte que les premiers éléments de la courbure auront sensiblement la même inclinaison dans les différents tubes. Au delà, le liquide n'étant plus soumis qu'à l'action de la pesanteur et à son action sur lui-même, la première n'a qu'une très-légère influence pour troubler l'autre, soit parce que la différence de niveau est très-peu sensible dans le petit espace qui répond au diamètre du tube, soit parce que l'action du liquide sur lui-même a d'autant plus de supériorité sur celle de la pesanteur, que le rayon de courbure de la surface est plus petit. Dans ce cas, la surface sera, à très-peu près, celle d'un segment sphérique, dont les côtés extrêmes étant les mêmes que ceux de plans situés à l'extrémité de la sphère d'attraction, sont également inclinés aux parois du tube, quel que soit son diamètre ; d'où il suit que tous les segments seront aussi à très-peu près semblables entre eux. Il résulte de cette similitude que les rayons des surfaces convexes ou concaves du liquide, dans les tubes étroits, sont sensiblement proportionnels aux diamètres de ces tubes. On verra bientôt où tend cette conséquence remarquable.

189. Si le tube est incliné à l'horizon, la surface du liquide est encore à très-peu près celle d'un segment sphérique, auquel l'axe du tube est perpendiculaire, parce que l'action de la pesanteur dans les tubes très-étroits, peut être négligée relativement à l'action capillaire.

Application de la théorie précédente aux phénomènes des tubes capillaires.

190. Soit *epcd* (fig. 3) la coupe d'un tube capillaire plongé verticalement dans l'eau, dont le niveau est indiqué par l'horizontale MN ; soit *fog* la surface concave de l'eau contenue dans le tube, et *or* une colonne infiniment déliée de ce liquide, située à l'endroit de l'axe du tube. Prenons de même dans l'eau environnante une colonne verticale *hs*, infiniment déliée, et assez éloignée du tube, pour qu'il n'ait point d'influence sur elle, puis imaginons un canal horizontal *sr*, à l'aide duquel les deux colonnes soient en communication. Il s'agit de prouver que les forces qui

sollicitent ces colonnes et les tiennent en équilibre l'une avec l'autre déterminent dans la colonne *or* une élévation au-dessus du niveau, qui est en raison inverse du diamètre du tube. Il suit de ce qui a été dit ci-dessus (185), que si la colonne *or* avait une hauteur simplement égale à celle de la colonne *hs*, sa pression sur la base *r* serait moindre que celle de la colonne *hs* sur la base *s*, la première colonne étant terminée par une surface concave, tandis que la seconde l'est par une surface plane ; ainsi le liquide s'élèvera dans le tube au-dessus de son niveau, pour compenser la différence de pression par l'augmentation de poids. Or cette compensation dépend de l'action négative du ménisque *fgba*, laquelle est en raison inverse du rayon de courbure au point *o* (185). Mais dans les tubes étroits, les surfaces des ménisques ont à très-peu près la figure d'un segment de sphère, et de plus sont semblables entre elles (188), en sorte que leurs rayons sont proportionnels aux diamètres des tubes et en même temps aux rayons de courbure. Donc l'action du ménisque suit aussi la raison inverse du diamètre du tube, et par conséquent l'élévation du liquide au-dessus du niveau est soumise au même rapport. Il résulte d'une expérience citée par Newton (1) que dans un tube de verre dont le diamètre était de 1/50 de pouce anglais (0 mill. 508) l'eau s'élevait à un pouce anglais (25 mill. 4). Nous avons obtenu, en employant un tube dont le diamètre était de 2 millimètres, une élévation d'environ 6 mill. 75 (2), résultat qui, comparé à celui de Newton, donne à peu près le rapport inverse entre les élévations du liquide et les diamètres des tubes (3); avec un autre tube dont le diamètre était de 1 mill. 33, l'élévation a été d'environ 10 millimètres. Nous avons trouvé que l'élévation de l'huile d'orange était à peu près la moitié de celle de l'eau.

(1) Optice lucis, lib. III, quæst. 31.

(2) Nous avons fait cette expérience, ainsi que la plupart de celles dont nous parlerons dans la suite, conjointement avec M. Trémery, ingénieur des mines et professeur de physique, et avec H. Tondi, savant napolitain attaché au Muséum d'histoire naturelle.

(3) On trouve par le calcul 6 mill. 45, en partant du résultat de Newton.

191. Supposons maintenant que la surface du liquide intérieur, au lieu d'être concave, soit convexe, comme on le voit (fig. 32). Alors la pression de la colonne infiniment déliée *or* sur la base *r* étant plus grande, toutes choses égales d'ailleurs, que celle d'une colonne *hs*, prise dans le liquide environnant, sur la base *s* (184), l'effet de la compensation qui en résulte est de raccourcir la colonne *or*. Cette compensation est due à l'action positive qui provient de la suppression d'un ménisque semblable à *aoblq* (fig. 30), et l'on prouvera par un raisonnement analogue à celui que nous avons fait pour le cas représenté (fig. 31), que quand les tubes sont étroits, l'action dont il s'agit suit la raison inverse de leurs diamètres, d'où l'on conclura que l'abaissement du liquide au-dessous de son niveau est soumis au même rapport. Nous avons employé, pour les expériences de ce genre, les mêmes tubes qui nous avaient servi pour celles que nous avions faites sur l'eau. Avec le tube de deux millimètres de diamètre, le mercure s'est abaissé de 3 mill. 66 au-dessous de son niveau ; avec le tube de 1 mill. 33 de diamètre, l'abaissement a été de 5 mill. 5.

Cause de l'abaissement du mercure au-dessous de son niveau.

192. Les résultats des expériences ordinaires faites avec le mercure dans lequel on plonge un tube capillaire, semblent, au premier coup-d'œil, déterminer une nouvelle ligne de séparation entre les propriétés de ce métal et celles des liquides aqueux. Mais diverses observations prouvent que l'abaissement du même métal au-dessous du niveau, lorsqu'il a lieu, est l'effet d'une légère couche d'humidité qui tapisse la surface intérieure du tube, et dont l'interposition affaiblit très-sensiblement la vertu active du verre à l'égard du mercure. Casbois, professeur de physique à Metz, est parvenu, par un procédé ingénieux, à renfermer du mercure parfaitement desséché dans un siphon de verre, dont une des branches était capillaire et l'autre avait un diamètre d'une certaine étendue ; elles étaient scellées toutes les deux à leurs extrémités, et purgées d'air à l'intérieur. Le siphon étant situé de manière que sa convexité regardait la terre, le mercure s'élevait de 2 ou 3 lignes plus haut dans la branche étroite que dans

l'autre. Un baromètre capillaire, qui avait été construit en même temps, offrait une différence égale dans l'élévation de la colonne de mercure qui occupait le tube, lorsqu'on le comparait avec un baromètre ordinaire (1).

193. Laplace et Lavoisier, ayant soumis du mercure à une longue ébullition avant de l'introduire dans le tube d'un de ces derniers baromètres, ont fait disparaître la convexité qui termine communément la colonne de ce métal liquide. Ils sont même parvenus à rendre cette colonne plane à l'endroit de sa base. Mais ils ont toujours rétabli l'effet de la capillaire, en introduisant une goutte d'eau dans le tube. Ainsi le mercure ne prend une marche opposée à celle de l'eau, que par l'intervention d'une cause qui est étrangère à ce métal liquide et au tube. C'est un effet analogue à celui que l'eau subit de son côté, lorsque le tube que l'on y plonge a été enduit intérieurement d'une matière grasse, qui dérobe au contact du verre les molécules aqueuses, et n'ayant par elle-même qu'une faible action sur le liquide, détermine la circonstance où sa surface devient convexe, et où, par une suite nécessaire, il se tient au-dessous du niveau.

Cas où le liquide est terminé par une surface cylindrique.

194. Il est facile de conclure de tout ce qui a été dit jusqu'à présent, que l'élévation de l'eau au-dessus du niveau doit avoir lieu aussi entre deux lames de verre situées parallèlement l'une à l'autre, de manière à laisser entre elles un petit intervalle, et plongées dans le liquide par leurs extrémités inférieures. La surface de ce liquide forme alors une espèce de sillon, semblable à une portion détachée d'un cylindre creux parallèlement à l'axe. La section de la surface dont il s'agit, prise dans un sens perpendiculaire aux faces des deux lames, est encore un arc de cercle, lorsque les lames sont très-rapprochées, et cet arc est le même que dans un tube dont le diamètre serait égal à la distance entre les lames, parce que, comme on l'a vu (188), les côtés extrêmes de la courbure ont les mêmes positions relativement à un plan que relativement aux parois d'un tube. Concevons maintenant, à l'endroit le plus bas de la surface concave du liquide intérieur, un canal infiniment délié qui, se repliant en dessous des lames, aille aboutir à la surface du liquide environnant. Pour faciliter cette conception, on peut suposer que *pc*, *ed* (fig. 81), soient les sections des deux lames, prises perpendiculairement aux faces de ces deux lames; *orsh* représentera le canal dont il s'agit. Or le liquide s'élève entre les deux lames, en raison de l'action du ménisque compris entre un plan horizontal *ab*, mené à l'endroit le plus bas de la surface concave *fog* du liquide et cette même surface. L'action dont il s'agit est, d'après le théorème (186), égale à la demi-somme des actions des ménisques formés semblablement par deux surfaces sphériques, dont l'une aurait pour rayon celui de la section qu'offre la figure, et l'autre celui de la section perpendiculaire à la précédente; mais parce que cette dernière section est une ligne droite, son rayon est infini, et par conséquent le ménisque qui lui correspond devient nul. Il ne reste donc plus, pour représenter l'élévation du liquide, que la moitié de l'action du ménisque formé par la première sphère, tandis que relativement à un tube dont le diamètre est égal à la distance qui sépare les deux lames, l'élévation du liquide est représentée par l'action entière du ménisque. Ainsi le liquide doit s'élever une fois moins entre les deux lames que dans le tube dont il s'agit. M. de Laplace a généralisé ce résultat, en l'étendant au cas de deux tubes cylindriques emboîtés l'un dans l'autre, de manière que leurs axes se confondent, et que l'intervalle entre la surface intérieure du plus gros et la surface extérieure du plus mince soit capillaire. L'élévation du liquide dans cet intervalle est encore la moitié de celle qui aurait lieu dans un tube, dont le diamètre serait égal à la distance entre les deux tubes dont nous venons de parler. Le cas de deux lames parallèles est renfermé dans le théorème général dont nous venons de parler; car il suffit de supposer les rayons des deux tubes infinis, pourvu que l'espace intermédiaire reste capillaire.

195. Le célèbre auteur de la Théorie, après avoir découvert ce rapport remarquable, désirait qu'on le vérifiât par l'observation. Il a reconnu depuis, en parcourant l'Optique de Newton, que ce

(1) Dictionnaire encyclopédique, Supplément, t. IV, p. 981.

grand physicien semblait avoir prévenu son désir dans des expériences faites avec beaucoup de soin en présence de la Société royale de Londres, et qui lui avaient présenté la même égalité entre l'intervalle qui séparait deux lames de verre parallèles l'une à l'autre, et le demi-diamètre d'un tube dans lequel l'eau s'élevait de la même quantité (1). Ce tube, dont nous avons déja parlé (190), avait 1/50 de pouce anglais (0 millim. 508) de diamètre, et l'eau s'y élevait d'un pouce ou 25 mill. 4; or l'élévation du liquide était la même entre deux lames distantes l'une de l'autre de 1/100 de pouce anglais ou 0 mill. 254. Dans une expérience que nous avons faite avec des lames séparées par une distance d'un millimètre, l'eau s'est élevée à 6 mill. 5, quantité qui est à peu près la même que celle qui avait mesuré l'élévation du liquide dans notre tube de deux millimètres de diamètre. Nous avons soumis aussi à l'expérience deux tubes emboîtés l'un dans l'autre, dont les axes coïncidaient. Le diamètre intérieur du plus large était de 8 millimètres, et le diamètre extérieur du plus étroit était de 5 mill. 5, ce qui donne 1 mill. 25 pour la distance entre l'un et l'autre. L'eau s'est élevée un peu au-dessus de 5 millimètres dans l'intervalle mesuré par cette distance. Deux autres tubes avaient, l'un son diamètre intérieur de 5 millimètres, l'autre son diamètre extérieur de 3 millimètres, ce qui donne un millimètre de distance. L'élévation de l'eau a été un peu moindre que 7 millimètres. Ces résultats s'accordent à peu près avec ceux qu'on obtiendrait en employant des tubes simples, dont le demi-diamètre serait égal à la distance entre les deux tubes. Ainsi le théorème général se trouve vérifié dans les deux cas extrêmes. Les physiciens qui avaient essayé de donner une explication des phénomènes produits par les tubes capillaires, ne s'étaient point occupés de comparer l'action qui a lieu dans un de ces tubes avec celle qui s'exerce entre deux surfaces parallèles. La manière vague dont ils concevaient ceux de ces phénomènes qui se présentent comme d'eux-mêmes a l'observation, leur interdisait, en quelque sorte, l'approche de ces résultats plus éloignés, qui ne pouvaient être accessibles que pour une théorie susceptible d'être soumise au calcul.

(1) Optice lucis, lib. III, quæst. 31.

De la courbe que forme la surface supérieure de l'eau, entre deux lames réunies sous un petit angle.

196. On peut disposer les deux lames de verre de l'expérience précédente, de manière qu'elles se touchent par un de leurs bords, et forment entre elles un angle très-aigu : si on les plonge dans l'eau de manière que leur ligne de jonction soit perpendiculaire à la surface de ce liquide, on le verra s'élever subitement entre les deux lames, en formant une courbe qui tournera sa convexité vers la ligne de jonction, et qui passera par les extrémités des différentes hauteurs auxquelles doit s'élever le liquide, à proportion que l'intervalle diminue entre les deux lames de verre. Or il est facile de concevoir que cette courbe doit être une hyperbole. Soit $aa'x'x$ (fig. 33) une des deux surfaces de l'eau contiguës aux parois antérieures des lames de verre, ax étant la ligne de jonction de cette même surface avec celle de l'eau, dans laquelle les lames de verre sont plongées, et $b'x'$ la courbe formée par les points élevés de l'eau renfermée entre ces lames. Nous pouvons considérer cette eau comme un assemblage d'une infinité de petits cylindres, qui auront pour hauteurs les perpendiculaires xx', tt', rr', etc., menées sur la ligne ax jusqu'à la rencontre de la courbe. Soit zax (fig. 34) la surface inférieure de l'eau renfermée entre les lames de verre, auquel cas la ligne ax sera la même que fig. 33. Si nous menons xz, tu, rs, etc. (fig. 34), perpendiculaires sur ax, de manière que les distances xt, tr, ro, soient les mêmes que (fig. 33), ces perpendiculaires pourront être considérées comme les diamètres des bases des petits cylindres, dont les hauteurs sont les lignes xx', tt', rr', etc. Or, d'après la loi à laquelle est soumis le phénomène, les hauteurs xx', tt', rr', etc., sont en raison inverse des diamètres xz, tu, rs, etc. (fig. 34) des bases; mais ces diamètres sont entre eux comme leur distance ax, at, ar, etc., au point a. Donc les lignes xx', tt', rr', etc. (fig. 33), sont aussi en raison inverse des lignes ax, at, ar, etc.; d'où il suit que la courbe $b'x$ est une hyperbole, qui a pour asymptotes les lignes ax, aa', de manière que les lignes xx', tt', rr', etc., sont les ordonnées à l'asymptote ax, et les lignes ax, at, ar, etc., les abscisses. C'est une suite du rapport inverse dont nous avons

déjà parlé. Cette expérience, comme on le voit, est intéressante en ce qu'elle généralise son objet, et présente une expression géométrique du phénomène, tracée par le liquide même qui le produit.

Du mouvement des liquides dans les tubes coniques, ou entre deux lames inclinées sous un petit angle.

197. Si l'on prend un tube conique ouvert par ses deux extrémités et que, l'ayant disposé de manière que son axe soit horizontal, on fasse couler dans son intérieur une petite colonne d'eau, ou mieux encore d'huile d'orange, on voit à l'instant celle-ci s'avancer vers le sommet du tube. Il est facile d'en concevoir la raison, d'après la théorie de M. de Laplace; car, soit *acdb* (fig. 35) une section du tube, prise en passant par l'axe *pr* (1), et soit *fgnm* la petite colonne de liquide, dans une position quelconque, entre les extrémités du tube. Les deux bases de cette colonne étant concaves, le ménisque auquel appartient la concavité *fg*, dont la courbure est plus sensible, parce qu'elle répond à un plus petit diamètre, agit avec plus de force, pour tirer la colonne vers le sommet, que le ménisque terminé par la concavité *mn*, dont le rayon est plus grand, n'agit pour tirer la même colonne vers la base (185). Ainsi, la première action étant prépondérante, la colonne s'approchera de l'extrémité *cd*, de manière que sa vitesse s'accélérera de plus en plus. C'est une suite de ce que le rapport entre les deux courbures devient toujours plus grand, pendant le mouvement de la colonne, soit parce qu'elle s'allonge continuellement, à mesure qu'elle approche du sommet, soit parce que la différence des deux ménisques tend toujours d'elle-même à s'accroître. Ce sera le contraire si l'on substitue le mercure à l'eau ou à l'huile d'orange. Dans ce cas, les deux bases de la colonne étant convexes et la plus grande courbure étant celle de la base supérieure, cette différence déterminera une tendance plus forte de la colonne à s'avancer vers la base du tube qu'à se porter vers le sommet, et ce mouvement se fera avec une vitesse qui ira toujours en retardant.

198. Si, au moment où une colonne de liquide tend vers le sommet du tube, on incline peu à peu ce tube à l'horizon, de manière, par exemple, que le point *p* de l'axe restant fixe, le point *r* s'abaisse de plus en plus, le mouvement de la colonne se ralentira, parce que sa tendance à monter sera balancée par l'action contraire de la pesanteur, et il y aura un terme où les deux forces étant en équilibre, la colonne restera immobile. Or, comme d'une part la pesanteur agit davantage, lorsque l'axe du tube est plus incliné et que d'une autre part la force qui tire la colonne vers le haut du tube est plus grande dans la proximité du sommet, on conçoit qu'en général il faut moins abaisser le tube vers l'horizon, pour obtenir l'équilibre, lorsque la colonne est plus éloignée du sommet, et l'abaisser au contraire davantage, lorsque la colonne est plus voisine du sommet. M. de Laplace a démontré par l'analyse, que quand la longueur de la colonne est très-petite, relativement à la distance du milieu *o* de cette colonne au sommet *h* du tube, et que cependant elle est considérable relativement au diamètre qui répond à ce même milieu, le sinus de l'angle que fait l'axe du tube avec l'horizon, dans le cas de l'équilibre, est à très-peu près en raison inverse du carré de la distance du milieu de la colonne au sommet (1).

---

(1) Le tube est ici représenté sous la forme d'un cône tronqué, dont la partie supprimée serait *chd*.

(1) Ayant mené les lignes *ky*, *uz*, tangentes aux arcs *fg*, *mn*, et la ligne *st* parallèle aux précédentes, par le milieu de *lx*, désignons *ho* par x, *ol* ou *ox* par a, et représentons par $\frac{b}{f}$ le rapport constant entre l'axe du tube et son demi-diamètre. Nous aurons $ly : hl = x-a :: f : b$, ce qui donne $ly = \frac{b}{f}(x-a)$. Or, l'action du ménisque *fkyg*, pour élever une colonne infiniment déliée dont l'axe se confond avec la ligne *lx*, étant en raison inverse du demi-diamètre du tube, à l'endroit du point *l*, nous pouvons la représenter par $\frac{H}{ly}$ ou $\frac{Hb}{f(x-a)}$. On trouvera, par un calcul semblable, que l'action du ménisque *muzn*, pour tirer en bas la même colonne, est $\frac{Hb}{f(x+a)}$. Soit g la pesanteur et θ l'angle qui mesure l'inclinaison de

199. Le même phénomène a lieu, proportion gardée, lorsque l'on emploie deux lames de verre réunies par un de leurs bords, et qui forment entre elles un petit angle. Dans ce cas on dispose les lames de manière que leur bord de jonction soit horizontal, puis on introduit entre elles une goutte de liquide. Si l'on conçoit dans l'intervalle qui les sépare une ligne qui, étant perpendiculaire sur le bord de jonction, divise par moitié l'angle d'inclinaison des lames, cette ligne est l'axe qui représente celui du cône. Newton, en citant des expériences de ce genre faites par Hauksbée, remarque qu'elles avaient donné le rapport inverse dont nous venons de parler, et qui a lieu ici entre le sinus de l'angle d'élévation, et le carré de la distance du milieu de la goutte à la ligne de jonction des deux lames. Ce grand géomètre essaie d'expliquer le même rapport par l'attraction du verre sur le liquide. Mais il faut convenir que son raisonnement ne répond pas à la justesse du résultat qui en est l'objet (1).

---

l'axe du tube. Si l'on ajoute à l'action qui tire la colonne en bas le poids relatif $2ga \cdot \sin\theta$ de cette colonne, on aura pour la force avec laquelle elle tend à descendre, $\frac{Hb}{f(x+a)} + 2ga \cdot \sin\theta$, ce qui donne l'équation $\frac{Hb}{f(x-a)} = \frac{Hb}{f(x+a)} + 2ga \cdot \sin\theta$, d'où l'on tire $2ga \cdot \sin\theta = \frac{Hb}{f}\left(\frac{1}{x-a} - \frac{1}{x+a}\right)$. Si l'on développe les deux fractions en séries, et que l'on supprime les dénominateurs qui passent le second degré, l'équation devient $2ga \cdot \sin\theta = \frac{Hb \cdot 2a}{f \cdot x^2}$. Donc, $\sin\theta = \frac{Hb}{gfx^2}$. Donc, H, b, g, f étant des quantités constantes, le sinus de l'angle d'inclinaison est en raison inverse du carré de la distance x entre le milieu de la colonne et le sommet du cône.

Cherchons maintenant la valeur absolue du sinus. Dans un tube dont le demi-diamètre serait ly ou $\frac{f}{b}(x-a)$, l'action du ménisque aurait pour expression $\frac{Hb}{f(x-a)}$; donc, dans un tube dont le demi-diamètre sèrait ot, l'action du ménisque devient $\frac{Hb}{fx}$. Soit l la hauteur à laquelle le liquide s'élèverait dans ce tube; on aura $\frac{Hb}{fx} = gl$. Si l'on substitue la seconde valeur dans l'équation $\sin\theta = \frac{Hb}{gfx^2}$, celle-ci devient $\sin\theta = \frac{l}{x}$, et ainsi ce sinus est à très peu près égal à une fraction qui aurait pour dénominateur la distance du milieu de la colonne au sommet du cône, et pour numérateur la hauteur à laquelle le liquide s'élèverait dans un tube cylindrique dont le diamètre serait celui du cône au milieu de la colonne.

(1) Optice lucis, lib. III, quæst. 31. Dans le cas dont il s'agit, le sinus de l'angle d'inclinaison est égal à une fraction qui aurait pour dénominateur la distance du milieu de la goutte à la ligne de jonction, et pour numérateur la hauteur à laquelle le liquide s'élèverait entre deux lames parallèles dont la distance respective serait la même que celle des lames inclinées, prise au milieu de la goutte. — Hauksbée a fait diverses expériences de ce genre, en employant l'huile d'orange, dont le mouvement est plus libre que celui de l'eau. Les résultats qu'il a obtenus s'accordent assez bien en général avec le rapport que nous venons d'indiquer ; et celui qui offre comme le moyen terme entre tous les autres, parce que le milieu de la goutte répondait à celui de l'axe, est d'une justesse remarquable. La distance entre les deux lames, à leurs extrémités, était de 1/16 de pouce anglais, et la longueur de chaque lame était de 20 pouces. Au moment de l'équilibre, la ligne qui représentait l'axe se trouvait inclinée de 55′ à l'horizon, et la distance entre le milieu de la goutte et la ligne de jonction des deux lames était de 10 pouces; d'où il suit que les lames étaient éloignées entre elles de 1/32 de pouce, à l'endroit du milieu de la goutte. Or, l'eau se serait élevée d'un pouce entre deux lames parallèles situées à une distance respective de 1/100 de pouce (194), et ainsi l'élévation de l'huile d'orange, dans le même cas, aurait été de 1/2 pouce ; donc elle ne serait parvenue qu'à 16/100 de pouce, entre deux lames parallèles distantes l'une de l'autre de 1/32 de pouce. Mais la distance entre le milieu de la goutte et la ligne de jonction était de 10 pouces. Donc, la fraction qui représente le sinus de l'angle que fait l'axe avec l'horizon est $\frac{16}{100.10}$ ou $\frac{16}{1000}$; ce qui donne 55′ pour l'angle dont il s'agit,

Des effets de la capillarité sur les parois des corps qui renferment le liquide.

Nous avons supposé jusqu'ici que les tubes ou les lames dont l'action déterminait le liquide à s'élever au-dessus du niveau, ou à s'abaisser au-dessous, avaient leurs parois fixes et immobiles, en sorte que la résistance de ces parois détruisait la tendance qu'elles auraient pu avoir à prendre du mouvement. Nous allons maintenant considérer ces mêmes parois comme étant libres d'obéir aux forces qui les poussent dans un sens ou dans l'autre, et les développements qui naîtront de ce nouvel état de choses achèveront de prouver la justesse de la théorie de M. de Laplace.

200. Concevons que *ed*, *pc* (fig. 32) représentent les sections de deux lames plongées dans un liquide, parallèlement l'une à l'autre, à la distance où l'action capillaire a lieu d'une manière sensible, et supposons que le liquide soit du mercure, auquel cas il s'abaissera au-dessous du niveau MN, en formant une convexité *qol*. Supposons, de plus, que les lames soient susceptibles de céder à une légère pression. Nous avons déjà vu (195) qu'il y a équilibre entre les deux colonnes verticales infiniment déliées de liquide *or*, *hs*, situées, la première à l'endroit de l'axe du tube, la seconde dans le liquide environnant, et agissant l'une sur l'autre par l'intermède du canal *sr*. Prenons maintenant à volonté sur les deux surfaces de la partie plongée d'une des lames, telle que *ed*, deux points opposés *k*, *u*, et imaginons à la hauteur de ces points deux autres canaux infiniment déliés *iu*, *kx*, qui soient parallèles au canal *sr*. Il est facile de voir que les actions du liquide transmises à ces mêmes points par les deux canaux se détruisent mutuellement : car les portions de colonne *ox*, *hi*, ayant leurs bases inférieures également distantes de celles des colonnes entières *or*, *hs*, qui se font équilibre, agissent avec des forces égales sur les canaux *xk*, *iu*, pour pousser l'un vers le point *k* et l'autre vers le point *u*. Mais il y a aussi égalité entre les forces avec lesquelles les canaux réagissent contre les colonnes *ox*, *hi*, parce que ces forces sont celles de deux masses planes dont les pressions dépendent uniquement des molécules voisines des points *k*, *u* (185). Donc, ces points n'ont aucune tendance à se mouvoir, en vertu des actions que le liquide exerce sur eux, et il est évident que les pressions qu'éprouve le liquide de la part de l'air, soit extérieur, soit intérieur, se détruisent aussi mutuellement. Le même raisonnement s'applique à tous les autres points situés depuis *d* jusqu'en *q*. Mais au-dessus de ce dernier point, la lame *ed* est pressée latéralement au dehors par le liquide, sans qu'il y ait rien à l'intérieur qui balance cette pression ; et comme la même chose a lieu en sens contraire par rapport à la lame *pc*, les deux lames s'approcheront l'une de l'autre.

201. Supposons maintenant que le liquide s'élève au-dessus du niveau, entre les lames *ed*, *pc* (fig. 31), en formant à sa partie supérieure la concavité *fog*. Il semblerait d'abord que ces lames dussent s'écarter l'une de l'autre, car jusqu'à présent nous avons vu les actions des masses convexes et concaves produire des effets opposés : cependant l'expérience prouve que les deux lames se rapprochent l'une de l'autre dans le cas présent, comme dans celui qui précède. Mais ce paradoxe, dont l'explication avait été tentée inutilement par quelques physiciens, ne laisse plus lieu aujourd'hui à d'autre surprise que celle de voir avec quelle facilité il s'éclaircit d'après la théorie de M. de Laplace.

202. Reprenant ici l'hypothèse de deux canaux horizontaux *iu*, *kx*, dont les positions soient soumises aux mêmes conditions que ceux de la figure 32, on concevra aisément, à l'aide d'un raisonnement semblable à celui que nous avons fait pour le cas précédent, que les points *u*, *k* (fig. 31) et tous les autres situés de deux côtés opposés, au-dessous du niveau, étant en équilibre, la lame *ed*, considérée sous ce rapport, n'a aucune tendance à se mouvoir dans un sens ou dans l'autre. Reste à examiner ce qui se passe aux endroits où la lame n'est pas baignée par le liquide extérieur. Soit *tz* un nouveau canal horizontal pris à une hauteur quelconque au-dessus du niveau. La colonne partielle *oz* agit sur le point *t* par l'intermède du canal, avec la force du plan *ab* moins celle du ménisque *fogba*, et de plus avec celle que la pesanteur exerce

---

conformément à l'expérience d'Hauksbée.

sur elle; et si les deux dernières forces, qui s'exercent en sens opposé, étaient égales, il ne resterait que l'action du plan *ab*, avec laquelle l'action du canal *tz*, qui est aussi celle d'une masse plane, serait en équilibre, et alors le point *t* n'aurait aucune tendance à prendre du mouvement. Mais la force du ménisque, qui est égale au poids de toute la colonne *oy* qu'elle tient suspendue audessus du niveau, agit pour soulever la colonne partielle *oz* avec un excès mesuré par la différence *zy* entre *oz* et *oy*. Cet excès détruit donc une partie de la force du plan *ab*, d'où il suit que celle du canal *tz* l'emporte sur la pression de la colonne *oz*, et ainsi le point *t* est sollicité à se mouvoir vers la lame *pc*, et il faut en dire autant de tous les autres points situés au-dessus du liquide environnant. Or, la pression de l'air extérieur et celle de l'air intérieur sur les deux surfaces de la lame étant égales et contraires, leurs actions ne peuvent troubler l'effet de la tendance dont nous venons de parler; et comme tous les points correspondants du liquide en contact avec la lame *pc* ont une pareille tendance en sens opposé, les deux lames que nous supposons mobiles s'approcheront l'une de l'autre, par une suite de leur cohérence avec le liquide. On voit aisément, d'après ce que nous venons de dire des actions exercées par l'air, que le phénomène doit avoir lieu également dans le vide.

203. L'analyse démontre que si le liquide s'élève entre les deux lames, la force avec laquelle chacune d'elles tend vers l'autre équivaut à la pression d'une colonne du même liquide dont la hauteur serait la demi-somme des lignes $\varepsilon\mu$, $f\mu$, qui mesurent les quantités dont les points extrêmes des concavités extérieures et intérieures du liquide s'élèvent au-dessus du niveau, et dont la base serait la partie de la surface de la même lame comprise entre deux lignes horizontales menées par les points f, ε. Si au contraire le liquide s'abaisse entre les lames, la pression qui poussera chacune d'elles vers l'autre est égale à celle d'une colonne du même liquide, dont la hauteur serait la demi-somme des lignes $\mu\varepsilon$, $q\mu$ (fig. 32), qui mesurent les quantités dont les points extrêmes des convexités extérieures et intérieures du liquide s'abaissent au-dessous du niveau, et dont la base serait la partie de la surface de la lame comprise entre deux lignes horizontales menées par les points ε, q.

Application aux attractions et aux répulsions apparentes des petits corps qui flottent sur un liquide.

On doit rapporter à des actions du même genre que celles qui produisent les phénomènes des tubes capillaires, les mouvements à l'aide desquels deux petits corps qui flottent sur un liquide, à une petite distance l'un de l'autre, s'approchent jusqu'au contact ou se fuient, suivant les circonstances. Ces corps, étant de ceux qui sont à l'état de solidité, ne peuvent exercer l'un sur l'autre aucune attraction ou répulsion sensible; et ce qui se passe dans les phénomènes dont il s'agit ici est uniquement dû à l'action des molécules du liquide en contact avec ces mêmes corps.

204. Si aucun des deux corps n'est susceptible d'être mouillé par le liquide, si ce sont, par exemple, deux globules de cire qui flottent sur l'eau, et que la distance qui les sépare soit assez petite, on les verra s'approcher et se réunir. Pour en concevoir la raison, on peut observer que, dans ce cas, la surface *bd* (fig. 36) du liquide commence à s'infléchir en partant d'un point *d* ou *g* situé à une certaine distance de celui où se fait l'immersion du globule *a*; en sorte qu'elle forme en cet endroit une courbe dont la convexité est tournée vers le haut. La même chose a lieu par rapport au globule *c*, qui flotte sur le même liquide. Tant que les deux globules sont à une distance respective assez grande pour qu'une partie de la surface intermédiaire du liquide, telle que *db*, conserve son niveau, les pressions latérales que ce liquide exerce de part et d'autre sur chaque globule étant égales, l'équilibre subsiste; mais si l'on suppose que la distance diminue continuellement entre les deux globules, il y a un terme où tout le liquide compris dans l'espace qui les sépare subit un abaissement analogue à celui qui a lieu par rapport au mercure, lorsqu'on y plonge deux lames *pc*, *ed* (fig. 32), situées parallèlement entre elles à une petite distance. Alors les pressions latérales qui agissent du côté opposé à celui par lequel les globules se regardent devenant prépondérantes, poussent ses globules l'un vers l'autre.

205. Si l'un des deux globules, tel que *a* (fig. 37), est susceptible d'être

mouillé, et que l'autre globule *b* ne le soit pas; par exemple, si le premier est de liége et l'autre de cire, le liquide s'élèvera autour du globule *a*, tandis qu'au contraire il formera un enfoncement autour du globule *b*; en sorte que si on les fait avancer l'un vers l'autre jusqu'à une petite distance, la pression qui agit latéralement sur *b*, du côté de *d*, étant plus forte que celle qui a lieu dans la partie opposée *g*, à cause de l'élévation du liquide entre *d* et le globule *a*, l'autre globule *b* sera forcé de reculer, comme s'il était repoussé par le globule *a*. — On peut varier cette expérience en plaçant sur l'eau un globule de cire, puis en plongeant dans cette eau, à quelques millimètres du globule, l'extrémité d'un corps susceptible d'être mouillé, tel qu'un petit bâton de bois, de même diamètre que le globule. Celui-ci s'éloignera du bâton; et si l'on réitère les immersions toujours à la même distance, on pourra diriger à volonté le mouvement du globule, par une action qui paraîtra s'exercer à distance sur ce petit corps.

206. Enfin, si les globules sont tous les deux susceptibles d'être mouillés, ils se porteront l'un vers l'autre et finiront par s'unir. Cet effet, qu'il paraissait très-difficile de concilier avec celui que présentent deux globules qui, au contraire, ne sont pas susceptibles d'être mouillés, vient comme de lui-même se placer à côté de ce dernier dans la théorie de M. de Laplace. L'intervalle entre les deux globules peut être alors assimilé à celui qui sépare deux lames de verre parallèles *pc*, *ed* (fig. 31), entre lesquelles l'eau s'élève au-dessus du niveau. Or, nous avons vu (202) que ces lames sont tirées l'une vers l'autre par les forces qu'exerce le liquide intermédiaire : le même effet a donc lieu par rapport aux deux globules, lorsqu'ils sont assez rapprochés pour que l'action capillaire s'étende dans tout le petit espace situé entre les portions de surface par lesquelles ils se regardent. — On peut substituer aux globules deux aiguilles déliées que l'on posera doucement sur l'eau, où elles flotteront par l'effet de la petite couche d'air qui est adhérente à leur surface, comme cela a lieu en général pour tous les corps. Le volume de cet air étant comparable au volume de l'aiguille, fait croître ce dernier dans un rapport plus grand que celui de l'augmentation de poids; en sorte que le tout est spécifiquement plus léger qu'un pareil volume d'eau. Si l'on fait avancer une des aiguilles vers l'autre, dans une direction oblique, jusqu'à ce que les deux extrémités se touchent, elles s'inclineront l'une sur l'autre, de manière que l'angle qu'elles formaient au moment du contact, diminuera peu à peu, et elles finiront par adhérer entre elles dans toute leur longueur. Si lorsqu'elles se sont rencontrées, l'extrémité de l'une a touché un point situé, par exemple, au milieu de la longueur de l'autre, le point de contact restera fixe jusqu'à ce que les deux aiguilles adhèrent ensemble, en se dépassant mutuellement de la moitié de leur longueur, et à l'instant elles glisseront l'une sur l'autre pour se mettre de niveau par leurs extrémités. Tous ces divers phénomènes, que plusieurs physiciens ont attribués aux actions réciproques des corps qui les présentent, dépendent donc uniquement de l'attraction qu'exercent les molécules de l'eau, soit entre elles, soit par rapport aux corps eux-mêmes, et ce liquide est ici le véritable moteur déguisé sous l'apparence d'un simple véhicule.

Des circonstances qui déterminent la concavité ou la convexité de la surface du liquide.

207. La plupart des physiciens ont cru pouvoir expliquer la différence que présentent, en général, les liquides qui s'élèvent au-dessus du niveau, avec ceux qui s'abaissent au-dessous, en supposant que, dans le premier cas, l'action du tube sur le liquide était plus grande que celle du liquide sur lui-même, et que dans le second cas elle était plus faible. C'était un de ces principes qui paraissent si évidents au premier coup d'œil, qu'il faut être conduit, sans s'y attendre, par des méthodes rigoureuses, à en découvrir la fausseté. C'est ce qui arriva à Clairaut, lorsqu'il déduisit de ses formules cette conséquence singulière, que quand même l'attraction du tube capillaire sur le liquide aurait une intensité moindre que celle du liquide pour lui-même; pourvu qu'elle surpassât la moitié de cette dernière, le liquide ne laisserait pas de monter (1). Ce ré-

(1) Théorie de la figure de la terre, liv. x, p. 121.

sultat, qui est aussi un corollaire de la théorie de M. de Laplace, peut être démontré d'une manière très-simple. Soit *pedc* (fig. 38) la coupe verticale d'un tube plongé dans l'eau MN par sa partie inférieure *hgcd*, et dont l'action sur ce liquide soit égale à la moitié de l'action réciproque des molécules de l'eau. Divisons par la pensée ce tube, à l'endroit du niveau MN, en deux tubes partiels *epgh*, *ghdc*, et imaginons qu'un nouveau tube, que nous désignerons par A, étant de la même nature et de la même forme que *ghdc*, le pénètre intimement. Si nous faisons abstraction, pour un instant, du tube *epgh*, il est évident que la surface de l'eau intérieure sera de niveau, en vertu des actions qu'exerce sur elle l'ensemble des deux tubes A et *ghdc*, puisque cet ensemble équivaut à un tube d'eau de mêmes dimensions. Maintenant, pour remettre les choses dans leur premier état, il faut d'une part supprimer l'action du tube A, et de l'autre faire intervenir l'action du tube *epgh*. Voyons donc en quoi consistent ces actions dans l'hypothèse où les deux tubes existeraient seuls. Soit *o* un point pris à la surface de l'eau, et *s*, *r*, deux points pris sur les surfaces des deux tubes et également éloignés du point *o*, de manière que leurs distances à ce point soient moindres que le rayon de la sphère d'activité sensible du tube. Représentons par *os* la force oblique que le point *s* exerce sur le point *o*. Cette force se décompose en deux : l'une *oh* qui est horizontale, l'autre *ou* qui est verticale. La force oblique du point *r*, représentée par *or*, se décompose de même en une force verticale *oz*, égale à *ou*, et une force horizontale *oh*, la même que la première. Or, la suppression du tube A fait disparaître la force *oh*, tandis que l'intervention du tube *epgh* la rétablit; d'où l'on voit que tout demeure comme auparavant dans le sens horizontal, en sorte qu'il n'y a de changement que dans les forces qui agissent verticalement (1). Ainsi, le liquide n'étant encore sollicité que par des actions perpendiculaires à sa surface, ce qui est, d'après les lois de l'hydrostatique, la condition nécessaire pour que l'équilibre subsiste, le niveau ne sera point altéré. Au delà de cette limite, qui répond au terme où l'attraction du tube sur l'eau est la moitié de celle que les molécules de l'eau exercent les unes sur les autres, l'élévation du liquide sera toujours plus sensible à mesure que l'action du tube différera moins de celle de l'eau, et en deçà de la même limite le liquide s'abaissera de plus en plus, à mesure que l'action du tube approchera davantage d'être égale à zéro.

208. L'élévation du liquide au-dessus du niveau, ou son abaissement au-dessous, n'ont lieu qu'en conséquence de ce que, dans le premier cas, le rapport qui existe entre l'attraction du tube sur le liquide et l'attraction du liquide sur lui-même détermine la surface de celui-ci à prendre une figure concave, tandis que, dans le second cas, le rapport entre les deux attractions détermine la même surface à former une convexité, Tout dépend, ainsi que nous l'avons déjà vu, de l'action négative du ménisque ajouté à la masse plane (188), ou de l'action positive due à l'absence du ménisque retranché de la masse plane (187); d'où il suit que si, par un moyen quelconque, on parvient à faire varier à volonté la figure du liquide, les effets de sa pression subiront des changements analogues.

209. Ceci nous conduit à expliquer le résultat d'une expérience intéressante imaginée par le père Abat, qui a beaucoup travaillé sur les phénomènes des tubes capillaires, et à qui l'on serait tenté de savoir gré d'avoir voulu en bannir l'attraction, parce que les faits qu'il a accumulés contre elle ont augmenté le nombre de ceux qui déposent le plus en sa faveur. Ce physisien ayant pris un tube capillaire AB (fig. 39) recourbé en siphon, dont une des branches était plus courte que l'autre, le plongea dans l'eau, la courbure en bas, de manière que l'extrémité de la branche A la plus courte se trouvait au-dessous du niveau. Le liquide s'éleva aussitôt à l'ordinaire dans la branche B. Le père Abat retira ensuite le siphon et passa le bout du doigt sur l'extrémité de la branche A, pour enlever la goutte d'eau qui s'y était formée, jusqu'à ce que la surface du liquide fût devenue plane en cet endroit. Il observa alors que l'eau s'élevait dans la branche B au-dessus du niveau *cdh*, à une hauteur telle que *or*, la même que quand le si-

(1) Si l'on désigne par *p* chacune des lignes *ou*, *oz*, le changement qui a lieu dans les forces verticales sera représenté par $-2p$.

phon était plongé. Enfin, il introduisit avec le bout du doigt quelques gouttes d'eau dans la branche B, jusqu'à ce que la surface de l'eau contenue dans la branche A, en débordant au-dessus de *cd*, y eût formé une petite convexité *csd*; et il remarqua que l'eau parvenue en *xz* dans la branche B, était à une distance *tx* d'une horizontale menée par le sommet *s* de la convexité *csd*, plus grande que la distance *ho* entre le premier niveau *cdh* et la hauteur à laquelle l'eau s'était arrêtée dans la branche B, quand sa surface était plane en *cd* (1).

210. Cette expérience, que nous avons répétée plusieurs fois, fait ressortir d'une manière frappante la différence entre les actions du liquide, suivant la diversité des figures que prend sa surface supérieure. Quand la colonne renfermée dans la branche A est plane à son sommet, l'action qu'elle exerce sur l'autre colonne contenue dans la branche B, et dont le sommet est concave, est la même que celle d'une masse de liquide dans laquelle on plonge un tube capillaire. Détermine-t-on la colonne de la branche A à s'arrondir vers son sommet, ce petit changement de figure lui donne plus de force pour agir de haut en bas, et pousser en sens contraire le liquide renfermé dans la branche B, que dans le cas même où elle aurait une épaisseur uniforme depuis sa base jusqu'au point *s*, et où par conséquent elle serait composée d'une plus grande quantité de liquide. Pour l'amener à cette dernière figure, il faudrait ajouter à sa partie supérieure un ménisque tel que *ablq* (fig. 30), dont l'action affaiblirait la sienne en y introduisant une quantité négative.

De l'influence du frottement sur la capillarité.

Le frottement que les parois du tube font éprouver à une colonne du liquide, tandis que celle-ci s'élève ou s'abaisse, peut aussi occasionner dans la courbure terminale des variations, qui modifient l'effet capillaire. C'est surtout à l'égard du mercure que cette modification est sensible.

211. Soit AB (fig. 40) un tube de verre recourbé dans lequel on ait introduit du mercure; si on secoue un peu le tube, le métal liquide se mettra de niveau avec lui-même dans les deux branches, où il se terminera par deux convexités semblables *cd*, *ef*. Supposons maintenant que la pression de l'air augmente peu à peu sur la colonne renfermée dans la branche A : cette colonne s'abaissera, et en même temps celle qui occupe la branche B s'élèvera d'autant. Or, d'une part, le frottement des parois du tube contre cette dernière colonne ralentit le mouvement ascensionnel de la couche en contact avec le tube, d'où il résulte que les parties intérieures de la colonne, qui n'éprouvent pas la même gêne, s'élèvent avec un petit excès de vitesse. Par une suite nécessaire, les premiers plans de la surface supérieure du liquide, ou ceux qui sont contigus au verre, font un plus petit angle avec les parois du tube, ce qui détermine cette surface à prendre une forme plus bombée, telle que *hk*. D'une autre part, tandis que le frottement qui s'exerce sur la colonne renfermée dans la branche A oppose une résistance sensible à la descente de la couche en contact avec le tube, les parties intérieures, dont le mouvement est plus libre, descendent un peu plus vite; et ainsi les premiers plans de la surface supérieure de la colonne faisant un angle moins aigu avec les parois du tube, cette surface prend une forme plus surbaissée, telle que *lo*. Il suit de là que l'action du mercure renfermé dans la branche B pour pousser vers le bas une colonne infiniment déliée, située à l'endroit de l'axe, est plus grande, toutes choses égales d'ailleurs, que celle du mercure renfermé dans la branche A, sur une colonne prise de même à l'endroit de l'axe, ou, en d'autres termes, l'effet de la capillarité est augmenté dans la branche B et diminué dans la branche A,

212. On peut observer ces variations de l'action capillaire à l'aide d'une expérience remarquable, dont l'idée est encore due au père Abat (1). Après avoir introduit du mercure dans le siphon renversé AB, de manière que ce métal soit à la même hauteur dans les deux branches, on incline le siphon en faisant descendre, par exemple, l'extrémité de la branche B vers l'horizon, jusqu'à ce que le mercure soit arrivé à

(1) Amusements philosoph. sur diverses parties des sciences. Amsterdam, 1763, p. 537, expér. 12.

(1) Amusements philosoph., p. 515.

cette même extrémité, puis on relève très-doucement le siphon et on lui rend sa première position. On remarque alors que le mercure est plus élevé dans la branche B que dans la branche A. Pour saisir la raison de cette différence, il suffit de considérer que, pendant le mouvement qui ramène le siphon à sa position primitive, le mercure que renferme la branche B est dans un cas semblable à celui de la colonne descendante de l'expérience précédente, tandis que le mercure de la branche A peut être assimilé à celui de la colonne ascendante. Ainsi, au moment où le siphon a été remis dans sa première position, la surface de la colonne de mercure contenue dans la branche B ayant une plus petite courbure que celle de la colonne qui occupe la branche A, il en résulte, dans l'action que la première exerce du haut vers le bas, une diminution qui est compensée par une plus grande élévation de cette colonne.

213. Si l'on observe avec attention les mouvements de la colonne de mercure dans le baromètre, on reconnaît qu'elle a une tendance à monter ou à descendre, en ce que sa surface supérieure devient ou plus convexe ou plus surbaissée. On fait disparaître cet effet du frottement en secouant légèrement le tube de l'instrument. Dans le premier cas, la surface du mercure perd de sa convexité et la colonne s'élève un peu; dans le second cas, la convexité augmente et la colonne descend d'une petite quantité.

214. On voit par ce qui a été dit jusqu'ici combien il est important, lorsqu'on fait des observations barométriques, de mesurer la hauteur du mercure depuis le sommet de la convexité terminale : car l'élévation de ce sommet est encore moindre que celle qui aurait lieu dans le cas où, la surface étant plane, la colonne serait exempte des effets de la capillarité. — Tel est l'exposé d'une théorie à l'aide de laquelle les résultats de nombreuses expériences faites sur les tubes capillaires se déduisent du principe de l'attraction, non plus par des considérations vagues et incertaines, mais par une suite de raisonnements précis et rigoureux qui ne laissent aucun lieu de douter qu'elle ne soit la véritable théorie. Lorsque d'un côté on la compare à tout ce qui a paru jusqu'ici dans ce genre, et que de l'autre on la considère en elle-même, on y voit à la fois un des pas les plus importants que la géométrie ait fait faire à la physique et une des plus belles applications de ses sublimes méthodes.

Analogie de divers effets connus avec ceux des tubes capillaires.

215. L'action capillaire se manifeste à l'égard d'une multitude de corps, qui n'ont besoin que d'être en contact avec l'eau pour que ce liquide s'insinue dans les petits intervalles situés entre leurs molécules. Il n'y a guère que les métaux et les substances dont le tissu est vitreux qui se refusent à cette action; et l'on est étonné de voir un petit phénomène, dont la cause est resserrée dans un espace imperceptible, s'agrandir en quelque sorte à l'infini par sa généralité. Les éponges sont remarquables entre les corps qui peuvent être cités comme exemples, par l'augmentation de poids et la dilatation considérables que l'imbibition leur fait subir. C'est à l'aide de l'action capillaire que l'eau s'introduit dans l'intérieur des végétaux; et comme cet effet dépend de leur tissu, il subsiste encore dans les parties que l'on a détachées de la plante, ainsi qu'on peut l'observer sur un tronçon de branche d'arbre, qui, plongé dans l'eau par une de ses extrémités, s'imbibe de ce liquide. Des effets analogues se répètent continuellement sous nos yeux: tels sont ceux que présentent un morceau de sucre que l'on plonge par une pointe dans le café, et qui en un instant se trouve humecté jusqu'au haut, ce qui a lieu aussi promptement avec l'alcool, quoique le sucre n'y soit presque pas soluble; un monceau de sable ou de cendre dont le pied est dans l'eau, qui le pénètre de toutes parts et arrive peu à peu jusqu'à la cime; la mèche de coton, qui sert de véhicule à l'huile pour aller alimenter la flamme d'une lampe, et ainsi d'une multitude de corps que Muschenbroeck appelait les *aimants des fluides*, dénomination très-impropre si ce physicien l'eût prise à la rigueur. Toutes les substances hygrométriques viennent ici se ranger sur une même ligne, qui commence aux tubes capillaires.

216. Les dendrites ou herborisations qui ornent la surface de certaines pierres calcaires ou marneuses sont dues à une cause semblable. Parmi ces pierres, les unes sont pleines de fissures, dans lesquelles un liquide chargé de molécules de manganèse ou autres s'est introduit

et a laissé de petits dépôts métalliques ; et comme les fissures forment des espèces de ramifications, qui même assez souvent communiquent à une fissure principale, l'artiste a soin de couper la pierre dans le sens convenable pour que toutes ces ramifications se développent sur un même plan, en sorte qu'elles s'offrent sous l'aspect d'un petit arbre dont le tronc est à l'endroit de la fissure principale. Il y a d'autres pierres composées de feuillets entre lesquels un liquide semblable a pénétré et s'est étendu par veines, en formant des dendrites composées de particules métalliques rangées à la file les unes des autres. Dans ce cas, on se contente de détacher les feuillets, et l'on a, sur chacune des faces qui se joignaient, un petit tableau qui est tout entier l'ouvrage de la nature.

De l'endosmose.

217. [Les lois auxquelles sont soumises les actions capillaires ne peuvent donner l'explication d'un phénomène particulier dont la découverte est due à Dutrochet, et que cet observateur a désigné par le nom d'*endosmose*. Voici en quoi consiste le phénomène : Prenez un vase en forme d'entonnoir renversé, dont le fond, qui correspond à la grande ouverture de l'entonnoir, soit fermé au moyen d'une membrane, d'une vessie de porc, par exemple ; à l'extrémité de la petite ouverture de l'entonnoir se trouvera adapté un tube capillaire ouvert. Placez cet appareil rempli d'alcool dans un vase contenant de l'eau de manière que la membrane se trouve, par toute sa surface extérieure, en contact avec ce liquide, et que la partie supérieure de l'entonnoir ainsi que tout le tube, maintenu vertical, se trouvent hors de l'eau. Supposons que le niveau de l'alcool se trouve d'abord élevé de quelques centimètres seulement dans le tube, on le verra bientôt monter graduellement et constamment : au bout de quelques minutes, un quart d'heure à peine, la colonne liquide sera élevée de plusieurs millimètres ; et, après un ou deux jours, le liquide aura atteint l'extrémité supérieure du tube, et le phénomène ne s'arrêtera pas ; l'alcool sortira du tube et coulera sur les bords. L'eau est donc entrée dans le vase en traversant les pores de la membrane sous l'action d'une force agissant en sens contraire des pressions hydrostatiques. Cette force ne peut être l'action capillaire du tube ; car, dans cette hypothèse, le phénomène aurait une limite : le niveau intérieur du liquide resterait stationnaire à une certaine hauteur.— Le phénomène se reproduirait en sens inverse si l'on mettait l'eau en dedans, l'alcool en dehors ; et, comme on retrouve dans l'alcool l'eau qui a traversé la membrane, il n'est pas douteux que dans tous les cas c'est bien l'eau qui s'est infiltrée au travers des pores de la membrane. — L'eau et l'alcool ne sont pas les seuls liquides qui présentent ce phénomène. Dutrochet a reconnu qu'il y avait endosmose :

de l'eau à l'alcool,
— à l'eau gommée,
— à l'acide acétique,
— à l'acide nitrique,
— à l'acide hydrochlorique.

Il n'y a jamais endosmose d'un liquide à lui-même.— Les membranes végétales et animales produisent en général les phénomènes d'endosmose à différents degrés ; mais un grand nombre d'autres corps jouissent aussi de la même propriété, bien qu'à un très-faible degré. De ce nombre sont les plaques de terre cuite, l'ardoise calcinée, les argiles, et en général les substances alumineuses. — Les explications que l'on a essayé de donner de ces phénomènes ne sont pas satisfaisantes. Nous ne pouvons jusqu'à présent que considérer le fait en lui-même et les circonstances dans lesquelles il se produit. On a reconnu qu'il n'y avait endosmose entre deux liquides qu'autant que ces corps étaient miscibles l'un à l'autre, et avaient, par conséquent l'un pour l'autre une certaine affinité, et que la membrane devait en outre être disposée à s'imbiber plus facilement de l'un des liquides que de l'autre.

218. Quelle que soit la cause de ces phénomènes, leur découverte est d'une grande importance pour l'étude de la physiologie. Il n'est pas douteux que l'action des membranes ne joue un rôle important dans un grand nombre de circonstances de la vie des êtres organisés. A chaque instant, en effet, nous voyons, soit dans les animaux, soit dans les végétaux, deux fluides de natures plus ou moins différentes séparés l'un de l'autre par une substance membraneuse : il doit donc y avoir endosmose de l'un à l'autre, et ce fait peut aider à expliquer,

par exemple, le mouvement de la sève et la grande force d'absorption des végétaux, phénomènes dont ne peut rendre complétement compte l'action capillaire des divers vaisseaux dont se composent les tissus organiques.

219. Nous ne quitterons pas ce sujet sans dire un mot de l'importante application de la force de succion des végétaux, par laquelle M. Boucherie est parvenu à communiquer au bois diverses propriétés d'un immense avantage dans les arts. Le procédé de M. Boucherie consiste à faire absorber à la plante une certaine quantité d'une dissolution de pyrolignite de fer. Pour arriver à ce résultat, l'arbre, après avoir été coupé et avant d'être dépouillé de ses branches et de ses feuilles, est plongé par sa base dans la dissolution saline. Un peuplier de 28 mètres de hauteur et de 40 centimètres de diamètre dans un espace de six jours a absorbé la quantité énorme de 3 hectolitres de dissolution. La matière solide que contient cette solution se dépose dans les différentes cellules et les vaisseaux qui constituent la matière végétale, tandis que la partie liquide, venant se répandre à la surface des rameaux et des feuilles, s'évapore au contact de l'air. Le bois devient, par ce dépôt de matière étrangère, plus dense, plus dur, moins hygrométrique et moins combustible. On peut aussi lui faire absorber des substances colorées et lui communiquer, outre les propriétés que nous venons d'indiquer, les nuances les plus variées: en sorte que les bois les plus communs, tels que le saule, le peuplier, le hêtre, etc., après cette opération, ne le cèdent plus en dureté et en beauté aux bois étrangers que l'on apporte à grands frais de toutes les parties du monde].

DES FLUIDES ÉLASTIQUES.

220. Nous avons vu que l'état gazeux de la matière est caractérisé par l'extrême mobilité des molécules et par une force d'expansion en vertu de laquelle les gaz tendent à augmenter indéfiniment de volume. Nous allons nous occuper maintenant de l'étude des phénomènes qui résultent de cette propriété combinée avec les propriétés générales de la matière. Nous étudierons ces phénomènes dans le fluide invisible qui environne notre globe à une grande hauteur. Ici un intérêt très-vif se mêle à celui que la science inspire pour nous solliciter vers l'étude de ce fluide, au milieu duquel nous sommes continuellement plongés, qui agit sur nous de tant de manières différentes, auquel nous sommes redevables à la fois de la conservation de notre vie et de ce qui en fait un des principaux agréments, puisque c'est à lui que nous confions d'abord nos pensées pour les transmettre à nos semblables avec la parole qui en est le signe.

221. *Composition de l'air.* — On avait remarqué de tous temps que l'air est toujours chargé d'une quantité plus ou moins considérable de principes hétérogènes, d'émanations de différentes espèces, et surtout de vapeurs aqueuses. Mais l'air, en le supposant dégagé de toutes ces matières étrangères, qui altèrent sa pureté, était regardé comme un être simple et un des quatre éléments dans lesquels tous les corps se résolvaient en dernière analyse. Il est prouvé aujourd'hui que ce fluide est formé de deux principes très-différents, dont l'un a été nommé *gaz oxygène* et l'autre *gaz azote*, dans les proportions de 21 parties du premier et 79 du second à peu près. On trouve en outre constamment dans l'air une petite quantité de *gaz acide carbonique*. L'oxygène, s'il était seul, serait trop respirable et consumerait notre vie; le second, lorsqu'on l'a obtenu isolément, suffoque les animaux qui y sont plongés. Du mélange des deux se forme un fluide parfaitement assorti aux fonctions de l'économie animale. Mais les détails relatifs à cet objet ainsi que la manière dont l'air se décompose dans la respiration appartiennent à une autre partie de la science.

222. *Poids de l'air.* — Galilée, dont le nom se présente comme de lui-même toutes les fois qu'il s'agit des premières recherches sur la pesanteur, avait vérifié celle de l'air, qui était niée presque généralement avant lui, quoiqu'elle eût été reconnue par quelques philosophes de l'antiquité. Ce célèbre physicien, ayant injecté de l'air dans un vaisseau de verre de manière qu'il y restât comprimé, trouva que le vaisseau pesait davantage que quand l'air y était dans son état naturel. Il chercha même, par une autre expérience, la pesanteur de ce fluide comparée à celle de l'eau; mais il la trouva seulement, dans le rapport de 1 à 400, beaucoup trop faible. Des expériences plus récentes, faites avec

une extrême précision, ont fixé ce rapport à $\frac{1}{770,30}$, ce qui donne pour le poids d'un litre d'air 1 gr. 3 cent., nombre généralement adopté.

Expériences de Torricelli et de Pascal.

223. La pesanteur de l'air une fois reconnue, il semble qu'il n'était pas difficile d'apercevoir que c'est à la pression de ce fluide qu'est due l'ascension de l'eau dans les corps de pompe; mais il a fallu, pour amener là les physiciens, une de ces observations inattendues, faites pour exciter dans les esprits cette espèce d'inquiétude et d'agitation favorable aux découvertes.— On se rappelle que les anciens philosophes, quand on leur demandait pourquoi l'eau montait dans les pompes, se tiraient d'affaire en répondant que *la nature avait horreur du vide*; ce qui n'était autre chose qu'une manière fastueuse et imposante d'avouer qu'ils n'en savaient rien. Des fontainiers italiens, s'étant avisés de vouloir faire des pompes aspirantes dont les tuyaux avaient plus de 32 pieds de hauteur, remarquèrent avec surprise que l'eau refusait de s'élever au-dessus de cette limite. Ils demandèrent à Galilée l'explication de ce fait singulier; et l'on prétend que ce philosophe, pris au dépourvu, répondit que la nature n'avait horreur du vide que jusqu'à 32 pieds. Torricelli, disciple de Galilée, ayant médité sur le phénomène, conjectura que l'eau s'élevait dans les pompes par la pression de l'air extérieur, et que cette pression n'avait que le degré de force nécessaire pour contre-balancer le poids d'une colonne d'eau de 32 pieds. — Il vérifia cette conjecture par une expérience dont la physique lui a doublement obligation, parce que, en servant à mettre en évidence une découverte importante, elle nous a procuré le *baromètre*. Torricelli vit qu'en fermant un tube par une extrémité, le remplissant de mercure et le renversant sur un bain du même liquide, le mercure s'arrêtait à 28 pouces au-dessus de la surface extérieure; et, cette hauteur étant à celle de 32 pieds dans le rapport inverse des densités de l'eau et du mercure, il en conclut que le phénomène appartenait à la statique, et que c'était réellement, comme il l'avait deviné, la pression de l'air qui déterminait l'eau ou le mercure à s'élever jusqu'à ce qu'il y eût équilibre.

224. Ceci se passait en 1643. L'année suivante la nouvelle de l'expérience de Torricelli se répandit en France par une lettre écrite d'Italie au père Marsenne. L'expérience fut faite de nouveau, en 1646, par Marsenne et Pascal; et celui-ci imagina, en 1647, un moyen de la rendre encore plus décisive en la faisant à différentes hauteurs. Il invita, en conséquence, son ami Périer à la répéter sur la montagne du Puy-de-Dôme et à observer si la colonne de mercure descendrait dans le tube qu'on élèverait davantage. On voit par la lettre de Pascal à Périer, où il semble éviter de nommer Torricelli, qu'il n'avait pas encore tout à fait renoncé à la chimère de l'horreur qu'on avait attribuée à la nature pour le vide, et que, en convenant que cette horreur n'était pas invincible, il n'osait assurer qu'elle n'eût pas lieu dans quelques circonstances. Le plein succès de l'expérience acheva de le désabuser. Mais cette expérience n'était que confirmative de celle de Torricelli, et ajoutait seulement un rayon de plus au trait de lumière qui en était sorti.

Du baromètre.

225. Les détails relatifs à la construction du baromètre trouvent naturellement ici leur place. Cet instrument, ramené à sa plus grande simplicité, consiste dans un tube de verre de plus de 80 centimètres de hauteur et fermé à la partie supérieure. On remplit ce tube de mercure bien pur, que l'on a soin de faire bouillir pour chasser les petites bulles d'air et d'eau qui restent toujours adhérentes aux parois du tube; puis, en tenant le doigt appliqué sur l'orifice inférieur, on renverse le tube, et on le plonge par le même côté dans une cuvette de verre, où l'on a versé pareillement du mercure. On retire le doigt, et l'on voit à l'instant le mercure descendre dans le tube à la hauteur d'environ 76 centimètres. On attache ensuite le tube avec sa cuvette sur une planche divisée en centimètres et millimètres à partir du niveau que donne le mercure renfermé dans la cuvette. On a ainsi un moyen d'observer les variations que subit la pression de l'air en vertu des causes d'où dépendent les phénomènes de la météorologie.

226. [Cette construction est sujette à une imperfection qui empêche que les mouvements de la colonne de mercure, estimés d'après les indications de l'échelle, ne soient exactement proportionnels aux différentes pressions de l'air; car, à mesure que cette colonne monte ou descend, elle détermine une petite portion du mercure que renferme la cuvette à passer dans le tube ou à rentrer dans la cuvette, ce qui fait varier la position du niveau, en sorte qu'il ne répond pas constamment au zéro de l'échelle, qui est cependant le terme de départ auquel se rapporte l'observation de la hauteur à laquelle répond l'extrémité de la colonne sur la même échelle. Cette imperfection est d'autant moins sensible que la cuvette a plus de largeur vers l'endroit de la ligne de niveau. On a imaginé différents moyens pour la faire disparaître. Nous allons indiquer ceux qui sont généralement employés.

227. Lorsque l'on répand une goutte de mercure sur une glace horizontale, on remarque que ce liquide affecte la forme sphérique. A mesure que l'on augmente la quantité de mercure, la boule augmente de grosseur jusqu'à une certaine limite. Passé ce terme, si l'on continue à ajouter du mercure, la goutte s'élargit sans que son épaisseur augmente. Cette simple observation a été mise à profit dans la construction du baromètre pour rendre constant le niveau du mercure dans la cuvette. Pour cela on fait plonger l'extrémité inférieure du tube barométrique dans une cuvette de petite dimension recouverte d'une glace horizontale, bien dressée, circulaire, munie à son pourtour d'un rebord destiné à empêcher le mercure de tomber et percée en son centre d'une ouverture au travers de laquelle passe le tube. On fait en sorte que les dimensions de la glace et la quantité de mercure soient telles que, lorsque le baromètre a atteint son maximum de hauteur, il reste encore au-dessus de la glace une assez grande quantité de mercure; et que, lorsque le baromètre est arrivé à son minimum de hauteur, le mercure n'atteigne pas le rebord de la glace. De cette manière le niveau de la cuvette reste constant, puisque ce niveau n'est autre chose que la surface supérieure de la couche de mercure étalée sur la glace et que cette couche ne varie pas d'épaisseur. Mais ce baromètre présente le grand inconvénient de ne pas être portatif.

228. *Baromètre de Fortin.* — Comme le baromètre ordinaire dont nous venons de parler, le baromètre de Fortin est à cuvette; le niveau du mercure est fixe, et l'instrument est portatif. La cuvette est de forme cylindrique, la partie supérieure est en verre et la partie inférieure en fer; elle est fermée par une garniture métallique percée d'un très-petit trou par lequel la pression extérieure se communique à la surface du mercure. A la partie supérieure de la cuvette se trouve fixée une pointe d'ivoire dont l'extrémité indique le niveau du mercure, et c'est à partir de ce point que commencent les divisions de la colonne barométrique. Le fond de la cuvette est formé d'une peau de chamois non tendue, que l'on peut faire monter ou descendre au moyen d'une vis située au-dessous de l'appareil. Avant d'observer cet instrument, on commence par tourner la vis inférieure de manière à amener le niveau du mercure en contact avec la pointe d'ivoire. On reconnaît que cette condition est remplie lorsqu'on n'aperçoit plus d'intervalle entre cette pointe et son image dans la surface miroitante du métal. Après cette opération préliminaire on détermine la hauteur de la colonne de mercure. Pour que cette observation soit plus facile, le tube est entouré d'un autre tube métallique fendu des deux côtés, et sur lequel sont marquées les divisions en millimètres. Un petit curseur portant un vernier indique des dixièmes de millimètre. Cette disposition permet de faire les observations avec beaucoup de précision. — Lorsque l'on veut transporter l'instrument, on fait remonter le fond de la cuvette jusqu'à ce que le mercure remplisse et la cuvette et la *chambre* ou *vide* barométrique, puis on le renverse et on le place dans un fourreau de cuir. L'ouverture par laquelle s'exerce la pression extérieure est trop petite pour que l'on ait à craindre la sortie du mercure ou la rentrée de l'air, à moins de secousses extraordinaires.

229. Dans les baromètres dont nous venons de parler, le tube doit avoir un diamètre assez grand pour que la capillarité n'ait pas d'influence sur la hauteur du mercure. Si le tube était trop étroit, l'action capillaire aurait pour effet de diminuer la colonne barométrique, et l'on serait obligé de déterminer à l'a-

vance la correction à faire aux observations. Cette détermination se ferait par la comparaison de ce baromètre avec un autre dans lequel l'action capillaire serait nulle.

230. *Baromètre de Gay-Lussac.* Ce baromètre appartient au genre de ceux dits à siphon. La fig. 40 *a* représente cet instrument dépouillé de sa monture. Il est composé d'une grande branche AF et d'une petite BD; ces deux branches doivent être de même diamètre : à cet effet, on a soin de les prendre dans un même tube cylindrique. Les deux branches sont réunies par un tube FBC dont le diamètre ne doit pas excéder 1 ou 2 millimètres. Les deux extrémités A et D sont formées à la lampe; vers la partie supérieure de la petite branche se trouve un petit trou très-capillaire E que l'on pratique en enfonçant la pointe d'une aiguille dans le verre ramolli par la chaleur; c'est par cette petite ouverture que la pression atmosphérique s'exerce à la surface du mercure; mais le mercure ne pourrait pas s'échapper par cette ouverture à moins d'une pression très-grande. Les points N, n indiquent les deux niveaux du mercure; c'est la distance verticale entre ces deux points qui mesure la pression atmosphérique.

231. La monture ordinaire de ce baromètre consiste en un tube de laiton fendu des deux côtés, enveloppant l'instrument dans toute son étendue. C'est sur le bord de la fente que sont tracées les divisions en millimètres; le zéro est situé vers le milieu de la longueur, et les divisions se comptent au-dessus et au-dessous de ce point. Deux petits curseurs, munis chacun d'un vernier, servent à apprécier les dixièmes de millimètre.

232. La manière de se servir de ce baromètre ne présente aucune difficulté; il suffit d'observer la distance de chaque niveau au zéro de l'échelle et d'en faire la somme. Si l'on veut observer seulement les variations de la colonne barométrique, il suffira d'observer la variation apparente dans une seule branche et de la doubler pour avoir la variation réelle, en supposant toutefois que les deux branches sont exactement de même diamètre : c'est un désavantage que présente ce baromètre, car, lorsque la variation réelle est très-faible, la variation apparente qui n'en est que la moitié devient très-difficile à observer avec précision; sous ce rapport, le baromètre de Fortin est préférable.

233. Mais le baromètre de Gay-Lussac est indépendant de la capillarité; car cette action aurait pour effet de déprimer les deux niveaux du mercure de la même quantité, en sorte qu'il y a compensation. Cette circonstance permet d'employer des tubes plus étroits, et d'obtenir ainsi un instrument d'un poids moindre. Le transport de ce baromètre est d'ailleurs très-facile, il suffit de le tenir renversé pour qu'on n'ait à craindre aucun dérangement.

234. *Baromètre à cadran.* Nous ne parlons de cet instrument que parce qu'il est d'un usage familier, et se trouve pour ainsi dire entre les mains de toutes les personnes. C'est un baromètre ordinaire à siphon, la petite branche a le même diamètre que la grande; un cylindre de fer flotte à la surface du mercure, à ce cylindre est attaché un fil qui va passer sur une petite poulie et qui porte à son autre extrémité un petit contre-poids; la poulie est située derrière un cadran divisé auquel elle est concentrique, et elle fait mouvoir une aiguille sur ce cadran. On conçoit que le poids de fer étant assujetti à suivre les mouvements du mercure fait tourner l'aiguille dans un sens, lorsque le baromètre baisse, et dans l'autre sens, lorsque le baromètre monte. La position de l'aiguille sur le cadran indique donc à peu près l'état de la pression atmosphérique, nous disons à peu près parce que ces instruments sont sujets à un grand nombre d'imperfections et de dérangements provenant du frottement des diverses parties, de la variation de longueur du fil, par le plus ou moins d'humidité de l'air, etc.

LOI DE MARIOTTE.

235. Lorsqu'une certaine quantité d'air ou d'un autre gaz est introduite dans un espace limité, ce fluide tend, ainsi que nous l'avons dit, à se dilater indéfiniment, il exerce donc contre les parois de l'enceinte une pression plus ou moins considérable; si l'on vient à diminuer le volume du vase sans qu'aucune partie de l'air puisse s'échapper, les molécules du fluide se rapprocheront les unes des autres, mais l'effort exercé contre l'enveloppe deviendra de plus en plus grand, et l'on devra par conséquent employer une force de plus

en plus grande, si l'on veut continuer à comprimer le gaz. On donne le nom de *force élastique* à cette action continuelle d'un gaz contre les obstacles qui s'opposent à son expansion; la force élastique, dans le cas d'équilibre, est neutralisée par la force comprimante, aussi emploie-t-on souvent le mot de *pression* pour désigner la force élastique d'un gaz. Une masse d'air pri e à la surface de la terre dans les circonstances ordinaires, est soumise à la pression atmosphérique; par conséquent sa force élastique ou sa pression est mesurée par le poids d'une colonne de mercure de 76 centimètres environ.

236. Imaginons maintenant qu'un volume de cet air soit introduit, avec un baromètre, dans une enceinte vide et fermée de toutes parts; le baromètre se maintiendra à la même hauteur tant que la pression de l'air restera la même; mais que par un moyen quelconque on augmente, par exemple, cette pression, l'effort exercé par le fluide à la surface libre du mercure forcera ce liquide à remonter dans le tube, et le contraire arrivera lorsqu'on diminuera la force élastique de l'air. D'après cela, on conçoit que la pression ou force élastique d'un gaz peut toujours être mesurée par une colonne de mercure semblable à la colonne barométrique.

237. Boyle et Mariotte sont les premiers physiciens qui se soient occupés de rechercher la relation qui existe entre le volume de l'air et sa force élastique; la loi qu'ils ont trouvée et qui porte le nom de Mariotte est très-simple, et peut s'énoncer ainsi : *les volumes occupés par une même masse d'air varient en raison inverse de la pression que supporte cet air; et les densités sont en raison directe de ces mêmes pressions*. Pour démontrer cette loi, on prend un tube de verre d'un diamètre à peu près égal à celui d'un baromètre, et d'une longueur d'un à deux mètres; ce tube est recourbé à la partie inférieure et la petite branche en est exactement fermée, le tout est fixé sur une planche qui porte une division en parties d'égales longueurs le long de la grande branche du tube, l'autre branche doit être partagée en parties d'égale capacité. On fait couler une certaine quantité de mercure dans la partie courbée, de telle sorte que les deux surfaces de ce liquide se trouvent exactement sur un même plan horizontal. Dans cet état de choses, un certain volume d'air se trouve enfermé dans la petite branche, et sa force élastique fait précisément équilibre à la pression atmosphérique qui s'exerce sur l'autre surface du mercure, cette pression est donc mesurée, comme nous l'avons dit, par la colonne barométrique; on verse ensuite du mercure dans la grande branche, l'augmentation de pression qui en résulte comprime l'air dans l'autre partie; lorsque l'équilibre est établi, la force élastique de l'air est mesurée par la pression barométrique augmentée de la colonne de mercure comprise entre le niveau de ce liquide dans la petite branche, et le niveau dans la grande branche; supposons pour plus de simplicité que cette colonne soit égale à la hauteur actuelle du baromètre, on trouvera alors que le volume de l'air est réduit à la moitié de ce qu'il était sous la première pression. En général, si l'on désigne par V le volume de l'air sous la pression P et V' le volume de la même quantité d'air sous la pression P', on aura la proportion $V : V' :: P' : P$. Pour que cette loi se vérifie exactement, il est nécessaire que l'air sur lequel on opère soit complétement privé d'humidité.

238. Les dimensions du tube de Mariotte, telles que nous les avons indiquées, ne permettent de soumettre l'air qu'à une pression très-limitée. Mais MM. Dulong et Arago ont poussé la vérification de la loi qui nous occupe jusqu'à une pression de 27 atmosphères, c'est-à-dire une pression équivalente à 27 fois 76 centimètres de mercure. Mais tous les gaz ne supportent pas une si grande pression, la plupart passent à l'état liquide, et la loi cesse d'être vraie lorsque les corps approchent de leur point de liquéfaction.

239. La densité d'un corps est en raison inverse du volume occupé par ce corps, cette proposition résulte de la définition même que nous avons donnée de la densité; la loi de Mariotte nous fournira donc un moyen très-facile de déterminer la densité d'un gaz soumis à une certaine pression lorsque nous connaîtrons la densité du même gaz à une autre pression. Ce problème, dont la résolution est si simple, se présente à chaque instant dans les recherches de physique et de chimie.

240. *Manomètres*. C'est sur ces mêmes principes qu'est fondée la construction des instruments qui servent à me-

surer la force élastique des gaz sous des pressions quelconques. La forme de ces appareils varie beaucoup, mais on peut en général les ramener à un simple tube de Mariotte : supposons en effet que l'extrémité de la grande branche, au lieu d'être libre, soit mise en communication avec le gaz dont on veut mesurer la force élastique, le volume occupé par l'air fera connaître cette force élastique, et l'on peut marquer sur le tube même le point où doit s'arrêter le mercure pour une pression de 1, 2, 3 atmosphères. Nous nous bornons pour le moment à ces indications relativement aux manomètres, nous aurons l'occasion d'y revenir en traitant des vapeurs.

Machine pneumatique.

241. Dans presque toutes les branches de la physique expérimentale et dans la chimie, on a besoin de raréfier et même de soutirer complétement l'air dans des espaces limités; on donne le nom de *machines pneumatiques* aux appareils qui sont employés dans ce but. L'invention de la première machine de ce genre est due à Otto de Guericke, bourgmestre de Magdebourg.

242. La machine pneumatique, réduite à sa plus grande simplicité, se compose d'un corps de pompe en cristal dans lequel se meut un piston ; au fond du corps de pompe se trouve une ouverture fermée par une soupape qui s'ouvre de bas en haut : le piston est lui-même traversé par un petit canal dont l'ouverture est pareillement fermée au moyen d'une soupape s'ouvrant aussi de bas en haut. L'ouverture du fond du corps de pompe communique, au moyen d'un petit canal, avec le centre d'un plateau circulaire de verre bien dressé, que l'on appelle le *plateau* ou la *platine* de la machine ; sur ce plateau se place une cloche ou *récipient* de verre dont les bords sont usés à l'émeri et parfaitement dressés, c'est sous ce récipient que l'on doit faire le vide. Le jeu de l'appareil est maintenant facile à comprendre : supposons que, le récipient étant plein d'air à la pression atmosphérique, le piston soit amené au fond du corps de pompe, lorsqu'on viendra à le faire mouvoir de bas en haut la soupape supérieure restera fermée, le vide se fera dans la pompe, bientôt la pression de l'air du récipient soulèvera la soupape inférieure et se répandra dans le corps de pompe ; dans le mouvement descendant du piston la soupape inférieure se fermera, et l'autre s'ouvrira pour laisser sortir l'air comprimé dans la pompe. Chaque coup de piston enlèvera donc du récipient autant d'air que peut en contenir le corps de pompe ; il faut bien remarquer cependant qu'on n'en enlève pas à chaque fois la même quantité : car, en admettant que le volume de la pompe soit la dixième partie de celui du récipient, du premier coup de piston, on fera sortir un dixième de l'air contenu sous la cloche, mais du second coup on ne fera sortir que la dixième partie de ce qui reste, et ainsi de suite ; en sorte que théoriquement on ne pourra jamais arriver à faire complétement le vide, puisqu'il restera nécessairement une partie de l'air dans la cloche quel que soit le nombre des coups de piston.

243. Les machines que l'on emploie actuellement diffèrent de celle que nous venons de décrire en ce qu'elles ont deux corps de pompe au lieu d'un ; les pistons sont mis en mouvement au moyen d'une double manivelle et d'une roue dentée engrenant dans deux crémaillères qui servent de tiges aux pistons ; de telle sorte que quand l'un des pistons monte l'autre descend, *et vice versâ ;* et les soupapes, au lieu d'être mises en mouvement par l'élasticité de l'air, s'ouvrent et se ferment par le jeu même du piston.

244. Un appareil barométrique, destiné à mesurer la force élastique de l'air restant dans le récipient, accompagne toujours la machine pneumatique. Cette *éprouvette* se compose ordinairement d'un tube en U dont l'une des branches est fermée et remplie de mercure, l'autre branche étant ouverte ; ce petit appareil est fixé sur une planche métallique et enfermé sous une cloche en communication avec le récipient. La force élastique de l'air s'exerçant sur la surface libre du mercure refoule ce liquide dans la branche fermée ; mais, à mesure que l'on enlève de l'air, le mercure descend dans l'une des branches et monte dans l'autre, les deux surfaces tendant toujours à arriver à la même hauteur, position qu'elles prendraient exactement si l'on pouvait faire le vide absolu, la pression de l'air restant dans le récipient est donc mesurée par la différence de hauteur du mercure dans les deux branches de l'éprouvette.

245. Lorsqu'on fait le vide au moyen de cette machine, on arrive toujours à un terme auquel on ne peut plus enlever aucune quantité d'air, bien que l'éprouvette indique encore une pression de quelques millimètres de mercure. Cela tient à ce que le piston ne s'applique pas exactement contre le fond du corps de pompe, en sorte qu'il reste toujours un peu d'air dans ce petit espace; dans le mouvement ascensionnel du piston, cet air se dilate; et ce n'est qu'à l'instant où il acquiert une tension plus faible que celui du récipient, que ce dernier entre dans le corps de pompe; or quand la force élastique de l'air du récipient est devenue assez faible pour ne pas dépasser celle de l'air qui se dilate dans la pompe, l'appareil cesse de fonctionner.

246. Dans le but de remédier autant que possible à ce défaut, ou plutôt pour reculer un peu la limite à laquelle la machine pneumatique cesse de faire le vide, M. Babinet a introduit dans cet appareil une modification importante. Elle consiste dans un robinet adapté à la bifurcation du tube de communication entre le récipient et les deux corps de pompe; ce robinet est disposé de telle sorte que dans une certaine position il laisse les communications telles que nous les avons indiquées; dans une autre position, il intercepte toute communication entre l'un des corps de pompe et le récipient, en faisant communiquer les deux pompes l'une avec l'autre; c'est dans cette position qu'on le place lorsqu'on est arrivé au point où la machine cesse de fonctionner. Alors le premier corps de pompe sert à faire le vide dans le second, tandis que celui-ci le fait dans le récipient. On peut, au moyen de ce *double épuisement*, diminuer encore de quelques millimètres la pression de l'air du récipient. Enfin, pour compléter la description de la machine pneumatique, nous devons ajouter que dans le tuyau de communication se trouve un robinet qui sert à fermer le conduit lorsque le vide est fait, et à faire rentrer l'air dans le récipient lorsqu'on le désire.

247. *Machines de compression.* Ces machines, dans leur construction, ne diffèrent de la machine pneumatique proprement dite, que par la disposition des soupapes qui s'ouvrent en sens contraire, c'est-à-dire de haut en bas : elles sont destinées à introduire une certaine quantité d'air ou d'un autre gaz dans un espace limité, et à lui donner par conséquent une force élastique supérieure à celle de l'atmosphère. On construit de grandes machines à compression mises en mouvement par plusieurs hommes, et destinées à introduire l'air sous les *cloches à plongeur*. D'autres machines plus petites se composent d'une seule pompe que l'on peut visser sur le vase dans lequel on veut comprimer l'air ou un gaz quelconque. L'*éprouvette* d'une pompe à compression est un manomètre ou tube de Mariotte (240).

248. Ces appareils, de même que les machines pneumatiques, ne peuvent fonctionner utilement que jusqu'à une certaine limite : on atteint cette limite lorsque le volume d'air contenu dans la pompe et comprimé dans le petit espace qui reste toujours entre le piston et le fond du cylindre, n'acquiert plus une force élastique supérieure à celle de l'air introduit dans le récipient.

249. *Pression de l'air sur le corps de l'homme.* La pression de l'atmosphère sur une surface donnée étant à peu près la même qu'exercerait sur cette surface une colonne de mercure de 76 centimètres de hauteur, on a calculé d'après cette donnée l'effet de la pression dont il s'agit, par rapport à un homme de moyenne grandeur; on a trouvé qu'elle équivaut a un poids d'environ 16000 kilogrammes. Voilà le poids dont étaient chargés les anciens philosophes qui niaient sérieusement la pesanteur de l'air. Quel que considérable que soit ce poids, la pression s'exerce pour ainsi dire à notre insu, parce qu'elle est continuellement balancée par la réaction des fluides élastiques renfermés dans les cavités intérieures du corps, et quoique l'air soit sujet à des variations continuelles, qui augmentent ou diminuent sa densité par une suite des changements de température et de l'action de diverses causes naturelles; comme ces variations en général sont renfermées entre des limites peu étendues et qu'elles se font successivement et avec lenteur, elles ne nous affectent pour l'ordinaire que d'une maniere peu sensible. Mais s'il arrive un changement brusque, comme lorsque l'homme s'élève à de grandes hauteurs, la rupture d'équilibre qui en résulte a une influence tres-marquée sur l'économie animale. On éprouve alors une fatigue extrême, une impuissance absolue de continuer sa marche, un assoupissement auquel on succombe

malgré soi ; la respiration devient pressée et haletante ; les pulsations du pouls prennent un mouvement accéléré (1). Pour expliquer ces effets, on a considéré que l'état de bien-être, dans tout ce qui dépend de la respiration, exige qu'une quantité d'air déterminée traverse les poumons dans un temps donné. Si donc l'air que nous respirons devient plus rare, il faudra que les inspirations soient plus fréquentes à proportion; ce qui rendra la respiration pénible et occasionnera les divers symptômes dont nous avons parlé.

Divers phénomènes produits par la pesanteur et par le ressort de l'air.

250. Si l'on suppose pour un instant que l'air de l'atmosphère ait partout la même densité et que l'on fasse attention ensuite à l'effet de la pesanteur sur les différentes couches de ce fluide élastique, il est aisé de concevoir que chaque couche, comprimée par le poids des couches supérieures, se resserrera dans le sens de sa hauteur et que, de plus, la densité des couches diminuera à mesure que, étant à une plus grande distance de la surface de la terre, elles seront pressées par un plus petit nombre de couches supérieures. C'est effectivement ce qui a lieu par rapport a l'atmosphère. Nous ferons connaître dans la suite la loi de ce décroissement, et le parti qu'on en a tiré pour mesurer les hauteurs à l'aide du baromètre.

251. On concevra de même qu'une partie quelconque d'une colonne de l'atmosphère, prise à la surface de la terre, doit toujours faire équilibre, par son ressort, à la pression de la partie supérieure. Ainsi l'air, exactement renfermé dans une coupe que l'on aurait posée dans une situation renversée sur un plan parfaitement uni, ferait autant d'efforts pour pousser le fond du vase de bas en haut, que l'air extérieur pour le pousser en sens contraire ; de sorte que l'on n'éprouverait aucune difficulté à soulever ce vase, ce qui est d'ailleurs conforme à l'observation. Mais si l'on supprime une quantité plus ou moins considérable d'air intérieur, comme cela a lieu lorsqu'on fait le vide sous le récipient de la machine pneumatique, alors la pression de l'air extérieur n'étant plus équilibrée par l'action contraire de celui qui reste sous le récipient, il en résultera une difficulté d'autant plus grande pour détacher ce récipient de la platine, que le vide approche plus d'être parfait.

252. Il suit encore des principes établis précédemment que, si l'on prend à la surface de la terre une certaine quantité d'air dont le ressort fera par conséquent équilibre à une pression d'environ 76 centimètres de mercure, et qu'on introduise cet air dans un espace vide où il puisse se dilater, sa force de ressort, diminuée par la dilatation, sera à la force primitive, en raison inverse des volumes ou des espaces relatifs aux deux états successifs de ce fluide. Cette conséquence peut être vérifiée à l'aide d'une expérience intéressante, qui consiste à introduire dans un baromètre ordinaire une quantité d'air déterminée, en employant pour mesure un tube de même diamètre que celui du baromètre, et dont la hauteur soit connue. Cet air, parvenu au-dessus de la colonne de mercure, s'étendra par son ressort, dans le vide qui se touve en cet endroit, et fera baisser le mercure jusqu'à ce que sa force de ressort, jointe au poids de ce qui restera de mercure dans le tube, fasse équilibre à la pression de l'atmosphère. On pourra déterminer d'avance, par un calcul simple, la hauteur de l'espace dans lequel cet air doit se répandre, ou, ce qui revient au même, la hauteur à laquelle s'arrêtera la colonne de mercure. Par exemple, si le tube a 90 centimètres de hauteur, et qu'on y introduise 8 cent. 25 d'air, on trouve, en supposant que la pression de l'air atmosphérique à laquelle était d'abord soumis le mercure, fût de 76 centimètres, que ce liquide descendra à 57 centimètres au-dessus du niveau ; en sorte que l'espace occupé par l'air sera de 33 centimètres (1).

(1) Saussure, Voyage dans les Alpes, numéros 559 et 2021.

(1) Soit, en général, h la hauteur du tube à partir de la ligne de niveau, p la pression de l'atmosphère, n la quantité d'air, ou la partie de la hauteur du tube qu'occuperait ce fluide s'il conservait sa densité primitive, et soit x la hauteur à laquelle le mercure s'arrêtera après la dilatation de l'air; $h-x$ sera la partie de la hauteur du tube dans laquelle l'air se répandra en se dilatant. Or, les espaces

Fontaine intermittente.

253. Ce que nous venons de dire nous conduit à l'explication des effets produits par la fontaine à laquelle on a donné le nom d'*intermittente*, et dont voici la construction : ABC (fig. 40 *b*) est un globe de verre ou de toute autre matière, percé de plusieurs trous, auxquels sont adaptés de petits tubes *n, o, r, s*, et traversé dans le sens de son axe vertical par un tube CZ, dont la partie supérieure *i* s'élève jusqu'à une petite distance du sommet *o*, et dont la partie inférieure s'emboîte exactement dans un cylindre creux SD, fixé au fond d'une cuvette MT. Le bas de ce cylindre est échancré latéralement en *u*, en sorte qu'il y a une communication libre entre l'air renfermé dans le vase ABC et l'air extérieur. La cuvette MT est percée d'un petit trou, au moyen duquel elle communique avec un réservoir K placé en dessous. Lorsqu'on veut faire usage de cette fontaine, on retire le tube CZ du cylindre SD, puis on le renverse, et l'on s'en sert pour introduire de l'eau dans le vase ABC, jusqu'à ce qu'il soit plein. On retourne ensuite le tube, et on le fait rentrer dans le cylindre SD ; à ce moment l'air extérieur, qui a un passage libre par l'échancrure *u*, exerce sa pression sur la surface *ab* du liquide; mais il agit avec une force sensiblement égale sur l'eau qui tend à sortir par les tubes *n, o, r, s*, en sorte qu'à cet égard l'eau est en équilibre entre les deux forces de l'air. Elle s'écoulera donc par les petits tubes, en vertu de son propre poids. A mesure que cette eau tombe dans la cuvette MT, il en sort une partie par le trou dont elle est percée ; mais comme elle reçoit plus qu'elle ne perd il y a un terme où l'échancrure *u* se trouve obstruée, en sorte qu'il ne peut plus entrer d'air dans le vase ABC. Cependant l'eau continue de couler pendant un instant, tandis que l'air intérieur se dilate, jusqu'à ce que son ressort soit tellement affaibli que ce qui en reste, joint au poids de l'eau, soit en équilibre avec la pression de l'air, à l'orifice des tubes *n, o, r, s*; alors l'écoulement qui se fait par ces tubes s'arrête tout à coup. Mais la cuvette MT continuant de se vider, il arrive bientôt que l'échancrure *u* devient libre, et que l'air s'introduit de nouveau dans le vase ABC, en sorte que les petits tubes recommencent à jeter de l'eau. La fontaine coule ainsi et tarit alternativement jusqu'à ce que le vase qui fournit l'eau soit épuisé.

254. *Fontaine de compression.* Elle consiste en un vase de cristal d'une forme arrondie, dont le sommet est percé d'une ouverture au moyen de laquelle on le remplit d'eau jusqu'au deux tiers environ de la capacité. On visse ensuite à l'endroit de la même ouverture un tube qui descend dans le vase jusqu'à une petite distance du fond et dont la partie supérieure qui dépasse l'ouverture est garnie d'un robinet : on adapte à cette même partie une pompe foulante, et, le robinet étant ouvert, on

---

occupés par l'air dans ces deux états étant en raison inverse des densités, on aura $h-x:n::p:\frac{np}{h-x}$, qui exprimera la densité ou la force de l'air dilaté. Mais cette dernière quantité, augmentée de x, qui exprime la hauteur et en même temps la force du mercure, doit faire équilibre à la pression de l'atmosphère. Donc $\frac{np}{h-x}+x=p$, d'où l'on tire

$$x^2-(h+p)\,x=np-hp,$$

$$\text{et } x=\frac{h+p}{2}\pm\tfrac{1}{2}\sqrt{4np+(h-p)^2}.$$

Si l'on fait $h=90$ cent., $p=76$ cent., $n=8$ cent. 25 comme ci-dessus, on trouve $x=57$ et $x=109$. La première valeur convient à la supposition présente, et elle donne $76-57$, ou 19 centimètres pour l'expression de la force de l'air dilaté. La seconde valeur est relative à un autre problème dans lequel on supposerait un tube fermé par le bas, ouvert par le haut, et d'une hauteur égale à h. On supposerait de plus au fond du tube une colonne de mercure dont la hauteur, ou, ce qui revient au même, la pression, fût égale à p, puis, au-dessus, une colonne d'air qui, sous la pression de l'atmosphère, occuperait l'espace n, et enfin, au-dessus de cette dernière, une nouvelle colonne de mercure qui remplirait le reste du tube. On considérerait ce tube comme placé sous un récipient où l'on ferait le vide; alors l'air renfermé dans le tube se dilaterait, en chassant une portion de la colonne de mercure qui pèserait sur lui, jusqu'à ce que son ressort fît équilibre à ce qui resterait de la même colonne. Dans ce cas, la quantité x, qu'il s'agirait de déterminer, serait la distance entre le bas du tube et le bas de la colonne supérieure de mercure après la dilatation de l'air.

injecte une grande quantité d'air dans l'intérieur du vase : cet air, plus léger que l'eau, s'élève au-dessus, et son ressort augmente avec sa densité à mesure qu'on donne de nouveaux coups de piston. On ferme le robinet, on dévisse la pompe et on lui substitue une espece de petit cône creux, ouvert par son sommet, qui est tourné en haut; dès que l'on ouvre de nouveau le robinet, l'air condensé, déployant sa force élastique sur la surface de l'eau, la chasse par le canal plongé dans ce liquide, qu'on voit s'élancer en dehors sous la forme d'un jet dont la hauteur dépend de la quantité d'air condensée dans l'appareil.

255. On peut obtenir un effet analogue, par le seul débandement du ressort naturel de l'air, en plaçant sous le récipient de la machine pneumatique un petit vase où tout soit semblable à ce qu'offre la fontaine de compression au moment où l'on ouvre le robinet pour donner un libre passage à l'eau, excepté que l'air situé au-dessus de ce liquide est dans son état ordinaire. Tandis que l'on fait le vide, l'air renfermé dans le vase, et dont la pression sur l'eau n'est plus balancée par celle de l'air extérieur, se dilate et fait naître un jet qui s'élève sous le récipient.

256. Le *fusil à vent* est fondé sur le même principe : la crosse contient un réservoir dans lequel on peut comprimer de l'air jusqu'à 8 ou 10 atmosphères, cette cavité communique avec le canon dans lequel se trouve la balle au moyen d'une ouverture à soupape; lorsque l'on presse la détente cette soupape s'ouvre et se referme immédiatement, une portion de l'air comprimé se précipite dans le canon et chasse la balle avec autant de force que le fait la poudre ; il en résulte une forte détonation produite par l'expansion subite de l'air à l'issue de l'arme; cette détonation est aussi accompagnée de lumière due au frottement de petits corps étrangers, de la poussière qui se trouve toujours répandue dans l'air, ou par l'inflammation de quelque corps gras dont on enduit certaines parties de l'appareil. Car une expérience de M. Thenard a démontré que l'air parfaitement pur ne devient pas lumineux par la compression.

Des pompes.

257. Nous nous sommes borné à indiquer l'air en général, comme cause de l'élévation de l'eau dans les corps de pompe. Mais la manière dont la pression extérieure de ce fluide se combine avec une autre action, qu'il exerce à l'intérieur et qui dépend de son ressort, est susceptible de quelques détails d'autant plus propres à intéresser, qu'ils tendent a mieux faire connaître une des plus belles et des plus utiles productions de la mécanique. Toutes les pompes peuvent se rapporter à trois espèces, savoir, la pompe *foulante*, la pompe *aspirante*, et celle qu'on nomme *foulante et aspirante*, parce qu'elle réunit les effets des deux premières.

258. La pompe foulante a son piston placé inférieurement au niveau de l'eau. Elle se construit de deux manières : dans l'une, la tige t (fig. 41) du piston P est située en dessous, et celui-ci est percé d'une ouverture verticale dont l'orifice supérieur est garni d'une soupape s à charnière. Lorsqu'il est en repos, il occupe le fond du corps de pompe, dans l'intérieur duquel l'eau s'introduit d'elle-même, à travers le piston, dont elle soulève la soupape, par sa tendance à chercher le niveau. Vers l'endroit mn de ce niveau, le corps de pompe est garni pareillement d'une soupape s' à charnière qui fait l'office d'un second fond mobile de bas en haut; cette soupape se nomme *dormante*. Tandis que le piston s'élève au moyen du mouvement communiqué à la tige, la soupape s demeure fermée, et l'eau dont il est chargé monte avec lui jusqu'à la soupape dormante s, qui est forcée de s'ouvrir pour donner un passage à cette eau. La même soupape retombe ensuite par son poids, et empêche le liquide de sortir. Le piston va chercher, en descendant, une nouvelle charge d'eau, avec laquelle il remonte pour la déposer au même endroit que la première ; en sorte que l'eau peut être élevée ainsi à une hauteur arbitraire, pourvu que le moteur ait une force suffisante.

259. Les pompes de la seconde construction diffèrent de la précédente par la position de la tige; qui est située au-dessus du piston ; et de plus, en ce que le piston est plein et repose sur une soupape qui garnit le fond de la pompe. Lorsque le piston s'élève, l'eau le suit pour se mettre de niveau ; pendant sa descente il refoule cette eau dans un tuyau latéral, où elle s'ouvre un passage en soulevant une soupape qui s'abaisse dès que le piston est arrivé au bas de sa course.

260. La pompe aspirante représentée (fig. 42) a son piston P élevé au-dessus du niveau *mn* de l'eau, à une hauteur qui doit être moindre de 32 pieds. Ce piston est percé et garni d'une soupape *s* en dessus. Le corps de pompe a une séparation formée par une autre soupape *s'* à une certaine distance au-dessous du point *k* où nous supposons que se termine inférieurement le jeu du piston. Quand celui-ci est en repos à ce même point, l'air intérieur, compris entre la soupape dormante *s'* et le niveau *mn* de l'eau, fait équilibre par son ressort à la pression de l'air extérieur. Quant à l'air renfermé dans l'espace *klzo*, au-dessus de la soupape dormante, et dont le ressort est sensiblement égal à celui de l'air inférieur, son effet se borne, pour le moment, à tenir cette soupape fermée. Lorsqu'ensuite le piston monte, l'air contenu dans l'espace *klzo* se dilate; celui qui est au-dessous de la soupape dormante la soulève par l'excès de son ressort, et une partie de cet air se répand dans l'espace *klzo*. En même temps l'eau s'élève jusqu'au terme où le ressort de l'air, affaibli par la dilatation, joint au poids de l'eau qui a dépassé le niveau, fait une somme égale à la pression de l'atmosphère. Ce terme ayant lieu au moment où le piston cesse de monter, la soupape dormante, qui se trouve entre deux airs également dilatés, se referme par son poids. Le piston, en descendant, resserre le volume de l'air compris entre sa base et la soupape dormante; et comme le volume de cet air excède le volume primitif d'une quantité égale à celle qui est entrée dans l'espace *klzo*, il est évident qu'il y a un point où il devient plus dense que dans son premier état; et alors il soulève, par son ressort, la soupape *s* placée au-dessus du piston, et une partie s'échappe au dehors, jusqu'à ce que le reste ait repris sa densité naturelle. A mesure que les deux mouvements du piston se répètent, l'eau, continuant de monter, parvient jusqu'au piston, qui, en s'abaissant, la force de passer à travers son ouverture, pour l'élever ensuite avec lui, et ainsi successivement jusqu'à ce qu'elle arrive à la hauteur désirée. La construction de cette espèce de pompe exige des précautions pour obvier à un inconvénient qui paraît d'abord singulier. C'est qu'il est possible que l'eau, avant de parvenir au piston, s'arrête tout à coup, et refuse de monter davantage, quoique le piston continue ses mouvements. Pour concevoir cette possibilité, remarquons que le poids de l'eau, à partir du niveau, va toujours en augmentant à mesure qu'elle monte, tandis que la quantité d'air qui reste entre l'eau et la base du piston, et dont le ressort se déploie pendant que celui-ci s'élève, va au contraire en diminuant. Il en résulte que le rapport entre les deux forces qui réagissent ensemble contre la pression de l'atmosphère varie continuellement; et ainsi il peut se faire que la somme de ces forces devienne à un certain terme capable d'opposer à cette pression une plus grande résistance qu'auparavant. Supposons, par exemple, que l'eau soit arrivée en *hr*, et imaginons qu'elle y soit retenue par une puissance quelconque, tandis que le piston s'élève de *kl* en *fg*, qui est la limite de son mouvement. Si l'espace *hrgf* que celui-ci laissera vide est tel que le ressort de l'air, après sa dilatation, joint au poids de l'eau qui excède le niveau, fasse équilibre à la pression de l'atmosphère, il est aisé de voir que l'eau ne serait pas montée, dans le cas même où rien ne l'aurait retenue, puisque la condition requise pour l'équilibre est remplie par la seule dilatation de l'air. Donc si la pompe est tellement construite qu'il y ait un point où l'hypothèse que nous venons de faire puisse être réalisée, l'eau restera stationnaire à ce point. Pour que l'hypothèse ne soit jamais admissible, et que la pompe fasse son service dans tous les cas, il faut qu'il y ait entre le jeu du piston et sa plus grande hauteur au-dessus du niveau, un certain rapport que l'on détermine facilement à l'aide du calcul (1).

261. L'eau s'élève dans la pompe aspirante et foulante comme dans celle qu'on nomme simplement *aspirante*. Mais ici le piston est plein, et lorsque l'eau est parvenue jusqu'à sa base, il refoule cette eau en s'abaissant et la force de passer dans un tuyau latéral, comme cela a lieu pour la seconde pompe foulante dont nous avons parlé. Cette pompe ne diffère de la précédente qu'en ce que

(1) La règle à laquelle conduit le calcul est que le carré de la moitié de la plus grande hauteur du piston au-dessus du niveau de l'eau, ou de la distance entre *fg* et *mn*, doit être plus petit que trente-deux fois le jeu du piston, qui est mesuré par la distance entre *fg* et *ld*.

l'eau, au lieu de passer à travers le piston pendant qu'il s'abaisse, est chassée dans un tuyau particulier; en sorte qu'on a considéré cet effet du piston comme ayant quelque chose de plus marqué, et qui semble caractériser davantage l'action de fouler.

Du siphon.

262. C'est encore à la pression de l'air que sont dus les effets du siphon qui sert à transvaser les liqueurs. On appelle ainsi un tube de verre recourbé, dont une branche est plus longue que l'autre. On tient cet instrument de manière que la partie recourbée tourne sa convexité vers le haut. On plonge la branche la plus courte dans le vase qui contient la liqueur; on applique la bouche à l'orifice de la plus longue branche, et l'on suce la liqueur, c'est-à-dire qu'on enfle la poitrine de manière à produire une dilatation dans l'air qui occupe l'intérieur du siphon; la liqueur s'introduit à l'instant dans celui-ci, par la pression de l'air extérieur. Lorsque le siphon est plein, on retire la bouche, et la liqueur continue de s'écouler par la longue branche jusqu'à ce que le vase soit vide. On conçoit aisément la raison de cet effet, en considérant que l'air qui répond à l'orifice de la plus longue branche, presse de bas en haut, suivant la loi de tous les fluides, la colonne d'eau contenue dans cette branche, tandis que l'air qui repose sur la surface du liquide renfermé dans le vase, agit par l'intermède de ce liquide pour presser dans le même sens la colonne qui occupe la branche la plus courte; et il est clair qu'il n'a besoin de soutenir que la partie de cette colonne qui s'élève au-dessus du niveau. Or, la différence entre cette même partie et la colonne renfermée dans la branche la plus longue, donne à celle-ci un excès de poids qui n'est pas, à beaucoup près, balancé par l'excès de longueur de la colonne d'air qui répond à l'orifice de la même branche, et ainsi toute la partie de la liqueur qui n'est pas soutenue par l'air tombera; et comme elle est sans cesse remplacée par celle qui vient du vase, l'écoulement ne finira qu'avec la liqueur elle-même.

263. On connaît depuis long-temps une multitude de faits que l'on attribuait à l'horreur de la nature pour le vide, et dont l'explication s'offre comme d'elle-même, d'après les détails dans lesquels nous sommes entré sur la pesanteur et l'élasticité de l'air. Lorsqu'on essaie de tirer le piston d'une seringue dont on a bouché l'ouverture, on éprouve une forte résistance comme s'il était attaché au fond par un certain pouvoir, tandis que c'est le poids de l'air qui, en pressant sa base supérieure, l'empêche de monter. Par la même raison, on écarte difficilement les panneaux d'un soufflet dont on a fermé les ouïes et le tuyau. Lorsque l'on place entre les lèvres un tube dont la partie inférieure est plongée dans l'eau et que l'on aspire l'air intérieur pour déterminer l'ascension du liquide, la succion semble être une force qui agit par attraction; tandis qu'on ne fait autre chose que rendre prépondérante l'action de l'air extérieur pour faire monter l'eau dans le tube. On pourrait citer beaucoup d'autres effets du même genre, dont les apparences sont comme des piéges tendus à l'imagination.

Vase de Mariotte.

264. [Cet appareil consiste en un vase de forme quelconque, percé d'une petite ouverture vers la partie inférieure; un tube ouvert traverse le bouchon de l'ouverture supérieure et descend dans l'intérieur jusques à peu près à la hauteur de l'ouverture inférieure; le vase est rempli d'eau; ce liquide tend à sortir par l'ouverture inférieure, mais l'air ne pouvant rentrer par cette même ouverture parce qu'elle est trop petite, s'introduit dans le vase par le tube et va se loger au-dessus de l'eau dans la partie supérieure de l'appareil. La pression sous laquelle se produit l'écoulement est due seulement à la colonne liquide comptée à partir de l'ouverture latérale jusqu'à l'extrémité inférieure du tube; car tout le liquide qui se trouve au-dessus de cette limite est équilibré par la pression de l'air atmosphérique s'exerçant sur la surface de l'eau au fond de ce tube. Il en résulte que tant que le niveau du liquide n'est pas descendu au-dessous de l'extrémité du tube l'écoulement est constant, que l'on peut à volonté faire varier la vitesse de cet écoulement en élevant plus ou moins le tube au-dessus de l'orifice latéral; et que l'on empêche le liquide de sortir en faisant arriver l'extrémité inférieure du tube au-dessous de l'orifice d'écoulement. Cet appareil est fréquemment employé par les physiciens pour obtenir un écoulement uniforme. On

conçoit d'ailleurs que sa forme puisse être modifiée de diverses manières, et que ses dimensions sont tout à fait arbitraires.

265. *Baroscope.* Le principe d'Archimède s'applique aux fluides élastiques aussi bien qu'aux liquides. Ainsi tout corps plongé dans un gaz perd de son poids une quantité égale à celui du gaz déplacé. Ce fait peut être prouvé au moyen d'un petit instrument très-simple appelé *baroscope* : à une extrémité d'un petit fléau de balance on suspend une sphère de laiton d'un petit diamètre, et à l'autre extrémité une sphère de même métal, mais d'un grand diamètre, creuse à l'intérieur et hermétiquement fermée de toutes parts ; ces deux sphères doivent se faire équilibre dans l'air ; on transporte l'appareil ainsi disposé sous le récipient de la machine pneumatique, et aussitôt que l'on vient à faire le vide on voit le fléau s'incliner du côté de la grosse boule ; c'est que cette boule à cause de son grand volume déplaçait une plus grande quantité d'air, et perdait en conséquence une portion plus considérable de son poids que l'autre boule, et ces pertes de poids n'ayant plus lieu dans le vide, la balance doit, ainsi que cela arrive, s'incliner du côté de la grande sphère.]

AÉROSTATS.

La découverte des aérostats, par laquelle Mongolfier a rendu son nom à jamais célèbre, n'est qu'une application du principe précédent.

266. *Moyens anciennement proposés pour s'élever dans l'air.* L'idée d'un voyage entrepris par l'homme au milieu des airs, promettait un spectacle si imposant et si propre à exciter l'admiration, que l'on conçoit comment il s'est rencontré plus d'une fois des hommes assez hardis pour tenter de la réaliser. Le vol des oiseaux, en inspirant un sentiment de rivalité, semblait offrir le modèle du mécanisme qui devait servir à l'exécution du projet. Mais, en premier lieu, l'oiseau trouve des facilités pour exécuter les divers mouvements relatifs au vol dans la conformation de son corps et dans la position et la structure de ses ailes composées de plumes dont la substance est très-légère et qui sont des tuyaux creux ; de plus, la grande force musculaire dont il a été pourvu par l'auteur de la nature lui donne l'avantage de frapper l'air assez puissamment et assez rapidement pour s'élever à son gré, s'élancer en avant et planer au-dessus du même endroit. Dans l'homme, au contraire, la force des muscles, loin de compenser le désavantage du poids, est bien inférieure à ce qu'elle devrait être, toutes choses égales d'ailleurs, pour le mettre en état d'agir sur l'air avec un excès de vitesse qui lui fît trouver un point d'appui dans ce fluide si mobile et si prompt à céder. De là les tentatives malheureuses de tous ceux qui ont aspiré à la pratique d'un art qu'il fallait laisser aux héros de la fable.

267. On pouvait viser au même but d'une autre manière, en substituant au mécanisme du vol celui de la navigation. Pendant le cours des deux derniers siècles, Lana et Gallien, en se bornant à de simples spéculations, proposèrent deux moyens différents pour remplir ce second objet. Lana composait son appareil de quatre globes de cuivre, dans lesquels on ferait le vide, et qui, étant à la fois très-spacieux et très-minces, deviendraient capables, par leur excès de légèreté, d'enlever un homme avec son support (1). Mais plusieurs savants ont réfuté cette idée, en objectant que les globes ne manqueraient pas de crever par la pression de l'atmosphère. Gallien était parti d'une idée qui paraît d'abord plus plausible en elle-même, et qui consistait à faire flotter dans l'atmosphère un grand vaisseau occupé par un air respectivement plus léger que celui qui le soutiendrait (2). La difficulté eût été de mettre ce principe en exécution ; mais comme Gallien ne prétendait offrir à son lecteur qu'une simple récréation physique, et le faire voyager en idée, rien ne le gênait du côté des moyens, pourvu qu'ils eussent leur possibilité dans la nature. En conséquence, il faisait son vaisseau aussi grand qu'une ville, et capable de contenir une armée avec tout son attirail, et des provisions pour un long voyage. Il le supposait ensuite transporté dans l'atmosphère, à une telle hauteur, que l'air dont il se remplirait fût une fois plus léger que celui au-dessus duquel il flotterait. Mais quelque élevés qu'eussent été les bords du vais-

(1) Prodromo dell' Arte maestra. Brescia, 1670.

(2) L'Art de naviguer dans les airs. Avignon, 1755.

seau, l'air qui s'y serait introduit se serait comprimé par son propre poids dans le même rapport que l'air environnant, et l'on concevra aisément que dès lors le vaisseau n'aurait pu se soutenir un seul instant au milieu de l'atmosphère.

Premiers aérostats.

268. Ainsi l'on n'avait encore, relativement à l'art de s'élever dans les airs, que des essais infructueux et des spéculations fausses et romanesques, lorsqu'en 1782 Mongolfier, ayant réfléchi sur le phénomène que présentent les nuages qui se soutiennent en flottant dans l'atmosphère, conçut l'idée de donner des enveloppes très-légères à des nuages factices, composés de vapeurs produites par la combustion de diverses substances. Il pensa que ces vapeurs, mêlées à l'air raréfié par la chaleur dans l'intérieur des enveloppes, formeraient avec elles un tout spécifiquement plus léger que l'air environnant. Quelques essais qu'il fit en particulier avec son frère ayant eu une pleine réussite, ils répétèrent leur expérience à Annonay l'année suivante, en présence d'un grand nombre de spectateurs, et là on vit une espèce de grand sac de toile, doublé en papier, et d'abord informe, couvert de plis et affaissé par son poids, se gonfler et se développer par l'action de la chaleur, s'élever ensuite sous la forme d'un ballon de cent dix pieds de circonférence et parvenir à une hauteur de mille toises. On sait que depuis, l'expérience fut renouvelée plusieurs fois à Paris et que la machine servit à élever des hommes qui entretenaient eux-mêmes le feu dans un réchaud suspendu sous l'ouverture de l'aérostat. Dans les premiers essais, la machine était retenue par des cordes qui lui permettaient seulement de s'élever à une certaine hauteur. Enfin Pilatre des Rosiers et Darlandes, partis avec l'aérostat abandonné à lui-même, parcoururent près de quatre mille toises en dix-sept minutes, et donnèrent le spectacle du premier voyage que l'homme ait fait à travers les airs. Mongolfier, dans ses expériences, faisait brûler des matières animales avec de la paille pour enfler l'aérostat; et l'on aurait pu croire que l'ascension de la machine était due en partie à la présence d'un gaz particulier, composé des différents principes qui se développent dans la combustion. Mais il est prouvé que cet effet provenait uniquement de la raréfaction de l'air renfermé dans l'aérostat.

Aérostats à gaz hydrogène.

269. Peu après la nouvelle de l'expérience d'Annonay, Charles proposa de substituer à l'air dilaté le gaz hydrogène, qui, dans le plus grand état de pureté auquel on l'ait amené jusqu'ici, est environ treize fois plus léger que l'air. Il ne s'agissait que de trouver une enveloppe imperméable à ce gaz, et dans laquelle on pût l'emprisonner. Ce procédé était plus dispendieux, mais en même temps moins dangereux et plus simple que le premier; l'aérostat se suffisait à lui-même, et son volume, ainsi que son poids, se trouvaient sensiblement diminués. Parmi les différentes substances dont on pouvait composer les enveloppes, Charles préféra le taffetas enduit de gomme élastique, qui provient du suc épaissi d'un arbre de l'Amérique, auquel on a pratiqué des incisions. On fait dissoudre cette gomme dans l'huile de térébenthine, avant d'en enduire le taffetas. On lança du Champ-de-Mars un globe construit par ce procédé, et qui avait environ douze pieds de diamètre. Ce globe s'éleva en deux minutes à près de cinq cents toises, il se soutint environ trois quarts d'heure dans l'air et alla tomber à quatre lieues de Paris. Quelque temps après, Charles et Robert, portés dans une nacelle suspendue à un autre aérostat du même genre et de vingt-six pieds de diamètre, parcoururent un espace de neuf lieues avant de descendre; et bientôt Charles, resté seul dans la nacelle, par un nouvel essor digne de son zèle et de son courage s'éleva, en un clin d'œil, à une hauteur de près de dix-sept cents toises, comme pour aller, au nom des physiciens, prendre possession de la région des météores.

270. A mesure qu'un ballon de cette espèce s'élève davantage dans les couches d'air dont la densité diminue progressivement, le gaz, moins comprimé, fait effort pour s'étendre; ce qui peut occasionner la rupture du ballon. On prévient cet accident en adaptant au haut du ballon une soupape que l'on est le maître d'ouvrir, pour laisser sortir une partie du gaz, lorsque sa dilatation a atteint sa limite. On peut encore modérer la résistance de la soupape, de manière qu'elle soit moindre que celle de l'étoffe; dans ce cas, la soupape s'ou-

vrira d'elle-même pour donner une issue au gaz. Les voyageurs étaient obligés de perdre encore de leur gaz, lorsqu'ils voulaient descendre. On a proposé d'enfermer le ballon dans un autre, occupé par de l'air atmosphérique; on ferait sortir à volonté une portion de cet air, ou l'on en fournirait de nouveau au moyen d'un soufflet adapté au ballon extérieur: ce qui donnerait au voyageur la facilité de s'élever ou de descendre autant de fois qu'il voudrait en conservant son gaz inflammable.

Usages des aérostats pour le progrès de la physique.

271. La perfection à laquelle on a porté parmi nous la construction des ballons aérostatiques, faisait espérer que l'usage de ces belles machines pourrait conduire à de nouvelles connaissances intéressantes sous le rapport de la physique. Cette espérance a déjà été réalisée en partie, depuis le moment où deux physiciens distingués, MM. Biot et Gay-Lussac, profitant d'une circonstance favorable, s'offrirent d'eux-mêmes, par dévouement, pour une savante expédition aérienne à laquelle un choix unanime aurait pu également les appeler. Nous rendrons compte dans la suite, des observations qui en ont été le fruit. Mais nous devons parler ici d'un des principaux résultats d'un nouveau voyage entrepris par M. Gay-Lussac seul, et qui a été remarquable en lui-même par la circonstance de la plus grande élévation à laquelle l'homme soit encore parvenu. Elle était de 6977 mèt. 37 (3579 toises 9) au-dessus de Paris, et de 7016 mèt. (3600 toises) au-dessus du niveau de la mer. M. Gay-Lussac ayant ouvert, à la hauteur de 6636 mètres, un ballon de verre qu'il avait apporté, après y avoir fait le vide, s'en servit pour puiser de l'air dans la région où il se trouvait, et le referma exactement. De retour à Paris, il analysa cet air comparativement avec de l'air pris au milieu de la cour d'entrée de l'École polytechnique, et il résulta de cette comparaison que l'air qu'on respire à la surface de la terre et celui qui est situé à une très-grande hauteur, ont sensiblement la même composition et contiennent chacun 0,2149 d'oxygène (1).

(1) Journal de physique, frimaire an XIII, p. 454 et suiv.

De la mesure des hauteurs par le baromètre.

272. La hauteur moyenne du baromètre étant, comme nous l'avons vu, d'environ 76 centimètres, et le rapport entre les pesanteurs spécifiques du mercure et de l'air, relatives à cette même hauteur, étant celui de 10475,68 à l'unité, d'après les expériences de M. Biot, on déterminerait facilement la hauteur de l'atmosphère, si l'air dont celle-ci est composée avait partout la même densité qu'auprès de la surface de la terre. Il suffirait, dans cette hypothèse, de multiplier le rapport dont il s'agit par 0 mètr. 76, ce qui donnerait 7961 mètr. 5 pour la hauteur cherchée. Mais cette détermination est bien éloignée de la véritable, à cause de la diminution que subit la densité de l'air à mesure que ces différentes couches sont plus éloignées de la terre. Nous ferons connaître, en parlant des lois auxquelles est soumise la lumière, un autre moyen qui tend plus directement vers le même but, quoiqu'il laisse encore de l'incertitude sur le résultat que l'on en a déduit.

273. Cette remarque peut aussi s'appliquer à la mesure d'une hauteur quelconque : si l'air avait partout la même densité, l'abaissement du mercure dans le baromètre, constaté par l'expérience de Pascal, serait proportionnel à la hauteur à laquelle cet instrument serait porté au-dessus du point de départ, et fournirait ainsi un moyen facile d'apprécier exactement la hauteur des montagnes. Les physiciens et les géomètres sont cependant parvenus à réaliser cette idée en déterminant quelle doit être la diminution dans la colonne barométrique répondant à une différence donnée en hauteur verticale. A la suite d'observations qui ne peuvent être considérées comme suffisamment rigoureuses, on avait d'abord admis que 108 décimètres d'élévation donnaient 1 millimètre d'abaissement dans le baromètre; mais on a renoncé depuis long-temps à l'emploi de ce moyen. Nous allons exposer les principes sur lesquels repose la détermination des formules actuellement employées.

Principe fondamental de l'opération.

274. La loi suivant laquelle décroissent les densités de l'air a fourni une autre méthode qui approche beaucoup

plus de la précision, et qui s'étend à toutes les hauteurs auxquelles nous pouvons parvenir. En partant du principe donné par l'observation, que l'air se comprime en raison des poids dont il est chargé, on prouve que quand les hauteurs sont en progression arithmétique, les densités correspondantes sont en progression géométrique; et il est visible que ces densités, à leur tour, sont en rapport avec les abaissements du mercure dans le tube du baromètre.

275. On peut démontrer d'une manière fort simple cette relation entre les hauteurs et les densités de l'air qui leur correspondent. Soit $abzs$ (fig. 43) une tranche d'air prise depuis la surface ab de la terre jusqu'à la limite sz de l'atmosphère. Divisons cette tranche en une infinité d'autres tranches d'une épaisseur infiniment petite, par des parallèles dc, ef, gh, etc., à la ligne ab, dont les distances respectives ad, de, eg, etc., soient égales entre elles; il est évident que les densités de ces différentes tranches iront en diminuant depuis la ligne ab, et que, de plus, elles seront successivement comme les poids des quantités d'air situées au dessus de chacune d'elles; en sorte, par exemple, que la densité de la tranche $abcd$ sera à celle de la suivante $dcfe$ comme le poids de l'air contenu dans $dczs$ est à celui de l'air contenu dans $efsz$. — Concevons maintenant une courbe $bpxs$ tellement tracée, que si l'air contenu dans chaque espace $abcd$, $dcfe$, etc., était réduit à n'occuper que l'espace correspondant $abnd$, $dnoe$, etc., pris dans l'intérieur de la courbe, le fluide se trouvât distribué uniformément dans l'espace total terminé par cette courbe. On conçoit comment cette hypothèse peut avoir lieu, puisque les densités primitives de l'air et les espaces $abnd$, $dnoe$, situés dans l'intérieur de la courbe, étant de part et d'autre en progression décroissante, on est le maître de choisir une courbe d'une telle nature, que les portions d'air qui passeront des espaces bno, $ncfo$, etc., dans les espaces voisins $abnd$ $dnoe$, fassent croître les densités de l'air qui occupait d'abord ces derniers espaces, de manière que leurs différences deviennent nulles. — Cela posé, il est visible que les espaces $abnd$, $dnoe$, etc., étant d'autant plus petits que les densités primitives étaient elles-mêmes plus petites, leur rapport sera le même que celui de ces densités; de plus, les espaces dns, eos, etc., situés au-dessus des premiers, seront entre eux successivement comme les poids des quantités d'air qui compriment celui que renferment les espaces $abnd$, $dnoe$, etc. Et puisque l'air se condense en raison des poids dont il est chargé, il en résulte que les espaces dns, eos, etc., seront aussi proportionnels aux espaces $abnd$, $dnoe$, etc. Mais ceux-ci sont les différences entre les premiers; et il est démontré que quand des quantités sont entre elles comme leurs différences, ces quantités, et par conséquent leurs différences, sont en progression géométrique (1); donc les espaces $abnd$, $dnoe$, $eopg$, etc., ou, ce qui revient au même, les densités de l'air qui répondent aux hauteurs ad, ae, ag, etc., suivent la loi d'une progression géométrique; et puisque ces hauteurs sont évidemment en progression arithmétique, à cause de l'égalité des distances ad, de, eg, etc., nous en conclurons que quand les hauteurs forment une progression arithmétique, les densités correspondantes de l'air sont en progression géométrique. — Or, les élévations du mercure dans le baromètre sont proportionnelles aux densités de l'air qui répondent aux différentes hauteurs où ces élévations ont lieu. Donc, si d'une part on exprime ces densités par les nombres de lignes qui les mesurent à partir de la ligne de niveau, et si d'une autre part on représente en toises les hauteurs auxquelles correspondent les élévations du mercure, on pourra considérer les nombres de toises comme les logarithmes des nombres de lignes. — Supposons pour un instant que l'on eût une table construite d'après ce système de logarithmes; voici comment on parviendrait à mesurer la hauteur d'une montagne : on prendrait les deux nombres de lignes que marquait le baromètre au point le plus bas et au point le plus haut; on chercherait dans la colonne des logarithmes les nombres de toises corres-

(1) Soit $abs=a$, $dns=b$, $eos=c$, $gps=d$, etc., nous aurons, par l'hypothèse, $b : a-b :: c : b-c :: d : c-d$, etc. Donc $ac-bc=b^2-bc$, et $bd-cd=c^2-cd$, d'où l'on tire $ac=b^2$ et $bd=c^2$. Donc $a : b :: b : c$, et $b : c :: c : d$, c'est-à-dire que les quantités a, b, c, d, etc., sont en progression géométrique; d'où il suit que les différences $a-b$, $b-c$, $c-d$, etc., forment aussi une progression géométrique.

pondants, et la différence entre ces deux nombres donnerait la distance verticale entre les deux stations, ou la hauteur cherchée.

Méthode de Deluc.

276. Il a été facile aux physiciens de sentir que l'on pouvait se dispenser de construire la table dont nous venons de parler, et faire servir les logarithmes ordinaires à la détermination des hauteurs par le barometre. Pour y parvenir, il ne s'agissait que d'avoir un facteur constant, dont la valeur fût telle que son produit, par les logarithmes de nos tables, donnât des mesures conformes à l'observation. Les premières déterminations de ce genre étaient fondées sur l'observation elle-même, c'est-à-dire qu'après avoir choisi parmi les résultats de diverses opérations trigonométriques ceux qui paraissaient mériter le plus de confiance, on cherchait la valeur du facteur qui devait être introduit dans le calcul relatif aux indications du baromètre, pour que les résultats de ce calcul s'accordassent avec ceux dont la trigonométrie avait fourni les données. Deluc, en suivant cette marche, a été conduit à une détermination d'une heureuse simplicité, en ce qu'elle ne laisse presque rien à faire pour ramener aux nombres que ce savant regarde comme les véritables ceux que donnent les tables ordinaires : elle consiste en ce que les logarithmes de ces tables, pris avec sept décimales, n'ont besoin que d'être multipliés par 10,000 pour représenter en toises les vrais logarithmes des nombres de lignes qui mesurent les observations correspondantes du baromètre. Ainsi, après avoir pris la différence entre les deux logarithmes tabulaires des nombres de lignes dont il s'agit, on reculera de quatre rangs, vers la droite, la virgule qui suit la caractéristique, et l'on aura la distance verticale entre les deux stations, exprimée en toises et en parties décimales de la toise.

277. Mais ce résultat et tous les autres du même genre exigent plusieurs corrections, dont deux surtout ont fixé l'attention des physiciens. On sait que la température varie dans les différents points d'une même colonne d'air, de manière qu'en général les couches supérieures sont plus froides que les inférieures. Or, les densités de l'air qui répondent à des hauteurs verticales en progression arithmétique ne sont censées être exactement en progression géométrique qu'autant que la température de l'air est uniforme ; d'où l'on voit que, dans le cas ordinaire où elle varie, il est nécessaire de corriger les hauteurs du baromètre. Mais, d'une autre part, l'inégalité de température influe immédiatement, par un effet thermométrique, sur la colonne même de mercure renfermée dans le baromètre, et y produit une augmentation ou une diminution de longueur qui est étrangère aux indications de cet instrument, ce qui exige une nouvelle correction.

278. On a imaginé différents moyens de faire disparaître ces anomalies. En procédant par la méthode de Deluc, on supprime d'abord l'effet qui a pour cause l'influence immédiate de la température sur le baromètre, et l'on ramène les indications de cet instrument à ce qu'elles auraient été dans le cas d'une variation due à la seule pression de l'atmosphère. On cherche ensuite le nombre de toises qui donne l'élévation proposée, en partant des hauteurs corrigées du baromètre ; puis on applique à ce même nombre la correction relative à l'action variable de la chaleur sur la colonne d'air renfermée entre les deux stations. — Pour déterminer la première correction, Deluc avait cherché, par l'observation, à quel degré de température la hauteur du baromètre n'exigerait aucune correction. Ce degré répondait au dixième au-dessus de zéro, sur le thermomètre en 80 parties. Deluc avait aussi déduit de l'expérience la quantité dont la variation de température allongeait ou raccourcissait la colonne de mercure du baromètre par chaque degré du thermomètre. Cette quantité était de 0 lig. 075, en supposant que le baromètre eût été d'abord à 27 pouces. Dans le cas d'une hauteur différente, une réduction donnait la quantité de la variation. Il était facile ensuite d'ajouter à la hauteur observée ce qui lui manquait ou d'en retrancher ce qu'elle avait de trop, à proportion que la température différait de celle de 10 degrés, qui servait de terme fixe. — A l'égard de l'autre correction, Deluc avait cherché de même à quelle température il n'y aurait eu aucun changement à faire dans le nombre de toises donné par les logarithmes des hauteurs modifiées d'après la première correction. Cette température était de 16 degrés 3/4 au-dessus de zéro. Le même

savant avait ensuite supposé que la température variait, dans l'étendue d'une même colonne d'air, de manière à croître ou à décroître en progression arithmétique, et il résultait de ses expériences que l'air augmentait ou diminuait de 1/215 de son volume par chaque degré du thermomètre. En combinant ces données avec les observations de la température qui avait lieu dans les deux stations, on déterminait l'erreur, en plus ou en moins, du nombre de toises obtenu à l'aide des logarithmes.

Méthode de Laplace.

Plusieurs physiciens, et en particulier M. Trembley, ayant reconnu que la méthode de Deluc conduisait en général à des hauteurs trop faibles, ont cherché à la rectifier, en modifiant les données que ce savant avait adoptées pour la correction relative à l'effet de la température sur la colonne du baromètre. Mais toutes ces formules, accommodées aux résultats de quelques observations particulières, n'avaient qu'une exactitude en quelque sorte conditionnelle, et n'approchaient de la vérité que dans certaines circonstances analogues à celles qui avaient concouru avec les observations dont il s'agit.

279. Le célèbre Laplace a proposé une méthode dont le plan a été entièrement tracé par la théorie elle-même. Le coefficient constant par lequel on doit multiplier le nombre que donnent les logarithmes tabulaires (276) dépend ici du rapport entre le poids d'un volume déterminé de mercure et celui d'un volume égal d'air, à la température de la glace fondante et à la hauteur moyenne du baromètre au niveau de la mer, laquelle est à très-peu près de 76 centimètres (28 pouces). Les autres données du problème, puisées dans les lois auxquelles sont soumis l'air atmosphérique et le calorique disséminé dans cet air, se combinent avec le coefficient de manière à diriger la solution vers le cas particulier que présente la position dans laquelle se trouve l'observateur.

Détermination du coefficient constant.

A l'époque où cette méthode a paru, on n'avait pas encore d'expériences assez précises sur les densités du mercure et de l'air comparées entre elles, et le coefficient que l'on avait déduit de quelques-unes donnait des mesures qui étaient toujours au-dessous des véritables.

280. En attendant de nouvelles expériences qui fussent à la fois directes et concluantes, M. de Laplace invita le savant naturaliste Ramond à employer des observations barométriques dont la justesse ne pût être révoquée en doute, pour obtenir un coefficient qui fût censé ne différer que par son origine de celui qu'aurait fourni le rapport entre les pesanteurs spécifiques de l'air et du mercure. M. Ramond trouva que, sur le 45e parallèle de la division nonagésimale, ce coefficient était égal à 18336 mètr.

281. Cependant, quoique tout concourût à faire regarder ce même coefficient comme suffisant pour la pratique, la théorie n'était pas satisfaite, et il était à désirer que la physique, par une opération immédiate, le reproduisît avec un caractère assorti aux autres données renfermées dans la formule. Un travail important, entrepris plus récemment par MM. Biot et Arago sur les puissances réfractives des différents corps, a conduit ces deux savants à s'occuper d'une autre propriété qui influe sur la réfraction, savoir : la densité ; et il est résulté de leurs recherches une détermination des pesanteurs spécifiques de l'air et du mercure, prise avec toutes les attentions capables de la rendre définitive. Cette détermination donne $\frac{1}{10475,68}$ pour le rapport entre la densité de l'air et celle du mercure, à la température de la glace fondante, l'air étant soumis à une pression de 76 centimètres. Or, le coefficient qui se conclut de ce rapport est égal à 18332 mètres, en sorte que le premier n'en diffère que de quatre unités : accord non moins remarquable que satisfaisant entre deux résultats, dont l'un exigeait une critique sûre, pour discerner au milieu des modifications variables de l'atmosphère les circonstances propres à l'offrir dans toute sa pureté ; et l'autre une manière d'opérer également adroite et précise, pour le dégager de toutes les causes d'anomalie qui se mêlent à ce genre d'expériences.

Corrections relatives à la température.

282. L'hypothèse d'une température uniforme égale à zéro exige de même ici deux corrections, pour être ramenée aux

indications données par le thermomètre pendant l'opération même. La première porte sur le coefficient constant. Pour mieux concevoir en quoi elle consiste, supposons que la température à la station la plus basse soit, par exemple, de 16 degrés au-dessus de zéro du thermomètre centigrade, et qu'à la station la plus haute elle soit de 4 degrés au-dessus de la même limite. La chaleur étant censée décroître en progression arithmétique à mesure que la température s'abaisse, en allant d'une couche à l'autre, tel sera son effet sur l'air compris entre les deux stations, que les différences entre les densités actuelles des diverses couches de cet air, prises de bas en haut, et celles qui auraient lieu en vertu des seules pressions suivront elles-mêmes une progression arithmétique. On pourra donc considérer l'opération comme étant faite par une température uniforme de 10 degrés, qui, étant la demi-somme des températures extrêmes, donne le terme moyen de la progression. Ainsi, l'effet sera le même que si la température, ayant été d'abord à zéro, s'était élevée subitement de 10 degrés dans toute la masse d'air renfermée entre les deux stations. Or, dans cette hypothèse, la dilatation subie par l'air aurait fait monter les différentes couches de ce fluide au-dessus de leur niveau; d'où il suit que la portion de colonne atmosphérique comprise entre les deux stations serait devenue moins dense. Maintenant il est aisé de voir que c'est l'action de cette portion de colonne qui détermine la différence entre la pression exercée par l'air sur le mercure à la station la plus haute, et celle qui a lieu à la station la plus basse, en sorte que quand cette action se trouve diminuée, comme dans le cas présent, par une suite de ce que l'air a perdu de sa densité, la quantité dont le baromètre est descendu, tandis qu'on le portait à la station la plus haute, est moindre que si l'air était plus dense. Cet instrument indique donc alors une élévation trop petite, et le calcul fait sans aucune correction donnerait un résultat trop faible. Il faudra donc, pour compenser l'erreur, augmenter le coefficient constant d'une certaine quantité qu'il s'agit de déterminer. Or, on a observé que vers la température de la glace fondante l'air se dilate d'environ 1/250 de son volume par chaque degré du thermomètre centigrade : donc, la quantité dont il faudra augmenter le coefficient constant est égale au produit de ce coefficient par 1/250 et par le nombre de degrés que donne la température moyenne. Mais celle-ci étant la demi-somme des températures observées aux deux stations, on voit que l'opération se réduit à multiplier la somme entière par 36 mètr. 672, qui est le produit du coefficient 18336 mètres par 1/2.250 ou par 1/500 (1).

283. La seconde correction dépend de l'effet thermométrique de la chaleur par rapport au mercure du baromètre, sur quoi nous observerons que la température de ce métal liquide diffère ordinairement de celle de l'air environnant. C'est pour cela que les physiciens qui veulent mettre de la précision dans leurs résultats déterminent la température dont il s'agit au moyen d'un thermomètre tellement adapté à la monture du baromètre, que la chaleur et le froid puissent influer de la même manière sur l'un et l'autre instrument. M. Ramond désigne ce thermomètre sous le nom de *thermomètre du baromètre*, et il appelle *thermomètre libre* celui qui est destiné à indiquer la température de l'air. — Maintenant on sait que le mercure se dilate de 1/5412 de son volume pour chaque degré du thermomètre centigrade. Il en résulte que, si l'on part de la température qui avait lieu à la station la plus froide, l'effet thermométrique dont il s'agit sera mesuré par la 5412e partie de la longueur qu'avait la colonne de mercure à la même station, prise autant de fois qu'il y a de degrés dans la différence entre les deux températures indiquées par le thermomètre du baromètre. En ajoutant le produit au nombre de centimètres que donnait le baromètre à la station la plus froide, on ramènera l'opération à ce qu'elle eût été, si la colonne de mercure avait conservé constamment sa densité en partant de la station la plus chaude.

(1) L'effet total qui détermine la correction étant la somme des termes de la progression, relativement aux quantités dont les densités de l'air sont altérées par la chaleur, on a cette somme en prenant le moyen terme, qui est le produit de la température moyenne par le rapport 1/250 de dilatation pour un degré, et en le multipliant par le coefficient constant, qui représente le nombre des termes.

Application à un cas particulier.

284. Nous parlerons bientôt d'une autre variation qui est due à la pesanteur, et dont il est nécessaire de tenir compte lorsqu'on veut parvenir à une grande précision. Mais comme la méthode que nous venons de développer suffit pour les usages ordinaires, nous en ferons d'abord l'application à une mesure particulière, d'après une opération exécutée par M. Ramond sur le pic du Midi de Bigorre. Le baromètre placé à la cime du pic marquait 53 centim. 7203; le thermomètre du baromètre était à 9 degrés 75 et le thermomètre libre à 4 degrés. En même temps le baromètre placé à Tarbes, où M. Dango faisait des observations correspondantes, marquait 73 centim. 5581; le thermomètre du baromètre était à 18 degrés 625 et le thermomètre libre à 19 degrés 125. Pour avoir la quantité dont le coefficient constant doit être augmenté, on multipliera la somme 23,125 des deux températures 4 et 19,125 par 36 mètres 672, et l'on ajoutera le produit 848,04 au coefficient constant; ce qui donnera pour le véritable coefficient, dans la circonstance actuelle, 19184,04. Pour corriger ensuite la hauteur du baromètre à la station la plus froide, ou celle du pic du Midi, d'après la variation de la température, on prendra la différence 8,875 entre les deux températures indiquées par les thermomètres attachés aux baromètres, on la multipliera par la hauteur 53 cent. 7203 du baromètre à la station la plus froide, et on divisera le produit par 5412, ce qui donnera 0 cent. 0881 à ajouter à 53 cent. 7203. Ainsi, la hauteur corrigée sera 53 cent. 8084 (1). Maintenant la différence entre le logarithme 1,8666305 de 73,5581 et le logarithme 1,7308500 de 53,8084 est 0,1357805, laquelle multipliée par le coefficient corrigé 19184,04, donne pour la distance verticale entre les deux stations 2604 mètres 819 (2).

Corrections relatives à la pesanteur.

285. On sait que l'action de la pesanteur sur les corps placés à la surface de la terre diminue à mesure qu'on approche de l'équateur, ou, ce qui revient au même, à mesure que la latitude est plus petite; et, de plus, elle décroît pour une même latitude à mesure qu'on s'élève à une plus grande hauteur.

286. Pour corriger la variation qui a lieu dans le sens de la latitude, on part du parallèle moyen, auquel le coefficient constant 18336 mètr. est censé correspondre, ainsi que nous l'avons dit, et suivant que l'opération se fait en deçà ou au delà de ce degré moyen, on ajoute à la hauteur déduite, ou bien on en retranche le produit de cette hauteur par les 2845 millionièmes du cosinus du double de la latitude, le rayon ayant l'unité pour expression. Ainsi, le pic du Midi étant situé au 43e degré, le cosinus dont il s'agit est celui de 86 degrés; et si l'on en prend les 2845 millionièmes, et qu'on multiplie le résultat par la hauteur déduite 2604 mètr. 819, on trouvera 0 mètr. 517, qu'il faut ajouter à cette hauteur, ce qui donne 2605 mètres 336.

287. Enfin, pour avoir égard à la diminution de la pesanteur dans le sens vertical, on ajoutera à la hauteur déjà corrigée de l'effet de la latitude son produit par le coefficient corrigé, et par la différence des logarithmes qui correspondent aux deux hauteurs du baromètre, augmentée du nombre 0,868589 et

(1) Nous donnons ici ces calculs en nombres ordinaires; mais on sait combien l'usage des tables de logarithmes abrége les opérations de ce genre.

(2) Soit, h la hauteur du baromètre à la station la plus basse; h' celle qui, étant relative à la station la plus élevée, que l'on suppose en même temps la plus froide, a été corrigée de l'effet de la température; T la hauteur du thermomètre libre à la station la plus chaude, t celle qui a lieu à la station la plus froide; T′ et t' les hauteurs qui répondent aux précédentes sur le thermomètre du baromètre, et r la différence d'élévation entre les deux stations : toutes ces quantités étant exprimées en mètres et en fractions du mètre, la règle dont nous venons de faire une application sera représentée par cette formule :

$$r = 18336^{\text{mèt.}}\left(1+\frac{2\,(\mathrm{T}+t)}{1000}\right)\log\left(\frac{h}{h'\left(1+\frac{\mathrm{T}'-t'}{5412}\right)}\right).$$

divisée par le nombre 6366198, qui représente en mètres le rayon du globe terrestre. Dans l'exemple que nous avons choisi, la différence des logarithmes est 0.1357805, lequel nombre ajouté à 0,868589 donne 1,0043695; le coefficient corrigé est 19184,04, et la hauteur corrigée de l'effet de la latitude est 2605 mètr. 336; ainsi la valeur de la quantité cherchée sera

$$\frac{1,0043695 \times 19184,04}{6366198} \times 2605 \text{ mèt.} 336,$$

ou 7 mèt. 885, qui, étant ajoutés à 2605,336, donnent 2613 mèt. 221 pour la hauteur du pic du Midi (1). Or la même hauteur, déterminée par M. Ramond à l'aide d'un nivellement fait avec un soin extrême, est de 2613 mèt. 137, et ainsi la mesure barométrique ne diffère pas d'un décimètre en moins de celle qu'avait donnée l'opération géodésique. En négligeant les corrections relatives à la pesanteur, nous avons eu le résultat 2604 mètr. 819, plus faible d'environ 8 mètres que le véritable.

288. Nous ne devons pas omettre qu'une condition nécessaire pour approcher le plus près qu'il est possible de la précision est d'opérer au milieu d'un air exempt d'agitation, parce que les courants de ce fluide, suivant que leur obliquité a lieu du bas vers le haut ou en sens contraire, diminuent ou augmentent la pression que l'atmosphère exerce sur le mercure du baromètre : il en résulte que la colonne de ce liquide subit tantôt un excès d'abaissement qui donne des hauteurs trop grandes, tantôt une diminution d'abaissement qui donne des hauteurs trop petites. M. Ramond regarde, pour cette raison, l'heure du midi comme étant en général l'instant le plus favorable aux observations barométriques, parce que c'est ordinairement vers le milieu du jour que l'équilibre de l'atmosphère, altéré par les vents du matin, se trouve rétabli (2).

Utilité des observations barométriques pour la géographie physique.

289. Le savant auteur de la méthode que nous venons d'exposer a conçu l'idée heureuse de faire concourir les observations du baromètre avec les mesures géométriques, pour déterminer d'une manière plus fixe la position des différents lieux. Cette position, telle que l'offrent les mesures dont nous venons de parler, dépend de l'intersection de deux coordonnées perpendiculaires entre elles, dont l'une est la distance au premier méridien, ou la longitude, et l'autre la distance à l'équateur, ou la latitude. On supposerait une troisième coordonnée, perpendiculaire aux deux précédentes, qui mesurerait la distance verticale entre le même point d'intersection et le niveau de la mer. On prendrait pour la France ce niveau à Brest, où la hauteur moyenne du baromètre est à peu près de 76 centimètres. On ferait dans chaque lieu un grand nombre d'observations barométriques pendant un an ou deux, et la moyenne entre toutes ces observations donnerait l'élévation du lieu proposé au-dessus du niveau de la mer. On pourrait choisir dans chaque pays, pour le niveau auquel se rapporteraient les observations, la hauteur moyenne de la rivière la plus voisine. Un pareil travail, exécuté par

(1) M. de Laplace a donné dans le quatrième volume de sa Mécanique céleste, p. 293, la formule suivante, qui représente toutes les opérations de ce genre. Soit r la différence d'élévation entre les deux stations, Ψ la latitude du lieu, t et t' les températures indiquées par les deux thermomètres libres, h la hauteur du baromètre à la station la plus chaude, h' sa hauteur à la station la plus froide, corrigée de l'effet de la température, et a le rayon du globe terrestre, on aura :

$$r = 18336^{\text{mèt.}} (1 + 0,002845 . \cos 2\Psi) \left(1 + \frac{2(t+t')}{1000}\right) \left[\left(1 + \frac{r}{a}\right) \log \frac{h}{h'} + \frac{r}{a} . 0,868589\right].$$

M. de Laplace avertit que, pour appliquer cette formule, il suffit de substituer à r, dans le second membre de l'équation, sa valeur donnée par la supposition de $r=0$, dans le second membre.

(2) Voyez un Mémoire très-intéressant de ce célèbre naturaliste, sur l'objet dont il s'agit, dans le sixième volume des Mémoires de l'Institut, p. 435 et suiv. On y trouve aussi des méthodes pour accélérer et simplifier les calculs, sans s'écarter sensiblement de l'exactitude.

des observateurs exercés et avec des baromètres bien construits, offrirait des résultats intéressants pour la topographie des divers pays.

Équilibre des gaz mélangés.

290. [Berthollet ayant rempli un ballon d'hydrogène et un autre d'acide carbonique, et les ayant réunis par les ouvertures, les plaça dans les caves de l'Observatoire, où règne une température constante, hors de toute influence des mouvements extérieurs. La communication entre les deux ballons ayant été ouverte, il trouva, au bout de quelques heures, que les deux gaz s'étaient complétement mélangés, bien que dans les conditions les plus défavorables, car l'acide carbonique se trouvait dans le ballon inférieur et l'hydrogène dans le ballon supérieur. Cette expérience démontre donc que les gaz en contact les uns avec les autres se mélangent dans toutes les circonstances, contrairement à ce qui a lieu pour les liquides. Deux gaz quelconques présentent exactement le même résultat que l'hydrogène et l'acide carbonique : on remarque seulement que le temps nécessaire à l'établissement d'une parfaite homogénéité dans le mélange augmente avec la différence de densité des gaz.

291. L'expérience précédente nous porte nécessairement à conclure que l'atmosphère qui environne la terre présente dans toute son épaisseur la même composition, puisqu'elle est formée de deux gaz : l'oxygène et l'azote. Ce fait a d'ailleurs été constaté par l'analyse chimique que M. Gay-Lussac a faite de l'air puisé dans son ascension aérostatique à une hauteur de 7000 mètres.

292. Quand deux gaz se mélangent, comme nous venons de le dire, dans un espace limité, ils se constituent dans un état d'équilibre relativement au volume et à la pression, en suivant une loi excessivement simple : en admettant que l'on mélange des volumes égaux de deux gaz à des pressions différentes, et que le mélange soit comprimé de maniere à n'occuper que le volume de chaque gaz avant l'opération, la pression sera égale à la somme des pressions des deux gaz. Si l'on suppose, au contraire, que l'on mélange des volumes inégaux de deux gaz à une même pression, et que l'on s'arrange de manière que le mélange soit soumis à cette même pression, son volume sera alors égal à la somme des volumes des deux gaz avant l'expérience. Ces deux principes, qui sont la conséquence l'un de l'autre, se démontrent par l'expérience suivante :

293. Deux cloches graduées, placées sur la cuve à mercure, sont remplies des deux gaz soumis à l'expérience; on enfonce ou l'on soulève les cloches jusqu'à ce que le niveau du mercure intérieur soit le même que celui de la cuve, et l'on note alors le volume occupé par chaque gaz. On fait ensuite passer les deux gaz dans la même cloche, et l'on détermine le volume du mélange en prenant soin, comme nous venons de le dire, de ramener la surface du mercure sur le niveau de la cuve, afin que le gaz se trouve à la pression atmosphérique; on observe alors que le volume de ce gaz est égal à la somme des volumes des gaz avant le mélange. — On peut prouver de la même manière l'autre partie de la loi, en déterminant la pression que l'on doit faire subir à chacun des gaz pour leur faire occuper le même volume, et celle à laquelle on doit soumettre le mélange pour le contenir également dans ce volume; et l'on trouve que cette dernière pression est égale à celle de la somme des deux autres.

294. C'est ici le lieu d'indiquer un phénomène très-remarquable observé par Graham, relatif à la dispersion d'un gaz mis en communication avec l'atmosphère au moyen d'une couche d'une substance poreuse. Graham recueille les gaz sur l'eau ou sur le mercure dans une cloche munie à la partie supérieure d'une large ouverture, qui est fermée par une plaque de plâtre; au bout d'un temps plus ou moins long, on trouve que le gaz et l'air atmosphérique ont traversé le plâtre, et la cloche ne contient plus que de l'air. Ce résultat peut s'expliquer d'après ce que nous venons de dire sur le mélange des gaz : en effet, l'atmosphère pouvant être considérée comme infinie par rapport au volume du gaz, l'homogénéité n'est établie dans le mélange qu'autant que tout le gaz est sorti et remplacé par de l'air. Graham a trouvé qu'en maintenant la pression du gaz constante pendant tout le temps qu'il sort, la quantité d'air entré était à la quantité d'air sorti dans le rapport inverse des racines carrées des densités des deux fluides.

Absorption des gaz par les liquides.

295. Lorsque l'eau a été exposée pen-

dant un temps plus ou moins long au contact de l'air atmosphérique, elle contient une certaine quantité de ce fluide engagé dans les intervalles que laissent entre elles les molécules liquides. Si l'on chauffe l'eau jusqu'au point où elle entre en ébullition, l'air se trouve complétement expulsé ; cette circonstance permet de mesurer la quantité de gaz que contient un volume donné d'eau : il suffit, en effet, de prendre un ballon entièrement plein de l'eau soumise à l'expérience ; au col est adapté un tube recourbé propre à recueillir les gaz ; ce tube, qui doit lui-même être rempli d'eau, se rend sous une cloche à gaz remplie de mercure et renversée sur la cuve pneumatique ; on chauffe le ballon, et l'air chassé par l'action de la chaleur se rend sous la cloche, dans laquelle on peut le mesurer et en faire l'analyse. L'eau, privée par l'ébullition de l'air qu'elle tient en dissolution, acquiert une saveur désagréable et devient d'une digestion difficile ; elle n'entretient plus la vie des poissons, qui ne respirent que l'air contenu dans le liquide où ils vivent. Mais on rend à l'eau bouillie toutes ses propriétés en l'agitant pendant quelque temps au contact de l'air, ou bien en la faisant tomber d'une certaine hauteur sous forme de pluie, parce que ses parties, se trouvant mises en contact avec l'air, en absorbent la quantité qu'elle doit en contenir dans les circonstances ordinaires.

296. L'air n'est pas le seul gaz qui soit absorbé par l'eau ; on peut dire en général que tous les fluides élastiques sont solubles dans ce liquide, mais à des degrés différents. Cette dissolution se fait d'après certaines lois déterminées par Henri et Dalton ; la première de ces lois consiste en ce qu'*une quantité donnée de liquide en contact avec un gaz simple en absorbe toujours le même volume, quelle que soit la pression* : or, comme la densité du gaz est proportionnelle à la pression, la quantité absolue absorbée est elle-même proportionnelle à cette même pression. Ainsi, par exemple, supposons qu'un litre d'eau soit en contact avec une atmosphère d'acide carbonique à la pression atmosphérique : elle en absorbera un volume égal au sien, c'est-à-dire un litre ; mais si la pression du gaz est de deux atmosphères, l'eau en absorbera pareillement un litre, équivalant à deux litres dans la pression primitive. Ainsi, l'on conçoit que, par une puissance mécanique, on peut faire entrer dans un volume déterminé d'eau une quantité considérable de gaz : c'est sur ce principe qu'est fondée la fabrication des eaux gazeuses. Le gaz ainsi introduit de force dans l'eau n'y est retenu que par la pression de l'atmosphère qui s'exerce à la surface, ce qui fait qu'aussitôt que l'on enlève le bouchon d'une bouteille d'eau gazeuse, l'acide carbonique sort en produisant une effervescence plus ou moins vive, jusqu'à ce qu'il ne reste plus dans le liquide que la quantité de gaz susceptible d'être absorbée sous la pression atmosphérique. Les gaz, n'étant maintenus en dissolution que par la pression atmosphérique, se dégagent aussitôt que l'on place dans le vide le liquide qui les contient.

297. Dalton a étendu la loi que nous avons citée aux gaz mélangés. Lorsque l'eau se trouve au contact d'une atmosphère formée de la réunion de plusieurs gaz simples, elle se comporte relativement à chacun d'eux comme s'il était seul. Ainsi, l'air se compose de 0,21 d'oxygène et de 0,79 d'azote, et la pression du mélange est d'environ 76 centimètres : l'eau en contact avec l'air absorbera donc la même quantité d'oxygène que si elle était dans une atmosphère de ce gaz seul à une pression de 0,21 de 0 mèt. 76 ; et pour l'azote, elle en absorbera autant qu'elle le ferait dans une atmosphère d'azote à la pression de 0,79 $\times$ 0 mèt. 76 (296). L'expérience au moyen de laquelle on vérifie ces lois consiste à prendre de l'eau dont on a fait sortir toute espèce de gaz en la faisant bouillir ou en la faisant séjourner dans le vide pendant quelque temps ; on place cette eau dans une grande cloche contenant un gaz à une pression déterminée ; lorsqu'elle s'est saturée de ce gaz, on la soumet à l'ébullition dans l'appareil qui nous a servi à constater la présence de l'air dans l'eau (295).

298. D'après les expériences de Saussure, un litre d'eau privée d'air, à la pression atmosphérique, absorbe :

1 litre	06	d'acide carbonique,
0	76	de protoxyde d'azote,
0	065	d'oxygène,
0	062	d'oxyde de carbone,
0	046	d'hydrogène,
0	042	d'azote,
0	05	d'air atmosphérique.

Dans les mêmes circonstances, un litre d'alcool d'une densité de 0,84 absorbe :

1, litre	86	d'acide carbonique,
1,	53	de protoxyde d'azote,
0,	1625	d'oxygène,
0,	145	d'oxyde de carbone,
0,	051	d'hydrogène,
0,	042	d'azote.

Nous ferons remarquer que la proportion d'oxygène absorbée par l'eau étant plus considérable que la proportion d'azote, l'air que l'on extrait de l'eau au moyen de l'ebullition est plus riche en oxygène que l'air atmosphérique.

299. Les lois précédentes ne se vérifient que pour les gaz qui n'ont aucune action chimique sur le liquide. Dans un grand nombre de cas, l'eau forme avec les gaz une véritable combinaison chimique qui distille régulièrement, comme cela arrive par exemple avec l'acide chlorhydrique : ce phénomène est entièrement distinct de celui qui nous occupe.

300. Magnus, en partant des principes que nous venons d'exposer sur la dissolution des gaz dans les liquides, a obtenu l'acide carbonique et les autres fluides élastiques contenus dans le sang des animaux, et en a mesuré la quantité. Pour cela, il faisait arriver, au moyen d'un tube, le sang sortant de la veine dans une sorte de baromètre tronqué; la diminution de pression permettait aux gaz de se dégager, et on les recueillait pour en faire l'analyse.

Absorption des gaz par les corps solides.

801. Un grand nombre de corps solides jouissent aussi de la propriété d'absorber les gaz sans exercer sur eux aucune action chimique. Fontana avait d'abord remarqué cette propriété dans le charbon; Saussure et plusieurs observateurs reconnurent ensuite qu'elle était commune à tous les corps poreux. Cette absorption varie considérablement avec la nature du gaz et avec celle du corps solide : quelques-uns, comme le gaz ammoniac, l'acide sulfureux, sont absorbés par le charbon en très-grande quantité ; d'autres, au contraire, le sont à peine : tels sont l'hydrogène et l'azote. Le charbon de bois possède la propriété absorbante au plus haut degré ; et, chose remarquable, l'absorption paraît être, entre certaines limites, d'autant plus grande que le charbon est plus dense ; elle croît avec la pression et diminue à mesure que la température s'élève ; et l'on peut dire qu'en général un corps solide perd tout le gaz qu'il a absorbé, lorsque l'on élève suffisamment sa température. Un corps chauffé jusqu'au rouge, et porté au travers du mercure sous une cloche contenant un gaz, se trouvera dans les circonstances les plus favorables pour absorber ce gaz. — D'après les recherches de Saussure, 1 volume de charbon de bois peut absorber :

90	volumes	de gaz ammoniac,
85	—	de gaz acide chlorhydrique,
65	—	de gaz acide sulfureux,
35	—	de gaz acide sulfhydrique,
35	—	de gaz acide carbonique,
9,25	—	de gaz oxygène,
7,50	—	de gaz azote,
1,75	—	de gaz hydrogène.

302. Un cas très-remarquable d'absorption d'un gaz, par un corps solide dans un état de grande division, a été découvert par Dœbereiner. Des procédés chimiques permettent de réduire le platine et l'iridium à un état particulier désigné par le nom d'*éponge* de platine ou d'iridium ; ces métaux, rendus extrêmement poreux par cet état de grande division, acquièrent la propriété d'absorber un volume de certains gaz égal à plus de deux cents fois le leur, sans qu'il paraisse se faire aucune combinaison, puisqu'une élévation de température assez forte fait perdre au métal spongieux tout le gaz qu'il a absorbé. Ainsi, l'éponge de platine agit sur l'oxygène et l'hydrogène particulièrement, comme le ferait une pression capable de réduire ce gaz à 1/200 de son volume primitif. MM. Thénard et Dulong ont étudié ce phénomène dans un grand nombre d'autres corps, et ils ont fait voir que cette action pouvait déterminer la combinaison des gaz entre eux : on conçoit, en effet, que l'éponge de platine, par exemple, absorbant une grande quantité de deux gaz, fasse disparaître, par le rapprochement des molécules, la force répulsive qui s'oppose à leur combinaison ; aussi l'oxygène et l'hydrogène en contact avec l'éponge de platine se convertissent immédiatement en eau. C'est par ce même moyen que Kuhlman est parvenu à former de l'acide azotique,

et de l'ammoniaque, en déterminant directement la combinaison de l'azote avec l'oxygène et avec l'hydrogène.

303. Dans cette absorption des gaz par les corps solides, il y a toujours une grande élévation de température qui est due sans doute à la diminution de volume du gaz : car nous verrons, en traitant du *calorique*, qu'une diminution de volume produite par une action mécanique quelconque doit toujours être accompagnée d'un dégagement de chaleur. L'éponge de platine, en absorbant l'oxygène, l'hydrogène, etc., devient incandescente et capable par conséquent d'enflammer les corps combustibles; un jet de gaz hydrogène dirigé contre l'éponge de platine s'enflamme immédiatement : c'est sur ce fait qu'est fondée la construction des appareils nommés *briquets à gaz hydrogène ;* enfin le charbon, réduit en poussière très-fine et mis en contact avec l'air atmosphérique absorbe ce gaz en grande quantité, et il en résulte quelquefois une si grande élévation de température que le charbon entre en combustion.

De l'endosmose dans les gaz.

304. Jusqu'à présent on n'a pas démontré d'une manière directe que les membranes agissent sur les gaz comme sur les liquides, dans les phénomènes découverts par Dutrochet. Tout ce que l'on a dit à ce sujet a été conclu de l'analogie qui existe entre les liquides et les gaz, et l'on a admis qu'il y avait endosmose entre deux gaz séparés par une membrane, entre un gaz et un liquide également séparés par une membrane. Cette hypothèse, une fois admise, a servi à donner l'explication de plusieurs phénomènes physiologiques, entre autres l'action de l'air sur le sang dans la respiration, qui s'exercerait par *endosmose* au travers des parois des tissus des poumons, sans qu'il y eût de communication directe entre les vaisseaux qui amènent le sang dans cet organe et ceux par lesquels l'air y pénètre. Cette explication est sans doute très-vraisemblable et satisfaisante; cependant nous sommes porté à penser que les corps liquides jouent dans ce cas un rôle important, et que deux gaz parfaitement desséchés et séparés par une membrane également sèche ne produiraient aucun phénomène d'endosmose.

305. Dans ces derniers temps, le professeur Marianini a constaté un phénomène remarquable offert par les bulles de savon. Pour rendre sensible la grande différence de densité qui existe entre l'air atmosphérique et le gaz acide carbonique, on fait depuis long-temps dans les cours de physique l'expérience suivante : on laisse tomber une bulle de savon gonflée par l'air de la respiration dans une large éprouvette en verre, remplie aux deux tiers environ d'acide carbonique, et dont le tiers supérieur est occupé par l'air atmosphérique ; cette bulle descend jusqu'à ce qu'elle rencontre la surface du gaz carbonique, et, après quelques oscillations, elle y demeure flottante. En observant attentivement ce phénomène, on remarque qu'au bout d'une vingtaine de secondes la bulle, qui, après les oscillations des premiers instants, s'était mise en équilibre et flottait presque immobile sur le gaz carbonique, peu à peu se gonfle, se dilate progressivement, et finit par acquérir un volume au moins double du volume primitif. Mais ce qu'il y a de plus remarquable, c'est qu'à mesure que le volume de la bulle augmente elle s'enfonce toujours davantage dans le gaz; et, quand elle y est complétement immergée, l'accroissement de volume s'opère avec plus de rapidité, la bulle continue à descendre, toujours en se dilatant, et les vives couleurs qui irisent son enveloppe prouvent qu'elle devient de plus en plus mince; enfin elle arrive au fond du récipient, le touche et disparaît. Le même phénomène se produit encore avec des bulles gonflées par le gaz oxygène pur, le gaz azote pur, ou un mélange de l'un de ces gaz avec l'hydrogène; toutefois ces bulles, placées dans l'air, ne présentent pas l'augmentation de volume que l'on remarque lorsqu'elles flottent dans l'acide carbonique. — L'auteur de ces observations, le professeur Marianini, paraît disposé à attribuer ce phénomène à une sorte d'*endosmose gazeuse*; c'est-à-dire que le gaz carbonique pénètre dans la bulle à travers sa mince enveloppe, laquelle agirait alors comme la cloison membraneuse dans les expériences de Dutrochet.]

DE L'ACOUSTIQUE.

306. Le son naît d'un mouvement vibratoire imprimé par la percussion, ou de toute autre manière, aux molécules

d'un corps. Prenons pour exemple une corde d'instrument que l'on pince ; à l'instant tous les points de cette corde s'éloignent plus ou moins de la position qu'ils avaient lorsque la corde était en repos, suivant qu'ils sont plus ou moins éloignés des points d'attache ; et la corde entière va et revient alternativement en deçà et au delà de sa première situation, par un mouvement de vibration qui provient de son élasticité. Les molécules d'air contiguës aux différents points de la corde, prennent des mouvements semblables à ceux de ces points ; elles vont et viennent avec eux. Chaque molécule communique du mouvement à celle qui est derrière, celle-ci à une troisième, et ainsi de suite, jusqu'aux molécules qui sont en contact avec le tympan de l'oreille. L'air agit à son tour sur cette membrane, en lui communiquant ses vibrations qu'elle transmet au nerf auditif, et de là résulte la sensation du ton.

307. Supposons maintenant que le corps sonore soit un timbre, comme dans l'expérience que nous citerons bientôt. On peut concevoir ce timbre comme formé d'une infinité d'anneaux superposés, depuis la base jusqu'au point culminant : au moment de la percussion, chaque anneau se comprime de manière à prendre une figure ovale, dont le grand axe est perpendiculaire au sens suivant lequel la percussion s'est faite. Le retour de l'anneau à sa première figure est suivi d'un nouveau changement de figure, qui produit un ovale en sens contraire du premier ; et les deux changements se succèdent ainsi jusqu'à ce que le son s'éloigne avec le mouvement. Les vibrations des différentes molécules qui composent chaque anneau, excitent de même, dans l'air voisin, une petite agitation qui se communique de proche en proche, jusqu'au terme où l'on cesse d'entendre le son ; et il en faut dire autant, proportion gardée, de tous les corps ébranlés par la percussion. A l'égard du degré auquel répond le son rendu par un timbre, il faut concevoir que les anneaux situés près de la base, ayant une plus grande circonférence, tendent à faire plus lentement leurs vibrations, tandis que les anneaux plus voisins du sommet, où la circonférence est plus petite, tendent à produire des vibrations plus fréquentes. Il s'établit donc ici, à peu près comme dans le pendule composé, une compensation en vertu de laquelle les vibrations se trouvent ramenées à une égale durée, qui est une espèce de moyenne entre celle qui aurait lieu pour les anneaux inférieurs, et celle qui mesurerait le mouvement des anneaux supérieurs, si les uns et les autres étaient isolés.

308. Une observation très-facile à faire et qui nous paraît mériter d'être indiquée, est celle de l'effet que produisent sur l'eau les vibrations d'un verre à boire, rempli de ce liquide presque jusqu'au haut, tandis qu'on fait tourner sur ses bords un doigt mouillé, pour exciter un son connu de tous ceux qui se sont amusés de cette expérience. Voici ce que l'on remarque en pareil cas : l'eau tourne autour du verre en suivant le mouvement du doigt, et en même temps sa surface est toute parsemée de rides blanchâtres, qui se succèdent rapidement en allant des bords vers le centre ; et si l'on précipite le mouvement, les molécules de l'eau jailliront de tous côtés autour du verre et sur la main de l'observateur. Cette expérience réussit mieux avec un verre à pied, que l'on maintient dans une position fixe, en appuyant avec la main sur la base. On pourra remarquer, en la faisant successivement avec des verres de grandeurs différentes, que les rides deviennent plus petites et prennent un mouvement plus rapide, à mesure que le son est plus aigu.

309. Le son se propage de tous côtés en ligne droite, tant qu'aucun obstacle ne l'arrête ; en sorte que l'on peut considérer chaque point du corps sonore comme étant le sommet commun d'une infinité de cônes très-déliés, et d'une longueur indéfinie. Chacun de ces cônes est ce qu'on appelle un *rayon sonore ;* au reste, nous n'avons fait qu'ébaucher ici la théorie de la propagation du son, sur laquelle nous reviendrons avec plus de détails, lorsque nous aurons exposé les connaissances qui doivent en fournir le développement.

Expériences sur la transmission du son.

310. On prouve, à l'aide d'une expérience fort simple, que l'air est le véhicule du son. Elle consiste à placer sous le récipient d'une machine pneumatique, un mouvement d'horlogerie, propre à faire résonner le timbre, et qui repose sur un coussinet rempli de coton ou de laine. On fait le vide, et ensuite, au moyen d'une tige qui traverse le haut

du récipient, on appuie sur une détente qui, en se lâchant, permet au rouage d'agir; on voit alors, sans rien entendre, le marteau frapper continuellement le timbre. Hauksbée, pour rendre cette expérience encore plus décisive, plaçait le timbre sous un premier récipient qui restait plein d'air, et qui était recouvert d'un second récipient tellement disposé, que l'on pouvait faire le vide entre l'un et l'autre. Quoiqu'il se produisît du son dans le récipient intérieur lorsque le marteau était mis en mouvement, le timbre demeurait également muet pour l'observateur (1).

311. Il suit de là que dans un air raréfié jusqu'à un certain degré, tel que celui qui repose sur le sommet des hautes montagnes, le son doit perdre de sa force, et si ce sommet est isolé, l'absence des corps susceptibles de répercuter un son, en diminuera encore l'intensité. C'est ce qu'a observé Saussure, lorsqu'il se trouvait sur la cime du Mont-Blanc, où, suivant son rapport, un coup de pistolet ne faisait pas plus de bruit qu'une pièce pièce d'artifice n'en fait dans une chambre (2).

312. On a remarqué, d'une autre part, que le son acquérait de la force à travers un air condensé, et que la densité restant la même, la force du son s'accroissait aussi lorsqu'on augmentait, au moyen de la chaleur, le ressort de l'air.

313. Le son se fait aussi entendre, mais plus faiblement, à travers l'eau, soit que l'on plonge le corps sonore dans ce liquide, soit que l'observateur s'y trouve plongé lui même; ce qui indique, comme nous l'avons déjà remarqué, que l'eau est compressible et élastique jusqu'à un certain point, quoique jusqu'ici on n'ait pu parvenir à la comprimer sensiblement par des expériences directes.

314. Tous les corps solides dont la structure est telle que le mouvement de vibration imprimé à quelques-unes de leurs molécules, puisse se communiquer à travers leur masse, seront de même susceptibles de transmettre le son. Un fait assez singulier dans ce genre, et que les philosophes ne dédaignent pas de répéter après les enfants, est celui qui a lieu, lorsqu'ayant l'oreille appliquée à l'un des bouts d'une longue poutre, on entend distinctement le choc d'une tête d'épingle qui frappe le bout opposé, tandis qu'à peine le même son peut-il être entendu à travers l'épaisseur de la poutre. Cette différence provient de ce que, dans le premier cas, le son suit la direction des fibres longitudinales, où la continuité des parties est plus parfaite que dans le sens transversal; et il est remarquable que ces parties aient assez de ressort pour que le son perde si peu de sa force en parcourant l'espace qu'elles occupent.

315. Les corps qui frappent l'air immédiatement, excitent aussi dans ce fluide des vibrations sonores. Ainsi l'air éclate sous le fouet qui l'agite avec violence, et siffle sous l'impulsion d'une baguette; il devient également capable de résonner, lorsqu'il va lui même frapper un corps solide avec une certaine vitesse, comme lorsque le vent souffle contre les édifices, les arbres et autres corps qui se trouvent sur son passage.

De la vitesse du son.

316. Le son emploie un certain temps à se répandre dans l'air, et parvient plus tard à l'oreille, lorsqu'on s'éloigne davantage du corps qui le rend. Les physiciens ont cherché à déterminer, par l'expérience, la vitesse avec laquelle se fait la propagation du son; et pour y parvenir, ils ont profité de ce que celle de la lumière est au contraire sensiblement instantanée, du moins dans les distances auxquelles s'étendent nos mesures. L'explosion du canon était propre à donner les résultats cherchés; il ne s'agissait que d'estimer le temps qui s'écoulait entre le moment où la lumière indiquait à l'œil le départ du son et celui où le son lui-même avertissait l'oreille de son arrivée. L'incertitude que laissaient encore diverses expériences qui avaient été faites sur cet objet, déterminèrent, en 1738, l'Académie des sciences à en entreprendre de nouvelles sur une ligne de 14636 toises, située entre Montlhéry et Montmartre. On trouva que le son avait une vitesse uniforme, qui lui faisait parcourir environ 173 toises (337 mètres) par seconde, en sorte qu'il était seulement plus faible à une plus grande distance, mais franchissait successivement des espaces égaux en temps égaux. La vitesse paraissait la même par un temps pluvieux ou serein

---

(1) Expériences physico-mécan., etc. Paris, 1754, t. II, p. 326.

(2) Voyages dans les Alpes, n° 2020.

mais la direction et la force du vent pouvaient la faire varier. Si le vent était dirigé perpendiculairement à la ligne qui allait du corps sonore à l'observateur, la vitesse du son était encore la même que dans un temps calme; mais si la direction du vent concourait avec la ligne dont il s'agit, alors, suivant qu'elle avait lieu dans le même sens que le son ou en sens opposé, il fallait ajouter la vitesse du vent à celle du son, ou l'en retrancher. Enfin la force du son n'apportait aucun changement dans sa vitesse. La connaissance de la vitesse du son fournit un moyen d'estimer à peu près, par la lumière et par le bruit du canon, les distances que l'on a intérêt de connaître à l'instant comme celle où l'on se trouve à l'égard d'une ville assiégée, d'un vaisseau ou d'un port de mer.

317. On a essayé aussi de déterminer, à l'aide du calcul, la vitesse du son. Mais la théorie donnait pour cette vitesse une quantité sensiblement plus petite que celle qui résultait de l'observation, et aucune des hypothèses que l'on avait imaginées pour rendre raison de cette différence n'était satisfaisante. Laplace, en réfléchissant sur un phénomène dont nous devons la connaissance à la chimie moderne, a conçu la possibilité d'en déduire la solution de la difficulté dont il s'agit. On sait que l'air, à mesure qu'on le condense, développe une partie de la chaleur latente qu'il renfermait, et qui passe à l'état de chaleur sensible; et au contraire, lorsqu'on le raréfie, il absorbe une certaine quantité de chaleur sensible, qui devient chaleur latente. Or, dans la propagation du son, les molécules de l'air éprouvent successivement de petites condensations et de petites dilatations semblables à celles d'un ressort qui tour à tour se comprime et se débande. Elles développent donc au moment de la condensation une petite quantité de chaleur qui, en élevant leur température, augmente leur force élastique, d'où résulte une accélération dans la vitesse de leur mouvement vibratoire. Lorsqu'ensuite le débandement, qui est une vraie dilatation, succède à la compression, la petite quantité de chaleur développée redevient sensible; après quoi les mêmes effets se répètent, et ainsi de suite; d'où l'on voit que la propagation du son doit se faire plus rapidement que dans le cas d'une température uniforme. La manière dont M. Biot a appliqué l'analyse mathématique à cette idée, lui donne un nouvel air de vérité. Cet habile géomètre a introduit dans la formule qui représente la vitesse du son, d'après la théorie ordinaire, l'expression de l'accroissement de vitesse que doit produire l'action de la chaleur; et comme les quantités qui entrent dans cette expression ne pourraient être déterminées que très-difficilement par l'expérience, il s'est proposé le problème inverse, qui consiste à chercher, d'après les connaissances acquises sur la propagation du son, quelle doit être la petite portion de chaleur rendue sensible par chaque condensation, et l'accroissement d'élasticité qui en est la suite, pour que la formule soit d'accord avec l'observation; et il a trouvé que les valeurs auxquelles conduisait le calcul n'avaient rien qui ne fût compatible avec des résultats d'expériences faites en grand, ce qui promet une solution directe du problème, fondée sur la cause dont nous avons parlé, quand l'observation aura fourni les données nécessaires pour y parvenir.

318. [Les diverses expériences qui avaient été faites à différentes époques en France, en Angleterre, en Italie, en Allemagne et en Amérique, dans le but de déterminer la vitesse de propagation du son, présentant des résultats assez différents entre eux, le bureau des longitudes, sur la proposition de Laplace, en a entrepris de nouvelles en 1822. Deux pièces de six avaient été disposées, l'une à Villejuif, l'autre à Montlhéry; les observateurs de la première station étaient MM. de Prony, Arago et Mathieu, ceux de la seconde MM. de Humboldt, Gay-Lussac et Bouvard. Les expériences avaient lieu la nuit afin que l'on aperçût plus facilement le feu de l'explosion; le ciel était serein et l'air calme; la température, au moment de l'observation, était de 16 degrés centigrades, et la hauteur barométrique 0,7565. On trouva que le son employait moyennement 54″,6 pour se propager d'une station à l'autre. La distance entre ces deux points, mesurée par M. Arago, était de 18612 mètres 05 : en divisant cette longueur par 54″,6, durée moyenne de la propagation du son, on obtient 340 mètres 88. D'après ces expériences, la vitesse du son est donc de 340 mètres 88 par seconde à la température de 16°. Et en réduisant cette vitesse à ce qu'elle serait à la température de zéro, on trouve 331, 12. Cette réduc-

tion se fait au moyen des calculs de Laplace, dont il a été parlé tout à l'heure. On adopte ordinairement pour vitesse de propagation du son dans l'air le nombre 333 mètres, très-commode à retenir à cause de sa forme; c'est d'ailleurs le nombre que l'on obtiendrait en supposant que la température fût environ de 6 degrés.

319. Nous avons déjà dit que l'air n'est pas le seul milieu qui soit susceptible de transmettre le son; les autres fluides élastiques partagent avec lui cette propriété. Il serait facile de s'en convaincre en faisant résonner dans une cloche pleine de gaz l'appareil qui nous a servi à démontrer que le son ne se propage pas dans le vide. Mais on ne peut pas déterminer dans ce cas, par des observations directes, la vitesse avec laquelle le son se propage, comme on l'a fait dans l'air. On y parvient cependant en produisant des sons dans des tubes remplis des divers fluides élastiques, ainsi que nous l'expliquerons plus tard en détail. Nous nous bornerons à indiquer ici les résultats obtenus par Dulong dans son travail sur les chaleurs spécifiques des gaz. La vitesse du son dans l'air atmosphérique étant de 333 mètres par seconde, elle est :

Dans l'oxygène,	de 317,17.
— l'hydrogène,	1269,5.
— l'acide carbonique,	216,6.
— l'oxyde de carbone,	337,4.
— l'oxyde d'azote,	261,9.

320. Les corps liquides qui sont, ainsi que nous l'avons dit, compressibles et élastiques, possèdent aussi la propriété de transmettre le son. Laplace a donné une formule générale qui indique quelle doit être la vitesse de propagation du son dans les liquides et dans les solides : cette vitesse sera proportionnelle à la racine carrée de l'intensité de la pesanteur, et en raison inverse de la racine carrée de la quantité dont s'allonge ou se contracte l'unité de longueur du corps, sous une traction ou une pression égale au poids d'une colonne du même corps ayant aussi un mètre de hauteur. Ce dernier nombre ayant été obtenu directement pour l'eau et plusieurs liquides, on a pu calculer, d'après la formule de Laplace, la vitesse du son dans plusieurs corps. Voici les nombres que l'on a trouvés :

Vitesse du son.

Dans l'eau à 10 degrés centig.,	1453m.
— l'éther sulfurique,	1039.
— l'alcool,	1157.
— l'éther chlorhydrique,	1171.
— le mercure,	1484.
— l'ammoniaque,	1842.

321. Mais l'eau est le seul liquide dans lequel on ait pu mesurer la vitesse du son par une expérience directe. Colladou a trouvé que cette vitesse était de 1435 mètres par seconde, nombre peu différent de celui qu'indique la théorie. Les expériences ont été faites sur le lac de Genève de la manière suivante : une grosse cloche de métal était suspendue à une barque et plongeait entièrement dans l'eau; un levier courbe était disposé de telle sorte qu'étant mis en mouvement, l'une des extrémités, munie d'un marteau, venait frapper la cloche, tandis que l'autre extrémité, portant un corps enflammé, mettait le feu à une certaine quantité de poudre sur le bord de la barque. La lumière qui en résultait indiquait donc l'instant de la production du son sur la cloche. A l'autre extrémité du lac, un observateur recevait le son au moyen d'un tube cylindrique en tôle, fermé à la partie inférieure, et muni à la partie supérieure d'une petite ouverture à laquelle on appliquait l'oreille. Cet appareil était plongé presque entièrement dans l'eau et permettait de distinguer facilement le son qui se propageait par l'intermédiaire de l'eau, de celui qui arrivait au-dessus du lac à travers l'air atmosphérique. La distance des deux stations était de plus de 15 kilomètres.

322. Hassenfratz avait entrepris une suite d'expériences faites en grand dans les circonstances les plus propres à les rendre concluantes, pour comparer la vitesse du son propagé par l'intermède de l'air avec celle qui a lieu à travers des corps solides, et pour étendre cette comparaison à l'intensité du son d'après la différence des circonstances auxquelles on cesse de l'entendre suivant qu'il est transmis de l'une ou l'autre manière. Ce physicien étant descendu dans l'une des carrières situées au-dessous de Paris, chargea quelqu'un de frapper avec un marteau contre une masse de pierre qui forme le mur d'une des galeries pratiquées au milieu des carrières. Pendant ce temps, il s'éloi-

gnait peu à peu du point où la percussion avait lieu, en appliquant une oreille contre la masse de pierre; bientôt il distingua deux sons, dont l'un était transmis par la pierre et l'autre par l'air. Le premier arrivait à l'oreille beaucoup plus tôt que l'autre, mais il s'affaiblissait aussi beaucoup plus rapidement, à mesure que l'observateur s'éloignait, en sorte qu'il cessa d'être entendu à la distance de cent trente-quatre pas, tandis que celui auquel l'air servait de véhicule, ne s'éteignit qu'à la distance de quatre cents pas. Des corps de diverses natures, tels que des barrières de bois et des suites de barres de fer, disposées sur une longueur plus ou moins considérable, ont donné des résultats analogues, avec cette différence que le son propagé par le bois parcourait un beaucoup plus grand intervalle que le son transmis par l'air, avant d'arriver au terme où il devenait nul pour l'oreille, ce qui était l'effet inverse de celui qu'avait offert la comparaison de l'air avec la pierre. Le même physicien a remarqué de plus que, non-seulement la transmission du son à travers les corps solides est en général plus rapide que celle qui a lieu par l'intermède de l'air, mais qu'elle se fait en un temps inappréciable, du moins relativement aux distances auxquelles les expériences ont été limitées, et dont la plus grande était de deux cent dix pas.

323. M. Biot s'est proposé de déterminer la vitesse de propagation du son dans la matière solide des tuyaux de conduite pour l'eau. Lorsque l'on fait résonner un instrument ou que l'on produit un son quelconque à une extrémité de ces tuyaux, l'oreille, appliquée à l'autre extrémité, perçoit deux sons bien distincts, l'un est transmis par la colonne d'air qui remplit le canal, et l'autre, qui arrive le premier, se propage à travers la matière solide des parois. M. Biot a trouvé ainsi que la vitesse du son dans la fonte de fer est dix fois aussi grande que la vitesse du son dans l'air.

Des sons réfléchis.

324. D'après ce que nous avons dit, le son est dû à un mouvement vibratoire qui s'exécute dans les molécules d'un corps, ce mouvement se propage en ligne droite dans tous les sens avec une certaine vitesse. Mais si un obstacle quelconque vient s'opposer à cette propagation, il se présente un phénomène remarquable. Le mouvement vibratoire, au lieu de s'arrêter, revient en quelque sorte sur lui-même, la propagation s'exécute en sens inverse; le son se réfléchit, ainsi que le fait la chaleur et la lumière, et en suivant les mêmes lois qui seront développées dans la suite de cet ouvrage : d'où il suit que le son se répand de nouveau dans toutes les directions, en retournant de l'obstacle vers l'espace qu'il avait d'abord traversé. Dans les lieux clos, tels que les appartements, le son est ainsi renvoyé continuellement d'un mur à l'autre, et lorsque le lieu est voûté ou que ses parois ont une élasticité sensible, on dit que ce lieu devient sonore, ce qui signifie que le son paraît s'y prolonger, en se succédant à lui-même dans de si petits intervalles que l'oreille ne fait pas la distinction de toutes ces impressions qui arrivent à elle coup sur coup. Mais si l'on se trouve en plein air à une certaine distance de l'obstacle, il s'écoulera un intervalle de temps sensible entre le son direct et le son réfléchi, et l'on aura ce que l'on appelle un *écho*, et que ceux qui n'y font pas attention prennent pour une simple répétition des dernières paroles prononcées. On voit aisément pourquoi les poëtes, qui faisaient de l'écho un être animé, avaient placé son habitation près des montagnes, des rochers et des bois. Suivant que l'obstacle qui réfléchit le son est unique ou qu'il se trouve plusieurs obstacles placés à des distances convenables, l'écho est simple ou redoublé. Muschenbroeck cite un écho de ce dernier genre, qui répétait le même son jusqu'à quarante fois. Deux murs parallèles qui se renvoient mutuellement le son, peuvent produire un écho redoublé pour un observateur placé dans l'espace intermédiaire.

325. L'expérience prouve que l'on ne peut distinguer que dix sons par seconde, ou, ce qui revient au même, que deux sons paraissent se confondre en un seul, s'ils ne sont pas séparés par un intervalle de 1/10 de seconde; et puisque le son parcourt 333 mètres par seconde, deux sons produits simultanément dans des lieux différents seront perçus l'un après l'autre par un observateur, s'ils sont produits à 33 mètres au moins de distance l'un de l'autre. Ainsi un observateur qui produit un son vis-à-vis d'un obstacle capable de le réfléchir et de faire écho, doit être au moins à 16 mètres 5 de cet obstacle afin de pouvoir

distinguer le son réfléchi du son primitif, car alors le deuxième son arrive à son oreille comme s'il eût été produit en même temps que le son primitif, mais à 33 mètres de distance.

325 *bis*. L'art a disposé certaines constructions d'édifices de manière à produire, au moyen du son réfléchi, un effet curieux qui s'explique aisément par la géométrie. On sait que l'ellipse a cette propriété, que deux rayons menés de ses foyers à l'un quelconque des points de sa courbure, font des angles égaux avec la tangente au même point. Si donc on suppose une voûte ou un mur d'une figure elliptique, tous les rayons sonores partis de l'un des foyers, iront après leur réflexion sur les différents points de la courbe, passer par l'autre foyer où ils concentreront le son. De cette manière, un homme en plaçant sa bouche à l'un des foyers, pourra prononcer à voix basse des paroles qui seront entendues distinctement par une oreille attentive à l'autre foyer, et qui resteront secrètes pour les témoins situés entre les deux interlocuteurs, en sorte qu'il n'y aura que l'écho qui soit dans la confidence.

Des sons comparés.

326. Après avoir considéré le son dans ses effets les plus généraux, tels que le mouvement de vibration du corps qui le fait naître ou de l'air qui le propage, la vitesse avec laquelle il parcourt cet air, sa production à la rencontre des corps qui le réfléchissent, nous avons à traiter maintenant des rapports entre les sons, comparés d'après les nombres de vibrations que font dans le même temps différents corps sonores. Les observations qui déterminent ces rapports sont du ressort de la physique; et l'art du musicien consiste à les employer de la manière la plus propre à flatter l'oreille, soit par la succession bien ordonnée des sons simples d'où dépend la *mélodie*, soit par l'heureuse combinaison des sons simultanés dans laquelle consiste l'*harmonie*. Le physicien n'envisage que ce qu'on pourrait appeler la *musique de l'esprit*; c'est à l'artiste qu'appartient la *musique du sentiment*.

327. Les sons ne se prêtent à la comparaison qu'autant qu'ils sont appréciables. C'est cette qualité du son qui fait que l'oreille en saisit le degré, et que chacun a naturellement la facilité, lorsqu'il entend un de ces sons qui est à la portée de sa voix, d'en former un qui l'imite parfaitement et qui ne paraît être que le même son rendu par un autre organe. Cette manière de parler des sons comme étant placés à différents degrés les uns au-dessus des autres, et de supposer que la voix monte ou descend, n'est qu'un langage figuré qui a été suggéré par les apparences et auquel la notation de la musique a été assortie. On donne aussi le nom de *graves* aux sons les plus bas, et celui d'*aigus* à ceux qui sont les plus hauts. Mais la différence réelle et physique entre un son grave et un son aigu consiste en ce que le corps qui rend le premier fait un nombre moindre de vibrations dans un temps donné que celui qui produit le second.

328. *Des principaux intervalles entre les sons.* — Les expériences faites sur les cordes sonores ont fourni un moyen facile de trouver le rapport entre les nombres de vibrations d'où résultent deux sons qui diffèrent entre eux d'un nombre déterminé de degrés. En général, la fréquence des vibrations d'une corde dépend de trois choses, savoir : la longueur de cette corde, sa grosseur et sa tension. La formule à laquelle Taylor a été conduit par le calcul fait voir qu'à densité égale le nombre des vibrations, dans un temps donné, est proportionnel à la racine carrée du poids qui tient cette corde tendue, divisée par le produit de la longueur de la corde par son diamètre; et c'est ce que confirme l'observation.

329. Dans les expériences relatives à cet objet, on se sert d'un instrument appelé *sonomètre*, qui est une espèce de caisse oblongue sur laquelle on tend avec des poids deux cordes de laiton pour comparer les nombres de leurs vibrations. Ordinairement on ne fait varier que l'une des trois quantités dont nous avons parlé, c'est-à-dire, par exemple, que si l'on tend les cordes avec des poids différents, on prend ces cordes de la même grosseur et on leur donne la même longueur. Dans ce cas, le rapport entre le nombre des vibrations pendant un certain temps, pris pour unité, est indiqué par le rapport des racines carrées des poids tendants. Si, au contraire, on prend les deux cordes de même grosseur et qu'on les tende avec des poids égaux en leur donnant des longueurs différentes, les nombres de vibrations de ces deux cordes seront en raison inverse de leurs longueurs.

330. [Ce mode d'expérimentation conduit assez simplement à la connaissance du rapport des nombres de vibrations que produisent des corps sonores; mais il ne donne pas le nombre absolu de vibrations exécutées dans un temps déterminé. On obtiendrait cependant ce nombre au moyen de la formule de Taylor, en déterminant directement le rayon de la corde, sa longueur, sa densité et le poids au moyen duquel elle est tendue : car ce sont les seuls éléments qui, avec l'intensité de la pesanteur, entrent dans cette expression analytique du nombre de vibrations d'une corde sonore. Mais il existe des moyens plus directs et plus simples d'arriver à ce résultat.

331. Savart a indiqué une expérience très-simple qui donne immédiatement le nombre que nous cherchons. Supposons une verge d'acier pincée dans un étau par une de ses extrémités et libre de l'autre partie; rien n'est plus facile que de faire entrer cette verge en vibration et de lui faire produire un son bien déterminé : on voit alors l'extrémité libre se déplacer et osciller avec une très-grande rapidité, et il sera bien entendu impossible de compter le nombre de ces oscillations. Mais supposons que l'on ait fixé à cette partie de la verge un crayon ou un pinceau trempé dans l'encre et que l'on promène une carte sur la pointe, le crayon ou le pinceau tracera sur cette carte une ligne en zig-zag dont chacune des articulations correspondra à une vibration de la verge, on pourra par conséquent compter avec exactitude le nombre de vibrations exécutées pendant que la carte aura passé. Il est facile d'imaginer un mécanisme qui imprime à cette carte un mouvement uniforme capable de lui faire parcourir une longueur déterminée dans une seconde de temps, et l'expérience dont il s'agit se fera avec la plus grande facilité.

332. Un second moyen, pareillement indiqué par Savart, consiste à employer une roue dentée tournant avec une vitesse connue; on présente à cette roue le bord d'une carte; chaque dent, en rencontrant la carte, produit un petit choc, et par suite une vibration dans l'air; la succession de ces chocs donne lieu à un son musical : or, il est clair que le nombre de vibrations produites dans une seconde est, dans ce cas, représenté par le produit du nombre des dents de la roue et du nombre de tours qu'elle fait dans une seconde.

333. Enfin, M. Cagniard-Latour a construit dans le même but un instrument très-ingénieux auquel il a donné le nom de *syrène* (fig. 43. *a*). La syrène se compose d'un petit tambour métallique; à sa base inférieure est adapté un tube par lequel on peut souffler dans l'intérieur. La surface supérieure du tambour est percée d'une ou de plusieurs petites ouvertures disposées à égales distances les unes des autres, sur une circonférence concentrique avec celle qui limite la base du tambour. L'extrémité inférieure d'un axe repose sur le centre même de cette base, tandis que l'autre extrémité est reçue dans une petite cavité pratiquée à la partie horizontale d'un petit châssis fixé au tambour. Cet axe, d'une extrême mobilité, porte un disque métallique qui vient s'appliquer à une très-petite distance de la base du tambour; le disque est percé de plusieurs trous égaux, équidistants, et disposés, comme ceux de la base du tambour, sur une circonférence de cercle; et comme ils sont obliques aux faces du disque, lorsque l'on souffle dans l'intérieur du tambour, l'air sortant par ces ouvertures imprime au disque un mouvement de rotation dont la vitesse varie avec la rapidité du courant d'air : il en résulte que les orifices du tambour se trouvent alternativement ouverts ou fermés selon que ceux du disque leur correspondent ou se trouvent dans les intervalles; le courant d'air, étant ainsi régulièrement interrompu, détermine dans l'atmosphère une série de vibrations d'où résulte un son. Le nombre de vibrations est compté par le nombre d'interruptions dans le courant d'air, que l'on peut facilement connaître d'après le nombre de tours que fait le disque dans une seconde; à cet effet, l'axe de rotation est muni d'un petit compteur à cadran dont les aiguilles sont montées sur des roues dentées, mises en mouvement par une vis sans fin que porte l'extrémité de l'axe de rotation. En soufflant avec plus ou moins de force dans la syrène, on peut lui faire rendre successivement tous les sons de l'échelle diatonique, et l'on peut pour chacun compter exactement le nombre des vibrations. — L'air n'est pas le seul gaz qui soit capable de faire rendre des sons à l'instrument que nous venons de décrire. Tous les gaz produisent le même

effet; et le son est toujours le même, quelle que soit la nature du gaz, pourvu que le nombre de tours par seconde soit aussi le même.

334. Enfin, on peut plonger la syrène dans l'eau et faire arriver dans l'instrument un courant de liquide; le même effet se produit encore, l'instrument rend un son parfaitement perceptible : c'est même à cette circonstance qu'il a dû son nom. Ces expériences confirment ce fait que nous avons déjà avancé, que tous les corps sont capables de produire et de transmettre le son.

335. *De la gamme.* — Cette période musicale se compose de sept sons ou *notes* que l'on distingue par les monosyllabes :

ut, ré, mi, fa, sol, la, si.

Ces sons vont en montant du premier au dernier et se trouvent séparés par des *intervalles* d'une grandeur déterminée, de manière qu'on peut en continuer la série en les reproduisant dans le même ordre, ce qui donne *ut*$_2$, *ré*$_2$, *mi*$_2$, *fa*$_2$, etc.

336. Les intervalles d'une note à une autre se désignent par les mots de *seconde, tierce, quarte, quinte, octave.* Pour le physicien, ces intervalles sont représentés par des nombres exprimant les rapports entre les nombres de vibrations qui donnent lieu aux deux sons : ainsi, l'octave ou l'intervalle de *ut* à *ut*$_2$, par exemple, est représentée par 2, c'est-à-dire que le son aigu *ut*$_2$ fera deux vibrations tandis que le son grave n'en fera qu'une ; — la quinte, ou l'intervalle de *ut* à *sol*, aura pour expression $\frac{3}{2}$, ce qui veut dire que le son aigu fait trois vibrations contre deux du son grave ; — la quarte, ou intervalle de *ut* à *fa*, sera représentée par $\frac{[illegible]}{3}$; — la tierce majeure, ou intervalle de *ut* à *mi*, par $\frac{5}{4}$; — la tierce mineure, ou intervalle de *mi* à *sol*, par $\frac{6}{5}$. — Enfin, si l'on représente par 1 le nombre de vibrations que fait la note *ut* dans l'unité de temps, les autres notes seront représentées par les nombres suivants :

ut, ré, mi, fa, sol, la, si, ut$_2$.

1, $\frac{9}{8}$, $\frac{5}{4}$, $\frac{4}{3}$, $\frac{3}{2}$, $\frac{5}{3}$, $\frac{15}{8}$, 2.

Pour obtenir l'octave suivante, il suffirait de multiplier par 2 chacun de ces nombres.]

De la série des sons renfermés dans celui que rend une corde vibrante.

337. Chaque son, tel qu'il parvient ordinairement à l'oreille, est, au jugement de cet organe, un effet très-simple, une espèce d'élément dont rien ne paraît altérer la pureté ; et cependant chaque son renferme réellement une multitude d'autres sons plus aigus, dont quelques-uns deviennent sensibles dans certains cas pour une oreille tant soit peu délicate, et les autres ont leur existence indiquée par différentes observations. Supposons d'abord qu'il n'y ait dans un lieu qu'une seule corde d'une certaine longueur, comme l'une de celles qui forment la basse d'un clavecin, ou la grosse corde d'un violoncelle, et qu'après avoir tendu cette corde convenablement on la fasse résonner. En prêtant une oreille attentive à une petite distance de la corde, on entendra, outre le son principal, deux autres sons plus faibles, mais très-distincts; et si l'on représente toujours le son principal par l'unité, les deux sons concomitants seront représentés l'un par 3 et l'autre par 5, c'est-à-dire que le premier étant *ut*, le second sera l'octave de sa quinte *sol* en montant, et le troisième la double octave de sa tierce majeure *mi*. — Cette expérience réussit de même avec un violon, lorsqu'on passe l'archet sur la grosse corde, à une petite distance du chevalet, dans une direction bien perpendiculaire à la corde, comme pour en tirer un son plein et nettement prononcé. On peut à volonté laisser subsister ou supprimer les trois autres cordes, qui ne contribuent en rien à l'effet. — On entend aussi l'octave 2 et même la double octave 4 du son principal; mais il faut plus d'attention pour les distinguer, parce que les sons placés à l'octave l'un de l'autre approchent beaucoup plus de se confondre pour l'oreille. Nous avons donc la suite 1, 2, 3, 4, 5 qui représente les différents sons sensibles pour l'oreille dont est composée l'harmonie d'un seul son.

338. Mais une autre expérience nous porte à croire que ce ne sont ici que les premiers termes de la véritable série qui s'étend indéfiniment ; car, si à côté d'une première corde on en dispose d'autres dont les nombres de vibrations qui répondent à une seule vibration de la première soient 2, 3, 4, 5, 6, 7, 8, etc., et si l'on fait résonner la première

corde seule, toutes les autres frémiront et résonneront en même temps, quoique beaucoup plus faiblement. On peut rendre leur frémissement sensible à l'œil, en plaçant sur chacune d'elles un petit chevalet de papier que l'on verra s'agiter, ou même sauter en bas, au moment où l'on pincera la corde principale. — Si les diamètres des différentes cordes sont égaux entre eux, et qu'il y ait de même égalité entre les tensions, les longueurs des cordes que la première fera résonner, en y comprenant l'unisson, devront être, d'après ce qui a été dit, comme les nombres 1, 1/2, 1/3, 1/4, 1/5, 1/6, etc. Nous supposerons à l'avenir, pour plus grande simplicité, que les cordes ne varient que suivant leur longueur. Or, puisque les premiers sons de la série se distinguent immédiatement dans la résonnance d'une corde que l'on fait vibrer toute seule, il n'y a pas lieu de douter que les suivants n'y soient pareillement renfermés; et si l'organe ne les saisit pas sans intermédiaire, c'est qu'ils sont tellement affaiblis qu'ils échappent à son attention; sur quoi nous remarquerons que, dans certains cas, avec une seule corde, on parvient même à démêler l'impression du son représenté par 7. — On a donné le nom de *son générateur* au son principal, et les sons plus faibles qui l'accompagnent ont été appelés ses *harmoniques*.

339. Quelques physiciens ont pensé que la corde principale se sous-divisait en parties aliquotes semblables à celles qui représentaient les longueurs des autres cordes; en sorte que le son rendu par chacune de celles-ci était produit, comme unisson, par la partie aliquote qui lui répondait dans la corde principale. Mais ni l'observation ni le calcul n'indiquent cette sous-division de la corde génératrice. Tout ce que l'on peut conclure des expériences citées, c'est que les vibrations d'une corde sonore ont la propriété d'exciter dans l'air non-seulement des vibrations du même ordre, mais d'autres vibrations de différents ordres plus élevés, analogues à celles que les harmoniques y produiraient si chacun d'eux était rendu par une corde distincte.

340. On pourrait croire encore que, quand on emploie une seule corde, la résonnance des harmoniques provient des corps environnants dont les fibres se trouvent à leur unisson, par exemple de celles du bois même sur lequel la corde est tendue, et avec lesquelles cette corde est censée communiquer; en sorte que celle-ci commencerait à agir sur les fibres dont il s'agit, et que ces fibres, à leur tour, produiraient dans l'air les vibrations analogues à la résonnance des harmoniques. Mais nous avons fait l'expérience en plein air et de manière que les points d'attache n'avaient aucune élasticité sensible, et nous avons entendu encore la résonnance des premiers harmoniques; d'où il faut conclure que la corde a par elle-même la propriété d'exciter dans l'air les vibrations qui les produisent, et que ce sont ces vibrations qui font ensuite frémir et résonner les corps environnants.

341. En partant des faits que nous venons d'exposer, on conçoit pourquoi, lorsqu'on chante dans un lieu où il se trouve des corps susceptibles de rendre des sons appréciables, comme des vases de verre ou de métal, chacun de ces corps résonne lorsque la voix fait entendre son unisson, ou même lorsqu'elle rend un son qui est à celui que le même corps rendrait par la percussion comme le son générateur est à l'octave de sa quinte ou à la double octave de sa tierce. Ces différents effets sont très-sensibles lorsqu'on rend un son avec la voix en présentant la bouche à l'ouverture d'un verre ordinaire. La résonnance la plus marquée est celle de l'unisson; et l'on cite des chanteurs doués d'une voix juste et en même temps très-forte qui, en prenant ainsi l'unisson d'un verre, parvenaient à le casser. Le changement de figure qu'éprouvent dans ce cas les différents anneaux qui composent le verre est si considérable, que les parties, n'ayant pas la flexibilité nécessaire pour s'y prêter assez promptement, se séparent à différents endroits, comme dans le cas où le verre aurait subi une forte percussion.

Expérience de Tartini.

342. Tout ce que nous venons de dire nous conduit à parler d'une autre expérience, connue sous le nom d'*expérience de Tartini*: elle consiste à faire entendre à la fois deux sons forts, justes et soutenus; il résulte de leur concours un troisième son plus faible et qui est tel, selon ce célèbre musicien, que, si l'on représente le rapport entre les deux

premiers sons par les nombres les plus simples, le son produit sera représenté par 2. Si les deux sons dont il s'agit ont, par exemple, pour expressions les nombres 8 et 9, auquel cas leur accord donnera une dissonance semblable à celle qui résulte des sons *ut*, *ré*, le son produit étant 2, répondra à la double octave en dessous de l'*ut* de la dissonance. En général, il ne faudra que transporter à l'octave l'un des sons de l'accord, ou tous les deux, pour qu'ils soient compris dans la série des harmoniques, dont le troisième son serait le son fondamental; ce qui peut servir à lier cette expérience avec celle de la triple résonnance d'une corde vibrante, dont elle offre en quelque sorte l'inverse.

Des sons harmoniques.

343. Nous citerons une troisième expérience très-curieuse qui se trouve indiquée dans Wallis, mais qui était oubliée lorsqu'elle s'offrit aux observations de Sauveur, qui a passé depuis pour en être l'inventeur. Voici le détail de cette expérience : si l'on tend une corde sur une planche, et qu'on la partage en deux portions inégales et commensurables entre elles au moyen d'un obstacle léger qui ne la presse que médiocrement, ces deux parties, étant pincées successivement, rendront le même son, qui sera différent de celui de la corde entière; et tel sera ce son, que si l'on représente par les nombres les plus simples le rapport entre les longueurs des deux parties de la corde, le son qu'elles feront entendre sera celui d'une corde qui aurait l'unité pour expression. Ainsi, en supposant la corde divisée en deux parties qui fussent entre elles comme 3 à 2, auquel cas les sons correspondants seraient dans le rapport d'*ut* à *sol*, en montant, si les longueurs des deux parties déterminaient leur résonnance, le son rendu par chaque partie sera celui de la corde 1, c'est-à-dire le *sol* à l'octave aigu du son que rendrait la plus petite partie dans le cas ordinaire. On a donné le nom de *sons harmoniques* à ceux qui résultent de cette division d'une corde vibrante. — Si l'on observe attentivement la même corde tandis qu'elle est en vibration, on remarque que chaque partie se sous-divise en autant de portions égales que le nombre qui lui correspond renferme d'unités. Ainsi, entre deux sous-divisions voisines, il y a un point de repos ou un nœud, et, au milieu de la même sous-division, l'ondulation forme un ventre comme dans une corde qui vibre tout entière. Dans l'exemple précédent, la plus grande partie se sous-divise en trois et la plus petite en deux, de sorte que le son *sol* est rendu à la fois par toutes les sous-divisions, qui se trouvent ainsi à l'unisson l'une de l'autre. On voit aisément que la plus petite partie ne doit pas se sous-diviser lorsque le son qui lui est analogue a lui même l'unité pour expression; alors c'est ce même son que fait entendre la plus petite partie, ainsi que chacune des sous-divisions de la plus grande. — Tel est donc le mécanisme d'où dépend la série d'unissons donnée par l'expérience dont il s'agit, que l'obstacle léger qui partage la corde empêche seulement les vibrations totales, mais laisse subsister une communication, une dépendance mutuelle entre les deux parties, dont les vibrations tendent par là même à s'accorder parfaitement entre elles, c'est-à-dire à devenir isochrones. En conséquence, elles sont forcées de se sous-diviser; mais elles le font le moins qu'il est possible, de manière que le nombre des sous-divisions est toujours le plus petit parmi tous ceux qui donneraient pareillement l'isochronisme. Ainsi, dans l'exemple précédent, si la corde 2 faisait des vibrations totales, les deux tiers de la corde 3 pourraient bien se mettre à l'unisson avec elle; mais il resterait un tiers qui ferait ses vibrations séparément : or, c'est ce tiers qui, étant seul propre à déterminer l'isochronisme, donne la loi à tout le reste.

344. Sauveur rendait sensible à l'œil la distinction des nœuds et des ventres en plaçant à l'endroit de chaque nœud un chevron de papier blanc, et un autre de papier coloré à l'endroit de chaque ventre. Au moment où la corde entrait en vibration, on voyait tomber tous les chevrons colorés, tandis que les blancs restaient à leur place. Cette expérience réussit bien à l'aide d'une corde de violon, que l'on partage par un chevalet de carton après l'avoir tendue sur une planche, et que l'on fait vibrer en passant légèrement l'archet près du chevalet de bois sur lequel repose l'une ou l'autre des extrémités de cette même corde.

Réflexions sur l'échelle diatonique des modernes.

345. La première des expériences que nous venons de citer, ou celle qui consiste dans la triple résonnance d'une corde vibrante, nous fournit quelques réflexions sur la formation de notre échelle diatonique, composée des sons *ut*, *ré*, *mi*, *fa*, etc., et qui est connue de tout le monde. Si l'on désigne toujours par l'unité le premier son *ut*, la série des huit sons sera exprimée par celle des nombres :

$$1, \frac{9}{8}, \frac{5}{4}, \frac{4}{3}, \frac{3}{2}, \frac{10}{6}, \frac{15}{8}, 2.$$
ut, ré, mi, fa, sol, la, si, ut;

c'est-à-dire que si l'on faisait vibrer des cordes dont les longueurs fussent propres à donner les nombres de vibrations qui répondent aux termes de la série précédente, on aurait une suite de sons qui représenterait très-sensiblement notre gamme, telle que chacun l'a pour ainsi dire dans l'oreille et l'exécute par le chant. Cette gamme est très-ancienne; et en remontant jusqu'aux siècles de la Grèce, où le goût pour les arts était si délicat, on trouve que les deux tétracordes, qui formaient l'échelle musicale de ce temps, avaient leurs sons précisément dans les mêmes rapports que ceux de la nôtre. Or, il est remarquable que la gradation des sons dans ces deux échelles se trouve soumise au principe de la plus grande simplicité dans les rapports qui les déterminent, et ce principe paraît avoir été le guide secret dont l'oreille a suivi l'indication. Pour le concevoir, observons qu'en prenant les sons qui donnent deux, trois, quatre et cinq vibrations contre une seule du son fondamental, nous aurons successivement l'octave de ce son, puis l'octave de sa quinte, ensuite sa double octave, et enfin la double octave de sa tierce; c'est-à-dire que nous aurons l'harmonie des sons, qui seuls résonnent sensiblement lorsqu'on fait vibrer une corde isolée. Or, l'octave, la quinte et la tierce sont les consonnances les plus parfaites, et toute notre échelle diatonique porte sur ces consonnances : car, en premier lieu, nous avons dans cette gamme l'accord *ut*, *mi*, *sol*, qui est donné immédiatement par la triple résonnance du corps sonore, excepté que le *sol* et le *mi* s'y trouvent transportés l'un à l'octave et l'autre à la double octave en dessous de l'harmonique correspondant, ce qui est toujours permis, à cause de la grande ressemblance entre un son et son octave. Transportons maintenant le *fa* et le *la* de la gamme à l'octave en dessous : si nous joignons l'*ut* fondamental à ces deux sons, nous aurons un nouvel accord *fa*, *la*, *ut*, entièrement semblable à l'accord *ut*, *mi*, *sol*. Enfin, si nous transportons le *ré* à l'octave en dessus, nous aurons, en lui réunissant les sons *sol* et *si*, un troisième accord *sol*, *si*, *ré*, qui de même représente exactement l'accord *ut*, *mi*, *sol*. Voilà donc tous les sons de la gamme distribués entre trois accords composés d'une tierce et d'une quinte, et tellement liés entre eux que le son fondamental de chacun est la quinte au grave ou à l'aigu de celui d'un autre ; en sorte qu'en partant du *fa* pris en dessous de l'*ut* fondamental de la gamme, on a cette suite *fa*, *la*, *ut*, *mi*, *sol*, *si*, *ré*, ce qui forme un enchaînement de tierces et de quintes. Ainsi, notre gamme est limitée aux combinaisons que donnent les sons représentés par les cinq premiers nombres naturels ; tous les autres se trouvent exclus : sur quoi Leibnitz disait assez plaisamment que *l'oreille ne comptait que jusqu'à cinq.*

346. D'une autre part, quelques savants ont pensé qu'il y avait une autre gamme préférable à la précédente, et dont l'adoption élèverait la musique à son vrai point de perfection. Voici l'observation sur laquelle ils se fondent : si, dans la série des harmoniques donnés par les différentes cordes qui résonnent à côté d'une première corde que l'on a mise en vibration, on prend ceux qui répondent aux fractions 1/8, 1/9, 1/10, 1/11, etc., jusqu'à 1/16 inclusivement, on aura une suite de sons semblable à la gamme ordinaire, excepté que le *fa* et le *la* seront un peu plus haut que dans cette gamme ; de plus, l'harmonique 1/13 donnera un son surnuméraire entre le *sol* et le *la*. — Les savants dont il s'agit ont pensé que la véritable gamme devait être cette dernière, parce qu'elle était donnée immédiatement par la nature, et que si l'oreille paraissait blessée par l'intonation des sons *fa* et *la*, lorsque cette gamme était rendue par un instrument propre à cet effet, tel que le cor de chasse, c'était la suite d'un préjugé de cet organe gâté par l'habitude, et dont il parviendrait à se désabuser en se familiarisant avec l'au-

tre et en laissant agir la nature, qui bientôt reprendrait tous ses droits. — Cependant la raison qui se tire de la simplicité des rapports paraîtra l'emporter, si l'on considère que cette simplicité est liée avec la facilité de percevoir les intervalles entre les sons, laquelle influe à son tour sur le plaisir de l'oreille. C'est pour cela que l'octave est l'accord qui plaît le plus généralement, et qu'ensuite l'accord parfait, composé de la quinte et de la tierce, trouve un accès si facile dans toutes les oreilles qui ne sont pas sauvages à l'égard de l'harmonie. Or, c'est dans cet accord et dans celui d'octave, ainsi que nous l'avons vu, qu'est puisée notre gamme. On s'est arrêté à ces limites par une espèce d'instinct, et antérieurement à toute étude des propriétés harmoniques du corps sonore. Ce n'est pas que l'oreille compare des nombres, cette comparaison est uniquement du ressort de l'esprit; mais la simplicité de ces nombres tient à un effet physique, savoir : la fréquence des rentrées que font les vibrations des sons comparés, lequel effet semble trouver dans l'organe même une disposition en vertu de laquelle il s'accommode mieux de ce qui est plus simple, parce qu'il a moins à travailler pour le saisir. — L'art, en prenant des intermédiaires entre les sons suggérés par la nature, a répandu une grande variété dans les effets de l'harmonie et de la mélodie; il est parvenu, par l'ingénieux enchaînement des dissonances et des consonnances, à faire tourner au plaisir de l'oreille ce qui ne semblait propre qu'à la chagriner. — Rameau a essayé de déduire les lois de l'harmonie de la triple résonnance des corps sonores; Tartini a cru en avoir trouvé l'origine dans l'expérience que nous avons citée sous son nom. Mais ces systèmes ne donnent que des convenances plus ou moins plausibles, et il y a des phénomènes d'harmonie avoués par l'oreille qu'on ne peut y ramener.

Du tempérament.

Tout ce qui a été dit précédemment nous conduit à donner une idée de ce qu'on appelle *tempérament*.

347. Il résulte du principe d'après lequel notre gamme a été formée, que le son aigu de chacun des trois accords parfaits dont elle est composée fait une quinte juste avec le son fondamental de cet accord. Mais si l'on compare deux sons pris dans différents accords, savoir le *ré* et le *la*, qui forment aussi une quinte, on trouvera ici une petite altération dans la justesse de cet intervalle : car le rapport des deux sons dont il s'agit est celui de $\frac{9}{8}$ à $\frac{15}{9}$ ou de 27 à 40, un peu plus fort que celui de 2 à 3, qui donne une quinte juste. Pour que le *la* fût avec le *ré* dans le rapport de cette quinte, il faudrait que son expression devînt $\frac{27}{16}$. Donnons-lui pour un instant cette expression, et prenons au-dessus du même *la* un nouveau son *mi* qui fasse aussi une quinte juste avec lui : on aura l'expression de ce *mi* en multipliant $\frac{27}{16}$ par $\frac{3}{2}$, qui est le rapport de la quinte, ce qui donne $\frac{81}{32}$. Maintenant, s'il n'y avait aucune altération dans les intervalles, ce *mi* serait à l'octave juste de celui de la gamme, en allant du grave à l'aigu ; mais il n'en est pas ainsi : car si nous élevons ce dernier *mi* d'une octave, son expression, qui était $\frac{5}{4}$, deviendra $\frac{10}{4}$ ou $\frac{80}{32}$, moindre que $\frac{81}{32}$, dans le rapport de 80 à 81. Il suit de là que le *mi* exprimé par $\frac{81}{32}$ ne sera pas non plus à la tierce de l'*ut*, dont l'expression est 2 : le rapport entre cet *ut* et le *mi* dont il s'agit, ramené à sa plus grande simplicité, est celui de 64 à 81, un peu plus fort que celui de 1 à $\frac{5}{4}$ ou de 64 à 80, qui a lieu pour l'*ut* et le *mi* de la gamme. — Sans entrer ici dans un plus grand détail, il nous suffira de dire en général que de ces trois intervalles, l'octave, la quinte et la tierce, on ne peut conserver l'un dans toute sa pureté sans altérer les deux autres; et il en résulte une difficulté qui a été sentie depuis long-temps, relativement à la manière d'accorder les instruments à cordes, où chaque touche répond à un son dont le degré est déterminé par l'opération même. On a imaginé, en conséquence, diverses méthodes pour trouver ici un *tempérament*, c'est-à-dire pour combiner les altérations de manière que l'harmonie n'en souffrît pas sensiblement ; et toutes ces méthodes conviennent en ce point, qu'il est indispensable de conserver la justesse des octaves, en sacrifiant plutôt quelque chose de celle des quintes et des tierces, parce qu'il en est à peu près de l'octave comme de l'unisson, qui, par sa grande simplicité, est si agréable à l'oreille qu'elle ne peut y tolérer le moindre défaut de précision : elle ne relâche quelque chose de sa sévérité

qu'à l'égard des intervalles moins simples; et, dans ce cas, elle supplée à ce qui leur manque et suppose nulles des différences qu'elle n'apprécie pas.

348. Rameau, après avoir varié sur le choix du meilleur tempérament, a fini par adopter celui dans lequel toutes les quintes se trouveraient également altérées, attendu qu'il n'y avait pas de raison pour altérer l'une plutôt que l'autre. On a trouvé que dans ce système les tierces devenaient dures et choquantes; et l'on a généralement admis la méthode à laquelle Rameau lui même avait d'abord donné la préférence, et qu'il a ensuite abandonnée. Dans les instruments accordés par cette méthode, les quintes données par les tons naturels de la gamme conservent presque entièrement leur harmonie; les différences les plus sensibles portent sur les demi-tons intermédiaires; les musiciens ont pris dans la série des quintes, certaines notes qui leur servent à vérifier de temps en temps leurs opérations, d'après la justesse de quelque autre accord, tel que celui de tierce, que chacune de ces notes doit faire avec une des notes déjà accordées. Il résulte de là une grande diversité dans les altérations qu'ont subies les intervalles de quinte et de tierce qui partagent la série des différents sons, et l'on a même regardé cette diversité comme un avantage; car suivant que l'on choisit tel son de préférence pour note tonique, c'est-à-dire pour celle à laquelle se rapportent toutes les autres, en sorte que la modulation repose, pour ainsi dire, sur cette note comme sur une base, les quintes et les tierces que parcourt le chant ont quelque chose de sombre, qui est propre à inspirer la tristesse, ou je ne sais quoi d'exalté qui excite la joie. Ainsi la modulation emprunte de la seule manière dont les intervalles qu'elle emploie ont été altérés, une teinte du caractère qu'elle porte par elle-même; et ce qu'on aurait été tenté de regarder comme un défaut, devient, pour le musicien, un moyen d'ajouter à l'expression du sentiment qu'il cherche à peindre.

Théorie de la propagation du son.

Il nous reste à établir la théorie des différents phénomènes que présente l'expérience, relativement à la propagation du son, et à expliquer comment le son conserve une vitesse uniforme, depuis le corps sonore jusqu'à l'organe, quoiqu'il perde continuellement de sa force; comment les sons aigus et les sons graves, les sons forts et les sons faibles ont la même vitesse dans leur course; comment enfin différents sons simultanés se croisent dans l'air sans se confondre, et apportent à l'oreille leur harmonie dans toute sa netteté. Cette théorie se déduit de la manière dont le son se forme dans les instruments à vent, et nous l'avons tirée d'un excellent mémoire, où Daniel Bernouilli l'a développée et soumise au calcul (1). Nous allons essayer de rendre le plus clairement possible les idées de ce célèbre géomètre.

349. Concevons d'abord un tuyau cylindrique bouché par un bout, et que l'on fasse résonner en soufflant par l'orifice ouvert. L'air renfermé dans ce tuyau se mettra en vibration, de manière que chacune des couches infiniment minces qui composent la colonne de ce fluide s'approchera et s'éloignera tour à tour du fond, en allant et en revenant de part et d'autre de la position qu'elle avait dans l'état de repos, par de petits mouvements d'oscillation semblables à ceux d'un pendule simple. Les oscillations iront en croissant d'une couche à l'autre, depuis le fond où elles seront nulles, jusqu'à l'ouverture où se trouveront les plus grandes. Celles de chaque couche seront isochrones, et celles des différentes couches seront synchrones, c'est-à-dire qu'elles commenceront et finiront toutes en même temps, sans quoi elles ne pourraient former un son. Tandis que les différentes couches auront un mouvement progressif vers le fond, la couche qui était à l'orifice entrera dans le tuyau, où elle condensera la couche voisine, et ainsi de suite, de manière que la condensation ira toujours en croissant jusqu'au fond, où elle sera la plus grande, parce qu'elle résultera du concours de toutes les actions des couches postérieures. Dans le retour vers l'orifice, il sortira, au contraire, du tuyau une petite portion de l'air qui y était renfermé pendant l'état de repos, et les différentes couches subiront de petites dilatations qui iront en diminuant depuis le fond; d'où l'on voit que l'air situé à l'orifice ne sera ni condensé ni dilaté, mais conservera la même densité que l'air environnant.

350. Voilà ce qui a lieu pour les

(1) Mémoires de l'Académie des sciences, 1762, p. 431 et suiv.

tuyaux bouchés par un bout. Il s'agit maintenant d'appliquer cette hypothèse aux vibrations de l'air dans un tuyau ouvert par les deux bouts. Or, la seule idée qui s'accorde avec les lois de la mécanique et avec l'observation, consiste à supposer, par la pensée, que le tuyau soit divisé en deux moitiés à l'aide d'une cloison, comme s'il était composé de deux tuyaux bouchés d'un côté et réunis par leur fond, et que tout se passât dans chacun d'eux conformément à l'hypothèse précédente. Il en résulte que la couche d'air située à l'endroit de la cloison, ou, pour mieux dire, qui en fait l'office, sera immobile, et que toutes les autres couches feront des oscillations qui iront de part et d'autre en croissant, suivant la loi que nous avons exposée.

351. Reste à considérer le cas d'un tuyau fermé par les deux bouts, qui n'a point lieu dans la pratique, mais qui est nécessaire pour la théorie. Si l'on suppose que l'air intérieur soit mis en vibration par une cause quelconque, on pourra concevoir chaque moitié comme un tuyau fermé seulement par un bout, et dans lequel les oscillations seront les mêmes que pour cette dernière espèce de tuyau, mais de manière qu'elles se feront toutes du même côté, depuis un fond jusqu'à l'autre; et ainsi, tandis que les couches renfermées dans une moitié s'y condenseront en s'approchant du fond qui la termine, les couches de l'autre moitié se dilateront en allant dans le même sens que les premières, et la densité de la couche du milieu sera constante. On voit que les deux derniers cas ne sont que des conséquences de l'hypothèse faite par rapport au premier; et si cette hypothèse s'adapte comme d'elle-même aux différents faits donnés par l'expérience, on ne pourra se refuser à la regarder comme infiniment probable.

352. Or on sait d'abord qu'un tuyau ouvert des deux côtés, rend le même degré de son qu'un tuyau bouché d'un seul côté, et qui n'a que la moitié de la longueur du premier. C'est une suite nécessaire des principes de la théorie, puisque dans le tuyau ouvert par les deux bouts il y a un repos au milieu; en sorte que les deux moitiés sont à l'unisson, et que les oscillations de l'air dans chacune d'elles sont parfaitement semblables, soit entre elles, soit à celles qui ont lieu dans le tuyau fermé par un bout.

353. Dans certains instruments à vent, tels que le cor de chasse, la trompette, où le jeu des doigts n'entre pour rien, la différence des tons dépend de la manière d'augmenter ou de rétrécir l'ouverture des lèvres, suivant qu'on veut obtenir un son plus grave ou plus aigu. Le musicien saisit le degré de cette ouverture, par le sentiment qu'il a du ton qu'il veut faire naître; mais tous les tons ne se prêtent pas à sa volonté. L'instrument ne lui obéit qu'autant qu'il ne veut que ce qui est dans sa nature. En conséquence, si l'on représente par 2 le son principal, le musicien ne pourra faire produire à l'instrument que les sons qui répondent aux nombres 4, 6, 8, 10, etc.

354. Or, pour expliquer ce progrès déterminé de sons successivement plus aigus, il ne faut que considérer l'instrument comme un tuyau ouvert par les deux bouts. Dans le cas du son fondamental représenté par 2, tel est le degré de pression que le musicien donne à ses lèvres, que l'ordre de vibrations qui en résulte se développe dans une étendue égale à la moitié du tuyau: là il se forme une cloison d'air stationnaire ou un nœud, passé lequel les mêmes vibrations recommencent en sens contraire. Le musicien augmente-t-il la pression de ses lèvres jusqu'au degré qui répond à l'octave en dessus du son fondamental, le nouvel ordre de vibrations relatif à ce son n'occupera plus que la moitié de l'étendue du précédent: il y aura un premier repos au quart du tuyau, puis un second aux trois quarts; en sorte que la première et la dernière partie représenteront un tuyau bouché par un bout, et la partie intermédiaire un tuyau fermé par les deux bouts, mais d'une longueur double; et ainsi l'ensemble équivaudra à quatre tuyaux bouchés par un bout, qui seront tous à l'unisson et dont chacun rendra le son.

355. Dans les sons plus élevés, le tuyau se partagera successivement en 6, 8, 10 parties égales que l'on pourra comparer à autant de tuyaux bouchés par un bout. Les tuyaux extrêmes seront seuls, et les intermédiaires s'aboucheront deux à deux, pour composer des tuyaux fermés par les deux bouts, et doubles des tuyaux extrêmes. Il y aura donc un nœud à l'endroit de chaque cloison, et un ventre au milieu de la distance entre deux cloisons voisines. Les vibrations qui auront leur origine à un même nœud, se feront de part et

d'autre par des mouvements contraires, mais elles auront lieu dans le même sens des deux côtés d'un même ventre. Le musicien tentera inutilement de tirer de l'instrument quelque autre son, dont le degré ne se trouverait pas sur l'échelle de cette loi; ou s'il y parvient, ce ne sera que par un artifice particulier, qui produira le même effet que si la forme de l'instrument était changée, comme lorsque celui qui joue du cor de chasse met la main dans le pavillon.

356. Une nouvelle expérience, qui confirme la théorie, consiste à percer dans un tuyau sonore un trou latéral situé à l'endroit d'un nœud : quoiqu'on laisse ce trou ouvert, le son restera le même ; mais si le trou est placé ailleurs, le degré du son montera, parce que l'air n'étant pas en repos dans cet endroit, une partie se répandra au dehors par l'effet des vibrations qui, éprouvant moins d'obstacle que quand le tuyau n'était point percé, accélèreront leur mouvement. Ceci peut servir à faire concevoir en général le principe auquel se rapporte la construction des flûtes et autres instruments semblables, dont on tire différents tons suivant que l'on ferme ou que l'on ouvre de préférence certains trous.

357. Les oscillations que le son excite dans les tuyaux coniques diffèrent, à quelques égards, de celles qui ont lieu dans les tuyaux cylindriques. Ce qu'elles ont surtout de particulier, consiste en ce que les ébranlements de l'air dont elles dépendent vont toujours en diminuant depuis le sommet ; en sorte que les excursions des différentes couches sont elles-mêmes toujours plus petites et suivent la raison inverse de la distance au sommet. Mais cette différence n'altère ni la distance entre les ventres, qui est partout la même, ni la durée des vibrations, qui conservent aussi partout leur isochronisme.

358. Appliquons maintenant cette théorie à la propagation du son. Dans chaque rayon sonore, qui est, comme nous l'avons dit, un cône d'air infiniment mince, tout se passe comme dans un tuyau conique où l'air fait ses vibrations, c'est-à-dire qu'il y a successivement des nœuds et des points auxquels répondent les plus grandes excursions. Comme il y a un ventre à l'origine du cône, et que tous les ventres sont également éloignés, nous pouvons partager, par la pensée, le cône entier en une suite de cônes tronqués, égaux en longueur, dont chacun aura deux ventres à l'endroit de ses bases et un nœud situé vers le milieu. Bernouilli donne à ces cônes le nom de *concamérations*.

359. Au moment où le corps sonore sera mis en vibration, tout l'air ne sera point ébranlé à la fois dans chacun des cônes qui ont leurs sommets aux différents points de ce corps, il ne le sera d'abord que dans la première concamération: quand celui-ci aura fait une oscillation, il commencera à ébranler l'air de la seconde concamération ; et, au bout d'une nouvelle vibration, l'air sera ébranlé dans la troisième, et ainsi de suite. On voit par là pourquoi la propagation du son n'est pas instantanée, mais exige un certain temps qui devient toujours plus considérable, à mesure que la distance elle-même augmente. Les oscillations qui ont lieu dans les différentes concamérations successives, sont parfaitement isochrones. De plus, toutes les concamérations sont égales en longueur. Donc le son doit parcourir, avec une vitesse uniforme, la suite de toutes ces concamérations, ce qui était encore un des effets à expliquer. Mais à mesure que les concamérations s'éloignent du sommet, les ébranlements de l'air qui produisent les petites oscillations partielles, dont chaque oscillation totale est composée, vont en diminuant, tandis que l'isochronisme subsiste toujours; d'où il suit qu'à une plus grande distance l'organe sera plus faiblement ébranlé, et le son moins entendu, en sorte que dans un certain éloignement, il finira par s'éteindre.

360. Que le son soit fort ou faible, la durée des vibrations et la longueur des concamérations resteront les mêmes, parce que c'est le degré seul du son qui détermine l'un et l'autre, ainsi qu'il est facile de le conclure de ce que le ton rendu par un tuyau est le même, quelle que soit la force du souffle qui met l'air en vibration, pourvu que l'ouverture des lèvres soit aussi la même.

361. Si l'on suppose deux sons à l'octave l'un de l'autre qui se fassent entendre successivement ou à la fois, les concamérations relatives au son aigu seront une fois plus courtes que celles qui répondent au son grave ; il y en aura donc une fois plus dans un espace donné. Mais les oscillations de l'air s'y achèveront dans un temps une fois plus court, d'où il suit qu'elles emploieront

le même espace de temps pour se propager à la même distance; et ainsi le degré du son n'influe pas sur sa vitesse, ce qui s'accorde de même avec l'observation.

De la manière dont les sons simultanés se propagent sans se confondre.

362. Ce que nous venons de dire regarde les sons solitaires. Mais lorsque plusieurs corps vibrent en même temps, lorsque dans un concert, par exemple, plusieurs instruments et plusieurs voix rendent à la fois des sons de divers degrés, comment arrive-t-il que les différentes vibrations qui en résultent se rencontrent en passant à travers l'air sans se détruire ou se dérouter par leur choc naturel, et que chacune d'elles continue ensuite son trajet vers l'oreille, comme si elle eût trouvé le passage libre? Les physiciens modernes ont essayé de résoudre cette difficulté, en adoptant l'idée de Mairan, qui supposait l'air formé de particules d'une infinité de grosseurs différentes, dont chacune n'était capable que de recevoir et de transmettre les vibrations relatives à un ton particulier. Ainsi, lorsque plusieurs sons concouraient dans une même harmonie, ou de toute autre manière, chacun d'eux ne s'adressait qu'aux particules qui étaient à son unisson, et exerçait sur elles une action indépendante de celle que subissent les molécules d'un diamètre différent. Mais sans recourir à cette supposition gratuite qui, pour débrouiller un effet compliqué, emploie une complication d'un autre genre, et n'écarte la difficulté qu'en la transportant ailleurs; nous trouvons, dans la théorie même que nous avons exposée, une manière satisfaisante d'expliquer la distinction des sons simultanés.

363. Cette explication tient à l'observation générale, que tous les petits mouvements qui ont des points de concours se superposent, en quelque sorte, les uns sur les autres sans se confondre. Pour éclaircir cette idée, considérons deux rayons sonores qui se rencontrent sous deux directions différentes; le mouvement se composera dans le petit espace où ils se croiseront, de manière que les petites oscillations qui ont lieu dans un rayon, donnant une légère impulsion à celle de l'autre rayon, produiront, dans les molécules situées au point du concours, d'autres oscillations en diagonale. Imaginons un observateur dont l'œil serait capable de saisir le progrès des oscillations, et supposons que cet œil fasse lui-même de petits mouvements oscillatoires semblables à ceux que les molécules de l'un des deux rayons auraient faits sur le côté analogue du parallélogramme, dont la diagonale est décrite en vertu du mouvement réel. Cet œil verra osciller les molécules qui suivent ce dernier mouvement, comme si elles étaient mues dans la direction de l'autre côté du parallélogramme, c'est-à-dire que l'œil ayant lui-même un des mouvements qui se composent dans la diagonale, et ce mouvement étant censé détruit à son égard, il ne recevra que l'impression de l'autre mouvement. Or il est aisé d'en conclure que les molécules d'air situées au delà du concours des deux rayons, auxquelles le mouvement qui existe seul pour l'observateur se serait communiqué, s'il n'y avait là que le rayon sonore dirigé suivant ce mouvement, ne laisseront pas de le recevoir encore, puisqu'elles sont sur la direction où les vibrations qui se font dans la diagonale doivent, en se décomposant, produire ce même mouvement. On peut appliquer ce raisonnement à l'autre rayon sonore, d'où l'on voit que les vibrations, après s'être confondues dans un espace presque infiniment petit, doivent se démêler ensuite, et reprendre leur premier alignement comme si elles n'avaient eu rien de commun (1).

---

(1) Pour répandre un nouveau jour sur cette explication, concevons que *ac*, *bc* (fig. 46) représentent les directions de deux rayons sonores qui se croisent au point *c*, et que *mc*, *hc* mesurent les étendues des petites oscillations qui ont lieu près du point de concours. Les mouvements dus à ces oscillations se composent dans le même point, de manière que le mouvement unique qui en résulte se transporte sur les molécules situées immédiatement au-dessous de *c*, et y fait naître d'autres oscillations dans le sens de la diagonale *cr* d'un petit parallélogramme *cnrs*, déterminé par les lignes *cn*, *cs*, situées sur les prolongements des lignes *hc*, *mc*, et égales à ces dernières. Maintenant, les oscillations en diagonale se résolvent au point *r* en deux mouvements dont tel est l'effet, que les molécules situées sur les lignes *rt*, *ru*, parallèles l'une à *bc* et l'autre à *ac*, sont sol-

364. C'est par un mécanisme du même genre que les petites oscillations successives qui se produisent dans l'eau, où l'on a jeté plusieurs pierres, passent l'une sur l'autre sans se confondre, et produisent des circonférences qui s'entrecoupent. La même chose n'a pas lieu dans les grands mouvements, où les molécules situées au point de concours, recevant de fortes impulsions en différents sens, sont emportées à leur tour par un mouvement qui les écarte totalement de leurs premières directions.

365. Tel est le terme où nous conduit la théorie : mais ce qui reste inexplicable, c'est cette espèce de souplesse de l'air, pour prendre, en quelque sorte, l'empreinte des différents caractères dont un même ton est susceptible, à raison de la diversité des corps qui le rendent, et pour se modifier de tant de manières en portant à l'oreille les sons tendres et veloutés de tel instrument, les sons plus mâles et plus vigoureux de tel autre, et les accents infiniment variés de la voix humaine. On ne sait lequel on doit plus admirer, ou la nature du fluide qui remplit ces différents messages avec une fidélité si exacte jusque dans les moindres détails, ou celle de l'organe qui discerne tout avec une si grande finesse de tact, et renferme dans ses fibres les unissons de tant de nuances particulières.

Des surfaces vibrantes.

366. Les vibrations excitées dans une lame d'une matière élastique, par l'intermède d'un archet que l'on fait passer avec frottement sur ses bords, de manière à en tirer des sons agréables, sont susceptibles de produire des effets très-curieux, que l'on peut multiplier, pour ainsi dire, à l'infini, en diversifiant les circonstances dont ils dépendent, et que nous ferons bientôt connaître. La corde qui, dans l'expérience de Sauveur, rend les sons harmoniques, se sous-divise en ondulations distinguées entre elles par des nœuds ou des points de repos. Dans une surface vibrante, les limites entre les ondulations sont tracées par des lignes de repos, que l'on appelle *lignes nodales*. Une poussière, répandue uniformément sur la surface dont il s'agit, fait, en quelque sorte, la même fonction que les chevrons placés sur la corde dans l'expérience de Sauveur. Pendant le mouvement de l'archet, les grains de cette poussière qui répondent à une ligne nodale restent en équilibre, et ceux qui recouvrent les parties intermédiaires, forcés par le mouvement vibratoire de quitter leurs positions, vont en jaillissant se fixer sur les mêmes lignes, ce qui produit des figures plus ou moins composées et souvent d'une symétrie parfaite. La géométrie semble prêter ainsi son langage aux sons pour les faire parler aux yeux en même temps qu'à l'oreille. C'est surtout à la sagacité et à la constance avec laquelle M. Chladni a cultivé la physique des corps sonores, que l'on doit la découverte de tous ces faits également neufs et intéressants, dont la description remplit une grande partie de l'ouvrage publié par ce savant, sous le titre d'*Acoustique*. Dans la longue suite de ceux qu'il a décrits ou qui ont été obtenus par d'autres, nous en avons choisi un certain nombre, pour les citer ici, comme étant susceptibles d'offrir un intérêt particulier (1). Nous

---

ignées elles-mêmes à faire de petites oscillations égales aux premières, dans le sens des mêmes lignes *rt*, *ru*. Or, l'espace dans lequel tous ces mouvements s'exécutent étant presque infiniment petit, les lignes *rt* et *ru* sont sensiblement sur les mêmes directions que les lignes *bc* et *ac*; en sorte que les oscillations qui ont lieu dans le sens de ces dernières lignes sont censées se propager, dans leurs prolongements, au delà du point de concours *c*. Ainsi, les résultantes de tous les petits mouvements décomposés peuvent être considérées comme des lignes infiniment petites ou de simples points, qui ne font que transmettre ces mouvements sans en altérer les directions.

(1) Nous nous bornerons, par la même raison, à donner une idée succincte d'un autre genre de recherches faites par le même savant pour déterminer les différentes espèces de vibrations produites par le frottement dans une verge métallique, ou de quelque autre matière qui ait un certain degré de rigidité. Les unes, que l'auteur nomme *transversales*, ont lieu lorsqu'on frotte la verge dans une direction perpendiculaire à la longueur : elles se rapportent à celles qui sont produites dans une corde sonore que l'on pince. D'autres vibrations, appelées *longitudinales*, déterminent des contractions et des dilatations successives dans le sens de la longueur de la verge, ana-

avons répété, avec beaucoup de soin, les expériences propres à les faire naître, et nous n'avons rien omis pour que les figures que nous donnons ici offrissent des copies fidèles des dessins formés par l'assortiment des lignes nodales.

Circonstances générales d'où dépendent les phénomènes.

Dans les expériences dont il s'agit, on fixe les lames par un point de leur surface, que l'on presse entre le pouce et un autre doigt, ou par deux points pris sur leurs bords de deux côtés opposés, et à chacun desquels on applique un doigt. Dans certains cas, les points fixes dont nous venons de parler sont situés aux angles de lame vibrante. Ces différents points que nous appellerons *points d'appui*, seront désignés par la lettre *a*, et nous emploierons la lettre *f* pour indiquer le point frotté par l'archet, et dans lequel réside l'origine des vibrations. Le son fondamental, c'est-à-dire le plus grave que puisse rendre une même lame, aura pour expression $\overset{1}{ut}$. Les sons à l'octave, à la double octave, à la triple octave, etc., de ce dernier seront indiqués par $\overset{2}{ut}$, $\overset{3}{ut}$, $\overset{4}{ut}$, etc., et chacune des autres notes le sera par le nom qu'elle porte dans la gamme, surmonté des chiffres 1, 2 ou 3, suivant qu'elle appartiendra à l'octave de $\overset{4}{ut}$, ou de $\overset{2}{ut}$, ou de $\overset{3}{ut}$, etc. Ainsi, $\overset{1}{sol}$ désignera la quinte majeure de $\overset{1}{ut}$; $\overset{2}{mi}$, sa douzième majeure ou la tierce majeure de $\overset{2}{ut}$, etc.

367. Les lames peuvent être de verre ou de quelque autre matière métallique, telle que le cuivre rouge et le laiton. On doit, avant d'en faire usage, en adoucir les bords, pour empêcher qu'ils n'endommagent l'archet. La poussière qui sert à rendre les lignes nodales sensibles à l'œil, peut être du sablon fin ou du mica en parcelles, semblable à celui qu'on emploie, sous le nom de *poudre d'or*, pour empêcher l'écriture de s'effacer. Cette poussière doit être légèrement disséminée, et d'une manière uniforme sur la surface supérieure de la lame que l'on met en vibration.

368. Les différentes parties qui sous-divisent la surface vibrante et auxquelles les lignes nodales servent des périmètre, tantôt sont semblables et égales entre elles, et tantôt diffèrent par leur grandeur et par leur figure. Dans l'un et l'autre cas, les vibrations qu'elles produisent toutes à la fois étant isochrones, se confondent en se mettant à l'unisson. La durée de ces vibrations ou leur nombre dans un temps donné, lequel nombre nous appellerons *rapport de vibrations*, dépend principalement de la figure de la lame, de la position des points d'appui, c'est à-dire de ceux par lesquels cette lame est fixée, et de celle du point auquel on applique l'archet. Mais une autre circonstance très-remarquable, qui a une grande influence dans la production des résultats, consiste en ce que, toutes choses égales d'ailleurs, il suffit de faire varier le degré de pression et de vitesse de l'archet pour changer le rapport de vibration, et déterminer une autre sous-division de la surface vibrante et un nouvel assortiment de lignes nodales. Il en résulte que pendant un même mouvement de l'archet, on entend souvent deux ou trois sons qui se succèdent; quelquefois même deux de ces sons ont lieu simultanément, et c'est lorsque l'on est parvenu à obtenir un de ces sons dans toute sa pureté, que l'effet auquel il répond se manifeste. La résonnance multiple d'une corde vibrante diffère de celle dont il s'agit ici en ce qu'aucun des sons qu'elle renferme ne peut être produit séparément, par une sous-division de la corde analogue au degré de ce son.

369. Lorsqu'on a produit un de ces effets, on remarque toujours que l'endroit par lequel on presse la lame vibrante, appartient à une ligne nodale ou à son prolongement. On peut même,

logues à celles de l'air renfermé dans un tuyau. Les dernières, qui portent le nom de *vibrations tournantes*, dépendent, suivant M. Chladni, d'une sorte de mouvement oscillatoire des parties de la verge autour de son axe longitudinal. Les verges sur lesquelles on opère peuvent être fixées ou simplement appuyées par leurs deux extrémités, ou fixées par l'une et appuyées par l'autre, ou libres par l'une et l'autre, d'où résulte une grande diversité dans la manière dont elles se sous-divisent, en formant alternativement des ventres et des nœuds, et dans les sons rendus par leurs sous divisions. On trouvera une exposition détaillée de tous ces faits dans l'ouvrage de M. Chladni, pag. 90 et suiv.

sans altérer le résultat, déplacer les doigts, en les faisant mouvoir d'un côté ou de l'autre sur la ligne dont il s'agit, jusqu'à un certain terme, passé lequel le son change tout à coup, ainsi que le résultat auquel il répond. Le point d'appui, proprement dit, est comme le centre de l'espace dans lequel la position des doigts est susceptible de varier. Lorsque plusieurs lignes nodales s'entrecoupent, il est toujours situé à l'une de leurs intersections. On peut aussi, en continuant de tenir la lame vibrante par un même endroit, faire varier entre certaines limites la position de l'archet, sans que le résultat subisse aucun changement. Nous indiquerons certaines observations qui pourraient aider à trouver le point central dans lequel réside l'origine des vibrations, lorsqu'il n'est pas donné par la figure elle-même. Les dessins produits par l'arrangement symétrique de la poussière disséminée sur la surface vibrante, tantôt offrent des combinaisons de la ligne droite avec la ligne courbe, tantôt sont uniquement composés de lignes de cette dernière espèce. Parmi les courbes, les unes sont rentrantes, les autres se réduisent à des arcs sous-tendus par les bords de la surface vibrante. Lorsqu'on fait varier la position du point d'appui, si au lieu de la laisser sur une ligne nodale, on l'en écarte peu à peu en la transportant sur une partie qui vibrait, et que l'archet reste toujours au même endroit, il y a des cas où la figure du dessin éprouve des changements sans qu'il en survienne dans le rapport de vibrations et dans le son dont il est accompagné. Quelquefois même le dessin se transforme en un autre qui contraste avec lui d'une manière frappante. Les lignes nodales qui composent certains dessins, interceptent sur la surface de la lame un espace ordinairement situé vers le centre qui paraît exempt de vibrations. La poussière qui occupe cet espace y reste immobile, sans prendre aucun arrangement régulier. Si, après avoir produit un dessin sur la lame vibrante, on la touche en dessous avec un des doigts libres, dans quelque point qui n'appartienne pas à ce dessin, et que l'on réitère le même mouvement de l'archet, il pourra arriver que ce mouvement donne naissance à de nouvelles lignes nodales qui formeront comme des parties accessoires, relativement au dessin que l'on avait déjà obtenu, ou que celui-ci fasse place à un dessin tout différent. Dans l'un et l'autre cas, le rapport de vibrations et le son se trouveront changés. Le contact du doigt libre arrête les vibrations qui, sans lui, auraient lieu dans la partie touchée, en sorte qu'il devient comme un nouveau point d'appui, qui appartient à une des lignes nodales dont il détermine la production. On peut aussi se servir du contact dont il s'agit, dans le cas où, parmi plusieurs dessins qui paraissent disposés à se montrer en vertu d'un même mouvement de l'archet pendant que plusieurs sons se font entendre, on désire en déterminer un de préférence. On fait répondre alors le contact à quelque point d'une ligne nodale qui appartient exclusivement à ce dessin.

370. A mesure que les dessins formés par les lignes nodales sont plus composés, le nombre des sous-divisions de la surface vibrante se trouve augmenté, ce qui accélère les vibrations et donne naissance à des sons plus aigus. C'est pour cette raison qu'en employant des lames d'une plus grande étendue, on obtient des effets plus variés et plus chargés de lignes nodales, qu'avec des lames plus petites ; car pour qu'un dessin puisse naître sur une surface vibrante il faut que les vibrations excitées dans celles-ci restent en deçà du terme où elles deviendraient si fréquentes que le corps cesserait de résonner. Or, lorsqu'on emploie une lame plus étendue, le degré du son générateur se trouvant abaissé, les autres sons ont une plus grande latitude à parcourir pour arriver a ce terme où finit l'échelle des sons appréciables, en sorte que la lame devient susceptible d'offrir des effets auxquels une lame plus petite se refuserait, parce que ses parties n'auraient plus le jeu nécessaire pour produire le mouvement vibratoire.

371. On remarque qu'un même dessin est plus ou moins net, et que le son dont il est accompagné est plus ou moins mélodieux et permanent, suivant que le point d'appui et le point frotté se rapprochent ou s'éloignent de leurs positions centrales, auxquelles répond le *maximum* de symétrie et de résonnance. Mais il y a des sons qui ont constamment quelque chose de dur; il semble que les vibrations qui les font naître soient gênées; ils s'éteignent aussitôt que l'archet a quitté le bord de la lame. Les lames métalliques en rendent plu-

sieurs qui sont très-doux et se rapprochent de ceux de l'harmonie.

372. Les lames de verre acquièrent, par le frottement répété de l'archet, l'espèce d'électricité que nous appelons *vitrée*. Si, au moment où l'on a obtenu un dessin, on laisse tomber sur la surface vibrante un corps très-léger, tel qu'une barbe de plume, et qu'ensuite on approche de celle-ci l'extrémité d'un doigt, elle sera attirée par ce doigt et s'y attachera. Parmi les diverses figures que peuvent avoir les lames destinées aux expériences, nous nous bornerons à deux, savoir, le carré et le cercle.

EXPÉRIENCES AVEC DES LAMES CARRÉES (1).

Influence du degré de pression et de vitesse de l'archet pour faire varier les résultats.

Le point d'appui étant au centre *a* (fig. 47) de la lame et le point frotté en *f* près de l'un des angles, on peut obtenir trois résultats différents, auxquels répondent les sons $\overset{1}{ut}$, $\overset{2}{mi}$, $\overset{3}{fa}$, que l'on entend résonner tour à tour, suivant les différentes pressions de l'archet, mais plus rarement le dernier. Si, au moment où le son fondamental *ut* résonne seul, on fait passer l'archet à plusieurs reprises sur le point *f*, en le conduisant lentement et en modérant la pression, on voit la poussière s'arranger de manière que les grains qui étaient situés sur des lignes menées du centre aux milieux des côtés restant immobiles, ceux qui occupaient les parties intermédiaires se retireront les unes vers les lignes dont on vient de parler, et les autres vers le centre en formant autour des espaces qu'ils laissent à vide, quatre courbes dont les concavités regardent les angles de la lame. A mesure que l'on réitère les mouvements de l'archet, la poussière se condense près des lignes perpendiculaires aux côtés, et les courbes subissent des inflexions qui rapprochent leurs sommets du centre, en sorte qu'à la fin ils ne sont plus séparés que par un petit espace qui avoisine le centre (1). Si l'on fait abstraction de ces séparations, l'assortiment présente l'aspect de deux droites qui se coupent à angle droit, et partagent la surface de la lame en quatre carrés égaux.

373. Si c'est le son $\overset{2}{mi}$ qui se fait entendre seul, on voit paraître trois lignes nodales situées diagonalement qui s'infléchissent comme le présente la figure 48, mais qui assez souvent sont un peu confuses. On peut déterminer plus sûrement leur formation, en touchant avec un doigt libre le dessous de la lame dans quelqu'un des points qui répondent à la ligne nodale *ng*. Le résultat se montrera sous des traits différents et plus nettement dessinés, si l'on place l'appui au point *a'* (fig. 49) situé à la moitié de la distance entre le centre *a* et le côté *gh*. L'archet peut rester en *f*, ou, mieux encore, être transporté en *f'* à la moitié du côté *hn*. Les lignes nodales subissent, dans leurs positions et dans leurs courbures, les changements qu'indique la figure, mais le son reste le même. Lorsque le point frotté étant en *f'*, au milieu de *hn*, le dessin paraît dans toute sa netteté, on remarque que les lignes *ko*, *yx*, s'écartent du parallélisme avec les côtés *gh*, *en*, de manière que leurs extrémités supérieures *k*, *y*, étant, comme nous l'avons dit, au milieu de la distance entre le centre et les mêmes côtés, leurs extrémités inférieures *o*, *x*, sont éloignées des angles *h*, *n*, d'une quantité égale, au moins à très-peu près, aux 2/9 du côté *hn*.

374. L'effet qu'accompagne le troisième son $\overset{3}{fa}$, est représenté fig. 50. Il diffère de celui qu'on voit, fig. 47, par l'addition des lignes nodales $\delta\nu$, $\pi\mu$, etc. (fig. 50), qui sont assez souvent un peu infléchies, et dont les distances $h\delta$, $n\mu$, aux angles sont égales au quart du bord

(1) La lame dont nous nous sommes servi pour la plupart de ces expériences était de verre semblable à celui dont on fait les vitres; elle avait à peu près un décimètre ou quatre pouces de côté. Nous avertirons des cas d'exception dans lesquels nous avons employé des lames de dimensions différentes ou de quelque autre matière.

(1) La figure 47 représente, entre chaque angle de la lame, tel que *n*, et le centre, les différentes inflexions *sir*, γp, δn, d'une même courbe, qui répondent à plusieurs mouvements successifs de l'archet. Assez souvent il n'y a que deux ou trois sommets de courbes qui soient bien prononcés; mais, en multipliant les expériences, on parvient à obtenir un dessin symétrique.

de la lame. Souvent aussi, au lieu de quatre arcs réunis près du centre, comme dans la fig. 47, il n'y en a que deux qui se regardent par leurs convexités, ainsi que le représente la fig. 50. On produira le même effet en prenant deux points d'appui en *a'*, *a''*, au milieu de deux côtés opposés, et en laissant toujours l'archet en *f*. Alors les sons $\overset{1}{ut}$, $\overset{2}{mi}$, cessent de se faire entendre, mais un nouvel élément, savoir, $\overset{4}{la}$, intervient avec $\overset{3}{fa}$ dans la résonnance de la lame vibrante. On se rendra maître du premier son en touchant la lame avec un doigt libre en dessous du centre *a*, à une petite distance du bord *fn*, et en variant un peu la position de ce doigt. Au moment où l'on entendra le $\overset{1}{la}$, la poussière s'arrangera sous la forme de deux arcs *ala'*, *al' a'* (fig. 51), tournés l'un vers l'autre par leurs concavités, et qui se réunissent aux endroits des appuis. La distance entre leurs sommets *l*, *l'* et les côtés *ge*, *fn*, est égale à peu près à 1/9 de chacun d'eux. On peut faire subir à ces arcs des variations qu'il nous paraît intéressant d'indiquer. Pour les observer, on prend un seul point d'appui en *a* (fig. 52), à une petite distance du bord de la lame, et l'on frotte de nouveau le point *f*. On voit alors les extrémités des deux arcs se rapprocher du centre, de manière que celles qui étaient en contact avec le bord *gh*, vont se placer à l'endroit de l'appui. Les mêmes extrémités s'arrondissent en se liant l'une à l'autre, tandis que le sommet *l*, *l'*, se rapprochent au contraire des bords *ge*, *hn*. Le dessin, dans ce cas, présente l'aspect d'une courbe rentrante. On continue d'éloigner peu à peu le point d'appui du bord *gh*; la courbe, pour se prêter à ces déplacements, se rétrécit insensiblement dans le sens du diamètre parallèle à *ge*, en même temps qu'elle s'allonge dans le sens de celui qui est parallèle à *gh*, et lorsque les variations ont atteint leurs limites, les deux arcs se trouvent ramenés au cas de la figure 51, avec la différence que la ligne qui peut être considérée comme étant leur corde commune, est située en sens contraire de celui qu'indique cette figure, c'est-à-dire que les points où ils se réunissent par leurs extrémités répondent aux milieux des côtés *ge*, *hn*. Il paraît clair que pendant les variations qu'ils subissent l'espace qu'ils circonscrivent reste constant, et conserve le même rapport d'étendue avec la surface entière de la lame, puisque le son n'éprouve aucune altération sensible. Ce son a toujours de l'aigreur, et le dessin auquel il répond n'est pas nettement prononcé. Si, au lieu de prendre le point frotté en *f* (fig. 47) près des angles, on le transporte au milieu *s* d'un des bords, tandis que le point d'appui est toujours au milieu *a* de la surface vibrante, on entend résonner le son *fa**, quarte superflue du générateur auquel se joint le son $\overset{2}{mi}$, qui se fait toujours entendre très faiblement, en sorte que l'on ne peut amener l'expérience à donner l'effet qui répond à ce dernier son. Le dessin que l'on obtient et qu'accompagne le son *fa**, est comme l'inverse de celui auquel se rapporte la figure 47, c'est-à-dire que les diagonales y font la même fonction que les lignes menées du centre perpendiculairement sur les côtés dans le premier; et que les courbes y tournent leurs concavités vers ces mêmes côtés comme on le voit fig. 53. Du reste, sa formation a lieu de la même manière, et le résultat final, abstraction faite des petites séparations entre les parties situées autour d'un petit espace central, s'offre sous l'aspect de deux diagonales qui se coupent à l'endroit du même centre. Cet espace étant masqué par le contact, lorsque l'on fait l'expérience de la manière qui vient d'être décrite, on peut le laisser à nu, en prenant la lame entre trois doigts appliqués à autant d'angles *g*, *e*, *h*, ce qui est l'équivalent du premier contact, parce que les lignes nodales passent par ces angles. On cesse alors d'entendre le son $\overset{2}{mi}$; mais il est remplacé par un son très-aigu $\overset{4}{sol}$, et que l'on obtient quelquefois solitairement par une forte pression de l'archet. Dans ce cas, le dessin est composé en même temps des quatre courbes que représente la figure 53, et de quatre arcs additionnels, *δμπη*, *τσγδ*, *νζεσ*, *λψωξ* (fig. 54), sous-tendus par les bords de la lame vibrante. Il est facile d'amener à volonté cet accessoire à la suite du dessin de la figure 53. Pour y parvenir, on répand de nouvelle poussière sur les espaces qui répondent aux quatre arcs *δμπη*, *τσγδ*, etc. (fig. 54). Ensuite, tandis que l'on répète les coups d'archet, on tâtonne avec l'extrémité d'un doigt libre la partie de la surface inférieure de la lame qui répond à l'un des espaces dont il s'agit, et, au moment où le contact a rencontré quelqu'un des points susceptibles de perdre leur mouvement vibratoire, on voit naître subitement les arcs additionnels, comme pour orner les parties du tableau qui auparavant se trouvaient vides. Si l'on retire le doigt, un nouveau coup d'archet, en ramenant le son $\overset{1}{fa^{*}}$, fera disparaître ces arcs, en sorte que la poussière qui avait servi à les tracer, sera jetée par le mouvement vibratoire aux endroits déjà occupés par la ligne située en diagonale.

375. Si l'on veut obtenir du premier coup le dessin complet, on laissera d'abord la surface de la lame à nu et on touchera celle-ci en dessous, avec un doigt libre, en passant l'archet sur le point *s* (fig. 53), jusqu'à ce qu'on entende le son $\overset{4}{sol}$ résonner seul. Alors, tenant le doigt libre dans la même position, on répandra de la poussière sur la surface de la lame, et on fera de nouveau mouvoir l'archet. Dans le dessin qui en résulte, les lignes situées en diagonale forment ordinairement deux courbes distinctes, adossées par leurs sommets.

Variations dans les résultats, le son restant le même.

Nous avons déjà eu l'occasion de parler des changements de figure que les lignes nodales sont susceptibles d'éprouver sans que le rapport de vibration et le son, qui en est l'indice, soient altérés : rien n'est même si ordinaire que de voir ces lignes varier dans leurs inflexions, lorsque l'on répète plusieurs fois de suite une même expérience ; mais la plupart de ces variations ne modifient que légèrement la ressemblance entre les dessins qui les subissent et n'empêchent pas que l'œil n'y reconnaisse l'empreinte d'un même type. Celles que nous nous proposons de décrire ici sont beaucoup plus remarquables, en ce qu'elles font ressortir par des contrastes les dessins auxquels elles se rapportent. On en distingue de deux genres différents. Les unes agissent graduellement, à mesure que l'on déplace le point d'appui, en sorte que les résultats extrêmes sont liés par une série de nuances intermédiaires. Les autres déterminent un passage brusque entre un dessin et un autre qui s'écarte totalement du premier par son aspect. Nous nous bornerons a un seul exemple de chaque genre.

376. Le point d'appui étant en *a* (fig. 55), de manière que *ah* soit égale à peu près au quart de la diagonale *ch*, et l'archet étant en *f* vis-à-vis de *a*, on voit paraître la ligne nodale contournée que présente la figure accompagnée du son $\overset{2}{ut^{*}}$. Les choses étant dans cet état, si l'on fait avancer peu à peu le point d'appui vers le bord *hn*, parallèlement à ce même bord, et que l'on répète les coups d'archet en *f*, on verra la ligne nodale subir des inflexions, en vertu desquelles ses différentes portions se rapprocheront du parallélisme avec les bords *gc*, *hn*, en sorte qu'à un certain terme elle se trouvera partagée en trois lignes tortueuses, semblables à celles que l'on voit (fig. 56), et séparées entre elles aux endroits des points γ, γ', dont les distances aux angles *g*, *n*, sont à peu près le tiers des bords *gh*, *en*. Si l'on continue le mouvement du point d'appui, toujours dans le même sens, les trois portions de courbe se redresseront peu à peu et, au terme où la distance entre le point d'appui *a* et le bord *hn* sera à peu près 1/6 de ce bord, elles se dirigeront sur trois lignes parallèles à ce même bord, comme on le voit (fig. 57) (1). Cependant ces lignes sont presque toujours légèrement infléchies, et il est rare de les obtenir absolument droites, comme sur la figure. On conçoit la manière dont il faudrait s'y prendre pour avoir des effets inverses, en allant de la ligne droite à la ligne courbe. Il est facile d'obtenir immédiatement le dessin de la figure 56, en prenant deux points d'appui en γ, γ' dont les distances aux angles *g*, *n*, doivent être, d'après ce qui a été dit plus haut, à peu près égales au tiers du bord de la lame, et en laissant l'archet en *f*.

377. On peut voir un exemple du second genre, en donnant au point d'appui et au point frotté des positions qui s'écartent peu de celles qui ont lieu relativement au dessin de la figure 55. Il

(1) Pour mieux réussir, dans cette dernière partie de l'expérience, il faut pincer la lame avec les doigts, de manière à diminuer autant qu'il est possible les surfaces de contact.

suffit de prendre le point d'appui un peu plus près de l'angle *h*, en restant sur la diagonale qui passe par cet angle. Le son est plus aigu de deux octaves, plus un demi-ton, que celui qui répond au dessin dont il s'agit, et l'on voit paraître celui que représente la figure 58. Si l'on recommence l'expérience avec la seule différence que le point d'appui soit près du bord *hg* et à égale distance entre les bords *ge*, *hn*, on aura le dessin de la figure 59 et, à en juger d'après le rapport des yeux, on n'aurait pas soupçonné que les deux dessins, dont le rapprochement offre l'image d'une dissonance, dussent se confondre dans un même unisson. Si l'on répète de nouveau l'expérience, en commençant par obtenir le résultat de la figure 59, puis en transportant le point d'appui de *a* en *a'*, sans déranger les lignes nodales, on pourra suivre des yeux, pendant le mouvement de l'archet qu'il sera bon de ralentir, les effets des forces répulsives en vertu desquelles les grains de poussière chassés de leurs premières positions iront occuper celles qui répondent à l'assortiment représenté (fig. 58). En comparant les deux figures, on peut, d'après la correspondance des lettres, concevoir le jeu des parties composantes du dessin (fig. 59), dans le passage à celui de la figure 58. Les points ψ, *o*, *t*, *b* (fig. 59), sont les seuls qui restent fixes. La ligne courbe $\delta\varepsilon$ s'infléchit de manière qu'elle devient l'arc marqué $\delta\varepsilon$ (fig. 58); la ligne anguleuse, terminée par les points ψ, *r* (fig. 59), se divise en trois parties ψu, *ku*, *kr*, dont la première devient la partie $\psi\gamma u$ (fig. 58) de la ligne anguleuse comprise entre les points ψ, *b*; la seconde, que nous désignerons maintenant par *o'z* (fig. 59), les points *u*, *o'* d'une part et *k*, *z* de l'autre, étant censés se confondre, se détache pour aller fournir la branche *oz* de la courbe *zom* (fig. 58); la troisième partie *kr* (fig. 59) se dirige diagonalement, et donne la ligne marquée des mêmes lettres (fig. 58). En suivant de même les autres indications, on concevra que la seconde branche *om* de la courbe *zom* provient de la partie inférieure *om* (fig. 59) de la ligne anguleuse terminée par les points *m*, *c*, laquelle partie, en restant fixe par le point *o*, s'infléchit en sens contraire de l'autre branche *oz* (fig. 58), et ainsi du reste.

378. Dans l'exemple précédent, les trois lignes courbes $e\gamma$, $\gamma\delta$, δh (fig. 55) comprises entre les côtés *gh*, *en*, et que l'on peut regarder comme les parties composantes du dessin, restent entières pendant le passage au résultat que représente la figure 57; les grains de poussière qui en sont comme les éléments, conservent leur liaison et ne font autre chose que s'arranger conformément à la tendance qu'ont les lignes à devenir parallèles. Mais dans le cas présent, le dessin est décomposé en un certain nombre de parties dont les éléments se réunissent dans un ordre qui n'a rien de commun avec le premier. Une autre différence entre le même résultat et celui que nous avons cité d'abord, consiste en ce que dans ce dernier le passage d'un extrême à l'autre se fait par une gradation de nuances intermédiaires, à mesure que le point d'appui se déplace en se rapprochant du côté *hn*. Il en est autrement du second résultat; les déplacements successifs du point d'appui dans l'espace compris entre *a* et *a'*, ou ne produisent aucun effet, ou font naître un dessin différent qu'accompagne un autre son. Il peut arriver, par exemple, que les doigts parvenus à la proximité du point d'appui *a'*, rencontrent celui qui se rapporte au dessin de la figure 55 (1). La transformation du premier dessin en celui de la figure 58, répond à un second terme où elle se montre tout à coup sans avoir été amenée. Nous remarquerons en finissant cet article, que dans tous les cas où le son est constant, tandis que le dessin subit un changement quelconque, la position de l'archet reste aussi la même, en sorte que c'est toujours celle du point d'appui qui a varié.

Disposition des points d'appui et de ceux sur lesquels agit le frottement.

Nous avons déjà annoncé que l'on pouvait déplacer le point d'appui qui avait concouru à la production d'un dessin en le faisant mouvoir, jusqu'à un certain terme, sur une ligne nodale sans que le résultat fût altéré. Cependant,

(1) Il y a un autre point situé un peu de côté, en allant vers *en*, qui donne un dessin particulier qu'accompagne un son plus bas d'un demi-ton que *ré*. La figure 60 représente ce dessin.

parmi les diverses positions que ce point est susceptible de prendre, il en est une qui doit être regardée comme la limite en deçà et au delà de laquelle les autres varient, et que l'on peut souvent reconnaître à un caractère qui lui est propre, et qui consiste en ce qu'elle se trouve à l'endroit où plusieurs lignes nodales s'entrecoupent, en les supposant prolongées, s'il est nécessaire. La chose est évidente à l'égard des points d'appui situés en *a* (fig. 47 et 50), ou en *a*, *a'* (fig. 50 et 51). Lorsqu'on obtient le dessin de la figure 48, le point d'appui *a* ne se trouve pas dans l'intersection de deux lignes nodales à laquelle le dessin ne se prête pas, mais au milieu de l'une d'elles, et c'est probablement pour cette raison que ce dessin est ordinairement peu prononcé. Ce n'est que quand le point d'appui a été transporté en *a'* (fig. 49), que les lignes nodales se dessinent nettement en même temps que leur commune intersection passe par ce même point. Nous allons citer un nouvel exemple propre à répandre du jour sur ce qui vient d'être dit.

379. Supposons qu'ayant pris un point d'appui en *a'* (fig. 61) éloigné de *gh* d'une quantité égale au quart de cette ligne, ou de tout autre côté, on fasse passer l'archet sur le point *f* situé au-dessous de *a'*, un peu plus vers *gh*. On verra paraître le dessin que représente la figure, et qui est composé de trois courbes, dont chacune a une branche dans le sens d'une diagonale, et l'autre parallèle à l'un des côtés, plus de deux lignes droites, *tu*, *lp*, dont les positions sont analogues aux précédentes. On obtiendra le même effet en transportant le point d'appui à d'autres endroits de la ligne *ko*, comme en *s* (1), qui en occupe à peu près le milieu. Mais le son qui répondra à ces divers effets se terminera avec le mouvement de l'archet. Si, au contraire, on place le point d'appui au centre *a* de la lame, où les lignes nodales situées diagonalement tendent à se couper, le retour du même effet sera accompagné d'un son plus mélodieux qui ne s'éteindra qu'au bout d'un instant, ce qui paraîtrait seul indiquer que le point d'appui est parvenu à son centre.

380. La position de l'archet est de même susceptible de parcourir une certaine latitude, sans que le résultat cesse d'être constant, et il existe aussi au milieu de ces variations un point dans lequel réside l'origine des vibrations, et que le seul aspect du dessin auquel il correspond suffit quelquefois pour indiquer. Ainsi il est visible que dans les résultats que représentent les figures 53 et 54, ce point est placé exactement au milieu du côté *hn*. Mais sa position n'est pas indiquée avec la même précision relativement au dessin de la figure 61, soit qu'on la prenne en *f*, comme ci-dessus, ou en *f'* du côté opposé, ainsi qu'on en est le maître. Dans ce dernier cas, on ne peut pas assurer qu'elle soit à égale distance entre les extrémités des deux branches de la courbe irrégulière *cyn*. Pour que cette idée parût admissible, il faudrait que ces branches fussent semblables, et rencontrassent le côté *hn* sous des angles égaux. On parviendrait peut-être à fixer, dans ces sortes de cas, la position du point dont il s'agit, en combinant deux dessins différents, par des observations du genre de celle que nous allons citer.

381. Supposons que l'on ait obtenu le dessin de la figure 49, en prenant le point *a'* au quart de la distance entre les côtés *gh*, *en*, et en plaçant l'archet au milieu *f* du côté *hn*, ce qui est le cas où le dessin a le plus de netteté. Les choses étant dans cet état, si l'on transporte l'archet à l'extrémité *o* de la ligne nodale *mko*, le son descendra d'une octave juste, et l'on verra paraître le dessin de la figure 61. On pourra remarquer de plus que l'on parvient au même résultat, en prenant la position de l'archet à la gauche ou à la droite du point *o* (fig. 49), de manière que ce point paraît être au milieu de l'espace que l'archet peut parcourir sans que le résultat soit changé. Or, la distance de ce point à l'angle *h* est ou exactement ou à très-peu près égale aux 2/9 du côté *hn*, ainsi que nous l'avons dit plus haut, ce qui donnait, par rapport au dessin de la figure 61, la position du point dans lequel réside l'origine des vibrations. Nous nous bornerons à ce seul exemple, que nous ne donnerons même que comme un essai d'observations qu'il faudrait avoir multipliées et suivies avec attention, pour

---

(1) Nous avons trouvé dans une nouvelle expérience que, pour continuer d'obtenir le même effet, il faut transporter l'appui dans quelque autre point de la ligne *mα* plus avancé vers le centre, et que c'est quand il arrive au centre que la durée du son est à son *maximum*.

s'assurer de l'utilité dont elles peuvent être relativement au but proposé. L'exemple dont il s'agit nous aurait paru digne d'être cité, à raison de ce qu'il a d'intéressant en lui même, par la corrélation qu'il nous découvre entre les dessins des figures 49 et 61. Pour le mieux saisir, on commence par faire naître le second dessin. Prenant ensuite le point *a* (fig. 49) et le point *f*, comme il a été indiqué plus haut, on fera mouvoir lentement l'archet; pendant ce mouvement, les lignes *mk*, *tu* (fig. 61), restent fixes; les lignes *cy*, *t'r*, disparaissent; les autres lignes *ko*, *yx*, *tz*, *pl*, se dirigent parallèlement aux bords de la lame, comme le représente la figure 49, en même temps que *tz* se réunit à *tu* et *lp* a *yx*, au moyen d'une inflexion. Le passage d'un dessin à l'autre se fait ici d'une manière bien plus simple et plus directe que celui qui a lieu entre les dessins des figures 58 et 59. Cependant ce dernier n'emporte aucune altération dans le degré du son. Dans l'autre les deux sons diffèrent, mais en donnant l'octave qui est, après l'unisson, la plus parfaite des consonnances. Le dessin de la figure 61 n'est pas symétrique; pour qu'il le fût, il faudrait qu'il ressemblât à celui de la figure 62, formé de quatre courbes qui ont toutes le même rapport de position avec la surface vibrante. Mais nous n'avons jamais pu obtenir ce dernier dessin.

Influence des contacts surnuméraires pour faire varier les résultats.

Nous avons déjà vu que le contact d'un doigt libre peut être employé comme moyen accessoire pour faciliter la production d'un résultat. Mais il est des cas où il devient une condition nécessaire pour produire un effet auquel la surface vibrante abandonnée à elle-même se refuserait. Nous nous bornerons encore ici à un seul exemple.

382. Supposons que l'on ait d'abord fait naître le dessin de la figure 61, en prenant le point d'appui au centre *a*, et plaçant l'archet au point *f*, comme il a été dit plus haut. Si le point d'appui descend ensuite peu à peu le long de la ligne *ko*, le dessin restera le même jusqu'à un certain terme, où l'on verra paraître celui de la figure 55, qui subsistera à son tour, à mesure que l'appui continuera de se mouvoir, jusqu'à un autre terme, sur la ligne *ko*. Or, si pendant ce second mouvement on touche l'angle *g* avec un doigt libre, le son *ut*, qui avait commencé à se faire entendre, sera remplacé tout à coup par le son *mi*, et le dessin de la figure 61 reparaîtra sans cependant être aussi prononcé que la première fois. On pourra même faire succéder les deux sons l'un à l'autre, en se servant de la longueur de l'archet, et il pourra arriver que l'on entende à la fois, pendant un petit instant, les deux sons qui formeront une tierce mineure très-juste. Ainsi, après l'apparition du dessin de la figure 55, la lame vibrante conservait encore une disposition à reproduire le dessin précédent, laquelle exigeait pour s'exercer qu'un contact additionnel ramenât l'impression d'une des lignes nodales relatives à ce dessin.

383. Nous terminerons ce que nous avons à dire sur les effets des vibrations excitées dans les lames carrées par l'indication du dessin que représente la figure 63, et qui nous a paru curieux par les contours variés des lignes nodales dont il est l'assemblage, et par la conformité qui naît de leur disposition symétrique entre les deux moitiés de la lame séparées par la diagonale qui va de *h* en *e* (1). Les positions des points d'appui *a*, *a*, sont les mêmes que pour les dessins de la figure 56, c'est-à-dire que leurs distances aux angles les plus voisins sont égales au tiers du côté du carré. Mais le point *f*, où l'on applique l'archet, se rapproche davantage du milieu de *ne*; sa distance à l'angle *a* nous a paru égale à peu près aux 2/5 de la même ligne. Le son est $\overset{4}{mi}$ (2). Ce résultat a été obtenu avec une lame de laiton d'environ 135 millimètres ou 5 pouces de côté.

EXPÉRIENCES AVEC DES LAMES CIRCULAIRES.

Cas où le point d'appui est situé au centre de la surface vibrante.

La position du point d'appui est susceptible de varier sur une lame circu-

(1) L'expérience qui donne ce résultat a été trouvée par madame Vuillemot, nièce de l'auteur.

(2) Ce son est souvent accompagné d'un autre qui se fait entendre sourdement et qui répond au dessin que l'on voit (fig. 55). Ce n'est qu'après plusieurs tâtonnements que l'on parvient à obtenir isolément celui qui est le but de l'expérience.

faire comme sur celle dont la figure est un carré, et même entre des limites plus étendues, sans que le dessin soit changé. Nous le supposons ici au centre, parce que ce point est à la fois le milieu de l'espace qu'elle peut parcourir dans tous les sens, relativement à un même résultat; c'est aussi celle qui donne les vibrations les moins promptes à s'éteindre après qu'on a retiré l'archet.

384. Si l'on frotte à plusieurs reprises un point quelconque de la circonférence, il arrivera que certaines nuances dans le degré de pression et de vitesse de l'archet détermineront divers sons à se faire entendre tour à tour, ou même simultanément; on obtiendra des effets plus variés en transportant l'archet successivement à différents points de la circonférence dont la disposition physique ne peut être rigoureusement la même, quoiqu'ils soient censés être tous à des distances égales du centre.

385. Les dessins auxquels répondent ces différents sons se composent en général de lignes droites situées sur les directions d'autant de rayons, et liées deux à deux par des arcs dont le sommet est tourné vers le centre. Le nombre de ces lignes augmente à mesure que le son devient plus aigu, et en même temps les lignes se raccourcissent et les arcs descendent vers la circonférence. Un coup d'œil jeté sur les figures 64, 65, etc., donnera une idée de cette disposition des lignes nodales. L'espace situé autour du centre et terminé par les convexités des arcs reste immobile et couvert de poussière. — Le diamètre des lames dont nous nous sommes servi pour les expériences de ce genre était d'environ 108 millimètres ou 4 pouces. Les unes étaient de verre ordinaire et les autres de laiton, ayant une épaisseur d'environ 2/3 de millimètre ou 3/10 de ligne. Ce métal donne des sons plus doux et plus faciles à apprécier. Nous avons aussi employé une lame d'environ 162 millimètres ou 6 pouces de diamètre.

386. Dans chaque dessin, la circonférence se trouve sous-divisée en un certain nombre de parties égales par les lignes situées sur les directions des rayons. Les résultats auxquels nous sommes parvenu ont donné les différentes sous-divisions de 360, en nombres pairs, depuis quatre jusqu'à vingt inclusivement. Il n'est pas douteux que l'on irait plus loin avec des lames d'un plus grand diamètre. Les sons correspondants ont été successivement $\overset{1}{\textit{ut}}$ pour 4 sous-divisions, $\overset{2}{\textit{ré}}$ pour 6, $\overset{3}{\textit{ut}}$ pour 8, $\overset{3}{\textit{fa}}$ pour 10 (1), $\overset{4}{\textit{ut}}$ pour 12 (2), $\overset{4}{\textit{sol}}$ pour 14, $\overset{5}{\textit{ut}}$ pour 16; les sons relatifs aux deux derniers résultats étaient si aigus que nous n'avons pu les apprécier exactement. D'après une analogie qui sera indiquée plus bas, on aurait $\overset{5}{\textit{mi}}$ pour 18 divisions et $\overset{5}{\textit{sol}}$ dièse pour 20.

387. L'espèce d'indifférence que chaque point de la périphérie a pour donner naissance à un rapport de vibrations plutôt qu'à un autre rend les sons que l'on essaie d'en tirer tellement fugitifs, que l'on est quelquefois obligé de tâtonner long-temps avant de parvenir à se rendre maître de celui que l'on a en vue d'obtenir. On évite ou du moins on abrège beaucoup ces tâtonnements en faisant usage du principe que, dans chaque dessin du genre de ceux dont il s'agit ici, l'angle que forment entre elles deux lignes nodales voisines est égal à la circonférence divisée par le nombre total de ces lignes, et que le milieu de chacun de ces arcs est un des points entre lesquels on peut choisir pour y faire passer l'archet. Cela posé, tandis que l'on tient la lame par le centre entre deux doigts, on met un de ceux qui sont restés libres en contact avec un point pris à volonté en dessous de la lame, près de la circonférence. Ce contact détermine la formation d'une ligne nodale qui coïncide avec le diamètre mené par le point dont il s'agit, après quoi il est facile de calculer la distance à laquelle il faut placer l'archet. Veut-on faire naître une étoile composée de six rayons situés comme ceux d'un hexagone régulier, on place l'archet à 30 degrés du même diamètre, et ainsi des autres dessins. — Dans ces expériences, comme dans plusieurs de celles que nous avons citées plus haut, l'archet a une certaine latitude à parcourir en deçà et au delà du point auquel répond la véritable origine des

(1) $\overset{3}{\textit{Sol}}$ pour 10, avec la grande lame de cuivre.

(2) $\overset{4}{\textit{Ré}}$ juste pour 12, avec la même lame.

vibrations. Pendant ce mouvement, il rencontre assez souvent sur son passage un autre point dans lequel il excite un commencement de vibrations qui répond à un autre dessin, et donne naissance à un son différent que l'on parvient à fixer à l'aide d'un frottement bien ménagé. En ce genre, comme en une multitude d'autres, la facilité de réussir dépend beaucoup de l'habitude.

Cas où le point d'appui est nécessairement situé hors du centre.

388. Dans les effets qui précèdent, le centre est considéré comme la limite autour de laquelle la position du point d'appui est susceptible de varier pour un même rapport de vibrations. Mais cette limite ne s'étend que jusqu'à une certaine distance du centre, passé laquelle les changements de position de l'appui déterminent un nouvel ordre de phénomènes. Les dessins qui en résultent, comparés entre eux, ne présentent plus le même caractère d'uniformité. La partie non vibrante de la surface, qui, comme nous l'avons vu, va toujours en augmentant à mesure que le point d'appui, que l'on est libre de substituer à celui qui se confond avec le centre, descend vers la circonférence, devient tout à coup nulle, en sorte que la surface entière est mobile.

389. On peut employer une manière d'amener un des nouveaux phénomènes qui rendra sensible les différences dont nous venons de parler. Ayant pris d'abord le point d'appui au centre, on le fait descendre progressivement le long d'un rayon, et en même temps on frotte avec l'archet le point de la circonférence auquel aboutit ce rayon. Ces frottements répétés font naître successivement différents sons dont chacun répond à l'un des résultats décrits précédemment, et qui deviennent très-aigus à une certaine proximité de la circonférence. Il y a un terme où ils sont accompagnés d'un autre son qui frémit sourdement et dont l'expression est $\overset{1}{sol}$; et lorsque l'appui, en avançant toujours, est parvenu au point où ce son se fait entendre seul et dans toute sa force, quoique ayant toujours une certaine dureté, on voit paraître sur la surface vibrante (fig. 71) la circonférence d'un cercle parfait, concentrique à celui de cette surface, et qui passe par le point dont il s'agit. La distance de ce point à la circonférence de la lame vibrante est environ 1/7 du diamètre. Sa position n'est pas susceptible de varier en deçà ou au delà de cette distance, et celle du point frotté est fixe à l'extrémité du rayon qui aboutit au même point.

390. L'appui, continuant de descendre vers la circonférence, arrive à un autre terme qui en est distant à peu près de 1/9 du diamètre; et si, dans le même cas, on transporte l'archet, soit au point *f* situé à 90 degrés du terme dont il s'agit, soit dans quelqu'un des points intermédiaires, tels que f', f'', jusque vers le 45e degré, on obtiendra le dessin représenté (fig. 72), composé d'une ligne nodale située en partie parallèlement à la circonférence et en partie dans la direction du diamètre. L'expression du son correspondant est $\overset{2}{si}$ bémol. On peut parvenir au même résultat en serrant la lame entre deux doigts placés en a', a'', aux extrémités d'un même diamètre, et en plaçant l'archet en *f*, à 90 degrés de chacun des mêmes points. On repassera du dessin dont il s'agit ici au précédent, en rendant au point d'appui la position d'où dépend ce dernier, et en replaçant l'archet à l'extrémité du même rayon. La ligne diamétrale disparaît et la partie circulaire se rapproche très-sensiblement de la circonférence.

391. On peut aussi se servir du résultat qu'indique la figure 72 pour rendre sensible l'immobilité de la partie moyenne de la surface vibrante, dans les expériences relatives aux dessins représentés (fig. 64, 65, etc.) A cet effet, on transportera d'abord le point d'appui un peu plus près du centre que le point *a* (fig. 70), en le laissant sur la ligne diamétrale *dd'* (fig. 72). On le fera ensuite avancer progressivement vers le centre, en frottant avec l'archet différents points de la circonférence. Au moment où l'on aura obtenu un dessin quelconque, on pourra remarquer que la partie de la ligne diamétrale comprise dans l'espace exempt de vibrations subsistera toujours, en restant comme étrangère aux phénomènes. — Nous nous bornerons à ces résultats, auxquels on peut en ajouter beaucoup d'autres en employant des lames plus étendues. Quelques-uns des dessins que l'on obtient dans ce cas sont aussi susceptibles de se modifier d'une manière plus ou

moins sensible, tandis que le rapport de vibration et le son qui en est la suite restent les mêmes. — On conçoit aisément à quel point la fécondité de ce genre d'expériences doit s'accroître par la faculté que l'on a de faire varier la forme des lames que l'on emploie. Nous nous en sommes tenu à deux limites, dont l'une se rapporte aux lignes rectilignes et l'autre à celles qui sont curvilignes. Notre but a été moins de multiplier les résultats que de les coordonner et d'en former un système propre à montrer les rapports mutuels que quelques-uns ont entre eux, à fixer l'attention sur certaines considérations auxquelles il serait utile d'avoir égard dans l'explication des faits ; en un mot, à faire sentir toute la délicatesse du sujet et la grandeur des difficultés qu'auront à vaincre ceux qui entreprendront de débrouiller l'étrange complication que présentent tant de phénomènes divers, en les soumettant à une théorie qui les fasse découler tous d'un même principe.

392. M. Chladni a essayé de tracer la route qui doit être suivie pour arriver à cette théorie. Suivant ce célèbre physicien, le premier pas à faire serait de déterminer, par des formules générales, les lois des vibrations tournantes d'une verge cylindrique ou prismatique, c'est-à-dire de celles qui se font par de petits mouvements oscillatoires que chaque molécule fait autour de l'axe (1). On appliquerait la théorie de ces mouvements à ceux d'une lame rectangulaire, auxquels M. Chladni pense qu'ils peuvent être assimilés. Ce rapprochement est fondé sur ce que les rapports entre les sons que rend une lame de cette figure, à mesure que l'une de ses dimensions diminue à l'égard de l'autre, approchent toujours davantage de ceux qui ont lieu à l'égard des sons rendus par une verge qui fait des vibrations tournantes (2). Cette espèce de verge donnerait ainsi comme l'effet élémentaire d'où l'on partirait pour expliquer les résultats produits par des lames rectangulaires dont la largeur irait en augmentant (3) ; on étendrait ensuite les mêmes principes aux lames d'une forme différente (4).

(1) Acoustique, p. 131.
(2) Ibid., p. 112, 139 et 172.
(3) Ibid., p. 132.
(4) Ibid., p. 134.

393. M. Chladni regarde la ligne droite comme étant celle qui donne la figure primitive des lignes nodales, en sorte que les courbures que présentent souvent ces dernières sont des déviations ou des distorsions de la ligne droite (1) : ainsi, en décrivant l'expérience dont les résultats sont indiqués (fig. 55, 56 et 57), il place en premier lieu celui de la figure 57, où le dessin est composé de trois lignes droites parallèles entre elles, et la courbe que l'on voit (fig. 55) provient des distorsions de ces lignes. Nous avons cependant remarqué, à l'occasion de la même expérience, que c'est lorsque l'on a obtenu le dessin de la figure 55 que le son est plus mélodieux et a plus de permanence, et qu'il devient plus sec et plus dur à mesure que le dessin se rapproche de la figure rectiligne ; ce qui pourrait faire présumer que le résultat relatif au dessin dont il s'agit est celui auquel répond le véritable centre d'action des forces, d'où dépend le mouvement vibratoire, puisque c'est dans ce même cas qu'elles s'exercent avec le plus de liberté.

394. M. Chladni, ayant cherché les nombres des lignes nodales situées dans un même sens sur les différents dessins qu'une surface vibrante d'une figure donnée était susceptible de produire, a trouvé que quand ces nombres suivaient le rapport des termes de la série naturelle 2, 3, 4, 5, 6, etc., les racines carrées des nombres de vibrations d'où dépendaient les sons qui accompagnaient ces dessins étaient aussi à peu près en progression arithmétique. Un résultat de ce genre qui nous a paru surtout remarquable est celui que présentent les expériences faites avec une lame circulaire, dans lesquelles toutes les lignes nodales sont des portions de rayons liées deux à deux par des inflexions (*voyez* les figures 64, 65, etc.) Dans ce cas, les nombres de ces lignes, ou plus simplement leurs moitiés, sont successivement 2, 3, 4, 5, 6, 7, 8, 9, 10, laquelle série est la même que celle des racines carrées des nombres, 4, 9, 16, 25, 36, 49, 64, 81, 100, qui approche beaucoup de la suivante : 4, 9, 16, 24, 36, 48, 64, 80, 100. Or, les termes de celles ci sont dans le rapport des nombres de vibrations relatifs aux sons *ut*,
2 3 3 4 4 5 5 5
ré, *ut*, *sol*, *ré*, *sol*, *ut*, *mi*, *sol* dièse,

(1) Ibid., p. 143.

qui se trouvent être à peu près les mêmes que ceux qui répondent successivement aux dessins. On doit faire ici abstraction des deux derniers, qui, comme nous l'avons dit, n'ont pu être exactement appréciés. D'ailleurs nous ne donnons la relation dont il s'agit que comme un simple résultat d'observation, et M. Chladni a usé de la même réserve en citant des faits analogues à celui-ci.

395. M. Paradisi, savant italien, a entrepris sur le même sujet des recherches qui paraissent avoir été dirigées vers le véritable point de vue de la théorie. En faisant vibrer une lame rectangulaire de verre par de très-petits coups d'archet successifs, il a reconnu que les lignes nodales formaient d'abord des courbes qui, suivant lui, étaient des demi-cercles appuyés sur les côtés du rectangle, et dont l'un avait son centre à l'endroit où était appliqué l'archet. En poursuivant l'expérience, il a vu les demi-cercles subir graduellement des changements de figure, à l'aide desquels leur courbure allait en diminuant, et ils ont fini par un assortiment symétrique de lignes droites, dont l'une, dirigée parallèlement aux grands côtés du rectangle, se divisait en deux moitiés, et les autres étaient parallèles aux petits côtés. M. Paradisi appelle *centre de vibration* le centre du cercle qui se forme autour du point d'application de l'archet, et *centres secondaires*, ceux des autres cercles. Il représente les actions qu'exercent sur l'élément d'un cercle quelconque, les centres des autres cercles, par une équation différentielle qu'il n'a pu intégrer, faute d'avoir toutes les données nécessaires pour parvenir à cette intégration. La solution complète du problème dont il s'agit ici, consisterait à déterminer le système de lignes nodales qui devrait avoir lieu, en supposant que l'on connût la figure de la lame vibrante, la position du point d'appui, celle du point où l'on applique l'archet et le rapport de vibration indiqué par le son qui se fait entendre. La science paraît encore éloignée du terme où ce problème sera résolu d'une manière satisfaisante. Ces dessins, qui, par leur symétrie, semblent être tout préparés pour recevoir l'empreinte du calcul analytique, tendent plutôt à lui échapper dans l'état actuel de nos connaissances. Ils se réduisent jusqu'ici à de simples résultats d'expériences, mais si étonnants par eux-mêmes, qu'ils ne cesseraient point de l'être dans le cas même où ils seraient expliqués. Les expériences relatives aux surfaces vibrantes ne sont pas restées stériles pour le progrès des arts, M. le docteur Savart a tiré un parti très-ingénieux de ces corps, dont les sons isolés n'excitent un vif intérêt qu'en ce qu'ils parlent aux yeux, pour perfectionner la construction de ces instruments qui nous en font entendre de si flatteurs, que le musicien enchaîne et diversifie à son gré. Il s'agit ici des instruments à cordes, et le violon est celui que M. Savart a choisi pour en faire l'objet de ses recherches.

396. Dans les violons ordinaires, on donne aux tables des formes voûtées et contournées, et cette construction, déjà vicieuse en elle-même, a de plus l'inconvénient d'exiger que les fibres du bois soient coupées suivant différentes directions, et sous des longueurs variables. Il en résulte dans les vibrations communiquées aux diverses parties de l'instrument, un dérangement de symétrie et une sorte de disparate qui donne de l'aigreur aux sons produits par l'ensemble de ces vibrations, et dont ils se ressentent encore par un défaut d'uniformité et de liaison, lorsqu'ils se succèdent dans une même mélodie.

397. Ces inconvénients disparaissent dans le violon de M. Savart, dont l'exécution se trouve ramenée à une simplicité qui en rend les différentes parties plus homogènes. Il construit la caisse avec des tables planes, composées de deux pièces qu'il tire de la même planche, en la fendant et en la dédoublant dans le sens de ses fibres longitudinales. Ces pièces vont en s'amincissant graduellement, à partir de l'endroit où l'ébranlement est excité par le contact du chevalet. La figure de ces tables est celle d'un trapèze dont le plus petit des côtés parallèles est situé près du manche. La ligne droite reparaît dans les ouvertures qui, au lieu d'être recourbées par leurs extrémités comme dans les autres violons, représentent des rectangles dont les grands côtés sont dirigés parallèlement aux fibres ligneuses. Cette figure en est mieux assortie aux usages de ces ouvertures, dont le principal est d'établir une communication entre l'air contenu dans la caisse et celui du dehors.

398. M. Savart, en imitant avec le violon le procédé employé par M. Chladni,

pour rendre sensibles à l'œil les résultats du mouvement vibratoire, a pu apprécier la justesse des vues qui l'ont dirigé dans la construction de son violon. Après avoir répandu sur une des tables un sable fin, il faisait résonner une des cordes en y passant l'archet, et l'on voyait la couche de sable se transformer subitement en un système de lignes nodales qui s'arrangeaient symétriquement autour de l'axe de la table. M. Savart a mis en vibration de la même manière les diverses parties de l'instrument, jusqu'aux plus petites, ce qui a fait voir avec quelle ponctualité tous les détails concouraient, chacun à leur manière, à l'effet de l'ensemble.

3.9. L'usage du petit cylindre interposé entre les deux tables, et auquel on a donné le nom d'*âme*, a dû fixer particulièrement l'attention de M. Savart. L'expérience l'a éclairé sur ce point important. Il a pris deux plaques circulaires faites d'un même bois et d'égales dimensions. Il les a fixées par leurs centres aux deux extrémités d'une tige cylindrique de bois, puis, tenant cette tige verticalement entre deux doigts, il a répandu sur les plaques du sable fin, et a passé un archet sur les bords de l'une d'elles, de manière à en tirer un des sons qu'elle était susceptible de rendre. Le même dessin s'est montré à l'instant sur toutes les deux. Cette expérience, à laquelle M. Savart a fait subir diverses modifications, en employant des plaques de dimensions différentes, a prouvé que la véritable destination de l'âme était, non pas de soutenir la table supérieure pour l'empêcher de céder à la pression des cordes, mais de transmettre les vibrations de cette table à celle du fond; et pour que cette transmission s'accordât avec les indications de l'appareil qui avait servi comme de modèle, M. Savart a modifié les épaisseurs des deux tables, jusqu'à ce qu'elles rendissent exactement le même son. A l'égard de l'âme, il a été conduit, par des considérations puisées dans la théorie et dans l'expérience, à la placer dans un point où un nœud de vibration avec lequel elle se trouverait en contact fût assez délié pour ne pas s'opposer à la transmission du mouvement vibratoire d'une table à l'autre, et il a jugé que ce point devait être situé derrière le pied droit du chevalet et un peu en dehors.

400. Les qualités qui distinguent le violon de M. Savart consistent dans la douceur et dans la pureté des sons pris séparément, et dans leur égalité qui se soutient partout en allant du grave à l'aigu, lorsqu'ils se font entendre successivement. L'oreille ne s'aperçoit du passage de l'un à l'autre que par le changement de degré. L'instrument a de plus cet avantage que sa construction étant fondée sur des règles fixes, et n'ayant rien d'arbitraire, un ouvrier ordinaire peut en exécuter un du même genre, qui, sans avoir la perfection à laquelle atteindrait un habile luthier, ne s'en éloignera pas sensiblement (1).

401. Nous ajouterons ici une considération relative à une différence qui a été remarquée par M. Savart, entre les expériences faites avec des lames circulaires de bois, et celles dans lesquelles on emploie des lames composées d'une substance inorganique, telle que le verre ou le laiton. Ces dernières ayant un tissu uniforme et partout semblable à lui-même, le mouvement imprimé par le frottement de l'archet à un point quelconque de leur circonférence, peut faire naître indistinctement tel système de lignes nodales ou tel autre, en sorte que l'attente de l'observateur qui se propose d'obtenir un dessin particulier dont il a fait choix est le plus souvent trompée, à moins qu'il n'ait déterminé d'avance, à l'aide du moyen que nous avons indiqué plus haut, la position d'un des diamètres qui appartiennent à ce dessin. Dans les plaques de bois, au contraire, les fibres ligneuses ayant une direction fixe, opposent au mouvement vibratoire, qui tend à se communiquer dans le sens de cette direction, une résistance beaucoup plus grande que celle qui a lieu dans un autre sens. Il en résulte qu'à l'instant où l'on fait passer l'archet sur tel point que l'on veut de la circonférence, on voit paraître une ligne nodale sur la file de fibres ligneuses qui passe par le centre; et, à l'aide de cette donnée naturelle, l'observateur est le maître de donner à l'archet la position convenable pour faire naître le dessin qu'il a dans l'idée.

(1) Voyez, pour plus ample développement des principes de l'auteur et des applications qu'il en a faites, le Mémoire qu'il a publié sur le même sujet, et qui a obtenu le suffrage de l'Académie royale des sciences. Paris, 1819, chez Déterville.

DU CALORIQUE.

402. Dans tout ce que nous avons dit jusqu'ici des corps solides, nous avons considéré leurs molécules comme réunies, d'une manière invariable, par la force de l'affinité, et nous n'avons fait attention qu'aux différentes modifications de figures qui résultaient de leur arrangement. Mais l'affinité elle-même, ou plutôt l'adhérence qu'elle produit entre les molécules, est susceptible d'une infinité de variations dépendantes d'une cause qui en balance plus ou moins l'effet, et quelquefois finit par le détruire entièrement. Cette cause, qui réside dans tous les corps, tend continuellement à écarter leurs molécules et, suivant que son action l'emporte sur celle de l'affinité, ou est en équilibre avec elle, ou enfin lui est inférieure; le corps se dilate, ou conserve son volume, ou se resserre dans un plus petit espace. Les changements qu'elle opère dans les dimensions des corps, ordinairement assez légers pour échapper aux yeux, sont très-remarquables dans certaines circonstances dont nous citerons des exemples. Mais son action se manifeste à nous par un effet d'un autre genre, qui a un rapport intime avec notre organisation. Lorsque cette action s'exerce avec plus d'énergie sur les corps qui nous environnent que sur les autres, il en résulte une rupture d'équilibre qui fait naître en nous la sensation connue sous le nom de *chaleur*. Tout le monde sait que celle-ci devient plus vive et va jusqu'à la douleur, lorsqu'on s'approche des corps embrasés où l'activité de la cause dont il s'agit s'annonce par la destruction même de ces corps. Les physiciens ont donné à cette cause le nom de *feu*, de *matière de la chaleur* ou même de *chaleur*; les chimistes modernes la désignent sous celui de *calorique*, que nous adopterons.

403. Le calorique n'est-il que l'effet d'un mouvement intestin en vertu duquel les molécules des corps soient sollicitées à s'écarter ou à se rapprocher les unes des autres, selon les circonstances? ou bien est-ce une matière réellement existante qui écarte les mêmes molécules ou leur permette de se rapprocher, suivant que sa quantité augmente ou diminue dans les corps? Sans rien décider entre ces deux opinions, nous emploierons le langage qui est conforme à la seconde, en la regardant seulement comme une hypothèse plus propre à aider la conception des phénomènes et plus commode pour les exprimer. Nous en userons de même dans toutes les occasions semblables et particulièrement lorsque nous traiterons de l'électricité et du magnétisme, en désignant par le mot de *fluide* les deux principes composants du fluide soit électrique soit magnétique, non pas pour exprimer des êtres dont l'existence n'est pas suffisamment prouvée, mais pour donner par la pensée un sujet à l'action des forces connues qui concourent à la production des phénomènes. Du reste, nous ne perdrons pas de vue la différence que l'on doit mettre entre les véritables fluides que nous palpons, que nous coerçons dans des vases, et ces agents, sur l'existence desquels l'observation s'est tue jusqu'ici. Nous ne les plaçons point dans la nature, mais seulement dans la théorie, parce qu'ils ont l'avantage, quand ils sont bien choisis, de présenter fidèlement les résultats, d'en offrir une explication satisfaisante, et même de nous aider à les prévoir; en sorte que s'ils ne sont pas les véritables agents employés par la nature à la production des phénomènes, ils sont censés en tenir lieu et en être les équivalents.

404. Nous insistons sur cette remarque parce qu'il nous paraît essentiel au progrès des sciences de porter partout, dans leur étude, cette justesse et cette précision d'idées, cette méthode correcte et sévère qui met chaque chose à son véritable niveau, qui évite d'en faire dire à la nature plus qu'elle n'en a dit, et de confondre une hypothèse simplement explicative avec une vue nette des objets qui ont un fondement réel. On peut comparer la physique à un tableau qui, pour être heureusement exécuté, doit faire ressortir la nuance expressive qui sépare la certitude de la simple ressemblance, et où l'on doit reconnaître tour à tour une main ferme et hardie dans les traits fortement prononcés, et une main sage et mesurée dans ceux qui demandent à être adoucis. Revenons à l'objet dont nous avions commencé à nous occuper. C'est à la chimie qu'appartient encore le développement des effets qui dépendent de la manière dont le calorique agit dans la composition et la décomposition des corps. Nous le considérerons surtout dans son état ordinaire et sous le point de vue de la physique.

TEMPÉRATURES. THERMOMÈTRES.

405. Dans l'hypothèse que nous avons admise, le calorique doit être considéré comme un fluide très-subtil, éminemment élastique, qui pénètre tous les corps dans l'intérieur desquels il est répandu plus ou moins abondamment. La quantité de ce fluide que renferme un corps n'y jouit pas de toute sa force expansive naturelle, ainsi que nous l'expliquerons dans la suite; mais elle en conserve une partie plus ou moins considérable, en vertu de laquelle le calorique fait effort pour s'échapper du même corps, en sorte qu'il ne peut y être maintenu que par la résistance du calorique engagé dans les corps environnants, et qui a une tendance égale à s'en échapper. Si cette égalité cesse par une surabondance de calorique dans quelqu'un des corps, celui-ci cède aux autres une portion de son fluide, jusqu'à ce que l'équilibre soit rétabli. La tendance du calorique à s'échapper ainsi d'un corps a été désignée par le mot *tension*, qui assimile l'état du calorique à celui d'un ressort bandé. C'est proprement dans la quantité de cette tension que consiste ce qu'on appelle la *température* d'un corps et, suivant que la tension augmente ou diminue, la température s'élève ou s'abaisse, ce que l'on exprime aussi, dans un style plus familier, en disant que le corps s'échauffe ou se refroidit. La connaissance des thermomètres dont nous allons donner l'histoire et la description, nous donnera une idée plus sensible de ce que l'on entend par le mot température.

Origine du thermomètre.

406. Cet instrument, dont on attribue la première idée à un Hollandais nommé Drebbel, était d'abord très-imparfait, comme le sont la plupart des inventions humaines à leur naissance. Il consistait en un tube de verre, terminé d'un côté par une boule, et ouvert à l'extrémité opposée. On le plongeait par cette même extrémité dans une liqueur colorée, puis, en appliquant la main sur la boule, pour échauffer et dilater l'air intérieur, on déterminait une portion de cet air à échapper à travers la liqueur; en sorte que, quand on retirait ensuite la main, l'air qui restait, venant à se condenser par le refroidissement, permettait à la liqueur de s'introduire jusqu'à une certaine hauteur par la pression de l'air extérieur. L'instrument se trouvait alors en état de servir, et c'était la dilatation de l'air intérieur ou sa contraction en vertu des variations du calorique qui, en faisant descendre la liqueur suspendue dans le tube ou en la laissant remonter, indiquait ces mêmes variations. Mais il est aisé de sentir que cet instrument, dont la marche était compliquée à la fois des effets du thermomètre et de ceux du baromètre, ne pouvait donner que des indications équivoques.

Thermomètre de Florence.

407. Bientôt les physiciens s'occupèrent de perfectionner cette première ébauche, et d'amener l'instrument à n'être plus qu'un simple thermomètre. Tel était celui qu'on a nommé thermomètre de Florence, et qui consiste dans un tube de verre terminé de même par une boule, mais que l'on scellait hermétiquement par le haut, après l'avoir rempli d'une liqueur colorée jusque vers le milieu de sa hauteur. On appliquait ensuite ce tube sur une planche graduée, et l'on jugeait de la dilatation ou de la contraction de la liqueur par le nombre des degrés parcourus. Mais comme tout était arbitraire, et dans la construction de l'instrument, et dans les divisions de l'échelle, chaque instrument avait un langage qui ne pouvait être entendu que par celui qui le consultait; et deux instruments ainsi construits ne pouvaient se servir mutuellement d'interprète, ni mettre les observateurs à portée de juger si la chaleur avait été plus forte ou le froid plus vif dans un lieu que dans l'autre.

Thermomètre de Réaumur.

408. Ce célèbre physicien, en imaginant son thermomètre, s'était proposé de remplir trois conditions : l'une que la graduation partît d'un terme constant où il plaçait le zéro du thermomètre; la seconde que les degrés eussent un rapport déterminé avec la capacité, tant de la boule que de la partie du tube située entre cette boule et le point de zéro; la troisième que l'alcool qu'il employait eût un degré connu de dilatabilité auquel on pût toujours l'amener. Il avait à choisir entre deux termes con-

stants, qui dès-lors avaient été remarqués, savoir, la chaleur de l'eau bouillante, et le froid par la congélation de l'eau. Il se décida en faveur du dernier, comme étant celui qui semblait donner la limite naturelle entre le froid et le chaud, et il choisit pour le déterminer l'instant de la congélation artificielle de l'eau, à l'aide d'un mélange de glace et de sel marin. On a substitué depuis à ce terme celui de glace fondante qui est pour le moins aussi fixe.

409. Réaumur se servait d'eau commune pour graduer son thermomètre. Il remplissait d'abord de cette eau la boule et une partie du tube, et s'arrangeait de manière que la quantité d'eau employée fût mille fois aussi grande que celle qui pouvait être contenue dans une très-petite mesure prise pour unité. Ayant marqué zéro à l'endroit où l'eau s'était arrêtée, il se disposait à tracer des degrés en commençant par ceux de condensation. Dans cette vue, il faisait d'abord sortir du tube une telle quantité d'eau qu'elle pût remplir exactement une mesure qui contenait un certain nombre de fois l'unité. Supposons que cette mesure fût de 25 unités, il devait y avoir dans ce cas 25 degrés de condensation sur le thermomètre. Il se servait de la mesure élémentaire pour obtenir ces degrés, en sorte que chaque élévation de l'eau dans l'intérieur du tube, produite par le versement d'une mesure élémentaire, déterminait la grandeur d'un degré. Dans cette seconde opération, Réaumur substituait le mercure à l'eau, parce qu'il ne s'attache point au verre, et qu'il en résulte une plus grande précision. Le mercure, en tombant au fond de la boule, faisait monter d'autant le liquide contenu dans le tube. A l'aide du même procédé, Réaumur poussait la graduation jusqu'à 80 degrés au-dessus du zéro. Il préférait de graduer ainsi le tube, en y faisant entrer successivement des quantités égales de liquide, plutôt que de continuer la division, d'après la grandeur connue d'un seul degré, pour n'avoir rien à craindre des inégalités intérieures du tube et des variations de son diamètre.

410. La graduation une fois établie, Réaumur vidait le tube, et y versait de l'alcool jusqu'à la hauteur de 4 ou 5 degrés au-dessus de zéro; puis il plongeait la boule dans l'eau que contenait un vase de fer-blanc qu'il entourait de glace artificielle. Au moment où l'eau entrait en congélation, Réaumur observait le point où s'arrêtait l'alcool et, suivant que ce liquide se trouvait un peu au-dessus ou au-dessous de zéro, il en faisait sortir ou en ajoutait jusqu'à ce que la hauteur dans le tube coïncidât exactement avec le point zéro. On voit par ces détails que, pour un degré de chaleur, l'alcool se dilatait d'une quantité égale à la millième partie de celle qui, au moment de la congélation, remplissait la boule et la partie du tube comprise entre cette boule et le point zéro.

411. L'opération se serait bornée aux procédés que nous venons de décrire, si tous les alcools avaient la même qualité et la même dilatation. Mais comme on ne devait pas s'attendre à ces avantages, il a fallu fixer la quantité de dilatation dont l'alcool, employé dans la construction du thermomètre, devait être susceptible. Voici comment Réaumur avait été conduit à cette détermination. Ayant plongé à plusieurs reprises un tube rempli d'alcool jusqu'à une certaine hauteur dans l'eau qui s'échappait toujours de plus en plus et finissait par bouillir, il avait remarqué que quand les bouillonnements que la chaleur avait excités dans l'alcool lui-même s'étaient apaisés, après que le tube avait été retiré de l'eau, l'alcool se trouvait toujours plus haut qu'avant l'immersion; mais cette dilatation n'avait lieu que jusqu'à un certain terme, passé lequel, aussitôt que l'ébullition avait cessé, la liqueur reprenait son niveau. Il avait regardé comme un terme fixe pour chaque espèce d'alcool, cette dilatation qui était la plus grande que le liquide pût éprouver par la chaleur de l'eau bouillante, lorsque lui-même ne bouillait pas; il résultait de là qu'il y avait, relativement à un alcool donné, un rapport constant entre le volume du liquide qui répondait au terme de la congélation et celui du même liquide dilaté le plus qu'il était possible sans bouillir. Ce rapport était plus grand pour l'alcool rectifié, et diminuait lorsqu'on avait affaibli l'alcool par un mélange d'eau. Or Réaumur s'en était tenu au rapport de 1000 à 1080, qui ne pouvait convenir qu'à un alcool un peu étendu d'eau, et il fallait chercher par tâtonnement le degré de mélange qui donnait ce rapport.

412. On voit par là que Réaumur n'avait employé que secondairement la chaleur de l'eau bouillante, et que le degré 80 sur son thermomètre était né-

cessairement situé plus bas que sur le thermomètre ordinaire, puisqu'il faut une chaleur moindre que celle de l'eau bouillante pour amener l'alcool au degré où il est sur le point de bouillir. La construction dont nous venons de parler fut généralement accueillie. On ne parla presque plus que du thermomètre de Réaumur; et il se forma une liaison si intime entre le nom de l'inventeur et celui de l'instrument, qu'aujourd'hui même encore les thermomètres dont nous nous servons sont appelés *thermomètres de Réaumur*, quoiqu'ils ne soient pas faits d'après sa méthode.

Thermomètre moderne usité en France.

413. Ce thermomètre est composé, comme celui de Réaumur, d'un tube de verre capillaire, à l'extrémité duquel est soudé un petit réservoir de forme cylindrique ou sphérique; du mercure remplit le réservoir et le tube jusqu'à une certaine hauteur. On a marqué zéro au point où le mercure s'arrête lorsque l'instrument est plongé dans la glace fondante, et 100 du point où il s'élève dans l'eau bouillante sous la pression barométrique de 0m,76; l'intervalle qui sépare ces deux points a été divisé en 100 parties égales, et la division continuée au-dessus et au-dessous de ces limites; chacune de ces divisions s'appelle un degré du thermomètre; et la *température* d'un milieu n'est autre chose que le point auquel s'arrête le mercure d'un thermomètre placé dans ce milieu.

414. Il ne sera pas inutile d'entrer ici dans quelques détails sur la construction du thermomètre à mercure : il est nécessaire de choisir un tube dont le diamètre soit exactement de même grandeur dans toute la longueur; cette première condition sera remplie si une bulle de mercure introduite dans l'intérieur occupe constamment la même longueur lorsqu'on la promène dans toute l'étendue du tube. — Si l'on ne trouvait pas de tube de dimensions convenables et présentant ainsi un diamètre constant dans toute son étendue, il faudrait le diviser en parties d'égale capacité; pour cela, on introduirait dans l'intérieur une petite colonne de mercure d'une vingtaine de millimètres de longueur, que l'on promènerait dans toute l'étendue du tube, en ayant soin de marquer avec exactitude les points où s'arrêtent ses extrémités. On aurait ainsi des points inégalement distants les uns des autres, puisque le diamètre du tube est supposé variable, mais qui correspondraient à des portions du tube de même capacité; on diviserait ensuite chacune de ces parties en un même nombre de portions égales. Cette nouvelle division se ferait au moyen d'une machine à diviser ordinaire, et l'on pourrait sans erreur sensible considérer chacune de ces parties comme rigoureusement de même capacité. Après cette première opération, on soude à une extrémité du tube le petit réservoir, et à l'autre extrémité un tube d'un centimètre environ de diamètre et de quelques centimètres de longueur, devant servir d'entonnoir pour l'introduction du mercure. — On nettoie l'appareil en y introduisant successivement de l'acide azotique et de l'eau distillée que l'on y fait bouillir au moyen d'une lampe à alcool. — Puis, après avoir autant que possible desséché l'instrument, on y introduit le mercure. Le mercure doit être très-pur; il doit avoir été distillé avec soin, lavé dans l'acide acétique et l'eau distillée. — On doit éviter de le faire passer dans une peau de chamois, qui le charge toujours d'une certaine quantité de matière grasse; pour le débarrasser des corps légers qui en salissent la surface, il suffit de le faire couler dans un entonnoir très-effilé. Ce liquide est alors placé dans l'entonnoir qui surmonte le tube thermométrique; il refoule l'air en le comprimant dans le réservoir. Mais l'appareil ne se remplit pas ainsi, car le tube est trop étroit pour permettre à l'air de sortir en même temps que le mercure entre. On place donc le thermomètre sur une grille en l'inclinant de 45° environ, puis on le chauffe peu à peu dans toute sa longueur; l'air intérieur se dilate et sort en traversant le mercure dans l'entonnoir. On élève ainsi la température jusqu'à l'ébullition du mercure, de manière à chasser entièrement l'air et l'humidité que peut contenir le tube : on laisse ensuite refroidir lentement; les vapeurs mercurielles qui remplissent alors l'appareil se condensent et le mercure vient ainsi remplir le thermomètre. On est quelquefois obligé de faire bouillir plusieurs fois le mercure pour chasser complétement l'air et l'humidité. Le thermomètre étant rempli, on supprime l'entonnoir en effilant le tube à

la lampe. Puis par tâtonnement on fait sortir du mercure en chauffant le réservoir, jusqu'à ce que, plongé dans de la glace pilée, il s'arrête au point où doit être situé le zéro ; on le ferme alors en chauffant l'extrémité effilée.

415. Reste à graduer l'instrument : on détermine le zéro comme nous l'avons dit en le plongeant dans de la glace pilée ou dans de la neige. Cette première partie de l'opération n'offre aucune difficulté ; il suffit de faire en sorte que toute la portion qui contient du mercure se trouve dans la glace, et d'attendre que la surface du mercure reste bien stationnaire. L'autre point fixe se détermine, avons-nous dit, en plongeant l'appareil dans l'eau bouillante. Mais comme la température d'ébullition varie avec le degré de pureté de l'eau, et que la vapeur au contraire conserve une température qui ne varie qu'avec la pression barométrique, c'est dans la vapeur que l'on détermine le point 100 du thermomètre. On prend un vase de cuivre ou de fer-blanc contenant une certaine quantité d'eau, et surmonté d'un tube dans lequel on place le thermomètre ; il est bon que ce tube soit entouré (comme l'a conseillé M. Regnault) d'un autre tube dans lequel circule la vapeur, pour empêcher le refroidissement dû au contact de l'air extérieur. Lorsque le mercure est devenu stationnaire, on marque le point où il s'est arrêté. Puis on partage l'espace *fondamental* de 0 à 100° en 100 parties égales, et l'on continue la division.

416. Pour que les thermomètres puissent donner des résultats comparables, il faut qu'ils soient construits dans les mêmes circonstances.— C'est ce qui explique les précautions que nous avons indiquées pour la détermination du point 100 ; il en est encore une dont nous n'avons pas parlé et qui est importante. La température de la vapeur, au moment de l'ébullition, varie avec la pression barométrique ; or on est convenu de prendre dans l'opération dont il s'agit la pression normale de 0,76°. Si le baromètre indiquait une pression plus ou moins considérable, le thermomètre devrait subir une légère correction.

Différentes échelles thermométriques.

417. Le thermomètre *centigrade* que nous venons de décrire est généralement adopté en France. Cependant on se sert encore du thermomètre dit de Réaumur. Ce thermomètre diffère dans son mode de graduation de celui que nous avons décrit plus haut (408). Les deux points fixes sont déterminés comme dans le thermomètre centigrade, et l'espace fondamental divisé en 80 parties égales, en sorte que chaque degré centigrade est égal à 4/5 d'un degré de Réaumur.

418. On trouve fréquemment dans les ouvrages des physiciens étrangers des résultats d'observations relatives à deux autres thermomètres, dont il ne sera pas inutile de donner ici une notice, pour mettre chacun à portée de traduire leur langage en celui du thermomètre en usage parmi nous. Le premier est le thermomètre de Fahrenheit, qui est à mercure et qui a pour termes fixes le degré de congélation forcée par l'hydrochlorate ammoniacal, et celui qui répond à la chaleur de l'eau bouillante. L'intervalle entre ces deux termes est divisé en 212 parties ; il en résulte que le 32e degré coïncide avec le zéro de notre thermomètre, ce qui donne 180 degrés depuis ce même terme jusqu'à celui de l'eau bouillante. Ainsi, 9 degrés de Fahrenheit valent 4 degrés de Réaumur et 5 centigrades, ce qui suffit pour faire le rapprochement entre les résultats donnés par les deux instruments.

419. L'autre thermomètre est celui de Delisle, dans lequel ce physicien employait aussi le mercure ; il n'avait qu'un terme fixe, savoir, celui de la chaleur de l'eau bouillante, où était placé le zéro. Les degrés de condensation au-dessous de ce terme étaient des dix millièmes de la capacité de la boule et de la partie du tube qui se terminait au zéro. Le degré auquel se rapportait la température de la glace fondante et qui correspond à notre zéro, était de 150° de l'échelle descendante sur le thermomètre de Delisle : d'où il suit que 15 degrés de ce thermomètre répondent à 8 du thermomètre de Réaumur, et à 10 du thermomètre centigrade ; en sorte qu'à l'égard de ce dernier, le rapport, réduit à sa plus grande simplicité, est de 3 à 2.

Variations des points fixes du thermomètre.

420. Il y a déjà plusieurs années que l'on s'est aperçu que le point du ther-

momètre à mercure correspondant à la température de la glace fondante changeait de place avec le temps. Eggen, physicien allemand, a fait de nombreuses observations à ce sujet; il distingue deux sortes de variations, les unes lentes, les autres brusques. Les variations lentes sont très-notables dans les thermomètres récemment construits; elles deviennent à peu près nulles après deux ou trois ans. M. Despretz, qui a observé pendant plusieurs années deux thermomètres soumis aux températures atmosphériques, a trouvé une variation de près d'un demi-degré dans l'espace de trois ans. Les variations brusques ont lieu lorsqu'un thermomètre est porté subitement d'une température à une autre très-différente de la première; elles sont en général beaucoup plus considérables que les variations lentes. Ainsi M. Regnault ayant pris un thermomètre dans la glace, l'ayant plongé pendant trois quarts d'heure dans la vapeur d'eau bouillante, et remis immédiatement dans la glace, trouva que le zéro s'était abaissé de 2°, 5 d'une échelle arbitraire, et l'instrument abandonné à lui-même pendant deux ou trois mois donna de nouveau les indications primitives.

421. Ces changements qu'éprouve le thermomètre dépendent d'un phénomène qui a été observé par Laplace et Lavoisier dans leurs travaux sur la dilatation. Quand on chauffe un corps à une haute température et qu'on le laisse refroidir, il met à reprendre son volume primitif un temps plus ou moins long, dépendant de la nature du corps et de la température à laquelle il a été porté. Ce temps est très-long, surtout pour le verre qui, dans la construction du thermomètre, se trouve porté à une chaleur rouge, ou tout au moins à la température d'ébullition du mercure. Ce phénomène, qui est analogue à celui de la trempe des métaux, est dû à ce que les molécules des corps dérangées par l'action du calorique ne prennent une position d'équilibre stable qu'après avoir été exposées pendant long-temps à une même température.

Thermomètre à alcool et à sulfure de carbone.

422. Le mercure n'est pas le seul liquide employé dans la construction du thermomètre. On emploie aussi l'alcool. Ce liquide, étant moins conducteur et plus volatil que le mercure, rend plus facile la construction des thermomètres dans lesquels on l'emploie. Ainsi pour remplir ces instruments il suffit de chauffer la boule du thermomètre pour dilater l'air qu'elle contient, et de plonger l'extrémité du tube dans le liquide, dont une portion entre dans le réservoir par suite de la contraction de l'air; on chauffe de nouveau jusqu'à l'ébullition de cette partie de liquide, puis on plonge de nouveau le tube dans l'alcool, et l'appareil se remplit alors complétement. On ferme le tube après avoir réglé la quantité d'alcool de manière que le zéro se trouve au point convenable. On pourrait à la rigueur graduer le thermomètre à alcool comme le thermomètre à mercure, en déterminant les deux points fixes; mais les indications que l'on obtiendrait ne seraient pas comparables avec celles du thermomètre à mercure, car ces deux liquides suivent dans leur dilatation des lois différentes. On gradue donc le thermomètre à alcool par *comparaison*, c'est-à-dire en le plongeant dans de l'eau de plus en plus échauffée, et dont la température est donnée par un thermomètre à mercure. Souvent on colore l'alcool avec de l'orseille, mais il est préférable de le laisser incolore; parce que la matière colorante finit toujours par former un dépôt qui entrave la marche de l'instrument et change la nature du liquide. On peut employer au lieu d'alcool du sulfure de carbone, de l'acide sulfurique ou tout autre liquide.

423. Les recherches multipliées, entreprises par les physiciens dans la vue de perfectionner le thermomètre, suffiraient seules pour prouver le mérite de cet instrument. Il a servi à nous dévoiler une multitude de faits intéressants; sa présence est indispensable dans une infinité d'expériences, pour comparer les températures des corps que l'on emploie ou déterminer les changements qui surviennent dans celles qu'ils avaient primitivement. Il est souvent utile d'avoir recours à ses indications pour connaître la chaleur qui convient à la chambre d'un malade, à l'eau d'un bain, à une étuve, à une serre chaude, soit qu'on veuille hâter la végétation des plantes indigènes, ou conserver les plantes étrangères. C'est pour ainsi dire un instrument de société, que chacun se plaît à interroger sur un point aussi important que les variations qu'éprouve la température

du fluide au milieu duquel nous vivons ; et lorsque ces variations s'étendent beaucoup au-delà des limites ordinaires, l'indication du thermomètre devient d'un intérêt général : le récit que chacun fait de ce qu'il a observé sur le sien, est un des sujets qui s'emparent le plus promptement des conversations familières.

Des dilatations et contractions produites par les variations de température.

424. Il est reconnu depuis long-temps que les corps augmentent de volume à mesure que leur température s'élève, et qu'ils se resserrent dans le cas contraire. Nous devons dire dès à présent que l'eau et quelques autres corps, particulièrement les alliages métalliques, présentent une exception à cette loi générale, pour certains points de l'échelle thermométrique. Mais comme nous aurons l'occasion d'étudier ces cas singuliers, nous ne nous y arrêterons pas maintenant, et nous étudierons le phénomène dans toute sa généralité. Dans plusieurs circonstances, il est important de connaître exactement la variation de volume que subit un corps pour un changement donné de température ; les savants distingués, par exemple, qui ont déterminé les nouvelles unités de mesure et de poids en ont senti toute la nécessité. Les règles de platine, destinées à mesurer les bases de la chaîne de triangles d'où l'on déduit la valeur de l'arc du méridien qui traverse la France, ont été employées à différents jours par des températures différentes. Le cylindre de laiton qui a servi à fixer l'unité de poids (151), n'avait plus la même température quand on l'a posé dans l'eau que quand on a évalué sa solidité. La connaissance de la quantité dont le platine et le laiton se dilatent, pour chaque degré du thermomètre, a fourni les moyens de faire disparaître les petits écarts de la température et d'arriver au même résultat que si l'observation eût procédé comme la théorie.

Mesure des dilatations linéaires des corps solides.

425. Un artiste anglais, Ramsden, construisit en 1735, sous la direction du major-général Roy, un appareil destiné à faire des recherches sur la dilatation du verre et du fer qui devaient servir dans les opérations géodésiques dont était chargé ce dernier. Cet appareil est susceptible d'une très-grande précision, et l'on peut le regarder comme un des meilleurs qui aient été employés pour le même objet. Trois barres, ayant chacune, en mesure anglaise, 5 pieds de longueur et un pied et demi d'épaisseur, étaient placées parallèlement les unes aux autres, dans trois bains composés d'abord de glace fondante. Chaque extrémité des barres portait une petite règle verticale dont on pouvait faire varier la position au moyen d'une petite vis micrométrique. A l'extrémité de la première de ces petites règles se trouvait une pointe, tandis qu'aux extrémités des deux autres, du même côté, étaient adaptés l'objectif et l'oculaire d'un microscope simple ; chacune de ces pièces portait deux fils très-fins, se croisant dans l'axe optique ; en faisant mouvoir, au moyen de la vis micrométique, l'objectif qui se trouvait sur la barre du milieu, il était aisé d'amener les trois petites règles montantes sur une même ligne droite. Cet ajustement étant fait, on élevait la température du bain de la barre intermédiaire, l'allongement de cette barre rejetait les petites règles de ses extrémités hors de la ligne droite déterminée par les règles des autres barres, et, pour l'y ramener, on était obligé de faire tourner la vis micrométrique d'une certaine quantité, et l'on connaissait ainsi la dilatation linéaire de la barre intermédiaire pour une certaine augmentation de température.

On trouva ainsi qu'en passant de zéro à 100 degrés :

Le verre en tubes s'allonge de	$\frac{1}{1289}$	ou	0,00077550
Le verre en verges s'allonge de	$\frac{1}{1237}$	ou	0,00080833
L'acier en verges s'allonge de	$\frac{1}{874}$	ou	0,00114450
Le cuivre jaune anglais s'allonge de	$\frac{1}{528}$	ou	0,00189296

426. Lavoisier et Laplace ont pareillement déterminé d'une manière directe la dilatation linéaire du verre et de plusieurs métaux. La barre soumise à l'expérience avait environ deux mètres de longueur; elle était placée dans un bain dont on pouvait à volonté faire varier la température. L'une des extrémités était tenue fixe et immobile au moyen d'un système de barres de verre maintenues par deux massifs de maçonnerie en pierre de taille d'une grande solidité; l'autre extrémité allait s'appuyer sur un levier vertical dont le mouvement faisait tourner un axe horizontal assujetti sur deux autres massifs semblables aux premiers. Cet axe portait une lunette d'environ deux mètres de longueur, dont l'axe décrivait les mêmes angles que le levier. On dirigeait la lunette sur une règle verticale placée à quatre cents mètres de distance. L'allongement de la barre, faisant mouvoir le levier et par suite la lunette, était rendu sensible par le déplacement de l'axe de ce dernier instrument. La longueur des bras du levier et la distance de la lunette au point de mire étaient tels qu'un allongement d'une ligne dans la barre faisait parcourir à la lunette une distance de 62 pouces ou 744 lignes, ce qui permettait d'observer assez facilement un allongement de 1/744 de ligne. Chaque expérience était répétée plusieurs fois à des jours différents. Les résultats obtenus ayant été depuis confirmés par d'autres procédés d'expérimentation, on peut les considérer comme exacts, bien que les difficultés que présentait l'établissement d'un appareil de précision construit sur une si grande échelle dussent introduire des erreurs notables.

427. Voici d'après les expériences de Lavoisier et Laplace la dilatation linéaire des différentes substances pour un degré centésimal :

Flint glass anglais.	0,00081166
Platine.	0,00085655
Verre de France avec plomb.	0,00087199
Tubes de verre sans plomb.	0,00087572
Verre de Saint-Gobain. . .	0,00089089
Acier non trempé.	0,00107880
Acier trempé, jaune, recuit à 65°.	0,00123956
Fer doux forgé.	0,0012245
Fer rond passé à la filière.	0,00123504
Or au titre de Paris recuit.	0,00151361
Cuivre.	0,00171220
Laiton.	0,00186671
Argent au titre de Paris. .	0,00190868
Étain de Falmouth. . . .	0,00217298
Plomb.	0,00284836

Dilatation cubique.

428. Les expériences de Ramsden et celles de Lavoisier et Laplace ne font connaître que la dilatation linéaire des corps, c'est-à-dire leur allongement suivant une seule dimension ; mais il est facile de déduire de cette connaissance la *dilatation cubique* ou l'augmentation en volume. En effet, un corps homogène doit se dilater également dans tous les sens, en sorte que le volume après la dilation reste semblable à lui-même ; d'un autre côté, la géométrie nous apprend que les volumes semblables sont proportionnels aux cubes de leurs lignes homologues : on en conclut que la dilatation cubique d'un corps est égale à trois fois sa dilatation linéaire (1). On peut par conséquent déduire l'une des dilatations de la connaissance de l'autre.

429. *Dilatation absolue du mercure.* — Dulong et Petit ont déterminé directement la dilatation cubique de différents corps; toutes leurs recherches à ce sujet ont eu pour point de départ la *dilatation absolue du mercure*. La construction de l'appareil employé à cette première détermination repose sur ce principe d'hydrostatique que nous avons exposé dans la première partie de cet ouvrage : Lorsque deux vases com-

(1) Soient V le volume du corps, L la longueur de l'une de ses dimensions, a la quantité dont se dilate chaque unité de volume pour un accroissement de 1 degré de température, et δ l'allongement de l'unité de longueur pour la même variation. Le volume V devient $V + a \times V$, et la longueur L devient $L + \delta \times L$; et l'on a la proportion

$$V : V + a \times V :: L^3 : (L + \delta \times L)^3,$$

ou bien $1 : 1 + a :: 1 : (1 + \delta)^3$. Par conséquent $1 + a = 1 + 3\delta^2 + 3\delta^2 + \delta^3$, δ étant une fraction très-petite, on peut négliger les termes qui contiennent le carré et le cube de δ, et l'on aura $a = 3\delta$. Mais comme il n'arrive presque jamais qu'un corps soit parfaitement homogène, cette relation est rarement applicable, et il est toujours nécessaire de déterminer directement la dilatation cubique de chaque corps.

muniquants contiennent deux liquides de densités différentes, leurs hauteurs au-dessus de la surface de séparation sont en raison inverse de leurs poids spécifiques. — La partie principale de l'appareil se composait d'un tube capillaire horizontal, reposant dans toute sa longueur sur une forte barre métallique solidement assujettie à rester constamment horizontale; à chaque extrémité du tube était soudé un autre tube vertical plus large, et le tout était rempli de mercure jusqu'à une certaine hauteur; l'une des branches verticales était entourée d'un manchon plein de glace fondante; l'autre, au contraire, se trouvait dans un bain d'huile dont on pouvait faire varier la température, qui était indiquée par un thermomètre à poids et par un thermomètre à air. Tant que les deux branches verticales avaient la même température, le mercure, ayant une densité uniforme, s'arrêtait à la même hauteur dans les deux tubes; mais lorsque les deux parties étaient inégalement échauffées, le mercure montait davantage du côté le plus chaud, et les hauteurs au-dessus du tube horizontal étaient en raison inverse des poids spécifiques du mercure aux températures des deux branches. Mais les poids spécifiques sont eux-mêmes en raison inverse des volumes occupés par une même quantité de matière : par conséquent, si l'on désigne par H la hauteur du mercure dans la branche froide, par H′ la hauteur dans la branche chaude, par V le volume d'un gramme de mercure dans la première, par V′ le volume d'un gramme de mercure dans la seconde, on aura la proportion $H : H' :: V : V'$, de laquelle on déduit $\frac{H'-H}{H} = \frac{V'-V}{V}$; or, ce second rapport représente évidemment la dilatation de l'unité de volume du mercure ; et comme ce rapport est égal au premier, tout est ramené à la mesure de la hauteur H du mercure dans la branche froide, et de $H'-H$ différence de hauteur du mercure dans les deux branches. La détermination de ces hauteurs se faisait avec la plus grande précision au moyen d'un cathétomètre.

430. En suivant cette méthode, Dulong et Petit ont trouvé que le mercure se dilate de 1/5550 pour chaque degré, entre les limites de zéro et 100 degrés ; de 1/5425, entre zéro et 200 degrés ; et de 1/5300, entre zéro et 300 degrés. — L'habileté des expérimentateurs ne laisserait aucun doute sur l'exactitude de ces résultats, si les expériences récentes de M. Regnault n'avaient pas démontré que les principes qui servaient de base à la mesure des températures n'étaient pas l'expression rigoureuse de la vérité; cependant, les erreurs qui peuvent résulter de cette circonstance étant très-petites, on peut adopter les nombres précédents comme très-approchés.

Dilatation apparente du mercure dans le verre.

431. La dilatation du mercure que l'on observe dans un thermomètre n'est que la différence entre la dilatation absolue de ce liquide et la dilatation du verre qui lui sert d'enveloppe; pour déterminer cette dilatation, il suffit de déterminer le rapport entre la capacité du réservoir d'un thermomètre et l'une des divisions du tube, et d'observer la marche de l'instrument. En opérant de cette manière, Dulong et Petit ont trouvé que l'augmentation apparente du volume du mercure était de 1/6480, ce qui donnait pour la dilatation du verre 1/5550 — 1/6480 = 1/38700, ou, en fraction décimale, 0,00002584. — Dulong et Petit, en opérant sur des verres différents, avaient trouvé à peu près les mêmes nombres ; cependant M. Regnault, dans ces derniers temps, a trouvé des résultats sensiblement différents, non-seulement pour des verres de nature différente, mais pour le même verre travaillé différemment.

Dilatation de différents verres de 0 à 100°, d'après M. Regnault.

Verre blanc ordinaire.	en tubes.	0,002648
	en boule.	0,002592
	id.	0,002514
Verre vert.	en tubes.	0,002299
	en boule.	0,002132
Verre de Norwége	en tubes.	0 002363
	en boule.	0,002341
	id.	0,002411
Verre infusible	en tubes	0,002142
— franç. (*walsh*)	en boul.	0,002242
Cristal.	en tubes.	0,002101
	en boule.	0,002242

Dilatation des autres liquides.

432. La dilatation du verre une fois connue, en construisant avec soin des

thermomètres de différents liquides, on déterminera leur dilatation apparente ; et en y ajoutant la dilatation du verre, on en déduira leur dilatation absolue. Ces recherches sont laborieuses ; elles exigent des soins très-minutieux et une grande habileté. M. Regnault a publié à ce sujet un Mémoire détaillé auquel nous renverrons le lecteur (Annales de chimie et de physique).

Maximum de densité de l'eau.

433. L'eau présente, ainsi que nous l'avons annoncé, une exception aux lois générales de la dilatation des corps par l'action du calorique : quel que soit en effet le mode d'expérimentation que l'on emploie, on trouve que ce liquide, en se refroidissant, se contracte jusqu'à environ 4 degrés au-dessus de zéro ; puis, au-dessous de ce terme, il se dilate jusqu'à la température de zéro ; et en passant à l'état de solidité il éprouve encore une augmentation de volume très-considérable. Ce liquide offre donc un maximum de densité qui a lieu vers 4 degré, au-dessus de zéro. — Lefebvre-Gineau est le premier physicien dont les expériences ont mis ce fait en évidence. Il reconnut, en pesant dans l'eau le petit cylindre qui lui a servi à déterminer la nouvelle unité de poids, que la quantité de poids perdu variait avec la température du liquide ; et en opérant à des températures croissantes depuis zéro, il trouva que la plus grande perte avait lieu vers le 4e degré du thermomètre centigrade. — Plusieurs physiciens se sont depuis occupés de fixer d'une manière exacte la température du maximum de densité de l'eau. M. Despretz, en comparant la marche d'un thermomètre à eau et celle d'un thermomètre à mercure, après avoir déterminé avec une grande précaution la dilatation du verre, a trouvé que ce maximum avait lieu à 3°,987 : ce nombre, comme on le voit, est très-près de 4 degrés, que nous adopterons dans la suite.

434. On s'est demandé quelle influence un sel en dissolution pouvait avoir sur la dilatation de l'eau ; plusieurs expériences ont été tentées sur cet objet. M. Despretz a trouvé qu'une petite quantité de sel introduite dans l'eau faisait tomber le maximum de densité au-dessous du point de congélation ; que l'eau de mer, en particulier, avait son maximum de condensation à 3°,6 au-dessous de zéro, température inférieure à celle où elle devient solide.

Exemples de dilatations et de contractions produites par la variation de température. Application.

435. L'influence du calorique sur les dimensions des corps se montre dans une multitude de faits dont l'observation nous est familière. Un changement un peu marqué de température altère le degré de tension des cordes dans les instruments de musique, suivant un autre degré que celui qui a été réglé par l'accordeur ; et il faut que, par une nouvelle opération, il rende aux sons cette justesse sans laquelle il n'y a point d'harmonie.

436. On peut rendre la dilatabilité du verre très-sensible à l'aide d'une expérience dont le résultat excite toujours la surprise de ceux qui la voient pour la première fois : on prend un tube de verre d'un petit diamètre, terminé par une boule de la grosseur d'une orange ; on remplit la boule et une partie du tube d'une liqueur colorée, et l'on marque sur le tube l'endroit où elle s'arrête ; on plonge la boule dans un vase rempli d'eau prête à bouillir, puis on la retire ; au moment de l'immersion, la liqueur du tube descend précipitamment d'une quantité considérable ; mais elle remonte un peu plus haut que la marque faite sur ce tube dès que l'on a retiré la boule de l'eau chaude. Dans cette expérience, la chaleur qui se communique d'abord au verre en dilate les parties, ce qui augmente la capacité de la boule et fait descendre la liqueur ; la boule retirée ensuite de l'eau chaude et remise en contact avec l'air se resserre, et la liqueur, qui a déjà acquis une petite quantité de chaleur, s'élève un peu au-dessus de son premier niveau.

437. La matière des poteries que l'on fabrique pour nos usages étant par elle-même un mauvais conducteur de la chaleur, surtout si son tissu est compacte et serré, il en résulte un inconvénient qui devient plus ou moins sensible lorsque nous exposons ces vases à l'action du calorique. Ce fluide, par suite de la lenteur avec laquelle il se distribue, s'accumulant aux endroits qui lui offrent un plus libre accès, tend à y produire un écartement entre les molécules ; et en supposant que par des précautions

on évite les ruptures qui mettent un vase hors de service, il s'y fait, dès la première fois qu'on l'expose au feu, une multitude de petites gerçures qui s'annoncent par une espèce de pétillement, et qui deviennent apparentes à l'œil en formant comme un réseau sur la surface du vernis dont le vase est enduit. Un tissu plus lâche et plus poreux obvierait à cet inconvénient, mais le vase en deviendrait plus faible ; en sorte qu'on ne peut obtenir l'une de ces deux qualités, la solidité et la résistance à l'action du feu, qu'aux dépens de l'autre.

Thermomètre de MM. Bréguet.

438. La construction de l'échelle qui, sur nos thermomètres, indique les degrés successifs de la température, n'est autre chose qu'un moyen assorti à nos usages, de sous-diviser une série qui varie d'un terme à l'autre par des nuances imperceptibles. Les efforts des physiciens modernes, pour mettre dans leurs expériences la plus grande précision possible, ont donné naissance à des instruments particuliers, susceptibles de conduire à des mesures beaucoup plus approchées que celles qu'on avait obtenues en se servant des instruments ordinaires. Le thermomètre que nous allons décrire, et dont l'invention est due à MM. Bréguet, mérite d'occuper parmi les premiers un rang distingué, soit par sa grande sensibilité, soit par le mécanisme ingénieux d'où dépendent ses effets.

439. Ce thermomètre est destiné principalement à rendre sensible les légers changements que subit la température d'un instant à l'autre dans un même lieu. La pièce principale de cet instrument est une spirale (fig. 24) composée de trois lames très-minces de métaux différemment dilatables, savoir : l'argent, l'or et le platine (1). Ces trois lames sont soudées ensemble par pression, et réduites par le laminage à une épaisseur qui n'excède pas 1/50 de millimètre. La spirale est suspendue à un cylindre creux de laiton *ab*, évasé par le haut, et dans lequel s'insère une tige terminée supérieurement par un petit disque *m*, à l'aide duquel on peut à volonté retirer cette tige et la remettre en place. Cette même tige traverse de haut en bas la spirale sans la toucher, et elle s'introduit par sa partie inférieure dans un support *cd*, qui sert à lui conserver une position fixe. A l'extrémité de la spirale est suspendue une aiguille formée de deux parties séparées, dont l'une *ef*, terminée en pointe, est attachée en *e* à la circonférence de la dernière spire, et dont l'autre *gh*, façonnée en flèche, aboutit au point opposé *g* de la même circonférence. Cette disposition permet à l'aiguille de prendre une direction qui coupe perpendiculairement celle de la tige et passe constamment par l'axe même de la spirale. Celui-ci correspond verticalement au centre d'un cercle soutenu par trois petits pieds fixés sur une pièce de bois arrondie en cylindre qui sert de base à l'instrument ; on a pratiqué dans ce cylindre une rainure circulaire dans laquelle on fait entrer les bords inférieurs d'une cloche de verre dont on recouvre l'appareil lorsqu'on a cessé d'en faire usage, et qui le garantit de la poussière.

440. La construction de ce thermomètre est fondée sur le résultat d'expériences que je vais rapporter. Si deux lames minces de métaux inégalement dilatables sont juxtaposées et fortement soudées ensemble ; si de plus elles ont la même longueur, et qu'elles soient fixement assujetties par leurs extrémités, lorsque la température vient à changer, l'une des lames s'allongeant plus que l'autre, force le système à prendre un certain degré de courbure qui sera d'autant plus grand que le changement de température sera lui-même plus considérable. L'appareil se courbe dans un sens ou dans l'autre, suivant que la température s'élève ou s'abaisse, de manière que le métal le plus dilatable est tantôt en dehors et tantôt en dedans de la courbure.

441. En partant de ce fait, si l'on courbe, comme l'ont fait MM. Bréguet, une pareille lame en spirale, en assujettissant l'une de ses extrémités à un corps solide et en fixant à l'extrémité inférieure une aiguille qui parcoure les divisions d'un cercle gradué, le plus léger changement de température faisant varier aussitôt la courbure et le diamètre des spires, qui sont très-multipliées, deviendra sensible par le mouvement de l'index dans un sens ou dans l'autre ; et cet effet aura lieu avec une extrême

(1) Ces métaux sont placés ici dans l'ordre de leurs dilatabilités, à partir de la plus grande.

promptitude, à raison du peu de masse que la chaleur doit pénétrer, le thermomètre étant presque tout en surface (1).

442. On voit qu'à la rigueur il suffirait d'employer à sa construction deux métaux inégalement dilatables; mais si ces métaux n'étaient pas assez fortement soudés ensemble, ou que la différence de leurs dilatabilités fût trop forte, la spirale éprouverait des déchirements par des changements brusques de température. MM. Bréguet ont remédié à cet inconvénient en interposant entre les deux métaux, le platine et l'argent, un troisième métal d'une dilatabilité moyenne, qui est l'or.

443. L'expérience prouve que, par des changements égaux de température, l'aiguille parcourt des nombres égaux de degrés sur le cercle gradué. D'après ce résultat, il est facile à chaque observateur de se construire une échelle, en prenant des points fixes à la manière ordinaire ou en comparant la marche de l'instrument à celle d'un thermomètre à mercure. — Voici quelques faits d'après lesquels on pourra juger de l'extrême sensibilité de cet instrument :

444. Ayant retiré la tige qui traverse la spirale, si on la roule un instant avec frottement entre les deux mains et qu'ensuite on la replace, on voit aussitôt l'aiguille se mouvoir très-sensiblement, et ce déplacement va quelquefois jusqu'à 15 degrés.

445. MM. Bréguet placèrent sous le récipient d'une machine pneumatique dont la capacité était de 5 litres, un thermomètre à mercure qui marquait 19° centigrades, avec leur thermomètre. On fit le vide le plus promptement possible : le thermomètre à mercure ne descendit que de 2° centigrades, le thermomètre métallique passa de 19° centigrades à — 4°. On rendit l'air : le thermomètre métallique s'éleva jusqu'à 50° centigrades, tandis que l'autre était encore un peu au-dessous de zéro.

(1) On peut disposer à volonté les trois lames, de manière que ce soit celle d'argent ou celle de platine qui se trouve en dessus. Si c'est la première, l'aiguille marchera, par une élévation de température, dans le sens suivant lequel les spires sont tournées. Elle marcherait en sens contraire si le platine était en dessus.

Pendule compensateur.

446. On sait combien la dilatation et la condensation des métaux par les variations de la température nuisent à la régularité du mouvement des horloges, en augmentant ou en diminuant la longueur de la verge du pendule, dont les oscillations se trouvent par cela même retardées ou accélérées. On est parvenu, par un mécanisme ingénieux, à tourner cette cause d'irrégularité contre elle-même, et à faire naître de ses anomalies la constance et l'uniformité. Ce mécanisme consiste, en général, à combiner avec la verge de fer du pendule un autre corps métallique qui est ordinairement le cuivre, et à disposer le tout de manière que, quand la verge de fer à laquelle est suspendue la lentille s'allonge ou se raccourcit, le cuivre, éprouvant de semblables variations en sens contraire, établisse une exacte compensation dont l'effet soit de maintenir le centre d'oscillation constamment à la même hauteur.

Pyromètre de Wegdwood.

447. L'argile ou porcelaine privée d'humidité a la propriété de se contracter assez régulièrement par l'élévation de température. Cette contraction, qui fait exception à la loi générale, est due à une combinaison plus intime qui s'opère entre les éléments de l'argile. Cette propriété a été mise à profit dans la construction d'un instrument destiné à évaluer les hautes températures, et qui est connu sous le nom de *pyromètre de Wegdwood*. Sur une plaque de laiton se trouvent fixées deux règles de même métal; la longueur de chacune d'elles est de 2 pieds anglais ou de $0^m,609$; l'écartement des deux règles à l'une des extrémités est de 6 lignes anglaises ou à peu près 13 millimètres, tandis qu'à l'autre extrémité il n'est que de $0^m,0085$; la longueur de ces règles est divisée en 240 parties égales donnant les degrés de l'instrument. — Wegdwood formait d'un autre côté de petits cylindres d'argile de Cornouailles mêlée à de l'alumine pure; et pour donner à ces cylindres la même dimension, il les faisait en forçant par la pression l'argile à passer dans un petit cylindre de métal; il les desséchait ensuite en les faisant chauffer jusqu'au rouge obscur. Il les usait ensuite en les limant ou en les frottant sur un corps rugueux, de manière à leur

donner trois faces planes et des dimensions telles qu'en les plaçant entre les deux règles, à l'endroit du plus grand écartement, l'extrémité antérieure vint se placer sur la première division.

448. L'emploi de cet appareil est très-facile. Lorsque l'on veut connaître la température d'un fourneau, par exemple, on y place un des petits pains d'argile préparés comme nous venons de le dire ; et lorsqu'il a pris la température du fourneau, on le retire, on le laisse refroidir, puis on le place entre les deux règles du pyromètre : le nombre de divisions dont il descend fait connaître la température à laquelle il a été porté. Malheureusement il est difficile de rendre les degrés du pyromètre comparables avec ceux du thermomètre à mercure. Wegdwood, en comparant la marche de son instrument avec la dilatation apparente d'un petit cylindre d'argent par rapport à celle du laiton, avait été conduit à admettre que le zéro du pyromètre correspondait à 1077°,50 de l'échelle de Fahrenheit, c'est-à-dire à 580°,56 du thermomètre centigrade, et que chaque degré du pyromètre équivaut à 130 degrés du thermomètre de Fahrenheit ou 72°,22 centigrades ; mais il est très-douteux que ces nombres, généralement adoptés, soient l'expression de la vérité.

Dilatation des gaz.

449. M. Gay-Lussac et plusieurs autres observateurs avaient trouvé que tous les gaz et les vapeurs se dilataient de la même quantité pour une même variation de température, entre les limites de zéro et 100 degrés, et que cette dilatation était de 0,375, c'est-à-dire que si un gaz occupe à zéro un volume représenté par 1, à 100 degrés son volume sera 1,375, en supposant qu'il se soit échauffé sans changer de pression. Rudberg, dans ces derniers temps, avait annoncé que cette dilatation était de 0,365 : M. Regnault résolut la difficulté en reprenant le travail de Rudberg et en perfectionnant les méthodes d'observation, et les mettant à l'abri de toutes les causes d'erreur qu'elles pouvaient contenir.

450. M. Regnault opérait dans un ballon d'environ un décimètre cube de capacité ; le col de ce ballon était formé d'un tube thermométrique de 20 centimètres de longueur communiquant, au moyen d'une bifurcation, d'un côté avec un appareil barométrique destiné à mesurer la pression du gaz contenu dans le ballon, et de l'autre avec un appareil de dessiccation à travers lequel le gaz devait passer avant d'être introduit dans le ballon. Le ballon, après avoir été soigneusement jaugé, était placé dans une double enceinte de fer-blanc, que l'on pouvait chauffer avec de la vapeur d'eau ou remplir de glace fondante. On desséchait l'appareil en y faisant le vide à plusieurs reprises pendant qu'il était chaud, et en y laissant rentrer de l'air bien desséché ; enfin, lorsqu'on jugeait le gaz très-sec, on supprimait l'appareil de dessiccation, on portait le ballon à la température de 100° et l'on déterminait la pression du gaz, puis on laissait refroidir l'appareil jusqu'à zéro : la quantité dont le mercure remontait dans l'éprouvette barométrique faisait connaître la contraction due au refroidissement. On avait alors tous les éléments nécessaires pour calculer la dilatation de l'air entre zéro et 100°. — Un grand nombre d'expériences ont donné à M. Regnault une moyenne égale à 0,36623 ; et si l'on adopte le nombre 0,36666...., on aura la fraction 11/30, d'une application très-commode dans les calculs, et qui représentera la dilatation de l'air de zéro à 100 degrés.

451. Dans les expériences précédentes, l'air était maintenu à la pression atmosphérique ; mais une modification de l'appareil a permis de déterminer la dilatation de l'air soumis à diverses pressions. M. Regnault a trouvé que cette dilatation augmente constamment avec la pression : cependant, cette augmentation n'étant pas très-rapide, on peut employer le même nombre dans les circonstances où l'on a journellement besoin de tenir compte du coefficient de dilatation, parce qu'on opère rarement dans les conditions où s'était placé M. Regnault.

452. En appliquant le même mode d'expérimentation à plusieurs gaz, M. Regnault a trouvé que la dilatation de 0 à 100° était

pour l'azote.	0,36632
l'hydrogène	0,36678
l'oxyde de carbone. .	0,36667
l'acide carbonique. .	0,36896
le cyanogène.	0,36821
le protoxyde d'azote.	0,36763
l'acide sulfureux. . .	0,36696
l'acide chlorhydrique.	0,36812

(L'oxygène et l'ammoniaque n'ont pu être soumis à l'expérience, à cause de leur action sur le mercure.)

On doit remarquer, d'après ces résultats, que les gaz qui se dilatent le plus sont aussi ceux qui sont le plus facilement ramenés à l'état de liquidité. Si nous rapprochons ce fait de celui qui précède, savoir : que l'air se dilate d'autant plus, pour une même variation de température, qu'il est plus comprimé, nous serons portés à conclure que, si l'on prenait les gaz également éloignés de leur point de liquéfaction, ils se dilateraient tous de la même quantité, et la loi de M. Gay Lussac serait rigoureusement exacte.

Détermination du poids spécifique des gaz.

451. La détermination du poids spécifique de l'air et des autres gaz se fait, comme celle des solides et des liquides, en cherchant le rapport du poids d'un certain volume du gaz soumis à l'expérience au poids d'un même volume d'un autre corps pris pour terme de comparaison. Mais un nouvel élément doit entrer ici en grande considération : c'est la force élastique du gaz ; car, d'après la loi de Mariotte, le poids spécifique d'un gaz varie en raison inverse de la pression à laquelle il est soumis. D'un autre côté, la grande variation de volume que ces fluides éprouvent avec la température entraîne l'obligation d'opérer constamment à une température normale, afin que les résultats soient comparables entre eux.

452. La densité des substances gazeuses étant très-faible par rapport à celle des liquides et des solides, on est convenu de la rapporter à celle de l'air, prise alors pour unité. Il est d'ailleurs facile de la comparer à celle de l'eau : en effet, MM. Biot et Arago ont trouvé qu'un litre d'air, pris à la température de zéro et sous la pression de 0,76 centimètres de mercure, pèse 1 gr. 29905, ou, à très-peu près, 1 gr. 3; ce qui donne pour poids spécifique rapporté à celui de l'eau 0,00129905, ou, en fractions ordinaire, 1/770. Ainsi, lorsqu'on aura déterminé le poids spécifique d'un gaz en prenant celui de l'air pour unité, si l'on veut savoir ce qu'il serait relativement à l'eau, il suffira de le multiplier par la fraction précédente.

453. La densité d'un gaz prise relativement à celle de l'air sera toujours la même quelles que soient la température et la pression, pourvu que l'air et le gaz soient pris dans les mêmes circonstances : car des volumes égaux de gaz soumis à une même pression se compriment d'une même quantité et en suivant une même loi; et l'on peut aussi considérer comme égales pour tous les gaz les variations de volume dues à une même variation de température dans ces corps.

454. Les recherches les plus récentes dans le but de déterminer le poids de l'air et celui des gaz sont dues à MM Dumas et Boussingault. Les précautions les plus grandes ont été prises par ces savants afin d'arriver à toute la rigueur et la précision possibles. La méthode qu'ils ont employée consistait à remplir un grand ballon d'air sec ou de gaz très-pur, et à le peser vide, puis plein d'air, et enfin plein de gaz; de ces trois pesées on déduisait le poids de l'air et celui du gaz, par conséquent le poids spécifique de ce dernier. — Pour obtenir des températures constantes et faciles à apprécier, on place le ballon dans une double enceinte de forme cylindrique; l'espace compris entre les deux enveloppes étant rempli d'eau, la température de cette enceinte, indiquée par un thermomètre très-sensible, ne varie pas pendant le temps nécessaire pour remplir le ballon. Dans l'intérieur du ballon se trouve aussi un thermomètre pouvant indiquer, comme le premier, des centièmes de degré. Lorsque ces deux thermomètres indiquent la même température à deux ou trois centièmes près, on considère l'équilibre comme parfaitement établi, et l'on prend alors la pression barométrique, qui est aussi celle du gaz introduit dans l'appareil; cette pression s'évalue facilement avec une approximation d'un vingtième de millimètre. Le ballon est ensuite suspendu au crochet d'une bonne balance pour être pesé; mais comme l'air libre peut contenir plus ou moins de vapeurs d'eau et faire perdre par conséquent au ballon un poids plus ou moins considérable, on l'assujettit à flotter dans une armoire doublée en plomb et contenant une couche de chaux vive destinée à dessécher l'air. Un thermomètre et un baromètre indiquent la température et la pression de l'air contenu dans l'armoire. Lorsque les trois pesées dont nous avons parlé ont été faites avec toutes ces précautions, on les corrige des

variations de température et de pression qui peuvent être survenues pendant le temps de l'opération. MM. Dumas et Boussingault ont ainsi trouvé pour le poids spécifique de l'oxygène 1,1057, et pour celui de l'azote 0,879.

Comparaison des thermomètres.

455. En admettant cette loi, que tous les gaz se dilatent et se contractent également quelle que soit leur force élastique, on est porté à conclure que des variations égales de volume sont dues à l'action de forces égales, et que les accroissements égaux de température dans les gaz correspondent à des quantités égales de calorique. D'après cela, on a été amené à prendre pour *unité thermométrique* la variation de température de l'air donnant une dilatation de 11/3000 du volume à zéro. L'adoption de ce terme de comparaison pour les températures paraîtrait devoir entraîner la nécessité d'employer constamment un thermomètre d'air; mais comme l'emploi d'un pareil moyen présente de grandes difficultés, on a eu l'idée de comparer la marche du thermomètre d'air à celle des thermomètres de différentes substances, et de déterminer ainsi les rapports des degrés donnés par ces instruments aux indications qui seraient fournies par le thermomètre à air.

456. Un grand nombre d'observateurs se sont occupés de cette comparaison; mais les expériences les plus récentes et les plus précises sont celles de M. Regnault. Cet habile physicien a suivi la marche de la dilatation de l'air et du mercure entre les limites de la température de la glace fondante et celle de l'ébullition du mercure. Entre zéro et 200°, le thermomètre d'air et celui de mercure donnent des indications identiques; au delà de ce terme jusqu'à 350°, le mercure se dilate un peu plus vite que l'air, en sorte que le thermomètre d'air indiquant, par exemple, 350 degrés, celui de mercure indique 353°,3. Cependant cette différence est assez petite pour que l'on puisse se servir d'un thermomètre à mercure, en ayant soin toutefois de le construire avec un verre très-homogène; car M, Regnault a reconnu que la différence dans la dilatation du verre peut entraîner des erreurs de 5 ou 6 degrés dans les indications du thermomètre à mercure.

457. *Thermomètre à air destiné à mesurer les hautes températures.* — Pour mesurer les hautes températures, on peut employer un appareil à peu près semblable à celui dont M. Regnault s'est servi pour étudier les dilatations de l'air et des gaz. Le ballon de verre doit être alors remplacé par une cornue de platine pouvant résister aux plus fortes chaleurs; la partie du tube la plus rapprochée du foyer de chaleur doit être également en platine. C'est au moyen d'un semblable appareil que Grinaps est parvenu à déterminer le point de fusion de différents alliages, et à former une espèce de pyromètre d'un emploi très-commode dont nous parlerons en traitant de la fusion des métaux.

Calorique sensible et calorique latent.

458. Dans les phénomènes produits par le calorique, nous avons vu jusqu'à présent cet agent manifester son action de deux manières distinctes : en élevant la température des corps, et en leur faisant subir une augmentation de volume. Or, la distinction de ces deux effets nous conduit à en admettre une dans la manière de concevoir la cause qui les produit : elle consiste en ce qu'il y a toujours une partie de l'action du calorique qui est employée uniquement à faire monter la température, et une autre qui n'intervient que pour dilater le volume et qui échappe aux indications du thermomètre (1). Nous pouvons donc, pour plus de simplicité, considérer le calorique qui s'introduit dans les corps comme étant composé de deux portions destinées à produire les deux actions dont nous venons de parler. Nous appellerons *calorique sensible* celle qui échauffe le corps, et *calorique latent* celle qui le dilate.

459. Pour mieux faire ressortir la distinction dont nous venons de parler, nous citerons ici, en prenant l'air pour exemple, quelques expériences sur lesquelles nous nous proposons de revenir dans la suite avec plus de détails. Imaginons qu'une masse d'air étant d'abord

(1) Le fondement de cette distinction, qui est due au célèbre Laplace, se trouve dans un très-beau Mémoire publié par ce savant conjointement avec Lavoisier. (Mémoires de l'Acad. des sciences, 1790, p. 388.)

resserrée de toutes parts, on augmente, à l'aide d'un moyen quelconque, l'espace qu'elle occupait, de manière, par exemple, que l'accroissement soit d'un dixième. Cet air s'étendra pour remplir le vide, et après la dilatation sa température sera encore la même : or, il n'aura pu se dilater, en conservant ainsi sa température, sans enlever du calorique aux corps environnants, comme nous le ferons voir ailleurs ; mais ce calorique aura pris tout entier la forme de calorique latent pour opérer sa dilatation. — On peut aussi supposer que l'air, sans être soumis à l'influence des corps environnants, reçoive dès le premier instant une quantité de calorique égale à celle qu'il leur aurait dérobée. Cette quantité disparaîtra de même pendant la dilatation à laquelle son action sera employée tout entière, en sorte que la température finira encore par se retrouver au même degré qu'avant l'expérience.

460. Concevons au contraire qu'au lieu de permettre à l'air de s'étendre, on le trouve resserré dans l'espace primitif, et qu'en même temps on lui communique une certaine quantité de calorique additionnel : toute cette quantité restera à l'état de calorique sensible pour élever la température. — Imaginons enfin que l'on communique à l'air cette même quantité de calorique, plus celle qui avait servi à le dilater la première fois, et qu'ensuite on augmente encore d'un dixième l'espace dans lequel il était renfermé. Les deux effets qui avaient lieu séparément dans les expériences précédentes s'opéreront simultanément, c'est-à-dire que la quantité qui avait produit la dilatation, en passant à l'état de calorique latent, agira encore ici de la même manière, tandis que l'autre, conservant la forme de calorique sensible, fera monter la température du même nombre de degrés : or, c'est ce qui a lieu en général à l'égard des corps dans l'intérieur desquels le calorique s'accumule de plus en plus. Le phénomène prendra une marche inverse si l'on suppose qu'une certaine quantité de calorique s'échappe de l'intérieur d'un corps : celui-ci éprouvera alors un refroidissement accompagné d'une diminution de volume. Le premier effet sera dû au développement d'une portion de calorique sensible, et le second à celui de la portion correspondante de calorique latent. On peut obtenir aussi les deux effets séparément en faisant subir à l'air des variations qui présentent de même l'inverse de celles que nous avons citées ; c'est ce qu'on verra par les résultats des expériences qui concernent cet objet, et dont l'exposé trouvera sa place dans un autre article.

461. Pour donner une idée encore plus juste de ce qui se passe dans les phénomènes dont nous venons de parler, nous ne devons pas omettre une différence relative à la marche des actions exercées par les deux parties qui sont censées sous-diviser la totalité du calorique qu'un corps reçoit dans son intérieur. Elle consiste en ce que la partie qui reste à l'état de calorique sensible est proportionnelle aux élévations de température dont elle est la cause ; au lieu que la partie qui devient latente, et qui produit la dilatation, suit un rapport qui communément ne s'accorde pas avec les élévations de température, mais qui subit d'un instant à l'autre des inégalités, suivant le plus ou moins de facilité du corps pour se prêter à l'action de cette partie, à raison de la distance entre ses propres molécules et des autres modifications susceptibles de varier avec la dilatation elle-même.

CALORIQUE SPÉCIFIQUE.

462. Nous n'avons aucun moyen pour évaluer la quantité absolue de calorique spécifique que renferme un corps ; nous ne pouvons même, dans l'état actuel de la physique, déterminer les rapports entre les quantités absolues de calorique des différents corps, comme nous déterminons ceux qui existent entre les densités de ces corps, quoiqu'il n'y en ait aucun dont la densité absolue nous soit connue. Nous sommes réduits à comparer entre elles les augmentations de calorique reçues par divers corps dont la température s'est élevée d'un égal nombre de degrés.

463. Pour nous faire une idée des résultats auxquels on parvient à l'aide de cette comparaison, concevons que l'on mêle ensemble un kilogramme d'eau à la température de 34 degrés au-dessus de zéro avec un kilogramme de mercure à la température de zéro. L'eau cédera au mercure une portion de son calorique jusqu'à ce qu'il y ait équilibre, c'est-à-dire jusqu'à ce que la température des différentes parties du mélange soit parvenue à l'uniformité : or,

à ce terme, un thermomètre plongé dans le mélange indiquerait une température de 33 degrés. Nous en conclurons que l'eau a perdu la quantité de calorique nécessaire pour élever sa température d'un degré, et que cette même quantité de calorique est capable d'élever de 33 degrés la température du mercure ; d'où suit que la quantité requise pour élever celle-ci d'un degré n'est que la 33e partie de celle qui produirait le même effet par rapport à l'eau. Cependant cette dernière conséquence part de la supposition tacite, qui n'est pas tout à fait exacte, que la portion de calorique reçue par un corps dont la température monte d'un degré soit constamment la même ; quelque place qu'occupe ce degré sur l'échelle du thermomètre. En effet, l'expérience démontre que si l'on verse un kilogramme de mercure à 350 degrés dans un kilogramme de mercure à zéro, la température du mélange, au lieu d'être de 175 degrés, est de 180 degrés. Il faut donc une fois plus de calorique pour porter un kilogramme de mercure de 175 degrés à 350 que pour le porter de zéro à 175.

464. On a appelé *chaleurs spécifiques* ces quantités de calorique capables de produire, dans des corps égaux en masse, des élévations égales de température, en prenant un degré du thermomètre pour terme de comparaison. Elles dépendent de la capacité de calorique des différents corps, et l'on pourrait dire qu'elles sont à peu près à l'égard de cette dernière ce que sont les pesanteurs spécifiques par rapport au poids. Il suit de là que les quantités de calorique dont il s'agit se composent de la partie qui agit comme calorique sensible et de celle qui fait la fonction de calorique latent. L'expérience ne sépare pas ces deux parties l'une de l'autre ; et ainsi, lorsqu'on définit le calorique spécifique, celui qui est employé à élever la température des corps d'un nombre donné de degrés, on doit sous-entendre, dans la définition, la partie qui n'intervient que pour produire la dilatation, ce dernier effet étant une condition liée à l'élévation de température,

465. *Unité de chaleur spécifique.* — Pour que l'on pût comparer entre elles les chaleurs spécifiques des différents corps et les rendre susceptibles d'une évaluation numérique, il était nécessaire de choisir un terme de comparaison, une unité invariable. Or, quelle que soit la nature du calorique, nous ne pouvons nous empêcher d'admettre que des effets identiques ne soient produits par des quantités égales de calorique : ainsi, pour faire passer un kilogramme d'eau de la température de zéro à celle de 1 degré, il faudra toujours la même quantité de calorique ; c'est cette quantité qui a été prise pour unité et que l'on désigne quelquefois sous le nom de *calorie*. Les chaleurs spécifiques de tous les corps seront donc, comme les densités, rapportées à celle de l'eau, qui leur sert de commune mesure. L'eau, dans cette circonstance, offre d'ailleurs cet avantage, que sa chaleur spécifique est constante depuis zéro jusqu'à 100 : ainsi, si l'on verse un kilogramme d'eau à 100 degrés dans un kilogramme d'eau à zéro, la température du mélange sera 50 degrés, en tenant compte bien entendu des pertes de calorique inhérentes à l'expérience.

Détermination des chaleurs spécifiques.

466. *Calorimètre.* — La méthode de Crawford et de plusieurs autres physiciens, pour déterminer le calorique spécifique relatif à différentes substances, était semblable à celle dont nous avons parlé, en prenant l'eau et le mercure pour objets de comparaison ; on avait alors égard au calorique spécifique du vase dont on se servait, et on ramenait le résultat à l'hypothèse où son influence aurait été nulle. Mais il eût fallu encore tenir compte du calorique dérobé par l'air et par les autres corps environnants, et, d'ailleurs, il était souvent difficile de s'assurer si toutes les parties du mélange avaient la même température. Lavoisier et Laplace imaginèrent un instrument connu sous le nom de *calorimètre*, destiné à faire disparaître ces inconvénients.

467. L'usage de cet instrument est fondé sur une observation que nous nous bornerons ici à indiquer, pour y revenir ensuite lorsqu'elle se présentera à sa véritable place. Elle consiste en ce que, si on mêle une masse d'eau chauffée à 75 degrés avec une masse égale de glace à zéro, la totalité, après la fonte de la glace, se trouvera à la température zéro, c'est-à-dire à celle qu'avait la glace avant l'expérience. Dans ce cas, la quantité de calorique qui élevait la température de l'eau liquide, et dont la glace s'est emparée à mesure qu'elle se

fondait, est tellement masquée qu'elle n'a plus d'action sur le thermomètre.

468. Il résulte de ce qui vient d'être dit que cette même quantité de calorique nécessaire pour fondre, par exemple, un kilogramme de glace, est la mesure de celle qui serait capable d'élever la température d'un kilogramme d'eau depuis zéro jusqu'à 75 degrés. Donc, si un kilogramme d'une autre substance ne fond qu'un demi-kilogramme de glace en passant de la température de 75 à celle de zéro, nous en conclurons que sa chaleur spécifique est à celle de l'eau comme 1 2 ou 0,5 est à l'unité. Si elle ne fond qu'un quart de kilogramme, le rapport sera celui de 0,25 à 1; et ainsi l'unité, dans le cas dont il s'agit ici, représentera la quantité de calorique qui, relativement à un kilogramme d'eau, répond à l'intervalle entre zéro et 75° au-dessus.

469. Cela posé, si l'on divise la quantité de glace qu'un corps quelconque a fondue en se refroidissant jusqu'à zéro par le produit de la masse du corps rapportée en kilogrammes, et du nombre de degrés auquel s'élevait la température primitive, on aura d'abord la quantité de glace qu'un kilogramme du même corps est susceptible de fondre par un abaissement d'un simple degré de température. Multipliant ensuite le résultat par 75, on aura la quantité de glace qui aurait été fondue si la température était descendue de 75 à zéro, ce qui donnera en même temps la chaleur spécifique du corps rapportée a celle de l'eau prise pour unité.

470. L'instrument est une espèce de cage dont l'intérieur est partagé en trois cavités renfermées l'une dans l'autre. La cavité intérieure, ou la plus voisine du centre, est formée d'un grillage de fer sur lequel repose le corps dont on veut connaître la chaleur spécifique; la suivante, ou la cavité moyenne, est destinée à contenir de la glace pilée, qui doit environner la cavité intérieure et être fondue par la chaleur du corps soumis à l'expérience; la troisieme, ou la cavité extérieure, reçoit une autre quantité de glace dont l'effet est d'arrêter la chaleur de l'air et des corps environnants. Au moment de l'expérience, la température de la glace doit être zéro; et il est bon que celle de l'appartement ne soit pas au dessous de ce terme. La quantité d'eau produite par la fonte de la glace renfermée dans la cavité moyenne s'écoule, à l'aide d'un robinet, dans un vase situé sous la machine; et l'on est bien sûr que cette eau provient uniquement de la chaleur perdue par le corps soumis à l'expérience, puisque la glace qui est dans la même cavité se trouve garantie par celle qui l'environne de l'impression de toute chaleur étrangère. L'air et les corps voisins ne peuvent agir que sur la couche de glace située à l'extérieur; et l'eau, qui dans ce cas est le produit de leur action, coule le long d'un tuyau qui la reçoit séparément.

471. Rendons sensible par un exemple la manière de soumettre au calcul le résultat de l'observation. Supposons qu'un corps du poids de 7 kil. 7, chauffé à 97° au-dessus de zéro, ait fondu 1 kil. 1 de glace en passant à la température zéro; si l'on divise 1,1 par le produit de 7,7 et de 97, on aura 0 kil. 00147 pour la quantité de glace qu'un kilogramme du même corps serait capable de fondre en se refroidissant d'un degré. Ce résultat, multiplié par 75, donnera 0,11 pour la chaleur spécifique du corps rapportée à celle de l'eau.

472. Si le corps est lui-même un liquide, on le renfermera dans un vase dont on aura déterminé la chaleur spécifique. On soustraira de la quantité de glace fondue la partie que le vase a dû produire, ce qui donnera la quantité obtenue par le refroidissement du liquide.

473. C'est au moyen du calorimètre que les chaleurs spécifiques ont été déterminées pour la première fois avec une certaine précision. Cependant cet appareil comporte de grandes causes d'erreur : la quantité de glace sur laquelle on opère doit être considérable, car il faut que l'appareil reste encore à peu près plein de glace lorsque le corps soumis à l'expérience s'est refroidi jusqu'à zéro; autrement rien n'indiquerait qu'une portion du calorique n'a pas été perdue et employée à la fonte de la glace de l'enceinte extérieure. Mais cette glace qui reste dans la cavité moyenne retient, ainsi que les parois de l'appareil, une quantité d'eau liquide dont le poids devrait être ajouté à celui de l'eau recueillie dans le vase inférieur. Pour obvier à cet inconvénient, on a imaginé d'opérer dans un petit *puits de glace :* on creuse dans un morceau de glace homogène une petite cavité de 2 ou 3

centimètres de diamètre et 4 ou 5 de profondeur. Le corps soumis à l'expérience est porté à une température déterminée; on le place dans le petit puits, que l'on recouvre d'un morceau de glace. Lorsque l'on juge que l'équilibre de température s'est établi, on retire le corps, on l'essuie avec un linge qui a été préalablement pesé; on absorbe avec ce même linge toute l'eau qui se trouve dans le puits de glace; on pèse le linge de nouveau : l'augmentation du poids donne celui de la glace fondue, et on en déduit la chaleur spécifique du corps en opérant comme dans le cas du calorimètre.

474. *Méthode des mélanges.* — Cette méthode de détermination des chaleurs spécifiques, que nous avons déjà indiquée, avait été reprise et perfectionnée par Dulong et Petit; mais c'est surtout entre les mains de M. Regnault qu'elle est devenue la plus exacte qui ait été employée jusqu'à ce jour. — Dulong et Petit commencèrent par déterminer la chaleur spécifique du cuivre; pour cela, ils se servaient d'une capsule de ce métal, supportée par trois pieds très-minces comparables à trois aiguilles : cette précaution avait pour but de rendre moins sensible la perte de calorique par les supports; la capsule était remplie d'eau, le tout à la température de l'appartement dans lequel on opérait. Le corps soumis à l'expérience était une pièce de cuivre sous forme de rondelle, et pouvant peser jusqu'à 500 grammes et même 1 kilogramme; la rondelle était chauffée dans un bain d'huile d'une température connue; on la retirait du bain et on la plongeait dans la capsule; puis, d'après la température du mélange, on déterminait d'un côté la quantité de calorique perdu par la rondelle, de l'autre côté la quantité gagnée et par l'eau et par le vase : ces deux quantités, égales entre elles, donnaient lieu à une équation de laquelle on déduisait la chaleur spécifique du cuivre. Cette première détermination une fois faite, on employait toujours le même vase dans toutes les expériences; en sorte qu'on pouvait tenir compte d'une manière exacte et facile de la quantité de calorique absorbée par ce vase, et déterminer ainsi la chaleur spécifique des solides et des liquides.

475. Il y avait dans ce mode d'expérimentation deux causes d'erreur considérables dont il est difficile d'apprécier au juste les effets. La première était la perte de calorique qui avait lieu par les supports et dans l'air, pendant le temps assez long que l'équilibre de température mettait à s'établir. La seconde provenait de ce que les corps solides chauffés dans l'huile ou dans un autre liquide en entraînaient une quantité notable qui altérait nécessairement les résultats de l'expérience; et si l'on eût voulu les essuyer, on aurait abaissé leur température d'une quantité impossible à déterminer, — La disposition d'appareil adoptée par M. Regnault a considérablement diminué la première cause d'erreur et fait disparaître la seconde : le corps soumis à l'expérience était placé en fragments dans une petite corbeille de fil de laiton très-mince, dans l'axe de laquelle se trouvait placé un petit thermomètre. Ce petit appareil était porté dans une étuve cylindrique, chauffée au moyen de vapeur d'eau circulant dans un double manchon autour de l'étuve. La tige du thermomètre sortait à la partie supérieure, en sorte que l'on pouvait facilement déterminer l'instant auquel la température était devenue stationnaire. L'étuve était disposée de manière à pouvoir s'ouvrir par la partie inférieure. L'eau destinée à servir au mélange était placée, avec un thermomètre, dans un petit vase de laiton à parois très-minces, supporté sur deux fils de soie fixés à un petit chariot. Lorsque le thermomètre de la corbeille avait atteint son maximum, on amenait le chariot sous l'étuve, dont on ouvrait la partie inférieure, et l'on plongeait la petite corbeille dans l'eau : cette opération pouvait se faire en moins d'une seconde, en sorte qu'on n'avait à craindre aucune perte sensible de calorique. L'équilibre de température dans le vase réfrigérant s'établissait en deux ou trois minutes, dans le cas d'un corps assez bon conducteur de la chaleur. Au-dessus de l'étuve on avait disposé une double enveloppe horizontale de fer-blanc remplie d'eau à la température ordinaire, pour que le petit vase de laiton et l'eau qu'il contenait ne pussent recevoir aucune quantité de calorique lorsque le chariot était amené sous l'étuve. Dans le calcul de la chaleur perdue par la corbeille et de celle gagnée par le vase réfrigérant, il fallait avoir égard à la chaleur perdue ou absorbée par le laiton, par le verre du thermomètre et par le mercure; ce qui nécessitait trois ex-

périences préalables sur le laiton, sur le verre et sur le mercure.

476. Lorsqu'on opérait sur des liquides, on les mettait dans des tubes de verre de 15 millimètres environ de diamètre, à parois très-minces, fermés aux deux extrémités, et ne contenant qu'une quantité d'air suffisante pour permettre au liquide de se dilater sans briser l'enveloppe. On les placait dans la corbeille et l'on opérait comme pour les solides, en tenant compte de l'influence du verre qui formait les tubes. Dans le cas d'une substance pulvérulente, telle que beaucoup de métaux et la plupart des oxydes métalliques, on tâchait de former avec cette matière de petites boules, en la pétrissant avec de l'eau et en la calcinant ensuite. Quand on ne pouvait par aucun moyen lui donner une agrégation suffisante, on en remplissait de petits cylindres de laiton très-mince, que l'on plaçait ensuite dans la corbeille, puis on opérait comme à l'ordinaire.

477. Dulong, en comparant les chaleurs spécifiques des corps simples et les poids atomiques de ces mêmes corps, était arrivé à poser cette loi ; *Les chaleurs spécifiques des corps simples sont en raison inverse de leurs poids atomiques.* Nous devons dire cependant que cette loi ne se vérifie pas d'une manière absolue ; on trouve même des variations plus considérables que celles qui devraient résulter des erreurs ordinaires d'observation ; toutefois, ces variations sont comprises entre des limites assez rapprochées pour que nous soyons convaincus qu'elles ne sont dues qu'à la chaleur latente dont nous avons déjà parlé, et que les procédés d'expérience ne peuvent séparer de la chaleur spécifique proprement dite. Tout nous porte donc à croire que la loi de Dulong se verifierait complétement si l'on pouvait arriver à déterminer les chaleurs spécifiques à un certain degré de l'échelle thermométrique.

478. Neumann, en comparant les poids atomiques des corps composés et leurs chaleurs spécifiques, est arrivé à trouver une loi semblable à celle de Dulong, et que l'on peut ainsi formuler : *Dans chaque classe de corps composés ayant la même composition atomique et de constitution chimique semblable, les chaleurs spécifiques sont en raison inverse des poids atomiques.* — Les expériences desquelles Neumann avait déduit cette loi laissaient à désirer sous le rapport de l'exactitude ; mais M. Regnault l'a vérifiée au moyen des expériences les plus précises.

479 *Variation des chaleurs spécifiques.* — M. Pouillet, en cherchant le calorique spécifique du platine à diverses températures, est arrivé aux nombres suivants :

A	100°. . .	0,03350
	300°. . .	0,03434
	500°. . .	0,03518
	700°. . .	0,03600
	1000°. . .	0,03718
	1200°. . .	0,03818

On voit par là que le calorique spécifique augmente avec la température. On peut, jusqu'à un certain point, se rendre compte de cette augmentation d'après les idées que nous avons données du calorique latent de dilatation : car la chaleur totale que possède le platine à 1200 degrés, par exemple, se compose de la partie sensible qui sert à faire varier la température, et de la partie latente qui a été employée uniquement à l'augmentation de volume. Or, cette partie latente est d'autant plus considérable que la température est plus élevée ; et si l'on pouvait élever la température du corps en maintenant son volume constant, il est possible que le calorique spécifique restât constant dans toute l'échelle thermométrique.

Mesure des hautes températures par le moyen des chaleurs spécifiques.

480. Si le calorique spécifique des corps était constant à toutes les températures, on aurait un moyen très-simple de mesurer les hautes températures. On prendrait, par exemple, une boule de platine d'un poids connu ; on la mettrait dans le milieu dont on veut déterminer la température, puis on la plongerait dans une masse d'eau d'un poids et d'une température connus ; et en calculant, d'après la température du mélange, la quantité de calorique cédée par le platine et la quantité gagnée par l'eau, on obtiendrait une équation du premier degré de laquelle on déduirait la température inconnue. Mais le calorique spécifique du platine devant entrer dans le calcul, et cette quantité étant variable avec la température, il pourrait en résulter des erreurs assez considérables. On pourrait cependant

éviter ces erreurs en faisant, comme l'a proposé M. Masson, deux expériences simultanées avec deux masses inégales de platine : car on aurait alors deux équations entre lesquelles on pourrait éliminer le calorique spécifique du platine, et la température serait donnée exactement par l'équation finale.

Calorique spécifique des gaz.

481. La quantité de calorique nécessaire pour élever d'un degré la température d'une certaine quantité de gaz est plus ou moins considérable, selon que le gaz peut se dilater librement en conservant toujours la même force élastique, ou qu'il est enfermé dans une enceinte inextensible qui ne lui permet pas d'augmenter de volume : dans le premier cas, une quantité considérable de calorique devient latente et est complétement employée à produire l'augmentation de volume; tandis que, dans le second cas, tout le calorique reste sensible au thermomètre. Il est donc nécessaire de considérer le calorique spécifique des gaz sous deux points de vue différents : 1° calorique spécifique des gaz à volume constant; 2° calorique spécifique des gaz à pression constante.

482. Lorsqu'il s'agissait du calorique spécifique des corps solides et des corps liquides, nous considérions des poids égaux de ces corps; mais dans le cas des fluides élastiques il n'en est plus ainsi : on entend par calorique spécifique des gaz le rapport des quantités de calorique nécessaires pour élever d'un degré la température d'un même volume de chaque gaz soumis à une même pression. Cette nouvelle manière de considérer le calorique spécifique est commandée par la nature même des fluides élastiques : car nous avons vu que toutes les propriétés physiques des corps gazeux suivent des lois identiques et très-simples, lorsque l'on considère des volumes égaux de ces corps soumis à une même pression. D'ailleurs, en déterminant de cette manière la capacité calorifique des gaz, on trouve que la loi de Dulong et Petit, que nous avons citée plus haut, s'applique au cas des gaz simples.

483. 1° *Calorique spécifique des gaz à pression constante.* — Delaroche et Bérard sont parvenus à cette détermination par le procédé suivant : on faisait circuler dans un serpentin un courant de gaz avec une vitesse connue. Le serpentin était entouré d'une masse d'eau d'un poids connu, et dont la température était indiquée par des thermomètres très-sensibles. Le gaz, avant d'entrer dans le serpentin, traversait un tube maintenu à une température constante de 100 degrés, par exemple, en sorte qu'il cédait au serpentin toute sa chaleur et en faisait monter la température. On connaissait ainsi le volume du gaz qui avait traversé le serpentin dans un temps déterminé, l'élévation de température produite dans le serpentin; on en déduisait, par un calcul très-simple, la quantité de calorique cédée par le gaz, et par suite le calorique spécifique du gaz par rapport à l'eau. On avait soin d'ailleurs d'abaisser, avant l'expérience, la température du serpentin de quelques degrés au-dessous de la température ambiante, et de continuer l'opération jusqu'à ce que cette température se fût élevée du même nombre de degrés au-dessus de la température ambiante : de cette manière on n'avait pas à avoir égard au calorique que le serpentin pouvait perdre par le refroidissement, puisque la quantité qu'il recevait des corps environnants, dans le commencement, compensait celle qu'il perdait à la fin de l'expérience. — Delaroche et Bérard sont arrivés à trouver cette loi, que tous les gaz simples sous la même pression avaient la même chaleur spécifique. Et puisque, d'après toutes les propriétés physiques de ces corps et les lois auxquelles sont soumises leurs combinaisons, il est très-probable qu'à volumes égaux, sous la même pression et à la même température, ils sont composés d'un même nombre d'atomes, on est conduit à admettre la loi de Dulong et Petit pour les gaz simples aussi bien que pour les autres corps simples.

484. 2° *Calorique spécifique des gaz à volume constant.* — Nous avons dit, en traitant de la vitesse du son, que Newton avait donné une formule qui exprimait cette vitesse dans l'air, que Laplace avait apporté à cette formule une correction qui consiste à multiplier la valeur théorique donnée par Newton par le rapport des deux chaleurs spécifiques de l'air. Par conséquent, en déterminant directement la vitesse de propagation du son dans l'air, on arrive à connaître le rapport dont il s'agit; et connaissant la chaleur spécifique à pression constante, on arrive à trouver la

chaleur spécifique à volume constant. C'est en suivant cette méthode indirecte que Dulong a trouvé pour le rapport des deux chaleurs spécifiques 1,421.

PROPAGATION DU CALORIQUE.

484. Lorsque plusieurs corps se trouvent en présence, à diverses températures, qu'ils soient en contact les uns avec les autres ou séparés par des intervalles plus ou moins grands, on remarque que la température des plus chauds diminue peu à peu tandis que celle des autres augmente, et après un certain temps la température est devenue uniforme dans tous ces corps. Or, pendant le passage à l'équilibre de température entre deux corps, l'un chaud, l'autre froid, ces corps s'envoient l'un à l'autre des quantités de calorique, qui tendent vers l'égalité, et c'est au terme ou elle a lieu que l'équilibre se trouve établi. Ce commerce de calorique peut se faire de deux manières différentes : 1° les corps étant séparés les uns des autres, le calorique s'élance de l'un à l'autre, comme la lumière, en franchissant l'espace intermédiaire avec une vitesse extrême et suivant des lois que nous allons bientôt étudier; dans cet état où le calorique abandonné à lui-même traverse le vide, l'air et même les corps liquides et solides sans y produire aucune variation de volume ou de température, on lui donne le nom de *calorique rayonnant.* 2° Quand deux corps de températures différentes sont en contact l'un avec l'autre, le calorique renfermé dans le corps le plus chaud s'introduit immédiatement dans le plus froid, s'y répand de proche en proche avec plus ou moins de difficulté, avec plus ou moins de lenteur, jusqu'à ce qu'il y ait partout uniformité de température. Ce deuxième mode de propagation du calorique prend le nom de *conductibilité.*

Calorique rayonnant.

485. D'après ce qui vient d'être dit, il ne faut pas attacher à cette expression de *calorique rayonnant* l'idée d'une espèce particulière de calorique; mais la considérer comme représentant un état spécial, un mode de propagation défini. En nous reportant à l'hypothèse à laquelle nous nous sommes arrêtés de préférence, il faut concevoir que les particules de calorique s'élancent comme à la file, en suivant toujours une ligne droite, laissant entre elles des intervalles incomparablement plus grands que leurs diamètres; d'où il arrive que quand les files se croisent, les molécules de chacune trouvent toujours un passage libre pour traverser les routes suivies par les autres, en sorte que le mouvement général ne trouble point les mouvements particuliers.

486. D'après ces premières notions, on doit concevoir que dans un espace quelconque, où le calorique est libre de se propager, il existe à toutes les températures une multitude innombrable de rayons du même fluide qui se meuvent dans toutes les directions imaginables; d'où il résulte que chaque point de l'espace dont il s'agit, est comme un double centre d'où partent et vers lequel tendent de tous côtés des suites non interrompues de ces mêmes rayons.

487. Les propriétés du calorique rayonnant ont été en parties constatées depuis long-temps par Scheele, à l'aide de l'expérience, et l'on est étonné de la sagacité avec laquelle il les a aperçues, à une époque où ce sujet était entièrement neuf (1). Pour mieux étudier les caractères de ce fluide ainsi dégagé de toute contrainte, il avait choisi une des circonstances où les phénomènes qu'il produit se montrent d'une manière plus sensible, savoir, celle où il sort d'un poêle dans lequel le bois brûle avec activité et dont on a laissé la porte ouverte. Le calorique dans cet état, ainsi que le remarque Scheele, s'élance comme un torrent à travers l'air environnant, et son émission a une si forte tendance pour se faire en ligne droite, que sa direction n'est point changée par le courant d'air qui se meut constamment vers la bouche du poêle pour remplacer celui qui s'échappe, en vertu de la dilatation produite par la chaleur intérieure. En vain même agite-t-on fortement l'air situé devant la porte du poêle : la marche des rayons du calorique n'en est pas plus changée que celle des rayons solaires.

488. A cette première observation de Scheele, succède celle de la réflexion du calorique rayonnant sur la surface des miroirs métalliques, suivant les mêmes lois que pour la lumière; et si le

(1) Traité chimique de l'air et du feu, trad. par Dietrich, 1781, p. 118 et suiv.

miroir est concave, l'action du calorique se concentre à son foyer, en sorte qu'un morceau de soufre placé à ce foyer s'allume dans l'instant.

489. Tant que le calorique conserve sa forme rayonnante, soit qu'il se refroidisse à la surface d'un corps, ou qu'il en traverse librement la masse, il n'affecte point la température de ce corps, et n'en altère en aucune manière les dimensions. Scheele a encore observé cette permanence de la température dans le cas de la réflexion. Son miroir concave de métal ne fut point échauffé, quoique exposé à l'effluve abondant de calorique qui agissait avec tant d'énergie sur un corps placé à l'endroit du foyer. Mais si l'on enduisait la surface du miroir d'un peu de suie en la passant au-dessus d'une chandelle allumée, le calorique qui tombait sur le miroir perdait sa forme rayonnante et s'unissait au métal, qui s'échauffait bientôt jusqu'au point de ne pouvoir plus être manié impunément.

490. Depuis ces premières observations de Scheele, plusieurs physiciens ont contribué à étendre le cercle de nos connaissances relativement à cet objet; il en est deux, Rumfort et Leslie, que nous devons principalement citer. Le premier s'est rendu doublement célèbre par une suite d'expériences ingénieuses dont les résultats intéressants lui assignent un rang distingué parmi les physiciens, et dont les applications utiles le placent parmi les bienfaiteurs de l'humanité (1). Le travail de l'autre, indépendamment de la beauté et de la variété des faits, est remarquable par la profondeur que l'auteur a mise dans sa manière d'en étudier la marche et d'en développer les conséquences (2). Ce qu'il y a de plus remarquable, c'est qu'il règne presque partout entre les faits auxquels ces deux physiciens sont parvenus, sans s'être concertés, un accord bien précieux dans des recherches aussi délicates. La divergence n'a lieu que par rapport aux théories qu'ils ont adoptées.

(1) Voyez, entre autres, l'ouvrage de ce savant qui a pour titre : Mémoire sur la chaleur. Paris, an XIII (1804).

(2) An experimental inquiry into the nature and propagation of heat. London, 1804.

Appareils destinés aux expériences.

491. Rumfort, pour étudier les phénomènes dont nous allons nous occuper, avait imaginé un appareil très-ingénieux auquel il donne le nom de *thermoscope*, et qui consiste en un tube de verre recourbé à ses deux extrémités en forme d'U, chacune des extrémités est renflée en forme de boule. L'intérieur de l'appareil est rempli d'air, à l'exception d'un petit espace occupé par une bulle d'alcool teint en rouge, de manière que quand la température des deux boules est uniforme, la bulle doit se trouver au milieu de la branche horizontale du tube. Mais si l'on place vis-à-vis d'une des boules un corps dont la température soit plus élevée que celle du thermoscope, le calorique rayonnant que ce corps envoie à l'instrument étant plus abondant que celui qu'il en reçoit par échange, l'air renfermé dans la boule s'échauffera; et son élasticité se trouvant augmentée, l'index se trouvera chassé vers l'autre boule. Le contraire arrivera si la température du corps soumis à l'expérience est plus basse que celle du thermoscope. Telle est la sensibilité de cet instrument que, quand il est à la température de 12 ou 15 degrés, si l'on tient la main ouverte à la distance d'un mètre d'une des boules, le calorique émané de cette main suffit pour faire avancer l'index de plusieurs millimètres du côté opposé. Les corps que l'on présentait à l'instrument, dans les expériences ordinaires, étaient des vases cylindriques de laiton dont la surface avait un beau poli. On les remplissait, suivant les circonstances, d'eau plus ou moins chaude ou de glace, dont la température était indiquée par un thermomètre plongé dans cette eau, et on les disposait de manière que leurs bases étaient tournées vers les boules du thermoscope. Lorsque l'on place devant les boules du thermoscope des corps envoyant des quantités inégales de calorique, on est obligé de faire varier les distances de ces corps afin que l'index reste stationnaire; lorsque cet effet est produit, on en conclut que les quantités de calorique émises de chaque côté sont entre elles comme les carrés des distances du corps rayonnant à chaque boule, parce que, comme nous le verrons, l'intensité du calorique rayonnant varie en raison inverse des carrés des distances. Tel était le principe que gardait Rum-

fort dans la mesure du calorique rayonnant.

492. L'appareil dont se servait Leslie ressemble, quant à la forme, à celui de Rumfort, mais il en diffère quant au mode d'expérimentation. Cet instrument, auquel on a donné le nom de *thermomètre différentiel*, se compose comme le thermoscope d'un tube recourbé en forme de la lettre U, aux deux extrémités duquel se trouvent deux boules égales; toute la partie horizontale et environ la moitié de chacune des branches verticales du tube sont remplies d'acide sulfurique. Lorsque les deux boules sont à la même température, le liquide monte à la même hauteur dans les deux branches; mais lorsque l'une des boules est plus échauffée que l'autre, le liquide éprouve une dépression de ce côté, et s'élève au contraire vers la boule la plus froide : cette différence de niveau est d'autant plus grande que la différence de température des deux boules est elle-même plus considérable; on peut même, par une expérience préalable, marquer sur l'instrument des degrés qui feront connaître immédiatement la différence de température des deux parties de l'instrument. Leslie plaçait une des boules de son thermomètre différentiel au foyer d'un réflecteur de fer-blanc ou de laiton. Le corps d'où émanait le calorique était un vase cubique en fer-blanc contenant de l'eau chaude dont la température était indiquée par un thermomètre ordinaire. On laissait à l'une des faces latérales du cube son poli et son éclat, et l'on recouvrait les autres d'une lame ou d'une couche des corps que l'on voulait soumettre à l'expérience. On plaçait le vase cubique à une certaine distance en face du réflecteur. Le calorique rayonnant était d'abord reçu par le réflecteur, qui le renvoyait en partie sur la boule *focale* du thermomètre différentiel ; ce qui produisait dans le liquide de l'appareil une différence de niveau, et l'on jugeait de la quantité de calorique émise par l'étendue de cette différence de température accusée par l'appareil.

493. Nous n'entrerons pas ici dans le détail des expériences au moyen desquelles ces deux célèbres physiciens sont arrivés à découvrir les lois du calorique rayonnant, parce qu'on peut arriver d'une manière à la fois plus précise, plus commode et plus complète à la vérification des mêmes lois au moyen d'un autre appareil dont la construction est due à M. Melloni et que nous allons décrire avec soin.

Appareil de M. Melloni.

494. Les phénomènes qui proviennent du rayonnement du calorique et les lois de ces phénomènes ne peuvent être étudiés d'une manière à la fois plus complète, plus commode et plus précise qu'au moyen d'un appareil imaginé par M. Melloni. Pour faire comprendre le principe sur lequel repose la construction de l'appareil de M. Melloni et en donner une description complète, nous sommes obligé d'empiéter sur une question qui sera complétement développée dans une autre partie de cet ouvrage.

495. *Pile thermo-électrique.* — Voici ce principe : on soude l'un au bout de l'autre, alternativement, de petits parallélipipèdes de bismuth et d'antimoine, de manière que si l'on a commencé par un barreau de bismuth on finit par un barreau d'antimoine; on réunit les deux extrémités au moyen d'un fil de cuivre rouge. Tant que toutes les soudures sont maintenues exactement à la même température, ce petit appareil n'offre rien de particulier; mais si les soudures d'ordre impair, la première, la troisième, la cinquième, etc., sont à une température différente des soudures d'ordre pair, la deuxième, la quatrième, etc., le fil de cuivre acquiert aussitôt la propriété remarquable de faire dévier l'aiguille aimantée d'un *rhéomètre*. Nous verrons plus tard que cette déviation est due à la production d'un courant électrique, mais il nous suffit pour le moment de connaître le fait. Les barreaux de bismuth et d'antimoine sont soudés en zig-zag, et rapprochés les uns des autres de manière à former un petit prisme de 3 ou 4 centimètres de longueur, et toutes les soudures d'ordre pair se trouvent à l'une des bases, les soudures d'ordre impair à l'autre base ; et c'est à ce petit appareil que l'on donne le nom de *pile thermo-électrique*.

496. *Rhéomètre.*—Cette seconde partie essentielle de l'appareil de M. Melloni se compose d'un fil de cuivre entouré de soie, qui est enroulé sur un petit cadre de bois ou de cuivre ; au-dessus de ces fils est placé un cadran divisé. Un système d'aiguilles astatiques, c'est-à-dire deux aiguilles aimantées de même dimension et possédant le même degré de magnétisme réunies en sens inverse,

de manière à être insensibles ou à peu près à l'action directrice de la terre se trouvent suspendues à un fil de cocon sans torsion. L'une des aiguilles se trouve immédiatement au-dessus du cadran, l'autre se trouve au-dessous, dans l'intérieur du cadre; le tout est placé sous une petite cloche de verre. On fait communiquer les extrémités du fil de cuivre avec les extrémités de la pile : tant que les deux faces de la pile sont à la même température, les aiguilles ne bougent pas ; mais elles dévient aussitôt que l'une des faces de la pile est tant soit peu plus échauffée que l'autre. L'action du courant qui agit sur l'aiguille est proportionnelle à l'intensité de la chaleur qui agit snr la pile, mais l'angle de déviation de l'aiguille n'est proportionnel à ce courant que jusqu'à 20 degrés du cadran; au delà il faut graduer l'instrument par des expériences préalables; et l'on dresse pour chaque rhéomètre une table indiquant le rapport entre les déviations de l'aiguille et les intensités des courants qui produisent ces déviations. Il est nécessaire de faire en sorte que dans toutes les expériences, la déviation de l'aiguille n'excède pas 35 ou 40°; les résultats que l'on obtient alors sont plus exacts.

497. *Disposition de l'appareil.* — Sur une règle métallique horizontale, divisée, se trouvent disposés plusieurs supports que l'on peut fixer en un point quelconque au moyen de vis de pression. L'un de ces supports est destiné à recevoir la pile A, un autre la source de calorique, un troisième D le corps qui doit être soumis à l'action du calorique; d'autres M soutiennent des écrons mobiles composés de deux feuilles de laiton séparées par une couche d'air; enfin un dernier C supporte un écron fermé d'une feuille de laiton percée d'un trou destiné à limiter les dimensions du rayon de chaleur. La longueur de la pile est représentée par *mn*, *am* et *nb* sont des tuyaux rectangulaires en cuivre qui ne permettent qu'aux rayons émanés de la source d'agir sur la pile; au lieu de ces tuyaux prismatiques, on en emploie souvent un évasé en forme de cône.

498. Les sources de calorique employées sont : 1° une source de calorique mineux donnée par une lampe Locatelli, avec réflecteur; 2° une source de calorique incandescent composée d'un fil de platine rougi par la flamme d'une lampe à alcool n° 3; ne source de calorique obscur obtenue en chauffant à 400°, à peu près, à l'aide d'une lampe à esprit-de-vin, une lame de cuivre recouverte de noir de fumée ; 4° une source de calorique obscur à 100°, obtenue au moyen d'un cube de fer-blanc noirci sur une de ses faces au noir de fumée : ce cube contient de l'eau bouillante entretenue à cette température au moyen d'une lampe à alcool.

Transmission du calorique à travers les solides et les liquides.

499. M. Melloni a étudié avec soin ce phénomène au moyen de l'appareil que nous venons de décrire : sur le support D on place des lames de différentes substances et de diverses épaisseurs, dans une position verticale et telle que les rayons partant de la source de chaleur soient obligés de les traverser pour arriver à la pile : aussitôt que l'on vient à baisser l'écron M pour livrer passage au calorique, l'aiguille du rhéomètre est déviée. Cette déviation n'est pas due à ce que la lame soumise à l'expérience s'échauffe et envoie ensuite des rayons de calorique à la pile, car si on la remplace par une lame de même épaisseur de laiton noirci au noir de fumée, qui s'échauffe très-facilement et qui rayonne beaucoup, on n'observe aucun dérangement dans l'aiguille. Voici les résultats obtenus par M. Melloni dans un grand nombre d'expériences; en représentant par 100 le calorique transmis directement de la lame à la pile, une lame de 1 millimètre 88 d'épaisseur des verres suivants en laissait passer une proportion représentée par les nombres correspondants.

Flint de M. Guinand.	67
Flint anglais.	65
Flint fançais.	64
Verre de glace.	62
Autre espèce.	60
Autre espèce.	59
Crown français.	58
Verre à vitre.	54
Autre espèce.	52
Autre espèce.	50
Crown anglais.	49

Pour les liquides, en employant une épaisseur commune de 9 millimètres 21, il est arrivé aux résultats suivants :

Verre de glace.	53
Carbure de soufre (incolore). . . .	63

Chlorure de soufre (rouge-brun). .	63
Protochlorure de phosphore (incolore).	62
Hydrocarbure de chlore (incolore).	37
Huile de noix (jaune).	31
Essence de térébenthine (incolore).	31
Essence de romarin (incolore). . .	30
Huile de colza (jaune).	30
Huile d'olive (jaune-verdâtre). . .	30
Naphthe naturel (jaune-brun). . .	28
Baume de copahu (jaune-brun). . .	26
Essence de lavande (incolore). . . .	26
Huile d'œillet (jaune-léger).	26
Naphthe rectifié (incolore).	26
Ether sulfurique (incolore).	21
Acide sulfurique de Nordhousen. .	17
Acide sulfurique pur (incolore). . .	17
Hydrate d'ammoniaque (incolore). .	15
Acide nitrique pur (incolore). . . .	15
Alcool absolu (incolore).	15
Hydrate de potasse (incolore). . . .	13
Acide acétique rectifié (incolore). .	12
Acide pyroligneux (brun-léger). . .	12
Eau sucrée (incolore).	12
Eau chargée d'alun (incolore). . . .	12
Eau salée (incolore).	12
Blanc d'œuf (légèr. col. en jaune).	11
Eau distillée.	11

Corps cristallisés, d'une épaisseur commune de 2 millimètres 62 :

Verre de glace.	62
Sel gemme (diaphane).	62
Spath d'Islande (diaphane).	62
Autre espèce (diaphane).	62
Cristal de roche enfumé (brun). . .	57
Topaze incolore du Brésil (diaphane).	54
Carbonate de plomb (diaphane). . .	52
Agate blanche (translucide). . . .	35
Baryte sulfatée (diaphane).	33
Aigue-marine (bleu-diaphane). . .	29
Agate jaune (translucide).	28
Tourmaline verte (diaphane). . . .	27
Adulaire (diaphane).	24
Chaux sulfatée (diaphane).	20
Chaux fluatée (diaphane).	15
Acide citrique (diaphane).	15
Sardoine (translucide).	14
Carbonate d'ammoniaque (diaphane).	13
Tartrate de potasse et de soude. . .	12
Alun de glace (diaphane).	12
Sulfate de cuivre (bleu-diaph.). . .	0

Verres colorés, d'une épaisseur commune de 1 millimètre 35 :

Violet-foncé.	53
Rouge-jaunâtre plaqué.	53
Rouge-pourpre plaqué.	51
Rouge-vif.	47
Violet-pâle.	45
Orangé-rouge.	44
Bleu-clair.	42
Jaune-foncé.	40
Jaune-brillant.	34
Jaune-doré.	33
Bleu-foncé.	33
Vert-pomme.	26
Vert minéral.	23
Bleu très-foncé.	19

Pour soumettre les liquides à l'expérience, on les place dans une petite auge formée par des glaces parallèles; on a joint aux résultats précédents, pour les rendre comparables, les nombres donnés par une plaque de verre placée dans les mêmes circonstances que le liquide, c'est-à-dire entre les glaces formant les récipients. Il résulte de ces expériences que la quantité de calorique qui traverse différentes substances est indépendante de leur transparence pour la lumière et de leur couleur.

500. Pour ne laisser aucun doute sur cette double proposition, on a soumis à l'expérience, dans les mêmes circonstances, une plaque d'alun très-transparente d'une épaisseur de 1 millimètre 5 et une plaque de cristal de roche enfumé de 88 millimètres, ne laissant presque pas passer la lumière; l'alun n'a donné au rhéomètre qu'une déviation de 6°, tandis que le cristal de roche en donnait une de 19°. Une lame de verre noir, parfaitement opaque, se laisse cependant traverser par une grande proportion de calorique. Il est donc bien établi qu'un corps opaque peut livrer passage au calorique rayonnant, et qu'un corps diaphane peut l'intercepter complétement. Le sel gemme est de tous les corps celui qui se laisse le plus facilement traverser par le calorique. Quant à la couleur, les expériences faites sur les verres colorés paraîtraient indiquer que, si en général elle est sans influence, il existe du moins quelques exceptions: ainsi les verres bleu-foncé, verts se laissent traverser par le calorique plus difficilement que les rouges; mais on est porté à croire que cette exception apparente est plutôt due à la matière colorante qu'à la couleur elle-même, car on obtient des résultats très-différents avec des verres de même couleur produite par des matières colorantes de natures différentes.

501. Nous pouvons donc, avec M.

Melloni, conclure de tout ce qui précède que certains corps sont *transparents* pour le calorique, et d'autres *opaques*, c'est-à-dire que les premiers laissent passer le calorique comme les corps transparents laissent passer la lumière; que les seconds arrêtent le calorique comme les corps opaques arrêtent la lumière; en suivant l'analogie, on a appelé les premiers corps *diathermiques*, les seconds corps *athermiques*; la propriété des uns *athermansie*, celle des autres *diathermansie* ou *transcalescence*. Ces expressions correspondent à celles de corps *diaphanes*, corps *opaques*; *opacité*, *diaphanéité transparence*.

502. La source du calorique n'est pas sans influence sur la quantité que laissent passer les corps diathermiques: M. Melloni a reconnu que le sel gemme, diaphane et incolore, laisse passer constamment les 92 centièmes du calorique qu'il reçoit, que ce calorique provienne de l'une ou de l'autre des quatre sources indiquées; mais c'est le seul corps qui soit dans ce cas. Un autre, la chaux fluatée, laisse seul passer quelques rayons provenant du cube chauffé à 100°, au moyen de l'eau bouillante; tous les autres corps sont athermiques pour le calorique provenant de cette source. Un assez grand nombre de substances sont diathermiques pour le calorique provenant du cuivre chauffé à 400°; mais plusieurs sont athermiques dans ce cas, bien que très-diaphanes: nous citerons entres autre la glace très-pure (eau congelée), l'alun, le sucre candi, l'acide citrique; enfin on remarque que la proportion de calorique qui traverse un corps diathermique décroît avec la température de la source, et lorsque cette température est très-faible on peut admettre en thèse générale que tous les corps deviennent athermiques.

503. La constance de la transmission observée sur le sel gemme, s'observe encore pour des sources de 40 à 50° et sur des morceaux de sel d'une épaisseur variable; on l'a observée sur un morceau de sel gemme de 86 millimètres d'épaisseur. Il n'en est pas ainsi d'autres substances qui laissent passer d'autant moins de calorique qu'elles sont plus épaisses; mais, comme cela arrive pour la lumière, tous les corps réduits en lames excessivement minces, laissent passer autant de calorique que le sel gemme, et sont dans cet état complétement diathermiques. Les liquides présentent les mêmes phénomènes que les solides, et absorbent comme eux des quantités de calorique dependant de la source de chaleur.

504. Des faits qui précèdent, nous sommes portés à conclure que: 1° le sel gemme se comporte en général, par rapport au calorique rayonnant, comme le verre et les corps diaphanes incolores relativement à la lumière; 2° les rayons de calorique émanés de différentes sources ne sont pas identiques et peuvent être comparés aux rayons de lumière diversement colorés; 3° enfin les différentes substances diathermiques nous présentent une analogie avec les substances diaphanes colorées qui se laissent traverser par les rayons lumineux de leur couleur et absorbent les autres.

505. Le sel gemme, à cause de ces propriétés remarquables, nous rendra dans l'étude du calorique rayonnant le même service que le verre le plus transparent et le plus incolore dans l'étude des phénomènes de la lumière. M. Melloni, pour exprimer cette analogie entre la chaleur et la lumière, a adopté les expressions suivantes: milieux *thermocroïques*, c'est-à-dire corps ne se laissant traverser que par le calorique émanant de certaines sources; l'expression correspondante pour la lumière est milieux *transparents colorés*. Milieux *athermocroïques*, qui laissent passer également tous les rayons de calorique, comme le sel gemme; en lumière milieux *diaphanes incolores*. Enfin l'expression *thermocrose* correspond à *coloration*.

506. Quand les rayons de calorique ont traversé certains milieux et qu'on les fait ensuite tomber sur un autre corps, ils sont plus ou moins aptes à le traverser; la quantité de calorique transmise par le second milieu dépend à la fois, à la source de chaleur, de la nature du premier corps et de celle du second. Mais le sel gemme, dans cette circonstance comme dans toutes celles qui ont été exposées précédemment, laisse toujours passer les 92 centièmes de la chaleur qu'il reçoit. Ce nouveau fait confirme l'analogie établie entre les substances thermocroïques et les verres colorés; on sait en effet qu'un verre rouge laissera passer presque en totalité les rayons rouges qui auront déjà traversé un verre de même couleur, tandis que ces mêmes rayons seront complétement, ou à peu près, arrêtés par un verre

d'une autre couleur : vert ou bleu, par exemple. Nous devons toutefois faire bien observer qu'il n'existe aucune dépendance entre la thermocrose des substances et leur coloration.

Réflexion du calorique.

507. Le calorique est susceptible de subir à la surface des corps une réflexion semblable à celle de la lumière ; les lois géométriques de cette réflexion devant être développées dans la partie qui traite de l'optique, nous ne parlerons ici que des expériences propres à mettre ce phénomène en évidence. Nous avons déjà cité une expérience de Scheele, dans laquelle il s'est servi d'un miroir concave de métal pour prouver cette propriété du calorique. Saussure et Pictet en confirmèrent ensuite l'existence au moyen d'un appareil susceptible de se prêter à des observations variées. Rumfort et Leslie cherchèrent à déterminer les lois de ce phénomène, à l'étude desquelles M. Melloni a apporté toute la précision que comporte son appareil.

508. *Expérience de Saussure et Pictet.* — Ces deux savants ayant fait rougir un boulet de fer de 54 millimètres de diamètre, le laissèrent refroidir au point qu'il n'était plus lumineux même dans l'obscurité. Ils avaient préalablement disposé deux miroirs concaves l'un vis-à-vis de l'autre à environ 4 mètres de distance ; ils fixèrent le boulet au foyer de l'un, tandis qu'ils tenaient un thermomètre à air au foyer de l'autre. La chambre où se faisait l'expérience était exactement fermée, et toutes les précautions avaient été prises pour écarter tout ce qui aurait pu occasionner des variations accidentelles dans la température de l'air. A peine le boulet eut-il été placé à l'un des foyers que le thermomètre qui occupait l'autre et qui auparavant marquait 4° au-dessus de zéro commença à monter, et parvint en 6 minutes à 14° 1/2; tandis qu'un second thermomètre suspendu hors du foyer, à la même distance et du boulet et de l'observateur, ne monta qu'à 6 degrés : d'où il résulte que dans cette expérience la réflexion du calorique rayonnant a élevé la température de 8 degrés 1/2. Dans la vue d'écarter encore mieux le soupçon que ce phénomène fût l'effet d'une lumière imperceptible pour l'œil, Pictet a répété l'expérience en substituant au boulet de fer un matras rempli d'eau bouillante, et le thermomètre situé à l'autre foyer a indiqué une élévation de température de plus d'un degré.

509. Pour expliquer ces résultats, supprimons d'abord les miroirs par la pensée; le boulet et le thermomètre feront directement entre eux des échanges continuels de calorique qui, étant à l'avantage du thermomètre, élèveront la température. Replaçons maintenant les miroirs ; de nouveaux échanges auront lieu à l'aide des rayons qui, en partant de chacun des deux corps, iront frapper la surface du miroir voisin, et, réfléchis parallèlement à l'axe vers l'autre miroir, convergeront, après une seconde réflexion, vers le foyer de celui-ci. Or il est facile de voir que l'effet de cette double réflexion, ajouté à celui qui provenait des échanges directs, devait accélérer sensiblement l'élévation de température dans le thermomètre. Leslie et Rumfort avaient constaté que la quantité de calorique réfléchie par un corps augmentait considérablement avec le degré de poli et l'éclat de la surface; que les surfaces blanches réfléchissaient des quantités de calorique beaucoup plus grandes que les surfaces colorées ou noires; qu'une surface recouverte de noir de fumée absorbait tout le calorique sans en réfléchir aucune partie ; enfin, que la nature du corps avait une influence marquée sur la quantité de calorique réfléchie par la surface.

510. M. Melloni, pour étudier les lois de la réflexion du calorique, adapte à son appareil une petite règle XY munie d'un support vertical portant un cadran horizontal Z. La règle est mobile autour de l'axe du cadran et la pile est placée sur le support à l'autre extrémité. Au centre du cadran, on dispose la surface réfléchissante suivant un des rayons, et on incline la règle de manière à ce qu'elle fasse avec la surface réfléchissante le même angle que le rayon de calorique arrivant de la source de chaleur sur cette même surface. On observe que c'est dans cette disposition de l'appareil que l'aiguille du rhéomètre donne le maximun de déviation, ce qui prouve d'une manière incontestable que le calorique se réfléchit en faisant l'angle de réflexion égal à l'angle d'incidence.

511. *Pouvoirs réflecteurs.* — M. Melloni a trouvé dans toutes les expériences qu'une surface réfléchissante renvoyait toujours une même fraction du calorique qu'elle recevait, quelle que

fût d'ailleurs la source du calorique. On donne le nom de *pouvoir réflecteur absolu* au rapport entre la quantité de calorique reçue par un corps et la quantité réfléchie à la surface. Le *pouvoir réflecteur relatif* est le rapport entre la quantité de calorique réfléchie par une surface, et la quantité réfléchie par une autre surface qui sert de terme de comparaison. La détermination du pouvoir réflecteur absolu d'une substance parfaitement diathermique, le sel gemme, se fera en calculant la quantité de chaleur réfléchie à chacune des surfaces de la lame d'après la connaissance de la quantité reçue, et de celle transmise; on trouve de cette manière pour le pouvoir réflecteur absolu du sel gemme 0,0393. Cette valeur ne varie pas sensiblement avec l'inclinaison du rayon de calorique sur la surface. Le pouvoir réflecteur relatif se détermine en soumettant à l'expérience, dans les mêmes circonstances, des plaques des différentes substances, et observant pour chacune l'intensité du rayon réfléchi. M. Melloni n'a pas publié les pouvoirs relatifs des différents corps ; il a seulement indiqué que l'eau, les liquides et les marbres ne donnent qu'une déviation de 7 à 8 degrés du rhéomètre, tandis que les métaux en produisent une de 20 à 45.

512. Leslie avait déterminé les pouvoirs réflecteurs relatifs des corps au moyen de son appareil ; en représentant par 100 celui du cuivre jaune ou laiton, il a trouvé les nombres suivants :

Cuivre jaune.	100
Argent.	90
Étain en feuilles.	80
Acier.	70
Plomb.	60
Étain mouillé de mercure. .	10
Verre.	10
Verre huilé.	5
Noir de fumée.	0

Des expériences récentes de M. Melloni lui ont prouvé que les métaux *écroués*, c'est-à-dire forgés, façonnés au marteau, passés au laminoir, etc., réfléchissent le calorique beaucoup mieux que les métaux fondus ; cette différence a été mise en évidence à la Faculté des sciences de Paris, où l'on a fait construire deux systèmes de miroirs métalliques. Le premier est composé de deux miroirs fondus et tournés, le second de deux miroirs travaillés au marteau ; les premiers ne réfléchissent que peu de calorique, tandis que les seconds ont un pouvoir réflecteur très-considérable.

Diffusion du calorique.

513. Pour que le calorique rayonnant soit régulièrement réfléchi à la surface d'un corps, il est nécessaire que cette surface soit polie et brillante ; autrement il arrive pour le calorique ce qui a lieu pour la lumière à la surface d'un corps mat, tel que le papier blanc. Les rayons, au lieu de se réfléchir dans une direction déterminée, sont renvoyés dans tous les sens, en sorte qu'il s'opère une véritable diffusion. M. Melloni, pour mettre en évidence le fait de la diffusion du calorique, reçoit les rayons sur un disque incliné ; au-devant de ce disque il dispose la pile munie d'un réflecteur conique, et il la fait tourner autour de l'axe du disque : il obtient dans le rhéomètre une déviation plus ou moins grande. La cause de cette déviation n'est pas due à ce que le disque s'échauffant devient lui-même une source de calorique, car en substituant un disque noirci de noir de fumée, capable de s'échauffer très promptement, l'effet est nul. Cette dernière circonstance indique, de plus, que le noir de fumée ne réfléchit point le calorique, et qu'il est *noir* pour la chaleur comme pour la lumière. Les métaux mats, tels que l'or, l'argent et plusieurs autres, diffusent la chaleur toujours de la même manière quelle qu'en soit la source ; ils agissent, par rapport au calorique, comme les corps blancs relativement à la lumière. M. Melloni les appelle corps *leucothermiques ;* il nomme de même *mélanothermiques* ceux qui, comme le noir de fumée, ne renvoient aucune quantité de calorique. Tous les corps, autres que les métaux, possèdent un pouvoir diffusif qui varie considérablement avec la nature de la source du calorique; ils agissent donc comme les corps colorés relativement à la lumière.

Lois de l'émission du calorique.

Nous avons dit que, lorsque deux corps se trouvent en présence l'un de l'autre, à des températures différentes, le plus chauffé transmet à l'autre du calorique sous forme de rayonnement, jusqu'à ce que l'équilibre de température soit établi. Ce transport de calorique s'effectue suivant des lois que nous allons indiquer.

Intensité du calorique rayonnant.

514. On appelle ainsi la quantité de calorique communiquée dans l'unité de temps par l'unité de surface du corps chaud au corps froid. Cette intensité varie avec la distance, et devient nulle au delà de certaines limites; un raisonnement très-simple indique qu'elle doit diminuer en raison inverse du carré de la distance au corps rayonnant : supposons, en effet, qu'un point émettant des rayons de calorique dans toutes les directions soit au centre d'une sphère de 1 mètre de rayon, la surface de cette sphère recevra toute la chaleur; transportons, par la pensée, le même point calorifique au centre d'une sphère de deux mètres de rayon, tout le calorique émis sera encore intercepté par cette surface, mais il sera répandu sur une étendue quatre fois aussi considérable que la première; et comme en général les surfaces sphériques sont dans le rapport des carrés de leurs rayons, les quantités de calorique reçues par l'unité de surface de chacune d'elles seront en raison inverse de ces mêmes rayons.

515. Mais en physique il ne suffit pas qu'une loi soit établie sur un raisonnement, il est nécessaire que l'expérience vienne la confirmer; Leslie était déjà arrivé à la vérification de celle qui nous occupe, au moyen de son thermomètre différentiel, mais l'appareil de M. Melloni nous y conduit d'une manière beaucoup plus commode et plus rigoureuse. Il suffit, en effet, de faire avec cet appareil plusieurs observations en faisant varier la distance de la pile à la source de chaleur, et l'on trouve constamment que les intensités obtenues sont réciproques des carrés des distances.

516. Lorsque l'on incline la surface rayonnante, l'aiguille du rhéomètre reste stationnaire, ce qui indique que l'intensité du faisceau ne varie pas quelle que soit son inclinaison sur la surface, pourvu toutefois que sa section reste la même. Mais il est aisé de concevoir que la surface qui émet ce faisceau de rayons calorifiques est en raison inverse du sinus de l'inclinaison sur la direction de ces rayons; on peut donc dire que les intensités des rayons de calorique envoyés pour une surface dans différentes directions sont proportionnelles aux sinus des inclinaisons de ces rayons sur la surface rayonnante.

Pouvoirs émissifs.

517. Des corps de nature différente, ou présentant seulement des différences dans l'état de la surface, bien qu'à la même température, n'émettent pas dans le même temps des quantités égales de calorique. On nomme *pouvoir émissif relatif* les rapports des quantités de calorique émises dans l'unité de temps par l'unité de surface rayonnante. Pour déterminer ce pouvoir, M. Melloni s'est servi, comme source de chaleur, d'un cube de fer-blanc rempli d'eau bouillante, en tout semblable à celui de Leslie; il en recouvrait les faces d'une couche du corps qu'il voulait soumettre à l'expérience, et il le faisait rayonner sur la pile de son appareil; il est ainsi arrivé aux résultats suivants, en représentant pour 100 la quantité de calorique émise par le noir de fumée :

Noir de fumée.	100
Carbonate de plomb. . .	100
Colle de poisson.	91
Ivoire, jais, marbre. .	93 à 98
Encre de Chine.	85
Gomme laque.	72
Surface métallique. . . .	12

Ces nombres nous indiquent que la couleur de la surface rayonnante n'a aucune influence sur le pouvoir émissif. Nous devons aussi faire observer que la constitution intérieure du corps n'a pas d'influence sur le pouvoir émissif, qui ne dépend que d'une très-petite épaisseur à la surface; ainsi une surface métallique, noircie à la lampe, acquiert aussitôt le pouvoir émissif du noir de fumée. Lorsqu'en polissant un corps on ne lui fait éprouver à la surface aucun changement de densité, on ne change nullement son pouvoir émissif, ainsi les marbres, les pierres, etc., rayonnent toujours la même quantité de calorique, qu'ils soient ou non polis. Mais il n'en est pas de même à l'égard des métaux; en les polissant, on les écrouit à la surface, c'est-à-dire qu'on augmente leur densité, et leur pouvoir émissif se trouve diminué souvent dans le rapport de 2 à 1.

Des pouvoirs absorbants.

519. Les pouvoirs absorbants, ou quantités de calorique rayonnant absorbées par

les corps, se déterminent au moyen de l'appareil de M. Melloni par des observations semblables à celles qui font connaître les pouvoirs émissifs; on trouve qu'ils sont égaux à ces derniers, et qu'ils suivent les mêmes lois toutes les fois que la chaleur reçue est de même nature que celle qui serait émise par la surface absorbante; il paraît résulter de là que le calorique éprouve les mêmes modifications et la même résistance, soit qu'il pénètre dans un corps, soit qu'il sorte de ce même corps. Dans tous les cas, il n'y a que la couche superficielle qui exerce une influence sur la faculté absorbante ou rayonnante.

Équilibre mobile de température.

520. Dans ce qui précède, nous ne parlions que du calorique transmis par le corps chaud au corps froid, afin de simplifier les explications; mais pour l'intelligence complète des phénomènes, d'après l'idée que nous nous sommes faite du calorique rayonnant, il faut admettre que lorsque deux corps sont en commerce de calorique ils en émettent l'un et l'autre des quantités dépendantes de leurs températures, et lorsque ces températures sont devenues égales, l'équilibre se maintient parce que les deux corps émettent alors des quantités de calorique égales à celles qu'ils reçoivent; pour exprimer cet état stationnaire des températures, malgré un échange continuel de calorique, on lui a donné le nom d'*équilibre mobile de température*.

Réflexion apparente du froid.

521. Saussure et Pictet, ayant disposé l'un en face de l'autre deux miroirs concaves, placèrent au foyer de l'un un thermomètre à air, et un matras plein de neige au foyer de l'autre; à l'instant le thermomètre descendit de plusieurs degrés, et remonta ensuite aussitôt qu'on eut enlevé le matras : celui-ci ayant été remis au foyer du même miroir, on versa de l'acide nitrique sur la neige, et l'augmentation de froid qui en résulta fit descendre le thermomètre de 5 ou 6 degrés. Ce phénomène, qui paraît indiquer au premier aperçu une émission réelle de rayons frigorifiques, transmis du matras rempli de neige au thermomètre, à l'aide d'une double réflexion sur les miroirs, n'est cependant qu'une conséquence immédiate du principe de l'équilibre mobile des températures. Sans la présence des miroirs, déjà le thermomètre éprouverait un abaissement marqué de température, en perdant aux échanges qu'il ferait avec le matras. Mais de plus il s'établit, par l'intermède des miroirs, un grand nombre de nouveaux points de combinaison entre le matras et le thermomètre, et cette circonstance détermine une succession d'échanges beaucoup plus nombreux et plus rapides que ceux qui auraient lieu, sans l'intervention des miroirs, entre le thermomètre et les corps environnants, dont ces miroirs interceptent les actions. Et comme d'ailleurs la grande différence de température rend les échanges très-désavantageux pour le thermomètre, il en résulte que, tout compensé, il doit subir un refroidissement très-sensible. On a ici le même avantage pour diminuer la chaleur du thermomètre, qu'on avait pour l'accroître lorsqu'au lieu d'un corps plus froid que lui on plaçait au foyer de l'autre miroir un corps plus chaud; seulement, dans l'expérience du matras, l'émission la plus abondante du calorique prend une route opposée à celle qu'elle suivait dans l'expérience du boulet, et c'est ce changement de direction qui en impose à l'imagination, en lui offrant une véritable reflexion de calorique, sous l'apparence d'un froid réfléchi.

Lois du refroidissement des corps.

522. Si l'on partage en plusieurs instants égaux, tels que des minutes, l'intervalle de temps qu'un corps emploie à se refroidir d'un nombre donné de degrés, et si l'on prend successivement des nombres de minutes qui, en partant de l'origine du refroidissement, forment une progression arithmétique, les différences correspondant entre les températures des corps et celle de l'atmosphère environnant, sont en progression géométrique. Cette loi a été indiquée par Newton dans son mémoire qui a pour titre : *Échelle des degrés de chaleur et de froid* (1). Pour qu'elle existe, il suffit, ainsi que l'a remarqué M. Prévost (2), qu'à chaque instant un corps

(1) Transactions philos., avril 1701, n° 2. Newtonis Opusc., t. II, p. 419.

(2) Recherches physico-mécan. sur la chaleur, p. 23.

que l'on imagine, placé dans un espace absolument froid, perde, par le rayonnement, une partie de sa chaleur interne, qui ait toujours le même rapport avec ce qui lui en reste. Par exemple, si dans le premier instant il perd 1/10 de toute sa chaleur, il faudra que dans le second instant il perde 1/10 des 9/10 qui lui restent, et ainsi de suite. Et si le corps, au lieu d'être situé dans un espace sans chaleur, se trouve plongé dans un milieu moins chaud que lui, mais sans cesse renouvelé, de manière à conserver constamment sa température, la même loi aura lieu pour l'excès de chaleur du corps dont il s'agit, sur la température du milieu environnant. Car comme la portion de la chaleur du corps égale à la chaleur du milieu, échange avec celle-ci des quantités égales, le corps est dans le même cas que s'il occupait un espace froid, avec une chaleur mesurée par la différence entre sa véritable température et celle du milieu dans lequel il est plongé.

523. Krafft et Richmann avaient déjà démontré cette loi par des expériences directes (1); Rumfort en a depuis confirmé l'existence, à l'aide d'un appareil fort simple qui consistait dans un vase de laiton, garni extérieurement d'une enveloppe propre à contenir la chaleur. On remplissait le vase d'eau chaude, dans laquelle était plongé un thermomètre à mercure. La marche du refroidissement, comparée à la durée des temps correspondants, fit connaître cette loi dont nous avons parlé, et que l'on peut représenter par une logarithmique, ainsi que l'a fait Rumfort (2).

524. Les résultats qui viennent d'être exposés, et qui sont fondés, comme on l'a vu, sur des principes dont on est redevable à Newton, quels qu'importants qu'ils soient par eux-mêmes, n'ont cependant lieu, sans variation sensible, qu'entre certaines limites de chaleur. Delaroche a prouvé, par des expériences décisives, que quand la température des corps était très-elevée, la perte de calorique qu'ils éprouvaient, pendant un instant donné, était beaucoup plus grande qu'elle ne devait l'être dans l'hypothèse où elle aurait continué de suivre le même rapport. Il paraît que Newton, ayant renfermé ses expériences dans les limites dont nous avons parlé, s'arrêta au terme où il crut en avoir assez vu pour être assuré que la loi dont ses résultats faisaient naître l'idée était une loi générale de la nature, et jugea qu'elle devait être semblable à elle-même dans tout ce qui se trouvait au delà du même terme.

525. Delaroche n'avait présenté que des résultats d'observations isolées qui ne se rattachiaent à aucune loi. Dulong et Petit, ayant repris le même sujet, ont trouvé que la série entière, relative au progrès du refroidissement par toutes les températures, pouvait être sous-divisée en plusieurs séries partielles, dans chacune desquelles les différences entre les rapports de deux termes consécutifs étaient assez légères, pour que la marche qu'y suivait le phénomène fût susceptible d'être représentée, au moins d'une manière approximative, par l'expression d'une loi constante.

526. L'appareil dont se servaient Dulong et Petit se composait d'un grand ballon en laiton de 30 centimètres de diamètre, noirci intérieurement de noir de fumée, et plongé dans une cuve pleine d'eau dont la température était maintenue constante, soit à zéro au moyen de glace fondante, soit à 100 degrés au moyen d'un courant de vapeur d'eau; le corps soumis au refroidissement était un thermomètre dont la boule se trouvait au centre du ballon, et la tige sortait par le col, afin que l'on pût suivre la marche de l'expérience. Le mode de fermeture du ballon était tel que l'on pouvait y adapter un tube en plomb communiquant avec la machine pneumatique, et faire le vide dans le ballon. On chauffait le thermomètre jusqu'à une température approchant de celle de l'ébullition du mercure, on le portait dans le ballon, et après avoir fait le vide on observait à chaque instant la marche du thermomètre de laquelle on déduisait la vitesse du refroidissement.

527. Dulong et Petit se livrèrent d'abord à des expériences préliminaires, ayant pour objet de déterminer l'influence que pouvaient avoir sur la loi du refroidissement, 1° la masse du liquide contenu dans le thermomètre; 2° la nature de ce liquide; 3° la forme du vase; 4° enfin la nature même de ce vase. Ils soumirent donc à l'expérience d'abord trois thermomètres à mercure de dimen-

(1) Nova commentaria Acad. Petrop., t. 1, p. 195.

(2) Mémoire sur la chaleur, p. 12.

sions très-différentes, qui donnèrent pour la vitesse du refroidissement des nombres différents, mais suivant exactement la même loi. Ils en conclurent donc que cette loi est indépendante de la masse du liquide. Ils trouvèrent de même qu'elle est indépendante de la nature du liquide, en opérant sur un thermomètre à mercure, puis sur un thermomètre à eau. Enfin ils reconnurent, au moyen de trois thermomètres, l'un sphérique et les deux autres cylindriques plus ou moins allongés, que la forme du vase n'avait encore aucune influence sur la loi du refroidissement. Mais il n'en fut pas de même pour la nature du vase : un thermomètre à boule de verre et un autre à boule de fer-banc, donneront des résultats très-différents; ils reconnurent cependant que l'influence de ce quatrième élément n'avait d'autre effet que d'introduire dans l'expression de la vitesse du refroidissement un facteur constant dépendant du rayonnement du corps, en sorte que les vitesses de refroidissement de deux thermomètres recouverts de substances différentes sont entre elles comme les pouvoirs rayonnants de ces substances.

528. Après ces observations préliminaires, Dulong et Petit recherchèrent la loi du refroidissement dans le vide ; ils employaient à cet effet deux thermomètres à mercure à enveloppes de verre ; le premier avait un réservoir de 6 centimètres de diamètre et servait seulement pour les hautes températures, le second n'avait que 2 centimètres et servait pour les basses températures ; l'emploi de ces deux thermomètres était nécessaire, parce que le premier se refroidissait trop lentement dans les basses températures, tandis que le second présentait un refroidissement trop prompt dans les températures élevées. Ces physiciens trouvèrent ainsi que les vitesses du refroidissement (c'est-à-dire l'abaissement du thermomètre dans des intervalles de temps égaux et très-courts) suivaient les termes d'une progression géométrique dont la raison est la même pour tous les corps. Ils trouvèrent que cette raison est égale à la racine vingtième de 1,165 ou à 1,0077. Si l'on représente par V la vitesse du refroidissement, par t l'excès de la température du thermomètre sur celle de l'enceinte; par θ la température de l'enceinte; et par a le nombre 1 0077, la loi du refroidissement sera exprimée ainsi :

$$V = m a^{t+\theta} - m a^{\theta}$$

m est le coefficient dépendant du rayonnement de l'enveloppe; et qui doit être déterminé pour chaque substance ; le premier terme de cette formule exprime la vitesse *absolue* du refroidissement, celle qui aurait lieu si le thermomètre ne recevait aucune quantité de calorique de la part de l'enceinte ; le second terme est en quelque sorte la vitesse de *rechauffement* produite par le rayonnement de l'enceinte, et qu'il faut retrancher de la vitesse absolue, pour avoir la vitesse *réelle* du refroidissement. Cette formule peut s'écrire ainsi: $V = m a^{\theta}(a^{t} - 1)$.

529. En opérant ensuite dans le ballon plein de gaz, Dulong et Petit reconnurent que le refroidissement dû au contact du gaz dépendait seulement de l'élasticité du gaz et de l'excès de la température du thermomètre sur celle de l'enceinte. Si les élasticités des gaz croissent en progression géométrique, dont la raison est 2, les vitesses de refroidissement dues au contact du gaz croissent également en progression géométrique, dont la raison est :

1,366 pour l'air.
1,301 pour l'hydrogène.
1,431 pour l'acide carbonique.
1,415 pour le gaz oléfiant.

Si, tous les autres éléments restant constants, on fait varier les excès de température en progression géométrique dont la raison est 2, les pouvoirs refroidissants dus au contact des gaz croissent en progression géométrique, dont la raison est la même pour tous les gaz. Enfin, pour avoir la vitesse totale de refroidissement d'un corps dans l'air ou dans un gaz, il faudrait ajouter à la vitesse due au rayonnement, celle qui est due au contact du gaz.

DE LA CONDUCTIBILITÉ DES CORPS POUR LE CALORIQUE.

530 Toutes les fois qu'un corps est en contact avec une source de calorique, celle-ci se propage de couche en couche avec une vitesse plus ou moins grande, dépendante de la nature du corps. Lorsque cette propagation s'opère rapidement et avec facilité, le corps est dit *bon conducteur de calorique*, et dans le cas contraire, on dit qu'il est mauvais conducteur. Ingenhouz a imaginé un ap-

pareil qui met en évidence ces différences de faculté conductrice des corps. A une des parois latérales d'une petite caisse en laiton, on fixe de petits barreaux de divers métaux, de verre, de bois, etc., on les plonge dans de la cire fondue, de manière à les recouvrir d'une légère couche de cette substance, puis on verse dans la caisse de l'eau bouillante, l'extrémité des barreaux en contact avec la caisse s'échauffe, le calorique se propage dans une certaine longueur et fait fondre la cire; sur les bons conducteurs elle fond dans une grande longueur, et pour les autres elle ne fond qu'à quelques millimètres de la caisse. Les métaux sont en général de bons conducteurs; le marbre, la porcelaine, le verre, le bois sont de mauvais conducteurs.

531. On a cherché à expliquer la propagation du calorique dans les corps solides, en admettant qu'il se fait dans l'intérieur du corps un rayonnement particulaire, c'est à dire que chaque molécule du corps reçoit par rayonnement une certaine quantité de calorique, dont elle renvoie une portion à la molécule suivante, l'autre partie se perdant dans l'air; tant que cette perte est moindre que la quantité de calorique reçue, la température des différents points du corps s'élève continuellement, et il est facile de concevoir qu'elle est plus haute dans les points plus voisins de la source de chaleur, et plus basse dans ceux qui en sont plus éloignés, de manière qu'elle forme une série de termes décroissants en allant d'une extrémité à l'autre. Or, à mesure que chaque point s'échauffe, sa disposition à recevoir de nouveau calorique diminue, et en même temps la quantité de calorique qu'il perd à chaque instant diffère toujours moins de celle qu'il reçoit, et lorsque les deux quantités sont devenues égales, la communication s'arrête, et l'équilibre se trouve établi.

532. M. Biot, en partant du principe de cette loi de Newton, que quand deux corps de températures différentes sont mis en contact, la portion de chaleur que le plus chaud communique au plus froid, dans un temps très court, est proportionnelle à leur différence de température, a cherché à déterminer par la théorie quelle devait être la température de chaque point d'une barre métallique, dont une extrémité serait en contact avec une source de chaleur, telle qu'un bain d'eau bouillante ou de plomb fondu. Il est parvenu à une loi représentée par une logarithmique dont les abscisses se rapporteraient aux distances successives entre les différents points de la barre et le foyer commun, et les ordonnées aux excès des températures des mêmes points sur celle de l'air environnant. Les résultats déduits de cette loi, à l'aide du calcul, ont offert une conformité satisfaisante avec ceux que l'observation a donnés immédiatement.

533. Pour déterminer cette loi par l'observation, on avait percé dans la barre métallique, maintenue horizontale, des trous éloignés les uns des autres de quatre décimètres. Ces trous, que l'on remplissait ensuite de mercure, recevaient des thermomètres dont chacun indiquait la température du point auquel il répondait. On avait eu soin d'entretenir un courant d'air dans le lieu de l'expérience, et d'observer d'ailleurs les variations de température qui pouvaient survenir. Telle était la longueur de la barre soumise à l'expérience, que quand cette barre avait atteint l'état d'équilibre, ses points les plus éloignés de la source de chaleur n'en avaient pas éprouvé sensiblement l'influence, en sorte que leur température était sensiblement la même que celle de l'air environnant. Or on trouvait qu'en prenant sur la barre métallique une suite de points dont les distances à la source de chaleur formaient une progression arithmétique, les excès de température correspondants au-dessus de celle de l'air environnant étaient en progression géométrique. On voit aisément que la première progression est croissante tandis que la seconde est décroissante.

Coefficients de conductibilité.

534. En admettant l'hypothèse du rayonnement particulier, on peut, comme on l'a fait pour une barre métallique, déterminer théoriquement la température de chaque couche d'une plaque métallique homogène, lorsque l'on connaît les températures des deux forces; puis on en déduit la quantité de calorique qui passe dans un temps donné de la face la plus chaude à celle qui est la plus froide. Cette détermination est souvent très-importante dans l'industrie, car elle permet de calculer à l'avance, sinon

d'une manière rigoureusement exacte, au moins très approchée, la quantité de combustible nécessaire pour produire certains effets : c'est, par exemple, le cas d'une chaudière à vapeur dont l'une des faces est en contact avec le foyer, et l'autre avec l'eau.

535. On nomme *coefficient de conductibilité intérieure* d'un corps solide la quantité de calorique qui passe dans l'unité de temps a travers l'unité de surface d'une plaque de ce corps ayant pour épaisseur l'unité et dont les deux faces sont entretenues à des températures constantes différant entre elles de un degré. La théorie indique que la quantité de calorique qui passe dans un temps donné d'une face à l'autre est proportionnelle à ce coefficient, et à la difference des températures des deux surfaces, et en raison inverse de l'épaisseur de la plaque. Pour calculer cette quantité de calorique, il suffit donc de déterminer une fois pour toutes le coefficient de conductibilité intérieure, de le multiplier par la différence des températures des deux faces, et de diviser le produit par l'épaisseur de la plaque. Pour déterminer le coefficient de conductibilité intérieure, on emploie une sphère de la substance que l'on veut soumettre à l'expérience; on la remplit de glace et on la plonge dans l'eau maintenue à une température constante; le poids de glace fondue dans un temps déterminé fait connaître la quantité de calorique qui a passé de l'eau chaude dans le ballon pendant ce même temps; or, au moyen d'un calcul très-simple, on trouve le coefficient de conductibilité, puisque l'on peut connaître directement la surface de la sphère, l'épaisseur des parois, et les températures intérieure et extérieure. Dans cette expérience, il est nécessaire que l'eau en contact avec les parois du ballon soit constamment renouvelée; car la couche en contact prendrait en très-peu de temps une température très-différente de celle du reste de la masse; il faut donc, ainsi que l'a fait M. Péclet, établir dans l'appareil des agitateurs convenablement disposés qui établissent dans le liquide un mélange continuel de toutes les parties.

536. M. Péclet a trouvé que dans une seconde de temps une plaque de plomb de 1 centimètre carré de surface, de 1 millimètre d'épaisseur, et dont les faces sont maintenues à des températures différant entre elles de 1 degré, laisse passer une quantité de chaleur représentée par 3,84 ; quantité capable de fondre 51 gram. 2 de glace. Il a trouvé pour différents métaux les nombres suivants :

Or.	21,28
Platine.	20,95
Argent.	20,71
Cuivre.	19,11
Fer.	7,95
Zinc.	7,74
Plomb.	3,84
Marbre.	0,48
Porcelaine.	0,24
Terre cuite.	0,23

Dans les applications de l'industrie, la quantité de calorique qui traverse une plaque métallique est toujours en réalité plus facile que celle indiquée par la théorie, parce que les couches de liquide en contact avec la surface ne sont pas constamment renouvelées, et acquièrent par conséquent une température supérieure à celle du reste de la masse. Il est donc bon d'étudier directement et selon les circonstances la transmission du calorique dans chaque appareil.

Conductibilité des liquides.

537. Plusieurs expériences prouvent que l'eau et en général les corps liquides sont de mauvais conducteurs de la chaleur; si l'on remplit d'eau un tube de verre fermé par une extrémité, qu'on présente la partie supérieure à un foyer de chaleur, on pourra échauffer l'eau jusqu'à l'ébullition, sans que celle qui se trouve vers la partie inférieure change sensiblement de température. Si l'on verse à la surface de l'eau contenue dans un vase quelconque une couche d'éther, et qu'on l'enflamme; malgré la grande quantité de calorique développée à la surface du liquide, un thermomètre placé au fond du vase n'indiquera qu'un très-faible changement de température. Cependant, quand un vase plein d'eau est chauffé par sa partie inférieure, la température de toute la masse s'élève assez promptement parce que le liquide en contact avec le fond du vase acquiert une densité moindre, et vient en conséquence occuper la partie supérieure, il est remplacé par du liquide froid qui s'échauffe à son tour, de manière qu'il s'établit des courants ascendants et descendants au moyen

desquels le calorique se trouve immédiatement distribué dans toutes les parties du vase. M. Despretz a constaté que la propagation de la chaleur dans les liquides suivait la même loi que dans les solides, et il a trouvé que la faculté conductrice de l'eau était environ un dixième de celle de l'or.

Conductibilité des gaz.

538. L'extrême mobilité des molécules des gaz empêche de les soumettre à des expériences qui démontrent directement que ces corps sont de très-mauvais conducteurs de la chaleur, et que le calorique ne se propage dans ces masses fluides que par voie de rayonnement ou par des courants que les plus légères différences de température y établissent avec la plus grande facilité. Mais la mauvaise conductibilité de l'air n'en est pas moins un fait certain, et cette propriété est souvent mise à profit; ainsi, pour empêcher un corps de se refroidir ou de s'échauffer, il suffit de l'entourer de deux enveloppes concentriques entre lesquelles se trouve enfermée une couche d'air de deux ou trois centimètres d'épaisseur. Les fourrures, les édredons, les ouates, etc., ne conservent la chaleur dans les corps qu'ils entourent qu'en vertu de la mauvaise conductibilité de l'air qui se trouve emprisonné dans les espaces capillaires existant entre les fibres de ces substances.

539. Dans certains pays, et notamment en Russie, pour conserver la chaleur dans les appartements, on ferme les fenêtres au moyen de doubles vitres; la couche d'air comprise entre deux suffit pour empêcher le calorique de se répandre à l'extérieur; on conçoit d'ailleurs, d'après ce que nous avons dit sur le transmission de calorique, que les rayons arrivant du soleil ne sont pas arrêtés, et pénètrent dans l'appartement, tandis que ceux qui proviennent de l'intérieur étant produits par une source de basse température sont interceptés par les vitres. On a soin de dessécher l'air compris entre les vitres en y plaçant quelques fragments de chaux vive ou d'une autre substance hygrométrique; afin que les vapeurs se condensant et se coagulant sur la vitre extérieure, n'arrêtent pas les rayons de lumière.

540. Ce fait est rendu frappant dans un petit appareil que l'on trouve dans quelques cabinets de physique : il consiste en une caisse rectangulaire de deux ou trois décimètres de longueur, cinq des faces sont en bois ou en liége noirci intérieurement, et la sixième est formée par deux ou plusieurs lames parallèles de verre; on dispose un thermomètre dont la boule se trouve dans l'intérieur de la caisse, et la tige traverse une des faces; lorsque l'on vient à présenter le double vitrage vers les rayons solaires, le thermomètre s'élève jusqu'à 50, 80, 100 degrés et même au delà.

DES EFFETS DU CALORIQUE POUR PRODUIRE DANS LES CORPS UN CHANGEMENT D'ÉTAT.

541. Les molécules d'un corps que nous supposons à l'état de solidité obéissent à la force d'affinité qui produit leur adhérence mutuelle. Mais cette adhérence est plus ou moins affaiblie par l'action du calorique interposé entre les molécules et qui tend à les écarter les unes des autres, ainsi elles sont continuellement sollicitées par deux forces contraires dont les actions se balancent : à ces deux forces, il s'en joint une troisième, savoir, la pression des fluides environnants, qui s'oppose à l'effet du calorique pour écarter les molécules. Mais l'influence de cette force n'est sensible que dans certaines circonstances que nous ferons bientôt connaître. Tant que la force élastique du calorique écarte assez peu les molécules du corps pour que leur distance respective soit beaucoup plus petite que le rayon de leur sphère d'activité sensible, la partie de l'affinité qui n'a pas été détruite, maintient le corps à l'état de solidité.

542. Pour mieux concevoir cet effet, imaginons qu'un corps solide reçoive tout à coup une certaine quantité de calorique, dont la partie destinée à produire la dilatation soit beaucoup moindre que celle qui serait nécessaire pour écarter les molécules à la distance mesurée par le rayon de la sphère d'activité sensible. Pendant l'augmentation de volume qui en résultera, l'élasticité du calorique et l'affinité diminueront en même temps, l'une par un effet semblable au débandement d'un ressort, l'autre par l'augmentation de distance. Or, comme nous supposons que le corps ne reçoit aucune nouvelle quantité de calorique, il y aura un terme où la dilatation s'arrêtera, et il est visible qu'à ce terme la force élastique du calorique et la force

d'affinité se trouveront en équilibre. Et puisque la première était prépondérante pendant la dilatation, il en résulte qu'elle a demeuré dans un plus grand rapport que l'affinité. Donc si à ce même temps où le corps est toujours à l'état de solidité, une puissance quelconque agissait pour séparer davantage les molécules, elle éprouverait de la part de l'affinité une résistance qui ne serait pas balancée par l'élasticité du calorique, puisque celle-ci perdrait plus que l'affinité. Il suit de là qu'un corps doit rester dans l'état de solidité tant que l'accumulation du calorique qui le dilate n'excède pas un certain degré. Il faut même que le décroissement de la force du calorique suive dans ce cas une loi beaucoup plus rapide que celle de la force d'affinité, puisqu'on ne peut ordinairement vaincre l'adhérence mutuelle des molécules d'un corps solide qu'en employant un effort plus ou moins considérable. Ainsi à mesure qu'un corps solide reçoit des quantités additionnelles de calorique, il passe par divers degrés de dilatation, dont chacun est de même relatif à un équilibre que l'on ne peut rompre, jusqu'à opérer la divison de ce corps, que par une force dominante supérieure à la tendance de l'affinité, pour s'opposer à l'écartement des molécules.

Conversion des solides en liquides.

543. Ce que nous venons de dire suppose que les accroissements de calorique reçus par un corps solide, n'excèdent pas une certaine limite. Mais lorsque ce fluide s'est accumulé au point de lutter avec assez d'avantage contre la force d'affinité, pour que les molécules du corps puissent se mouvoir librement en tout sens, et céder à la plus légère pression, ce corps devient liquide. Pour mieux concevoir ce passage à l'état de liquidité, il faut observer que les molécules des corps ont certaines faces par lesquelles elles s'attirent de préférence, lorsque rien ne s'y oppose, et que l'on appelle *forces* ou *latus de plus grande affinité*. Tant qu'elles constituent un corps solide, elles tournent ces mêmes forces les unes vers les autres, et la force de l'adhérence qui les lie entre elles tient en partie à cette disposition respective. Or l'action du calorique parvenue à un certain degré d'accroissement et d'énergie, dérange l'assortiment dont il s'agit, et alors les molécules se présentant les unes aux autres sous des positions moins favorables à l'affinité, il en résulte dans l'action de cette force une diminution qui contribue, avec l'élasticité du calorique, à cette grande mobilité, dont les molécules deviennent susceptibles, lorsque leur ensemble prend la forme d'un liquide. A ce terme, il se présente un phénomène remarquable, qui consiste en ce que l'action du calorique sensible s'arrête tout à coup, pour ne laisser subsister que celle du calorique latent; ainsi les nouvelles quantités de calorique qui surviennent depuis l'instant où a commencé la liquéfaction, n'agissent que pour en favoriser les progrès, et sont nulles pour élever la température du corps qui les reçoit, en sorte qu'un thermomètre placé, par exemple, dans la glace qui commence à se résoudre en eau, reste stationnaire au degré de zéro jusqu'à ce que cette glace soit entièrement fondue.

Chaleur latente de fusion.

544. Ce repos du thermomètre au milieu d'une affluence continuelle de calorique avait été remarqué pour la première fois par Black en 1763; depuis cette époque il a attiré l'attention de tous les observateurs, et il a acquis une grande importance depuis qu'on a choisi pour un des points fixes de l'échelle thermométrique la température constante de la fusion de la glace. C'est encore ce phénomène qui a le premier suggéré l'idée de *chaleur latente*, qui a reçu une grande extension depuis que les phénomènes ont été mieux analysés. Si dans un kilogramme d'eau à 79 degrés on projette un kilogramme de glace en petits fragments et à la température de zéro, cette glace se fondra, et l'on obtiendra deux kilogrammes d'eau à peu près à zéro; la température finale serait exactement zéro, s'il n'y avait pas de perte de calorique pendant la fusion, et si la glace était d'abord à zéro dans toutes ses parties. Ainsi un kilogramme de glace absorbe, en devenant liquide, le calorique nécessaire pour élever de 79 degrés un kilogramme d'eau, c'est ce nombre qui représente la *chaleur latente de fusion* de la glace.

545. Quand on veut faire l'expérience précédente avec exactitude, voici les précautions que l'on doit prendre: on se sert d'un vase de cuivre dont on connaît le poids et la chaleur spécifique; on

y met l'eau à une température de quelques degrés au-dessus de celle du milieu environnant, de manière que quand la glace a été fondue, le mélange se trouve à une température inférieure à celle des corps environnants d'autant de degrés qu'elle la surpassait au commencement de l'opération. De cette manière, le vase perd du calorique dans la première moitié du temps de l'expérience, mais il en absorbe une quantité égale dans la seconde, il y a donc compensation. Et par un calcul très-simple on trouve la chaleur latente de la glace. Un autre moyen consiste à opérer avec un corps dont on a déterminé exactement la chaleur spécifique par un autre moyen que la fusion de la glace ; on la place dans le calorimètre de Lavoisier ou dans le puits de glace, et d'après le poids de glace qu'il fait fondre en passant de *t* degrés à zéro, on calcule la chaleur latente de la glace.

546. La détermination des chaleurs latentes des corps solides autres que la glace présente de grandes difficultés ; aussi les nombres que l'on a déterminés pour quelques corps seulement, présentent-ils beaucoup d'incertitude. Le moyen le plus commode consiste à employer la méthode des mélanges, comme pour la détermination des calorıques spécifiques ; on fait une première expérience en portant le corps à une température très-peu inférieure à celle de son point de fusion, afin de connaître la chaleur spécifique ; on fait ensuite une seconde expérience à la température du point de fusion, ou à une température très-peu supérieure ; en calculant dans ces deux cas la chaleur que le corps a perdue dans le refroidissement, il est clair que la différence des deux résultats doit faire connaître la chaleur absorbée dans la liquéfaction. On peut encore opérer au moyen du calorimètre, et faire comme dans le cas précédent deux expériences, l'une un peu au-dessous du point de fusion fera connaître la chaleur spécifique à cette température, l'autre un peu au-dessus du point de fusion donnera la chaleur spécifique augmentée de la chaleur latente. La comparaison des deux résultats indiquera la chaleur latente.

Point de fusion des corps solides.

547. La température à laquelle se fondent les différents corps est très-variable ; elle dépend de leur nature et ne paraît suivre aucune loi. Plusieurs n'ont pu encore être réduits à l'état liquide à cause, sans doute, de l'insuffisance des moyens que nous possédons pour produire une température assez élevée ; on les appelle corps *infusibles, fixes, réfractaires*, de ce nombre est le charbon. D'autres se liquéfient à une basse température et conservent cet état à la température ordinaire (l'eau, le mercure, etc.). Voici le tableau des points de fusion de différents corps, rapportés au thermomètre centigrade :

Fer martelé anglais.	1600
Fer doux français.	1500
Aciers les moins fusibles. . . .	1400
Aciers les plus fusibles.	1300
Fonte magnésée	1250
Fonte grise deuxième fusion. . .	1200
Fonte grise très fusible.	1100
Fonte blanche peu fusible. . . .	1100
Fonte blanche très-fusible. . . .	1050
Or très-pur.	1250
Or au titre des monnaies. . . .	1180
Argent très-pur.	1000
Bronze.	900
Antimoine.	432
Zinc.	360
Plomb.	334
Bismuth.	256
Étain.	230

Alliages :	
5 Étain, 1 Plomb	194
4 Étain, 1 Plomb	189
3 Étain, 1 Plomb	186
2 Étain, 1 Plomb	196
1 Étain, 1 Plomb	241
1 Étain, 3 Plomb	289
3 Étain, 1 Bismuth	200
2 Étain, 1 Bismuth	167,7
1 Étain, 1 Bismuth	141,2
1 Plomb, 4 Etain, 5 Bismuth	118,9
2 Plomb, 3 Étain, 5 Bismuth	100

5 Plomb 3 Étain 8 Bismuth	. . . .	100
4 Bismuth 1 Plomb 1 Étain	. . . .	94
Soufre	. . . .	109
Iode	. . . .	107
Sodium	. . . .	90
Potassium	. . . .	58
Phosphore	. . . .	43
Acide stéarique	. . . .	70
Cire blanchie	. . . .	68
Cire non blanchie	. . . . . .	61
Acide margarique	. . . .	55 à 60
Stéarine	. . . .	43 à 49
Spermacéti	. . . .	49
Acide acétique	. . . .	45
Suif	. . . .	33,33
Glace	. . . .	0
Huile de térébenthine	. . . .	10
Mercure	. . . .	39

Nous ferons remarquer qu'il n'y a pas de rapport entre la température de fusion des alliages et celle des métaux qui les composent; ainsi l'étain, le plomb et le bismuth, unis en diverses portions, donnent des alliages dont la température de fusion varie de 94 à près de 300 degrés. On peut donc avec ces métaux former des alliages qui fondent à une température comprise entre ces limites; ces alliages sont spécialement employés dans les soupapes fusibles des chaudières à vapeur.

Mesure des hautes températures par la fusion des métaux et des alliages.

548. Princeps a proposé de déterminer la température des fourneaux par la fusion de divers alliages formés de métaux inaltérables à une haute température. Les métaux qu'il employait à cet effet étaient l'or, l'argent et le platine. Il en formait des alliages en différentes proportions, ayant par conséquent des points de fusion différents. Il déterminait directement, au moyen de la dilatation de l'air contenu dans une petite cornue de platine, la température de fusion de chacun des alliages. Il formait ensuite avec ces alliages de petits boutons aplatis au marteau, qu'il rangeait sur une plaque de porcelaine par ordre de fusibilité. Cette plaque était placée dans le fourneau, et on en connaissait la température par le dernier des boutons fondus. Il est d'ailleurs facile de reconnaître les boutons qui sont entrés en fusion, parce qu'ils ont pris une forme hémisphérique, tandis que les autres restent aplatis. Ce moyen pyrométrique se recommande par la grande facilité avec laquelle on peut le mettre en pratique; la seule objection qu'on puisse faire, c'est que l'argent s'oxyde à une haute température et se volatilise, en sorte qu'on ne peut affirmer que les alliages conservent constamment leur composition primitive.

Conversion des liquides ou fluides élastiques.

549. Continuons de prendre l'eau pour exemple, parce que les circonstances de la nouvelle transformation qui nous reste à décrire se manifeste à son égard d'une manière très-marquée. Quelle que soit la température de ce liquide, la force élastique du calorique interposé entre ses molécules l'emporte tellement sur leur affinité réciproque, qu'elle tend à les écarter de plus en plus, et que la portion du même fluide qui agit sur les molécules situées près de la surface fait effort pour les en séparer. Cet effort éprouve une résistance de la part de l'air environnant, qui exerce sa pression sur la surface de l'eau. Mais la résistance dont il s'agit ne fait en quelque sorte que gêner la force élastique du calorique et en ralentir les effets. Car, au milieu des petites agitations qui s'excitent dans l'air et dans l'eau elle-même, il arrive qu'un certain nombre de molécules aqueuses, rencontrant les positions qui correspondent aux insterstices dont l'air est criblé, s'y introduisent en se détachant de la surface de l'eau. Elles sont à l'instant suivies par d'autres, en sorte que toutes ces molécules aqueuses, qui ont trouvé accès au milieu de l'air, y étant maintenues à de certaines distances les unes des autres par celles du calorique distribuées entre elles, prennent elles-mêmes la forme d'un fluide élastique. On dit alors de ces molécules qu'elles sont converties en *vapeur*, et ce passage à un nouvel état porte le nom d'*évaporation*. Nous reviendrons dans la suite, avec plus de détail, sur les effets de la présence de l'air dans ce phénomène et sur diverses autres circonstances qui nous serviront à en développer la théorie.

550. A mesure que l'eau reçoit de nouvelles quantités de calorique, l'évaporation devient plus abondante, et lorsque l'élévation de température a fait croître la force élastique du calorique jusqu'à un certain terme, l'obstacle que l'air environnant opposait à la dilatation de l'eau étant entièrement vaincu, l'action du calorique, pour produire l'évaporation sous la pression actuelle de l'atmosphère, est parvenue à son *maximum*.

551. Ici le phénomène qui avait déjà eu lieu dans la conversion de la glace en eau liquide se reproduit avec les mêmes circonstances, c'est-à-dire que pendant tout le temps que l'eau continue de passer à l'état élastique, les nouvelles quantités de calorique qui arrivent, n'exercent leur action que pour hâter le progrès de l'évaporation et passent à l'état de calorique latent, sans avoir aucune influence sur la température; de là vient qu'un thermomètre placé, soit dans le liquide qui fournit la vapeur, soit dans la vapeur elle-même marque constamment 80 degrés de l'échelle de Réaumur, ou 100 degrés de l'échelle centigrade sous la pression moyenne de l'atmosphère.

552. Le moment ou l'évaporation arrive à ce degré qui fixe la température, s'annonce par l'*ébullition* du liquide, et le signe avant-coureur de celle-ci est la naissance d'une multitude de petites bulles qui partent du fond du vase et se succèdent rapidement à travers le liquide. D'abord elles crèvent à une certaine hauteur, en produisant une espèce de frémissement connu de tout le monde. Les suivantes s'élèvent davantage avant de disparaître; d'autres enfin arrivent à la surface, et alors de nouvelles bulles, beaucoup plus volumineuses que les premières, se forment dans toute la masse du liquide, où elles excitent une grande agitation. Suivant les observations du célèbre Deluc, toutes ces bulles sont produites par le dégagement des particules d'air naturellement renfermées dans le liquide. On a désigné sous le nom particulier de *vaporisation* ce dégagement rapide de vapeur qui a lieu au moment de l'ébullition; et comme la pression de l'atmosphère est totalement vaincue dans ce cas, on a étendu le même nom à toute formation de vapeur qui s'opère dans un espace vide d'air.

DES VAPEURS ET DE LEUR MÉLANGE AVEC LES GAZ.

553. Les fluides élastiques ont été distribués en deux ordres; l'un renferme ceux qui conservent leur élasticité sous les plus fortes pressions et aux degrés les plus bas de refroidissement que nous puissions leur faire subir, aucun de ces deux moyens, dans l'état actuel des choses, n'étant capable de rapprocher leurs molécules à une distance moindre que le rayon de leur sphère d'activité sensible. Ces mêmes molécules, ou plutôt celles du calorique interposées entre elles, sont comme autant de petits ressorts qui se bandent, lorsqu'une cause quelconque agit pour resserrer une masse de l'un de ces fluides dans un espace plus étroit que celui qu'elle occupait, et qui ensuite se rétablissent lorsque la même cause cessant d'avoir lieu, la masse du fluide reprend, en se dilatant, la place qu'elle avait cédée. On a donné à ces fluides le nom de *gaz permanents*, *fluides élastiques permanents*, *fluides aériformes*, ou simplement gaz. Dans l'autre ordre sont compris les fluides élastiques qui perdent plus ou moins facilement leur état par la compression ou par le refroidissement, de ce nombre sont ceux qui proviennent de l'eau commune, de l'alcool, de l'éther, etc., par l'intermède de la chaleur, et que l'on a appelés *vapeurs*. Cette distinction entre les *vapeurs* et les *gaz* est relatives à nos moyens d'expérimentation. Il y a lieu de croire que tous les gaz sont susceptibles d'être ramenés à l'état liquide sous l'influence d'un refroidissement et d'une pression considérable, aussi bien que l'acide carbonique et plusieurs autres corps qui pendant long-temps ont été considérés comme permanents. Nous ne prendrons donc pas cette distinction à la lettre dans ce qui va suivre, et nous désignerons par le nom de vapeurs des corps à l'état gazeux, mais peu éloignés de leur point de liquéfaction, et ne se présentant, pour ainsi dire, qu'accidentellement sous cette forme, leur état, dans les circonstances ordinaires de température et de pression, étant celui de liquidité et de solidité.

Résultat constant qu'offre la formation des vapeurs.

554. Nous avons déjà eu occasion d'ébaucher le tableau de ce qui se passe

dans l'*évaporation* en prenant l'eau pour exemple. Nous avons vu qu'à toutes les températures il se forme une certaine quantité de vapeurs aqueuses, dont les molécules écartées les unes des autres par la force du calorique et se trouvant dans le même cas que si elles se repoussaient mutuellement, s'élèvent dans l'air à la faveur des nombreux interstices que les molécules de ce dernier fluide laissent entre elles. Nous avons dit aussi que l'action du calorique pour produire l'évaporation est plus ou moins balancée par la résistance de l'air, jusqu'à une certaine limite, passé laquelle cette résistance étant entièrement vaincue, le liquide entre en ébullition, et la température, qui jusqu'alors s'était élevée à mesure que le liquide s'échauffait, se fixe à 80 degrés de Réaumur, ou à 100 degrés du thermomètre centigrade, sous la pression moyenne l'atmosphère ( ). Or la vapeur, qui se forme paisiblement à toutes les températures inférieures, ne diffère point en elle-même de celle que produit l'eau bouillante à l'air libre, elle n'est pas non plus distinguée de celle qui se développe pendant l'ébullition qui a lieu dans le vide, à une température quelconque.

Maximum de tension des vapeurs.

555. Mais ici se présente un nouveau point fixe d'autant plus remarquable, qu'il doit compter pour beaucoup parmi les données que l'observation fournit à la théorie. Il consiste en ce que la quantité de vapeur qui se forme dans un espace et à un degré de température déterminés est constamment la même, soit que cet espace se trouve occupé par un air plus ou moins dense ou par un gaz quelconque, soit qu'on y ait fait le vide. Ce phénomène avait été constaté par Saussure, qui avait trouvé, par expérience, que la quantité de vapeur qui se développe dans un pied cube d'air, à la température de 15 degrés de Réaumur, forme un poids d'environ 10 grains. Que l'on change la densité de cet air, qu'on le remplace par un autre gaz, qu'on le supprime même sans lui rien substituer, il y aura toujours 10 grains d'eau employés à fournir la quantité de vapeur qui se répandra dans le même espace, en supposant que la température soit encore de 15 degrés de Réaumur. Nous devons cependant ajouter que lorsque la vapeur se forme dans un espace vide de tout fluide, elle se développe beaucoup plus rapidement que dans le cas où l'évaporation a lieu au contact d'un gaz quelconque, bien qu'après un certain temps les quantités de vapeur formées soient les mêmes, ainsi que nous venons de l'exposer.

556. Pour parvenir au résultat que nous venons d'indiquer, Saussure se servait d'un ballon de verre, dont il avait mesuré exactement la capacité, et y laissait entrer de l'air qu'il desséchait le plus qu'il était possible, puis il introduisait dans cet air un linge imbibé d'une quantité d'eau dont il avait évalué le poids, un hygromètre (1) était placé dans le même ballon, et le moment où il avait atteint le *maximum* d'humidité faisait connaître que l'eau dont le linge était imbibé avait fourni toute la quantité de vapeur que l'air du ballon pouvait contenir, à la température indiquée par un thermomètre, qui avait aussi sa place dans l'intérieur du ballon; après quoi il ne restait plus qu'à évaluer la perte que l'eau avait éprouvée, et à la diviser par le nombre d'unités de volume qui représentait la capacité du ballon (2). Un manomètre que contenait encore le ballon servait en même temps à constater un autre fait non moins intéressant, c'est que la présence de la vapeur augmente la force élastique de l'air. Nous indiquerons quelle est cette augmentation en parlant de la mesure des forces élastiques des vapeurs. Enfin d'autres expériences ont prouvé que le poids de l'eau employée à fournir la vapeur est constamment la même a égalité d'espace, par un même degré du thermomètre, quelle que soit la densité de l'air dans lequel la vapeur est répandue. La température détermine seule la quantité de cette vapeur; elle l'augmente en s'élevant et la diminue en s'abaissant.

557. Ceci exige quelques éclaircisse-

---

(1) Cet instrument, dont nous donnerons dans la suite la description, est destiné à indiquer les différents degré d'humidité de l'air, d'après l'allongement que subit un cheveu, en sorte que quand cet allongement est le plus grand possible, on juge que l'air est parvenu à son point de saturation relativement à l'eau.

(2) Essais sur l'hygrométrie, n° 97 et suiv.

ments ; pour bien concevoir cette relation entre les degrés de la température et les quantités correspondantes de vapeur qu'admet un espace donné, imaginons que cet espace, étant d'abord rempli d'air sec, se trouve situé au-dessus d'une masse d'eau, à une température quelconque, qui soit la même par rapport à l'air : au moment où les molécules de l'eau se détachent de la surface de ce liquide pour se convertir en vapeur, leurs distances respectives n'excèdent pas encore le rayon de leur sphère d'activité sensible, et il paraît que, même après la formation de toute la vapeur que comporte l'espace dont il s'agit, la quantité dont elles s'écartent les unes des autres est un peu moindre que le même rayon. Pendant que la vapeur se forme, le calorique situé sous la surface de l'eau agit par son élasticité pour soulever la couche extérieure de ce liquide; or l'effet de cette élasticité est diminué par l'affinité de la même couche pour l'eau située au-dessous d'elle. D'une autre part, le calorique interposé entre les molécules de la vapeur déjà formée agit sur elles par sa force élastique, et l'effet de cette force peut être considéré comme une pression que la vapeur exerce sur l'eau encore liquide. Or cette même force est aussi diminuée par l'affinité de la vapeur pour elle-même. Désignons par C la force élastique du calorique renfermé dans l'eau, par F l'affinité réciproque des molécules de ce liquide, par *c* la force élastique du calorique interposé dans la vapeur, et par *f* l'affinité réciproque des molécules de cette vapeur, nous pouvons représenter par C moins F la force du calorique renfermé dans l'eau pour produire de nouvelle vapeur, et par *c* moins *f* la pression que la vapeur déjà produite exerce sur l'eau encore liquide, et il est évident que la formation de la vapeur s'arrêtera au terme où il y aura équilibre entre C moins F et *c* moins *f*.

558. Les choses étant dans cet état, supposons que la température de tout le système s'élève d'un certain nombre de degrés, et qu'en même temps l'espace qui renferme la vapeur diminue. L'élasticité du calorique, interposé entre les molécules de la vapeur, se trouvant augmentée par l'élévation de température, permettra à ces molécules de se rapprocher sans se réduire en eau, quoi qu'alors elles s'attirent davantage les unes les autres. Par une suite nécessaire, la pression de la vapeur sur l'eau encore liquide s'accroîtra, tandis que d'une autre part le calorique enfermé dans cette eau agira avec plus d'énergie pour en soulever la couche extérieure. On peut donc concevoir que telle soit la diminution d'espace, qu'il s'établisse un nouvel équilibre entre les actions auxquelles l'eau liquide et la vapeur sont soumises, c'est-à-dire en C moins F et *c* moins *f*. Maintenant si l'on suppose l'espace constant, il est visible que pendant l'élévation de température il se formera de nouvelles vapeurs dont les molécules s'intercaleront entre celles de la première jusqu'à ce que la densité soit la même que dans l'hypothèse de la diminution d'espace, c'est-à-dire que la température, en s'élevant, détermine une augmentation dans la quantité de vapeur que comporte un espace donné.

559. Les parois du vase qui contient la vapeur opposent à la force élastique de celle-ci une réaction égale à la force du calorique renfermé dans l'eau, moins à l'affinité de l'eau pour elle-même : d'où il suit que si l'on suppose que, l'équilibre étant établi, le vase se ferme de tous côtés, l'équilibre subsistera encore. Dans ce cas, la continuation du vase à l'endroit qui était occupé par l'eau est censée remplacer la dernière couche de ce liquide.

560. Les choses auront lieu de la même manière, si l'on suppose que l'espace que nous considérons ici soit purgé d'air; excepté que la formation de la vapeur étant plus rapide, l'équilibre s'établira plus tôt. La résistance de l'air n'est qu'un obstacle en quelque sorte mécanique, qui, étant censé nul à tous les endroits où le fluide laisse des interstices libres, permet aux molécules de vapeur de s'élever, comme elles feraient dans le vide, en sorte qu'elles s'y placent aux mêmes distances respectives, et exercent la même pression sur l'eau encore liquide que si l'air n'existait pas. Ceci s'éclaircira encore par les détails que nous donnerons dans la suite.

561. Faisons maintenant varier l'espace en laissant subsister la température, et imaginons pour plus grande simplicité que cet espace soit encore purgé d'air et qu'il n'y ait que la vapeur qui l'occupe. Si l'on suppose qu'il se trouve diminué, par exemple, de moitié, alors la moitié des molécules de

la vapeur subiront un rapprochement qui donnera lieu au dérangement d'une partie du calorique interposé entre elles, en sorte qu'elles se réduiront en eau. Ce n'est pas que la diminution d'espace ne produise dans toutes les molécules une tendance à se rapprocher. Mais si cette tendance avait son effet, le résidu de l'espace demeurerait vide, et aussitôt il s'y formerait une nouvelle quantité de vapeur égale à la moitié de celle qui occupait primitivement la totalité de l'espace. Cette quantité de vapeur se conservera donc par une suite de ce qu'elle ne pourrait être détruite sans renaître à l'instant.

562. Au lieu de diminuer l'espace, augmentons-le, par exemple, du double. L'eau que nous supposons placée au-dessous, en restant toujours à la même température, recommencera à fournir de la vapeur, de manière que la quantité primitive se trouvera aussi doublée, en conservant la même densité qu'auparavant. Mais si la vapeur est coercée de tous les côtés en même temps que l'espace augmente, ses molécules s'écarteront les unes des autres pour continuer de le remplir, et il y aura un terme où elles parviendront à des distances mutuelles plus grandes que le rayon de leur sphère d'affinité sensible. Si l'espace revient à ses dimensions primitives, les molécules de la vapeur se rapprocheront en reprenant leurs premières distances respectives, sans qu'aucune partie se réduise en eau ; pour que ce dernier effet eût lieu, il faudrait que l'espace diminuât dans un plus grand rapport que celui de son augmentation précédente.

563. Ainsi l'on doit concevoir que l'écartement entre les molécules de la vapeur répandue dans un espace donné est moindre que le rayon de leur sphère d'affinité sensible, toutes les fois que la quantité de cette vapeur est égale à celle qui peut se former librement dans le même espace. Ce terme peut être regardé comme celui de la *saturation* de l'espace dont il s'agit ou de l'air qui s'y trouve renfermé, pour le degré auquel s'élève la température de la vapeur. On a désigné celui-ci dans le même cas par le nom de *vapeur naissante*, pour la distinguer de la vapeur proprement dite, dont les molécules, étant à des distances respectives plus grandes que le rayon de leur sphère d'affinité sensible, ne sont plus soumises à d'autre force que l'élasticité du calorique.

Détermination de la force élastique de la vapeur d'eau à diverses températures.

564. La connaissance de la force élastique de la vapeur acqueuse à diverses températures est d'une grande importance en physique, aussi un grand nombre d'observateurs se sont occupés de la déterminer avec exactitude ; les appareils dont ils se sont servis à cet effet, éprouvent quelques modifications, suivant que la température est au-dessous de zéro, qu'elle est comprise entre zéro et 100 degrés, enfin qu'elle est supérieure à 100 degrés : nous allons examiner successivement chacun de ces cas. M. Gay-Lussac a constaté que l'eau à l'état de glace se vaporise aussi bien qu'à l'état liquide. L'appareil dont il s'est servi est très-simple, il consiste en deux baromètres plongeant dans la même cuvette de mercure, l'un est un baromètre ordinaire, l'autre est recourbé à la partie supérieure, de manière qu'une partie du tube correspondant à la chambre barométrique vient s'engager dans un ballon tubulé rempli d'un mélange de glace et de sel, dont la température est indiquée par un thermomètre ; il en résulte qu'une partie de l'espace vide se trouve à la température de l'air ambiant, tandis qu'une autre portion est soumise à une température qui peut être d'une vingtaine de degrés inférieure à zéro. On introduit dans ce baromètre une petite quantité d'eau, bien purgée d'air, qui vient se placer à la surface du mercure. Aussitôt il se forme des vapeurs dont la force élastique fait baisser la colonne barométrique. Et la différence de hauteur du mercure dans les deux tubes donne la tension maximum de cette vapeur. On voit l'eau diminuer peu à peu et même disparaître rapidement au-dessus du mercure et les vapeurs se congeler dans la partie refroidie ; les colonnes de mercure ne cessent pas alors de présenter une différence de hauteur très-notable. Une règle graduée le long de laquelle se meut une lunette horizontale permet de mesurer exactement la différence de hauteur des colonnes de mercure. M. Gay-Lussac a pu ainsi donner la force élastique de la vapeur d'eau entre les limites de zéro et 20 degrés au-dessous de zéro.

565. Deux méthodes d'expérience ont été employées par les physiciens pour

déterminer la tension du maximum de la vapeur d'eau entre les limites de zéro et 100 degrés. La première de ces méthodes, qui a été imaginée par Dalton, consiste dans l'emploi de deux baromètres plongés dans la même cuvette à mercure : dans l'un de ces baromètres on introduit une petite quantité d'eau qui se rend dans le vide barométrique. La différence de hauteur des deux baromètres placés dans les mêmes circonstances donne la tension de la vapeur aqueuse pour la température à laquelle ils se trouvent. On entoure les deux baromètres d'un manchon rempli d'eau, un thermomètre placé dans ce manchon à la hauteur des chambres barométriques indiquait la température. Cette méthode donne des résultats assez exacts pour des températures égales ou peu supérieures à la température ambiante, mais elle cesse d'être rigoureuse pour des températures un peu élevées. L'eau se divise alors si facilement en couches de différentes températures que l'on ne parvient à rendre sa température uniforme que par une agitation continuelle et rapide, aussitôt que celle-ci cesse, afin de permettre à l'observateur de mesurer la différence de niveau des colonnes mercurielles, la séparation des couches commence immédiatement et les déterminations deviennent incertaines.

566. M. Regnault a repris ces expériences en modifiant l'appareil de manière à lui donner le plus grand degré de pression possible (1). Le baromètre humide est deux fois recourbé à la partie supérieure et soudé au col d'un ballon de 500 centimètres cubes environ de capacité. Un autre tube, partant également du col du ballon, communique avec la machine pneumatique, mais on a soin d'interposer sur le passage un tube rempli de ponce sulfurique, ayant environ un mètre de longueur. Dans le petit ballon, on avait placé une ampoule entièrement remplie d'eau récemment bouillie.

567. L'appareil ainsi disposé, on commence par faire plusieurs fois le vide dans le ballon, et on laisse chaque fois rentrer très-lentement l'air qui se dessèche en traversant le tube rempli de ponce sulfurique ; après que le vide a été ainsi fait quarante ou cinquante fois de suite, on peut considérer le ballon comme bien desséché. On fait enfin le vide le plus exactement possible, et l'on ferme à la lampe le tube qui communiquait avec la machine. On entoure alors de glace le ballon et la partie supérieure du baromètre sec, et l'on mesure avec soin la différence de hauteur des deux colonnes de mercure, afin de connaître la force élastique de l'air resté dans le ballon. On chauffe alors le ballon, et l'on détermine la rupture de l'ampoule par la dilatation du liquide qui s'y trouve enfermé ; on entoure de nouveau de glace le ballon et la partie supérieure des baromètres. La différence de hauteur du mercure donne alors la force élastique de la vapeur à zéro. En remplaçant la glace par de l'eau à une température croissante, on obtient la force élastique de la vapeur à ces diverses températures jusqu'à une limite de 60 à 70 degrés. On peut aussi remplacer l'eau par un mélange de glace et de sel, et déterminer la force élastique de la vapeur pour des températures inférieures à zéro.

568. Pour parvenir à la détermination de la force élastique de la vapeur d'eau entre les limites de 60 et 100 degrés, M. Regnault a eu recours à la méthode déjà employée par plusieurs physiciens, et notamment par MM. Arago et Dulong. Ce procédé consiste à déterminer la température à laquelle l'eau bout sous des pressions déterminées. L'appareil dont se servaient MM. Dulong et Arago se composait de la manière suivante : une cornue tubulée placée sur un fourneau contenait de l'eau ; dans la tubulure était engagé un thermomètre dont la boule plongeait dans l'eau, pour en indiquer la température ; le col de la cornue venait s'engager dans un tube refroidi au moyen d'un manchon dans lequel on faisait passer constamment un courant d'eau froide ; le tube était incliné vers la cornue, de manière que l'eau qui s'y conduisait retombait toujours dans la cornue ; l'extrémité supérieure du tube se rendait dans un ballon tubulé de grande dimension : le ballon était disposé de telle sorte qu'au moyen de la machine pneumatique on pouvait à volonté raréfier l'air, dont la pression était indiquée par un manomètre adapté à l'appareil.

569. La marche de l'expérience est maintenant facile à comprendre ; lorsque l'on vient à chauffer la cornue, le ther-

(1) Annales de chimie et de physique (juillet 1844), p. 273.

momètre qui y est plongé monte jusqu'à un certain terme et reste stationnaire, c'est le point d'ébullition de l'eau pour la pression actuelle de l'air contenu dans le ballon ; cette pression n'est donc autre chose que la force élastique maximum de la vapeur d'eau à la température indiquée par le thermomètre de la cornue. Comme on peut à volonté faire varier la pression de l'air entre les limites de zéro et 76 centimètres, on obtiendra la force élastique de la vapeur d'eau pour des températures croissantes jusqu'à 100. M. Regnault, dans le travail que nous avons déjà cité, a repris cette méthode d'expérimentation, en apportant à l'appareil quelques modifications qui lui permettaient de mesurer avec plus de précision la force élastique de l'air du ballon, et de déterminer aussi avec plus d'exactitude la température de l'eau contenue dans la cornue. Nous donnerons plus loin les résultats numériques auxquels il est arrivé.

570. Enfin il nous reste à exposer les expériences au moyen desquels on a pu déterminer la force élastique de la vapeur d'eau pour des températures supérieures à 100 degrés. MM. Dulong et Arago furent chargés de ces expériences par l'Académie des sciences sur la demande du gouvernement. La vapeur était produite dans une chaudière en tôle d'environ 80 litres. La température intérieure de cette chaudière était donnée par deux thermomètres à mercure dont l'un descendait jusque dans l'eau et l'autre ne descendait que jusqu'à la surface du liquide. Ces thermomètres n'étaient pas placés à nu dans la chaudière, parce que la pression qu'ils auraient supportée, en diminuant le volume, aurait fait monter le mercure, et la température indiquée aurait été plus grande que la température réelle de la chaudière ; on les avait donc introduits dans deux canons de fusil, scellés au couvercle de la chaudière, ouverts en haut et fermés en bas ; leurs tiges, recourbées horizontalement, étaient maintenues à une température constante au moyen d'un courant d'eau. La chaudière était mise en communication avec un manomètre à air sec, gradué avec le plus grand soin ; cette communication était établie au moyen d'un tube de fer fermé de canons de fusil, et maintenu à une température constante au moyen d'un courant d'eau. La pression de la vapeur se transmettait ainsi à la surface du mercure et elle était mesurée par la diminution du volume de l'air dans le manomètre. Et afin d'éviter l'erreur qui aurait pu résulter du dégagement de calorique dû à la compression de l'air, le manomètre était constamment refroidi au moyen d'un manchon rempli d'eau froide dont il était entièrement entouré. MM. Dulong et Arago purent pousser leurs observations jusqu'à une pression de 24 atmosphères ; ils reconnurent ensuite que la relation qui existe entre la force élastique de la vapeur et la température pouvait s'exprimer par une formule d'interpolation très-simple, au moyen de laquelle ils calculèrent cette force jusqu'à 50 atmosphères.

571. Nous donnons ici le tableau représentant la force de tension maximum de la vapeur aqueuse aux diverses températures.

Table des forces élastiques de la vapeur aqueuse de —32 à 100 degrés.

D'après M. REGNAULT.

TEMPÉRATURE en degrés centigrades.	FORCE ÉLASTIQUE en millimètres de mercure.	TEMPÉRATURE en degrés centigrades.	FORCE ÉLASTIQUE en millimètres de mercure.
32	0,310	14	11,908
31	0,336	15	12,690
30	0,365	16	13,536
29	0,397	17	14,421
28	0,431	18	15,357
27	0,468	19	16,346
26	0,509	20	17,391
25	0,553	21	18,495
24	0,602	22	19,659
23	0,654	23	20,888
22	0,711	24	22,184
21	0,774	25	23,550
20	0,841	26	24,988
19	0,916	27	26,505
18	0,996	28	28,101
17	1,084	29	29,782
16	1,179	30	31,548
15	1,284	31	33,406
14	1,398	32	35,359
13	1,521	33	37,411
12	1,656	34	39,565
11	1,803	35	41,827
10	1,963	36	44,201
9	2,137	37	46,691
8	2,327	38	49,302
7	2,533	39	52,039
6	2,758	40	54,906
5	3,004	41	57,910
4	3,271	42	61,055
3	3,553	43	64,346
2	3,879	44	67,790
1	4,224	45	71,391
0	4,600	46	75,158
1	4,940	47	79,093
2	5,302	48	83,204
3	5,687	49	87,499
4	6,097	50	91,982
5	6,534	51	96,661
6	6,998	52	101,543
7	7,492	53	106,636
8	8,017	54	111,945
9	8,574	55	117,478
10	9,165	56	123,244
11	9,792	57	129,251
12	10,457	58	135,505
13	11,162	59	142,015

TEMPÉRATURE en degrés centigrades.	FORCE ÉLASTIQUE en millimètres de mercure.	TEMPÉRATURE en degrés centigrades.	FORCE ÉLASTIQUE en millimètres de mercure.
60	148,791	81	369,287
61	155,839	82	384,435
62	163,170	83	400,101
63	170,791	84	416,298
64	178,714	85	433,041
65	186,945	86	450,344
66	195,496	87	468,221
67	204,378	88	486,687
68	213,596	89	505,759
69	223,165	90	525,450
70	233,093	91	545,778
71	243,393	92	566,757
72	254,073	93	588,406
73	265,147	94	610,740
74	276,624	95	633,778
75	288,517	96	657,535
76	300,838	97	682,029
77	313,600	98	707,280
78	326,811	99	733,305
79	340,488	100	760,000
80	354,643		

Table des forces élastiques de la vapeur aqueuse de 1 *atmosphère à* 50.

D'après MM. DULONG et ARAGO.

FORCES EXPRIMÉES en atmosphères de 76 centimètres de mercure.	TEMPÉRATURES en degrés centigrades.	PRESSION sur un centimètre carré, en kilogrammes.
1	100	1,033
1 ½	112,2	1,549
2	121,4	2,066
2 ½	128,8	2,582
3	135,1	3,099
3 ½	140,6	3,615
4	145,4	4,132
4 ½	149,06	4,648
5	153,08	5,165
5 ½	156,8	5,681
6	160,2	6,198
6 ½	163,48	6,714
7	166,5	7,231
7 ½	169,37	7,747
8	172,1	8,264
9	177,1	9,297

FORCES EXPRIMÉES en atmosphères de 76 centimètres de mercure.	TEMPÉRATURES en degrés centigrades.	PRESSION sur un centimètre carré, en kilogrammes.
10	181,6	10,33
11	186,03	11,363
12	190,0	12,396
13	193,7	13,429
14	197,19	14,462
15	200,48	15,495
16	203,63	16,528
17	206,57	17,561
18	209,4	18,594
19	212,1	19,627
20	214,7	20,660
21	217.2	21,693
22	219,6	22,726
23	221,9	23,759
24	224,2	24,792
25	226,3	25,825
30	236,2	30,990
35	244,85	36,155
40	252,55	41,320
45	259,52	46,485
50	265,89	51,650

Table des forces élastiques de la vapeur aqueuse de 100 à 1000 atmosphères, d'après la formule empirique.

FORCES EXPRIMÉES en atmosphères.	TEMPÉRATURES.	PRESSION sur un centimètre carré, en kilogrammes.
100	311,36	103,3
200	363,58	206,60
300	397,65	309,90
400	423,57	413,20
500	444,70	516,50
600	462,71	619,8
700	478,45	723,1
800	492.47	826,4
900	505,16	929,7
1000	516,76	1033,0

De la force élastique des vapeurs des liquides autres que l'eau.

572. La tension des vapeurs des divers liquides à une même température est loin d'être la même. Pour s'en convaincre, il suffit de faire une expérience très-simple : supposons que plusieurs baromètres plongent dans une même cuvette à mercure, et que dans chacune on introduise une certaine quantité de liquide, on observera des dépressions très-différentes ; si l'expérience était faite avec précision, on pourrait même déterminer ainsi la force élastique maximum de chaque vapeur.

573. Dalton avait admis une loi très-simple au moyen de laquelle on pouvait déduire la tension des vapeurs quelconques de celle de la vapeur d'eau ; malheureusement cette loi ne paraît être exacte que dans des limites assez restreintes. Dalton pensait qu'en prenant pour point de départ le point d'ébullition de chaque liquide, auquel terme les tensions des vapeurs sont égales, puisqu'elles sont mesurées par la résistance de la pression atmosphérique; et en l'écartant d'un même nombre de degrés au-dessus et au-dessous de ce point, elles restaient encore égales entre elles. Par exemple, l'alcool entre en ébullition à 78° et l'eau à 100°; par conséquent, à ces deux températures, la tension de la vapeur d'alcool et celle de la vapeur d'eau sont égales : eh bien ! ces tensions, d'après Dalton, seraient encore égales lorsque l'alcool se trouverait porté à 93 degrés et l'eau à 115, c'est-à-dire chacun à 15 degrés au-dessus de leur point d'ébullition. — M. Regnault a cherché directement la tension maximum de plusieurs vapeurs au moyen des procédés qui lui ont servi à trouver celle de la vapeur aqueuse ; il doit publier prochainement les résultats de ses recherches, ainsi qu'il l'annonce dans le Mémoire que nous avons déjà cité.

Mélange de vapeur et de gaz.

574. Nous venons d'étudier avec soin les lois auxquelles la vapeur est soumise lorsqu'elle se forme dans un espace privé d'air ; il nous reste à dire quelques mots pour faire comprendre ce qui se passe lorsque la vapeur se développe dans un espace contenant de l'air, ou un autre gaz, à une certaine pression. Dans ce cas les vapeurs se forment moins vite, ainsi que nous l'avons déjà fait observer ; mais leur force élastique devient, en dernier résultat, ce qu'elle serait si les vapeurs s'étaient formées dans le même espace vide de tout gaz à la même température, en sorte que la pression du gaz qui se trouve alors en contact avec le liquide est égale à la pression primitive de l'air augmentée de la tension de la vapeur à température actuelle. Pour mettre ce fait en évidence, il suffit de prendre une cloche renversée sur le mercure, d'y introduire une certaine quantité d'air sec dont on déterminera la pression, puis on introduira ensuite dans la cloche un liquide volatil : il se produira à l'instant une dépression sur le mercure, et lorsque l'air se sera saturé de vapeur, on reconnaîtra la vérité de la loi que nous venons d'énoncer.

Densité de la vapeur d'eau.

575. Plusieurs physiciens ont cherché à déterminer d'une manière exacte le poids spécifique des vapeurs ; plusieurs procédés ont été employés à cet effet. Celui de M. Gay-Lussac paraît jusqu'à présent le plus rigoureux ; voici en quoi il consiste : une cloche en verre graduée, de trois à quatre décimètres de longueur, est remplie de mercure avec toutes les précautions indiquées dans la construction du baromètre, afin qu'elle soit bien privée d'air et d'humidité ; on la renverse sur une petite chaudière de fonte contenant du mercure ; on introduit alors dans la cloche une petite ampoule de verre remplie d'eau dont le poids a été soigneusement déterminé ; on entoure la cloche d'un manchon que l'on remplit d'eau, puis on place l'appareil sur un fourneau : la chaleur, se communiquant au mercure et à l'eau du manchon, détermine bientôt la rupture de l'ampoule ; l'eau, se répandant au-dessus du mercure, y produit une dépression ; on élève la température jusqu'à ce que toute l'eau soit réduite en vapeur. On connaît alors le volume occupé par un poids donné de vapeur, la température est indiquée au moyen de plusieurs thermomètres placés dans le manchon, et l'observation de la hauteur du mercure dans la cloche, comparée à la hauteur actuelle du baromètre, donne la pression de cette vapeur : au moyen de ces éléments on peut donc calculer

le poids spécifique de cette vapeur. En admettant ensuite que la vapeur suit la même loi que les gaz, on peut calculer la densité de cette vapeur réduite à une pression de 76 centimètres de mercure. M. Gay-Lussac a trouvé ainsi qu'un gramme d'eau réduite en vapeur à la température de 100° et sous la pression de 0 m. 76, occupait 1696 centimètres cubes; en d'autres termes, le poids spécifique de cette vapeur est 1/1696 de celui de l'eau. Si maintenant l'on compare la densité de la vapeur d'eau avec celle de l'air prise dans les mêmes circonstances de température et de pression, on trouve que le poids spécifique de la vapeur d'eau est égal aux 5/8 de celui de l'air. Cette loi donne un moyen très-simple de calculer la densité de la vapeur d'eau à une température et sous une pression connues, puisqu'il suffit de chercher la densité de l'air dans les mêmes circonstances et de la multiplier par la fraction 5/8.

577. Nous donnons ici le tableau des poids spécifiques de la vapeur d'eau à son maximum de tension, en prenant pour unité celui de l'eau liquide à 0.

Table des poids spécifiques de la vapeur d'eau, au maximum de tension, en prenant pour unité le poids spécifique de l'eau liquide à 0.

TEMPÉRATURE.	POIDS SPÉCIFIQUE.	TEMPÉRATURE.	POIDS SPÉCIFIQUE.
—30	0,00000044	20	0,00001734
25	065	21	1834
20	092	22	1943
15	145	23	2058
10	217	24	2180
9	236	25	2304
8	256	26	2437
7	278	27	2576
6	301	28	2728
5	326	29	2876
4	354	30	3037
3	384	31	3204
2	417	32	3381
1	453	33	3565
0	491	34	3758
+ 1	525	35	3957
2	562	36	4172
3	601	37	4392
4	642	38	4623
5	685	39	4861
6	731	40	5116
7	780	45	6547
8	832	50	8305
9	887	55	10007
10	944	60	13027
11	1006	65	16129
12	1070	70	19807
13	1138	75	24177
14	1210	80	29297
15	1285	85	35273
16	1366	90	42211
17	1452	95	50221
18	1539	100	59414
19	1632		

Détermination du poids spécifique des vapeurs des corps autres que l'eau.

578. M. Dumas a déterminé le poids spécifique d'un grand nombre de vapeurs par un procédé que nous devons indiquer ici. On prend un ballon dont le col est effilé, on le pèse plein d'air, puis on l'échauffe un peu et l'on plonge la pointe dans le liquide que l'on veut soumettre à l'expérience. On en fait ainsi entrer une quantité suffisante dans le ballon ; on place ensuite l'appareil dans un bain d'eau, d'huile ou d'alliage fusible, suivant que l'on veut opérer à une température plus ou moins élevée ; on chauffe jusqu'à ce que tout le liquide soit réduit en vapeurs ; on ferme alors la pointe, et on laisse refroidir l'appareil après l'avoir retiré du bain. On l'essuie avec soin et on le pèse, afin de connaître le poids de la vapeur qu'il contient. Afin de s'assurer que tout l'air a été chassé du ballon par l'ébullition du liquide, on introduit la pointe effilée dans un bain de mercure et on la brise, le ballon doit alors se remplir complétement de mercure ; s'il restait un peu d'air, il faudrait en tenir compte dans le calcul de la densité. Il est facile de voir qu'après ces opérations on possède tous les éléments nécessaires pour calculer la densité de la vapeur soumise à l'expérience.

Retour à l'état de liquidité et à celui de solidité.

579. Concevons que l'eau, en suivant une marche rétrograde à l'égard de celle que nous venons de considérer, retourne de l'état élastique à celui de liquidité, et de ce dernier à celui de solidité. Pendant qu'elle redeviendra liquide, le calorique qu'elle avait absorbé en s'évaporant, et qu'elle tenait comme masqué sous la forme de calorique latent, reparaîtra tout entier sous celle de calorique sensible et se communiquera aux corps environnants, en sorte qu'un thermomètre plongé dans cette eau restera encore fixe à 100 degrés, en supposant que la pression soit la même. — Pour que l'eau, en partant de ce terme, retourne à l'état de solidité, il faudra d'abord qu'elle perde par le refroidissement tous les accroissements de calorique qui avaient fait varier sa température et son volume depuis l'instant du passage à l'état de liquidité. Pendant la congélation qui suivra, toute la quantité de calorique dont l'eau s'était emparée en sortant du même état, et qui était restée sans effet sur le thermomètre, se développera et passera dans les corps environnants, de manière qu'un thermomètre plongé dans cette eau sera encore stationnaire au degré zéro.

580. Nous avons déja eu plusieurs fois l'occasion de citer une expérience dans laquelle, ayant mêlé un kilogramme de glace à zéro avec un kilogramme d'eau à 79 degrés, on obtient deux kilogrammes d'eau à zéro pour résultat du mélange, c'est-à-dire que la glace, en se fondant, absorbe et rend nulle pour le thermomètre une quantité de calorique mesurée par 79 degrés, qu'elle enlève à l'eau chaude en contact avec elle. Maintenant, si l'on suppose que l'eau repasse à l'état de glace, elle remettra en activité une égale quantité de calorique, qui se répandra dans l'appareil et de proche en proche dans les corps voisins.

581. Ce que nous avons dit de l'eau, prise pour exemple, s'applique également à tous les autres corps. Leur passage à un nouvel état détermine l'absorption d'une quantité de calorique qui perd son action sur le thermomètre, en allant de la solidité à la liquidité, et de celle-ci à la fluidité élastique ; et si le passage se fait en sens contraire, il détermine le dégagement de la même quantité de calorique que le corps avait absorbée en sortant de l'état auquel il arrive. En général, toutes les variations produites par l'effet du calorique, pendant une succession d'états qui a lieu dans le même sens, se reproduisent dans un ordre inverse lorsque les états eux-mêmes se succèdent en sens opposé. La même inversion se retrouve, proportion gardée, dans toute la gradation de nuances qu'un corps parcourt, en allant d'un état à l'autre ; toutes les petites quantités de calorique qui étaient devenues latentes, entre deux nuances voisines, redeviennent sensibles ou réciproquement, selon que la limite dont le corps se rapproche, en passant par ces nuances, est située d'un côté ou de l'autre.

Détermination de la chaleur latente des vapeurs.

582. Puisque la température des liquides en ébullition reste constante,

toute la chaleur absorbée est uniquement employée à produire la transformation du liquide en fluide élastique. Cette chaleur devient *latente*, c'est-à-dire insensible au thermomètre; dans le passage de l'état de fluidité à celui de liquidité, le phénomène inverse se produit : toute la chaleur qui dans le premier cas était devenue latente redevient sensible. On s'est proposé de déterminer cette quantité de chaleur nécessaire pour faire passer un kilogramme d'eau, par exemple, à l'état de vapeur; mais on a trouvé plus commode de chercher quelle est la quantité de chaleur mise en liberté dans le passage d'un poids donné de vapeur d'eau à l'état liquide. A cet effet, on emploie une cornue ou tout autre vase, dans lequel se produit la vapeur; le col de cette cornue s'engage a l'extrémité supérieure d'un serpentin traversant un vase rempli d'eau froide; on pèse avec soin l'eau de la caisse du serpentin; on abaisse la température de cette eau de quelques degrés au-dessous de la température actuelle des corps environnants, puis on fait passer la vapeur dans le serpentin jusqu'à ce que la température soit remontée au-dessus de la température ambiante d'autant de degrés qu'elle était au-dessous. Cette précaution est prise dans la vue d'éviter des erreurs qui proviendraient des pertes de chaleur, si l'on opérait à une température constamment supérieure à celle des corps environnants; de cette manière, le calorique reçu par le serpentin des corps environnants, dans la première moitié de l'expérience, compense celui qu'il perd dans la seconde moitié. On recueille l'eau qui s'est condensée dans le serpentin, on la pèse, et l'on a alors tous les éléments nécessaires pour calculer la chaleur latente de la vapeur d'eau. C'est en opérant ainsi que

Rumford a trouvé	. . . .	567
Clément —	. . . . .	550
Dulong —	. . . . .	543
Despretz —	. . . . .	531

Le même procédé s'applique à un liquide de nature quelconque; M. Despretz a trouvé :

pour l'alcool	207,7
l'éther sulfurique . . .	96,8
l'ess. de térébenthine.	76,8

Variation du volume des corps dans la solidification.

583. Lorsque les corps passent de l'état liquide à l'état solide, ils éprouvent en général un changement notable dans leur volume. Le plus grand nombre diminuent d'une manière sensible; quelques-uns, au contraire, augmentent considérablement. Parmi ces derniers, nous citerons comme les plus remarquables la fonte de fer et l'eau. Cette propriété de la fonte de fer l'a fait employer avantageusement à la reproduction par voie de moulage de bas-reliefs, de médailles, etc.

584. Les efforts que l'eau passant à l'état de glace exerce contre les parois des différents vases qui la contiennent ont été observés par tout le monde. Si le vase est d'une forme plate et présente une large ouverture, la force de la glace s'exerce en partie sur la croûte supérieure, qu'elle soulève vers le milieu en lui faisant prendre une figure convexe : en sorte que les parois du vase, n'ayant à soutenir que le résidu de la même force, lui opposent ordinairement une résistance suffisante. Mais si le vase est étroit, il arrive rarement qu'il ne soit pas rompu par l'effort de la glace, qui alors agit presque entièrement dans le sens latéral, et il n'est personne qui n'ait eu plus d'une fois sous les yeux des vases d'un usage ordinaire mis hors de service par la congélation du liquide que l'on y avait laissé séjourner.

585. Plusieurs physiciens ont désiré éprouver jusqu'où pourrait aller cette force d'expansion. Un canon de fer épais d'un doigt, rempli d'eau et fermé exactement, ayant été exposé par Buot à une forte gelée, se trouva cassé en deux endroits au bout de douze heures. Les philosophes de Florence firent crever par la même cause une sphère de cuivre très-épaisse; et Muschenbroeck ayant calculé l'effort qui avait dû occasionner la rupture, a trouvé qu'il aurait été capable de soulever un poids équivalent à 13860 kilogrammes.

586. Lorsqu'à la suite d'un dégel le retour de la gelée convertit en glace l'eau dont la terre était imbibée, cette glace, qui a subi une augmentation de volume, serre les végétaux naissants par le collet de leur racine et attaque d'une manière funeste cette partie, qui leur sert à pomper les sucs nourriciers

que la terre leur fournit. Un froid vif qui survient pendant le printemps produit aussi des effets nuisibles dans l'intérieur même des plantes qui déjà commençaient à se développer. La sève, composée d'eau en grande partie, se dilate en se congelant, tandis qu'au contraire les fibres de la plante éprouvent une contraction, et il en résulte des espèces de déchirures qui occasionnent un dérangement dans l'organisation.

587. La même cause étend son influence jusque sur les êtres inorganiques. Certaines pierres poreuses que l'on nomme *gélives* se laissent pénétrer par une assez grande quantité d'eau qui, au moment de la gelée, passe à l'état de glace, et la force expansive de cette dernière fait éclater la pierre en petits fragments; les marbres que l'on a fait sauter au moyen de la poudre à canon, et où il s'est formé des gerçures par l'ébranlement qu'ils ont éprouvé, sont sujets, dans le même cas, à éclater en divers endroits. Il est bon que les artistes connaissent la cause de ces accidents pour être à portée de les prévenir.

DE DIVERS PHÉNOMÈNES PARTICULIERS QUI ACCOMPAGNENT LE CHANGEMENT D'ÉTAT DES CORPS.

588. *Cristallisation.* La plupart des corps, en se solidifiant après avoir été fondus, subissent une cristallisation régulière. Le calorique agit ici par rapport au corps en fusion comme les liquides ordinaires à l'égard d'un sel qu'ils tiennent en dissolution. Dans l'un et l'autre cas, c'est la retraite de la substance d'abord interposée entre les molécules qui leur permet de se rapprocher et de s'unir sous forme géométrique, lorsqu'elle se fait assez lentement pour leur donner le loisir de prendre l'arrangement qui s'accorde avec les lois de la cristallisation. Les premiers indices que l'on ait observés de ces phénomènes paraissent avoir été ces espèces d'étoiles branchues qui se forment sur la surface de l'antimoine. Ce fut aux yeux des alchimistes qu'elles se présentèrent d'abord, et ils expliquèrent le fait en alchimistes : c'était une étoile d'heureux présage qui leur promettait la métamorphose de l'antimoine en or.

589. Les expériences faites sur le bismuth par Brongniart, professeur au Muséum d'histoire naturelle, ont offert le premier exemple d'un métal converti en cristaux saillants, par un procédé semblable à celui que Rouelle avait employé par rapport au soufre, et qui consiste à laisser d'abord figer la surface du métal, puis à percer cette espèce de croûte et à survider le creuset. Lorsqu'on brise ensuite ce creuset après l'entier refroidissement, on en trouve la cavité toute tapissée de cristaux qui présentent, suivant les circonstances, des groupes d'octaèdres ou de cubes disposés sur des lignes perpendiculaires entre elles et rentrantes comme les contours d'une volute.

590. On a cru que le vide laissé par le métal qui était sorti du creuset, en donnant accès à l'air, favorisait la production des cristaux. La vérité est que ces cristaux se forment au milieu même du métal encore en fusion, par le rapprochement des parties qui se refroidissent les premières. Il en est de ce métal à peu près comme de l'eau, qui se congèle au milieu de l'eau même encore liquide. On ne fait autre chose, en survidant le creuset, que de mettre à nu les cristaux déjà formés, et les dégager de la matière métallique enveloppante, avec laquelle ils ne feraient bientôt plus qu'une masse solide après le refroidissement. C'est ce dont on peut s'assurer en cernant avec la pointe d'un canif la croûte qui s'est formée à la surface ; on retirera cette croûte couverte en dessous de cristallisations semblables à celles que nous avons décrites. Le bismuth est un des métaux qui se prêtent le plus facilement à ce genre d'observations.

591 *Formation de la glace.* — Ce phénomène de cristallisation se produit aussi dans la formation de la glace. Lorsqu'une masse d'eau exposée dans un vase à une température convenable passe à l'état solide et que la congélation n'est pas trop hâtée, on voit d'abord naître à la surface de petites aiguilles triangulaires dont une des faces est de niveau avec l'eau. A mesure que les aiguilles se multiplient, elles s'insèrent les unes sur les autres, et les interstices qu'elles laissent se trouvent occupés successivement par de nouvelles aiguilles, tout cet assemblage finit par ne plus former qu'un même corps. Dans le cas d'une congélation très-lente, les aiguilles ont des espèces de dentelures et imitent, par leur assortiment, les cristallisations ébauchées que le refroidissement qui succède à la fusion fait

naître sur la surface de la plupart des métaux, et que l'on a comparées à des rameaux de fougère. On observe aussi de ces congélations ramifiées à la surface des vitres pendant les temps de gelée. — Une circonstance remarquable de ces mêmes assortiments est la tendance des aiguilles à se réunir sous l'angle de 120° ou de 60°. Cette disposition se montre avec un caractère particulier de symétrie dans la neige, qui tombe assez souvent en forme de petites étoiles à six rayons, exactement situés comme ceux d'un hexagone régulier. Il est présumable que les molécules de l'eau sont des tétraèdres réguliers, tellement assortis qu'ils composent des octaèdres réguliers, comme cela a lieu dans certaines substances minérales du nombre desquelles est la chaux fluatée. Cette structure paraîtrait être indiquée par l'aspect des congélations, qui offrent des naissances de forme régulière et ont un rapport marqué avec les dendrites métalliques, que nous savons être des assemblages d'octaèdres réguliers implantés les uns dans les autres par un de leurs angles solides, de manière que les axes de tous ceux qui appartiennent à un même rameau sont rangés sur une seule ligne.

592. Dans la même hypothèse, les étoiles à six rayons que présente la cristallisation de la neige pourraient être ramenées à l'analogie avec les ramifications de la glace : car si, par le centre d'un octaèdre régulier, on mène un plan parallèle à deux des faces opposées, on obtiendra par section un hexagone régulier. Or, nous pourrons supposer un octaèdre régulier au centre de l'étoile, et considérer les rayons comme formés par des assemblages de petits octaèdres réguliers rangés à la file les uns des autres dans la direction des apothèmes de l'hexagone dont nous venons de parler. Au reste, les étoiles, ayant été produites pendant leur chute par l'effet d'une cristallisation précipitée, ne peuvent offrir que des ébauches très-imparfaites des formes qu'elles auraient prises dans le cas où leurs molécules eussent été libres de s'arranger conformément aux lois d'une agrégation régulière; en sorte que ce qui précède ne peut passer que pour une simple conjecture dont le but est d'indiquer une corrélation entre la cristallisation de la neige et celle des ramifications dont nous avons parlé d'abord.

593. L'eau qui tient un sel en dissolution le laisse précipiter lorsqu'elle se convertit en glace. Dans quelques contrées du Nord, on profite du frais de l'atmosphère comme d'un moyen préparatoire pour extraire le sel des eaux de la mer. On fait entrer une couche d'eau peu épaisse dans des fosses pratiquées à cet effet : une partie de cette eau, en se congelant, abandonne les molécules salines, qui se concentrent dans la portion encore liquide ; en sorte que celle-ci n'a plus besoin que d'être exposée à une chaleur médiocre pour que son évaporation permette au sel dont elle est chargée de se cristalliser.

594. Une autre circonstance remarquable qui accompagne la formation de la glace est le dégagement de l'air renfermé dans l'eau. Cet air s'échappe sous la forme de petites bulles qui se réunissent plusieurs ensemble pour former des bulles plus considérables dont le diamètre a quelquefois jusqu'à deux ou trois centimètres de longueur. Quelquefois les bulles ont la forme de petits tubes plus ou moins inclinés, par rapport à l'axe du vase où s'opère la congélation : c'est ce qu'on observe en particulier dans l'eau distillée qui passe à l'état de glace.

Phénomène remarquable que présente l'eau projetée dans un creuset rouge.

595. Leydenfrost remarqua en 1752 que des gouttes d'eau projetées sur un fer rouge y prenaient une forme globulaire et tournaient sur le fer en s'y vaporisant lentement. En 1825, Perkins reconnut qu'une chaudière remplie d'eau pouvait être chauffée au rouge sans donner presque de vapeurs; que, dans cet état, on pouvait la percer sans qu'il en sortît rien. En 1820, M. Bresson, ingénieur civil, s'occupant des causes des explosions des machines à vapeur, signala le phénomène de l'isolement de l'eau des parois d'une chaudière à vapeur trop chauffée, et pensa avec raison que ce pouvait être une des causes des explosions des machines à vapeur : car, par un refroidissement suffisant, tout le liquide se transforme instantanément en vapeur.

596. M. Boutigny a repris ce phénomène et l'a étudié sur un grand nombre de liquides, et tous ceux qu'il a soumis à l'expérience ont pu être ainsi maintenus sans bouillir dans un vase chauffé

à une température de beaucoup supérieure à celle de l'ébullition du liquide. Cependant M. Boutigny a opéré sur des corps extrêmement volatils, tels que l'alcool, l'éther, et même l'acide sulfureux, qui est gazeux à la température ordinaire. Ces liquides, placés dans un creuset de platine chauffé à la température blanche, restent liquides et n'éprouvent qu'une faible évaporation; et ce qu'il y a de plus remarquable, c'est que cette évaporation paraît se faire aux dépens de la température du liquide, comme si elle se faisait dans l'air ou dans le vide : en effet, M. Boutigny, ayant porté au centre d'une masse d'acide sulfurique ainsi placée dans un creuset de platine chauffé au blanc une petite boule creuse remplie d'eau. Cette eau se congela immédiatement; la température se trouvait, dans cette expérience, portée à 11 ou 12 degrés au-dessous de zéro.

597. Lorsqu'un liquide volatil se trouve ainsi dans un creuset chauffé au blanc, il ne mouille pas le vase, on s'en aperçoit à la courbure de sa surface. M. Boutigny s'est d'ailleurs assuré qu'il n'y avait pas contact entre le liquide et le creuset, en versant de l'acide azotique dans un vase d'argent chauffé au blanc; le métal ne fut nullement attaqué par l'acide.

598. M. Boutigny considère les liquides se trouvant dans ces circonstances comme étant dans un état moléculaire particulier, auquel il donne le nom d'*état sphéroïdal*. Les corps ne conservent cet état qu'à une température élevée : ainsi, l'eau versée dans un vase de platine chauffé au rouge prend l'état sphéroïdal; et si on laisse la température s'abaisser lentement, il arrive un instant où l'eau quitte cet état; elle s'étale, mouille le vase, se vaporise pour ainsi dire instantanément en produisant une véritable explosion. Le même phénomène se produit lorsqu'on refroidit le vase en y faisant arriver lentement une assez grande quantité d'eau froide. M. Boutigny a parfaitement réussi à simuler par ce moyen les explosions des chaudières à vapeur, dans un vase en cuivre fermé par un simple bouchon. Jusqu'à présent on n'a pas donné d'explication qui rende compte d'une manière satisfaisante de la cause de ce phénomène.

Des machines à vapeur.

599. La machine à vapeur est sans contredit une des plus belles applications de la science à l'industrie. En quelques années elle a pour ainsi dire opéré une métamorphose complète dans les arts, en mettant dans les mains de l'homme une force presque illimitée et facile à diriger. Nous ne pourrions sans sortir des limites de cet ouvrage entrer dans de grands détails au sujet de cette admirable invention; cependant nous ne pouvons nous dispenser d'en faire connaître le principe et d'indiquer en peu de mots la manière dont la vapeur agit comme force motrice.

600. Tous les mouvements de la machine à vapeur tirent leur origine du jeu d'un piston qui s'élève et s'abaisse alternativement. Ce piston se meut à frottement doux dans un cylindre métallique bien travaillé; des tuyaux convenablement disposés font arriver à volonté de la vapeur d'une chaudière au-dessus ou au-dessous du piston; on peut également ouvrir ou fermer à volonté la partie inférieure ou la partie supérieure du cylindre. Supposons le piston arrivé au point le plus haut de sa course et que la partie inférieure soit en communication avec l'air atmosphérique : si l'on vient à introduire la vapeur au dessus du piston, elle le forcera à descendre pourvu qu'elle ait une force élastique supérieure à celle de l'air, c'est-à-dire que sa température soit supérieure à 100 degrés. Lorsque le piston sera arrivé au bas de sa course, on mettra la partie supérieure du cylindre en communication avec l'air atmosphérique, on fera arriver la vapeur de la chaudière au-dessous du piston, qui sera forcé de remonter. On conçoit donc qu'en continuant ainsi on arriverait à produire dans le piston un mouvement de va-et-vient, qui pourrait être transformé et appliqué selon les lois ordinaires de la mécanique, et la production de ce mouvement n'exige que l'entretien de la vapeur dans une chaudière et le soin d'ouvrir et de fermer convenablement certains robinets.

601. On eut bientôt trouvé un moyen de supprimer ces robinets et de les remplacer par un mécanisme particulier appelé *les tiroirs*, mis en mouvement par le jeu même du piston, et au moyen duquel les divers conduits de la vapeur sont ouverts et fermés convenablement,

soit pour l'introduire dans le cylindre, soit pour la faire sortir lorsqu'elle y a produit l'effet qu'on en attendait.

602. Une machine qui serait exactement construite sur le principe que nous venons d'indiquer ne pourrait fonctionner qu'autant que la vapeur aurait une force élastique supérieure à celle de l'air, puisque, quand elle agit d'un côté du piston, l'air agit en sens inverse de l'autre côté. Mais si, au lieu de faire sortir la vapeur librement dans l'air, on met le cylindre immédiatement en communication avec un espace froid et suffisamment grand, la vapeur se condensera, il se fera un vide complet dans le cylindre ; en sorte que la force élastique de la vapeur, agissant d'un côté du piston, ne sera plus contrariée par aucune force opposée. — Cet espace dans lequel se condense la vapeur est appelé *condenseur*, et les machines qui en sont pourvues sont dites *à condensation*. La vapeur, en se condensant, donne lieu à un grand dégagement de chaleur latente ; et il est facile de concevoir que le condenseur aurait bientôt acquis une température trop élevée pour produire son effet, si l'on n'avait pas le soin de le refroidir constamment : dans ce but, une pompe ordinaire, mise en mouvement par la machine elle-même, injecte à chaque coup de piston une certaine quantité d'eau froide dans le condenseur et enlève celle qui s'est échauffée par la condensation de la vapeur.

603 Telle est en somme la machine à double effet et à condensation, appelée ordinairement machine de Watt. Elle est dite à double effet, parce que la vapeur agit successivement au-dessus et au-dessous du piston. Dans les machines à simple effet, que l'on employait dans le principe et qui sont encore en usage pour quelques travaux spéciaux, la vapeur n'agit que pour faire monter le piston, qui retombe parce que l'on produit le vide au-dessous en condensant subitement la vapeur par le refroidissement.

604. La vapeur qui met une machine en mouvement peut être employée à une pression plus élevée que la simple pression atmosphérique ; la condensation de la vapeur n'est plus alors une condition nécessaire au jeu de la machine. Les machines à *haute pression* sont quelquefois préférables aux machines à basse pression ; dans certaines circonstances même, on est obligé d'employer uniquement les premières, parce qu'elles offrent l'avantage d'occuper le plus petit volume possible et de ne pas exiger une grande quantité d'eau froide pour la condensation de la vapeur ; elles sont donc préférées dans les localités où beaucoup d'établissements industriels et d'habitations particulières ne permettent à chaque établissement de prendre qu'un espace peu développé ; dans l'intérieur des mines, où l'on ne peut ordinairement disposer que d'un espace très-limité, il ne serait pas possible d'employer d'autre système. Pour les locomotives des chemins de fer, les machines à haute pression paraissent aussi offrir une économie considérable sur le combustible. — Les machines à haute et moyenne pression sont aussi quelquefois munies d'un appareil à condensation. Dans ce cas, au lieu de se composer d'un seul cylindre et d'un seul piston, comme les machines de Watt, elles présentent ordinairement deux cylindres pouvant être mis en communication l'un avec l'autre. Le premier cylindre, d'un diamètre plus petit que le second, reçoit la vapeur à haute pression : cette vapeur produit son effet en se détendant et sort de ce cylindre à une pression d'environ une atmosphère ; mais au lieu de la laisser sortir librement dans l'air, on la fait passer dans le second cylindre, composé comme celui de la machine de Watt et muni d'une condensation, elle agit de nouveau comme de la vapeur à basse pression : ces machines sont dites *à détente*. La disposition des cylindres et des pistons est telle que ces derniers se meuvent ensemble et agissent simultanément sur le même balancier qui met la machine en mouvement. — Les machines à haute pression présentent cependant un inconvénient, c'est qu'elles exigent plus d'entretien que les machines à basse pression. Les parties essentielles s'usent plus promptement que dans les machines à basse pression.

605. La force qui produit le travail dans une machine à vapeur dépend de la pression ou de la température de la vapeur et des dimensions du piston. Lors de l'invention de la machine à vapeur, on avait l'habitude de comparer toutes les forces motrices à celle que peut produire un cheval. On prenait pour unité de force le poids qu'un cheval pourrait élever dans un temps déterminé à une certaine hauteur. Il est

facile de reconnaître que cette unité est mal déterminée, car la force et la vitesse des chevaux peuvent varier suivant la taille de ces animaux et par une foule d'autres circonstances. Mais pour ne laisser rien d'incertain sur un point d'une telle importance dans l'industrie, on admet que la force d'un cheval est capable d'élever par seconde à un mètre de hauteur un poids de 70 kilogrammes. C'est de cette donnée que l'on doit partir pour se faire une idée de la force d'une machine à vapeur de la force de 1, de 2, de 3.... chevaux.

De quelques phénomènes de météorologie.

606. Nous avons déjà dit que l'atmosphère qui entoure notre globe se compose essentiellement d'environ 79 centièmes d'azote et de 21 centièmes d'oxygène, et en outre d'une petite quantité de gaz acide carbonique ; mais outre ces éléments, qui paraissent à peu près constants dans leurs proportions, l'atmosphère contient une quantité variable de vapeur aqueuse, Cette eau joue un rôle très-important dans la vie des plantes et des animaux. La sécheresse et l'humidité de l'air ont la plus grande influence dans le développement des maladies. Il n'est donc pas étonnant que l'attention des physiciens se soit portée à chercher les moyens de déterminer à chaque instant l'état d'humidité de l'atmosphère ; ces recherches ont donné naissance à une branche de la physique qui porte le nom d'*hygrométrie*, et l'on donne le nom d'*hygromètres* aux instruments qui sont employés à mesurer l'humidité de l'air.

607. L'influence que la vapeur d'eau répandue dans l'air exerce sur les différents phénomènes de la vie des plantes ou des animaux, ne dépend pas de la quantité absolue ni du poids de cette vapeur contenue dans un volume donné d'air, mais de la tension de cette vapeur relativement à sa tension maximum pour le degré actuel du thermomètre ; ce qu'il importe donc de déterminer, c'est surtout le rapport entre la tension de la vapeur d'eau existant dans l'air et la tension maximum de la vapeur à la même température : c'est à ce rapport que l'on donne le nom d'*état hygrométrique* de l'atmosphère.

608. Les anciens météorologistes se servaient pour leurs recherches hygrométriques d'instruments fondés sur ce principe : une multitude de corps éprouvent une augmentation ou une diminution de volume, suivant qu'ils sont placés dans un air plus ou moins humide. Par exemple, l'eau, en s'introduisant dans l'intérieur des cordes faites de fibres tortillées et situées obliquement, produit entre ces fibres un écartement qui fait gonfler la corde, et par une suite nécessaire la raccourcit. Les fils tors dont on fabrique les toiles peuvent être considérés comme de petites cordes qui éprouvent de même un raccourcissement par l'action de l'humidité, ce qui fait que les toiles, surtout lorsqu'on les mouille pour la première fois, se retirent dans les deux sens où leurs fils se croisent; au contraire, le papier, qui n'est qu'un assemblage de filaments très-déliés, très-courts et disposés irrégulièrement dans toutes sortes de directions, s'allonge dans toutes les dimensions de sa surface à mesure que l'eau, en s'insinuant dans les intervalles de ces mêmes filaments, agit pour les écarter en allant du milieu vers les bords.

Hygromètre de Saussure.

609. Le premier instrument fondé sur ces principes, et susceptible de fournir des résultats exacts et comparables, est dû au célèbre Saussure. La pièce principale de cet hygromètre est un cheveu, auquel Saussure fait d'abord subir une préparation dont le but est de le dépouiller d'une espèce d'onctuosité qui lui est naturelle, et qui le garantirait jusqu'à un certain point de l'action de l'humidité. Cette préparation se fait en même temps sur un certain nombre de cheveux formant une touffe dont l'épaisseur ne doit pas excéder celle d'une plume à écrire, et renfermés dans une toile fine qui leur sert d'étui. On plonge les cheveux ainsi enveloppés dans un matras à long col rempli d'eau, qui tient en dissolution à peu près un centième de son poids de sulfate de soude, et l'on fait bouillir cette eau pendant une demi-heure; on passe ensuite à deux reprises les cheveux dans l'eau pure, pendant qu'elle est aussi en ébullition; on les retire de leur enveloppe et on les sépare, puis on les suspend pour les faire sécher à l'air ; après quoi il ne reste plus qu'à faire un choix de ceux qui, étant plus nets, plus doux, plus brillants et

plus transparents, méritent d'être employés de préférence.

610. On sait que l'humidité allonge le cheveu et que le desséchement le raccourcit. Pour rendre l'un et l'autre effet plus sensible, Saussure attache un des deux bouts du cheveu à un point fixe et l'autre à la circonférence d'un petit cylindre mobile, qui porte à l'une de ses extrémités une aiguille légère. Le cheveu est bandé par un contrepoids de 16 centigrammes suspendu à une soie déliée, qui est roulée en sens contraire autour du même cylindre. A mesure que le cheveu s'allonge ou se raccourcit, il fait tourner le cylindre dans un sens ou dans l'autre, et, par une suite nécessaire, la petite aiguille, dont les mouvements se mesurent sur la circonférence d'un cercle gradué, autour duquel l'aiguille fait sa révolution comme dans les cadrans ordinaires. De cette manière, une variation très-petite dans la longueur du cheveu devient sensible par le mouvement beaucoup plus considérable qu'elle occasionne dans l'extrémité de l'aiguille; et l'on conçoit aisément qu'à des degrés égaux d'allongement ou de raccourcissement dans le cheveu, répondent des arcs égaux perçus par l'aiguille.

611. Pour donner à l'échelle une base qui puisse mettre en rapport tous les hygromètres construits d'après les mêmes principes, Saussure prend deux termes fixes, dont l'un est l'extrême de l'humidité et l'autre celui de la sécheresse; il détermine le premier en plaçant l'hygromètre dans un récipient de verre, dont il a mouillé exactement avec l'eau toute la surface intérieure; l'air, en se saturant de cette eau, agit par son humidité sur le cheveu pour l'allonger. On humecte de nouveau l'intérieur du récipient autant de fois qu'il est nécessaire; et l'on reconnaît que le terme de l'humidité extrême est arrivé, lorsque, par un séjour plus long dans le récipient, le cheveu cesse de s'étendre.

612. Pour obtenir le terme de l'extrême sécheresse, le même physicien se sert d'un récipient chaud et bien desséché sous lequel il renferme l'hygromètre, avec un morceau de tôle pareillement échauffé et couvert d'alcali fixe. Ce sel, en exerçant sa faculté absorbante sur ce qui reste d'humidité dans l'air environnant, détermine le cheveu à se raccourcir jusqu'à ce qu'il ait atteint le dernier terme de sa contraction. Ce terme n'est pas éloigné de celui qui répond à un parfait desséchement, en sorte que l'on peut regarder comme inappréciable la petite quantité d'humidité qui pourrait rester encore dans le cheveu; et comme, d'une autre part, le plus grand allongement du cheveu est déterminé par la plus grande quantité possible d'humidité dont il puisse se charger, il en résulte que les deux points fixes de l'hygromètre répondent sensiblement à deux états absolus; en quoi cet instrument diffère du thermomètre, dont les deux termes fixes consistent dans deux limites prises au milieu d'une série de termes qui s'étend indéfiniment au-dessus et au-dessous de ces limites. — L'échelle de l'instrument est divisée en cent degrés. Le zéro indique le terme de l'extrême sécheresse, et le nombre 100 celui de l'humidité extrême. L'inventeur a senti les avantages de la division décimale pour la facilité des calculs et n'a pas balancé à l'adopter.

Hygromètre de Deluc.

613. Les nombreux travaux de Deluc sur l'hygrométrie, dont une grande partie ont concouru avec ceux de Saussure, ont été exécutés à l'aide d'un instrument qui diffère par sa pièce essentielle de celui que nous venons de décrire; et cette diversité dans les moyens d'interroger l'expérience sur un point de physique si délicat, a été pour les inventeurs l'occasion d'une rivalité qui a fait naître entre eux des discussions intéressantes (1). Le physicien anglais emploie pour la construction de ses hygromètres une bandelette très-mince de baleine, qui fait le même office que le cheveu dans l'hygromètre de Saussure. Il maintient cette bandelette tendue au moyen d'un ressort, dont il préfère l'action à celle d'un poids; il détermine le degré d'humidité extrême en plongeant la bandelette de baleine tout à fait dans l'eau; et pour fixer la limite opposée, qui est celle de l'extrême sécheresse, il se sert de chaux calcinée, qu'il renferme avec l'hygromètre sous une cloche de verre. Le choix de cette substance est fondé sur ce que la calcination l'ayant amenée au plus haut degré de sécheresse, si on

(1) Voyez le Journal de physique, 1788, t. XXXII, p. 24, 98 et 132.

la laisse ensuite refroidir jusqu'au point de pouvoir être placée sans inconvénient sous la cloche de verre destinée à l'expérience, elle se trouvera encore sensiblement dans le même état de sécheresse, parce qu'elle est très-lente à reprendre de l'humidité; et ainsi toute sa faculté absorbante sera employée à dessécher peu à peu l'air renfermé sous le récipient, et à faire passer l'hygromètre lui-même à un état qui se rapprochera le plus qu'il est possible de l'extrême sécheresse.

614. Les instruments que nous venons de décrire, placés dans un air plus ou moins humide, donneront des indications généralement en rapport avec le degré d'humidité, c'est-à-dire que plus l'air sera humide, plus l'aiguille s'avancera vers le nombre 100 de l'échelle; et lorsque le même instrument, ou des instruments construits dans les mêmes conditions, indiqueront des degrés égaux, on pourra en conclure qu'ils se trouvent dans un air chargé de la même quantité d'humidité, pourvu que la température soit la même. Mais il faudrait bien se garder de croire que les degrés indiqués par l'hygromètre sont proportionnels à l'humidité de l'air : de ce que l'hygromètre indique 80 degrés, par exemple il ne faut pas en conclure que l'air contient les 80 centièmes de la vapeur nécessaire à sa saturation, ou que la tension de la vapeur actuellement répandue dans l'air est égale aux 80 centièmes de la tension maximum à la même température. Le degré de l'hygromètre n'indique donc pas ce que nous avons entendu par *état hygrométrique* de l'air : Saussure s'en était lui même aperçu, il avait fait des recherches à ce sujet (Essai sur l'hygrométrie, nos 86 et suiv.).

615. Plusieurs physiciens modernes, entre autres MM. Gay-Lussac et August. ont déterminé par des expériences directes la tension de la vapeur de l'air correspondant à chaque degré de l'hygromètre. Voici les nombres qu'ils ont trouvés :

DEGRÉS de l'hygromètre.	HUMIDITÉ CORRESPONDANTE d'après Gay-Lussac.	D'APRÈS AUGUST.
100	100,0	100
95	89,1	94
90	79,1	86
85	69,6	79
80	61,2	71
75	53,8	64
70	47,2	56
65	41,4	48
60	36,3	41
55	31.8	36
50	27,8	31
45	24,1	27
40	20,8	23
35	17,7	19
30	14,8	16
25	12,0	13
20	9,4	10
15	7,0	7
10	4,6	4
5	2,2	2
0	0	0

Hygromètre de Daniell.

616. Cet instrument se compose d'un tube en verre d'environ un centimètre de diamètre; les deux extrémités sont recourbées en bas et se terminent par une grosse boule de verre, l'une de ces boules est en verre bleu et contient dans son intérieur un petit thermomètre très-sensible; l'autre boule, en verre ordinaire, est enveloppée d'un linge fin. Avant de fermer la seconde boule, on introduit dans l'appareil de l'éther sulfurique, que l'on fait bouillir pour chasser l'air; puis on ferme l'ouverture à la lampe, en laissant dans l'instrument autant d'éther qu'il en faut pour remplir à moitié l'une des deux boules. Un second thermomètre, placé sur le pied qui supporte l'appareil, indique la température de l'air environnant. — Pour obtenir au moyen de cet appareil le degré hygrométrique de l'air, on fait passer tout l'éther dans la boule bleue, puis on verse sur le linge qui enveloppe l'autre boule de l'éther goutte à goutte : ce liquide, s'évaporant promptement à l'air, produit un refroidissement considérable dans la boule où viennent se condenser les vapeurs de l'éther intérieur; il en résulte dans la boule bleue une seconde évaporation qui y produit un abaissement de température indiqué par le petit thermomètre; il arrive bientôt un terme où la boule bleue se recouvre d'une légère rosée, et c'est afin de saisir plus facilement cet instant que l'on emploie le verre de couleur dans cette partie de l'instrument. Le dépôt de cette couche humide à la surface de la boule est dû à ce que la couche d'air en contact est arrivée par le refroidissement à son point de saturation; et l'abaissement de température continuant, la vapeur se condense sur le corps froid. Il s'agit donc d'observer exactement la température du thermomètre intérieur au moment où la boule se ternit : c'est ce degré que l'on appelle le *point de rosée*. Pour que le résultat soit rigoureux, il faut faire en sorte que l'abaissement de température se fasse très-lentement dans le voisinage du point de rosée, afin que le degré indiqué par le thermomètre soit réellement la température de la boule. Ainsi, par un temps humide, on versera peu d'éther à la fois, et l'on recommencera plusieurs fois l'expérience en ayant soin de laisser l'instrument se réchauffer entre chaque observation.

617. Le point de rosée fait connaître la tension de la vapeur dans l'air; on pourrait en déduire la quantité absolue d'eau que contient un mètre cube d'air, en partant de la densité correspondant à la même température, densité que nous avons donnée plus haut. Si l'on veut au contraire connaître l'état hygrométrique de l'air, il faudra diviser la tension de la vapeur correspondant au point de rosée par la tension maximum correspondant à la température actuelle de l'air.

618. Pour rendre cette explication plus claire, faisons-en une application à un exemple. Supposons que le point de rosée ait été trouvé de 10 degrés, cela nous indique que la tension de la vapeur dans l'air est de 9 millim. 165 d'après les tables de M. Regnault, et que sa densité est de 0,00000974 d'après la table donnée plus haut. Par conséquent, un mètre cube d'air contient 9 gram. 74 de vapeur d'eau : voilà la quantité absolue de vapeur que contient l'air. Supposons maintenant que la température de l'atmosphère soit de 22 degrés; nous trouvons dans les tables de M. Regnault, pour la tension maximum correspondant à cette température, 19 millimètres 659 : l'état hygrométrique de l'air sera $\frac{9.165}{19.659} = 0,46...$ c'est-à-dire, en d'autres termes, que l'air contient au moment de l'expérience environ 46 pour 100 de la quantité de vapeur qu'il contiendrait s'il était à l'état de saturation.

Hygromètre d'absorption.

619. On peut encore déterminer l'état hygrométrique de l'atmosphère par le procédé suivant, qui donne immédiatement le poids de vapeur d'eau que contient un volume donné d'air. Supposons que l'on prenne un vase fermé, plein d'eau, contenant par exemple 100 litres; à la partie inférieure se trouvera un robinet par lequel on pourra faire écouler l'eau; à la partie supérieure se trouvera adapté un tube dont l'autre extrémité se trouvera mise en communication avec un tube rempli de ponce calcinée et imbibée d'acide sulfurique concentré; puis à la suite de ce tube se trouvera un second tube semblable dont le poids aura été déterminé avec soin. Lorsque l'on viendra à ouvrir le robinet, l'eau en montant forcera l'air à rentrer en traversant la ponce sulfuri-

que, et il déposera toute son humidité dans le premier tube ; le second tube de ponce sulfurique ne servira qu'à empêcher les vapeurs provenant du vase d'aller se condenser dans le tube le plus éloigné, et troubler ainsi les résultats de l'expérience. En pesant le tube de nouveau après que toute l'eau s'est écoulée, l'augmentation de poids donne le poids de la vapeur d'eau que contiennent 100 litres d'air. On divisera ce poids par le volume du vase aspirateur exprimé en centimètres cubes, afin d'avoir la densité de la vapeur répandue dans l'air ; puis on cherchera dans la table cette densité, et l'on prendra la tension et la température correspondantes. — Supposons, par exemple, que l'on ait trouvé que 100 litres d'air a la température de 24 degrés contiennent 1 gr. 16 de vapeur : il en résulte que la densité de cette vapeur est 0,0000116, et nous trouvons dans la table des densités que la température correspondant à cette densité est 13 degrés ; nous trouvons d'un autre côté, dans la table des tensions, que la tension correspondant à 13° est 11 millim. 162, et à 24° 22 millim. 184 : l'état hygrométrique de l'air sera donc $\frac{11.162}{22.184} = 0,50$.

Variation des conditions hygrométriques de l'atmosphère.

620. L'état hygrométrique de l'air dans les différents lieux de la terre aux différentes époques de l'année, et aux différentes heures du jour, ne peut être bien connu qu'à la suite de nombreuses observations. Il est à désirer que les physiciens portent leur attention vers cet objet. D'après les observations de M. Kaemtz, faites à Halle depuis 1831 à chaque heure de la journée, il paraît que le matin, vers le lever du soleil, la vapeur atteint son *minimum* pendant toute la durée de l'année ; mais à cause de l'abaissement de température qui a lieu vers la même heure, l'humidité relative, ou l'état hygrométrique de l'air, atteint son *maximum*. A mesure que le soleil s'élève sur l'horizon, l'évaporation augmente et l'air reçoit à chaque instant une plus grande quantité de vapeur. Mais comme l'air oppose un obstacle à la formation de cette vapeur, il s'éloigne toujours de plus en plus de son point de saturation, et l'humidité relative devient de plus en plus faible. Cette marche continue jusqu'au moment où la température atteint son maximum. En hiver, la quantité de vapeur augmente régulièrement jusque vers l'après-midi ; lorsque le thermomètre commence à baisser, la vapeur se condense en partie sur les corps froids, et la proportion de vapeur diminue jusqu'au lendemain matin, tandis que, par suite de cet abaissement de la température, l'air devient relativement plus humide.

621. En été, les choses se passent tout autrement : alors la quantite absolue de vapeur augmente également le matin ; mais avant midi il y a déjà un maximum qui, dans les différents mois, vient tantôt plus tôt, tantôt plus tard. Ensuite la quantité absolue de vapeur diminue jusqu'au moment de la température la plus forte de la journée, sans cependant atteindre un minimum aussi bas que celui du matin. Comme la température s'élève pendant tout cet espace de temps, il va sans dire que l'air s'éloigne toujours de plus en plus du point de saturation. Après avoir atteint son minimum, la quantité de vapeur augmente de nouveau assez régulièrement jusqu'au lendemain matin, tandis que relativement l'air devient de plus en plus humide. Mais ces résultats ayant été obtenus dans un seul lieu, ne peuvent être admis comme la loi générale que suit l'humidité de l'atmosphère dans tous les lieux de la terre.

622. Il est certain, par exemple, que la quantité de vapeur d'eau contenue dans l'air va en diminuant avec la chaleur depuis l'équateur jusqu'au pôle ; mais il ne paraît pas que l'humidité relative se comporte de la même manière dans tous les lieux qui ont la même latitude. Le voisinage des lacs, des grands fleuves, des mers, apporte nécessairement de grandes variations dans l'état hygrométrique de l'air ; la direction des vents, l'élévation du sol au dessus du niveau de la mer, ont aussi une influence marquée sur l'humidité de l'atmosphère. Nous sommes porté à admettre qu'en pleine mer l'air est constamment saturé de vapeur : car, en plaçant sous un récipient de l'eau pure ou contenant en petite quantité des sels ou des acides, nous trouvons qu'après un temps suffisant l'air du récipient s'est complétement saturé de vapeur aqueuse. Il suit de là que l'état hygrométrique de l'air est le plus grand possible sur les côtes, et qu'il diminue à mesure que l'on s'a-

vance dans l'intérieur des terres. Nous trouvons la preuve de ce fait dans l'intérieur des Etats-Unis d'Amérique, dans les déserts de l'intérieur de l'Afrique et de l'Asie, dans le centre de la Nouvelle-Hollande, où l'air est constamment très-sec.

623. Saussure et Deluc, et après eux M. de Humboldt, avaient admis, d'après leurs propres observations, que l'air était d'autant plus sec que l'on s'élevait davantage au-dessus du niveau de la mer. Mais M. Kaemts pense que cette loi n'est pas générale, et que si l'on observe souvent, au sommet des Alpes par exemple, une grande sécheresse de l'air qui se manifeste par la vaporisation de la neige, il n'est pas rare aussi de voir ces mêmes montagnes entourées d'un brouillard très-épais, tandis que dans la plaine l'hygromètre se tient loin du point de saturation.

De la rosée.

624. Pendant long-temps on a ignoré la véritable cause qui fait que pendant les nuits calmes et sereines les plantes et les différents corps qui se trouvent à la surface de la terre, se recouvrent de gouttelettes d'eau auxquelles on donne le nom de *rosée*. C'est au docteur Wells, savant physicien anglais, que l'on est redevable d'une théorie qui ramène toutes les circonstances du phénomène à une explication non moins ingénieuse que satisfaisante. Ce savant a été conduit par une suite d'expériences faites avec beaucoup de soin à reconnaître les faits suivants : 1° L'apparition de la rosée sur les plantes, par exemple, est précédée d'un abaissement considérable de la température de ces corps au-dessous de celle de l'air environnant. Ainsi, Wells a constaté par un grand nombre d'expériences que la température d'un corps à la surface de la terre, dans les circonstances les plus favorables à la formation de la rosée, s'abaissait de 10 ou 12 degrés au-dessous de celle de l'air ambiant. 2° La rosée se forme principalement pendant les nuits calmes et sereines; un vent même léger, l'apparition d'un nuage empêchent sa formation, et la font même disparaître très-promptement lorsqu'elle est déjà formée. Nous devons dire ici qu'on ne doit pas confondre avec la rosée l'eau que les brouillards déposent en gouttelettes sur les corps terrestres. 3° La rosée se dépose de préférence sur les corps non garantis par un abri. Ainsi, les corps placés en rase campagne se couvrent généralement d'une grande quantité de rosée, tandis que dans l'intérieur des villes sa formation est à peu près nulle. Wells a fait à ce sujet une expérience qui ne laisse aucun doute : ayant pris deux flocons de laine de même poids et de mêmes dimensions, il les plaça, l'un à l'air libre découvert de tous côtés, l'autre au fond d'un vase cylindrique de 7 décimètres de hauteur, présentant une ouverture de 3 décimètres de diamètre; ce dernier flocon se chargea d'une quantité de rosée beaucoup moindre que le premier. 4° Tous les corps ne se couvrent pas d'une égale quantité de rosée : les corps mauvais conducteurs du calorique et ayant un pouvoir rayonnant considérable, tels que les plantes, se couvrent d'une rosée abondante, tandis que les corps bons conducteurs rayonnant peu de calorique, tels que les métaux polis, n'ont presque aucune aptitude à se charger de rosée. 5° Enfin, la rosée se dépose pendant toute la nuit, et non pas seulement le soir et le matin, ainsi que les anciens philosophes l'admettaient.

625. De ces observations, Wells tire la conséquence que la véritable cause de la rosée est le rayonnement du calorique. Les corps terrestres, tels que les plantes, exposés dans un lieu découvert rayonnent du calorique dans toutes les directions; ce rayonnement se fait aux dépens de leur température, parce qu'à cause de leur peu d'aptitude à conduire le calorique, ils ne peuvent en puiser que lentement au sol et n'en reçoivent qu'une très-faible quantité de la part de l'air; il en résulte donc un abaissement rapide dans leur température. La couche d'air en contact avec le corps froid atteint bientôt son maximum de saturation, et la vapeur d'eau se condense comme cela arrive sur la boule de l'hygromètre de Daniell. Mais si le ciel, au lieu d'être serein, est couvert de nuages, ces nuages envoient aux corps terrestres des rayons de calorique qui empêchent l'abaissement de température d'avoir lieu, et la rosée ne se dépose plus; s'il fait un peu de vent, l'air en contact avec les corps terrestres se trouve à chaque instant renouvelé et n'atteint pas la température correspondant à son point de saturation. Les écrans, les abris de toute espèce produisent le

même effet que les nuages en s'opposant au rayonnement, et en envoyant eux-mêmes des rayons de calorique. Les corps bons conducteurs et d'un faible pouvoir rayonnant conservent la température des corps environnants et ne se recouvrent pas sensiblement de rosée. Cette explication de la formation de la rosée rend compte de tous les phénomènes observés.

De la gelée blanche.

626. La gelée blanche ou le givre se forme par la même cause que la rosée. Lorsque la température des corps terrestres se trouve, par le rayonnement nocturne, abaissée de plusieurs degrés au-dessous de zéro, la rosée en se déposant passe à l'état solide et donne lieu à la formation de ces beaux cristaux qui constituent le givre. Ce phénomène se produisant surtout vers le printemps, au moment où beaucoup de végétaux commencent à se développer, cause un tort considérable à l'agriculture et à l'horticulture; les jeunes bourgeons se trouvent comme brûlés par l'action de la gelée. On prévient ces accidents en entourant ces plantes d'écrans de toile ou de paille, ou en produisant au-dessus des vergers des nuages factices par la combustion de paille humide ou de tout autre corps produisant une abondante fumée.

Vapeur vésiculaire.

627. Tant que la vapeur d'eau répandue dans l'air ne dépasse pas la quantité que ce fluide est susceptible d'en admettre, elle est maintenue à l'état gazeux et laisse à l'atmosphère toute sa transparence; mais quand, par suite de son abondance, elle vient à dépasser son point de tension maximum, elle trouble la transparence de l'air, devient en quelque sorte visible et forme ce qu'on appelle en général un *brouillard*. Au moment où cette transformation de la vapeur aqueuse a lieu, on peut l'observer avec une loupe, et on voit facilement qu'elle se compose alors d'une multitude de petites sphères blanches que l'on a désignées par le nom de *vésicules*, et qui ont fourni au célèbre Saussure le sujet d'un travail intéressant dont il a consigné les résultats dans son Essai sur l'hygrométrie. Le nom donné à ces sphérules paraît indiquer qu'elles sont creuses; cependant quelques météorologistes ont pensé le contraire. Il est probable qu'elles sont entremêlées, c'est-à-dire que le plus grand nombre sont creuses et que quelques-unes sont pleines. Les expériences de Saussure et de Kratzenstein rendent cette dernière opinion très-vraisemblable : exposez aux rayons du soleil ou à un grand jour, dans un lieu où l'air est calme, un vase rempli d'un liquide très-chaud, d'une couleur noire ou très-obscure, tel que du café ou de l'eau mêlée d'un peu d'encre, vous verrez sortir de cette eau une fumée plus ou moins épaisse qui, après s'être élevée jusqu'à une certaine hauteur, finira par disparaître. Si on l'observe à travers la loupe, on reconnaît facilement qu'elle se compose de grains arrondis d'une grosseur variée, les plus petits traversent rapidement le champ du verre grossissant, les autres retombent à la surface du liquide. Saussure ajoute que les vésicules qui s'élèvent diffèrent tellement de celles qui retombent, qu'il est impossible de douter que les premières soient creuses.

628. Saussure et Kratzenstein avaient essayé l'un et l'autre de mesurer au microscope le diamètre des vésicules de cette vapeur; mais ils n'étaient arrivés à aucun résultat satisfaisant. Nous aurons dans la suite occasion d'exposer quelques phénomènes d'optique qui se passent lorsque le soleil luit à travers un brouillard ou un nuage, et qui nous fournissent un moyen d'arriver à déterminer la grosseur de ces vésicules. Nous indiquerons ici les nombres trouvés par M. Kaemtz pour la grosseur des vésicules du brouillard dans les différents mois de l'année, et desquels il résulte que ces vésicules sont plus grosses en hiver que dans l'été :

Janvier	0mm,	02752
Février	0	03498
Mars.	0	01997
Avril	0	01917
Mai	0	01560
Juin.	0	01798
Juillet.	0	01695
Août.	0	01402
Septembre. . .	0	02244
Octobre. . . .	0	02039
Novembre. . .	0	02454
Décembre. . .	0	03490

Des nuages.

629. Lorsque la vapeur de l'atmosphère se transforme en vapeur vésicu-

laire à une certaine hauteur et qu'elle s'agglomère en restant stationnaire, elle constitue les *nuages*. La forme, l'apparence et la disposition des nuages paraissent si variées qu'il semble difficile d'établir entre eux une classification; cependant Howard les a ramenés à trois types principaux : les *cirrus*, les *cumulus* et les *stratus*. Les *cirrus* se composent de filaments déliés dont l'ensemble présente l'aspect tantôt d'un pinceau, tantôt de cheveux crépus, tantôt d'un réseau délié : ces nuages sont appelés *queue de chat* par les marins. — Les *cumulus*, ou nuages d'été, se montrent ordinairement sous forme de demi-spire reposant sur une base horizontale. Quelquefois ces nuages s'entassent les uns sur les autres et forment à l'horizon des groupes considérables ressemblant de loin à d'immenses montagnes couvertes de neige. — Les *stratus* se composent de bandes horizontales qui se forment ordinairement au coucher du soleil pour disparaître à son lever. Lorsque ces nuages sont bien caractérisés, il est facile de les distinguer les uns des autres; mais il arrive souvent qu'ils passent d'un état à un autre, et il devient alors difficile de les dénommer d'une manière certaine.

630. La distinction des différentes sortes de nuages et leur classification ne sont pas une chose oiseuse comme on pourrait le croire au premier abord, car l'état actuel du ciel, l'aspect des nuages, dépendent de modifications atmosphériques antérieures et fournissent des indications précieuses sur les changements de temps à venir. Ces changements sont soumis à des lois qui nous sont inconnues, mais nous ne pouvons admettre qu'aucun phénomène se produise dans la nature par l'effet du hasard : c'est donc en étudiant avec persévérance toutes les transformations du ciel, en en tenant un état détaillé, que nous pouvons espérer de faire quelques pas de plus dans l'explication de ces anomalies apparentes qui nous étonnent.

Causes de la suspension des nuages dans l'atmosphère.

631. Le fait de la suspension des nuages dans l'atmosphère a de tout temps étonné les hommes. On ne comprend pas comment ces masses immenses, qui se résolvent en torrents de pluie, peuvent rester immobiles au milieu de l'air. Différentes hypothèses ont été émises dans le but d'expliquer ce phénomène : on avait supposé d'abord que les vésicules qui constituent les nuages étaient remplies d'un gaz moins dense que l'air atmosphérique, et que chacun de ces petits corps se trouvait dans le cas d'un aérostat rempli d'hydrogène; mais l'analyse chimique est venue détruire cette explication en montrant qu'il n'existait dans les nuages aucun gaz différent de l'air ordinaire. Saussure avait pensé que chaque vésicule étant remplie d'air, cet air devait être saturé de vapeur d'eau; or, comme le poids spécifique de l'eau n'est que de 5/8 de celui de l'air dans les mêmes circonstances de température et de pression, il en résulterait que le fluide qui remplit ces vésicules est moins dense que l'air sec. Mais si l'air intérieur se trouve dans des conditions qui doivent le faire supposer saturé de vapeur aqueuse, il en est de même de l'air extérieur dans lequel flotte le nuage : l'explication de Saussure ne semble donc pas encore satisfaisante.

632. Fresnel avait donné du même phénomène une explication qui semble plus satisfaisante. Il admettait que l'air interposé entre les vésicules d'un nuage se trouvait retenu par une sorte d'action capillaire, de manière à former avec toute la vapeur vésiculaire comme un même ensemble flottant au milieu de l'air environnant; les rayons solaires rencontrant un nuage ont plus d'action pour échauffer cette masse qu'ils n'en ont sur une même quantité d'air parfaitement transparent dans lequel il ne se fait aucune réflexion; il en résulterait donc que le nuage se trouverait dans le même cas que les montgolfières dans lesquelles on produit une dilatation de l'air au moyen d'un foyer de chaleur.

633. Enfin M. Saigey a proposé une nouvelle explication qui paraît aussi très-admissible : les vésicules des nuages sont réellement plus denses que l'air, elles tendent donc à toucher à la surface de la terre; mais dans leur chute elles rencontrent bientôt une couche d'air plus chaud que celui dans lequel se trouve le nuage; elles se transforment alors en vapeur proprement dite, qui remonte vers la région supérieure du nuage, où elle se transforme de nouveau en vésicule, parce qu'elle rencontre de l'air à l'état de saturation; les nuages resteront donc suspendus au même point

de l'atmosphère en vertu de cette espèce d'équilibre *mobile*.

Hauteur des nuages dans l'atmosphère.

634. Les nuages nous paraissent distribués dans l'atmosphère à des hauteurs différentes, et, d'après les observations de plusieurs météorologistes, nous devons admettre qu'il existe des nuages jusqu'à environ 12000 mètres au-dessus de la surface de la terre. De la cime du Mont-Blanc on aperçoit des nuages qui paraissent encore aussi élevés que ceux que l'on voit de la plaine, et M. Gay-Lussac, dans sa célèbre ascension aérostatique à 7000 mètres de hauteur, voyait encore au dessus de sa tête des nuages à une distance qu'il n'évaluait pas à moins de 5000 mètres; il paraît toutefois que c'est à une hauteur d'à peu près 3000 mètres que se forme la plus grande partie des nuages.

De la pluie et de la neige.

635. Toutes les fois que le refroidissement d'une partie de l'atmosphère est assez considérable, la vapeur aqueuse, après avoir pris la forme vésiculaire, passe tout à fait à l'état liquide, et se précipite à la surface de la terre en produisant la *pluie*. Et si l'abaissement de température est assez considérable, chaque goutte d'eau se congèle, tombe à l'état solide et produit la *neige* (la formation de la grêle est due à un phénomène d'un autre ordre, dont il sera parlé dans la partie de cet ouvrage qui traite de l'électricité). La détermination de la quantité de pluie qui tombe à la surface de la terre dans les différents climats est de la plus grande importance pour l'agriculture, pour la direction, l'augmentation et la diminution des fleuves et des fontaines, etc. Un grand nombre d'observations ont donc été dirigées vers ce but. Plusieurs instruments ont été imaginés pour mesurer la quantité de pluie qui tombe dans un lieu, on leur donne le nom de pluviomètre.

636. Le *pluviomètre* se compose généralement d'un vase cylindrique de 20 centimètres à peu près de diamètre et de 30 centimètres de hauteur, ouvert à la partie supérieure, et terminé à la partie inférieure par un tube recourbé dont la portion qui se relève verticalement est en verre et graduée en millimètres et centimètres. On place ordinairement dans le vase cylindrique, vers la moitié de sa hauteur, un diaphragme en forme d'entonnoir, destiné à empêcher l'évaporation de l'eau tombée dans l'appareil. La simple observation de la hauteur de l'eau dans le tube recourbé indique la quantité de pluie tombée dans chaque averse. Il faut, toutefois, avoir égard à la quantité d'eau employée à mouiller les parois du pluviomètre et à celle qui se perd par l'évaporation ; ces quantités ne sont pas à négliger dans nos climats, où la quantité de pluie est en général assez faible.

637. La quantité de pluie qui tombe à la surface de la terre va généralement en augmentant du pôle vers l'équateur ; mais cette quantité dépend aussi beaucoup de la température moyenne qui règne en chaque lieu, du voisinage des montagnes, des grands fleuves, des lacs, des mers. Les observations faites à Paris indiquent que la quantité de pluie qui tombe annuellement pourrait couvrir le sol d'une couche d'eau de 564 millimètres qui se répartissent ainsi entre les quatre saisons :

Pendant l'été.	161
Pendant l'automne, ...	122
Pendant l'hiver.	107
Pendant le printemps. . . .	174

On trouve toutes choses égales d'ailleurs que la quantité de pluie diminue à mesure que l'on s'éloigne des bords de la mer ; ainsi, sur les côtes de France et de Hollande, la quantité de pluie est environ de 68 centimètres, tandis qu'elle n'est moyennement que de 65 centimètres dans l'intérieur de ces pays, et de 54 centimètres dans les plaines de l'Allemagne. Mais les accidents du terrain, le voisinage des montagnes ou des fleuves augmentent d'une manière sensible la quantité moyenne de pluie qui tombe en certains lieux ; ainsi, à Bordeaux, on trouve pour cette moyenne 657 millim.; à La Rochelle, 654 millim., et à Strasbourg 691 millim.; à Mulhouse 768 millim.

638. Un fait très-remarquable, c'est que les quantités de pluie qui tombent à diverses hauteurs dans un même lieu sont très-différentes; deux pluviomètres, établis à l'Observatoire de Paris à 28 mètres de distance verticale l'un de l'autre, donnent des résultats très différents; la quantité d'eau recueillie par l'appareil inférieur est beaucoup plus grande

que celle de l'appareil supérieur. On peut expliquer ce fait par la condensation de la vapeur que rencontrent les gouttes d'eau depuis la station supérieure jusqu'à la station inférieure. Cependant la quantité de pluie ou de neige qui tombe sur le sommet des hautes montagnes est souvent plus considérable que celle qui tombe dans la plaine; c'est qu'alors l'air étant à une température plus élevée dans la région inférieure, les gouttes d'eau qui s'étaient formées à la hauteur de la montagne s'évaporent à mesure qu'elles tombent; et il n'est pas rare même de voir des averses considérables, tombant d'un nuage à l'horizon, et de remarquer très-distinctement que les bandes de pluie, qui se reconnaissent à leur couleur grise, n'atteignent pas la surface de la terre. Lorsque la température de l'air est à zéro ou un peu plus basse, il tombe en général de la neige, mais la quantité de neige diminue avec la température; car, plus le froid est intense, moins l'air contient de vapeur aqueuse; et il est rare de voir tomber de la neige en abondance à une température de — 20 degrés, et celle qui tombe à cette température se présente sous forme de petits grains et non de larges flocons.

639. Nous avons déjà eu occasion de parler de la figure des flocons de neige, et d'expliquer leur formation d'après les lois de la cristallisation des corps. Le navigateur anglais W. Scoresby, qui a fait dans les mer polaires un grand nombre de voyages, a donné de grands détails sur la forme des petits cristaux des flocons de neige. Il en a décrit de 96 formes différentes, et il paraît qu'il en existe encore un grand nombre qu'il n'a pas figurés; ces formes sont le plus généralement des combinaisons de figures hexaédriques. Et, dans cette immense variété de forme où l'on admire la puissance infinie de la nature dans des corps d'un si petit volume, les facettes des cristaux ne se coupent jamais à angle droit.

640. On observe souvent en hiver des gouttes de pluie gelées qui tombent ordinairement après un froid intense et continu, lorsque le vent du midi vient subitement réchauffer les régions supérieures de l'atmosphère. Ces gouttes de pluie se sont évidemment congelées lorsqu'elles étaient déjà liquides, et elles se composent uniquement de petits glaçons, on leur donne le nom de *verglas*. Le verglas annonce ordinairement le dégel.

641. M. de Humboldt et un grand nombre d'autres observateurs ont constaté que, par un ciel serein et un froid très-rigoureux, l'air présente souvent un grand nombre de particules brillantes, composées de petits flocons de neige dans lesquels se jouent les rayons du soleil; cette neige tombe quelquefois en telle abondance qu'elle recouvre complétement le sol. La formation de cette neige se fait aux dépens de la vapeur aqueuse qui s'élève de la terre, et elle n'a lieu que par un temps très-calme. Quelquefois aussi, bien que le ciel soit bleu au zénith, on observe de larges gouttes d'eau venant mouiller le sol, et même des averses considérables qui durent plusieurs minutes. Ce phénomène paraît dû à une perturbation subite des régions supérieures de l'atmosphère; les vents du nord produisant un refroidissement rapide dans l'air, la vapeur se trouve instantanément réduite à l'état liquide sans passer par l'état vésiculaire.

De l'origine des fontaines.

642. Pendant long-temps les physiciens ont été embarrassés pour donner l'explication d'un fait qui va nous paraître de la plus grande simplicité. On voyait les fleuves et les rivières couler continuellement de leurs sources vers la mer, et ces sources ne tarissaient pas. La mer recevait de toutes parts les tributs de ces différentes eaux, et la mer ne regorgeait pas. On en avait conclu qu'il fallait que les eaux retournassent de la mer aux fontaines, et que la nature eût ouvert entre les unes et les autres une communication non interrompue. Mais par quel chemin se faisait ce retour, où étaient les conduits qui reportaient les eaux de la mer aux sources des fleuves, comment perdaient-elles leur salure dans ce trajet, c'était là le point de la difficulté, et, pour la résoudre, on avait eu recours à différentes hypothèses plus spécieuses que solides. Les uns, adoptant l'idée de Descartes, croyaient que les eaux de la mer allaient, par des canaux souterrains, se rendre dans de grandes cavernes situées à la base des montagnes; qu'ensuite, au moyen de la chaleur qui régnait dans ces souterrains, elles se vaporisaient en se dépouillant de leurs sels, et après s'être élevées jus-

qu'aux parois supérieures de la cavité, s'y condensaient par le refroidissement, et ruisselaient à l'origine des fleuves et des rivières. C'était une véritable distillation, semblable à celle qui s'opère dans les laboratoires des chimistes. Selon les autres, les eaux de la mer, poussées par l'action du flux, s'introduisaient dans la terre par une multitude de fissures, où elles éprouvaient une filtration qui leur enlevait leur sel. Ces espèces de canaux, dont les ramifications s'étendaient de toutes parts, les conduisaient ainsi jusqu'aux endroits où elles formaient des sources par leur réunion.

643. En appréciant ces hypothèses d'après les idées d'une saine physique, on conçoit aisément qu'admettre dans la nature ces alambics et ces filtres, c'était lui prêter les moyens de notre art, et vouloir l'astreindre à le copier, elle qui est souvent pour lui un modele inimitable. On conjectura enfin qu'il ne fallait point chercher aux fontaines une autre origine que celle des pluies elles-mêmes, et voici ce que l'observation et la raison nous dictent également sur cet objet. L'eau, ainsi que nous l'avons vu, s'élève de toutes parts dans l'atmosphère par l'évaporation. Celle de la mer dépose son sel à mesure que ses molécules abandonnent sa surface pour se mêler à l'air. Une partie des rosées et des pluies qui proviennent de ces eaux tombe sur les sommets des montagnes. Les eaux s'infiltrent dans les terres qui recouvrent les montagnes, jusqu'à ce qu'elles rencontrent un lit imperméable pour elles, et de là elles vont sourdre aux différents endroits de la pente et du pied de la montagne, où le lit qui les a reçues se montre à découvert. Dans les montagnes primitives, les eaux coulent le long des pierres dures qui composent comme la charpente de ces grandes masses, et de leur réunion se forment les torrents. Les montagnes secondaires, dont la matière est plus tendre et comme spongieuse, laissent pénétrer les eaux à une plus grande profondeur, où elles les arrêtent par des couches d'argile dont ces eaux suivent la pente ; et c'est dans les joints des couches voisines que se trouvent les issues qui les répandent. Celles qui n'ont pas paru à la surface continuent de couler dans le sein de la terre, où l'homme va les chercher par les ouvertures des puits qu'il creuse à côté de ses habitations. Mais n'était-ce pas trop accorder à l'évaporation, que de supposer qu'elle pût fournir cette immense quantité d'eau nécessaire à l'entretien de tant de sources, surtout en y joignant celle qui est perdue pour les fleuves et les rivières, et qui sert de boisson aux animaux ou est absorbée par les plantes? Mariotte, dans son traité du mouvement des eaux, a le premier discuté cette question avec son exactitude ordinaire, en comparant la quantité d'eau de pluie qui tombe à Paris et aux environs, pendant le temps d'une année moyenne, avec celle qui passe dans le même temps sous le Pont-Royal ; et il résulte de ses observations et de ses calculs que ce qui tombe d'eau excède tellement la quantité qui suffit pour entretenir le cours des rivières et pour remplir les étangs, qu'il faut supposer que le reste soit employé avec une profusion pour ainsi dire excessive, aux besoins de la végétation et aux autres dépenses particulières. La solution de la difficulté semble fournir une objection en sens contraire. L'explication que nous venons de donner ramène ainsi la nature à sa simplicité ordinaire. L'air atmosphérique, par une seule action, donne sans cesse un libre accès entre ses molécules à celles des eaux répandues sur la surface du globe, et après leur avoir servi de véhicule, il les laisse précipiter çà et là, et les rend à tout ce qui les redemande, aux plaines et aux prairies qu'elles désaltèrent, aux sources des fleuves qu'elles alimentent et à l'Océan dont elles réparent les pertes.

Des vents et de leur cause.

644. Les changements qui interviennent dans la pesanteur spécifique et dans la force élastique de l'air, par des causes qui agissent inégalement sur ses différentes parties, donnent naissance aux *vents*, en déplaçant une portion de ce fluide et en lui communiquant un mouvement progressif. On a désigné les vents avec beaucoup de justesse en les appelant des *courants d'air*. L'intensité de la force où la vitesse du vent varie entre des limites très-étendues, depuis l'agitation légère qui produit le zéphyr jusqu'au mouvement impétueux d'où résultent les ouragans. D'après Kraaf, qui a fait à ce sujet des observations à Saint-Pétersbourg, la vitesse du vent dans les ouragans est de 35 à 39 mètres par seconde. On se contente

ordinairement d'indiquer la vitesse du vent d'après la sensation qu'il produit sur notre corps, par les expressions un peu vagues de *petite brise, jolie brise, brise fraîche, grand frais* et *tempête*. Mais on peut obtenir une mesure exacte de cette vitesse au moyen d'instruments appelés *anémomètres*. On peut se faire une idée de ces appareils par celui de Waltmann : c'est une girouette ordinaire munie, du côté tourné vers le vent, d'un axe horizontal qui porte deux petites ailes de moulin. Le courant aérien place d'abord la girouette dans la direction du vent, et met ensuite les ailes de moulin en mouvement; l'axe horizontal est muni d'un compteur qui indique le nombre de tours exécutés pendant le temps d'une observation. La vitesse du vent est facile à déduire du nombre de tours que fait l'appareil dans une minute, par exemple; il suffit pour cela d'une expérience préalable : par un temps très-calme, on placera l'instrument sur le wagon d'un chemin de fer, par exemple, et on observera le nombre de tours accomplis pendant que l'on aura parcouru une distance connue dans un temps donné. Il est évident que l'effet sera le même que si, l'instrument restant en repos, l'air était en mouvement. On construira ainsi une table qui fera connaître le rapport entre la vitesse du vent et le nombre de tours de l'anémomètre dans un temps donné.

645. Dans l'année 1734, un mécanicien français d'Ores-en-Bray présenta à l'Académie des sciences un anémomètre qui marque de lui-même sur le papier non-seulement les vents qu'il a fait pendant les vingt-quatre heures, et à quelle heure chacun a commencé et fini, mais aussi leurs différentes vitesse ou forces relatives. On a commencé à établir des instruments de ce genre perfectionnés dans différents lieux; il serait à désirer que leur usage devînt général. On obtiendrait par ce moyen un nombre considérable d'observations sans lesquelles la météorologie ne peut être établie sur une base solide.

646. Les vents suivent une infinité de directions différentes, les unes obliques, les autres parallèles à l'horizon. Mais dans l'estimation ordinaire de la vitesse du vent, on se borne à considérer le point de l'horizon d'où il est censé partir, pour arriver à l'observateur qui se regarde comme étant au-dessus du centre de ce cercle; et l'on suppose la circonférence du même cercle divisée en 32 parties égales par 16 diamètres, ce qui donne, en allant de la circonférence au centre, 32 directions que l'on a nommées *airs* ou *rumbs* de vents, et dont l'ensemble forme ce que l'on appelle la *rose des vents*. L'un des diamètres, qui coïncide avec le méridien du lieu où se trouve l'observateur, indique le nord par une de ses extrémités, et le sud par l'extrémité opposée. Le diamètre qui coupe le précédent à angle droit, indique l'est d'un côté et l'ouest de l'autre. Ces quatre points se nomment en général les *points cardinaux*. Les noms des points intermédiaires, entre les points cardinaux, participent de ceux de ces mêmes points, combinés deux à deux, trois à trois, sans addition, ou trois à trois avec interposition de la fraction 1/4 à mesure que les points correspondants sous-divisent, en parties toujours plus petites, l'espace compris entre deux points cardinaux voisins. Cette nomenclature est fondée sur les principes suivants : 1° dans les combinaisons binaires, comme nord-est, sud-est, etc., le nom de *nord* ou celui de *sud* tient toujours la première place; 2° chaque combinaison ternaire, sans addition, telle que nord-nord-est, est-nord-est, etc., est donnée par le nom du point cardinal le plus voisin, suivi de la combinaison binaire la plus voisine; 3° à l'égard des combinaisons ternaires avec addition de la fraction 1/4, il y a une distinction à faire. Si le point auquel répond la combinaison est voisin d'un point cardinal, la combinaison se forme du nom de ce point et ensuite de la fraction 1/4 à laquelle on ajoute le nom de la combinaison binaire la plus voisine. Ainsi nord, quart de nord-est, signifie que le point indiqué par cette combinaison est voisin du nord, et que sa distance à ce même point est le quart de celle qui le sépare du nord-est. Si au contraire le point auquel appartient la combinaison est voisin d'un autre point qui réponde à une combinaison binaire, ce qui est le cas du point nord-est, quart de nord, la combinaison se forme du nom de cette même combinaison binaire et de la fraction 1/4 avec le nom du point cardinal le plus voisin, d'où l'on voit que ce mode de combinaison est l'inverse du précédent. Parmi les directions variables à l'infini des différents vents, on a choisi les trente-deux dont nous venons de parler comme des

espèces de limites auxquelles on rapporte toutes les autres.

647. Les vents, considérés relativement à leur durée, à leurs retours et autres circonstances semblables, se divisent en *vents alisés*, *moussons* et *vents irréguliers*.

Vents alisés. Les premiers navigateurs qui, dans le quinzième siècle, se hasardèrent sur l'océan Atlantique, furent frappés à la fois d'étonnement et de terreur lorsqu'ils se virent poussés par des vents d'est continus qui semblaient s'opposer à leur retour dans leur patrie. Ces vents alisés dans le voisinage de l'équateur sont à l'est, mais à mesure que l'on s'éloigne de l'équateur la direction de l'alisé se modifie; dans notre hémisphère, elle s'incline vers le nord-nord-est, tandis que dans l'hémisphère opposé elle s'approche du sud-sud-est. Les navigateurs qui parcourent l'océan Atlantique dans tous les sens ont fixé ainsi la limite des vents alisés. L'alisé du nord-est ne se trouve plus dans l'hémisphère boréal au delà d'une latitude de 28 ou 30 degrés; il s'étend depuis cette limite jusqu'au 8e degré de latitude boréale, où commence la *régions des calmes*; cette région s'étend à peu près jusqu'au 3e degré de latitude boréale, c'est à ce point que commence à se faire sentir l'alisé sud-est qui s'étend jusqu'à 28 degrés de latitude australe. On doit remarquer que la séparation des deux alisés nord-est et sud-est ne coïncide pas avec l'équateur terrestre; le vent du sud-est s'étend toujours un peu sur l'hémisphère nord. D'après M. de Humboldt, cette anomalie doit être attribuée à la configuration du bassin de l'océan Atlantique et aux hautes montagnes de la Colombie qui déterminent un courant d'air du sud au nord qui, se combinant avec le vent d'est, engendre un vent de sud-est, en sorte que le vent de nord-est se trouve neutralisé avant d'avoir atteint l'équateur. Dans le Grand-Océan on retrouve pareillement l'alisé nord-est soufflant entre le 2e et le 25e degré de latitude nord, et l'alisé sud-est soufflant dans l'hémisphère sud entre des limites qui n'ont pas été fixées d'une manière bien précise; entre ces deux alisés on trouve aussi, comme dans l'océan Atlantique, une zone située vers l'équateur où l'on ne ressent aucun vent régulier, l'air s'y trouve ordinairement dans un calme plat qui n'est troublé que par quelques ouragans. C'est cette région que les marins appellent la région des calmes.

648. Les *moussons* ou vents périodiques se distinguent des vents alisés parce qu'ils ne soufflent dans la même direction que pendant une saison de l'année; on les rencontre principalement dans la mer des Indes. Dans cette mer, l'alisé sud-est règne pendant toute l'année au sud de l'équateur; mais au nord de cette ligne le vent de nord-est, qui prend le nom de *mousson de nord-est*, ne souffle que depuis le mois d'octobre jusqu'au mois d'avril, puis à cette époque vient la *mousson* de sud-ouest qui dure jusqu'au mois d'octobre.

Cause des vents.

649. La cause qui produit les vents a été long-temps un sujet de controverse entre les physiciens, mais il est généralement admis que ces interruptions de l'équilibre atmosphérique sont uniquement dues à une différence de température entre deux contrées voisines. Une expérience bien simple, due à Franklin, peut nous fournir en petit un exemple familier du phénomène. Supposons un appartement chauffé en hiver et mis en communication avec un appartement froid, il se formera entre ces deux pièces un double courant d'air, l'un à la partie inférieure dirigé de l'appartement froid à l'appartement chaud, l'autre à la partie supérieure dirigé en sens contraire. On constate facilement l'existence de ces deux courants soit en répandant dans l'air des corps légers qui suivent la direction des courants, soit en plaçant deux bougies l'une à la partie inférieure, l'autre à la partie supérieure, la direction imprimée à la flamme de chacune d'elles indiquera parfaitement le sens des courants d'air. Il est facile d'ailleurs de se rendre compte de ce phénomène; l'air chaud étant spécifiquement plus léger que l'air froid, celui ci tend à venir occuper la région inférieure de l'appartement chaud dont l'air est par cela même expulsé et sort par la partie supérieure; et l'on conçoit que ce double courant d'air ne s'arrêtera que lorsque les deux appartements se seront mis en équilibre de température. Le même phénomène se produira en grand à la surface du globe. Le soleil que nous supposons dans le plan de l'équateur échauffe très-sensiblement la partie de la terre qu'il do-

-mine, l'air se trouve, dans cette contrée, échauffé et raréfié ; il s'élève alors vers les régions supérieures de l'atmosphère et se répand sur les colonnes situées vers les pôles, et il est remplacé par l'air froid venant du nord et du sud ; il se forme donc dans chaque hémisphère boréal et austral deux courants, l'un supérieur qui va de l'équateur vers les pôles, l'autre inférieur qui vient des pôles vers l'équateur.

650. Maintenant si nous considérons une portion d'air prise dans le courant inférieur, dont la direction tend vers l'équateur, il sera aisé de concevoir que cet air arrive à chacun des parallèles situés sur son trajet, avec une vitesse angulaire moindre que celle du point correspondant pris à la surface de la terre. Les objets terrestres qui se présentent au passage du courant inférieur, doivent donc le frapper avec l'excès de leur vitesse ; il en sera de même d'un spectateur qui, se croyant immobile et rapportant l'excès de sa propre vitesse en sens opposé au courant qu'il rencontre, recevra l'impression d'un vent qui lui paraîtra venir de l'est, puisque le mouvement de rotation est dirigé de l'ouest vers l'est. Ce sera le contraire par rapport au courant supérieur qui va vers le pôle. Chacune de ses molécules, ayant plus de vitesse que le point de la terre au-dessus duquel elle arrive, devancera ce même point en allant vers l'est, et il doit résulter de cette supériorité de vitesse un vent d'ouest réel, au lieu que le vent inférieur est une simple apparence, mais qui produit une illusion complète.

651. Cette explication rend très-bien compte de l'existence des vents alisés qui règnent continuellement dans l'océan Atlantique et dans le Grand-Océan. Quant aux moussons de la mer des Indes, elles sont dues à la prédominance de la terre sur la mer ; la différence de température qui existe entre ces deux parties de la surface du globe, trouble dans ces parages la régularité des vents alisés Lorsque la déclinaison du soleil est à son maximum, vers le mois de janvier, la température de l'Afrique méridionale est à son maximum, tandis que celle de l'Asie a atteint son minimum, il en résulte donc, d'après le principe que nous avons posé, un courant qui va de la partie froide à la partie chaude, de l'Asie à l'Afrique méridionale, et qui produit la mousson de nord-est. Lorsqu'au contraire le soleil est revenu dans l'hémisphère boréal, la température de l'Afrique méridionale diminue, celle de l'Asie augmente, le courant d'air change de direction, et souffle vers le mois de juillet de l'Afrique vers l'Asie, d'où résulte la mousson de sud-ouest. Mais dans la partie de la mer des Indes qui occupe l'hémisphère austral, il n'en est pas ainsi ; la Nouvelle-Hollande, qui se trouve dans cette contrée, paraissant formée à l'intérieur d'un plateau dépourvu de grands fleuves et de grandes chaînes de montagnes, ne présente pas des variations de température assez considérables pour contrarier l'alisé de sud-est qui règne toute l'année dans l'hémisphère austral.

652. L'explication que nous venons de donner des vents alisés et des moussons, ne paraît pas au premier abord devoir s'appliquer aux vents irréguliers qui présentent tant de variations qu'il semble impossible de faire dépendre d'une cause unique. Mais ces variations ne sont dues qu'aux accidents du sol qui déterminent des différences de température d'un lieu à un autre, différences qui se trouvent elles-mêmes influencées par les météores aqueux et électriques des régions supérieures de l'atmosphère. Les observations que nous possédons à ce sujet ne sont pas encore assez nombreuses ni assez suivies pour que nous en tirions des lois générales ; cependant elles sont déjà suffisantes pour que nous nous abstenions de chercher la cause des vents ailleurs que dans les phénomènes que nous avons signalés.

653. On s'est demandé pendant longtemps quel était le mode de propagation du vent, c'est-à-dire s'il se faisait sentir dans les contrées vers lesquelles il souffle plus tôt ou plus tard que dans celles d'où il semble provenir ; cette question n'a pas encore été complétement résolue ; il existe des faits pour et contre qui paraîtraient indiquer que la propagation se fait tantôt dans un sens, tantôt dans un autre, ou peut-être que le vent commence dans un point situé au milieu de la région qu'il occupe et que de là il se dirige en avant et en arrière.

654. Les vents participent ordinairement des propriétés qui caractérisent les climats d'où ils proviennent ; ainsi, pour ne parler que de ceux qui règnent en France, les vents d'ouest sont généralement humides, les vents de nord et

de nord-est sont froids et secs. Le vent de sud, qui règne dans la vallée du Rhône et qui provient des sommets des montagnes couvertes de neige, est célèbre sous le nom de *mistral*, par son âpreté et sa violence. Le fameux vent du désert, que les Arabes appellent le *simoon*, après avoir traversé les immenses plaines désertes de l'intérieur de l'Afrique, est tellement chaud et privé d'humidité, qu'il produit une évaporation presque instantanée; il dessèche la peau, enflamme le gosier, accélère la respiration en faisant éprouver toutes les horreurs de la soif aux hommes et aux animaux, pour lesquels il devient presque toujours mortel.

Des trombes.

655. On observe souvent près d'un objet isolé des tourbillons de vent qui enlèvent en tournoyant des objets légers, tels que de la poussière, de la paille, etc. D'autres tourbillons d'une extrême intensité se manifestent quelquefois à l'approche des orages et acquièrent assez de force pour renverser les arbres, les maisons, dessécher les étangs et causer en un mot les plus grands ravages, on leur donne le nom de *trombes*. Les trombes paraissent se former surtout dans les mers où les vents alisés ne soufflent pas d'une manière continue, à l'époque du changement des moussons, et lorsque deux vents de direction opposée passent l'un à côté de l'autre. Une trombe se présente ordinairement sous la forme de deux cônes, l'un renversé a sa base appuyée au nuage, et son sommet s'approche de la surface de la mer, l'autre cone a sa base à la surface de l'eau, tandis que son sommet va rejoindre celui du premier cône. Le cône inférieur, qui semble formé par le soulèvement des eaux de la mer, ne doit être cependant formé que de vapeurs condensées; car la pluie qui accompagne souvent le phénomène et qui tombe par torrents n'est jamais salée. Quelquefois ces tourbillons se produisent au milieu d'un air très-sec et ne déterminent par conséquent aucune condensation de vapeurs, mais la violence du vent n'en est que plus considérable. M. Peltier a publié en 1840 un traité des trombes dans lequel il donne la relation de 137 de ces météores remarquables.

Utilité des vents.

656. Les accidents qu'occasionne quelquefois la violence des vents, sont compensés bien au delà par les avantages que nous procurent ces courants d'air. Ce sont eux qui, dans les grandes villes, font succéder un air sain à un air vicié par des émanations nuisibles. Ils transportent les nuages destinés à répandre sur la terre les pluies qui la fertilisent; ils sont les véhicules d'une multitude de graines qui, pourvues d'ailes ou d'aigrettes, voltigent de toutes parts pendant l'automne, et entretiennent entre les différents sols une circulation de richesses végétales. L'industrie humaine a trouvé dans la force des vents un puissant moteur, dont l'impulsion sur les voiles des navires dirige ces édifices flottants vers des lieux où la nature abonde en productions intéressantes pour le commerce ou utiles aux progrès de l'histoire naturelle. Avant l'invention de nos moulins, que de bras et d'efforts étaient employés à moudre le grain dont nous tirons notre plus solide nourriture! L'action du vent y supplée en s'exerçant sur quatre ailes qui font l'office de leviers, et dont les surfaces, inclinées deux à deux en sens contraire, reçoivent, à l'aide de cette ingénieuse disposition, des mouvements qui conspirent pour déterminer la rotation de l'axe sur lequel sont fixées les ailes.

Réflexions sur les indications fournies par le baromètre.

657. Après la découverte du baromètre, on reconnut bientôt que la hauteur du mercure dans cet instrument n'était pas constante. Torricelli remarqua lui-même que le baromètre baissait à l'approche de la pluie, et l'on admit bientôt comme positif que l'abaissement du mercure dans le baromètre était un présage certain de mauvais temps; tandis que le temps doit rester beau tant que le baromètre reste haut. C'est ce préjugé, si fort enraciné aujourd'hui, qui a fait du baromètre un instrument tellement familier, qu'il se trouve dans tous les appartements, et qu'il est constamment consulté sur le temps à venir; et lorsque ses indications ne paraissent pas exactes on est porté à accuser le constructeur de maladresse, ou à suppo-

ser quelque dérangement dans l'appareil. Il n'est donc pas inutile d'indiquer ici avec précision les variations qui surviennent dans la colonne barométrique, de faire connaître autant que cela est possible la cause de ces variations, et la liaison qui existe entre les indications du baromètre et les changements qui surviennent dans l'état de l'atmosphère.

658. Les variations auxquelles est soumise la colonne barométrique, sont de deux sortes, les unes périodiques et régulières, les autres sont accidentelles, c'est-à-dire qu'elles ne paraissent suivre aucune loi bien déterminée quant à présent. Entre les tropiques, les variations accidentelles se font peu sentir; en sorte qu'il devient plus facile d'observer, dans ces contrées, les variations périodiques. Dans le voisinage de l'équateur, il suffit d'observer le baromètre d'heure en heure pendant un seul jour pour reconnaître une variation très-sensible ; et en continuant cette observation pendant plusieurs jours on trouve que les oscillations de la colonne mercurielle se reproduisent chaque jour constamment de la même manière. Ce phénomène a été constaté par un grand nombre d'observateurs qui ont trouvé qu'à partir de midi le baromètre baisse jusqu'à trois ou cinq heures du soir, moment où il atteint son *minimum*, puis il remonte pour atteindre son *maximum* entre neuf ou onze heures du soir ; il baisse de nouveau, arrive à un second *minimum* vers quatre heures du matin, puis enfin un second *maximum* se produit vers dix heures du matin. Outre ces variations diurnes, le baromètre paraît soumis à des oscillations qui se reproduisent périodiquement avec les saisons. Ainsi on a trouvé par plusieurs séries d'observations faites à diverses latitudes et principalement entre les tropiques que, dans l'hémisphère boréal, le baromètre atteint son maximum de hauteur dans l'hiver et son minimum en été.

659. Examinons maintenant quelle est la cause de ces variations dans la colonne barométrique. Le baromètre ne peut indiquer qu'une seule chose, la pression atmosphérique ; par conséquent toutes ses oscillations sont causées par des variations dans la pression de l'air. Comment la pression de l'air peut elle varier ? Par les mêmes causes qui produisent les vents, les changements de température. Nous avons reconnu que toutes les fois qu'une portion de l'atmosphère se trouve plus échauffée que les parties voisines, l'air chaud détermine par sa légèreté spécifique un courant ascendant, et vient dans les régions supérieures se déverser sur les parties voisines. Il en résulte une diminution de pression atmosphérique dans la partie où se produit le courant ascendant, et une augmentation dans les lieux au-dessus desquels se déverse l'air chaud. On peut donc poser ce principe : « Quand » le baromètre baisse dans un pays, cela » tient à ce que la température de ce » pays est plus élevée que celle des » contrées avoisinantes, soit parce qu'il » s'est échauffé directement, soit parce » que les contrées voisines se sont re» froidies ; au contraire, l'ascension du » baromètre prouve que ce pays devient » plus froid que ceux qui l'entourent. » En partant de ce principe M. Kaemtz explique d'une manière satisfaisante les variations diurnes et annuelles du baromètre. « En effet, tant que le soleil est dans notre méridien, il échauffe la portion du globe terrestre située entre les lieux pour lesquels il se couche et ceux pour lesquels il se lève dans ce moment. Cet échauffement est surtout très-marqué entre les méridiens qui marquent neuf heures du matin et trois heures du soir, tandis que le soleil marque midi pour nous. Dans cet intervalle, l'air se dilate, s'élève, s'écoule vers les régions voisines, et le baromètre baisse ; mais il monte au contraire sous le poids des masses d'air qui se sont écoulées entre les méridiens de neuf heures et de trois heures, puis de cinq heures du soir et de neuf heures du matin. Dans le dernier de ces espaces l'atmosphère est moins élevée parce que l'influence nocturne n'est pas encore détruite, et l'air s'écoule au-dessus d'elle. A cinq heures, l'air se refroidit parce que la chaleur du jour est passée ; ce mouvement se propage ainsi d'un pays à l'autre. Le baromètre baisse donc entre neuf heures du matin et quatre heures du soir parce que la chaleur du jour a diminué la densité de l'atmosphère, dont la hauteur est moindre de toute l'épaisseur des couches qui se sont écoulées vers les régions voisines : de là les deux *maxima* et le *minimum* du jour. Quant au *minimum* du matin, il est suivi, à l'est de l'endroit où il a lieu, d'un *minimum* de température, et une partie de l'air des contrées occidentales s'é-

coule de ce côté : de là une baisse du baromètre. »

660. Les oscillations du baromètre à l'approche des pluies et des orages sont maintenant faciles à comprendre. Les nuages se résolvent en pluie sous l'influence d'une diminution de température. Ce refroidissement peut avoir lieu ou parce que les nuages sont poussés par le vent d'une contrée chaude dans une contrée froide, ou parce qu'un vent venant d'une partie froide vient abaisser la température des nuages situés dans une partie chaude. Dans ces deux circonstances, le baromètre sera influencé différemment. Dans le premier cas un air chaud vient prendre la place d'un air froid, il y aura abaissement du baromètre; dans le second cas c'est un air froid qui vient prendre la place d'un air chaud, il y aura élévation de la colonne barométrique. Il en résulte donc que, lorsque les vents du sud-ouest nous amènent de la pluie, le phénomène sera généralement accompagné d'un abaissement du baromètre; mais la pluie sera au contraire précédée d'une élévation du baromètre, si elle vient par un vent de nord, de nord-est ou de nord-ouest. Dans nos climats, la pluie a lieu ordinairement par les vents de sud-ouest; il n'est donc pas étonnant qu'un abaissement barométrique soit considéré comme un présage de pluie. Mais ces indications ne donnent jamais une certitude complète, parce qu'elles ne font connaître que l'état de l'atmosphère dans le lieu de l'observation ; et il serait nécessaire de combiner avec cet état celui des lieux voisins, et celui de l'atmosphère à une certaine hauteur. Nous n'avons plus qu'un mot à ajouter sur la marche du baromètre à l'approche des tempêtes et des orages. Ces immenses dérangements dans l'équilibre atmosphérique sont ordinairement annoncés par des oscillations extraordinaires de la colonne barométrique ; ces oscillations se font tantôt dans un sens, tantôt dans un autre, et toutes les fois que l'on voit le baromètre monter et descendre rapidement on peut en conclure avec certitude qu'il se passe de grandes perturbations météorologiques à la surface du globe, et que le temps sera variable pendant long-temps.

Température à la surface du globe.

661. La température indiquée par un thermomètre placé à la surface de la terre est très-variable, suivant les lieux de la terre où se fait l'observation et suivant que cette observation a lieu dans une saison ou dans une autre, à une heure ou à une autre. La chaleur du soleil paraît être la seule source de calorique qui ait de l'influence sur la température de l'atmosphère. Il paraît cependant hors de doute que notre globe a été à une certaine époque une masse incandescente qui s'est peu à peu refroidie a la surface, mais dont la partie intérieure est encore actuellement a une température excessivement élevée. En effet, à mesure que l'on descend dans l'intérieur de la terre, on arrive d'abord à une certaine profondeur où le thermomètre reste à une hauteur invariable, puis on trouve ensuite une température croissant suivant une loi assez rapide, environ un degré pour 30 mètres de profondeur. Or, si cette loi se continue jusqu'a la partie centrale, la température intérieure doit surpasser tout ce que nous pouvons imaginer, et toutes les substances doivent y être à l'état de fusion. Mais la croûte solide du globe étant composée de corps très-mauvais conducteurs, la chaleur centrale n'arrive que très-lentement et très-difficilement à la surface, et n'entre que pour une quantité excessivement faible dans la température de l'atmosphère, ainsi que cela résulte des recherches de Fourier.

662. La variation de la hauteur du soleil au-dessus de l'horizon est une des causes qui ont le plus d'influence sur la variation thermométrique à la surface de la terre. Nous savons en effet que l'intensité des rayons de calorique reçus par un corps décroît rapidement lorsque ces rayons deviennent plus obliques ; et ces rayons, ayant en outre à traverser une plus grande épaisseur d'air atmosphérique, éprouvent une plus grande absorption, ainsi qu'on le démontre au moyen des expériences de M. Melloni. Ces simples remarques suffisent pour expliquer les variations les plus sensibles de température, de l'été a l'hiver, du jour à la nuit, du pôle à l'équateur, mais il existe une foule de causes qui influent sur la température des diverses contrées, et qui font que les lieux situés à une même latitude, par exemple, sont loin d'avoir le même degré de chaleur, etc. La plus puissante de ces causes doit être cherchée dans les vents. Nous avons déjà expliqué, en parlant de ces mé-

.éores, comment ils rompent l'équilibre le température, en amenant sur les continents l'air qui a séjourné à la surface des mers ou réciproquement, etc. Par la même raison, la conformation et l'étendue des mers, leur situation par rapport aux continents exercent aussi une action marquée sur la température des différents lieux. Ces causes produisent un effet très-sensible dans l'air, mais qui se communique lentement dans le sol, et si la cause n'agit que pendant peu de temps et n'a aucune influence sur la température du sol, qui reste constante à une certaine profondeur. Les sources qui proviennent d'une certaine profondeur ont pour cette même raison une température constante pour chacune d'elles, mais variable de l'une à l'autre. La température de l'atmosphère diminue de quantités très-notables à mesure que l'on s'élève audessus du niveau de la mer, ainsi que l'ont observé Saussure et après lui un grand nombre de physiciens. On peut évaluer cette diminution en moyenne à 1 degré pour 150 mètres d'élévation. Ce seul fait explique les neiges perpétuelles au sommet des montagnes élevées.

663. Nous nous trouvons naturellement porté à nous demander quelle est la température de l'espace illimité dans lequel la terre se meut autour du soleil. Cette question est loin d'être résolue; Fourier a dit que cette température devait être de 50 à 60 degrés au-dessous de zéro, M. Pouillet a prétendu la fixer à 140 degrés au-dessous de zéro, Poisson pensait que cette température est différente dans les différentes régions de l'espace, et ce savant géomètre expliquait la chaleur propre de la terre en supposant qu'elle avait traversé une portion de l'espace très-chaude, que sa surface s'était fondue jusqu'à une certaine profondeur et que les couches situées à une certaine profondeur n'avaient pas encore eu le temps de se refroidir.

Sources du calorique.

664. Les diverses sources de calorique peuvent se rapporter à deux classes, les unes naturelles, les autres artificielles. Les sources naturelles sont la chaleur propre de la terre, celle du soleil, la production de calorique dans les animaux et les plantes. Les sources artificielles de calorique sont le frottement, le choc, la compression, la combustion des corps et un grand nombre d'autres actions chimiques; le passage des corps de l'état gazeux à l'état liquide, ou de l'état liquide à l'état solide. Tous les ouvriers savent que la température d'un corps s'élève considérablement lorsqu'on le bat à coups redoublés ou qu'on le frotte vivement contre un autre corps; on cite même des arbres, du fer qui se sont échauffés au point de se souder aux coussinets dans lesquels ils étaient assujettis à tourner. Dans les briquets ordinaires, les parcelles d'acier qui se détachent ont acquis par le frottement contre la pierre une température assez élevée pour s'enflammer et brûler au contact de l'air.

665. Rumfort a cherché, par des expériences très-curieuses, à déterminer la quantité de calorique développée dans le frottement de deux corps. Ces expériences consistaient à faire tourner l'une contre l'autre deux demi-sphères de bronze au milieu d'un vase rempli d'eau. Le diamètre de la sphère métallique était de 3 pouces anglais. La pression qui s'exerçait sur les demi-sphères équivalait à 5000 kilogrammes, et la vitesse de rotation était de 32 tours par minute; Rumfort a trouvé dans ce cas que le calorique dégagé équivalait à peu près à celui que donneraient dix-neuf bougies de moyenne grosseur.

666. Rumfort est aussi le premier physicien qui ait déterminé par des expériences un peu exactes la quantité de calorique dégagée dans la combustion. L'appareil qu'il employait à cet effet consiste en une caisse de cuivre pleine d'eau, et contenant un serpentin de même métal, qui traverse le fond de la caisse et se termine par un entonnoir; c'est au-dessous de cet entonnoir que l'on produit la combustion, et le calorique dégagé se mesure par l'augmentation de température de l'eau.

667. Le dégagement de calorique qui a lieu dans le passage des corps de l'état gazeux à l'état liquide a été mis à profit dans une foule de circonstances, et notamment dans le chauffage des salles où il serait impossible ou dangereux d'établir des foyers. Pour cela on dispose une chaudière à vapeur avec son fourneau dans un lieu voisin de celui que l'on veut chauffer, puis on fait circuler la vapeur des tuyaux métalliques dans lesquels elle se condense, dans les

différentes parties des salles ou édifices, où se répand toute la chaleur latente qui devient sensible ; les tuyaux sont disposés de manière que l'eau condensée retombe à mesure dans la chaudière.

Sources de froid.

668. Lorsque l'on veut obtenir d'une manière artificielle un abaissement de température, on a toujours recours à un changement d'état dans les corps, soit à la vaporisation d'un liquide, soit à la liquéfaction d'un solide. En plaçant sous le récipient d'une machine pneumatique de l'eau dans une petite capsule de cuivre, à côté d'un vase contenant de l'acide sulfurique concentré, l'évaporation du liquide se fait dans le vide avec une grande vitesse, et les vapeurs sont immédiatement absorbées par l'acide, de telle sorte qu'elles ne gênent pas, par leur élasticité, la formation de nouvelles vapeurs ; le froid produit est tel alors qu'en peu d'instants l'eau se congèle dans la capsule.

669. En mélangeant avec de la glace un sel ou un corps quelconque capable de la faire fondre, on obtient immédiatement un abaissement considérable de température. Ainsi deux parties de glace pilée ou de neige et une de sel marin produisent une température de 20 degrés au-dessous de zéro. Douze parties de glace, cinq de sel marin et cinq de sel ammoniac donnent un froid de 31 degrés au-dessous de zéro.

DE L'ÉLECTRICITÉ.

670. L'électricité est une des branches de nos connaissances que les physiciens modernes ont cultivée avec le plus d'assiduité et de succès. Elle n'était encore connue au commencement du siècle dernier, que par les attractions et les répulsions que le verre, le succin, les résines et autres substances semblables exerçaient sur les corps légers, que l'on présentait à leur action, et par une faible lueur que le frottement dégageait de ces substances. Environ trente ans après, les recherches de Dufay et de Gray amenèrent une de ces époques fécondes où une science commence à se développer par un progrès rapide, et où les découvertes semblent se presser à la suite les unes des autres. Un examen plus attentif des phénomènes conduisit à établir la distinction importante entre les corps qui transmettent le fluide électrique et ceux qui refusent de le propager : la construction des machines, mieux dirigée, donna de nouvelles facilités pour étudier ses différentes manières d'agir ; une découverte imprévue fit ressentir aux êtres animés l'énergie de ce pouvoir intérieur qu'il exerce sur eux, par le simple contact des vases où il s'accumule ; enfin les physiciens soupçonnèrent que ces phénomènes qu'on s'empressait d'aller voir, même par amusement, n'étaient qu'une imitation, en raccourci, des explosions de la foudre, et, pour vérifier cette étonnante analogie, Franklin trouva dans le pouvoir des pointes le secret, non moins étonnant, de dérober la foudre elle-même au nuage qui la renfermait dans son sein, et de l'offrir à l'observation sous la forme et avec tous les caractères du fluide mis en action par nos machines.

671. A mesure que les faits se multipliaient, on cherchait à en donner des explications et à en saisir la dépendance mutuelle. Dufay avait reconnu deux électricités différentes ; l'une, qu'il appelait *vitrée*, parce qu'elle était produite par le frottement du verre ; l'autre, qu'il nommait *résineuse*, parce qu'on l'excitait en frottant la résine et les autres substances analogues. Il remarqua que les substances animées d'une même espèce d'électricité se repoussaient, et attiraient celles qui possédaient l'autre espèce d'électricité. Cette idée, qui a été depuis reproduite par Symmer et ramenée à l'hypothèse de deux fluides co-existants dans un même corps, était, pour ainsi dire, la clef de la véritable théorie. Franklin, en présentant les actions électriques sous un point de vue différent par sa doctrine de l'électricité positive et négative, en fit une application très-heureuse à l'expérience de la bouteille de Leyde, dont il ramena la décharge à un simple rétablissement d'équilibre. Cette manière mécanique de concevoir un fait, qui tenait alors le premier rang parmi les merveilles de l'électricité, attira une foule de partisans au philosophe de Philadelphie. Æpinus, l'un des plus distingués d'entre eux, en appliquant le calcul à sa doctrine, la rendit plus rigoureuse, et forma un ensemble mieux lié de toutes les observations déjà connues ; lui-même découvrit plusieurs faits dignes d'attention, et il mérita

ainsi doublement de la science, comme géomètre et comme physicien. Il la servait encore d'une autre manière, en préparant la voie à Coulomb, qui, après être parti du point où Æpinus s'était arrêté, a franchi seul une carrière toute nouvelle. Muni d'un appareil dont l'invention lui est due, et qui réunit au mérite de la simplicité celui d'une précision jusqu'alors inconnue, il a déterminé, par des expériences décisives, la loi suivant laquelle varient les attractions et répulsions électriques, à raison de la distance; et cette loi s'est trouvée la même que celle de la gravitation universelle, découverte par Newton dans les espaces célestes. La théorie, établie ainsi sur une base solide, a été appliquée par le même physicien à la manière dont le fluide électrique se partage entre différents corps, et à d'autres effets qui n'avaient été qu'entrevus.

672. Tel était l'état de nos connaissances relativement à l'électricité, lorsque les expériences de Galvani appelèrent l'attention de toute l'Europe savante sur des phénomènes très-remarquables par leur liaison intime avec les mouvements de l'économie animale, et qui bientôt inspirèrent un surcroît d'intérêt par leurs rapports avec un des plus beaux résultats de la chimie moderne. La théorie avait besoin d'être agrandie pour s'étendre à l'explication de ces nouveaux phénomènes, et il était réservé au célèbre Volta de reculer ici les limites de la science par la découverte d'un principe qui avait échappé à la sagacité des physiciens.

673. Mais l'expérience de la décomposition de l'eau était connue, et l'électricité galvanique avait seulement offert un nouveau moyen de la reproduire. On était loin de prévoir les phénomènes inattendus qu'elle devait présenter à l'observation du célèbre Davy, lorsqu'à côté des métaux qui la développent par leur contact mutuel, il verrait paraître tout à coup l'éclat métallique, signe caractéristique des corps de la même classe, sur des substances d'un aspect terreux, qui depuis long-temps occupaient dans la méthode chimique des places particulières qu'elles ne devaient qu'à ce que leur véritable nature avait été méconnue. — Ce n'était pas encore la dernière des surprises dont l'électricité galvanique devait fournir le sujet, et elle en réservait d'autres non moins propres à en faire naître de nouvelles pour le moment où M. OErsted, l'un des hommes dont s'honore le Danemark, deviendrait à la fois l'inventeur et le premier témoin de l'expérience si remarquable où le fluide électrique semble se transformer dans la pile en fluide magnétique, pour rompre l'équilibre entre les forces qui maintiennent l'aiguille aimantée dans sa position naturelle, et l'en écarter sous un angle plus ou moins ouvert. Ce sera lorsque nous aurons exposé la théorie du magnétisme que nous reviendrons avec le détail convenable sur tout ce qui tient à l'importante découverte dont nous venons de parler, et l'on jugera combien elle a gagné depuis qu'elle est connue en France, par l'extension que lui ont donnée deux physiciens très-distingués, MM. Ampère et Arago, en variant et en multipliant les effets de l'appareil qui avait servi aux expériences du savant danois.

DE L'ÉLECTRICITÉ PRODUITE PAR LE FROTTEMENT OU PAR LA COMMUNICATION.

Notions générales.

Avant d'entrer dans le développement de la théorie, nous rappellerons quelques notions qu'il est nécessaire d'avoir toujours présentes à l'esprit pour la bien concevoir.

Différence entre les corps conducteurs et les corps non conducteurs.

674. On distingue en général deux classes de corps relativement à la communication du fluide électrique. Les uns, qu'on appelle *corps conducteurs*, tels que les métaux et les liquides, à l'exception de l'huile, transmettent plus ou moins facilement ce fluide aux autres corps de la même classe qui sont en contact avec eux. Les autres, qu'on a nommés *corps non conducteurs*, tels que le verre, le succin, le soufre, les résines, la soie, etc., retiennent le fluide comme engagé dans leurs pores, sans lui permettre de se répandre sur les corps environnants.

675. Nous devons à Grey et à Wheeler la découverte de cette différence remarquable entre les corps relativement à la communication de l'électricité (1). Ces deux physiciens avaient pensé d'a-

(1) Histoire de l'électricité, par Priestley, t. I, p. 55.

bord que tous les corps conduisaient indistinctement la vertu électrique ; et pour essayer de la propager à une grande distance, ils avaient imaginé de soutenir une corde de chanvre, qui devait servir de conducteur, sur un cordonnet mince de soie tendu horizontalement, dans la pensée que ce cordonnet ne laisserait échapper qu'un filet d'électricité proportionné à la petitesse de son diamètre, en sorte qu'une grande quantité de fluide serait transmise par la corde de chanvre. Celle-ci avait quatre-vingts pieds de longueur et passait sur le cordonnet, de manière qu'une de ses parties, longue seulement de quelques pieds, descendait verticalement, en portant une boule d'ivoire attachée à son extrémité. L'autre partie s'étendait le long d'une grande galerie, dans une direction horizontale, jusqu'à un tube de verre auquel on l'avait attachée. Pendant que l'un des physiciens frottait ce tube, l'autre voyait un duvet de plume placé sous la boule se porter vers elle par attraction et en être aussitôt repoussé. Mais le cordonnet de soie s'étant rompu, Grey, qui n'en avait pas d'autre sous la main, y substitua un fil métallique, et depuis ce moment tous les effets disparurent. Les deux physiciens comprirent alors que l'obstacle qu'avait opposé le cordonnet de soie à la perte de l'électricité dépendait, non pas de la finesse du couloir, mais de sa nature même, et ce qu'ils avaient regardé comme un accident devint un bonheur dans leur esprit.

676. On dit d'un corps électrique qu'il est *isolé*, lorsqu'il a pour support un corps non conducteur ou qu'il est suspendu à un fil de soie. Cet isolement se pratique surtout à l'égard des corps conducteurs que l'on veut électriser, et dont on intercepte ainsi la communication avec d'autres corps conducteurs qui, par leur contact, dépouilleraient les premiers du fluide dont ils sont chargés.

677. Les corps non conducteurs ont de plus cette propriété, que quand on frotte l'un d'entre eux, il se produit autour de lui un engagement de fluide électrique susceptible de manifester sa présence. On les a aussi appelés pour cette raison *corps idio-électriques*, c'est-à-dire *électriques par eux-mêmes*, et l'on a nommé les autres *corps anélectriques*, c'est-à-dire *non électriques*, si ce n'est par communication. Mais en conservant à ceux-ci la dénomination de *corps conducteurs*, tirée de la faculté qu'ils ont de transmettre le fluide électrique, nous préférons pour ceux qui se refusent à cette transmision la dénomination de *corps isolants*, qui est l'opposée de la première.

678. Au reste, il s'en faut de beaucoup qu'il y ait une ligne nette de séparation entre les deux classes que forment les corps relativement à la communication du fluide électrique. Outre qu'il n'est aucun corps qui soit ou parfaitement isolant, ou parfaitement conducteur, il existe entre ceux qui se rapprochent le plus des deux limites une infinité d'intermédiaires qui participent plus ou moins de la propriété isolante et de la propriété conductrice. Il y a même telle espèce de corps dans laquelle le rapport entre l'une et l'autre propriété varie très-sensiblement, suivant les circonstances ; et souvent cette variation est due à un mélange de molécules conductrices interposées entre celles d'un corps naturellement isolant, ou réciproquement. Ainsi, l'air atmosphérique, qui, en le supposant très-sec, posséderait dans un assez haut degré la propriété isolante, est souvent chargé de vapeurs aqueuses conductrices qui lui font perdre de cette propriété à proportion de leur abondance. C'est pour cette raison qu'un air humide est si peu favorable aux expériences électriques, parce qu'en s'emparant du fluide qui se dégage autour de l'appareil, il l'empêche de parvenir à ce degré d'accumulation d'où dépendent à la fois et son énergie et le succès des expériences.

679. Nous ne devons pas omettre que les corps conducteurs, lorsqu'ils sont isolés, acquièrent la propriété électrique par le frottement d'un corps isolant. Mais le fluide dont ils se chargent dans ce cas est fourni par le frottoir, en sorte que le corps conducteur ne fait autre chose que le recevoir par communication. Lorsque ce corps, n'étant pas isolé, subit de même le frottement d'un corps non conducteur, il se fait aussi un dégagement de fluide qui est enlevé par le premier corps, mais qu'il transmet aussitôt aux corps environnants avec lesquels il est en communication.

Idée de la machine électrique.

680. C'est sur les principes que nous venons d'exposer qu'est fondée la con-

struction de nos machines électriques. Dans celle qui est aujourd'hui le plus en usage, l'électricité est produite par le frottement qu'exercent plusieurs coussins sur les deux surfaces d'un plateau de verre, fixé sur un axe auquel une manivelle que l'on fait jouer imprime un mouvement de rotation. Le fluide électrique, à mesure qu'il se dégage, est attiré par des pointes de fer situées horizontalement à une petite distance d'une des faces du plateau, et de là se répand sur la surface d'un cylindre de cuivre, auquel on a donné plus spécialement le nom de *conducteur*. Ce cylindre est porté par deux colonnes de verre qui, étant d'une nature non conductrice, s'opposent à la dissipation du fluide dont le conducteur est chargé; et le fluide, ne pouvant d'ailleurs s'échapper à travers l'air environnant, qui, par sa nature, refuse aussi de le transmettre, s'accumule jusqu'à un certain degré autour du conducteur, en sorte que si l'on en approche le doigt ou un corps quelconque qui soit lui-même conducteur, la présence du fluide électrique s'annoncera par une étincelle.

Des deux fluides dont on suppose le fluide électrique composé.

681. L'hypothèse que nous emploierons pour expliquer les phénomènes consiste à considérer, avec Symmer (1), le fluide électrique comme composé de deux fluides différents, qui sont neutralisés l'un par l'autre, dans l'état ordinaire des corps, et qui se dégagent lorsque les corps donnent des signes d'électricité. Au reste, il faut avouer que l'existence de ces deux fluides n'est pas fondée sur des raisons aussi recevables que celle du fluide électrique lui-même, que l'on suppose ici résulter de leur réunion. Mais l'adoption de ces fluides conduit à une manière simple et plausible de représenter les résultats de l'expérience, et sauve les difficultés dans lesquelles nous verrons bientôt que l'on s'expose à tomber en essayant une autre hypothèse. — Telle est en général la manière d'agir des mêmes fluides, que les molécules de chacun se repoussent mutuellement et attirent celles de l'autre fluide. Il en résulte quatre combinaisons différentes d'actions entre les fluides des deux corps, savoir : deux répulsions et deux attractions, d'où dépendant les mouvements par lesquels les corps eux-mêmes s'approchent ou s'écartent l'un de l'autre, ainsi que nous l'expliquerons bientôt avec plus de détail.

682. Le fluide électrique est répandu dans tous les corps. Le globe terrestre en est comme une source inépuisable, ce qui a fait donner à ce globe le nom de *réservoir commun*, lorsque l'on parle de son intervention dans les phénomènes électriques. Chaque corps possède une certaine quantité du même fluide qui dépend de sa nature, et que nous appelons pour cette raison *la quantité de fluide naturelle* de ce corps. Si, par l'effet de quelque circonstance, ce fluide subit une décomposition, le corps se trouvera électrisé; d'où l'on voit qu'il ne faut pas confondre un corps qui est dans l'état naturel avec un corps qui n'a que sa quantité naturelle de fluide, puisque la décomposition de celle-ci peut faire sortir le corps de son état naturel sans aucune addition de fluide étranger. Mais le corps peut aussi passer à l'état électrique en vertu d'une quantité surabondante de l'un ou l'autre des fluides composants, qu'il aurait reçue d'ailleurs par communication.

Principes de la théorie de Franklin.

683. Comparons maintenant l'opinion de Franklin, sur l'électrisation des corps, avec la manière de concevoir le même phénomène dans l'hypothèse que nous avons adoptée. Ce célèbre physicien considérait le fluide électrique comme un être simple; et dans le passage d'un corps à l'état d'électricité, il pouvait arriver de deux choses l'une : tantôt le corps recevait du dehors une quantité de fluide qui s'ajoutait à la quantité naturelle, et dans ce cas on disait de ce même corps qu'il était électrisé *positivement* : c'est ce qui arrivait au verre et à plusieurs autres substances par l'effet du frottement; tantôt le corps perdait une portion de son fluide naturel, et alors il se trouvait électrisé *négativement* : c'était le cas de la cire d'Espagne, de la résine, de la soie, etc., lorsqu'on les frottait. De là encore les expressions d'*électricité positive* et d'*électricité négative*, employées par Franklin pour désigner les deux états

(1) Philosoph. transact., t. LXI, part. 1, p. 340 et suiv.

opposés dont nous venons de parler. Nous verrons bientôt qu'un même corps pouvait aussi, suivant les circonstances, passer à l'un ou à l'autre de ces deux états. Or, dans notre hypothèse, tous les effets attribués par Franklin à l'électricité positive ou à une surabondance du fluide unique admis par ce savant, seront produits par l'action d'un des deux fluides composants rendu à l'état de liberté; et les effets qui dépendaient, selon lui, de l'électricité négative ou de la soustraction d'une partie du fluide qui faisait tout, seront dus à l'action de l'autre fluide composant. En conséquence, nous appellerons le fluide relatif à la première espèce d'électricité, *fluide de l'électricité vitrée* ou simplement *fluide vitré*; et nous donnerons au fluide qui détermine l'autre espèce d'électricité le nom de *fluide de l'électricité résineuse*, ou, pour abréger, celui de *fluide résineux*. Ce langage est à peu près le même qu'employait Dufay dans un sens moins déterminé; et puisque les connaissances nous manquent sur la nature de ces deux fluides, dont l'existence même n'est pas démontrée, nous ne pouvons mieux faire que d'en emprunter les noms de ceux des corps qui les fournissent d'une manière spéciale.

684. Nous devons prévenir qu'il ne faut pas confondre les deux fluides que nous adoptons ici avec les deux courants, l'un de matière effluente et l'autre de matière affluente, que Nollet avait imaginés pour expliquer les phénomènes électriques. Ces deux courants appartenaient à un même fluide, et s'élançaient, l'un du conducteur vers les corps environnants, et l'autre de ceux-ci vers le conducteur. Il y a loin, sans doute, de ces hypothèses qui employaient des effluves dont les actions, affranchies de toute loi et de toute méthode rigoureuse, ne conduisaient qu'à des explications vagues d'une partie des phénomènes, et étaient prises en défaut par les autres, à ces théories fondées sur des forces dont la mesure est donnée par l'expérience, et dont les différents effets sont determinés par le calcul avec une précision qui pourrait les faire prédire.

Diversités que présentent les corps électrisés par le frottement.

685. Deux corps isolants se constituent, par leur frottement mutuel, dans deux états différents d'électricité, et les circonstances qui déterminent chacun d'eux à acquérir de préférence telle espèce d'électricité dépendent de certaines causes qu'il n'est pas toujours facile de démêler. Le verre et les matières dans lesquelles le caractère vitreux est nettement prononcé, comme le cristal de roche et les pierres gemmes, acquièrent presque toujours l'électricité vitrée, quel que soit le frottoir que l'on emploie : nous disons presque toujours, car on a observé que le verre frotté avec le poil de chat s'électrisait résineusement. D'une autre part, la résine, le soufre, la cire d'Espagne acquièrent l'électricité résineuse par le frottement d'une matière isolante quelconque. Mais il y a ici une restriction à faire, au moins par rapport aux substances vitreuses, qui ne manifestent l'électricité vitrée, après qu'elles ont été frottées, qu'autant que leur surface est lisse et polie : ainsi, le verre qui a été dépoli s'électrise résineusement par le frottement des mêmes substances qui auparavant lui communiquaient l'électricité vitrée. En général, toutes choses égales d'ailleurs, les substances qui ont leur surface hérissée d'aspérités paraissent avoir une tendance plus marquée vers l'électricité résineuse. Lorsqu'on frotte un ruban de soie blanc contre un autre de couleur noire, le premier s'électrise vitreusement et le second résineusement, ce que le célèbre Ingen-Housz attribue à la matière colorante du ruban noir, composée de molécules qui donnent une certaine âpreté à la surface de ce ruban (1).

686. Parmi les corps métalliques isolés que l'on frotte avec une substance d'une nature déterminée, telle qu'un morceau de drap, les uns, comme le zinc et le bismuth, acquièrent l'électricité vitrée, et les autres, comme l'étain et l'antimoine, acquièrent l'électricité résineuse. Nous citons de préférence ces métaux, comme étant de ceux qui donnent le plus constamment le même résultat : car on observe dans les expériences de ce genre des anomalies singulières, en sorte que tel morceau de métal placé dans les mêmes circonstances acquiert quelquefois une électricité différente de celle qu'il avait d'abord manifestée.

(1) Nouvelles expériences et observat. sur divers objets de physique, t. 1, p. 5.

687. La même diversité a lieu par rapport à certains corps isolants. Quelquefois aussi le frottement fait naître constamment une espèce d'électricité dans tel morceau d'une substance, et en détermine constamment une différente dans un autre morceau d'ailleurs semblable au premier. Nous ne connaissons aucun corps dans lequel ce genre d'anomalie tienne à des nuances aussi délicates et aussi imperceptibles que dans le minéral nommé communément *cyanite*, et que nous avons appelé *disthène* (qui a deux vertus). Parmi les divers cristaux de ce minéral, les uns acquièrent toujours l'électricité résineuse à l'aide du frottement, et les autres l'électricité vitrée; et dans quelques-uns les deux espèces d'électricité contrastent entre elles sur deux faces opposées, sans que ni l'œil ni le tact puissent saisir, dans l'éclat et le poli des faces, la plus légère indication de cette différence d'états.

Circonstance dans laquelle le taffetas gommé acquiert l'électricité vitrée.

688. M. le professeur Libes a découvert une manière particulière d'exciter la vertu électrique dans le taffetas gommé dont on fait les rubans que l'on électrise par frottement, pour charger de petites bouteilles, avec lesquelles on répète l'expérience de Leyde que nous décrirons dans la suite. L'enduit dont ce taffetas est couvert forme une espèce de vernis gluant, par l'intermède duquel le taffetas contracte de l'adhérence avec les corps que l'on applique, par pression, sur sa surface, en sorte qu'il faut faire ensuite un certain effort pour les en détacher, et que cette séparation est accompagnée d'un bruit analogue à celui d'un tissu que l'on déchire. On sait que le taffetas gommé acquiert l'électricité résineuse par le frottement ordinaire : mais M. Libes a observé que si l'on se contente d'appliquer sur la surface de cette espèce de tissu un disque de métal attaché par le milieu à un cylindre de verre que l'on tient à la main, pour que le disque reste isolé, le taffetas, après sa séparation d'avec ce disque, se trouve électrisé vitreusement, tandis que c'est le disque qui est dans l'état résineux. L'une et l'autre électricité ont d'autant plus d'énergie que l'application du disque a été aidée par une plus forte pression. Il paraît que, dans cette expérience, la résistance que l'enduit oppose à l'effort qui agit pour séparer le disque, excite dans les particules de cet enduit une espèce de jeu dont l'effet est analogue à celui du frottement, avec cette différence remarquable, que l'électricité acquise par le taffetas est d'une espèce différente de celle que le frottement y ferait naître, même dans le cas où l'on emploierait, comme frottoir, le disque métallique. Voici une manière de vérifier cette expérience, qui en fait mieux ressortir les résultats. On frotte d'abord le taffetas avec le disque de métal; le premier acquiert alors l'électricité résineuse, et le second l'électricité vitrée; on applique ensuite le disque, par pression, sur le taffetas, et l'on trouve que chacun possède encore la même espèce d'électricité, mais dans un degré plus faible. En répétant les contacts, on arrive à un terme où l'électricité est zéro de part et d'autre, et au delà de ce terme, le ruban passe à l'état vitré et le disque métallique à l'état résineux. Si l'on substitue à ce disque un plateau de verre, le taffetas acquiert encore l'électricité vitrée, et celle du verre est résineuse, c'est-à-dire qu'elles sont l'une et l'autre d'une espèce opposée à celle qui aurait lieu par le frottement ordinaire. Les effets dont nous venons de parler paraissent tellement dépendre de la résistance à la séparation, que si l'on emploie un taffetas qui ait perdu sa vertu glutineuse par la dessiccation, en sorte qu'il ne contracte aucune adhérence sensible avec les autres corps, l'application du disque n'y produit plus d'électricité.

De l'électricité produite par la pression.

689. Une circonstance heureuse a voulu que la première des substances minérales qui se soit présentée à l'action de l'espèce d'électricité dont nous allons nous occuper, ait été celle qui, par l'énergie de ses effets, ait mérité d'obtenir le premier rang parmi elles (1).

(1) On nous a demandé quelquefois comment nous étions parvenu à faire la petite découverte dont il s'agit ici. Des chimistes d'un mérite distingué avaient annoncé qu'en analysant des morceaux de spath d'Islande d'une belle transparence, ils en avaient retiré un peu de fer et

Cette substance est la chaux carbonatée trransparente, dite *spath d'Islande*. Elle possède à un si haut degré ce qu'on pourrait appeler l'*irritabilite électrique*, que si l'on prend d'une main un rhomboïde de ce spath, par deux de ses arêtes opposées, et qu'ayant touché, même légèrement, deux de ses faces parallèles, avec deux doigts de l'autre main on l'approche de la petite aiguille d'épreuve, il exercera sur elle une attraction sensible (1). Si l'on substitue la pression au contact, qui n'est pour ainsi dire qu'une pression très-mitigée, il est évident que l'on obtiendra des effets plus marqués. L'électricité acquise à l'aide de l'un ou de l'autre de ces moyens est celle que nous appelons vitrée. La même substance est aussi très-électrique par le frottement.

690. Nous avons retrouvé dans diverses substances la propriété de devenir électriques à l'aide de la pression, mais c'est le spath d'Islande qui jusqu'ici en a offert le maximum. En général le succès des expériences dépend du degré de pureté et de transparence des corps que l'on éprouve. Ces corps sont surtout de ceux qui sont susceptibles d'être réduits, par la division mécanique, en lames planes et unies. On peut aussi employer ceux qui ont été mis sous la même forme par le travail de l'art. Du nombre des premiers sont la topaze, surtout celle qui est incolore, l'euclase, l'arragonite, la chaux fluatée, et le plomb carbonaté. Les morceaux de quartz hyalin que nous avons employés avaient été travaillés. Tous ces corps acquièrent l'électricité vitrée, à l'aide du frottement, comme de la pression. La baryte sulfatée et la chaux sulfatée résistent à l'action de cette dernière force.

691 Parmi les corps dans lesquels le frottement fait naître l'électricité résineuse, il en est aussi qui, pour l'acquérir, n'ont besoin que d'être pressés. Tel est entre autres le minéral connu sous le nom de *bitume élastique*, lorsqu'en le coupant on l'a mis sous la forme convenable pour l'expérience.

692. Le frottement et la pression doivent être considérés comme deux forces distinctes, dont chacune a une manière d'agir qui lui est particulière. Le premier dépend d'un mouvement de transport, en vertu duquel tous les points de la surface du corps frotté sont mis successivement en contact avec ceux de la surface du frottoir. Ces deux surfaces ne glissent pas l'une sur l'autre avec une telle liberté, qu'elles ne se trouvent comme gênées par les petites aspérités dont elles sont hérissées, et qui altèrent le niveau même de celles que l'on a polies avec le plus de soin. Il en résulte dans les molécules du corps frotté une espèce de petit ébranlement, d'où naît le dégagement de fluide électrique qui a lieu contre les deux surfaces. Lorsque c'est au contraire la pression qui agit, la surface du corps qui la subit fléchit sous l'effort des doigt, ce qui détermine un léger déplacement des molécules qui cèdent à cet effort, et tandis qu'ensuite on retire les doigts, les mouvements imperceptibles occasionnés par la tendance à reprendre leurs premières positions, mettent en activité le fluide électrique dont se charge la surface du corps. La distinction dont nous venons de parler se trouve confirmée par une observation qui consiste en ce que, parmi les substances qui cèdent à l'action du frottement, il en est qui résis-

de manganèse. Nous désirâmes savoir si la présence du fer serait indiquée par le mouvement d'une aiguille aimantée mise en équilibre à l'aide d'un moyen que nous ferons connaître lorsque nous traiterons du magnétisme, et qui la rend susceptible d'obéir à l'action d'une très-petite quantité du métal dont il s'agit. Ayant pris un rhomboïde limpide de spath d'Islande, nous l'approchâmes d'un des pôles de l'aiguille, qui fut attirée avec une si grande force que nous eûmes peine à croire que cette attraction pût être produite par quelques atomes de fer : l'effet aurait été plus grand que la cause. Nos soupçons se tournèrent alors vers l'électricité. Nous présentâmes le même rhomboïde à l'aiguille d'épreuve, et l'attraction se renouvela. En prenant ce rhomboïde, nous avions dû naturellement appliquer deux doigts sur deux de ses faces opposées, et il se trouvait ainsi tout préparé pour l'expérience qui devait le déceler.

(1) Il est aisé de sentir combien il y a loin de cette action délicate des doigts sur une surface vitreuse à ce qui se passe dans l'expérience faite par M. Libes, où l'électricité produite dépend de la viscosité de l'enduit appliqué sur le taffetas, et de l'agitatien qu'excite entre ses molécules l'espèce de déchirement qui rompt leur adhérence avec le corps uni au taffetas par l'effet de la pression.

tent à celle de la pression, pour les rendre électriques. De ce nombre sont la chaux sulfatée et la baryte sulfatée. Dans un autre article, où nous traiterons de la propriété qu'ont les corps qui ont acquis la vertu électrique de la conserver plus ou moins long-temps, nous ferons voir que le spath d'Islande est encore celui qui a obtenu la prééminence sur tous les autres.

Tension électrique.

693. On donne le nom de *tension électrique* à la force répulsive avec laquelle les molécules du fluide vitré ou résineux répandu sur la surface d'un corps tendent à s'écarter les unes des autres. Cette force est proportionnelle à la densité du fluide ou au nombre des molécules renfermées dans un espace donné. Supposons deux corps qui soient chargés, par exemple, l'électricité vitrée. Si l'on applique sur la surface de chaque corps un petit disque métallique, fixé à l'extrémité d'une aiguille de gomme-laque, pour le tenir isolé, les quantités de fluide que les deux disques, en les supposant égaux, enlèveront aux corps dont il s'agit, seront entre elles comme les tensions des mêmes corps; en employant pour les mesurer des moyens dont nous parlerons dans la suite, on pourra déterminer le rapport entre les tensions elles-mêmes.

De la loi que suivent les actions électriques à raison de la distance.

694. Les forces des deux fluides qui composent le fluide électrique agissent, ainsi que nous l'avons dit, en raison inverse du carré de la distance. Cette loi avait déjà été aperçue par plusieurs physiciens, et en particulier par Æpinus, qui disait que s'il avait à choisir, il donnerait la préférence à cette même loi, parce qu'elle avait l'analogie pour elle (1). On voit par là qu'il présumait que le principe des mouvements célestes devait s'étendre sur toutes les actions à distance, et plus cette idée était belle et satisfaisante, plus il était à désirer qu'elle pût devenir une vérité de fait. Coulomb l'a démontrée en même temps pour les actions électriques, et pour celles qui dépendent du magnétisme (1). Il a donné à l'appareil dont il s'est servi dans les expériences relatives à l'électricité le nom de *balance électrique*, qui lui convient parfaitement, parce qu'il fournit le moyen d'établir l'équilibre entre une force électrique et une autre force, dont les plus petites quantités sont susceptibles d'être mesurées avec beaucoup de précision. Cette dernière force est ce qu'on appelle la *force de torsion*. C'est l'effort que fait un fil qui a été tordu, pour se détordre et revenir à son premier état. Soit *ac* (fig. 73) un fil de métal ou de toute autre matière, auquel on ait suspendu, par le milieu, un petit levier *bd*; supposons que ce levier, étant d'abord en repos, commence à tourner autour du point *c*, en décrivant des arcs de cercle par ses deux extrémités. Le fil se tordra en même temps d'un nombre de degrés égal à celui qui est compris dans chacun de ces arcs, et si on veut le maintenir dans cet état de torsion, il faudra appliquer à l'une ou à l'autre des extrémités *b*, *d* du levier, une résistance qui balance l'effort de ce fil, pour revenir au point où, le levier étant immobile, la torsion était nulle. Or, Coulomb a prouvé que, toutes choses égales d'ailleurs, cet effort, qu'il nomme *force de torsion*, est proportionnel à l'angle de torsion : concevons, par exemple, que dans le cas dont nous venons de parler, l'arc décrit par le point *b* ou *d*, ou, ce qui revient au même, la quantité de la torsion soit de 30 degrés, et désignons par r la résistance capable de faire équilibre à cette torsion; si l'on suppose une torsion double, en vertu d'un arc de 60 degrés, il faudra, pour qu'il y ait encore équilibre, que la résistance soit égale à $2r$.

Description et usage de la balance électrique.

695. L'appareil employé par Coulomb est composé principalement d'une grande cage de verre ACDB (2) (fig. 74), recouverte d'une plaque AC de la même

(1) Tentamen theoriæ electricit. et magnet., p. 38.

(1) Histoire de l'Académie royale des sciences, année 1785, p. 569.

(2) On peut à volonté donner à cette cage une forme cylindrique, telle que la représente la figure, ou une forme cubique.

manière. Sur le milieu de cette plaque est soudé un tuyau vertical *febh*, pareillement de verre, et surmonté d'un tuyau de cuivre beaucoup plus court *cbhd*, dans lequel tourne avec frottement une autre portion de tuyau du même métal. Celui-ci porte une plaque *ly*, percée d'un trou en son milieu, pour recevoir une petite tige à laquelle est attachée une aiguille *ol* que l'on fait tourner en même temps que la tige. Le bord de la plaque *ly* est divisé en 360 degrés dans le sens *lky*. La tige porte à son extrémité une petite pince qui saisit un fil d'argent très-délié *pn*, au bas duquel est suspendu un petit cylindre de cuivre *nu* pour le tenir tendu. Ce cylindre est de plus fendu dans sa longueur, et fait aussi l'office d'une pince, qui presse un petit levier *ag*, dont un des bras, savoir, *ua*, est fait d'un fil de soie enduit de gomme-laque, et terminé par un petit plan circulaire *a* de papier doré. L'autre bras est un fil de cuivre *gn*, qui n'a que la longueur nécessaire pour que le levier se tienne dans une position horizontale. C'est dans la torsion imprimée au fil métallique *pn* que consiste la force qui sert à mesurer celle des corps électriques dont elle balance l'effet. La plaque AC est percée en *m* d'un trou, à travers lequel passe un second fil de soie, enduit aussi de gomme-laque, et maintenu dans une direction *mt*, à peu près verticale, par le moyen d'un bâton *rs* de cire d'Espagne. Ce fil de soie porte à son extrémité inférieure *t* une balle *x* de cuivre, qui correspond au point zéro d'un cercle gradué *zq*, attaché autour de la cage ACDB. On peut toujours, à l'aide du tuyau de cuivre supérieur, que l'on fait tourner doucement dans celui où il est emboîté, disposer les choses de manière que le petit plan circulaire *a* touche la balle *x*, sans que le fil de suspension éprouve aucune torsion.

696. Les choses étant supposées dans cet état, nous allons décrire l'expérience faite par Coulomb, à l'Académie des sciences, en 1785. Ce physicien électrisa d'abord le cercle doré *a* et la balle *x* de cuivre, en les touchant avec un petit conducteur chargé d'électricité vitrée, qu'il introduisit dans la cage par une ouverture qu'on y avait pratiquée à dessein. A l'instant la balle repoussa le petit plan circulaire à la distance de 36 degrés, laquelle s'estimait d'après la position de ce plan, relativement à la circonférence circonscrite à la cage de verre. Par une suite nécessaire, le fil métallique se tordit d'un nombre égal de degrés. Coulomb continua de le tordre d'une quantité égale à 126 degrés, en faisant tourner l'aiguille *ol* attachée à la tige qui tenait ce fil suspendu; et l'on concevra aisément que, dans ce cas, le mouvement de rotation de l'aiguille devait être en sens contraire de celui qu'avait fait le cercle doré. La force de torsion ayant subi alors une augmentation considérable, et l'action répulsive des deux corps n'étant plus suffisante pour la balancer à la même distance, le cercle doré s'est rapproché de la balle jusqu'au point où la force de répulsion se trouva tellement accrue par la diminution de la distance, que l'équilibre fut rétabli : il n'y avait plus à ce moment que 18 degrés de distance entre les deux corps. Maintenant il est à remarquer que la torsion imprimée de 126 degrés étant une continuation de la torsion de 36 degrés déjà produite par la répulsion des deux corps, si l'on soustrait de cette dernière les 18 degrés qui mesurent la quantité dont le fil s'est détordu, tandis que le cercle doré se rapprochait de la balle de cuivre, il restera 18 degrés, lesquels, ajoutés aux 126 degrés de torsion imprimée, donneront 144 degrés pour la torsion totale relative à la seconde position des deux corps. Mais la torsion qui avait lieu dans la position précédente était de 36 degrés; d'où il suit que les deux forces répulsives qui faisaient équilibre à ces torsions étaient, dans le rapport de 4 à 1, le même que celui de 144 à 36. Or les distances correspondantes étaient comme 18 à 36, ou comme 1 est à 2; d'où l'on voit que les forces répulsives suivaient le rapport inverse du carré de la distance. Cette expérience a été variée de différentes manière, d'après d'autres rapports entre les distances, et tous les résultats se sont trouvés conformes à la même loi.

697. Les petites erreurs inséparables des résultats donnés par une machine dont les mouvements laissent toujours quelque chose à rabattre de la précision géométrique, n'ont pas échappé à l'attention de Coulomb : par exemple la vraie mesure de la distance entre les deux corps n'est pas précisément l'arc qui les sépare, mais la corde de cet arc. D'une autre part, l'action répulsive de la balle de cuivre, à l'égard du cer-

cle doré, est un peu oblique sur le levier qui porte ce cercle. Mais la construction de la machine a cela d'heureux, que les deux erreurs marchent en sens contraire l'une de l'autre, en sorte qu'elles se compensent sensiblement lorsque les angles ne sont pas considérables.

698. Des expériences analogues ont prouvé que les attractions électriques suivent aussi la raison inverse du carré de la distance ; et d'ailleurs, sans avoir ici recours à l'observation, on peut conclure immédiatement la loi des attractions de celle des répulsions, en considérant l'équilibre de deux corps, dont chacun n'a que son fluide naturel. Comme les quantités d'électricité vitrée qui font partie de la quantité de fluide naturelle sont toujours proportionnelles aux quantités d'électricité résineuse, dès que les répulsions mutuelles des fluides de la même espèce se font en raison inverse du carré de la distance, il est nécessaire que les attractions suivent la même loi, sans quoi il n'y aurait point équilibre.

Description de quelques instruments d'un petit volume susceptibles d'être employés à diverses expériences.

699. Parmi les phénomènes électriques auxquels s'applique la théorie dont nous venons d'exposer les principes, il en est un certain nombre qui, sans avoir rien d'important, n'en sont pas moins dignes d'intérêt, et qui, pour se montrer n'exigent pas l'usage des appareils plus ou moins volumineux, destinés spécialement pour les expériences dont les effets dépendent d'une action très-énergique des fluides vitrés et résineux. Nous espérons que ceux surtout qui cultivent la physique par goût et pour leur instruction particulière, nous sauront gré de leur avoir indiqué de petits instruments dont l'invention est récente, que chacun peut aisément se procurer, et qui sont susceptibles d'être employés avec d'autant plus de succès à l'observation des phénomènes dont nous avons parlé, qu'ils empruntent un surcroît de force de leur construction et du choix des matières dont ils sont composés.

700. La pièce principale du premier est une aiguille *gf* (fig. 75), d'argent ou de laiton, terminée d'un côté par un globule *f* de même métal, et du côté opposé par un petit barreau ou par une lame étroite *a* de spath d'Islande transparent, que l'on y a fixée avec de la cire ou autrement. Cette aiguille est garnie en son milieu d'une chape *h* de cristal de roche, au moyen de laquelle elle fait l'office d'un levier qui se meut sur la pointe d'un pivot d'acier, dont le support est un bâton *ln* de gomme-laque ou de cire d'Espagne, que l'on a aplani par le bas, après l'avoir fait chauffer de manière qu'il puisse se tenir debout. Le bras de levier *fr* porte un petit curseur *d*, que l'on fait avancer ou reculer à volonté, pour rétablir l'équilibre au besoin. Lorsqu'on veut mettre cet appareil en action, on prend le levier de la main droite par l'extrémité située vers *f*, et on presse le barreau entre deux doigts de la main gauche, puis on remet le levier sur son pivot. Le barreau de spath doit être tellement tourné, que deux de ses faces latérales opposées soient situées verticalement. Nous nommerons cet appareil *électroscope vitré*, du nom de l'espèce d'électricité que la pression y a fait naître.

701. Le second appareil diffère du précédent en ce que le levier *gf* s'y trouve remplacé par une simple aiguille *os* d'argent ou de cuivre (fig. 76), ayant deux globules fixés à ses extrémités, et dont la chape *hx* doit être faite du même métal. Pour mettre cet appareil à l'état d'électricité résineuse, ainsi que l'exige sa destination, on frotte à plusieurs reprises, sur un morceau de laine ou de drap, un bâton de cire d'Espagne, ou un fragment de succin, puis on l'approche jusqu'au contact d'un des globules de l'aiguille, qui est aussitôt fortement repoussée, et là se termine l'opération. L'appareil qui vient d'être décrit portera le nom d'*électroscope résineux*.

702. Le troisième appareil consiste dans une petite aiguille de cuivre ou d'argent *os* (fig. 77), dont la chape est faite de cristal de roche et se meut sur la pointe d'un support *xz*, de même métal. On peut à volonté mettre cette aiguille dans l'état d'électricité vitrée ou résineuse, qu'elle conserve pendant quelque temps, à l'aide de sa chape, qui a la propriété isolante. La concavité de cette chape oppose une nouvelle résistance à l'effort du fluide dont on a chargé l'aiguille, pour s'y introduire et pénétrer jusqu'à la pointe du support, puisqu'en supposant qu'il y fût entré, il n'y resterait pas. De là le nom d'*aiguille isolée* que nous donnons à cet appareil.

703. Veut-on maintenant communiquer à l'aiguille l'électricité résineuse : on touche un des globules qui la terminent avec un morceau de cire d'Espagne ou de succin, que l'on a frotté comme dans le cas du second appareil ; mais nous devons ici observer qu'assez souvent un seul contact ne suffit pas pour produire la répulsion, qui est le signe de la vertu résineuse acquise par l'aiguille, mais qu'il est nécessaire de faire glisser à deux ou trois reprises le succin ou la cire d'Espagne sur la surface du globule. On s'éloigne ensuite à une petite distance de l'un ou l'autre globule, et si l'on voit reculer celui-ci, on est assuré que l'opération a réussi.

704. Supposons au contraire qu'on veuille faire acquérir à l'aiguille l'électricité vitrée. C'est encore au moyen d'un bâton de cire à cacheter ou d'un morceau de succin électrisé par le frottement que l'on y parvient, mais en lui assignant un rôle différent. Ayant pris entre deux doigts d'une main un des globules qui terminent l'aiguille, tel que *o*, en maintenant celle-ci dans sa position horizontale, on prend de l'autre main le succin ou la cire d'Espagne, et on le fait avancer vis-à-vis de l'autre globule *s*, jusqu'à la distance de quelques millimètres, de manière que le centre de la partie frottée soit sur la direction prolongée de l'aiguille. On laisse les choses dans cet état pendant environ une minute, puis on retire d'abord les doigts qui étaient en contact avec le globule *o*, et ensuite le succin ou la cire d'Espagne, en mettant un petit intervalle entre les deux mouvements. L'aiguille alors se trouve électrisée vitreusement. Nous expliquerons avec détail, dans un des articles suivants, ce qui se passe dans cette opération.

705. Le quatrième appareil est si simple, qu'il n'a besoin que d'être indiqué. Il ne diffère du précédent qu'en ce que la chape de l'aiguille est aussi de métal. Son nom, qui se présente comme de lui-même, sera celui d'*aiguille non isolée*.

706. Nous ajouterons un cinquième appareil, qui consiste dans un petit globe métallique *o* (fig. 78) de 13 ou 14 millimètres (environ un demi-pouce) de diamètre, fixé à l'extrémité d'un bâton de cire d'Espagne ou de gomme-laque, qui sert à le maintenir isolé, tandis qu'il agit sur un autre corps, en vertu de l'électricité qui lui a été communiquée. Nous le désignerons sous le nom de *globe isolé*. Nous ferons connaître dans la suite les usages de ces divers appareils.

Tendance du fluide électrique pour se répandre à la surface des corps conducteurs.

707. La loi que nous venons d'exposer conduit à un résultat très-remarquable de l'électricité des corps conducteurs. Il consiste en ce que tout le fluide libre qui tient un de ces corps à l'état électrique, est répandu autour de sa surface, sans qu'il en existe aucune portion sensible à l'intérieur. Cette propriété se prouve également par le raisonnement et par l'expérience, et nous allons présenter successivement l'une et l'autre manière de la démontrer, en observant cependant que la preuve géométrique n'est rigoureuse que pour les corps sphériques et pour quelques autres dont nous parlerons plus bas. Mais comme un solide d'une forme quelconque peut toujours être censé circonscrit à l'un de ceux dont il s'agit, la manière dont l'action principale est modifiée par la matière excédante ne doit apporter qu'une différence assez légère dans le résultat.

708. La démonstration que nous donnerons de ce résultat, considéré dans les corps sphériques, dépend de deux principes de la philosophie newtonienne. L'un, que nous avons déjà fait connaître en parlant de l'attraction, consiste en ce que, si toutes les molécules d'une sphère attirent en raison inverse du carré de la distance (et il en faut dire autant de la force répulsive), la somme des actions qu'elles exercent sur une particule de matière placée hors de la sphère sera la même que si toutes les molécules agissantes étaient réunies au centre de la même sphère. Telle est, dans ce cas, ainsi que nous l'avons remarqué, la manière dont se combinent les actions qui émanent des différents points de la sphère, qu'il y a compensation entre les actions plus faibles des molécules placées au delà du centre, par rapport à la particule attirée ou repoussée, et les actions plus fortes des molécules situées en deçà du même centre ; en sorte que le centre est le point dans lequel il faudrait que toutes les molécules allassent se réunir pour exercer une force moyenne qui fût égale à l'en-

semble de toutes les forces disséminées dans la masse entière. Le principe que nous venons d'exposer n'a lieu qu'en vertu de ce que chacune des couches dont on peut concevoir la sphère comme étant composée depuis le centre jusqu'à la surface, attire ou repousse elle-même, comme si toute sa matière était réunie au centre, de manière que la proposition est également vraie d'une simple enveloppe sphérique qui laisserait un vide entre elle et le centre.

709. On suppose, dans l'autre principe, une pareille enveloppe dont les molécules agissent encore suivant la même loi ; mais la molécule attirée ou repoussée, au lieu de se trouver en dehors de cette enveloppe, est située dans quelque point de sa cavité, et l'on prouve qu'alors elle est également attirée ou repoussée de tous les côtés, c'est-à-dire qu'elle demeure immobile dans sa position ; c'est ce que Newton a démontré d'une manière extrêmement simple (1), à l'aide de la construction suivante : soit *onrs* (fig. 79) la projection de l'enveloppe dont il s'agit, et soit *m* la molécule ; nous supposerons que l'enveloppe agisse par attraction sur cette molécule, parce que la démonstration s'applique d'elle-même à l'hypothèse d'une force répulsive. Menons par *m* deux lignes *bmc*, *gma*, qui interceptent sur l'enveloppe deux arcs infiniment petits *ab*, *cg*, qui pourront être pris pour leurs cordes. Concevons maintenant deux portions semblables et infiniment petites de l'enveloppe, qui aient *ab* et *cg* pour diamètres. Elles seront entre elles comme les carrés de ces diamètres ; et puisque les attractions suivent la raison directe des masses et l'inverse du carré des distances, elles seront comme $\frac{(ab)^2}{(mb)^2} : \frac{(mg)^2}{(cg)^2}$. Mais à cause des triangles semblables *mab*, *mcg*, on a $ab : cg :: mb : mg$, ou $(ab)^2 : (cg)^2 :: (mb)^2 : (mg)^2$. Donc $\frac{(ab)^2}{(mb)^2} = \frac{(cg)^2}{(mg)^2}$, c'est-à-dire que les attractions sont égales. Or, si l'on suppose l'enveloppe divisée en une infinité de petites portions semblables aux précédentes, les attractions de deux d'entre elles situées de deux côtés opposés seront aussi égales ; d'où il suit que la molécule *m* n'étant pas plus sollicitée vers un côté que vers l'autre restera immobile. Telle est donc la combinaison des actions produites par les molécules de l'enveloppe, que si l'on imagine un plan *tr* qui passe par la molécule attirée ou repoussée, et qui aille couper l'enveloppe en deux parties nécessairement inégales, les actions de la plus petite partie *tgr* étant en général plus rapprochées, et celles de la plus grande *tar* s'exerçant à des distances plus considérables, il en résultera une compensation exacte qui tiendra en équilibre la molécule soumise à ces actions contraires.

710. Tout cela étant bien conçu, soit donné un corps conducteur d'une figure sphérique et rempli de fluide libre de l'une ou de l'autre espèce d'électricité vitrée ou résineuse, et supposons, s'il est possible, qu'il y ait équilibre. Il suit des deux principes précédents que cet équilibre ne pourra pas subsister un seul instant et que tout le fluide sera chassé en dehors de la sphère. Soit *os* (fig. 80) cette même sphère ; partageons, par la pensée, tout le fluide en une infinité de couches infiniment minces, qui s'enveloppent mutuellement depuis le centre jusqu'à la surface, ainsi que le représente la figure, et considérons l'action de la sphère sur une molécule *m*, située à la surface extérieure de l'une quelconque *den* de ses couches. La répulsion de tout le fluide renfermé dans cette couche et dans toutes les autres, qui sont plus voisines du centre, sera la même que celle d'une sphère sur une molécule placée à sa surface. Ainsi, en conséquence du premier principe, cette molécule et toutes celles qui sont à la même distance du centre tendront à s'en écarter et à sortir de la sphère. Il ne pourrait donc y avoir d'obstacle à cette tendance que de la part des couches comprises entre la molécule *m* et la surface extérieure *os*. Mais le second principe nous dit que les actions de ces couches s'entre-détruisent, à l'égard d'une molécule placée plus près du centre, et par conséquent l'action qui s'exerce du dedans au dehors subsistera tout entière. A mesure que le fluide sortira de la sphère, il se formera, vers le milieu de cette sphère, un vide qui aura lui-même la figure sphérique. Chaque molécule située dans une des couches intermédiaires entre ce vide et la dernière couche sera, par rapport aux couches situées en dessous,

(1) Philosophiæ natur. princip. math., t. I, sect. 12, prop. 70, theor. 30.

dans le cas d'une molécule placée à la surface d'une sphère creuse, et elle sera, par rapport aux couches situées en dessus, dans le cas d'une molécule située à l'intérieur d'une sphère creuse, d'où l'on voit que l'action des premières couches continuera de la solliciter à fuir le centre, tandis que l'action des autres couches, pour l'en empêcher, sera nulle; et ainsi tout le fluide qui occupait d'abord la sphère en sortira; et il se répandrait indéfiniment dans l'espace, s'il n'était arrêté par le contact de l'air environnant qui, étant d'une nature isolante, refusera de s'unir avec lui, et le tiendra appliqué et condensé autour de la sphère, sous la forme d'une couche très-mince. Puisque l'équilibre ne pourrait subsister, il ne pourra s'établir, et ainsi il n'y a pour le fluide libre, appartenant à un corps conducteur, d'autre manière de se distribuer qui s'accorde avec la loi de la répulsion des molécules, qu'en se répandant sur la surface de ce corps.

711. L'expérience vient à l'appui de cette théorie. Vous prenez une sphère creuse de métal, à laquelle on ait pratiqué une ouverture circulaire de 2 ou 3 centimètres de largeur, et, après l'avoir placée sur un isoloir, vous la mettez en communication avec un conducteur que vous électrisez. Vous pouvez même, pour éviter le soupçon de favoriser davantage la surface intérieure qui ne doit, suivant la théorie, donner aucun signe d'électricité, établir une communication entre cette surface et le conducteur. Ayant ensuite retiré la sphère, toujours portée sur son isoloir, vous appliquez sur un point de sa surface intérieure un petit cercle fait d'une feuille de métal, et fixé à l'extrémité d'une longue aiguille de gomme-laque (1). Vous présentez ce cercle à un électromètre très-sensible qui reste immobile. Vous appliquez le même cercle sur un point de la surface extérieure de la sphère, et ce cercle, présenté de nouveau à l'électromètre, y produit un mouvement très-marqué; et si cet électromètre est déjà électrisé, il indique dans le petit cercle une électricité de la même espèce que celle du conducteur qui a servi à électriser la sphère.

712. Il faut avoir l'attention d'introduire dans la sphère et d'en retirer le plus promptement possible le cercle métallique, en le faisant passer par le milieu de l'ouverture, pour l'empêcher d'enlever quelque portion de l'électricité qui est accumulée sur les bords de cette ouverture. Il peut même arriver alors que cette électricité en communique une de l'espèce contraire à l'aiguille de gomme-laque qui reste isolée à l'égard de l'ouverture, pendant le petit séjour que le cercle métallique fait dans l'intérieur. Mais on s'assurera que l'électricité dont il s'agit appartient à la gomme-laque, en ce qu'elle continue d'être sensible à l'électromètre, lorsque l'on a touché le cercle métallique avec la main.

713. L'importance du phénomène dont il s'agit ici, nous a engagé à chercher un appareil qui la mît à la portée de tout le monde, par la facilité qu'on aurait de se le procurer. Pour y parvenir, on prendra un de ces petits vases de verre *rs* (fig. 81) qui sont connus sous le nom de *verres en baril*, et au moyen d'une dissolution de gomme arabique, on le garnira à l'extérieur et à l'intérieur d'étain en feuille. On aura l'attention de bien arrondir les endroits situés aux bords de l'ouverture. On attachera le vase par-dessous à la partie supérieure d'un bâton *t* de cire d'Espagne ou de gomme-laque, long de quelques centimètres et monté sur un petit socle *x* de bois ou de métal. Lorsqu'on voudra faire l'expérience, on électrisera par le frottement un autre bâton de la même substance résineuse, et, l'ayant introduit dans la cavité du vase, on le maintiendra pendant un petit instant en contact avec la surface intérieure; on répétera plusieurs fois de suite la même opération, pour renouveler le versement du fluide résineux excédant de la cire ou de la gomme-laque dans le petit vase. On achèvera l'expérience de la même manière que dans le cas précédent, en se servant de l'aiguille isolée, pour reconnaître l'état du petit cercle métallique (1).

(1) On peut prendre ce cercle dans une feuille d'étain découpée convenablement.

(1) Si l'on a une machine électrique à sa disposition, on chargera une bouteille de Leyde, dont on plongera ensuite le bouton dans l'intérieur du petit vase, en même temps qu'on la tiendra à la main par la garniture extérieure. Le fluide que l'on introduira dans le vase sera alors celui de l'électricité vitrée.

714. Le point de théorie qui vient de nous occuper est devenu, entre les mains du célèbre Laplace, le sujet d'une belle application des formules dont ce savant s'est servi pour déterminer la figure de la terre. Elle consiste en ce que le résultat donné par un corps d'une figure sphérique, est également vrai pour tous les ellipsoïdes de révolution, en sorte que le fluide électrique doit aussi se porter tout entier à la surface de ces solides.

Expériences qui prouvent que le fluide électrique n'a aucune affinité pour un corps, de quelque nature qu'il soit.

715. Dans tout ce que nous venons de dire, nous avons considéré le corps qui était supposé d'abord rempli de fluide électrique, comme n'exerçant aucune action attractive sur ce fluide, soit pour l'empêcher de sortir, soit pour balancer ensuite la résistance que l'air oppose à sa dissipation, lorsqu'il enveloppe le corps. Ceci nous conduit à un nouveau résultat, qui est lié étroitement avec le précédent. Nous avons dit que chaque corps possède par lui-même une certaine quantité de fluide électrique, composée des fluides vitré et résineux. Cette quantité, qui dépend de la nature du corps, reste comme enchaînée dans son intérieur, tant que les deux fluides y sont neutralisés l'un par l'autre. Mais aussitôt qu'ils se dégagent, ils perdent leur tendance pour se maintenir dans le corps, et n'obéissent plus qu'à leur force répulsive mutuelle. Viennent-ils ensuite à se réunir de nouveau, le fluide composé, qui résulte de leur assemblage, rentre dans le corps et y demeure fixé comme auparavant. De même, si un corps reçoit d'ailleurs une portion additionnelle de fluide vitré ou résineux, celui-ci se répand à la surface du corps sans pénétrer à l'intérieur, et ne tient même à cette surface que par l'intermède de l'air environnant qui refuse de le transmettre. Nous citerons, en parlant de l'électricité dans le vide, une expérience qui confirme cette théorie.

716. Puisque le fluide électrique libre d'un corps ne paraît avoir aucune affinité pour lui, il sera également indifférent à l'égard d'un corps quelconque; en sorte que si l'on met un corps conducteur électrisé en contact avec un autre qui soit dans l'état naturel, la partie qui lui communiquera de son fluide libre ne dépendra que de la forme des deux corps, et nullement de leur nature. C'est ce que Coulomb a prouvé d'une manière directe, à l'aide de l'expérience suivante (1). On électrise la balle de cuivre x (fig. 74), placée, comme nous l'avons dit, dans la cage de verre ACDB, et après qu'elle a repoussé le cercle doré a, on augmente la torsion d'un certain nombre de degrés, et l'on détermine la torsion totale, et la distance qui en résulte entre la balle x et le cercle a. On fait toucher à l'instant la balle de cuivre par une balle de même diamètre et d'une matière différente : par exemple, de moelle de sureau. Aussitôt qu'on a retiré celle-ci, le cercle doré vient se placer à une moindre distance de la balle de cuivre, qui a perdu une partie de son fluide et en même temps de sa force répulsive. On affaiblit la torsion jusqu'à ce que le cercle soit ramené à la même distance, et l'on trouve que, dans ce cas, la torsion n'est plus que la moitié de ce qu'elle était la première fois. Donc la force répulsive est elle-même diminuée de moitié. Or les actions électrique suivent la raison directe des masses, lesquelles sont ici les quantités de fluide, et la raison inverse du carré des distances; et puisque les distances sont égales, les actions sont simplement comme les quantités de fluide: d'où il résulte que, dans le second cas, la balle de cuivre n'avait plus que la moitié de son fluide, en sorte que la quantité primitive s'était partagée également entre cette balle et celle de moelle de sureau, à cause de l'égalité et de la similitude des deux corps.

717. Ainsi dans la communication de l'électricité, les surfaces des corps ne font autre chose que servir en quelque sorte de réceptacle au fluide électrique, qui semble y être dans un état passif, et n'y reste qu'autant qu'il y est maintenu par la résistance de l'air environnant. Mais quoique la nature des corps n'entre pour rien dans le rapport suivant lequel le fluide électrique se distribue entre eux, elle influe sur le temps qu'exige le partage, en sorte que les facultés conductrices varient selon les différentes qualités des substances. Les métaux, par exemple, le transmettent

(1) Histoire de l'Académie royale des sciences, année 1786, p. 67 et suiv.

beaucoup plus rapidement que le bois et le papier ; et à cet égard, comme à plusieurs autres, la manière d'agir du fluide électrique se rapproche de celle du calorique. Si donc l'on met en contact un corps conducteur électrisé, avec un second corps pareillement conducteur qui soit à l'état naturel, il y aura, dans la transmission du fluide de l'un à l'autre, un terme, passé lequel le premier cessera de communiquer et l'autre de recevoir; et ce terme sera plus ou moins éloigné, suivant que le corps qui reçoit sera plus ou moins susceptible de conduire le fluide. Mais la différence ne portera que sur la durée de la communication, qui se fera toujours sans aucune préférence pour un corps plutôt que pour l'autre, quant à la quantité de fluide communiquée ou reçue.

De la manière dont le fluide électrique se distribue, soit sur la surface d'un seul corps, soit entre différents corps en contact les uns avec les autres.

718. Coulomb est le premier qui ait fait des recherches suivies sur le sujet que nous venons d'énoncer ; il a opéré tantôt sur un seul corps, tantôt sur plusieurs corps en contact les uns avec les autres, il a fait varier, dans ce dernier cas, le rapport de leurs volumes ; il a employé tour à tour des sphères et des cylindres, et ce sujet, qui jusqu'alors était resté presque entièrement stérile pour le progrès de la science, est devenu ainsi entre ses mains une branche de connaissances fécondes en résultats aussi remarquables qu'ils étaient nouveaux, il les a élevés à un degré de précision jusqu'alors inconnu, en se servant pour les obtenir de l'appareil inventé par lui-même, et dont l'extrême sensibilité répondait à la délicatesse des expériences. C'était cette même balance de torsion dont l'utilité s'était déjà annoncée d'une manière si éclatante, dans la détermination de la loi à laquelle sont soumises les actions électriques.

719. Mais ces résultats si intéressants avaient été amenés par des observations particulières, et il restait un grand pas à faire pour arriver à une théorie qui en fît apercevoir la dépendance et le lien commun. Il était réservé à M. Poisson d'atteindre ce but si éloigné, de généraliser les résultats dont nous venons de parler, et de les représenter avec une précision rigoureuse, à l'aide de ces savantes méthodes d'analyse dont il n'a été donné qu'à un petit nombre de géomètres de faire des applications heureuses à des sujets qui semblaient être inaccessibles pour elles (1). Parmi les nombreux résultats qui se déduisent de ses formules et dont M. Coulomb avait déterminé une partie au moyen de l'observation, nous nous bornerons à en exposer un petit nombre choisis parmi les plus remarquables, et dont la marche étant plus simple se laisse suivre par la pensée.

720. Nous avons déjà vu que tout le fluide électrique que l'on suppose introduit dans l'intérieur d'un corps dont la forme est celle d'une sphère ou d'un ellipsoïde de révolution, en sort à l'instant pour se répandre autour de la surface de ce corps où il est maintenu par l'air environnant. Il est évident que la manière dont il s'y serait distribué dans ce cas, ne diffère point de celle qui aurait eu lieu si l'on avait fourni immédiatement à la surface du corps la même quantité de fluide.

721. La distribution dont il s'agit varie avec la forme du corps, et elle doit toujours être telle, que toutes les actions électriques qui déterminent l'état de ce corps soient en équilibre. Or la condition de cet équilibre est double et dépend à la fois du fluide qui compose la couche enveloppante et du fluide naturel qui préexistait dans le corps, c'est-à-dire qu'il ne suffit pas que dans la couche considérée séparément, les actions mutuelles des molécules électriques s'entre-détruisent, il faut encore que ces molécules n'exercent aucune attraction ni répulsion, sur un assemblage de deux molécules, l'une de fluide vitré, l'autre de fluide résineux, pris partout où l'on voudra dans la quantité de fluide naturel : car, si cette condition n'était pas remplie, l'action de la couche enveloppante décomposerait une partie du fluide naturel, ce qui changerait l'état électrique du corps.

722. Supposons maintenant que le corps, en partant de la figure sphérique, se rétrécisse graduellement dans le sens d'un de ses diamètres, en même temps qu'il s'allonge dans le sens d'un diamètre perpendiculaire au précédent,

(1) Mémoires de la classe des sciences mathématiques et physiques de l'Institut, ann. 1811, première partie, p. 1 et suiv.

de manière qu'il résulte du concours de ces deux variations une suite d'ellipsoïdes dans lesquels le rapport entre les axes qui répondront aux deux diamètres dont nous venons de parler, aille toujours en augmentant.

723. Pour concevoir d'abord en général la manière dont la distribution du fluide variera dans la couche qui enveloppera ces ellipsoïdes, à mesure qu'ils seront plus allongés, nous partirons de la forme sphérique, prise comme terme de comparaison. Un des principes dont nous nous sommes servis pour démontrer que le fluide électrique dont on aurait rempli un corps de cette forme en sortirait à l'instant, consiste en ce que les actions des molécules d'une enveloppe sphérique, sur une molécule située dans un point quelconque de sa cavité, se détruisent mutuellement dans l'hypothèse où ces actions sont soumises à la loi de la raison inverse du carré de la distance. Or, si nous substituons à l'enveloppe sphérique dont il s'agit, une couche de fluide répandu autour de la surface de la sphère que nous considérons, et à la molécule de fluide libre située dans un point de l'intérieur de l'enveloppe, que nous désignerons par a, un assemblage de deux molécules, l'une vitrée, l'autre résineuse faisant partie du fluide naturel de la même sphère, il est aisé de voir que l'action de la couche sera pareillement nulle sur cet assemblage, ainsi que sur toutes les autres molécules comprises dans le fluide naturel. A mesure que la sphère passe graduellement à la forme d'un sphéroïde toujours plus allongé, une partie des molécules de l'enveloppe se rapprochent du point a, en vertu du rétrécissement, tandis qu'une autre partie s'écarte du même point par une suite de l'allongement, d'où il résulte que l'action des premières sur le point a va en augmentant en même temps que l'action des dernières diminue. Il faudra donc, pour que la compensation exigée par la condition de l'équilibre s'établisse, que le fluide compris dans la partie de l'enveloppe voisine de l'extrémité du grand axe de l'ellipsoïde soit plus condensé que celui de la partie située dans le voisinage du plus petit axe, en sorte que le rapport entre les deux densités s'accroîtra en même temps que celui qui existe entre les axes.

724. Venons maintenant à ce que la théorie pouvait seule nous apprendre. La couche de fluide qui enveloppe la surface du corps et qui tend à s'échapper en vertu de la répulsion mutuelle de ses mollécules, n'y est maintenue que par la réaction de l'air environnant, qui se moule en quelque sorte sur la surface de la couche en contact avec lui. Cette couche ayant des épaisseurs variables sur les différents point du sphéroïde, la pression qu'elle exerce contre l'air environnant subit elle-même des variations. Or la théorie fait voir que cette pression, prise à un endroit quelconque de la surface du sphéroïde, est en raison composée de la force répulsive des molécules électriques et de l'épaisseur de la couche au même endroit et, parce que chacun de ces deux éléments est proportionnel à l'autre, il en résulte que la pression contre l'air est partout proportionnelle au carré de l'épaisseur de la couche, ou de la quantité d'électricité dont elle dépend. Mais la pression dont il s'agit étant plus grande aux extrémités du grand axe que partout ailleurs, et son intensité allant toujours en croissant à mesure que le sphéroïde est plus allongé, il y aura un terme où elle l'emportera sur la résistance de l'air, et où les molécules qui l'exercent subiront un effet que l'on peut comparer à celui d'une explosion, en sorte qu'elles s'échapperont les unes après les autres et pénétreront dans le fluide environnant, jusqu'à ce que la force répulsive de celles qui resteront fasse équilibre à la réaction de ce fluide.

725. Les actions mutuelles de deux corps électrisés ou davantage, que l'on présente les uns aux autres, avaient fourni à M. Coulomb, ainsi que nous l'avons déjà dit, les sujets d'une multitude d'expériences variées. Elles ont offert également à M. Poisson un champ ouvert pour étendre et multiplier les applications du calcul analytique. Ce savant géomètre a été conduit à comparer les résultats obtenus de part et d'autre, dans le cas où les recherches qui les ont amenés ont concouru vers un même but, et l'on juge aisément combien cette comparaison a dû l'intéresser, en lui montrant dans ceux qui avaient eu la priorité une vérification anticipée d'une théorie qui ne s'est présentée qu'après un intervalle de vingt-cinq ans.

726. Le même savant, dans la solution des problèmes relatifs au nouveau point de vue sous lequel il envisageait ici son sujet, était parti d'un principe

analogue à celui dont il avait fait usage pour déterminer la manière dont était distribué le fluide électrique à la surface d'un seul corps. Il consiste en ce que si plusieurs corps conducteurs électrisés sont mis en présence les uns des autres, et qu'ils parviennent à un état électrique permanent, il faudra, dans cet état, que la résultante des actions qu'exercent les couches électriques qui les recouvrent sur un point pris quelque part que ce soit dans l'intérieur de l'un de ces corps soit égale à zéro. Nous nous bornerons encore au cas le plus simple, qui est celui de deux sphères soumises à l'influence l'une de l'autre. Nous commencerons par des considérations générales faites pour disposer l'esprit à mieux comprendre les résultats dérivés, soit du calcul analytique, soit de l'expérience.

727. Le raisonnement suffit pour faire concevoir qu'à mesure que la différence s'accroît entre les diamètres des deux sphères, le rapport entre les quantités de fluide comprises dans leurs couches enveloppantes, doit aller lui-même en augmentant. Car, supposons les sphères en contact l'une avec l'autre, il faudra, pour que l'équilibre ait lieu entre les deux quantités de fluide, que la force répulsive exercée par les molécules de chacune sur celles de l'autre balance l'effort que font ces dernières, en vertu de leur répulsion mutuelle, pour s'écarter les unes des autres en se portant vers le point de contact. Cela posé, concevons que la plus petite des deux sphères diminue tout à coup de volume. Les molécules de la couche qui l'enveloppe se rapprocheront de celles qui leur correspondent dans l'autre couche, et leur répulsion mutuelle se trouvant augmentée, les refoulera vers les points opposés à celui du contact. Mais une autre cause, savoir, la diminution de la surface de la petite sphère, forcera les molécules de sa couche enveloppante de se resserrer encore davantage, en sorte que la force répulsive des molécules de l'autre couche ne suffira plus pour balancer le surcroît d'énergie ajouté à leur tendance pour s'écarter les unes des autres. Il faudra donc, pour que l'équilibre se trouve rétabli, que la quantité de fluide dont la même couche est composée ait subi elle-même une augmentation. A mesure que la petite sphère continuera de diminuer en volume, on prouvera, par un raisonnement semblable, la nécessité d'un accroissement dans la quantité de fluide répandu sur l'autre sphère, d'où il suit que le rapport entre les deux quantités augmente en même temps que celui qui existe entre les surfaces des deux sphères.

718. Nous avons maintenant à exposer les résultats auxquels les deux savants sont arrivés par des routes différentes, en comparant les états électriques de ces sphères. On conçoit que la distribution du fluide électrique ne peut pas être uniforme sur la surface de chacune d'elles; M. Poisson a donné des formules à l'aide desquelles on peut calculer l'épaisseur de la couche électrique sur chaque point de l'une ou de l'autre. Il a aussi déterminé comparativement la manière dont le fluide est distribué sur les surfaces dont il s'agit. Ce que cette comparaison offre surtout de remarquable, consiste dans ce qui se passe au contact des deux sphères et vers les points opposés. La théorie démontre le résultat que l'expérience avait déja offert à M. Coulomb, savoir, que l'électricité est nulle a l'endroit du premier point, et que dans le voisinage des deux autres l'épaisseur de la couche électrique, qui recouvre la surface de la petite sphère, est plus considérable que celle qui lui correspond sur celle de la grande sphère. Le rapport entre ces deux épaisseurs augmente à mesure que le rapport de la petite sphère diminue. Mais cet accroissement n'a lieu que jusqu'à une certaine limite, où il est représenté à peu près par celui du nombre 4, 2 à l'unité. M. Coulomb avait conclu de ses expériences qu'il était égal à 4, plus une fraction qu'il n'avait pas assignée.

728. M. Poisson s'est occupé aussi de la détermination du rapport des densités moyennes des fluides répandus sur les surfaces des deux sphères. Ces dernières densités sont celles qui auraient lieu dans le cas où les fluides seraient distribués uniformément sur les surfaces dont il s'agit. Or, comme chacune des deux sphères, si on la séparait de l'autre, emporterait avec elle tout le fluide dont elle était couverte, il suffit, pour faire naître la distribution uniforme dont nous venons de parler, d'éloigner assez les sphères l'une de l'autre pour les soustraire à leur influence mutuelle. M. Poisson s'est servi de ce moyen pour remplir son objet, et il a trouvé que le rapport des densités était toujours moindre que celui des surfaces, et qu'à me-

sure que le rayon de la petite sphère différait davantage de celui de la grande, le même rapport augmentait suivant une progression toujours plus lente, dont la limite était représentée par la fraction 5/3. M. Coulomb, qui n'avait pu déterminer exactement le rapport, avait présumé qu'il approchait d'être égal au nombre 2, qui est plus petit d'environ 1/5 que celui auquel M. Poisson a été conduit par le calcul analytique.

729. Lorsqu'au lieu d'écarter tout à coup les deux sphères l'une de l'autre jusqu'à la distance où leur action mutuelle s'évanouit, on les fait mouvoir peu à peu en sens contraire dans l'intervalle situé en deçà de cette distance, l'état de la plus petite subit des variations d'autant plus remarquables que le phénomène qui en résulte se distingue par des caractères particuliers de tous ceux que nous avons décrits jusqu'ici. — Nous avons dit que l'électricité était nulle au point de contact des deux sphères. Supposons maintenant qu'elles s'éloignent peu à peu l'une de l'autre; il y aura, dans ce mouvement, un terme où la partie de la petite sphère située à l'endroit par lequel le contact avait lieu aura acquis l'électricité résineuse; à un terme plus reculé, l'électricité deviendra nulle, et la même partie rentrera dans l'état naturel; plus loin encore, l'électricité reparaîtra, mais ce sera l'électricité vitrée.

730. Dans l'explication que nous allons essayer de donner de ces effets, nous ne considérerons d'abord que ceux qui répondent aux deux termes extrêmes, et nous ferons abstraction pour le moment du terme intermédiaire. A peine les deux sphères se sont-elles quittées que la répulsion mutuelle des couches qui les recouvrent se trouvant diminuée, le mouvement que cette diminution occasionne dans les molécules électriques qui composent ces couches change l'état électrique de chaque sphère. Dès lors, les actions que les mêmes molécules exerçaient sur les points situés dans l'intérieur des sphères ne se détruisent plus mutuellement, en sorte que leur résultante, qui était zéro, est devenue une quantité positive. Or, d'après le changement qui a lieu dans la partie de la petite sphère dont nous avons parlé, on doit concevoir que c'est l'attraction du fluide vitré répandu autour de la grande sphère, sur le fluide résineux provenant du fluide naturel de la petite sphère, qui détermine le nouvel état de celle-ci, à une certaine distance de l'autre sphère. A mesure qu'elle continue ensuite son mouvement, la couche de fluide qui l'enveloppe, étant repoussée moins fortement par celle de la grande sphère, s'étend vers la partie déja citée, en vertu de sa tendance vers une distribution uniforme, et elle finit par la recouvrir ou par la toucher de si près, qu'elle lui transmet sa propriété électrique dont l'action est vitrée. — Maintenant, entre le terme auquel répond l'électricité résineuse acquise par la petite sphère, à l'endroit où le contact avait eu lieu, et celui auquel répond l'électricité vitrée qui a succédé à la précédente, et qui est l'extrême opposé, il y a un point neutre où l'action devient nulle, et c'est à ce point qu'est arrivée la petite sphère lorsqu'elle se retrouve dans l'état naturel. Ce point est l'analogue du zéro qui se rencontre dans tous les passages des quantités négatives aux quantités positives.

731. Dans une expérience d'un autre genre, Coulomb a disposé sur une même ligne un certain nombre de globes recouverts d'une feuille de métal et en contact les uns avec les autres, et il a cherché la loi suivant laquelle le fluide se distribuait entre ces différents globes pour que leurs forces fussent en équilibre (1). Il a employé ainsi jusqu'à 24 globes, tous de même diamètre. On conçoit bien d'abord, en supposant tous ces globes électrisés, qu'il y a égalité entre les tensions ou densités électriques des deux globes extrêmes, et que, de même, les densités des deux globes également éloignés des extrêmes sont égales entre elles. On voit aussi que la densité de chaque globe extrême doit être plus considérable que celle des suivants, puisqu'il fait seul équilibre à tous les autres, tandis que le second, par exemple, est aidé par le premier pour balancer l'action de tous ceux qui sont derrière lui. Or, telle est la loi suivant laquelle la densité diminue en partant des globes extrêmes, que ce décroissement est très rapide relativement aux globes qui avoisinent les extrêmes, comme le deuxieme et le troisième de chaque côté, et qu'ensuite la densité dimi-

(1) Histoire de l'Académie royale des sciences, année 1788, p. 617 et suiv.

nue toujours plus lentement jusqu'au milieu où elle est nulle. Cette inégalité entre les forces des différents globes est une suite de la raison inverse du carré de la distance, qui détermine, par rapport à chaque globe, la quantité de fluide nécessaire pour que l'action de ce globe soit en équilibre avec celle de tous les autres.

732. Coulomb a déduit des résultats précédents la manière dont le fluide électrique est distribué sur différents points de la surface d'un cylindre. Elle varie depuis les extrémités jusqu'au milieu, à peu près dans le même rapport que sur une file de globes égaux, et cette ressemblance provient de ce que le fluide est disposé autour des différents globes sous la forme de zones, entre les points de contact, depuis lesquels la densité est presque nulle jusqu'à une certaine distance, à cause de la grande force répulsive qui agit en ces endroits; mais sur le premier et le dernier globe, le fluide enveloppe l'hémisphère opposé au contact avec le globe voisin, ce qui achève de rapprocher la distribution du fluide de celle qui a lieu sur le cylindre, la surface de ce corps pouvant être considérée comme composée d'une suite de bandes annulaires comprises entre deux hémisphères. — A mesure que l'on emploie des cylindres plus longs et plus minces, la densité électrique des points situés vers les extrémités s'accroît par rapport à celle des points intermédiaires; et si l'on suppose un cylindre très-délié, qui soit fixé sur un gros globe électrisé, dont l'action favorisera encore l'augmentation de densité qui doit avoir lieu à l'extrémité opposée, parce qu'il faut que la force du fluide situé à cette extrémité fasse équilibre à celle de tout le reste du fluide répandu, tant sur le cylindre que sur le globe, la densité deviendra si considérable qu'elle l'emportera sur la résistance que l'air oppose à la transmission de l'électricité, et c'est par là que Coulomb explique le pouvoir des corps terminés en pointe pour lancer rapidement le fluide électrique. L'explication que nous adopterons, parce qu'elle est plus susceptible d'être développée par le raisonnement, n'est qu'une manière différente de concevoir la même combinaison d'actions.

De la loi suivant laquelle les corps isolants perdent peu à peu leur électricité.

733. Il en est tout autrement des corps isolants que des corps conducteurs. Dès que le fluide naturel de ces derniers vient à se décomposer par l'action des causes dont nous parlerons bientôt, ses deux principes se répandent aussitôt à l'extérieur. Nous devons concevoir, au contraire, que quand le corps est isolant, les deux principes composants restent dans son intérieur, même après leur dégagement, et se distribuent, par des mouvements contraires, dans deux parties opposées de ce corps. Ces mouvements ne s'exécutent qu'avec une certaine difficulté, qui provient de la résistance des molécules propres du corps; en sorte que quand la cause qui avait décomposé le fluide cesse d'agir, la réunion des deux principes, qui ramène le corps à l'état naturel, ne se fait de même qu'avec une certaine lenteur. On a comparé au frottement cette résistance qu'un corps isolant oppose au mouvement du fluide dans son intérieur, et on lui a donné le nom de *force coercitive*. Les effets de cette force se remarquent surtout dans les corps qui s'électrisent par la chaleur, ainsi que nous le verrons dans la suite. Au reste, ce que nous venons de dire suppose que la substance du corps jouit de toute sa pureté; mais le plus souvent il se trouve des molécules conductrices interposées entre les molécules isolantes du corps, en sorte que les effets sont toujours un peu compliqués de ceux des corps de l'une et de l'autre espèce.

734. Ceci nous conduit à exposer d'autres recherches de Coulomb, relatives à un objet très-intéressant pour ceux qui, ayant des expériences d'électricité à faire, désirent y mettre la précision convenable. Les expériences de physique en général, pour devenir comparables, doivent être ramenées au point où toutes les circonstances seraient les mêmes. Si la température influe, par exemple, sur les résultats, on fait disparaître cette influence, soit en maintenant un degré constant de chaud ou de froid, soit en tenant compte de la variation; de même, lorsqu'on emploie un corps électrique successivement à différents résultats que l'on veut comparer entre eux, l'état de ce corps doit être censé permanent; et comme il ne l'est

jamais en réalité, parce que, dans l'intervalle d'une opération à l'autre, le corps perd toujours une certaine quantité de son électricité, il fallait chercher des moyens pour évaluer cette perte et y avoir égard dans les résultats. Or, cette perte provient de deux causes : l'une est le contact de l'air environnant, qui est toujours plus ou moins chargé de molécules humides; l'autre est due aux supports isolants qui soutiennent le corps électrisé, et dont les mieux choisis n'isolent jamais parfaitement. Coulomb est parvenu à démêler les actions de ces deux causes, qui s'exercent simultanément, et à rendre l'expérience indépendante de leurs variations (1).

735-736. A l'égard de la cause qui provient de l'air, il a trouvé, en prenant d'une part la force électrique perdue par le corps dans un temps donné, tel que dix minutes, et de l'autre la force moyenne qui résulte de la différence entre les forces au commencement et à la fin de l'expérience, divisée par le nombre des minutes, sous le rapport entre ces deux forces est un rapport constant pour un même état de l'air ; ce qui met à portée de comparer entre eux divers résultats, d'après les forces moyennes qui répondent aux différentes durées des expériences.

737. Restait à considérer la perte d'électricité qui se fait le long des supports. Les expériences de Coulomb relatives à cet objet lui ont fait connaître que quand la densité électrique du corps est considérable, le décroissement produit à la fois par l'air et par les supports suit un progrès beaucoup plus rapide que celui qui est dû au seul contact de l'air ; mais depuis l'instant où la densité se trouve très-affaiblie, l'influence du support devient sensiblement nulle ; en sorte qu'en employant dès le commencement un corps dont la densité électrique est modérée, on peut se contenter d'avoir égard à la perte qui se fait par le contact de l'air.

738. Mais cette espèce de résistance du support à la transmission du fluide électrique ne peut être regardée comme absolue que pendant un certain temps qui suffit pour l'ordinaire aux expériences. Dans la réalité, il n'est point de support tellement isolant que sa substance ne soit entremêlée de particules conductrices, et c'est en vertu de la lenteur avec laquelle le fluide franchit les intervalles entre ces dernières molécules que la densité électrique du corps qui repose sur le support n'éprouve que des pertes insensibles dans un espace de temps plus ou moins limité. Or, en donnant plus de longueur au support, on augmente le nombre des intervalles que le fluide est obligé de parcourir avant d'arriver aux corps environnants. De là il suit qu'étant donnée la longueur du rapport qui isole, aussi complétement qu'il soit nécessaire, un corps dont la densité est pareillement donnée, si l'on veut employer un autre corps chargé d'un fluide plus dense, on pourra obtenir un isolement aussi parfait que le premier, en prenant un plus long support. Coulomb a trouvé que, l'état de l'air étant le même, les longueurs des supports devaient être comme les carrés des densités électriques. Ainsi, pour un second corps d'une densité double de celle du premier, il faut un support quatre fois plus long que celui qui isolait ce premier corps.

Sous-division des corps naturels déduite des différents degrés de la force coërcitive.

739. Le point de vue sous lequel nous nous proposons de considérer ici la force coercitive est très-distingué de celui auquel se rapportent les recherches entreprises par M. Coulomb, pour rendre appréciables les effets des causes qui tendent à faire varier les résultats de plusieurs expériences successives dirigées vers un même but. C'est après avoir comparé les uns avec les autres les corps naturels qui jouissent plus ou moins de la propriété isolante, que nous avons cru pouvoir les sous-diviser en trois classes, d'après ce qui arrive lorsqu'après les avoir frottés on les met en contact avec des corps conducteurs. Nous avons eu égard à deux actions de ces derniers corps, savoir : celle qui a lieu dans le premier instant du contact, et celle qui s'étend à tous les instants suivants. A la rigueur, la force coërcitive varie d'un corps à l'autre par une gradation non interrompue. Mais en suivant de près cette gradation, nous nous sommes aperçu que ses différents termes tendaient vers certaines limites

(1) Histoire de l'Académie royale des sciences, année 1785, p. 612.

d'où nous pouvions déduire des caractères distinctifs entre les corps des trois classes que nous allons indiquer successivement.

740. La première comprendra les corps qui possèdent à un haut degré ce que nous appelons la *faculté conservatrice de l'électricité*, c'est-à-dire qui, dans le premier instant, ne cèdent à un corps conducteur avec lequel on les met en contact qu'une quantité ou légère ou même insensible de leur fluide, et ne le perdent ensuite qu'au bout d'un temps considérable, lors même qu'on les laisse en communication avec les corps environnants. Tels sont le spath d'Islande et la topaze incolore.

741. Nous rangeons dans la seconde classe les corps qui possèdent à un degré moyen la faculté conservatrice. Ce sont ceux qui cèdent, dans le cas dont nous avons parlé, une quantité notable de leur fluide, que nous appelons leur *fluide excédant*, et ne perdent le reste que lentement, mais en moins de temps que ceux de la première classe, toujours dans l'hypothèse où ils seraient en communication avec les corps environnants. Tels sont le succin et la cire d'Espagne. — Les corps qui appartiennent à la troisième classe sont ceux qui possèdent à un faible degré la faculté conservatrice, ou qui cèdent dès le premier contact une partie plus ou moins considérable de leur fluide, et ne conservent le reste que pendant peu de temps. Tels sont le cristal de roche et le verre.

742. Il est facile de vérifier, à l'aide de l'expérience, les effets qui ont lieu dans le premier instant. On peut employer dans cette vue l'électroscope résineux que représente la figure 76, en laissant dans l'état naturel l'aiguille métallique qui en fait partie. On prend une topaze incolore entre les doigts ; on la frotte, et l'on touche à plusieurs reprises avec la partie de la surface qui a subi le frottement un des globules qui terminent l'aiguille, après quoi on la fait mouvoir jusqu'à une distance sensible du même globule, qui est aussitôt attiré comme si la topaze lui était présentée pour la première fois ; d'où il faut conclure qu'elle n'a cédé à l'aiguille aucune quantité appréciable de son fluide ; et ce qui le prouve encore mieux, c'est que si l'on approche un doigt de l'aiguille, elle ne fera aucun mouvement pour se porter vers lui, ou, si elle en fait un, il sera presque imperceptible (1). — Maintenant, si l'on substitue à la topaze un bâton de cire d'Espagne, en opérant de la même manière, la petite aiguille sera fortement repoussée, parce que le bâton de cire lui aura cédé une quantité notable de fluide excédant, et c'est même par ce moyen que l'on fait passer l'aiguille de l'état naturel à celui d'électricité résineuse, ainsi que nous l'avons dit plus haut. Le même effet aura lieu avec un morceau de cristal de roche ou avec une lame de verre.

743. Nous avons maintenant à considérer ce qui se passe dans les instants suivants, jusqu'à ce que les corps aient entièrement perdu leur vertu électrique. Pendant cet intervalle, nous les laissons en contact avec un corps métallique, qui est lui-même en communication avec les corps environnants, ce qui nous donne une mesure appréciable, jusqu'à un certain point, de la résistance que les corps soumis à l'expérience opposent à l'effort que font leurs molécules pour s'échapper à l'aide de leur force répulsive mutuelle. Nous nous bornerons à deux exemples relatifs à la première classe, dont le premier nous a été offert par une grande lame détachée, à l'aide de la division métallique, d'un cristal de topaze incolore du Brésil, dont chaque dimension était à peu près de 35 millimètres (environ 15 lignes 1/2) Nous l'avions appliquée, par la surface qui avait été frottée, sur une lame de cuivre, d'où pendait une chaîne de laiton qui était en communication avec les corps environnants. Ce n'est qu'après un intervalle d'environ 145 heures qu'elle a cessé de donner des signes d'électricité. L'expérience a été faite au milieu d'un air sec. Nous avons placé dans des circonstances semblables des rhomboïdes de spath d'Islande, et leur vertu ne s'est éteinte qu'au bout de plusieurs jours. L'un d'eux l'a conservée pendant onze jours par un temps favorable.

744 La résistance des mêmes rhomboïdes à l'action d'un air humide n'est pas moins remarquable. Le 20 décembre de l'année 1819, jour où il régnait une humidité dont il y a peu d'exemples, l'électroscope vitré que nous avons décrit plus haut, ayant été porté sur un

(1) Cette expérience ne réussit complétement que par un temps sec.

escalier où tout ce qu'on voyait portait l'empreinte d'un air surchargé de vapeur aqueuse, le petit barreau de spath, qui en est la pièce principale, devint très-sensiblement électrique à l'aide de la pression, et ce ne fut qu'au bout de deux heures que ses effets disparurent. — Quelques jours après, M. de Monteiro, savant portugais, également distingué par la diversité et par l'étendue de ses connaissances, dans un moment où je jouissais de l'avantage de le posséder chez moi, me suggéra l'idée de plonger dans l'eau un rhomboïde du même spath, après l'avoir électrisé par le frottement. L'immersion ne lui fit perdre qu'une petite partie de sa vertu, ainsi qu'il fut facile d'en juger, lorsqu'après l'avoir retiré nous le vîmes exercer encore une attraction très sensible sur une aiguille non isolée dont on l'approcha. Nous remarquâmes que sa surface était restée sèche pendant l'immersion, excepté que la partie qui était sortie de l'eau la dernière en avait enlevé une goutte qui y restait suspendue. Nous avons répété plusieurs fois cette expérience avec le même succès, en employant la pression pour électriser le rhomboïde avant de le plonger dans l'eau. C'est par une suite de cette espèce d'indifférence pour ce liquide que le spath, quand il est environné d'un air humide, dont les appareils ordinaires éprouvent souvent, dès le premier instant, l'influence nuisible, la vapeur n'agit sur lui qu'avec beaucoup de lenteur, et ne parvient à lui enlever sa vertu qu'en la minant pour ainsi dire insensiblement. Nous avons éprouvé d'autres substances du nombre de celles qui possèdent aussi, quoiqu'à un moindre degré, la propriété d'acquérir la vertu électrique par la pression, telles que la chaux fluatée et l'euclase, et nous avons observé que l'eau dans laquelle on les avait plongées n'avait eu également aucune tendance pour adhérer à leur surface, en sorte qu'elles continuaient d'attirer une aiguille non isolée.

745. Nous passons à la seconde classe, qui renferme plusieurs substances, telles que la gomme laque et la cire d'Espagne, qui peuvent être employées comme supports dans la construction de l'électroscope résineux. En étudiant leurs effets, nous avons eu la satisfaction de trouver qu'ils faisaient reparaître dans cet appareil, mais par une cause différente, l'avantage qu'a l'électroscope vitré, d'assurer le succès des expériences par l'énergie de sa faculté conservatrice. La cause dont il s'agit dérive du caractère qui distingue les corps de la seconde classe, et qui consiste, comme nous l'avons dit, en ce qu'après avoir été frottés, ils cèdent aux corps conducteurs en contact avec eux une portion notable de leur fluide, et ne perdent le reste que très-lentement. Il en résulte que la cire d'Espagne, qui est la matière ordinaire dont nous faisons usage de deux manières pour nos électroscopes résineux, ainsi que nous le dirons dans l'instant, jouit sensiblement en partie de la propriété conductrice et en partie de la propriété isolante. — Maintenant, lorsque pour mettre en activité l'électroscope résineux *osn* (fig. 76), on touche un des globules qui terminent l'aiguille avec un bâton de cire à cacheter électrisé par le frottement, l'aiguille, indépendamment de la quantité de fluide nécessaire pour la charger, reçoit un surcroît dont le support, qui est un bâton de la même cire, s'empare à raison de sa propriété conductrice, et que la propriété isolante empêche de passer dans les corps environnants. On peut s'assurer de ce que nous venons de dire en touchant plusieurs points de la surface du support avec une tête d'épingle isolée, et en présentant cette épingle à une aiguille dans l'état naturel, celle-ci sera attirée ; et si on lui substitue un appareil résineux modérément chargé, il y aura répulsion. — A mesure que l'aiguille cède ensuite de son fluide à l'air en contact avec elle, le support lui en restitue de celui qu'elle lui a communiqué ; et cette faculté qu'elle a, de pouvoir réparer ses pertes, prolonge pendant un temps plus ou moins considérable la durée de sa vertu électrique. Cette durée a été d'environ une heure et demie dans les expériences du 20 novembre 1819, au milieu d'un air supersaturé d'humidité, et qui nous ont conduit à l'explication des effets que nous venons d'exposer ; en les réunissant à ceux que nous a offerts l'électroscope vitré, on a la preuve qu'il n'y aura aucune circonstance où les deux appareils refusent leur service aux physiciens, et qu'on peut les regarder comme des appareils de tous les moments.

746. Parmi les corps de la troisième classe, le quartz et le verre sont du nombre de ceux qui ont le moins d'aptitude pour la faculté conservatrice. La

durée de ses effets y va rarement au delà d'un quart d'heure dans les temps secs. Nous avons été surpris de voir le diamant se ranger auprès de ces corps sous le rapport de la même propriété. L'action d'un air humide la rend beaucoup plus fugitive. Nous avons trouvé des morceaux de quartz incolore qui joignaient un poli vif à une belle transparence, et qui, dans le cas dont nous venons de parler, après avoir subi un frottement long-temps prolongé, ne donnaient aucun signe d'électricité : c'était, pour ainsi dire, le zéro absolu de la faculté conservatrice.

Divers résultats des électricités combinées de deux corps.

747. Les expériences dans lesquelles on emploie deux corps que l'on soumet à l'action l'un de l'autre, ont donné naissance à une grande diversité de résultats qui dépendent de la nature de chaque corps et de l'espèce de fluide qui le sollicite. Ainsi, il peut arriver que les corps soient tous les deux conducteurs ou tous les deux isolants, ou bien l'un sera isolant et l'autre conducteur. Les électricités acquises par ces mêmes corps seront tantôt homogènes et tantôt hétérogènes. La manière de faire l'expérience est elle-même susceptible de varier, suivant que les deux corps sont suspendus librement, ou qu'un seul est mobile tandis que l'autre est fixe, ou enfin que l'un étant libre de se mouvoir, l'autre soit conduit par une action mécanique, comme lorsque l'on tient ce dernier à la main pendant qu'on le fait avancer vers l'autre. — Il nous a paru d'autant plus intéressant de présenter ici le tableau de ces divers résultats, avec l'indication des moyens aussi simples que décisifs à l'aide desquels on peut les vérifier, qu'ils ne sont autre chose que les différentes faces sous lesquelles s'offrent, soit tour à tour, soit simultanément, deux principaux faits dont l'explication donne la clef de presque toute la théorie de l'électricité, la répulsion des fluides homogènes et l'attraction des fluides hétérogènes. — Pour procéder avec ordre, nous partirons de la circonstance où, les deux corps étant dans l'état naturel, les actions de leurs fluides se détruisent mutuellement.

Equilibre de deux corps dans l'état naturel.

748. Désignons les deux corps dont il s'agit par A et par B, et bornons-nous à déterminer la manière dont A agit sur B, parce que toute action est réciproque. Or, le corps A exerce sur le corps B quatre actions différentes, qui proviennent des répulsions de ses deux fluides sur les fluides homogènes de B, et de leurs attractions sur les fluides de nature différente, et il est facile de prouver que l'équilibre dépend de l'égalité de ces quatre actions. — Nommons U le fluide vitré de A, R son fluide résineux, *u* le fluide vitré de B, et *r* son fluide résineux. D'après ce que nous venons de dire, 1° U attire *r*; 2° R repousse *r*; 3° R attire *u*; 4° U repousse *u*. Or, les deux premières forces sont égales entre elles : car si *r* était plus ou moins attiré par U que repoussé par R, il prendrait du mouvement, ce qui est contre l'hypothèse de l'équilibre. Les deux dernières forces sont aussi égales par une raison semblable, c'est-à dire que *u* est autant attiré par R que repoussé par U. De plus, la troisième force est égale à la première, c'est à-dire qu'autant U attire *r*, autant R attire *u* : car, d'un côté, plus *r* renferme de molécules attirées, ou, ce qui revient au même, plus *r* a de masse, et plus l'effort avec lequel *r* se porte vers U est considérable; d'un autre côté, plus U renferme de molécules attirantes, et plus chaque molécule de *r* a de vitesse pour se porter vers U. Donc, la quantité de mouvement qui mesure l'effet total avec lequel *r* se porte vers U est représentée par le produit $r \times U$. On prouvera à l'aide d'un raisonnement analogue, en substituant *u* à *r*, et R à U, que l'effort total avec lequel *u* se porte vers R a pour expression le produit $u \times R$. Or, les fluides étant neutralisés l'un par l'autre dans chaque corps, il en résulte que les quantités du fluide U et *u* sont proportionnelles aux quantités du fluide R et *r*, c'est-à-dire que l'on a $r \times U = u \times R$. — Maintenant, puisque des quatre forces que nous considérons ici, trois sont égales entre elles, et qu'il y a équilibre, il est évident que la quatrième force est égale à chacune des trois autres; et c'est par une suite de cette égalité entre les quatre forces, que deux corps dans l'état naturel n'ont aucune action l'un sur l'autre.

Action mutuelle de deux corps dont les électricités sont homogènes.

749. Si nous supposons d'abord deux corps qui soient électrisés chacun par une certaine quantité d'électricité vitrée ou résineuse qui lui aurait été transmise, on voit à l'instant ce qui doit arriver, puisque ce principe, que les corps animés de la même espèce d'électricité se repoussent et que les corps sollicités par des électricités différentes s'attirent, n'est que la traduction, pour ainsi dire littérale, de cet autre principe fondamental, que les molécules de chacun des fluides composants agissent les unes sur les autres par des forces répulsives, et exercent des forces attractives sur les molécules de l'autre fluide. Mais nous avons ici trois cas à considérer : celui où les deux corps sont conducteurs, celui où ils sont isolants, celui où l'un est conducteur et l'autre isolant.

750. *Premier cas. Deux corps conducteurs.* — La manière dont les choses se passent dans ce premier cas exige des détails particuliers. Soient A, B (fig. 82) deux balles de moelle de sureau, ou de toute autre matière conductrice, suspendues par des fils à une petite distance l'une de l'autre, et auxquelles on ait communiqué l'électricité vitrée. Les fluides qui enveloppent ces balles se repousseront mutuellement, et leurs molécules se répandraient dans l'espace par des mouvements contraires, si l'air environnant ne les maintenait autour de chaque corps. Elles ne pourront donc que glisser sur la surface des corps, de manière, par exemple, que le fluide du corps A étant refoulé vers la surface postérieure de ce corps située autour du point *d*, balancera par sa réaction l'effet de la pression que l'air voisin exerçait sur le même corps en vertu de sa force élastique. L'équilibre étant alors rompu entre cette force et celle de l'air contigu à la surface antérieure *c*, cette dernière agira sur le corps A pour le pousser suivant la direction *ch*. Le même raisonnement s'applique en sens contraire au corps B, d'où nous conclurons que les fluides et les corps entraînés par un mouvement commun doivent se fuir. On aura un résultat semblable en supposant que les deux corps soient électrisés résineusement. Dans l'une et l'autre circonstance, les deux corps continueront de se fuir jusqu'au terme où leurs actions répulsives, se trouvant diminuées par une suite de l'augmentation de distance, feront équilibre à la pesanteur, qui agit en sens contraire par une force semblable à celle qui produit le mouvement oscillatoire.

751. On expliquera de la même manière le résultat qui aurait lieu dans l'hypothèse où un seul des corps étant libre de se mouvoir, l'autre serait attaché à un point fixe. Tout l'effet de la répulsion se reportera alors sur le mouvement que fera le corps libre en s'éloignant de l'autre. Ce résultat est analogue à celui dont nous avons cité un exemple remarquable en décrivant l'expérience fondamentale imaginée par le célèbre Coulomb, pour déterminer la loi à laquelle sont soumises les actions électriques. — Il y a une seconde manière de varier l'expérience, également susceptible de s'appliquer au cas suivant, qui nous en fournira des exemples.

752. *Deuxième cas. Deux corps isolants.* — Lorsque ce cas a lieu, l'action de l'air ne concourt plus avec celle que les corps exercent l'un sur l'autre. Les molécules des deux fluides en activité autour de leur surface y sont maintenues par la force coercitive ; et les couches composées de ces fluides étant censées ne faire qu'un même tout avec les corps qu'elles enveloppent, les entraînent en se repoussant mutuellement, en sorte que le résultat des actions électriques dépend alors immédiatement de l'état dans lequel se trouvait chaque corps avant l'expérience. — L'électroscope vitré nous fournit un moyen d'appliquer à ce second cas une manière de varier l'expérience que nous avons annoncée il n'y a qu'un instant : c'est celle où l'un des deux corps étant libre, l'autre s'en approche à l'aide d'un mouvement qui provient d'une action mécanique. Supposons maintenant que le barreau de spath, qui est le mobile de l'électroscope, ayant acquis la vertu électrique à l'aide de la pression, on prenne entre deux doigts un morceau du même spath, et que, l'ayant pressé à son tour, on le fasse mouvoir vers l'extrémité du barreau de l'électroscope. La répulsion mutuelle des deux corps produira dans le levier de l'électroscope un mouvement de rotation, en vertu duquel le barreau qui le termine fuira continuellement le corps qui tend vers lui, et ne s'arrêtera que quand celui-ci cessera de paraître

le poursuivre. On réussira de même en substituant à ce dernier corps une lame ou un morceau taillé de topaze incolore électrisé par le frottement.

753. *Troisième cas. Un des corps conducteur et l'autre isolant.* — Reprenons la circonstance dans laquelle les deux corps sont suspendus librement, ainsi que le représente la figure 83, et supposons que B soit le corps isolant. Son fluide, en restant comme enchaîné à sa surface par la force coercitive, exercera encore une action répulsive sur le fluide de A, qui sera refoulé vers le point *d* comme dans le premier cas, et réagira contre l'air voisin de ce point. L'équilibre sera donc aussi rompu entre cet air et celui qui occupe l'intervalle entre les deux corps, de manière que l'élasticité de ce dernier, devenue prépondérante, forcera les deux corps de s'écarter l'un de l'autre.

754. On peut vérifier ce résultat à l'aide de l'électroscope résineux et d'un bâton de gomme-laque ou de cire d'Espagne, employé successivement dans deux états différents. Après avoir frotté ce bâton, on le met en contact avec un des globules de l'aiguille, qui est aussitôt repoussé, en vertu de la partie que le bâton lui a cédée de son fluide excédant, puis on le touche deux ou trois fois avec un doigt pour lui enlever ce qui lui en reste. Il passe alors de l'état de conducteur à celui de corps isolant; et si on le présente de nouveau au globule, qui est un corps conducteur, la répulsion reparaît, ce qui est le troisième cas dont il s'agit ici.

Action mutuelle de deux corps dont les électricités sont hétérogènes.

755. Concevons maintenant que les deux corps soient conducteurs, et que l'un des deux, par exemple le corps A, étant sollicité par l'électricité vitrée, celle du corps B soit résineuse. Les fluides alors s'attireront de manière que, relativement au corps A, que nous continuerons de prendre pour terme de comparaison, le refoulement se fera vers la partie antérieure C de ce corps. Le fluide accumulé en cet endroit agira donc par répulsion sur l'air voisin, d'où il suit que l'air contigu à la partie postérieure *d* poussera le corps suivant la direction *dn*. Le même effet aura lieu en sens contraire par rapport au corps B, et ainsi les fluides et les corps se porteront l'un vers l'autre.

756. Si les deux corps étaient isolants, ou qu'il y en eût seulement un seul qui le fût, on en conclurait, à l'aide d'un raisonnement semblable à celui que nous avons fait dans l'hypothèse de deux électricités homogènes, qu'ils tendront encore l'un vers l'autre par des mouvements contraires.

757. Il nous reste à considérer ce qui doit se passer entre les corps lorsqu'ils sont arrivés au contact. S'ils sont doués tous les deux de la faculté conductrice, il peut arriver que les quantités de fluide dont ils sont chargés soient égales; et dans cette hypothèse, les fluides se neutraliseront l'un l'autre en se réunissant et ramèneront les corps à l'état naturel, en sorte que leurs actions deviendront nulles.

758. Si au contraire, ce qui est le cas le plus ordinaire, l'un des deux corps, tels que A, est plus fortement électrisé que B, son fluide se sous-divisera en deux portions, dont l'une, égale à la totalité du fluide de B, la neutralisera par son union avec elle, et l'autre, qui restera en activité, se distribuera entre les deux corps, de manière que la répulsion succédera à l'attraction. Si les mêmes corps ont l'un et l'autre la faculté isolante, ou que l'un des deux seulement en soit pourvu, leur tendance commune à conserver leur fluide, ou celle qui sera particulière au corps isolant, les maintiendra l'un et l'autre dans le même état, avec une adhérence plus ou moins forte, excepté dans l'hypothèse où l'égalité entre les quantités des deux fluides rendrait cette adhérence nulle.

759. On peut vérifier à l'aide de l'expérience suivante le résultat relatif à deux corps conducteurs. On commence par mettre l'aiguille isolée à l'état d'électricité vitrée; on prend ensuite l'appareil à globe isolé (fig. 78), et tandis qu'on tient d'une main l'électricité libre du bâton de cire d'Espagne qui lui sert de support, on frotte un autre bâton de la même cire, et l'on touche le globe avec la partie frottée. On renouvelle trois ou quatre fois le frottement de la cire et la communication avec le globe métallique, puis on approche celui-ci d'un des globules de l'aiguille, qui est aussitôt attiré jusqu'au contact et ensuite repoussé.

Action d'un corps électrisé sur un corps dans l'état naturel.

Nous plaçons ici le cas auquel se rapporte cette action, parce que le premier effet qui en résulte est de la convertir en celle qui a lieu entre deux corps sollicités par des électricités hétérogènes.

760. Concevons un corps conducteur A, d'une figure sphérique, électrisé en vertu d'une quantité additive de fluide vitré qu'il ait reçue d'ailleurs, et un second corps sphérique B, pareillement conducteur, et dans l'état naturel. Le fluide vitré qui environne A exercera une force répulsive sur le fluide de la même espèce, faisant partie du fluide naturel de B, et une force attractive sur le fluide résineux, qui est l'autre principe composant du même fluide naturel. Ce dernier fluide sera donc décomposé, en sorte que les molécules de son fluide résineux se porteront vers la partie de B la plus voisine de A, et que celles du fluide vitré seront chassées vers la partie opposée. Ces mêmes principes sortiront du corps B et se répandront autour de sa surface, de manière que le fluide de l'électricité résineuse enveloppera l'hémisphère tourné vers A, et celui de l'électricité vitrée l'hémisphère le plus éloigné de A. Or, en raisonnant ici du fluide additionnel de A, comme de celui qui fait partie de son fluide naturel, on concevra qu'a égalité de distance il exercerait sur les deux fluides de B des actions qui se détruiraient mutuellement. Mais la distance n'étant plus la même, le fluide résineux de B sera plus attiré que le fluide vitré, en sorte que les deux corps, s'ils sont suspendus librement, s'approcheront l'un de l'autre jusqu'au contact. Alors la quantité additive du fluide vitré de A s'unissant avec le fluide résineux répandu sur la surface de B, il résultera de cette union une certaine quantité de fluide naturel qui rentrera dans B; et il est bien clair que sur la totalité des fluides qui se trouvaient libres au moment du contact, il restera une portion de fluide vitré hors de l'état de combinaison. Cette portion se distribuera entre les deux corps suivant une certaine loi dont nous avons déjà parlé, et les deux corps se trouvant à l'état d'électricité vitrée, se repousseront ainsi que l'expérience le fait voir. Le même raisonnement s'applique, par un simple changement de noms, au cas où le corps A serait chargé d'une quantité additive de fluide résineux. — On voit par là qu'il n'est pas exactement vrai, comme les partisans de Franklin l'avaient d'abord pensé, qu'un corps amené à un certain état d'électricité attire à lui un autre corps qui est dans l'état naturel. Il manque, dans cette manière de concevoir le phénomène, une idée intermédiaire ; le premier corps commence par faire sortir l'autre de l'état naturel ; il le rend attirable, puis il l'attire. Nous avons un exemple du résultat qui vient d'être décrit dans la manière dont se charge l'électroscope résineux, lorsqu'ayant frotté un bâton de cire d'Espagne on le présente à l'un des globules de l'aiguille, qui est successivement attiré et repoussé.

761. On expliquera d'après les mêmes principes ce qui se passe dans l'usage que l'on fait de l'aiguille non isolée, pour reconnaître si un corps est électrisé ou dans l'état naturel, suivant qu'il attire cette aiguille ou qu'il la laisse immobile. Dans le premier cas, si le corps est isolant, l'attraction persistera après le contact, en sorte que si l'on fait mouvoir le corps attirant autour du centre de rotation de l'aiguille, elle le suivra en restant appliquée à sa surface. Si, au contraire, le corps présenté à l'aiguille est conducteur, il commencera par l'attirer comme dans le cas précédent; mais au moment du contact, elle lui enlèvera tout son fluide et le transmettra aux corps environnants.

762. Il nous reste à expliquer le résultat de l'expérience à l'aide de laquelle l'aiguille isolée (fig. 77) acquiert la vertu électrique. Nous choisirons comme exemple le cas où l'on place sur sa direction prolongée, et vis-à-vis l'un des globules qui la terminent, un morceau de succin que l'on a frotté, tandis que l'on tient l'autre globule entre deux doigts. L'action du succin décompose le fluide naturel, soit de l'aiguille, soit des doigts, jusqu'a la distance à laquelle elle peut s'étendre ; elle repousse dans l'espace qui répond à cette distance le fluide résineux dégagé du même fluide naturel, et attire en sens contraire le fluide vitré ; d'où il suit que l'aiguille, en même temps qu'elle perd de son fluide résineux, acquiert un surcroît de fluide vitré, qui va en augmentant jusqu'au terme où la répulsion mutuelle, tant des molécules de ce surcroît que de celles

de la quantité primitive, est en équilibre avec l'attraction du succin. Les choses étant dans cet état, on retire d'abord le doigt, puis le succin, et c'est ensuite l'isolement qui empêche le fluide acquis par l'aiguille de s'échapper, et la maintient dans l'état d'électricité vitrée. Le même raisonnement s'applique au cas où l'on communique à l'aiguille l'électricité résineuse, en substituant à l'action du succin celle d'un rhomboïde de spath d'Islande. — Nous terminerons cet article par la description d'une expérience familière, dans laquelle l'action d'un corps électrisé sur un autre corps à l'état naturel est accompagnée de circonstances particulières qui dépendent du jeu de l'appareil que l'on y emploie.

Carillon électrique.

763. L'effet de cet instrument consiste dans les mouvements de deux timbres métalliques, frappés alternativement par un petit globe pareillement électrique qui sert de battant. Des deux timbres *g* et *n* (fig. 84), l'un, tel que *g*, communique avec le conducteur par le moyen de sa chaîne de suspension *Gr;* l'autre timbre *n* est suspendu à un fil de soie, et par conséquent isolé à l'égard du conducteur, en même temps qu'il est en communication avec les corps environnants par l'intermède de la chaîne *nh*. Le globe métallique *d* est pareillement suspendu à un fil de soie. Au moment où l'on charge le conducteur, le fluide, que nous supposerons être celui de l'électricité vitrée, se transmet au timbre *g*. A l'instant le globule *d*, attiré par ce timbre, va le frapper, et est aussitôt repoussé par la raison que nous avons dite plus haut. Il tendrait donc déjà, en vertu de cette seule répulsion, à s'approcher du timbre *n;* mais il y est de plus sollicité à raison de l'électricité acquise, puisque le timbre *n* est dans l'état naturel; enfin, le mouvement oscillatoire seconde encore cet effet. Mais aussitôt que le globule est en contact avec le timbre *n*, il lui cède son fluide, qui se perd le long de la chaîne *nh;* alors le globule, qui, en vertu du seul mouvement d'oscillation, se serait rapproché du timbre *g*, s'est trouvé de plus attiré vers lui par l'action du fluide électrique répandu à la surface de ce dernier; en sorte que les mêmes causes recommençant à agir, les mêmes effets se répètent, et ainsi successivement.

764. On peut mettre sous une forme différente l'expérience qui vient d'être citée, en substituant aux timbres deux disques séparés par un cylindre creux de verre, auquel ils servent de bases. Le disque supérieur porte une tige métallique fixée à son centre par une extrémité, et terminée du côté opposé par un crochet à l'aide duquel on le suspend au conducteur de la machine électrique. Le disque inférieur est en communication avec les corps environnants. On a placé, avant l'expérience, un certain nombre de balles de moelle de sureau sur la surface du même disque, renfermée dans l'intérieur du cylindre. Aussitôt que l'on fait tourner le plateau de la machine, on voit toutes ces balles s'agiter en s'élançant vers le disque supérieur, qui les attire jusqu'au contact, puis les repousse vers le disque inférieur, et ainsi de suite. L'œil se perd dans la succession rapide des mouvements contraires qui entraînent tous ces corps et des chocs qui naissent de leur rencontre mutuelle. Cette expérience, qui pendant long-temps n'avait été qu'amusante, a acquis un haut degré d'intérêt depuis l'application heureuse que le célèbre Volta en a faite à la formation de la grêle, ainsi que nous le dirons dans la suite.

Actions de l'électricité acquise par chacun des deux corps sur le fluide naturel de l'autre.

765. Dans tout ce qui précède, nous avons supposé que les corps n'agissaient l'un sur l'autre qu'en vertu des électricités acquises avant l'expérience. Mais dans la réalité, aussitôt que les corps sont en présence, le fluide libre que chacun d'eux avait apporté avec lui agit sur le fluide naturel de l'autre pour le décomposer; et l'effet de cette décomposition peut aller dans certains cas jusqu'à changer en attraction la répulsion qui aurait eu lieu si les corps étaient restés dans leur état primitif. Pour le prouver, supposons que les deux corps A, B (fig. 83), étant tous les deux conducteurs et isolés, aient acquis des quantités sensiblement inégales d'électricité vitrée, de manière que ce soit celle de A qui l'emporte. Désignons ces deux quantités par V et *v*. D'après ce qui a été dit plus haut, la répulsion mutuelle des deux fluides les refoulera autour des points *d*, *g* de leurs surfaces,

les plus éloignés l'un de l'autre. Au même instant, leurs actions réciproques sur les fluides naturels commenceront à les décomposer. Mais l'effet de cette décomposition étant léger à l'égard du fluide de A, à cause de la petite quantité de celui de B, nous considérons le corps A comme étant uniquement à l'état vitré, en vertu d'une quantité V′ du même fluide, un peu moindre que la quantité absolue. Maintenant, l'action de ce fluide attirera vers le point *f* une portion *r* de fluide résineux dégagée du fluide naturel de B, et repoussera vers *d* une portion *v′* de fluide vitré, provenue d'un semblable dégagement, laquelle s'unira à la quantité préexistante *v*. Or, l'attraction que le fluide V continue d'exercer sur le fluide *r* balance en partie l'effet de la répulsion du même fluide sur les fluides *v* et *v′*; et il est possible que dans les premiers instants celle-ci conserve sa prépondérance. Mais si l'on fait avancer le corps A vers le corps B, l'augmentation de la quantité *r*, qui suivra celle de l'attraction, affaiblira de plus en plus la répulsion dont nous venons de parler; d'une autre part, l'attraction de V sur *r* croîtra dans un plus grand rapport par la diminution de la distance, que la répulsion sur *v* et sur *v′* (1); en sorte qu'il y aura un terme où l'avantage qui en résulte pour l'attraction la rendra supérieure à la répulsion, et passé ce terme le corps B s'approchera du corps A. L'attraction sera d'autant plus prompte ou d'autant plus tardive à se montrer, que les quantités de fluide primitivement acquises par les deux corps s'éloigneront ou se rapprocheront davantage de l'égalité: et il est facile de voir que les mêmes effets pourraient aussi avoir lieu dans le cas où l'un des deux corps serait isolant, pourvu que ce fût celui qui eût acquis la plus forte électricité.

766. Mais il y a mieux : c'est que l'on peut obtenir des effets semblables en soumettant à l'expérience deux corps choisis parmi ceux que l'on a nommés *isolants*. La possibilité du succès est fondée sur ce que la propriété isolante varie d'un corps à l'autre par une gradation de nuances. Il est même vrai de dire qu'aucun corps n'en jouit complétement et n'oppose une résistance absolue au mouvement du fluide électrique dans son intérieur. Il en résulte que si l'on choisit, pour l'expérience dont il s'agit, deux corps dont l'un jouisse à un beaucoup plus haut degré que l'autre de la propriété coercitive, qui est liée à la propriété isolante, ce corps étant par là même susceptible d'acquérir une électricité beaucoup plus forte à l'aide du frottement, l'action énergique qu'il exercera sur l'autre, lorsqu'on les aura mis tous les deux dans l'état électrique, pourra décomposer une partie du fluide naturel de celui-ci, et agir ensuite sur les fluides vitré et résineux que cette décomposition aura mis en liberté; de manière que le résultat de cette action offrira l'analogue de celui qui aurait lieu avec deux corps conducteurs.

767. On peut se servir, pour vérifier les résultats précédents, des petits instruments dont nous avons déja indiqué divers usages. Ainsi on prendra, pour l'expérience avec deux corps conducteurs, le petit globe métallique et l'aiguille isolée, l'un et l'autre à l'état d'électricité résineuse: pour l'expérience avec un corps isolant et un conducteur, un morceau de cristal de roche frotté, et la même aiguille à l'état vitré; pour l'expérience avec deux corps isolants, l'électroscope vitré et le morceau de cristal de roche. Le corps le plus fortement électrisé sera, dans la première expérience, le globe métallique; dans la seconde, le cristal de roche; et dans la troisième, le barreau de l'électroscope vitré. Il n'arrive pas toujours que l'effet qu'on veut obtenir se montre du premier coup; par exemple, le cristal de roche présenté au barreau de spath est quelquefois trop fortement électrisé pour que l'attraction succède à la répulsion. Dans ce cas, on le laisse pendant un instant en contact avec un corps conducteur pour lui faire perdre la partié surabondante de son fluide. Avec de l'habitude, on parvient à maîtriser l'expérience et à la diriger vers son véritable but.

768. On voit par ce qui précède que l'attraction n'est pas un indice certain de l'espèce d'électricité qu'une substance est susceptible d'acquérir à l'aide du frottement; c'est dans la répulsion que réside la marque distinctive à laquelle on peut la reconnaître. — Il en est autrement des actions qu'exercent

(1) C'est une suite de ce que les actions électriques sont soumises à la loi de la raison inverse du carré de la distance, ainsi qu'on l'a vu plus haut.

les électricités hétérogènes acquises par deux corps, que de celles qui dépendent des électricités homogènes. Désignons par A celui qui a été électrisé vitreusement, et par B celui qui l'a été résineusement. Le fluide résineux dégagé du fluide naturel de B, par l'action de A, sera attiré dans la partie du premier qui est tournée vers l'autre : c'est-à-dire que ce sera le fluide de même nom que celui qui avait été acquis par le corps B. La même identité aura lieu entre le fluide vitré attiré dans la partie antérieure du corps A et son fluide primitif. Ainsi, les actions des fluides dégagés des quantités naturelles, loin de contrarier ou même d'altérer les effets de celles des fluides primitifs, en augmenteront l'énergie. Il est de plus évident que le même accroissement d'énergie aura lieu, proportion gardée, quel que soit le rapport entre les quantités d'électricité acquises par les deux corps avant l'expérience.

Actions mutuelles de deux corps qui ont leurs parties dans deux états différents, en vertu de leur fluide naturel décomposé.

769. Nous plaçons ici l'explication d'un résultat qui est lié à notre objet présent, et qui nous sera utile lorsque nous traiterons de l'électricité acquise par la chaleur. C'est celui qui a lieu lorsque les fluides provenus de la décomposition des fluides naturels de deux corps isolants A et B, après avoir été refoulés vers leurs extrémités, y sont maintenus par la force coercitive. Supposons ces deux corps situés l'un dans la sphère d'activité de l'autre, en sorte que la partie de A qui renferme le fluide vitré, regarde celle de B qui renferme le fluide résineux. Si chacun des deux fluides de A agissait à la même distance sur l'un ou l'autre des fluides de B, il y aurait équilibre entre leurs actions. Mais comme le fluide vitré agit de plus près, sa force l'emportera, en sorte que l'on pourra considérer A comme un corps qui agirait uniquement en vertu d'une quantité u de fluide vitré, proportionnelle à la différence des deux actions. Or il est facile d'en conclure que le fluide résineux de B étant à son tour plus voisin du point dans lequel l'action de u est censée résider, que ne l'est le fluide vitré du même corps B, l'attraction de u sur le premier sera plus forte que la répulsion sur le second ; d'où il suit que les deux corps s'approcheront l'un de l'autre. Si, au contraire, les deux parties par lesquelles les corps se regardent étaient animées d'une même espèce d'électricité, les deux corps se fuiraient.

Cas où les attractions et les répulsions ont lieu simultanément.

770. Les attractions et répulsions électriques se présentent, dans certains cas, sous l'apparence d'un effet qui serait dû à l'action simultanée de deux causes contraires ; et ce sont surtout les phénomènes de ce genre qui ont séduit les partisans des affluences et des effluences. Placez des corps légers, tels que de petites feuilles de cuivre, sur un conducteur qui soit d'abord à l'état naturel, et d'autres en dessous à une petite distance ; au moment où vous électriserez le conducteur, celles-là seront repoussées, tandis que les autres seront attirées pour être ensuite repoussées à leur tour. On attribuait le premier effet à la matière effluente et le second à la matière affluente. De plus, il arrive quelquefois que certaines feuilles, tandis qu'elles sont attirées, reculent subitement avant d'être arrivées au contact : c'est qu'alors elles se trouvaient aux endroits où les deux courants se heurtaient en se rencontrant. Mais la véritable explication de ces phénomènes se présente comme d'elle-même, d'après les principes que nous avons établis. Les corps légers, placés sur le conducteur, sont repoussés, parce qu'il leur communique une portion de son fluide. Ceux qui sont situés en dessous éprouvent la plupart une attraction qui les entraîne jusqu'au contact, et à laquelle succède une répulsion, parce que leur partie tournée vers le conducteur, qui était d'abord sollicité par une électricité contraire à la sienne, en acquiert une de la même nature aussitôt qu'elles sont parvenues au contact ; et quant aux petits corps qui fuient le conducteur avant de l'avoir touché, le mouvement rétrograde provient de ce que, quand l'électricité est un peu forte, il y a toujours quelques jets de fluide qui s'échappent du conducteur à travers l'air environnant, et qui se portent de préférence sur ceux des mêmes corps qui, étant terminés en pointe, sont par-là même très-propres à soutirer le fluide électrique, ainsi que nous le verrons dans la suite ;

en sorte qu'ils subissent d'avance l'effet qui n'aurait eu lieu qu'au contact.

Considérations en faveur de l'hypothèse d'un double fluide électrique.

La répulsion des corps que l'on regardait comme étant électrisés négativement, a toujours été l'écueil des théories. Il fallait tâcher de concevoir comment ces corps, dont chacun avait perdu une partie de son fluide, étaient déterminés à s'écarter l'un de l'autre, tandis qu'une surabondance de fluide produisait précisément le même effet. La plupart des physiciens qui ont tenté de résoudre cette difficulté, ont eu recours à l'action de l'air environnant, qu'ils expliquaient par différents mécanismes que nous ne nous arrêterons point à exposer. Cependant, il y avait tout lieu de penser que quand, par exemple, on avait électrisé, d'une part, deux morceaux de résine, et de l'autre, deux corps vitreux, à l'aide du frottement, la répulsion mutuelle des premiers et celle des seconds étaient des effets en quelque sorte parallèles, dont il fallait chercher les causes dans les corps eux-mêmes.

771. Ceci nous conduit à une considération qui achèvera de motiver l'hypothèse dans laquelle le fluide électrique serait composé de deux fluides différents. Tant que l'on s'est borné à employer, relativement à l'électricité, ces méthodes qui ne donnent que des à peu près, et laissent au physicien la liberté d'accommoder à sa manière de voir ce qui se passe dans les phénomènes, on croyait satisfaire à tout avec un seul fluide. Mais pour bien juger ces méthodes, il faut se reporter au temps où le célèbre Æpinus entreprit de ramener la théorie à la précision et à la justesse, et de la mettre en état de soutenir l'épreuve du calcul. Il partit du principe que les molécules du fluide électrique, qui dans cette théorie était considéré comme un être simple, se repoussaient mutuellement, et pouvaient être attirées par tous les corps connus. Supposant ensuite deux corps A et B dans l'état naturel, et par conséquent en équilibre, il trouvait d'abord que la matière propre du corps A, par exemple, attirait le fluide électrique de B, et que les fluides des deux corps se repoussaient mutuellement, et il prouvait que l'attraction était égale à la répulsion (1). Mais de plus, le fluide électrique de A attirait à son tour la matière propre de B, et cette troisième action était encore égale à chacune des deux premières. Or, puisqu'il y avait équilibre, il fallait trouver quelque part une quatrième force qui fût répulsive, et qui balançât l'effet de la troisième. Mais toutes les autres places étant prises, il n'en restait plus pour cette répulsion que dans l'action mutuelle des molécules des deux corps; et ainsi Æpinus se trouva entraîné par la théorie dans cette étrange conséquence, que sous le point de vue des phénomènes électriques, les molécules et tous les corps se repoussaient. On voit en lisant son ouvrage qu'il rejeta cette conséquence avec une espèce d'indignation, la première fois qu'elle s'offrit à son esprit (2) et qu'il eut besoin de se réconcilier avec elle. Effectivement, il était dur d'être obligé d'avouer qu'il ne tenait qu'à la présence du fluide électrique que les molécules de tous les corps solides ne parussent exercer les unes sur les autres une action directement opposée à la gravitation universelle. C'était donner à la théorie un adversaire bien puissant et bien redoutable. On pare à cet inconvénient en concevant le fluide électrique comme formé par la réunion de deux fluides, dont l'un fait la fonction qu'Æpinus attribuait aux molécules des corps. Il répugne beaucoup moins d'admettre une répulsion à distance entre les molécules de deux fluides particuliers qui, comme tous les autres, se repoussent déjà au contact, qu'entre celles de tous les corps solides de la nature. Les physiciens qui expliquaient tout avec un seul fluide, avaient commencé eux-mêmes à croire que ses molécules se repoussaient aussi, à distance, d'une surface à l'autre de la bouteille de Leyde, et comme ce que nous appelons *action à distance* n'est proprement qu'un fait sur lequel nous appuyons une théorie, sans rechercher la cause qui fournit le point d'appui, il

(1) Le raisonnement qui le conduisait à ce résultat était semblable à celui que nous avons employé pour démontrer l'égalité des actions qu'exercent les uns sur les autres les fluides de deux corps dans l'état naturel.

(2) Tentamen theor. electricit. et magnet., p. 39.

nous suffit que la manière dont nous concevons ce fait puisse s'adapter à notre physique, et que toutes nos hypothèses se lient dans notre esprit, comme les véritables causes dont elles nous servent à représenter les résultats, sont liés dans les desseins de la sagesse suprême. Enfin l'hypothèse des deux fluides est la seule, jusqu'ici, qui ait, relativement aux deux espèces d'électricité, l'avantage d'établir une parité exacte entre les actions qui produisent des phénomènes que l'observation nous offre sous des traits si ressemblants, et de ramener tout à des explications dont l'une n'est, pour ainsi dire, que la contre-épreuve de l'autre.

Du pouvoir des pointes.

Le phénomène dont nous allons maintenant nous occuper, et que l'on a appelé le *pouvoir des pointes*, est, parmi ceux que présente l'électricité, un des plus remarquables, soit en lui-même, soit par les applications utiles qui en ont été faites pour préserver les édifices des explosions de l'électricité naturelle. Nous nous bornerons pour l'instant à le décrire et à en donner la théorie.

772. Rappelons-nous d'abord que quand un corps isolé, qui était auparavant à l'état naturel, se trouve en présence d'un second corps chargé d'électricité de l'une ou de l'autre espèce, il devient lui-même électrique, et cela de manière que sa partie la plus voisine du second corps est toujours sollicitée par l'électricité contraire à celle de ce corps. Il arrive de même des changements dans l'état d'un corps conducteur non isolé, qui se trouve dans la sphère d'activité d'un corps électrisé. L'action de celui-ci attire dans la partie antérieure du corps non isolé l'espèce d'électricité différente de la sienne, et repousse dans la partie postérieure l'électricité de la même nature. Or le second corps agit à son tour sur le premier; il tend à attirer son électricité, et cette action est si forte dans certaines circonstances, qu'elle enlève l'électricité au premier corps, même à une distance très-sensible : c'est ce qui arrive lorsque l'on présente une pointe déliée de métal à un conducteur chargé d'électricité; et il est singulier de voir un corps, dont l'action semblerait devoir être proportionnée à sa petitesse, soutirer si puissamment l'électricité accumulée sur une surface considérable, et arrêter presque entièrement, en un clin-d'œil, tous les efforts du physicien pour continuer de charger le conducteur.

773. Franklin est le premier qui ait observé ce pouvoir des pointes, et il crut d'abord l'avoir heureusement expliqué, d'après la comparaison entre une pointe et une petite force qui exécute, en détail et par des actions répétées, ce dont une grande force est incapable, par une seule action dirigée vers la totalité de l'effet. Mais il se défia depuis de son explication, et il en fait l'aveu avec cette belle franchise qui est pour les vrais savants une autre manière encore de s'honorer que par des découvertes (1). Sans nous arrêter à d'autres explications déjà réfutées, même par les partisans de ceux qui en étaient les auteurs, nous allons essayer de ramener le fait dont il s'agit à la théorie que nous avons adoptée.

Action d'une pointe pour soutirer le fluide électrique.

774. L'observation prouve qu'un corps, même arrondi, a déjà une certaine force pour attirer le fluide d'un conducteur électrisé, puisqu'il en fait sortir quelquefois des étincelles à la distance de plus d'un décimètre. Il faut donc faire voir que la force d'une simple pointe, pour produire le même effet, est incomparablement plus grande. Concevons d'abord une seule aiguille *a b* (fig. 89), dont la pointe *a* soit tournée vers un conducteur C que nous supposerons chargé d'électricité vitrée, et dont l'extrémité *b* communique avec les corps environnants. L'action du con-

(1) Expériences et Observat. sur l'électricité. Paris, 1752, p. 144 et suiv. On voit par l'exposé que ce célèbre physicien fait lui-même de son idée, qu'elle lui a été suggérée par le trait si connu de Sertorius, qui, voulant montrer à ses soldats combien la persévérance est plus efficace que la fougue, ordonna à un homme bien constitué et plein de vigueur d'arracher tout d'un coup la queue d'un cheval vieux et maigre, et à un autre homme fluet et débile d'arracher crin à crin la queue d'un cheval jeune et robuste. Ce dernier parvint, avec le temps, à remplir sa tâche; les efforts de l'autre n'aboutirent qu'à faire rire les spectateurs. Ibid., p. 152.

ducteur attirera vers la pointe a le fluide résineux r qui s'est dégagé du fluide naturel de l'aiguille, et repoussera vers l'extrémité b le fluide vitré v. Supposons maintenant une seconde aiguille gd, placée à une petite distance de la première, dans une direction parallèle à la sienne, et imaginons, pour un instant, que les deux aiguilles n'aient aucune action l'une sur l'autre. Le fluide V du conducteur attirera de même vers la pointe g une certaine quantité de fluide r' égale à r, et provenue de la décomposition du fluide naturel de l'aiguille, tandis qu'il repoussera vers la partie opposée d une autre quantité de fluide v' égale à v. Rétablissons maintenant l'action des deux aiguilles, l'une à l'égard de l'autre; les fluides r et v' en s'attirant mutuellement tendront à se mouvoir l'un de a vers b, l'autre de d vers g. Pareillement l'attraction réciproque des fluides r' et v agira pour ramener l'un de g vers d, et l'autre de b vers a. Or, ces effets balancent en partie celui du conducteur, pour attirer vers l'extrémité de chaque aiguille le fluide de l'électricité contraire à la sienne. L'action mutuelle des deux aiguilles deviendra encore plus sensible, si on les rapproche l'une de l'autre, parce qu'elle s'exercera à une moindre distance, et suivant des directions moins obliques.

775. Au lieu de deux aiguilles, supposons-en un très-grand nombre qui soient réunies en faisceau, et ne forment plus qu'un même corps. Elles agiront de même les unes sur les autres pour détruire en partie l'action électrique du conducteur par rapport à chacune d'elles, et cela d'autant plus que leur proximité leur donnera un grand avantage, relativement à la position plus éloignée du conducteur, par une suite de la loi en raison inverse du carré de la distance à laquelle sont soumises les forces électriques. Il en résulte que le fluide de l'électricité résineuse sera incomparablement moins condensé vers l'extrémité du faisceau d'aiguilles qu'il ne l'eût été vers celle d'une aiguille isolée. D'une autre part, chaque aiguille réagit sur le conducteur dont elle attire l'électricité, et, pour que la force de cette réaction produise l'effet observé, il suffit que l'équilibre soit rompu dans un seul point entre la tendance de l'électricité à s'échapper du conducteur et la résistance de l'air. La réaction dont il s'agit sera donc beaucoup plus efficace de la part d'une seule aiguille, à l'extrémité de laquelle l'électricité résineuse est très-condensée et dont toute l'activité se dirige vers un même point du conducteur, que de la part d'un faisceau d'aiguilles dont les forces s'entre-nuisent et ne sont point assez rapprochées; et ainsi une aiguille isolée deviendra capable de provoquer un effluve rapide de fluide électrique, qui abandonnera le conducteur pour se précipiter sur elle, et qu'elle transmettra aux corps environnants, après quoi elle recommencera aussitôt à soutirer de nouveau fluide, si l'on continue de charger le conducteur. Or, un corps arrondi peut être comparé à un faisceau d'aiguilles, qui n'exerce qu'une faible action pour dépouiller le conducteur de son électricité, tandis qu'un corps terminé en pointe soutire puissamment cette électricité par une action semblable à celle de l'aiguille isolée dont nous venons de parler.

Action d'une pointe pour lancer le fluide électrique.

776. On a observé aussi qu'un conducteur sur lequel on a fixé une aiguille présente, en quelque sorte, l'effet inverse du précédent. Le fluide électrique, dans ce cas, est lancé rapidement par la pointe de l'aiguille à mesure qu'il arrive au conducteur. On expliquera cet effet de la même manière, en supposant d'abord plusieurs aiguilles attachées au conducteur, et en considérant que les forces répulsives mutuelles des portions de fluide répandues dans ces aiguilles, balancent l'action du conducteur pour chasser son propre fluide vers leurs extrémités. Or on peut substituer par la pensée, à une partie quelconque d'un conducteur arrondi, un faisceau d'aiguilles qui agissent les unes sur les autres de la manière que nous venons de le dire. Maintenant qu'une seule aiguille dépasse les autres, ce qui est le cas d'un conducteur terminé en pointe, cette aiguille se trouvera débarrassée de toutes les actions répulsives qu'exerceraient sur elles d'autres aiguilles voisines, pour empêcher le conducteur de repousser une partie de son propre fluide vers l'extrémité de la même aiguille; et comme cette partie de fluide, qui n'occupe qu'une très petite surface, tend à s'y condenser extrêmement pour faire seule équilibre à tout le reste du fluide répandu autour du conducteur, sa den-

sité deviendra bientôt capable de vaincre la résistance de l'air, et le fluide s'échappera par la pointe à mesure qu'il sera fourni par le conducteur.

Aigrette électrique.

777. De quelque manière qu'un corps aigu soit électrisé, il se produit à son extrémité une lumière que l'on peut apercevoir dans l'obscurité. Mais cette lumière varie dans son aspect, suivant la nature de l'électricité qui agit sur le corps aigu. Supposons qu'un corps de cette figure soit fixé sur un conducteur électrisé vitreusement : dans ce cas, le fluide vitré sortira sous la forme d'une belle aigrette lumineuse, dont les rayons exciteront dans l'air un mouvement de vibration accompagné d'un léger bruissement. Si au contraire le conducteur est électrisé résineusement, on ne verra qu'un point lumineux à l'extrémité du corps aigu.

778. La même diversité d'effets aura lieu dans le cas où le corps aigu, étant en communication avec les corps environnants, aurait sa pointe tournée vers un conducteur électrisé; le corps aigu donnera une aigrette, si cette électricité est résineuse, et un simple point de lumière, si elle est vitrée. On peut obtenir ces deux effets en présentant une pointe de métal alternativement vis-à-vis du crochet et de la garniture extérieure d'une bouteille de Leyde, chargée à l'ordinaire, et suspendue dans l'air au moyen d'un cordon de soie; on verra le point lumineux et l'aigrette se succéder en devenant toujours moins sensible et finir par disparaître au moment où la bouteille, qui dans ce cas se décharge peu à peu, aura repris son état naturel. Cette expérience fournit, comme l'on voit, un moyen simple de distinguer l'espèce d'électricité dont un conducteur est chargé, en lui présentant une pointe à la distance de quelques centimètres. Nous reviendrons dans la suite sur les circonstances qui peuvent modifier ainsi l'aspect de la lumière produite par les phénomènes dont nous venons de parler.

Étincelle électrique.

779. Lorsqu'on approche d'un conducteur électrisé un autre corps de nature conductrice et d'une forme arrondie, l'action de celui-ci, beaucoup moins forte que dans le cas d'une pointe, se borne d'abord à attirer dans la partie antérieure du conducteur une nouvelle quantité de fluide, qui est maintenue par la résistance de l'air; cette quantité augmente, et en même temps les deux parties par lesquelles les corps se regardent, s'électrisent de plus en plus à mesure que la distance diminue; et il y a un terme où, l'air cédant à la force d'attraction qui sollicite les deux fluides, ceux ci s'échappent avec une espèce d'explosion pour se réunir l'un à l'autre, et cette explosion est accompagnée d'une vive étincelle. Tous ceux qui ont vu des expériences électriques savent qu'un homme placé sur un support à isoler et mis en communication avec le conducteur de la machine, devient à son tour capable d'étinceler et d'offrir divers autres phénomènes observé pour la première fois par Dufay, qui ne pouvait revenir de sa surprise, en voyant que le pouvoir de les produire, déjà si singulier dans la machine, avait passé dans l'observateur lui-même. On sait aussi que lorsqu'on présente à cet homme électrisé une cuiller pleine d'alcool légèrement chauffé, ou d'éther à froid, l'approche de son doigt fait naître à la fois la lumière et l'inflammation.

Pistolet électrique.

780. Une des expériences les plus intéressantes, relatives à la faculté qu'a le fluide électrique d'allumer différents corps, est celle qui se fait au moyen d'un instrument dont l'invention est due au célèbre Volta, et qui porte le nom de *pistolet électrique*. Il consiste dans un vase de cuivre en forme de sphéroïde allongé, qui est percé à ses deux sommets. Dans l'une des ouvertures, on introduit un tube de verre exactement de même diamètre qui, d'un côté, dépasse le vase d'environ un centimètre, et de l'autre se plonge à l'intérieur jusque vers le milieu de la cavité du vase. Ce tube est traversé par une tige métallique, dont la partie supérieure, qui est saillante au-dessus de la sienne, porte une boule du même métal, et dont la partie inférieure excède aussi le prolongement du tube à l'intérieur. L'autre ouverture, qui est beaucoup plus grande, sert à introduire dans le vase un mélange de parties égales de gaz inflammable et d'air atmosphérique, après

quoi on ferme l'ouverture avec un bouchon. On prend ensuite le vase dans la main par le milieu de sa convexité, et l'on présente la boule de métal située au-dessus du tube à un conducteur électrisé pour en tirer une étincelle. Le fluide électrique ne pouvant se communiquer au vase, parce que le tube l'en empêche, passe le long de la tige qui traverse ce tube, et à l'instant le gaz inflammable s'allume et sort avec une vive explosion, en faisant sauter le bouchon qui s'oppose à son passage.

Effets de l'électricité dans le vide.

781. Nous avons vu que le fluide électrique, vitré ou résineux, à l'état de liberté, n'a aucune affinité pour les différents corps, et n'est maintenu à leur surface que par la résistance de l'air environnant. Cette observation suffit pour indiquer que si l'on supprime l'air qui entoure un corps électrisé, le fluide sera sollicité par la force répulsive mutuelle de ses molecules à se répandre dans l'espace, et l'expérience fait voir que cette espèce d'effusion est toujours accompagnée de lumière. Ayez un long tube de verre terminé d'un côté par une virole de cuivre, et de l'autre par un robinet que vous ouvrirez pour faire le vide dans le tube, et que vous fermerez ensuite exactement; mettez la virole en contact avec un conducteur qui reçoive sans cesse de nouveau fluide au moyen de la machine électrique, et tenez en même temps le tube par le robinet, vous verrez paraître un flot d'une lumière purpurine, qui remplira le tube et se renouvellera continuellement. Si vous vous servez de la virole pour faire étinceler le conducteur, le jet de lumière, dont l'apparition dans ce cas aura lieu par de petites interruptions, en deviendra beaucoup plus éclatant. On a cherché à diversifier le phénomène, en modifiant de plusieurs manières l'appareil destiné à le produire, pour déterminer le fluide à prendre la forme d'une cascade, d'une gerbe, d'un soleil, et multiplier, par rapport à l'œil, les beaux effets de ces expériences, dignes d'occuper un des premiers rangs parmi celles qui font spectacle.

Odeur que répand l'électricité.

782. Lorsque le fluide électrique est déterminé à s'échapper d'un corps et à traverser l'air environnant, il arrive assez souvent qu'il y répand une odeur analogue à celle de l'ail ou du phosphore. Cette odeur devient surtout sensible, lorsqu'on s'approche d'une aigrette lumineuse qui s'élance d'un corps aigu fixé sur le conducteur de la machine.

De l'expérience de Leyde.

Nous voici arrivé à l'explication d'un des faits les plus importants qui aient été découverts, relativement à l'électricité : c'est celui qui est connu sous le nom d'*expérience de Leyde*. Quelques-uns attribuent cette découverte à Cunéus, d'autres à Musschenbroeck, qui en fit part aussitôt à Réaumur. Jamais la nouvelle d'un événement extraordinaire n'excita une sensation plus générale. Il n'y eut personne qui ne voulût se faire électriser, c'était l'expression dont on se servait, et qui s'est perpétuée, comme si la singularité de l'expérience avait fait oublier qu'il y avait beaucoup d'autres manières d'électriser un corps. L'intérêt même fit des physiciens qui étalaient des machines électriques sur les places, et, pour la première fois, la multitude courut y admirer des merveilles au lieu de prestiges.

783. Voici d'abord la manière ordinaire dont se fait l'expérience : on a une bouteille de verre *ag* (fig. 85), dont la surface extérieure est recouverte d'une feuille d'étain battu, jusqu'à une certaine hauteur *cd*. L'intérieur est rempli, jusqu'à la même hauteur, de menu plomb ou de feuilles minces de cuivre. Dans l'explication que nous donnerons des effets de la bouteille, nous considérerons cette matière intérieure, comme tenant lieu d'une garniture semblable à celle qui est appliquée sur la surface extérieure. La bouteille a un bouchon de liége, traversé par une tige *an* de métal, dont la partie inférieure communique avec les corps qui garnissent la capacité de la bouteille, et dont la partie supérieure, qui est recourbée, se termine par une boule métallique *b*. On prend d'une main la bouteille par le bas, et l'on met la boule *b* en contact, pendant quelques instants, avec le conducteur d'une machine électrique dont le plateau est en mouvement ; on retire ensuite la bouteille, et on touche la boule *b* avec un doigt de l'autre main, ou avec un corps métallique que l'on

tient dans cette même main. Aussitôt on se sent frappé avec plus ou moins de violence dans les deux bras, surtout aux articulations, et quelquefois même dans la poitrine et dans d'autres parties du corps.

784. Franklin faisait consister la cause du phénomène que nous venons d'exposer dans l'accumulation du fluide électrique sur la surface intérieure de la bouteille, tandis qu'une égale portion de celui de la surface extérieure était chassée dans les corps environnants par la force répulsive du premier fluide. Il en résultait que la quantité absolue d'électricité contenue dans la bouteille était la même qu'auparavant, la surface extérieure ayant perdu autant de fluide, dans le passage à l'état négatif, que la surface intérieure en avait reçu du conducteur dans le passage à l'état positif. La décharge avait lieu par une restitution subite, que faisait la surface intérieure à la surface extérieure, de tout le fluide qu'elle avait de plus, au moyen de la communication établie entre les deux surfaces. Æpinus ajouta à cette explication un nouveau degré de précision et de justesse; et c'est en nous rapprochant de ses principes que nous allons la développer, d'après l'hypothèse des deux fluides.

Idée générale de la cause d'où dépend la commotion.

785. Pour concevoir plus nettement la manière dont se charge la bouteille, rappelons-nous d'abord le cas où un corps conducteur, à l'état naturel et non isolé, s'approche par degrés du conducteur d'une machine ordinaire, dont le plateau est en mouvement. Dans ce cas, le fluide naturel du premier corps est décomposé, et le fluide vitré qui résulte de cette décomposition est repoussé dans les corps environnants, tandis que le fluide résineux est attiré vers l'extrémité qui regarde le conducteur de la machine. La quantité de ce fluide augmente à mesure que la distance diminue entre les deux corps; mais son accroissement n'a lieu que jusqu'au terme peu reculé, où l'attraction réciproque entre ce fluide et le fluide vitré fourni par la machine, devient capable de surmonter la résistance de l'air, et détermine ces fluides à s'échapper pour se réunir. Supposons maintenant que l'on place entre les deux corps une lame de verre qui, étant à la fois solide et imperméable au fluide électrique, oppose un obstacle comme invincible à la réunion des fluides vitré et résineux qui, dans le cas précédent, s'ouvraient bientôt un passage à travers les molécules mobiles de l'air. Rien alors n'empêchera de mettre le conducteur de la machine et le corps non isolé en contact l'un et l'autre avec les faces de la lame de verre, et cette proximité donnera lieu à un dégagement beaucoup plus abondant des deux fluides, qui d'ailleurs ne pourront se réunir; et si l'on suppose de plus que chacune des faces de la lame de verre soit garnie d'une feuille de métal qui se termine à une certaine distance des bords pour empêcher la communication d'une surface à l'autre, chaque fluide se répandra sur la garniture située de son côté, et cet effet, dû à l'attraction réciproque des deux fluides, ira en augmentant jusqu'à une certaine limite que nous déterminerons dans un instant. Voilà, en général, ce qui se passe lorsqu'on charge une bouteille de Leyde. Cet instrument n'est autre chose qu'un intermédiaire entre deux fluides, l'un vitré fourni par le conducteur, l'autre résineux fourni par les corps environnants, dont le développement, beaucoup plus considérable que celui qui aurait lieu sans cet intermédiaire, prépare une explosion beaucoup plus forte, lorsqu'ensuite ces fluides se réuniront subitement à l'instant de la décharge.

Explication détaillée du phénomène.

786. Concevons que AB (fig. 86) représente un segment de la lame de verre qui forme le ventre de la bouteille armée à l'ordinaire, *inpl* une portion de la matière métallique contiguë à la surface intérieure, et *oxst* une portion de la feuille d'étain qui recouvre la surface extérieure; que D soit un conducteur qui fasse partie d'une machine électrique, et touche le métal *in* par son extrémité, et qu'enfin *ch* soit une chaîne ou une matière conductrice quelconque adhérente par une extrémité au métal *ox*, et en communication avec le réservoir commun par son extrémité opposée. Supposons que le conducteur D acquière, par le mouvement du plateau, une certaine quantité de fluide vitré. Aussitôt que ce fluide commence à se répandre sur le métal *in*, son action décompose le fluide naturel de la chaîne

et de tous les corps environnants auxquels cette action peut s'étendre ; d'où l'on conclura, en appliquant ici les principes exposés précédemment, que la surface *ox* doit se charger de fluide résineux aux dépens de la chaîne et des corps voisins, tandis que le fluide vitré, sorti de la combinaison, est repoussé dans un sens contraire au mouvement du premier. Soit *v'* une molécule de fluide vitré, qui s'échappe le long de la chaîne ; soit R la quantité du fluide résineux qui, à cet instant, est répandu sur la surface *ox*, et V celle du fluide vitré qui appartient à la surface *in*. La molécule *v'*, en même temps qu'elle obéit à la force répulsive du fluide V, est sollicitée par l'attraction du fluide R qui tend à la retenir ; et puisque la répulsion de V l'emporte et que d'ailleurs elle agit de plus loin sur la molécule *v'*, nous en conclurons que la quantité de fluide vitré contenue dans V est plus grande que la quantité de fluide résineux renfermée dans R, ce qui est plus exact que dans la théorie de Franklin, où l'on supposait les deux surfaces également électrisées, l'une en plus, l'autre en moins. D'une autre part, les molécules qui composent le fluide de R tendent à se fuir en vertu de leur force répulsive mutuelle. Mais cette force est balancée par l'attraction des molécules du fluide V, qui regagnent, par l'avantage du nombre, ce qu'elles perdent encore ici du côté de la distance. Ces dernières molécules sont de même sollicitées à s'écarter en se repoussant mutuellement, et cette force ne peut être entièrement vaincue par l'attraction du fluide R, dont la quantité est moindre, et qui agit de plus loin que la répulsion dont on vient de parler. Ainsi, il y aura une portion excédante de fluide V qui ne sera maintenue que par la résistance de l'air environnant. Nous pouvons donc imaginer que le fluide V soit composé d'une portion U, qui est retenue le long de *in* par l'attraction de R, et d'une autre portion *u*, dont les molécules ne trouvent d'obstacle à l'effet de leur répulsion mutuelle, que dans la résistance de l'air (1). Si l'on continue d'électriser le conducteur D, la quantité de fluide dont V s'accroîtra déterminera la décomposition d'une nouvelle portion du fluide naturel contenu dans les corps en communication avec *ox* ; mais en même temps l'attraction du fluide R, devenu plus abondant, s'accroîtra à l'égard de chaque nouvelle molécule *v'* qui tend à s'échapper, ce qui exigera que la quantité *u* de fluide vitré, employée à compenser la distance, augmente de son côté, et il y aura un terme où le fluide *u* n'aura plus que la force nécessaire pour balancer la résistance de l'air. Passé cette limite, si l'on poursuit l'électrisation, toutes les nouvelles molécules de fluide que le conducteur D fournira, s'échapperont successivement, c'est-à-dire que la lame de verre se trouvera parvenue à son point de saturation, car on voit bien qu'alors il ne pourra plus rien se dégager des corps en communication avec *ox*, parce que autant la force de V agirait pour repousser, par exemple, une molécule de fluide vitré qui sortirait de la combinaison, autant l'attraction de R agirait pour la retenir.

787. Les choses étant dans cet état, vous détachez la chaîne *ch*, et vous appliquez un doigt sur la surface *ox*. Il n'arrivera rien de nouveau en vertu de ce contact ; car vous ne faites que substituer votre doigt à la chaîne dont tous les points étaient sollicités, ainsi que nous l'avons remarqué, par des forces qui se faisaient équilibre. Maintenant vous portez le même doigt sur la surface *in*. Or ici l'équilibre n'a plus lieu, parce que rien ne balance l'action de la portion de fluide *u*, qui n'est retenue que par la résistanee de l'air. Cette portion excédante agira donc sur le fluide naturel du doigt pour le décomposer ; elle repoussera le fluide vitré de ce doigt vers les parties postérieures, et s'unira avec le fluide résineux, pour recomposer du fluide naturel qui se perdra dans les corps environnants. Quant au fluide U, il continuera d'être maintenu sur la surface *in*, par l'attraction du fluide R, et l'équilibre sera rétabli entre les forces électriques rapportées aux différents points de cette surface. Mais il sera rompu à la surface *ox*, parce que la portion d'électricité résineuse qui s'y trouvait retenue par l'attraction du fluide *u*, que le doigt a enlevé, ne le sera plus que par l'air adjacent. Donc, si vous ramenez le doigt vers la surface *ox*, il se

(1) Il est visible que la quantité du fluide U sera toujours moindre que la quantité du fluide R, comme cette dernière est moindre que celle qui est renfermée dans V ou dans U + *u*.

fera de nouveau une décomposition du fluide de ce doigt en sens contraire, de manière que la partie vitrée du même fluide s'unira avec celle du fluide R qui était en excès. Il est facile maintenant de concevoir qu'en appliquant successivement le doigt sur les deux surfaces, où l'équilibre entre les forces électriques sera de même troublé tour à tour, vous parviendrez par degrés à décharger entièrement la bouteille, c'est-à-dire que chacune des deux surfaces se dépouillera de son excès d'électricité vitrée ou résineuse, après quoi elle se trouvera ramenée à son état naturel. On observe en pareil c s que le rétablis e-ment de l'équilibre devient sensible chaque fois, par une petite étincelle qui jaillit entre le doigt et la surface touchée. Or, si au lieu de décharger ainsi la lame de verre en détail, vous appliquez en même temps les deux mains sur les deux faces opposées de cette lame, tous les effets qui se succédaient dans la première manière d'opérer, concourront à la fois; en sorte que les deux faces attireront les fluides d'espèce différente, qui font partie du fluide naturel des deux bras, pour se combiner avec ces fluides, et repousseront avec la même vitesse les fluides hétérogènes l'un vers l'autre; et c'est à cette complication d'effets, qui ont lieu avec une grande énergie et d'une manière sensiblement instantanée, qu'est due en général la forte commotion qu'éprouve celui qui fait l'expérience de Leyde. C'est un résultat de mécanique, si l'on se borne à considérer les forces dont il dépend. C'est une double opération d'analyse et de synthèse, si l'on conçoit ces forces comme existantes dans des agents suggérés par une théorie plausible.

788. Lorsqu'on décharge la lame de verre par des contacts répétés, comme nous l'avons exposé il n'y a qu'un instant, les quantités de fluide vitré ou résineux, que le doigt enlève successivement à chaque surface *in* ou *ox*, diminuent nécessairement d'un contact à l'autre. M. Biot, ayant cherché par le calcul la loi de cette diminution, a été conduit à ce résultat intéressant, que les quantités de fluide dont il s'agit forment une progression géométrique (1).

789. Ce qui rendait l'expérience de Leyde encore plus curieuse, c'est qu'on pouvait la faire en société, de sorte que

---

(1) Voici la démonstration de ce résultat, telle que son célèbre auteur a bien voulu nous la confier. Soit A (fig. 87) la surface de la lame de verre qui communiquait avec le conducteur, B celle qui communiquait avec le sol; désignons par E la quantité de fluide vitré qui était accumulée sur A au moment où l'on a isolé la lame, et par e la quantité de fluide résineux qui était fixée sur B. Il y aura entre E et e un certain rapport dépendant de l'épaisseur de la lame; ce rapport sera constant pour une même lame, puisque si E dissimule e, kE dissimulera ke à la même distance. On aura donc entre e et E l'équation $e + m\text{E} = 0$, m étant une constante positive et moindre que l'unité. — Au moment où l'on touche A, une partie du fluide qui s'y trouvait accumulé s'écoule dans le sol, et il ne reste que la quantité que e peut dissimuler à distance. Soit E′ cette quantité, il y aura entre E′ et e la même relation qu'entre e et E, ce qui donnera $\text{E}' + me = 0$. La tension sera alors du côté de l'électricité e. Si l'on touche ensuite B, il y restera une certaine quantité d'électricité que nous nommerons e'; la tension renaîtra sur l'autre face, et l'on aura $e' + m\text{E}' = 0$.

En continuant de représenter les effets des différents contacts, on trouvera une série d'équations semblables aux précédentes; et en les réunissant à celles-ci, on aura :

$$\begin{aligned} e + m\text{E} &= 0, \\ \text{E}' + me &= 0, \\ e' + m\text{E}' &= 0, \\ \text{E}'' + me' &= 0, \\ e^n + m\text{E}^n &= 0, \\ \text{E}^{(n+1)} + me^n &= 0. \end{aligned}$$

n étant le nombre des contacts à l'une des faces. On tire de là les deux systèmes suivants d'équations, qui se rapportent chacun de la lame de verre :

$$\begin{aligned} \text{E}' &= m^2\text{E}, & e' &= m^2 e, \\ \text{E}'' &= m^2\text{E}', & e'' &= m^2 e', \\ \text{E}^{(n+1)} &= m^2\text{E}^n. & e^{(n+1)} &= m^2 e^n. \end{aligned}$$

Le premier système fait connaître les quantités de fluide qui restent successivement sur la face A, et le second celles qui restent sur la face B.

D'après ces formules, on peut calculer les quantités dont il s'agit en fonctions des premières, et l'on aura :

$$\begin{aligned} \text{E}' &= m^2\text{E}, & e' &= m^2 e, \\ \text{E}'' &= m^4\text{E}, & e'' &= m^4 e, \\ \text{E}^{(n+1)} &= m^{2(n+1)}\text{E}. & e^{(n+1)} &= m^{2(n+1)} e. \end{aligned}$$

plusieurs centaines de personnes rangées en demi cercle étaient toutes frappées au même instant On résolut d'étendre encore le champ de l'expérience, en faisant entrer dans la communication, indépendamment de plusieurs observateurs, l'eau d'une rivière, de longs fils de fer et même des portions de terrain. Les Français commencèrent et firent parcourir à la commotion un espace de deux mille toises, à travers lequel elle fut transmise d'une manière très-sensible. Les Anglais enchérirent sur ce résultat, et, dans une de leurs expériences, le voyage (car c'en est un) fut de quatre milles d'Angleterre. Ils essayèrent de mesurer la vitesse de la commotion par un moyen analogue à celui qu'on a employé pour estimer celle du son. Mais la différence entre le moment du départ et celui du retour leur parut inappréciable.

790. Si l'on voulait se servir de la bouteille pour rendre sensible l'explication que nous avons donnée de ses effets, en supposant qu'elle soit déchargée progressivement par des contacts répétés aux deux surfaces, on l'électriserait d'abord comme nous l'avons dit, puis on ferait passer sous le crochet m (fig. 85) un cordon de soie, à l'aide duquel on la tiendrait suspendue, ou bien on la poserait sur un isoloir, après quoi on toucherait alternativement avec un doigt la boule b et la garniture extérieure.

791. Si la bouteille était isolée pendant que la boule b est en contact avec le conducteur de la machine, elle ne se chargerait pas, surtout dans le cas où l'air environnant serait très-sec. Seulement sa surface intérieure recevrait du conducteur une petite quantité de fluide, dont la répulsion étant sans effet sur le fluide de même nom, situé dans la garniture extérieure, ne pourrait faire passer celle ci à l'état opposé, comme cela est nécessaire pour détermir er la charge de la bouteille.

792. Plus la bouteille est mince, et plus, toutes choses égales d'ailleurs, elle s'électrise fortement. Car, d'un côté, le fluide vitré de *ilpn* (fig. 86) agit avec plus d'énergie sur celui de la partie opposée, à raison d'une moindre distance entre les deux surfaces. D'une autre part, le fluide résineux à l'état de liberté sur la lame *otsx*, étant plus abondant, devient capable de maintenir, par son attraction, une plus grande quantité de fluide vitré dans la lame *ilpn*. D'où il suit que le point de saturation de la bouteille sera plus élevé que si le verre avait eu plus d'épaisseur. Dans le même cas les deux quantités de fluide V et R différeront moins l'une de l'autre, ou, ce qui revient au même, la quantité u qui compose ce que la force du fluide de *ilpn* perd relativement à la distance, sera plus petite, puisque la distance elle-même se trouvera diminuée, en

---

Et il est visible qu'elles forment une progression géométrique. Leurs différences donneront les pertes de fluide faites successivement par les deux faces en vertu des contacts répétés. Elles seront exprimées par :

$$E-E'=(1-m^2)E, \quad e-e'=(1m-^2)e,$$
$$E'-E''= 1-m^2)m^2E, \quad e'-e''=(1-m^2)m^2e,$$
$$E^n-E^{(n+1)}=(1-m^2)m^{2n}E.] \quad e^n-e^{(n+1)}-(1-m^2)m^{2n}e.]$$

Et l'on conçoit, à la simple inspection de ces formules, que les pertes de fluide qui ont lieu relativement à chaque face, à mesure que l'on décharge la lame, suivent de même une progression géométrique décroissante dont la raison est m. Ainsi, plus cette quantité m sera petite, plus aussi les quantités restantes de fluide et les pertes qui leur correspondent décroitront rapidement; en sorte qu'après un petit nombre de contacts elles deviendront insensibles, et la lame paraîtra entièrement déchargée. Comme la valeur de m dépend de l'épaisseur du verre, on voit qu'une lame très-mince exigera plus de temps pour se décharger de cette manière qu'une lame plus épaisse. A la rigueur, il faudrait une suite infinie de contacts pour décharger entièrement la lame de verre ; car si l'on ajoute les formules qui donnent les pertes successives, en supposant celles-ci continuées à l'infini, on trouve pour leur somme :

$$(1-m^2)\ E.\ (1+m^2+m^4+\ldots\ldots\ldots).$$

La série comprise entre les deux crochets a pour somme $\frac{1}{1-m^2}$, et il en résulte que la somme totale des pertes relatives à la face A est égale à E. On trouvera de même que la somme des pertes de la face B est représentée par e. Mais c'est là un cas purement mathématique, et il arrive en général qu'après un certain nombre de contacts la quantité d'électricité restante cesse d'être sensible.

sorte que cette quantité deviendra nulle si l'on suppose l'épaisseur du verre infiniment petite.

793. Comme le verre n'est jamais parfaitement imperméable au fluide électrique, il y a toujours une certaine quantité de fluide vitré ou résineux qui pénètre un peu dans l'épaisseur de la bouteille, où elle est comme refoulée, pendant que celle-ci s'électrise. Au moment où l'on décharge la bouteille, cette portion de fluide reste engagée dans le verre par une suite de la force coercitive, en sorte qu'elle n'entre pour rien dans l'effet qui se produit alors. Mais ensuite ses molécules se dégagent les unes après les autres, et passent dans la garniture, où elles déterminent une nouvelle disposition à donner la commotion, quoique dans un degré beaucoup plus faible que la première fois. C'est ce qu'éprouvent souvent ceux qui, ayant fait l'expérience de Leyde et croyant la bouteille entièrement déchargée, la reprennent au bout d'un instant, et, portant de nouveau le doigt à la boule qui termine le crochet, sont surpris de recevoir encore une commotion ; ce qui peut avoir lieu à plusieurs reprises, par des degrés toujours décroissants.

794. Lorsqu'on veut décharger la bouteille sans aucune commotion, on se sert d'une verge de cuivre *efh* (fig. 90) recourbée en arc et terminée par deux boules, à laquelle on a donné le nom d'*excitateur*. On la prend dans la main à l'endroit *f* de sa courbure, on pose la boule *h* sur quelque point de la garniture extérieure de la bouteille, puis on approche la boule *e* de celle qui termine le crochet, et l'on produit ainsi impunément la décharge, qui est accompagnée d'une forte étincelle. On peut, par le même moyen, allumer du coton. Pour y parvenir, on enveloppe la boule *b* (fig. 85) d'une couche mince de cette substance filamenteuse, que l'on saupoudre ensuite de résine broyée ; au moment de la décharge, l'étincelle détermine l'inflammation du coton.

795. On dit d'une bouteille de Leyde qu'elle est *électrisée vitreusement*, lorsque sa garniture intérieure et son crochet sont à l'état vitré, comme dans le cas que nous venons de considérer. Lorsqu'on veut la charger résineusement ou de manière que sa surface intérieure parvienne à l'état résineux, on la prend par le crochet, et on maintient sa garniture extérieure en contact avec le conducteur de la machine, pendant que le plateau de verre est en mouvement. On la retire après quelques instants et on la place sur un isoloir. On peut s'en servir alors pour recevoir la commotion, comme nous l'avons expliqué plus haut. Dans ce cas, la bouteille étant chargée en sens inverse de ce qui a lieu lorsque, en s'électrisant, elle communiquait par son crochet avec le conducteur de la machine, la même inversion subsiste par rapport aux mouvements des deux fluides dont la réunion détermine la décharge de la bouteille.

Appareil portatif pour l'expérience de Leyde.

796. On peut, sans avoir recours à la machine électrique, obtenir un effet semblable à celui que produit une bouteille de Leyde médiocrement chargée, à l'aide d'un appareil simple et resserré dans un petit espace, dont l'invention est due à M. Ingen-Houzs (1), qui suffit, pour satisfaire les personnes qui désirent prendre une idée du caractère de la commotion sans avoir besoin d'en ressentir l'énergie. La bouteille destinée à cet usage diffère de celle de Leyde en ce qu'elle est beaucoup plus étroite et d'une forme cylindrique. De plus la tige qui en traverse le bouchon est droite dans toute sa longueur, et se termine à la naissance du goulot de la bouteille, où elle adhère à la boule métallique par l'intermède de laquelle se charge cette bouteille. Le reste de l'appareil consiste en un ruban de taffetas gommé dont la longueur est d'environ un mètre (trois pieds), et une peau de chat que l'on a mise sous la forme de deux doigtiers qui laissent entre eux un intervalle d'environ 40 millimètres (un pouce 1/2), et dont les ouvertures sont tournées l'une vers l'autre, de manière qu'en écartant le pouce et l'index d'une main on puisse les faire servir d'enveloppes à ces deux doigts. Comme les doigtiers sont destinés à faire la fonction de frottoirs, on a soin, en les façonnant, de mettre le poil en dehors. Pour faire l'expérience, on attache le ruban par une de ses extrémités à un point fixe, en

(1) Nouvelles expériences et observations sur divers objets de physique. Paris, 1785, t. I, p. 117 et suiv.

sorte qu'il y reste suspendu librement. On met les frottoirs en position sur la main droite, puis on prend de la main gauche la bouteille par sa garniture extérieure. On saisit ensuite le ruban avec les deux doigtiers, à une distance de son point d'attache, qui permette de placer la boule métallique en dessus de celui qui enveloppe le pouce, et de l'y mettre en contact avec le ruban. On passe ensuite les frottoirs avec frottement sur la longueur du ruban, et on fait glisser la boule métallique à la suite de celui dont elle est voisine, de manière qu'il puisse aussitôt enlever au ruban l'électricité que le frottement a développée (1). On recommence plusieurs fois de suite la même opération, et quand on juge la bouteille suffisamment chargée, on procède comme dans l'expérience ordinaire pour faire naître l'étincelle. Lorsque le temps est favorable, la commotion se fait sentir, quoique modérément, jusque dans les articulations des bras. Une circonstance favorable au succès de l'expérience est celle où deux observateurs s'étant réunis pour la faire en commun, l'un d'eux prend le ruban par ses extrémités, et le tient bandé, tandis que l'autre fait agir le frottement, ainsi que nous l'avons indiqué.

Carreau fulminant.

797. On substitue quelquefois à la bouteille un carreau de verre garni sur chacune de ses faces d'une feuille d'étain qui ne s'étend pas jusqu'aux bords de ce carreau, mais qui laisse tout alentour environ 54 millimètres ou 2 pouces à découvert. On met le carreau à plat sur une table, et l'on interpose, entre cette table et la garniture inférieure, une petite chaîne qui descend jusqu'au sol. On établit, au moyen d'une tige de métal, une communication entre la garniture supérieure et le conducteur de la machine. Au moment où l'appareil est fortement électrisé, si l'on prend d'une main la chaîne en contact avec la garniture inférieure, et que, de l'autre main, on touche la garniture supérieure, on reçoit une violente commotion. Mais il est facile de l'éviter en se servant d'un excitateur pour décharger l'appareil. On a donné au carreau de verre dont il s'agit ici les noms de *carreau magique* et de *carreau fulminant*.

Charge par cascade.

798. On peut charger à la fois plusieurs bouteilles, en les disposant de la manière suivante : on suspend au conducteur de la machine une première bouteille, sous laquelle est attaché un crochet. On se sert de ce crochet pour suspendre une seconde bouteille à la première. On continue la série à l'aide du même moyen et on suspend au crochet fixé sous la dernière bouteille une chaîne qui communique avec le sol. Lorsqu'ensuite on met le plateau de la machine en mouvement, le fluide vitré qui s'accumule sur la garniture intérieure de la première bouteille, décompose le fluide naturel de la garniture extérieure, et repousse la partie vitrée de ce fluide dans la garniture intérieure de la seconde bouteille, et ainsi successivement. Il en résulte que toutes les surfaces se chargent l'une par l'intermède de l'autre, excepté la première, qui reçoit sa charge du conducteur, et la dernière, qui reçoit la sienne des corps environnants. Si l'on détache la chaîne suspendue sous la dernière bouteille, on pourra les décharger toutes en détail, comme nous l'avons exposé dans le cas d'une seule bouteille, en se bornant à toucher alternativement, d'abord le bouton qui communique avec la garniture inférieure de la première, puis la garniture extérieure de la dernière (1).

---

(1) Cette manière d'opérer nous a paru plus facile et plus commode que celle qui est en usage, et qui consiste à placer la bouteille en dessus de l'index et du petit doigt, et en dessous des deux doigts du milieu, de manière que la boule métallique qui la termine se trouve du côté de l'index et surpasse assez le frottoir qui recouvre ce doigt, pour qu'à l'aide d'un petit mouvement de la main elle soit mise en contact avec le ruban. On se sert de la main gauche, qui est libre, pour tenir ce ruban suspendu pendant l'action du frottement.

(1) M. Biot a étendu au cas que nous considérons ici l'analyse qui lui a servi à déterminer la loi à laquelle sont soumises les pertes que les deux surfaces d'une même bouteille font de leur fluide par des contacts successifs. Pour développer ce nouveau résultat, il se borne à considérer les états des trois lames de

On pourra aussi décharger tout d'un coup l'ensemble des bouteilles, en recevant la commotion, par les contacts simultanés des deux mains appliquées aux mêmes endroits. Cette manière de charger plusieurs bouteilles suspendues l'une à l'autre, se nomme la *charge par cascade.*

Effets des batteries électriques.

799. D'après l'observation que l'effet de la décharge a lieu avec plus d'énergie, à mesure que l'on augmente l'étendue des surfaces sur lesquelles les deux fluides s'accumulent, on a imaginé ces puissantes batteries qui résultent d'un assemblage de plusieurs jarres que l'on fait agir toutes à la fois. Au moyen de cet appareil, un fil de fer qui est censé faire partie de l'excitateur, devient incandescent, et se disperse en une infinité de petits grains qui sont à l'état d'oxyde. On place une feuille d'or entre deux glaces que l'on serre fortement l'une contre l'autre, à l'aide d'une petite presse de bois; l'une des extrémités de la feuille communique avec la garniture extérieure de l'appareil, et l'autre avec une des boules de l'excitateur. On fait passer ainsi la décharge à travers le métal, qui se réduit en poudre et s'incruste dans le verre. Un oiseau, placé de manière à recevoir la commotion, est frappé de mort. Le spectateur, effrayé de la violente explosion qui produit ces phénomènes, est moins surpris d'entendre dire que la matière de l'electricité soit la même que celle de la foudre.

800. A l'égard des effets qui ont lieu lorsqu'on fait subir une forte commotion à une lame très-mince de métal, comme dans l'expérience que nous venons de citer, il paraît que leur véritable cause est la force expansive du fluide électrique qui agit pour dilater les corps et écarter leurs molécules les unes des autres. Si le métal n'est pas oxydable immédiatement, l'action de cette force expansive se borne à disperser ses molécules. L'élévation de température qui survient dans ce cas est due vraisemblablement à ce que les parties qui se dilatent davantage, compriment celles qui se dilatent moins;

---

verre (fig. 88) qui communiquent entre elles, et qui représentent trois bouteilles disposées comme nous l'avons dit. Ces lames étant censées être égales en tout, on aura d'abord :

$$e + mE = 0,$$
$$e_1 + mE_1 = 0,$$
$$e_2 + mE_2 = 0.$$

Mais il y a de plus ici des conditions particulières, qui sont que e et E_1 résultent de la décomposition du fluide naturel de la face B, et que de même e_1 et E_2 résultent de la décomposition du fluide naturel de la face B′. De là deux nouvelles équations à joindre aux précédentes, et qui seront :

$$e + E_1 = 0,$$
$$e_1 + E_2 = 0.$$

Si l'on touche la face A, B″ étant isolé, toutes les quantités de fluide varieront, excepté e_2; et en les désignant par les mêmes lettres, on aura :

$$E' + me' = 0, \qquad e' + E'_1 = 0,$$
$$E'_1 + me'_1 = 0, \qquad e'_1 + E'_2 = 0.$$
$$E'_2 + me'_2 = 0.$$

Et ainsi de suite à chaque contact.

Les formules relatives au premier équilibre donnent par l'élimination :

$$e + mE = 0, \qquad E_1 - mE = 0,$$
$$e_1 + m^2E = 0, \qquad E_2 - m^2E = 0.$$
$$e_2 + m^3E = 0.$$

En sorte que les quantités de fluide dissimulées sur chacune des faces B, B′, B″, suivent une progression géométrique décroissante Il en serait de même, quel que fût le nombre des lames mises en communication, et la dernière serait beaucoup moins chargée que la première. Cette différence sera d'autant plus grande que m sera moindre, et par conséquent elle croîtra à mesure que les lames seront plus épaisses.

En combinant les formules relatives au premier contact, on trouve :

$$E' + m^3e_2 = 0,$$
$$E'_1 + m^2e_2 = 0,$$
$$E'_2 + me_2 = 0.$$

En mettant pour e sa valeur, il vient :

$$E' - m^6E = 0,$$
$$E'_1 - m^5E = 0,$$
$$E'_2 - m^4E = 0.$$

La quantité E′ de fluide qui reste sur la face A, après le premier contact, est donc aussi beaucoup moindre que s'il n'y avait eu qu'une seule lame.

d'où résulte une espèce de condensation qui occasionne un dégagement de chaleur. Berthollet et Charles, ayant fait passer de puissantes décharges électriques à travers un fil de platine, observèrent que ce fil avait seulement acquis une chaleur qu'ils jugèrent à peu près égale à celle de l'eau bouillante, et qui était par conséquent très-inférieure à la chaleur capable d'opérer la fusion du platine. Si le métal est susceptible de s'oxyder facilement; si c'est, par exemple, un fil de fer ou de cuivre, l'écartement des molécules, en diminuant leur affinité réciproque, les dispose à s'unir avec l'oxygène de l'air environnant, et c'est alors l'oxydation elle-même qui produit le haut degré de chaleur auquel le métal se trouve exposé (1).

Solution de plusieurs difficultés.

801. Parmi les différents résultats que l'on obtient à l'aide d'une explosion électrique, il en est un qui a fourni aux partisans de la doctrine de Franklin une objection spécieuse contre l'hypothèse des deux fluides ; voici en quoi il consiste. Soient *amb*, *cnd* (fig. 91) deux conducteurs métalliques, dont l'un, tel que *amb*, communique avec la surface intérieure d'une batterie, et l'autre *cnd* avec sa surface extérieure. Supposons que l'on place entre ces deux conducteurs une carte dont GH représente la projection verticale, de manière que le conducteur *amb* touche cette carte en dessous et que le conducteur *cnd* la touche en dessus. Si l'on électrise la batterie à l'ordinaire, il y aura un terme où les deux fluides se trouveront tellement accumulés dans les conducteurs, que leur attraction mutuelle donnera lieu à une décharge spontanée de la batterie. Dans ce cas, l'étincelle, en partant de l'extrémité *m* du conducteur qui est à l'état vitré, glisse sur la surface *mt* de la carte, où elle forme une traînée de lumière; au même instant la carte est percée en *t*, et l'on aperçoit un point lumineux à l'extrémité *n* du conducteur *cnd*. Cette expérience s'accorde très-bien avec la supposition d'un seul fluide qui, après s'être accumulé sur la surface intérieure de la batterie, l'abandonne au moment de l'explosion et, se précipitant sur le conducteur *cnd*, va remplacer le fluide dont la surface extérieure s'était dépouillée.

802. On a cité encore, en faveur de la même opinion, la diversité des aspects sous lesquels se présente la lumière que l'on aperçoit à l'extrémité d'un corps aigu situé en présence d'un conducteur électrisé. Lorsque l'aigrette avait lieu, le fluide électrique sortait du corps aigu pour se rendre au conducteur qui était dans l'état négatif; et lorsqu'au contraire on ne voyait qu'un point lumineux, le fluide s'échappait du conducteur électrisé positivement, pour se porter vers la pointe qui, étant dans l'état opposé, attirait à elle ce fluide. M. Trémery, professeur de physique d'un mérite distingué, a imaginé, pour résoudre ces difficultés, une hypothèse très admissible, qu'il a confirmée par des expériences ingénieuses (1). Suivant cette hypothèse, la force coercitive des corps isolants, c'est-à-dire la résistance qu'ils opposent au mouvement du fluide électrique dans leur intérieur, ne serait pas la même pour les deux fluides vitré et résineux, en sorte qu'il pourrait bien se faire que, dans certains corps, elle fût incomparablement plus grande, relativement à l'un des fluides, que par rapport à l'autre. L'air atmosphérique serait dans ce dernier cas, et opposerait une très-grande résistance au mouvement du fluide résineux, tandis qu'il ne résisterait pas à beaucoup près avec la même force au mouvement du fluide vitré. D'après cette hypothèse, lorsqu'on emploierait l'appareil que nous avons décrit, il arriverait qu'au moment de la décharge le fluide vitré sortirait du conducteur *amb*, pour aller se réunir au fluide résineux qui serait maintenu autour du conducteur *cnd*, par la force coercitive de l'air ; et son passage à travers la carte aurait lieu au point *t*, situé immédiatement au dessous du point *n*, ce que nous avons vu être conforme à l'expérience. Maintenant si par l'effet d'une cause quelconque, comme serait celle qui apporterait un changement dans la densité de l'air, la force coercitive de cet air pour le fluide résineux pouvait diminuer relativement à celle qui aurait lieu pour le fluide vitré, de

(1) Statique chimique, t. I, pag. 209 et 263.

(1) Journal de physique, floréal an X, p. 357 et suiv.

manière que les deux forces parvinssent à l'égalité, les deux fluides, au moment de la décharge, se porteraient l'un vers l'autre, en sorte que l'on apercevrait une aigrette lumineuse à la pointe de chaque conducteur. On peut faire d'autres suppositions, d'après lesquelles la force coercitive pour le fluide vitré l'emporterait à son tour sur celle qui aurait lieu à l'égard du fluide résineux; et si la première devenait incomparablement plus grande que l'autre, on aurait le phénomène inverse de celui qu'on observe dans le cas ordinaire.

803. Pour vérifier cette théorie, M. Trémery a placé l'appareil représenté (fig. 91) sous le récipient d'une machine pneumatique, et il a fait le vide jusqu'au point où la pression de l'air, indiquée par un baromètre d'épreuve, n'était plus que de 14 centimètres, environ 5 pouces 2 lignes. L'appareil ayant été ensuite électrisé, l'explosion s'est faite de manière que la carte a été percée au point *s*, situé à peu près au milieu de la distance entre les extrémités *m*, *n* des deux conducteurs. Ce phénomène très-remarquable indiquait que, par une suite de la diminution qu'avait subie la densité de l'air, le rapport entre ses forces coercitives, à l'égard des deux fluides, avait varié de manière qu'elles étaient devenues sensiblement égales. Le même physicien a laissé ensuite, à différentes reprises, rentrer de l'air sous le récipient; il a observé que chaque degré de densité déterminait, pour l'endroit où la carte était percée, une position particulière située entre le milieu *s* de la carte, et l'extrémité *n* du conducteur électrisé résineusement.

804. On voit maintenant à quoi tient la différence entre les deux aspects sous lesquels s'offre la lumière qu'on aperçoit à l'extrémité d'un corps aigu, suivant la diversité des circonstances. Si le corps aigu est situé vis-à-vis d'un conducteur chargé de fluide résineux, le fluide vitré du premier s'élancera sous la forme de rayons divergents pour se porter vers le conducteur où le fluide résineux, qui exerce sur lui son attraction, est maintenu par la force coercitive de l'air. Si, au contraire, le conducteur est électrisé vitreusement, son fluide sera attiré par le corps aigu; et la réunion de ce fluide avec le fluide résineux, qui n'aura lieu qu'à l'extrémité du même corps, produira le point lumineux qu'on aperçoit en cet endroit.

Description de quelques instruments électriques particuliers.

Les physiciens ont inventé plusieurs espèces d'instruments propres à diverses expériences qui ont chacune un but particulier. Quatre de ces instruments nous paraissent surtout mériter une explication.

Electrophore.

805. On a donné le nom d'*électrophore* à un appareil qui a la faculté de conserver long-temps sa vertu électrique. Il est composé d'un plateau *st* (fig. 92) de matière résineuse, sur lequel on place un disque de métal *ag*, attaché par le milieu a un cylindre de verre *mn*. Ce disque étant d'abord séparé de la résine, on électrise celle-ci en la frappant avec une peau de lièvre ou de quelque autre animal à poil, ensuite on applique le disque métallique sur la résine, et l'on pose un doigt sur le même disque pendant un petit instant. Cela fait, on retire d'abord le doigt, puis on enlève le disque au moyen du cylindre de verre *mn*, destiné à le maintenir isolé. Si l'on présente alors le doigt ou un excitateur au disque, on voit paraître une étincelle entre l'un et l'autre. En replaçant le disque sur la résine, sans être obligé d'électriser de nouveau celle-ci, et en répétant du reste le même procédé, on obtiendra de nouvelles étincelles dont la force ne paraîtra pas diminuer sensiblement; et si l'on se sert du crochet d'une bouteille de Leyde pour les produ re, on parviendra en peu de temps à la charger.

806. Pour expliquer ces effets, remarquons qu'au moment où l on place le disque métallique sur le plateau *st* que l'on a électrisé, le fluide résineux de ce plateau attire à lui le fluide vitré du disque métallique, lequel ne pouvant passer dans la résine dont la nature est isolante, reste sur la surface inférieure du disque. Le fluide résineux de celui-ci se trouve repoussé en même temps vers la surface supérieure. Or, le disque n'ayant ici que sa quantité naturelle de fluide électrique, qui seulement est décomposée, son fluide résineux agit, par cela seul, plus fortement sur le doigt en contact avec ce même disque, que le

fluide vitré qui est à une plus grande distance. Mais cette action est encore aidée par celle du fluide de même nom qui appartient à la résine, et ainsi le fluide vitré, qui fait partie du fluide naturel renfermé dans le doigt, sera attiré par le disque métallique, et s'unira avec le fluide résineux répandu sur la surface supérieure. Donc si, après avoir retiré le doigt, on enlève le disque métallique, celui-ci se trouvera à l'état d'électricité vitrée; après quoi il est facile de concevoir tout le reste. Ordinairement le plateau de matière résineuse a pour support un autre disque métallique, sur lequel on a fait couler cette matière au moment où elle était en fusion. Le fluide qui occupe la surface supérieure du plateau agit aussi à travers l'épaisseur de celui-ci sur le disque qui adhère à sa surface inférieure. Mais nous nous dispensons ici d'avoir égard à cette action, qui d'ailleurs est facile, pour ne considérer que la première, qui seule est dirigée vers l'effet que l'on se propose d'obtenir.

807. On peut employer le plateau de l'électrophore pour produire un de ces phénomènes, dont la première vue excite une surprise suivie du désir d'en connaître les causes. Ayant chargé résineusement une bouteille de Leyde, on la prend par la garniture extérieure, et après avoir mis la boule qui termine le crochet en contact avec un point situé vers le milieu du plateau de résine, on promène cette boule comme pour tracer au même endroit une lettre ou quelque autre figure. On décharge la bouteille au moyen d'un excitateur, et on l'électrise vitreusement, puis on reporte la boule terminale sur le plateau de résine, en la faisant serpenter vers les bords, comme pour donner un cadre à la figure du milieu. Cela fait, on prend une espèce de petit soufflet d'une forme cylindrique et tellement construit que, quand on le fait jouer, les deux panneaux qui lui servent de bases se rapprochent et s'écartent alternativement l'un de l'autre. On introduit dans ce soufflet, par un trou pratiqué à la base supérieure, un mélange de deux poussières fines, l'une de soufre, l'autre de *minium* ou d'oxyde de plomb rouge, puis on referme le trou. La base inférieure est aussi percée d'un trou que l'on laisse ouvert. On met ensuite le soufflet en mouvement, de manière à faire voler un nuage léger de poussière au-dessus de la surface du plateau qui en est bientôt parsemée. On voit paraître alors au milieu de cette surface un caractère rougeâtre, composé de parcelles de minium, qui se sont arrangées aux endroits que le crochet de la bouteille a parcourus lorsqu'il était à l'état résineux; et la partie environnante offre une bordure jaunâtre, formée par les parcelles de soufre, qui ont pris leurs places aux endroits par lesquels a passé le même crochet électrisé vitreusement.

808. Pour expliquer ces effets, reprenons les différentes circonstances de l'expérience. Le crochet de la bouteille, chargé d'abord résineusement, communique une électricité de la même nature à tous les points du plateau de résine successivement en contact avec lui, et le même crochet, sollicité par l'électricité contraire, la partage avec les points qu'il parcourt. Lorsqu'ensuite on fait agir le soufflet, les deux poussières en s'agitant s'électrisent par leur frottement mutuel, de manière que le soufre acquiert l'électricité résineuse, et le minium l'électricité vitrée. Il en résulte que le soufre se porte vers les points du plateau qui sont à l'état vitré, tandis que le minium obéit à l'attraction de ceux qui sont à l'état résineux. Le plateau fait ainsi le triage des parcelles qui doivent donner du corps aux figures tracées invisiblement par les deux fluides électriques. Si l'on observe chacune de ces figures avec attention, on voit que les parcelles de soufre appliquées sur la partie du plateau qui est à l'état vitré sont disposées sous la forme de petites houppes, tandis que les parcelles de minium fixées sur la partie qui est à l'état résineux ne donnent aucun signe de divergence. Ces deux aspects sont en rapport avec ceux que présentent les corps aigus, qui lancent des rayons épanouis en aigrettes, lorsque leur électricité est vitrée, et n'offrent que des points de lumière, lorsqu'ils sont à l'état résineux. La manière de faire l'expérience dans l'ordre que nous avons indiqué, a été raisonnée d'après la diversité dont il s'agit. Car alors les aigrettes naissent sur le cadre où elles font ornement; au lieu qu'elles porteraient la confusion dans la figure du milieu, qui doit être lisible.

Condensateur.

809. L'invention d'un second instru-

ment que l'on nomme *condensateur* est due au célèbre Volta. Son usage est de rendre sensibles de très-petites quantités d'électricité fournies par des corps environnants, en les déterminant à s'accumuler sur la surface qu'il présente à leur action. Cet instrument ne diffère de l'électrophore qu'en ce que le plateau de résine s'y trouve remplacé par un corps du genre de ceux qui n'isolent qu'imparfaitement, et qui tiennent comme le milieu entre les corps conducteurs et les corps isolants : tel est, par exemple, le marbre blanc. Concevons que le disque, étant placé sur un plateau de cette substance, reçoive, par communication, un faible degré d'électricité que nous supposerons être résineuse. Le fluide de cette électricité décomposera un peu le fluide naturel du marbre blanc, en repoussant vers le bas le fluide résineux et en attirant vers le haut le fluide vitré. Le marbre, à son tour, agira sur le disque en vertu de son électricité vitrée, dont la force s'exerce de plus près, pour y maintenir la petite portion d'électricité résineuse communiquée. Une seconde quantité de fluide arrivant à son tour dans le disque métallique, décomposera une nouvelle portion du fluide naturel renfermé dans le marbre, qui acquerra de son côté un nouveau degré de force attractive, et ainsi de suite. Voici donc ce que fait le marbre : il laisse un certain jeu au fluide qu'il contient pour s'y mouvoir, parce qu'il est demi-conducteur; mais comme il est aussi en partie isolant, le fluide résineux du disque, qu'il attire à lui, se trouve arrêté par la résistance qu'il éprouve à l'endroit du contact, qui se fait d'ailleurs par des surfaces planes, dont la figure se prête moins à l'effet de l'attraction que celle des surfaces curvilignes. Les petites quantités d'électricité que reçoit successivement le disque continueront donc de s'y accumuler, au point que si, après l'avoir enlevé, on lui présente le doigt, on pourra en tirer une étincelle plus ou moins vive.

Électromètre de Cavallo.

810. L'instrument ainsi appelé consiste en deux balles de moelle de sureau, d'un très-petit diamètre, suspendues par le moyen de deux cheveux à une boule de cuivre qui repose sur l'orifice d'une espèce de flacon de verre. On présente un bâton de cire d'Espagne, électrisé par le frottement, à une petite distance de la boule, tandis qu'on tient un doigt posé sur cette boule. On retire ensuite, d'abord le doigt, puis la cire; et il est facile de concevoir, par un raisonnement semblable à celui que nous avons fait pour l'électrophore, que, tout l'appareil étant alors chargé d'électricité vitrée, les deux balles doivent se repousser et se tenir écartées l'une de l'autre. Chaque fois que l'on présente de nouveau la cire à une certaine distance du point de suspension, les balles se rapprochent, parce que la cire ramène dans la boule de cuivre une partie de l'électricité des balles. Si l'on diminue la distance, il pourra arriver que les balles, en perdant tout leur fluide additionnel, rentrent dans l'état naturel et parviennent à se toucher; alors, si vous approchez encore davantage le bâton de cire, la force de son électricité résineuse, en déterminant une plus grande quantité de fluide vitré à se porter vers le point de suspension, décomposera le fluide naturel des balles, qui passeront ainsi à l'état d'électricité résineuse et se repousseront de nouveau; en sorte qu'aux yeux de ceux à qui cette observation s'offrirait sans être éclairée par la théorie, elle se trouverait en contradiction avec la première, où la cire, en s'approchant du point de suspension, sollicitait les balles à se mouvoir l'une vers l'autre.

811. Cet électromètre fournit un moyen facile de déterminer l'espèce d'électricité d'un corps quelconque. Par exemple, dans le cas que nous venons de citer, tout corps qui aura l'électricité vitrée, si on l'approche de la boule qui termine l'appareil, augmentera l'écartement entre les deux petites balles de moelle de sureau; si, au contraire, le corps est chargé d'électricité résineuse, le premier mouvement des balles sera de tendre l'une vers l'autre. Si l'on attache sur la boule de métal une aiguille terminée par une pointe déliée, et qu'on expose l'appareil sur une fenêtre dans un temps d'orage, on verra souvent les balles s'écarter spontanément l'une de l'autre; et en les électrisant par le procédé que nous venons d'indiquer, on pourra connaître l'espèce d'électricité dont l'air est animé.

Électromètre condensateur.

812. Si l'on suppose que les effets du condensateur soient combinés avec ceux

de l'électromètre de Cavallo, on aura une idée du quatrième instrument, auquel Volta a donné une destination bien remarquable, en l'employant à déterminer les effets de l'électricité galvanique, dont nous parlerons dans la suite. La partie de cet instrument qui fait l'office d'électromètre est composée de deux brins de paille *or*, *us* (fig. 93), qui doivent être égaux et très-droits. On les suspend au moyen de deux fils déliés de métal terminés en crochet, et qui jouent librement dans deux petites ouvertures pratiquées à l'extrémité inférieure d'une petite pièce de métal, dont l'extrémité opposée est soudée en dessous de l'obturateur d'un flacon *fhk*. Au-dessus du même obturateur est vissé un plateau ou disque de cuivre *cd*, garni inférieurement d'un fil métallique terminé par un globule *g*. On a donné à ce disque le nom de *plateau collecteur*, parce que son usage est de recueillir les petites quantités de fluide électrique que l'on veut rendre sensibles par leur accumulation. Ce plateau en porte un autre *ab*, auquel est attaché un cylindre de verre *mn*, et qui communique avec les corps environnants au moyen d'une lame métallique *ily*, courbée de manière qu'elle n'approche pas trop du plateau collecteur. Chaque plateau est verni sur la surface par laquelle il est en contact avec l'autre. Le flacon porte à l'extérieur une graduation *tz*, d'après laquelle on juge à peu près de l'écartement des deux pailles, suivant des lignes telles que *o'p*, *u'x*, mais qui n'est pas propre à donner la mesure de la force électrique d'où résulte cet écartement : car, indépendamment du peu de précision d'une pareille mesure considérée en elle-même, elle n'est pas en rapport avec la force, qui suit la raison inverse du carré de la distance, et dont l'action est altérée, dans le cas présent, par l'effet de la pesanteur, qui sollicite les pailles en sens contraire de l'écartement produit par l'électricité. — A mesure que le plateau collecteur reçoit successivement, à l'endroit du globule *g*, de petites quantités de fluide électrique, par les contacts répétés de la substance qui fournit ce fluide, que nous supposerons être celui de l'électricité vitrée, il se fait une décomposition du fluide naturel renfermé dans le plateau supérieur *ab* ; de manière que le fluide résineux, attiré vers le plateau collecteur, se trouve arrêté par les couches de vernis interposées entre les deux disques, tandis que le fluide vitré s'échappe par la lame métallique *ily*. Apres un certain nombre de contacts, on enlève le plateau supérieur *ab* ; à l'instant les pailles s'écartent ; et pour savoir de quelle espèce est l'électricité dont elles sont animées, et en même temps celle qui a été fournie au plateau collecteur, on emploie le moyen que nous avons indiqué en parlant de l'électromètre de Cavallo. — Dans l'instrument que nous venons de décrire, le plateau collecteur représente le disque métallique du condensateur ordinaire, et le plateau supérieur produit le même effet que le plateau de marbre, avec cette différence, que les fluides s'y meuvent librement, et que l'obstacle qui empêche l'un d'eux de passer dans le plateau collecteur est une substance isolante intermédiaire.

2. *De l'électricité naturelle.*

813. L'identité du fluide électrique avec la matière du tonnerre avait déjà été soupçonnée par différents physiciens, lorsque Franklin, après avoir reconnu le pouvoir des pointes, dont nous avons parlé précédemment, proposa d'élever en l'air une verge de fer terminée en pointe aiguë, et de s'en servir pour vérifier cette même analogie. Dalibard fut un des premiers qui mirent l'idée de Franklin en exécution. Il fit construire, auprès de Marly-la-Ville, une cabane au-dessus de laquelle était fixée une barre de fer de 13 mètres (40 pieds) de longueur, isolée par le bas. Un nuage orageux ayant passé dans le voisinage de cette barre, elle donna des étincelles à l'approche du doigt, et l'on reconnut les effets des conducteurs ordinaires que nous électrisons à l'aide de nos machines.

814. Romas, qui cultivait à Lille la physique, poussa depuis la hardiesse au point d'envoyer vers le nuage même un cerf-volant armé d'une barre qui se terminait en pointe. La corde du cerf-volant était entrelacée avec un fil de métal jusqu'à une certaine distance de son point d'attache, et le reste était un cordon de soie destiné à tenir l'appareil isolé et à préserver l'observateur de l'explosion. On vit sortir de cet appareil des jets spontanés de lumière de 32 décimètres (10 pieds) de longueur, et dont le bruit était semblable à un coup

de pistolet. Les dangers de toutes les expériences de ce genre sont si évidents, même en supposant des précautions, qu'elles ne peuvent être tentées que par ceux chez qui la curiosité est plus forte que la crainte. Plusieurs physiciens, renversés par les commotions qu'ils reçurent en tirant des étincelles d'un appareil qui communiquait avec l'intérieur de leur appartement, ont eu à se repentir de s'être donné un hôte si redoutable. Le célèbre Richman, professeur de physique à Saint-Pétersbourg, y perdit la vie dans une circonstance qui semblait faite pour rendre la leçon plus frappante : il fut renversé à côté de l'appareil même qu'il avait disposé pour mesurer la force de l'électricité des nuages.

Des éclairs et de la foudre.

815. L'action exercée par les instruments que nous employons aux expériences électriques est si éloignée de rien offrir qui soit comparable, sous le rapport de l'énergie, avec la puissance du redoutable météore qui nous occupe, qu'elles avaient paru pendant longtemps comme étrangères l'une à l'autre. Mais dans l'état actuel de nos connaissances, où la parfaite ressemblance des causes dont elles dépendent a été vérifiée par des observations décisives, il suffit de faire un retour sur les effets de la première pour voir ces mêmes causes se rapprocher par leur manière d'agir, soit dans les grands phénomènes produits par l'électricité naturelle, soit dans les résultats de celle que développent les faibles moyens qui sont entre nos mains.

816. Lorsqu'un nuage médiocrement chargé d'électricité lance, par ses parties les plus avancées, des lueurs spontanées, qui sont pour nous de faibles éclairs, nous avons le terme de comparaison dans les aigrettes lumineuses qui s'échappent en silence des pointes fixées sur le conducteur que nous électrisons, ou même des aspérités qui interrompent le poli de sa surface.

817. Lorsqu'un autre nuage saturé de fluide électrique s'approche assez d'un édifice, ou d'un autre objet situé dans sa sphère d'activité, pour qu'il soit foudroyé par l'explosion que fait ce nuage et qu'accompagne un vaste éclair, d'où sort un bruit formidable qui retentit au loin dans l'espace environnant, c'est le phénomène que représente, d'une manière pour ainsi dire ébauchée, l'étincelle qui sort en pétillant d'un conducteur électrisé à l'approche du doigt ou de quelque autre corps dans l'état naturel.

818. Une troisième circonstance est celle où deux nuages, situés l'un audessus de l'autre à une distance convenable, étant fortement électrisés en sens contraire, la double action qui en résulte élève le phénomène au plus haut degré d'énergie. Les deux fluides, entraînés par leurs attractions mutuelles, se précipitent l'un sur l'autre avec violence. Le bruit effrayant des explosions, qui se succèdent sans interruption, mêlé à la lumière éblouissante des éclairs, semble annoncer à chaque instant la chute de la foudre. Mais les deux attractions qui ont donné naissance au phénomène dans l'espace compris entre les deux nuages, l'y tiennent renfermé sans lui permettre de se porter vers la terre (1), en sorte que tous ces symptômes, en apparence si alarmants, se termineraient presque toujours par un calme inattendu, s'ils n'étaient ordinairement suivis d'une grêle désastreuse, à la formation de laquelle ils ont euxmême concouru, comme nous le dirons bientôt. Ce phénomène nous est retracé par les effets de nos machines, que peignent si bien les expressions de *décharges électriques* dont nous nous servons pour les désigner. Telle est, en particulier, celle que subit une grande bouteille de Leyde, au moment où une vive étincelle, qui éclate entre l'excitateur et la boule métallique dont on l'approche, signale la réunion subite des deux fluides accumulés sur les deux surfaces de la garniture. Toute la différence consiste en ce que les fluides, ne pouvant se réunir immédiatement comme ceux des deux nuages, parce que le verre leur refuse le passage, arrivent l'un à l'autre en faisant un détour à travers le corps conducteur qu'on leur présente. On trouverait difficilement, dans tout le domaine de la physique, un autre sujet où nous soyons parvenus à copier plus fidèlement la nature à l'aide de nos moyens artificiels.

---

(1) Mémoire de Volta sur la formation de la grêle (Journal de physique, année 1809, t. LXIX, p. 345).

Des paratonnerres.

819. Franklin, en imaginant de soutirer la matière de la foudre, s'était proposé un but plus philosophique que celui de faire des expériences électriques. Il pensait que, si l'on dressait sur un bâtiment une verge de fer terminée en pointe aiguë, et que l'on établît une communication entre cette verge et le sein de la terre, elle pourrait préserver le bâtiment d'une explosion, en épuisant le fluide des nuages orageux qui passeraient dans le voisinage. D'après cette idée, on a construit dans plusieurs endroits des instruments de cette espèce, auxquels on a donné le nom de *paratonnerres*.

820. Beyer, artiste avantageusement connu par ses talents en plus d'un genre, et qui s'occupait spécialement de la construction des paratonnerres, avait imaginé de terminer la verge de cet instrument par une pointe de platine, comme étant un métal à la fois très-réfractaire et exempt d'oxydation. Il employait pour conducteurs des espèces de cordes formées de fils de fer tressés, et enduites d'une couche de vernis gras. La corde se prolonge jusqu'au bord d'un puits, où elle est attachée à une tige de fer dont l'extrémité inférieure est plongée dans l'eau. L'emploi de cette matière conductrice a l'avantage d'exiger beaucoup moins de temps pour la communication à établir entre la verge et le réservoir commun, et de diminuer, relativement à l'édifice lui-même, les dommages et les réparations inséparables d'une opération de cette nature.

821. Parmi les physiciens, les uns ont regardé les avantages des paratonnerres comme incontestables. D'autres ont pensé que leur action devait être trop faible pour protéger l'édifice qui les portait; c'était vouloir détourner, au moyen d'un simple tube, un grand fleuve prêt à se déborder. Quelques-uns même ont prétendu que les paratonnerres étaient plus propres à provoquer la chute de la foudre sur le bâtiment qu'à la prévenir. Mais on ne peut douter de l'utilité de ces instruments, surtout depuis que l'expérience a appris qu'une explosion, qui d'ailleurs paraissait inévitable, s'était faite sur la pointe même du paratonnerre, sans que l'édifice en eût été endommagé. On a présenté, il y a un certain nombre d'années, à l'Académie des sciences, une verge de paratonnerre sur laquelle la foudre était tombée, et dont la pointe était émoussée et semblait avoir été fondue. Le fluide électrique avait suivi la communication établie entre la verge de fer et le sein de la terre, et la maison était restée intacte. Mais lorsqu'on veut élever des paratonnerres sur des édifices d'une certaine étendue, il est nécessaire de les multiplier. Ils ne doivent pas être trop rapprochés, sans quoi ils se nuiraient entre eux, comme nous avons vu que plusieurs pointes situées à de petites distances respectives, vis-à-vis un conducteur électrisé, s'empêchaient mutuellement de soutirer le fluide électrique. D'une autre part, ils doivent être assez voisins pour que leurs différentes sphères d'activité ne laissent aucun espace intermédiaire; et l'on a jugé que le rayon d'une pareille sphère devait être de 10 mètres, ou environ 30 pieds, et qu'ainsi il suffirait de mettre une distance de 20 mètres, ou 60 pieds, entre un paratonnerre et l'autre. — On voit, par ce que nous venons de dire, que l'effet du paratonnerre ne se borne pas à soutirer en silence le fluide électrique, quoique ses services ne soient pas même à dédaigner dans ce cas. Mais son moment décisif est celui où, tout annonçant une explosion prochaine, il se présente pour la recevoir, et détermine le fluide à prendre la route tracée d'avance par le physicien à côté de l'édifice, qui en est quitte pour l'ébranlement causé par le bruit.

Du choc en retour.

822. Parmi les différentes manières dont l'explosion de la foudre peut devenir funeste à ceux qui se trouvent sur un terrain dominé par un orage, il en est une qui paraît d'abord inexplicable. Elle consiste en ce qu'il est possible qu'un homme ou un animal, situé fort loin de l'endroit où la foudre éclate, soit néanmoins exposé à être dangereusement blessé ou à perdre la vie par une suite de l'explosion, et l'on a même cité des exemples de cette action pour ainsi dire cachée de la foudre. Milord Mahon, savant physicien anglais, qui, dans son Traité d'électricité, s'est beaucoup occupé de cet effet singulier, en trouve l'explication dans un rétablissement d'équilibre auquel il a donné le nom de

choc en retour (1), et que nous allons faire connaître, en ramenant à la théorie des deux fluides le point de vue sous lequel nous le considérerons. Soit *ab* (fig. 94) le conducteur d'une machine ordinaire dont on fasse tourner le plateau; supposons que derrière ce conducteur on en place un second *cd*, isolé et dans l'état naturel, à une telle distance qu'il ne puisse tirer aucune étincelle du premier; supposons enfin un troisième conducteur *ef*, non isolé, situé assez près du second pour que, celui-ci étant électrisé, l'autre en tire des étincelles. Des deux fluides qui composent le fluide naturel de *cd*, celui de l'électricité résineuse restera dans ce corps, en vertu de l'attraction que le fluide vitré de *ab* exerce sur lui; l'autre, savoir, le fluide de l'électricité vitrée, sera repoussé dans le corps *ef*, qui le transmettra aux corps environnants, en sorte que le conducteur *cd* se trouvera électrisé résineusement. Si, dans ce moment, on décharge le conducteur *ab*, le suivant *cd* reprendra rapidement son fluide vitré, qui lui sera restitué par l'intermède du conducteur *ef*; et si l'on suppose, au lieu du conducteur *cd*, une personne isolée qui présente les mains à la distance convenable des conducteurs *ab*, *ef*, la décharge fera naître entre *ef* et le doigt situé du même côté, une étincelle très-piquante produite par la rentrée subite du fluide vitré qui était sorti du corps de la personne. Parmi les différentes manières d'éprouver le choc en retour indiquées par milord Mahon, nous avons choisi celle-ci, parce qu'elle offre le cas où l'effet est le plus sensible. — Maintenant on conçoit que, si l'électricité du conducteur *ab* était extrêmement forte, le choc en retour aurait encore lieu, dans la supposition même où il n'y aurait en présence de ce conducteur que le seul corps *cd* qui ne fût pas isolé; et tel est le cas qui arrive dans la nature, lorsque le choc provient d'un nuage orageux.

823. Soit NG (fig. 95) un de ces nuages fortement chargés d'électricité vitrée, et D un voyageur situé dans la sphère d'activité du même nuage. Le fluide vitré de cet homme sera refoulé dans la terre par la répulsion du fluide que renferme le nuage, en sorte que le voyageur se trouvera très-sensiblement à l'état d'électricité résineuse. Que, dans ce moment, la présence d'un objet terrestre C détermine le nuage à faire explosion, le fluide vitré repassera dans le corps du voyageur avec une rapidité et une abondance proportionnées à l'énergie avec laquelle agissait l'électricité du nuage, et la secousse qui en résultera pourra être assez forte pour tuer le voyageur. Il sera possible que, dans le même temps, des hommes ou des animaux situés à des endroits *f*, *b*, qui auraient paru plus exposés au danger de l'explosion, n'en reçoivent aucune atteinte.

Formation de la grêle.

824. La grêle, que l'on serait tenté au premier abord de considérer comme ayant une grande analogie avec la neige, en diffère surtout par l'époque de sa formation, qui n'a presque jamais lieu que dans les saisons chaudes. Cette formation est encore moins facile à concevoir sous d'autres rapports dont nous parlerons dans la suite, et les explications que l'on avait essayé d'en donner étaient bien éloignées de satisfaire à l'observation des circonstances qui la déterminent ou l'accompagnent. — On supposait que la grêle devait son origine à une eau de pluie dont les gouttes s'étaient congelées, au haut de l'atmosphère, par l'effet d'un refroidissement dont on n'assignait pas la cause. Les globules de glace rencontraient, pendant leur chute, des gouttes d'eau liquides dont les molécules, congelées elles-mêmes par le contact de ces globules, leur faisaient subir une augmentation plus ou moins sensible de volume, en s'arrangeant autour d'elles par couches concentriques.

825. Mais cette hypothèse avait contre elle une difficulté insoluble : car les grains de grêle, en parcourant avec des vitesses accélérées l'intervalle entre un nuage dont l'élévation n'était pas aussi considérable qu'on l'imaginait et la surface de la terre, n'auraient pas eu le temps de parvenir à un accroissement aussi considérable que celui qui a lieu à l'égard de quelques-uns, dont le poids va jusqu'à 4 décagrammes (une once), et peut même aller beaucoup au delà (1).

(1) Principes d'électricité. Londres, 1781, p. 69 et suiv.

(1) Journal de physique, année 1809, t. LXIX, pag. 286, 453 et 343.

Il fallait donc que les grains de grêle fussent restés suspendus au milieu de l'air pendant le temps de leur formation; et d'après la manière dont on considérait les choses, quelle puissance aurait pu les soutenir contre la force de la gravité?

826. Toutes les difficultés s'évanouissent dans l'explication aussi ingénieuse que satisfaisante que le célèbre Volta a proposée du phénomène dont il s'agit (1). Voici en quoi elle consiste. On avait remarqué depuis long-temps que la formation de la foudre, que l'on savait être produite par un dégagement rapide et abondant de fluide électrique, était souvent accompagnée de celle de la grêle. La réunion de ces deux effets, quoique tres-différents, dans une même partie de l'atmosphère, fit naître à M. de Volta l'idée qu'ils dépendaient d'une double action du même fluide, qui ne faisait que changer de rôle en passant de l'une à l'autre.

827. Leur rapprochement sous le rapport de la théorie se trouvait pour ainsi dire indiqué d'avance. Les physiciens avaient imaginé un appareil électrique qui offrait une imitation en petit des explosions de la foudre. M. Volta reconnut l'image d'un autre phénomène encore plus redoutable dans le résultat d'une expérience également familière, dont on avait fait un objet d'amusement. Cette expérience, que nous avons citée plus haut, était celle où des globules de sureau sont, pour ainsi dire, ballotés entre deux disques métalliques. Il faut seulement supposer qu'on ait électrisé ces disques en sens contraire, ce qui ajoutera encore à l'énergie de leurs effets. Mais pour donner à l'explication proposée par ce savant physicien toute l'étendue dont elle est susceptible, il est nécessaire de reprendre les choses de plus haut.

828. La formation de la grêle est déterminée par le refroidissement considérable que subit la partie supérieure d'un nuage d'un brun obscur situé dans le même espace. Deux causes principales contribuent à ce refroidissement. La surface du nuage frappée par les rayons d'un soleil très-vif, tels que ceux qu'il lance dans les jours les plus chauds de l'année, subit une évaporation rapide qui dépouille le nuage d'une grande partie de son calorique. De plus, diverses observations ont prouvé que la sécheresse de l'air qui entoure le même nuage est beaucoup plus grande que celle des couches inférieures, en sorte que cet air avide de molécules aqueuses ajoutait son action à celle du soleil pour favoriser l'évaporation.

829. Maintenant, pour concevoir la manière dont les grains de grêle se forment et s'accroissent, il faut supposer un second nuage situé en dessous de celui dont nous venons de parler, à la distance convenable pour que les actions d'où dépend le phénomène, et que nous ferons connaître dans un instant, puissent s'exercer librement. On doit encore admettre, d'après les observations faites sur les nuages orageux, que ceux dont il s'agit ici sont dans deux états contraires d'électricité, l'une vitrée et l'autre résineuse. Les molécules aqueuses situées à la surface du nuage supérieur, congelées par l'effet du refroidissement que ce nuage a subi, composent par leur réunion des particules de neige et quelquefois de glace dont la même surface est bientôt couverte, et qui sont comme les noyaux des grains de grêle dont la formation aura lieu dans les instants suivants. Ceux de ces noyaux qui sont en contact avec la partie du nuage supérieur tournée vers la terre, et qui participent à son électricité, sont bientôt repoussés vers le nuage inférieur, qui, après les avoir attirés jusqu'au contact, les repousse à son tour. — Rien ne rappelle mieux l'expérience électrique citée plus haut, dans laquelle on voit des corps légers subir une semblable alternative de mouvements par l'effet des mêmes causes. Toute la différence entre les deux résultats consiste en ce que les grains de grêle, tandis qu'ils bondissent d'un nuage à l'autre, rencontrent sur leur passage des globules de vapeurs vésiculaires, disséminées dans le même espace, qui, aussitôt qu'ils les ont touchés, passent à l'état de congélation, dont ils sont très voisins, et s'incorporent avec eux par une succession de couches qui font croître leur volume et leur poids jusqu'au terme où la force prépondérante de la pesanteur les précipite vers la terre.

830. On entend souvent aux approches de la grêle, et même long-temps avant sa chute, un bruit qui paraît venir de l'endroit où se forme l'orage, et

---

(1) Journal de physique, année 1809, t. LXIX, pag. 286, 453 et 343.

qui est semblable à celui que feraient entendre de petits corps durs qui, agités par un mouvement rapide, se heurteraient les uns contre les autres. On ne peut expliquer ce bruit qu'en le supposant produit par les chocs qui résultent de la rencontre mutuelle des grains de grêle, tandis qu'ils s'élancent d'un nuage vers l'autre. M. de Volta semble hésiter en citant ce fait, qui lui paraît avoir besoin d'être confirmé, et qui, dans le cas où il l'aurait été, serait décisif en faveur de sa théorie. Les nombreux témoignages qui depuis en ont garanti l'existence ne permettent plus aujourd'hui de le révoquer en doute (1). — M. de Volta cite des observations qui tendent à prouver que la grande force avec laquelle les deux nuages agissent sur des grains de grêle, dont le poids peut être égal à plusieurs décagrammes, n'a rien qui doive nous surprendre. Selon ce savant physicien, il suffit qu'il y ait dans l'atmosphère un vaste nuage orageux, qui ne soit pas élevé de plus de 45 degrés au-dessus de l'horizon, pour que son action détermine dans un électromètre situé à une distance de plusieurs lieues, des indications très-sensibles d'électricité vitrée ou résineuse. De là on peut juger combien cette action doit être puissante au contact, attendu surtout qu'elle suit la raison inverse du carré de la distance, et doit, en vertu de cette loi, s'accroître très-rapidement aux approches du terme où la distance devient nulle. — M. de Volta passe en revue toutes les objections que l'on peut lui opposer, et les solutions satisfaisantes qu'il en donne s'ajoutent aux motifs qui déjà en sollicitent l'adoption, lorsqu'on la considère en elle-même.

(1) Ce fait est même connu depuis long-temps. On trouve dans la première Encyclopédie, ayant pour titre : *Dictionnaire raisonné des sciences, des arts et des métiers*, t. VII, p. 928, au mot GRÊLE, un article très-détaillé dont l'auteur est M. de Ratte, membre de la Société royale de Londres, et dans lequel ce savant dit que, quand il tombe de la grêle par un temps couvert et orageux, et même avant sa chute, on entend souvent un bruit excité dans l'air par le choc des grains de grêle, que le vent pousse les uns contre les autres avec impétuosité. Ce qu'il importe de remarquer dans ce récit, c'est que, suivant l'auteur, il y a des circonstances où le bruit dont il s'agit précède l'apparition du météore.

De l'électricité produite par la chaleur.

831. Indépendamment de tous les phénomènes que nous avons considérés jusqu'ici, et qui appartiennent tout entiers à la physique, il en est plusieurs dont elle partage l'observation avec l'histoire naturelle. Nous nous abstiendrons de parler, pour l'instant, de l'électricité produite par la torpille et par quelques autres poissons qui renferment un organe particulier, dans lequel ils ont la faculté d'exciter des mouvements d'où résulte un phénomène semblable à celui de la bouteille de Leyde. Ce sujet sera mieux placé dans l'article où nous traiterons de l'influence de ce qu'on a appelé *galvanisme* sur l'économie animale. Il ne s'agit ici que de la vertu électrique qu'acquièrent certains minéraux à l'aide de la chaleur, qui produit, dans ce cas, le même effet que le frottement sur les corps isolants ordinaires. Ce point de minéralogie physique est d'autant plus intéressant que la distribution de la matière électrique, dans les minéraux dont nous avons parlé, a la plus grande analogie avec celle de la matière magnétique dans le fer à l'état d'aimant; en sorte que ces minéraux offrent le véritable terme de comparaison entre l'électricité et le magnétisme.

832. Chacun des mêmes minéraux a deux points, dont l'un est le siége de l'électricité vitrée, et l'autre celui de l'électricité résineuse. Nous donnons le nom de *pôles électriques* à ces points, qui sont toujours situés dans deux parties opposées du minéral. Nous supposerons que le cristal, dont nous nous servirons pour expliquer le passage de son état ordinaire à l'état électrique, soit un de ceux dont la forme est celle d'un prisme ou d'un cylindre plus ou moins allongé, et qui appartiennent à la tourmaline. Nous décrirons plus bas des variétés de ce minéral dont la cristallisation ne laisse rien à désirer; mais nous nous bornerons ici à la considération de la forme prismatique, qui nous suffit pour remplir notre but.

833. Nous nous réservons aussi de citer, dans la suite, les circonstances où la température de l'atmosphère naturelle est seule capable de faire naître la vertu polaire dans un cristal de tourmaline. Comme notre dessein est ici de

décrire les expériences ordinaires dans lesquelles le cristal agit avec toute l'énergie dont il est susceptible, nous supposerons qu'après l'avoir fixé dans une pince d'acier attachée à un manche de bois, on l'expose à la chaleur d'un brasier; à mesure qu'elle le pénètre, elle décompose le fluide électrique qu'il renferme naturellement, et détermine les deux fluides dont il est l'assemblage à se séparer et à s'écarter l'un de l'autre par des mouvements contraires qui ont lieu dans le sens de l'axe du cristal, en sorte que le fluide vitré se porte vers un des sommets de ce cristal, et le fluide résineux vers le sommet opposé. L'action continuée de la même cause met en liberté de nouvelles quantités de chaque fluide; mais l'accroissement de vertu qui en résulte n'a lieu que jusqu'à un certain terme, au delà duquel cette vertu commence à diminuer, malgré l'augmentation de chaleur, de manière qu'à un terme plus reculé elle s'évanouit. Il arrive assez souvent que la tourmaline se trouve dans ce dernier état lorsqu'on la retire de devant le brasier; il faut la laisser revenir d'elle-même à la limite qu'elle avait dépassée, et c'est alors que son effet est le plus grand possible. Pendant que la température de la pierre s'abaisse ensuite graduellement, les deux fluides, cédant à leur attraction mutuelle, se réunissent peu à peu, et la tourmaline finit par rentrer dans l'état naturel.

834. Telle est la manière dont se combinent les actions qui déterminent le passage à l'état d'électricité, que, quand l'équilibre est rétabli entre elles, les densités électriques décroissent rapidement en partant des extrémités, en sorte qu'elles sont nulles ou presque nulles dans un espace sensible situé vers le milieu du prisme. Par une suite nécessaire, les centres d'action qui résident dans les deux pôles sont situés près des extrémités. Nous citerons bientôt une expérience qui offre la preuve de cette distribution des deux fluides.

Action d'une tourmaline sur un corps à l'état naturel.

835. Lorsqu'après avoir fait chauffer une tourmaline on la présente, par un de ses pôles, à l'un des globules qui terminent l'aiguille isolée, quel que soit celui des deux fluides qui est en activité dans ce pôle, la pierre se trouve dans le même cas que si elle était uniquement sollicitée par une quantité du même fluide dont l'action fût proportionnelle à la différence entre les actions que les deux pôles exercent sur l'aiguille, à raison de celle qui existe entre les deux distances; d'où l'on conclura, d'après les principes exposés ci-dessus, que le globule doit être constamment attiré.

Détermination des deux pôles d'une tourmaline électrisée.

836. Nous verrons plus bas que le seul aspect de la forme d'une tourmaline complète suffit pour reconnaître les positions de ses pôles. Mais comme nous supposons ici que le cristal est un prisme fracturé à ses extrémités, comme le sont la plupart de ceux que l'on emploie, on ne peut de même deviner d'avance à laquelle répond le pôle vitré ou résineux; il faut que ce soit l'expérience qui le dise. On se servira, pour l'interroger, des deux appareils dont nous nommons l'un *électroscope vitré*, et l'autre *électroscope résineux*, après les avoir mis l'un et l'autre dans l'état électrique. On leur présentera successivement l'un des pôles de la tourmaline pris à volonté. Si c'est le pôle vitré, il agira par répulsion sur l'électroscope de même nom, et par attraction sur le résineux. Le pôle de ce dernier nom sera indiqué par les effets inverses des précédents. L'explication de ce qui se passe dans ces expériences est si facile à saisir, que nous croyons devoir nous dispenser de la donner.

837. Si la tourmaline était peu électrique par la chaleur, ainsi qu'on pourrait le reconnaître à la faible action qu'elle aurait d'abord exercée sur l'aiguille isolée, pour éviter alors le changement de répulsion en attraction, on substituerait aux électroscopes deux aiguilles isolées, électrisées l'une vitreusement, l'autre résineusement.

838. Si l'on a une seconde tourmaline semblable à la précédente, on peut, en combinant leurs actions, ajouter à l'expérience un nouveau degré d'intérêt. L'appareil dont nous nous servons dans ce cas, et que représente la figure 96, est composé essentiellement de deux pièces; l'une est une tige d'argent ou de cuivre *ab* fixée sur une rondelle *cc'*, et terminée supérieurement par une pointe d'acier très-aiguë *ag*. L'autre

pièce consiste principalement dans une lame rectangulaire de même métal, relevée en équerre à échancrures *o*, *l*. Cette lame est percée en son milieu d'un trou circulaire pour recevoir une petite chape *x* de cristal de roche ou d'agate, qui est maintenue par un cercle métallique au moyen de deux vis *s*, *z*. L'aiguille *ag* fait l'office d'un pivot qui entre dans une petite ouverture pratiquée en dessous de la chape. Vers les extrémités de la surface inférieure de la lame *h k* sont attachés deux fils métalliques *pi*, *u γ*, dirigés un peu obliquement à cette surface, et terminés par deux globules qui sont destinés à faire descendre le centre de gravité de l'ensemble, de manière que la lame reste toujours soutenue pendant son mouvement de rotation.

839. Après avoir fait chauffer les deux tourmalines, on en place une que représente *m n* dans l'échancrure *h k*, et l'on approche successivement de ses deux extrémités un autre corps que l'on a électrisé à l'aide du frottement. Si ce corps est, par exemple, un morceau de succin ou un bâton de cire d'Espagne, le pôle de la tourmaline sur lequel il agira par répulsion sera le pôle résineux de la pierre, et celui qu'il attirera sera le pôle vitré. On présentera ensuite l'un des deux pôles de la seconde tourmaline successivement aux deux pôles de celle qui sera dans l'appareil; s'il repousse le pôle vitré *v* de celle-ci et attire son pôle résineux *r*, on en conclura qu'il est le pôle vitré de la seconde tourmaline. S'il produit des effets inverses des précédents, ce sera le pôle résineux. On saura donc d'avance le nom de l'autre pôle qui est resté sans action; et si on le substitue au premier, l'attraction se changera en répulsion, et réciproquement, comme on a dû s'y attendre. Tous ces résultats ont été démontrés dans l'article où nous avons traité des attractions et répulsions qu'exercent l'un sur l'autre deux corps dont chacun n'est sollicité que par les fluides qui se sont dégagés de son fluide naturel.—On a cet avantage dans les expériences de ce genre, qu'elles réussissent très-bien, même par un temps humide. C'est une suite de ce que les deux fluides, après leur séparation, restent engagés dans les corps où ils sont à l'abri de toute influence extérieure.

840. Si l'on donne à la seconde tourmaline une position fixe, élevée au-dessus de celle de la tourmaline qui est dans l'appareil, de manière que les deux axes soient parallèles et éloignés de quelques millimètres l'un de l'autre, et si en même temps les pôles de noms différents se correspondent, les deux pierres conserveront leurs positions respectives; mais si elles se regardent par les pôles de même nom, la tourmaline de l'appareil commencera à tourner jusqu'à ce qu'elle ait fait une demi-révolution autour de son centre, et, après quelques oscillations, elle se fixera au-dessous de l'autre, en vertu de l'attraction réciproque des pôles de noms différents. — On peut faire la même expérience de manière que les deux tourmalines changent de rôle, en fixant celle de l'appareil et en suspendant l'autre à un fil de soie: ce sera alors celle-ci qui tournera jusqu'à ce que les pôles de différents noms se trouvent l'un au-dessous de l'autre. Le même effet aurait lieu dans le cas où la tourmaline suspendue à un fil serait plus courte que celle de l'appareil, pourvu que cette dernière eût assez de force pour agir aux distances qui résulteraient de la différence de longueur.

841. Si la seconde tourmaline, que nous supposons de nouveau être fixe, se trouve placée d'un côté ou de l'autre de celle de l'appareil, et dans le même alignement, elle n'y produira aucun mouvement dans le cas où les deux pôles voisins seraient de noms différents; mais s'ils étaient de même nom, la tourmaline de l'appareil ferait une demi-révolution autour de son centre pour se mettre, à l'égard de l'autre, dans la position exigée par l'attraction électrique.

Attractions et répulsions que le même côté de la pierre exerce sur des corps légers.

842. Si l'on présente un des pôles de la tourmaline à des corps légers, tels que des grains de cendre ou de râpure de bois, chaque grain, devenant un petit corps électrique dont la partie tournée vers le pôle qui agit sur lui a acquis une électricité contraire à celle de ce pôle, se portera vers la tourmaline. Parvenu au contact, il y restera appliqué, parce que le fluide de la tourmaline, qui est un corps non conducteur, ne pouvant se communiquer à lui, tout reste dans le même état qu'auparavant.

Cependant il arrive assez souvent que quelques-uns de ces grains, aussitôt qu'ils ont touché la pierre, sont repoussés. Cet effet a lieu lorsque le petit corps a rencontré quelque molécule conductrice ferrugineuse ou autre, située à la surface de la tourmaline. Dans ce cas, si l'on suppose, par exemple, que cette molécule eût l'électricité résineuse, une portion de son fluide passera sur la partie contiguë du petit corps qui est occupée par du fluide vitré, et s'unira avec ce fluide en le neutralisant. Alors le fluide résineux qui enveloppait l'autre partie du petit corps se trouvant en excès, ce corps sera tout entier à l'état résineux; d'où il suit que la molécule conductrice, qui est dans un état semblable, le repoussera. On voit par là de quelle manière on doit entendre ce qu'ont dit quelques auteurs, que la tourmaline attirait et repoussait indifféremment par les deux bouts, sans produire ces effets constants d'attraction d'un côté et de répulsion de l'autre qu'on lui avait attribués. Ces derniers effets n'ont lieu qu'avec une tourmaline placée vis-à-vis d'un corps qui est déjà lui-même dans un certain état d'électricité. Les autres, qui sont variables, ont rapport au cas où les corps sur lesquels agit la tourmaline étaient primitivement dans leur état naturel.

Expérience relative à la distribution des deux fluides dans une tourmaline électrisée par la chaleur.

843. L'expérience à l'aide de laquelle on s'assure que les centres d'action d'une tourmaline sont voisins des extrémités, et que la partie moyenne est à peu près dans l'état naturel, n'est qu'une manière de répéter la précédente en variant les positions respectives des deux corps. Soit $m'n'$ (fig. 97) la tourmaline que l'on tient à l'aide d'une pince, et mn celle de l'appareil. Soit de plus v' le centre d'action vitré de la première, et v celui de la seconde, que nous adoptons ici par préférence aux deux centres r', r, dont on pourrait tout aussi bien faire choix. On dirigera la tourmaline $m'n'$ verticalement, à une distance de l'autre où leurs actions réciproques soient encore insensibles, et de manière que leurs positions respectives soient celles qu'indique la figure 98, qui représente leurs projections verticales. On voit qu'elles se dépassent mutuellement d'une petite quantité qui est censée être égale à la distance entre les centres d'action et les extrémités, et qui, dans plusieurs tourmalines que nous avons soumises à l'expérience, et dont l'axe avait environ 40 millimètres (13 lignes 1/2) de longueur, était à peu près de 1/25 de cette longueur. Les choses étant dans cet état, on fera avancer lentement la tourmaline $m'n'$ (fig. 98) vers celle de l'appareil, en la maintenant dans la même position jusqu'à ce que le pôle v fasse un petit mouvement en arrière par l'effet de la répulsion mutuelle des deux pôles (1), et à l'instant on fera descendre peu à peu la tourmaline $m'n'$ sur elle-même. Aussitôt qu'elle aura quitté sa première position, on verra la tourmaline mn rester immobile pendant que le centre v correspondra à quelque point de la partie moyenne de la tourmaline $m'n'$. Mais dès qu'elle sera arrivée au terme où le centre r' se trouvera vis-à-vis du centre v, l'extrémité n, voisine de ce dernier centre, se mettra en mouvement pour s'approcher de la tourmaline $m'n'$, en vertu de l'attraction mutuelle des deux centres. Il est facile de voir que la marche du phénomène s'accorde avec la distribution des deux fluides dans l'une et l'autre tourmaline, telle que nous l'avons annoncée ci-dessus.

Phénomène que présente une tourmaline cassée.

844. Si l'on casse une tourmaline au moment où elle manifeste son électricité, chaque fragment, quelque petit qu'il soit, a ses deux moitiés dans deux états opposés, comme la tourmaline entière, ce qui paraît d'abord très-singulier, puisque ce fragment, en supposant, par exemple, qu'il fût situé à l'une des extrémités de la pierre encore intacte, n'était alors sollicité que par une seule espèce d'électricité. On résout heureusement cette difficulté à l'aide d'une hypothèse très-plausible, semblable à celle que Coulomb a faite par rapport aux corps magnétiques qui présentent la même singularité, c'est-à-dire, en considérant chaque molécule intégrante d'une tourmaline comme étant elle-même une petite tourmaline pour-

(1) On doit éviter que ce pôle soit entraîné par la vitesse de rotation, ce qui serait contre le but de l'expérience.

vue de ses deux pôles. Il en résulte que, dans la tourmaline entière, il y a une série de pôles alternativement vitrés et résineux; et telles sont les quantités de fluide libre qui appartiennent à ces différents pôles, que, dans toute la moitié de la tourmaline encore intacte qui manifeste l'électricité vitreuse, les pôles vitrés des molécules intégrantes sont supérieurs en force aux pôles résineux en contact avec eux; tandis que c'est le contraire qui a lieu dans la moitié qui manifeste l'électricité résineuse; d'où il suit que la tourmaline est dans le même cas que si chacune de ses moitiés n'était sollicitée que par des quantités de fluide vitré ou résineux égales aux différences entre les fluides des pôles voisins. Maintenant, si l'on coupe la pierre à un endroit quelconque, comme la section ne peut avoir lieu qu'entre deux molécules, la partie détachée commencera nécessairement par un pôle d'une espèce et se terminera par un pôle de l'espèce contraire. Nous donnerons un plus grand développement à cette explication lorsque nous parlerons du magnétisme.

Retour de l'action polaire, en sens inverse, par l'abaissement de la température.

845. Nous avons fait connaître les phénomènes électriques que présentent les cristaux de diverses substances, et en particulier ceux des tourmalines, à l'aide de l'élévation que l'on a fait subir à leur température en les exposant à l'action du feu. Mais la vertu polaire que ces corps sont susceptibles d'acquérir et de manifester ne s'arrête pas au terme que l'expérience paraît indiquer, lorsque ensuite on les laisse refroidir; et il existe, dans l'abaissement de leur température, un autre terme où la même vertu reparaît avec des caractères qui la distinguent de la première. Que l'on nous permette de raconter ici comment la circonstance d'un froid rigoureux, où cette vertu aurait dû paraître avoir entièrement perdu la trace de son origine, a fixé notre attention sur son renouvellement, qui jusqu'alors lui avait échappé. Les observations auxquelles cette circonstance a donné lieu ont été faites sur des cristaux de zinc oxydé de Limbourg, aux environs d'Aix-la-Chapelle, et sur des morceaux de la variété aciculaire du même minéral que l'on trouve dans le Brisgaw. Nous avions déjà annoncé que ce minéral n'avait pas besoin d'être chauffé pour donner des signes de la vertu électrique, et nous avions même observé qu'il la manifestait encore par un froid de 6 degrés au-dessous du zéro du thermomètre de Réaumur. C'est à l'occasion de celui qui a régné pendant l'hiver de 1819 que nous avons repris nos expériences. Le 16 janvier, ayant placé un petit morceau du minéral dont il s'agit sur une fenêtre où était un thermomètre qui indiquait 11 degrés au-dessous de zéro, et l'y ayant laissé pendant quelques instants, nous remarquâmes qu'il agissait encore très-sensiblement sur l'aiguille non isolée. Nous déterminâmes ses pôles; et l'ayant porté dans une chambre où le thermomètre marquait 4 degrés au-dessous de zéro, nous continuâmes de le soumettre à l'expérience, et nous vîmes son action polaire s'affaiblir progressivement et finir par devenir nulle. Nous l'approchâmes par degrés d'une cheminée où l'on avait allumé du feu, jusqu'à ce qu'il n'en fût plus éloigné que d'environ un mètre ou trois pieds. Bientôt les actions de ses pôles se renouvelèrent, mais en sens inverse de celui qui avait eu lieu dans l'expérience précédente. Nous ne doutâmes pas que ces résultats ne se vérifiassent sur des cristaux d'une espèce différente; et en particulier sur ceux qui appartiennent à la tourmaline. Nous prendrons ceux-ci pour exemples, et nous réunirons sous un même point de vue tout ce qui se passe à leur égard, dans l'intervalle compris entre les deux limites de température au delà desquelles l'action électrique disparaît sans retour. Nous donnerons le nom d'*électricité ordinaire* à celle qui est produite par la chaleur du feu, et nous appellerons *électricité extraordinaire* celle qui naît spontanément pendant l'abaissement de la même température.

846. Nous partirons du terme où l'excès de chaleur que la tourmaline a acquis en restant exposée à l'action du feu a fait disparaître les effets de l'électricité ordinaire. Supposons qu'après l'avoir retirée, on la laisse abandonnée à elle-même: bientôt l'abaissement de sa température ramènera les actions de ses pôles telles que nous les avons décrites, et qui, d'abord peu sensibles, augmenteront en énergie jusqu'à un certain terme, passé lequel elles s'affaibliront

graduellement et finiront par s'évanouir. Mais un peu au delà de ce dernier terme, les premiers signes de l'électricité extraordinaire se montreront, c'est-à-dire que la tourmaline reprendra ses pôles, avec cette différence que leurs positions seront renversées, en sorte que celui dans lequel résidait l'électricité vitrée manifestera l'électricité résineuse, et réciproquement. Leurs actions seront d'abord croissantes, comme dans le premier cas, et ensuite décroîtront jusqu'à devenir nulles ; mais elles ne seront pas à beaucoup près aussi sensibles que celles de l'électricité ordinaire, et leur durée sera beaucoup plus courte. L'aiguille isolée, électrisée soit vitreusement, soit résineusement, est très-convenable pour les expériences relatives à ce cas, parce que, son électricité étant à peu près en équilibre avec celle des deux pôles, rien ne contrarie sa tendance pour agir sur l'un par attraction et sur l'autre par répulsion. — Il arrive quelquefois qu'au moment où l'électricité extraordinaire est près de se montrer, les deux pôles sont à la fois vitrés ou résineux, parce que l'un est en retard dans son passage à l'état opposé; mais il finit toujours par y arriver.

847. Nous avons observé que le degré auquel répond le point neutre, qui fait la séparation des deux électricités, variait suivant les saisons, en sorte qu'il s'élevait ou s'abaissait à mesure que la chaleur de l'atmosphère augmentait ou diminuait; mais dans le cas même de sa plus grande élévation, nous l'avons toujours trouvé beaucoup au-dessous de celui qui se déduit de l'indication d'Æpinus, d'après laquelle la tourmaline ne deviendrait électrique qu'à une température comprise entre le 30e et le 80e degré de Réaumur. — Dans des circonstances où le thermomètre était à environ 10° au-dessus du zéro, les tourmalines que nous avons retirées de notre collection pour les soumettre à l'action de la chaleur étaient déjà dans l'état électrique, en sorte que, quand nous les approchions de l'aiguille non isolée, elles agissaient sur elle par attraction ; et lorsque ensuite nous présentions successivement leurs deux extrémités à l'aiguille isolée et électrisée soit vitreusement, soit résineusement, elles exerçaient sur elle une vertu polaire qui était ordinairement celle de l'électricité extraordinaire. Il suffisait ensuite d'exposer la pierre à l'action du feu pendant un petit instant, pour la faire passer à l'état d'électricité ordinaire ; et nous avons vu dans certains cas la succession des deux effets se renouveler rapidement, à mesure que nous tenions la pierre pendant une ou deux minutes à environ deux mètres (six pieds) de distance du brasier avant de la présenter à l'électromètre, et qu'ensuite nous ne faisions pour ainsi dire que lui montrer le feu pour l'éprouver de nouveau.

848. Dans toutes les tourmalines que nous avons soumises à l'expérience, le degré auquel l'électricité extraordinaire a disparu s'est trouvé le plus ordinairement au-dessus du zéro du thermomètre. Le zinc est ici dans un cas tout particulier. Nous avons vu qu'il donnait encore des signes marqués de cette espèce d'électricité à une température de 11 degrés au-dessous du zéro de Réaumur. On ne peut savoir ce qui serait arrivé dans le cas où l'abaissement de la température aurait continué, et si, comme il y a lieu de le croire, la vertu électrique, après s'être affaiblie graduellement, se serait éteinte à un certain terme qui aurait donné le zéro absolu de cette vertu. Nous nous trouvons ici dans un cas semblable à celui où nous étions à l'égard du mercure, avant que le degré de froid auquel répond sa congélation fût connu.

849. On peut observer la succession rapide des deux électricités dans le même minéral à l'aide d'une expérience à la fois plus simple et plus curieuse, en se dispensant d'employer l'action du feu, Le cristal étant dans l'état d'électricité extraordinaire, on le presse pendant un instant entre les doigts pour l'échauffer un peu : l'action polaire reparaît en sens inverse. On laisse le cristal placé pendant un instant sur une table de marbre : il revient de lui-même au point neutre, et de là repasse à l'état d'électricité extraordinaire. Une nouvelle pression entre les doigts le ramène à l'état opposé, et ainsi de suite.

Corrélation entre la forme des corps électriques par la chaleur et la position de leurs pôles.

850. Les corps susceptibles de s'électriser par la chaleur présentent, relativement à leurs formes, une nouvelle singularité qui semble annoncer une dépendance mutuelle entre leur cristallisation et leur propriété électrique. On

sait qu'en général la manière dont la nature élabore les cristaux est soumise à la loi de la plus grande symétrie, en ce que les parties opposées et correspondantes sont semblables par le nombre, la disposition et la figure de leurs faces. Mais les formes des cristaux électriques par la chaleur dérogent à cette symétrie, de manière que les parties dans lesquelles résident les deux espèces d'électricité, quoique semblablement situées aux deux extrémités du cristal, diffèrent par leur configuration : l'une subit des décroissements qui sont nuls sur la partie opposée, ou auxquels répondent des décroissements qui dépendent d'une autre loi, ce qui peut servir à faire deviner d'avance, d'après la seule inspection du cristal, de quel côté se trouvera chaque espèce d'électricité, lorsqu'on soumettra ce cristal à l'expérience. On dirait que l'affinité, en réunissant les molécules de ces corps, s'est concertée avec la vertu électrique pour représenter les forces contraires des deux fluides, par la différence des lois de structure relatives aux deux sommets.

851. Ainsi, dans la variété de tourmaline que nous nommons *isogone*, et que représente la figure 99, la forme est celle d'un prisme à neuf pans, terminé d'un côté par un sommet à six faces, dont trois, savoir, P, P, P, appartiennent à la forme primitive, qui est un rhomboïde, et du côté opposé par un sommet à trois faces, qui sont les analogues des faces P. L'expérience prouve que c'est ce dernier sommet qui est le siége de l'électricité résineuse, et que c'est le premier qui manifeste l'électricité vitrée. — Parmi les autres variétés de la même substance que nous avons déterminées, il en est une à laquelle nous donnons le nom de tourmaline *nonodécimale*, et qui mérite d'être citée de préférence. La figure 100 servira à en donner une idée. On voit que les trois faces P, P, P de la précédente y sont entourées de six facettes t, t, t, etc, disposées en anneau. Le prisme est terminé de même par neuf pans, mais le sommet inférieur n'offre qu'une seule face k, perpendiculaire à l'axe; ce qui fait ressortir, par un contraste remarquable, la différence de configuration entre les parties opposées.

852. Mais de tous les cristaux qui offrent cette corrélation entre la configuration extérieure et la vertu électrique, les plus remarquables sont ceux qui appartiennent à une substance acidifère nommée *magnésie boratée*, et dont la forme est en général celle d'un cube incomplet dans toutes ses arêtes, et modifié encore par des facettes qui répondent aux angles solides. Ici les deux électricités agissent suivant les directions de quatre axes, dont chacun passe par deux angles solides opposés du cube, qui est la forme primitive. Dans une des variétés (fig. 101) que nous nommons *défective*, l'un des deux angles solides situés aux extrémités d'un même axe est intact, l'autre est remplacé par une facette s. Il y a électricité résineuse à l'angle qui n'a subi aucune altération, et électricité vitrée à la facette qui remplace l'angle opposé; ce qui fait huit pôles électriques, quatre pour chaque espèce d'électricité. Dans une autre variété (fig. 102), les angles solides analogues à ceux de la précédente, qui étaient remplacés par la facette s, continuent d'offrir la même modification. Les autres angles, situés comme ceux qui étaient intacts, sont ici remplacés chacun par une semblable facette s'; mais si elle existait seule, la symétrie se trouverait rétablie, et la loi du phénomène veut qu'elle soit altérée. Aussi observe-t-on trois autres facettes r, r, r, situées alentour de chacune des premières, en sorte que les angles qu'elles modifient offrent, à cet égard, une sorte de surabondance, d'où est venu à cette variété le nom de *magnésie boratée surabondante*. — On pourrait demander si, au milieu de l'appareil imposant de nos machines artificielles et de cette diversité de phénomènes qu'il offre à l'œil surpris, il y a quelque chose de plus propre à exciter l'intérêt des physiciens que ces petits instruments électriques exécutés par la cristallisation, que cette réunion d'actions distinctes et contraires, resserrées dans un cristal qui peut n'avoir pas deux millimètres d'épaisseur ; et ici revient l'observation déjà faite tant de fois, que les productions de la nature qui semblent vouloir se cacher à nos regards, sont quelquefois celles qui ont le plus de choses à nous montrer.

Vitesse de propagation de l'électricité dans les corps conducteurs.

853. [On a vu précédemment que quelques tentatives avaient été faites depuis long-temps dans le but de déterminer la vitesse avec laquelle l'é-

lectricité se propage en traversant les corps bons conducteurs. Ces expériences n'avaient conduit à aucun résultat. Elles avaient été faites par le docteur Watson. Il disposait à cet effet un fil métallique d'une longueur de 3839 mètres environ ; l'une des extrémités était en communication avec l'armure extérieure d'une bouteille de Leyde, et l'on pouvait approcher l'autre extrémité de l'armure intérieure de manière à en tirer une étincelle. Le fil était interrompu vers le milieu de sa longueur, et une personne tenait les extrémités dans chacune de ses mains; cette personne éprouvait une secousse chaque fois que l'on tirait une étincelle de l'armure; mais il lui était impossible de trouver aucun intervalle de temps entre l'instant où l'on tirait l'étincelle et celui où elle sentait la secousse. On en conclut que le temps pendant lequel l'étincelle électrique se propage à travers un fil conducteur de 3839 mètres est inappréciable.

854. Dans ces dernières années, Wheatstone a pu, par un procédé très-ingénieux, mesurer la vitesse de propagation de l'électricité et déterminer la durée de l'étincelle électrique. La partie principale de l'instrument qui a servi à ces expériences est un miroir d'acier poli sur les deux faces parallèles; il est mobile autour d'un axe parallèle aux faces réfléchissantes. Un mouvement d'horlogerie imprime à cet appareil une rotation autour de l'axe de 100 révolutions par seconde. Il est facile de concevoir que l'image d'un point lumineux fixe, réfléchie par ce miroir en mouvement, paraîtra décrire une circonférence de cercle à chaque révolution de l'appareil; et comme la vitesse apparente de cette image est très-grande, on ne verra qu'un cercle lumineux. Supposons que ce point lumineux ne paraisse que pendant le temps d'une révolution, on verra le cercle lumineux, puis il disparaîtra dans la révolution suivante. Si, au lieu de durer le temps d'une révolution, il ne dure que la moitié, le quart, le dixième de ce temps, on ne verra que la moitié, le quart, le dixième d'un cercle lumineux. Si le point n'apparaît qu'un instant, sans durée, l'image ne se présentera que sous forme d'un seul point lumineux; mais pourvu que le point lumineux dure, l'image paraîtra sous forme d'une petite ligne plus ou moins allongée ; et la longueur de cette petite ligne, comparée à la longueur totale de la circonférence, fera connaître la durée du phénomène lumineux d'après la vitesse de rotation du miroir. — Supposons maintenant qu'au lieu d'un seul point lumineux on en produise plusieurs simultanément sur une même ligne droite parallèle à l'axe de rotation du miroir : l'image de ces trois points, dans le miroir, sera composée de trois points situés sur une même ligne droite, dans le cas où le phénomène sera absolument instantané; et si le phénomène n'est pas instantané, au lieu de trois points on aura, dans le miroir, trois petits arcs de cercle lumineux. Si les trois points commencent et finissent en même temps, les extrémités des petites lignes lumineuses, vues par réflexion, se trouveront alignées sur des lignes parallèles à l'axe de rotation, et présenteront cette disposition ═══. Mais admettons que le point du milieu paraisse un peu après les autres : son image sera vue un peu après les autres, et les lignes lumineuses seront ainsi disposées ═══. Si les trois points paraissent l'un après l'autre à des intervalles égaux, leurs images seront vues ainsi ═══.

855. L'expérience de Wheatstone est maintenant facile à comprendre. Une bouteille de Leyde communique par son armature intérieure avec la machine électrique ; l'extrémité d'un fil conducteur se trouve à peu de distance de cette armature intérieure, tandis que l'autre extrémité du même fil communique avec l'armature extérieure. Le fil présente dans sa longueur trois interruptions, rapprochées les unes des autres de manière que, lorsque le fil est traversé par l'électricité, il se produit trois étincelles sur une même petite ligne parallèle à l'axe de rotation du miroir; chaque fois que ces étincelles se produisent, on aperçoit dans le miroir une image ainsi disposée ═══, jamais autrement, tant que l'interruption moyenne se trouve au milieu de la longueur du fil et que les autres se trouvent à des distances égales de ce point.

856. Il est évident, d'après cette expérience, que les étincelles extrêmes partent en même temps, et que celle du milieu part un peu plus tard. Par conséquent on doit admettre que, dans la décharge électrique, les deux fluides partent en même temps, se dirigeant avec une grande vitesse dans des direc-

tions opposées. Le retard de l'étincelle du milieu sur celles des extrémités fera connaître la vitesse de propagation des fluides électriques dans le fil conducteur. Wheatstone a trouvé de cette manière que la vitesse de l'électricité, dans un fil de laiton, est de 460000000 mètres (115000 lieues) par seconde, vitesse beaucoup plus grande que celle de la lumière. — Lorsque, dans l'expérience de Wheatstone, on substitue au laiton des fils de platine, de fer, ou des corps solides moins bons conducteurs, ou des tubes de verre remplis de divers liquides, on trouve que la vitesse du fluide électrique est de plus en plus retardée à mesure que l'on emploie des corps de moins en moins conducteurs.]

DU MAGNÉTISME.

857. L'aimant a été regardé pendant long-temps comme une simple pierre qui avait la propriété d'attirer le fer, et la trace de cette opinion s'est conservée dans le langage vulgaire, qui désigne encore par le nom de *pierre d'aimant* la mine de fer naturellement pourvue de la propriété dont il s'agit. On aura jugé de sa substance par les particules pierreuses dont elle est souvent mêlée, et qui lui sont purement accidentelles.

858. Les anciens ont connu la vertu attractive que l'aimant exerce sur le fer; ils avaient même remarqué qu'il communiquait au fer la vertu d'attirer un autre fer. Mais quoique l'aimant, par cette sympathie qu'il semblait montrer pour le fer, dût être une de ces espèces de jouets que la curiosité se plaît à exercer et qu'elle retourne de toutes les manières, la plus belle et la plus importante des propriétés de ce minéral, celle qui lui fait regarder le nord par une de ses extrémités et le sud par l'autre, a long-temps échappé à l'observation. Il paraît que c'est vers le douzième siècle qu'a été faite cette découverte, dont plusieurs nations se disputent l'honneur.

859. Les premières théories sur le magnétisme se ressentent des idées systématiques qui dominaient alors parmi les physiciens. Les tourbillons de Descartes avaient tellement séduit les esprits, que l'on essaya d'en mettre partout. On en donna aux corps électriques; l'aimant eut aussi les siens. On imagina ensuite de simples effluves de matière magnétique, dont les molécules s'accrochaient les unes aux autres ou prenaient un mouvement de recul, suivant la manière dont les effluves de deux aimants se rencontraient. Il y avait dans le fer des espèces de petits poils qui faisaient la fonction de valvules, pour permettre au fluide de passer dans un sens et lui refuser le passage quand il se présentait dans un sens contraire. Telle était entre autres l'opinion de Dufay; et ce physicien célèbre, qui avait si bien vu le principe des mouvements électriques, lorsqu'il en vint au magnétisme, ne donna qu'une machine de son invention, au lieu du mécanisme de la nature.

860. Æpinus est le premier qui, pour expliquer les phénomènes du magnétisme, ait employé de simples forces soumises au calcul. Ce fut en tenant une tourmaline qu'il conçut l'idée qui a servi de base à sa théorie. Il venait de découvrir que les effets de cette pierre étaient dus à l'électricité, et avait remarqué qu'elle repoussait par un côté et attirait par l'autre un petit corps électrisé. Il donna à ces deux côtés le nom de *pôles;* et ce mot, qui aurait pu ne passer que pour une expression plus commode, devint, dans son esprit, le véritable mot. Il vit dans la tourmaline une espèce de petit aimant électrique; et comparant les phénomènes des vrais aimants avec ceux des corps isolants, il trouva que les actions des deux fluides pouvaient être ramenées aux mêmes lois, et joignit ainsi au mérite d'avoir perfectionné la théorie de l'électricité, et créé pour ainsi dire la théorie du magnétisme, celui d'attacher à un même anneau ces deux grandes portions de la chaîne de nos connaissances. Coulomb, en reprenant des mains d'Æpinus la première de ces théories pour lui donner un nouveau développement, avait par là même contracté une espèce d'engagement de perfectionner encore la seconde; et l'exposé que nous ferons bientôt de ses résultats prouvera combien il a été fidèle à s'acquitter.

1. *Des principes généraux de la théorie du magnétisme.*

861. Quoique le fluide magnétique soit soumis aux mêmes lois que le fluide électrique, diverses observations indiquent, dans l'état actuel de nos connaissances, une différence de nature entre l'un et l'autre. Si l'on présente une tour-

maline électrisée à une aiguille aimantée suspendue librement, quels que soient les pôles par lesquels les deux corps se regardent, la tourmaline n'exerce sur l'aiguille, pour la déranger de sa position, que la même force attractive qu'elle exercerait sur un corps quelconque; ce qui suppose que sa présence fait naître dans l'aiguille elle-même une vertu électrique indépendante de la vertu magnétique.

862. La correspondance entre les deux théories nous conduit à concevoir aussi le fluide magnétique comme composé de deux fluides particuliers, combinés entre eux dans le fer qui ne donne aucun signe de magnétisme, et dégagés dans le fer qui a passé à l'état d'aimant. Les molécules de chaque fluide se repoussent de même les unes les autres et attirent celles de l'autre fluide; et Coulomb a prouvé, comme nous le verrons bientôt, que ces différentes actions suivent la raison inverse du carré de la distance.

863. Tout le fluide naturel d'un corps magnétique, même après sa décomposition, reste dans l'intérieur de ce corps; et, sous ce rapport, les aimants peuvent être assimilés aux corps isolants. Les deux fluides, dégagés de la combinaison, se portent, par des mouvements contraires, vers les extrémités de l'aimant, d'où ils exercent des actions analogues à celles de l'électricité vitrée et de l'électricité résineuse. Mais avant d'aller plus loin, nous jetterons un coup d'œil général sur l'ensemble que présente le magnétisme considéré dans toute son étendue, parce que le développement de la théorie, pour être bien saisi, demande que l'on ait au moins une idée de cet ensemble.

864. Tous les phénomènes que présentent les aimants que nous soumettons à l'expérience ne sont, pour ainsi dire, que les différentes faces d'un fait fondamental qui a été remarqué depuis long-temps. Il consiste en ce que, si l'on choisit à volonté une des extrémités d'un aimant, et qu'on la présente successivement aux deux extrémités d'un second aimant, il y aura attraction d'une part et répulsion de l'autre entre les deux aimants. L'extrémité opposée du premier aimant produira des effets inverses sur celles de l'autre aimant. En général, il y a dans chaque aimant deux points opposés qui manifestent des actions contraires, et auxquels on a donné le nom de *pôles*. On peut juger de l'énergie de ces actions en faisant mouvoir un aimant en présence d'une aiguille magnétique suspendue librement; on verra les extrémités de cette aiguille faire différents circuits, et quelquefois une révolution entière, pour satisfaire sa tendance vers l'équilibre.

865. Maintenant un phénomène extrêmement remarquable, par sa continuité et par l'immensité des distances auxquelles il s'étend, consiste en ce que le globe terrestre fait, à l'égard d'une aiguille aimantée, la même fonction que l'aimant dont nous venons de parler; en sorte que l'aiguille, abandonnée à la force de ce vaste corps magnétique, prend une direction qui va du nord au midi, et que nous verrons être celle qui s'accorde avec la manière d'agir de cette même force. En vain vous l'en écartez jusqu'à lui faire faire autour du centre une demi-révolution qui la dirige en sens contraire : toujours fidèle à elle-même, elle revient à sa première position dès qu'elle est libre, et ses balancements, qui semblent offrir l'image de l'inconstance, se terminent par un retour constant à la ligne qui la rappelle. Qu'auraient pensé les anciens philosophes, qui déja prêtaient une âme aux aimants, quoiqu'ils ne connussent que leurs actions au contact, s'il leur était venu dans l'idée de suspendre un de ces corps à un fil?

866. Ce que nous venons de dire nous conduit à une observation qui nous paraît intéressante, sur la manière de dénommer les deux fluides qui composent le fluide magnétique, et en même temps les pôles, ou les deux points de chaque aimant dans lesquels résident leurs actions. Le simple énoncé de l'hypothèse relative à l'existence de ces fluides suffit pour faire concevoir que les répulsions magnétiques, semblables en cela aux répulsions électriques, sont dues à celles qui existent entre les fluides homogènes, et que les attractions proviennent de celles que les fluides hétérogènes exercent l'un sur l'autre. Il en résulte que quand une aiguille magnétique est dans sa direction naturelle, le pôle de cette aiguille qui est tourné vers le nord est dans l'état contraire à celui du pôle de notre globe qui est dans la même partie; et comme ce dernier pôle doit être le véritable pôle nord relativement au magnétisme, ainsi qu'il l'est à l'égard des quatre points cardinaux,

il paraît plus convenable de donner le nom de *pôle austral* à l'extrémité de l'aiguille qui est tournée vers le nord, et celui de *pôle boréal* à l'extrémité opposée. Nous adopterons en conséquence ces dénominations, qui sont déjà usitées en Angleterre, et, par une suite nécessaire, nous nommerons *fluide austral* celui qui réside dans la partie de l'aiguille la plus voisine du nord, et *fluide boréal* celui qui sollicite la partie située vers le midi.

867. Nous avons déjà vu qu'il en est du magnétisme comme il en serait de l'électricité, s'il n'existait dans la nature que des corps parfaitement isolants. Chaque aimant n'a jamais que sa quantité naturelle de fluide, qui est constante, en sorte qu'il ne peut ni recevoir d'ailleurs une quantité additionnelle de fluide, ni céder de celui qu'il possède par sa nature, et que le passage à l'état de magnétisme dépend uniquement du dégagement des deux fluides qui composent le fluide naturel et de leur transport vers les parties opposées du fer.

868. Plus ce métal est dur, et plus les deux fluides éprouvent de difficulté à se mouvoir dans ses pores; et en général cette difficulté est toujours considérable et supérieure de beaucoup à la résistance que les corps mêmes le plus parfaitement isolants opposent au mouvement interne des fluides dégagés de leur fluide naturel. Coulomb a donné à cette force le nom de *force coercitive*, comme à celle qui agit dans les corps isolants.

2. *De la loi que suivent les actions magnétiques à raison de la distance.*

Pour établir une théorie des phénomènes magnétiques, il fallait surtout avoir déterminé la loi à laquelle sont soumises, à différentes distances, les forces qui agissent dans ces phénomènes. Plusieurs physiciens qui s'étaient occupés de la recherche de cette loi avaient eu recours à des moyens si imparfaits, qu'on ne doit pas être étonné de voir leurs résultats si peu d'accord entre eux et avec la véritable loi (1).

869. La précision des méthodes employées par Coulomb, pour déterminer cette loi, ne laisse plus aucun doute qu'elle ne suive la raison inverse du carré de la distance, comme celle qui régit les actions électriques. Mais ici, la manière dont le fluide était distribué dans les corps que l'on soumettait à l'expérience exigeait des considérations particulières, fondées sur ce que ces corps avaient deux centres d'actions qui étaient dans deux états opposés, au lieu que les corps électriques, qui avaient servi à des recherches vers un but semblable, n'étaient sollicités que par une seule électricité, ce qui permettait de considérer toutes les forces comme réunies dans un seul centre d'action. Nous nous bornerons à dire pour le présent que, dans un aimant, les deux centres d'action sont à une petite distance des extrémités.

870. Coulomb est parvenu par deux méthodes différentes au but qu'il s'était proposé. La première consistait à faire osciller une petite aiguille de 27 millimètres (un pouce) de longueur vis-à-vis du centre d'action inférieur d'un fil d'acier aimanté, long d'environ 6 décim. 8 (25 pouces) de longueur, placé verticalement dans le plan du méridien magnétique. Si nous faisons abstraction, pour l'instant, du centre d'action supérieur, nous devons concevoir que l'aiguille, tandis qu'elle fait ses oscillations, est sollicitée en même temps par deux forces, dont l'une réside dans le centre d'action inférieur du fil d'acier, et l'autre est la force que le globe exerce sur l'aiguille. L'effet de cette dernière, lorsqu'elle agit seule sur une aiguille dérangée de son méridien magnétique, est aussi de produire dans cette aiguille un mouvement d'oscillation. Or, avant l'expérience, Coulomb avait reconnu que l'aiguille, abandonnée à sa seule force naturelle, faisait 15 oscillations en 60 secondes. Mais il en est ici de l'aiguille comme d'un pendule qui oscille en vertu de la pesanteur. On prouve que l'action de cette force, pour faire osciller le pendule, est proportionnelle au carré du nombre d'oscillations faites pendant un temps donné, que l'on prend pour l'unité de temps. Ainsi, dans l'hypothèse présente, où l'aiguille est sollicitée à la fois par sa force naturelle et par celle du fil d'acier, on a la valeur de cette dernière en soustrayant le carré de 15 de celui du nombre d'oscillations faites par l'aiguille pendant 60 secondes. Pour met-

(1) Voyez les Expériences physico-mécaniques sur différents sujets, trad. de l'anglais de Hauksbée. Paris, 1754, t. II, p. 547 et suiv.

tre de la précision dans les expériences, il fallait encore déterminer la distance à laquelle le fil d'acier était censé agir sur l'aiguille. Or nous verrons, dans la suite, que cette action dépend de deux forces, dont chacune s'exerce sur un des pôles de l'aiguille, et qui conspirent à lui imprimer le même mouvement; et comme l'aiguille était fort courte, en sorte que les distances de ses pôles au centre d'action du fil d'acier différaient peu l'une de l'autre, on pouvait, sans erreur sensible, considérer le milieu de cette aiguille comme la distance moyenne entre celles auxquelles les deux actions s'exerçaient, et c'était relativement à ce point qu'il s'agissait d'estimer la force du fil en présence duquel l'aiguille oscillait.

871. Un exemple servira à répandre du jour sur tout ce qui vient d'être dit. L'aiguille, placée d'abord de manière que son centre d'action était à 108 millimètres (4 pouces) de distance du fil d'acier, fit 41 oscillations en une minutes; placée ensuite à une distance double, elle ne fit plus que 24 oscillations dans une minute. Donc, les forces totales qui sollicitaient l'aiguille dans ses deux positions étaient entre elles comme le carré de 41 est à celui de 24, ou comme 1681 à 576. Si l'on retranche de chacun de ces deux nombres le carré de 15 ou 225, on aura pour le rapport entre les forces du fil d'acier celui de 1456 à 351, qui diffère peu de celui de 4 à l'unité (1). Et parce que les distances correspondantes sont entre elles comme 1 est à 2, on en conclura que les forces sont en raison inverse du carré des distances. — Cependant le nombre d'oscillations faites en 60 secondes ne donnait pas toujours exactement la quantité de l'action exercée par le fil d'acier. Cette exactitude n'avait lieu sensiblement qu'autant que l'aiguille était à des distances assez petites du fil d'acier pour permettre de négliger la force du pôle supérieur de ce fil, qui alors était dirigée suivant une ligne peu éloignée de la verticale, et qui d'ailleurs agissait de beaucoup plus loin que le pôle inférieur. Mais lorsque l'aiguille était plus écartée du fil d'acier, alors la partie de la décomposition de cette force qui était dans le sens horizontal, le même que celui suivant lequel agissait le pôle inférieur, devenait plus appréciable par rapport à la force de ce même pôle, et aussi n'était-ce qu'en faisant la petite correction qu'elle exigeait que l'on parvenait à représenter la loi cherchée avec toute la précision convenable.

872. L'autre méthode était analogue à celle que Coulomb avait employée relativement à l'électricité. Il faisait de la balance électrique une balance magnétique, en remplaçant par une longue aiguille aimantée le levier suspendu au fil métallique, et en substituant à la balle de cuivre une semblable aiguille placée verticalement sur le méridien magnétique, c'est-à-dire celui qui coïncide avec la direction naturelle de l'aiguille. Telle était la disposition respective des deux aiguilles, que, quand celle qui était mobile allait toucher l'autre en conservant sa position à peu près horizontale, le contact se faisait par un des centres d'action de la premiere et le centre inférieur de la seconde. — La tendance naturelle de l'aiguille à revenir dans son méridien magnétique était encore ici une action particulière qui se composait avec les actions réciproques des deux aiguilles, actions dont il s'agissait de trouver le rapport en les démêlant de cette combinaison. Pour y parvenir, Coulomb compara d'abord la première force toute seule avec la force de torsion, et il trouva que si l'on tordait le fil métallique qui portait l'aiguille mobile, d'abord sous un angle de 35 degrés, l'aiguille s'écartait d'un degré de son méridien magnétique; et qu'ensuite si l'on tordait le fil sous des angles qui fussent successivement doubles, triples, quadruples, etc., de 35 degrés, l'aiguille allait se placer à 2 degres. 4 degrés, etc., de son méridien magnétique; et ainsi, en retranchant de chaque tension imprimée le nombre de degrés qui donnait la distance de l'aiguille au méridien, c'est-à-dire la quantité dont le fil s'était détordu en vertu du mou-

(1) La différence 13 qui se trouve entre 351 et le quart de 1456, qui est 364, n'est très-sensible que parce qu'elle tombe sur les carrés des nombres d'oscillations faites par l'aiguille; en sorte que celle qui lui correspond, relativement à ces derniers nombres, n'est qu'une fraction de l'unité. Si l'on suppose, par exemple, que l'aiguille, dans sa seconde position, fasse 24 oscillations plus 1/4, on aura, au lieu de 351, le nombre 363 plus une fraction, résultat qui se rapproche beaucoup de 364.

vement de l'aiguille, on trouvait que la force de l'aiguille, pour réagir contre chaque torsion, équivalait à autant de fois 35 degrés de torsion que l'arc qui mesurait la distance de l'aiguille au méridien renfermait de degrés.

873. Cela posé, pour rendre plus sensible le procédé de Coulomb, nous allons donner encore ici l'exposé d'une de ses expériences. Soit *o* (fig. 5) la position du pôle inférieur de l'aiguille fixe, que nous supposons être le pôle sud. Cette aiguille étant située verticalement dans le plan de son méridien magnétique, Coulomb met en contact avec ce pôle celui de même nom *s* de l'aiguille mobile *sn*, et cela de manière que le fil métallique n'ait aucune torsion : à l'instant l'aiguille fixe repousse l'aiguille mobile à une distance de 24 degrés, en sorte que cette dernière prend la position *s'n'*. Or, la tendance à retourner au méridien agit en sens contraire du mouvement que vient de faire l'aiguille mobile, et par conséquent elle diminue d'autant la véritable répulsion, ou celle qui aurait lieu si cette tendance était nulle; c'est-à-dire, que celle-ci remplace la force de torsion qu'il faudrait ajouter à celle de 24 degrés pour maintenir l'aiguille à la même distance, en vertu de la seule répulsion. Mais lorsque l'aiguille est à 24 degrés du méridien, la torsion qui mesure sa tendance à y retourner est égale à 35 fois 24 degrés, qui font 840 degrés. Donc, la répulsion qu'il s'agissait d'estimer équivalait à une torsion de 840 degrés, plus 24 degrés, ou de 864 degrés. Les choses étant dans cet état, Coulomb donne au fil métallique une nouvelle torsion égale à trois circonférences de cercle, en sens contraire du mouvement de 24 degrés qu'avait déjà fait l'aiguille suspendue au fil, c'est-à-dire dans le sens *bod*, et alors cette aiguille se rapproche à 17 degrés de l'aiguille fixe en prenant la position *s''n''*. Or, 3 fois 360 degrés font 1080 degrés; et puisque cette torsion n'est qu'une continuation de celle qui existait déjà (1), et qui se trouve réduite à 17 degrés, on aura 1097 degrés pour la torsion qui mesure la force répulsive mutuelle des deux aiguilles, moins la tendance à retourner au méridien. Mais cette tendance équivaut à une force de torsion de 17 fois 35 degrés, ou de 595 degrés; donc, si l'on ajoute 595 degrés à 1097 degrés, la somme 1692 degrés donnera la torsion qui fait équilibre à la répulsion qu'il fallait évaluer. Il suit de là que les deux répulsions sont entre elles comme 864 à 1692, c'est-à-dire dans un rapport qui approche beaucoup de celui de 1 à 2. Mais les distances correspondantes étaient 24 et 17, dont les carrés 577 et 289 approchent beaucoup du rapport de 2 à 1, d'où l'on voit que les répulsions magnétiques suivent la raison inverse du carré des distances. — Nous avons choisi pour exemples les résultats qui conduisent aux rapports les plus simples. Mais l'expérience a prouvé que la loi des répulsions était constante, quel que fût le rapport entre les distances, et l'on a obtenu des résultats analogues en substituant l'attraction à la répulsion.

3. *Des attractions et répulsions magnétiques.*

874. Nous sommes maintenant en état d'expliquer les phénomènes que produisent les aimants en vertu de leurs actions mutuelles. La plupart de ces explications ne sont, pour ainsi dire, que la traduction de celles que nous avons données des effets que présentent les corps isolants, dont une partie est à l'état vitré et l'autre à l'état résineux, et particulièrement les tourmalines. Nous pouvons supposer, si nous voulons, que le fluide boréal d'un aimant fait la même fonction que le fluide vitré d'une tourmaline, et que le fluide austral est l'analogue magnétique du fluide résineux, et tout ce que nous avons dit de l'espèce de pierre dont il s'agit s'appliquera comme de soi-même aux aimants. Ainsi, le rapprochement des phénomènes qui

(1) Si la torsion était produite par un mouvement imprimé immédiatement à l'aiguille mobile, il est évident que, pour continuer de tordre le fil, il faudrait faire tourner cette aiguille suivant le sens de son premier mouvement, dans un arc de 24 degrés. Mais comme la torsion agit par l'extrémité supérieure du fil, en vertu de la rotation imprimée à la tige qui tient ce fil suspendu, on conçoit aisément que, pour continuer de tordre le fil, il faut faire tourner la tige en sens contraire du mouvement qui a déjà eu lieu vers le bas.

appartiennent aux deux branches de connaissances se trouve limité à ceux où chaque corps n'a que sa quantité naturelle de fluide, qui peut bien être décomposée, mais jamais augmentée ni diminuée. Au reste, si cette constance du fluide magnétique à rester engagé dans l'intérieur du fer, sans se produire au dehors, ne promet pas des phénomènes aussi frappants que ceux auxquels l'électricité donne naissance, elle en offre qui méritent d'autant mieux d'être étudiés par des observateurs attentifs, que plus une cause semble affecter de se cacher, et plus elle fait paraître la sagacité de ceux qui en ont pénétré le mécanisme.

Équilibre de deux morceaux de fer dans l'état naturel.

875. Lorsque deux morceaux de fer A et B, en présence l'un de l'autre, sont dans l'état naturel, leur équilibre, ainsi que celui des corps qui ne donnent aucun signe d'électricté, dépend de quatre forces qui se détruisent mutuellement. En nous bornant à considérer ces forces dans le corps A, parce que toute action est réciproque, nous devons concevoir que le fluide austral de ce corps agit par attraction sur le fluide boréal de B et par répulsion sur son fluide austral ; et que, d'une autre part, le fluide boréal de A agit par attraction sur le fluide austral de B et par répulsion sur son fluide boréal. Un raisonnement semblable à celui que nous avons fait par rapport aux actions électriques prouvera que les quatre forces dont il s'agit ici sont égales entre elles ; et comme il y a deux attractions et deux répulsions, il s'ensuit que toutes les forces sont en équilibre.

Action mutuelle de deux aimants.

876. Nous avons vu que quand deux corps idio-électriques ont leurs parties dans des états opposés et qu'on les met en présence, ils s'attirent par leurs côtés différemment électrisés et se repoussent par leurs côtés semblablement électrisés. De même, si deux aimants M, N (fig. 6) se regardent de manière que M tourne son pôle boréal B vers le pôle austral *a* de l'aimant N, le fluide boréal de B, par exemple, étant à une plus petite distance de l'aimant N que le fluide austral de A, nous pourrons considérer l'aimant M comme étant tout entier à l'état boréal, en vertu d'une force B′ égale à la différence entre les forces de A et de B ; et la force B′ agissant plus par attraction sur le fluide austral du pôle *a* que sur le fluide boréal de *b*, qui est plus éloigné de l'aimant M, l'attraction l'emportera ; et si les deux aimants sont libres de se mouvoir, ils s'approcheront jusqu'au contact et adhéreront l'un à l'autre ; si, au contraire, le pôle *b* était tourné vers le pôle B, comme le représente la figure 7, il est facile de voir, en faisant le même raisonnement avec une simple inversion dans les termes, qu'il y aura répulsion entre les deux aimants. Ce sera la même chose si l'on suppose que ces aimants tournent l'un vers l'autre leurs pôles A, *a*, sollicités par le fluide austral. En général, deux aimants s'attirent par leurs pôles de différents noms et se repoussent par leurs pôles de même nom.

877. Il est facile, au moyen d'une expérience très-connue, de vérifier ces différents résultats. Il suffit d'avoir une aiguille magnétique mobile sur un pivot et de lui présenter un barreau aimanté, dont on varie la position de manière à faire naître successivement les attractions et les répulsions qui dépendent des pôles que l'on met en regard (1). Pour compléter l'expérience, on transportera le barreau derrière l'aiguille, d'un côté ou de l'autre, et dans le même alignement. Elle restera immobile si les deux pôles voisins sont de noms différents ; mais s'ils sont de même nom, on verra l'aiguille faire une demi-révolution autour de son centre, et, après plusieurs oscillations, se diriger en sens contraire de sa première position. Nous avons vu que deux

(1) On substitue avec avantage à l'aiguille un petit barreau en prisme à bases carrées, semblable à celui qu'emploient les minéralogistes pour éprouver les mines de fer, dans lequel on a pratiqué une ouverture qui sert de chape, pour la tenir librement suspendue sur la pointe d'un pivot. Sa masse le garantit de la tendance qui sollicite l'aiguille à faire des oscillations nuisibles à l'effet principal. Il se fixe presque aussitôt qu'on l'a placé, et les mouvements que lui imprime l'action du barreau qu'on lui présente en sont plus distincts et plus réguliers.

tourmalines chauffées et placées dans des circonstances analogues se comportent absolument de la même manière que les deux corps magnétiques dont nous venons de parler. Il nous arrive souvent, lorsque des savants qui cultivent la minéralogie nous invitent à leur montrer l'expérience des tourmalines, de la faire précéder par celle des aimants, dont elle offre la répétition avec un fluide différent; ce qui ajoute un nouveau degré d'intérêt à celui qu'elle excite par elle-même.

Effets des actions électriques et magnétiques exercées par un même corps.

878. Nous avons conçu l'idée de réunir dans un corps unique les actions qui ont lieu séparément avec les deux appareils précédents. Pour y parvenir, on prend une aiguille de boussole *ab* (fig. 8), montée sur un pivot auquel un bâton de gomme laque sert de support. On la place entre un rhomboïde *gl* de spath d'Islande et un morceau de succin *r'*, aplani par le bas, de manière qu'il puisse se tenir debout. Ces deux corps ont été auparavant électrisés par le frottement, et ils sont situés de manière que l'aiguille reste dans la direction du méridien magnétique (1). Si ces mêmes corps agissent conformément aux lois ordinaires, le fluide électrique naturel de l'aiguille sera décomposé; le succin attirera ver l'extrémité de l'aiguille tournée de son côté le fluide vitré *v* qui s'est dégagé de la combinaison, et le spath d'Islande attirera le fluide résineux *r*, provenu de la même force, vers l'extrémité opposée à la première Dans cet état de choses, l'aiguille pourra être considérée comme ayant à la fois deux pôles magnétiques *a*, *b*, et deux pôles électriques *r*, *v*, situés dans les mêmes points que les précédents. Maintenant, si l'on présente successivement un barreau aimanté aux pôles *a*, *b* de l'aiguille, il agira sur elle à la manière d'un corps magnétique. Si ensuite on présente un bâton de cire à cacheter, électrisé par le frottement, d'abord au pôle *r* et ensuite au pôle *v*, il agira par répulsion sur le premier, et sur le second par attraction, comme si le magnétisme de l'aiguille s'était évanoui. Si enfin on substitue au bâton de cire un fragment de spath d'Islande, ou une topaze qui ait subi de même le frottement, le pôle *v* sera repoussé, et le pôle *r* sera attiré. Les deux corps que l'on présente à l'aiguille en dernier lieu, se trouvant dans les sphères d'activité du succin et du rhomboïde, l'électricité de ceux-ci tend à augmenter celle qu'ils ont acquise par le frottement, lorsqu'elle est d'espèce différente, et à la diminuer, lorsqu'elle est de la même espèce. Mais comme ils sont isolants, ce que l'électricité de l'un gagne à cette influence et ce que l'autre y perd est peu sensible, en sorte qu'on en fait abstraction. On peut négliger de même l'effet des actions électriques que le succin et la cire exercent sur le barreau considéré comme étant à l'état naturel, parce qu'elles n'empêchent pas l'action magnétique d'être prédominante. Le résultat qui vient d'être exposé paraît très-propre à faire ressortir la distinction des deux fluides en nous les montrant dans une circonstance où leurs molécules, après s'être dégagées d'entre celles d'un même corps, agissent indépendamment les unes des autres comme si chacun d'eux existait seul dans l'espace où ils sont réunis.

Action d'un aimant sur le fer dans l'état naturel.

878. Concevons que le corps N (fig. 6) soit un barreau de fer qui, étant d'abord à l'état naturel, se trouve placé dans la sphère d'activité de l'aimant M, de manière que cet aimant tourne vers lui son pôle boréal B. La force B' de cet aimant, égale à l'excès de la force de B sur celle de A, agira pour décomposer le fluide de N; et il est visible que l'effet de cette action sera d'attirer vers *a* le fluide austral dégagé de la combinaison et de repousser vers *b* le fluide boreal, c'est-à-dire que le barreau N acquerra lui-même la vertu magnétique, en sorte que les pôles les plus voisins seront ceux de noms différents, et que les deux aimants s'attireront. Le résultat sera le même, si l'on suppose que le barreau de fer ait été présenté à l'aimant M du côté opposé, de ma-

(1) Il est indifférent de disposer ces corps comme l'indique la figure, où les lettres *a*, *b*, désignent, l'une le pôle austral de l'aiguille et l'autre son pôle boréal, ou de les placer dans un ordre inverse.

nière que cet aimant tournât vers lui son pôle austral A. Concluons de là que lorsqu'on met en présence d'un aimant un barreau ou un morceau quelconque de fer qui était auparavant à l'état naturel, l'action de l'aimant lui communique un magnétisme contraire à celui du pôle dont ce barreau était le plus voisin, en sorte que, dans ce cas, il y a toujours attraction entre les deux corps. Le physicien ne fait encore ici que se servir du fluide magnétique pour imiter une expérience électrique, savoir, celle où un corps qui est dans un certain état d'électricité, commence par faire sortir l'autre corps de son état naturel, et ensuite l'attire à lui.

880. Le barreau qui a reçu le magnétisme agit à son tour sur l'aimant qui le lui a communiqué, en décomposant une nouvelle portion de fluide naturel de cet aimant, dont une partie est attirée vers le pôle le plus voisin du barreau, et l'autre repoussée vers le pôle opposé. La même chose arrive, à plus forte raison, lorsqu'on fait prendre le magnétisme à un barreau par le contact immédiat d'un autre barreau déjà aimanté : il en résulte une espèce de paradoxe très-embarrassant pour les physiciens qui admettaient les tourbillons ou des effluves magnétiques ; c'est qu'un aimant pouvait devenir plus fort lorsqu'il paraissait avoir cédé une partie du fluide dans lequel résidait sa force. Au reste, ce surcroît de vertu acquis par l'aimant n'est bien sensible qu'autant que la force coercitive de cet aimant n'est pas très-considérable.

881. Réaumur a observé le premier, avec surprise, qu'un aimant qui avait à peine la force nécessaire pour soutenir un morceau de fer d'un poids déterminé, l'enlevait plus aisément lorsqu'on plaçait ce fer sur une enclume. Cet effet s'explique de soi-même dans la théorie que nous avons adoptée : le fer ne peut être en contact avec l'aimant, sans devenir aimant lui-même ; dès lors il agit de son côté sur l'enclume pour l'aimanter aussi, et l'enclume à son tour réagit sur lui pour augmenter la quantité de fluide libre dans chacun de ses pôles, c'est-à-dire qu'elle le rend plus attirable qu'il ne le serait sans elle.

882. Reprenons l'hypothèse où le corps N ayant passé de l'état naturel à celui de magnétisme par l'action du corps M, les positions respectives des pôles étaient celles que représente la figure. Supposons de plus, pour mettre l'expérience dans le cas le plus favorable, que les deux corps soient en contact par leurs pôles B, *a*. Si l'on place derrière le corps N, auprès du point *b*, un nouveau corps qui soit dans l'état naturel, l'action de N le convertira, à son tour, en un aimant dont le pôle austral sera contigu au pôle *b*, et l'on pourra continuer cette série indéfiniment. Une manière assez curieuse de varier cette expérience, consiste à présenter un des pôles d'un petit barreau magnétique à l'une des extrémités d'une aiguille à coudre, puis à élever le barreau pour que l'aiguille y reste suspendue : l'extrémité inférieure de celle-ci sert ensuite comme d'amorce pour attirer une seconde aiguille, qui demeure de même suspendue à la première, et ainsi de suite, tant que la force magnétique l'emporte sur pesanteur qui agit pour rompre la chaîne.

883. Voici un autre résultat qui, tout élémentaire qu'il est aujourd'hui pour ceux qui connaissent tant soit peu la théorie de l'aimant, en offre une preuve si parlante, qu'il mérite par cela seul d'être cité. On a deux barreaux aimantés à peu près d'égale force, et l'on présente tour à tour à chacun d'eux une clef qu'il soit capable d'enlever, ce qui a lieu quel que soit le pôle que l'on mette en contact avec la clef. On dispose ensuite un des barreaux sur une table, de manière qu'il la dépasse assez pour que la clef y reste suspendue. On pose alors l'autre barreau sur celui auquel la clef est adhérente, en faisant correspondre du même côté les pôles de différents noms ; à l'instant la clef tombe, parce que l'action que le pôle en contact avec elle exerce pour attirer à lui le fluide hétérogène de cette clef est presque détruite par l'action répulsive du second barreau ; d'où l'on voit que l'explication du fait suppose nécessairement ce principe, que le fer mis en contact avec un aimant devient aimant lui-même. On conçoit aussi la raison de l'espèce de surprise que cet effet occasionne, lorsque l'esprit n'est pas en garde contre le paradoxe qui se présente à l'œil, et qui consiste en ce qu'une force est détruite par l'addition d'une autre force qui, employée seule, produit en apparence un effet tout semblable.

Disposition des parcelles de fer en lignes courbes par l'action magnétique.

884. L'action du magnétisme se transmet librement à travers tous les corps qui ne sont pas susceptibles de l'acquérir. Que l'on interpose une planche, une glace, une plaque de cuivre, etc., entre deux aimants, on ne remarquera aucune altération sensible dans leurs actions réciproques. Le charlatanisme a profité de cette faculté qu'ont les forces magnétiques de n'être arrêtées par aucun obstacle, pour donner un air de prestige à des phénomènes très-ordinaires, à l'aide d'un mécanisme qui en dérobait aux regards le véritable agent. Mais ici l'expérience seule, dégagée de tout ce qui pourrait la déguiser, conduit à des résultats qui paraissent faits pour déconcerter la sagacité du physicien lui-même; et jamais une théorie n'est mieux établie que quand ses principes, que l'on aurait cru d'abord ébranlés par les difficultés qui naissent de ces résultats, empruntent, au contraire, une nouvelle force des solutions heureuses qu'ils en fournissent. Nous avons déjà eu occasion de citer plusieurs de ces solutions, et ce qui va suivre nous en offrira de nouveaux exemples qui ne sont pas moins remarquables.

885. On dispose verticalement, à une distance de quelques centimètres, deux barreaux de fer aimantés dont les pôles opposés sont tournés du même côté : on recouvre ensuite les extrémités supérieures avec une planche mince ou une feuille de papier parsemée de limaille de fer; à l'instant les parcelles de cette limaille s'arrangent de manière à former une multitude de courbes plus ou moins évasées, qui se croisent toutes dans les points situés immédiatement au-dessus des extrémités supérieures des deux aimants. La figure 9 peut donner une idée de cet assemblage de courbes. Les physiciens ont regardé ce phénomène comme une preuve évidente de l'action des tourbillons magnétiques. Les autres expériences ne donnaient matière qu'à des conjectures sur l'existence de ces tourbillons : dans celle-ci on les voyait se peindre eux-mêmes.

886. Nous allons analyser le phénomène pour en mieux saisir la véritable explication, d'après les principes de notre théorie. Soit CG (fig. 10), un aimant qui ait son centre d'action boréale en B, et son centre d'action australe en A. Concevons que l'on suspende librement une aiguille de fer extrêmement courte vers un point N plus voisin de B que de A : cette aiguille, que nous supposons avoir été jusque-là dans l'état naturel, deviendra elle-même un aimant; et parce que l'on peut regarder alors l'aimant CG comme sollicité par une seule force, en vertu d'une certaine quantité B′ de fluide boréal, l'aiguille prendra une position oblique à l'aimant, telle que *ba*, de manière que *a* sera son pôle austral et *b* son pôle boréal. Les choses étant dans cet état, concevons que l'on fasse mouvoir le centre *c* de l'aiguille d'une très-petite quantité, le long de la ligne *ad* située sur le prolongement de cette aiguille, en sorte que son centre parvienne, par exemple, en *g*; en vertu de ce seul mouvement, l'extrémité *a* de l'aiguille se rapprochera du point B; d'où il suit que l'aiguille prendra une nouvelle position moins oblique que la précédente et dirigée suivant une ligne *em* qui fera, avec la ligne *bd*, un angle infiniment petit. Si l'on fait faire au centre *c* un nouveau mouvement le long de la ligne *em*, de manière que ce centre parvienne en *f*, l'aiguille prendra une nouvelle direction, telle que *fl*, infiniment peu inclinée sur la direction précédente. Si l'on continue de faire mouvoir de la même manière le centre de l'aiguille, il est aisé de voir que ce centre décrira une courbe *cgfn*, etc., dont les côtés coïncideront avec les différentes directions de l'aiguille. Il y aura un point de la courbe où l'aiguille, qui s'écartera continuellement du parallélisme avec CG, prendra une direction *nr* perpendiculaire sur cette ligne. Au delà de ce point, l'extrémité *a* de l'aiguille tendant toujours à se rapprocher de plus en plus du point B, les nouveaux côtés *rs* de la courbe seront inclinés en sens contraire des premiers côtés *cg*, *fg*, etc.; et enfin, lorsque l'extrémité *a* de l'aiguille sera infiniment près du point B, la courbe passera par ce même point. Au-dessous elle formera des côtés qui approcheront toujours davantage du parallélisme avec CG; et lorsque le centre de l'aiguille sera en *p*, situé précisément au-dessous du centre O de l'aimant CG, la direction *xy* de l'aiguille sera parallèle à CG, à cause de l'équilibre entre les forces des pôles B et A. Au delà de ce terme, la force du pôle A étant deve-

nue prépondérante, la courbe s'infléchira vers le point A, et finira par y passer en formant une nouvelle branche xz AM, semblable à la branche opposée. — Imaginons maintenant que l'on ait disposé, sur la circonférence de cette courbe, les centres d'une multitude d'aiguilles très-courtes, bientôt ces aiguilles prendront de telles positions, que chacune d'elles se dirigera suivant la tangente au point de la courbe, lequel se confondra avec le centre de l'aiguille; et comme toutes ces aiguilles se regardent par leurs pôles de différents noms, elles adhéreront entre elles et formeront elles-mêmes une courbe continue.

887. Si l'on substitue à ces aiguilles des parcelles de limailles, et qu'au lieu de supposer ces parcelles librement suspendues, on conçoive qu'elles soient couchées sur un plan où elles éprouvent un certain frottement, la résistance produite par ce frottement les empêchera de glisser vers les points A, B, qui agissent pour les attirer; en même temps cette force attractive pourra être telle, que les parcelles de limaille prennent la direction qu'elles auraient dans le cas où elles seraient mobiles autour de leurs centres, surtout si l'on seconde leur tendance en secouant légèrement le plan qui les soutient, en sorte qu'elles y formeront, par leur assemblage, la ligne courbe dont nous avons parlé. On comprend aisément que si le plan est couvert de parcelles de limaille, celles-ci se dirigeront sur les côtés de différentes lignes courbes relatives à autant de systèmes d'actions particuliers, et qui auront deux intersections communes aux points A et B, ce qui est conforme à l'observation.

Explication d'un paradoxe magnétique.

888. On peut expliquer, à l'aide du raisonnement, un petit phénomène qui a du rapport avec le précédent, et qui est d'autant plus piquant par sa singularité, qu'il semble mettre l'expérience en contradiction avec la théorie. Voici en quoi il consiste. On place sur une planche OR (fig. 11) un fil de fer délié, long de deux ou trois millimètres, et on tient au-dessus de cette table, à la distance de quelques centimètres, un barreau magnétique AB, dans une position verticale, dont l'extrémité inférieure, qui peut être indifféremment le pôle boréal ou le pôle austral, soit située de ce côté, par rapport au fil de fer. A l'instant ce fil s'élève par l'extrémité la plus voisine du barreau, en prenant une position oblique telle que *ba*. On imprime ensuite de légères secousses à la planche, de manière à faire un peu sautiller le fil de fer, et on le voit s'approcher continuellement du barreau jusqu'à ce qu'il vienne se placer immédiatement au-dessous du pôle B, dans une situation verticale. Jusqu'ici il n'est rien arrivé que l'observateur n'eût deviné d'avance. Maintenant, si l'on place le barreau en dessous de la planche, ainsi qu'on le voit (fig. 12), et que du reste on opère comme dans le cas précédent, le fil *ba* se dressera de nouveau, en faisant un angle plus ou moins aigu avec la surface de la planche; mais à mesure qu'on imprimera de petites secousses à cette planche, le fil s'écartera continuellement du barreau, en se rapprochant du point R, quoiqu'il soit bien évident que le barreau exerce sur lui une force attractive.

889. Pour éclaircir ce paradoxe, reprenons le cas où le barreau était en dessus de la table. Soit B (fig. 13) le centre d'action inférieur de ce barreau. Au moment où le fil se dresse, nous pouvons le considérer comme un petit levier *ab* dont le point d'appui est au point *b*, et dont l'extrémité *a* est sollicitée à la fois par l'attraction du pôle B et par la pesanteur qui agit pour le faire descendre. Or, cette dernière force s'oppose en partie à l'effet de l'attraction de B, en sorte que l'angle *abs*, formé par la direction du fil avec le plan OR, est plus petit que l'angle B*bs* qui aurait lieu dans l'hypothèse où le fil se dirigerait suivant la ligne *b*B, qui passe par le pôle du barreau. Supposons maintenant que, par l'effet d'une force quelconque, le fil *ab* se détache du plan OR, de manière que son centre de gravité *c* se relève un peu au-dessus de sa première position et parvienne au point *c*, situé sur la verticale *u c z*: si nous imaginons, pour un instant, qu'il ait pris la position *a'b* parallele à *ab*, il ne la conservera pas, mais ses extrémités *b'*, *a'*, étant alors toutes les deux libres de se mouvoir, le fil tournera autour du point *c'*, et tendra à se diriger sur une ligne qui passe par le pôle B, ce qui ne peut avoir lieu sans que son extrémité *b'* ne s'abaisse vers le plan OR, et lorsqu'elle le touchera, le fil ayant une di-

rection telle que $b''a''$, dont le prolongement passe par le pôle B, ou à peu près, son extrémité b'' sera plus voisine de la verticale sB, que lorsqu'il avait la position ba. En même temps, la résistance du plan OR offrant de nouveau un point d'appui au petit levier qui repose sur lui par son extrémité b'', celle-ci restera fixe, tandis que l'extrémité opposée a'' descendra un peu par l'effet de la gravité, de manière que l'angle $a''b''s$ diminuera d'une petite quantité, en restant cependant toujours plus ouvert que le premier angle abs. Pendant la descente du point a'', le centre de gravité c' quittera la verticale uz, et se placera dans un point x, situé sur un arc dont $b''c'$ sera le rayon, d'où il suit qu'il se rapprochera de sB. Si l'on imprime au plan OR une seconde secousse, et que l'on imagine une nouvelle verticale qui passe par le point x, et le long de laquelle se meuve le centre de gravité du fil, le même effet se répétera, et ainsi de suite, en sorte que le point b'' aura un mouvement progressif vers le point s et finira par coïncider avec lui en se dirigeant dans le sens de la verticale sB.

890. La supposition que nous avons faite d'une verticale dont le centre de gravité du fil suivait la direction en s'élevant au-dessus de la position précédente, n'est pas tout à fait conforme à la vérité. Car l'aimant AB ne s'éloigne pas assez du fil pour que l'on puisse regarder comme insensible la quantité dont les distances des pôles a, b de ce fil au pôle B de l'aimant diffèrent l'une de l'autre, relativement à elles-mêmes. Il en résulte que l'attraction du pôle B sur le pôle a de l'aiguille est un peu plus forte que la répulsion sur le pôle b Par une suite nécessaire, le centre de gravité du fil, tandis qu'il monte en vertu de la secousse imprimée au plan OR, laquelle est censée agir suivant une direction diamétralement opposée à la pesanteur, ne se meut pas exactement en ligne verticale; il dévie un peu vers l'aimant AB, et le même effet se répète pendant la descente du fil. Mais il est aisé de voir que l'action de la petite force dont il s'agit ne s'oppose pas au mouvement progressif du fil vers l'aimant; elle ne fait que détourner un peu ce fil de la route qu'il tend à prendre en vertu des autres forces qui le sollicitent.

891. Essayons maintenant d'analyser de même l'effet inverse que présente le phénomène lorsque l'aimant est situé au-dessous du plan OR, comme on le voit (fig. 14), où l'on a supposé que le pôle A, le plus voisin du plan OR, était le pôle austral, ce qui est différent pour le résultat. Dans cette hypothèse, le fil de fer ayant pris de lui-même la direction ab, si l'on donne une petite impulsion au plan OR, et que c' soit la nouvelle position du centre de gravité du fil, il est facile de voir que ce fil, au lieu de rester sur une direction $a'b'$ parallèle à ab, s'abaissera par son extrémité b', de manière que quand celle-ci touchera le plan OR, la direction du fil sera sur la ligne $a''b''$A, qui passe par le pôle A de l'aimant, d'où il suit que l'extrémité b'' sera plus éloignée de la verticale As que dans sa première position. Mais au même moment le fil soutenu au point b'' par le plan descendra un peu par son extrémité a'', en vertu de la pesanteur, et son centre de gravité se transportera à la droite de la verticale uz; après quoi il est facile de concevoir comment les nouvelles secousses imprimées au plan OR détermineront le fil à se rapprocher du point R, de manière que l'attraction exercée sur lui par l'aimant paraîtra s'être changée en répulsion.

892. Nous avons encore fait abstraction de la tendance qu'a le centre de gravité du fil pour se porter vers l'aimant, qui attire davantage le pôle b qu'il ne repousse le pôle a. Or, cette attraction agit pour contrarier le mouvement rétrograde du fil ab; mais son effet, n'étant que le résultat de la légère différence qui existe entre les forces que l'aimant exerce sur les deux pôles du fil, paraît devoir être plus que balancé par celui des deux forces conspirantes qui agissent l'une sur le pôle b', l'autre sur le pôle a' pour faire tourner le fil autour de son centre, et le diriger suivant $a''b''$. L'observation de ce qui se passe dans l'expérience, où chaque nouvelle secousse imprimée au plan OR détermine le fil à s'éloigner de l'aimant, vient ici à l'appui du raisonnement, et prouve que c'est réellement le second effet qui prédomine.

893. Nous indiquerons une expérience très-facile à faire, qui offre un nombreux assemblage de petits phénomènes semblables à celui dont nous venons de donner l'explication. Au lieu d'un seul fil de fer, on met sur la plan-

che OR une pincée de limaille, et on dispose l'aimant en dessous de la planche, de manière que sa direction prolongée passe par le centre de l'endroit recouvert de limaille. A mesure qu'on agite la planche par de légères secousses, on voit les parcelles de limaille s'écarter de toutes parts, comme si elles étaient mues sur les rayons d'un cercle, et laisser à l'endroit qu'elles occupaient d'abord un vide autour duquel elles s'arrangent en forme de disque.

Distribution des deux fluides dans un aimant.

894. Avant d'aller plus loin, il est nécessaire de donner une idée de la manière dont les deux fluides magnétiques sont distribués dans l'intérieur d'un aimant. Cette distribution, qui est analogue à celle du fluide électrique autour d'un conducteur, ou à celle des deux fluides électriques dans une tourmaline, se fait en général, de manière que les densités magnétiques étant très-considérables vers les extrémités, décroissent ensuite rapidement et deviennent presque nulles dans un espace sensible situé vers le milieu de l'aimant. Il en résulte que les centres d'action sont, comme nous l'avons dit à une petite distance des extrémités. Par exemple, cette distance n'était que de 22 millim. 5, ou 10 lignes dans un fil d'acier de 67 cent. 5, ou 25 pouces de longueur. On jugera à peu près de cette proximité des centres d'action à l'égard des extrémités d'un fil ou d'un barreau d'acier aimanté, en tenant ce barreau dans une position verticale, vis-à-vis d'une aiguille de boussole suspendue librement, et en le faisant monter et descendre, de manière que les différents points de sa longueur se présentent successivement à l'aiguille; on remarquera dans cette aiguille une tendance sensible vers un certain point du barreau, qui sera peu éloigné de l'extrémité située du même côté.

895. On peut obtenir un résultat analogue à celui que nous venons de décrire, en variant les fonctions du barreau et de l'aiguille. On donnera au premier une position horizontale, et on placera le support de l'aiguille verticalement sur la face supérieure. Supposons qu'alors le support corresponde au milieu de la même face. Il est évident que, dans ce cas, la direction de l'aiguille sera parallèle à l'axe du barreau. On fera ensuite avancer le support d'un côté ou de l'autre, et on verra l'aiguille s'incliner peu à peu vers l'extrémité du barreau dont elle s'approchera et qui sera, par exemple, celle dans laquelle réside le centre d'action australe; d'où il suit que le pôle de l'aiguille attiré par ce centre sera son pôle boréal. Si l'on poursuit le mouvement, l'aiguille s'inclinera de plus en plus, et, lorsqu'elle sera arrivée à peu près à la distance de l'extrémité vers laquelle elle se meut, où l'axe de son support, en le supposant prolongé, passera par le centre d'action australe du barreau, on la verra aussitôt faire une demi révolution autour de son pivot, et s'incliner en sens contraire, pour continuer de se présenter de la même manière à l'attraction du centre qui alors agira elle-même suivant une direction opposée à la première. On voit que cette expérience n'est qu'une répétition de la première, dans laquelle le mouvement circulaire s'est substitué au mouvement d'oscillation.

896. La distribution des deux fluides magnétiques dans un aimant, telle que nous l'avons décrite, dépend de ce que les forces de ces deux fluides suivent la raison inverse du carré de la distance. A en juger par les apparences, l'action de chaque moitié de l'aimant provient uniquement de la présence d'un seul fluide a l'état de liberté. Mais tout nous conduit à admettre une hypothèse très-heureuse de Coulomb, que nous avons déjà indiquée en parlant de l'électricité. Elle consiste à regarder chaque molécule de fer comme un petit aimant, qui a son pôle boréal et son pôle austral égaux en force l'un à l'autre. Tous les petits aimants dont un barreau magnétique est l'assemblage, sont rangés sur différentes files parallèles à l'axe du barreau, de manière que le pôle boréal de l'un est contigu au pôle austral du suivant, ou réciproquement. Nous allons essayer de faire voir comment cette hypothèse offre l'équivalent de ce qui aurait lieu, si chaque moitié de l'aimant était dans un seul état de magnétisme.

897. Concevons d'abord une aiguille infiniment déliée *mn* (fig. 15), composée d'une infinité de petites aiguilles partielles *c*, *d*, *e*, *f*, etc., et supposons que cette aiguille ait été mise à l'état de magnétisme par l'action d'un aimant. Dans ce cas, toutes les forces contraires

des pôles contigus b, a' ; b', a'', etc. (1), seront égales entre elles, en sorte que leurs actions se réduiront à zéro. Quant aux forces des deux pôles extrêmes, savoir, celle du pôle a de l'aiguille c et celle du pôle b de l'aiguille r, qui seules sont en activité à cause de leur isolement, comme les quantités de fluide dont elles dépendent ne résident que dans deux points, elles sont censées agir sur tous les pôles intermédiaires à des distances infinies, et par conséquent leur action est nulle pour altérer l'état de l'aiguille entière. Si donc il existait une pareille aiguille magnétique, ses deux centres d'action seraient situés dans ses points extrêmes, et tout l'espace intermédiaire serait censé être dans l'état naturel.

898. Mais l'hypothèse d'une aiguille infiniment déliée n'est qu'idéale, et tous les aimants ont une épaisseur plus ou moins sensible. Or, nous pouvons faire entrevoir, à l'aide du raisonnement, quel doit être le résultat de l'influence mutuelle des différentes aiguilles semblables à mn, dont un aimant est censé être l'assemblage pour mettre cet aimant dans l'état où nous l'offre l'observation. Imaginons que MN étant l'aimant dont il s'agit, la distribution des deux fluides soit d'abord la même dans chacune de ses aiguilles composantes, que celle qui a lieu dans l'aiguille mn ; supposons, de plus, que l'on mette celle-ci en contact avec l'aimant MN, en sorte qu'elle ne forme plus qu'un avec lui, et examinons l'action qu'il doit exercer sur les différents points de cette aiguille. Si nous divisons l'aimant MN par la pensée en autant de parties C, D, E, F, etc., qu'il y a d'aiguilles partielles dans l'aiguille mn, nous aurons une suite d'aimants dans lesquels les forces des pôles contigus B, A'; B', A'', etc., se détruiront mutuellement, et ainsi MN, dans la supposition présente, ne pourra agir sur l'aiguille mn, qu'à l'aide des forces qui ont leur siége dans les pôles extrêmes, savoir : le pôle A de la partie C, et le pôle B de la partie R. Or, chacune de ces forces est celle d'un fluide qui s'étend sur une surface égale à la base de la partie C ou R, composée d'une infinité de points, d'où il résulte qu'elle agit à des distances finies sur toutes les petites aiguilles c, d, e, f, etc. Maintenant le fluide du pôle supérieur A attire à lui le fluide boréal du pôle b, b', b'', etc., de chacune de ces aiguilles et repousse le fluide austral du pôle a, a', a'', etc. Donc il y aura un certain nombre de molécules hétérogènes qui se réuniront dans chaque aiguille, et recomposeront une partie du fluide naturel. Mais le fluide du pôle A agit plus fortement sur les aiguilles voisines de l'extrémité m, et plus faiblement sur celles qui sont à une certaine distance de m. Donc la quantité de fluide naturel recomposé décroîtra d'une aiguille à l'autre ; et, par une suite nécessaire, les portions de fluide qui restent à l'état de dégagement iront, au contraire, en croissant depuis l'extrémité m. Les mêmes effets auront lieu en sens contraire en vertu de l'action du pôle inférieur B sur les aiguilles r, o, h, etc. Il suit de là que si l'on représente par a, b, a', b', etc., les quantités de fluide qui restent à l'état de dégagement dans les aiguilles dont ces lettres nous ont servi à désigner les pôles et si l'on compare les deux aiguilles c, d, on aura a' plus grand que b ; de même, en comparant e avec d, on aura a'' plus grand que b', etc., d'où nous conclurons que l'action $a''-b'$ des deux suivants équivaut à celle d'un pôle austral animé d'une force égale à l'excès de a' sur b, ou de a'' sur b'. En faisant un raisonnement semblable à l'égard des pôles suivants, jusqu'au milieu de l'aiguille mn, on en conclura que toute cette moitié est dans le même cas que si elle était sollicitée par une suite de quantités décroissantes de fluide austral. Ce sera le contraire par rapport à la moitié inférieure de l'aiguille mn. Les différences $b'-a$, $b''-a'$, etc., entre les quantités de fluide qui appartiennent aux aiguilles partielles r, o, etc., représenteront chacune une force boréale, et toute cette moitié de l'aiguille sera censée être à l'état de magnétisme boréal. De plus, les points également distants des extrémités étant sollicités par des forces égales et contraires, on aura, au milieu de l'aiguille, $b'''-a'''=0$; d'où il suit que ce point sera neutre (1).

(1) La lettre b indique ici, comme à l'ordinaire, le pôle boréal, et la lettre a le pôle austral.

(1) Pour rendre cette explication plus sensible, servons-nous de nombres pris arbitrairement, et représentons d'abord par + 16 et — 16 les quantités de fluide

Mais, parce que les forces de l'aimant MN suivent la raison inverse du carré de la distance, elles agiront avec une intensité incomparablement plus grande sur les aiguilles voisines des extrémités *m*, *n*, que sur celles qui sont à une certaine distance de ces extrémités, en sorte que si l'aiguille *mn* est un peu longue, l'effet de ces forces deviendra presque nul sur la partie moyenne de l'aiguille. Ainsi les fluides conserveront à peu près leur état primitif dans cette partie, d'où il résulte qu'elle ne différera pas beaucoup de l'état naturel. Ce que nous avons dit de l'aiguille infiniment déliée *mn*, a également lieu par rapport à toutes les aiguilles dont un aimant MN d'une épaisseur sensible est l'assemblage, et cela en vertu des actions réciproques de ces aiguilles, de manière qu'à l'instant même où cet aimant a été tiré de l'état naturel, il s'est établi dans son intérieur une distribution générale des deux fluides, semblable à celle que nous avons considérée par rapport à une seule aiguille, pour aider nos conceptions.

Magnétisme complet d'un segment de barreau aimanté.

899. Il est facile maintenant de résoudre la difficulté que présente un phénomène qui a beaucoup étonné les physiciens, et dont Æpinus lui-même n'a donné qu'une explication peu satisfaisante. On coupe un barreau magnétique vers l'une de ses extrémités, de manière à en détacher une portion qui peut avoir si peu de longueur que l'on voudra, et à l'instant cette portion devient elle-même un aimant complet, qui a encore ses deux moitiés sollicitées par des forces égales et contraires. Comment concevoir, dans les théories ordinaires, le double magnétisme dont se trouve pourvu tout à coup, par une sorte de création, ce segment qui était auparavant tout entier dans un état unique, semblable à celui de la partie dont il a été ensuite séparé? Pour faire disparaître ce paradoxe, reprenons d'abord l'hypothèse de l'aiguille infiniment déliée *mn*, qui offre, comme nous l'avons vu, une succession de pôles opposés, égaux en forces, et contigus deux à deux, excepté le premier et le dernier, qui sont isolés. Il est bien évident que si l'on cassait cette aiguille à un endroit quelconque de sa longueur, chaque partie aurait encore à ses extrémités deux pôles animés de forces égales et contraires, dont l'une, qui était d'abord isolée, avait dès lors toute son intensité, et l'autre, qui était balancée par la force du pôle contigu, aurait été mise en activité, en se séparant de ce pôle. La même chose aura lieu, si l'on suppose qu'une portion de l'aimant MN ait été détachée du reste, avec cette différence que le pôle situé à l'endroit de la division aura d'abord plus de force que celui de l'extrémité opposée puisque, dans l'aimant encore intact, les quantités de fluide allaient en croissant d'un pôle à l'autre, depuis chaque extrémité. Mais à l'instant même l'état de tout le système changera de manière à satisfaire aux conditions de l'équilibre, qui exige que tout soit semblable de part et d'autre, à égale distance des extrémités.

900. Nous avons vu que les tourmalines offrent un phénomène semblable; et il est effectivement naturel de penser que les molécules intégrantes des corps, soit magnétiques, soit électriques, étant de petits cristaux complets, qui ont des formes similaires, et

---

qui sollicitaient les différents pôles *a*, *b*, *a'*, *b'*, etc., dans l'état primitif de l'aiguille, le signe négatif indiquant ici le fluide boréal. Supposons qu'en vertu du contact de l'aimant MN et de la nouvelle distribution qui en résulte relativement aux deux fluides renfermés dans l'aiguille *mn*, l'état de l'aiguille partielle *c* soit représenté par $+6-6$, celui de *d* par $+12-12$, celui de *e* par $+15-15$, celui de *f* par $+16-16$; et que, de même, en partant de l'extrémité opposée, l'état de *r* soit représenté par $-6+6$, celui de *o* par $-12+12$, celui de *h* par $-15+15$, et celui de *g* par $-16+16$: il est aisé de voir que les quantités de fluide austral qui resteront en activité dans la moitié supérieure de l'aiguille formeront cette série : $+12-6$, $+15-12$, $+16-15$, $+16-16$, ou plus simplement 6, 3, 1, 0. De même, les quantités de fluide boréal qui resteront en activité dans la moitié inférieure de l'aiguille donneront cette série : $+6-12$, $+12-15$, $+15-16$, $+16-16$, ou -6, -3. -1, 0. Ainsi, chaque moitié de l'aiguille sera censée être sollicitée par une seule force égale et contraire à celle de l'autre moitié.

qui sont disposés symétriquement dans le corps entier, chacune d'elles doit aussi subir complétement la double action de l'électricité ou du magnétisme, pour mettre ses deux moitiés dans des états différents; en sorte que la distinction de ces mêmes états, relativement aux corps entiers, n'est qu'une suite de ce qui a lieu pour chaque molécule. L'effet de l'ensemble s'assimile à celui des parties composantes; et, d'après cette hypothèse très-plausible, il n'y a plus rien d'extraordinaire dans les phénomènes produits par ces corps, que l'on pourrait appeler les *polypes du règne minéral.*

901. L'existence de l'action polaire dans les molécules du fer, à l'état du magnétisme, est une suite nécessaire du résultat d'une expérience facile à faire. Pour obtenir ce résultat, on se servira d'un bout de fil de fer délié, de cinq ou six centimètres de longueur. Les fils du même métal que l'on emploie pour monter un *piano* ont les qualités convenables pour l'expérience dont il s'agit. Ayant choisi une petite aiguille aimantée d'une grande mobilité, on présentera d'abord successivement à ses deux pôles une même extrémité du fil, et si l'on s'aperçoit qu'il ait aussi la vertu polaire, comme cela arrive souvent, pour une raison que nous ferons connaître dans la suite, on augmentera cette vertu à l'aide d'une des méthodes d'aimantation dont nous parlerons bientôt. On coupera ensuite le fil avec des ciseaux, de manière à le diviser en parties toujours plus courtes, que l'on présentera tour à tour à l'action de l'aiguille, en les laissant dans la position qu'elles avaient, lorsqu'elles composaient le fil par leur assemblage. On trouvera que chacune d'elles aura encore deux pôles situés dans le même sens que ceux du fil entier. Ils continueront de se montrer dans toutes les parties que leur petitesse n'empêchera pas d'être saisies et présentées à l'aiguille. Et comme il n'y a pas de raison pour que la vertu polaire s'arrête plutôt à tel endroit qu'à tel autre dans la portion de série que l'imperfection de nos moyens rend inaccessible à l'expérience, on a droit d'en conclure qu'elle s'étend jusqu'à la molécule intégrante qui en est le dernier terme

---

4. *De la communication du magnétisme.*

902. Nous avons déjà parlé de l'action exercée par un aimant sur un morceau de fer qui, étant d'abord à l'état naturel, se trouve ensuite placé dans la sphère d'activité de cet aimant, et nous avons vu qu'il acquérait lui-même la vertu magnétique, de manière que sa partie tournée vers l'aimant était dans un état opposé à celui du pôle qui avait agi sur elle à une plus grande proximité. Nous avons maintenant à exposer les différents moyens qui ont été imaginés pour porter au plus haut degré possible ce magnétisme acquis par communication. Mais il faut auparavant donner une idée d'un résultat qui a lieu quelquefois, par suite d'une distribution irrégulière des deux fluides mis en mouvement dans un corps qui passe à l'état de magnétisme.

Des points conséquents.

903. Supposons que AB (fig. 16) soit un aimant vigoureux qui agisse sur un barreau de fer *mn*, pour lui communiquer la vertu magnétique; l'action de cet aimant, qui dépendra de l'excès B′ de la force du pôle boréal B sur celle du pôle austral A, attirera du fluide austral *a* dans les parties du barreau voisines de *n*, et repoussera du fluide boréal *b* dans les parties situées vers *m*. Or, deux causes font obstacle au mouvement de ce dernier fluide, savoir : la difficulté qu'éprouvent ses molécules à se mouvoir dans le fer, et qui provient de la force coercitive, et la répulsion qu'exercent sur ces mêmes molécules celles du fluide déjà accumulé vers l'extrémité *m*; et cette répulsion augmente continuellement, à mesure que l'accumulation va elle-même en croissant. Il peut donc arriver qu'il y ait un terme où la résistance qui naît du concours de ces deux causes devienne supérieure à la répulsion de la force B′, et alors le fluide s'engorgera, pour ainsi dire, dans quelque point *b′*, en cédant à cette résistance, et il pourra même abonder tellement dans ce point, que son action produise dans la partie voisine *a′* le magnétisme austral. Le barreau *mn* aura donc, dans ce cas, quatre pôles situés à la suite les uns des autres, et qui auront alternativement le magnétisme austral et le magnétisme boréal.

On a donné le nom de *points conséquents* à ces différents pôles qui se succèdent dans un même aimant. Il y a une grande différence entre cette succession de pôles contraires et celle qui résulte de ce que les molécules du fer sont autant de petits aimants dont les pôles en contact ont des forces opposées; car nous avons vu que ces forces sont équivalentes à une seule force, qui ne varie d'un point à l'autre que par son intensité, au lieu que chaque point conséquent détermine une force réellement contraire à celle que manifesterait sans lui la partie dans laquelle il réside.

904. L'action d'un aimant sur une aiguille qui est déjà à l'état de magnétisme, mais qui n'a que deux pôles, à l'ordinaire, peut être assez forte pour faire acquérir un ou deux pôles de plus à cette aiguille, qui alors aura trois ou quatre points conséquents. Elle peut encore produire un autre effet, qui est lié avec le précédent, et d'où résulte un simple renversement des pôles de l'aiguille, de manière que le pôle austral prendra la place du pôle boréal, et réciproquement. La circonstance qui détermine l'un de ces effets à avoir lieu plutôt que l'autre, dépend du rapport entre la force du barreau et celle de l'aiguille. Supposons que l'aiguille *mn* (fig. 17) étant mobile sur son pivot, on la présente par son pôle boréal *b* au pôle boréal B d'un barreau, en le maintenant avec la main, pour l'empêcher de tourner par l'effet de la répulsion. Il pourra arriver que la force B′ du barreau refoule tout le fluide *b* jusqu'à une certaine distance de l'extrémité *n*, et qu'en même temps elle décompose une nouvelle portion du fluide qui est encore à l'état naturel dans l'aiguille, et attire vers *n* le fluide austral qui faisait partie de ce fluide naturel. L'aiguille alors aura trois points conséquents, ainsi qu'on le voit (fig. 18), en sorte que si l'on fait passer successivement vis-à vis de ses différents points, le pôle austral d'une autre aiguille, qui ne soit pas assez forte pour changer l'état de la première, les deux extrémités de celle-ci seront repoussées, et il y aura entre l'une et l'autre un point tel que *b* qui sera attiré.

905. Mais si le barreau AB (fig. 17) est assez vigoureux pour surmonter dans tous les points de l'aiguille *mn* la résistance de la force coercitive, il pourra se faire qu'il refoule jusqu'en *m* le fluide boréal de l'aiguille, et attire jusqu'en *n* son fluide austral, et dans ce cas les pôles de l'aiguille seront renversés sans qu'il y ait aucun pôle intermédiaire entre les extrémités *m*, *n*.

906. L'analogie entre les aimants et les corps susceptibles de s'électriser par la chaleur, se soutient jusque dans cette espèce d'anomalie que présentent les points conséquents. Nous avons observé une topaze qui, après avoir été chauffée, avait ses deux extrémités à l'état résineux, tandis que la partie intermédiaire donnait des signes d'électricité vitrée (1).

Différences entre l'acier et le fer doux relativement à la communication du magnétisme.

907. Pour faciliter l'intelligence de ce qui doit suivre, nous rappellerons ici, avec plus de détail, ce que nous avons déjà dit de la différence qu'apporte en général, dans le mouvement interne du fluide, le plus ou moins de dureté du fer. L'acier ne se prête à ce mouvement qu'avec beaucoup de difficulté; mais aussi dès qu'une fois les deux fluides composants ont franchi les obstacles qui tendaient à les empêcher de se distribuer dans les deux moitiés d'un barreau d'acier, la même difficulté qui avait retardé cette distribution s'oppose à l'effet de la force attractive, qui tend à ramener les deux fluides l'un vers l'autre, et à faire rentrer, par leur combinaison, le barreau dans son état naturel. Au contraire, dans le fer doux, le dégagement des deux fluides se fait plus facilement et plus abondamment; mais le retour à l'état de combinaison s'opère ensuite avec la même facilité, d'où il suit que le fer doux acquiert promptement un haut degré de magnétisme, mais qui est moins durable, au lieu que l'acier, beaucoup plus difficile à aimanter, conserve aussi plus longtemps sa vertu; et c'est pour cette raison que les barreaux d'acier sont seuls employés pour faire les aimants artificiels. Nous conservons de petits barreaux d'acier de 5 centimètres (près de 2 pouces) de longueur, qui ont été aimantés il y a environ 50 ans, et qui agissent sensiblement par attraction et

(1) Annales du Muséum d'histoire naturelle, t. I, p. 350.

par répulsion sur une aiguille de boussole, à la distance de 11 centimètres (environ 4 pouces). D'une autre part, nous avons trouvé que des clefs et autres instruments du même genre, qui avaient acquis l'action polaire par la méthode du double contact, que nous ferons bientôt connaître, la conservaient encore en partie au bout d'un mois et davantage, ce qui prouve que le magnétisme du fer doux n'est pas aussi fugitif qu'on aurait pu le croire.

Méthode d'aimanter par un seul contact.

908. Le procédé le plus simple, pour communiquer le magnétisme à une verge de fer ou d'acier, consiste à frotter cette verge avec un barreau aimanté, dont on fait glisser un des pôles dans toute la longueur de la verge, en répétant plusieurs fois cette opération dans le même sens. Supposons que le pôle en contact avec la verge soit le pôle boréal du barreau : l'action de ce pôle attire le fluide austral de la verge, et repousse le fluide boréal ; d'où il résulte que la partie de la verge en contact avec le barreau tend sans cesse vers l'état de magnétisme austral, et lorsque le barreau est arrivé à l'extrémité et qu'on le retire, la partie qu'il vient de quitter se trouve dans ce même état de magnétisme. Le barreau, pendant son mouvement, agissait en même temps de part et d'autre, à une certaine distance, pour repousser le fluide boréal; mais, à mesure qu'il avançait vers l'extrémité qui devait être le terme de son mouvement, il détruisait l'effet de cette action dans les points dont il se rapprochait, et les faisait passer à l'état de magnétisme austral ; d'où il suit qu'à la fin de son mouvement, les parties situées jusqu'à une certaine limite, vers l'extrémité qu'il vient de quitter, possèdent le magnétisme austral, et les parties ultérieures, situées vers l'extrémité opposée, ont acquis le magnétisme boréal ; et ainsi, lorsque la verge restera ensuite abandonnée à elle-même, les deux fluides, pour satisfaire aux conditions de l'équilibre, s'y distribueront de manière que toute la moitié sur laquelle le barreau aura passé en dernier lieu, possédera le magnétisme austral, et l'autre moitié le magnétisme boréal. Si l'on fait une nouvelle friction, toujours dans le même sens, elle agira en partie pour diminuer l'effet de la précédente, et en partie pour l'augmenter ; et tant que le second effet l'emportera sur le premier, la verge continuera d'acquérir. Mais cette augmentation de vertu magnétique sera très-limitée, de manière qu'après un petit nombre de frictions la communication du magnétisme s'arrêtera.

Méthode du double contact.

909. La manière d'aimanter inventée par Michelli, et à laquelle on a donné le nom de *méthode du double contact*, est beaucoup plus avantageuse que la précédente. Pour la mettre en pratique, on prend deux barreaux aimantés R, S (fig. 19), que l'on dresse verticalement à une petite distance l'un de l'autre, de manière que leurs pôles opposés A, B se correspondent. On les fait glisser, dans cette situation, d'un bout à l'autre de la verge que l'on veut aimanter, de manière qu'ils vont et viennent alternativement, sans leur permettre de dépasser les extrémités de cette verge ; et, lorsqu'après plusieurs frictions les barreaux se retrouvent vers le milieu de la verge, on les enlève suivant leurs directions perpendiculaires à cette verge. Le résultat de cette opération est de mettre chaque extrémité de la verge dans l'état contraire à celui du pôle inférieur du barreau, situé vers cette même extrémité.

910. Pour concevoir l'effet de la méthode dont il s'agit, considérons d'abord ce qui se passe dans la partie de la verge qui répond à l'intervalle entre les centres d'actions a' et b' des pôles inférieurs, les seuls qui influent d'une manière bien sensible sur le résultat : il est facile de voir que chacune des molécules de fluide austral, telle que x, renfermée dans cette partie intermédiaire, est attirée de gauche à droite par le centre d'action boréal b', et repoussée, dans le même sens, par le centre d'action austral a'. Chaque molécule m de fluide boréal est attirée, au contraire, de droite à gauche par le centre a', et repoussée, dans la même direction, par le centre b'. Ces effets sont contraires, jusqu'à un certain point, par les actions que les barreaux exercent sur les parties ultérieures ; par exemple, le barreau S repousse vers la droite les molécules de fluide boréal qui sont derrière lui, au lieu qu'il repousse de droite et de gauche celles qui sont en avant, dans l'in-

tervalle entre les centres. Mais la première répulsion est détruite, en grande partie, par l'attraction contraire de l'autre barreau R sur les mêmes molécules; en sorte que, tout compensé, l'opération tend sans cesse vers son but, qui est, en général, de produire le magnétisme austral dans toute la moitié de la verge située à droite, et le magnétisme boréal dans la moitié opposée. La précaution que l'on prend d'enlever les barreaux du milieu de la verge, à la fin de l'opération, sert à favoriser la distribution symétrique des fluides dans les deux moitiés de cette verge abandonnée à elle-même.

911. Il se présente ici une considération relative à la distance requise entre les barreaux, pour que leurs actions aient la plus grande influence possible sur l'effet principal, c'est-à-dire sur celui qui est produit dans l'espace que ces barreaux interceptent. La détermination de cette distance dépend de la quantité dont les centres d'action *a'*, *b'* sont élevés au-dessus du barreau A'B', qui reçoit le magnétisme. Pour concevoir ceci, supposons que les barreaux étant à une distance quelconque l'un de l'autre, leurs centres d'action se trouvent en *a* et en *b* (fig. 20), et que A'B' soit toujours le corps qu'il s'agit d'aimanter. Bornons-nous à considérer, pour plus de simplicité, l'action répulsive du centre *b* sur une molécule *m* du fluide boréal renfermé dans le barreau A'B'. Cette action étant dirigée obliquement, par rapport à la longueur de ce barreau, qui est le sens suivant lequel le fluide doit être poussé pour arriver en B', elle se décompose en deux autres actions, l'une suivant *bp* perpendiculaire sur A'B', et qui est nulle par rapport à l'effet proposé; l'autre suivant *br*, menée parallèlement à A'B' jusqu'à la rencontre de *mr*, perpendiculaire sur la ligne de jonction des centres; et cette seconde force contribue seule au mouvement de la molécule vers B'. Or, d'une part, la ligne *br* augmente à mesure que l'angle *bma* est plus ouvert, ou, ce qui revient au même, à mesure que les deux barreaux sont plus éloignés l'un de l'autre; mais en même temps l'intensité de l'action de *b* diminue, à raison d'une plus grande distance entre ce centre et la molécule *m*. Supposons cette distance nulle, l'action représentée par *br* s'évanouira; supposons, au contraire, la distance infinie, l'intensité de la force de *b* deviendra zéro à son tour. Il y a donc, par rapport à l'angle *bma*, une certaine mesure moyenne qui donne pour la force réelle la plus grande valeur possible. Æpinus, qui supposait que l'action des forces magnétiques suivait la raison inverse de la simple distance, avait trouvé que l'angle *bma* était droit dans le cas du *maximum;* mais, si l'on rétablit la véritable loi, savoir, celle qui suit la raison inverse du carré de la distance, on aura 70 degrés 31′ 44″ pour la valeur de l'angle dont il s'agit (1).

912. Supposons, par exemple, que les barreaux dont on se sert soient dans le même état que le fil d'acier dont nous avons parlé plus haut, qui avait 67 cent. 5 de longueur, et dans lequel les centres d'action étaient à 22 mill. 5 des extrémités; il faudra, pour obtenir le *maximum* d'action, placer les barreaux à la distance respective de 32 millimètres.

La même méthode perfectionnée.

913. Æpinus a employé la méthode du double contact par un procédé différent, qui consiste à incliner les barreaux en sens contraire, comme on le voit (fig. 21), en sorte que chacun d'eux fasse un petit angle d'environ 15 ou 20 degrés avec le barreau A'B'. Il se fon-

---

(1) Représentons la force oblique suivant *bm* par la partie *om* de cette ligne, et menons *og* parallèle à *br ; og* sera la quantité dont il faut chercher le *maximum.* Soit $br = x$, et $rm = a$, et soit z en général le nombre qui indique le degré de la puissance relative à la loi de l'attraction ou de la repulsion. Nous aurons $om = \frac{1}{(bm)^z}$. De plus, *om*, ou bien $\frac{1}{(bm)^z} : og :: bm : x$. Donc, $og = \frac{x}{(bm)^{z+1}} = \frac{x}{(a^2 + x^2)^{\frac{z+1}{2}}}$, quantité dont la différentielle égalée à zéro donne $x = \pm \frac{a}{\sqrt{z}}$.

Si l'on fait $z = 1$, on a $x = a$, ce qui conduit au résultat d'Æpinus. Si l'on fait $z = 2$, conformément à la véritable loi, on trouve $a : x :: \sqrt{2} : 1$, d'où l'on déduit l'angle dont nous avons parlé.

dait sur ce que l'on gagne deux choses dans cette manière d'opérer : d'abord, les centres d'action $a'b'$, qui étaient élevés d'une certaine quantité au-dessus de la surface du barreau A′B′, quand les barreaux qui agissaient sur celui-ci avaient une position verticale, se trouvent beaucoup plus près de lui, et leur action en est plus efficace. En second lieu, l'intervalle entre les centres d'action étant considérablement augmenté, en conséquence de l'angle très-ouvert que les barreaux font entre eux, cette nouvelle circonstance recule les limites entre lesquelles était resserré l'effet des forces conspirantes, et seconde d'autant mieux l'activité de ces forces.

914. Mais ces avantages étaient balancés jusqu'à un certain point par l'inconvénient qu'avait l'opération de produire souvent, dans le barreau A′B′, des points conséquents, dont l'action, quoique peu sensible, ne devait cependant pas être négligée, surtout lorsqu'il s'agissait des aiguilles de boussole, dont la perfection tient en partie à l'unité de leurs pôles. Pour concevoir l'inconvénient dont il s'agit, supposons que les barreaux AB, en se mouvant de A′ vers B′, soient parvenus au milieu du barreau A′B′. Soit rz une perpendiculaire abaissée du centre d'action de A sur ce dernier barreau. Une molécule s de fluide boréal, située à la droite de cette perpendiculaire, est fortement sollicitée à s'en approcher, en vertu de l'action des deux barreaux AB; mais en même temps une molécule s' du même fluide située à la gauche de la même perpendiculaire, est attirée en sens opposé ; et cette action n'est plus sensiblement détruite par la force contraire du centre b', comme dans le cas où les barreaux AB sont situés verticalement. Or, il peut arriver que le fluide s, s' se soit tellement accumulé dans l'espace qu'il occupe, que lorsqu'ensuite les deux barreaux continueront leur mouvement, la force coercitive du barreau A′B′ ne leur permette de refouler vers B′ qu'une partie du même fluide. Il se formera donc dans l'espace ss' un pôle boréal qui, à son tour, pourra faire naître un pôle austral dans l'espace voisin, situé vers B′, ce qui introduira dans cet espace une espèce de force perturbatrice, par rapport à celle de l'extrémité B′. Pour parer à cet inconvénient, Coulomb, après avoir posé les deux barreaux AB sur le milieu du barreau A′B′, en les inclinant comme faisait Æpinus, les tire en sens contraire l'un de l'autre, jusqu'à une petite distance de l'extrémité la plus voisine, puis recommence en partant toujours du milieu. De cette manière, les forces des centres a' et b' étant plus divisées, sans cesser d'être conspirantes, ne produisent plus ces accumulations de fluide d'où résultent les points conséquents.

Moyen d'aimanter fortement deux barreaux d'acier.

915. Il est important, pour le succès de l'opération que nous venons de décrire, d'avoir en sa disposition deux barreaux doués d'une puissante vertu magnétique. Or, c'est à l'aide de la méthode elle-même que l'on peut se les procurer. Pour y parvenir, on en prend quatre, égaux et semblables, dont deux au moins doivent avoir un commencement de magnétisme. On dispose les deux autres parallèlement entre eux, comme M, N (fig. 22), et l'on applique contre leurs extrémités deux parallélipipèdes T, T de fer doux, de manière que l'ensemble présente la figure d'un rectangle. On se sert ensuite des deux barreaux R, S qui sont déjà dans l'état magnétique, pour communiquer la même vertu à l'un des premiers barreaux, tel que M, en employant la méthode d'Æpinus, ou, si l'on aime mieux, celle de Coulomb. Ce barreau acquiert des pôles dont les positions sont indiquées sur la figure, et déjà l'autre barreau N, en vertu de la communication qui s'établit entre lui et le barreau M, par l'intermède des contacts, reçoit lui même un commencement de magnétisme ; et il est facile de concevoir que chacun de ses pôles correspond au pôle contraire du barreau M, comme on le voit encore sur la figure. Après un certain nombre de frictions, on retourne le barreau M, sans changer la disposition de ses pôles, et l'on répète l'opération sur l'autre face. On fait des frictions semblables successivement sur les deux faces du barreau N, en observant de renverser les positions des pôles des barreaux R, S, parce que ceux du barreau N sont eux-mêmes situés en sens contraire des pôles du barreau M. Cette opération terminée, on substitue les barreaux R, S aux barreaux M, N, et l'on se sert de ces derniers pour augmenter la vertu des autres. Lorsqu'on jugera que la com-

munication du magnétisme est parvenue à son d rnier degré, on emploiera de préférence les barreaux qui auront reçu les dernières frictions, pour aimanter des aiguilles d'acier et d'autres corps de la même espèce. On seconde l'effet de cette opération en y faisant concourir les deux autres barreaux comme moyens auxiliaires. On dirige alors ces barreaux sur une même ligne, comme on le voit fig. 23, à une distance moindre que la longueur de l'aiguille que l'on veut aimanter, et l'on donne à celle-ci une position *ab* qui répond à l'intervalle entre les deux barreaux, de manière qu'elle repose sur eux par ses extrémités. Si les barreaux M, N (fig. 22) avaient déjà un certain degré de magnétisme, il est évident qu'il faudra les placer d'avance dans les positions respectives analogues à celles que représente la figure, où les pôles de différents noms se répondent du même côté.

916. Supposons que, par un moyen quelconque, les barreaux M, N soient maintenus dans une position invariable, par rapport à eux mêmes et à l'un des contacts T; et qu'ayant suspendu verticalement cet assemblage, de manière que le point d'attache soit du côté du contact fixe, on place à l'endroit de l'autre contact une pièce de fer doux, garnie inférieurement d'un crochet, comme celle qui est en dessous de l'aimant PS (fig. 24. On pourra, en suspendant différents corps à ce crochet, évaluer le poids que l'aimant est capable de porter en vertu de sa force attractive. C'est sur ce principe que sont construits les aimants artificiels; toute la différence consiste en ce que l'on substitue aux barreaux M, N (fig. 22) deux faisceaux de lames d'acier, que l'on a d'abord aimantées séparément, et que l'on a ensuite réunies de manière que dans chaque faisceau elles fussent contiguës par les pôles de même nom. Coulomb a fait exécuter de ces aimants, qui pesaient environ dix kilogrammes, ou vingt livres, et dont la force était équivalente à un poids d'environ cinquante kilogrammes ou cent livres (1). Dans les petits aimants, le rapport s'accroît entre le poids de l'assemblage et celui de la charge. Ingen-Hoısz cite un de ces derniers qui portait plus de cent fois son propre poids, et ajoute que M. Knigt lui avait dit qu'on pouvait aller beaucoup au delà (1).

(1) Mémoires de l'Académie des sciences, 1789, p. 505.

Des armures.

917. Les aimants naturels que l'on soumet à l'expérience dans l'état où ils étaient en sortant du sein de la terre, ne manifestent communément qu'un médiocre degré de magnétisme, qui est même susceptible de s'affaiblir par succession de temps. On a conçu l'idée heureuse de leur associer des lames de fer doux nommées *armures*, qui, étant soumises continuellement à l'action des pôles auxquels elles sont appliquées, exercent sur ceux-ci une réaction capable, non-seulement de leur conserver leur vertu, mais même de la faire croître dans un grand rapport.

918. Avant d'armer un aimant, on le taille en parallélipipède rectangle PS (fig. 24), de manière que si l'on conçoit un plan qui passe à égale distance de deux faces opposées, parallèlement à ces mêmes faces, les deux moitiés interceptées par ce plan seront dans deux états différents de magnétisme, comme celles d'un barreau aimanté. Chaque armure *fh* ou *f' h'*, a la forme d'une équerre dont une des branches *f*, *f'*, qui est plus longue que l'autre, et que l'on nomme la *jambe* de l'armure, s'applique contre une des faces dont nous venons de parler; et l'autre branche *h*, *h'* qui est le *pied* de l'armure, s'applique contre la face adjacente, que l'on peut considérer comme la base du parallélipipède. L'armure ne recouvre cette base q e sur un espace de quelques millimètres de longueur.

919. Analysons maintenant l'effet de l'armure qui répond, par exemple, au pôle B de l'aimant. La force de ce pôle agit pour décomposer le fluide naturel de l'armure; elle attire le fluide austral dans les parties de l'épaisseur de l'armure les plus voisines de l'aimant, et repousse le fluide boréal dans les parties les plus éloignées; et comme elle agit beaucoup plus efficacement sur la jambe *f*, le fluide austral se portera de préférence dans l'épaisseur de celle-ci, et le fluide boréal sera refoulé en grande partie dans le pied *h*, tant par l'action

(1) Nouv. Expér. et Observ. sur divers objets de physique, t. I, p. 329.

de l'aimant que par la force répulsive mutuelle de ses propres molécules. Le pied de l'armure acquerra donc l'espèce de magnétisme qui existe dans la partie correspondante de l'aimant, c'est-à-dire le magnétisme boréal. On prouvera, par un raisonnement semblable, que les effets contraires ont lieu relativement à l'autre armure. Or la jambe agit à son tour par un magnétisme austral, sur le pôle boréal de l'aimant, pour y attirer de nouveau fluide, et cet effet n'est que faiblement balancé par l'action opposée du pied de l'armure, qui est à une plus grande distance. Par une suite nécessaire, le pied acquerra un surcroît de force, et c'est en général de cette combinaison d'actions réciproques que dépend l'avantage qu'ont les armures, d'ajouter un nouveau degré d'activité à la force que les aimants ont reçue de la naturet

920. La jambe de l'armure doit être d'une certaine épaisseur, que l'on ne pourrait ni diminuer ni augmenter sans inconvénient; car, si elle était tellement mince que le pôle adjacent de l'aimant fût capable d'y attirer une nouvelle quantité de fluide, dans le cas où elle sèrait plus épaisse, elle ne produirait pas tout son effet. D'une autre part, si son épaisseur excédait de beaucoup la limite jusqu'à laquelle peut s'étendre le fluide attiré par le pôle voisin, l'autre fluide repoussé par le même pôle, passant en partie dans le reste de l'épaisseur, y produirait un magnétisme semblable à celui du même pôle, et dont la réaction sur ce pôle s'opposerait à l'effet principal. Il y a donc un certain degré d'épaisseur qui donne, relativement à la jambe de l'armure, le *maximum* de magnétisme contraire à celui du pôle adjacent, et pour le pied le *maximum* de magnétisme semblable à celui du même pôle. L'artiste qui veut diriger la construction de l'armure vers la plus grande perfection de l'aimant, doit chercher ce degré, auquel on ne peut arriver que par tâtonnement.

5. *Du magnétisme du globe terrestre.*

921. Les phénomènes naturels du magnétisme, comparés à ceux de l'électricité, présentent une des différences les plus tranchées entre les modifications des fluides qui produisent ces deux classes de phénomènes, liés à d'autres égards par des analogies si marquées. Ceux qui appartiennent à l'électricité ne sont bien sensibles que dans des circonstances locales et variables, et prennent ordinairement naissance au milieu des météores, qui n'ont eux-mêmes qu'une existence passagère. Le magnétisme exerce une action universelle et durable, qui se rapporte à des points déterminés, qui ne varie que par un progrès lent et gradué, et qui a son siége dans le globe même que nous habitons. Il est devenu, par sa généralité, un sujet inépuisable d'observations qui se répètent dans toutes les parties des mers; pour lui, tous les navigateurs sont physiciens et ne cessent de fixer un œil attentif sur cette aiguille que sa présence semble animer, et qui est capable de leur servir de guide jusque dans les pays les plus reculés.

Déclinaison de l'aiguille aimantée.

922. Avant de faire connaître les opinions des physiciens sur la cause du magnétisme naturel, nous allons exposer ce que l'on a observé par rapport à la position de l'aiguille aimantée. Lorsqu'on dit de cette aiguille qu'elle tourne une de ses extrémités vers le nord quand elle est librement suspendue, cela n'est vrai que dans un sens général et qui admet un grand nombre de restrictions. Si l'on porte l'aiguille successivement à différents points du globe, il y en aura quelques-uns où sa direction coïncidera exactement avec une ligne tirée du midi au nord, ou avec le méridien du lieu. Mais dans d'autres points, elle s'écartera de cette ligne, tantôt vers l'orient, tantôt vers l'occident, et la quantité de l'écartement variera suivant les lieux. On a donné à cette déviation le nom de *déclinaison*. — Pour mesurer la déclinaison, on suppose un plan vertical qui passe par la direction de l'aiguille. Le cercle qui coïncide avec ce plan s'appelle *méridien magnétique*, et l'angle formé par ce méridien avec le méridien terrestre qui appartient au même lieu est l'*angle de déclinaison.*

Inclinaison.

923. L'aiguille est sujette à une autre espèce de déviation. Supposons qu'étant en équilibre sur son pivot avant d'être aimantée, elle se trouvât située dans un plan exactement parallèle à l'horizon : dès qu'elle aura reçu la vertu magnéti-

que, elle prendra une position plus ou moins inclinée par rapport à ce plan, excepté à certains endroits de la terre. On a donné à cette seconde déviation le nom d'*inclinaison*.

Variation dans la déclinaison.

924. Si l'on part de l'un des endroits où la déclinaison est nulle, et qu'on s'avance vers le nord ou vers le sud, on pourra passer par une suite de points où elle sera pareillement nulle; mais ces points ne se trouveront pas sur un même méridien : ils formeront une courbe irrégulière qui aura des inflexions en différents sens.

925. Halley est un des premiers qui aient entrepris de tracer sur une mappemonde ces suites de points où la déclinaison est zéro, et que l'on a appelées *bandes sans déclinaison*. On a observé jusqu'ici trois bandes sans déclinaison, qui ont été suivies par les marins jusqu'à des latitudes plus ou moins considérables.

926. Mais, de plus, la déclinaison varie avec le temps dans un même lieu, et ses variations ne croissent point dans le même rapport que le temps; en sorte que les bandes sans déclinaison changent continuellement et de position et de figure. A Paris, la déclinaison était nulle en 1666; le 12 floréal an X, c'est-à-dire cent trente-six ans après cette première époque, Bouvard l'a trouvée de 22° 3′ vers l'ouest.

927. Il arrive aussi quelquefois que la déclinaison subit des interruptions, en sorte que l'aiguille reste sensiblement stationnaire pendant un certain temps : par exemple, l'aiguille ne fit aucun mouvement à Paris depuis 1720 jusqu'en 1724, et, durant cet intervalle, elle se tint constamment à 13° du méridien.

928. L'observation prouve encore que les variations de la déclinaison, comparées entre elles à divers points du globe, suivent des rapports différents. Mais un fait très-digne d'attention est celui qui a été remarqué par le célèbre Hallé, à la simple inspection de la table de déclinaison publiée par Van Swinden, auquel ce même fait avait échappé. Dans cette table, on distingue trois endroits où l'aiguille a subi les plus grandes déclinaisons, et qui sont situés : 1° au milieu de la mer des Indes, à 10° et 15° de latitude méridionale, et à 82° et 87° de longitude orientale en partant de l île de Fer : dans cet endroit, la variation a été de 11° à 11° 15′ depuis 1700 jusqu'à 1756; 2° dans l'océan Ethiopique, depuis 5° de latitude septentrionale jusqu'à 20° ou 25° de latitude méridionale, et dans l'intervalle de 10°, 15° et 20° de longitude orientale : la variation relative à cette localité a été, entre les mêmes époques, de 10° à 10° 45′, principalement sous la ligne et dans l'étendue de 5° vers le sud; 3° à 50° de latitude septentrionale, et entre 17° de longitude orientale et 10° de longitude occidentale : on a eu dans cet endroit, pendant le même espace de temps, une variation de 11° à 11° 45′. Or, en considérant sur la table de Van Swinden les trois endroits dont il s'agit, M. Hallé a trouvé qu'ils formaient comme trois centres autour desquels les nombres qui indiquent les quantités de la variation décroissent insensiblement à mesure qu'on s'éloigne de chacun des mêmes centres; de manière qu'il en résulte un nouvel ordre d'observations qui correspond aux lieux où la variation a été la plus faible pendant le même cours d'années. Ces lieux sont : 1° toute la mer d'Amérique, sans y comprendre le golfe du Mexique, c'est-à-dire en allant de la pointe orientale de l'Afrique jusqu'à la hauteur de l'île Bermude : il faut encore remarquer ici que, dans l'Océan situé entre l'Afrique et l'Amérique-Méridionale, la grandeur des variations est beaucoup moindre vers les côtes de l'Amérique que vers celles de l'Afrique; 2° les environs de l'île de Madagascar et une partie de la côte de Zanguebar; 3° la partie de mer qui est au sud et au sud-est des îles de la Sonde, entre celles-ci et la Nouvelle-Hollande; 4° enfin, dans la même mer, vers le 4e degré de latitude méridionale et le 97e degré de longitude orientale, c'est-à-dire au milieu de l'espace compris entre l'angle occidental de la Nouvelle-Hollande et la pointe méridionale de l'Afrique. Dans tous ces divers lieux, les variations qu'a subies la déclinaison de l'aiguille aimantée, pendant les soixante-six années dont il s'agit, n'ont pas été en tout à un degré (1). — Si des observations du même genre avaient été faites également dans la mer Paci-

(1) Encyclopédie méthodique : Médecine, deuxième partie, t. I, p. 418.

fique, dans les mers du Nord, dans les mers australes, et même dans les principales divisions des grandes mers, comme la Baltique, la Méditerranée, le golfe du Mexique, etc., elles auraient offert probablement de semblables points; et l'on sent de quel intérêt serait pour l'étude du magnétisme naturel un ensemble de faits subordonnés à un certain nombre de centres, autour desquels ils viendraient se ranger suivant l'ordre de leurs rapports.

929. L'aiguille aimantée est sujette de plus, dans certains endroits, à une variation diurne particulière, dont la marche a été suivie par Van Swinden avec l'attention et la constance qui caractérisent cet excellent observateur. Telle est en général la loi de cette variation, que l'aiguille s'avance vers l'ouest le matin jusque vers midi, ou peu après midi, pour reculer ensuite vers l'est dans la soirée. — Ce double mouvement est sujet à quatre modifications. La première a lieu lorsque l'aiguille s'avance progressivement, dans toute la matinée, vers l'ouest, jusqu'au *maximum*, et revient ensuite, par un seul trajet, vers l'est pendant la soirée, en achevant une période unique représentée par O, E. Dans la seconde modification, l'aiguille s'approche d'abord un peu de l'est le matin; et à ce petit mouvement succède la période ordinaire, en sorte que sa marche est alors représentée par *e*, O, E. La troisième modification est celle où la période ordinaire est suivie, vers la fin de la soirée, d'un petit mouvement vers l'ouest; ce qui donne, pour l'expression du mouvement total, O, E, *o*. Enfin, la quatrième modification participe de la seconde et de la troisième, et son expression est *e*, O, E, *o* (1). L'aiguille fait donc ainsi continuellement de petites oscillations dont tel est le résultat général, que la somme des mouvements qui ont lieu vers l'ouest l'emporte sur celle des mouvements en sens contraire, de manière que la déclinaison va en augmentant du même côté.

930. Ce n'est pas tout encore, et ces variations, qui, au milieu de leur inconstance, ont, jusqu'à un certain point, une marche suivie et réglée, sont sujettes à des espèces d'anomalies subites et fugitives qui portent visiblement le caractère d'une cause perturbatrice : aussi les marins ont-ils désigné ces anomalies sous le nom d'*affollements;* et lorsqu'ils les aperçoivent, ils disent que l'aiguille est *affollée* (1). On a remarqué que l'aiguille est quelquefois agitée par un temps d'orage, et souvent lorsqu'il paraît une aurore boréale (2). Mais on n'a point déterminé jusqu'ici l'influence immédiate de ces phénomènes, considérés comme causes des affollements de l'aiguille.

Variations dans l'inclinaison.

931. L'inclinaison de l'aiguille a aussi ses variations, qui sont surtout sensibles lorsqu'on change de latitude. Elle est nulle à peu près à l'équateur, de manière que tous les points où l'aiguille est exactement parallèle à l'horizon forment une courbe qui coupe l'équateur sous de petits angles, et à laquelle on a donné le nom d'*équateur magnétique.* A mesure que l'on s'écarte de cette courbe en allant vers un pôle ou vers l'autre, l'inclinaison va en augmentant, de sorte que l'extrémité de l'aiguille qui regarde le pôle voisin s'abaisse continuellement en dessous de sa première position. La plus grande inclinaison dont on ait encore parlé est de 82°, et a été observée par Phipps à 79° 44′ de latitude méridionale et 131° de longitude. L'inclinaison était, à Paris, de 71° en 1787; elle varie aussi avec le temps dans un lieu donné. On en corrige l'effet, au moins pour un certain nombre d'années et relativement à un même point du globe, en rendant inégaux les poids des deux moitiés de l'aiguille, dans le rapport nécessaire pour que la force qui tire par en bas un des côtés de cette aiguille soit compensée par l'excès de pesanteur de la partie opposée, de manière que l'aiguille prenne une position horizontale.

Variations dans l'intensité des forces qui agissent sur l'aiguille.

932. Outre ces deux grandes classes de phénomènes, dont les uns appartien-

(1) Recueil de Mémoires sur l'analogie de l'électricité et du magnétisme, par Van Swinden, t. III, p. 4 et suiv.

(1) Recueil de Mémoires sur l'analogie de l'électricité et du magnétisme, par Van Swinden, t. III, p. 2 et suiv.

(2) Même ouvrage, t. I, p. 466, et t. III, p. 187 et suiv.

nent à la déclinaison et les autres à l'inclinaison, il en est une troisième qui comprend les variations que subit l'intensité des forces magnétiques qui sollicitent l'aiguille, suivant la diversité de ses positions relativement au globe terrestre. Les observations du célèbre Humboldt ont dévoilé, à cet égard, un fait très-remarquable, qui consiste dans l'accroissement que prend cette intensité des forces magnétiques en allant de l'équateur vers les pôles (1). — M. de Humboldt, avant de partir de Paris pour le grand voyage dont il a rapporté une récolte de connaissances relatives à la physique non moins précieuse que celle dont l'histoire naturelle lui est redevable, avait soumis à l'expérience une boussole qui donnait 245 oscillations en dix minutes. La même boussole n'en a plus donné que 211 au Pérou, pendant un temps égal, et la marche générale de ses oscillations a toujours varié de la même manière, en sorte que leur nombre diminuait ou augmentait, suivant que l'on s'approchait de l'équateur ou que l'on s'en éloignait. — M. de Humboldt a souvent fait osciller l'aiguille dans deux plans différents, savoir : dans celui du méridien magnétique du lieu, et dans un plan perpendiculaire à ce méridien. D'une autre part, il avait observé chaque fois l'inclinaison de l'aiguille. Depuis le retour de ce savant voyageur, M. de Laplace a proposé un moyen de déterminer, à l'aide du calcul, l'inclinaison de l'aiguille, en partant des observations relatives à l'oscillation. Il suffit, pour cela, de décomposer la force qui a lieu dans le sens perpendiculaire au méridien magnétique, et de comparer la partie de cette force dont l'action s'exerce sur l'aiguille avec la force totale relative au plan dont nous venons de parler. On a ainsi deux données qui conduisent à la solution du problème. Or, la conformité qui règne entre l'inclinaison calculée et celle qui a été trouvée directement garantit la justesse des observations de M. de Humboldt sur l'intensité des forces magnétiques.

933. Les actions de ces forces ne s'étendent pas seulement à tous les points de la surface du globe terrestre, elles se propagent encore dans l'espace environnant; et des expériences faites par des observateurs aussi éclairés qu'attentifs démontrent le peu de fondement de l'opinion émise par quelques physiciens, que l'intensité des forces magnétiques devenait insensible à une certaine hauteur au-dessus de la surface du globe. Dans le voyage aérostatique entrepris par MM. Biot et Gay-Lussac, ces deux savants ont trouvé que le nombre d'oscillations faites par l'aiguille aimantée, au haut des airs, dans un temps donné, ne différait pas sensiblement de celui qui avait lieu à la surface de la terre. Ce résultat a été confirmé depuis dans un nouveau voyage où M. Gay-Lussac était seul, et où il est parvenu à une élévation de 7016 mètres (3600 toises) au-dessus du niveau de la mer, c'est-à-dire au point le plus haut que l'homme eût encore atteint en voyageant, soit sur les montagnes, soit dans les régions aériennes. Une aiguille aimantée faisait alors à peu près 10 oscillations en 42 secondes, comme avant le départ de l'observateur (1). Ainsi, tout nous porte à croire que la force magnétique se répand indéfiniment dans l'espace ; et sans doute elle y subit des décroissements qui deviendraient sensibles à un certain terme, s'il nous était donné d'y arriver.

De la détermination des centres d'action magnétique du globe.

934. Tout ce qui précède confirme de plus en plus l'idée qui s'était offerte depuis long-temps aux physiciens, savoir : que le globe fait la fonction d'un véritable aimant ; et les variations que subit l'aiguille, surtout relativement à son inclinaison, qui a lieu dans des sens opposés sur les espaces compris entre l'equateur magnétique et les pôles, indiquaient l'existence de deux centres d'action situés de part et d'autre du centre de cet équateur. Mais cette idée une fois admise, combien de recherches laborieuses et délicates il restait à faire pour la suivre dans ses applications aux différents phénomènes du magnétisme ; pour saisir, au milieu de tous ces dé-

(1) Mémoires de MM. de Humboldt et Biot, sur les variations du magnétisme terrestre à différentes latitudes (Journal de physique, frimaire an XIII, p. 249 et suiv.).

(1) Journ. de physique, frim. an XIII, p. 457.

rangements qui compliquent la marche de l'aiguille aimantée, des lois susceptibles d'être exprimées à l'aide du calcul; enfin, pour démêler les circonstances où les actions de ces lois se montrent dans toute leur pureté, de celles où les influences de diverses causes particulières, en s'associant à ces mêmes actions, les modifient par des espèces de perturbations locales et passagères! — Nous allons essayer de donner une idée du but vers lequel doivent être dirigées les recherches relatives à ce sujet. Supposons d'abord un fil magnétique OL (fig. 25) qui ait ses deux centres d'action en B et en A, et imaginons que l'on place au-dessus de ce fil une aiguille aimantée *ab*, suspendue librement. D'après ce qui a été dit plus haut, telle sera la direction que prendra cette aiguille, qu'elle coïncidera avec un plan vertical qui passerait par l'axe du fil magnétique. De plus, dans le cas représenté par la figure, l'aiguille s'inclinera par son pôle austral *a* vers l'extrémité O du fil magnétique, la plus voisine du pôle boréal B de ce fil.

935. Considérons maintenant les actions que le fil exerce sur l'aiguille pour produire cette inclinaison, et bornons-nous à celles qui ont lieu, l'une par rapport à une molécule de fluide austral située en *a*, et l'autre à l'égard d'une molécule de fluide boréal située en *b*. La première est attirée dans le sens *a*B par le pôle boréal B, et repoussée suivant A*a* par le pôle austral A. Représentons la quantité de l'attraction par *as*, et celle de la répulsion par *ar* situé sur le prolongement de A*a*, puis terminons le parallélogramme *arks*, la molécule tend, en vertu des deux forces qui la sollicitent, à se mouvoir suivant la diagonale *ak* de ce parallélogramme. A l'aide d'une construction semblable, nous pourrons représenter l'attraction que le pôle A exerce sur la molécule boréale située en *b* par une certaine partie *bx* de la ligne *b*A, et la répulsion du pôle B par *bg* prise convenablement sur le prolongement de B*b*. Donc, si nous complétons de même le parallélogramme *bghx*, le mouvement de la molécule de fluide boréal se fera suivant la diagonale *bh*, qui différera sensiblement de l'autre diagonale *ak*, soit par sa direction, soit par sa longueur, et l'inclinaison de l'aiguille passera par la résultante commune des deux diagonales.

936. Ce que nous venons de dire suppose que la longueur de l'aiguille ait un rapport appréciable avec celle du fil OL, comme cela a lieu dans les expériences magnétiques ordinaires. Mais si nous voulons maintenant ramener le système d'actions que présentent les expériences dont il s'agit à celui qui résulte du magnétisme naturel, nous devons concevoir que ces actions s'exercent à des distances presque infinies en comparaison de celle qui existe entre les deux pôles *a* et *b* d'une aiguille magnétique, en sorte que les deux lignes B*a*, B*b*, ou A*a*, A*b*, qui représentent les directions des forces d'un même pôle B ou A, sont censées se confondre; par une suite nécessaire, on a $bg = as$, et $bx = ar$. Cela posé, soit GPK (fig. 26) la circonférence d'un des méridiens magnétiques, GK l'axe de l'équateur magnétique, et B, A, les deux centres d'action du globe situés sur cet axe à des distances égales du milieu C. Une aiguille placée dans un point *z* voisin de la surface du globe, ayant une longueur presque infiniment petite à proportion de sa distance à chaque centre d'action B ou A, l'effet des forces exercées par ces centres pour diriger l'aiguille sera le même que si toutes les molécules boréales du fluide de cette aiguille étaient concentrées dans deux points *a*, *b*, contigus en *z*. Or, dans cette hypothèse, les diagonales *ak* et *bk*, dont l'une représente le mouvement du fluide austral de l'aiguille, et l'autre celui de son fluide boréal, sont égales et situées sur une même direction; et il est visible que cette direction est celle que prendrait une aiguille magnétique suspendue librement. Il suffit donc, pour la déterminer, d'avoir la résultante des deux forces qui s'exercent suivant B*z* et A*z* sur une seule molécule de fluide soit boréal, soit austral.

937. M. Biot, en combinant les observations faites sur l'inclinaison de l'aiguille, par le célèbre Humboldt, à différents points du globe, en a déduit, à l'aide du calcul, la conséquence que les deux centres d'action B, A, sont à une distance infiniment petite du centre C; en sorte que, suivant l'expression de ce savant, on peut les regarder comme placés en quelque sorte dans une même molécule. — Cette distribution ne s'accorde pas avec celle que paraît indiquer une observation faite en 1819 par le capitaine Parry, pendant son voyage dans les régions polaires. Il s'é-

tait avancé jusqu'au 74e degré 45′ de latitude, et se trouvait au delà du 100e degré de longitude occidentale, lorsqu'il vit la fleur de lis qui terminait d'un côté l'aiguille de boussole dont il se servait, et qui auparavant regardait le nord, se tourner vers le sud, ce qui prouvait, selon la remarque de ce navigateur, que l'on était alors au nord du pôle magnétique du globe (1). Cette conséquence est analogue à celle qui se tire du résultat d'une expérience que nous avons citée plus haut (895), et dans laquelle on fait avancer une aiguille de boussole vers une des extrémités d'un barreau magnétique, suivant une direction parallèle à l'axe de ce barreau. Arrivée à un certain terme, qui n'est pas éloigné de la même extrémité, elle se retourne par une suite de ce qu'elle se trouve alors située au-dessus du centre d'action vers lequel son mouvement primitif était dirigé. Ce résultat tendait à faire croire que les pôles magnétiques du globe sont à une grande distance l'un de l'autre, d'après l'opinion qui assimilait l'action de ce globe, au moins dans ce qu'elle offrait de plus général, à celle des aimants ordinaires, et qui semble être confirmée par l'observation du capitaine Parry.

Égalité des forces qui tirent en sens contraire une aiguille aimantée.

L'étude du magnétisme naturel a conduit encore les physiciens à d'autres résultats d'observations qui, étant constamment les mêmes dans tous les lieux, ont été pris pour principes, et dont on a fait des applications utiles, surtout dans la construction des boussoles. Parmi ces résultats, nous en choisirons trois qui sont trop remarquables pour être passés sous silence.

938. Lorsqu'une aiguille aimantée est suspendue librement à un fil, son pôle austral est tiré vers le nord, tandis que son pôle boréal est tiré en sens contraire vers le midi; et il est évident que, dans le cas où les deux forces qui agissent sur cette aiguille varieraient par leur intensité, leur résultante étant toujours sur une seule ligne droite, l'aiguille resterait constamment sur cette même ligne. Mais, de plus, l'observation prouve que les deux actions qui tirent l'aiguille dans deux sens opposés sont sensiblement égales, quel que soit le point de la terre où se trouve l'aiguille. C'est la conséquence nécessaire d'une expérience de Bouguer qui, ayant suspendu à un fil par le milieu une aiguille non aimantée, auquel cas la direction du fil était verticale, puis ayant aimanté l'aiguille, observa que le fil conservait son aplomb. Coulomb a tiré la même induction de ce que le poids d'une aiguille aimantée restait le même qu'avant l'opération qui avait produit le magnétisme. On voit effectivement que, si l'une des deux actions l'emportait sur l'autre, son excès pourrait être considéré comme une force particulière, dont la direction, faisant un angle avec celle de la pesanteur, déterminerait un mouvement composé, en sorte que l'aiguille n'exercerait pas sur la balance la même pression que quand elle n'était pas encore aimantée.

939. La raison de cet effet est facile à saisir, d'après ce que nous avons dit plus haut (936), que les pôles magnétiques B, A, du globe terrestre étant censés agir sur une aiguille placée en z (fig. 26), à des distances qui sont comme infinies relativement à la longueur de cette aiguille, les diagonales *ak* et *bh*, dont la première représente le mouvement du fluide austral de l'aiguille, et la seconde le mouvement en sens contraire du fluide boréal, sont égales et situées sur une même direction. Car il suit de là évidemment que l'aiguille, dont la position coïncide avec la ligne *kh*, a ses deux pôles également tirés en sens opposés.

Force directrice de l'aiguille.

940. Maintenant, pour faire concevoir en quoi consiste le second résultat, supposons qu'ayant dérangé une aiguille de la position qu'elle avait dans son méridien magnétique, on l'abandonne ensuite à elle-même; elle tendra aussitôt à reprendre sa première position, et cette tendance sera l'effet des différentes forces qui, à ce moment, agissent dans des sens obliques à la longueur de l'aiguille. Or on peut, en les supposant décomposées, leur substituer une seule force perpendiculaire à l'aiguille et appliquée à un point situé entre le milieu de cette aiguille et l'extrémité qui regarde le pôle dont elle est plus voisine.

(1) Annales de chimie et de physique, t. xv, décembre 1820, p. 435.

Cette force est ce qu'on appelle la *force directrice de l'aiguille*, et l'observation fait voir qu'elle est proportionnelle au sinus de l'angle que fait l'aiguille dérangée de sa direction naturelle avec cette direction elle-même.

941. Coulomb est parvenu à ce résultat par un moyen analogue à celui qu'il avait employé pour déterminer la force électrique mise en équilibre avec la force de torsion d'un fil métallique très-délié. Nous rappellerons ici que, toutes choses égales d'ailleurs, la force de torsion est proportionnelle à l'angle de torsion, ou au nombre de degrés que parcourt un point quelconque pris sur la surface du fil tandis que l'on tord celui-ci. Cela posé, l'aiguille étant d'abord librement suspendue à un fil métallique exempt de toute torsion, Coulomb imprime à ce fil une torsion d'un certain nombre de degrés ; alors l'aiguille s'écarte de son méridien magnétique, jusqu'à ce que la force directrice qui tend à l'y ramener soit en équilibre avec la force de torsion. L'observateur mesure l'angle que fait alors l'aiguille avec sa première direction, puis il augmente la torsion d'un certain nombre de degrés. L'aiguille, dans ce cas, s'écarte encore davantage de son méridien magnétique, et en même temps la force directrice qui tend à l'y faire revenir se trouve augmentée, parce que les forces dont elle est la résultante agissent suivant des directions moins obliques à la longueur de l'aiguille. La torsion terminée, l'aiguille prend de nouveau la position sous laquelle sa force directrice se trouve encore en équilibre avec la force de torsion, qui est mesurée par la première torsion, plus l'accroissement qu'elle a reçu. Or, on trouve que les nombres de degrés qui mesurent les deux torsions sont proportionnels aux angles que faisait l'aiguille avec sa première direction, dans les deux positions qui ont donné l'équilibre.

942. Le troisième résultat n'est qu'un corollaire du précédent. Quelles que soient les directions des forces réelles qui agissent sur les différents points d'une aiguille pour la ramener à son méridien magnétique lorsqu'elle en a été écartée, on peut toujours supposer à ces forces une résultante parallèle au méridien magnétique ; et il est facile de concevoir que cette résultante doit passer par un point placé dans la moitié de l'aiguille qui répond au pôle nord du globe, si l'expérience se fait dans une des contrées boréales, ou au pôle sud, dans le cas contraire. Or, en partant du fait que les forces directrices sont proportionnelles aux sinus des angles d'écartement, on trouve que la résultante dont nous venons de parler est une quantité constante qui passe toujours par un même point de l'aiguille.

943. Il est facile de prouver la justesse de cette conséquence. Supposons que *nck* (fig. 28), étant la direction de l'aiguille située dans son méridien magnétique, une force quelconque ait fait prendre à cette aiguille la direction *lcf* ; la force directrice peut être considérée comme une puissance appliquée à l'extrémité *f* du levier *cf*. Représentons-la par *fz* perpendiculaire sur *cf* ; si par le point *f* nous menons *fd* parallèle à *nk*, la résultante de toutes les forces qui agissent sur l'aiguille, estimée parallèlement au méridien magnétique, coïncidera avec *fd*. Menons par le point *z* la ligne *zd*, parallèle à *fc*, jusqu'à la rencontre de *fd*, et par le point *f* le sinus *fg* de l'angle *fck* ; le triangle *dzf* étant semblable au triangle *cgf*, nous aurons

$fg : fz :: cf : df$, ou $\frac{fg}{fz} = \frac{cf}{df}$. Mais le premier rapport est constant, à cause que la force directrice est proportionnelle au sinus de l'angle *fck*. Donc le second rapport est aussi constant ; et puisque *cf* est le rayon, la résultante *df* sera pareillement une quantité constante qui passera toujours par le point *f* de l'aiguille.

944. Réciproquement, si la résultante de toutes les forces qui agissent sur l'aiguille, prise parallèlement au méridien magnétique, est une constante, quelle que soit la quantité dont l'aiguille ait été écartée de ce méridien, les forces directrices seront proportionnelles aux sinus des angles d'écartement. Or, pour concevoir que la résultante dont il s'agit doit être une constante, il suffit encore de considérer que les pôles magnétiques du globe exercent leurs actions à des distances de l'aiguille qui sont presque infinies. Car, supposons que l'aiguille *ab* (fig. 29), étant d'abord dans la direction *k'h'*, la même que celle qui est représentée (fig. 26), on lui fasse prendre une autre direction *gu*, de manière qu'elle continue de faire le même angle avec l'horizon ; imaginons un plan qui

passe par les lignes *ab*, *gu* (fig. 29), et menons par le point *g*, dans le même plan, la ligne *ig*, parallèle et égale à *ok'*, cette ligne *ig* représentera la résultante des forces qui agissent obliquement sur le point *g*, pour le ramener vers le point *a*. Or, la force suivant *ig* se décompose en deux autres, l'une *ip*, parallèle à *og*, et l'autre *ie*, perpendiculaire sur *og*. Donc, si nous complétons le parallélogramme *ipge*, la ligne *pg* représentera la partie de la force *ig* qui agit directement pour pousser le point *g* vers le point *a*. D'une autre part, soit *lu*, parallèle et égale à *oh'*, la résultante des forces qui s'exercent obliquement sur le point *u*, pour le ramener vers *b*. A l'aide d'une décomposition semblable à la précédente, la ligne *ut*, perpendiculaire sur *ot*, représentera la partie de la force oblique *lu*, dont l'effet est de pousser le point *u* vers le point *b*. Maintenant, puisque les forces qui agissent sur l'aiguille concourent toutes à la faire tourner dans le même sens, pour la rapprocher de sa première position, nous pouvons les considérer comme étant appliquées au point *g* de l'aiguille en doublant par la pensée l'intensité des actions suivant *ig* et *ie*. Dans cette hypothèse, *ig* représentera la résultante de toutes les forces qui sollicitent l'aiguille, prise dans un sens parallèle à la direction *ab*, qui coïncide avec le méridien magnétique, et *ie* ou *pg* représentera la force directrice. Or, comme dans tous les changements de direction que subit l'aiguille en s'écartant du méridien magnétique, les positions de ses pôles ne varient qu'infiniment peu, eu égard aux distances des pôles magnétiques du globe, il est aisé de voir que la ligne *ig* est une constante. On peut même déduire immédiatement de la construction qu'offre la figure, la conséquence que les forces directrices sont proportionnelles aux angles d'écartement. Car, si l'on prend *ig* pour le rayon, relativement à l'angle *egi*, ou à son égal *abg*, la ligne *ie*, qui représentera la force directrice, étant le sinus du premier de ces angles, sera proportionnelle au sinus du second angle, qui mesure la quantité dont l'aiguille est écartée du méridien magnétique.

Différence entre l'action du globe et celle d'un aimant ordinaire sur une aiguille magnétique.

945. Ce qui précède peut servir à rendre raison d'une contradiction apparente qu'offre l'action du globe comparée à celle des aimants ordinaires. Si l'on met une aiguille magnétique sur une lame de liége, de manière qu'elle nage à fleur d'eau dans un vase d'une largeur suffisante, et que l'on place à une certaine distance un aimant, même d'une force médiocre, qui regarde le vase par un de ses pôles, l'action de cet aimant produira deux effets. D'abord l'aiguille se dirigera de manière que si c'est le pôle boréal de l'aimant qui se trouve le plus près du vase, elle tournera au pôle austral vers cet aimant ; et toutes les fois qu'on l'aura dérangée de cette position, elle y reviendra dès qu'on l'abandonnera à elle-même. En même temps elle s'avancera jusqu'au bord du vase, pour se rapprocher de l'aimant le plus qu'il sera possible. Or, si l'on répète cette expérience, par exemple vers le nord, en laissant agir le globe seul sur l'aiguille, il sera, par rapport à cette aiguille, dans le cas d'un aimant dont le pôle boréal exercerait sur elle une action plus forte que celle du pôle austral ; aussi l'aiguille se dirigera-t-elle de manière à regarder le nord par son pôle austral, et si l'on change sa direction, elle la reprendra spontanément ; mais elle ne fera aucun mouvement vers le nord et restera stationnaire sur l'eau à l'endroit où elle aura été placée.

946. Cette diversité dans les résultats des deux expériences provient de ce que les centres d'action du globe sont, comme nous l'avons dit, à une distance presque infinie de l'aiguille ; d'où il suit que la différence entre les forces qui agissent pour tirer l'aiguille dans deux sens opposés, est sensiblement nulle ; et ainsi la tendance de l'aiguille à se porter sur le nord, qui dépend de cette différence, doit pareillement se réduire à zéro. Or, la même chose n'a pas lieu lorsqu'on se sert d'un aimant qui agit sur les deux pôles de l'aiguille à des distances respectives comparables entre elles : alors la différence entre les deux actions devient appréciable, et il en résulte une action boréale qui détermine l'aiguille à s'avancer vers l'aimant. Nous avons vu,

d'une autre part, que le globe exerce sur une aiguille magnétique *gu* (fig. 29), pour la ramener à sa première direction, des forces conspirantes suivant *ie* et *tu*; et ici la grandeur de la distance n'empêche pas que ces forces ne conservent assez d'intensité pour produire leur effet.

Du double magnétisme.

947. Le fer, que la main bienfaisante du Dieu qui a créé l'univers a répandu dans le sein de la terre avec une abondance proportionnée aux services qu'il nous rend, étend son existence bien au delà des mines où il se présente comme de lui-même pour être approprié à nos usages. Il s'introduit partout et remplit la nature entière de ses modifications. Il s'unit intimement ou par voie de mélange aux autres métaux. Il est disséminé en grains ou en particules imperceptibles dans une multitude de pierres. Il fait la fonction de principe colorant dans les marbres, dans les agates et dans une grande partie des pierres précieuses où, combiné avec différentes quantités d'oxygène, il parcourt tous les degrés de l'échelle du spectre solaire.

948. Les physiciens et les minéralogistes emploient avec avantage, pour reconnaître sa présence lorsqu'elle échappe aux yeux ou est masquée par l'oxydation, l'action d'un petit barreau magnétique monté sur un pivot, en profitant de la propriété qu'il a de faire servir le fer à se déceler lui-même. Nous préférons à ce barreau une aiguille en forme de losange, comme étant plus mobile et plus sensible à l'action du fer.

949. Mais l'usage de cette aiguille est limité, et même plus que dans le cas où l'aiguille resterait abandonnée à ses seules forces. Deux causes diminuent sa tendance naturelle pour obéir à l'action des corps qu'on lui présente. L'une est la résistance produite par le frottement qui a lieu au point de suspension; l'autre, dont l'influence est plus sensible, dépend de l'action que la force magnétique du globe exerce sur l'aiguille pour la maintenir dans sa direction, et qui se manifeste par le mouvement que fait cette aiguille pour reprendre sa première position toutes les fois qu'on l'en a écartée. On peut rendre l'effet de la première cause presque nul, en suspendant l'aiguille sur un pivot terminé par une pointe très-déliée; mais l'effet de l'autre cause subsistera encore, et si la quantité de fer contenue dans le corps soumis à l'expérience est si petite ou tellement chargée d'oxygène, que son action soit inférieure à la force qui maintient l'aiguille dans sa position, celle-ci restera immobile.

950. En réfléchissant sur ces effets, nous avons conçu l'idée de diminuer tellement la force qui s'oppose au mouvement de rotation de l'aiguille, qu'elle fût incapable de dérober celle-ci à l'action de quelques particules de fer qui, dans une expérience faite à l'ordinaire, seraient comme si elles n'existaient pas. L'exposé du moyen à l'aide duquel nous avons rempli ce but, nous paraît mériter d'autant mieux de trouver ici sa place, qu'il a ajouté un nouveau phénomène à ceux qu'avait offerts jusqu'alors le magnétisme, et donné un nouveau développement de leur théorie. Soit *mr* (fig. 30) l'aiguille suspendue sur son pivot, auquel cas elle tournera son pôle austral *a* vers le nord et son pôle boréal *b* vers le sud. Nous disposons à une certaine distance de l'aiguille, et au même niveau, d'un côté ou de l'autre, par exemple, vers le midi, un barreau aimanté MR, dont la direction approche, autant qu'il est possible, d'être sur le prolongement de celle de l'aiguille, et dont les pôles A, B, soient renversés à l'égard des siens. Nous faisons avancer ensuite doucement le barreau vers l'aiguille. A un certain terme celle-ci s'écarte de sa direction naturelle et commence à tourner autour de son centre; et, sans la force que le globe exerce sur cette aiguille pour la ramener à sa première position, elle ferait une demi-révolution autour d'elle-même comme dans l'expérience que nous avons citée plus haut. Mais elle ne s'écartera de sa première direction que jusqu'au terme où la force qui agit pour l'y ramener se trouvera en équilibre avec celle que le barreau exerce sur elle pour le faire mouvoir en sens contraire. Supposons que cet équilibre ait lieu au moment où le pôle *a* de l'aiguille a décrit l'arc *ae* (fig. 30), en sorte que cette aiguille ait pris la direction *eh* (1); et

(1) L'expérience nous a paru se faire plus facilement, lorsque l'arc que parcourt l'aiguille est du côté de l'observateur plutôt que du côté opposé. C'est ce

analysons les actions des forces qui déterminent l'équilibre dont il s'agit. Le pôle boréal N du globe, qu'il faut se représenter éloigné à une grande distance, attire le pôle austral a' de l'aiguille et repousse son pôle boréal b'; et, comme ces deux forces conspirent pour faire rétrograder l'aiguille de l'arc *ea*, nous pouvons pour simplifier, les réduire par la pensée à une seule force qui agisse par attraction sur le pôle a', en augmentant à proportion celle qui était censée d'abord n'agir que par son propre fluide pour attirer le même pôle. D'une autre part, le pôle austral S du globe exerce des actions analogues sur les deux pôles de l'aiguille ; il attire de son côté le pôle boréal b', et repousse en sens contraire le pôle austral a'. Il est évident que ces deux forces conspirent, comme les premières, pour faire rétrograder l'aiguille dans l'arc *ea*, en sorte que si, pour simplifier encore davantage, nous les ajoutons, par la pensée, à la force que nous supposons maintenant appliquée au pôle a' de l'aiguille, les choses se passeront comme si ce pôle n'était sollicité que par une seule force attractive qui fût l'équivalent de toutes les forces réelles à l'aide desquelles le globe agit sur l'aiguille. A l'égard des actions du barreau sur l'aiguille, il est facile de concevoir que l'attraction du pôle B sur le pôle a' de cette aiguille et sa répulsion sur le pôle b', s'accordent à produire dans le pôle a' une tendance à décrire l'arc *ei*. D'une autre part, la répulsion du pôle A du barreau sur le pôle a' de l'aiguille et son attraction sur le pôle b' font naître dans le pôle a' une tendance à se mouvoir en sens contraire dans l'arc *ea*. Mais les secondes forces, à raison d'une plus grande obliquité et d'une plus grande distance, agissent plus faiblement que les premières, en sorte que celles-ci l'emportent.

951. Maintenant nous pouvons nous servir ici du même moyen de simplification que pour les actions du globe sur l'aiguille, en réduisant toutes les forces à l'aide desquelles le barreau agit sur elle à une seule force, que nous supposerons appliquée au pôle a'. Pour opérer cette réduction, il faudra augmenter l'action que le pôle B exerce directement sur le pôle a', à proportion de ce qu'elle gagne à être secondée par l'action du même pôle sur le pôle b', et la diminuer à proportion de ce que lui font perdre les actions contraires du pôle A du barreau sur les deux pôles de l'aiguille. D'après cette manière d'envisager les choses, l'aiguille n'est plus censée être sollicitée que par deux forces appliquées au pôle a', et dont les actions, égales et contraires, l'une pour faire mouvoir l'extrémité de cette aiguille dans le sens de l'arc *ea*, et l'autre pour lui faire décrire l'arc *ei*, se détruisent mutuellement, en sorte que l'aiguille reste en équilibre. Si l'on continue de faire faire au barreau de petits mouvements vers l'aiguille, de manière que le pôle B passe successivement en D, F, G, elle s'écartera de plus en plus de sa direction primitive ; en même temps l'action du globe sur le pôle a', pour ramener l'aiguille à cette direction, s'accroîtra parce qu'elle s'exercera toujours moins obliquement à mesure que l'aiguille approchera davantage de la direction *lx*, perpendiculaire à la direction primitive NZ, qui est la plus favorable à l'action du globe, parce qu'alors l'aiguille se trouve entièrement tournée vers le pôle nord de ce globe, dans lequel réside la force qui agit pour la faire revenir à sa première position. Chaque fois que l'on arrête le barreau, l'aiguille, de son côté, reste stationnaire, parce qu'autant la force du barreau se trouve augmentée par la diminution de distance, autant la force du globe, qui agit en sens contraire, s'est accrue elle-même par une suite de ce qu'elle agissait moins obliquement. Mais dès qu'une fois l'aiguille est parvenue à la direction *lx*, si l'on fait faire au barreau un nouveau mouvement vers elle, l'attraction qu'il exerce sur le pôle a' s'accroîtra encore,

---

qui aura lieu dans le cas que représente la figure, si l'on suppose cet observateur situé en O. Pour amener cette disposition, après avoir placé le barreau MN sur la direction prolongée de l'aiguille, comme nous l'avons dit, l'observateur le fera mouvoir de son côté, parallèlement à lui-même, d'une quantité égale à 5 ou 6 millimètres ; ensuite il le conduira doucement vers l'aiguille, en lui conservant la même direction jusqu'à ce qu'elle ait commencé à faire un mouvement sensible dans l'arc *ae*, après quoi il le remettra dans sa première position et continuera de l'approcher de l'aiguille, qui, à son tour, poursuivra sa marche dans le même sens.

et l'aiguille étant forcée de prendre une position telle que *st*, inclinée en sens contraire à l'égard de sa première direction NZ, la force du globe diminuera en recommençant à agir obliquement, en sorte que l'équilibre ne pouvant plus s'établir, l'aiguille continuera de tourner pendant que le barreau restera immobile, jusqu'à ce qu'elle se retrouve sur sa première direction NZ, avec cette différence que sa position sera renversée à l'égard de celle qu'elle avait naturellement avant l'expérience. Le moment le plus favorable pour présenter un corps qui renfermerait une petite quantité de fer à l'un des pôles de l'aiguille, paraîtrait être celui où sa position coïnciderait avec la ligne *lx*; car on conçoit que, dans le cas où la force que le globe exerce sur l'aiguille tend à diminuer, pour le peu que celle-ci poursuive son mouvement de rotation, une très petite force peut suffire pour la déranger dans le sens de ce mouvement. Mais comme il serait difficile d'arrêter le barreau précisément au terme où la plus légère impulsion qu'on lui donnerait ensuite vers l'aiguille déterminerait le retour de celle-ci à sa première direction, il suffira que la position de l'aiguille soit très-voisine de ce terme, en restant un peu en deçà. On placera alors le corps destiné pour l'expérience vis-à-vis du pôle *l*, du côté du barreau. De cette manière, l'attraction du corps sur le pôle auquel on le présente conspire, avec la tendance de ce corps, pour s'avancer vers le barreau en continuant son mouvement de rotation. Il nous est arrivé quelquefois de saisir la position du barreau à laquelle répond la direction de l'aiguille sur la ligne *lx* (fig. 30), et, à l'approche d'un corps qui renfermait une petite quantité de fer, l'aiguille partait et achevait d'elle-même son demi-tour. Nous désignons ce genre d'expérience sous le nom de *méthode du double magnétisme.*

952. On voit que cette méthode donne une grande extension à l'usage du caractère qui se tire de l'action magnétique pour la distinction d'une multitude de substances minérales qui portent l'empreinte des différentes modifications que le fer a subies en s'unissant à leurs molécules. L'aiguille mise en équilibre fait reparaître l'action dont il s'agit, dans plusieurs de celles où le fer est à un haut degré d'oxydation, telles que la variété que l'on appelle vulgairement *œtite* ou *pierre d'aigle*, et les masses terreuses d'une couleur brune ou jaunâtre. Mais pour satisfaire les physiciens auxquels ces variétés sont inconnues et qui désireraient de vérifier l'expérience du double magnétisme, nous leur indiquerons, comme sujet de cette expérience, une des substances minérales que nous avons le plus souvent entre les mains. Nous voulons parler du laiton, ou cuivre jaune, qui est un alliage de zinc et de cuivre. Mais ce dernier métal, tel qu'on l'emploie dans la fabrication d'une grande partie des ouvrages dont cet alliage fournit la matière, se tire d'une espèce de mine appelée *cuivre pyriteux*, et qui renferme une grande quantité de fer. Le laiton n'ayant pas subi les opérations nécessaires pour l'amener à l'état de pureté, a retenu des molécules ferrugineuses qui se sont interposées entre ses molécules propres. Nous avons présenté successivement à l'aiguille, même en la laissant dans sa position naturelle, des chandeliers, des instruments de physique et autres ouvrages faits de laiton, et presque tous ont produit dans l'aiguille un mouvement marqué. Il n'en était pas de même des épingles que l'on sait être faites du même alliage, et qui, à raison de leur petit volume, ne sont pas aussi susceptibles d'agir sur l'aiguille. Quoique parmi celles que nous lui présentions il y en eût une partie qui exerçaient sur elle une petite action, elles étaient plus rares, et il était plus facile d'en trouver qui, après l'avoir laissée immobile dans la même circonstance, l'attiraient ensuite d'une manière sensible, quand nous l'avions mise en équilibre. D'après ces résultats, il sera facile de faire servir le laiton à des expériences comparatives, sur les deux espèces de magnétisme, en variant le volume des corps à éprouver, et par suite, la quantité de fer renfermée dans leur intérieur. On peut obtenir des effets analogues avec des fragments de vases d'une couleur rougeâtre à l'intérieur, dont la matière est une argile mêlée de fer oxydé. La cuisson rend ce fer susceptible d'agir sur l'aiguille, soit dans l'expérience ordinaire, soit seulement à l'aide du double magnétisme; et quelquefois un même fragment produit successivement les deux actions, par deux points pris à deux endroits différents. Il n'entre pas dans notre plan

d'exposer ici les avantages qu'offre le double magnétisme pour faire reconnaître certaines pierres dont les formes naturelles ont disparu entre les mains de l'art qui les a converties en objets d'ornement, et qui pourraient occasionner des méprises par la ressemblance de leur couleur, si l'on s'en rapportait au jugement de l'œil (1). Nous nous bornerons à un seul exemple qui nous sera fourni par une des plus généralement connues. Nous voulons parler du grenat, dont le principe colorant est l'oxyde rouge de fer. Une partie des morceaux taillés de cette pierre, surtout ceux dont le rouge est altéré par une nuance d'obscur, agissent sur l'aiguille dans l'expérience ordinaire. Mais cette action s'arrête souvent au terme où la couleur de la pierre, plus pure et plus vive, tend à la faire confondre avec des pierres très-différentes qui, dans aucun cas, ne sont susceptibles de magnétisme ; et c'est alors que l'aiguille, mise en équilibre, se présente à propos pour servir à lever l'équivoque.

Action du globe sur le fer non aimanté.

Nous avons maintenant à considérer des phénomènes où le parallèle se soutient entre le globe et les aimants qui sont à notre portée, relativement à la faculté qu'ont ces derniers de communiquer le magnétisme au fer placé dans leur sphère d'activité. De même l'action du globe, qui s'étend dans l'espace à des distances immenses, est capable de produire un certain degré de vertu magnétique dans les verges de fer et autres corps semblables, dont la force coercitive n'est pas assez grande pour s'opposer à cette action.

953. Rappelons-nous ici ce qui a été dit (935) de cette même action sur deux molécules, l'une de fluide boréal, l'autre de fluide austral, pour faire mouvoir la première dans la direction *bh* (fig. 26), et l'autre dans la direction *ak*. Comme la communication du magnétisme est due à de semblables mouvements qui ont lieu pour toutes les molécules magnétiques situées dans l'intérieur d'une verge de fer, il est d'abord évident que la position la plus favorable pour que cette verge acquière le plus haut degré de magnétisme possible, est celle qui coïncide avec la direction *kh*. Si l'on suppose ensuite que la verge, en restant toujours dans le même plan GPK, prenne une autre position, telle que *mn* (fig. 31), et si nous considérons les lignes *ok*, *oh*, qui coïncident avec la direction primitive, comme les résultantes des forces exercées par le globe, lorsque la position est la plus avantageuse, il faudra, dans le cas présent, décomposer la force *ok* suivant deux directions, l'une *kx* perpendiculaire sur *om*, et qui ne contribue en rien à l'effet; l'autre *ox* qui coïncide avec *om*, et qui représente la force réelle; c'est-à-dire que la force *ok* se trouve diminuée dans le rapport de *ok* à *ox*. Si nous décomposons de même la force *oh* suivant deux directions, l'une *hl* perpendiculaire sur *on*, l'autre *ol*, qui se confond avec cette dernière ligne, *ol* représentera la force qui agit seule pour produire l'effet demandé. A mesure que la verge s'écartera de la position *mn*, en prenant une direction *pr* qui fasse un angle encore plus ouvert avec la première, la quantité de la force réelle *os* ou *oy* ira toujours en diminuant; et lorsque la verge sera située sur la ligne *tz* qui fait angle droit avec *kh*, la force réelle se trouvera réduite à zéro. Passé ce terme, si l'on augmente l'angle que fait avec *kh* la nouvelle position de la verge, de manière, par exemple, que cette position coïncide avec *bd*, les mêmes effets recommenceront, c'est-à-dire que si l'on mène les lignes *kf* et *gh* perpendiculaires, l'une sur *od*, et l'autre sur *ob*, *of* représentera la force qui détermine le mouvement du fluide austral vers *d*, et *og* celle qui sollicite le fluide boréal à se mouvoir vers *b*. Si l'on place la verge dans un autre plan que GPK (fig. 26), il est facile de concevoir que sa position la plus favorable, relativement à ce second plan, sera celle où sa direction fera le plus petit angle possible avec la ligne *kh*, et que le magnétisme acquis deviendra encore nul, lorsque la longueur de la verge, en restant dans le même plan, fera un angle droit avec *kh*.

954. On peut vérifier ces différents résultats à l'aide d'une expérience aussi curieuse que simple et facile à faire. Vous prenez une barre de fer doux, et vous la tenez dans une des positions où

(1) Voyez le Traité des caractères physiques des pierres précieuses. Paris, 1817.

l'action du globe puisse lui communiquer le magnétisme. La position la plus favorable à Paris est celle qui est inclinée d'environ 72 degrés à l'horizon, parce que c'est cette position que prendrait naturellement une aiguille dont les deux moitiés auraient des poids égaux, et qui serait mobile autour d'un axe, à l'endroit de son centre de gravité, mais la position verticale suffit au succès de l'expérience. La verge étant donc située de cette manière, vous présentez son extrémité inférieure au pôle austral d'une aiguille aimantée placée sur son pivot, et vous observez qu'elle repousse ce pôle. Vous faites ensuite descendre la verge en la maintenant dans la même direction jusqu'à ce que son extrémité supérieure se trouve vis-à-vis du même pôle de l'aiguille, et alors il y a attraction. Vous renversez la position de la verge, et aussitôt les pôles eux-mêmes se trouvent renversés. L'extrémité qui repoussait le pôle austral de l'aiguille l'attire, et celle qui l'attirait le repousse. Le fer doux n'opposant qu'une résistance peu considérable au mouvement interne des deux fluides qui se sont dégagés du fluide naturel, le magnétisme qu'il acquiert n'est qu'un effet fugitif qui, par le simple renversement de la verge, fait place à l'effet opposé. L'alternative subite de ces attractions et répulsions a un air de prestige qui tendrait à faire soupçonner de subtilité la main du physicien, au point que cette belle expérience semble y perdre dans l'esprit des spectateurs. On réussira à produire des effets semblable, même avec une simple clef, ou tout autre corps fait de fer mou et d'une forme allongée. Mais quand ce corps a peu de masse, il faut employer une aiguille qui soit faiblement aimantée, et dont l'action immédiate sur ce même corps ne puisse troubler celle du magnétisme naturel.

955. On peut varier de la manière suivante l'expérience dont il s'agit ici : la verge étant d'abord dans une position verticale, on fera avancer son extrémité inférieure jusqu'à une telle distance du pôle austral de l'aiguille, que la répulsion ait commencé à se manifester, et l'on s'arrêtera à ce terme. On maintiendra ensuite l'extrémité inférieure de la verge dans la même position, tandis que l'on fera tourner doucement cette verge autour du même point dans un plan perpendiculaire à la direction de l'aiguille. Bientôt la répulsion diminuera, en sorte que l'aiguille se rapprochera de la verge, et finira par reprendre sa direction naturelle, au moment où la verge sera située à angle droit sur cette direction. Alors, si l'on continue de faire tourner la verge, l'aiguille se portera vers elle par l'effet de l'attraction qui aura succédé à la répulsion ; et en faisant osciller légèrement la verge de part et d'autre de la position où son action était nulle, on verra l'aiguille prendre elle-même un mouvement d'oscillation, en vertu duquel elle s'écartera et s'approchera tour à tour de l'extrémité de la verge.

956. Æpinus a remarqué que lorsqu'on frappait à coups redoublés avec un corps dur une verge de fer que l'on tenait dans une position favorable, on secondait à l'égard de cette verge l'action du magnétisme terrestre. Les secousses imprimées à la verge par ces percussions, occasionnent dans sa masse une espèce de vibration générale qui en déplace un peu les particules, et qui, diminuant leur force coercitive, facilite le dégagement des deux fluides, et leurs mouvements vers les deux extrémités de la verge. C'est probablement en vertu d'un mécanisme semblable que l'on parvient à aimanter les aiguilles qui étaient encore dans l'état naturel, ou à renverser leurs pôles si elles étaient déjà aimantées, en leur faisant subir une forte commotion électrique.

957. Les physiciens ont profité du degré de magnétisme que produit dans une verge la seule action du globe, pour résoudre ce problème singulier : *aimanter des barreaux d'acier jusqu'à saturation, sans avoir eu préalablement aucun aimant entre les mains.* Il ne s'agit que de faire prendre d'abord à des barreaux de fer mou un commencement de vertu, en les plaçant d'une manière convenable, relativement au méridien magnétique du lieu. On emploie ensuite ces barreaux pour en aimanter d'autres plus durs, que l'on passe avec frottement sur leur surface. Ces derniers font à leur tour la même fonction par rapport à de nouveaux barreaux ; à l'aide d'une méthode analogue à celle dont nous avons parlé, en traitant de la communication du magnétisme (908), on parvient à faire croître la force des barreaux dont il s'agit jusqu'à son *maximum*.

958. Les détails qui précèdent peu-

vent servir à expliquer certains faits qui ont dû causer d'abord beaucoup de surprise, tels que le magnétisme qu'acquièrent naturellement les barres de fer qui ont une position constante au haut des édifices. Une des premières observations de ce genre dont on ait parlé, est celle que fit Gassendi, relativement à la tige qui soutenait la croix du clocher de Saint-Jean d'Aix en Provence. Cette observation a été renouvelée depuis sur d'autres tiges semblables.

959. Il n'est peut-être aucun point de physique qui prouve mieux que celui qui nous occupe ici, combien les idées qui ont rapport à une science s'étendent et s'agrandissent à mesure que la science elle-même fait des progrès et marche vers sa perfection. Un aimant passait autrefois pour une espèce de merveille, autant par sa rareté que par ses effets, et aujourd'hui l'observation nous apprend que tous ces instruments de fer mou que nous avons à chaque instant sous les yeux et entre les mains, sont maintenus dans un état habituel de magnétisme polaire, par l'influence du globe terrestre. Seulement leurs pôles sont variables et se renversent continuellement par les changements de position que ces corps subissent d'un instant à l'autre. Nous avons parlé de l'action qu'exerce le globe pour communiquer un commencement de vertu aux barreaux de fer mou, dont on se sert ensuite pour faire naître la même vertu dans des barreaux d'acier. Au lieu de les disposer simplement dans les directions que nous avons indiquées, on peut, en même temps qu'on les tient dans une position verticale, les frapper à coups redoublés à l'aide d'un marteau. Les secousses que leur impriment ces percussions occasionnent dans leur masse une espèce de vibration générale qui déplace un peu leurs particules, les écarte les unes des autres et, donnant ainsi plus de liberté au mouvement des fluides magnétiques, facilite l'action du globe pour les refouler vers les extrémités des barreaux.

960. A l'égard des instruments d'acier, que leur grande force coercitive rend capables de résister à l'action du globe pour leur communiquer la vertu magnétique, cette action ne laisse pas de produire son effet, lorsqu'elle est secondée par des circonstances particulières. Ainsi les limes, les ciseaux, et autres instruments qui sont exposés à des frottements et à des secousses capables de donner du jeu à leurs molécules, passent peu à peu à l'état de magnétisme, et deviennent susceptibles d'enlever des parcelles de limaille ou des fils de fer d'un petit volume. Cependant il serait difficile de croire que l'influence du globe fût la seule cause du magnétisme que le fer est susceptible d'acquérir sans l'intervention immédiate d'un aimant. Il semble que l'on doive plutôt attribuer à une simple cause mécanique celui qui lui survient instantanément dans certaines circonstances. Telle est celle où se trouve un fil de fer que l'on plie et que l'on tord en divers sens par une de ses extrémités, jusqu'à ce qu'il se rompe. Cette extrémité, présentée successivement aux deux pôles d'une aiguile aimantée, agit sur l'un par attraction, et sur l'autre par répulsion (1). La pression qu'exerce la filière sur le fer que l'on force de passer par la petite ouverture dont elle est percée, pour lui faire prendre une forme déliée, peut aussi amener ce fer à l'état de magnétisme polaire ; c'est ce qui a souvent lieu, en particulier, à l'égard des fils du même métal qui composent une partie des cordes employées pour monter les *pianos*. Diverses observations prouvent que la foudre est capable de faire naître la vertu magnétique dans une verge de fer qui en serait frappée, et cette cause peut concourir avec l'action du globe pour produire dans les tiges qui soutiennent les croix des clochers le magnétisme dont nous avons parlé plus haut. Les décharges électriques ont aussi la propriété de décomposer le fluide magnétique renfermé dans le fer, et de faire passer ce métal de l'état naturel à l'action polaire. On peut obtenir cet effet en se servant d'un clou d'épingle, que l'on tient par le milieu à l'aide d'une pince, et dont on met la pointe en contact avec le bouton d'une bouteille de Leyde fortement chargée. On tire ensuite l'étincelle de la petite surface plane qui termine le clou du côté opposé, en lui présentant une des boules d'un excitateur, qui communique par l'autre boule avec la garniture extérieure de la bouteille. Le clou

(1) Il faut s'être assuré, avant l'expérience, que le fil de fer ne soit pas déjà à l'état de magnétisme, comme cela aurait pu être d'après ce qui va suivre.

acquiert, par ce moyen, un magnétisme dont l'effet est très-sensible, et qui se conserve pendant un terme plus ou moins considérable.

6. *Du magnétisme des mines de fer.*

Les mines de fer répandues dans l'intérieur du globe avec une abondance proportionnée à l'utilité de ce métal, le plus précieux de tous, ont été l'objet de diverses observations particulières, qui offre une confirmation des principes que nous avons établis, relativemement à la manière d'agir des forces magnétiques.

961. On a quelquefois observé que des morceaux d'aimant qu'on venait de retirer de la terre et qu'on laissait dans la même position où ils étaient avant l'extraction, avaient leurs pôles situés en sens inverse de celui qui aurait dû avoir lieu dans l'hypothèse où ces morceaux auraient acquis leur magnétisme par l'action d'un aimant placé au centre du globe, ou par celle du globe même, considéré comme faisant l'office d'un aimant. Pour lever la difficulté qui paraît en résulter, il faut simplement supposer avec Æpinus qu'il se forme naturellement dans les mines d'aimant des *points conséquents*, analogues à ceux que l'on observe quelquefois par rapport au fer que nous aimantons par les procédés ordinaires (899). On concevra dès lors comment il peut se faire que, quand on détache un fragment de mine dans laquelle il existe une série de points conséquents, la séparation ait lieu de manière que les deux pôles qui terminent le fragment soient autrement tournés que dans les morceaux qui ont reçu le magnétisme ordinaire.

962. Les minéralogistes ont regardé comme une espèce particulière de mine de fer, qu'il ont nommée *aimant*, celle qui a les deux pôles magnétiques; c'était le *ferrum attractorium* de Linnæus. Parmi les autres mines, celles qui n'avaient point de pôles distincts, mais seulement la faculté d'être attirées par le barreau aimanté, s'appelaient *ferrum retractorium* : enfin, on nommait *ferrum refractarium* celles qui se refusaient à l'action de ce barreau. Delarbre annonça, en 1786, que les fers spéculaires de Volvic, du Puy-de-Dôme et du Mont-d'Or, avaient deux pôles bien marqués (1), et nous avons entendu parler d'une observation semblable faite sur un cristal de fer octaèdre de Suède, ou de quelque autre endroit; mais il restait un sujet de surprise à la vue de tant d'autres corps qui, renfermant une certaine quantité de fer à l'état métallique, avaient séjourné si long-temps dans le sein de la terre, sans paraître avoir participé à l'action qui avait converti les premiers en aimants.

963. Nous avons entrepris récemment de faire des expériences pour éclaircir ce point de physique; mais nous avons considéré que si nous nous servions d'un barreau d'une certaine force, comme on le fait communément pour éprouver le magnétisme des mines de fer, il pourrait arriver que des corps qui ne seraient que de faibles aimants attirassent indifféremment les deux pôles du barreau, parce que dans le cas où l'on présenterait, par exemple, le pôle boréal du corps soumis à l'expérience, au pôle boréal du barreau, la force de celui-ci pourrait détruire le magnétisme de l'autre, et de plus y faire succéder l'état contraire, ce qui changerait la répulsion en attraction. Nous avons donc pris une aiguille qui n'avait qu'un assez léger degré de vertu, semblable à celles dont on garnit les petites boussoles à cadran; dès cet instant tout devint aimant entre nos mains. Les cristaux de l'île d'Elbe, ceux du Dauphiné, de Framont, de l'île de Corse, etc., repoussaient un des pôles de la petite aiguille par le même point qui attirait le pôle opposé. Nous avons trouvé peu d'exceptions, et peut-être les corps qui sont dans ce cas ont-ils perdu leur magnétisme, depuis qu'ils ont été retirés de la terre. Ce qui peut le faire présumer, c'est la facilité avec laquelle ils acquièrent des pôles lorsqu'on les met en contact, seulement une ou deux secondes, avec un barreau d'une force moyenne. Il serait possible d'ailleurs que quelques cristaux eussent échappé à l'action du magnétisme du globe pour avoir été situés de manière que leur axe fût perpendiculaire à la direction du méridien magnétique de leur lieu natal.

964. Il nous vint en idée qu'il pourrait se faire qu'un cristal à l'état d'ai-

---

(1) Journal de physique, 1786, p. 119 et suiv. — Romé de Lisle avait déjà dit la même chose par rapport à une mine de fer spéculaire de Philadelphie. Cristall., t. III, p. 187, note 35.

mant parût, en conséquence de cet état même, n'avoir aucune action sur un autre aimant. Pour vérifier cette conjecture, nous avons substitué à l'aiguille le barreau dont on se sert ordinairement, et nous avons présenté à l'un des pôles de ce barreau un cristal de l'île d'Elbe, par le pôle de même nom. Le barreau n'ayant à peu près que la force nécessaire pour détruire le magnétisme du pôle qu'on lui présentait, et remettre ce pôle dans l'état naturel, il n'y eut ni attraction, ni répulsion sensible de ce côté; tandis que le même pôle du cristal, présenté à l'autre pôle du barreau, faisait mouvoir celui-ci. On voit par là qu'en se bornant à une seule observation, on pourrait en tirer une conclusion très-opposée à la vérité. Il restait à dissiper une petite incertitude relativement aux résultats que nous venons d'énoncer. Lorsqu'on présente un morceau de fer non aimanté, par exemple, une clef, dans une position verticale, ou à peu près, au pôle austral d'une aiguille aimantée, ce pôle est toujours repoussé par le bout inférieur de la clef, tandis que le même bout attire le pôle boréal (1); c'est, comme nous l'avons vu (954), l'effet du magnétisme que l'action du globe terrestre communique à la clef, et qui est si fugitif que, si l'on renverse la position de cette clef, à l'instant les effets contraires auront lieu; mais on ne pouvait pas dire que les cristaux soumis à l'expérience fussent dans la même circonstance que cette clef, soit parce que leur action était constante, quelle que fût la position qu'on leur donnait, soit parce qu'il s'en trouvait dont l'extrémité inférieure repoussait le pôle boréal de l'aiguille et attirait son pôle austral.

965. Il résulte de ces observations que tous les morceaux de fer enfouis dans la terre, qui n'abondent pas trop en oxygène, ou du moins la très-grande partie, sont des aimants naturels, qui seulement varient par leur degré de force entre des limites très-étendues : en conséquence, l'aimant ne doit pas former une espèce à part en minéralogie; et ce qu'on appelle communément de ce nom, n'est que le premier terme et le mieux prononcé d'une série où la nature marche par nuances, à son ordinaire, et où nous pouvons la suivre très-loin, en employant des moyens assortis à la délicatesse des mêmes nuances.

(1) Nous supposons ici que l'observation se fasse dans nos contrées.

Du magnétisme du nickel et du cobalt.

966. Nous ajouterons ici quelques détails sur deux substances métalliques qui paraissent douées, ainsi que le fer, d'une vertu magnétique très-sensible. L'une est le nickel, qui, dans l'état où la nature l'a offert jusqu'ici, est toujours uni à l'arsenic et au fer : il ne produit alors aucun mouvement dans le barreau aimanté. Mais cette observation ne prouve rien, parce que l'arsenic a cette propriété singulière, que sa présence, même lorsqu'il est en petite quantité, masque entièrement l'action du magnétisme. Bergmann, qui a fait de nombreuses expériences sur le nickel, s'était aperçu que, quand on avait épuré ce métal autant qu'il était possible, il agissait sur le barreau aimanté. Le célèbre Klaproth, de son côté, après avoir découvert que la variété d'agate nommée *chrysoprase* devait sa couleur verte à l'oxyde de nickel, crut pouvoir regarder comme très-pure la portion de ce métal qu'il avait obtenue par l'analyse de la pierre dont il s'agit (1); et voyant que le nickel dans cet état continuait d'être attirable, il pencha fortement à croire que ce même métal partageait avec le fer les propriétés magnétiques. Cependant on pouvait être tenté de soupçonner que le nickel, lorsqu'on le croyait pur, recélait encore quelques molécules ferrugineuses que la puissance des agents chimiques n'avait pu lui arracher.

967. Nous nous sommes proposé d'écarter, s'il était possible, ce soupçon, en soumettant à l'expérience une lame de nickel épuré obtenue par M. Vauquelin, dont le poids est de 45 centigrammes (environ 8 grains 1/2) et la longueur de 16 millimètres (à peu près 7 lignes). Cette lame agissait d'abord par attraction sur l'un et l'autre pôle d'une aiguille aimantée; mais on parvint facilement à lui communiquer le magnétisme polaire en employant la méthode de Coulomb (913), en sorte qu'elle exerçait des attractions et des répulsions très-marquées sur l'aiguille,

(1) Annales de chimie, t. 1, p. 169.

et qu'ayant été suspendue à un fil de soie très-délié, elle se dirigea aussitôt dans le plan du méridien magnétique. De plus, un fil de fer dont le poids était à peu près la moitié de celui de cette lame ayant été mis en contact avec elle, y demeura suspendu par l'effet du magnétisme. — M. Biot a comparé depuis la force magnétique du nickel avec celle de l'acier en faisant osciller deux lames rectangulaires de 0 mètr. 2127 de longueur sur 0 mètr. 006 de largeur, et dont l'une, qui était de nickel, pesait 5 gram. 178, et l'autre, qui était d'acier, pesait 4 gram. 586 : la première avait été épurée avec tout le soin possible par M. Thenard, dont l'habileté est connue. Les deux lames, ayant été aimantées à saturation, furent suspendues à des fils de soie : celle de nickel fit 10 oscillations en 87 secondes, et celle d'acier en fit le même nombre en 45 sec. 5. Mais les forces magnétiques de deux corps, à égalité de dimensions, sont en raison directe des poids et en raison inverse des carrés des temps employés à faire un nombre donné d'oscillations : donc, la force magnétique du nickel est à celle de l'acier comme $\frac{5,178}{(87)^2}$ est à $\frac{4,586}{(45,5)^2}$, ou comme 0,000684 est à 0,002215; c'est-à-dire que la première est un peu moins que le tiers de la seconde. Or, la quantité de fer qu'il faudrait supposer dans les lames de nickel dont nous venons de parler était trop considérable pour permettre de croire qu'elle eût entièrement échappé aux moyens employés par les deux célèbres chimistes, qui semblaient avoir épuisé toutes les ressources de l'art pour amener ces lames à l'état de pureté.

968. Cependant M. Laugier, si avantageusement connu par la grande précision qui caractérise ses opérations, soupçonna depuis que le terme auquel s'était arrêtée l'analyse, dans les tentatives faites pour épurer le nickel, n'était pas le dernier auquel il fût possible d'atteindre, et entreprit de nouvelles recherches dans la vue d'essayer s'il ne débarrasserait pas ce métal d'une petite quantité de matière étrangère qui serait restée jusqu'alors comme enchaînée à ses molécules propres. Il fut utilement secondé dans son travail par M. Silveira, jeune médecin portugais d'un mérite distingué. On peut lire dans le mémoire qu'il a présenté à l'Académie des sciences, et qui a obtenu le suffrage de cette compagnie, le détail des épreuves nombreuses et variées par lesquelles ces deux savants ont fait passer successivement le métal, et des précautions scrupuleuses qu'ils ont prises pour écarter jusqu'aux plus petites causes d'erreur et pour arriver à un résultat qui pût être regardé comme étant en quelque sorte le dernier mot de la chimie (1). — Ce que la propriété magnétique du nickel a gagné à ce résultat offre une raison de plus de croire que M. Laugier a atteint le but qu'il s'était proposé, puisque si, comme on n'en peut douter, le nickel jouit par lui-même de la propriété dont il s'agit, il est naturel de penser que plus il est pur et plus elle doit avoir en lui d'énergie. M. Laugier, à qui nous témoignâmes le désir d'éprouver ce qu'elle aurait acquis entre ses mains, voulut bien nous donner une lame de son nickel, d'une forme à peu près circulaire, et dont le diamètre était de 25 millimètres (près d'un pouce), et l'épaisseur de 2 millimètres (environ une ligne). En faisant tourner cette lame vis-à-vis d'une des extrémités d'une aiguille aimantée, nous nous aperçûmes qu'elle avait deux pôles situés sur la direction d'un même diamètre : à la vérité l'aiguille n'avait qu'une médiocre vertu. Avec une autre aiguille plus vigoureuse, la répulsion était quelquefois remplacée par l'attraction ; mais l'action polaire était très-marquée. Nous ne voulûmes pas l'augmenter à l'aide de l'aimantation ; nous préférâmes d'en observer plutôt la durée, et nous trouvons que déjà elle s'est soutenue sans altération sensible depuis plus de six mois que nous l'avons éprouvée pour la première fois. L'action polaire est doublement remarquable dans le cas présent, comme étant le résultat d'une simple opération d'analyse, qui semble être entièrement étrangère aux moyens qu'on emploie communément pour la faire naître.

969. L'autre substance est le cobalt, qui, dans ses mines, est de même toujours mêlé de fer et d'arsenic, et qui,

(1) Expériences sur le traitement des mines de cobalt et de nickel, etc. ; mémoire lu à l'Académie royale des sciences, le 10 août 1818 (Annales de chimie et de physique, t. IX, p. 267 et suiv.).

étant épuré autant que les ressources de la chimie peuvent le permettre, manifeste aussi un magnétisme très-sensible. Wenzel a fait avec ce métal des aiguilles qui, après avoir été aimantées, se dirigeaient comme celles des boussoles ordinaires (1). Au fond, rien ne répugne à ce que d'autres métaux aient, ainsi que le fer, la faculté de retenir le fluide magnétique engagé dans leurs pores ; et cette espèce de prérogative, que l'on croyait accordée au fer seul, devait même paraître d'autant plus singulière qu'en général la nature n'est pas ainsi exclusive dans sa manière d'agir.

7. *Des différentes hypothèses imaginées par les physiciens sur la cause du magnétisme qu'exerce le globe terrestre.*

970. Descartes et les physiciens qui ont suivi sa doctrine avaient expliqué les phénomènes des aimants ordinaires à l'aide d'une hypothèse qui leur paraissait s'adapter comme d'elle-même au magnétisme naturel. Ils pensaient que le globe terrestre était en grand ce qu'était un aimant en petit ; que le fluide magnétique circulait continuellement d'un pôle à l'autre et entraînait dans sa direction les aiguilles aimantées librement suspendues. Comme le tourbillon formé par ce fluide suivait la courbure du globe, il déterminait l'aiguille à s'incliner vers un pôle ou vers l'autre à mesure qu'on l'écartait de l'équateur. A l'égard de la déclinaison, on essayait de l'expliquer en supposant que les pôles du tourbillon magnétique ne coïncidaient pas avec ceux du globe, mais s'en écartaient d'une certaine quantité. Avec cette manière plutôt vague que générale de concevoir la cause du magnétisme, on éludait la détermination de tous les phénomènes particuliers, ou, pour mieux dire, de toutes les anomalies apparentes que présente l'observation assidue des mouvements de l'aiguille. On ignorait alors cette vérité si importante pour le progrès des sciences, que, si les idées générales sont les bases des théories, c'est par les détails qu'on juge de la solidité de cette base.

971. Depuis qu'on a cherché à mettre de la précision dans l'explication des phénomènes du magnétisme, les tourbillons ont disparu, et l'on a substitué aux impulsions imprimées par leurs molécules aux aiguilles magnétiques des forces qui s'exerçaient à distance sur ces aiguilles et qui avaient leurs centres d'action dans l'intérieur même du globe. Et comme il était naturel de donner un sujet aux forces dont il s'agit, les physiciens se partagèrent à cet égard entre deux opinions différentes, mais puisées dans l'analogie avec les phénomènes déjà connus. Les uns eurent recours à l'action des mines d'aimant, que l'on supposait être très-abondantes vers les pôles. La disposition irrégulière des masses dont ces mines étaient formées occasionnait les diversités que l'on observe, pour un instant, dans les déclinaisons et les inclinaisons des aiguilles situées à différents points de la terre ; et les changements successifs que subissaient les mines, par l'action des diverses causes qui les altéraient ou les détruisaient à tel endroit, tandis qu'ailleurs il s'en produisait de nouvelles, faisaient varier à leur tour, avec le temps, la quantité de la déclinaison ou de l'inclinaison pour chaque lieu particulier.

972. Halley, Æpinus et d'autres physiciens, sans nier l'influence des mines d'aimant sur la direction des aiguilles, l'ont regardée seulement comme une force secondaire et ont supposé que la force principale provenait d'un très-gros aimant de figure globuleuse, ou à peu près, qui formait comme le noyau du globe terrestre. Halley avait de plus imaginé que ce noyau devait avoir un mouvement très-lent, par lequel sa position changeait continuellement à l'égard du globe ; ce qui servait à expliquer, selon ce physicien, les variations que le temps apporte dans l'inclinaison et la déclinaison des aiguilles relativement à un même lieu.

973. Æpinus n'admet point ce mouvement, qui lui paraît insuffisant et même absolument inutile ; et, pour ramener les phénomènes à l'hypothèse d'un noyau fixe, il observe d'abord que si le fluide était distribué uniformément dans ce noyau, en sorte que ses deux centres d'action, ayant des forces égales, fussent situés sur l'axe de la terre à des distances égales du centre, la déclinaison serait nulle à tous les points du globe, tandis que l'inclinaison, nulle seulement à l'équateur, croîtrait vers

(1) Gren, Manuel systém. de chimie, 2e édition, t. III, p. 516 et suiv.

les pôles suivant une loi qui serait en relation avec le changement de latitude. — Mais la distribution du fluide se fait irrégulièrement à l'intérieur du noyau magnétique. Dans certaines parties le fluide est plus accumulé, dans d'autres il est plus rare; et il en résulte que les positions des centres d'action changent continuellement à l'égard d'une aiguille portée à différents points de la terre. Si le point auquel répond actuellement l'aiguille est tellement situé, que la résultante de toutes les forces qui agissent diversement sur elle des différents points du noyau magnétique soit parallèle à l'axe de la terre, la déclinaison sera nulle; et suivant que cette résultante fera un angle plus ou moins ouvert avec l'axe du globe, la déclinaison elle-même sera plus ou moins considérable. D'un autre côté, la distribution du fluide change avec le temps dans l'intérieur du noyau, et ces changements déterminent ceux que subissent la déclinaison et l'inclinaison de l'aiguille dans un même lieu.

974. A l'égard de la variation diurne en déclinaison, M. Canton a cru pouvoir l'expliquer par la diminution de force attractive que la chaleur des rayons solaires devait occasionner dans le noyau magnétique du globe. Cette diminution ayant lieu le matin par rapport aux parties situées vers l'est, l'aiguille, moins attirée de ce côté, devait décliner vers l'ouest, et l'effet opposé devait avoir lieu pendant l'après-midi.

975. Une observation faite par Lahire semble donner une nouvelle couleur à l'hypothèse dont nous venons de parler. Ce physicien ayant taillé en forme de sphère un aimant naturel qui pesait près de 100 livres, et en ayant déterminé l'axe d'après la position des pôles magnétiques, traça sur cette sphère un équateur et un certain nombre de méridiens. Il fit ensuite correspondre une aiguille aimantée successivement à différents points de cet aimant, et il remarqua que, dans quelques-uns de ces points, elle se dirigeait exactement d'un pôle à l'autre, et que, dans d'autres points, elle déclinait à droite ou à gauche, en sorte que la plus grande déclinaison observée se trouvait être d'environ 26 degrés.

976. Tel était l'état de nos connaissances relativement au magnétisme naturel, lorsque M. Coulomb, à qui la détermination de toutes les petites forces qui exigent des attentions délicates semble être tombée en partage, fut conduit par des expériences de ce genre à des résultats imprévus, qui tendent à répandre un nouveau jour sur le point de physique qui nous occupe. Ce savant célèbre prit deux barreaux aimantés, qu'il disposa sur une même ligne droite de manière que leurs pôles opposés étaient éloignés l'un de l'autre d'environ 15 millimètres. Il plaça dans l'espace intermédiaire, successivement, de petits cylindres faits de diverses matières et dont la longueur était de 7 à 8 millimètres. Chaque cylindre était suspendu librement à un fil de soie, tel qu'il sort du cocon. M. Coulomb observa que ce cylindre, de quelque matière qu'il fût composé, se disposait toujours exactement suivant la direction des barreaux; et si on le détournait de cette direction, il y était constamment ramené après un certain nombre d'oscillations. L'or, l'argent, le cuivre, le plomb, l'étain, le verre, la craie, les os des animaux et différents bois furent soumis à l'expérience, et tous ces corps éprouvèrent l'action des barreaux magnétiques (1). — Il se présentait deux manières d'expliquer ces phénomènes : l'une consistait à dire que tous les éléments qui entrent dans la composition de notre globe étaient, par leur nature, susceptibles de la vertu magnétique; mais que, dans la plupart des corps, cette vertu était presque insensible, en sorte que jusqu'à présent elle n'avait guère été observée que dans le fer, qui la possède à un degré éminent. L'autre explication supposait que l'action magnétique exercée par les barreaux, dans les expériences que nous avons citées, était due à des molécules de fer répandues indistinctement dans les différentes substances naturelles et qui échappaient à tous les efforts de l'analyse chimique. M. Coulomb, qui avait d'abord penché en faveur de la première explication, paraît avoir balancé depuis entre l'une et l'autre; il a projeté une suite d'expériences dont il a même exécuté quelques-unes, et dont le but était de mesurer l'action des barreaux sur les différents corps et de chercher quelle serait, relativement à la masse de chacun de ces corps, la quantité de fer qu'il

(1) Journal de physique, floréal an X, p. 367 et suiv.

faudrait supposer disséminée dans son intérieur pour produire le nombre d'oscillations qu'il fait dans un temps donné. La grande précision que M. Coulomb avait coutume de mettre dans toutes ses opérations semblait ne laisser aucun lieu de douter de la justesse des résultats qui viennent d'être décrits : cependant plusieurs physiciens, ayant entrepris de les vérifier, n'ont pu y réussir; nous avons tenté nous-même inutilement d'en obtenir de semblables en employant des barreaux plus vigoureux que ceux dont on se sert ordinairement et en n'omettant aucune des précautions propres à garantir le succès de l'expérience. Les oscillations que faisaient les aiguilles, pendant le premier instant, répondaient à des arcs qui étaient coupés très-inégalement par une ligne parallèle aux axes des barreaux, qui aurait dû faire ici la même fonction que la verticale dans les oscillations du pendule. Lorsqu'ensuite l'aiguille avait cessé d'osciller, la direction sur laquelle elle s'était arrêtée faisait un angle plus ou moins ouvert avec les mêmes axes, et qui variait d'une expérience à l'autre. — La seule manière de concilier ici la diversité des résultats avec la marche uniforme des opérations consisterait à dire que, l'action du magnétisme sur les aiguilles ne commençant à devenir sensible qu'à un certain degré d'énergie, les expériences restent sans effet ou réussissent, suivant que la force des barreaux employés est en deçà du degré dont il s'agit ou l'a atteint. Et ce qui semble confirmer cette explication, c'est que, dans des expériences dont on a annoncé le succès, on avait substitué à de simples barreaux des faisceaux de lames magnétiques, qui devaient emprunter de leur réunion un grand surcroît d'énergie; mais nous n'avons pas été à portée de nous procurer un appareil qui offrît le même avantage.

977. Les recherches des physiciens modernes pour perfectionner la science du magnétisme ne sont pas encore arrivées à leur terme. Parmi les phénomènes qui en attendent de nouvelles, la déclinaison de l'aiguille et la variation de l'intensité de la force magnétique sont ceux à l'égard desquels nos connaissances soient le plus en retard. Quelques savants ont cru avoir trouvé la loi de la déclinaison et ramené ce phénomène à une espèce de progression qui devait en donner la quantité pour chaque lieu de la terre; on a même été jusqu'à prétendre que la déclinaison pouvait servir à résoudre le problème des longitudes. Mais, suivant la remarque de M. Biot, la recherche extrêmement difficile des lois auxquelles sont soumises la déclinaison et l'intensité exigerait, pour être tentée avec succès, des observations peut-être plus nombreuses et plus précises que celles qui ont été recueillies jusqu'à présent. On pourrait dire qu'à cet égard la physique du magnétisme n'est pas encore mûre pour la géométrie.

978. Nous terminerons par une comparaison succincte des fluides électrique et magnétique considérés relativement à leur manière d'agir et aux fonctions qu'ils exercent. L'un étend son empire sur tous les corps de la nature; ce qu'il y a de prouvé par rapport à l'autre, c'est que le fer, le nickel et le cobalt sont les seuls corps soumis à son pouvoir. Le fluide électrique tantôt se communique librement d'un corps à l'autre, tantôt reste engagé dans le corps où il s'est décomposé; jamais le fer ne partage son fluide avec un autre fer; il le retient constamment comme enchaîné dans ses pores. L'électricité se manifeste aux yeux par des jets de lumière, par de bruyantes étincelles; le magnétisme agit paisiblement et en silence : il n'est sensible que par les mouvements qu'il inspire aux corps en prise à son action. Les phénomènes électriques excitent un étonnement plus vif, les phénomènes magnétiques une admiration plus tranquille. — Enfin, la décomposition spontanée du fluide électrique dans la nature dépend de causes locales, variables et passagères; le fluide magnétique a ses forces à peu près concentrées dans certains points de notre globe, comme dans des espèces de foyers, d'où elles s'exercent à chaque instant sur tous les corps ferrugineux : sans cesse elles sollicitent les aiguilles de boussole, sinon d'une manière constante, du moins avec des variations assez petites pour que l'instrument soumis à leur action puisse servir de guide aux navigateurs et les dédommager en quelque sorte de l'absence des étoiles; et ainsi l'aimant, qui n'a été pendant long-temps qu'un objet d'amusement, fournit aujourd'hui à la marine un de ses instruments les plus précieux, et ceci nous apprend que les objets qui ne semblent d'abord conduire qu'à des spé-

culations curieuses, ne doivent pas être pour cela condamnés à l'oubli. Outre qu'il en résulte toujours des connaissances propres à exercer la sagacité de l'esprit et à orner la raison, ces connaissances peuvent recéler elles-mêmes une utilité cachée qui enfin se déclarera ; et les moments que nous leur donnons préparent peut-être celui où elles tourneront vers nous leur côté le plus intéressant et cesseront d'être stériles pour le bien de la société.

EXPÉRIENCES ÉLECTRO-MAGNÉTIQUES.

Observations préliminaires.

979. L'existence du fluide électrique dans les phénomènes dont on doit la découverte à Galvani avait été méconnue par ce physicien, et la cause qu'il leur assignait, en les faisant dépendre d'un fluide qui circulait dans le corps des animaux, tendait à rejeter leur théorie bien loin de sa véritable direction. Dans la suite, après que Volta en eut découvert la vraie cause et eut mis le fluide électrique en activité dans la pile qui porte son nom, les effets que cet instrument offrit à l'observation parurent lui assigner encore un rang à part dans l'ensemble des corps électriques ; et tandis que ceux de ces corps qui étaient connus jusqu'alors s'assimilaient aux corps magnétiques par les lois auxquelles était soumis le fluide qui les sollicitait, ce fluide se montrait, sous certains rapports, différent de lui-même par la manière dont la pile se chargeait, par la faculté qu'elle avait de reprendre sans cesse ce qu'elle avait perdu et par la distribution des deux fluides qui circulaient dans son intérieur. Des expériences très-remarquables faites par M. OErsted ont prouvé que le fluide magnétique, qui jusqu'alors n'avait fourni qu'un terme de comparaison aux phénomènes électriques, concourait réellement à ceux de la pile. Nous allons exposer le plus clairement qu'il nous sera possible les résultats de ces belles expériences, où des phénomènes si connus, et avec lesquels nos yeux étaient familiarisés depuis si long-temps, se sont montrés sous des caractères qui semblent en avoir fait des phénomènes tout nouveaux.

Exposé des phénomènes.

980. On sait que l'action exercée par une pile sur le fluide naturel des disques métalliques qui entrent dans sa composition a pour effet de séparer les deux électricités dont il est formé, et qu'elle tend continuellement à les refouler en sens contraire vers les extrémités : de là résultent deux états différents du fluide développé par la pile, suivant que ces extrémités sont isolées l'une de l'autre par des corps non conducteurs ou communiquent ensemble par un fil conducteur. Le premier état est un état d'équilibre ou de *tension électrique ;* les deux électricités s'accumulent chacune dans la partie de la pile vers laquelle elle est portée, jusqu'à ce que leur tendance à se réunir contrebalance l'action contraire que la pile exerce pour les séparer. Mais si l'on forme un circuit en joignant les extrémités de la pile par un fil métallique, alors il n'y a plus de tension : les deux fluides, dégagés par l'action continue de la pile, se répandent en sens opposé dans le fil conducteur, où s'établit, par leur réunion, le second état de l'électricité, que l'on a désigné sous le nom de *courant électrique.* Cet état est caractérisé par un nouvel ordre de phénomènes auquel appartiennent ceux que nous ont dévoilés les expériences de MM. OErsted, Ampère et Arago.

1° *Phénomènes découverts par M. OErsted.*

981. Ces phénomènes consistent dans les actions que M. OErsted a reconnues entre le fil métallique qui joint les deux pôles d'une pile et un aimant ; actions qui sont dépendantes non-seulement de la position du fil par rapport à l'aimant, mais encore des directions que suivent dans ce fil les deux électricités. Comme ces directions sont opposées, il suffit, pour les déterminer, d'indiquer le sens dans lequel se meut l'électricité positive : c'est ce que l'on appelle le *sens du courant électrique.* Cela posé, on peut présenter, comme l'a fait M. Ampère, tous les faits particuliers observés par M. OErsted sous un point de vue qui les ramène aux deux résultats généraux que nous allons exposer.

982. *Premier résultat.* — Lorsqu'on approche une aiguille aimantée d'une

portion quelconque d'un circuit galvanique, on la voit se détourner de sa direction primitive et tendre à se mouvoir de manière que son axe soit perpendiculaire à cette portion du circuit. De plus, si l'on se place, par la pensée, dans le sens du courant de manière qu'il soit dirigé des pieds à la tête de l'observateur et que celui-ci ait la face tournée vers l'aiguille, c'est toujours à sa gauche que le pôle austral est porté par l'action galvanique.

983. Supposons, par exemple, qu'une pile soit placée horizontalement à peu près dans le sens du méridien magnétique, et qu'on ait disposé dans une direction parallèle à ce méridien une portion plus ou moins grande du fil conjonctif. Supposons de plus que le pôle positif de la pile regarde le nord, de manière que le courant galvanique soit dirigé du sud au nord dans la pile et du nord au sud dans la partie rectiligne du conducteur; que l'on place deux aiguilles aimantées mobiles sur des pivots, l'une sur la pile elle-même et l'autre au-dessus ou au-dessous du fil conducteur, le pôle austral de la première se portera vers l'est, et celui de la seconde se détournera du côté opposé lorsqu'on la placera au-dessus du conducteur, et du même côté lorsqu'elle sera placée au-dessous. Dans cette expérience, l'action du courant galvanique se combine toujours avec celle que le globe terrestre exerce sur l'aiguille aimantée, en sorte que celle-ci ne parvient jamais à la position perpendiculaire et s'arrête obliquement en faisant un angle plus ou moins ouvert avec le méridien magnétique. Mais on peut rendre nulle l'influence du globe, ainsi que l'a fait M. Ampère, en fixant l'aiguille aimantée perpendiculairement à un axe auquel on donne la direction de l'aiguille d'inclinaison. Dans ce cas, elle fait toujours un angle droit avec le fil conducteur, celui-ci agissant seul pour la diriger.

984. *Second résultat.* — Un conducteur galvanique, supposé fixe, et une aiguille aimantée, suspendue librement à un fil, s'attirent quand la position de l'aiguille est celle qu'elle tendait à prendre dans l'expérience précédente en vertu de l'action directrice du conducteur, et se repoussent quand l'aiguille est dans la position contraire. Dans le cas où l'attraction a lieu, si le conducteur et l'aiguille viennent à se toucher, ils restent attachés l'un à l'autre comme le feraient deux aimants.

2° *Attractions et répulsions galvaniques observées par M. Ampère.*

985. Comme les actions que l'on vient d'exposer sont réciproques entre l'aiguille aimantée et le fil conjonctif, il est clair qu'elles se manifesteraient également dans le cas où, l'aiguille étant fixe, on lui présenterait un conducteur mobile; et comme le globe terrestre lui-même fait la fonction d'un véritable aimant, on doit en conclure qu'il dirigerait constamment dans le même sens un tel conducteur, auquel on donnerait une disposition analogue à celle des aiguilles de boussole. Aussi, lorsqu'on forme avec un fil métallique un cercle presque fermé, où l'on ne laisse que l'interruption suffisante pour faire communiquer les deux extrémités du fil avec les pôles de la pile, et que l'on rend cet appareil mobile autour d'un axe compris dans le plan du cercle, l'action du globe amène ce plan dans une position perpendiculaire à une aiguille aimantée qui, assujettie à tourner autour du même axe, obéirait de son côté à la même action. Cette expérience, que M. Ampère a tentée le premier, est délicate; on peut voir dans le mémoire (1) où l'auteur l'a décrite les précautions qu'il a prises pour en assurer le succès.

986. Le même savant a découvert de plus, entre deux fils métalliques faisant partie d'un même circuit, une action mutuelle tout à fait analogue à celle qu'exerce un fil conjonctif sur un aimant, ou qui est réciproque entre deux aimants. Pour la rendre sensible, il dispose dans des directions parallèles deux portions rectilignes du conducteur, de manière que l'une soit fixe et que l'autre ait une suspension mobile qui lui permette de s'approcher ou de s'éloigner de la première en lui restant toujours parallèle. Alors, si l'on fait passer un courant électrique à la fois dans les deux fils, on observe qu'ils s'attirent mutuellement quand leurs courants respectifs ont lieu dans le même sens, et qu'ils se repoussent quand les courants ont lieu dans des directions opposées.

(1) Annales de chimie et de physique, t. XV, octobre 1820.

Dans le cas de l'attraction, s'ils parviennent au contact, ils restent attachés l'un à l'autre comme deux aimants; et, de plus, ces effets ont lieu dans le vide comme dans l'air.

987. M. Ampère a introduit dans un tube de verre une partie du fil conjonctif et a plié l'autre partie en hélice sur le tube; puis, suspendant le tout comme une aiguille aimantée, il a obtenu de cette manière un appareil qui exécutait, à l'approche d'un barreau aimanté, les mêmes mouvements que fait cette aiguille dans les mêmes circonstances.

3° *Observations de M. Arago, relatives à l'aimantation des lames de fer ou d'acier par le courant galvanique.*

988. M. Arago a d'abord remarqué que le fil conjonctif se chargeait de limaille de fer comme le ferait un aimant, et qu'on ne pouvait attribuer cet effet à une action électrique ordinaire, puisque l'expérience ne réussissait point avec de la limaille de cuivre ou avec de la sciure de bois. De plus, il a vu que le fil ne communiquait au fer doux qu'un magnétisme fugitif, mais qu'en se servant de parcelles d'acier on obtenait un effet durable. Bientôt après des vues théoriques le conduisirent à former avec le fil une hélice, au centre de laquelle il plaça une aiguille d'acier enveloppée de papier: au bout de quelques minutes l'aiguille avait reçu un degré assez considérable de magnétisme. En répétant cette expérience, l'auteur observa qu'on obtenait une position constante des pôles en rapport avec la direction du courant dans l'hélice. — Dans une autre expérience, le même savant employa deux hélices symétriques séparées par une partie rectiligne. Les spires de l'une étaient dirigées dans un sens, celles de l'autre dans le sens contraire; deux aiguilles tout à fait semblables furent placées dans les deux hélices. Le changement de la direction suivant laquelle circulait le courant dans ces deux parties du fil a suffi pour donner lieu à un renversement des pôles dans les aiguilles. En introduisant un seul et même fil d'acier dans plusieurs hélices tournées dans des sens alternativement contraires, il obtint une série de pôles intermédiaires analogues à ceux que nous avons désignés sous le nom de *points conséquents*. M. Arago a reconnu depuis que l'électricité ordinaire produisait tous les phénomènes d'aimantation qu'il avait observés au moyen de l'appareil voltaïque. Il est parvenu à communiquer une forte vertu magnétique à un barreau d'acier placé dans un tube de verre autour duquel un fil de laiton était roulé en hélice, en faisant passer à travers ce fil une série d'étincelles électriques.

989. L'objet de la théorie, relativement aux nouveaux phénomènes de la pile, sera de les ramener à un principe qui les rattache aux lois bien connues des fluides électrique et magnétique et aux actions mutuelles de leurs propres molécules. Mais, pour remplir cet objet, il faudrait avoir des données plus positives sur cette disposition particulière de l'électricité que l'on a désignée par le nom de *courant électrique*. En attendant, MM. Biot et Ampère ont cherché à déterminer par l'expérience l'action mutuelle de deux portions infiniment petites de fils conjonctifs: ils ont trouvé que, pour une même position respective de ces portions de fils, cette action était en raison inverse du carré de leur distance; considérant ensuite les fils d'une longueur finie comme des assemblages d'éléments soumis à cette loi, ils ont déduit du calcul les expressions des effets composés que l'on observe dans les attractions et répulsions de ces fils. C'est ainsi qu'ils sont parvenus à ce résultat, que, dans le cas de deux fils rectilignes dont les directions sont parallèles, si l'on en suppose un d'une longueur infinie, la résultante des actions de toutes ses parties sur une portion déterminée de l'autre est en raison inverse de la plus courte distance des deux fils. Ces manières géométriques de représenter les phénomènes ont ouvert la route que la théorie doit parcourir pour arriver à son véritable but.

Réflexions sur les phénomènes électro-magnétiques.

990. A ne juger des phénomènes que nous venons de décrire que par ce qu'ils offrent d'extraordinaire au premier coup d'œil et par l'étonnement général qu'ils ont excité lorsqu'on les a annoncés, on pourrait être tenté de les mettre au rang des découvertes qui ont changé la face des sciences auxquelles elles appartenaient; mais le point de vue n'est plus le même lorsque, la surprise ayant fait place à la réflexion, on examine ce

que nos connaissances sur le sujet dont il s'agit ont encore à acquérir pour ne laisser plus rien à désirer : c'est cet examen qui nous a suggéré les réflexions suivantes.

991. Il nous paraît d'abord bien prouvé que le fluide magnétique est distingué, par sa nature, du fluide électrique. Nous avons cité différents faits qui établissent cette distinction, et dont les uns sont relatifs aux circonstances naturelles qui développent les deux fluides et les mettent en activité; les autres sont donnés par les expériences qui nous montrent de près les actions des mêmes fluides dans les corps que nous avons à notre disposition.

992. En second lieu, les théories de l'électricité et du magnétisme, telles que les ont adoptées jusqu'ici tous les physiciens, sont démontrées sans retour par l'accord du calcul avec l'observation; et elles le sont d'autant mieux qu'elles se vérifient mutuellement par l'identité des lois auxquelles les deux fluides, quoique distingués entre eux, obéissent d'une manière invariable dans les expériences destinées à leur détermination. — Maintenant, les nouveaux phénomènes qu'ont offerts les expériences faites en Danemark se réduisent aux trois suivants : l'un dépend de l'influence qu'exerce l'action électrique de la pile sur une aiguille aimantée pour la détourner de sa direction naturelle; le deuxième consiste dans la propriété qu'a le fluide de la pile de décomposer, dans certaines circonstances, le fluide magnétique et de faire naître l'action polaire dans une aiguille ou un barreau de fer; le troisième enfin dérive des actions mutuelles de deux fils métalliques traversés par deux courants d'électricité galvanique. Cette électricité produit seule le phénomène dont il s'agit, tandis que les deux autres ont lieu en vertu du concours de l'électricité et du magnétisme.

993. Mais, pour ne parler d'abord que de ce dernier phénomène, on observe, dans les corps électriques et magnétiques que nous soumettons à l'expérience, des effets qui ont dû surprendre les premiers observateurs; mais qui s'expliquent aujourd'hui d'une manière satisfaisante d'après les théories généralement reçues: on doit croire qu'il en sera de même, dans la suite, de celui dont il s'agit ici. D'une autre part, l'action qu'exerce la pile pour faire passer le fer de l'état naturel à celui de magnétisme polaire ne lui est pas particulière; la bouteille de Leyde la partage avec elle en produisant le même effet sur le fer à travers lequel on la décharge. Cet effet est connu depuis long-temps, et l'on n'a pas jugé que le refus qu'il a fait jusqu'ici de se prêter à une explication satisfaisante portât aucune atteinte à la théorie; on peut en dire autant d'un effet non moins remarquable qui provient de l'action d'un autre fluide étranger au magnétisme et à l'électricité : nous voulons dire celui du calorique, qui a la prérogative de faire naître des pôles électriques dans la tourmaline, qui est si remarquable sous le rapport des propriétés qu'elle acquiert dans cette circonstance.

994. C'est le premier des phénomènes cités, celui que présente une aiguille magnétique dérangée de sa position naturelle par l'influence de la pile, qui imprime à cet appareil son véritable caractère distinctif. Aucun autre agent n'est capable de l'imiter. La conséquence qui s'en déduit, c'est qu'il existe dans sa manière d'agir une circonstance particulière qui détermine le phénomène dont nous venons de parler, et que les physiciens parviendront probablement un jour à saisir par le côté qui la rattache aux lois si bien démontrées du magnétisme et de l'électricité. Ce que l'on peut dès maintenant inférer du retard où se trouve la science par rapport à l'explication de ce phénomène et des autres dont nous avons parlé, c'est qu'elle ne sera pas exposée à revenir sur ses pas pour la trouver, et qu'elle aura plutôt de nouveaux pas à faire pour arriver à son but.

VIII. DE LA LUMIÈRE.

Après avoir développé les différents phénomènes produits par les fluides répandus autour de nous et dans les régions voisines de notre globe, nous nous élèverons maintenant jusqu'à la considération de la lumière, qui a sa source dans les astres, et dont l'action embrasse la sphère entière de l'univers. La physique ne nous offre nulle part un objet plus digne de notre étude, soit par la beauté, soit par le nombre des phénomènes. Les services que nous tirons du fluide qui nous éclaire seraient seuls capables d'exciter toute notre attention pour bien connaître ses propriétés. Si l'air, en servant de véhicule à la parole, nous met en commerce de pensées avec nos semblables, la lumière ajoute un grand prix à ce commerce en nous rendant présente leur image, qui elle-même a tant de choses à nous dire. Plus susceptible d'impressions variées que les autres sens, l'œil, par le secours de la lumière, saisit tout à la fois dans les corps les formes qui les terminent, les couleurs qui les embellissent, les rapports de leurs positions, les mouvements qui les transportent dans l'espace; il démêle sans aucune confusion toutes ces modifications qui semblent se jouer de mille manières dans cette grande diversité d'objets auxquels s'étend le pouvoir d'un simple regard. — Mais si la vision n'était que directe, la partie même dans laquelle l'œil a son siége, celle qui nous caractérise et qui nous fait reconnaître par les autres, serait restée inconnue pour nous-mêmes : la lumière y supplée en nous offrant notre portrait fidèle derrière les surfaces réfléchissantes, dont l'action multiplie tout ce qui se présente devant elles. — Ce n'est point encore là que se bornent les services que nous tirons de ses propriétés. Au delà des globes qui brillent sur nos têtes, il en existe d'autres qui se dérobent à notre vue par l'immensité de leur éloignement ; tandis que, près de nous, des milliers d'êtres organiques échappent de même à nos yeux par leur extrême petitesse. La lumière, en se repliant dans les corps diaphanes terminés par des faces curvilignes, nous a mis à portée d'apercevoir ces deux espèces d'infinis : elle a ouvert un nouveau ciel à l'astronomie et un nouveau champ à l'histoire naturelle.

995. On a cet avantage, dans la théorie de la lumière, que la marche de ce fluide est géométrique, en sorte qu'en partant d'un petit nombre de lois on parvient à déterminer les résultats par des méthodes précises et rigoureuses. On sait que le célèbre Saunderson, quoique aveugle depuis sa première enfance, donnait des leçons publiques d'optique : il considérait les rayons de la lumière comme de simples lignes matérielles qui agissaient sur l'œil par contact; en voyant ces lignes par la pensée, il faisait concevoir aux autres comment leurs yeux voyaient les objets mêmes dont elles excitaient en eux l'impression.

996. On peut considérer la lumière dans l'état de composition qui lui est naturel, et sous lequel on la voit d'une blancheur éclatante, ou comme étant décomposée en différentes espèces de rayons diversement colorés. Les propriétés relatives au premier état conduisent à déterminer ce qu'on peut appeler les *routes de la lumière*. Ce fluide tend toujours par lui-même à se mouvoir en ligne droite ; mais il arrive souvent qu'il rencontre un obstacle qui lui refuse le passage et lui permet seulement de se réfléchir sur sa surface ; ou bien un milieu, c'est-à-dire un corps transparent, qu'il pénètre en éprouvant une déviation à laquelle on a donné le nom de *réfraction*. En comprenant sous la dénomination générale d'*optique* tout ce qui concerne la science de la lumière, on a appliqué plus spécialement cette dénomination à la partie qui traite de la lumière directe. On a appelé ensuite *catoptrique* celle qui considère la lumière réfléchie par les surfaces des miroirs, et *dioptrique* celle qui a pour objet la lumière réfractée à son passage d'un milieu plus dense dans un autre plus rare, ou réciproquement. Plusieurs physiciens, pour s'être attachés à suivre rigoureusement l'ordre prescrit par cette sous-division, ont manqué un but plus essentiel, qui est de ramener les idées elles-mêmes à la méthode analytique, et d'éviter de faire entrer dans l'explication d'un phénomène des connaissances qui ne seront exposées que dans la suite : ainsi, on a compris dans l'optique proprement dite plusieurs effets de la vision qui supposent l'intelligence de la structure de l'œil, tandis que cette structure elle-même ne peut être bien conçue que d'après les principes de la dioptrique. — Voici l'ordre que nous nous sommes proposé de suivre pour conserver, autant qu'il sera possible, la liaison des idées et ne point laisser prendre l'avance aux vérités dont le tour n'est pas encore venu. Nous examinerons d'où provient la lumière, sous quelle forme elle se répand, quelle est sa vitesse, et suivant quelle loi son intensité diminue à mesure qu'elle s'éloigne du corps lumineux. De ces principes, qui ont rapport à la lumière directe, nous passerons aux lois générales de la réflexion et de la réfraction ; nous exposerons ensuite les phénomènes qui concernent la lumière décomposée et les couleurs. Ces principes une fois établis,

nous en ferons l'application à la vision soit naturelle, soit aidée par les instruments de catoptrique et de dioptrique.

1. *De la nature et de la propagation de la lumière.*

997. Lorsqu'un corps lumineux répand sur tous les autres corps renfermés dans sa sphère un éclat qui affecte nos yeux, et rend ces corps visibles pour nous, cet effet suppose nécessairement l'existence d'un fluide dont l'action s'exerce et sur les objets éclairés, et sur l'organe qui les aperçoit. Ce fluide est-il une matière subtile qui remplit toute la sphère de l'univers et à laquelle le corps lumineux imprime une agitation qui se transmet ensuite de proche en proche, comme les vibrations du corps sonore se propagent par l'intermède de l'air? Telle était l'hypothèse de Descartes, admise par plusieurs physiciens modernes qui, pour l'adapter au phénomène de la réflexion et à celui de la propagation de la lumière, y ont fait quelques changements, en supposant que les particules de ce fluide, au lieu d'être inflexibles et tout à fait contiguës, comme le voulait Descartes, étaient élastiques et laissaient entre elles de petits intervalles. La lumière provient-elle, au contraire, d'une émission ou d'un écoulement des particules propres du corps lumineux qu'il lance sans cesse de tous côtés, par un effet de l'agitation continuelle que lui-même éprouve? Dans cette hypothèse, qui est celle de Newton, il en serait de la lumière, du moins quant à la manière dont elle est produite, comme des corpuscules émanés des corps odorants. Un rayon de lumière, selon Descartes, est une file de molécules dont les mouvements consistent dans de très-petites oscillations qui se répètent continuellement : suivant Newton, c'est une file de molécules qui ont toutes un mouvement de transport, et se succèdent sans interruption. Dans les deux hypothèses, on considère chaque point d'un corps lumineux comme le sommet commun d'une infinité de cônes d'une très-petite épaisseur, composés de rayons qui s'étendent indéfiniment tant que rien ne les arrête. On donne quelquefois à ces cônes eux-mêmes le nom de *rayons*, et alors l'axe du cône est la ligne à laquelle on rapporte la direction du mouvement de la lumière. Le système de Descartes a été adopté par Euler, avec la différence que nous avons énoncée plus haut, et d'après laquelle la matière d'où dépend la propagation de la lumière, et à laquelle il donne le nom d'éther, est douée d'une élasticité incomparablement plus grande que celle de l'air (1). L'opinion d'Huygens sur l'émission de la lumière rentre dans celle dont nous venons de parler; mais le terme de comparaison auquel il rapporte cette émission n'est pas le même, et il la considère comme l'effet d'un mouvement ondulatoire, imprimé par le corps lumineux à la matière éthérée, et semblable à celui que produit dans l'eau une pierre que l'on y a jetée.

998. Dans cette même opinion, un point lumineux est le centre d'une sphère composée d'arcs concentriques qui subissent une dilatation, en même temps que leurs particules font de petites vibrations analogues à celles qui sont produites dans l'air pendant la transmission du son. Mais, de plus, chacune des particules qui composent l'onde devient à son tour le centre d'une onde particulière dont l'arc terminal est tangent à celui de l'ondulation totale. Il en résulte que les arcs des ondes voisines s'entre-coupent de toutes parts, en sorte que les particules de l'éther sont soumises à deux sortes d'actions, dont l'une est dirigée suivant des lignes perpendiculaires à la surface de l'onde totale, et l'autre, qui a lieu sur des directions transversales, provient des pressions mutuelles que les ondes exercent les unes sur les autres dans le même sens. Mais, à cause de la symétrie qui règne dans les positions de ces ondes, soit entre elles, soit à l'égard de l'onde totale, les pressions dont il s'agit se font équilibre et s'entre-détruisent, en sorte que la seule action dont l'effet subsiste sans altération, est celle qui fait mouvoir les particules dans le sens de la normale. Huygens conclut de là que les rayons de la lumière peuvent être considérés comme autant de lignes droites.

999. Les deux hypothèses ont chacune en leur faveur des autorités d'un grand poids. Cependant, si on les compare sous tous les rapports, on ne pourra refuser la préférence à celle de Newton. Celle de Descartes a d'abord contre elle

(1) Lettres à une princesse d'Allemagne, t. I, p. 86.

une objection très-forte, à laquelle on a tenté en vain de répondre d'une manière satisfaisante ; car, dans cette hypothèse, la lumière ne se répandrait pas seulement en ligne directe, mais son mouvement se transmettrait dans tous les sens comme celui du son, et irait porter l'impression des corps lumineux dans les espaces situés au delà des obstacles qui se présenteraient pour l'arrêter. Nous devrions donc avoir un jour perpétuel ; et jamais, dans les éclipses totales de soleil, nous n'aurions cette disparition de la lumière qui change tout d'un coup l'éclat d'un jour serein en une nuit profonde.

1000. Les difficultés qu'on oppose à l'hypothèse newtonienne n'ont pas, à beaucoup près, la même force. On a objecté que les rayons de la lumière qui nous sont envoyés par les astres sous une infinité de directions différentes, se feraient obstacle les uns aux autres, et ne pourraient continuer leur mouvement rectiligne. Mais on peut supposer que les molécules de la lumière étant d'une ténuité extrême, comme tout nous porte à le croire, leurs distances respectives sont incomparablement plus grandes que leurs diamètres ; et comme les molécules d'un rayon trouvent un passage d'autant plus libre entre celles des autres rayons, ou sont d'autant moins exposées à les rencontrer, que le rapport entre les distances et les diamètres est plus considérable, l'obstacle deviendra sensiblement nul, si l'on conçoit que le rapport soit presque infini (1). Par une suite nécessaire, la quantité de lumière fournie par les astres, même pendant une durée immense, sera si petite que leur volume n'en sera pas sensiblement diminué. Les partisans de l'autre hypothèse n'ont point à résoudre ces difficultés, parce qu'il en est des vibrations de la lumière, dans cette hypothèse, comme de celles de l'air ; et ainsi on peut leur appliquer ce que nous avons dit de la propagation des sons simultanés, qui se croisent sans se confondre : mais l'avantage qu'elle paraît avoir à cet égard est déjà plus que balancé par l'objection que nous avons citée ; et tous les faits que nous exposerons dans la suite tendront à établir de plus en plus la supériorité de l'hypothèse newtonienne. En général, on ne pourrait reprocher à celle ci que de mener à des conséquences qui étonnent l'imagination, et elle a cela de commun avec plusieurs vérités incontestables. Au reste, quand même on ne la regarderait pas comme suffisamment démontrée, elle mériterait d'être adoptée par cela seul qu elle conduit à une explication aussi heureuse que satisfaisante des phénomènes, entre autres, de ceux de la réfraction et de l'aberration, tandis qu'il est très difficile de les concevoir dans l'hypothèse de Descartes.

(1) Smith, Traité d'optique, traduct. française, 1767, p. 721.

Affaiblissement de la lumière à mesure qu'elle s'éloigne des corps lumineux.

1001. Considérons maintenant un des cônes de lumière qui ont leurs sommets aux différents points d'un corps lumineux, et concevons un plan qui coupe ce cône dans un sens que nous supposerons, pour plus grande simplicité, être perpendiculaire à l'axe du cône. Si nous faisons mouvoir ce plan parallèlement à lui-même, en allant du sommet vers la base, il interceptera des cercles dont les surfaces iront en croissant comme le carré de la distance au sommet, laquelle est mesurée par la partie de l'axe qu'il intercepte en même temps ; et puisqu'il reçoit toujours un même nombre de rayons, il en résulte que l'intensité de la lumière dans un espace donné, pris sur ce plan, est en raison inverse du carré de la distance. Donc, si l'on suppose que le plan dont il s'agit soit le cercle de la prunelle de l'œil, on en conclura que la lumière reçue par cet œil doit s'affaiblir dans le même rapport à mesure qu'il s'éloigne du corps lumineux. Concevons que l'œil, placé d'abord à une certaine distance d'un flambeau, s'en écarte ensuite à une distance trois fois plus grande ; les rayons qui passaient par la prunelle, dans le premier cas, se répandront sur un espace neuf fois plus grand, d'où il suit que la prunelle en recevra neuf fois moins ; et, par conséquent, si l'on voulait que l'impression faite sur l'œil fût toujours la même, il faudrait remplacer le premier flambeau par un autre, dont la lumière fût neuf fois plus forte, c'est-à-dire neuf fois plus abondante sur un même espace.

De l'ombre.

1002. Un corps opaque ne peut jamais être éclairé qu'en partie par un corps lumineux, et l'espace privé de lumière qui est situé du côté de la partie non éclairée, est ce qu'on appelle *ombre*. Ainsi l'*ombre*, proprement dite, représente un solide dont la forme dépend à la fois de celle du corps lumineux, de celle du corps opaque, et de la position de celui-ci à l'égard du corps lumineux.

1003. Supposons que les deux corps soient des globes *r* et *z* (fig. 32), et que le diamètre du corps lumineux *r* soit plus grand que celui du corps opaque *z*: l'ombre sera un cône que l'on déterminera en supposant une ligne droite *oc* qui joigne les centres des deux globes, puis en menant une tangente *db* commune aux deux globes, jusqu'à la rencontre en *a* de cette même ligne prolongée. Si l'on conçoit que la tangente, en restant fixe par le point *a* où elle coupe la ligne qui joint les centres, tourne autour de cette ligne, de manière à faire toujours le même angle avec elle, elle décrira évidemment la surface d'un cône qui aura pour base le cercle du globe opaque, terminé par tous les points du contact; d'où l'on voit que la partie éclairée du globe opaque sera plus grande que la partie obscure, le plan qui distingue l'une et l'autre étant un des petits cercles de ce globe, situé dans l'hémisphère opposé à celui qui regarde le corps lumineux.

1004. Si les deux globes sont égaux, l'ombre sera un cylindre d'une longueur indéfinie, et la partie éclairée du globe opaque sera un hémisphère, ainsi que la partie obscure.

1005. Si le globe opaque est plus gros que le globe éclairant, l'ombre deviendra un cône tronqué d'une longueur pareillement indéfinie, dont les points de contact avec le globe opaque seront sur la circonférence d'un de ses petits cercles, en sorte que la partie éclairée de ce globe sera moindre que sa partie obscure.

1006. L'ombre, considérée sur un plan situé derrière le corps opaque qui la produit, n'est autre chose que la section de ce plan dans le solide qui représente l'ombre; d'où il suit que, dans le cas des deux globes que nous avons cités pour exemple, la figure de l'ombre sur un plan sera un cercle, une ellipse ou quelque autre section conique, suivant les positions du plan à l'égard du cône d'ombre formé par l'interposition du corps opaque entre ce plan et le corps lumineux.

1007. Lorsque l'ombre d'un corps est projetée sur un plan, elle ne succède point, par un passage nettement tranché, à la lumière qui éclaire les parties environnantes; mais celle-ci éprouve une sorte de dégradation, au moyen de laquelle son intensité va toujours en diminuant, depuis les points le plus fortement éclairés, jusqu'à l'espace occupé par l'ombre pure, ou proprement dite. Soit de nouveau *r* (fig. 33) le corps lumineux, *z* le corps opaque, et *uy*, un plan situé derrière celui-ci; *px* représentera la projection de l'ombre pure. Maintenant menons les lignes *nl*, *qs*, *fh*, etc., tangentes au globe opaque *z*, et qui aillent rencontrer le globe lumineux, et bornons-nous à considérer ce qui se passe à la gauche du point *p* en allant vers *u*. La ligne *fh*, tangente aux deux globes, étant à la plus grande distance possible de *p*, parmi toutes les lignes susceptibles d'atteindre le globe *r*, il est facile de voir que le point *f*, et à plus forte raison les points plus reculés vers *u*, reçoivent autant de rayons que si le globe *z* n'existait pas, savoir, tous ceux qui partent des points compris depuis *h* jusqu'en *d*; mais que le point *q* ne reçoit aucun des rayons envoyés par les points situés entre *h* et *s*; que le point *m* est privé de tous ceux qui ont pour origine les points compris entre *h* et *l*; et qu'enfin tous les rayons qu'envoie la partie du globe *r*, tournée vers le plan *uy*, sont perdus pour le point *p*; d'où il suit que l'effet de la lumière décroît progressivement depuis *f* jusqu'en *p*, qui est la limite de l'espace *px*, occupé par l'ombre pure. On a donné le nom de *pénombre* à cette lumière graduellement décroissante, qui s'étend d'une part depuis *f* jusqu'en *p*, et, d'une autre part, depuis *g* jusqu'en *x*. Les astronomes emploient la considération de la pénombre dans la théorie des éclipses, et nous en ferons usage lorsque nous parlerons de la lumière décomposée par l'intermède du prisme.

1008. L'ombre pure d'une verge perpendiculaire ou oblique sur un plan est un triangle que l'on déterminera en menant par le sommet de la verge une droite qui aille toucher le corps lumineux, en faisant le plus petit angle possible avec la verge. Les côtés du triangle seront : 1° la partie de cette droite comprise entre le sommet de la verge et le plan donné ; 2° la verge elle-même ; 3° la ligne menée par le pied de la verge jusqu'à la rencontre de la droite dont nous avons parlé : cette dernière ligne sera l'ombre considérée sur le plan donné : elle croîtra et décroîtra à mésure que l'angle, dont le sommet se confond avec celui de la verge, sera plus ou moins grand, c'est-à-dire à mesure que le corps lumineux s'abaissera ou s'élèvera par rapport au plan donné ; et si ce même corps s'écarte à droite ou à gauche de la position qu'avait d'abord le triangle qui détermine l'ombre, celle-ci fera sur le plan des mouvements en sens contraire. C'est sur ces principes qu'est fondée la *gnomonique*, ou l'art de tracer des cadrans (1).

Vitesse de la lumière.

1009. On a cru pendant long-temps que le mouvement de la lumière était instantané ; mais cette opinion était uniquement fondée sur ce que la vitesse de ce mouvement paraissait échapper à tous les moyens qu'on aurait pu employer pour la déterminer. Roëmer et Cassini découvrirent enfin une mesure de ce mouvement dans l'observation des éclipses du premier satellite de Jupiter : cette planète ayant un diamètre plus petit que celui du soleil, le cercle qui sépare sa partie éclairée de sa partie obscure est la base d'une ombre conique située vers cette dernière partie. Les satellites qui tournent autour de la planète principale entrent dans le cône et en sortent successivement, de manière que leur partie éclairée devient elle-même obscure, et disparaît à mesure qu'ils se plongent dans le cône d'ombre, pour reparaître ensuite au moment où ils s'en dégagent. Supposons que la terre approche du terme où elle serait placée sur une même ligne droite entre Jupiter et le soleil ; dans ce cas, il s'écoulera environ 24 heures et 1/2 entre la fin d'une éclipse du premier satellite de Jupiter et celle de l'éclipse suivante. Concevons maintenant que la terre, en parcourant la moitié de son orbite, ait été se placer vers le point opposé, de manière qu'alors elle se trouve derrière le soleil par rapport à Jupiter. Si la lumière n'avait aucun mouvement progressif, un spectateur situé sur la terre verrait le premier satellite de Jupiter sortir de l'ombre après un temps égal à autant de fois 42 heures 1/2 qu'il y aurait eu d'éclipses depuis le moment où la terre était entre Jupiter et le soleil. Mais il n'en est pas ainsi, et le spectateur voit, dans ce cas, la fin de l'éclipse environ 16 minutes plus tard que ne la donne le calcul ; de manière que, dans toutes les positions intermédiaires, la différence a toujours été en croissant jusqu'à cette limite. Or, le spectateur est alors à une distance de sa première position mesurée par le diamètre de l'orbite terrestre dont il a parcouru la moitié, et l'on sait que ce diamètre est d'environ soixante-dix millions de lieues. On en a conclu que la lumière emploie 16 minutes à parcourir cette distance, ce qui fait plus de quatre millions de lieues par minute. Ainsi la lumière qui nous vient immédiatement du soleil, ne parvient à nos yeux qu'au bout de huit minutes. C'est en combinant le mouvement progressif de la lumière avec celui de la terre dans son orbite, que l'on explique l'aberration des étoiles, c'est-à-dire le mouvement apparent qui les écarte du point auquel nous devrions les rapporter dans le ciel. D'après la vitesse de la lumière, telle que nous venons de l'indiquer, on trouve pour l'aberration une quantité égale à celle que donne l'observation, ce qui garantit à la fois et la justesse de l'explication et celle de la conséquence déduite du retard que subissent les éclipses de Jupiter. Nous reviendrons dans la suite avec plus de détail sur le phénomène de l'aberration.

De l'aurore boréale.

1010. Nous placerons ici la descrip-

(1) On peut, au moyen de l'ombre projetée sur un terrain horizontal, mesurer à peu près la hauteur d'une tour ou d'un autre objet semblable. On plantera verticalement un bâton, dont on mesurera la partie élevée au-dessus du sol ; on mesurera aussi l'ombre de ce bâton et celle de la tour. Les longueurs des ombres étant proportionnelles aux hauteurs des deux objets qui les produisent, on aura la hauteur de la tour en multipliant la longueur de son ombre par la hauteur du bâton, et en divisant le produit par la longueur de l'ombre du bâton.

tion d'un météore que les modernes ont appelé *aurore boréale*, et que nous ne considérons que comme un simple phénomène de lumière, dont la cause n'est pas encore bien connue. On trouve dans les anciens auteurs un grand nombre de passages pui prouvent que ce phénomène avait été remarqué depuis très-long-temps. Chacun le décrivait à sa manière; et, suivant les divers aspects sous lesquels il se présentait, on lui donnait différents noms, tels que ceux de *lampes*, de *torches ardentes*, de *lances*, etc. Ce n'est que dans le siècle dernier que l'on a commencé à l'étudier, d'après les règles d'une saine physique; et personne ne s'est plus attaché que Mairan à en déterminer les diverses circonstances, dont voici les principales (1). Ce phénomène se montre presque toujours du côté du nord, en tirant un peu vers l'ouest. Il commence ordinairement trois ou quatre heures après le coucher du soleil. Il s'annonce par une espèce de brouillard, qui présente à peu près la figure d'un segment de cercle dont l'horizon forme la corde. La partie visible de sa circonférence paraît bientôt bordée d'une lumière blanchâtre, d'où résulte un arc lumineux, ou plusieurs arcs concentriques, dont la distinction est marquée par des bordures composées de la matière obscure du segment. Des jets et des rayons de lumière diversement colorés s'élancent ensuite de l'arc ou plutôt du segment nébuleux, où il se fait presque toujours quelque brèche éclairée, qui semble leur donner une issue. Quand le phénomène augmente et qu'il doit occuper une grande étendue, son progrès se manifeste par un mouvement général et une espèce de trouble dans toute la masse. Des brèches nombreuses se forment et disparaissent à l'instant dans l'arc et dans le segment obscur; des vibrations de lumière et des éclairs viennent frapper, comme par secousses, toutes les parties de la matière du phénomène qui occupent l'hémisphère visible du ciel. Enfin, lorsque cette matière parvient à sa plus grande extension, il se forme au zénith une couronne enflammée qui est comme le point central dans lequel tous les mouvements d'alentour paraissent concourir. C'est là le moment où le phénomène se développe dans sa plus grande magnificence, tant par la variété des figures lumineuses qui se jouent de mille manières au haut de l'atmosphère, que par la beauté des couleurs dont plusieurs d'elles sont ornées. Le phénomène diminue ensuite par degrés, de manière cependant que les jets lumineux et les vibrations se renouvellent de temps en temps; mais enfin le mouvement cesse; la lumière qui occupait les parties méridionales et celles de l'orient et de l'occident se resserre et se concentre dans la partie boréale; le segment obscur s'éclaircit et finit par s'éteindre, tantôt subitement, et tantôt avec lenteur, à moins qu'il ne se prolonge jusqu'à se fondre, en quelque sorte, dans le crépuscule du matin, comme cela a lieu dans la plupart des grandes aurores boréales.

1011. Ce phénomène a été d'abord attribué aux vapeurs et aux exhalaisons de la terre, qui, après s'être mêlées, entraient en fermentation et finissaient par s'enflammer. D'autres ont imaginé que les glaces et les neiges de la zone polaire réfléchissaient les rayons solaires vers la surface concave des couches supérieures de l'atmosphère, d'où ces rayons étaient ensuite renvoyés vers nous, et produisaient toutes les apparences que présente l'aurore boréale.

1012. Parmi les diverses causes dont on faisait dépendre ce phénomène, l'électricité ne pouvait être oubliée, et le développement d'une théorie fondée sur cette cause appartenait comme de droit à Francklin. Suivant ce célèbre physicien, le fluide électrique transporté de l'équateur vers les régions polaires par les nuages qui en étaient chargés, descendait avec la neige sur la glace qui couvre ces régions, et, après s'y être accumulé, remontait à travers l'atmosphère. Arrivé ensuite dans le vide qui était au-dessus, il se dirigeait du côté de l'équateur, en divergeant comme les méridiens. Là il formait ces jets de lumière et toutes ces variétés de figures qu'on observe dans le spectacle d'une aurore boréale (1). Au reste, Francklin ne propose cette idée qu'en doutant; et, dans le premier ouvrage où il l'ait publiée, il finit par cette phrase qui renferme le jugement qu'il en portait lui-

(1) Traité physique et historique de l'aurore boréale, p. 115 et suiv.

(1) Journal de physique, juin 1779, p. 409 et suiv.

même : « Cela pourrait passer pour une explication de l'aurore boréale (1). »

1013. Mairan n'avait étudié avec tant de soin les circonstances de l'aurore boréale, que pour chercher à mieux étayer l'opinion particulière qu'il s'était formée sur l'origine de ce phénomène. Voici les principes sur lesquels était fondée cette opinion. Diverses observations indiquent que le soleil est environné d'une atmosphère lumineuse par elle-même, ou seulement éclairée par les rayons de cet astre, et l'on a regardé cette atmosphère comme la cause d'un autre phénomène, qui porte le nom de *lumière zodiacale*. Cette lumière, qui est faible et blanchâtre, paraît surtout vers le printemps, quelque temps après le coucher du soleil, ou avant le lever vers la fin de l'automne (2). Mairan suppose que l'aurore boréale a lieu lorsque la matière de l'atmosphère solaire s'approche assez de la terre pour être plus en prise à l'attraction de cette planète qu'à celle du soleil. Une fois entrée dans la sphère d'activité de la terre, elle tombe dans notre atmosphère, et bientôt le mouvement circulaire plus rapide des particules d'air situées vers l'équateur la repousse vers les pôles, où la vitesse de rotation est moindre. C'est pour cela que l'aurore boréale paraît le plus souvent du côté du nord. Mairan s'efforce ensuite d'expliquer, d'après les mêmes principes, toutes les circonstances du phénomène. Comme la position de l'aurore boréale, qui, selon Mairan, a son siége dans l'atmosphère, est quelquefois élevée à plus de 260 lieues au-dessus de la surface de la terre (3), ce physicien avait été obligé de supposer à cette atmosphère une hauteur incomparablement plus grande que celle qu'on lui attribuait communément. L'objection lui en fut faite par le célèbre Euler, qui en même temps proposa, sur la cause des aurores boréales, une nouvelle opinion (4) que Mairan à son tour s'efforça de combattre (1). Suivant cette opinion, les rayons solaires, exerçant leur impulsion sur les particules de l'atmosphère, les chassent à une grande distance, et les rendent lumineuses, en se réfléchissant sur leur surface. Euler étendait cette explication à l'apparition des queues des comètes et à celle de la lumière zodiacale, en vertu d'une impulsion semblable, qui agissait, d'une part, sur l'atmosphère des premières, et de l'autre sur celle du soleil lui-même.

1014. Enfin quelques savants ont considéré le fluide magnétique comme l'agent du phénomène dont il s'agit; et la correspondance que l'on avait remarquée dans certains cas, entre ses apparitions et les affolements de l'aiguille aimantée (930), semblait être favorable à cette opinion. Des observations plus récentes, dont on est redevable à MM. Dalton et Arago, annoncent du moins un lien caché entre les causes de l'aurore boréale et celle du magnétisme terrestre. Ces deux physiciens ont reconnu que le point du ciel où vont concourir les rayons de lumière diversement colorés, qui jaillissent du segment nébuleux dont nous avons parlé plus haut, est précisément celui vers lequel se dirige une aiguille aimantée suspendue par son centre de gravité; et que les cercles concentriques qui se montrent avant les jets lumineux, reposent chacun sur deux parties de l'horizon, également éloignées du méridien magnétique, de manière que ce dernier plan renferme les sommets de tous les arcs (2). M. Arago tire de là cette conséquence, que le météore dont il s'agit est, comme l'arc-en-ciel, un phénomène de position, c'est-à-dire que chaque observateur voit son aurore boréale à part, puisque le méridien magnétique est différent pour les divers points de la surface du globe. D'après les détails dans lesquels nous venons d'entrer, il semble que toutes les hypothèses aient été épuisées pour expliquer l'aurore boréale; mais l'incertitude qui reste encore sur tout ce qui concerne ce phéno-

(1) Expériences et Observations sur l'électricité. Paris, 1752, p. 118.

(2) Mairan, Traité de l'aurore boréale, p. 12.

(3) Mairan, Traité de l'aurore boréale, p. 62.

(4) Recherches physiques sur la cause des queues des comètes, de la lumière boréale et de la lumière zodiacale (Mémoires de l'Académie de Berlin, 1746, t. II).

(1) Traité de l'aurore boréale; septième éclaircissement, p. 341 et suiv.

(2) Voyez les Annales de chimie et de physique, t. X, p. 120.

mène, est une nouvelle preuve que ce qu'il y a de plus anciennement connu n'est pas toujours ce qui l'est le mieux.

2. *De la réflexion et de la réfraction de la lumière.*

Après avoir exposé la manière dont se propage le fluide lumineux lorsque ses molécules libres au milieu de l'espace suivent constamment la route qu'elles ont prises, en partant du corps qui les a lancées, nous avons maintenant à considérer les changements que subit le même fluide dans la direction de son mouvement, à la rencontre des corps qui se présentent sur son passage.

Loi de la réflexion.

1015. Lorsqu'un rayon de lumière, au moment où il arrive à la surface d'un corps, se replie vers le milieu qu'il avait traversé, cette déviation se nomme *réflexion*. L'angle formé par la première direction du rayon avec un plan tangent au point de la surface où le rayon la rencontre, est ce qu'on appelle l'*angle d'incidence;* et l'angle formé par la nouvelle direction du rayon avec le plan se nomme l'*angle de réflexion*. L'observation prouve que l'angle de réflexion est toujours égal à l'angle d'incidence.

Réflexion sur les surfaces planes.

1016. Il suit, de ce qui vient d'être dit, que si des rayons parallèles entre eux rencontrent, sous un angle quelconque, une surface réfléchissante qui soit plane, ils resteront parallèles après leur réflexion.

1017. Si les rayons, au lieu d'être parallèles, sont convergents ou divergents, la surface réfléchissante étant toujours plane, ils conserveront, après leur réflexion, le même degré de convergence ou de divergence : par exemple, dans le cas où les rayons sont convergents, on peut considérer l'ensemble des rayons incidents comme un cône tronqué, et les rayons réfléchis comme formant la partie détachée du cône qui s'est placée au-dessus de la surface réfléchissante, de manière que sa base continue de se confondre avec la plus petite base du cône tronqué. Il est facile d'appliquer cette considération aux rayons divergents. On voit par là que, dans la réflexion sur les surfaces planes, les rayons ne font que changer de route, sans que leur position respective soit dérangée. Il n'en est pas de même de la réflexion sur les surfaces courbes : elle fait varier à la fois les directions et les positions respectives des rayons.

Réflexion sur les surfaces concaves.

1018. Concevons que la surface réfléchissante (fig. 34) soit concave et fasse partie d'une surface sphérique : soient *hm*, *ac* deux rayons incidents parallèles; ayant amené les tangentes *tms*, *ocy*, aux points d'incidence, et, par le point *c*, la sécante *nz* parallèle à *ts*, nous remarquerons que si l'incidence du rayon *ac* se faisait sur la sécante *nz*, *mg* étant le rayon réfléchi qui appartient au rayon incident *hm*, la ligne *ck* parallèle à *mg* serait le rayon réfléchi relatif au rayon incident *ac*. Si l'on considère maintenant l'incidence du rayon *ac* sur la tangente *oy*, il est évident que l'on aura l'angle *kcy* plus petit que l'angle d'incidence *aco*. Donc, pour donner à *ck* la position qui convient à la réflexion sur *oy*, il faut augmenter l'angle *kcy*, et par conséquent le rayon réfléchi, tel que *cb* convergera avec *mg* et ira le couper.

1019. Supposons que *ac*, en restant fixe par l'extrémité *c*, s'écarte du rayon *mh* par son extrémité *a*, auquel cas les rayons incidents convergeront entre eux : l'angle d'incidence *aco* étant augmenté, il faudra que l'angle de réflexion *bcy* augmente aussi; d'où il suit que les rayons réfléchis convergeront plus que les rayons incidents, puisque ceux-ci sont partis du parallélisme où la convergence était nulle, tandis que *cb* convergeait déjà avec *mg*. Si, au contraire, *ac* se rapproche de *hm* par son extrémité *a*, auquel cas les rayons incidents divergeront, alors l'angle d'incidence *aco* se trouvant diminué, l'angle de réflexion *bcy* diminuera aussi; d'où il suit que les rayons réfléchis *mg*, *cb*, convergeront toujours de moins en moins, à mesure que *ac* s'inclinera vers *hm*; de manière qu'à un certain terme *mg* et *cb* deviendront parallèles, et qu'au delà de ce terme ils seront eux-mêmes divergents, quoique d'une moindre quantité que les rayons incidents qui sont partis du parallélisme. Tout ce que nous venons de dire renferme le développement et la preuve des principes suivants : la réflexion sur les surfaces concaves sphériques rend convergents les rayons qui étaient parallèles avant leur incidence, elle augmente la convergence de ceux qui convergeaient déjà ; et quant à ceux qui divergeaient, elle peut, suivant les circonstances, les rendre convergents, ou parallèles, ou même divergents, quoique toujours moins que les rayons incidents.

Foyer des rayons parallèles.

1020. Considérons maintenant la réflexion de deux rayons incidents *ns*, *rp* (fig. 35) parallèles, soit entre eux, soit au rayon *ac* de la sphère à laquelle appartient la surface réfléchissante, et situés à égales distances de ce dernier rayon. Ayant amené un second rayon *cs* au point d'incidence du rayon *ns*, nous aurons l'angle *csn* égal à l'angle *csm*, puisque ces angles sont les compléments des angles d'incidence et de réflexion *nsy* et *mst*; de plus, à cause de *ns* parallèle à *ca*, l'angle *csn* est égal à *scm*; donc le triangle *cms* est isocèle, d'où il suit que *ms* est égal à *cm*; et puisque *ms* est plus grande que *ma*, on aura aussi *cm* plus grande que *ma*; donc les rayons parallèles *ns*, *rp* se réfléchiront toujours dans un point situé en dessous de la moitié supérieure *cf* du rayon *ca*. Or, si l'on suppose que les rayons *ns*, *rp* se rapprochent par des degrés égaux du rayon de la sphère, le point *m*, où se fait la réflexion, se rapprochera aussi du point *f* en sorte que, quand ils ne seront plus qu'à une distance infiniment petite de *ca*, le point où ils se réfléchiront se confondra sensiblement avec le point *f*.

1021. D'une autre part, si l'on conçoit différents rayons incidents *ns*, *db*, *ki*, etc. (fig. 36), tous parallèles à l'axe et également distants les uns des autres, les angles d'incidence de ceux qui sont sensiblement éloignés de l'axe, différeront beaucoup plus entre eux, à mesure qu'ils s'en écarteront, que ceux des rayons voisins du même axe, parce que les inclinaisons des petits arcs sur lesquels tombent les premiers rayons vont en croissant rapidement, au lieu que, dans le voisinage de l'axe, les arcs s'écartent peu de la direction perpendiculaire à l'égard des rayons qui leur correspondent. Il suit de là que, dans un faisceau de rayons qui tombent parallèlement au rayon de la sphère sur la courbure *oag*, tous ceux qui sont peu distants de l'axe concourent après leur réflexion sur un très-petit espace situé à peu près au milieu *f* du rayon de la sphère. On considère ce petit espace comme un point que l'on appelle le *foyer des rayons parallèles*, et dont nous exposerons dans la suite les propriétés.

Foyer des rayons divergents.

1022. Le raisonnement que nous venons de faire à l'égard d'un faisceau de rayons parallèles, qui n'aurait qu'une très-petite épaisseur, peut s'appliquer, jusqu'à un certain point, à un cône délié de rayons incidents, tels que *rs* *rm* (fig. 37), qui partiraient d'un point *r* de l'axe, pris au-dessus du centre, et dont les directions, faisant entre elles de très-petits angles, approcheraient elles-mêmes beaucoup du parallélisme. Dans ce cas, les rayons réfléchis *sf*, *mf*, et tous les autres qui font partie du cône concourent encore assez sensiblement en *f*, sur un petit espace que l'on peut regarder aussi comme une espèce de foyer, et il est facile de juger que la position de ce foyer doit varier en même temps que celle du point *r*. Réciproquement, si l'on suppose que le cône de lumière parte de l'un des foyers *f*, qui ont lieu dans l'hypothèse que nous venons de faire, le point *r* deviendra à son tour le foyer relatif à *f* considéré comme point de départ. Ces résultats, que nous reprendrons dans la suite avec plus de détail, nous seront utiles pour mieux concevoir les phénomènes que présentent les miroirs concaves (1).

---

(1) La position du foyer dont il s'agit ici peut être facilement déterminée à l'aide du calcul. Pour y parvenir, nous allons considérer la chose d'une manière plus générale, qui trouvera aussi son application dans l'exposé des effets produits par les mêmes miroirs. Soient *rn*, *rm* (fig. 38) deux rayons incidents qui rencontrent la surface concave *tgq* sous des directions quelconques, pourvu qu'elles fassent entre elles un angle presque infiniment petit. On propose de déterminer le point de concours *f* des rayons réfléchis *ne*, *my*. Menons le rayon *cn*, puis les sinus *ch*, *ce* des angles égaux *cnr*, *cnu*, et divisons en deux également les cosinus *nh*, *ne*, aux points *l*, *i*. Menons aussi *nx* perpendiculaire sur *rm*, et *nz*

Réflexion sur les surfaces convexes.

1023. Tous les effets précédents ont lieu en sens contraire dans la réflexion sur les surfaces convexes qui font partie de celle d'une sphère; car, si l'on prolonge derrière la surface concave les rayons incidents et les rayons réfléchis qui ont rapport à cette dernière surface, on aura la répétition des mêmes angles d'incidence et de réflexion, relativement à la convexité de la même surface, sur des tangentes communes, avec cette différence que les rayons qui étaient considérés comme convergents dans le premier cas, seront censés diverger dans le second, et réciproquement. Par exemple, si l'on prolonge derrière la surface *ucz* (fig. 39) les rayons *hm*, *ac*, *gm*, *bc*, les rayons incidents relatifs à la convexité de la surface seront *h'm*, *a'c*, parallèles entre eux comme les premiers, et les rayons réfléchis seront *mg'*, *cb'*, qui divergeront entre eux.

1024. D'après cela les principes relatifs à la réflexion sur les surfaces convexes sphériques se déduisent de ceux qui ont rapport à la réflexion sur les surfaces concaves, par une simple inversion de termes, en sorte qu'ils doivent être ainsi énoncés : la réflexion sur les surfaces convexes rend divergents les rayons qui étaient parallèles avant leur incidence, elle augmente la divergence de ceux qui divergeaient déjà ; et à l'égard de ceux qui convergeaient, elle peut, suivant les circonstances, les rendre divergents, ou parallèles, ou même convergents, quoique dans un moindre degré que les rayons incidents.

1025. Dans le même cas, la réflexion des rayons parallèles entre eux et à l'axe avant leur incidence, se fera toujours de manière que si l'on prolonge les rayons réfléchis en dessous de la convexité, ils iront se réunir en un point situé entre le milieu du rayon de la sphère et le point où ce rayon coupe la surface réfléchissante ; et en appliquant ici le raisonnement que nous avons fait par rapport à la réflexion sur une surface concave, on en conclura que dans un faisceau de rayons qui tombent sur une surface convexe, parallèlement entre eux et à l'axe, ceux qui seront voisins de cet axe tendront à se réunir en un foyer imaginaire, situé à peu près à la moitié du rayon de la sphère.

Loi de la réfraction.

1026. Lorsque la lumière rencontre un corps diaphane qui lui donne accès dans son intérieur, elle subit une autre espèce de déviation, dont nous allons pareillement exposer les lois. Ces corps que la lumière pénètre, portent en général le nom de *milieu*. Le point par lequel un rayon de lumière entre dans un milieu, s'appelle *point d'immersion*, et celui par lequel il en sort s'appelle *point d'émergence*. Si le rayon rencon-

---

perpendiculaire sur *ym* prolongée. Les petits triangles *nxm*, *nzm* ont chacun un angle droit, l'un en *x*, l'autre en *z*. De plus, $nmz = fmq = xmn$. Donc, les deux triangles, ayant de plus une hypoténuse commune *mn*, sont semblables et égaux. De plus, les triangles *rhs*, *rxn* sont semblables, ainsi que les triangles *fzn*, *fey*. Enfin, *cs* et *cy* pouvant être prises sans erreur sensible pour les sinus des angles égaux *cms*, *cmy*, leurs différences avec les sinus égaux *ch*, *ce* sont égales. Donc, $sh = ey$.

Cela posé, nous aurons d'une part, $rn : rs$ ou $rh :: nx : hs$; et, d'une autre part, $nf : fe :: nz : ey$. Mais $nz = nx$, et $hs = ey$. Donc, $rn : rh :: nf : fe$; ou bien, $rn + rh : rn :: nf + fe : nf$; ou $rn + rn - nh : rn :: ne : nf$.

Soit $rn = a$, nh ou $ne = b$; la proportion deviendra $2a - b : a :: b : nf = \frac{ab}{2a - b}$.

Si le miroir était convexe vers le point *r*, on aurait $nf = \frac{ab}{2a + b}$.

Si l'on suppose que la ligne *nr*, en restant fixe par le point *n*, s'approche du rayon *cn* jusqu'à coïncider avec lui, la ligne *un* tombera aussi sur *cn*, et les points *r*, *f* seront sur la direction de ce même rayon, comme on le voit fig. 37. Alors, l'angle d'incidence *cnr* (fig. 38) devenant nul, son cosinus *nh* est égal au rayon *cn*. Soit $cn = d$; nous aurons (fig. 37) $nf = \frac{ad}{2a \mp d}$.

Dans le même cas, si l'on conçoit que le point *r* s'éloigne à l'infini, la quantité *d* s'évanouit devant $2a$, et l'on a $nf = \frac{d}{2}$, ce qui est le même résultat auquel nous sommes déjà parvenus (1020) relativement au point *f* considéré comme foyer des rayons parallèles.

tre perpendiculairement la surface d'un milieu, il continue sa route dans ce milieu ; mais si l'incidence est oblique à la surface du milieu, le rayon se détourne de sa route, en sorte qu'il paraît rompu au point d'immersion : ce détour s'appelle *réfraction*, et la partie du rayon qui le subit se nomme *rayon rompu* ou *rayon brisé*. L'*angle d'incidence* est celui que fait le rayon incident avec une perpendiculaire menée par le point d'immersion sur la surface du milieu, et l'*angle de réfraction* est celui que fait le rayon rompu avec la même perpendiculaire.

1027. Cela posé, il peut arriver que la lumière passe d'un milieu plus rare dans un milieu plus dense, ou d'un milieu plus dense dans un milieu plus rare. Dans le premier cas, le rayon rompu se rapproche de la perpendiculaire au point d'immersion, et dans le second il s'en écarte. De plus, l'observation prouve que le sinus de l'angle d'incidence et celui de l'angle de réfraction sont en rapport constant, lorsque le milieu que quitte la lumière et celui où elle entre restent les mêmes, quelle que soit l'obliquité du rayon incident. Si la lumière passe de l'air dans le verre, le sinus d'incidence sera à celui de réfraction comme 3 est à 2; si elle passe de l'air dans l'eau, le rapport sera celui de 4 à 3. Le même rapport a lieu en sens contraire, lorsque la lumière se réfracte de nouveau au point d'émergence en rentrant dans le premier milieu, c'est-à-dire que si le retour se fait du verre dans l'air, le rapport des sinus sera celui de 2 à 3; et s'il se fait de l'eau dans l'air, le rapport sera celui de 3 à 4.

1028. Il suit de là que si les deux surfaces du milieu que la lumière traverse de part en part sont parallèles entre elles, la lumière, en repassant dans le milieu environnant, prendra une direction qui sera elle-même parallèle à celle du rayon incident. Plusieurs substances minérales ont la propriété singulière de solliciter le rayon qui les pénètre à se diviser en deux parties qui suivent deux routes différentes : c'est ce qu'on appelle *double réfraction*; nous reviendrons dans la suite sur cette propriété, et nous essaierons d'en donner la théorie relativement au minéral connu sous le nom de *spath d'Islande*, qui se prête plus facilement que les autres à l'observation du phénomène.

Réfraction dans les milieux terminés par des surfaces courbes.

1029. On peut considérer une surface courbe comme un assemblage d'une infinité de petits plans diversement inclinés entre eux. Lorsqu'un cône de lumière tombe sur une portion d'une de ces surfaces, et que le corps auquel appartient celle-ci est diaphane, chaque rayon subit à l'égard du petit plan qui le reçoit une réfraction soumise à la loi que nous venons d'exposer. Mais à cause des inclinaisons respectives de tous les petits plans qui composent la surface réfringente, les rayons réfractés prennent, les uns à l'égard des autres, des positions qui dépendent de la figure du milieu, et, suivant les circonstances, ils tendent vers un même point par des directions convergentes, ou divergent plus fortement que les rayons incidents. C'est en étudiant ces différentes marches de la lumière ainsi réfractée que les opticiens sont parvenus à construire ces instruments si utiles, à l'aide desquels les rayons envoyés par un corps que l'œil abandonné à lui-même ne pourrait distinguer, arrivent à cet organe dans le même ordre que si l'objet était venu se mettre à sa portée, et le lui rendent visible en le lui montrant où il n'est pas.

Cas où le milieu est terminé par une seule surface courbe.

1030. Soit *mhn* (fig. 40) une portion de surface sphérique, et soient *sk*, *st* deux rayons incidents partis d'un point *s* pris sur le prolongement de l'axe *ch*. Supposons que ces rayons soient très-voisins du même axe, et fassent avec lui des angles égaux. Les perpendiculaires *ug*, *zl*, aux points d'immersion, sont nécessairement sur les prolongements de deux rayons du cercle auquel appartient l'arc *mhn*, et dont le centre est en *c*; donc ces perpendiculaires convergent vers l'axe *ch*; et si nous supposons que le milieu M dont la matière de la sphère est composée, soit plus dense que le milieu E parcouru par les rayons incidents, il est facile de voir que les rayons rompus *kx*, *tq*, en se rapprochant des perpendiculaires, se rapprocheront aussi de l'axe. De plus, si le point *s* est à une distance convenable de la surface *mhn*, les mêmes rayons convergeront vers un point *f* de l'axe où ils se réuniront. Tous les autres rayons partis du point *s*, que l'on appelle le *point radieux*, et qui composent avec les précédents un cône infiniment délié, dont la base a le point *h* pour centre et le petit arc *kt* pour diamètre, convergeront de même les uns vers les autres, en sorte qu'il se formera derrière la surface *mhn* un nouveau cône opposé au premier par sa base, et dont le sommet sera en *f*. A la rigueur, ce sommet est plutôt un espace dont le point *f* fait partie, mais qui est censé, à cause de sa petitesse, se confondre avec ce point que l'on nomme le *foyer* des rayons partis du point radieux *s*.

1031. C'est principalement sur la considération des foyers qu'est fondée la construction des instruments d'optique, parce que les images que nous observons à l'aide de ces instruments ne sont autre chose que des assemblages de foyers, qui proviennent des points radieux situés à la surface des mêmes objets; d'où il résulte que les distances entre ces points et les verres auxquels ils envoient des rayons, varient continuellement, à mesure que le spectateur change de position, ou qu'il observe successivement divers objets plus ou moins éloignés.

1032. Concevons, par exemple, que le point *s*, étant d'abord dans la position que représente la figure, se trouve transporté en *s'* (fig. 41), à une plus grande distance de la surface réfringente. Les rayons incidents *s'k'*, *s't'*, étant toujours censés former des angles presque infiniment petits avec l'axe *s'h'*, il en résulte que pendant les divers mouvements que peut faire le point *s'*, en s'écartant plus ou moins sensiblement de la surface réfringente, le petit arc *k't'* ne varie que d'une quantité extrêmement petite; et, par une suite nécessaire, les rayons incidents *s'k'*, *s't'* divergent moins entre eux que les rayons *sk*, *st* (fig. 40). Donc les premiers faisant avec les perpendiculaires aux points *k'*, *t'* (fig. 41) de plus petits angles que quand le point radieux était en *s* (fig. 40), les rayons réfractés *k'f'*, *t'f'* (fig. 41) qui leur correspondent, seront aussi plus voisins des mêmes perpendiculaires que les premiers. Ils convergeront donc davantage l'un vers l'autre, en sorte que le foyer *f'* qu'ils formeront en se réunissant soit entre eux, soit avec les autres rayons, sera situé à une plus petite distance de la surface réfringente que le foyer *f* (fig. 40).

1033. A mesure que le point *s'* s'écartera de la surface *mh'n*, le foyer *f'* (fig. 41) se rapprochera de plus en plus de la même surface. Ce mouvement atteindra sa limite lorsque le point radieux *s'* étant à une distance de la surface réfringente que l'on puisse regarder comme infinie, les rayons incidents *s'k'*, *s't'* seront censés être parallèles entre eux. Cette supposition a lieu à l'égard des objets très-éloignés que l'on observe à l'aide d'un instrument d'optique.

1034. Reprenons le cas où le point radieux était situé en *s* (fig. 40), et supposons que ce point s'approche au contraire de la surface réfringente. Un raisonnement analogue à celui que nous avons fait par rapport au cas précédent prouvera que le nouveau foyer doit se former alors au delà du foyer *f*. A mesure que la distance diminuera entre le point *s* et la lentille, les rayons réfractés convergeront toujours moins entre eux; il y aura un terme où ils deviendront parallèles, de manière que le foyer s'évanouira, et, passé ce terme, ils divergeront, comme on le voit (fig. 42), quoique d'une moindre quantité que les rayons incidents (1). Alors il faudra les prolonger en dessus de la surface réfringente pour avoir leur point de réunion, qui se trouvera en *f*, du même côté que le point radieux *s*, mais à une plus grande distance de la même surface. On donne, dans ce cas, au point *f*, le nom de *foyer virtuel* ou de *foyer imaginaire*, pour le distinguer du *foyer réel*, qui a une existence physique déterminée par

(1) On parvient facilement, par le calcul, à des formules générales qui représentent ces différents cas. Soit *st* (fig. 43) le même rayon incident que fig. 40. Il s'agit de déterminer la distance du point *f* à la surface réfringente, en supposant d'abord que le corps réfracté *tq* converge vers l'axe. Si nous menons *cd* (fig. 43) perpendiculaire sur *tq*, et *ce* perpendiculaire sur le prolongement du rayon incident *st*, l'angle *etc* étant égal à l'angle d'incidence *stz*, et l'angle *ctd* étant l'angle de réfraction, *ce* et *cd* seront les sinus de ces angles. Soit $ce = r$, $cd = m$, $sh = b$ et $hc = a$. Les triangles semblables *sht*, *sec* donnent $ht : ce :: sh : se = cs$, à cause de la petitesse de l'angle *cse*; ou bien, $ht : 1 :: b : b + a$. D'une autre part, les triangles sembla-

la réunion effective des rayons réfractés. Le point s continuant de s'approcher de la surface réfringente, la divergence des rayons réfractés augmentera, d'où il est facile de conclure que pendant le mouvement du point s, le foyer imaginaire se placera aussi toujours plus près de la même surface.

1035. On voit, par ce qui précède, que quand le point radieux et le foyer sont situés de deux côtés opposés de la surface réfringente, la distance du foyer à cette surface décroît à mesure que celle du point radieux augmente, et réciproquement; mais si le foyer est placé du même côté que le point radieux, les deux distances croissent et décroissent en même temps. On peut généraliser davantage cet énoncé, en disant que les mouvements du point radieux et du foyer ont toujours lieu suivant la même direction, quelles que soient les positions de ces points, par rapport à la surface réfringente.

1036. Nous ajouterons ici la démonstration d'un cas particulier, qui a lieu quelquefois dans la vision, à l'aide des instruments d'optique. Supposons que les rayons incidents yk, st (fig. 45) étant parallèles, rencontrent la surface mn sous différents degrés d'obliquité, de manière que l'un soit en dedans et l'autre en dehors de l'intervalle entre les perpendiculaires ug, zl. Les rayons réfractés kx, tq convergeront encore l'un vers l'autre. Pour le prouver, imaginons que les rayons yk, st tombent d'abord sur deux petites surfaces planes de, ab (fig. 46), qui soient de niveau; il est évident que les rayons rompus kx, tq seront parallèles. Concevons maintenant que la petite surface ab tourne autour du point d'immersion t, de manière à prendre la position $a'b'$, et qu'en même temps la perpendiculaire zl tourne d'une quantité égale, en passant à la position $l'z'$, tandis que les rayons st et tq resteront fixes; les deux petites surfaces de, $a'b'$ pourront être alors considérées comme faisant partie d'une surface courbe. Or l'angle d'incidence stz sera augmenté de la quantité ztz', et l'angle de réfraction ltq le sera d'une quantité égale ltl', et il est clair que si les sinus variaient comme les angles, le sinus de réfraction serait trop augmenté pour que le rapport restât le même. Par exemple, si ce rapport était celui de 3 à 2, l'accroissement de l'angle de réfraction ne devrait être que les 2/3 de celui de l'angle d'incidence, au lieu de lui être égal. Mais le sinus de réfraction se trouve encore plus augmenté à proportion de celui d'incidence, que dans l'hypothèse précédente, parce que si l'on augmente deux angles de la même quantité, le sinus du plus petit angle croîtra dans un plus grand rapport que celui du plus grand angle : donc, pour que le rapport entre les sinus reste le même, il faut que l'angle $l'tq$ diminue, et par conséquent le rayon rompu tq se rapprochera de la nouvelle perpendiculaire tl' c'est-à-dire qu'il convergera vers l'autre rayon rompu kx.

1037. Si le milieu M (fig. 47) est plus rare que le milieu E, il est facile de voir que les rayons rompus kx, tq, faisant avec les perpendiculaires ug, zl, des angles plus ouverts que ceux d'incidence, divergeront encore plus que les rayons incidents sk, st. Il y aura, dans ce cas, un foyer imaginaire situé en f', c'est-à-dire plus près de la surface réfringente que le point radieux; et si

---

bles fht, fdc donnent $ht : cd :: ft = fh : cf$; ou bien, $ht : m :: cf + a : cf$. Donc, $\frac{b}{b+a} = m\left(\frac{cf+a}{cf}\right)$, ou $\frac{b}{m\,(b+a)} = \frac{cf+a}{cf}$. Donc, $cf + a : f :: bm\,(b+a)$ et $cf + a : cf + a - cf :: b : b - mb - ma$; d'où l'on tire $cf + a$ ou $fh = \frac{ab}{(1-m)\,b - ma}$.

Le résultat précédent a lieu toutes les fois que $(1-m)\,b$ est plus grand que ma. Mais si ces quantités sont égales, alors le dénominateur $(1-m)\,b - ma$ devenant zéro, la quantité $cf + a$ devient infinie. C'est le cas où les rayons rompus sont parallèles entre eux.

Si $(1-m)\,b$ est plus petit que ma, alors le rayon réfracté tq diverge à l'égard de l'axe, comme on le voit fig. 44. En même temps le point f se trouve transporté du côté opposé, c'est-à-dire en dessus de l'arc mn, et la formule devient $fh = \frac{ab}{(m-1)\,b + am}$, où les signes se trouvent changés dans le dénominateur. On peut vérifier cette formule en appliquant à la figure 44 le calcul relatif à la figure 43. — Dans le cas où les rayons incidents sont parallèles, sh ou b devenant infinie, am s'évanouit, et l'on a $cf + a = \frac{ab}{(1-m)\,b} = \frac{a}{m-1}$.

l'on suppose que le point s fasse des mouvements d'un côté ou de l'autre de sa position actuelle, on concevra, avec un peu d'attention, que ceux du foyer doivent avoir lieu encore ici dans la même direction. Par exemple, si le point radieux s s'écarte de la surface réfringente, les angles sku, stz étant diminués, les angles de réfraction gkx, ltq le seront aussi, d'où il suit que les prolongements des rayons xk, qt iront couper l'axe au-dessus du point f'. Lorsque le point radieux est à une distance censée infinie par rapport à la surface réfringente, les rayons réfractés divergent encore, quoique d'une moindre quantité que dans les cas précédents.

1038. Si le milieu réfringent M est concave, comme on le voit fig. 48, et en même temps plus rare que le milieu E, les rayons réfractés kx, tq, divergeront plus que les rayons incidents sk, st, et ainsi leur divergence continuera d'exister, quoique dans un degré moins sensible, au terme où les rayons incidents deviendront parallèles. Dans ce dernier cas, ainsi que dans chacun des cas précédent, le foyer sera imaginaire et situé du même côté que le point radieux ; et les mouvements de l'un et de l'autre point se correspondront aussi, quant à leur direction. Si le premier milieu est au contraire plus dense que le second, les rayons réfractés s'écartant plus des perpendiculaires que les rayons incidents, divergeront moins après leur réfraction, ou seront parallèles, ou deviendront même convergents. On conçoit que ce dernier cas doit avoir nécessairement lieu, lorsque le point radieux, étant censé à une distance infinie de la surface réfringente, les rayons incidents sont parvenus au parallélisme. Il sera facile d'appliquer encore aux différentes circonstances que nous venons d'énoncer, le principe relatif aux mouvements du foyer comparés avec ceux du point radieux (1035).

Cas où le milieu est terminé par deux surfaces courbes opposées.

1039. Concevons une seconde surface courbe mln (fig. 49), qui ait le même axe que la première mhn, et soit située de manière que les deux concavités se regardent, auquel cas le milieu M prend le nom de *lentille*. Si ce milieu est plus dense que le milieu environnant E, et que le point radieux s soit à une telle distance de la lentille que les rayons réfractés kx, tq convergent l'un vers l'autre, il est aisé de voir que les rayons émergents convergeront encore davantage, en s'écartant des perpendiculaires aux points x, q, et ainsi le point f, dans lequel ils se réuniront sur l'axe de la lentille, sera plus voisin de la surface mln, que dans le cas où les rayons kx, tq auraient continué leur route sans aucune déviation (1).

(1) Soit mn (fig. 50) une lentille d'une matière plus dense que le milieu environnant, et st un rayon très-voisin de l'axe, qui, après s'être réfracté suivant tt' dans la lentille en convergeant avec l'axe, repasse dans le milieu environnant suivant une direction $t'f$. Voici comment on peut déterminer la distance hf de ce point à la lentille, en supposant que celle-ci soit assez mince pour que son épaisseur puisse être négligée.

Prolongeons tt' jusqu'à ce qu'elle rencontre l'axe en f'. Soient c, c' les centres des deux courbes, que l'on peut supposer, si l'on veut, appartenir à deux sphères différentes. Soit toujours $sh = b$ et $hc = a$. Le point f' étant le point de concours des rayons partis de s, dans l'hypothèse où la convexité mhn existerait seule, nous aurons, comme ci-dessus (1034), $f'h = \frac{ab}{(1-m)b - ma}$.

Soit maintenant $c'h' = c$, et $fh' = z$. Pour avoir une seconde valeur de $f'h$ qui renferme z, considérons le rayon ft' comme allant du point f vers la surface convexe $mh'n$, pour se réfracter dans le milieu M suivant une direction $t't$ qui diverge par rapport à l'axe. Ce cas sera semblable à celui de la figure 44, et ainsi f' (fig. 50) sera le point où le rayon réfracté rencontre l'axe, en se plaçant du même côté que le rayon incident. Or nous avons eu (1034), dans ce dernier cas, $fh = \frac{ab}{(m-1)b + am}$. Mais ici fh (fig. 44) devient $f'h'$ (fig. 50), ou son égale $f'h$; a devient c, et b devient z. Donc, la formule se change en celle-ci, $f'h = \frac{cz}{(m-1)z + cm}$. Egalant les deux valeurs de $f'h$, on a

$$\frac{cz}{(m-1)z + cm} = \frac{ab}{(1-m)b - ma},$$

d'où l'on tire

$$z = \frac{mabc}{(1-m)(bc+ab) - mac}.$$

Si les deux surfaces appartiennent à

1040. Si le point s vient à s'écarter de la lentille, la convergence des rayons réfractés augmentera (1032), et cette circonstance déterminera le point f à s'approcher continuellement de la surface mln. Lorsque le point s est à une distance infinie de la lentille, le foyer f (fig. 51) prend le nom de *foyer des rayons parallèles*, relatif à la position respective des rayons incidents (1). On l'apelle aussi *foyer principal*, ou simplement *foyer*, parce qu'il répond à la limite où les rayons émergents approchent le plus de se réunir exactement dans un point unique.

1041. Remettons le point radieux s dans la situation indiquée par la figure 49, et supposons qu'il la quitte pour s'approcher de la lentille. Les rôles alors étant changés, le point f à son tour fuira la lentille de plus en plus. A un certain terme, les rayons xf, qf arriveront au parallélisme, et si le point radieux continue de se mouvoir vers la lentille, les mêmes rayons commenceront à diverger, et leur foyer deviendra imaginaire. Si la lentille était au contraire d'une matière moins dense que le milieu environnant, on aurait des effets différents, qui ont été pareillement déterminés par les physiciens.

1042. Tout ce que nous avons dit (1035) de la correspondance des mouvements du point radieux et du foyer, lorsqu'il n'y a qu'une seule surface réfringente, s'applique également au cas où le milieu est d'une forme lenticulaire. Ces mouvements se font toujours dans le même sens, soit que les deux points interceptent la lentille, ou que le foyer se trouve du même côté que le point radieux.

1043. On peut aussi supposer que le corps diaphane soit *biconcave*, c'est-à-dire que ses deux surfaces se regardent par leurs convexités, ou qu'il soit concave d'un côté et convexe de l'autre, auquel cas il prend le nom de *ménisque*, ou enfin qu'il soit *plan convexe* ou *plan concave*. Ces diverses configurations combinés avec la différence de densité qui peut exister entre les deux milieux, ont conduit à une multitude de résultats divers, parmi lesquels nous nous réservons d'exposer ceux dont nous aurons besoin dans la suite à mesure qu'ils seront amenés par le sujet même, attendu qu'il sera facile de les déduire de ce qui précède.

1044. Nous observerons, en terminant cet article, que c'est la même chose de considérer une lentille comme restant dans une position fixe, et de faire varier celle du point radieux; ou de supposer que ce dernier point étant immobile, ce soit la lentille qui change de position par un mouvement égal. Car il est évident que, dans l'un et l'autre cas, les dimensions du cône de lumière dont le sommet coïncide avec le point radieux, et dont la base repose sur la lentille, subissent les mêmes changements.

Analogie entre la réfraction et la réflexion.

1045. Jusqu'ici nous avons considéré la réflexion et la réfraction comme deux effets séparés, et qui avaient lieu indépendamment l'un de l'autre. Mais l'observation prouve que les rayons qui tombent sur la surface d'un milieu réfringent d'une densité différente de celle du milieu dans lequel ils étaient mus, ne pénètrent pas tous le second milieu, en sorte qu'une partie est réfléchie au contact des deux milieux. Supposons d'abord que le second milieu soit plus rare que le premier : à mesure que les rayons, en partant de l'incidence perpendiculaire, s'inclineront davantage sur la surface du second milieu, le nombre des rayons qui échappent à la réfraction deviendra plus considérable, et il y aura un terme où ils seront tous réfléchis. Ce dernier effet est donné immédiatement par la loi même de la réfraction, en sorte que l'on peut déterminer, d'après le rapport entre les sinus d'incidence et de réfraction, l'inclinaison sous laquelle il a lieu; car puisque, dans le cas dont il s'agit, le sinus de réfraction est toujours plus grand que celui d'incidence, il est clair qu'il y a tel degré d'inclinaison où, l'angle d'incidence étant encore aigu, l'angle de réfraction est droit, en sorte que la direction des rayons rompus coïncide avec la surface du contact des deux milieux; et si l'on augmente encore

---

des sphéricités égales, on aura $c=a$, et la formule sera $x=\dfrac{mab}{(1-m)\,2b-ma}$.

(1) Dans ce cas, la quantité ma s'évanouit dans le dénominateur, et la formule devient $x=\dfrac{ma}{2(1-m)}$.

l'angle d'incidence, celui de réfraction deviendra obtus, et les rayons se relèveront au-dessus de la surface du contact. Chacun de ces rayons ne se dirige point alors comme le côté de l'angle obtus qui résulte de la loi de réfraction, mais il fait son angle de réflexion égal à l'angle d'incidence. Nous en donnerons bientôt la raison.

1046. Il suit de ce qui vient d'être dit que, pour un milieu donné, le rapport entre le sinus et l'angle d'incidence sous lequel commence la réflexion totale, et le rayon, est le même que celui des sinus qui mesurent la réfraction dans le même milieu : par exemple, lorsque la lumière passe de l'eau dans l'air, les sinus étant en général comme 3 est à 4, la réflexion totale commencera sous l'angle d'incidence de 48 degrés 35′, dont le sinus est les 3/4 du rayon.

1047. Si le second milieu est au contraire plus dense que le premier, il y aura aussi une partie des rayons qui seront réfléchis au contact des deux milieux : mais cette partie est en général moins considérable que dans le cas précédent et, quelque oblique que soit l'incidence, il y a toujours des rayons réfléchis et d'autres qui sont réfractés, de manière cependant que le nombre des premiers va en augmentant et celui des seconds en diminuant, à mesure que l'obliquité des rayons incidents devient plus grande. On conçoit qu'alors cette obliquité ne peut jamais être telle que le sinus de réfraction devienne égal au rayon, parce qu'il est toujours plus petit que celui d'incidence. C'est en conséquence de cette portion de rayons qui se réfléchissent en échappant à la réfraction, que la surface d'une eau tranquille et celle des autres corps transparents font, jusqu'à un certain point, l'office de miroirs.

1048. Nous venons de voir que le terme où tous les rayons qui tendent à passer d'un milieu dans un autre plus rare sont réfléchis, dépend du rapport entre le sinus d'incidence et celui de réfraction, en sorte que quand ces sinus diffèrent davantage l'un de l'autre, l'angle d'incidence qui répond à la réflexion totale est plus petit, ou, ce qui revient au même, si l'on suppose que les rayons, en partant de l'incidence perpendiculaire, s'inclinent par degré sur la surface de contact des deux milieux, ils parviennent plus tôt à la réflexion totale. Et parce que le rapport entre les sinus dépend à son tour de la différence entre les densités des deux milieux, il en résulte que quand cette différence est plus grande, la réflexion totale se fait sous une moindre obliquité. Mais de plus, dans toutes les incidences qui précèdent celles ou la totalité des rayons est réfléchie, le nombre de ceux qui subissent la réflexion partielle dont nous avons parlé (1045) est plus considérable sous une inclinaison donnée, lorsque l'incidence requise pour la réflexion totale est plus petite, en sorte qu'il existe à cet égard une sorte de corrélation entre les deux réflexions. De là il suit que la portion des rayons qui se réfléchissent, au lieu de se réfracter, est plus grande sous une incidence donnée, lorsque les densités des deux milieux diffèrent davantage entre elles, et plus petite lorsqu'elles diffèrent moins, de manière que si elles étaient égales, tous les rayons passeraient du premier milieu dans le second. Newton compare l'ensemble des deux milieux, dans ce cas, à une masse d'eau limpide, divisée en deux portions par une surface imaginaire qui transmet tous les rayons sans en réfléchir aucun (1). La même chose a lieu, proportion gardée, lorsque la lumière passe d'un milieu dans un autre plus dense, quoique, dans ce cas, il ne puisse y avoir de réflexion totale. Le nombre des rayons réfléchis à la surface de contact, sous une incidence donnée, s'accroît aussi à mesure que la différence elle-même est plus grande entre les deux milieux. Seulement ce nombre paraît être plus petit, toutes choses égales d'ailleurs, que dans le premier cas où un milieu plus rare succède à un milieu plus dense.

Raisons de croire que la réfraction et la réflexion ne sont pas produites par une cause mécanique.

Reprenons maintenant tous les faits qui viennent d'être exposés, et voyons jusqu'où la théorie est parvenue dans la recherche des causes d'où dépendent la réflexion et la réfraction.

1049. On a d'abord essayé d'expliquer ces effets, comme beaucoup d'autres, d'après les lois ordinaires de la méca-

(1) Optice lucis, lib. II, pars III, proposit. 1.

nique. On a raisonné, par rapport à la réflexion, comme si les molécules de la lumière ayant un ressort parfait, les surfaces qui la réfléchissent régulièrement étaient elles-mêmes parfaitement polies. Dans cette hypothèse, rien n'était si simple à concevoir que l'égalité des angles de réflexion et d'incidence, si en même temps on considérait les molécules de la lumière comme étant d'une forme globuleuse. La force de chaque globule étant oblique sur le plan de réflexion, se décomposait en deux autres forces, dont l'une, perpendiculaire au plan, était d'abord détruite par la résistance de ce plan, puis restituée tout entière en sens contraire par l'effet du ressort; l'autre, parallèle au plan, subsistait sans altération, et, se combinant avec la précédente, produisait un nouveau mouvement en diagonale, incliné sur le plan précisément de la même quantité que le mouvement primitif.

1050. Mais ces explications, et d'autres du même genre qui réduisaient tout aux lois ordinaires du choc des corps, pouvaient paraître satisfaisantes, lorsque l'on considérait la réflexion sous un point de vue isolé, et que l'on attribuait aux actions des forces qui la produisent une précision mathématique. Newton, accoutumé à porter ses regards sur l'ensemble des faits, trouva dans leur rapprochement de fortes raisons à alléguer contre la théorie adoptée jusqu'alors; et, examinant ensuite la réflexion en elle-même, il jugea que le mécanisme dont on l'avait fait dépendre ne pouvait être celui de la nature.

1051. Voici les principales considérations sur lesquelles il fonde son sentiment (1). Lorsque la lumière passe du verre dans l'air, le nombre des rayons qui échappent à la réfraction et se réfléchissent au contact des deux milieux, est aussi grand ou même plus grand que quand le passage se fait de l'air dans le verre. Il faudrait donc dire que l'air est plus propre à la réflexion que le verre, ce qui n'est nullement vraisemblable; mais quand cela serait, on n'y gagnerait rien : car, si le verre est placé sous un récipient purgé d'air, la réflexion au passage du verre dans le vide sera aussi forte ou même plus forte que quand l'air existait.

1052. De plus, lorsque la lumière passe du verre dans l'air sous un angle d'incidence moindre que 40 ou 41 degrés, une partie des rayons pénètre l'air en s'y réfractant, et lorsque l'angle d'incidence surpasse 41 degrés, tous les rayons sont réfléchis. Croira-t-on qu'un petit changement d'obliquité suffise pour que la lumière, qui trouvait jusqu'alors dans l'air un certain nombre de routes ouvertes, n'y rencontre plus que des parties solides qui la réfléchissent, surtout si l'on considère qu'au passage de l'air dans le verre, quelque grande que soit l'obliquité, il y a toujours un certain nombre de rayons qui pénètrent le verre? On se figurera peut-être que, dans le premier cas, ce n'est point l'air, mais la dernière surface du verre qui produit la réflexion. Mais si l'on met le verre en contact avec de l'eau, une grande partie des rayons se transmettront à travers l'eau, sous la même incidence qui déterminait une réflexion totale lorsque l'air existait à la place de l'eau. Il paraît donc que la réflexion et la transmission des rayons ne dépendent point de la manière dont ils rencontrent les parties propres du verre, mais d'une certaine disposition de l'air ou de l'eau qui avoisine le verre.

1053. Newton, après avoir développé plusieurs autres raisons, qui supposent la connaissance de certains effets dont nous parlerons dans la suite, remarque que, dans l'hypothèse où la réflexion se ferait en vertu du choc des rayons contre les molécules solides des corps, les surfaces des miroirs ne pourraient renvoyer la lumière avec cette exactitude et cette régularité qui ont lieu dans la nature. On ne peut présumer que le travail de l'art, en employant le sable et d'autres matières analogues, réussisse tellement à polir le verre que les dernières molécules de cette substance deviennent parfaitement lisses, que leurs surfaces soient exactement planes ou sphériques, qu'elles se trouvent toutes tournées dans le même sens, et composent une surface unique qui soit partout semblable à elle-même. Ce qu'on appelle polir le verre, n'est autre chose que rendre imperceptibles pour nos yeux les aspérités qu'ils y apercevaient et les remplacer par d'autres aspérités plus petites. Il en résulte que si la lumière était réfléchie par les parties propres du verre, elle se disposerait de tous côtés sur les surfaces polies avec le plus de

(1) Optice lucis, lib. II, pars III, roposit. 8.

soin, comme sur les plus robustes. Comment donc arrive-t-il que la réflexion se fasse si régulièrement sur les premières? Il ne paraît pas que l'on puisse sortir autrement de cette difficulté qu'en faisant dépendre la réflexion d'une certaine force répandue uniformément sur toute la surface du verre, et dont l'action s'exerce à une très-petite distance. Nous parlerons dans la suite de quelques observations qui prouvent que les corps agissent sur les rayons de la lumière.

1054. Tout ce qui vient d'être dit acquerra un nouveau degré de vraisemblance, par les détails dans lesquels nous allons entrer sur la théorie de la réfraction. On a tenté de ramener aussi cette inflexion de la lumière aux lois de la mécanique, en la faisant dépendre de la résistance plus ou moins grande des milieux qu'elle pénétrait. Mais ici la théorie paraissait être en opposition avec ces mêmes lois; car on démontre qu'un corps qui passe, par exemple, de l'air dans l'eau sous une direction oblique à la surface de ce liquide, s'y réfracte en s'écartant de la perpendiculaire, et cela en conséquence de ce que le second milieu est plus résistant que le premier. La lumière, au contraire, en passant de l'air dans l'eau, se rapproche de la perpendiculaire, d'où il paraît s'ensuivre que les milieux plus denses résistent moins au mouvement de la lumière que ceux qui sont plus rares. Comme on ne pouvait attribuer cette moindre résistance à la nature même du milieu, on a imaginé que la réfraction se faisait par l'intermède d'un fluide subtil qui occupait les pores du milieu et qui, étant d'autant plus pur et plus dégagé de tout mélange avec les fluides plus grossiers que les pores étaient plus petits, devenait par là même moins résistant dans les milieux plus denses.

Explication physique de la réfraction.

Newton a proposé une manière beaucoup plus heureuse d'expliquer la réfraction, à l'aide de l'attraction dans les petites distances. Voici en quoi consiste cette explication.

1055. Soit *sy* (fig. 52) un rayon de lumière qui pénètre l'air suivant une direction oblique à la surface du milieu ABCD, que nous supposerons plus dense que l'air. Ayant prolongé CB jusqu'à ce que B*r* soit égale au rayon de la sphère d'activité sensible du milieu ABCD, puis ayant pris sur BC la partie B*z* égale à B*r*, menons *rp* et *zu* parallèles à AB. Dès que le rayon aura touché la ligne *rp*, il commencèra à être plus attiré par le milieu AC que par l'air; et cette attraction, s'exerçant suivant *yn* perpendiculaire sur AB, se combinera avec la vitesse suivant *sy*, en sorte que le rayon se détournera de sa route, en décrivant la diagonale d'un petit parallélogramme formé sous les directions des deux forces qui le sollicitent. A mesure qu'il s'approchera de AB, il sera attiré plus fortement par le milieu AC, en sorte que sa vitesse, pour s'approcher de ce milieu, s'accélérera par des degrés dont les différences iront en augmentant, sans que la vitesse horizontale soit changée, et qu'en même temps son mouvement continuera de s'infléchir à chaque instant; d'où l'on voit qu'il décrira une ligne courbe *yt*, dont la concavité sera tournée vers AB; lorsque le rayon sera arrivé au-dessous de la ligne AB, il se trouvera attiré à la fois de haut en bas par les parties du milieu qui lui seront inférieures, et de bas en haut par les parties supérieures; et comme l'attraction de ces dernières parties s'étend d'abord à une distance moindre que le rayon B*z* de la sphère d'activité du milieu, tandis que celle des parties inférieures agit dans toute l'étendue du même rayon, il s'ensuit que le mouvement du rayon de lumière *yt* continuera de s'accélérer, mais par des degrés dont les différences iront en décroissant, et ainsi la nouvelle portion de courbe *tf* qu'il décrira sera tournée dans le même sens que la première; mais aussitôt que le rayon touchera la ligne *uz*, il se trouvera entièrement prolongé dans la sphère d'activité du milieu, et alors, étant attiré également de tous côtés, il prendra un mouvement rectiligne dirigé selon la tangente *fk* à l'extrémité de la courbe *ytf*. Il est clair que le rayon, en décrivant cette courbe, se rapproche de la perpendiculaire *ctm*, au point d'immersion; et comme la courbe est extrêmement petite, la route du rayon paraît n'être composée que de deux lignes droites, situées comm *sy* et *fk*, et qui se coupent au point d'immersion. Les mêmes effets se répètent dans un ordre inverse, depuis le point *k*, dont la distance à la ligne DC est égale au rayon B*z* de la sphère d'activité sensible du milieu, en sorte que le rayon de lumière décrit ici une seconde courbe *kie* semblable à la première, mais dont la concavité est tournée en sens opposé : d'où il suit que quand le rayon n'est plus attiré que par l'air environnant, il se meut en ligne droite suivant *el*, en s'écartant de la perpendiculaire *gio* au point d'émergence, en sorte que l'angle formé par *el* avec *oi* est égal à celui que forment entre elles les lignes *sy*, *ct*, c'est-à-dire que *el* est parallèle à *sy*.

1056. L'attraction de l'air se combine avec celle du milieu AC jusqu'à une certaine limite située à une distance de AB ou de CD moindre que B*r*; et comme elle agit toujours plus faiblement que celle du milieu AC, à laquelle sa direction est contraire, son effet se borne à modifier un peu la figure de la courbe *ytf* ou *kie*, dont la concavité restera tournée dans le même sens. D'ailleurs il est facile de voir que les petites altérations que subit la force du milieu AC, de la part de celle de l'air, étant les mêmes de part et d'autre à des distances respectivement égales de AB et de CD, les deux courbes *ytf*, *kie* ne laisseront pas de se ressembler; en sorte que, tout compensé, le mouvement du rayon peut-être considéré comme produit par une seule force accélératrice variable entre certaines limites voisines des lignes AB, CD, et qui éprouve de part et d'autre les même changements en sens opposé (1). La théorie précédente suppose que la lumière se propage par émission; et ainsi, dans cette hypothèse, la réfraction s'explique plus heureusement que dans celle de pression.

1057. Comme la lumière est transmise par un milieu quelconque dans toutes les directions possibles, il faut concevoir qu'il en est des molécules des corps diaphanes comme de celles de la lumière elle-même, c'est-à-dire que les distances entre ces molécules sont incomparablement plus grandes que leurs épaisseurs. Les physiciens qui admettent la propagation de la lumière par pression sont conduits à la même conséquence. Bouguer a cru pouvoir éluder la difficulté en supposant que les parties so-

---

(1) Nous avons dit (1027) que, relativement à un même milieu, le sinus d'incidence est en rapport constant avec celui de réfraction : c'est ce que nous allons démontrer à l'aide d'un principe qui tient à la théorie des forces accélératrices. Soit toujours AB (fig. 53) la surface du milieu réfringent, que nous supposons plus dense que l'air, *st* le rayon incident, *ti* le rayon réfracté, *bm* la perpendiculaire au point d'immersion, et *sb*, *im* deux perpendiculaires sur cette même ligne. Si *st* représente en même temps la vitesse du rayon dans l'air, on pourra décomposer cette vitesse suivant deux directions *sb* et *bt*, dont la première représentera la vitesse horizontale du rayon incident, et l'autre sa vitesse verticale. Supposons que l'on ait pris *ti*, de manière que *im* soit égale à *bs*; la vitesse horizontale étant toujours la même pendant que le rayon se meut suivant *ti*, puisque l'action de la force accélératrice ne peut apporter aucun changement à cette vitesse, elle sera encore représentée par *im* égale à *bs*; d'où il suit que la vitesse verticale relative au mouvement suivant *ti* sera représentée par *tm*. Or, le principe dont nous avons parlé consiste en ce que la quantité dont le carré de la vitesse verticale se trouve augmenté par l'effet de la force attractive du milieu est une constante, quelle que soit la direction du rayon incident; c'est-à-dire que, si l'on désigne par u^2 le carré de la vitesse *bt*, et par V^2 celui de la vitesse *tm*, la différence $V^2 - u^2$ sera une constante. Soit d^2 cette différence, et soit h la vitesse horizontale *bs*. Prenons sur *ti* la partie *tz* égale à *st*; puis, par le point *z*, menons *zy* parallèle à *im*; *bs*, ou son égale *im*, représentera le sinus d'incidence, et *zy* celui de réfraction. Or, $zy : im :: tz : ti$. Mais *tz* ou $ts = \sqrt{(bt)^2 + (bs)^2} = \sqrt{u^2 + h^2}$; $ti = \sqrt{(tm^2 + im)^2} = \sqrt{u^2 + d^2 + h^2}$. Donc le rapport entre *tz* et *ti*, ou entre les sinus *zy* et *im* est $\sqrt{\dfrac{u^2 + h^2}{u^2 + d^2 + h^2}}$. Mais parce que le rayon incident a la même vitesse, quelle que soit son inclinaison, le numérateur $\sqrt{u^2 + h^2}$, ou l'expression de *tz*, est une quantité constante. Donc, le dénominateur $\sqrt{u^2 + d^2 + h^2}$ étant composé du carré constant $u^2 + h^2$ et de la constante d^2, sera lui-même constant. Donc, tel sera aussi le rapport entre les sinus.

Newton a donné une belle démonstration du même résultat par la synthèse (Philos. natur. princip. mathem., t. 1, sect. 14, propos. 94, theor. 48).

lides des corps diaphanes qui se trouvaient sur la direction des rayons de lumière transmettaient l'action de ces rayons en suppléant à la matière subtile dans les petits espaces où celle-ci se trouvait interrompue ; mais il n'est nullement probable que ces parties aient la figure, la disposition et le degré d'élasticité nécessaires pour propager aussi exactement les vibrations de la lumière, que si les rayons de ce fluide formaient des lignes continues.

Cas où la réfraction se change en réflexion totale.

1058. Nous avons vu (1045) que les rayons qui se présentent sous un certain degré d'obliquité, pour pénétrer un milieu plus rare que celui qu'ils traversent, sont réfléchis tous à la fois au contact des deux milieux. Or, l'explication que nous avons donnée de la réfraction peut servir à faire concevoir la raison de cet effet; car le rayon de lumière parvenu à une distance du contact des deux milieux, moindre que le rayon de la sphère d'activité du milieu qu'il pénètre, et se trouvant plus attiré par les molécules situées au-dessus de lui que par celles qui sont en dessous, commencera à infléchir son mouvement et à décrire une courbe qui tournera sa convexité vers la surface de contact. Si telle est l'inflexion de la courbe, que celle-ci coupe la surface de contact, il n'y aura qu'une partie des rayons qui soit réfléchie au contact, et le reste sera transmis. Mais si l'obliquité du rayon incident est assez grande pour qu'il y ait un arc de la courbe, dont la tangente soit parallèle à la surface du contact, le rayon, après avoir décrit cet arc, se relèvera en décrivant une seconde branche de courbe semblable à la première, après quoi il prendra un mouvement uniforme, suivant la tangente au dernier arc de la courbe; et il est évident que cette tangente se trouvera inclinée sur la surface de contact de la même quantité que le rayon incident : d'où il suit que l'angle de réflexion sera égal à l'angle d'incidence (1).

(1) Newtonis Philos. natur. princip. mathem., sect. 14, prop. 96, theor. 50.

Vues de Newton sur la réfraction et la réflexion considérées comme ayant une même cause.

1059. La réflexion dont nous venons de parler est produite immédiatement en vertu de la cause d'où dépend la réfraction, en quoi elle paraît distinguée des réflexions qui ont lieu sous les incidences précédentes, et que l'on serait porté à considérer, au contraire, comme des espèces d'exceptions à la loi de la réfraction : cependant il est très-probable, et c'est l'opinion de Newton, que la réflexion et la réfraction proviennent en général d'une même puissance qui agit diversement, suivant la diversité des circonstances (1) ; car, dans toutes les incidences qui précèdent celle où la réfraction se change en réflexion totale, le nombre des rayons réfléchis est aussi plus grand en général lorsque l'obliquité requise pour la réfraction totale est plus petite. Or, elle l'est d'autant plus que les deux milieux diffèrent davantage en densité, ou, ce qui revient au même, que la force de la réfraction, qui dépend de la grandeur de l'angle de réfraction est plus considérable ; et comme d'une autre part la force de la réflexion dépend du nombre des rayons réfléchis, il sera vrai de dire qu'en général les milieux qui réfractent le plus fortement la lumière, sont aussi ceux qui la réfléchissent le plus fortement.

1060. Newton, pour désigner la puissance dont il s'agit, emploie tantôt le nom d'attraction, tantôt celui de répulsion : par exemple, lorsque la lumière rencontre, sous un certain degré d'obliquité, la dernière surface d'une masse de verre placée dans le vide et qu'elle se réfléchit en entier, il est visible que cet effet ne peut être attribué qu'à l'attraction du verre, puisque le vide est incapable d'exercer aucune action ; mais si l'on enduit la surface du verre de quelque liquide, comme l'eau ou l'huile, un certain nombre de rayons qui étaient réfléchis dans le cas précédent, pénétreront le liquide, parce que l'attraction du verre est balancée en partie par l'attraction contraire de l'eau ou de l'huile (2). D'une autre part, lorsque la lumière se réfléchit à la rencontre d'un

(1) Optice lucis, lib. II, pars III, proposit. 9.

(2) Ibid., lib. III, quæst. 29.

corps, les molécules propres de ce corps paraissent exercer sur elle une action répulsive, et parce que ce corps, lorsqu'il est diaphane, agit en même temps par attraction sur la portion de lumière qui se réfracte, on peut concevoir que cette attraction s'étend jusqu'à un plan situé à une très-petite distance de la surface du corps, parallèlement à cette surface, et qu'au delà de ce plan la répulsion a lieu jusqu'à une autre distance presque infiniment petite; et comme en algèbre les quantités négatives s'évanouissent lorsque les quantités positives commencent à avoir lieu, de même, dans les effets physiques dont il s'agit ici, la force répulsive succédera immédiatement à la force attractive (1). Parmi les rayons qui se meuvent vers la surface du milieu réfringent, il arrivera le plus souvent que les uns seront repoussés, et les autres attirés pour être ensuite transmis par le milieu, et cette différence paraît tenir à certaines circonstances que Newton a de même déterminées, et dont nous parlerons à l'article des couleurs.

1061. Newton ne s'en est pas toujours tenu aux actions à distance pour y ramener les effets dus à la réflexion et à la réfraction. Il a présumé que ces effets pourraient bien dépendre de l'action d'une matière très-subtile répandue partout et jusque dans l'intérieur des corps diaphanes; et, en concevant que cette matière avait plus de densité dans les corps plus rares, et que sa densité augmentait peu à peu, en allant d'un milieu plus dense vers un milieu plus rare, il pensait qu'on pourrait expliquer d'après cette hypothèse comment la lumière se réfractait dans certaines circonstances, en infléchissant son mouvement par degrés, et comment elle se réfléchissait dans d'autres circonstances, en cherchant à s'écarter des espaces où la matière subtile était plus dense pour se porter vers ceux où elle était plus rare (2).

1062. Au reste, il n'est pas surprenant de voir ici Newton se donner cette espèce de liberté de conjecturer. Il ne propose ses opinions que comme de simples doutes, dans ses Questions d'optique, où il semble faire l'histoire des pensées qui se sont présentées successivement à son esprit dans ses profondes méditations sur la nature, comme pour inviter les philosophes qui le liront à les discuter et à les éclaircir. Il résulte du moins de leur ensemble que la réflexion et la réfraction de la lumière sont produites très-vraisemblablement par des forces particulières, du genre de celles qui s'exercent de molécule à molécule, et qu'en se bornant aux effets, tels qu'ils se présentent à nous, on peut employer les mots d'*attraction* et de *répulsion* pour désigner ces mêmes forces, comme en chimie on se sert du mot *affinité* pour exprimer la tendance qui sollicite les unes vers les autres les molécules constituantes des corps. C'est une nouvelle classe de phénomènes infiniment variés qui rentre dans le domaine des forces dont il s'agit, et ce domaine est déjà si étendu, d'après tout ce que nous avons dit dans les articles précédents, que tout ce qui tend à en reculer les limites contribue par cela seul à la perfection de la physique, en simplifiant le tableau de la nature. L'espèce de refus que les physiciens ont fait pendant long-temps, et que quelques-uns font encore, d'admettre de pareilles forces, ne vient que de la pente qu'ils ont à chercher dans les effets naturels des actions analogues à celles qu'exercent continuellement sous nos yeux les corps qui se choquent, et les différents mobiles qu'emploie notre mécanique. Comme ces actions ont lieu au contact et qu'elles nous sont familières, elles paraissent offrir à l'esprit des conceptions plus nettes, quoiqu'au fond l'impulsion, considérée attentivement, ait ses mystères comme l'attraction. On a accusé en conséquence les partisans des forces qui agissent à distance de reproduire les qualités occultes des anciens philosophes. Cependant la différence est immense entre ces sympathies et ces antipathies, qu'il suffisait de nommer pour que tout fût dit, et ces principes qui expriment des faits généraux dont le développement conduit au rapprochement de tous les autres faits qui en dépendent. Là tout restait inconnu pour le physicien : ici, en partant d'un fait général qu'il prend pour cause, il en déduit, par rapport à tout le reste, des connaissances claires et précises. Les qualités occultes plongeaient tous les phénomènes de la nature dans une obscurité profonde et impénétrable; les forces admises par Newton les placent

(1) Optice lucis, lib. III, quæst. 31.
(2) Ibid., quæst. 18.

au milieu d'un espace bien éclairé, excepté dans un point où se trouve un nuage qu'il n'a point été donné à l'œil du génie de pouvoir percer.

Détermination approximative de la hauteur de l'atmosphère à l'aide de la réflexion occasionnée par le crépuscule.

1063. Si l'atmosphère n'existait pas, nous ne pourrions être éclairés que par les rayons qui nous viendraient en ligne directe du soleil. Le jour et la nuit se succéderaient comme par un saut brusque; cette alternative subite semblerait même se répéter à chaque instant, lorsque nous passerions d'un lieu exposé aux rayons solaires dans un autre où ils ne pourraient pénétrer immédiatement, et le tableau de la nature serait défiguré par un assemblage désagréable de clarté et de ténèbres. Mais la même Providence qui nous a préparé, dans cette grande masse de fluide répandue autour du globe, l'aliment de la vie et le véhicule de la parole, l'a destinée encore a nous faire jouir plus complétement du bienfait de la lumière. Lorsque le soleil n'est pas encore arrivé sur l'horizon, ou lorsque déjà il s'est abaissé en dessous de ce cercle, ses rayons, après s'être réfractés en pénétrant l'atmosphère, vont se réfléchir sur ses différentes couches, d'où ils se dirigent vers tous les objets qui nous environnent et les rendent visibles pour nous. Ils nous donnent ainsi le crépuscule du matin ou l'aurore, en amenant le jour par une gradation imperceptible, et produisent le crépuscule du soir en retardant, par une nouvelle gradation en sens contraire, l'instant où le jour achève de s'éteindre. Et tandis que le soleil parcourt la partie de son cercle diurne élevée au-dessus de l'horizon, c'est encore l'atmosphère qui, par des réflexions multipliées, distribue les rayons lumineux dans une multitude d'endroits où la direction primitive ne les aurait pas conduits.

1064. D'après ce que nous venons de dire, on peut se faire une idée du moyen que l'on a imaginé pour déterminer la hauteur de l'atmosphère, et que nous avons promis d'indiquer (430). Lorsque le soleil s'avance vers l'horizon d'un lieu aux approches du jour, parmi ceux de ses rayons qui se répandent dans l'atmosphère, il y en a un qui est tangent à la surface de la terre, et l'aurore naît pour un spectateur auquel appartient l'horizon dont il s'agit, au moment où ce même rayon est tellement situé, qu'après avoir été se réfléchir sur la concavité de l'atmosphère, il se dirige vers le spectateur. On a observé que le point du jour avait lieu lorsque le soleil était encore abaissé de 18 degrés au-dessous de l'horizon. Or, il est facile de concevoir qu'il y a une certaine hauteur que doit avoir l'atmosphère pour que la réflexion qui produit le crépuscule commence, lorsque le soleil est à 18 degrés au-dessous de l'horizon. Car si l'atmosphère était, par exemple, plus élevée que dans l'hypothèse actuelle, le rayon dont nous venons de placer ayant une plus grande étendue à parcourir avant de rencontrer la dernière couche d'air, se réfléchirait suivant une direction différente de celle sur laquelle se trouve notre spectateur, d'où il résulte que le point du jour répondrait pour lui à un autre abaissement au-dessous de l'horizon. Or, en calculant la hauteur de l'atmosphère qui répond à un abaissement de 18 degrés, on a trouvé qu'elle était à peu près de 60,000 mètres, ou 30,784 toises. Mais ce résultat prouve seulement qu'à la distance de 60,000 mètres la densité des molécules de l'air est encore assez grande pour nous renvoyer une lumière sensible, en sorte que nous sommes certains que l'atmosphère s'étend au moins jusque-là, sans pouvoir assigner d'une manière précise sa dernière limite (1).

De la puissance réfractive.

1065. La force que les corps diaphanes exercent sur les rayons de la lumière pour les détourner de leur direction primitive, et leur faire subir la loi de la réfraction, est une force accélératrice qui agit perpendiculairement à la surface de ces corps (1055), et à laquelle Newton a donné le nom de *puissance réfractive*. Il a de plus entrepris d'en mesurer l'effet par rapport à cha-

(1) Voyez, pour la démonstration du résultat que nous venons d'indiquer, le Traité élémentaire d'astronomie physique, p. 276. Nous renvoyons de même à cet excellent ouvrage, p. 36 et suiv., pour tout ce qui concerne la réfraction astronomique et la réfraction terrestre.

que corps; et en la comparant dans les différents corps, il est parvenu à des résultats qui offrent une nouvelle preuve de cette prérogative qui semblait lui avoir été accordée, de ne pouvoir rien toucher sans y laisser l'empreinte de son génie. Voici de quelle manière il détermine la puissance réfractive. Il suppose qu'un rayon de lumière cr (fig. 54) rencontre la surface ab de chaque corps sous un angle infinement petit cra, ou, ce qui revient au même, il suppose que l'angle d'incidence crm soit sensiblement droit. Il décompose ensuite le mouvement rg du rayon rompu suivant deux directions, dont l'une rn est située sur la surface réfringente, et l'autre gn lui est perpendiculaire. Comme le rayon incident cr avait une vitesse censée nulle dans le sens de cette perpendiculaire, tout l'effet qui a lieu dans ce même sens provient de la force accélératrice ou de la puissance réfractive du milieu; et l'on prouve, d'après la théorie des forces accélératrices, que si l'on suppose une ligne rn constante, la puissance réfractive sera comme le carré de la perpendiculaire gn (1).

Aperçus de Newton sur la nature du diamant et sur celle de l'eau.

1066. C'est à l'aide du principe qui vient d'être exposé que le génie de Newton avait lu en quelque sorte dans les résultats de la réfraction, ce qui depuis a été confirmé par des expériences directes, que le diamant était un corps combustible. Voici les observations dont cet illustre géomètre était parti pour faire prendre ici à la physique de la lumière l'initiative qui semblait être réservée à la chimie. Ayant comparé les puissances réfractives de différentes substances avec leurs densités, estimées d'après leurs pesanteurs spécifiques, il trouva que les corps, considérés sous ce point de vue, formaient comme deux classes distinctes, l'une de ceux qu'il regarde comme fixes, tels que les pierres, l'autre, de ceux qu'il appelle gras, sulfureux et onctueux, tels que les huiles, le succin, etc. Dans chaque classe, la puissance réfractive était à peu près proportionnelle à la densité ; mais les corps de la seconde classe, à densité égale, avaient une puissance réfractive beaucoup plus considérable que ceux de la première.

1067. Or, la grande puissance réfractive du diamant plaçait cette substance parmi les corps onctueux et sulfureux, et, dans la table où Newton avait présenté la série des rapports entre les puissances réfractives et les densités, le diamant se trouve à côté de l'huile de térébenthine et du succin, deux substances éminemment combustibles. Newton avait conclu de ce rapprochement que le diamant était très-probablement une *substance onctueuse coagulée*, expression qui, dans le sens que lui-même y attachait, en se conformant aux principes chimiques admis de son temps, doit être regardée comme un synonyme d'inflammable.

1068. On peut, d'après un simple coup d'œil, juger par analogie de la grande force réfractive du diamant. Si l'on incline doucement vers la lumière un morceau taillé de ce minéral, en fixant une des facettes, la quantité de rayons réfléchis qui ira toujours en croissant, atteindra un terme où elle deviendra si abondante, que la facette prendra un éclat analogue à celui d'une lame d'acier poli (1). Or, suivant Newton (1059), les milieux qui réfractent le plus fortement la lumière sont en même temps ceux qui la réfléchissent le plus fortement; et ainsi la grande puissance réfractive du diamant se montre pour ainsi dire à travers l'effet qui résulte de la grande énergie avec laquelle agit la réflexion dans l'observation que nous venons de citer.

1069. Newton va plus loin que nous ne l'avons dit dans ce qui précède. Il remarque que l'eau a une puissance réfractive moyenne entre celles des

(1) Nous avons dit (note du n° 1056) que l'accroissement du carré de la vitesse verticale, lorsque la lumière passe d'un milieu dans un autre plus dense, est une quantité constante pour toutes les incidences du rayon. Or, si l'on suppose, comme dans le cas dont nous venons de parler, que l'incidence se fasse sous un angle infiniment petit, l'accroissement du carré de la vitesse ne sera plus distingué du carré de cette vitesse elle-même, c'est-à-dire qu'il sera représenté par $(gn)^2$. Ainsi, le résultat dont il s'agit ici est lié avec celui qui nous a servi à démontrer la loi de la réfraction.

(1) Nous désignons ce genre d'éclat par le nom d'*éclat adamantin*.

corps des deux classes, et que vraisemblablement elle participe de la nature des uns et des autres. Car elle fournit à l'accroissement des plantes et des animaux, qui sont composés en même temps de parties sulfureuses, grasses et inflammables, et de parties terreuses, sèches et alcalisées. C'était dire en mots couverts que l'eau qui avait à la fois de l'analogie avec les corps inflammables et ceux qui ne l'étaient pas, devait renfermer elle-même un principe inflammable, comme si Newton eût pressenti dès-lors le résultat de l'analyse qui long-temps après a démontré la présence de l'hydrogène dans ce liquide.

1070. Newton, en énonçant les aperçus dont nous venons de parler, s'exprime dans le langage de la chimie de son temps, et c'est une raison de plus pour admirer comment son génie, placé dans un si grand éloignement, a été aborder de si près, et par une route en apparence si détournée, des variétés importantes que l'état des connaissances humaines, à cette époque, semblait devoir rendre inaccessibles.

1071. L'expérience de la combustion du diamant a été faite d'abord à Florence vers la fin du dix-septième siècle, à l'aide de la lentille de Tschirnausen, et depuis à Vienne au moyen d'un feu très-violent et long-temps soutenu. Là, on vit les diamants diminuer peu à peu de volume et finir par disparaître. Darcet est le premier des chimistes français qui ait répété ces expériences, et il n'eut besoin pour réussir que d'employer un simple fourneau de coupelle ordinaire. Macquer observa depuis que le diamant répandait en brûlant une flamme légère qui formait autour de lui une espèce d'auréole très-sensible. Il résultait de ces expériences et des autres faites dans la même vue, que le diamant exposé à un feu d'une certaine activité, brûlait sans laisser de résidu, et que ce minéral, qui passait déjà pour une sorte de phénomène lorsqu'on le croyait indestructible, n'avait rien d'aussi merveilleux que sa destruction elle-même.

Expériences qui ont servi à déterminer la composition du diamant.

1072. Le diamant une fois reconnu pour une substance combustible, il restait à déterminer sa composition. Lavoisier, ayant fait brûler un de ces corps à l'aide du gaz oxygène dans un vaisseau fermé, aperçut des taches sur sa surface ; il remarqua de plus que le gaz qui s'était dégagé pendant la combustion précipitait la chaux à la manière de l'acide carbonique, mais il ne tira de ce fait aucune induction positive sur la nature de ce corps.

1073. Dans la suite, M. Smithson Tenant, célèbre chimiste anglais, fit brûler un diamant dans un étui d'or par l'intermède du nitre, et obtint une quantité d'acide carbonique qu'il jugea égale à celle que produisait la combustion du charbon : il en conclut que le diamant était lui-même uniquement composé de charbon (1). Quelques années après, M. Guyton de Morveau, ayant soumis le diamant à l'analyse, n'en retira que du charbon avec une légère quantité d'oxygène que l'on pouvait négliger, ainsi que nous le verrons bientôt. Les résultats obtenus plus récemment par MM. Allen et Pepys ont confirmé celui de M. Guyton (2).

1074. Quelque extraordinaires que dussent paraître ces résultats, il était difficile de croire qu'un second principe, combiné dans le diamant avec le charbon, et égal en poids à près de la moitié de ce combustible, eût échappé à l'attention de quatre chimistes d'un mérite aussi distingué. Telle fut cependant la conséquence à laquelle deux géomètres célèbres se trouvèrent conduits par l'observation et par la théorie, et dont l'énoncé était que le diamant renfermait plus du tiers de son poids d'hydrogène, et que c'était à la présence de ce principe que devait être attribuée sa grande puissance réfractive.

1075. Mais cette conséquence, amenée par un travail qui, considéré en lui-même, était d'un grand intérêt, n'a pu tenir contre de nouvelles analyses d'autant plus concluantes, qu'elles ont été entreprises dans la vue de la vérifier, et que ce motif était pour les auteurs une invitation à chercher l'hydrogène dans le diamant et à déployer toute la puissance des moyens chimiques pour le saisir et le mettre en évidence, supposé qu'il existât.

1076. M. Guyton, qui était intéressé

(1) Transact. philosoph., 1797.

(2) Bibliothèque britannique, décembre 1807.

personnellement dans la vérification dont nous venons de parler, a repris son travail sur le diamant : il n'a rien négligé pour s'assurer de la fidélité des instruments dont il s'est servi et de la justesse du résultat auquel il devait arriver, et il a fini par considérer de nouveau le diamant comme du carbone pur, uni peut-être à quelques atomes d'eau de cristallisation (1).

1077. M. Davy, à qui il était réservé de répandre un dernier trait de lumière sur le sujet de la question présente, a étendu ses recherches aux différentes substances carbonées susceptibles d'offrir des termes de comparaison avec le diamant. Il a déterminé les petites différences qui les en distinguaient, et dont la principale consistait dans une légère quantité d'hydrogène que renfermaient exclusivement la plombagine et le charbon ordinaire. La conséquence qui découle de l'ensemble de ce beau travail est que le diamant, en brûlant, ne donne absolument que du gaz acide carbonique pur (2), expression qui ne fait que répéter en d'autres termes ce qu'avaient déjà dit toutes les analyses précédentes.

1078. Ainsi fut décidée sans retour une question dont la solution ajoute une nouvelle surprise à celle qu'avait fait naître la combustion du diamant. Les extrêmes parurent se toucher lorsqu'on vit le plus dur et le plus brillant de tous les minéraux, et l'un des plus limpides, s'identifier, par sa composition, avec ce corps noir, opaque et si tendre que nous obtenons par la combustion des matières végétales.

1079. Nous placerons ici une observation qui ne nous paraît pas indifférente : c'est que, sans faire intervenir la considération d'aucun principe composant d'une nature particulière, on conçoit comment les puissances réfractives se trouvent augmentées dans les corps combustibles en restant proportionnelles aux densités. On sait qu'en général une forte action d'un corps sur la lumière est accompagnée d'une forte action de ce corps sur la chaleur, ou, si l'on veut, de la chaleur sur ce corps, puisque toute action est réciproque. Il en résulte que la disposition d'un corps à subir la combustion, dans laquelle la chaleur joue un si grand rôle, semble être liée à la propriété de réfracter fortement la lumière. La disposition de certains corps à la combustion devient ainsi comme un facteur commun qui multiplie les puissances réfractives de ces corps, en sorte que l'échelle de ces dernières continue de suivre la même loi que les densités, avec cette seule différence que les degrés de cette échelle se trouvent plus élevés que dans les cas où les corps ne seraient pas combustibles.

1080. Nous citerons à l'appui de ce qui vient d'être dit une expérience très-intéressante faite par M. Davy en 1814, dans laquelle la chaleur la plus active à laquelle le diamant puisse être exposé a été accompagnée d'une émanation proportionnelle de lumière. Pendant que ce savant chimiste s'occupait des recherches dont nous avons parlé plus haut, il avait à sa disposition la lentille de Tschirnausen, que l'usage qui en avait été fait à Florence pour opérer la combustion du diamant avait rendue célèbre. M. Davy remarqua que ce corps, après avoir été fortement chauffé, au moyen de cette même lentille, dans une capsule mince de platine, que l'on avait percée de plusieurs trous pour laisser à l'air une libre circulation, continuait de brûler, à l'aide du gaz oxygène dans lequel il était plongé, lorsqu'on l'avait retiré du foyer de la lentille. La lumière qu'il produisait était à la fois tranquille et d'un rouge si éclatant que la plus vive clarté du soleil ne l'éclipsait pas ; et la chaleur était si intense que, dans une expérience où trois fragments de diamant du poids de 0 gram. 119 furent brûlés, un fil délié de platine qui avait servi à les fixer dans la capsule fut fondu, et cela quelque temps après que les diamants eurent été soustraits à l'action du foyer (1).

3. *De la lumière décomposée, ou des couleurs.*

1081. Les rayons que les corps lumineux envoient immédiatement vers nos yeux nous apportent les images de ces

---

(1) Annales de chimie et de physiq., novembre 1812.

(2) Annales de chimie et de physiq., t. I, p. 16 et suiv.

(1) Annales de chimie et de physiq., t. I, p. 17.

corps accompagnées de cette vive clarté que nous désignons souvent par l'expression même de *lumière*. Ceux de ces rayons qui sont réfléchis par les corps susceptibles de les repousser, viennent de même nous avertir de la présence de ces derniers corps en nous offrant leurs images, mais sous une apparence particulière que nous exprimons par le mot de *couleur*. Les physiciens en ont conclu que la réflexion ne se bornait pas à renvoyer vers nous les rayons dans le même état où ils sont reçus par la surface réfléchissante, et qu'il faut que cette surface ait une certaine disposition propre à modifier l'action des rayons, et en vertu de laquelle ils nous font apercevoir les images des corps comme parées et habillées de leurs couleurs. Mais en quoi consiste cette espèce de modification, soit qu'on la considère dans les rayons eux-mêmes ou dans les objets qui les déterminent? De quelle nature est cette puissance, dont l'inépuisable fécondité donne naissance à ces teintes si diversifiées qui distinguent les surfaces des différents corps et qui admettent entre elles des gradations de nuances si délicates, souvent réunies et comme fondues ensemble dans la coloration d'un même corps? Telles sont les questions importantes dont nous devons la solution aux découvertes de Newton.

Des couleurs considérées dans la lumière.

Tant que l'on a regardé la lumière comme homogène et ses rayons comme indifférents par eux-mêmes par rapport à telle ou telle couleur, on a attribué la diversité des couleurs à celle des mouvements que les molécules des corps imprimaient aux rayons réfléchis sur leur surface ou réfractés dans leur intérieur. Quelques physiciens, assimilant les couleurs aux sons, les faisaient consister dans la fréquence plus ou moins grande des vibrations de la matière subtile qui leur servait comme de véhicule.

1082. Cependant Grimaldi avait remarqué qu'un rayon solaire se dilatait en passant à travers le prisme; mais il regardait cette dilatation comme l'effet d'une cause accidentelle qui agissait de la même manière sur tous les rayons : ainsi, après avoir fait une observation importante, il passa à côté du but et céda le prisme à Newton. Cet instrument, manié par une main si habile et suivi dans tous ses résultats par l'œil du génie, a servi à dévoiler enfin la vraie théorie des couleurs. Newton a développé lui-même cette théorie dans son Traité d'optique, où le physicien paraît avec tant de dignité à côté du géomètre déjà immortel par la théorie de l'attraction, et où l'on admire partout ce choix heureux d'expériences décisives, cet art de les placer dans l'ordre où elles s'éclairent mutuellement, et cette justesse de raisonnement qui ne présente dans les conséquences que la traduction fidèle du langage des faits.

Notions sur le prisme qui sert à décomposer la lumière.

1083. Avant d'exposer les résultats des expériences dont il s'agit, il ne sera pas inutile de donner quelques notions générales sur la forme et sur les effets du prisme qu'on emploie pour les faire. Ce prisme est droit et triangulaire; on le fait ordinairement de verre blanc, que l'on choisit le plus exempt qu'il est possible de bulles, de veines et autres défauts semblables; ses faces latérales doivent être exactement planes et d'un beau poli. L'angle formé par les deux faces, dont l'une reçoit le rayon de lumière qui se réfracte dans le prisme et l'autre lui offre une issue à son retour dans l'air, se nomme l'*angle réfringent du prisme*.

1084. Nous avons vu (1027) qu'un rayon de lumière qui pénètre un milieu terminé par deux faces parallèles prend, en repassant dans l'air, une direction qui est elle-même parallèle à celle qu'il avait avant d'entrer dans le milieu. Il n'en est plus de même lorsque le milieu est un prisme dont les faces sont inclinées entre elles. Le rayon émergent fait nécessairement un angle avec le rayon incident. Il faut en excepter le cas où le rayon incident et la perpendiculaire au point d'incidence sont dans un plan dont la section, avec la face sur laquelle tombe le rayon, est parallèle à l'arête qui passe par le sommet de l'angle réfringent : car, si l'on prolonge ce plan jusqu'à la rencontre de la face par laquelle sort le rayon, sa section avec cette face sera parallèle à la première section; et comme le rayon reste sur ce plan, il s'ensuit qu'il est ici dans le même cas que si les deux faces dont il s'agit étaient parallèles entre elles, et ainsi il sortira du prisme parallèlement à sa première direction.

1085. Supposons maintenant que abc (fig.. 55) représente une tranche infiniment mince du prisme située dans un plan perpendiculaire à l'axe; que b soit le point qui appartient à l'angle réfringent, et hg le rayon incident. Si l'on fait tourner le prisme autour de son axe tandis que le rayon hg reste fixe, et si tel est le mouvement de ce prisme, qu'il détermine le rayon émergent nm à s'abaisser de plus en plus au-dessous de sa première position, on arrivera à un terme passé lequel l'extrémité m, qui jusqu'alors était descendue, commencera au contraire à monter. Ce terme aura lieu lorsque le rayon émergent nm fera, avec la perpendiculaire or, un angle mnr égal à l'angle hgs, formé par le rayon incident hg avec la perpendiculaire ps; d'où il suit que les angles anm, cgh, que feront les deux rayons avec les faces correspondantes du prisme, seront pareillement égaux. Si le point b était tourné vers le haut, les mouvements du rayon nm se feraient en sens contraire de ceux dont nous avons parlé (1).— La position qui donne l'égalité entre les angles anm, cgh doit être regardée comme la limite de toutes les autres positions. Or, on sait que quand une quantité varie en allant vers sa limite, ses variations diminuent de plus en plus à mesure qu'elle-même s'approche de la limite, de manière

(1) Il paraît singulier que, pendant un même mouvement du prisme, l'image fasse deux mouvements successifs en sens contraire. Pour éclaircir cette espèce de paradoxe, supposons que acb (fig. 56) représente un prisme tellement situé que, yr étant le rayon incident, le rayon réfracté st fasse des angles inégaux avec les côtés bc, ba. Dans le cas que nous prenons ici pour exemple, bsr est le plus petit de ces deux angles; et le rayon rs, après son émergence, se relève suivant une direction st, qui fait avec ab un angle plus aigu que yre. — Ayant mené bg perpendiculaire sur la base ac du triangle isocèle abc, concevons que le rayon réfracté rs tourne peu à peu autour de son point d'intersection o avec bg, de manière que son extrémité r s'élève tandis que son extrémité s s'abaissera, et qu'en même temps le rayon incident yr et le rayon émergent st varient dans leurs positions par des degrés analogues à la réfraction du prisme. Pendant ce mouvement, il y aura un terme où le rayon rs parviendra à une position $r's'$ également inclinée de part et d'autre sur bc et ba. Or, il est évident qu'à ce terme le rayon incident $y'r'$ et le rayon émergent $s't'$ feront aussi des angles égaux avec les mêmes côtés bc et ba. Concevons enfin que le rayon $r's'$ continue son mouvement toujours dans le même sens. Il arrivera à un nouveau terme où il prendra la même position $r''s''$ en sens contraire que quand il était dirigé suivant rs, d'où il suit que l'on aura $bs''r'' = brs$, et $br''s'' = bsr$. Alors l'angle que forment entre eux le rayon incident $y''r''$ et le rayon émergent $t''s''$, prolongés jusqu'à ce qu'ils se rencontrent, est égal à l'angle qu'ils formaient lorsqu'ils avaient les directions yr et ts. Cet angle, en allant d'un terme vers l'autre, varie continuellement, de manière que d'abord il augmente jusqu'à ce que le rayon réfracté ait pris la position $r's'$, qui répond au maximum du même angle; après quoi il diminue par des degrés inverses de ceux qui ont déterminé son accroissement. — Imaginons maintenant que le rayon incident yr restant fixe, ce soit le prisme qui tourne autour du point o en s'abaissant par son extrémité c, de manière à prendre la position $a'c'b'$ (fig. 57), et successivement toutes les autres qui résultent de ce même mouvement. Cette rotation du prisme produira la répétition des mêmes angles entre bc et yr que ceux qui ont lieu dans l'hypothèse précédente, en vertu du déplacement du rayon réfracté rs. Donc, l'angle formé par yr et st ira de même d'abord en augmentant jusqu'à la limite dont nous avons parlé, et commencera ensuite à décroître pour retourner vers sa valeur primitive; et ainsi cet angle subira tour à tour des variations en sens contraire, pendant que le côté bc du prisme continuera de s'incliner de plus en plus dans le même sens. Donc, si l'on considère le point t comme le lieu de l'image, on conclura de ce qui vient d'être dit que cette image a dû commencer par descendre, tandis que l'angle formé par le rayon mobile ts avec le rayon fixe yr augmentait, et qu'ensuite elle a dû remonter pendant la diminution du même angle. Voyez, pour la démonstration du maximum : Newtonis Opuscula, t. II, p. 157, propos. 25; et le Traité d'optique de Lacaille, nouv. édit., Paris, 1802, augmentée par plusieurs élèves de l'Ecole polytechnique, p. 46 et suiv.

qu'il y a un petit espace en deçà et au delà où elle peut être regardée comme sensiblement constante. Il en est de ces sortes de quantités à peu près comme de la longueur du jour, qui augmente par des degrés presque insensibles lorsque le soleil n'est plus qu'à une distance des tropiques, qui sont les limites de son mouvement dans l'écliptique. Il résulte de là que, dans les positions du prisme qui avoisinent celle où les réfractions des rayons *mn*, *gh* sont égales de part et d'autre, le rayon *mn* reste presque parallèle à lui-même, de manière que son extrémité *m* est à peu près stationnaire pendant un instant. Ces différentes notions nous seront utiles pour la suite.

Expériences sur la lumière réfléchie par les corps opaques.

1086. Newton, avant de présenter le prisme à l'action de la lumière qui vient immédiatement du soleil pour analyser physiquement ce fluide, commença par tâter en quelque sorte son sujet en faisant des expériences préliminaires sur les rayons que réfléchissent les corps opaques colorés. Dans cette vue, il prit un papier épais taillé en forme de rectangle et d'un noir foncé. Ayant divisé le rectangle en deux moitiés par une ligne parallèle à ses petits côtés, il teignit une moitié en rouge et l'autre en bleu; ces deux couleurs étaient elles-mêmes très-chargées et avaient une forte intensité. Le papier était placé devant une fenêtre (1), de manière que les deux grands côtés du rectangle fussent parallèles à l'horizon et que la ligne qui le divisait fût perpendiculaire au plan de la fenêtre; de plus, l'angle formé par la lumière, qui allait de la fenêtre au plan de papier, était égal à celui que faisait le même plan avec les rayons réfléchis vers l'œil. Les choses étant ainsi disposées, Newton regarda le papier à travers un prisme dont l'axe était aussi parallèle à l'horizon, et voici ce qu'il observa. Lorsque l'angle réfringent du prisme était tourné en haut, auquel cas la réfraction relevait l'image du papier au-dessus de sa première position, la moitié teinte en bleu paraissait elle-même plus élevée que celle qui était colorée en rouge : c'était le contraire lorsque l'angle réfringent regardait la terre; la position du bleu, dans ce cas, était plus basse que celle du rouge. Newton conclut de cette première expérience que les rayons qui venaient de la moitié teinte en bleu étaient plus réfrangibles que ceux qui partaient de la moitié teinte en rouge : car il était bien évident que, les grands côtés du papier étant parallèles aux arêtes du prisme, les rayons des deux couleurs qui provenaient des sous-divisions de ces mêmes côtés et de celles de toutes les lignes intermédiaires, se trouvaient précisément dans les mêmes circonstances à l'égard du prisme, en sorte que, s'ils eussent subi des réfractions égales, tous les points de l'image qui répondaient à chacun des grands côtés du papier et à chacune des lignes intermédiaires auraient dû paraître à la même hauteur (1).

1087. Newton entoura ensuite à plusieurs reprises le même papier d'un fil de soie très-noir, en sorte que les différentes parties de ce fil paraissaient être autant de lignes noires tracées sur le papier. Il plaça le papier près d'un mur, dans une position verticale, l'une des couleurs étant à droite et l'autre à gauche. Ayant choisi la nuit pour le temps de ses expériences, il mit en devant du papier, et à une très-petite distance, une bougie allumée dont la flamme répondait à la jonction des deux couleurs, et dépassait tant soit peu, par sa pointe, le bord inférieur du papier; enfin, il dressa sur le plancher, à l'opposé du papier et à une distance d'environ six pieds, un verre lenticulaire qui rassemblait les rayons partis des différents points du papier, de manière que leurs points de concours, derrière la lentille, se faisaient à la même distance d'environ six pieds; d'où il arrivait que l'image du papier coloré se

(1) Pour que cette expérience réussisse, il faut que le papier soit à une médiocre distance de la fenêtre, comme de 25 centimètres, et qu'il se trouve vis-à-vis le mur d'appui qui est en dessous de la fenêtre, pour tempérer l'effet de la lumière, qui ferait paraître sur le papier toutes les différentes espèces de couleurs dont nous parlerons bientôt; ce qui offusquerait les couleurs dont ce papier est peint.

(1) Optice lucis, lib. I, pars I, propos. 1, theor. 1, lib. 1.

peignait sur un autre papier placé à l'endroit de ces points de concours, comme les images des objets extérieurs se peignent au fond de la chambre obscure. — Newton, en faisant mouvoir le second papier tantôt vers la lentille, tantôt du côté opposé, cherchait la distance où l'image de chaque partie colorée du papier fixe avait le plus de netteté; et il jugeait qu'il était parvenu à cette distance lorsque les images des fils tendus sur le papier étaient elles-mêmes nettement terminées : or, à l'endroit où le rouge était devenu très-distinct, le bleu ne se voyait que confusément, de sorte que l'on apercevait à peine les lignes qui le traversaient; et réciproquement le terme où le bleu ressortait dans toute sa force n'offrait qu'une image faiblement exprimée du rouge et des lignes noires auxquelles il servait de fond. Ce second terme avait lieu à une distance de la lentille moindre d'environ un pouce et demi que celle qui répondait à la vision distincte du rouge; et puisque l'incidence des rayons sur la lentille était la même dans les deux cas, il s'ensuivait que les rayons bleus se réfractaient plus que les rouges.

1088. Il n'est pas nécessaire, pour le succès des expériences, que l'appareil soit disposé précisément comme il a été indiqué : par exemple, dans la première, on réussira de même en inclinant le prisme et le papier à l'horizon. Mais les positions adoptées par Newton sont celles où le phénomène marque davantage; et, en général, il a ramené toutes ses expériences à ces espèces de termes fixes qui, par une manière d'opérer plus soignée et plus précise, conduisent à des résultats mieux prononcés. Newton ne prétend pas non plus que toute la lumière qui vient de la partie du papier bleue soit plus réfrangible que celle qui vient de la partie rouge. On verra dans la suite que chacune de ces deux couleurs est mêlée de rayons qui sont eux-mêmes différemment réfrangibles; mais ce mélange, qui n'est que léger, n'empêche pas que l'effet principal ne domine dans le phénomène.

Décomposition de la lumière solaire.

1089. De ces expériences, qui ont servi à Newton comme d'entrée, il passe à celles dont l'objet est la lumière envoyée immédiatement par le soleil. Voici en quoi consiste la première : Newton introduisit un rayon solaire par une ouverture d'environ 4 lignes (9 millimètres) de diamètre, pratiquée au volet d'une chambre obscure; il plaça auprès de cette ouverture un prisme de verre, en sorte que le rayon solaire, après sa réfraction à travers le prisme, allait projeter, sur le mur opposé à la fenêtre, l'image colorée qui est connue sous le nom de *spectre solaire*. L'axe du prisme était perpendiculaire à la direction du rayon; et Newton, en faisant tourner lentement le prisme autour de cet axe, voyait le spectre descendre et monter alternativement sur le mur. Dans le passage d'un mouvement à l'autre, il y avait un instant où le spectre paraissait stationnaire; et l'on jugera, d'après ce que nous avons dit plus haut, que telle était alors la position du prisme, que les réfractions des rayons incidents et celles des rayons émergents étaient égales de part et d'autre. Newton fixa le prisme dans cette même position, qu'il adopta en général pour toutes ses expériences (1).

1090. L'image du soleil, peinte sur le mur opposé à la fenêtre, avait une figure oblongue dont les bords latéraux étaient deux lignes droites assez distinctes, et les deux extrémités supérieure et inférieure deux demi-cercles mal terminés, dont les couleurs se dégradaient et s'effaçaient insensiblement. La largeur de l'image se trouvait en rapport avec la grandeur apparente du diamètre du soleil, car elle était de 2 pouces 1/8, y compris la pénombre; d'ailleurs elle se trouvait éloignée du prisme de 18 pieds 1/2. Or, en retranchant de cette largeur le diamètre de l'ouverture faite au volet, qui était d'un quart de pouce, et en mesurant l'angle, qui, ayant son sommet tourné vers le prisme, était sous-tendu par la largeur ainsi réduite, on trouvait cet angle d'environ un demi-degré, ce qui est la mesure du diamètre apparent du soleil.

1091. Pour concevoir ceci, supposons que la figure 58 représente, en projection horizontale, tout ce qui concerne le phénomène; que *st* soit le diamètre du soleil; *on*, celui de l'ouverture faite au volet; *snz*, *tor*, deux rayons qui, en partant des extrémités du diamètre du soleil, aillent, après

(1) Optice lucis, lib. 1, propos. 2, theor. 2.

s'être croisés en *y*, passer par les extrémités de l'ouverture; *soe*, *tnh*, deux autres rayons qui aillent directement vers les mêmes extrémités; enfin, soit *rz* la ligne à laquelle ces différents rayons aboutissent sur le mur; la pénombre sera mesurée par les lignes *er*, *hz*. Soit maintenant *abcd* la projection du prisme : cette projection sera un rectangle, à cause de la position horizontale de ce prisme. D'une autre part, il est clair que les rayons rompus et les rayons émergents resteront dans ce même plan, et que, de plus, ils sortiront du prisme parallèlement à leurs premières directions; et comme les rayons incidents rencontrent le prisme presque perpendiculairement, à cause de la petitesse de l'angle qu'ils font entre eux, on pourra supposer, sans erreur sensible, que les rayons émergents restent sur les directions prolongées des rayons incidents. Or Newton, ayant retranché de la largeur *rz* de l'image la partie *gr* égale à *on*, trouva que l'angle *gnz*, qui est sensiblement égal à l'angle *ryz* (1) ou à l'angle *syt*, était d'environ un demi-degré. Il en était tout autrement de l'image considérée relativement à sa longueur : elle avait dans ce sens environ 10 pouces 1/4, et l'angle réfringent du prisme qui avait servi à l'expérience était d'environ 64°. Avec un prisme dont l'angle réfringent était moindre, la longueur de l'image se trouvait diminuée, mais la largeur restait la même, En faisant tourner le prisme sur son axe, de manière que les rayons émergents devinssent plus obliques à la face du prisme par laquelle ils sortaient, on voyait l'image s'accroître d'environ 2 pouces ou davantage dans le sens de sa longueur. Si l'on faisait faire au prisme un mouvement contraire, qui augmentât l'obliquité des rayons incidents sur la surface du prisme par laquelle ils entraient, on voyait l'image se contracter d'un ou deux pouces, et toujours dans le sens de la hauteur.

1092. Or, suivant les lois d'optique reçues jusqu'alors, la longueur de l'image, devenue stationnaire, aurait dû être égale à sa largeur, c'est-à-dire que l'image aurait dû se présenter sous une figure circulaire : car, soit *acb* (fig. 59) une coupe verticale du prisme; *rf*, *xm*, deux rayons incidents partis des extrémités du diamètre du soleil pris aussi dans le sens vertical, et qui se croisent avant de passer par l'ouverture faite au volet; de plus, soient *mh*, *fi* les rayons rompus, *hp*, *iu* les rayons émergents, et *pu* la longueur de l'image peinte sur le mur.

(1) C'est une suite de ce que *gn* est parallèle à *ro*.

1093. Nous avons dit (1085) que, quand l'image est devenue stationnaire, les réfractions sont égales de part et d'autre. Cette limite se rapporte à un point *t* (fig. 60) situé à peu près au milieu de l'image et qui répond au rayon *yrst*, dont la réfraction est moyenne entre celles de tous les autres rayons situés en dessus et en dessous, de manière que c'est le rayon émergent *st* qui est incliné sur *ac* de la même quantité que le rayon incident *yr* sur *bc*, et que l'on regarde l'image comme stationnaire quand le point *t* cesse de monter ou de descendre pendant les deux mouvements contraires que l'on fait faire au prisme. Or, dans l'hypothèse où tous les rayons seraient également réfrangibles, la réfraction en *m* serait égale à celle en *i*, et la réfraction en *f* serait égale à celle en *h*; d'où il suit que l'inclinaison des rayons émergents *hp*, *iu* l'un sur l'autre serait la même que celle des rayons incidents *ym*, *yf*, c'est-à-dire d'environ un demi-degré; et comme le petit écart que les rayons *mh*, *fi* auraient subi dans l'intérieur du prisme pourrait être négligé, parce que les rayons incidents sont presque parallèles, il en résulte que, dans la même hypothèse, la longueur de l'image devrait être égale à sa largeur, c'est-à-dire que l'image devrait paraître circulaire. Donc, puisqu'elle est cinq fois plus longue que large, il est nécessaire que les rayons *ym*, *yf* et leurs intermédiaires soient différemment réfrangibles, et que ceux qui forment la partie supérieure *p* de l'image (fig. 59) le soient plus que ceux qui forment la partie inférieure (1).

(1) Soit *rs* (fig. 61) un rayon réfracté situé dans la même position que fig. 60, en sorte qu'il y ait égalité entre les angles *cry* et *ast*. Soient *hm*, *if* (fig. 61) deux autres rayons réfractés qui se croisent entre eux et avec le rayon *rs*, en faisant des angles égaux *bhm*, *bfi* avec les côtés du prisme; d'où il résulte que

1094. Or, telle était la distribution des couleurs de l'image, que son extrémité *p*, la plus réfrangible, présentait le violet, et que le rouge paraissait à l'extrémité opposée *u*, dont la réfraction était plus petite; les parties intermédiaires, en partant du rouge, offraient successivement l'orangé, le jaune, le vert, le bleu et l'indigo. Si l'on écartait le prisme à une certaine distance de l'ouverture faite au volet, et qu'on regardât cette ouverture à travers le prisme disposé comme dans l'expérience précédente, on voyait de même une image oblongue et colorée dans laquelle la couleur la plus réfrangible était le violet, et la moins réfrangible le rouge; les couleurs intermédiaires, en partant du violet, étaient de même l'indigo, le bleu, le vert, le jaune et l'orangé.

1095. Il résultait de ces expériences que, toutes choses égales d'ailleurs, les rayons de la lumière diffèrent notablement entre eux par leurs degrés de réfrangibilité. Mais d'où provenait cette différence? Était-elle l'effet d'une loi constante et uniforme qui modifiait diversement la réfraction des divers rayons? Fallait-il la regarder comme accidentelle? Enfin, devait-on adopter l'opinion de Grimaldi, suivant laquelle chaque rayon se dilatait et s'épanouissait en forme d'éventail? Ces questions restaient encore indécises, et il fallait en chercher la solution dans de nouvelles expériences. Or, Newton jugea que si l'allongement de l'image avait pour cause la dilatation de chaque rayon ou quelque autre déviation du même genre, l'image, réfractée de nouveau dans le sens latéral, s'étendrait sur une largeur égale à sa longueur. Pour éprouver l'effet de cette seconde réfraction, ayant laissé l'appareil disposé comme dans l'expérience précédente, il plaça un second prisme derrière le premier, mais de manière que les deux axes se croisaient à angle droit, et que la lumière, réfractée de bas en haut par le premier, l'était ensuite dans le sens latéral par le second; et il remarqua que l'image conservait la même largeur, seulement elle avait pris une position un peu oblique à l'égard de la première.

Conséquences déduites des expériences précédentes.

1096. Les résultats que nous venons d'exposer avaient amené les choses au point où il ne restait plus qu'à en tirer les conséquences dont le développement se présentait comme de lui-même au génie de Newton. Essayons de tracer ici la marche de ses idées. Le faisceau de lumière qui passe par l'ouverture faite au volet de la fenêtre est composé de rayons qui, par leur nature, ont différents degrés de réfrangibilité. Ce faisceau, reçu immédiatement sur le mur sans aucun prisme intermédiaire, y forme un cercle lumineux où les extrémités de tous ces rayons, différemment réfrangibles, sont partout réunies et mêlées les unes avec les autres. Placez à la rencontre de la lumière un prisme dont l'axe soit parallèle à l'horizon, l'effet de la réfraction horizontale étant de faire sortir les rayons parallèlement à leurs premières directions, quel que soit leur degré de ré-

---

les angles *bmh*, *bif* seront aussi égaux. Par une suite nécessaire, il y aura de même égalité entre les angles *cfy''*, *ahp*, que le rayon incident qui appartient à *if* et le rayon émergent qui appartient à *hm* feront avec les côtés correspondants du prisme, ainsi qu'entre les angles *cmy'* et *aiu*; et il est évident que *fy''* et *my'* d'une part, et *hp* et *iu* d'une autre part, seront inclinés entre eux d'une même quantité. Supposons que cette inclinaison soit d'un demi-degré, et concevons que, le rayon *yr* restant fixe, le rayon *y''f* et le rayon *y'm* se meuvent parallèlement à eux-mêmes, l'un de haut en bas, l'autre de bas en haut, jusqu'à ce qu'ils aient pris les positions indiquées par la figure 60, où leurs extrémités supérieures coïncident en un même point avec le rayon fixe *yr*. Il est facile de juger que chacun des angles formés par *my* avec *fy* et par *ph* avec *ui* sera encore d'un demi-degré, et qu'en même temps les angles *cfy*, *ahp* d'une part, et les angles *cmy*, *aiu* de l'autre, seront encore égaux chacun à chacun. Or, telles seraient les routes que suivraient dans l'air et dans le prisme les trois rayons principaux, savoir, le rayon moyen *yrst*, et les deux extrêmes *ymhp* et *yfiu*, si la lumière était composée de rayons également réfrangibles; d'où l'on voit que, dans cette hypothèse, la longueur de l'image sous-tendrait, ainsi que sa largeur, un angle d'un demi-degré, en sorte que les deux dimensions se trouveraient sensiblement égales.

frangibilité, il n'en résultera aucune séparation sensible des rayons dans le même sens. Mais les rayons situés dans un même plan vertical rencontrant, sous différentes inclinaisons, les deux faces du prisme qui forment l'angle réfringent, se démêleront les uns des autres par l'effet de la réfraction. Les plus réfrangibles de tous, s'ils existaient seuls, iraient former à une certaine hauteur, sur le mur opposé, une image circulaire ou à peu près. Les moins réfrangibles, si de même ils existaient seuls, s'offriraient sous l'aspect d'un cercle dont la position serait sensiblement plus basse que celle du premier. Imaginez entre ces deux cercles une infinité d'autres cercles projetés par des rayons dont les réfrangibilités forment une série de degrés intermédiaires entre ceux qui appartiennent aux deux cercles extrêmes, et concevez de plus que tous ces différents cercles tombent à la fois sur le mur : leurs centres se trouveront sur une même ligne verticale à de petites distances les uns des autres, et les cercles eux-mêmes se recouvriront mutuellement en grande partie, de sorte que leur assemblage formera une image oblongue dont les extrémités seulement paraîtront circulaires.

1097. Maintenant recevez les rayons sortis du prisme sur une des faces d'un second prisme dont l'axe soit vertical, et dont la position soit telle qu'il y ait égalité entre la réfraction des rayons incidents et celle des rayons émergents. Les rayons qui appartiennent à chaque cercle, étant tous également réfrangibles, sortiront du second prisme dans le même ordre où ils étaient entrés ; seulement la réfraction les rejettera de côté, de manière que le cercle qu'ils projetteront sur le mur aura sa nouvelle position un peu à droite ou à gauche de la précédente, et cela d'autant plus que le même cercle sera produit par des rayons qui auront un plus grand degré de réfrangibilité. Supposons qu'en conséquence de la position du second prisme la déviation de chaque cercle se fasse de droite à gauche, et concevons une ligne verticale tracée sur le mur et qui passe par les centres des différents cercles dont était composée l'image provenue du seul prisme horizontal : le centre du cercle produit par les rayons les plus réfrangibles sera le plus écarté de cette verticale, en vertu de la réfraction dans le second prisme. Le cercle qui subira le plus petit écart sera celui qui appartient aux rayons les moins réfrangibles ; et tous les centres des cercles intermédiaires s'éloigneront plus ou moins de la verticale vers la gauche, suivant que les rayons qui produisent ces cercles seront plus ou moins réfrangibles. D'où il suit que les différents centres se trouveront sur une ligne oblique. On concevra de même que la longueur de l'image doit être un peu augmentée, puisqu'elle se trouve renfermée entre les mêmes lignes horizontales qu'auparavant, et que d'ailleurs elle est inclinée par rapport à ces lignes. — Newton ayant placé un troisième prisme et même un quatrième derrière le second, pour multiplier les réfractions latérales, a toujours obtenu le même résultat, sans aucun accroissement sensible de l'image dans le sens de la largeur. — De nouvelles expériences, dont le détail nous mènerait trop loin, viennent à l'appui des précédentes ; et quelle force la vérité n'emprunte-t-elle pas de leur ensemble, lorsqu'il n'en est aucune qui, considérée en elle-même, ne parût pouvoir se passer des autres !

Décomposition de la lumière réfléchie par la dernière surface des corps transparents.

1098. Il nous reste à parler des expériences qui ont eu pour objet la lumière réfléchie au contact de la dernière surface des corps diaphanes et de l'air ; et ce n'est encore ici qu'une surabondance de preuves. Newton ayant choisi un prisme triangulaire dont l'angle réfringent était de 90° et chacun des deux autres de 45°, reçut un rayon solaire sur une des faces qui formaient l'angle réfringent, et telle était la position du prisme que les rayons émergents sortaient par sa base, qui regardait l'horizon. Or, suivant ce que nous avons dit précédemment (1045), une partie des rayons qui rencontraient cette base se réfléchissait sur sa surface antérieure, et sortait par l'autre face de l'angle réfringent, tandis que la partie qui avait échappé à la réflexion se réfractait en repassant dans l'air. Les rayons réfléchis tombaient sur un second prisme, et après s'être réfractés en le traversant, allaient former une image colorée sur un carton placé à la distance convenable (1). A mesure que Newton faisait tourner le premier prisme sur son axe, les différentes couleurs de l'image augmentaient successivement d'intensité, en commençant par le violet et en finissant par le rouge, et voici les conséquences qui résultaient de cette gradation.

1099. Les rayons qui renforçaient chaque couleur ne produisaient cet effet qu'en se dérobant à la réfraction qui avait lieu à la sortie du premier prisme, et en se mêlant aux rayons réfléchis, qui allaient se rendre au second prisme, et le moment où le ton de couleur parvenait à son plus haut degré, était celui où la réfraction des rayons qui appartenaient à cette même couleur se changeait en réflexion totale (1045) (2). On voit par là que la lumière réfléchie sur la base intérieure du prisme s'associait l'un après l'autre des rayons additionnels relatifs aux différentes couleurs en allant du rouge au violet, c'est-à-dire en commençant par les rayons les plus réfrangibles et en finissant par ceux qui l'étaient le moins. Ainsi, dans cette expérience, la lumière réfléchie se composait graduellement de rayons diversement réfrangibles. Or, cette lumière ne différait en aucune manière de celle des rayons incidents qui venaient directement du soleil, puisque la réflexion n'est qu'une simple déviation de la lumière, qui n'altère point sa nature. L'expérience dont il s'agit servait donc à confirmer en quelque sorte, par la voie de synthèse, ce que les précédentes avaient établi par une opération contraire que l'on pourrait comparer à l'analyse. La même expérience faisait voir que les rayons les plus réfrangibles étaient aussi les plus disposés à se réfléchir, et que les moins réfrangibles étaient ceux qui avaient le moins de tendance à la réflexion.

Gradation de nuances qui existe dans la lumière.

1100. Lorsque l'on parle en physique de rayons *rouges*, *bleus*, *violets*, etc., on est bien éloigné de supposer que les rayons soient réellement colorés, et ce langage n'exprime autre chose qu'une certaine disposition de ces rayons pour produire en nous les différentes sensations que nous désignons par ces mêmes noms de *rouge*, de *bleu*, de *violet*, etc. Les expériences que nous avons rapportées ne prouvent autre chose, sinon qu'il existe dans un faisceau de lumière, qui nous vient directement du soleil, une certaine quantité de rayons homogènes propres à produire en nous l'impression du *violet*, et que nous appelons *rayons violets* pour abréger; une autre quantité de rayons pareillement homogènes, qui seront les *rayons bleus*, et ainsi de suite; et de plus, ces expériences nous apprennent que les rayons *violets*, *bleus*, *verts*, etc., ont différents degrés de réfrangibilité, depuis les violets, qui sont les plus réfrangibles, jusqu'aux rouges, qui le sont moins que les autres. Mais ici, comme dans un grand nombre de phénomènes naturels, la loi de continuité a lieu, c'est-à-dire que la réfraction va en diminuant, par des différences imperceptibles, depuis le violet jusqu'au rouge; et ainsi, le cône de la lumière qui traverse le prisme s'y résout en une infinité de cônes dont les axes font entre eux de très-petits angles; d'où il arrive que les bases se recouvrent, en grande partie, dans l'image colorée qui se forme de leur ensemble. La couleur des rayons varie de même par nuances d'un cône à l'autre, de manière que ces nuances peuvent être rapportées à sept espèces principales de couleurs, qui sont le violet, l'indigo, le bleu, le vert, le jaune, l'orangé et le rouge. Newton s'exprime à cet égard dans les termes les plus clairs (1), quoique, à en juger par l'exposé que la plupart des physiciens ont fait de sa théorie, il semble n'avoir admis dans la lumière que sept couleurs bien tranchées, qui se succèdent entre elles par un passage subit.

Couleurs du spectre solaire ramenées à leur plus grande simplicité.

1101. Le mélange de toutes ces nuan-

(1) Optice lucis, lib. 1, pars 1, exper. 9.

(2) Il est évident que l'inclinaison du prisme requise par la réflexion totale des rayons de chaque couleur variait suivant la diversité des couleurs, en sorte qu'à chaque degré d'inclinaison répondait un maximum d'intensité relatif à une couleur particulière.

(1) Optice lucis, lib. 1, pars 1, propos. 2, exper. 6. Ibid., 2, propos. 2, theor. 2.

ces, qui anticipent les unes sur les autres dans l'image colorée produite par la réfraction, rend cette image nécessairement très composée. S'il est possible, par quelque moyen, de diminuer considérablement le diamètre des cercles, le mélange, par une suite nécessaire, deviendra beaucoup moins sensible : car on conçoit aisément que si plusieurs cercles s'entrecoupent mutuellement, et que, sans changer les positions des centres, on rétrécisse les circonférences, les parties communes diminueront à proportion, puisque les cercles approcheront davantage du terme où leurs circonférences ne feraient plus que se toucher. Pour remplir cet objet, du moins en grande partie, on pratique une petite ouverture au volet d'une fenêtre, et, à quatre mètres (environ douze pieds) du volet, on place un verre lenticulaire, puis au delà de ce verre un carton blanc, éloigné convenablement pour que la lumière réfractée par la lentille puisse peindre nettement sur ce carton l'image de l'ouverture pratiquée au volet de la fenêtre : or, l'effet de cette lentille est de contracter d'une quantité considérable l'image dont il s'agit. Enfin, on dispose derrière la lentille, à une petite distance, un prisme qui projette de côté, ou de bas en haut, l'image colorée du soleil. Alors, les différents cercles qui composent cette image étant eux-mêmes considérablement diminués de grandeur, se dégagent les uns des autres, et cela d'autant plus que la largeur de l'image est plus petite par rapport à sa longueur. Newton est parvenu à rendre l'image 72 fois plus longue que large, en sorte que l'on pouvait regarder chacune des couleurs de cette image comme approchant beaucoup de la simplicité et de l'homogénéité (1). Effectivement les couleurs, dans cet état, ne peuvent plus être sensiblement changées par aucune réfraction. Par exemple, si l'on reçoit l'image colorée sur un carton noir percé d'une petite ouverture circulaire d'environ quatre millimètres (deux lignes) de diamètre, et qu'ayant fait passer à travers un second prisme la portion de l'image transmise par cette ouverture, on la fasse tomber perpendiculairement sur un autre carton de couleur blanche, on ne remarque aucune différence entre sa longueur et sa largeur, et elle paraît être d'une figure exactement circulaire ; ce qui prouve que tous les rayons qui la composent se sont réfractés régulièrement et de la même quantité.

1102. Les couleurs dont la lumière est l'assemblage ne sont pas plus susceptibles d'être changées par la réflexion que par la réfraction : car si l'on expose, par exemple, à la lumière rouge du spectre, des corps de différentes couleurs, blanche, rouge, jaune, verte, bleue ou violette, tels que le papier, le vermillon, l'orpiment, l'émeraude, la fleur du bleuet, celle de la violette, ils paraîtront tous entièrement rouges. Les mêmes corps paraîtront bleus dans une lumière bleue, et verts dans une lumière verte (1). Toute la différence consiste en ce que chaque corps brille avec plus de vivacité lorsque la couleur dans laquelle il est plongé coïncide avec celle qu'il réfléchit par lui-même, tandis que la réflexion qui a lieu par l'intermède du spectre perd plus ou moins de sa force lorsque les deux couleurs sont distinguées l'une de l'autre. Ainsi, l'éclat du cinabre est très-vif dans la lumière rouge ; il l'est moins dans la lumière verte, et moins encore dans la lumière bleue. — Quant à la raison pour laquelle un corps change sa couleur naturelle en une autre qu'on lui donne à réfléchir, elle provient de ce que chaque corps est propre à la réflexion de toutes les couleurs, mais de manière qu'il y en a une qui, étant réfléchie beaucoup plus abondamment que les autres, devient prédominante. Ainsi, toutes les observations concourent à nous faire regarder chacune des couleurs que présente le spectre solaire comme étant homogène ; et puisque la réfraction et la réflexion sont les seuls moyens non équivoques de consulter ici l'expérience, nous devons nous en tenir à un résultat qu'elle nous offre avec tous les caractères des vérités qui sont démontrées pour nous.

Différentes réfrangibilités des rayons diversement colorés.

1103. Ici se présentait un nouveau

(1) Optice lucis, lib. I, pars I, propos. 4, probl. 1, exper. 2.

(1) Optice lucis, lib. I, pars II, exp. 5. Newtonis Opusc., t. II, p. 227 et 291.

sujet de recherches pour comparer les lois des réfractions particulières que subissent les différentes couleurs de l'image, soit entre elles, soit avec la loi générale de réfraction. Lorsque les physiciens avaient assuré, d'après l'expérience, que le sinus d'incidence était en rapport constant avec celui de réfraction, ils pensaient que tous les rayons de la lumière se réfractaient de la même quantité sous la même incidence; mais la vérité est que les rayons sont inégalement réfrangibles, et il faut regarder les résultats obtenus par les physiciens dont il s'agit comme des espèces de moyens termes entre toutes les réfractions des divers rayons; de manière qu'on ne peut conclure autre chose de ces résultats, sinon que les rayons verts, qui répondent au milieu de l'image colorée du soleil, étant séparés des autres, doivent avoir leur angle de réfraction en rapport constant avec leur angle d'incidence. Newton a fait des expériences directes qui prouvent que le rapport est de même constant pour les rayons de toutes les couleurs, et c'est ce que l'on peut démontrer rigoureusement par la géométrie, d'après la supposition infiniment probable que l'action des corps sur la lumière s'exerce perpendiculairement à la surface de ces corps : car, dans cette hypothèse, on pourra appliquer à une espèce quelconque de rayons la démonstration générale que nous avons donnée en parlant de la réfraction (note du nº 1056).

1104. Restait à déterminer le rapport particulier qui a lieu pour chaque espèce de lumière homogène, ou du moins la limite de ce rapport, et voici comment Newton y parvint. Il disposa un prisme à l'ordinaire, de manière à produire sur le mur opposé à la fenêtre une image colorée du soleil; mais comme il était nécessaire, pour le succès de l'expérience, que les côtés rectilignes de cette image fussent terminés le plus nettement possible, Newton avait obtenu cet effet en plaçant à l'ouverture par laquelle entrait la lumière l'objectif d'un télescope. Ensuite, par des observations réitérées, dans lesquelles il fut aidé par un ami qui avait l'œil exercé à bien distinguer les couleurs, il marqua sur l'image colorée les limites des sept couleurs principales, en menant les diamètres des deux cercles extrêmes, dont l'un donnait le violet et l'autre le rouge, puis en divisant l'espace intermédiaire en sept parties par des lignes parallèles à ces diamètres; enfin, ayant prolongé l'un des côtés rectilignes de l'image au delà du rouge, jusqu'à ce que le prolongement fût égal à la distance entre les diamètres des deux cercles extrêmes, il mesura la distance entre chaque ligne transversale et l'extrémité du prolongement, en commençant par le diamètre du cercle violet et en allant successivement du violet au rouge, ce qui faisait en tout huit distances. Or, il trouva que ces distances étaient entre elles dans le rapport des nombres 1, 8/9, 5/6, 3/4, 2/3, 3/5, 9/16, 1/2; et la série de ces nombres avait cette propriété singulière, qu'elle était semblable à celle qui représente les intervalles des sons *ut*, *re*, *mi* bémol, *fa*, *sol*, *la*, *si*, *ut*, dont est formée notre échelle musicale, prise dans le mode mineur (1). — Il résulte de ce qui vient d'être dit que la division de la ligne sur laquelle Newton avait marqué les limites des sept couleurs principales était la même que dans un monocorde dont les différentes longueurs rendraient les sept sons de la gamme qui appartient au mode mineur. Cette conformité de rapports a fait penser à quelques physiciens qu'il y avait une analogie réelle entre les sons et les couleurs; mais c'est plutôt une analogie de rencontre, et il y a d'ailleurs de fortes raisons qui s'opposent à la prétention de faire chanter les couleurs.

1105. Newton avait déterminé précédemment, à l'aide d'une autre expérience, le rapport entre le sinus de réfraction des rayons les moins réfrangibles du spectre solaire, et celui des rayons les plus réfrangibles sous une même incidence. Si l'on désigne par 50 le sinus d'incidence, on aura 77 pour le sinus de réfraction des rayons rouges, et 78 pour celui des rayons violets. Or, dans la division de l'image colorée qui donnait les limites des couleurs voisines, les positions des lignes transversales qui répondaient à ces limites

(1) Optice lucis, lib. I, pars II, proposit. 3, probl. 1, exper. 7. Le sixième rapport 9/15 est un peu différent du rapport 8/15 qui lui correspond dans notre gamme (526); il donne pour le *si* un son un peu plus bas que celui de cette gamme.

étaient déterminées par les points du mur sur lesquels tombaient les extrémités des rayons rompus relatifs aux mêmes limites; et à cause de la petitesse des angles que formaient entre eux ces rayons rompus, on pouvait prendre, sans erreur sensible, les distances entre les points du mur où ils aboutissaient, ou, ce qui revient au même, les distances entre les limites tracées sur l'image, pour les différences successives entre les sinus des angles de réfraction au passage du verre dans l'air : ainsi, en divisant la différence entre les nombres 77 et 78, en parties proportionnelles aux intervalles entre les limites des couleurs de l'image, on avait 77, 77 1/8, 77 1/5, 77 1/3, 77 1/2, 77 2/5, 77 7/9, 78, pour les expressions des sinus de réfraction des divers rayons relatifs à un même sinus d'incidence exprimé par 80. Il résultait de là que les sinus de réfraction des rayons rouges relatifs à toutes les nuances de cette couleur s'étendaient depuis 77 jusqu'à 77 1/8, ceux des rayons orangés depuis 77 1/8 jusqu'à 77 1/5, ceux des rayons jaunes depuis 77 1/5 jusqu'à 77 1/3, et ainsi de suite pour les rayons verts, bleus, indigo et violets.

Nouvelle preuve que la lumière n'est qu'un simple mélange de rayons hétérogènes.

1106. Nous venons de voir qu'il y a dans la lumière des rayons d'une infinité de nuances différentes de couleurs, dont chacune est soumise dans sa réfraction à un rapport entre les sinus, qui lui est comme inhérent et qui ne souffre aucune altération. Ces rayons, qui diffèrent et par leurs teintes et par les quantités de leurs réfractions, doivent être considérés comme hétérogènes, puisque quand ils rencontrent tous à la fois, sous une même incidence, la surface du même milieu réfringent, ils éprouvent de la part de ce milieu différentes attractions qui supposent des diversités dans leur manière d'être. Le mélange de toutes les couleurs forme la lumière que nous appelons *blanche*, en sorte qu'il suffit de supprimer dans cette lumière quelqu'une des couleurs qui la composent pour produire une couleur particulière qui variera suivant le nombre et les espèces de celles qu'on laissera subsister : ainsi, lorsque l'on reçoit sur une lentille les rayons diversement colorés qui divergent au sortir du prisme, et que l'on place un carton blanc au delà de cette lentille, à l'endroit où les rayons qu'elle a rendus convergents se réunissent en un foyer commun, le cercle lumineux qu'ils forment sur le carton est d'une couleur blanche; les choses étant dans cet état, si l'on place entre la lentille et le prisme un corps opaque qui intercepte une ou plusieurs des couleurs réfractées par le prisme, à l'instant la lumière blanche reçue par le carton fera place à une couleur ou simple ou mélangée : par exemple, si l'on intercepte le violet, le bleu et le vert, les autres couleurs, savoir, le jaune, l'orangé et le rouge, formeront une couleur composée qui sera d'un beau jaune. Supprimez au contraire les trois dernières couleurs, et vous aurez un mélange de violet, de vert et de bleu qui tirera sur la couleur verte. Dans toutes ces variations de couleurs, les rayons ne changent point de qualité; ils n'agissent point les uns sur les autres, ils ne font que se mêler en diverses proportions.

1107. Ces conséquences se trouvent confirmées par une nouvelle expérience de Newton, dont il a puisé l'idée dans une observation très-connue. Voici en quoi elle consiste. L'impression de la lumière sur la rétine n'est pas un effet instantané; et de là vient que si l'on fait tourner rapidement dans l'air un charbon ardent, l'œil verra un cercle de feu qui paraîtra fixe pendant tout le temps du mouvement : car alors l'impression faite, dès le premier instant, sur un point déterminé de l'organe, par la lumière que lance le charbon, persiste jusqu'à ce que le rayon revienne à l'endroit où il était quand cette impression a eu lieu, et ainsi la sensation se renouvelle sans cesse avant d'avoir été détruite. D'après cette observation, Newton se proposa d'essayer si les différentes couleurs du spectre solaire ne pourraient pas agir sur l'œil en se succédant avec tant de rapidité qu'au moment de chaque impression les traces des impressions précédentes n'étant pas encore effacées; le résultat fût le même que celui d'une sensation unique produite par une couleur blanche permanente (1). — Pour vérifier cette idée,

(1) Optice lucis, lib. I, pars II, proposit. 5, exper. 10.

Newton s'était pourvu d'un instrument qui avait la forme d'un peigne composé de seize dents larges d'environ 40 millimètres (un pouce et demi), et écartées l'une de l'autre à peu près de 54 millimètres (deux pouces). Ayant fait tomber sur une lentille les rayons qui avaient traversé un prisme, il disposa au delà de cette lentille un papier à une telle distance que l'image du soleil y paraissait blanche lorsque les rayons allaient librement du prisme à la lentille. Il plaça ensuite successivement les dents du peigne immédiatement avant la lentille, de manière à intercepter une partie des rayons colorés qui étaient sur le point d'y entrer; tandis que les autres rayons, que rien n'empêchait de la traverser, allaient peindre sur le papier l'image circulaire du soleil. Cette image alors perdait sa blancheur et prenait toujours une couleur composée de toutes celles des rayons qui n'avaient pas été interceptés, et cette couleur variait continuellement avec la position du peigne. Mais lorsque Newton imprimait au peigne un mouvement assez rapide pour que la précipitation avec laquelle les impressions des diverses couleurs se succédaient ne laissât plus à l'œil le temps de les distinguer, on ne voyait plus ni rouge, ni jaune, ni vert, ni bleu, ni violet; mais le mélange confus de toutes les couleurs donnait naissance à une blancheur uniforme, dont cependant aucune partie n'était blanche : chaque couleur y conservait encore son existence à part. Or, lorsqu'ensuite on retirait le peigne, rien n'était changé dans la manière d'être de la lumière blanche que l'œil apercevait encore sur le papier, seulement toutes les couleurs, dans ce cas, agissaient à la fois sur l'organe; au lieu que quand on employait le peigne elles agissaient successivement, mais à des intervalles de temps si petits que le résultat équivalait à un concours d'actions simultanées.

Réfutation de l'opinion qui ne suppose la lumière composée que de trois couleurs.

1108. Dans l'image colorée produite par la réfraction du prisme, l'orangé se trouve placé entre le jaune et le rouge, et le vert entre le bleu et le jaune. Or on sait qu'en mêlant artificiellement du jaune avec du rouge, on obtient une couleur orangée; et si l'on mêle du jaune avec du bleu, on aura une couleur verte. Cette observation a fait penser à quelques physiciens que l'orangé et le vert produits par la réfraction de la lumière à travers le prisme provenaient du mélange de deux couleurs voisines, et devaient être supprimés dans l'ordre des couleurs homogènes. Mais cette idée est visiblement démentie par l'expérience : car, si vous isolez les rayons verts de l'image en interceptant les autres couleurs, et que vous fassiez passer ces rayons à travers un deuxième, un troisième, un quatrième prisme, ils conserveront constamment leur couleur verte. Au contraire, si vous interceptez les rayons verts, rouges et violets, pour ne laisser subsister que le jaune et le bleu mêlés ensemble au foyer d'une lentille, à l'aide du procédé que nous avons décrit précédemment (1101), vous aurez d'abord une couleur verte; mais faites passer cette couleur à travers un nouveau prisme, et à l'instant elle va se résoudre en ses couleurs composantes, de manière que le bleu et le vert se peindront séparément sur un carton placé au delà du second prisme. Il est fâcheux pour l'opinion dont il s'agit que le rouge soit si éloigné du violet, qui se trouve placé à côté du bleu, car le violet se forme artificiellement par un mélange de rouge et de bleu; et ainsi on peut composer en peinture une espèce d'imitation de l'image colorée donnée par l'expérience, en employant seulement trois couleurs, savoir, le rouge, le jaune et le bleu, et effectivement l'histoire nous apprend que les anciens peintres ont opéré pendant long-temps avec ces seules couleurs (1). Il est possible que cette faculté de faire beaucoup avec peu soit pour l'art une véritable richesse; mais c'est appauvrir la nature que de vouloir la resserrer dans les limites de nos moyens artificiels.

Explication des apparences que présentent les objets vus à travers un prisme.

1109. Supposons que l'on regarde par l'intermède d'un prisme *abc* (fig. 55) un objet voisin, tel qu'un carton blanc

(1) Encyclopédie méthod., première partie : Beaux-Arts, t. 1, p. 60.

d'une certaine étendue, situé verticalement et d'une figure rectangulaire, qui ait deux de ses bords parallèles à l'axe du prisme : le choix de cette position et de cette figure n'a pour but que de ramener l'expérience à un cas simple ; et ce que nous en dirons peut s'appliquer, proportion gardée, à tous les autres cas. — D'après ce que nous avons dit (1089) de la réfraction des rayons à travers un prisme qui tourne sur son axe, on conçoit que, suivant les divers mouvements que l'on fera faire au prisme, l'image du carton pourra être vue dans la position où elle devient stationnaire, ou se relever vers cette position, ou enfin s'abaisser en dessous. Or, dans chaque position, le bord supérieur présentera successivement, et en descendant, quatre bandes de diverses couleurs, dont la plus élevée sera le rouge pur, et les trois autres seront mélangées de rouge et d'orangé, d'orangé et de jaune, et de ces trois couleurs unies au vert. Le bord inférieur offrira quatre autres bandes qui, étant prises en remontant, donneront le violet pur, le violet mêlé d'indigo, puis ces deux couleurs unies au bleu, et enfin ces trois dernières couleurs unies au vert, et l'espace intermédiaire restera blanc.

1110. Pour expliquer cet effet, nous observerons qu'il part de tous les différents points du carton des rayons de toutes les couleurs qui, après s'être réfractés en traversant le prisme, se dirigent vers l'œil sous la forme d'une espèce de pyramide dont le sommet est dans la prunelle. Supposons qu'il n'existe que des rayons rouges, la surface entière du carton paraîtra teinte de cette même couleur ; chacune des autres espèces de rayons, si elle existait seule, ferait voir de même la surface du carton sous la couleur particulière à cette espèce. Réunissons maintenant toutes les couleurs ; on pourra considérer les images qu'elles tendent à produire chacune séparément comme autant de rectangles de sept couleurs différentes, qui anticipent les uns sur les autres d'une certaine quantité, par leurs bords supérieurs ou inférieurs, à cause de la différence des réfractions. Dans cette espèce d'enjambement d'une couleur sur l'autre, le rouge sera un peu relevé au-dessus de l'orangé, celui-ci au-dessus du jaune, et ainsi de suite, de manière que, vers le bord opposé, le violet descendra au-dessous de l'indigo, celui-ci au-dessous du bleu, etc. Il résulte de là que la partie supérieure du carton se terminera par une bande de rouge-pur ; qu'en dessous de cette bande il y en aura une seconde mêlée de rouge et d'orangé ; puis une troisième mêlée de rouge, d'orangé et de jaune, et une quatrième mêlée de rouge, d'orangé, de jaune et de vert. Si l'on reprend ensuite les couleurs de bas en haut, on conçoit que la partie inférieure doit être bordée d'une bande de violet-pur, au-dessus de laquelle il s'en trouvera une seconde mêlée de violet et d'indigo, puis une troisième mêlée de violet, d'indigo et de bleu, et enfin une quatrième mêlée de violet, d'indigo, de bleu et de vert. Dans l'espace compris entre cette quatrième bande et celle qui tient le même rang parmi les bandes supérieures, toutes les couleurs se trouvant mélangées produiront le blanc. Tout ceci suppose que le carton ait une certaine étendue, ainsi que nous l'avons dit ; moins sa hauteur sera considérable, et plus les couleurs se dégageront les unes des autres vers son milieu, et approcheront de l'arrangement qui a lieu dans l'image colorée produite par la réfraction du prisme, au moyen de l'expérience ordinaire : en sorte que la hauteur peut être assez petite pour que les différentes couleurs se succèdent sans laisser aucun espace blanc intermédiaire.

De l'arc-en-ciel.

1111. La lumière qui embellit avec tant de magnificence un ciel pur et serein, par le spectacle des astres qui la répandent, devient aussi quelquefois, pour un ciel sombre et nébuleux, un ornement qui, par la pompe et la variété de ses riches couleurs, semble appeler les regards et l'attention de tous ceux qui sont à portée de le voir. Dans ce peu de mots on reconnaît déjà l'arc-en-ciel. Nous savons que ce phénomène n'a jamais lieu que quand un nuage opposé au soleil luisant se résout en pluie, d'où il suit que le spectateur a toujours le dos tourné au soleil. Assez ordinairement on aperçoit deux arcs : l'un intérieur, dont les couleurs sont plus vives ; l'autre extérieur et plus pâle. Tous deux présentent la même suite de couleurs que l'image produite par le prisme, c'est-à-dire le rouge, l'orangé, le jaune, le vert, le bleu, l'indigo et le violet ; mais dans l'arc intérieur le rouge est le plus élevé, et dans l'arc extérieur c'est le violet. — Ces deux arcs dépendent de la réfraction de la lumière combinée avec sa réflexion, et on ne les aperçoit que quand les rayons incidents font avec les rayons émergents un certain angle que nous indiquerons bientôt.

1112. Antoine de Dominis paraît être le premier qui ait tenté avec quelque succès d'expliquer physiquement l'arc-en-ciel. Il l'imita à l'aide d'une expérience que nous ferons connaître, et détermina les différentes inflexions de la lumière dans les gouttes de pluie ; mais cette détermination n'est point exacte relativement à l'arc extérieur. Descartes la réforma et mit en général plus de précision dans la manière de tracer la marche des rayons. Enfin, Newton ayant repris cette explication, y ajouta le degré essentiel de perfection dont elle manquait, en analysant la distribution du coloris, qui est comme l'âme du phénomène : c'est d'après ses principes que nous allons la développer.

Rayons efficaces dans le cas de deux réfractions et d'une seule réflexion.

1113. Soit *fzpq* (fig. 62) la circonférence d'un grand cercle provenant d'une section faite dans un globe transparent d'une densité plus grande que celle de l'air. Ayant mené un diamètre quelconque *fp*, supposons qu'un faisceau *yf* de rayons incidents homogènes, d'abord situé sur la direction de *fp*, monte parallèlement à lui-même le long du quart de cercle *fz* : ce faisceau étant parvenu, par exemple, en *ab*, se réfractera au point d'incidence suivant une direction telle que *bd*, puis se sous-divisera en deux parties, dont l'une repassera dans l'air en se réfractant de nouveau, et l'autre échappera à la réfraction en se réfléchissant sur la concavité intérieure du cercle, suivant une direction *dt*, de manière que l'arc *dqt* sera égal à l'arc *dzb*. Cette même partie, en repassant à son tour dans l'air, s'y réfractera suivant une direction *tm*, qui fera, avec la perpendiculaire au point *t*, un angle égal à l'angle d'incidence du faisceau *ab*. Prolongeons les lignes *ab*, *mt* jusqu'à ce qu'elles se rencontrent en *x*. L'angle *axm* sera celui que fait le rayon incident avec le rayon émergent. Or le calcul fait voir que pendant le mouvement du rayon incident le long du quart de cercle *fhz* l'angle *axm* augmente jusqu'à une certaine limite passé laquelle il décroît. — Pour concevoir que cela doit être, il faut observer que la valeur de l'angle *axm* est double de l'angle *dp* (1). Or, à mesure que *ab* monte le long de *fhz*, *dp* lui-même va en augmentant jusqu'à un certain terme passé lequel il diminue. C'est ce qu'on apercevra en faisant attention que, l'angle d'incidence croissant toujours à mesure que *yf* s'élève, si l'on prend deux rayons incidents tels que *eh*, *ab*, le rayon rompu *hr*, qui appartient au premier, s'inclinera nécessairement vers *bd*, qui est le rayon rompu relatif au second. Or, tant que la partie du quart de cercle *fhz* que rencontrent les rayons incidents est peu inclinée sur le diamètre *fp*, le rayon *hr* est tout entier au dessus du rayon *bd*, même en supposant l'arc *bh* extrêmement petit ; mais à mesure que l'arc devient plus oblique, le rayon *hr* s'incline davantage vers *bd*, en sorte qu'il y a un terme où les extrémités des rayons rompus se confondent en un point commun *d* (fig. 63), et, au delà de ce terme, l'obliquité de l'arc augmentant toujours, les deux rayons rompus tels que *hd*. *su*, qui appartiennent aux rayons incidents *eh*, *ns*, se croisent, d'où l'on voit que *dp* (fig. 62) va en augmentant jusqu'au terme où les points *r*, *d* deviennent contigus, et diminue ensuite depuis ce même terme, auquel répond le maximum de l'angle *axm* (2).

1114. Rappelons-nous maintenant l'observation déjà faite précédemment

---

(1) Ayant mené *xl*, qui passe par le centre, et qui par conséquent coupera en deux également l'arc *bt*, on aura pour la mesure de *axm*, $1/2\ (bt - go) = bf + fl - dg = gp + dp - dg = dg + dp + dp - dg = 2dp$.

(2) Plus la partie de l'arc que rencontrent les rayons incidents est oblique, plus la différence augmente entre les incidences aux deux extrémités d'un même arc *bh*, *hs*, etc. (fig. 63), ces arcs étant supposés égaux. De plus, il est visible que les rayons *eh*, *ns* sont plus rapprochés que les rayons *ab*, *eh*. Or ces deux causes tendent à augmenter l'inclinaison respective des deux rayons réfractés, et cette augmentation devient telle à la fin que les rayons se croisent.

(1085), que les variations d'une quantité qui approche de sa limite ou qui commence seulement à s'en écarter, sont presque insensibles. Nous en conclurons que dans le voisinage du point *d*, où les quantités dont les rayons rompus s'inclinent les uns sur les autres augmentent presque infiniment peu, la densité de la lumière réfractée et celle de la lumière réfléchie sur la concavité du cercle sont beaucoup plus grandes que partout ailleurs; d'où il suit que les rayons émergents provenus de cette même lumière, tels que *tm*, *ik*, etc. (fig. 63), seront eux-mêmes beaucoup plus abondants sur un petit espace donné. D'une autre part, tous ces rayons émergents seront sensiblement parallèles entre eux, à cause du concours des rayons rompus dans un même point. Donc, si l'on suppose qu'il tombe en même temps des rayons sur tous les points du quart de cercle *fhz*, et qu'il y ait un spectateur dont l'œil soit situé au point *o*, pris sur une ligne qui passe entre *mt* et *ki*, cet œil recevra beaucoup plus de rayons que s'il était placé partout ailleurs, tant parce que ceux sur la direction desquels il se trouve sont beaucoup plus ramassés, que parce qu'étant parallèles ils entreront en plus grand nombre dans la prunelle que si l'œil n'était à portée que de ceux qui sortent en divergeant par les autres points compris entre *f* et *q*.

1115. On a donné à ces rayons qui s'accumulent, en quelque sorte, dans le voisinage de la limite le nom de *rayons efficaces*, parce qu'ils sont les seuls dont l'impression soit bien sensible. On peut les assimiler à ceux qu'un miroir concave ou une lentille rassemblent dans un foyer commun où leur activité se concentre.

Rayons efficaces dans le cas de deux réfractions et de deux réflexions.

1116. Les rayons qui se réfléchissent du point *d* au point *t*, ne repassent pas tous dans l'air ; mais une partie se réfléchit de nouveau sur la concavité du cercle, en sorte que la lumière subit successivement deux, trois, quatre, etc. réflexions, à chacune desquelles il y a un certain nombre de rayons qui rentrent dans l'air environnant. Nous nous bornerons ici à considérer l'effet produit par deux réflexions.

1117. Concevons donc de nouveau qu'un faisceau *qi* (fig. 64) de lumière homogène, dont la direction coïncide avec le diamètre *ie*, monte parallèlement à lui-même le long du quart de cercle *inv*, et que dans chacune de ses positions, telle que *ab*, une partie des rayons rompus qui ont parcouru *bd*, après s'être réfléchis de *d* en *g*, puis de *g* en *t*, rentrent dans l'air, suivant la direction *tr*, qui croise au point *z* le rayon incident *ab*. On démontre que, dans cette hypothèse, l'angle *azr* décroît jusqu'à un certain terme, passé lequel il augmente. Pour donner une idée de cette variation, qui est l'inverse de celle que nous avons vue avoir lieu dans le cas d'une seule réflexion, menons les prolongements *bu*, *ty* des rayons *ab*, *rt*, puis la ligne *zl* qui passe par le centre *c*, et coupe en deux moitiés l'angle *bzt* égal à *azr*. On prouve d'une manière très-simple que la mesure de cet angle est double de l'arc *is* (1). Or, pendant le mouvement du rayon incident le long de *inv*, l'arc *is* lui-même diminue d'abord et ensuite commence à augmenter. Car l'angle d'incidence devenant toujours plus grand à mesure que le rayon s'élève, si l'on prend deux de ces rayons, tels que *ab*, *mn*, on concevra, en appliquant ici le raisonnement que nous avons fait plus haut (1112), que le rayon rompu *no*, qui appartient au rayon incident *mn*, doit s'incliner de plus en plus vers *bd*, qui est le rayon rompu relatif à *ab*, de manière qu'à un certain terme le point *o* se confond avec le point *d*, et qu'ensuite les deux rayons se croisent. Or, en premier lieu, dans toutes les positions antérieures à ce croisement, l'arc *is* diminue. Pour le prouver, remarquons que les trois rayons *bd*, *dg*, *gt* étant égaux, la ligne *zl* qui coupe en deux l'angle *bzt*, passe par le milieu *k* du rayon *dg* qui provient de la première réflexion. Maintenant si nous considérons l'autre rayon incident *mn*, il est aisé de voir que le rayon rompu *no* qui lui appartient sera plus petite que *bd*, et ainsi le rayon réfléchi *of* sera aussi plus court que son analogue *dg*. Or, par une suite de cette différence et de la position respective des deux rayons, le milieu *k'* du rayon *of* est plus élevé que le milieu *k* du rayon *dg*, d'où il résulte que le diamètre *l'k'cs'*, qui,

(1) Cette mesure est $1/2\ (\gamma x - bt) = ex + et - bs = bs + is + is - bs = 2is$.

étant prolongé, diviserait en deux l'angle formé par le rayon incident *mn* avec son rayon émergent, a son extrémité *s'* située entre les points *s*, *i*. Donc l'arc *is* a subi une diminution. Si l'on suppose que le rayon incident étant encore plus élevé, le rayon *no* parvienne à couper le rayon *bd*, on concevra avec un peu d'attention que le rayon *of* se trouvant alors tout entier au delà du rayon *dg*, approchera du parallélisme avec celui-ci ; en même temps l'angle analogue *azr* continuera de décroître, mais toujours plus lentement, et lorsque *of* sera devenu parallèle à *dg*, comme on le voit (fig. 65), les points *k* et *k'* se trouveront sur un même diamètre, et l'angle *azr* aura atteint son *minimum*. Effectivement, si l'on imagine que le rayon incident continue de monter, le rayon *no* s'abaissant toujours davantage en dessous du rayon *bd*, par sa partie située vers *o*, le rayon *of* convergera avec *dg*, et le point *k'* commencera à descendre en dessous du point *k*, d'où il suit que le diamètre *l'k'cs'* (fig. 64) aura son extrémité *s'* située en dessus du point *s*, et ainsi l'arc *is* se trouvera augmenté.

1118. Dans le cas du *minimum*, où le rayon *of* (fig. 65) est devenu parallèle à *dg*, le rayon émergent *tr* est aussi parallèle au rayon émergent *ph*. Maintenant, pour ramener la marche des rayons à celle qui a lieu par rapport à l'arc-en-ciel, il faut supposer (ce qui revient au même) que *rt* et *hp* fassent la fonction de rayons incidents, et que *ba* et *nm* soient les rayons émergents correspondants. Et, appliquant ici ce que nous avons dit (1113) des rayons qui ne subissent qu'une seule réflexion, on en conclura qu'un œil placé sur la direction d'une ligne menée entre *nm* et *ba* doit recevoir beaucoup plus de rayons que dans toute autre position, c'est-à-dire qu'il sera à portée des rayons efficaces.

Valeurs des angles qui déterminent les effets des rayons efficaces.

1119. Si l'on suppose que le passage de la lumière incidente se fasse de l'air dans l'eau, le *maximum* de l'angle *axm* (fig. 62) aura lieu pour les rayons rouges, lorsque cet angle sera de 42° 2′ ; et pour les rayons violets, lorsqu'il sera de 40° 17′. Dans le même cas, l'arc *bf* qui mesure l'angle d'incidence du rayon *ab*, à cause du parallélisme entre *ab* et le diamètre *fp*, est de 59° 24′ pour les rayons rouges, et de 58° 41′ pour les violets. D'une autre part, le *minimun* de l'angle *mzh* (fig. 65), relativement aux rayons rouges, est de 50° 57′, et relativement aux rayons violets, de 54° 7′; l'angle d'incidence du rayon *hp* est alors de 71° 50′ pour les rayons rouges, et de 71° 26′ pour les violets.

Application des principes précédents aux phénomènes de l'arc-en-ciel.

1120. Concevons un spectateur dont l'œil soit placé en O (fig. 66), et quatre globules d'eau *df*, *ac*, *kr*, *gl*, tellement situés que les rayons solaires S*d*, S*a*, S*r*, S*l*, après deux réfractions et une réflexion dans les globules inférieurs, ou après deux réfractions et deux réflexions dans les globules supérieurs, fassent avec les rayons émergents des angles égaux à ceux que nous venons de citer, savoir, O*x*S de 40° 17′, O*z*S de 42° 2′, O*γ*S de 50° 57′, et O*u*S de 54° 7′ : on suppose ici que les rayons partent du centre du soleil ; et comme la distance qu'ils parcourent est presque infinie relativement à celle qui sépare les globules d'eau, ils sont censés parallèles entre eux. Or il est clair, d'après ce que nous avons dit précédemment (1118), que, l'angle O*z*S de 42° 2′ étant celui que font entre eux les rayons rouges incidents et émergents dans le cas où ces rayons sont le plus condensés, l'œil apercevra le rouge le plus vif dans le globe *ac*, ainsi que dans tous les autres situés semblablement sur la direction O*c*. D'une autre part, l'angle O*x*S étant celui qui se rapporte aux rayons violets efficaces, l'observateur verra le violet le plus intense dans le globule *df*, et dans tous ceux qui seront sur la direction O*f*; de plus, il ne verra que le rouge dans les premiers globules, et que le violet dans les seconds : car les rayons orangés, par exemple, dont la réfraction est plus grande que celle des rayons rouges, doivent, pour être efficaces, se réfracter, de manière que l'angle formé par les incidents avec les émergents soit moindre que 42° 2′, et plus grand que 40° 17′; et puisque l'angle dont il s'agit est le plus grand parmi tous ceux que peuvent faire les mêmes rayons, cet angle ne peut avoir lieu à l'égard du globule *ac* ou du globule *df*, mais il existera dans quelqu'un des globules intermédiaires. Il suit de là que les couleurs comprises entre le rouge et le violet, ainsi que les nuances de ces couleurs, seront vues successivement dans les globules située entre *ac* et *df*, suivant l'ordre prescrit par leurs divers degrés de réfrangibilité; en sorte que la succession de toutes les couleurs, prise en descendant, sera celle-ci : rouge, orangé, jaune, vert, bleu, indigo, violet ; mais le violet étant mêlé avec la couleur blanchâtre des nuages adjacents, se trouvera affaibli par ce mélange, et tirera sur la couleur pourprée.

1121. Soit maintenant OP une droite parallèle aux rayons solaires, et que l'on appelle l'axe de la vision. Concevons que les rayons O*x*, O*z*, et tous les autres qui appartiennent aux globules intermédiaires, restant fixes par leur point commun O, tournent autour de OP en continuant de faire le même angle avec cette ligne : ces rayons décriront une bande curviligne CD*f*EG*a* qui se terminera à l'horizon, et tous les globules situés dans les limites de cette bande, ainsi que ceux qui se trouvent sur les surfaces coniques décrites par le mouvement des rayons *x*O, O*z*, etc., feront voir à l'œil des couleurs qui s'étendront circulairement sur toute la surface CD*f*EG*a*, dans le même ordre que celui des couleurs comprises depuis *a* jusqu'en *f* : telle est la manière dont se forme l'arc intérieur.

1122. En appliquant le même raisonnement à l'arc extérieur, on concevra que l'angle O*u*S de 54° 7′ étant celui que font entre eux les rayons violets incidents et émergents, qui agissent le plus efficacement, l'observateur verra le violet-foncé dans le globule *gl*. De plus, l'angle O*y*S de 50° 57′ faisant la même fonction à l'égard des rayons rouges, l'observateur apercevra le rouge le plus vif dans le globule *kr* : les autres couleurs s'offriront successivement avec toutes leurs nuances dans les globules intermédiaires, et s'étendront, ainsi que le violet et le rouge, sur la surface d'une bande curviligne AB*m*HN*g*, qui formera l'arc extérieur. Mais toutes ces couleurs se présenteront dans un ordre renversé, par rapport à celle de l'arc intérieur ; en sorte qu'en allant de haut en bas, leur succession sera celle-ci : violet, indigo, bleu, vert, jaune, orangé, rouge. D'ailleurs elles seront beaucoup plus faibles, parce que les rayons qui les produisent subissent deux réflexions, à chacune desquelles il y en a toujours une partie qui repassent dans l'air.

Largeurs des deux arcs.

1123. La largeur apparente de l'arc intérieur, d'après les principes qui viennent d'être exposés, est de 1° 45′, différence entre les angles O*x*S, O*z*S; celle de l'arc extérieur est de 3° 10′, différence entre les O*y*S, O*u*S ; et la distance entre les deux arcs est de 8° 55′, différence entre les angles O*y*S, O*z*S.

1124. Telles seraient effectivement les dimensions des deux arcs si le soleil n'était qu'un point, ou s'il n'envoyait vers les gouttes de pluie que des rayons partis de son centre ; mais il en vient également de tous les points de son disque, ce qui augmente un peu la largeur de l'un et l'autre arc. Pour concevoir la manière dont cette augmentation a lieu, observons que le diamètre du soleil, vu à la distance immense où nous sommes de cet astre, sous-tend un angle d'environ 30 minutes (1090). Or, si nous nous bornons à considérer les deux rayons qui partent des extrémités du diamètre pris dans le sens vertical, il est facile de juger que l'effet du rayon supérieur est le même à l'égard de celui du rayon central, que si le soleil, après avoir produit les deux arcs en vertu de ce seul rayon, se trouvait tout d'un coup relevé d'un quart de degré au-dessus de l'horizon, et que pour avoir pareillement l'effet du rayon inférieur il suffit de supposer que le soleil s'abaisse d'un quart de degré vers l'horizon.

1125. Cela posé, soit *s′s″* (fig. 67) le diamètre vertical du soleil, et *sz* le rayon qui donne le rouge de l'arc intérieur, par l'intermède du globule *ac*, comme nous l'avons expliqué précédemment ; soit toujours *o* la position de l'œil, et *oz* le rayon émergent. Concevons que le point *s* soit transporté en *s′*, et qu'un rayon parti de *s′* prenne une direction telle que *s′gz′*, qui croise dans quelque point g celle du rayon *sz*. Ayant mené *og*, décrivons une circonférence de cercle qui passe par les points *z*, *o*, *g*, et du point *o* menons la ligne *oz′* qui rencontre *sz′* à l'endroit où celle-ci coupe la circonférence. L'angle *gz′o* sera évidemment égal à l'angle *gzo*, c'est-à-dire qu'il sera de 42° 2′, et en même temps l'angle *zgz′* sera d'un quart de degré, comme l'angle $s'gs$ qui mesure le demi-diamètre du soleil. Donc la position du rayon $s'z'$ est celle qui satisfait à la condition requise, pour que l'œil voie de nouveau le rouge dans le globule $a'c'$ placé au-dessus du globule ac. Les rayons qui appartiennent aux autres couleurs et qui sont censés partir aussi du point s' feront voir ces mêmes couleurs dans d'autres globules inférieurs au globule az, en sorte qu'il se formera un second arc dont tous les points se relèveront de 15′ au-dessus de ceux qui leur correspondent dans l'arc produit par les rayons émanés du point s; ce qui fera croître de 15′ la largeur de ce dernier arc vers son bord supérieur. En faisant le même raisonnement par rapport au point s'', on en conclura qu'un rayon $s''z''$ qui croise le rayon sz au point g fera aussi un angle de 42° 2′ avec le rayon oz'' mené de l'œil au point où $s''z''$ rencontre la circonférence; d'où il résulte que l'œil verra encore le rouge dans un globule $a''c''$ situé au-dessous du globule az. Et comme toutes les autres couleurs reparaîtront de même dans les globules inférieurs, l'ensemble des rayons partis de s'' donnera naissance à un troisième arc dont tous les points s'abaisseront de 15′ en dessous des points analogues de l'arc formé par les rayons émanés de s; ce qui fera croître de 15′ la largeur de cet arc vers son bord inférieur. Ainsi la largeur totale surpassera de 30′ celle qui avait lieu en vertu de la seule réfraction du rayon sz, de manière qu'elle sera de 2° 15′. Par une suite nécessaire, la largeur de l'arc extérieur recevra les mêmes accroissements, et sera en totalité de 3° 40′, et la distance entre les deux arcs se trouvant diminuée de 30′, ne sera plus que de 8° 25′. Newton a vérifié ces dimensions par des observations directes (1).

Circonstances qui font varier la partie visible de l'arc-en-ciel.

1126. On voit une partie plus ou moins grande de l'arc-en-ciel, suivant que le soleil est plus ou moins élevé au-dessus de l'horizon. Lorsque cet astre est près du plan même de l'horizon, l'axe OP (fig. 66) de la vision, qui est en même temps celui du cône formé par tous les rayons efficaces, coïncide aussi avec l'horizon, ou à peu près, et dans ce cas l'arc-en-ciel paraît sous la figure d'un demi-cercle. À mesure que le soleil s'élève l'axe OP s'abaisse de la même quantité en dessous de sa première position, et l'arc va en diminuant. Enfin, lorsque le soleil est à 42° au-dessus de l'horizon, l'axe se trouvant abaissé en dessous de ce cercle du même nombre de degrés, le sommet de l'arc-en-ciel touche l'horizon; d'où il suit que si le soleil s'élève davantage, l'arc intérieur disparaîtra : il ne restera plus qu'une portion de l'arc extérieur, qui ne cessera d'être visible que quand la hauteur du soleil sera de 54°.

1127. Si l'on se trouve sur une éminence lorsque le soleil est à l'horizon, ou même au-dessous, l'axe OP se relèvera en dessus du même horizon, et ainsi l'arc surpassera un demi-cercle; et si, le lieu étant très-élevé, le nuage est à une petite distance de l'observateur, il pourra arriver que celui-ci voie le cercle entier (1).

Cas où l'on voit plus de deux arcs-en-ciel.

1128. Nous avons dit (1110) que les

(1) Optice lucis, lib. II, pars. III, proposit. 12.

(1) Smith, Traité d'optique, 1767, p. 587. — Soit NH (fig. 68) l'horizon, S le soleil un peu élevé au dessus de ce cercle, O l'œil du spectateur, C un globule de pluie dans lequel cet œil aperçoit le rouge : les lignes OC, OP étant presque infiniment petites par rapport à la distance du soleil à la terre, on conçoit comment l'angle COP peut être de 42° 2′ malgré la petite élévation du soleil, et comment, par une suite nécessaire, l'axe OP de la vision doit coïncider à peu près avec l'horizon; et ainsi l'arc-en-ciel sera un demi-cercle. — Si le soleil S (fig. 69) est élevé de 42° 2′ au-dessus de l'horizon, alors l'angle SCO d'une part, et l'angle COP de l'autre, étant aussi chacun de 62° 2′, OC coïncidera avec l'horizon, et par conséquent l'arc-en-ciel intérieur touchera seulement l'horizon et sera tout entier en dessous. Enfin, si, le soleil étant à l'horizon ou au-dessous, le spectateur est placé sur une haute montagne et que le nuage soit peu éloigné, l'axe OP (fig. 68) pourra se relever tellement que la ligne CP, prolongée inférieurement d'une quantité égale à elle-même, aboutisse à l'horizon; et dans ce cas le cercle entier sera visible pour le spectateur.

rayons qui sont entrés dans chaque goutte de pluie subissent des réflexions continuelles, en vertu desquelles ils décrivent une espèce de polygone qui se replie sur lui même; mais à chaque contact des rayons avec la concavité du globule, une partie échappe à la réflexion pour repasser dans l'air: en sorte que le nombre de ceux qui continuent de se réfléchir d'un point à l'autre de la même concavité, va toujours en diminuant. On peut donc supposer des rayons incidents, dont telle soit la position relativement à l'arc qu'ils rencontrent, qu'après trois réflexions ceux d'une couleur déterminée qui resteront dans l'air, étant dans le cas des rayons efficaces (1114), se dirigent vers l'œil; et ainsi il se formera un troisième arc-en-ciel plus élevé que le second, mais les couleurs, dans ce cas, sont tellement affaiblies par les pertes qu'elles ont faites à chacune des trois réflexions, qu'il est rare que l'on puisse distinguer ce troisième arc, à moins que le ciel ne soit très-sombre dans la partie située en face du spectateur, et que le soleil n'éclaire fortement la partie opposée (1). On conçoit de même la possibilité qu'il se forme un quatrième arc-en-ciel par des rayons qui subiront quatre réflexions et deux réfractions, et ainsi de suite; mais tous ces arcs ne peuvent être aperçus qu'à travers la théorie.

1129. On remarque aussi quelquefois au-dessous du premier arc-en-ciel d'autres arcs qui présentent rarement l'ensemble des couleurs propres à ce phénomène : le plus communément, il n'y en a qu'une ou deux qui soient visibles. Pemberton attribue ces arcs secondaires à des rayons qui se dispersent, en s'écartant néanmoins assez peu de ceux qui produisent l'arc en-ciel ordinaire, pour que l'œil se trouve sur leur direction. Parmi les couleurs qui proviennent de ces rayons, les unes se per lent dans la partie violette du premier arc, et les autres sont vues distinctement dans l'espace situé au-dessous (2).

1130. L'expérience par laquelle Antoine de Dominis avait représenté le phénomène de l'arc-en-ciel, consistait à suspendre une boule de verre remplie d'eau dans un endroit exposé au soleil, et à la faire monter et descendre, de manière que les angles formés par les rayons incidents et émergents variassent depuis 42° jusqu'à 51° environ. On voyait successivement les couleurs des deux arcs se peindre dans la boule, suivant l'ordre où elles se présentent dans les globules de la pluie.

1131. D'après l'explication que nous venons de donner de l'arc-en-ciel, il est facile d'y ramener plusieurs effets qui sont comme autant de copies de ce magnifique tableau : on parvient à l'imiter artificiellement, en jetant de l'eau en l'air de manière qu'elle s'éparpille, et en tournant le dos au soleil. On aperçoit souvent ses couleurs dans la cime d'un jet d'eau; quelquefois il se peint sur l'herbe d'une prairie humectée par la rosée, et mêle ses diverses teintes à celles des fleurs qui embellissent la verdure.

Des couleurs considérées dans les corps.

1132. Nous avons fait voir, d'après la théorie de Newton, en quoi consistent les couleurs considérées dans la lumière, et nous avons reconnu la cause des impressions variées que produisent sur nos yeux ce que nous appelons le *rouge*, le *jaune*, le *vert*, etc., dans les différentes qualités inhérentes aux rayons, et indiquées par les divers degrés de réfrangibilité dont ils sont susceptibles. Nous avons maintenant à considérer les couleurs dans les corps dont elles accompagnent les images. La diversité de ces couleurs provient en général de la disposition particulière de chaque corps pour réfléchir la lumière. Lorsque cette disposition est telle que le corps réfléchit les rayons de toute espèce, dans l'état de mélange où ils arrivent à lui, ce corps nous paraît blanc, et ainsi, à proprement parler, la blancheur n'est point une couleur particulière, elle est l'assemblage de toutes les couleurs. Si le corps est disposé de manière à réfléchir telle espèce particulière de rayons plus abondamment que les autres, en absorbant tout le reste, il paraîtra de la couleur relative à ces mêmes rayons. Ainsi les corps rouges, bleus, verts, etc., sont ceux qui réfléchissent une grande quantité de rayons rouges, ou bleus, ou verts, etc., et qui

(1) Musschenbroeck, Essai de physique, t. II, p. 703.

(2) Pemberton, Eléments de philosophie newtonn., traduct. française. Amsterdam, 1795, p. 488 et suiv.

éteignent les autres espèces de rayons.

1133. Un grand nombre de corps sont propres en même temps à la réflexion de plusieurs espèces de rayons, et, par une suite nécessaire, présentent des couleurs mixtes. Il peut même arriver que de deux corps qui auraient, par exemple, la couleur verte, l'un réfléchisse le vert-pur de la lumière, et l'autre le mélange du jaune et du bleu, d'où résultera la même couleur. Ce triage, qui varie à l'infini, donne lieu aux différentes espèces de rayons de se réunir de toutes les manières et dans toutes les proportions; et de là cette diversité inépuisable de nuances que la nature a répandues, comme en se jouant, sur la surface des différents corps.

1134. Lorsqu'un corps absorbe presque toute la lumière qui arrive à lui, ce corps paraît noir, il envoie à l'œil si peu de rayons réfléchis, qu'il n'est presque pas visible par lui-même, et sa présence ainsi que sa figure ne font impression sur nous qu'en ce qu'il interrompt en quelque sorte l'éclat de l'espace environnant. Mais pour qu'un corps réfléchisse plutôt telle espèce de rayons que telle autre, il faut qu'il y ait en lui quelque chose qui détermine cette préférence : en quoi donc le corps rouge diffère-t-il à cet égard du corps jaune, ou vert, ou violet? On a essayé de répondre à ces questions d'après différentes hypothèses. Newton, qui, de son côté, s'est beaucoup occupé de ce sujet intéressant, a continué d'interroger ici la nature avec le même succès, à l'aide d'une très-belle suite d'expériences dont nous allons faire connaître les résultats (1).

Phénomène des anneaux colorés.

1135. Ayant pris deux objectifs de télescope, l'un plan convexe, l'autre légèrement convexe des deux côtés, Newton posa l'une des faces de celui-ci sur la surface plane du premier, et pressa d'abord légèrement les deux verres, et ensuite de plus en plus, l'un contre l'autre. L'effet de cette pression graduée fut de faire paraître dans la lame d'air comprise entre les deux verres différents cercles colorés, qui avaient le point de contact pour centre commun, et dont le nombre augmentait en même temps que la pression des verres, de manière que celui qui avait paru le dernier environnait toujours le point de contact; et que ce même cercle, sous un nouveau degré de pression, étendait sa circonférence en même temps que sa surface s'évidait, pour former une espèce d'anneau autour d'un nouveau cercle qui naissait vers son milieu. La pression ayant été poussée jusqu'à un certain terme, Newton s'arrêta, et voici ce que l'observation lui offrit. Il y avait au point de contact une tache noire, qui était environnée de plusieurs séries de couleurs. Voici l'ordre que gardaient ces couleurs en allant du centre vers les bords des deux verres : dans la première série, bleu, blanc, jaune et rouge; dans la seconde, violet, bleu, vert, jaune et rouge ; dans la troisième, pourpre, bleu, vert, jaune et rouge ; dans la quatrième, vert et rouge; dans la cinquième, bleu-verdâtre, rouge; dans la sixième, bleu-verdâtre, rouge-pâle; dans la septième, bleu-verdâtre, blanc-rougeâtre. Au delà de ces séries, dont les teintes allaient toujours en s'affaiblissant, la couleur retombait dans le blanc.

1136. Newton mesura les diamètres des bandes annulaires, formées de ces différentes séries, en prenant les endroits où elles avaient le plus d'éclat, et il trouva que les carrés de ces diamètres étaient entre eux comme les termes de la progression 1, 3, 5, 7, 9, 11, etc., d'où il résulte que les intervalles entre les deux verres, aux endroits correspondants, suivaient la même progression (1). D'après ces rapports, il suffisait de connaître la longueur absolue d'un seul diamètre, pour avoir les longueurs de

(1) Optice lucis, lib. II, pars I, obs. 4, 5, 6, etc.

(1) Soit *nam* (fig. 70) un diamètre pris sur la surface du verre plan, et *agf* une coupe de la sphère à laquelle appartient la partie de l'objectif biconvexe tournée vers *an*. Soient de plus *ab*, *ad* les demi-diamètres de deux anneaux aux endroits où les couleurs sont les plus vives. Ayant mené *be*, *dg* parallèles au diamètre *af*, et *eh*, *gi* parallèles à *an*, on aura, par la propriété du cercle, $(eh)^2 : (gi)^2 :: ah \times h : ai \times if :: ah \times af : ai \times af :: ah : ai :: be : dg$, les lignes *hf*, *if* étant censées égales au diamètre *af*, à cause que *ah*, *ai*, qui mesurent les intervalles *be*, *dg* entre les verres, sont censées être presque infiniment petites à l'égard du diamètre.

tous les autres, ainsi que les épaisseurs de la lame d'air aux endroits où l'on voyait les différentes couleurs. Newton dressa une table de ces épaisseurs par laquelle on voit que le bleu le plus intense, par exemple celui de la première série, est donné par une épaisseur de 0 pouce, 000024, en supposant le rayon visuel à peu près perpendiculaire sur les deux objectifs.

1137. Newton ayant aussi mesuré les diamètres des anneaux aux endroits intermédiaires où les couleurs s'obscurcissaient, trouva que leurs carrés étaient entre eux comme les nombres pairs 2, 4, 6, 8, 10, 12, etc., et ainsi les intervalles entre les verres, aux endroits correspondants, suivaient une semblable progression.

1138. Les diamètres des anneaux augmentaient ou diminuaient, suivant que le rayon visuel était plus ou moins incliné à la surface des deux verres, de sorte que la plus grande contraction avait lieu lorsque l'œil était situé perpendiculairement au-dessus des verres. Du reste, les diamètres conservaient entre eux les mêmes rapports.

1139. Tels étaient les phénomènes que présentaient les verres vus par réflexion; mais lorsqu'on regardait au travers pour observer l'effet de la lumière réfractée, de nouvelles séries de couleurs remplaçaient les précédentes. La tache centrale devenait blanche, et l'ordre des couleurs, relativement aux différentes séries, était celui-ci : dans la première, rouge-jaunâtre, noir, violet, bleu; dans la seconde, blanc, jaune, rouge, violet, bleu; dans la troisième, vert, jaune, rouge, vert-bleuâtre; dans la quatrième, rouge, vert-bleuâtre; dans la cinquième et dans la sixième, les deux mêmes couleurs. En comparant ces couleurs vues par réfraction avec celles qui provenaient de la réflexion, on remarquait que le blanc répondait au noir, le rouge au bleu, le jaune au violet, le vert à un mélange de rouge et de violet, c'est-à-dire que la même partie qui paraissait noire à la vue simple devenait blanche lorsqu'on regardait à travers les objectifs, et ainsi des autres couleurs. Mais les teintes produites par la lumière réfractée étaient faibles et languissantes, à moins que le rayon visuel ne fût très-oblique : dans ce cas, elles prenaient assez d'éclat et de vivacité.

1140. Newton substitua l'eau à l'air entre les deux objectifs; à l'instant les couleurs s'affaiblirent et les anneaux se contractèrent, c'est-à-dire que celui de telle couleur déterminée avait sa circonférence plus près du centre, que quand cette couleur était réfléchie par la lame d'air (1). Les diamètres de ces anneaux correspondants étaient entre eux à peu près comme 7 est à 8, et par conséquent le rapport de leurs carrés était celui de 49 à 64; d'où il suit que les épaisseurs des fluides, aux endroits où paraissaient les anneaux, étaient environ comme 3 à 4, c'est-à-dire dans le rapport du sinus d'incidence à celui de réfraction, lorsque la lumière passe de l'eau dans l'air. Newton pense que ce résultat pourrait être étendu à toutes les espèces de milieux, en sorte que l'on en déduirait cette règle générale : Lorsqu'un milieu plus ou moins dense que l'eau est resserré entre deux verres, l'intervalle entre ces verres, à l'endroit où l'on aperçoit cette couleur, est à l'intervalle qui donne la même couleur, au moyen de l'air, dans le rapport des sinus qui mesurent la réfraction au passage du même milieu dans l'air. Cette règle pourra également s'appliquer à une lame mince détachée d'un corps quelconque, dont on voudrait déterminer l'épaisseur d'après le ton de sa couleur. Nous donnerons bientôt un exemple de la marche qui doit être suivie dans ces sortes de déterminations.

1141. Newton varia l'expérience de plusieurs autres manières; il fixa son attention sur les couleurs des bulles qui se produisent dans une eau savonneuse, dilatée par l'air qu'on y introduit en soufflant dans un tube (2). Il observa les changements qu'elles subissaient à mesure que la pellicule aqueuse, dont chaque bulle était formée, s'amincissait par l'écoulement de l'eau qui descendait de sa partie supérieure; il vit aussi les anneaux composés de ces couleurs se dilater en s'écartant du sommet de la bulle, lorsqu'il les regardait plus obliquement; mais cette dilatation était beaucoup moindre, toutes choses égales d'ailleurs, que quand les couleurs étaient réfléchies par l'air. Il conclut de cette observation et de plusieurs autres, que quand la substance colorée avait une densité incomparablement plus grande que celle

(1) Optice lucis, lib. II, pars I, observ. 10.

(2) Optice lucis, lib. II, pars I, observ. 17.

du milieu environnant, le changement d'obliquité dans la direction du rayon visuel n'en apportait aucun qui fût sensible dans la position des couleurs; en sorte que chaque partie, vue sous tous les degrés d'inclinaison, conservait constamment sa couleur.

Anneaux produits par des couleurs solitaires.

1142. Dans toutes les expériences que nous venons de citer, les séries de couleurs, produites par la réflexion ou par la réfraction, différaient plus ou moins entre elles, soit par le nombre, soit par la combinaison des teintes. Newton, à l'aide d'une nouvelle expérience, parvint à démêler les différentes couleurs homogènes pour concourir vers l'effet total, et à faire en quelque sorte l'analyse du phénomène. Ayant fait l'obscurité dans la chambre destinée à ses expériences, il se servit d'un prisme à travers lequel passait un rayon de lumière qui projetait le spectre solaire sur un papier blanc. La lame d'air comprise entre les deux verres, réfléchissait comme un miroir les rayons renvoyés par ce papier (1). Newton, tenant alors son œil immobile, il n'y avait qu'une seule couleur qui pût parvenir à cet œil, à l'aide de la réflexion produite par le papier. Mais ayant invité quelqu'un à faire tourner le prisme, soit dans un sens, soit dans l'autre, autour de son axe, il vit paraître successivement des suites diversement colorées d'anneaux concentriques, de manière que ceux qui se présentaient simultanément étaient tous d'une même couleur. Les anneaux rouges avaient leurs diamètres sensiblement plus grands que les violets, et Newton dit qu'il avait un plaisir extrême à voir les anneaux passer tour à tour par différents degrés de dilatation ou de contraction à mesure que les couleurs se succédaient. Il résultait de l'ensemble des observations que le violet était la couleur qui donnait en général les plus petits anneaux, et qu'ensuite les diamètres croissaient graduellement dans l'ordre où s'offraient les autres couleurs, c'est-à-dire le bleu, le vert, le jaune et le rouge. Ainsi, le premier des anneaux bleus était un peu plus éloigné du centre que le premier des violets; le premier des anneaux verts était situé un peu au delà du premier des anneaux bleus, etc.; il en était de même des seconds, des troisièmes, etc., pris dans les différentes séries.

1143. De plus, la même couleur qui était réfléchie à certains endroits de la lame d'air était transmise dans les espaces intermédiaires. Les carrés des diamètres des anneaux qui provenaient de la réflexion suivaient, ainsi que dans la première observation, les rapports des nombres impairs 1, 3, 5, 7, 9, etc.; et les carrés des diamètres des anneaux produits par la couleur réfractée étaient entre eux comme les nombres pairs 2, 4, 6, 8, 10, etc.; d'où il résultait que les épaisseurs de la lame d'air aux endroits qui réfléchissaient la couleur et à ceux où la réfraction avait lieu étaient soumises respectivement aux mêmes rapports.

1144. Les épaisseurs dont nous venons de parler avaient été mesurées aux points où la couleur, soit réfléchie, soit réfractée, était la plus vive. En partant de ces points, l'intensité de la lumière se dégradait infiniment de part et d'autre. Or Newton, ayant pour but d'assigner des largeurs aux différents anneaux, ce qui exigeait qu'il assignât aussi des limites aux dégradations dont nous venons de parler, adopta l'hypothèse suivante, qui était la plus simple que l'on pût faire.

1145. Concevons que dans la série 1, 2, 3, 4, 5, 6, 7, 8, 9, 10, 11, 12, 13, etc., le terme 2 représente maintenant l'épaisseur de la lame d'air à l'endroit où le premier des anneaux violets vus par réflexion et relatifs à une même position du prisme, est le plus fortement coloré, et appelons-la l'*épaisseur moyenne* de l'anneau. Celle du second sera 6, puisqu'elle est à celle du premier comme 3 est à 1; celle du troisième sera 10, etc. Par la même raison l'épaisseur moyenne du premier anneau violet vu par réfraction sera 4, celle du second sera 8, celle du troisième sera 12, etc. Pour fixer maintenant les épaisseurs extrêmes, ou celles qui ont lieu aux deux extrémités de la largeur de chaque anneau, ce qui se présente de plus naturel est de supposer que, relativement au premier des anneaux violets vus par réflexion, la plus petite soit représentée par 1, et la plus grande par 3. De même les deux nombres situés l'un à la gauche et l'autre à la droite d'un nombre quelconque qui

(1) Optice lucis, lib. II, pars I, observ. 12, 13, 14, etc.

est l'expression d'une épaisseur moyenne, représenteront les épaisseurs extrêmes de l'anneau correspondant; de manière que chacune de ces épaisseurs sera commune à deux anneaux consécutifs vus l'un par réflexion et l'autre par réfraction. Les épaisseurs relatives aux anneaux des autres couleurs suivront le même rapport.

1146. L'apparition de chaque couleur avait une petite durée, qui répondait à un certain mouvement du prisme, pendant lequel on voyait naître successivement différentes nuances de cette même couleur, jusqu'à ce qu'une nouvelle couleur vînt à son tour offrir une semblable succession. Or, en supposant le mouvement du prisme uniforme, les différentes couleurs arrivaient, les unes plus tôt, les autres plus tard à leur dernier degré de dilatation, ou au plus grand accroissement du diamètre de leurs anneaux. La plus petite dilatation était celle de la couleur violette, et la plus grande celle de la couleur rouge; ce qui est le contraire de ce qu'on observe dans le spectre solaire, où le rouge est la couleur la plus resserrée et le violet la plus étendue. Newton ayant mesuré les épaisseurs de la lame d'air aux endroits qui offraient les limites des sept couleurs relatives à une même série, et prises dans l'ordre suivant, rouge, jaune, orangé, vert, bleu, indigo, violet, trouva qu'elles étaient comme les racines cubiques des carrés des nombres 1, $\frac{8}{9}$ $\frac{5}{6}$ $\frac{3}{4}$ $\frac{2}{3}$ $\frac{3}{5}$ $\frac{9}{16}$ $\frac{1}{2}$; ou comme les nombres 10000, 9243, 8855, 8255, 7631, 7114, 6814, 6300 (1); et il est remarquable que la progression d'où ces nombres ont été extraits, soit celle qui représente, comme on l'a vu (1104), les sinus de réfraction des couleurs relatives aux mêmes limites, avec la différence que, dans ces dernières couleurs, elle va du violet au rouge. La lumière reproduit ici, sous une nouvelle forme, le type de l'échelle qui constitue notre gamme musicale dans le mode mineur.

1147. Maintenant, lorsque les deux objectifs étaient exposés à la lumière du jour, les diverses couleurs qui composent cette lumière formaient toutes à la fois leurs anneaux aux mêmes distances que quand elles agissaient séparément dans la seconde expérience; et si telles avaient été ces distances, que les anneaux des différentes couleurs ne pussent anticiper les uns sur les autres, chaque série aurait présenté par ordre autant de couleurs distinctes; mais les anneaux ayant des largeurs plus ou moins sensibles, et étant plus ou moins serrés entre eux dans l'espace qu'ils occupaient, se confondaient du moins en partie, à certains endroits, ce qui avait lieu spécialement dans la première série, qui renfermait une petite bande annulaire d'un blanc vif, produit par le mélange de toutes les couleurs (1). Dans chacune des

(1) Ces nombres sont censés représenter les épaisseurs moyennes des anneaux qui forment les limites des sept couleurs considérées dans une même série, c'est-à-dire les épaisseurs qui répondent aux endroits où la réflexion est la plus vive. La figure 71 servira à donner une idée de leurs positions relativement aux couleurs dont il s'agit. Le nombre 6300 indique l'épaisseur moyenne de l'anneau qui donne la première nuance de violet; le nombre 6814 désigne l'épaisseur qui répond à l'endroit où finit le violet et où commence l'indigo, et ainsi de suite jusqu'au nombre 10000, qui est l'épaisseur moyenne de l'anneau situé à l'endroit où se termine le rouge.

(1) Soit $vlxz$ (fig. 72) une coupe de la lame d'air prise dans l'espace auquel répondent les couleurs de la première série. Soit $v2$ l'épaisseur moyenne de l'anneau qui donne la première nuance de violet, et $v1$, $v3$ les deux épaisseurs extrêmes. Soit de même $V2$ l'épaisseur moyenne à l'endroit où finit le violet et où commence l'indigo, et $V1$, $V3$ les épaisseurs extrêmes. Soit enfin $r2$ l'épaisseur moyenne à l'endroit où commence le rouge et où se termine l'orangé, et $r1$, $r3$ les épaisseurs extrêmes. On aura (fig. 71 et 72), $v2 = 6300$; $V2 = 6814$; $r2 = 9243$. Donc (fig. 72), $v1 = \frac{6300}{2}$, $v3 = \frac{3}{2}(6300)$, $V1 = \frac{6814}{2} = 3407$, et $V3 = \frac{3}{2}(6814) = 10221$. De plus, $r1 = \frac{9243}{2} = 4621 + \frac{1}{2}$, et $r3 = \frac{3}{2}(9243) = 13864 + \frac{1}{2}$. Donc, $r1$ est plus petite que $v2$, et $r3$ plus grande que $V3$. Donc, la position de $r1$ étant à la gauche de $v2$, et celle de $r3$ étant à la droite de $V3$, le violet et le rouge se confondent sur l'espace $v23V$. Or, le violet et le rouge étant les couleurs extrêmes de la série, il est facile de concevoir que la plus petite des épaisseurs extrêmes de la première nuance d'une couleur quelconque intermédiaire, telle que le vert, étant moindre que $r1$ et plus grande que $V1$, sera située entre ces deux lignes, tandis que la plus grande des épaisseurs

séries suivantes les couleurs étaient en général plus distinctes ; mais, passé un certain terme, les séries voisines anticipaient elles-mêmes les unes sur les autres : de là les couleurs, tantôt simples ou à peu près, tantôt plus ou moins mélangées et diversement nuancées, que présentaient successivement les différentes séries. Les rayons qui se réfractaient dans les intervalles des anneaux formés par la réflexion des couleurs isolées se combinaient d'une manière analogue ; en sorte que tel degré de ténuité dans un point donné de la lame d'air était propre en même temps à la réflexion de telle couleur simple ou mélangée, et à la transmission de telle autre couleur.

1148. Toutes ces couleurs pâlissaient et s'effaçaient à une certaine distance du centre, parce que les différents rayons, en se mêlant à peu près dans des proportions égales, ne produisaient plus qu'une lumière blanchâtre.

Diversité des substances susceptibles d'offrir des anneaux colorés.

1149. Il n'est pas nécessaire que la lame qui présente les anneaux colorés soit d'une matière fluide. Les lames d'un corps solide ont la même propriété, pourvu qu'elles soient réduites à un certain degré de ténuité. Il est possible, par exemple, d'amincir une lame de mica, au point qu'elle devienne capable de réfléchir une ou plusieurs des couleurs qu'offre la lame d'air, dans la première expérience de Newton. Et, ce qui est remarquable, c'est que les couleurs dont il s'agit ne dépendent point, quant à leur espèce, de la nature du milieu environnant : que l'on mouille la lame de mica, elles deviendront seulement plus faibles que quand cette lame était entourée d'air ; mais il n'y aura que leur intensité qui soit changée.

1150. Ceci nous conduit à parler de quelques expériences faites par Mazéas, et dont les résultats ont paru ne pas s'accorder avec l'explication que donne Newton du phénomène des anneaux colorés (1). Dans ces expériences, deux verres superposés ne laissaient pas d'offrir le même phénomène, lorsqu'ils étaient placés sous un récipient purgé d'air, ou lorsqu'on les exposait à une chaleur assez forte pour chasser ce fluide de l'espace intermédiaire. On peut répondre que, dans le premier cas, on n'obtient jamais un vide parfait, et qu'en supposant la chose possible, dans le second cas, l'espace compris entre les deux verres est occupé au moins par le calorique ; en général, une matière quelconque, quelque rare qu'elle soit, resserrée entre les deux verres, suffit pour faire naître des anneaux de diverses couleurs, et peut-être même les réflexions ou les réfractions des rayons qui produisent ces anneaux auraient-elles lieu dans le cas où l'espace dont il s'agit serait entièrement vide de toute matière, en sorte qu'elles dépendraient des seules distances entre les points correspondants des deux surfaces par lesquelles les verres se regardent.

1151. Newton appelle *accès* ou *retours de facile réflexion*, les dispositions successives d'un même rayon à être réfléchi par différentes épaisseurs d'une lame d'air ou de toute autre substance, et *accès* ou *retours de facile transmission*, les dispositions de ce rayon à être transmis par les épaisseurs intermédiaires. Ainsi, un rayon est dans un de ses retours de facile réflexion lorsqu'il tombe sur une lame de quelque substance, dont l'épaisseur est un des termes de la série 1, 3, 5, 7, 9, etc., en prenant pour l'unité la plus petite épaisseur qui soit capable de réfléchir ce rayon ; et de même il est dans un de ses accès de facile trans-

---

extrêmes de la dernière nuance de la même couleur, étant plus considérable que V3, sera située à la droite de cette ligne ; d'où l'on conclura que toutes les couleurs doivent se confondre sur l'espace *v*23V et y produire une couleur blanche par leur mélange. — Un raisonnement semblable prouvera que la même chose ne peut avoir lieu dans les autres séries, où il n'y a qu'une partie des couleurs relatives à chacune d'elles qui soient mêlées. Newton a imaginé une construction ingénieuse qui rend sensible à l'œil la manière dont différentes couleurs homogènes se dégagent les unes des autres à certains endroits de la lame d'air, et s'associent plusieurs ensemble à d'autres endroits pour produire des couleurs composées. (Optice lucis, lib. II, pars II, *versùs initium.*)

(1) Mémoires de l'Académ. de Berlin, 1752. — Voyez aussi l'Optique de Smith, not. 493 et suiv.

mission, lorsque l'épaisseur de la lame qui le reçoit est un des termes de la série 2, 4, 6, 8, etc. (1).

Application des résultats précédents aux couleurs des corps opaques.

1152. Voici maintenant les conséquences que Newton a déduites de toutes ces observations relativement à la coloration des corps. Les particules de ces corps, même de ceux que nous appelons opaques, sont réellement transparentes; c'est ce qu'observent tous les jours ceux qui font usage du microscope. Les bords amincis du caillou le plus opaque paraîtront, même à la vue simple, avoir un certain degré de transparence, si on les place entre la lumière et l'œil; et quant aux substances métalliques blanches, qui sembleraient d'abord devoir être exceptées, Newton observe que l'action d'un acide peut les atténuer au point de rendre leurs particules perméables à la lumière (2).

1153. Dans chaque corps, les particules sont séparées entre elles par de petits interstices qu'on nomme *pores*, et qui renferment différents fluides subtils. Ces particules ayant une épaisseur déterminée repoussent les rayons, qui, en les pénétrant, se trouvent dans un retour de facile réflexion, et le corps prend ainsi la couleur ou simple ou mélangée, analogue à celle des rayons réfléchis, et qui dépend du degré de ténuité des particules.

1154. Effectivement, nous avons vu (1149) que les anneaux colorés naissent aussi bien dans les lames des corps solides que dans celles des liquides ou des fluides; et puisque chaque petit espace compris dans une de ces lames réfléchit ou réfracte la lumière, il en résulte que si l'on divisait cette lame en une multitude de petits fragments, chacun de ceux-ci produirait encore le même effet que quand il formait continuité avec les autres. Or, les particules d'un corps pouvant être assimilées aux fragments séparés d'une lame, tout ce qu'on dit de cette lame s'y applique exactement.

1155. En parlant des particules des corps, on ne prétend pas désigner leurs plus petites molécules, ou celles que nous appelons *molécules intégrantes*. Pour concevoir ce qu'on doit entendre par les particules qui réfléchissent la lumière, on peut supposer, avec Newton, que les molécules intégrantes déjà séparées les unes des autres par des pores forment, au moyen de la réunion d'un certain nombre d'entre elles, d'autres molécules du second ordre, séparées par des pores plus étendus; que celles-ci, à leur tour, composent des molécules du troisième ordre, avec des interstices toujours plus considérables, et ainsi de suite (1). Or les particules qui réfléchissent la lumière dans l'état ordinaire d'un corps ont une certaine épaisseur, d'où résultent entre elles des séparations d'une certaine étendue : ces particules sont censées alors isolées relativement à celles qui les avoisinent. Les milieux qui les interceptent, savoir, les fluides subtils qui occupent leurs pores, et l'air qui environne leur surface extérieure, font l'office des deux verres, entre lesquels est comprise la lame d'air dans l'expérience de Newton; par exemple, dans une lame de mica d'une épaisseur sensible, il y a des particules d'un certain ordre qui ont la propriété de réfléchir les rayons d'un blanc jaunâtre, et ce sont celles qui se trouvent naturellement à des distances respectives suffisantes pour que la lumière agisse sur elles comme si elles étaient seules. Si vous divisez cette lame par feuillets jusqu'à un certain degré de ténuité, vous isolez des particules d'un autre ordre qui réfléchiront d'autres couleurs ainsi que le confirme l'observation.

1156. Nous avons parlé, à l'article de la divisibilité (40), d'une lame détachée d'un morceau de mica, dont tel était le degré de ténuité, que sa couleur primitive, qui offrait le blanc-jaunâtre, avait passé au bleu le plus intense. Nous sommes maintenant en état de concevoir comment les propriétés de la lumière peuvent être employées à saisir ces petites quantités qui échappent à nos moyens mécaniques les plus susceptibles de précision. Suivant Newton, l'épaisseur de la lame d'air, à l'endroit qui réfléchit le bleu-pur dans le phénomène des anneaux colorés, est égale à 2,4 millionièmes de pouce, pris sur le pied anglais. Or, d'après le principe énoncé

(1) Optice lucis, lib. II, pars III, proposit. 13, *definitio*.

(2) Optice lucis, lib. II, propos. 2.

(1) Optice lucis, lib. III, quæst. 31.

plus haut (1140), l'épaisseur de la lame de mica dont nous avons parlé devait être à celle de la lame d'air à l'endroit qui offre le bleu-pur, comme le sinus d'incidence est à celui de réfraction lorsque la lumière passe du mica dans l'air; mais comme le mica ne se prête point aux expériences qui donneraient immédiatement la loi de sa réfraction, on y a suppléé en profitant de cette autre observation de Newton : que les puissances réfractives des substances sont à très-peu près proportionnelles à leurs densités (1066), pourvu que ces substances soient l'une et l'autre inflammables ou non inflammables.

1157. Cela posé, soit *cr* (fig. 73) un rayon de lumière qui rencontre la surface d'un morceau de mica, sous un angle infiniment petit, et soit *rg* le rayon réfracté, dont on déterminerait la direction, si le mica avait en même temps assez d'épaisseur et de transparence pour que cette détermination fût possible. Soit, dans la même hypothèse, *rg'* le rayon réfracté relatif à une seconde substance, dont on connaisse la puissance réfractive, et qui servira de terme de comparaison. Nous avons choisi, pour cet effet, le sulfate de chaux, dont telle est, suivant Newton, la puissance réfractive, que si l'on désigne par l'unité la quantité constante *m*, on aura $(g'n)^2=1,123$. Maintenant la densité du mica, déterminée d'après la pesanteur spécifique, est à celle du sulfate de chaux comme 2,792 : 2,252. On aura donc $(g'n)^2$ ou 1,213 : $(g'n)^2$ :: 2,252 : 2,792. Opérant par logarithmes, on trouvera pour celui de *gn*, 0,0886039, d'où l'on conclura que l'angle de réfraction *rgn* est de 39°. 11'; et parce que, dans le cas présent, l'angle d'incidence est droit, le rapport entre les sinus, lorsque la lumière passe du mica dans l'air, sera celui du sinus de 39°. 11' au sinus total. Or, ce rapport étant le même que celui qui existe entre l'épaisseur de la lame d'air désignée par 2,4 millioniêmes de pouce, et celle de la lame de mica qui réfléchit le beau bleu, on trouvera pour cette dernière 1,511 millioniêmes de pouce anglais, ou environ 1,6 millionième de pouce pris sur le pied français (1), c'est-à-dire, à peu près 43 millioniêmes de millimètre.

1158. La disposition d'un rayon à être réfléchi ou réfracté par telle particule d'un corps, dépend à la fois des deux surfaces de cette particule, puisqu'il ne tient qu'à une distance plus grande ou plus petite entre ces surfaces, que le rayon ne soit réfléchi au lieu d'être réfracté, ou réciproquement. De là vient que si l'on mouille l'une ou l'autre des faces d'une lame très-mince de quelque substance, telle que le mica, les couleurs s'affaiblissent à l'instant, d'où il faut conclure que la réflexion ou la réfraction se fait près de la seconde surface; car si elle se faisait auprès de la première, ou avant que le rayon eût pénétré dans la particule, la seconde n'aurait aucune influence sur la réflexion ou la réfraction de ce rayon. De plus, la disposition dont il s'agit se propage et persiste dans le rayon, depuis la première surface jusqu'à la seconde; autrement, lorsque le rayon est parvenu à cette seconde surface, la première n'entrerait plus pour rien dans l'action qui le détermine à être réfléchi ou réfracté (1).

1159. La couleur d'un corps est d'autant plus vive et plus pure, toutes choses égales d'ailleurs de la part des milieux environnants, que les molécules de ce corps sont plus minces; de même que, dans la lame d'air de l'expérience de Newton, les parties les plus déliées ou les plus voisines du centre sont celles où les couleurs se montrent avec le plus de force et d'éclat. De plus, parmi les molécules qui réfléchissent des couleurs d'un seul ordre, celles qui donnent le rouge sont les plus épaisses, et celles qui donnent le violet sont les plus minces.

Cause des reflets irisés qu'on observe dans divers minéraux.

1160. La nature nous offre dans plusieurs pierres un phénomène analogue à celui des anneaux colorés : de ce nombre est l'agate opaline ou l'opale, qui, dans les reflets qu'elle lance de son intérieur, semble réunir les teintes du rubis, de la topaze, de l'émeraude, du saphir, animées d'une vivacité particu-

(1) Selon l'Encyclopédie méthodique, Mathématiques, t. II, seconde partie, p. 580, le pied anglais vaut 11 pouces 4 lignes 1/2, ou $\frac{173}{2}$ lignes du pied français.

(1) Optice lucis, lib. II, pars III, proposit. 12.

lière. Cette pierre ne doit sa beauté qu'à ses imperfections, et à la multitude de fentes et de gerçures qui interrompent la continuité de sa matière propre, et forment des vides occupés par un fluide subtil qui est probablement l'air. Les petites lames de ce fluide sont précisément dans le même cas que la lame d'air renfermée entre les deux objectifs dans l'expérience de Newton : aussi les couleurs de l'opale disparaissent-elles dès qu'on la brise. Le carbonate de chaux transparent, le sulfate de chaux, le cristal de roche, etc., présentent aussi assez souvent à l'intérieur des reflets diversement colorés, que l'on doit attribuer de même à de légères fissures qui se sont faites naturellement dans la pierre, ou que la percussion y a produites.

Explication des couleurs changeantes de certains corps.

1161. La densité des molécules des corps surpasse de beaucoup, en général, celle des milieux qui occupent les interstices entre leurs lames composantes, et de l'air qui environne ces corps. De là vient que les couleurs des mêmes corps, vues sous différents degrés d'obliquité, ne changent pas sensiblement; mais si l'on suppose que les lames n'aient guère plus de densité que les milieux environnants, alors un changement tant soit peu considérable dans leur position, à l'égard de l'œil, fera varier leurs couleurs (1).

Pour saisir la raison de cette différence, supposons que *ablk* (fig. 74) représente la coupe d'une lame de quelque substance, dont la densité soit incomparablement plus grande que celle du milieu qui environne cette lame : dans ce cas, un rayon de lumière *rc* qui rencontrera la surface de cette lame sous une obliquité quelconque, se réfractera dans l'intérieur, suivant une direction *ci* qui s'écartera très-peu de la perpendiculaire *un* au point d'immersion, à cause de la grande différence entre le sinus d'incidence et celui de réfraction. Qu'un autre rayon incident *r'c* rencontre la même surface sous une obliquité sensiblement différente, le rayon réfracté *co* ne s'écartera pas beaucoup plus de la perpendiculaire *un*, et par conséquent les espaces entre *ab* et *kl*, mesurés par les deux rayons réfractés, ne différeront que d'une petite quantité; d'où il suit que la couleur qui dépend de ces espaces ne subira qu'un léger changement. Supposons au contraire que la densité de la lame *ablk* approche d'être égale à celle du milieu environnant : dans ce cas, les rayons incidents *dg*, *sg* ne subiront qu'une légère inflexion en traversant la lame; en sorte que les rayons réfractés *gp*, *gm*, étant presque sur la direction des rayons incidents, il en résultera une grande différence entre les espaces mesurés par ces rayons, et en même temps entre les couleurs relatives à ces espaces.

1162. Ceci peut servir à faire concevoir les changements que subissent les couleurs de certains corps, sous différentes positions de l'œil : telles sont celles qui embellissent le plumage de plusieurs oiseaux, et en particulier celui du paon. Ces couleurs, déjà si riches et si variées sous le même aspect, se diversifient encore en devenant mobiles avec l'oiseau lui-même, dont chaque position produit un jeu de reflets qui disparaissent sous une autre position pour faire place à de nouveaux reflets, et aller eux-mêmes se reproduire ailleurs : toutes ces belles apparences proviennent de ce que les barbes qui s'insèrent latéralement sur les rameaux des plumes de l'oiseau sont d'une ténuité qui avive les couleurs, et en même temps d'une densité qui, n'étant pas beaucoup plus considérable que celle du milieu environnant, fait varier la position des couleurs à mesure que l'obliquité du rayon visuel varie elle-même (1).

1163. L'effet que nous venons de considérer a lieu aussi dans l'expérience des anneaux colorés (1135), quoique alors la lame d'air interceptée entre les deux verres soit incomparablement moins dense que la matière de ces verres; mais c'est que, dans ce cas, la lumière, en s'écartant considérablement de la perpendiculaire au passage du verre dans la lame d'air, prend des positions dont l'obliquité change très-sensiblement, à mesure que la direction du rayon visuel s'incline elle-même plus ou moins, ce qui fait varier à proportion

(1) Optice lucis, lib. II, pars III, proposit. 6.

(1) Optice lucis, lib. II, pars III, proposit. 5.

les épaisseurs mesurées par les rayons réfractés. Cet effet est l'opposé de celui que représente la fig. 74, où l'on considère *rc*, *r'c* comme les rayons incidents, et *co*, *ci* comme les rayons réfractés. Car il est évident que si, au contraire, ces dernières lignes sont censées être les rayons incidents, une variation un peu sensible dans leurs directions en produira une très-grande dans celle des rayons réfractés *cr*, *cr'*.

1164. On explique aisément, d'après les principes que nous avons exposés, les couleurs produites dans certaines liqueurs qui n'en avaient aucune sensible par le mélange d'une de ces liqueurs avec l'autre, ou les changements de couleur que subit, dans le même cas, une liqueur naturellement colorée. Ainsi, l'acide nitrique, versé dans l'alcool, où l'on a fait infuser assez légèrement des feuilles de rose pour qu'il n'en prît point la teinte, développe tout à coup une couleur semblable à celle qu'avaient les roses avant l'infusion. Le même acide, mêlé à la teinture du tournesol, change le bleu en un rouge vif. Le sirop de violette devient vert par l'addition d'un alcali. Dans tous ces mélanges, la réunion des molécules des deux liquides forme des molécules mixtes, dont l'épaisseur est différente de celle des molécules composantes, et détermine la réflexion de la couleur analogue à cette épaisseur.

Application de la même théorie aux corps transparents non colorés.

1165. Considérons maintenant les accès de facile réflexion et de facile transmission dans les corps transparents, et commençons par ceux qui sont limpides et sans couleur. Les particules de ces corps surpassent en ténuité la plus petite épaisseur qui soit capable de réfléchir la lumière, et en conséquence les rayons qui pénètrent les molécules situées à la surface sont transmis; car les particules dont il s'agit sont dans le même cas que la petite lame d'air située près du contact des deux objectifs dans l'expérience des anneaux colorés, et qui transmettait toutes les couleurs sans en réfléchir aucune. Les rayons qui ont pénétré un milieu limpide continuent donc leur route dans toute l'épaisseur du milieu, sans qu'aucun se réfléchisse près du contact des molécules avec les milieux subtils renfermés dans les pores, comme si les molécules formaient entre elles une parfaite continuité. Pendant tout ce trajet, les rayons conservent néanmoins leur disposition à être réfléchis ou réfractés, en vertu des accès de facile réflexion ou de facile transmission, de manière que si l'on désigne par *e* une certaine épaisseur qui aurait déterminé la réflexion de telle espèce de rayon, dans le cas où le milieu n'aurait que cette épaisseur, le même rayon conservera une tendance à être réfléchi à tous les points dont les distances à la première surface sont représentées par $3e$, $5e$, $7e$, $9e$, etc., et il sera disposé à être transmis aux distances $2e$, $4e$, $6e$, $8e$, $10e$, etc. De même si l'on désigne par e' une certaine épaisseur analogue à la réflexion d'une autre espèce de rayons, en supposant que le milieu n'eût que cette épaisseur, le rayon sera disposé à être réfléchi ou transmis à des distances représentées les unes par $3e'$, $5e'$, $7e'$, etc., les autres par $2e'$, $4e'$, $6e'$, $8e'$, etc. Ces distances sont ce que Newton appelle les *intervalles de facile réflexion*, ou *de facile transmission* (1).

1166. L'une et l'autre tendance n'ont leur effet que quand la lumière est arrivée à la seconde surface du corps. Là, toute la partie de la lumière qui, à raison de la distance entre les deux surfaces ou de la série d'intervalles, se trouve dans un accès de facile réflexion, est réfléchie près du contact de la seconde surface avec le milieu adjacent, et la partie qui se trouve dans un accès de facile transmission se réfracte en passant dans le milieu adjacent, de manière que si le milieu avait une épaisseur différente, qui donnât pour chaque accès une unité de plus ou de moins, les rayons changeraient de rôle; ceux qui auraient été dans leur accès de facile réflexion se trouveraient dans leur accès de facile transmission, et réciproquement. On voit par là pourquoi il y a toujours une partie de la lumière qui se réfléchit au contact de deux milieux de densité différente, en échappant à la réfraction que subit l'autre partie (1045).

1167. Dans tout ce que nous avons dit jusqu'ici des accès, nous n'avons considéré que ce qui se passe dans le trajet des rayons depuis la première surface jusqu'à la seconde; mais la réflexion

(1) Optice lucis, lib. II, pars III, proposit. 12.

ramène une partie des rayons de la seconde surface à la première, et il s'agit de savoir quelle sera leur disposition pendant ce retour, et dans quel accès ils se trouveront à cette première surface. Pour développer ce point de théorie, reprenons les choses dès l'origine, et supposons que *ab*, *cd* (fig. 75) soient deux faces exactement parrallèles d'un milieu quelconque plus dense que l'air, et environné de ce fluide. Soit *gn* un faisceau de lumière qui tombe sur la surface *ab*. Parmi les rayons qui composent ce faisceau, les uns seront dans un accès de facile réflexion, et en conséquence se réfléchiront suivant *nx* inclinée en sens contraire de la même quantité que *gn*; les autres étant dans un accès de facile transmission, se réfracteront suivant *no*. L'un et l'autre accès seront déterminés par l'espèce d'intervalles que chaque rayon aura parcourus dans l'air; de manière que si le point radieux est au milieu de ce même fluide, tous les rayons à l'égard desquels le trajet depuis ce point jusqu'au point *n* sera compris dans la série 1, 3, 5, 7, etc., seront réfléchis, l'unité représentant ici la plus petite épaisseur d'air qui soit capable de réfléchir chaque rayon, et tous ceux à l'égard desquels le même trajet sera compris dans la série 2, 4, 6, 8, etc., seront transmis suivant *no*. Ces derniers rayons se trouvant alors dans un milieu différent, où les intervalles ne sont plus les mêmes, les uns en arrivant au point *o* seront de nouveau dans un accès de facile réflexion, et seront repoussés suivant *or*, l'angle *roc* étant égal à l'angle *nod*, les autres seront dans un accès de facile transmission, et repasseront dans l'air suivant *oz* parallèle à *gn*.

1168. Or, comme nous supposons un parfait parallélisme entre les lignes *ab*, *cd*, il en résulte que les rayons réfléchis suivant *or*, parcourent un espace égal à celui qu'ils avaient parcouru dans la direction *no*. Maintenant les intervalles de facile réflexion qu'a mesurés le rayon qui parcourait *no*, ou, ce qui revient au même, les distances auxquelles il s'est trouvé successivement par rapport au point *n*, à la fin de chaque intervalle, sont compris dans la progression des nombres impairs 1, 3, 5, 7, 9, etc. Or le rayon conserve, après sa réflexion suivant *or*, la disposition qu'il aurait suivie en ligne directe, si le milieu eût été prolongé en dessous de *cd*. Il en résulte que quand il est parvenu, par exemple, en *t*, sa distance au point *n* doit être considérée comme étant égale à la somme des lignes *on* plus *ot*. Désignons par E l'intervalle ou la distance que mesure *on*. Les distances suivantes, ou celles qui répondent à la ligne *or*, seront représentées par E+2, E+4, E+6, etc. Donc la progression 0, 2, 4, 6, etc. qui est censée être une extension de celle qui a donné E, représentera les intervalles de facile réflexion, à partir du point *o*: d'où il suit que la progression des nombres intermédiaires 1, 3, 5, 7, etc., deviendra celle des accès de facile transmission, en partant du même point, ce qui est l'ordre iuverse de celui qui a lieu, par rapport aux accès compris entre les points *n* et *o*. Donc, puisque *or* est égale à *no*, le rayon arrivé en *r* se trouvera dans un cas contraire à celui où il était au point *o*, c'est-à-dire qu'il sera transmis par la surface *ab*. Si, au lieu de prendre une nouvelle série après la réflexion en *o*, on considère les deux lignes *no*, *or*, comme ne formant qu'une seule ligne, la quantité 2E mesurée par cette ligne étant un nombre pair, les termes de la série unique à laquelle elle appartiendra seront 0, 2, 4, 6, 8, etc., en sorte qu'en envisageant la chose sous ce point de vue, on concevra encore que le rayon doit se réfracter en *r*. Concluons de là que les rayons qui se sont réfléchis sur la seconde surface d'un milieu, subissent dans leur retour vers la première surface des effets inverses de ceux qui avaient lieu dans le trajet depuis la première jusqu'à la seconde; en sorte qu'après la réflexion, les accès de facile transmission succèdent à ceux de facile réflexion (1). Mais si les deux faces entre lesquelles se meut la lumière n'étaient pas exactement parallèles, ou si elles avaient des inégalités sensibles, alors, parmi les rayons réfléchis suivant *or*, ceux qui auraient à parcourir un intervalle plus grand ou plus petit d'une unité pour revenir à la surface *ab*, seraient réfléchis de nouveau vers *cd*, tandis que les autres seraient transmis par la surface *ab*.

1169. Ce que nous venons de dire a fourni au Père Boscovich la solution d'une difficulté proposée par lui-même contre l'explication de l'arc-en-ciel ex-

---

(1) Optice lucis, lib. II, pars III, proposit. 19.

térieur (1). Voici en quoi elle consiste. Soit *ng* (fig. 76) une des gouttes de pluie qui produisent cet arc, et *shgfna* la route d'un faisceau de rayons d'une couleur quelconque, pris parmi les rayons efficaces : ce faisceau étant parvenu de *h* en *g*, une partie est transmise dans l'air environnant, et l'autre se réfléchit suivant *gfi*. Or les rayons qui sont entrés par le point *h* étaient dans un accès de facile transmission, et ceux qui se sont réfléchis en *g* étaient dans un accès de facile réflexion. Maintenant la corde *gf* étant égale à la corde *hg*, mesure la même série d'intervalles ; et puisque les rayons qui partent de la réflexion en *g* pour aller en *f* subissent des effets inverses de ceux qui ont eu lieu en partant de la réflexion en *h*, il s'ensuit qu'ils devraient se trouver en *f* dans un accès de facile transmission, et par conséquent il n'y aurait aucun de ces rayons qui dût être réfléchi de *f* en *n* ; mais ils sortiraient tous par ce point, ce qui rendrait impossible la formation de l'arc extérieur. Le Père Boscovich répond en observant que la difficulté n'a lieu qu'autant qu'on suppose les gouttes de pluie parfaitement sphériques ; et c'est ce qui n'est pas à présumer, d'après cela seul que chaque goutte est un peu comprimée dans sa partie inférieure par la réaction de l'air qu'elle frappe en tombant. Or, la plus légère différence entre les cordes *hg*, *gf* suffit pour qu'il y ait une unité de plus ou de moins d'un côté que de l'autre dans les intervalles mesurés par ces cordes ; et pour que le rayon arrivé en *f* se trouve de nouveau dans un accès de facile réflexion, auquel cas il prendra la direction *fn*, et pourra se trouver en *n* dans un accès de facile transmission, qui le déterminera à repasser dans l'air suivant la direction *na*.

1170. La lumière qui traverse un milieu transparent ne parvient pas tout entière à la seconde surface de ce milieu ; mais cela provient uniquement de ce qu'il y a toujours des rayons interceptés par le milieu, où ils s'éteignent en se heurtant contre les molécules propres de ce milieu ; et le nombre de ces rayons interceptés augmente continuellement pendant tout le trajet du rayon. Il résulte de là que l'intensité de la lumière sur un espace donné, à mesure qu'elle s'éloigne du point rayonnant, n'est pas exactement en raison inverse du carré de la distance, mais suit une loi qui diffère de celle-ci jusqu'à un certain point. Bouguer a recherché cette loi, en supposant d'abord que le milieu eût une densité uniforme, et que les rayons fussent parallèles. Dans ce cas, il prouve que l'intensité de la lumière suit une progression géométrique. Il étend ensuite sa théorie aux milieux dont la densité est variable, et à l'hypothèse d'une divergence entre les rayons, et fait plusieurs applications intéressantes de cette théorie à divers phénomènes (1).

Cause de l'opacité d'un grand nombre de corps.

1171. L'opacité des corps qui ont cette qualité provient non-seulement de ce que les molécules de ces corps éteignent et absorbent la lumière, mais plus encore de ce que ces molécules se trouvent séparées par de nombreux interstices remplis de quelque fluide d'une densité très-inférieure à la leur ; d'où il résulte qu'il y a beaucoup de rayons qui sont repoussés près du contact des surfaces des molécules et du milieu adjacent ; et comme ces réflexions se multiplient rapidement, à mesure que les rayons pénètrent le corps, il arrive que bientôt ils échappent à la réfraction qui devrait se propager d'une surface à l'autre pour que le corps fût transparent (2).

1172. Ceci nous conduit à expliquer pourquoi la pierre nommée *hydrophane* acquiert une transparence sensible lorsqu'elle a été plongée dans l'eau, et qu'on la place entre la lumière et l'œil. Nous avons vu (10) que cette pierre est criblée d'une multitude de vacuoles qui, dans l'état naturel de l'hydrophane, sont remplis d'air. Le peu de densité de ce fluide, comparé à la matière propre de la pierre, occasionne la réflexion d'une grande partie des rayons qui la pénètrent, et ne laisse subsister qu'un faible degré de transparence, à l'aide du petit nombre de rayons qui poursuivent leur route jusqu'à la surface tournée du côté de l'œil. Mais si, à la place de l'air, l'eau s'introduit dans l'hydrophane,

(1) Mémoires des savants étrangers, t. III.

(1) Bouguer, Traité d'optique. Paris, 1760, p. 251 et suiv.

(2) Optice lucis, lib. II, pars III, proposit. 3.

ce liquide ayant une densité qui se rapproche beaucoup plus de celle de la pierre, il y aura un bien plus grand nombre de rayons qui, au lieu d'être réfléchis au contact des deux milieux qui se succèdent dans l'intervalle entre les deux surfaces, seront réfractés et continueront leur trajet jusqu'à la surface située vers l'œil; ce qui fera croître la transparence dans un très grand rapport. Le papier mouillé ou imbibé d'huile acquiert aussi de la transparence par une cause semblable.

1173. A l'égard des corps qui joignent à la transparence une couleur déterminée, ils paraissent offrir un moyen terme entre les corps limpides et les corps opaques. Leurs molécules réfléchissent des rayons de la couleur sous laquelle ils s'offrent à l'œil, et en même temps ces corps transmettent dans toute leur étendue d'autres rayons qui, pour l'ordinaire, ont la même couleur que les rayons réfléchis. Ainsi les molécules situées à la surface réfléchissent une partie des rayons qui arrivent à cette surface et laissent passer le reste; de nouvelles molécules situées un peu plus bas réfléchissent un certain nombre de rayons parmi ceux qui ont échappé à la première réflexion, puis transmettent les autres, et ainsi de suite jusqu'à la dernière surface, qui réfléchit en partie les rayons qu'elle reçoit, et les transmet en partie dans l'air voisin.

1174. Plus le corps coloré est transparent, plus aussi le nombre de rayons réfléchis dans son intérieur est petit, et plus en même temps la couleur est faible, lorsqu'on se borne à regarder le corps par réflexion. Elle devient au contraire très-vive lorsqu'on place le corps entre la lumière et l'œil, parce que le nombre des rayons qui le pénètrent de part en part étant, pour ainsi dire, en raison inverse de celui des rayons repoussés par la réflexion, l'œil reçoit une grande quantité de couleur transmise, qui lui apporte l'impression de la couleur du corps. A mesure que le principe colorant est plus abondant, la couleur du corps vu par réflexion est plus intense, et en même temps la transparence diminue, en sorte qu'il y a un terme où l'effet principal de la couleur est dû à celle qui est réfléchie près de la surface tournée vers l'œil, et alors le corps placé entre l'organe et la lumière n'a plus qu'un faible degré de transparence.

Divers exemples d'un phénomène analogue à celui des anneaux colorés.

1175. Il y a des milieux qui présentent une couleur différente, suivant qu'on les regarde par réflexion ou par réfraction, comme cela a lieu par rapport à chacun des petits espaces pris sur la lame d'air, dans l'expérience des anneaux colorés : telle est l'infusion de bois néphrétique, qui paraît bleue sous l'aspect ordinaire, et qui devient jaune lorsqu'on place entre l'œil et la lumière le vase qui la contient. Une lame d'or extrêmement mince continue de réfléchir le jaune et paraît verdâtre lorsqu'on la regarde par réfraction. Ces phénomènes, et d'autres semblables, suivant l'expression de Newton, *n'ont plus besoin d'un Œdipe* (1).

1176. On voit combien l'observation des anneaux colorés sert à lier de faits différents dans une même théorie; mais on pourrait désirer que cette théorie remontât encore plus haut, et expliquât, d'après quelque hypothèse, pourquoi certains rayons sont tansmis, trandis que d'autres sont réfléchis par une lame d'une épaisseur déterminée. On supposera, si l'on veut, d'après Newton (2), qu'il en est des rayons de la lumière à l'égard des différents corps naturels comme des corps sonores à l'égard de l'air, c'est-à-dire, que les rayons excitent dans les molécules des corps qui les réfractent ou les réfléchissent certaines vibrations qui se propagent d'une surface à l'autre, mais de manière que leur vitesse est plus grande que celle des rayons eux-mêmes, en sorte qu'elles prennent, pour ainsi dire, les devants. Or, comme ces vibrations consistent dans de petits mouvements qui ont lieu alternativement en sens contraire, si au moment où le rayon arrive près du contact de la surface réfléchissante ou réfringente, le mouvement de vibration dans lequel il se trouve conspire avec celui du corps, le rayon sera transmis; et si ce mouvement est opposé à celui du corps, le rayon sera repoussé et réfléchi (3). Or,

(1) Newtonis Opusc., t. II, p. 290.

(2) Optice lucis, lib. II, pars III, proposit. 12. Ibid., lib. III, quæst. 17.

(3) Cette hypothèse est très-différente de celle des physiciens qui faisaient consister la diversité des couleurs dans celle des vibrations imprimées à la lumière

telle est la manière dont les mouvements se combinent, que le rayon est tour à tour dans la circonstance qui détermine la réflexion et dans celle d'où naît la réfraction. Au reste, Newton ne propose cette idée qu'en faveur de ceux qui cherchent à se satisfaire, en imaginant une cause physique aux faits d'où part la théorie. Quant à lui, il lui suffit d'en avoir établi l'existence et la filiation. Les physiciens qui s'arrêtent sagement sur la limite tracée par l'observation, trouveront assez de quoi se satisfaire dans une théorie qui ramène les phénomènes infiniment variés de la coloration des corps à de simples distances entre les facettes des molécules, et qui leur offre cette admirable diversité de teintes et de nuances dont s'embellissent les productions de la nature et de l'art, sous l'aspect d'un tableau dont il suffit que la toile passe à un nouveau degré de ténuité pour faire naître à l'instant un nouveau coloris.

Difficultés que l'on peut opposer à la théorie précédente.

On vient de voir que la cause à laquelle Newton attribue la coloration des différents corps n'a aucune relation directe avec leur nature chimique, et dépend principalement de la dimension en épaisseur de leurs molécules, jointe à la densité de celles-ci, qui est une propriété physique. Les principes constituants n'ont ici qu'une influence éloignée, en tant que la densité et la figure des molécules dépendent des qualités de ces principes, de leurs quantités relatives, et de la manière dont ils sont combinés entre eux. Mais depuis que la chimie a fait des progrès rapides, qui ont eu une influence heureuse par rapport à la physique elle-même, plusieurs des savants qui ont le plus contribué à la perfectionner, ont pensé que les couleurs des corps naturels étaient dues immédiatement à l'affinité que leurs molécules exerçaient de préférence sur certaines espèces de rayons, et personne n'a développé cette opinion avec plus de sagacité et de profondeur que le célèbre Bertholet (1).

1177. Avant de faire connaître les motifs de cette même opinion, nous observerons que Newton lui-même avait déjà donné entrée à la chimie dans la physique de la lumière, en ramenant plusieurs des phénomènes produits par ce fluide à des actions dans les petites distances. Ainsi la réfraction et la réflexion étaient produites par des actions de ce genre, que les corps exerçaient sur la lumière (1062), avec cette différence que l'action était attractive dans un cas et répulsive dans l'autre. Il avait même trouvé que la nature des corps influait sur l'énergie de la force réfractive, qui était plus considérable, toutes choses égales d'ailleurs, dans les corps inflammables que dans les autres. On a découvert depuis que la quantité de l'écartement que subissent les rayons qui traversent un prisme varie avec la nature des substances, ainsi que nous le ferons voir dans la suite avec plus de détail. Il paraît aussi que la propriété qu'ont certains corps de faire subir deux réfractions à la lumière (1028) a une relation avec la nature de ces corps.

1178. Mais, dans tous ces phénomènes, l'influence directe des qualités physiques se manifeste d'une manière très-sensible. La réfraction, par exemple, suit en général le rapport des densités (1066). La figure des molécules entre comme élément dans la double réfraction, puisque celle-ci n'a pas lieu relativement aux corps dans lesquels cette figure a un caractère particulier de symétrie et de régularité. La réflexion elle-même subit des variations qui évidemment sont indépendantes de la nature des corps; de ce nombre est la différence que le poli et l'éclat de la surface apportent dans la quantité de lumière réfléchie. Notre savant chimiste ne nie pas lui-même que la réflexion produite par des lames très-minces et transparentes, détachées d'un corps, ne dépende de la ténuité de ces lames; il adopte, dans leur totalité, les observations de

par les surfaces réfléchissantes. A l'aide de celle-ci, on cherchait à expliquer comment les rayons de la lumière, que l'on supposait homogènes, étaient réfléchis de manière à produire plutôt telle sensation de couleur que telle autre. Mais l'hypothèse de Newton consiste à faire voir comment, parmi les rayons hétérogènes de la lumière, telle espèce est transmise, tandis que telle autre est réfléchie.

(1) Traité sur la teinture, t. I, p. 31 et suiv.

Newton sur les anneaux colorés : il ne combat que les conséquences déduites de ce phénomène pour expliquer la coloration des corps opaques.

1179. Une des objections les plus fortes, parmi celles qu'il oppose à ces conséquences, se tire de ce que certaines substances, telles que le carmin et l'indigo, ne changent pas de couleur, comme cela devrait avoir lieu, lorsqu'en les triturant, on atténue de plus en plus leurs particules. D'une autre part, lorsqu'on a dissous une certaine quantité d'indigo dans l'acide sulfurique, auquel cas il conserve sa couleur bleue, et qu'ensuite on étend la dissolution dans l'eau, les molécules qui passent par une multitude de dimensions toujours plus petites ne devraient pas continuer de réfléchir constamment des rayons bleus.

1180. On pourrait répondre que les particules d'indigo ou de carmin qui réfléchissent les couleurs ordinaires à ces substances sont d'une si grande ténuité, que la division opérée par les moyens dont nous venons de parler n'atteint pas jusqu'à la limite nécessaire pour isoler des particules propres à la réflexion d'une couleur différente (1). S'il est vrai, comme tout nous porte à le croire, que les corps soient composés de molécules réellement transparentes, on sera moins surpris de voir la couleur ordinaire du carmin ou celle de l'indigo se soutenir dans des opérations où les particules de ces substances ont encore de l'opacité. Le mica, dont les morceaux tendent ordinairement vers la transparence, à moins qu'ils ne soient d'une certaine épaisseur, doit conduire bien plus tôt à la limite qui détermine une couleur particulière (1156).

1181. Il n'est cependant pas tout à fait exact de dire que les moyens mécaniques n'altèrent jamais la couleur d'une substance opaque. Newton a observé que quelques-unes des poussières colorées dont se servent les peintres subissent un petit changement de couleur à l'aide d'une longue et forte trituration, qui fait varier un peu l'épaisseur des particules réfléchissantes (1). Il arrive ordinairement, dans ce cas, que la couleur primitive passe à une nuance qui la rapproche d'une couleur voisine, dans l'ordre successif que présente le phénomène des anneaux colorés.

1182. On objecte encore que tous les acides changent en rouge les couleurs bleues végétales, et que les alcalis les changent en vert. Or, comment imaginer que les substances de chacune de ces deux classes, même celles qui diffèrent le plus par leur pesanteur spécifique et par leur fixité, agissent toutes de manière à déterminer le degré de ténuité qui convient à la réflexion d'une même couleur? Nous demanderons d'abord si l'on n'a pas non plus quelque peine à concevoir, dans l'hypothèse où le changement de couleur serait dû à l'action chimique de l'acide ou de l'alcali, comment des principes très-différents par leurs qualités s'accordent pour exercer le degré d'affinité qui produit constamment la réflexion de telle couleur rouge ou verte?

1183. Mais il nous semble que l'on peut affaiblir de beaucoup la difficulté par une réponse directe. Les expériences de Newton font voir que la propriété de réfléchir telle couleur dépend à la fois de la densité et de l'épaisseur des lames que pénètre la lumière ; d'où il suit que la couleur verte, par exemple, peut être commune à des lames dont les densités diffèrent entre elles, pourvu que les épaisseurs varient dans le rapport qu'exige la réflexion de cette couleur. Mais il y a mieux, et l'on sait que, la densité étant constante, une même couleur peut être réfléchie par diverses épaisseurs qui sont entre elles comme les nombres impairs 1, 3, 5, 7, etc. Enfin, dans le phénomène des anneaux colorés, chaque anneau d'une couleur déterminée ayant une certaine largeur, les points de cette couleur répondent successivement à des épaisseurs qui vont en croissant à mesure qu'elles s'éloignent du centre. On voit par là que le phénomène dont il s'agit peut s'appliquer à la coloration des corps, de manière à donner une grande latitude

---

(1) L'indigo, qui est celle des deux substances dont la division est poussée le plus loin dans les opérations citées, a une densité considérable. Or, suivant la règle établie par Newton (1140), le degré de ténuité qui répond à la réflexion de telle couleur augmente à mesure que la densité elle-même va en croissant.

(1) Optice lucis, lib. II, pars III, proposit. 5.

soit aux acides, soit aux alcalis, pour agir diversement, en laissant subsister pour l'œil la même apparence relativement à l'espèce de couleur dont ils déterminent la réflexion. Avec l'affinité, au contraire, la diversité des agents semble devoir en entraîner une dans les effets eux-mêmes.

1184. Suivant l'opinion de notre savant chimiste, une couleur est composée de différentes espèces de rayons lorsqu'elle dépend de la combinaison de plusieurs principes dont chacun a déterminé la réflexion d'une des couleurs du mélange; et elle sera simple, si elle provient de l'union d'un seul principe avec la substance colorée. « Ainsi, dit-il, l'oxyde vert de cuivre » ne peut être dû à des molécules différentes, et le vert des plantes est » sans doute produit par une substance » homogène (1). » Cependant, si l'on place sur un papier jaune une bande étroite de quelque substance colorée avec l'oxyde de cuivre, et que l'on tienne ce papier entre la lumière et l'œil, en agitant un peu la bande verte pour aider la sensation, cette bande paraîtra bleue; ce qui prouve, ainsi que nous le dirons bientôt (2), que la couleur verte de l'oxyde de cuivre est un mélange de jaune et de bleu, et non pas une couleur simple. Nous avons soumis à la même expérience les feuilles de plusieurs graminées et d'une multitude d'autres plantes, et toutes ont paru d'un bleu plus ou moins foncé. L'émeraude, qui est colorée par l'oxyde de chrome, a offert un effet semblable. Or, cette observation, qui n'est pas favorable à l'action de l'affinité, s'accorde au contraire parfaitement avec ce qui se passe dans le phénomène des anneaux colorés, où les différentes espèces de rayons, en se mêlant à tous les endroits de la lame d'air interceptée entre les deux verres, donnent naissance à des couleurs plus ou moins composées.

1185. Nous voyons ce phénomène se reproduire dans plusieurs corps naturels, tels que le plumage de certains oiseaux, les métaux qui prennent un aspect irisé à la surface, les infusions de plusieurs bois, l'or réduit en lames minces, etc. Newton, qui connaissait si bien la force de l'analogie, en a conclu que le même effet avait lieu, en général, par rapport aux molécules de tous les corps, et que la nature se décelait encore ici elle-même en offrant à nos observations un phénomène dans lequel on lisait, pour ainsi dire, les règles simples et précises qu'elle suivait dans sa manière ordinaire de peindre. En adoptant l'opinion contraire, non-seulement on se trouve forcé de donner deux échelles à l'action colorante, mais on est réduit à indiquer d'une manière vague l'affinité comme étant la cause de la coloration des corps opaques, sans pouvoir assigner aucune loi à son action, ni établir la liaison et la dépendance mutuelle des effets qu'on lui attribue. On doit être même embarrassé de concilier ici la force répulsive qui paraît produire la réflexion avec l'affinité, qui est une force attractive. Au reste, nous ne regardons pas la question comme décidée sans retour. Mais les réflexions que nous venons de hasarder n'auront pas été inutiles, si elles fournissent à d'autres l'occasion de soumettre à un examen plus approfondi la matière d'une discussion où Newton est attaqué, et ne pouvait l'être par un adversaire plus digne de lui (1).

Des couleurs accidentelles.

1186. La plupart des couleurs que la

(1) Traité de la teinture, t. 1, p. 57.

(2) Voyez ci-après l'article relatif aux couleurs accidentelles.

(1) Les bornes que nous sommes obligé de nous prescrire ne nous permettent pas de passer en revue d'autres objections de l'auteur, dont aucune ne nous paraît concluante. Il pense, par exemple, que l'encre étant le résultat d'une combinaison métallique placée dans des circonstances qui annoncent la plus grande compacité, ne devrait pas être noire, puisqu'une substance ne devient noire que quand ses corpuscules sont réduits au plus grand degré possible de ténuité. La réponse est que la densité ou la compacité d'un corpuscule et sa dimension en épaisseur sont deux choses distinctes : ainsi, on parvient à réduire l'or, qui a beaucoup de densité, en lames assez minces pour avoir de la transparence, et nos moyens artificiels ne donnent pas, à beaucoup près, la limite de la division dont ce métal est susceptible. Rien n'empêche donc que les molécules de l'encre ne soient en même temps très-denses et assez atténuées pour paraître noires.

lumière fait naître en se réfléchissant à la surface des corps opaques, ou en pénétrant les corps diaphanes, proviennent de la réunion de plusieurs couleurs simples et homogènes, dont les actions se combinent de manière à produire sur l'organe une impression unique, déterminée par le nombre et les différentes espèces de rayons réfléchis ou transmis. Mais il y a des circonstances où les rayons qui colorent la surface d'un corps, en restant les mêmes, excitent en nous la sensation d'une couleur différente de celle que tend à produire leur ensemble; en sorte, par exemple, qu'une surface naturellement blanche nous paraît verdâtre, qu'une autre qui est disposée pour réfléchir la couleur verte agit sur l'œil comme une surface bleue, etc. On a donné à ces couleurs, qui n'ont lieu qu'en vertu de certaines conditions particulières, le nom de *couleurs accidentelles*, pour les distinguer des couleurs naturelles sous lesquelles les corps s'offrent à nous dans les cas ordinaires.

1187. Le célèbre Buffon est un de ceux qui aient fait le plus de recherches sur les couleurs accidentelles (1). Un exemple suffira pour donner une idée de la manière dont il les faisait paraître. Lorsqu'on regarde fixement et long-temps un petit carré de papier rouge placé sur un papier blanc, on voit naître autour du petit carré rouge une espèce de bordure d'un vert bleuâtre faible, en cessant de regarder le carré rouge, si l'on porte subitement l'œil sur quelque partie du papier blanc, on y aperçoit un carré teint du même vert-bleuâtre; et cette apparence est plus ou moins durable, suivant que l'impression de la couleur rouge a été plus ou moins forte.

1188. D'autres physiciens, et en particulier M.r le comte de Rumford et M. Prieur de la Côte-d'Or, qui se sont occupés depuis du même sujet, ont employé une manière de faire les expériences qui en rend les effets beaucoup plus prompts et plus sensibles. Voici en quoi elle consiste. On place entre la lumière et l'œil un morceau de papier, d'étoffe ou de verre qui soit, par exemple, d'une couleur rouge, et on présente une petite bande de carton blanc parallèlement à la surface antérieure de la substance colorée, et très-près de cette même surface : le carton paraît alors d'un vert céladon ou d'un vert-bleuâtre; et si on le fait aller et revenir avec vitesse en le tenant toujours à une petite distance de la substance colorée, ou même en contact avec elle, sa couleur devient plus intense. On réussira même à voir dès le premier instant cette couleur dans toute sa vivacité, en donnant à la substance colorée une certaine position, comme lorsqu'on la tient élevée au-dessus du niveau de l'œil et un peu inclinée en avant (1).

1189. La couleur accidentelle de la petite bande blanche varie suivant la couleur naturelle de la substance qui lui sert comme de fond : ainsi, la petite bande, placée sur un papier bleu, donne l'orangé-rougeâtre; sur un papier violet, le blanc-verdâtre; sur un papier vert, le violet-rougeâtre; sur un papier jaune, le violet-bleuâtre; sur un papier orangé, le bleuâtre. La plupart de ces diverses teintes sont peu intenses, quoique distinctes, surtout lorsqu'on emploie le mouvement pour les aviver (2). Les expériences dont il s'agit s'étendent aux cas où la petite bande de carton a elle-même une couleur déterminée, mais différente de celle du fond. Par exemple, une bande d'une couleur verte devient bleue sur un fond jaune; et si elle est d'une couleur orangée, elle deviendra rouge sur le même fond.

1190. Le Père Scherffer, savant jésuite, paraît être le premier qui ait entrepris de donner la théorie de ces apparences singulières (3). Le premier pas à faire pour y parvenir, était de ramener les phénomènes à une règle fondée sur la composition de la lumière et sur une certaine relation entre les couleurs des deux surfaces, dont l'une sert

---

(1) Histoire naturelle, édition in-12, 1774; Supplément, t. II, p. 309 et suiv.

---

(1) On peut rendre cette expérience plus piquante en découpant une carte blanche sous la forme d'un petit arbrisseau, que l'on colle ensuite sur un papier rouge. Si l'on donne à ce papier la position convenable, on verra le petit arbrisseau verdir à l'instant.

(2) On conçoit que la nuance de la couleur accidentelle doit varier suivant que la couleur du fond est plus ou moins pure, plus ou moins intense, etc.

(3) Dissertation sur les couleurs accidentelles; Journ. de Physique, mars 1785, p. 175 et suiv.

comme de fond à l'autre. Dans cette vue, le Père Scherffer a recours à une construction très-ingénieuse imaginée par Newton pour déterminer l'espèce de couleur composée qui doit résulter d'un mélange de couleurs primitives dont les qualités et les quantités relatives sont données (1). Cet illustre géomètre compare les actions des couleurs qui forment le mélange à celles que plusieurs poids exercent les uns sur les autres, de manière à produire une action unique dont la direction passe par le centre commun de gravité de tous ces poids. Pour appliquer cette idée à la solution du problème dont nous venons de parler, Newton divise une circonférence de cercle en sept arcs *ab*, *bd*, *de*, etc. (fig. 77), dont les longueurs sont proportionnelles aux espaces qu'occupent sur le spectre solaire les sept couleurs principales qui le composent. Par exemple, *ab* est l'arc qui répond au rouge, *bd* celui qui répond à l'orangé, et ainsi des autres (2).

1191. D'après cela, veut-on savoir quelle est la couleur composée que doit prendre le mélange des sept couleurs en proportion donnée? Ayant cherché les centres de gravité *m*, *n*, *r*, *s*, *t*, *x*, *z*, des sept arcs qui représentent les couleurs du spectre solaire, on tracera autour de ces centres les circonférences d'autant de cercles dont les surfaces soient dans le rapport des quantités de rayons que les différentes couleurs doivent fournir au mélange, et l'on cherchera le centre de gravité commun de tous ces cercles. Soit *y* ce centre de gravité ; si du centre *c* de la circonférence *age* on mène par le point *y* un rayon *cyp*, le point *p* de la circonférence sur lequel tombera ce rayon indiquera l'espèce de couleur que doit offrir le mélange. Si le point *p* coupait l'arc *bd* en deux parties égales, la couleur dont il s'agit serait l'orangé pur ; mais comme *p*, dans le cas présent, se rejette du côté de *b*, qui est la limite du rouge, la couleur sera l'orangé-rougeâtre. D'une autre part, en même temps que la position du point *p* indique le ton de la couleur, la position du point *y* en fait connaître l'intensité, qui est d'autant plus forte que ce point se rapproche davantage de la circonférence, et d'autant plus faible qu'il est plus voisin du centre, en sorte que s'il coïncidait avec ce dernier point, la couleur tomberait dans le blanc.

1192. La même méthode sert à trouver la couleur mixte que doit produire la réunion d'un nombre donné de couleurs prises parmi les sept couleurs principales, et dont nous supposerons que les quantités relatives soient les mêmes que dans le spectre solaire. Par exemple, si l'on demande quelle est la couleur composée qui doit résulter du mélange des six couleurs suivantes, violet, indigo, bleu, jaune, orangé, rouge, ou de toutes les couleurs moins le vert, la solution du problème se réduit à trouver le centre *k* de gravité de l'arc *fae* égal à la somme des six arcs qui représentent les couleurs données, et à faire passer par ce centre le rayon *cl*. La position du point *l* indique que la couleur composée que l'on cherche est le violet-rougeâtre, et l'on voit que cette couleur doit être faible, à cause de la petite distance entre le point *k* et le centre *c*. On conçoit aisément ce qu'il y aurait à faire dans le cas de cinq couleurs composantes ou d'un plus petit nombre. Dans ces derniers cas, les cou-

---

(1) Optice lucis, lib. I, pars 2, propos. 6, probl. 2.

(2) Les nombres indiqués par Newton comme devant être ceux avec lesquels les différents arcs *ab*, *bd*, *de*, etc., se trouvent en rapport, ne s'accordent pas avec ceux qui lui ont servi à représenter les espaces que les couleurs occupent sur le spectre solaire. Ceux-ci forment la série, 1, 8/9, 5/6, 3/4, 2/3, 9/16, 1/2, dans laquelle 1 est la limite du violet, 8/9 la limite entre le violet et l'indigo, 5/6 la limite entre l'indigo et le bleu, etc. Il en résulte que les différences entre deux nombres voisins, prises dans le même ordre, donnent cette autre série, 1/9, 1/18, 1/12, 1/12, 1/15, 3/80, 1/16, dont les différents termes sont dans le rapport des espaces qui sur le spectre solaire répondent au violet, à l'indigo, au bleu, au vert, au jaune, à l'orangé, et au rouge. Or la somme des termes de cette seconde série étant égale à 1/2, si l'on représente la circonférence par l'unité, on aura, en doublant ces mêmes termes, les nombres 2/9, 1/9, 1/6, 1/6, 2/15, 3/40, 1/8, qui représentent les parties de la circonférence relatives aux diverses couleurs, ce qui donne 80^d pour le violet, 40^d pour l'indigo, 60^d pour le bleu, 60^d pour le vert, 48^d pour le jaune, 27^d pour l'orangé, et 45^d pour le rouge. Cette sous-division, qui existe dans notre fig. 42, est aussi celle que Scherffer a employée.

leurs supprimées produiraient aussi, par leur réunion, une couleur mixte qu'il est de même facile de déterminer; d'où l'on voit que l'ensemble des couleurs prismatiques peut être divisé de diverses manières en plusieurs parties susceptibles d'offrir tantôt toutes couleurs mixtes, tantôt des couleurs mixtes avec des couleurs simples. Dans le cas où la division ne se fait qu'en deux parties, chacune des deux couleurs résultantes est dite *complémentaire* de l'autre, dénomination introduite par Hassenfratz, qui s'est beaucoup occupé d'expériences sur la lumière colorée.

1193. Maintenant, pour être en état de prédire quelle sera la couleur accidentelle que l'œil verra paraître, dans le cas où l'on place une petite bande de papier blanc sur un papier coloré, il suffit de savoir que cette bande présente toujours la couleur complémentaire de celle du fond. Ainsi, lorsqu'elle est sur un papier rouge, ou plutôt d'un rouge-violet, on la voit d'un vert-bleuâtre, et effectivement cette dernière couleur est celle qui résulte du mélange des couleurs prismatiques à l'exclusion du rouge et du violet. Par la même raison, la petite bande prend une teinte d'orangé-rougeâtre sur un fond bleu, une teinte de violet-rougeâtre sur un fond vert, etc. On peut, au seul aspect de la figure, juger à peu près de la couleur accidentelle que doit faire naître sur la petite bande la présence de la couleur environnante, en portant l'œil d'abord sur le milieu de l'arc qui appartient à cette couleur, et ensuite sur le point opposé de la circonférence : ce point indiquera, sinon la nuance, au moins l'espèce de la couleur accidentelle.

1194. Lorsque la petite bande est elle-même colorée, son passage à une couleur différente dépend de ce que celle qui lui est naturelle résulte d'un mélange de plusieurs couleurs, dont l'une est en même temps celle du fond. Ainsi, l'on sait que le vert, tel que l'emploient les arts, se forme de la réunion du jaune et du bleu; donc, si l'on place une petite bande verte sur un fond jaune, elle doit paraître bleue, parce que le bleu n'est autre chose que le vert dont on a soustrait le jaune. Par une raison semblable, une bande orangée doit paraître rouge sur un papier jaune, puisque l'orangé est un composé de rouge et de jaune.

1195. Nous venons de donner la règle à laquelle obéit la sensation que produit le phénomène sur l'organe de la vue. Mais quelle est la cause qui détermine dans l'organe lui-même une disposition conforme à cette règle, et comment une petite bande blanche placée, par exemple, sur un fond rouge, quoiqu'elle envoie à l'œil tous les rayons qui composent la blancheur, excite-t-elle en lui l'impression du bleu-verdâtre, c'est-à-dire de la couleur qu'offrirait réellement la petite bande si on avait soustrait de la blancheur la partie qui lui est commune avec la couleur du fond? — Scherffer a essayé d'expliquer cette illusion d'après le principe que, si un sens reçoit à la fois deux impressions du même genre, l'une forte et vive, l'autre beaucoup plus faible, celle-ci est comme absorbée par la première, en sorte qu'elle devient imperceptible pour nous. Reprenons l'exemple d'une petite bande blanche placée sur un papier rouge. Nous pouvons considérer la blancheur de cette bande comme étant composée de vert-bleuâtre et de rouge. Mais la sensation de la couleur rouge agissant avec beaucoup moins de force que celle de la couleur environnante du même genre, se trouve éclipsée par cette dernière; en sorte que l'œil n'est sensible qu'à l'impression de la couleur verte, qui, étant comme étrangère à la couleur du fond, agit sur l'organe avec toute son énergie. Le principe s'applique comme de lui-même à tous les autres cas que nous avons cités.

1196. Cette explication, quoique ingénieuse, n'est pas exempte de difficultés. Le célèbre Laplace en a proposé une qui est plus satisfaisante. Elle consiste à supposer qu'il existe dans l'œil une certaine disposition en vertu de laquelle les rayons rouges compris dans la blancheur de la petite bande, au moment où ils arrivent à cet organe, sont comme attirés par ceux qui forment la couleur rouge prédominante du fond; en sorte que les deux impressions n'en font plus qu'une, et que celle de la couleur verte se trouve en liberté d'agir comme si elle était seule. Suivant cette manière de concevoir les choses, la sensation du rouge décompose celle de la blancheur; et tandis que les actions homogènes s'unissent ensemble, l'action des rayons hétérogènes, qui se trouve dégagée de la combinaison, produit son effet séparément.

1197. Plusieurs substances minérales jouissent d'une propriété qui se rattache aux phénomènes qui viennent d'être exposés. Elle consiste en ce qu'étant regardées successivement par réflexion et par réfraction, elles offrent deux couleurs différentes dont chacune est la complémentaire de l'autre. Une des plus remarquables est la chaux fluatée, nommée vulgairement *spath fluor*. On trouve en Angleterre des cristaux cubiques de ce minéral dans lesquels la couleur réfléchie est le violet-rougeâtre et la couleur réfractée est le vert, deux teintes qui ont entre elles la relation dont nous venons de parler. Ordinairement la première est le violet-foncé, et la seconde le vert-clair. C'est une suite de ce que l'arc auquel répond le violet étant plus petit que celui auquel répond le vert, son centre de gravité se rapproche davantage de la circonférence tandis que le centre de gravité relatif au vert s'en écarte à proportion; ce qui tend d'une part à renforcer le ton de la couleur, et de l'autre à l'affaiblir.

Des rapports entre la lumière et la chaleur.

Dans l'exposé que nous allons faire des rapports qui existent, à plusieurs égards, entre la lumière et la chaleur, nous nous bornerons à la considération des faits, sans prétendre en tirer aucune induction sur l'identité des causes. Nous avons cru que cet exposé trouverait ici d'autant plus naturellement sa place que, dans des expériences récentes, on a essayé d'ajouter à nos connaissances, sur les rapports dont il s'agit, en employant la lumière colorée comme terme de comparaison.

1198. On sait que les rayons solaires échauffent, en général, les corps exposés à leur action; mais ils ne les échauffent pas tous au même degré, et Scheele avait saisi, avec la sagacité qui lui était ordinaire, les circonstances qui font varier l'intensité de leur action, et le principe qui sert à expliquer cette diversité. Ce célèbre chimiste, ayant exposé à cette même action deux thermomètres égaux, dont l'un était rempli d'alcool coloré d'un rouge foncé, et l'autre d'alcool non coloré, observa que la liqueur rouge montait plus rapidement que celle qui était sans couleur; mais si l'on plongeait les deux thermomètres dans l'eau chaude, les mouvements de la liqueur étaient les mêmes de part et d'autre. Scheele avait encore remarqué que plus la couleur d'un corps approche du noir, plus aussi ce corps est échauffé promptement par les rayons du soleil; tandis qu'au contraire les corps les plus blancs sont ceux qui s'échauffent le plus lentement.

1199. On voit ici une analogie marquée entre la lumière et le calorique rayonnant, qui ne devient susceptible d'échauffer un corps qu'en perdant sa propriété rayonnante, pour prendre, par son union avec ce corps, le caractère de calorique combiné; et c'est alors seulement qu'il devient sensible au thermomètre. De même, tant que le mouvement de la lumière n'est point interrompu, il n'en résulte aucune chaleur proprement dite (1); et si ce mouvement ne fait que changer de direction par l'effet de la réflexion, les rayons qui subissent cet effet ne contribuent point à la production de la chaleur qui ne dépend que des rayons absorbés. De là vient que les corps qui absorbent en plus grande abondance la lumière, comme les noirs, sont ceux qu'elle échauffe le plus; elle agit beaucoup plus faiblement pour échauffer les corps blancs, parce qu'ils la réfléchissent. — Il y a cependant cette différence entre la lumière et le calorique, que les rayons de la première traversent librement le verre et les liqueurs limpides; tandis que les rayons du calorique restent engagés dans ces mêmes corps, auxquels ils communiquent de la chaleur (2).

1200. Le savant physicien Rochon se proposa, en 1775, de rechercher, par l'expérience, si les rayons qui diffèrent en réfrangibilité, produisaient sur le thermomètre des degrés de chaleur sensiblement différents (3). Il se servit d'un prisme de flintglass pour séparer les rayons diversement colorés, qu'il faisait passer ensuite tour à tour à travers une lentille. Il observa qu'un thermomètre d'air, exposé à l'action des mêmes rayons, montait à mesure que ceux-ci se succédaient, depuis le violet

(1) Scheele, Traité chimique de l'Air et du Feu, traduit par le baron de Dietrich, Paris, 1781, p. 146.

(2) Berthollet, Statique chimique, t. I, p. 192.

(3) Essai sur les Degrés de Chaleur des Rayons colorés; Recueil de Mém. sur la Mécanique et la Physique, p. 348 et suiv.

jusqu'au rouge; et le rapport de chaleur entre le rouge-clair et le violet le plus intense lui parut être à peu près celui de 8 à 1. Mais il avouait modestement que, malgré toutes les précautions qu'il avait prises pour mettre de la précision dans ses résultats, il n'était pas encore satisfait de son travail (1).

1201. Le célèbre astronome Herschell, dont le nom rappelle des découvertes si importantes, a entrepris depuis une belle suite d'expériences dirigées vers le même but, et a étendu ses recherches à tout ce qui pouvait être l'objet d'un rapprochement entre les propriétés physiques de la lumière et celles du calorique. Dans les expériences relatives à la chaleur produite par les rayons diversement colorés du spectre solaire, il faisait passer successivement ces rayons par une ouverture pratiquée à un écran, et les recevait sur la boule d'un thermomètre placé derrière cette ouverture. Il conclut de ses observations, que la faculté calorifique des rayons rouges était à celle des rayons violets, à peu près dans le rapport de 7 à 2, beaucoup plus petit que celui auquel était parvenu le physicien français (2).

1202. M. Leslie a repris depuis les mêmes expériences, en se servant d'un instrument très-sensible, qu'il nomme *photomètre* (mesure de la lumière), et dont la construction se rapproche de celle du thermomètre différentiel, déjà employé si avantageusement par le même physicien pour observer les effets du calorique rayonnant. La pièce essentielle du photomètre consiste de même dans un tube de verre qui imite un siphon renversé, dont les deux branches seraient égales en hauteur et terminées par des boules d'un égal diamètre. Mais ici l'une des boules est d'émail noir, tandis que l'autre est de verre ordinaire. Les mouvements de la liqueur, qui est aussi l'acide sulfurique teint en rouge avec du carmin, se mesurent à l'aide d'une graduation dont le zéro est situé vers le haut de la branche terminée par la boule d'émail.

1203. L'usage de cet instrument est fondé sur le principe que quand la lumière est absorbée par un corps, elle produit une chaleur proportionnelle à la quantité de l'absorption. Lorsqu'on expose l'instrument aux rayons du soleil, ceux de ces mêmes rayons qu'absorbe la boule de couleur noire échauffent l'air intérieur; ce qui détermine la liqueur à descendre d'abord avec rapidité dans la branche correspondante. Mais comme une partie de la chaleur qui s'introduit à la faveur de l'absorption se dissipe par le rayonnement, et que la différence entre la quantité de chaleur perdue et celle de chaleur acquise va toujours en diminuant, il arrive un terme où ces deux quantités étant devenues égales, l'instrument est stationnaire, et l'on juge alors de l'intensité de la lumière incidente par le nombre de degrés que la liqueur a parcourus.

1204. L'auteur de cet ingénieux instrument en indique les avantages, pour déterminer l'accroissement progressif que subit l'intensité de la lumière, et la gradation en sens contraire qui succède à ce progrès, soit depuis la naissance du jour jusqu'au terme de son déclin, soit depuis le solstice d'hiver jusqu'à la fin de l'automne suivant. On pourrait encore comparer, à l'aide du même instrument, l'action de la lumière dans les différentes contrées, dont les unes jouissent assez constamment d'un ciel pur et serein tandis que pour d'autres il semble être couvert d'un voile qui en offusque l'éclat.

1205. M. Leslie s'étant proposé, comme nous l'avons dit, de mesurer l'énergie des rayons diversement colorés qui composent le spectre solaire, a fait passer un jet de lumière à travers un prisme de flint-glass, et les indications du photomètre présenté successivement aux différentes parties du spectre, ont donné à peu près, pour le rapport entre les degrés de force des rayons bleus, verts, jaunes et rouges, celui des nombres 1, 4, 9, 16; rapport qui, considéré dans les deux termes extrêmes, est double de celui que M. Rochon avait déduit de ses expériences, et plus que quadruple de celui que M. Herschell avait substitué au précédent.

1206. Le célèbre astronome anglais conçut aussi l'idée de comparer les rayons du spectre relativement à leur force éclairante, et il jugea que le rouge, qui terminait d'un côté le prisme, était surpassé par le jaune, dans lequel résidait le *maximum* de clarté, que le

(1) Essai sur les Degrés de chaleur des Rayons colorés; Recueil de Mém. sur la Mécanique et la Physique, p. 355.

(2) Bibliothèque Britannique, t. xv, p. 196 et suiv.

vert éclairait à peu près aussi bien, et qu'ensuite il y avait une dégradation sensible jusqu'au violet, qui donnait le *minimum* de clarté (1). Ces résultats diffèrent peu de ceux que Newton avait annoncés long-temps auparavant (2).

1207. Le même astronome essaya de vérifier une conjecture qui s'était offerte à lui dans le cours de ses recherches précédentes, savoir, qu'il existait, hors des limites du spectre solaire, des rayons soumis aussi à la loi de la réfrangibilité, mais non lumineux et simplement calorifiques. La conclusion qu'il tira de ses expériences fut que la faculté d'échauffer avait les mêmes limites que le spectre du côté violet; qu'elle augmentait progressivement depuis le violet jusqu'au rouge, et ensuite au delà du rouge, où elle résidait dans des rayons insensibles à l'œil et moins réfrangibles que tous ceux qui étaient lumineux, en sorte que son *maximum* répondait environ à un demi-pouce en dehors des rayons rouges.

1208. Ces expériences étaient assez intéressantes pour mériter d'être soigneusement vérifiées, et assez délicates pour en avoir besoin. M. Leslie, appelé en quelque sorte à faire cette vérification, y ayant apporté toutes les attentions les plus propres à la rendre décisive, n'a pu apercevoir aucun indice de chaleur au delà des limites du spectre solaire, et il y a tout lieu de présumer que l'effet annoncé par M. Herschell était dû à l'influence étrangère de quelque cause accidentelle.

1209. Les résultats obtenus par divers physiciens ont offert le même défaut d'accord que les précédents. Mais celui d'une expérience qui paraît avoir été faite avec beaucoup de soin, par M. Berard, a été en faveur de M. Leslie. Ce physicien ayant plongé la boule d'un thermomètre très-sensible dans la lumière rouge du spectre, de manière qu'elle en était entièrement couverte, a noté le degré de température que marquait la liqueur de l'instrument. Il a ensuite transporté peu à peu son thermomètre hors du spectre, et il a vu la liqueur descendre à mesure que la boule se dégageait des rayons rouges, en sorte que quand elle s'est trouvée tout à fait à découvert, l'excès de la température de la liqueur sur celle de l'air environnant se réduisait à 1/5 de celui qu'elle indiquait au commencement de l'expérience. M. Berard a conclu de là que le *maximum* de l'action calorifique du spectre résidait dans les rayons extrêmes, et non dans l'espace situé au delà (1).

1210. Les expériences faites par MM. Wollaston, Ritter et Beckman sur la partie opposée à celle qui jusqu'alors avait fait seule l'attention des physiciens, ont offert un accord plus satisfaisant que les premières. Le résultat auquel elles ont d'abord conduit les trois physiciens, a été que la faculté calorifique était insensible à la naissance du violet, en sorte que, depuis ce terme, elle s'accroissait graduellement en allant vers le rouge. Mais à ce résultat en a succédé un autre très-remarquable, d'où les trois physiciens ont conclu qu'il existe un peu au delà du rayon violet des rayons obscurs, susceptibles d'exercer une action chimique analogue à celle qui avait déjà été reconnue dans la lumière directe du soleil dont l'effet est d'altérer les couleurs de toutes les substances végétales, et celles de plusieurs substances minérales. Les trois physiciens ont observé, par exemple, que le rayon violet avait, comme la lumière solaire, la propriété de noircir le chlorure d'argent. M. Berard a retrouvé dans les rayons indigo et bleus des indices de l'action chimique; mais elle décroissait rapidement, et bientôt elle devenait insensible. Cependant l'analogie semble annoncer qu'elle s'étend jusqu'aux rayons rouges, mais par une succession de nuances si légères, que les bornes de nos moyens ne nous permettent pas de la suivre.

1211. Il se présente ici deux hypothèses; selon l'une, les trois propriétés relatives, l'une à la coloration, l'autre à l'action de la chaleur, et la troisième à l'action chimique, existeraient dans trois espèces distinctes de rayons, en sorte que le spectre pourrait être considéré

(1) Bibliothèque Britannique, t. xv, p. 200 et suiv.

(2) Optice Lucis, lib. I, pars I, propos. 7, exper. 16.

(1) Voyez le rapport sur le Mémoire du même savant relatif aux propriétés physiques et chimiques des rayons qui composent la lumière solaire, par MM. Berthollet, Chaptal et Biot, Annales de Chimie, t. LXXXV, p. 309 et suiv.

comme un assemblage de trois spectres superposés, dont chacun emprunterait son caractère distinctif de l'une des propriétés dont il s'agit. Les limites entre lesquelles ils seraient renfermés, ne seraient pas les mêmes, au moins quant aux deux, dont l'un serait lumineux et coloré, et l'autre se manifesterait par son action chimique. Ce dernier dépasserait d'une petite quantité l'espace occupé par les rayons violets.

1212. Dans la seconde hypothèse, les actions chimique et calorifique seraient réunies dans les mêmes rayons à celle qui produit la sensation de la lumière et des couleurs. L'influence de la réfrangibilité, qui va en croissant depuis le rouge jusqu'au violet, déterminerait une gradation analogue dans l'action chimique, et une gradation en sens contraire dans l'action calorifique. Les rayons qui existent au delà du violet, et dans lesquels réside le *maximum* de l'action chimique, seraient réellement colorés comme les autres, mais ils échapperaient à nos organes, par la faiblesse de leur teinte, et l'action calorifique existerait aussi dans les mêmes rayons, où son *minimum* serait une quantité nulle pour nos sens. Dans la première hypothèse, le calorique et la lumière constitueraient deux fluides différents; au lieu que dans la seconde on devrait les considérer comme les modifications d'un même fluide. — On sait que les physiciens sont partagés depuis longtemps entre ces deux opinions, et ce motif, indépendamment des autres considérations, suffirait seul pour faire balancer sur le choix entre les deux hypothèses auxquelles elles se rapportent. C'est une de ces questions sur lesquelles il convient de s'en tenir aux faits observés jusqu'ici, et d'attendre que l'expérience nous ait suffisamment éclairés sur leur manière d'être.

4. *De la vision naturelle.*

1213. Nous avons considéré successivement la lumière comme lancée par les corps dont elle est une émanation, traversant ensuite l'espace avec une rapidité inconcevable et pourtant susceptible d'être mesurée, reçue enfin par les surfaces des corps, dont les unes la réfléchissent, tandis que les autres la transmettent; et l'étude des diverses modifications qu'elle reçoit, suivant les différentes manières dont ces corps agissent sur elle, nous a dévoilé les causes de la transparence, de l'opacité et des couleurs. — Les impressions que les objets excitent à leur tour dans l'organe de la vue, et qui nous en font distinguer les différents états, dépendent d'une action immédiate qu'exerce sur cet organe la lumière qu'ils lui envoient, soit qu'elle vienne immédiatement d'un corps lumineux, soit qu'elle ait été réfléchie par la surface d'un miroir ou d'un corps opaque, soit enfin qu'elle ait passé à travers un corps transparent. Notre but sera maintenant de considérer en quoi consiste cette action, de tracer la marche que suivent dans l'organe les rayons envoyés par les objets, et d'exposer les résultats des différentes recherches faites par les physiciens sur la manière dont s'opère la vision; et pour commencer par ce qu'il y a de plus simple, nous supposerons d'abord qu'il n'existe entre l'œil et les objets aucun intermédiaire qui modifie l'action de la lumière.

De la structure de l'œil.

1214. Les anciens philosophes n'avaient, relativement à la manière dont la vision s'opère, que des idées imparfaites; ils savaient seulement en général que les yeux en sont les instruments; et cependant les traits de sagesse et de prévoyance répandus sur le peu qu'ils en connaissaient ne leur avaient pas échappé (1); ils admiraient la position de l'œil dans le lieu le plus élevé de la tête, d'où, comme une sentinelle, il embrassait dans un seul regard une multitude d'objets; son extrême mobilité, et cette facilité qu'il a de se diriger en tous sens, et de se multiplier, en quelque sorte, par la variété de ses situations; la souplesse des paupières toujours prêtes à s'abaisser comme un voile pour le défendre, soit de l'impression d'une lumière trop vive, soit du choc d'un corps extérieur, ou pour favoriser la puissance du sommeil sur l'ensemble de tous les organes. Mais ces observations, et d'autres du même genre, se bornaient aux alentours de l'œil; on n'avait pas pénétré dans le mécanisme intime de la vision. On a reconnu depuis que cet organe est un véritable instrument d'optique, au fond duquel la lumière va dessiner, ou plutôt peindre les portraits

(1) Cicero, de Nat. Deor., t. II, n. 141 et seq.

en petit de tous les corps situés en présence du spectateur; et l'on peut dire que parmi tant de sujets d'observation que la nature présente à l'œil de toutes parts, il ne voit rien qui porte plus sensiblement l'empreinte d'une intelligence infinie que la structure de l'œil lui-même.

1215. Entrons dans les détails, et commençons par une description de l'œil, qui serait imparfaite de la part d'un anatomiste, mais qui suffit au physicien pour prendre une idée des effets de la vision. — La cavité dans laquelle l'œil est logé se nomme l'*orbite de l'œil*. Les nerfs optiques, qui, séparés en partant du cerveau, s'étaient ensuite réunis en un point commun, se séparent de nouveau, et chacun d'eux entre dans l'orbite placée de son côté, où il s'épanouit pour former le globe de l'œil, en sorte que les enveloppes de ce globe ne sont autre chose que les expansions du nerf optique. — On distingue dans ce nerf deux tuniques principales, situées l'une sur l'autre autour de la partie médullaire. La tunique extérieure, qu'on appelle la *dure-mère*, prend, en s'épanouissant, une forme arrondie, dont la partie antérieure, qui est à découvert, représente à peu près un segment de sphère d'un diamètre plus petit que celui de la partie enfoncée dans la cavité de l'œil, ce qui la rend saillante et plus propre à recevoir les rayons qui viennent de côté. — De ces deux portions de sphère, celle qui occupe le fond de la cavité est opaque et d'une forte consistance; on la nomme *sclérotique* ou *cornée opaque*; l'autre portion, qui forme la partie antérieure, est plus mince, plus flexible, et en même temps diaphane, d'où lui vient le nom de *cornée transparente*. La seconde tunique du nerf optique, qui s'appelle la *pie-mère*, s'épanouit en-dessous de la dure-mère : elle est composée de deux lames, dont l'une, qui est une véritable membrane, s'applique exactement sur la cornée opaque, et se confond avec elle près de la cornée transparente; l'autre, qu'on nomme *choroïde*, est un assemblage de nerfs et de vaisseaux qui sortent de la surface interne de la première, et qui sont imbibés d'une espèce de liqueur noirâtre. Ces nerfs et ces vaisseaux s'ouvrent en partie et forment ce tissu velouté dont Ruysch a fait une tunique particulière, à laquelle on a donné son nom. — Vers l'endroit où la cornée transparente s'unit à la sclérotique, la choroïde se détache, et de plus se sous-divise en deux lames, dont celle qui est antérieure produit cette espèce de couronne colorée qu'on appelle l'*iris*, vers le milieu de laquelle est une ouverture ronde connue sous le nom de *prunelle*. La lame postérieure, qu'on nomme *couronne ciliaire*, est plissée et comme composée de feuillets oblongs, dont nous verrons bientôt l'usage. — L'iris est un assemblage de fibres musculaires, les unes orbiculaires et rangées autour de la circonférence de la prunelle, les autres dirigées comme autant de rayons. Les premières servent à rétrécir la prunelle, pour modérer l'impression d'une lumière trop vive, et les autres à la dilater, pour laisser entrer avec plus d'abondance une lumière faible. — Les couleurs les plus ordinaires de l'iris sont l'orangé et le bleu, et souvent ces couleurs se trouvent mélangées dans un même œil. Les yeux qu'on appelle *noirs* sont d'un jaune brun, ou d'un orangé très-foncé. — La couronne ciliaire tient comme enchâssé, vis-à-vis le trou de la prunelle, un corps transparent, assez solide, d'une forme lenticulaire, et plus convexe vers le fond de l'œil que par-devant : ce corps porte le nom de *cristallin*. — La portion médullaire du nerf optique forme, en s'épanouissant, une membrane blanche et très mince, appliquée sur la choroïde, et qu'on appelle *rétine*. — L'espace compris entre la cornée transparente et le cristallin se trouve divisé par l'iris en deux espèces de chambres, qui communiquent ensemble au moyen de la prunelle, et qui sont remplies d'une eau limpide, appelée l'*humeur aqueuse*. Entre le cristallin et le fond de l'œil est un autre espace beaucoup plus grand, occupé par une sorte de gelée transparente, qui est l'*humeur vitrée*. Le cristallin est comme enchatonné dans la partie antérieure de cette gelée, dont la puissance réfractive est moindre que la sienne. — Ce qu'on appelle le *blanc de l'œil* est produit par une tunique particulière, qu'on nomme *albuginée*, et qui adhère fortement à la cornée; elle est recouverte par une autre membrane, très-mince, lâche et flexible, appelée *conjonctive*, qui se replie au bord de l'orbite et forme la surface interne des paupières. Celle-ci est percée d'une multitude de petits trous, par lesquels passe le fluide qui vient de la glande lacrymale. — L'œil a été pourvu de différents muscles destinés à l'avancer ou à le retirer en arrière, à en élargir ou à en resserrer l'ouverture, et à lui procurer une multitude de positions variées, pour le mettre à portée d'apercevoir distinctement les objets situés à différentes distances.

De la marche des rayons dans l'œil.

1216. De tous les points d'un objet qui se présente à l'œil, il part des rayons qui divergent dans tous les sens, mais parmi lesquels ceux qui sont dirigés de manière à pouvoir entrer dans la petite ouverture de la prunelle forment des espèces de pinceaux déliés, en sorte que ceux qui composent un même pinceau approchent du parallélisme. Supposons que l'objet étant d'une forme allongée soit situé horizontalement, et ne considérons, pour plus de simplicité, que le pinceau qui vient du milieu, et les deux qui viennent des extrémités. L'axe du premier pinceau, passant par le centre de la cornée, et tombant à angle droit sur la surface du cristallin, pénètre les différentes humeurs de l'œil, sans y subir de réfraction. Cet axe porte le nom d'*axe optique*, et est d'un grand usage dans l'explication des phénomènes de la vision. Les autres rayons qui tombent obliquement sur la cornée se réfractent dans l'humeur aqueuse, en convergeant vers l'axe. Leur passage à travers le cristallin augmente cette convergence; et, en sortant de ce corps lenticulaire pour entrer dans un milieu moins dense, ils prennent un nouveau degré de convergence qui est tel, que le cône qu'ils forment derrière le cristallin a son sommet situé précisément sur le fond de l'œil, où il dessine l'image du point d'où les rayons sont partis pour se rendre à cet organe. Cette marche des rayons est analogue à celle dont nous avons parlé (1039), en exposant les effets de la réfraction dans les milieux terminés par des surfaces courbes. — Les axes des deux autres pinceaux, en entrant par la cornée, se réfractent ainsi que les rayons qui les accompagnent : ces pinceaux se croisent ainsi en passant par le trou de la prunelle, et subissent dans le cristallin et l'humeur vitrée de nouvelles réfractions, dont l'effet est de rapprocher les rayons qui les composent de leurs axes respectifs, en sorte qu'ils forment deux nouveaux cônes dont les bases reposent sur la surface postérieure du cristallin, et dont les sommets tombent sur le fond de l'œil, où ils dessinent de même les images des points qui leur correspondent sur l'objet. — Tous les pinceaux partis des autres points de l'objet font le même office, en sorte qu'il se forme au fond de l'œil une image complète de cet objet, mais qui est renversée, en conséquence de ce que les rayons qui viennent des points situés de part et d'autre de celui du milieu, se croisent en traversant la prunelle. L'opinion la plus commune est que l'image se peint sur la rétine : cependant de célèbres anatomistes ont pensé que la choroïde était la véritable toile du tableau (1).

1217. On peut vérifier, par l'expérience, ce que nous venons de dire sur la cause de la vision, en prenant l'œil d'un bœuf tué récemment, et en le dépouillant par derrière de sa sclérotique. Si l'on place cet œil dans l'ouverture faite au volet d'une chambre obscure, de manière que la cornée soit en dehors, on verra, à travers les membranes transparentes de la partie opposée, les images distinctes des objets extérieurs.

Manière dont le sens du toucher influe sur la vision.

1218. Cette vérité une fois reconnue, qu'aussitôt qu'un objet est devant l'œil, cet objet a son portrait au fond de l'organe, il semble d'abord que la vision n'ait plus besoin d'autre explication; et l'on serait tenté de croire que nos yeux, à l'instant où ils s'ouvrent pour la première fois, sont déjà tout dressés, et que la seule présence des objets suffit pour que les impressions faites sur la rétine, et transmises par l'intermède du nerf optique jusqu'au cerveau, donnent occasion à l'âme de se représenter ces objets tels qu'ils sont, et aux endroits où ils sont. Mais on concevra qu'il faut quelque chose de plus, si l'on fait attention que l'image qui se peint sur la rétine est une simple surface figurée et revêtue de couleurs sans aucun relief, et que d'ailleurs elle n'est que le résultat de l'action qu'exercent sur l'organe les extrémités des rayons qui le touchent, et ne se rapporte pas d'elle-même aux extrémités opposées, où se trouve situé le corps qui est l'objet de la vision. Ces

(1) Smith, Traité d'Optique, p. 44, notes 31 et suiv.

considérations avaient déjà fait conjecturer à plusieurs physiciens qu'il existait un intermédiaire qui nous servait à lier les impressions produites par les rayons que les corps envoient à l'œil avec les modifications de ces corps eux-mêmes. Ils pensaient que c'était le tact qui instruisait l'œil en quelque sorte, et qui nous aidait à rectifier les erreurs dans lesquelles cet organe nous entraînerait s'il était abandonné à lui-même. Mais personne n'a mieux développé que Condillac (1) les moyens que le tact emploie dans cette espèce d'enseignement, et c'est en partie d'après ce célèbre métaphysicien que nous allons essayer de les faire connaître.

1219. Les premières leçons nous viennent des divers mouvements que fait la main, qui a elle-même son image au fond de l'œil. Tandis qu'elle s'approche et s'éloigne successivement de cet organe, elle lui apprend à rapporter à une distance plus ou moins grande, à un lieu plutôt que l'autre, l'impression qui se produit sur la rétine, d'après le sentiment que nous avons de chaque position de la main, de la direction et de la grandeur de chaque mouvement qu'elle fait. Tandis qu'une main passe sur l'autre, elle étend, en quelque sorte, sur la surface de celle-ci la couleur dont l'impression est dans l'œil; elle circonscrit cette couleur entre ses limites, et fait naître dans l'âme la représentation d'un corps figuré de telle manière. Lorsqu'ensuite nous touchons différents objets, la main dirige l'œil sur les diverses parties de chacun d'eux, et lui en rend sensibles l'arrangement et les positions respectives; elle agit sans cesse, à l'égard de l'œil, par l'intermède des rayons de la lumière, comme si elle tenait une des extrémités d'un bâton qui aboutirait au fond de l'œil par l'autre extrémité, et qu'elle conduisît successivement ce bâton sur tous les points de l'objet. Elle semble avertir l'œil que le point qu'elle touche est l'extrémité du rayon qui le frappe. Elle parcourt ainsi toute la surface de l'objet; elle semble en prononcer la véritable figure. Tantôt courbée uniformément sur la surface d'un globe dont elle suit le contour dans tous les sens, elle marque la distinction de la lumière et des ombres, elle donne de la rondeur et du relief à ce que l'œil aperçoit. Tantôt obligée de varier sa propre figure, tandis qu'elle se moule alternativement sur les faces et sur les arêtes d'un corps anguleux, elle fait ressortir les diverses positions et l'assortiment des plans qui en composent la surface. — Dès qu'une fois les yeux sont instruits, alors l'expérience qu'ils ont acquise les met dans le cas de se passer des secours du tact; et la seule présence des objets détermine le retour des mêmes sensations, à l'occasion des impressions semblables que font sur l'organe les rayons envoyés par ces objets.

1220. Nous avons dit (1216) que l'image de chaque objet se peint au fond de l'œil dans une situation renversée, et des savants célèbres en ont conclu que chacun voyait naturellement tous les objets dans cette même situation; mais il sera aisé de sentir combien cette conséquence est peu fondée, si l'on considère que nous voyons notre propre corps, qui a son image renversée sur la rétine, comme celle des autres objets, en sorte que le seul sentiment que nous avons de notre position détermine la sensation qui nous fait voir tous les objets droits. — En même temps que le tact instruit l'œil à rapporter au dehors les images des objets et à en saisir les formes, il l'exerce sur l'estimation de leur position dans l'espace, de leurs grandeurs et de leurs distances; et lorsque ces distances surpassent celles jusqu'où s'étendent les mouvements de la main, nous y suppléons par un autre exercice, qui consiste à nous approcher de l'objet jusqu'au point de le toucher, et à nous en éloigner ensuite, et nous jugeons à peu près de sa distance par l'étendue des mouvements que nous faisons vers lui ou en sens contraire. Lorsque ensuite la distance surpasse la portée de nos mouvements ordinaires, les rapports que nous sommes exercés à saisir nous servent comme de règles pour appliquer à des objets plus éloignés les impressions qui se font en nous; mais à mesure que l'éloignement augmente, les circonstances deviennent toujours moins favorables à ces applications et, au delà d'un certain terme, les objets se présentent à nous sous des apparences plus ou moins trompeuses, qui nous induisent dans ces espèces d'erreurs que l'on a nommées *illusions d'optique*, et dont nous parlerons dans la suite. Donnons un nouveau développement à ce sujet intéressant et essayons de suivre l'œil

(1) Traité des Sensations.

depuis les espaces où il est dirigé par une sorte de souvenir des leçons qu'il a reçues du tact, jusqu'aux vastes régions qu'il franchit bien au delà du cercle qu'il a parcouru avec son guide.

Estimation de la distance.

1221. Lorsque nous regardons un objet, il y a toujours un point de cet objet que nous fixons plus particulièrement que les autres, et vers lequel se dirigent les deux axes optiques, en sorte que ce même point devient le sommet de l'angle qu'ils forment entre eux. A mesure qu'un objet s'approche ou s'éloigne de nous, ou, ce qui revient au même, à mesure que nous avançons vers cet objet, ou que nous nous en écartons, les yeux font des mouvements continuels pour varier leur figure et leur position, de manière à ce que les deux axes optiques coïncident toujours sur un même point de l'objet. Lorsque les distances dont il s'agit sont de celles que nous pouvons mesurer par les mouvements de la main, ou en allant toucher l'objet, le sentiment que nous avons des mouvements que font en même temps nos yeux pour se diriger vers l'objet, nous fait contracter l'habitude de juger des distances d'après les impressions qui sont liées à ces mouvements, et en même temps d'estimer la position de l'objet (1); de là vient que la main va droit à l'objet qui est à sa portée, et que nous voulons toucher ou saisir. Nous parvenons encore à frapper sûrement, avec l'extrémité d'un bâton que nous avons à la main, un objet situé à une certaine distance; mais dès que nous n'employons plus qu'un œil pour fixer l'objet, alors le point de concours des deux axes optiques n'ayant plus lieu, il nous est beaucoup plus difficile de juger de la position de l'objet, comme on peut s'en assurer à l'aide de l'expérience suivante (2). On suspend un anneau à la hauteur de l'œil, par le moyen d'un fil délié, de manière que l'on ne puisse en voir l'ouverture. On prend un bâton long d'un mètre, à l'extrémité duquel on attache transversalement un autre bâton plus petit : alors, fermant un œil, on essaie d'enfiler l'anneau avec le petit bâton, et c'est presque toujours inutilement. Que l'on se serve des deux yeux, et l'on réussira dès la première tentative.

1222. C'est en conséquence de ce que chacun des axes optiques est toujours exactement dirigé vers le point de l'objet que nous fixons de préférence, que quand nous n'avons besoin, relativement à cet objet, que d'un simple alignement, comme quand le chasseur vise l'animal sur lequel il veut tirer, nous fermons un œil, pour mieux estimer la direction sur laquelle se trouve l'objet.

Unité de l'impression produite dans les deux yeux.

1223. Quoique chacun des objets situés devant nos yeux ait son image dans l'un et l'autre de ces organes, cependant nous ne voyons pas les objets doubles, parce qu'ayant reconnu, à l'aide du toucher, que tel objet était simple, en même temps que nous dirigions vers lui les deux axes optiques, et que ses deux images se peignaient sur des parties correspondantes des rétines, nous avons lié l'idée de l'unité d'objet avec le sentiment des mêmes impressions, et nous nous sommes accoutumés à identifier deux sensations qui se trouvaient pour ainsi dire à l'unisson l'une de l'autre. Mais si les axes optiques ne concourent plus vers un même point, comme lorsque nous pressons légèrement un œil de côté, avec la main, l'objet paraît double, et il est évident qu'alors les deux images ne tombent plus sur des parties correspondantes des rétines (1).

---

(1) Malebranche, Recherche de la Vérité, t. I, p. 115 et 119.

(2) Musschenbroeck, Essai de Physique, t. II, p. 568, nᵒ 1211.

(1) On peut produire une illusion du même genre, qui ait sa source dans le sens du toucher. Si l'on fait croiser l'index par le doigt suivant, en sorte que celui-ci se rabatte vers le pouce, et qu'ayant placé un petit corps globuleux sous les extrémités des mêmes doigts, on le presse pour le mettre plus exactement en contact avec l'un et l'autre, on croira sentir deux globes. Dans ce cas, le doigt qui a été dérangé de sa position naturelle exerce une action qui, n'étant plus d'accord avec celle de l'autre doigt, donne naissance à une sensation qui semble se rapporter à un nouvel objet. On pourrait dire, en quelque sorte, que celui qui fait cette expérience, louche des doigts.

Estimation de la grandeur.

1224. Il y a un autre angle dont la considération est importante relativement aux phénomènes de la vision. Il est formé par les deux rayons qui, en partant des extrémités de l'objet, viennent se croiser dans la prunelle : on l'appelle *angle visuel.* — Derrière cet angle il s'en forme un second, qui provient des mêmes rayons réfractés à travers le cristallin et les autres humeurs de l'œil ; cet angle sous-tend le diamètre de l'image sur le fond de l'œil, et il est facile de voir qu'il augmente et diminue en même temps que le premier ; et lorsque l'un et l'autre sont petits, les augmentations et les diminutions, ainsi que celles du diamètre de l'image, sont sensiblement en raison inverse des distances de l'objet à l'œil.

1225. Maintenant la grandeur d'un objet peut être conçue sous plusieurs rapports différents. Les véritables dimensions de l'objet, considéré en lui-même, donnent ce qu'on appelle la *grandeur réelle*, et l'ouverture de l'angle visuel détermine la grandeur *apparente* ; d'où l'on voit que la grandeur réelle étant une quantité constante, la grandeur apparente varie continuellement avec la distance.

1226. Si nous jugions toujours des dimensions d'un objet d'après sa grandeur apparente, tout ce qui est autour de nous subirait continuellement à cet égard des variations très-sensibles, qui nous entraîneraient dans d'étranges méprises. Par exemple, un géant de vingt-quatre décimètres, vu à la distance de quatre mètres, ne nous paraîtrait pas plus grand qu'un nain de six décimètres vu à la distance d'un mètre, puisque l'un et l'autre seraient vus à peu près sous le même angle. — Mais les expériences que nous avons faites avec le secours du tact sur la comparaison des distances et des grandeurs, nous ont mis à portée de redresser nos idées, dans les circonstances où nous sommes le plus intéressés à éviter la méprise, c'est-à-dire dans celles où il s'agit des objets qui sont à notre proximité ; car alors la distance dont nous jugeons assez exactement, entre comme donnée dans notre estimation, et nous empêche de nous en laisser imposer par l'idée fausse qui résulterait de la considération isolée des grandeurs. — Ainsi les diverses positions des yeux, analogues à la variation des angles formés par les axes optiques, à mesure que les objets sont plus près ou plus éloignés, reproduisent en nous l'impression de la distance, telle que le tact nous a appris à l'estimer ; et cette impression se compose avec celle de la grandeur apparente, ou de l'étendue que l'image occupe au fond de l'organe, en sorte que la sensation qui nous représente la grandeur réelle est comme le produit de ces deux éléments. Par exemple, lorsqu'un géant de vingt-quatre décimètres, qui était d'abord à deux mètres de distance, se transporte à quatre mètres, d'une part son image est diminuée de moitié au fond de nos yeux ; mais, d'une autre part, la distance se trouve doublée, et l'espèce de combinaison qui se fait en nous des deux impressions relatives, l'une à la grandeur et l'autre à la distance, qui répondent à chaque position du géant, équivaut, pour ainsi dire, au produit constant de deux quantités, dont l'une augmente à proportion que l'autre diminue ; d'où il résulte que le géant nous paraît toujours de la même taille.

1227. Nous concluons encore de ce qui vient d'être dit, que quand deux objets inégaux sont placés à la même distance, nous jugeons de leurs grandeurs respectives d'après le rapport entre les angles visuels relatifs à l'un et à l'autre, ou entre les grandeurs de leurs images au fond de l'œil ; car alors les deux produits qui résultent de l'impression de la distance combinée avec celle de la grandeur, ont une quantité commune, savoir, la première impression, à laquelle on peut substituer l'unité, en sorte qu'ils sont proportionnels à l'autre quantité, qui est l'impression de la grandeur.

Jugements relatifs aux objets éloignés.

1228. Tant que les objets sont assez peu éloignés, pour que les angles formés par les axes optiques aient une ouverture sensible qui permette de les comparer, les mouvements de nos yeux, relatifs à ces angles, nous aident encore à nous représenter avec une certaine justesse les distances, et en même temps les grandeurs dont l'estimation tient en partie à celle des distances ; mais lorsque l'éloignement des objets rend les mêmes angles si petits qu'ils échappent à la comparaison, des grandeurs jugées dépendent beaucoup des grandeurs apparentes : ainsi un objet situé à une distance considérable, nous paraît beaucoup plus petit qu'il ne l'est réellement.

1229. Le plus ou le moins de clarté des objets, et la manière plus ou moins nette et distincte dont nous les apercevons, nous les fait juger encore ou plus proches ou plus éloignés. C'est en se dirigeant d'après ce principe et le précédent, que les peintres diminuent les dimensions des figures à proportion que les objets qu'elles représentent sont censés être dans un plus grand éloignement, et qu'ils en expriment en même temps les contours par des teintes plus faibles, et même ébauchent si légèrement ces contours, qu'ils paraissent se perdre dans la couleur du fond, lorsque la distance est supposée très-considérable. — Enfin lorsque entre un objet et nous il se trouve plusieurs autres objets, cette nouvelle circonstance nous aide encore à estimer la distance du premier objet, par une sorte d'addition que nous faisons de toutes les distances des objets intermédiaires, pour en composer une distance totale; d'où il résulte qu'alors un objet nous paraît plus éloigné que dans le cas où l'espace qui nous en sépare serait nu, et sans aucun point de ralliement qui pût nous servir à sommer toutes les parties de la distance.

Exemples à l'appui des considérations précédentes.

1230. Pour confirmer tout ce que nous venons de dire au sujet de la vision, nous ajouterons ici un ou deux exemples qui prouvent à quel point l'œil est neuf dans l'art de voir, lorsqu'il donne accès à la lumière pour la première fois. Un jeune homme âgé de 13 ans, auquel M. Cheselden venait de faire l'opération de la cataracte (1), fut d'abord si éloigné de pouvoir juger en aucune manière des distances, qu'il croyait que tous les objets indifféremment touchaient ses yeux (ce fut l'expression dont il se servit) comme les choses qu'il palpait touchaient sa peau. Les objets qu'il trouvait les plus agréables étaient ceux dont la surface est unie et la forme régulière, quoiqu'il ne pût encore porter aucun jugement sur leur forme, ni dire pourquoi ils avaient pour lui plus d'attrait que les autres. Il se passa plus de deux mois avant qu'il pût reconnaître que les tableaux représentaient des corps solides, jusqu'alors il ne les avait considérés que comme des plans diversement colorés; mais lorsqu'il commença à distinguer les reliefs des figures, il s'attendait à trouver en effet des corps solides en touchant la toile, et il fut très-étonné lorsqu'en passant la main sur les parties qui, par la distribution de la lumière et des ombres, lui paraissaient rondes et inégales, il les trouva planes et unies comme le reste. Il demandait quel était donc le sens qui le trompait, si c'était la vue ou le toucher. On lui montra le portrait en miniature de son père, qui était peint sur la boîte de la montre que portait sa mère, et il dit qu'il reconnaissait bien l'image de son père; mais il demandait, avec un grand étonnement, comment il était possible qu'un visage aussi large pût tenir dans un si petit espace; que cela lui paraissait aussi impossible que de faire tenir un muid dans une pinte (1).

1231. La même opération faite par M. Grant à un aveugle âgé de vingt ans, a été suivie de circonstances semblables. Lorsque les yeux de ce jeune homme furent frappés pour la première fois des rayons de la lumière, on vit sur toute sa personne l'expression d'un ravissement extraordinaire. L'opérateur était devant lui avec ses instruments à la main, le jeune homme l'examina depuis la tête jusqu'aux pieds; il s'examinait ensuite lui-même, et semblait comparer sa propre figure avec celle qu'il avait devant les yeux : tout lui paraissait semblable excepté les mains, parce qu'il prenait les instruments du chirurgien pour des parties de ses mains. Il voulut faire un pas, et parut effrayé de tout ce qui était autour de lui. Il ne pouvait accorder les sensations qu'il éprouvait par la vue avec celles que les mêmes objets avaient produites en lui par l'intermède du tact, et ce ne fut que par degrés qu'il parvint à distin-

(1) La cataracte est une privation de la vue, occasionnée par l'opacité du cristallin. Pour rendre au malade la faculté de voir, on déplace le cristallin en l'abaissant ou en l'extrayant.

(1) Philosophic. Transact, n° 402.

guer et à reconnaître les formes, les couleurs et les distances (1).

Des illusions d'optique.

1232. Nous avons déjà eu occasion de parler des erreurs dans lesquelles nos yeux nous entraînent lorsque les objets sont hors du cercle de nos observations ordinaires, et nous avons vu que, dans ce cas, nous nous trompons également sur les grandeurs et les distances. Une autre cause qui contribue encore à nous en imposer, est la diversité des positions que prennent les corps à notre égard par une suite des mouvements qui les transportent dans l'espace, ou de ceux que nous faisons nous-mêmes. Les circonstances qui déterminent ces erreurs, que l'on a nommées *illusions d'optique*, sont extrêmement variées, la sphère qui les embrasse est immense; elles s'étendent jusqu'aux vastes corps qui se meuvent dans les espaces célestes, et l'hypothèse relative à leur influence sur la manière dont plusieurs phénomènes planétaires s'offrent à notre observation, est devenue la base d'une théorie qui ramène à une heureuse simplicité ces phénomènes si embarrassants pour ceux qui voulaient voir des réalités dans de pures apparences. Nous allons donner l'explication de certaines illusions choisies parmi celles qui nous sont le plus familières, ou qui méritent le mieux d'être remarquées.

Illusions produites par des objets immobiles.

1233. Il n'est personne qui, étant à l'une des extrémités d'une longue avenue, n'ait observé que les deux rangées d'arbres dont elle est composée paraissent converger l'une vers l'autre, au point de se toucher, si l'avenue s'étend assez loin pour cela; dans ce cas, les intervalles entre deux arbres correspondants sous-tendent des angles visuels qui vont toujours en diminuant, et finissent par être insensibles à une grande distance. Il en résulte que, sur le petit tableau qui est au fond de l'œil, les images des arbres sont situées sur deux lignes inclinées entre elles, et qui concourent en un point commun, ou, ce qui revient au même, les intervalles entre les images des arbres correspondants diminuent graduellement, de manière que le dernier intervalle est presque nul. Or, si nous supposons que les deux axes optiques se dirigent successivement vers différents arbres toujours plus éloignés, la variation de ces angles, et en même temps celle de l'impression de la distance, deviendra toujours moins sensible; et, par une suite nécessaire, l'impression de la grandeur, qui dépend ici de l'intervalle entre les arbres correspondants, sera tellement prédominante, qu'elle déterminera presque seule le type de la sensation, en sorte que deux lignes exactement parallèles s'offriront à nous sous l'aspect de deux lignes convergentes. C'est par une cause semblable que quand on est à l'entrée d'une longue galerie, le plafond paraît aller un peu en s'abaissant, et le parquet en s'élevant.

1234. S'il n'existe qu'un seul plan, qui soit situé, à l'égard de l'œil, de la même manière que l'un ou l'autre de ceux qui convergeaient dans le cas précédent, comme quand on est à l'une des extrémités d'une longue pièce d'eau, ce plan paraîtra encore se relever de plus en plus à mesure que ses parties seront plus éloignées du spectateur; car alors on compare ce plan à la ligne de niveau qui passerait par l'œil, et qui fait l'office d'un second plan, dont le premier semble se rapprocher par la diminution des angles visuels qui partent des points correspondants pris sur l'un et l'autre plan.

1235. Si le spectateur est au pied d'une haute tour dont il regarde le sommet, elle paraîtra pencher de son côté: car il compare la position de cette tour à une verticale qui passerait par l'œil; et ainsi cette ligne verticale et la hauteur de la tour sont deux parallèles qui doivent tendre en apparence à concourir vers le haut. Dans ces sortes de cas la ligne verticale et la ligne horizontale sont des espèces de limites idéales auxquelles l'œil rapporte les angles visuels dont un des côtés est toujours l'une ou l'autre de ces lignes, à peu près comme lorsqu'on veut estimer à l'œil l'inclinaison d'une ligne située dans l'espace, on la compare avec une horizontale ou une verticale imaginaire, qui passe par une des extrémités de la ligne donnée. — Lorsque nous nous trouvons à une certaine distance d'un terrain qui s'élève, il nous paraît plus long que dans le cas où il serait de niveau avec l'horizon; c'est ce qui est évident par la seule inspec-

(1) Gazette littéraire de l'Europe, 21 mars 1764.

tion de la *fig.* 78, où *mn* représente la position inclinée du terrain, et en même temps sa longueur; *mn'* celle qu'il aurait s'il était horizontal; et *nom*, *n'om* les angles visuels analogues aux deux positions.

1236. On pourra expliquer, d'après les mêmes principes, une multitude d'autres illusions d'optique qui se présentent tous les jours à un observateur tant soit peu attentif. Par exemple, s'il est situé vis-à-vis du milieu d'une longue ligne fort éloignée, il la verra s'infléchir à droite et à gauche, en sorte qu'elle lui paraîtra une portion de courbe dont l'axe passerait par son œil. S'il a devant lui un polygone régulier d'une certaine étendue, les côtés situés parallèlement à la surface de son corps lui sembleront plus grands que ceux qui sont obliques, et le polygone deviendra irrégulier en apparence. C'est une observation qu'il est facile de faire, et dont on peut varier à volonté les circonstances, en prenant diverses positions à l'égard du grand bassin des Tuileries.

Notion de la perspective.

1237. Ce que nous venons de dire nous conduit à quelques considérations générales sur la perspective. Le but de cette science est de représenter sur un plan des corps de toutes les formes. Or, si l'on conçoit, pour plus de simplicité, que le corps dont on se propose de tracer l'image soit terminé par des faces planes, les figures de ces faces différeront nécessairement dans l'image de ce qu'elles sont sur le corps même. Par exemple, si l'on veut représenter un cube, on pourra bien donner la figure d'un carré à l'une des faces de l'image; mais les deux faces adjacentes qui concourent avec la première à la formation d'un même angle solide, seront évidemment des quadrilatères d'une figure différente, puisque la somme des trois angles plans dont il s'agit, considérés dans l'image, doit être équivalente à quatre angles droits, tandis qu'elle n'en vaut que trois sur le solide. Malgré cette différence, on ne laisse pas de parvenir à un certain assortiment de lignes qui fait une sorte d'illusion, et offre à l'œil un portrait fidèle de l'objet original.—Pour concevoir la raison de cette illusion, supposons un cube situé dans l'espace, sous une position déterminée, relativement à l'œil du spectateur, et supposons de plus que le cube soit transparent. Il résulte de ce que nous avons dit sur la manière dont s'opère la vision, que les axes des différents pinceaux de la lumière envoyés par tous les points du cube, et qui sont les seules lignes dont nous ayons besoin ici, après s'être croisés dans le trou de la prunelle, formeront une espèce de petite pyramide dont la base reposera sur le fond de l'œil, où elle produira l'image du cube. Maintenant supposons entre l'œil et le cube un plan, ou tableau transparent, à travers lequel passent tous les axes qui vont des différents points du cube à cet œil, en y laissant leur empreinte, et imaginons qu'alors le cube disparaisse. L'image formée par l'ensemble des empreintes deviendra l'objet immédiat de la vision; et comme tous les points de cette image enverront à l'œil des rayons dirigés comme ceux qui partaient immédiatement du cube, la copie offerte par le tableau fera naître au fond de l'œil des impressions semblables à celles qu'avait produites la présence de l'objet original. Or cette copie est ce qu'on appelle la *perspective du cube*. On conçoit, d'après cela, comment cette copie dont tous les traits sont sur le passage des rayons qui proviendraient des différents points d'un cube, doit rendre ce solide aussi fidèlement que puisse le permettre le niveau du plan qui sert de toile au tableau. La géométrie fournit des règles pour tracer les lignes qui composent comme le dessin de ces sortes de portraits; et lorsqu'à ce dessin, qui a déjà par lui-même un caractère frappant de vérité, l'art de la peinture ajoute la distinction des ombres et de la lumière, et la magie du coloris, il résulte de ce concours une illusion à laquelle il ne semble manquer, pour être parfaite, que ce qu'il faut pour ménager à l'œil, en se faisant sentir, tout le plaisir de la surprise.

Cause de la grandeur que paraît avoir la lune à son lever.

1238. Une des illusions d'optique les plus remarquables, est celle qui nous fait juger la lune plus grande lorsqu'elle se lève, que quand elle est à une certaine hauteur au-dessus de l'horizon. Il n'est personne qui n'ait été frappé plus d'une fois du contraste que présente le diamètre de cet astre, comparé à lui-même, dans les deux circonstances dont nous venons de parler. Pour en concevoir la raison, il faut partir de ce principe, que nous voyons le ciel sous la forme d'une voûte très-surbaissée. Soit T (fig. 79) la moitié du globe terrestre élevée au-dessus de l'horizon *ux*; soit *uytx* la moitié du cercle que parcourt la lune par son mouvement diurne, et *acgb* la moitié correspondante de la courbe qui termine l'atmosphère (1): les différentes couches dont celle-ci est composée réfléchissent de préférence les rayons bleus de la lumière du soleil, et ces rayons, renvoyés vers nos yeux, nous font voir l'atmosphère de cette même couleur. La surface *acgb*, qui est comme la limite jusqu'où s'étendent toutes ces réflexions, devient ainsi à nos yeux comme une voûte à laquelle tous les astres semblent attachés. Supposons un observateur placé au point *o*, et menons par ce même point un plan *poi* parallèle à *ux*. Le spectateur, pour qui la courbure de la terre est insensible, sera dans le même cas que si ce plan existait réellement, et ainsi la voûte céleste se réduira dans son jugement à l'arc *dcge*, qui repose sur le même plan; d'où il suit qu'il verra les points extrêmes *d*, *e*, de cette voûte beaucoup plus éloignés que le point culminant *l*. D'une autre part, les objets qui sont interposés entre nous et la lune, lorsque cet astre est à l'horizon, contribuent encore à augmenter la distance apparente des points *d*, *e*, par rapport au spectateur (1229), et à diminuer la courbure qu'il attribuait à la voûte du ciel. Supposons que *flh* soit une coupe de cette voûte, telle que nous nous la représentons par l'effet des deux causes dont on vient de parler. Les arcs *pu*, *ix*, étant censés infiniment petits, à cause du grand éloignement où se trouve la lune à notre égard, le moment où son centre parvient en *u* peut être regardé, sans erreur sensible, comme celui de son lever. Le spectateur alors la voit sous l'angle *por*, et la rapporte en L à la distance *of*. Lorsque ensuite la lune est arrivée en *z*, c'est-à-dire, au méridien, le spectateur la voit encore sous le même angle *p'or'*, mais il la rapporte en *l*, c'est-à-dire, à un point situé beaucoup plus près de lui. Quoique l'image de la lune occupe toujours le même espace dans l'œil du spectateur, comme cet astre lui paraît à une plus petite distance, il le juge aussi plus petit, à peu près dans le rapport de la ligne *ol* à la ligne *of*, car alors les deux produits qui résultent de l'impression de la grandeur combinée avec celle de la distance (1226) ayant une quantité commune, qui est la première impression, sont en quelque sorte proportionnels à la seconde; et ainsi nous nous formons une idée des grandeurs réelles, d'après le rapport entre les distances apparentes.

1239. Malebranche, à qui l'on est redevable, au moins en grande partie, de cette explication, l'a vérifiée à l'aide d'une expérience simple et facile à faire; elle consiste à regarder la lune, lorsqu'elle est à l'horizon, à travers un verre enfumé. Dans ce cas, on ne la voit pas plus grande que quand elle est au méridien, pourvu que le verre soit si près de l'œil, qu'il éclipse entièrement tous les autres objets, et ne nous laisse aucun moyen d'estimer les distances (1).

Illusions produites par le mouvement.

1240. Une autre scène, non moins variée que la précédente, est celle que remplissent les illusions d'optique dont la source est dans le mouvement actuel des corps qui les font naître. Concevons d'abord un objet immobile, et un spectateur qui se meuve, par exemple, de gauche à droite, mais d'une manière insensible pour lui-même; l'objet, dans ce cas, se trouvant situé toujours plus à gauche par rapport au spectateur, l'œil de celui-ci recevra la même impression que si, étant immobile, il avait vu faire à l'objet un mouvement de droite à gauche : en général, lorsque nous faisons des mouvements sans nous en apercevoir, nous les rapportons en sens contraire aux objets qui nous environnent. Ainsi, lorsque nous sommes tranquilles sur un bateau qui se meut, nous voyons les arbres, les édifices et les autres objets venir à nous, passer devant nous, ou s'éloigner, suivant que le bateau est emporté par des mouvements opposés : c'est ce qu'un poète célèbre a exprimé

(1) On a représenté, pour plus de facilité, l'atmosphère plus étendue qu'elle ne l'est en effet; mais le véritable état des choses est à l'avantage de l'explication.

(1) Recherche de la Vérité, t. I, p. 127 et suiv.; et t. III, p. 159 et suiv.

d'une manière pittoresque, lorsqu'il fait dire au navigateur qui sort de la rade, que les terres et les villes s'éloignent de ses yeux (1).

1241. Supposons que le spectateur, se croyant toujours en repos, fasse un mouvement représenté par AB (fig. 80), tandis qu'un objet situé à une certaine distance parcourt *ab*. Dans cette hypothèse, A*f* sera le rayon visuel sur la direction duquel le spectateur verra l'objet au commencement du mouvement, et B*d* celui sur la direction duquel il le verra à la fin du mouvement. Donc si telles sont les positions relatives et les longueurs des lignes AB, *ab*, que les deux rayons visuels se croisent en quelque point *c*, l'objet paraîtra au spectateur avoir fait un mouvement de gauche à droite, ou de *f* vers *d*, c'est-à-dire, en sens contraire du mouvement réel qui a lieu suivant *ab*. Pour rendre cette explication plus sensible, nous pouvons supposer qu'au premier instant du mouvement le spectateur regardait l'objet situé en *a*, à l'aide d'une lunette dirigée suivant A*a*, il laisse ensuite cette lunette dans la même position pendant tout le temps du mouvement, en sorte que quand l'objet est arrivé en *b*, la lunette est dirigée suivant B*n* parallèle à la ligne A*a*. Pour voir alors de nouveau l'objet, le spectateur est obligé de mettre la lunette dans la position B*b*, c'est-à-dire, de la faire tourner de gauche à droite : ce qui lui fait juger que l'objet s'est mu dans le même sens.

1242. Concevons maintenant que le spectateur parcourt AB (fig. 81) tandis que l'objet fait le mouvement *ab* situé en sens contraire de AB. Si le spectateur était immobile, les rayons visuels relatifs aux deux termes extrêmes du mouvement de l'objet seraient A*af* et A*br*, en sorte que le spectateur jugerait de la grandeur de ce mouvement par l'ouverture de l'angle *b*A*a*. Mais parce que lui-même a parcouru AB, les deux rayons visuels seront A*f* et B*d*, et l'angle d'après lequel le spectateur estimera la grandeur du mouvement sera *dcf*, ou son égal A*c*B, plus grand que l'angle *b*A*c* qui aurait lieu dans le cas où le spectateur serait immobile, puisqu'il est égal à la somme des angles *b*A*c*+A*bc*. Donc le spectateur jugera le mouvement de l'objet plus rapide qu'il ne l'a été en effet, parce qu'en lui rapportant son propre mouvement le long de AB, suivant une direction BA qui est dans le même sens que celle du mouvement de l'objet, il lui attribue une accélération de vitesse qui lui est étrangère. Dans l'hypothèse où le spectateur emploierait encore ici une lunette pour regarder l'objet, cette lunette, d'abord dirigée suivant A*f*, ayant à la fin du mouvement une position suivant B*n* parallèle à A*f*, se détournerait en décrivant l'angle *n*B*d* beaucoup plus grand que l'angle *f*A*r*, qui aurait eu lieu si le spectateur fût resté immobile.

1243. Supposons enfin que le mouvement AB (fig. 82) du spectateur et le mouvement *ab* de l'objet aient lieu dans un même sens, et que les directions des deux lignes, suivant lesquelles ils se font, soient tellement combinées avec les temps employés à parcourir ces lignes, que les rayons visuels A*a*, B*b*, relatifs aux deux termes extrêmes du mouvement, et tous les autres rayons qui se rapportent aux points intermédiaires, soient sans cesse parallèles entre eux : alors l'objet paraîtra immobile au spectateur, qui s'imagine être lui-même en repos, et l'on conçoit aisément qu'il verrait constamment cet objet au bout d'une lunette qui resterait dans la même position. L'hypothèse d'un spectateur qui, ayant un mouvement insensible pour lui-même, le rapporte en sens contraire à des objets immobiles, a servi à expliquer le mouvement diurne apparent du soleil, en conséquence du mouvement réel qui fait tourner la terre autour de son axe; on peut déduire aussi du même principe l'explication du mouvement annuel que le soleil nous paraît avoir dans l'écliptique. Les autres hypothèses, relatives aux mouvements simultanés du spectateur et d'un objet qu'il a sous les yeux, ont fourni la véritable cause des dérangements apparents que présentent les mouvements périodiques des planètes, suivant que l'on croit voir ces astres ou rétrograder dans leurs orbites, ou accélérer leur vitesse, ou enfin rester stationnaires pendant un certain temps (1).

(1) Provehimur portu, terræque urbesque recedunt. Virgil., AEn., lib. III, v 72.

(1) Voyez l'explication développée de ces phénomènes, dans le Traité élémentaire d'Astronomie physique de M. Biot, p. 530.

1244. Lorsque nous courons en regardant un objet situé à une très-grande distance, et qui est sans mouvement, ou n'en a qu'un imperceptible pour nous, il nous semble que cet objet court avec nous et du même côté; c'est ce qui arrive, par exemple, lorsqu'en courant nous portons nos yeux vers la lune. Le rayon visuel, toujours dirigé vers cet astre, fait alors des angles si petits avec lui-même, à mesure qu'il change de position, à cause de l'immensité de la distance, que ses directions sont sensiblement parallèles entre elles, en sorte que la lune nous paraît se mouvoir sur l'extrémité de ce rayon; et comme nous avons le sentiment du mouvement que fait l'œil, d'où part le même rayon, nous en attribuons un semblable à la lune.

Phénomène de l'aberration.

Nous avons dit (1009) que le mouvement progressif de la lumière, combiné avec celui de la terre dans son orbite, avait fourni l'explication du phénomène appelé *aberration des étoiles*. Cette explication, qui ramène à une simple illusion d'optique le phénomène dont il s'agit, trouve ici naturellement sa place.

1245. On avait remarqué dans les étoiles fixes de petits mouvements que quelques astronomes avaient été tentés de regarder comme une apparence uniquement produite par le mouvement de la terre dans son orbite. Choisissons le cas le plus simple, qui est celui où l'étoile que nous prenons pour exemple serait située au pôle de l'écliptique, et supposons que la conjecture des astronomes dont nous venons de parler eût eu quelque fondement. Dans cette hypothèse, où l'observateur rapportera à l'étoile son propre mouvement insensible pour lui-même, il est clair que ses différents rayons visuels, dirigés constamment vers l'étoile, formeront un cône dont la base sera l'écliptique, et dont le sommet coïncidera avec l'étoile. Les mêmes rayons prolongés formeront au-dessus de l'étoile un second cône opposé au premier par son sommet, et l'observateur rapportant continuellement l'étoile sur la direction de leurs prolongements, croira voir cette étoile décrire dans le ciel un petit cercle, de manière que l'étoile lui paraîtra toujours dans le point de ce cercle diamétralement opposé au point de l'écliptique qu'il occupera lui-même. Mais les étoiles fixes sont à une si grande distance de la terre, que l'angle formé par deux rayons visuels qui, en partant des deux extrémités du diamètre de l'écliptique, iraient passer par un de ces astres, et que l'on appelle *angle de la parallaxe annuelle*, est d'une petitesse qui le rend inappréciable, en sorte que cette cause ne peut occasionner dans l'étoile aucune apparence sensible de mouvement : aussi le phénomène donné par les observations est-il tout différent; car l'étoile, au lieu de paraître dans la partie de son cercle annuel opposée à celle de l'écliptique dans laquelle se trouve l'observateur, est à 90° en deçà, de manière que l'étoile retarde toujours de ce même nombre de degrés par rapport au mouvement qu'elle aurait en vertu de la parallaxe. De plus, l'angle formé par le rayon visuel dirigé vers l'étoile, avec la ligne qui passe par le centre du cercle où est la véritable position de l'étoile, est de 20″, d'où il suit que le diamètre du cercle qu'elle paraît décrire dans le cours d'une année est de 40″.

1246. Bradley, qui avait observé avec beaucoup d'assiduité toutes les circonstances de ce mouvement apparent des étoiles fixes, découvrit enfin la véritable explication du phénomène, et l'idée qui la lui suggéra fut un de ces traits de génie qui font époque dans l'histoire des sciences. Mais avant d'exposer cette explication, il faut établir le principe qui lui sert de base. Supposons qu'un rayon de lumière, en partant du point radieux *a* (fig. 83), vienne frapper un œil situé en *m* suivant une direction *am*, et avec une vitesse représentée par cette ligne; supposons de plus qu'au moment où l'œil est frappé par ce rayon il se meuve lui-même suivant une direction *mf*, et représentons par *mn* l'espace qu'il parcourt dans chaque instant égal à celui que le rayon emploie à parcourir *am*. L'œil recevant en *m* le rayon *am*, le frappera lui-même avec l'intensité de sa propre vitesse mesurée par *mn*, et le spectateur s'imaginera recevoir l'impression d'un mouvement qui lui serait imprimé dans la direction opposée *nm*, avec une vitesse représentée par cette ligne; et l'on concevra, avec un peu d'attention, que cette impression apparente aurait encore lieu dans l'hypothèse où le rayon serait immobile dans l'espace. Mais, d'une autre part, l'œil reçoit réellement l'impression du mouvement qu'avait le rayon dans la direction *am;* d'où il suit que si l'on termine le parallélogramme *mnda*, les deux impressions se composeront de manière que l'œil sera dans le même cas que si le rayon de lumière était venu le frapper dans la direction de la diagonale *dm*. Concluons de là que l'œil verra le point radieux *a* sur cette même direction. Il résulte, de ce qui vient d'être dit, que que si la vitesse de nos mouvements ordinaires avait, avec celle de la lumière, un rapport appréciable, nous ne pourions aller et venir sans rapporter les objets environnants hors de leurs véritables positions. Mais comme, dans ce cas, la vitesse de la lumière est censée infinie relativement à la nôtre, l'angle *amd* étant infiniment petit, la diagonale *md* coïncide avec la direction réelle *am* de la lumière, et il n'en résulte aucun déplacement apparent de la part des objets.

1247. Il en est tout autrement du mouvement rapide par lequel la terre nous entraîne en parcourant son orbite annuelle, lorsque ce mouvement se combine avec celui de la lumière qui nous vient des étoiles. L'effet du double mouvement dont il s'agit est de faire voir les astres où ils ne sont pas et de produire ces apparences si heureusement expliquées par Bradley. — Soit *a* (fig. 84) le lieu vrai d'une étoile fixe que nous supposons toujours située au pôle de l'écliptique; soit *tnzm* la circonférence de ce cercle, et *n* le lieu du spectateur. Tandis que l'œil de celui-ci est frappé par un rayon *an* parti de l'étoile, il le frappe lui-même de manière qu'à l'égard du spectateur l'impression se transforme en celle qu'il recevrait si son œil était frappé dans la direction *rn*, qui coïncide avec la tangente au point *n*. Concevons que *an* et *nr* soient entre elles dans le même rapport que celui qui existe entre la vitesse de la lumière et la vitesse de la terre dans son orbite, et complétons le parallélogramme *anrc*. D'après ce que nous avons dit il n'y a qu'un instant, l'œil rapportera l'étoile sur la direction de la diagonale *nc*. Or, la vitesse de la lumière est à celle de la terre dans son orbite comme 10313 à l'unité; et si l'on calcule d'après ces données la valeur de l'angle *anc*, on la trouvera de 20″, conformément à l'observation. — Maintenant, si le mouvement de l'étoile pouvait être l'effet de la parallaxe, le spectateur placé en *n* rapporterait l'étoile sur la direction de la ligne *na*, d'où il suit qu'il verrait l'étoile dans la partie qui répond à *d* sur le diamètre correspondant du petit cercle annuel que l'étoile paraîtrait décrire dans le ciel; mais il la voit au contraire à l'extrémité *c* du diamètre qui coupe le précédent à angle droit. Le même effet se répétera pendant tout le mouvement du spectateur dans l'écliptique; et ainsi l'étoile, en parcourant son cercle d'aberration *gcdb*, est toujours, comme nous l'avons dit, en arrière de 90 degrés, relativement à la position qu'elle aurait si la parallaxe annuelle était la cause de ses déviations apparentes.

1248. Nous avons ramené le phénomène au cas le plus simple, qui est celui où l'étoile étant située au pôle de l'écliptique, tous les rayons qu'elle envoie au spectateur sont perpendiculaires sur la route de l'œil, en sorte que l'étoile paraît décrire un cercle, parce que la différence entre les deux diamètres de l'ellipse qui représente l'orbite de la terre peut être négligée dans le cas présent : alors la quantité de l'aberration est constamment de 20″. Les mouvements apparents des autres étoiles, qui ont des positions différentes, produisent des ellipses plus ou moins allongées, dans chacune desquelles la quantité de l'aberration augmente et diminue alternativement à mesure que l'étoile s'approche des extrémités du grand axe ou du petit axe de son ellipse. — L'explication que Bradley a donnée du phénomène dont il s'agit ici, en même temps qu'elle confirme la découverte du mouvement progressif de la lumière, ajoute aux preuves que l'on avait déjà du mouvement de la terre autour du soleil; et c'est ainsi que les vérités empruntent une nouvelle force des résultats qui nous les montrent enchaînées l'une à l'autre.

Du mirage.

1249. Les marins ont observé depuis long-temps que, dans certaines circonstances, les vaisseaux à la voile situés dans le lointain offrent, outre l'image ordinaire, qui est droite, une seconde image dont la position est renversée. Ils ont donné à ce phénomène le nom de *mirage*, que l'on a appliqué, par extension, à un autre phénomène qui a lieu à la surface de la terre et embrasse un champ beaucoup plus étendu. — Il appartenait au célèbre Monge, qui avait souvent été témoin de ce dernier phénomène pendant son séjour en Egypte, d'en dévoiler la véritable cause, en nous la montrant dans la réflexion des rayons lumineux sur la surface invisible d'une couche d'air située près de la terre. A l'aide de cette cause, tout ce que le phénomène semblait avoir d'extraordinaire vient se ranger parmi les effets connus des lois de la lumière. Nous avons puisé tout ce que nous allons dire sur ce sujet dans l'excellent mémoire où il l'a décrit et en a donné une explication aussi simple que satisfaisante. Nous reviendrons ensuite au premier phénomène qui est produit par une action différente de la même cause.

1250. M. Monge remarque d'abord que la production du phénomène dont il s'agit exige que l'on soit dans une grande plaine à peu près de niveau; que cette plaine se prolonge jusqu'aux limites de l'horizon; et que, par son exposition au soleil, elle soit susceptible d'acquérir un haut degré de chaleur. Ces diverses circonstances se trouvent réunies dans le terrain de la Basse-Egypte.

1251. Voici maintenant à quels traits on reconnaît le phénomène. L'espace dans lequel il se montre, et qui auparavant offrait de toutes parts aux yeux un sol aride jusqu'à une certaine distance, paraît terminé à environ une lieue par une inondation générale. Les villages qu'elle environne ressemblent à des îles placées au milieu d'un grand lac. On voit sous chacun d'eux son image renversée, telle qu'on la verrait sur une surface d'eau réfléchissante située en avant. Seulement, comme cette image est éloignée, les petits détails échappent à la vue et l'on ne voit distinctement que les masses; de plus, les bords de l'image renversée sont un peu incertains et tels qu'ils s'offriraient à la vue si l'eau supposée éprouvait une légère agitation.

1252. A mesure qu'on approche d'un village placé dans l'inondation, le bord de l'eau apparente s'éloigne, le lac se rétrécit, il finit par disparaître, et le phénomène qui cesse pour ce village se reproduit pour un autre village que l'on découvre au delà. — Les voyageurs qui, après un long et pénible trajet dans un terrain desséché, aperçoivent le phénomène et s'imaginent toucher au moment d'étancher la soif qui les dévore, sont bientôt détrompés lorsqu'à mesure qu'ils se hâtent d'arriver à l'objet de leurs espérances, ils le voient fuir devant eux et reconnaissent qu'ils poursuivent un fantôme.

1253. Pour en venir maintenant à la théorie du phénomène, rappelons-nous que quand la lumière passe d'un milieu dans un autre qui est plus rare, sous un angle d'incidence qui va toujours en diminuant, il y a un terme où, l'angle de réfraction étant droit, la direction du rayon réfracté coïncide avec la surface de contact des deux milieux, en sorte qu'au delà de ce terme le même rayon se relève au-dessus de cette surface en faisant avec elle un angle de réflexion égal à l'angle d'incidence (1045). Tel est le principe d'où part M. Monge, et dont il déduit l'explication suivante.

1254. Vers le milieu du jour et pendant la grande ardeur du soleil, les rayons de cet astre, en tombant sur la surface du sol, qui bientôt sera le théâtre du phénomène, l'échauffent au point que la couche d'air en contact avec elle parvient à une température très-élevée; cette couche se dilate, sa densité devient sensiblement plus petite que celle de la couche qui repose sur elle. Les rayons qui arrivent des parties basses du ciel et qui, après avoir pénétré la couche dense, forment avec la surface supérieure de la couche dilatée des angles assez petits pour qu'au lieu de passer dans cette couche ils soient réfléchis par la même surface, conformément au principe énoncé plus haut, vont porter à un œil placé dans la couche dense l'image renversée des parties du ciel dont nous avons parlé, et que l'on voit alors au-dessous du véritable horizon.

1255. Dans ce cas, si rien n'avertit l'observateur de son erreur, comme l'image des parties inférieures de la voûte du ciel, vue par réflexion, est à peu près du même éclat que celle qui est vue directement, elle semble être un prolongement de celle-ci, qui se présente sous la figure d'un arc dont la concavité est tournée vers le spectateur, en sorte qu'il juge les limites de l'horizon et plus basses et plus voisines de lui qu'elles ne le sont en effet. Mais si quelques objets terrestres, tels que des arbres, des villages et des monticules, lui fournissent des alignements pour voir les choses sous leur véritable aspect, comme la surface de l'eau, lorsque le rayon visuel fait un petit angle avec elle, n'est ordinairement apparente qu'à la faveur de l'image du ciel qu'elle réfléchit, la surface de l'air qui offre une reproduction de la même image se transforme aux yeux du spectateur en celle d'une eau reflechissante.

1256. Les villages et les arbres situés à une distance convenable du phénomène, en interceptant une partie des rayons qui viennent des régions basses du ciel, occasionnent dans son image des vides qui sont aussitôt remplis par des images renversées que font naître des mêmes objets les rayons qu'ils envoient vers la surface de l'air.

1257. C'est lorsque la densité et l'épaisseur de la couche dilatée de ce fluide sont constantes, et que la température de la couche supérieure se maintient au même degré, que le phénomène devient susceptible d'offrir ce qu'il y a dans sa manière d'être de plus propre à exciter la surprise du spectateur, qui est d'avoir l'air de fuir à son approche. Pour bien concevoir ce qui fait varier ainsi sa position apparente, soit *mn* (fig. 85) une ligne prise sur la surface réfléchissante, *bg* une partie du ciel située dans le même plan vertical, *ocn* le plus grand angle sous lequel les rayons puissent se réfléchir par la surface dont il s'agit, et *acm* l'angle d'incidence correspondant. L'œil du spectateur, que nous supposons placé en *o*, verra l'image du point *a* sur la direction prolongée du rayon *rc*, et cette image coïncidera avec l'un des points où commence le phénomène relativement à la position actuelle du spectateur. Toutes les autres images, par exemple celle du point *z*, étant produites par des rayons dont l'angle d'incidence *zym* et l'angle de réflexion *ryn* sont plus petits que les précédents, appartiendront à des parties de l'inondation situées au dela du fond où elle prend naissance.

1258. Supposons maintenant que l'observateur fasse un mouvement en avant, de manière que son œil se trouve transporté en *o'*. L'angle qui répond au maximum d'inclinaison de la lumière réfléchie étant déterminé et constant, l'œil verra sur la direction *lp* parallèle à *rc* l'image d'un autre point *s* tellement situé que l'angle d'incidence *spm*, et par suite l'angle de réflexion *lpn*, seront égaux aux premiers. Or, cette image coïncide, comme la précédente, avec un des points où commence maintenant le phénomène pour l'observateur : donc, le mouvement que l'œil de celui-ci a fait de *o* en *o'* a produit dans le point dont il s'agit un mouvemeet égal mesuré par *as*, suivant la même direction. On pourra appliquer le même raisonnement à toutes les positions ultérieures que prendra successivement le spectateur ; d'où l'on conclura qu'il doit voir le bord de l'inondation situé de son côté reculer sans cesse avec une vitesse égale à la sienne, et ne plus lui laisser apercevoir qu'un sol desséché aux endroits qu'elle semblait baigner. Si, de plus, le spectateur s'avance vers un village situé dans le même espace, le bord de l'inondation doit lui paraître d'abord se rapprocher de ce village, ensuite l'atteindre, et bientôt après se transporter au delà.

1259. Il est facile de déduire de l'explication précédente celle du mirage en mer, dont la cause est seulement un peu différente et agit absolument de la même manière. Nous commencerons par observer que comme l'eau de la mer permet aux rayons lumineux de pénétrer dans son intérieur jusqu'à une certaine profondeur, sa surface, en restant exposée au soleil, ne s'échauffe pas à beaucoup près autant que le ferait un sol aride dans la même circonstance, et ainsi elle ne peut communiquer à la couche d'air qui repose sur elle qu'une température peu élevée, mais l'évaporation y supplée. La quantité de calorique renfermée dans l'eau elle-même, quoique peu considérable, suffit pour convertir les molécules aqueuses en contact avec la couche d'air dont il s'agit en une vapeur qui s'y introduit et en diminue la pesanteur spécifique. La surface de cette même couche devient alors susceptible de réfléchir les rayons lumineux sous l'angle d'où dépend la production du mirage : aussi toute la différence entre ce dernier phénomène et le mirage qu'on observe à la terre consiste en ce que, dans celui-ci, la diminution de pesanteur spécifique que subit l'air est produite par l'effort qu'exerce immédiatement le calorique, en vertu de son seul ressort, pour écarter les molécules de cet air, au lieu que celui qui a lieu dans l'autre effet résulte de l'union du calorique avec les molécules de l'eau, sous la forme d'un fluide élastique qui est la cause de la dilatation de l'air.

5. *De la vision aidée par l'art.*

1260. Nous avons remarqué, en parlant des sons, la finesse de tact de l'oreille pour les démêler les uns des autres lorsqu'ils sont comme fondus ensemble dans une même harmonie. Rien ne paraissait plus admirable que cette espèce de discernement de l'oreille; mais nous n'avions pas encore parlé de l'œil. Représentons-nous cet organe en présence d'une scène vaste et parsemée d'objets de toutes les grandeurs, de toutes les formes, de toutes les teintes : cette scène se transporte tout entière, dans un instant indivisible, au fond de l'œil sur un espace incomparablement plus petit qu'un seul des objets qu'elle embrasse, et les rayons qui, pour remplir ce message, viennent de tous les objets, disons mieux, de tous les points de chaque objet, passent en foule et comme pêle-mêle par l'ouverture beaucoup plus petite encore de la prunelle, sans que leur harmonie en soit altérée : l'œil, à son tour, sans aucune confusion, saisit dans cet ensemble immense, tous les détails dont chacun forme seul un ensemble : il les isole ou les groupe à son gré; et tandis que l'oreille, frappée en même temps par un trop grand nombre de voix, n'entend plus que du bruit, l'œil, au milieu de tous ces langages divers que tant d'objets semblent lui parler, distingue ce que chacun d'eux veut lui dire, et le contraste même que forment les mouvements des uns avec l'immobilité des autres ne trouble point cette espèce de commerce. Change-t-il lui-même de position, se tourne-t-il d'un autre côté, nouvelle scène, nouveau concours d'impressions variées, toujours également nettes et distinctes : tout a changé pour lui, mais il est encore le même. — Tel est l'organe de la vue, lorsque seul, et sans aucun secours étranger, il exerce ses facultés naturelles. Il nous reste à exposer ce qu'ont fait les arts pour étendre encore sa puissance et lui procurer de nouvelles manières de voir.

Des effets de la lumière régulièrement réfléchie, relativement à la vision.

Nous avons expliqué (1152 et suiv.) de quelle manière les rayons de la lumière, réfléchis par les surfaces plus ou moins raboteuses des objets ordinaires, nous en font apercevoir les formes et les couleurs. Mais lorsque la réflexion se fait régulièrement à la surface des corps polis, auxquels on a donné le nom de *miroirs*, les rayons renvoyés par ces surfaces se dirigent vers nos yeux, comme s'ils partaient des différents points d'un objet imaginaire qui se présente à cet organe avec tous les caractères de la réalité. Nous allons examiner successivement les propriétés dont jouissent les miroirs plans, les miroirs concaves et les miroirs convexes.

Du miroir plan.

1261. Si nous supposons un point radieux situé vis-à-vis d'un miroir plan, il est d'abord évident que ce point envoie de toutes parts des rayons divergents sur la surface de ce miroir. Tous ces rayons sont repoussés de manière qu'ils font leur angle de réflexion égal à l'angle d'incidence. Concevons maintenant un œil situé en présence du même miroir. Parmi les rayons réfléchis suivant une infinité de directions différentes, il y en aura un certain nombre qui se dirigeront vers le trou de la prunelle par lequel ils passeront, et l'on pourra considérer leur ensemble comme un cône tronqué, dont la plus grande base serait égale au cercle de la prunelle, et dont la plus petite base reposerait sur la surface du miroir. Or, cette dernière base est commune au cône dont il s'agit, et à un autre cône composé de rayons envoyés par le point radieux; mais la réflexion n'a fait autre chose que plier les rayons, elle n'en a point dérangé les positions respectives : d'où il suit qu'ils arrivent à l'œil précisément dans le même ordre et avec le même degré de divergence que s'ils venaient immédiatement d'un point imaginaire situé à l'endroit où concourraient les rayons qui forment le cône tronqué, s'ils étaient prolongés derrière le miroir. L'œil sera donc affecté comme si ces prolongements étaient réels; car l'impression qu'il reçoit dépend uniquement de la direction du mouvement qu'ont les rayons à l'instant où ils arrivent; tout le reste se passe comme à son insu; et parce qu'il a l'habitude de rapporter les objets à quelque point de la ligne droite suivant laquelle les rayons viennent le frapper, il verra au sommet imaginaire du cône qui est entré par la prunelle une image du point radieux qui produira en lui la même illusion que si ce point avait été transporté tout à coup derrière le miroir.

— De plus, il est facile de concevoir que l'image sera placée au delà du miroir à la même distance où l'objet se trouve en deçà, puisque le cône imaginaire qui aboutit à cette image est égal et semblable au cône réel qui part de l'objet, et qu'il fait le même angle avec la surface du miroir. — On saisira encore mieux cette explication à l'aide de la *fig.* 86, où AB représente une ligne prise sur la surface d'un miroir plan, R le point radieux, *sRt* le cône de rayons qui, après avoir été réfléchi en *st*, se dirige vers l'œil situé en *o*, et lui fait voir l'image du point radieux à l'endroit *r* du concours imaginaire des rayons *ms*, *nt*, et de tous les rayons intermédiaires (1).

1262. Au lieu d'un simple point radieux, plaçons devant le miroir un objet étendu dans les trois dimensions ; les résultats de la lumière réfléchie seront encore les mêmes que ceux de la lumière directe ; c'est-à-dire que l'œil verra derrière le miroir une image égale et semblable à l'objet, et tellement située, que tous les points qui se correspondront sur l'un et l'autre seront aux mêmes distances au delà et en deçà du miroir. — On jugera aisément que tous les gestes que fait un homme devant un miroir sont répétés en sens contraire par son image ; et de là vient que quand nous voulons exécuter, à l'aide du miroir, des mouvements qui exigent que nous nous voyions nous-mêmes, nous avons besoin d'un certain exercice pour éviter de nous laisser séduire par cette imitation trompeuse. — Nous ne pouvons voir dans un miroir qu'une partie de nous-mêmes, dont la hauteur soit double de celle du miroir ; car la hauteur de l'image représente la base d'un triangle, dont les côtés sont ceux de l'angle visuel qui sous-tend cette hauteur ; et, dans le même cas, la hauteur du miroir représente une ligne qui coupe le triangle parallèlement à sa base. Or, cette ligne divise chaque rayon visuel en deux parties égales, puisque le miroir est également éloigné de l'image et de l'œil ; d'où il suit que la ligne dont il s'agit est égale à la moitié de la base du triangle. Donc la hauteur du miroir est aussi la moitié de celle de l'image, et en même temps de la partie de notre corps, laquelle est représentée de grandeur naturelle par cette image.

1263. Étant données la distance de l'œil au miroir et les hauteurs du miroir et de l'objet, on peut facilement déterminer à quelle distance du miroir il faudrait placer l'objet pour l'y voir tout entier dans une position parallèle à celle du miroir ; car, supposant la chose faite, et employant la même construction que ci-dessus (1262), on concevra que le miroir intercepte sur le triangle, dont la base est la hauteur de l'image, et dont les côtés sont ceux de l'angle visuel, un triangle plus petit, qui, ayant pour base la hauteur même du miroir, est semblable au grand triangle. On aura donc cette analogie : la base du petit triangle, ou la hauteur du miroir, est à la base du grand triangle, ou à la hauteur soit de l'image, soit de l'objet, comme la hauteur du petit triangle, ou la distance de l'œil au miroir, est à la hauteur du grand triangle, ou à la distance de l'œil à l'image. Les trois premiers termes de la proportion étant connus, on trouvera facilement le quatrième, qui est égal à la distance de l'œil au miroir, plus à

(1) Si le miroir est métallique, on doit concevoir que, parmi les rayons partis du point R, les uns sont réfléchis au contact de l'air et de la surface AB, tandis que les autres, après avoir pénétré la petite épaisseur des molécules situées près de cette même surface, subissent sur leur base intérieure une réflexion qui les renvoie vers la base opposée, d'où ils repassent dans l'air environnant (1166). Il en résulte que l'œil reçoit deux images du point radieux, mais qui se confondent sensiblement à cause de la distance presque infiniment petite entre les deux surfaces réfléchissantes. A l'avenir nous ne distinguerons pas les deux réflexions dont nous venons de parler, et nous supposerons, pour plus de simplicité, que l'image principale soit celle qui provient des rayons réfléchis sur la surface du miroir, quoique ce soit réellement celle que produisent les rayons qui ont pénétré les molécules métalliques situées au même endroit.

Si le miroir est une glace étamée, il y a trois réflexions ; la première au contact de la surface antérieure de la glace et de l'air, une seconde au contact de sa surface postérieure et de l'amalgame, et la troisième sur les bases intérieures des molécules métalliques. Mais les deux dernières réflexions sont censées coïncider de même sur les directians communes, et nous nous exprimerons comme s'il n'existait que celle qui a lieu à la surface de l'amalgame.

celle du miroir à l'image ; d'où il suit qu'en retranchant du quatrième terme la distance de l'œil au miroir, qui est donnée, on aura la distance du miroir à l'image, la même que celle de l'objet au miroir. Par exemple, si la hauteur du miroir est de 1 mètre 6 et celle de l'objet de 2 mètres 4, et si la distance entre l'œil et le miroir est de 4 mètres, on trouvera 6 mètres pour la distance de l'œil à l'image, d'où ayant retranché 4 mètres, qui donnent la distance de l'œil au miroir, on aura 2 mètres pour la distance à laquelle il faudrait placer l'objet, à l'égard du miroir, pour l'y voir tout entier.

1264. Quand l'objet se meut devant le miroir en s'avançant ou en reculant, l'image fait autant de chemin que lui derrière le miroir ; mais si c'est le miroir même qui s'approche ou s'éloigne de l'objet, l'image fera une fois plus de chemin que lui. Supposons, par exemple, que le miroir recule d'un mètre devant l'objet ; si l'image ne reculait que d'une égale quantité, sa distance à l'égard du miroir se trouverait encore la même, et ainsi elle serait moindre d'un mètre que celle de l'objet au miroir. Il faut donc que l'image parcoure deux mètres pour qu'il y ait toujours de part et d'autre égalité de distance.

1265. Il résulte de ce qui vient d'être dit, que si l'objet est dans une position verticale, et que le miroir s'incline de 45 degrés à l'horizon, la position de l'image deviendra horizontale, puisqu'il faudra que chaque point de la hauteur de cette image, qui était d'abord située verticalement, ait décrit un arc de 90 degrés, ce qui ne peut avoir lieu sans que la même image ne paraisse parallèle à l'horizon. On voit par là pourquoi les mouvements des images qui se peignent dans l'eau sont beaucoup plus sensibles que les agitations du liquide.

1266. Une autre observation qui est relative aux images à l'égard desquelles l'eau fait l'office de miroir, c'est qu'en général elles sont faibles et comme simplement ébauchées, parce qu'elles ne sont produites que par la réflexion des rayons qui échappent à la puissance réfractive de l'eau (1045). Cependant, lorsque nous sommes sur le bord d'un lac tranquille, les rayons, qui, en partant des arbres et des édifices situés sur le bord opposé, sont réfléchis vers nos yeux par la surface de l'eau, étant très-obliques, et par là même beaucoup plus abondants, nous font voir les images de ces objets éloignés beaucoup plus nettement que nous ne voyons celles des objets semblables qui sont près de nous sur le même bord.

1267. La réflexion partielle dont nous venons de parler a également lieu pour les miroirs de glace ; et de là vient que ces miroirs donnent deux images distinctes de chaque objet, dont l'une est produite par les rayons qui se réfléchissent sur la surface antérieure de la glace, et l'autre par les rayons qui, après avoir pénétré l'épaisseur de la glace, se réfléchissent au contact de la surface postérieure et de l'amalgame métallique dont elle est enduite. Cette dernière image est beaucoup plus vive que l'autre, en sorte qu'elle attire seule l'attention dans les cas ordinaires. Mais, si l'on présente la tête d'une épingle à une petite distance de la glace, et que l'on donne au rayon visuel un certain degré d'obliquité, on apercevra très-sensiblement l'image réfléchie par la surface antérieure de la glace, et il y aura même telle inclinaison où elle sera vue plus distinctement que celle qui provient de la surface postérieure.

1268. D'après ce qui a été dit plus haut (1261), l'image dont nous venons de parler est vue derrière la surface antérieure de la glace à la même distance où le point radieux est situé en deçà. Il en est autrement de l'autre image à l'égard de laquelle les deux distances correspondantes sont nécessairement inégales. C'est ce qu'il sera aisé de concevoir à l'aide de la construction que présente la figure 87. Soit f le point radieux, O le lieu de l'œil, et soient AB, DC les surfaces des deux glaces. Menons la ligne fp perpendiculairement sur ces surfaces. Les rayons incidents fk, fx, qui, après s'être réfléchis sur la surface AB, parviendront à l'œil suivant des directions kl, zx, lui feront voir l'image du point radieux au point de concours u de leurs prolongements situé sur la perpendiculaire fp, de manière que Au sera égale à Af, conformément à ce qui précède.

1269. Maintenant, parmi tous les autres cônes qui ont leurs sommets en f, il y en aura un qui sera situé de manière que les rayons fg, fh, qui coïncident avec deux apothèmes opposés pris sur sa surface (1), se réfracteront dans

(1) On s'est borné ici à représenter ces

la glace, l'un de g en e, l'autre de h en n, ensuite se réfléchiront de e en x, et de n en m vers la surface supérieure, et enfin repasseront dans l'air, où ils subiront une nouvelle réfraction qui les enverra vers l'œil, suivant les directions xl, mz.

1270. Supposons à présent que le cône de rayons partis du point f aille se réfléchir immédiatement sur la surface postérieure DC, comme si l'autre n'existait pas. L'axe de ce cône prendra la direction ft, qui tombe entre les points e, n, en s'abaissant au-dessous de celle que suit l'axe du cône gfh, qui se rapporte à l'état réel des choses. Les mêmes positions relatives auront lieu à l'égard des rayons refléchis provenus du cône auquel appartient l'axe ft, et des rayons xl, mz, qui tirent leur origine du cône gfh; d'où l'on conclura que les deux réfractions qu'ont subies ceux dont ce cône est l'assemblage, tendent à relever la position de l'image principale au-dessus de celle qu'elle aurait dans le cas d'une réflexion immédiate sur la surface DC.

1271. Une autre différence entre les effets des rayons qui donnent les deux images, consiste en ce que ceux qui sortent de la glace suivant les directions xl, mz, et tous les autres compris entre eux, ne sont pas distribués dans le même ordre que s'ils provenaient de la réflexion immédiate qu'auraient subie sur la surface AB ceux d'un cône qui serait parti du point f, en sorte que leur assemblage pût être considéré comme le prolongement de ce cône. Les directions de ces rayons dépendent de la réfraction de ceux qui ont passé de la glace dans l'air environnant. Or, l'effet de cette réfraction est de les disperser de manière qu'étant prolongés au delà des points s, m, ils ne concourent plus en un point commun situé sur la ligne fp. Mais ce point se trouve remplacé par un autre, qui est comme le centre d'action de toutes les molécules lumineuses, comprises dans l'ensemble des rayons, et il se forme à l'endroit de ce centre un foyer virtuel qui donne naissance à l'image principale. Le point dont il s'agit est analogue à celui qu'on a nommé *point d'irradiation*, et dont nous donnerons la notion lorsque nous traiterons de la réfraction dans les milieux terminés par des surfaces planes.

---

rayons, parce qu'ils suffisent pour l'intelligence de l'explication du phénomène.

1272. La petite dispersion que subissent les rayons réfractés à leur passage de la glace dans l'air environnant, tend à rapprocher de l'œil le foyer virtuel dont nous venons de parler, en sorte que l'image, au lieu de se trouver en p sur la perpendiculaire qui passe par le point radieux f, coïncide avec un point tel que y, situé en deçà de cette verticale. Il en résule qu'elle paraît à la fois plus voisine de la surface inférieure de la glace, que si elle provenait immédiatement de la réflexion, et plus voisine de l'œil que l'autre image située au point u. C'est effectivement ce qu'on observe lorsqu'on examine attentivement les positions des deux images, surtout si l'on augmente convenablement l'obliquité du rayon visuel à l'égard de la glace. Nous n'avons fait connaître que le premier degré et le plus sensible d'un phénomène dont l'étendue est en quelque sorte illimitée. Pour le prouver, nous allons reprendre l'explication précédente, en y ajoutant de nouveaux détails qui la rendront plus complète en elle même, et dont nous nous servirons pour suivre à l'aide de la théorie, la marche progressive du phénomène au delà du terme où s'arrête l'observation.

1273. Si l'on se sert, dans l'expérience que nous avons citée, d'une bougie allumée, et que l'on tienne toujours l'œil tres-incliné, alors, au lieu de deux images de la flamme, on en verra cinq ou six placées à peu près sur une même ligne, les unes derrière les autres, et qui paraîtront toujours plus faibles à mesure qu'elles seront plus reculées derrière le miroir. Pour expliquer cet effet, supposons de nouveau que AB, DC (fig. 88) représentent les deux surfaces du miroir, que r soit un des points radieux qui composent la flamme de la bougie, et qu'il y ait un œil situé en o. Du point r il part un faisceau de rayons qui se dirige suivant re, et dont une partie em, qui est dans un accès de facile transmission (1151), pénètre la glace, tandis qu'une autre partie qui se trouve dans un accès de facile réflexion (*ibid.*), étant repoussée suivant eh, est perdue pour l'œil. La partie em, après s'être réfléchie au contact de la glace et de l'amalgame, arrive au point u; et si les deux surfaces du miroir étaient parfaitement parallèles, cette partie se trouverait tout entière dans un accès de facile transmission (1167); mais comme on ne peut pas supposer que le parallélisme soit rigoureux dans tous les points correspondants des deux surfaces du miroir, il suffit qu'il y ait, dans le petit espace situé autour de *u*, et sur lequel tombe le faisceau de rayons *mu*, quelques points qui donnent une unité de plus ou de moins dans l'intervalle correspondant, pour qu'une partie des mêmes rayons soit réfléchie de nouveau suivant *uy*, tandis que l'autre, après s'être réfractée dans l'air, se dirigera suivant *uo*, et fera voir à l'œil une image du point radieux, située sur la direction *ou*. Un second faisceau *rx* se sous-divise de même, au point *x*, en deux parties, dont l'une *xz* pénètre la glace, et l'autre *xo*, qui est réfléchie à la surface antérieure, va rencontrer l'œil, et lui fait voir une seconde image du point radieux, située sur la direction *ox*, et qui est plus faible que la première lorsque les rayons qui en portent à l'œil l'impression, font, avec la surface d'un miroir, un angle un peu considérable, parce que dans ce cas le nombre de ceux qui subissent la réfraction est beaucoup plus grand que le nombre de ceux qui échappent à son action. Les deux images que l'on aperçoit lorsque l'on place une épingle à une petite distance de la glace, sont analogues à celles dont nous venons de parler; mais un troisième faisceau suit la route *ragltno*, de manière que chaque fois qu'il rencontre la surface antérieure de la glace, il s'y sous-divise de même en deux parties, dont l'une est réfractée et l'autre réfléchie; et telle est ici sa position, qu'abrès avoir subi deux réflexions en *g* et en *t*, au contact de la glace et de l'amalgame, il arrive à l'œil, et lui fait voir une troisième image située sur la direction *on* et moins sensible que les deux précédentes. En considérant attentivement la figure, on se fera une idée des réfractions et des réflexions partielles qui ont lieu aux différents points d'immersion des rayons partis du point radieux. On conçoit qu'il doit y avoir d'autres faisceaux qui, après avoir subi dans l'intérieur de la glace trois réflexions, quatre réflexions, etc., iront peindre au fond de l'œil de nouvelles images du point radieux, mais qui s'affaibliront de plus en plus à mesure que les réflexions et réfractions qui ne concourent pas à l'effet auront dérobé successivement aux différents faisceaux une plus grande partie des rayons dont ils étaient primitivement composés. Or, comme à proportion que les rayons ont plus de détours à faire entre les deux surfaces de la glace, il est nécessaire que leur incidence ait lieu sur des points *e*, *a*, etc., situés toujours plus en arrière à l'égard de l'œil, et que leur émergence se fasse par des points, *u*, *n*, situés toujours plus en avant, leur inclinaison sur la glace diminuera à proportion, et chaque faisceau partiel de rayons émergents fera voir l'image qui lui appartient à une plus grande distance derrière la glace, que l'image précédente.

1274-75. Les jugements que nous portons sur les grandeurs et les distances des images que nous offre un miroir plan, sont les mêmes que si les objets n'avaient fait que changer de position, et se transporter aux endroits où concourent les rayons repoussés vers l'œil par la surface réfléchissante; et comme la vision dans les miroirs n'a qu'un champ d'une médiocre étendue, l'image d'un objet, à mesure qu'elle s'éloigne par une suite des mouvements que fait l'objet lui-même, conserve sa grandeur dans nos idées, parce que nous tenons compte en même temps de l'augmentation de distance.

Du miroir concave.

1276. Le miroir concave, qui va nous occuper maintenant, produit des effets très-particuliers, dont quelques-uns semblent tenir du prestige. Sous un certain point de vue, l'image paraît droite et située derrière le miroir, mais très-amplifiée, et en même temps plus éloignée que ne l'est l'objet en avant. Vient-on à éloigner par degrés cet objet du miroir, l'image disparaît d'abord, ou ne présente plus qu'un assemblage confus de lumière et de couleurs; mais tout à coup, à une plus grande distance, l'image, reprenant sa forme, se renverse, et sort du miroir en allant vers le spectateur; et suivant les mouvements que fait l'objet, elle le touche ou se place à côté de lui : on dirait que l'objet lui-même a doublé son existence.

1277. Pour expliquer ces différents effets, concevons que *bnm* (fig. 89) représente une portion de la circonférence d'un des grands cercles d'un miroir concave sphérique, et que R soit un point radieux situé dans le plan de ce cercle, et pris au-dessus du centre *c* : tous les rayons incidents R*d*, R*h*, R*f*, etc., qu'il faut supposer infiniment rapprochés, se réfléchiront du côté de l'axe R*n*, de manière que les rayons réfléchis s'entrecouperont, savoir *dr* et *ht* au point *r*, *ht* et *fg* au point *t*, *fg* et *og* au point *g* situé sur l'axe. Or, à mesure que les rayons incidents sont plus près de l'axe, les angles d'incidence de deux rayons voisins diffèrent moins entre eux, parce que les petits arcs qui avoisinent l'axe, tels que *no*, *of*, varient très-peu dans leurs inclinaisons par rapport à l'axe; d'où il suit que les rayons incidents qui répondent à ces petits arcs font avec eux des angles à peu près égaux tandis qu'à une certaine distance, telle que *d*, les inclinaisons des petits arcs éprouvant des variations très-sensibles, à cause que la courbe se relève rapidement en cet endroit, les angles d'incidence doivent varier eux-mêmes dans un grand rapport. Donc aussi les rayons réfléchis par les arcs voisins de l'axe feront entre eux des angles qui varieront très-lentement, et par conséquent il y aura toujours un certain nombre de ces rayons qui se couperont dans un très-petit espace situé vers g, sur l'axe de la courbe. Nous avons déjà remarqué (1022) que cet espace considéré comme un point, est ce qu'on appelle le *foyer* des rayons partis de R. On voit ici une nouvelle application du principe, que les quantités qui approchent de leur limite varient par de très-petites différences (1085), en sorte qu'il y a toujours un certain espace où l'on peut les supposer à peu près constantes, et où leurs actions se condensent en quelque sorte. Dans le cas présent, la limite est l'incidence qui a lieu dans la direction de l'axe *cn*.

Idée des caustiques par réflexion.

1278. Si l'on conçoit une courbe *ayg*, à l'égard de laquelle les rayons réfléchis soient autant de tangentes, cette courbe se nomme *caustique par réflexion;* et il est évident qu'il s'en formera de l'autre côté de l'axe une seconde *gs* semblable à la première, et qui la coupera au foyer *g*.

1279. Si le point radieux R s'écarte du point *n*, les caustiques se rapprocheront de la circonférence *bnm;* car alors les angles d'incidence, et par une suite nécessaire les angles de réflexion, se trouvant diminués, chaque rayon réfléchi, tel que *hr*, se rejettera davantage du côté de l'arc *hn*, et par conséquent tous ces rayons s'entrecouperont dans des points moins éloignés de la circonférence *bnm*.

1280. Supposons que le point radieux soit à une distance infinie de *n;* dans ce cas, le foyer *g* se trouvera précisément au milieu du rayon *cn*. Nous avons déterminé géométriquement (1021) la position de ce point que l'on appelle le *foyer des rayons parallèles*, parce qu'à une distance infinie, les rayons incidents qui avoisinent l'axe deviennent sensiblement parallèles. Au contraire, à mesure que le point radieux s'approchera du centre, les caustiques s'écarteront de la circonférence *bnm;* et lorsque le point radieux sera parvenu au centre, alors tous les rayons incidents se réfléchissant sur eux-mêmes, les caustiques se réduiront à un point unique qui se confondra avec le centre *c*.

1281. Si le point radieux descend ensuite au-dessous du centre, les caustiques s'élèveront au-dessus, de manière qu'elles formeront toujours des angles plus petits avec l'axe, aux endroits où elles s'entrecouperont; et lorsque le point radieux sera arrivé au milieu du rayon *cn*, les rayons réfléchis les plus voisins de l'axe devenant parallèles (1021), les caustiques se sépareront et s'étendront à l'infini par leurs parties supérieures. Le point radieux continuant de descendre, les rayons réfléchis se trouveront dans deux cas différents; car, d'une part, les angles d'incidence des rayons *ro*, *ri*, etc. (fig. 90), jusqu'à un certain terme, se faisant sur des arcs peu inclinés à l'axe, les rayons réfléchis analogues *oδ*, *iε*, au lieu de s'entrecouper, divergeront entre eux (1); d'où il suit que si on les prolonge en dessous de l'arc *bnm*, ce seront leurs prolongements qui se couperont, en formant une nouvelle caustique aux endroits *p*, *z*, etc. D'une autre part, les angles d'incidence des rayons suivants *rk*, *rx*, etc., ayant lieu sur des arcs qui se relèvent rapidement, les rayons réfléchis correspondants se rejetteront les uns vers les autres, et s'entrecouperont de manière à former la caustique *μωφ* plus ou moins éloignée de celle qui lui correspond de

(1) Les rayons incidents sont à peu près dans le même cas, par rapport à l'arc *ni*, que s'ils tombaient sur un miroir plan.

l'autre côté de l'axe, au lieu que les caustiques produites en dessous de l'arc *bnm* auront en *p* un point d'intersection.

1282. La caustique $\mu\omega\varphi$ descendra vers l'arc *bnm*, à mesure que le point *r* se rapprochera lui-même de cet arc; car alors les angles d'incidence des rayons *rk*, *rx*, etc., devenant toujours plus petits, les rayons réfléchis $k\delta$, $x\zeta$, feront eux-mêmes avec l'arc *km* des angles qui iront toujours en diminuant, et par conséquent ils s'inclineront de plus en plus vers le bas, et leurs intersections se feront plus près de l'arc *bnm*. Ce que nous disons ici de cet arc peut également s'appliquer à tout autre qui ferait partie de la surface concave du miroir.

1283. Voici maintenant les conséquences qui résultent de toutes ces différentes positions, relativement aux images produites par les miroirs concaves. Soit RAR′ (fig. 91) un objet placé en présence d'un miroir concave, entre le centre *c* et le foyer des rayons parallèles. Si par les extrémités R, R′, on mène les axes *ncx*, *n′cx′*, les cônes de lumière qui partent de ces mêmes extrémités, suivant des directions très-voisines de R′*n*, R′*n′*, se réfléchiront de manière que leurs foyers seront quelque part en *r*, *r′*, sur les parties des axes situées en dessus du centre *c* (1022); et comme ce que nous disons ici des extrémités de l'objet s'applique également à tous les autres points, l'ensemble de tous les foyers produira une image *rar′* de cet objet, qui sera renversée, par une suite de ce que les axes se croisent au centre. Si l'on suppose au contraire que *rar′* soit l'objet, RAR′ deviendra l'image. Mais ces sortes d'images sont perdues pour l'œil du spectateur. Car, dans le cas où RAR′ est l'objet, cet œil ne pourrait voir l'image, qu'en se plaçant quelque part en *o*, dans l'espace situé au-dessus d'elle. Mais il serait nécessaire alors que les prolongements *rx′* *r′x′* des rayons qui passent par les extrémités de l'image, au lieu d'être divergents, convergeassent suivant des directions *ro*, *r′o*, qui allassent se croiser dans la prunelle. Et si l'on conçoit que *rar′* soit l'objet, on retombe dans la même difficulté, car il est évident que, dans aucun cas, le spectateur ne pourra placer sa tête entre l'objet et l'image, sans intercepter les rayons qui vont de l'un à l'autre.

1284. On peut cependant apercevoir l'image lorsqu'elle est située derrière l'objet, comme *rr′*. Mais il faut la recevoir sur un plan où cette image, se trouvant dans le même cas que si elle avait été peinte, devienne visible à l'aide des cônes de rayons que ces différents points envoient vers l'œil. Cette expérience réussit assez bien lorsque l'objet RAR′ est une petite lame transparente de verre coloré, qui, donnant un passage aux rayons réfléchis, leur permet de parvenir en *r*, *r′*, où est situé un carton blanc sur lequel l'œil voit l'image, en se plaçant de côté, dans une position inférieure à celle du carton.

Images ordinaires.

1285. Avant d'expliquer la manière dont l'œil aperçoit immédiatement les images produites par le miroir concave, nous remarquerons que l'on peut raisonner de chacun des points *r*, *t*, etc. (*fig.* 89), à peu près comme du poing *g*, situé sur l'axe, où il fait la fonction de foyer, par rapport aux rayons partis de R, qui forment de très-petits angles avec le même axe; c'est-à dire qu'il y a aussi autour du point *t*, par exemple, un très-petit espace dans lequel se réunissent, après leur réflexion, les rayons qui se meuvent du point R vers le miroir, dans des directions très-voisines de celles des rayons R*f* et R*o*, en sorte que chaque point de la caustique devient aussi comme un foyer d'un ordre inférieur, dans lequel les rayons concentrent assez leur activité, pour que l'ensemble de leurs prolongements affecte l'œil d'une manière sensible.

1286. Cela posé, supposons d'abord que l'objet soit ce même point radieux R, que la figure représente placé au-dessus du centre. Dans toutes les positions où l'œil pourra voir l'image, il la rapportera à quelque point de l'une des caustiques *ag* et *gr* : par exemple, s'il est situé de manière que les rayons réfléchis *ht*, *ft* (*fig.* 92), après s'être croisés en *t*, aient le petit degré de divergence convenable relativement à la position de l'œil en O, cet œil verra l'image en *t*, c'est-à-dire entre le miroir et le centre *c*.

1287. Si le point R (*fig.* 89) est placé dans ce centre, alors l'image se confondra avec l'objet et sera comme absorbée par lui, de sorte qu'en quelque endroit que l'œil soit situé, il ne pourra apercevoir l'image. Par une raison semblable, si l'œil lui-même occupe le centre, l'image du point situé quelque part que ce soit sera invisible pour lui, et il ne pourra apercevoir que sa propre image, qui sera fort confuse, et couvrira toute la surface du miroir.

1288. Dans toutes les positions du point R entre le centre et le foyer des rayons parallèles, l'image paraîtra toujours devant le miroir, mais elle sera au-dessus du centre, puisque alors les caustiques sont elles-mêmes plus élevées que ce centre.

1289. L'image sera très-confuse lorsque le point R se trouvera précisément au foyer des rayons parallèles, parce que ces rayons seront mêlés avec ceux qui, plus éloignés de l'axe, convergeront vers l'œil, et auront ainsi des positions respectives contraires à celles qu'exige la netteté de la vision.

1290. Concevons enfin que le point r (*fig.* 90) descende au dessous du foyer des rayons parallèles : alors, suivant les différentes positions de l'œil, l'image paraîtra ou par-devant le miroir, ou par derrière, ou bien l'œil la verra en même temps des deux côtés de la surface du miroir; car si cet organe ne peut recevoir que des rayons réfléchis, tels que $o\delta$, $i\varepsilon$, qui divergent entre eux en partant du miroir, l'image sera vue seulement par derrière au point de concours z de ces rayons prolongés, et parce que les rayons $o\delta$, $i\varepsilon$, divergent moins que les rayons incidents ro, ri dont ils proviennent, il est clair que op sera plus grand que or, et iz plus grand que ri; d'où il suit que l'image paraîtra à une plus grande distance derrière le miroir que celle où est situé l'objet en avant. — Si, au contraire, l'œil n'est à portée que de recevoir des rayons convergents, tels que $l\omega$, $k\omega$, prolongés au delà de leur point de concours ω, en sorte que le diamètre de la prunelle occupe la distance $\delta\lambda$, l'image paraîtra dans ce même point ω. — Enfin si l'œil est placé vers le point ε, de manière que la prunelle puisse donner en même temps accès à des rayons qui appartiennent aux deux caustiques $\mu\ \omega\ \varphi$ et pz, il verra une image du point lumineux par-devant le miroir, et une seconde par derrière : et comme chaque caustique a son analogue de l'autre côté de l'axe, il pourra arriver que le spectateur voie l'image quadruple avec les deux yeux (1).

1291. Au lieu d'un simple point radieux, supposons un objet qui ait quelque étendue, et ne considérons que les rayons qui partent des extrémités de cet objet. Tout ce que nous avons dit du point r pourra s'appliquer à chacune de ces mêmes extrémités, ainsi qu'à tous les points intermédiaires. — Lorsque l'image sera vue derrière le miroir, elle paraîtra amplifiée et toujours droite; car alors le miroir concave ne diffère du miroir plan qu'en ce qu'il rend plus convergents vers l'œil les deux côtés de l'angle visuel qui sous-tend la grandeur de l'image, ce qui ne change rien à la situation de cette image, et en augmente seulement l'étendue. L'image, dans le même cas, paraîtra plus éloignée du miroir par derrière, que ne le sera l'objet en avant, puisqu'alors on pourra raisonner de chaque point de l'objet, comme nous avons fait (1290) par rapport à un seul point radieux. Enfin, on conçoit que l'image doit être déformée, puisque ses différents points ne peuvent avoir les mêmes positions respectives que les points correspondants de l'objet, comme cela a lieu quand on se sert d'un miroir plan.

1292. Une singularité des phénomènes que nous venons d'exposer, est qu'à mesure que l'objet s'approche du miroir, la distance apparente de l'image derrière le miroir augmente en même temps que la grandeur de cette image, en sorte qu'il arrive la même chose à cette image qu'à un objet dont les dimensions s'accroîtraient, tandis que cet objet s'éloignerait de nous; et ainsi, au lieu que, dans la vision ordinaire, nous jugeons toujours l'objet de la même grandeur, lorsqu'il recule devant nous, parce qu'en estimant l'augmentation de distance, nous rectifions l'erreur que la diminution de l'image au fond de l'œil pourrait occasionner dans le jugement que nous portons sur la grandeur réelle, ici, au contraire, où la distance et la grandeur de l'image croissent en même temps, la grandeur jugée doit aussi s'accroître dans un rapport considérable, puisque, en

(1) Pour que ces différents effets aient lieu, il est nécessaire que le miroir forme une portion un peu considérable de la sphère à laquelle il appartient.

supposant que la distance apparente restât la même, il suffirait que l'image augmentât dans ses dimensions, pour nous la faire juger effectivement plus grande.

1293. Lorque l'objet est au-dessus du foyer des rayons parallèles, auquel cas l'image est vue par-devant le miroir, cette image est toujours renversée. Pour en concevoir la raison, il suffit de considérer qu'en même temps que le point radieux R (*fig.* 89) descend vers le miroir, jusqu'au foyer des rayons parallèles, les caustiques s'écartent au contraire du miroir. Or, on peut considérer deux points radieux situés l'un au-dessus de l'autre, comme les extrémités antérieure et postérieure d'un même objet. Donc la caustique qui produira l'image de l'extrémité antérieure, ou de celle qui est plus près du miroir, sera à une plus grande distance de ce miroir que la caustique relative à l'extrémité postérieure : d'où il suit que l'image entière sera elle-même située en sens contraire de l'objet.

1294. Mais pour mieux saisir la raison de ce renversement, supposons que R (*fig* 93) étant un point radieux, il y ait un œil situé en *o*, de manière que R*z* soit l'axe du pinceau de rayons incidents, et *zo* celui du pinceau de rayons réfléchis, à l'aide desquels l'œil voit l'image *r* du point R sur la caustique *ag*. Concevons que l'axe R*n* fasse un mouvement vers la droite, en tournant sur le centre *c*, pour prendre la position R'*n'*, la caustique suivra ce mouvement, sans changer de situation relativement à l'axe, et l'œil verra l'image du point R' à quelque endroit *r'* de cette caustique *a'g'* ; c'est-à-dire à l'endroit où elle sera touchée par l'axe *z'o* du pinceau de rayons réfléchis, provenant de l'incidence R'*z'* ; d'où il est aisé de juger que l'image du point radieux a fait un mouvement en sens contraire de celui de ce même point. Donc si l'on suppose que R, R' soient les deux extrémités d'une flèche, la position de l'image *rr'* de cette flèche sera renversée; et l'on conçoit en même temps que ce renversement tient à ce que les axes Rz, R'z' des pinceaux de rayons incidents se croisent en un point *x*, avant de rencontrer le miroir, ce qui n'a pas lieu lorsque l'image est vue sans renversement.

1295. A l'égard du jugement que nous portons sur la grandeur de l'image, comme il dépend principalement du rapport entre les angles sous lesquels l'œil voit l'objet et l'image elle-même, il varie suivant les différentes distances qui séparent l'œil de l'un et de l'autre. En général, lorsque l'objet est plus voisin de l'œil que le lieu de l'image, il paraît plus grand qu'elle, et au contraire c'est la grandeur de l'image qui l'emporte, lorsque celle-ci est vue à une plus petite distance. Entre les deux effets inverses, il y a un terme où l'image paraît égale à l'objet.

1296. Supposons maintenant l'objet placé au-dessous du foyer des rayons parallèles, et l'œil dans une des positions où il voit l'image par-devant le miroir : dans ce cas l'image sera droite; car nous avons vu qu'alors le mouvement des caustiques se faisait dans le même sens que celui du point radieux (1282), tandis que ce point s'approchait du miroir. Il en résulte que les parties antérieure et postérieure de l'image auront la même position, relativement au miroir, que les parties correspondantes de l'objet, et ainsi l'image entière sera tournée du même côté de l'objet. — Dans ce même cas, l'image sera plus grande que l'objet, parce que les axes des pinceaux de rayons incidents, qui partent des extrémités de l'objet, ne s'étant pas croisés avant d'arriver au miroir, cette circonstance les rend beaucoup plus susceptibles de converger après la réflexion, et augmente dans un rapport très-sensible la grandeur de l'angle sous lequel l'image est aperçue.

1297. Cette image paraît sur le côté du miroir, comme il est facile d'en juger par la position de la caustique μ ω φ (*fig.* 90), et des autres qui concourent à la formation de cette image. Au contraire, on peut toujours se placer de manière à apercevoir, dans l'espace qui répond au milieu du miroir, les objets situés au-dessus du foyer des rayons parallèles, et ce sont aussi ces dernières images qui produisent l'illusion la plus séduisante. On peut tellement disposer le miroir et l'objet, qui sera, par exemple, un bouquet de fleurs, que tous les deux étant masqués par quelque corps étranger, ceux qui entrent dans l'appartement n'aperçoivent que l'autre bouquet produit par la lumière réfléchie, et soient bientôt surpris de sa disparition lorsqu'en s'avançant vers lui, ils s'écartent de la position sous laquelle il était visible pour eux.

Usage des miroirs concaves dans les instruments d'optique.

1298. Les miroirs concaves sont employés dans la construction de plusieurs télescopes, dont nous donnerons une idée dans la suite. On préfère ceux de métal, qui n'offrent jamais qu'une seule image de l'objet, et on le fait communément au moyen de différents alliages, dont le choix et les rapports de quantité sont tels, que la surface du métal mélangé est blanche, et par là même disposée à réfléchir abondamment la lumière. Mais ces miroirs sont sujets à se ternir, et le cèdent de beaucoup, sous ce rapport, à ceux de platine, dont le poli est à l'abri des impressions de l'air. D'une autre part, on avait cru que le pouvoir réfléchissant de ces derniers l'emportait, toutes choses égales d'ailleurs, sur celui des miroirs ordinaires. Mais des expériences comparatives, faites avec beaucoup de soin par M. Arago, à l'Observatoire royal, ont prouvé qu'à cet égard le platine avait une infériorité sensible. Peut-être la différence provient-elle de ce qu'on est obligé d'allier d'abord le platine avec de l'arsenic, qui, tandis qu'ensuite on le fait évaporer, à l'aide de la chaleur, laisse le même métal criblé d'une infinité de pores qui occasionnent autant de petites pertes de lumière réfléchie. Depuis un certain temps, on est dans l'usage de substituer, pour la construction des télescopes, des verres achromatiques (1) aux miroirs de platine, et personne n'a obtenu un succès plus marqué dans l'exécution de ces verres que M. Lerebours, artiste si avantageusement connu par les nombreux services que les instruments d'optique sortis de ses mains ont rendus en France à l'astronomie et à la marine. — Pour que les miroirs métalliques remplissent le but de l'observateur, il faut que leur forme, qui est une portion de sphère, soit travaillée avec une grande précision, et que leur poli soit très-parfait, sans quoi ils rendent les images confuses en absorbant une grande quantité de rayons. La difficulté de réunir ces conditions avait fait penser à Newton que les miroirs de verre étamés méritaient la préférence lorsqu'ils étaient construits avec soin (1); mais le succès n'a pas répondu à l'attente de ce célèbre géomètre, et l'on ne se sert guère aujourd'hui que de miroirs métalliques ou de verre pour les instruments dans lesquels l'effet de la réflexion se combine avec celui de la réfraction.

Usage des mêmes miroirs pour exciter la combustion.

1299. Lorsque les rayons du soleil qui arrivent à nous dans des directions peu différentes du parallélisme tombent sur la surface d'un miroir concave, de manière que celui qui part du centre de l'astre se confond avec l'axe de ce miroir, la réflexion les fait coïncider à peu près au foyer des rayons parallèles; là leurs actions concentrées excitent dans les corps qui s'y trouvent exposés une chaleur assez puissante pour enflammer ces corps, les fondre, ou les vitrifier, suivant les différentes natures des mêmes corps. C'est ce qui a fait donner à cette espèce de miroir le nom de *miroir ardent.*

1300. Un corps enflammé, situé en présence d'un miroir concave, envoie aussi vers la surface de ce miroir des rayons qui, après leur réflexion, se réunissent en un foyer commun; mais outre qu'ils ont par eux-mêmes beaucoup moins d'énergie que les rayons solaires, il résulte, de leur divergence sensible, que ceux qui tombent très-près de l'axe, sont beaucoup moins condensés dans un espace donné, ce qui ôte au foyer une grande partie de son activité. On peut déterminer leur incidence à se faire suivant des directions parallèles, en employant deux miroirs, dont le diamètre soit d'environ 40 centimètres (15 pouces) et dont telle soit la courbure, que la distance entre le foyer et la surface réfléchissante se trouve aussi à peu près de 40 centimètres. On élève ces miroirs verticalement, de manière que leurs concavités se regardent, et on peut les éloigner l'un de l'autre de 10 mètres (30 pieds) ou davantage. On place au foyer de l'un un charbon allumé, dont on entretient l'ardeur par un souffle bien égal, dirigé du côté qui est situé vers le miroir. Les rayons qui tombent sur ce miroir devenant parallèles après

(1) Nous donnerons dans la suite la théorie de ces sortes de verres.

(1) Optice lucis, lib. 1, pars 1, propos. 7.

leur réflexion, rencontrent sous ces mêmes directions la surface de l'autre miroir, où une seconde réflexion les fait concourir au foyer des rayons parallèles, en sorte qu'ils deviennent assez actifs pour allumer un morceau d'amadou, ou des grains de poudre à canon, que l'on présente à ce foyer.

1301. Le Père Kirker a imaginé le premier de substituer à un miroir concave plusieurs miroirs plans, tellement disposés, que les rayons du soleil réfléchis sur leurs surfaces convergeassent vers un même point. Il n'employa que cinq de ces miroirs, en les plaçant de manière que le concours des rayons se faisait à plus de 32 mètres 5 (100 pieds) de distance, et il trouva que la chaleur y était presque insupportable. « Or, ajoute ce physicien, si cinq miroirs produisent un si grand effet, que ne feront pas cent ou mille miroirs arrangés de la même manière! la chaleur qu'ils exciteront sera si violente, qu'elle brûlera tout, et réduira tout en cendres (1). »

1302. Plusieurs physiciens ont entrepris depuis des expériences dirigées vers le même but; mais l'espèce de miroir polygone exécuté au Jardin des Plantes en 1747, d'après l'idée qu'en avait conçue le célèbre Buffon, efface tout ce que l'on avait tenté jusqu'alors en ce genre, soit par la grandeur des effets, soit par l'ordonnance ingénieuse de la construction (2). Ce miroir était composé de cent soixante-huit glaces étamées, susceptibles de se mouvoir en tout sens, de manière que l'on était le maître de les fixer à différents degrés d'inclinaison; il en résultait que l'on pouvait donner à l'ensemble une forme plus ou moins concave, et porter le foyer à différentes distances. Ce miroir brûlait le bois à 65 mètres (200 pieds), fondait les métaux à 14 mètres 5 (45 pieds), et son auteur était persuadé qu'en multipliant les glaces on pourrait produire les mêmes effets à une distance beaucoup plus grande.

1303. On lit dans les anciennes histoires, qu'Archimède mit le feu aux vaisseaux des Romains en se servant de miroirs ardents. Plusieurs physiciens ont traité ce récit de fabuleux, d'après le peu d'apparence que le savant syracusain eût pu construire des miroirs concaves d'une assez grande étendue pour que leurs foyers parvinssent à la distance où devait se trouver la flotte romaine. Mais le fait n'a plus rien d'impossible, si l'on suppose qu'Archimède ait employé les actions combinées de plusieurs miroirs plans; et ce célèbre géomètre avait donné d'ailleurs des preuves plus que suffisantes, qu'il était capable de concevoir une pareille idée.

(1) Kirker, Ars magna lucis et umbræ, lib. x, p. 888.

(2) Buffon, Histoire Naturelle, édition in-12, 1774; Supplément, t. II, p. 141 et suiv.

Du miroir convexe.

1304. Les effets du miroir convexe sont beaucoup moins variés que ceux du miroir concave; ils se réduisent à faire voir l'image derrière le miroir plus petite que l'objet et plus voisine de la surface réfléchissante. C'est l'inverse de ce qui a lieu lorsque l'image est vue aussi derrière le miroir concave; mais, dans le même cas, les deux miroirs s'accordent à présenter l'image dans une position droite. Soit *bnm* (fig. 94) une partie de la circonférence d'un des grands cercles du miroir convexe, et R un point radieux placé dans le plan de ce cercle. Si l'on suppose que les rayons réfléchis qui appartiennent aux rayons incidents R*n*, R*o*, R*f*, etc., se prolongent derrière la surface du miroir jusqu'à ce que chacun soit coupé par le suivant, les intersections *g*, *r*, *p*, etc. de ces rayons produiront une caustique *gs* située du même côté de l'axe, et il s'en formera une seconde *ga* toute semblable du côté opposé, en sorte que les deux caustiques se couperont dans un point *g* situé sur l'axe. A mesure que le point radieux s'éloignera ou s'approchera de l'arc *bnm*, les caustiques elles-mêmes s'en éloigneront ou s'en approcheront par des mouvements contraires; et si le point radieux est supposé à une distance infinie, le point g où se coupent les caustiques sera situé au milieu du rayon *cn*; d'où il suit que c'est à ce même endroit que se trouve le foyer des rayons parallèles.

1305. Si l'observateur a son œil situé dans le plan de l'arc *bnm*, cet œil verra l'image du point radieux dans quelque point de l'une ou l'autre caustique : par exemple, si telle est la position de l'œil que les rayons R*f*, R*h*, après s'être réfléchis suivant les lignes *fx*, *hu*, parviennent à la prunelle, l'image sera vue au point de concours *p* de ces mêmes lignes prolongées derrière le miroir.

1306. L'image paraîtra toujours plus près du miroir que l'objet ; car, à cause de la propriété qu'a le miroir convexe d'occasionner en général une tendance des rayons vers la divergence (1024), il est évident que les rayons réfléchis divergeront plus entre eux que les rayons incidents, ce qui rapprochera leur point de concours imaginaire de la surface du miroir. On peut tirer la même conséquence de ce que le point *g* dans lequel se coupent les caustiques, et qui présente l'image du point radieux, lorsque l'œil est placé sur l'axe *c*R, ne parcourt que la moitié du rayon *nc*, tandis que le point radieux s'éloigne jusqu'à une distance infinie du miroir. Si nous substituons à un simple point un objet d'une certaine étendue, son image sera vue de même derrière le miroir, à une moindre distance que celle où est placé l'objet par-devant : en même temps elle paraîtra droite ; car, supposons que l'axe *c*R, en restant fixe par son extrémité *c*, fasse un mouvement qui ait lieu, par exemple, de gauche à droite, en entraînant avec lui le point radieux R, il est évident que le mouvement de la caustique *gs* se fera dans le même sens : donc, si l'on suppose un objet dont les deux extrémités correspondent, l'une au point R, tel qu'on le voit sur la figure, l'autre à l'endroit où le même point a été transporté par le mouvement de l'axe, l'image de cet objet sera située derrière le miroir, dans une position semblable à celle que l'objet occupe lui-même par-devant ; et ainsi le miroir, à cet égard, ne différera pas du miroir plan, qui représente les objets dans leur véritable situation.

1307. Enfin l'image comparée à l'objet paraîtra rétrécie dans toutes ses dimensions ; car l'effet de la réflexion sur les surfaces convexes étant de diminuer la convergence des rayons, il en résulte que les côtés de l'angle visuel sous lequel l'œil aperçoit l'image, convergent moins que ceux de l'angle sous lequel il verrait l'objet à la même distance ; et ainsi l'ouverture de l'angle et en même temps la grandeur apparente de l'objet doivent être diminuées. Ici se présente une observation qui est en quelque sorte l'inverse de celle que nous avons faite en parlant des miroirs concaves (1294). La distance et la grandeur apparente ayant diminué à la fois, la grandeur jugée doit être de même plus petite.

Miroirs cylindriques ou coniques.

1308. On fait aussi des miroirs en forme de cylindre ou de cône, dont les effets sont piquants pour la curiosité. On place leur base au milieu d'un dessin qui ne présente que des traits irréguliers, des espèces d'énigmes pour l'œil, dont le mot est dans le miroir même, où l'on aperçoit la figure régulière de quelque objet familier. La géométrie fournit des règles pour combiner les traits du dessin avec la courbure du miroir, de manière qu'il en résulte l'effet qu'on se propose. Comme le miroir représente les objets autres qu'ils ne sont, on profite de son infidélité même pour lui donner une image vicieuse à rectifier.

Des effets de la lumière réfractée relativement à la vision.

1309. Les progrès de la dioptrique ou de la science des rayons réfractés, dont nous allons maintenant nous occuper, ont été beaucoup plus lents que ceux de la catoptrique, qui a pour objet la lumière réfléchie. La loi fondamentale de cette dernière science, qui consiste dans l'égalité des angles d'incidence et de réflexion, devait, par sa seule simplicité, se présenter plus aisément ; et il y a tout lieu de présumer qu'Euclide, qui l'a appliquée aux effets des miroirs dans son *Traité d'optique*, n'avait fait que profiter des connaissances établies depuis long-temps dans l'école platonicienne, dont il suivait la doctrine. La loi à laquelle est soumise la réfraction de la lumière était encore inconnue, lorsque, vers la fin du treizième siècle, un Florentin nommé *Salvino degl' Armati* inventa les lunettes à lire, découverte admirable, à l'aide de laquelle l'œil, plus prompt à vieillir que les autres organes, retrouve tout à coup des années qui semblaient perdues sans retour. On attribue la première ébauche du télescope aux enfants d'un lunetier de Middelbourg en Zelande, qui, s'étant avisés de disposer entre leurs doigts deux verres de lunette l'un derrière l'autre, firent remarquer à leur père que les objets vus par l'intermède de ces verres paraissaient beaucoup plus gros qu'à la vue simple. Le lunetier, frappé de cet effet singulier, imita, par une construction plus commode, le modèle que ses enfants venaient de lui présenter. D'autres artistes de la même ville s'appliquèrent à perfectionner cet instrument, qui porta d'abord le nom de *lunette de Hollande*.

1310. Mais pour tirer du télescope tous les avantages qu'il semblait promettre, il fallait connaître la loi de la réfraction. Kepler la chercha inutilement, mais il trouva, par l'observation, une espèce de règle qui était au moins un à-peu-près, et qui lui apprit que l'on pouvait substituer un oculaire convexe à l'oculaire concave que l'on avait employé jusqu'alors. Scheiner et Rheita enchérirent sur cette amélioration, et le dernier parvint à une combinaison de verres lenticulaires qui réunissait divers avantages à celui de redresser les objets que l'on voyait renversés avec un seul oculaire. Enfin Snellius, géomètre hollandais, détermina la loi fondamentale de la dioptrique, qui, d'après la manière dont il l'envisageait, consiste en ce que les cosécantes des angles d'incidence et de réfraction sont en rapport constant. Descartes substitua à ce rapport celui des sinus dont il est l'inverse, et qui présente la même loi sous une forme plus simple; muni de ce résultat, il fit de savantes recherches sur les courbes les plus propres à concentrer dans un même point les rayons devenus convergents par la réfraction. Mais la difficulté d'exécuter des verres dont la forme fût assujettie aux lois de ces courbes, a fait revenir à la figure sphérique, en sorte que la science a plus gagné que l'art aux travaux de Descartes sur la dioptrique. Barrow, auquel avait été réservée la gloire de servir de maître à Newton, si cependant Newton a eu besoin de maître, a publié sur la même science un ouvrage estimé, dans lequel il éclaircit plusieurs points qui n'avaient encore été traités qu'imparfaitement (1). La pratique, trop négligée jusqu'alors, fit de grands progrès entre les mains d'Huyghens, et l'art de tailler les verres lui doit une grande partie de sa perfection.

1311-12. Newton, qui avait expliqué si heureusement la loi de la réfraction par l'attraction du milieu réfringent, a aussi développé les principes de la dioptrique dans un ouvrage particulier (2), et a imaginé une espèce de télescope qui porte son nom, dans lequel il combinait les effets des verres convexes avec ceux du miroir concave. Mais il n'avait proposé cette construction que parce qu'il regardait comme impossible de détruire un défaut frappant qu'ont les télescopes et les lunettes ordinaires, qui est de décomposer la lumière comme le fait le prisme, et de produire ces franges de fausses couleurs dont les objets paraissent bordés, lorsqu'on les regarde au travers des instruments dont il s'agit. Newton fut conduit à cette conséquence par une autre qu'il se pressa trop de tirer d'une expérience dont nous parlerons dans la suite, expérience simple et facile à faire, dont le véritable résultat échappa à son attention. Pendant près d'un demi-siècle on ne pensa point à la répéter, tant il était difficile de démêler une erreur perdue dans une foule de vérités importantes. Enfin, une expérience faite par Dollond, célèbre opticien anglais, dans les circonstances convenables pour la rendre décisive, et qui offrait un résultat opposé à celui de Newton, donna naissance aux lunettes achromatiques, dont nous ferons l'histoire dans un plus grand détail, lorsque nous y serons conduit par la suite des matières que nous avons à traiter; et cette découverte ouvrit une nouvelle carrière au génie des plus illustres géomètres et aux talents des plus habiles artistes. Nous parlerons successivement des effets de la réfraction dans les milieux terminés par des faces planes, et dans ceux dont les faces sont curvilignes; et, après avoir considéré les effets des verres simples, nous exposerons ceux des instruments dans lesquels on combine entre eux, soit des verres courbes et des miroirs, soit seulement des verres sans miroirs.

De la réfraction simple dans les milieux terminés par des faces planes.

1313. Soit *a* (fig. 95) un point radieux pris dans un milieu quelconque terminé par la surface *ef*, et qui envoie vers cette surface des rayons dans une infinité de directions différentes. Supposons que *an* représente un de ces rayons et que *nt* soit le rayon réfracté, lequel se rapprochera de la perpendiculaire *nx*, si le milieu situé au-dessus de *ef* est plus dense que celui qui est en dessous, ou s'en écartera (fig. 96) dans le cas

(1) Lectiones Opticæ et Geometricæ; Londini, 1674.

(2) Opusc. VIII, Lectiones Opticæ.

contraire. Du point *a* menons *ab* perpendiculaire sur *ef*, et prenons entre *a* et *b* ou du côté opposé (fig. 95) un point *z* tellement situé, que *zb* soit à *ab* comme le sinus d'incidence est au sinus de réfraction, relativement au milieu situé au-dessus de *ef*. On prouve par la géométrie que si l'on prolonge un rayon réfracté quelconque *tn*, jusqu'à ce qu'il rencontre l'axe *ab* de la radiation, le point *k*, où il coupera cet axe, sera toujours situé en deçà (fig. 96), ou au delà (fig. 95) du point *z*, en sorte que ce dernier point sera la limite de tous les rayons réfractés provenus du point *a* (1). Concevons que le rayon incident *an*, en restant fixe par son extrémité *a*, se rapproche de l'axe *bk* par son extrémité *n*. L'angle d'incidence *ban* étant diminué, l'angle de réfraction *xnt* le sera pareillement; de plus, le point *k* se sera rapproché du point *z*. Concluons de là que quand les rayons qui, en partant du point *a*, tombent sur la surface *ef*, sont à une petite distance de l'axe, les rayons réfractés forment à peu près à l'endroit du point *z*, une espèce de foyer imaginaire; car, d'après le principe que toute quantité qui approche de sa limite varie par des degrés extrêmement petits (1085), les rayons qui ont leur concours près du point *z* doivent être plus denses que partout ailleurs, ou abonder davantage dans un espace donné (2).

(1) Dans le triangle *ank*, l'angle *a* est le supplément de l'angle d'incidence *ban* (fig. 95) ou cet angle lui-même (fig. 96), et l'angle *k* est égal à l'angle de réfraction *xnt* (fig. 95) ou à son supplément (fig. 96). Donc si nous désignons le sinus d'incidence par *i*, et le sinus de réfraction par *r*, nous aurons $nk : an :: i : r$.

Ayant mené par le point *z* la ligne *gh* parallèle à *ef*, prolongeons, s'il est nécessaire, *na* jusqu'à la rencontre de *gh*; nous aurons, à cause des triangles semblables, *nab*, *saz*, $as : an :: az : ab$. Donc (fig. 95) $as + an : an :: az + ab : ab$; et (fig. 96) $an - as : an :: ab - az : ab$; donc $ns : an :: zb : ab :: i : r$; mais nous avons eu $nk : an :: i : r$. Donc $nk = ns$. Or, à cause de l'angle obtus *nzs* (fig. 95), au de l'angle aigu *nzs* (fig. 96), on a *nz* plus petite que *ns* ou *nk* (fig. 95), et *nz* plus grande que *ns* ou *nk* (fig. 96). Donc tous les rayons réfractés tomberont au-delà de *z* (fig. 95), ou en deçà (fig. 96).

(2) Barrow, Lect. Opticæ et Geometr., p. 42, NN. 12, 13, 14, etc.

1314. Supposons que différents rayons *an*, *ai*, etc. (fig. 97), partis du point *a*, tombent en même temps sur la surface *ef*, à des distances sensibles du point *b*, et du même côté de l'axe. Leurs prolongements en-dessous de *ef* iront couper cet axe successivement en des points qui s'éloigneront du point *z*, d'où il suit qu'ils s'entrecouperont en divers points *d*, *c*, *m*, etc., situés à la gauche de l'axe (fig. 97), ou à la droite (fig. 98). Si l'on considère les rayons *an*, *ai* comme les rayons extrêmes, parmi tous ceux qui, en partant du point *a*, tombent sur le petit espace *in* situé dans le plan *abf*, leur point de concours imaginaire sera au point *d*, que l'on détermine à l'aide du calcul. Mais il y a d'autres rayons partis du même point *a* qui tombent sur d'autres plans, et qui se dispersent par l'effet de la réfraction, de manière que tous ceux qui appartiennent à un petit cône dont la base aurait un diamètre égal à *in*, ont leurs points de concours comme disséminés dans un petit espace voisin du point *d*, en sorte qu'il n'y a point alors de foyer proprement dit (1). La détermination du point qui est comme le centre d'action de tous ces rayons, de manière qu'ils peuvent être censés partir de ce point comme d'un point radieux, est un problème très-délicat qui a fort exercé les physiciens, et qu'ils ont résolu de différentes manières. Newton place ce point à peu près au milieu de la distance entre le point de concours *d* des rayons extrêmes, et le point *p* de l'axe (2). Ce qui précède nous fournit l'explication de différents phénomènes dus à la réfraction des milieux séparés par des surfaces planes. Nous nous bornerons au cas où la lumière passe d'un milieu plus dense dans un plus rare.

1315. Si l'on place un petit objet dans l'eau, et que l'œil soit situé verticalement au-dessus de cet objet, il en verra l'image à une distance de la surface de l'eau, qui ne sera que les trois quarts de la distance réelle; car la première distance est à la seconde, d'après ce qui a été dit (1313), comme le sinus d'incidence est au sinus de réfraction, c'est-à-dire comme 3 est à 4 quand la lumière passe de l'eau dans l'air. En

(1) Sgravesande, t. II, p. 766, n° 2701.

(2) Opusc. XVIII, Lectiones Opticæ: Scholium ad propos. 8.

général, la réfraction des rayons qui passent dans l'air en sortant d'un milieu plus dense, dont la surface située du côté de l'œil est plane, fait voir l'image plus rapprochée de cette surface ; car si l'on suppose un point radieux situé en *a* (fig. 98), et que *tl* représente le diamètre de la prunelle, le point de concours imaginaire *d* des rayons réfractés *tn*, *li*, sera toujours situé dans l'intérieur du triangle *ban*, d'où il suit qu'il sera toujours plus près de l'œil que le point *a*.

1316. Placez un corps au fond d'un bassin vide, et que plusieurs personnes s'écartent du bassin jusqu'à ce que son bord leur cache le corps dont il s'agit : versez ensuite de l'eau dans le bassin ; à l'instant le corps sera aperçu par tous les observateurs, dont on suppose que l'œil est resté fixe dans sa position. Il suit encore de là qu'un bassin rempli d'eau paraît moins profond que quand il était vide, parce que tous les points de la surface du fond se rapprochent de l'œil.

1317. Si l'objet a une certaine longueur, telle que *ab* (fig. 99), et qu'il soit situé parallèlement à la surface du milieu réfringent, sa longueur paraîtra augmentée ; car alors l'angle visuel *aob*, à l'aide duquel l'œil apercevrait l'objet *ab* à la vue simple, aura ses côtés compris entre ceux de l'angle *mon* sous lequel l'œil voit l'image de cet objet.

1318. Un bâton que l'on plonge en partie dans l'eau, sous une direction oblique à la surface de ce liquide, paraît rompu à l'endroit de son immersion, en sorte que l'image de la partie plongée se relève au-dessus de cette même partie. Car soit *ef* (fig. 100) la surface de l'eau, *ha* le bâton, et *o* la position de l'œil. Parmi tous les rayons que le point *a*, considéré comme point radieux, envoie vers la surface *ef*, il y en aura un tel que *an*, qui, après sa réfraction au point *n*, se dirigera vers l'œil et lui fera voir l'image du point *a* quelque part en *x* ; d'où il suit que la partie plongée *ga* aura pour image une ligne *gx* qui fera paraître le bâton brisé au point *g*. Concevons que le bâton, en restant fixe par l'extrémité *a* se relève par l'extrémité opposée, jusqu'à ce qu'il coïncide avec la ligne *ab* perpendiculaire sur *ef*, et supposons que l'œil soit toujours situé en *o* ; la grandeur apparente de la partie plongée sera égale à *xb*, beaucoup plus courte que la grandeur réelle *ab*. En général, un objet plongé verticalement dans l'eau paraît toujours raccourci, et cela d'autant plus que son extrémité supérieure se rapproche davantage de la surface de l'eau ; en sorte que le *minimum* a lieu, pour une même position de l'œil, lorsque l'extrémité supérieure de l'objet est de niveau avec le liquide. Les choses étant dans ce dernier état, si l'on retire de l'eau l'objet dont il s'agit, et qu'il soit d'une forme déliée, on le verra, avec une espèce de surprise, s'allonger comme par un développement rapide de toutes ses parties. À mesure que l'objet sort de l'eau, on aperçoit, à l'aide de la réflexion, l'image de sa partie extérieure, et cette image est d'abord plus courte que celle de la partie intérieure, vue par réfraction ; mais comme cette dernière diminue, tandis que l'autre augmente, il y a un terme où elles sont de la même longueur. Or, l'image vue par réflexion est égale, dans tous les instants, à la partie de l'objet située hors de l'eau, ce liquide faisant ici l'office d'un miroir plan (1262). Supposons qu'au moment où les deux images ont la même longueur, on mesure la partie située hors de l'eau, et qu'ayant ensuite retiré tout à fait l'objet, on mesure aussi la partie qui était plongée dans l'eau. On pourra toujours déterminer, d'après le rapport entre l'une et l'autre, la quantité dont la partie plongée dans l'eau paraissait, par l'effet de la réfraction, plus petite qu'elle ne l'était réellement. Par exemple, si la partie située hors de l'eau est la moitié de la partie plongée, on en conclura que la longueur apparente de cette dernière partie était aussi la moitié de sa longueur réelle.

De la double réfraction.

1319. Lorsqu'un faisceau de rayons traverse une masse d'eau ou de verre, il reste simple, et c'est pour cela que si l'on regarde les objets à travers deux faces opposées de ces mêmes milieux, on ne voit qu'une seule image de chacun ; mais un grand nombre de substances minérales ont la propriété remarquable de déterminer le faisceau de lumière qui les pénètre à se sous-diviser en deux parties qui suivent deux routes différentes. On dit alors que la réfraction est double ; et si l'on regarde les objets à travers deux faces opposées de l'un de ces corps, leurs images paraissent doubles, posé certaines circonstances que nous ferons connaître dans la suite. Une des parties du faisceau est soumise à la loi de la réfraction ordinaire ; l'autre suit une loi particulière qui dépend du phénomène.

1320. Nous devons la connaissance du phénomène de la double réfraction (1021) à Erasme Bartholin, qui, ayant regardé l'image d'une ligne à travers un rhomboïde transparent de chaux carbonatée (spath calcaire), observa que cette image était double (1). Ce rhomboïde venait de l'Islande, où l'on en trouve qui sont d'une limpidité parfaite. Bartholin fut extrêmement surpris de l'observation dont nous venons de parler, et enchérissant, par l'imagination, sur ce qu'elle avait par elle-même de merveilleux, il disait que ce phénomène, enseveli dans l'Islande, où abondaient les corps destinés à le produire, offrait aux naturalistes la preuve d'une vérité jusqu'alors ignorée, savoir, que le froid des climats septentrionaux, loin d'affaiblir les rayons de la lumière, leur donnait au contraire un nouveau degré d'énergie. La vérité est que tous les climats fournissent de la chaux carbonatée transparente susceptible de doubler aussi les images des objets, et que beaucoup d'autres substances que nous citerons dans la suite partagent cette même propriété.

1321. L'explication de l'effet singulier dont il s'agit ici a exercé la sagacité de plusieurs savants distingués, à la tête desquels paraissent Huyghens et Newton ; et ce qui prouve la difficulté du sujet, c'est la variété des opinions entre tous ces savants, dont chacun, sans s'arrêter à ce qui avait été fait par les autres, essayait de se frayer une route particulière ; en sorte qu'au milieu de ce conflit d'autorités et de résultats sur un sujet qui a été retourné de tant de manières différentes, il semblait également difficile, soit de choisir dans ce qui avait été dit, soit de dire quelque chose de nouveau. Cependant il n'y avait point à choisir, si on y eût regardé de près ; et contre l'ordinaire de ce qui arrive, surtout quand il s'agit d'une matière délicate, les premières recherches étaient celles qui avaient conduit directement au but. La véritable loi s'était montrée au génie d'Huyghens ; mais on l'avait rejetée sans examen, parce qu'elle se trouvait liée, dans la construction à l'aide de laquelle cet illustre physicien l'avait représentée, au système des ondulations qui était alors comme éclipsé par celui de l'émission, et qui, de plus, avait contre lui, dans le cas présent, la supposition que la double réfraction était produite par des ondes de deux figures différentes. Ainsi les physiciens poursuivirent leurs recherches sans songer qu'ils s'occupaient d'une chose faite, et il a fallu, pour ainsi dire, une nouvelle découverte, dont la gloire est partagée entre Wollaston et Malus, pour la faire sortir du système dans lequel elle était restée comme enfouie depuis près d'un siècle. Nous reviendrons sur cet objet, après que nous aurons décrit les principales circonstances du phénomène.

Marche de la lumière à travers un seul rhomboïde.

1322. Concevons que *eb* (fig. 101) représente un rhomboïde de chaux carbonatée, dans lequel *a* et *n* soient les deux grands angles solides (1), ou ceux qui sont composés de trois angles plans obtus égaux entre eux (2) ; menons les petites diagonales *ae*, *bn*, des deux faces *hade*, *gbcn*, que nous regarderons comme les bases du rhomboïde, en les supposant situées horizontalement. Le quadrilatère *aenb* (fig. 101 et 102), formé par les petites diagonales des bases et par les arêtes intermédiaires *ab*, *en*, sera ce que nous appelons la section principale du rhomboïde.

1323. Soit *st* (fig. 101 et 102) un rayon de lumière qui tombe perpendiculairement sur la base supérieure du rhomboïde. Il se divisera au point d'immersion en deux parties, dont l'une *tl* sera sur le prolongement du rayon incident, comme dans le cas ordinaire, et l'autre *tf* s'écartera de la précédente, en se rejetant vers le petit angle solide *b*,

(1) Erasmi Bartholini, Experim. crystalli Islandici disdiaclastici ; Hafniæ, 1770 ; dedic. ad regem Frider. III.

(1) La position que l'on a donnée ici au rhomboïde, pour la facilité de la démonstration fait paraître ces angles aigus par une suite des règles de la projection.

(2) La valeur de chacun de ces angles est de 101° 32′ 13″, en conséquence de ce que le rapport entre les diagonales du rhombe est celui de $\sqrt{3}$ à $\sqrt{2}$.

c'est-à-dire qu'il y aura une double réfraction du rayon de lumière.

1324. Nous appellerons désormais le rayon *tl*, *rayon ordinaire ;* le rayon *tf*, *rayon extraordinaire;* et la distance *fl* de l'un à l'autre, prise sur la base inférieure du rhomboïde, *distance radiale.*

1325. Si le rayon incident *st* tombe obliquement sur la surface du rhomboïde, il se divisera toujours en deux parties, dont l'une, qui sera le rayon ordinaire, se réfractera en se rapprochant de la perpendiculaire au point d'immersion, suivant une loi analogue à celle des réfractions communes, et qui est telle, que le sinus de réfraction est à celui d'incidence constamment comme 3 à 5; l'autre partie, qui sera le rayon extraordinaire, s'écartera toujours de la précédente, pour se rapprocher de l'angle *b*, quelle que soit la direction du rayon incident. Nous verrons dans la suite quelle est la loi de cette seconde réfraction.

1326. Si le rayon incident est dans le plan de la section principale *aenb*, le rayon ordinaire et le rayon extraordinaire seront aussi l'un et l'autre dans ce même plan : toutes les théories sont d'accord sur ce résultat.

Duplication des images à l'aide d'un seul rhomboïde.

Il est facile d'expliquer, d'après ce qui précède, les phénomènes qui ont lieu lorsqu'on regarde un objet à travers un rhomboïde, ou à travers deux rhomboïdes superposés.

1327. Supposons, pour plus de simplicité, que *aenb* (fig. 104) étant la coupe principale du rhomboïde, il y ait un point visible *p* placé à une certaine distance en dessous du rhomboïde, et un œil situé en *s*, au-dessus de la base supérieure. Parmi tous les rayons que le point *p* envoie vers le romboïde, il y en a un, tel que *pl*, dont la partie *lt*, considérée comme rayon ordinaire, après avoir repassé dans l'air parvient à l'œil suivant une direction *ts*, parallèle à *pl*. L'autre partie, qui est le rayon extraordinaire, prend une direction telle que *lz*, en se rejetant vers l'angle aigu *e;* et comme après son émergence en *z*, suivant une ligne *zx*, ce rayon redevient parallèle à *pl*, il est perdu pour l'œil. Maintenant, entre tous les autres rayons qui partent du point *p*, il y en a un second dont la direction *po* se rapproche tellement de *pl*, que *or* étant le rayon ordinaire qui en provient, le rayon extraordinaire *ou* croise le rayon *lt* au point *k*, et, après son émergence en *u*, suit une direction *us* parallèle à *po*, et qui va aboutir à l'œil. On conçoit que cette supposition est toujours possible, puisque l'on est le maître de prendre le rayon *po* sous telle inclinaison que l'on voudra par rapport à *pl*. L'œil verra donc deux images du point *p*, l'une sur la direction *st*, et qui sera l'image ordinaire; l'autre sur la direction *su*, et qui sera l'image extraordinaire. Quant au rayon *or*, il est évident qu'à cause de son parallélisme avec *po*, après son émergence en *r*, suivant une ligne telle que *rm*, il ne peut passer par l'œil. A mesure que le point *p* se rapprochera de la ligne *bn*, le point *k* descendra vers cette même ligne ; et lorsque le point *p* touchera *bn*, le point *k* se confondra avec lui, de manière que la double image subsistera toujours.

1328. Il est remarquable que l'une des deux images, savoir, celle qui est vue sur la direction *su*, et qui est produite par le rayon extraordinaire, paraisse toujours plus éloignée que l'autre de la base supérieure du rhomboïde. On peut rendre très-sensible cette différence de distance, en traçant un cercle sur un papier, et en observant, à travers le rhomboïde, les deux images de ce cercle qui se croiseront, en même temps que l'une sera vue dans une position inférieure à celle de l'autre.

1329. Dans l'expérience représentée par la *figure* 104, l'image extraordinaire vue sur la direction *su*, paraît plus voisine de l'angle obtus *n* que l'image ordinaire, dont le lieu est sur la direction *st;* ce qui est l'effet inverse de celui que présentent les rayons ordinaire et extraordinaire provenus d'un même rayon incident : cette inversion est une suite du croisement des rayons *ou* et *lt* au point *k*. — Cette même marche des rayons par des directions croisées sert à expliquer une expérience intéressante, qui est due au célèbre Monge. Prenez le rhomboïde en appliquant l'index sur l'arête *ab* (*fig.* 101) et le pouce sur l'arête *en*, et placez sa base supérieure *adeh* le plus près possible de l'œil, de manière que l'une des deux images du point *p* soit située en arrière de l'autre, par rapport à vous. Alors faites glisser doucement, en dessous du rhomboïde, une carte qui, restant appliquée à la base inférieure, s'avance de *b* vers *n*, jusqu'à ce qu'elle cache une des deux images. Vous remarquerez avec surprise que cette image, dont la carte vous dérobe d'abord la vue, n'est point celle qui est située du côté où vient la carte, mais celle qui est de votre côté. On conçoit à la seule inspection de la *figure* 104, que l'arête *en* étant celle qui regarde l'observateur, la carte qui s'avance de *b* vers *o* doit d'abord intercepter le rayon incident *po*, auquel appartient le rayon émergent *su*, qui produit l'image la plus voisine de l'observateur. — Tracez avec de l'encre une ligne droite sur un papier, et faites tourner le rhomboïde au-dessus de cette ligne. Vous observerez que la plus grande distance entre les deux images a lieu sous une même direction du rayon visuel, que nous supposons ici coïncider avec le plan de la coupe principale *aenb* (1), lorsque la ligne est située parallèlement aux grandes diagonales des bases. Ces images se rapprocheront à mesure que la ligne fera un angle moins ouvert avec les mêmes diagonales, et lorsqu'elle leur sera devenue perpendiculaire, c'est-à-dire qu'elle coïncidera au contraire avec les petites diagonales, les deux images se confondront, de manière cependant que l'une dépassera l'autre, par une suite de ce que l'effet de la double réfraction subsiste toujours (2).

(1) Pour vous assurer de cette position du rayon visuel, tracez sur le même papier une seconde ligne d'un rouge faible, ou de quelque autre couleur, qui passe par le milieu de la première, en la coupant à angle droit, et qui soit plus longue que la petite diagonale des bases du rhomboïde. Ayant placé ensuite celui-ci sur le papier, de manière qu'il couvre à la fois les deux lignes, faites-le tourner doucement jusqu'à ce que l'image de la partie de la ligne colorée qui est en contact avec lui paraisse simple, et qu'en même temps elle coïncide sur une seule direction, avec le prolongement de la ligne hors du rhomboïde. Cette coïncidence prouvera que le rayon visuel est dans le plan indiqué.

(2) Les directions sous lesquelles les deux images coïncident, varient à mesure que le rayon visuel, placé hors de la coupe principale, change lui-même de position. Nous nous bornons ici aux faits qui servent de limites à tous les autres.

1330. Lorsque le rayon incident *st* (*fig.* 102) est perpendiculaire sur la base supérieure du rhomboïde, il est évident que l'image ordinaire d'un point placé en *l* doit être vue sur le prolongement *tl* de *st*, par un œil dont le rayon visuel coïncide avec ce prolongement. L'image extraordinaire est alors déplacée, mais il y a aussi une circonstance où celle-ci est vue sans déplacement, c'est-à-dire que si le point visible est en *f'*, et que *s't'* soit le rayon incident et *t'l'* le rayon extraordinaire, ces deux rayons coïncideront sur une même direction. Dans ce cas, l'angle d'incidence du rayon *s't'* est d'environ 16 degrés, et l'angle *s't'e* à peu près de 74 degrés, d'où il suit que le rayon réfracté *t'f'* ne s'écarte que d'environ 2 degrés du parallélisme avec l'arête *en* (1).

Manière d'observer les variations de la distance radiale.

1331. Les expériences que nous allons citer, et que chacun peut répéter facilement, ont un double objet, savoir : de répandre un nouveau jour sur ce que nous avons dit de la marche des rayons qui traversent un rhomboïde de spath d'Islande, et de conduire à des résultats dont on sentira dans la suite l'utilité. — Ayant marqué un papier blanc d'un point d'encre, on découpe dans une carte mince une bande étroite terminée d'un côté en angle, et l'on marque d'un second point le sommet de cet angle. On place ensuite sur le papier un rhomboïde, de manière qu'en regardant au travers, on voie la double image du premier point, puis tenant la bande de carte entre deux doigts, par l'extrémité

(1) Pour vous assurer que l'une ou l'autre des images est vue sans déplacement, ayant tracé sur un papier une ligne d'une couleur faible, plus longue que la grande diagonale du rhomboïde, puis, ayant marqué d'un point d'encre le milieu de cette ligne, faites-la coïncider avec la grande diagonale, ou avec une ligne qui lui soit parallèle, de manière qu'elle la dépasse de chaque côté. Le rayon visuel étant sur le plan de la coupe principale menée par le point noir, vous jugerez que l'une ou l'autre des images de ce point est vue à sa vraie place, lorsque l'image de la ligne colorée sera vue sur la même direction que les parties extérieures de cette ligne.

opposée à l'angle aigu, on la passe entre le rhomboïde et le papier. De cette manière, on est le maître, en faisant jouer la carte, de varier les positions respectives et les distances des deux points d'encre. — On conçoit qu'en général ces deux points, vus à travers le rhomboïde, doivent donner quatre images distinctes. Mais en rapprochant ou en éloignant le point mobile de celui qui est fixe, et en maintenant l'œil dans une position constante, on remarquera qu'il y a un terme où, au lieu de quatre images, on n'en voit plus que trois. Dans ce cas, deux des premières images se réunissent en une seule d'une teinte plus foncée. — Si en même temps l'œil est dans le plan *abne* (*fig.* 101), il faudra, pour que cet effet ait lieu, que les deux points soient sur la diagonale *bn*. — Si l'œil s'écarte ensuite de la position où il voyait deux images se confondre, celles-ci se sépareront, et cela d'autant plus que la position de l'œil changera davantage ; et il faudra, pour les voir de nouveau coïncider, augmenter la distance entre les deux points, si le rayon visuel, en variant son inclinaison, s'est rapproché du point *e*, et diminuer cette distance si le rayon visuel s'est incliné vers le point *a*. Nous supposons toujours que ce rayon ne sorte pas du plan *abne*, auquel cas il est nécessaire, pour ramener les quatre images à n'en plus faire que trois, de laisser toujours les deux points sur la direction de la diagonale *bn*.

1332. Il n'en sera pas de même si le rayon visuel sort du plan *abne*. Voici ce que nous avons observé à cet égard : soit *bn* (*fig.* 105) la même diagonale que *fig.* 101, et soient *p*, *r*, les deux points visibles. Concevons que le rayon visuel étant d'abord incliné vers *e*, et situé dans le plan *abne* (*fig.* 101), l'œil fasse un mouvement circulaire en allant de *e* vers *h*; l'observateur ne pourra voir coïncider deux des images qu'en plaçant les points *p*, *r* (*fig.* 105) sur une direction inclinée à la diagonale. Supposons que le point *p* reste fixe ; il faudra placer le point *r* à la diagonale, comme en *r'* ; tandis que le rayon visuel s'approchera de plus en plus d'un plan qui couperait à angle droit la section principale, la distance nécessaire entre le point *r'* et la diagonale *bn* augmentera : elle sera la plus grande possible, lorsque le rayon visuel se trouvera dans le plan dont nous venons de parler. Au delà de ce plan, en allant de *h* vers *a* (*fig.* 101), il faudra diminuer la distance, en laissant toujours le point *r'* (*fig.* 105) sur une oblique qui diverge du côté de *n*, par rapport à la diagonale. La distance deviendra nulle, lorsque le rayon visuel tombera de nouveau, mais en sens contraire, dans le plan *abne* (*fig.* 101). Si ce rayon continue sa révolution en allant de *a* vers *d*, les mêmes effets auront lieu dans un ordre opposé, c'est-à-dire que, pour obtenir la coïncidence des images, il faudra placer le point *r* de l'autre côté de la diagonale, comme en *r''* (*fig.* 105).

1333. Maintenant soit *st* (*fig.* 106) un rayon de lumière qui tombe, suivant une direction quelconque, sur la base supérieure du rhomboïde. Soit *tr* le rayon ordinaire et *tp* le rayon extraordinaire, auquel cas *pr* sera la distance radiale ; soient *pp'*, *rr'* les rayons émergents qui, d'après ce qui a été dit, seront parallèles à *st*. Au lieu du rayon *st*, supposons deux points visibles, l'un en *r'* et l'autre en *p'*, qui envoient des rayons vers le rhomboïde dans toutes sortes de directions. Il est évident que parmi tous ces rayons, celui qui suivra la direction *r'r* se divisera au point d'émergence, de manière que *rt* sera encore le rayon réfracté ordinaire ; car, à cause du parallélisme des rayons *st*, *r'r* considérés successivement comme rayons incidents, le rayon réfracté *rt* fera exactement la même fonction à l'égard de l'un et de l'autre. Par une raison semblable, le rayon qui suivra la direction *p'p* se décomposera dans le rhomboïde, de manière que le rayon extraordinaire sera encore *pt*. — La proposition sera toujours vraie, quelles que soient les positions des points visibles le long des lignes *r'r*, *p'p* ; d'où il suit que, si l'on suppose l'un en *r* et l'autre en *p*, *pts* et *rts* seront les routes des rayons qui arriveront en *s*, et tout se passera encore comme dans l'hypothèse du rayon incident *st*. Les choses étant dans cet état, supposons un œil placé en *s* ; cet œil verra deux des quatre images données par les deux points se confondre sur la direction *st*. Donc, toutes les fois que cette réunion a lieu, la distance *pr* entre les deux points est la distance radiale, relativement à un rayon incident qui aurait la direction sous laquelle l'œil voit l'image unique formée par la réunion dont on a parlé.

Explication de la différence entre les distances des deux images par rapport à l'œil.

1334. Les observations relatives aux variations de la distance radiale que nous venons d'exposer peuvent servir à expliquer un fait remarquable que nous avons cité, et qui consiste en ce que l'image produite par le rayon extraordinaire est toujours plus enfoncée que l'autre en-dessous de la base supérieure du rhomboïde. — Pour concevoir la raison de cette différence, remarquons d'abord que les rayons à l'aide desquels on voit l'image d'un point situé derrière un milieu diaphane, forment un cône dont la base est contiguë à la surface du milieu la plus voisine de l'œil. Au-dessus de cette surface, ils se replient vers l'œil, par l'effet de la réfraction, en formant un cône tronqué, dont la petite base se confond avec la base du premier cône, et dont l'autre base, qui est plus dilatée, a un diamètre égal à celui de la prunelle par laquelle les rayons entrent dans l'œil.

1335. Quelque opinion que l'on adopte sur la distance précise à laquelle on aperçoit l'image vue par réfraction (1314), il est certain que, toutes choses égales d'ailleurs, cette distance est plus grande, lorsque les deux diamètres des bases du cône tronqué diffèrent moins entre eux, ce qui fait que le sommet du même cône prolongé par l'imagination derrière la surface réfringente est plus éloigné de cette surface.

1336. Cela posé, concevons que *an* (*fig.* 107) représente toujours le même rhomboïde, et que *p* étant un point visible situé sur la base inférieure, *pkosr* soit le cône brisé à l'aide duquel l'œil aperçoit en *p'* l'image ordinaire du point *p*. Nous supposons d'abord cet œil situé de manière que le rayon visuel se trouve dans le plan de la section principale. Tous les rayons extraordinaires qui répondent aux rayons ordinaires, dont le cône *pkosr* est l'assemblage, sont perdus pour l'œil, d'après ce qui a été dit plus haut. Mais il y a un second cône (1) formé par d'autres rayons extraordinaires, à l'aide duquel l'œil voit l'image extraordinaire du point *p*, et de même tous les rayons correspondants sont perdus pour l'œil. — Prenons dans le cône *kpo* les deux rayons *pk*, *po*, qui aboutissent à l'extrémité du diamètre situé perpendiculairement à la diagonale *ae*, et rétablissons pour un instant les deux rayons extraordinaires qui leur correspondent : il est facile de voir que ces derniers rayons doivent se trouver aux extrémités *n*, *l* de deux lignes obliques par rapport à la diagonale *ae*, puisque, dans ce cas, les distances radiales divergent à l'égard de cette diagonale, ainsi qu'il a été dit plus haut (1332). Donc si l'œil était placé de manière à recevoir ces mêmes rayons qui sont perdus pour lui, leur distance *nl* étant plus grande que la distance *ko*, le point de concours imaginaire de ces rayons, derrière la surface *adch*, serait plus éloigné que celui des rayons ordinaires *kr*, *os*. — Concluons de là que les lois suivant lesquelles se réfractent les rayons extraordinaires tendent en général à rendre la distance entre ces rayons, pris de deux côtés opposés, plus grande que celle entre les rayons ordinaires, pris d'après la même condition. — Or, cette augmentation de distance que nous venons de trouver, en comparant ensemble les rayons ordinaires qui composent le cône *pkosr* et les rayons extraordinaires correspondants, devant toujours avoir lieu, proportion gardée, pour les autres rayons extraordinaires qui sont à portée de l'œil et lui font voir l'image extraordinaire, il en résulte que la réfraction extraordinaire tend à élargir la plus petite base du cône tronqué, plus que ne fait la réfraction ordinaire. Donc, si l'on suppose ce cône prolongé derrière la surface réfringente, le point de son axe, relativement auquel toutes les directions se compensent, doit se trouver plus reculé par rapport à l'œil et à la surface réfringente, que le point correspondant du cône formé par les rayons ordinaires. Donc le lieu apparent de l'image extraordinaire sera aussi plus éloigné que celui de l'image ordinaire.

1337. Si l'on conçoit que le rayon visuel soit incliné en sens contraire vers le point *a*, on aura des conclusions analogues en appliquant le raisonnement que nous venons de faire. Si le rayon visuel sort de la section principale et se rejette de côté de manière que, par exemple, il se rapproche du point *h*, alors *k'o'* (fig. 108) étant la base inférieure du cône tronqué, les li-

(1) Nous n'avons point représenté ici ce second cône pour ne pas trop compliquer la figure.

gnes $k'n'$, $o'l'$, s'inclineront dans le même sens. Mais la ligne $o'l'$ s'écartera plus que la ligne $k'n'$ de la direction parallèle à ae; d'où il suit que l'on aura encore $n'l'$ plus grande que $k'o'$, quoique dans un moindre rapport que quand le rayon visuel coïncidait avec la section principale. L'image extraordinaire sera donc vue aussi, dans ce cas, plus loin que l'image ordinaire; mais la différence des distances sera moins sensible que dans le premier cas; ce qui nous a paru conforme à l'observation.

Marche de la lumière à travers deux rhomboïdes superposés.

1338. Concevons à présent qu'un rayon de lumière traverse deux rhomboïdes situés l'un au-dessus de l'autre. Si les sections principales coïncident dans un même plan ou sont respectivement parallèles, soit que leurs bords latéraux *ab*, *en* (fig. 102) s'inclinent dans le même sens ou en sens contraire, comme on le voit (fig. 103), chacun des rayons ordinaire et extraordinaire qui seront sortis du premier rhomboïde ne se décomposera pas en passant dans le second, mais s'y réfractera suivant la même loi que dans le premier.

1339. Si les deux rhomboïdes sont tellement disposés que leurs sections principales se croisent à angle droit, alors chacun des rayons sortis du premier rhomboïde restera encore simple en pénétrant dans le second; mais ces rayons changeront de fonction, c'est-à-dire que celui qui était le rayon ordinaire dans le premier rhomboïde se dirigera dans le second comme rayon extraordinaire, et réciproquement.

1340. Mais, dans toutes les positions intermédiaires, c'est-à-dire dans celles où les sections principales seront inclinées entre elles, chacun des rayons sortis du premier rhomboïde se partagera de nouveau dans le second en un rayon ordinaire et un rayon extraordinaire, qui se dirigeront conformément à l'incidence du rayon dont ils seront les sous-divisions. Ces résultats intéressants sont dus à Huyghens (1).

1341. Il est à remarquer que les rayons extraordinaires ont cela de commun avec les rayons ordinaires, qu'en repassant du rhomboïde dans l'air par une face parallèle à celle par laquelle ils étaient entrés, ils prennent une direction qui est elle-même parallèle à celle du rayon incident.

1342. Les changements que les rayons subissent dans leurs fonctions, lorsqu'on emploie deux rhomboïdes, en occasionnent d'analogues dans la duplication des images, ainsi que l'on peut s'en convaincre au moyen de l'expérience suivante, qui n'a besoin que d'être exposée. Après avoir mis les deux rhomboïdes en contact par une de leurs bases, posez-les sur un papier marqué d'un point d'encre. Si leurs faces homologues sont respectivement parallèles, l'œil ne verra que deux images d'un même point comme s'il n'y avait qu'un seul rhomboïde, seulement elles seront plus écartées l'une de l'autre. Les choses étant dans cet état, faites tourner doucement le rhomboïde supérieur au-dessus de l'inférieur; bientôt vous verrez naître deux nouvelles images, qui d'abord seront très-faibles, et ensuite augmenteront peu à peu d'intensité; tandis que les deux premières images, après s'être affaiblies par degrés, finiront par disparaître, ce qui arrivera avant que le rhomboïde mobile ait fait un quart de révolution; passé ce terme, si vous continuez de le faire tourner, les mêmes effets auront lieu dans un ordre inverse, c'est-à-dire que les deux premières images reparaîtront, et que leur teinte, d'abord légère, se renforcera peu à peu, tandis que les deux autres diminueront d'intensité jusqu'à ce qu'elles deviennent nulles vers la fin de la demi-révolution du rhomboïde mobile (1). Alors, les coupes principales étant tournées en sens contraire, mais toujours sur un même plan, comme le représente la figure 103, l'œil ne verra plus que deux images, mais qui seront beaucoup plus rapprochées que dans le premier cas; il n'en verrait même qu'une

---

(1) Christ. Hugenii Opera reliqua; Amstelod., 1728 : Tractatus de Lumine, p. 67 et suiv.

(1) Tous ces différents effets sont sujets à des exceptions lorsque le rayon visuel est très-oblique et prend certaines positions; car alors on ne voit que deux images dans le cas où l'on devrait en voir quatre et réciproquement. C'est ce dont on concevra la raison d'après ce que nous dirons plus bas, au sujet de la lumière polarisée.

seule si les rhomboïdes étaient exactement de même hauteur. Si vous achevez la révolution du rhomboïde supérieur, les effets précédents reparaîtront en suivant une marche rétrograde.

1343. Nous n'avons considéré jusqu'ici que les résultats d'observations qui s'offrent comme d'eux-mêmes à un œil un peu attentif. Nous allons maintenant exposer les opinions entre lesquelles les physiciens se sont partagés sur la détermination de la loi à laquelle est soumis le phénomène, en réservant pour la dernière celle d'Huyghens, qui, étant une fois bien connue, a fait disparaître toutes les autres.

Théorie de Newton.

1344. Newton, qui avait créé le système de l'émission, était par là même celui de tous les physiciens aux yeux duquel l'hypothèse des ondulations devait faire le plus de tort à la loi qu'Huyghens en avait déduite. Les ayant regardées comme inséparables l'une de l'autre, il confondit dans un même arrêt celle qui aurait dû fixer son attention avec celle qui lui paraissait n'en mériter aucune. Il en chercha donc une autre et crut reconnaître la véritable à deux caractères qu'il avait déduits de ses observations. L'un consistait en ce que, sous toutes les inclinaisons du rayon incident, la longueur de la distance radiale était constante, et l'autre en ce qu'elle était constamment parallèle à la petite diagonale de la base du rhomboïde. Or, nous avons prouvé par des observations décisives que c'est tout le contraire qui a lieu : d'où il résulte que Newton a pris des quantités variables pour des quantités constantes. Il paraît que cet illustre savant, ayant fait ses expériences avec des rhomboïdes d'une hauteur peu considérable, et n'ayant pu mesurer avec assez de précision les distances et les positions des rayons de lumière qu'il introduisait immédiatement dans ces corps, aura été entraîné par l'extrême simplicité de la loi qui semblait s'offrir à son observation.

Théories de La Hire et de Buffon (1).

1345. Nous avons vu que quand le rayon *s't'* (fig. 102) tombait sur la base d'un rhomboïde de spath d'Islande sous un angle d'environ 74°, le rayon extraordinaire *t'f'* qui en provenait suivait la même direction, en sorte que l'image qu'il faisait naître était vue sans déplacement. Ayant mené *t'p* perpendiculaire sur *s't'*, si l'on suppose un plan qui passe par la première de ces lignes et dont la section sur la base du rhomboïde fasse un angle droit avec la diagonale *ae*, il en sera de ce plan comme des plans ordinaires par rapport aux rayons qui subissent la loi de la réfraction commune, puisque les rayons qui passent sans inflexion sont toujours perpendiculaires à ces plans. La Hire, qui avait mesuré les angles d'incidence et de réfraction du rayon extraordinaire relativement à un plan situé comme celui dont nous venons de parler, avait trouvé que le rapport entre les sinus était à peu près celui de 3 à 2, comme quand la lumière passe de l'air dans le verre ; et ce rapport lui ayant paru constant, il en avait conclu que la réfraction du rayon extraordinaire devait être assimilée à celle des rayons ordinaires, excepté que le plan auquel elle se rapportait avait une position différente.

1346. Mais le calcul démontre ce qu'on aurait pour ainsi dire deviné d'avance, savoir, que les rapports qui résultent de cette hypothèse de La Hire entre les diverses distances radiales ne varient pas dans le même ordre que ceux qui sont donnés par les observations immédiates que nous avons citées. D'ailleurs, le plan auquel se rapporte la seconde réfraction dans la même hypothèse est purement imaginaire et tout à fait étranger à la structure cristalline du rhomboïde. Il aurait du moins avec elle une relation apparente s'il était perpendiculaire à l'arête *en*, dont la direction ne s'écarte que d'environ 2 degrés du parallélisme avec le rayon *s't'*. Il est probable que cette petite divergence aura échappé à La Hire. Bartholin était tombé dans la même méprise ; et Huyghens, en parlant de cette divergence, dit qu'elle mérite d'être remarquée, pour qu'on n'entreprenne pas un travail inutile en cherchant la cause de la réfraction extraordinaire dans un parallélisme qui n'existe pas (1).

1347. Plusieurs des physiciens qui ont aussi adopté l'idée de rapprocher les

(1) Mém. de l'Acad. des Scienc., 1710.

(1) Opera reliqua, Amstelod., t. i, p. 45.

deux réfractions dans un même genre de lois, entre autres le célèbre Buffon (1), ont pensé qu'un rhomboïde de chaux carbonatée était composé de couches entre-croisées de deux densités diverses. Pour que cette hypothèse s'accordât avec l'observation, il fallait que, parmi ces couches, les unes s'étendissent parallèlement à la base du rhomboïde, et les autres parallèlement au plan qui passe par *t'p* (fig. 102). Lorsqu'un faisceau de lumière tombait sur la surface du rhomboïde, les rayons dont il était l'assemblage rencontraient, les uns des molécules de la matière la plus dense, et les autres des molécules de celle qui était plus rare : d'où résultaient deux réfractions particulières, dont chacune était soumise aux lois ordinaires. Mais cette hypothèse a contre elle un fait qu'il est très-facile de vérifier : car si l'on regarde à travers le rhomboïde un point visible en plaçant l'œil de manière que le rayon visuel soit perpendiculaire à la base de ce rhomboïde, l'image ordinaire du point dont il s'agit sera vue sans déplacement, c'est-à-dire qu'elle paraîtra située sur le prolongement du rayon visuel, qui, dans ce cas, fera la fonction d'un rayon incident. Or, dans l'hypothèse dont nous avons parlé, le rayon qui, en partant du point visible, apporterait à l'œil l'image de ce point, subirait continuellement des inflexions à mesure qu'il rencontrerait obliquement les diverses couches parallèles au plan qui passe par *t'p*; d'où il suit que l'image du point visible ne pourrait être aperçue à sa vraie place.

Théorie d'Huyghens.

1348. Dans le récit que nous avons fait de tout ce qui concerne la découverte de la véritable loi à laquelle est soumise la réfraction extraordinaire, nous nous sommes borné à dire qu'Huyghens, auquel on en est redevable, l'avait fait dépendre du système des ondulations, d'après l'hypothèse de deux ondes de figure différente. Nous revenons ici sur cette circonstance pour exposer la manière dont ce célèbre physicien avait adapté l'hypothèse dont il s'agit à l'explication des phénomènes. Des deux figures qu'il attribuait aux ondes, l'une, qui était sphérique, appartenait à celles qui produisaient la réfraction ordinaire ; l'autre, qui se rapportait à un ellipsoïde, distinguait celles qui donnaient naissance à la réfraction extraordinaire. Huyghens supposait que la face du rhomboïde qui recevait le rayon incident coupait en deux parties égales l'ellipsoïde qui déterminait cette seconde réfraction, en sorte que la moitié inférieure de l'onde s'étendait seule dans le rhomboïde; et tel était l'art avec lequel il avait combiné la position du grand axe de l'ellipsoïde, le rapport entre cet axe et le plus petit, et les autres dimensions du même solide, qu'en prenant pour données les nombres qui représentaient ces différentes lignes, il parvenait à déterminer la direction du rayon extraordinaire, pourvu que celle du rayon incident fût connue; et l'accord entre les résultats de la théorie et ceux que donnait l'observation l'avait convaincu que sa construction représentait la loi de la nature. — M. Wollaston, qui le premier entreprit de vérifier cet accord, le trouva si satisfaisant qu'il en tira la conséquence que les principes d'Huyghens méritaient de fixer l'attention des physiciens. M. Malus ayant dégagé la loi adoptée par ce savant d'une construction qui ne servait qu'à la déguiser, la plaça dans une formule analytique qui la montrait telle qu'elle était, et dont les nombreuses applications achevèrent de prouver qu'elle avait tous les caractères de la véritable loi. Une propriété remarquable de la même loi, qui cependant ne lui appartenait pas exclusivement, ainsi qu'on le verra bientôt, consistait en ce que, sous deux inclinaisons égales en sens contraire du rayon incident, la somme des deux distances radiales était une quantité constante. — Mais quelque intéressants que soient les résultats de ces différentes recherches, ils n'offrent encore qu'une expression géométrique de cette loi, et il serait à désirer qu'on en donnât l'explication en l'envisageant sous le rapport de la physique. Les recherches importantes de M. de Laplace sur ce sujet ont posé des points de ralliement sur la route qui conduit à ce but. Ce savant célèbre a reconnu que la loi d'Huyghens satisfait au principe de la moindre action, et a conclu de ce caractère et de quelques autres du même genre qu'elle se rap-

(1) Hist. nat. des Minéraux, t. VII, p. 157 et suiv.

porte, ainsi que la réfraction ordinaire, à des forces dont l'action n'est sensible qu'à des distances imperceptibles (1). Ce que Newton a fait pour celle-ci permet d'entrevoir ce qui reste à faire pour l'autre.

1349. La découverte d'Huyghens n'était pas encore connue, ou n'avait pas été appréciée, lorsque nous avons proposé une détermination de la loi qui en a été le sujet, qui nous avait d'abord paru exacte, mais que nous avions fini par ne donner que pour approximative (2). La comparaison qui en a été faite depuis avec celle à laquelle Huyghens était parvenu, a prouvé qu'effectivement elle la touchait de près (3). C'est ce qui nous a engagé à la replacer ici, parce qu'elle offre un moyen très-simple et très-facile, soit de rendre sensible à l'œil la marche du rayon extraordinaire lorsqu'il coïncide avec la section principale du rhomboïde, soit de la vérifier à l'aide de l'expérience. Voici en quoi consiste cette détermination (4).

1350. Nous avons vu (1323) que quand le rayon incident *st* (fig. 101) était perpendiculaire sur *adeh*, auquel cas le rayon ordinaire continuait sa route dans le rhomboïde, le rayon extraordinaire se rejetait vers le petit angle solide *b*. Supposons que la ligne *ax* (fig. 110) abaissée de l'angle *a* perpendiculairement sur la diagonale *bn*, représente le rayon ordinaire : dans ce cas, si l'on prend *xy* égale au tiers de *bx* et que l'on mène *ay*, cette dernière ligne représentera le rayon extraordinaire relatif à l'incidence perpendiculaire sur *ae*. — Soit maintenant *st* un rayon incident oblique sur *ae*, et *tl* le rayon réfracté ordinaire, dont il est facile de déterminer la position d'après le rapport 5 à 3 entre les sinus. On demande la position du rayon extraordinaire *tf*. Par le pied de la ligne *ax*, menez *xo*, qui fasse avec *ax* un angle de 60 degrés ; puis, par le pied du rayon ordinaire *tl*, menez *lm* parallèle à *xo*. Prenez sur *lm* la partie *lu* égale à *xz*. La ligne *tf*, menée par le sommet du rayon ordinaire et par le point *u*, sera la direction du rayon extraordinaire relatif à l'incidence suivant *st*. — Si l'on suppose que l'incidence ait lieu en sens contraire, suivant une direction *s't'*, alors le rayon ordinaire étant représenté par *t'l'*, le rayon extraordinaire *t'f'* sera encore situé entre le précédent et l'angle *b*, et l'on aura la distance radiale par une construction semblable à celle que nous avons indiquée relativement au rayon incident *st* (1).

1351. On voit par là que *lu* ou *l'u'* est une constante; mais l'amplitude *lf* ou *l'f'* est nécessairement une variable. Si l'on suppose que les deux incidences *st*, *s't'* soient égales en sens contraire, on aura *f'l'* plus petite que *fl*, de manière que leur somme sera double de la distance radiale *xy* relative à l'incidence perpendiculaire. Cette somme est donc elle-même une quantité constante. Huyghens avait déduit ce même résultat des propriétés de l'ellipse, dont il attribuait la figure aux ondes de lumière qui produisaient, selon lui, la réfraction ordinaire. Mais dans la théorie que nous proposons, ce résultat se trouve ramené aux propriétés des lignes droites; et il est même démontré qu'il a toujours

(1) Nouveau Bulletin des Sciences de la Société philomatique, 1807, t. I, p. 303 et suiv. Mémoires de Physique et de Chimie de la société d'Arcueil, t. II, pag. 111 et suiv.

(2) Voyez la deuxième édition de ce Traité, t. II, p. 347 et suiv.

(3) Malus, Théorie de la double Réfraction, p. 293.

(4) Pour construire la section principale, on tracera à volonté une ligne *an*, (fig. 109), qui sera l'axe du rhomboïde, puis, ayant divisé cette ligne en trois parties égales, on fera passer par les points de division *o*, *r*, deux autres lignes *bs*, *ge*, perpendiculaires sur *an*, dont les parties *os*, *gr*, soient égales à *ao* ou à *nr*, et les parties opposées *bo*, *er* doubles des premières. Le quadrilatère *aenb* sera la section principale proposée.

Le rhomboïde du spath d'Islande est, parmi tous les rhomboïdes possibles dans lesquels la diagonale *ae* est supposée être constante, celui qui jouit de cette propriété que la surface de sa section principale est un *maximum*. Dans ce cas le rapport entre les deux diagonales de chaque rhombe est celui de $\sqrt{3}$ à $\sqrt{2}$ que nous avons adopté.

(1) Nous avons donné une formule générale qui exprime ce résultat, dans les Mémoires de l'Acad. des Sciences; 1788, p. 45. Voyez aussi le Traité de Minéralogie, t. II, p. 45.

lieu, quelle que soit la valeur des angles *bxo*, *xay*, pourvu que l'on prenne *lu* ou *l'u* égale à *zx*. Parmi tous les cas possibles, nous avons choisi celui qui nous a paru s'adapter le mieux à l'observation, et il est remarquable que ce cas soit celui où la ligne *ox* fait avec *ax* un angle de 60 degrés, tandis qu'elle fait avec *ao* un angle qui est à très peu près de 101 degrés 1/2, c'est-à-dire égal au grand angle du rhombe primitif (1).

Idée de Newton sur la cause physique de la double réfraction.

1352. Il ne nous reste plus qu'à donner un aperçu de la cause physique d'où dépend le phénomène. Quoique celle qu'a imaginée Newton paraisse singulière au premier abord, plus on l'étudie et plus on trouve qu'elle gagne à être examinée de près, et comparée avec les faits observés. Ce grand géomètre supposait que les molécules de la lumière avaient deux espèces de pôles, sur lesquels la matière de la chaux carbonatée exerçait une action particulière, dont le centre était placé dans la région du petit angle solide. D'après cette idée, il considérait chaque rayon simple comme un prisme quadrangulaire infiniment délié, dans lequel tous les pôles dont nous venons de parler étaient rangés sur deux pans opposés, que nous appellerons *pans de réfraction extraordinaire*. Lorsque le rayon, en pénétrant le rhomboïde, par exemple en allant de la base supérieure *adeh* vers l'inférieure *bcng* (fig. 101), présentait l'un de ces mêmes pans à l'angle solide *b*, la force dont il s'agit l'attirait à elle, tandis que quand il présentait à l'angle *b* l'un des deux autres pans que l'on peut appeler *pans de réfraction ordinaire*, la matière du rhomboïde n'avait sur lui d'autre action que celle qui lui était commune vers les milieux ordinaires. Cela posé, parmi tous les rayons simples dont est formé un faisceau de lumière qui tombe sur la surface du rhomboïde, les uns auront leurs pans de réfraction ordinaire, et les autres leurs pans de réfraction extraordinaire tournés vers le petit angle solide. Le faisceau se divisera donc en deux parties, dont l'une ne subira que la réfraction ordinaire, tandis que l'autre, attirée par la force qui réside dans le petit angle solide, sera soumise à la réfraction extraordinaire.

1353. Cette hypothèse acquiert un nouveau degré de vraisemblance lorsqu'on l'applique au phénomène des quatre images produites par la superposition de deux rhomboïdes (1342), et aux variations que subissent ces images dans leur intensité, à mesure que s'opère la révolution du rhomboïde supérieur. Ces effets indiquent que le faisceau de rayons extraordinaires, dans lequel tous les pans de réfraction du même nom étaient d'abord exactement tournés vers la région d'où émane la force qui agit sur eux, se sous-divise peu à peu, à mesure que, pendant la rotation du rhomboïde, cette région change de position, en sorte que les molécules lumineuses échappent les unes après les autres à la force attractive, pour subir la réfraction ordinaire. Le contraire arrive par rapport aux rayons de l'autre faisceau, qui avaient d'abord leurs pans de réfraction extraordinaire situés à angle droit sur la région d'où émane la force qui pro-

(1) Concevons que l'on applique *t'l'* sur *tl*, en renversant la base *f' l'* du triangle *l't'f'*, de manière que le point *f'* tombe sur le point *c*, de l'autre côté du rayon *tl*, et le point *u'* sur le point *p*. Si l'on mène *lp* et *up*, cette dernière ligne sera évidemment parallèle à *bn*, à cause de l'égalité des angles *ulf plc*, et de celle des lignes *lu*, *lp*. De plus, la ligne *fc* sera égale à la somme des deux distances *lf*+*l'f'*. Or, si l'on suppose que le rayon *tl* change d'inclinaison en restant fixe par son extrémité *l*, les lignes *tc*, *tf*, dans l'hypothèse de *lu*, *lp* constantes, resteront fixes elles-mêmes par leurs points *p*, *u*, tandis que leurs extrémités supérieure et inférieure feront un mouvement le long des lignes *ae*, *bn*. Donc, dans tous les cas, on aura *tp* : *tc* :: *up* : *fc*. Mais il est aisé de voir qu'à cause des parallèles *ae*, *up*, *bn*, le rapport $\frac{pt}{tc}$ est constant : donc aussi le rapport $\frac{up}{fc}$ sera constant ; et puisque *up* est constante, *fc* le sera pareillement. Or, plus le rayon *tl* approche d'être parallèle à la perpendiculaire *tm*, plus aussi *tf* approche d'être égale à *xy*. Donc si l'on suppose que la direction *tl* diffère infiniment peu de la perpendiculaire, on pourra faire la ligne *fc* ou la somme des deux lignes *fl*, *f'l'* égale à 2*xy*. Donc, puisque cette somme est constante, elle sera le double de *xy* dans tous les cas. On voit que cette démonstration est indépendante de la position de la ligne *ox*, ou de l'angle qu'elle fait avec la diagonale *bn*.

duit cette réfraction ; car ces pans, se trouvant peu à peu dans une position plus favorable à l'égard de la force dont il s'agit, subissent son action les uns après les autres ; et le faisceau finit par lui être soumis tout entier. On croit voir une affinité dont l'intensité augmente ou diminue suivant que les corpuscules sur lesquels elle agit sont plus ou moins en prise à son énergie, de manière que le nombre des corpuscules atttirés s'accroît ou diminue lui-même par des quantités proportionnelles.

Généralité des effets de la réfraction observés d'abord dans les rhomboïdes superposés de spath d'Islande.

1354. Les différents corps dans lesquels on avait retrouvé la propriété de doubler les images, furent pendant longtemps employés solitairement aux expériences dans lesquelles ils la manifestaient. Les phénomènes que présentent deux rhomboïdes calcaires dont on combine les actions, semblaient annoncer un de ces caractères propres à faire ressortir entre toutes les autres substances celle qui en portait l'empreinte, lorsque M. Malus découvrit que loin d'être particuliers au spath d'Islande, ils s'étendaient à tous les corps doués de la double réfraction (1). Il n'est pas même nécessaire, pour l'observer, d'associer deux cristaux de même espèce. Ainsi l'un pourrait appartenir au plomb carbonaté ou à la baryte sulfatée, et l'autre au quarz ou au zircon. Ces substances se comportent entre elles comme deux rhomboïdes de spath d'Islande.

1355. Pour vérifier, par l'expérience. la propriété dont il s'agit, on peut regarder la flamme d'une bougie à travers deux prismes des mêmes substances, posés l'un sur l'autre. On verra, en général, quatre images de cette flamme. Mais si l'on fait tourner lentement un des prismes autour du rayon visuel, pris pour axe, les quatre images se réduiront à deux toutes les fois que les faces contiguës seront parallèles ou perpendiculaires entre elles. Les deux images qui disparaissent ne se confondent pas avec les premières ; on les voit s'éteindre peu à peu, tandis que les deux autres augmentent d'intensité. Les rayons ordinaire et extraordinaire qui sortent de l'un des deux corps pour passer dans l'autre, conservent leurs fonctions ou les échangent sous les mêmes conditions que dans l'expérience faite avec deux rhomboïdes de spath d'Islande.

1356. Le soufre se trouve ici dans un cas particulier. Nous avons reconnu que les morceaux de ce combustible, taillés suivant deux plans parallèles entre eux, et placés sur un papier marqué d'un point ou d'une ligne, exerçaient sur la lumière réfractée la même action que le spath d'Islande. Il en résulte que l'on peut varier l'expérience, en combinant avec un rhomboïde du même spath un morceau de soufre taillé comme je viens de le dire. Ayant superposé ces deux corps n'importe dans quel ordre, si l'on fait tourner doucement celui qui est en dessus, on verra successivement deux ou quatre images d'un même point, dans les mêmes circonstances que celles qui dépendent du concours des deux rhomboïdes calcaires.

Des deux espèces de réfraction nommées l'une attractive et l'autre répulsive.

1357. Nous avons vu que quand un rayon de lumière qui traverse un rhomboïde de spath d'Islande est situé dans le plan de la coupe principale, le rayon extraordinaire qui en provient se rejette plus que le rayon ordinaire vers l'angle aigu de cette coupe, en faisant un angle plus ouvert avec la perpendiculaire menée du point d'incidence sur la surface réfringente. M. Biot, ayant comparé les positions des deux rayons relativement à la même perpendiculaire dans les diverses substances minérales, douées de la double réfraction, a découvert que tantôt elles s'assimilent à celles qu'on observe dans le spath d'Islande, et tantôt ont lieu en sens inverse ; en sorte que le rayon extraordinaire s'écarte moins de la perpendiculaire que le rayon ordinaire. M. Biot a donné le nom d'*attractive* à cette dernière espèce de réfraction ; et, parmi les corps qui la subissent, il cite le quarz et la baryte sulfatée ; la première espèce est celle qu'il appelle *répulsive*, et que lui ont offerte, entre autres substances, l'émeraude dite béryl et la tourmaline. Il cite des expériences à l'aide desquelles on peut reconnaître celle des deux réfractions qui existent dans une substance donnée, et déter-

(1) Théorie de la double réfraction, n° 47, p. 219.

miner ainsi, dans tous les cas, l'effet d'une distinction qui a le double avantage de répandre un nouveau jour sur la marche des phénomènes, et d'ajouter à leur théorie un nouveau degré de précision.

Des limites relatives à la double réfraction, qui existent dans la structure des cristaux.

1358. Tout cristal transparent, doué de la double réfraction, quelle que soit la substance à laquelle il se rapporte, peut être coupé d'une multitude de diverses manières, par deux pans inclinés l'un sur l'autre, et parallèles à deux faces secondaires qui seraient susceptibles d'être produites par deux lois différentes de décroissement, ou parallèles l'une à une face primitive, et l'autre à une face secondaire. Parmi toutes les combinaisons binaires qui naissent de cette sous-division à l'égard d'une même substance, il en est une qui jouit de cette propriété que les images des objets vus par réfraction à travers les deux faces qui la donnent, sont sensiblement simples.

1359. Dans le même cas, il arrive toujours que l'une des deux faces dont il s'agit est perpendiculaire à l'axe du cristal, ou coïncide avec cet axe, en sorte que les résultats des observations se rapportent à deux limites prises dans le mécanisme de la structure. La limite relative à chaque cas particulier dépend de l'espèce à laquelle appartient le cristal que l'on a entre les mains.

1360. Il est rare que les deux faces réfringentes désignées n'existent pas naturellement sur quelques-unes des variétés produites immédiatement par la cristallisation; en sorte que les positions et les inclinaisons mutuelles des mêmes faces sont déterminées d'avance par la théorie. Les variétés dont il s'agit offrent ainsi comme les types naturels des solides destinés à l'observation des deux espèces de réfraction.

1361. Pour citer des exemples, nous donnerons la préférence aux cristaux qui dérivent du rhomboïde primitif de la chaux carbonatée, parce que les effets des faces réfringentes dont nous avons parlé, s'y présentent avec des caractères qui les font ressortir parmi ceux que l'on observe dans les autres substances. Reprenons le prisme hexaèdre *hd* (fig. 111), déjà représenté fig. 5 pl. I, et dont nous avons extrait, à l'aide de la division mécanique, le rhomboïde primitif, et bornons-nous à une seule coupe *splu*, laquelle sera parallèle à la face correspondante du rhomboïde. Si l'on regarde une épingle à travers le trapèze *splu*, et le pan *abrk* opposé à celui qui est adjacent à ce trapèze (1), l'image de l'épingle sera rejetée très-haut par la réfraction qui sera double; en sorte que les deux images seront à une distance que nous avons estimée par aperçu à peu près égale à 25 centimètres, environ 2 pouces. L'angle réfringent est de 45°. Supposons ensuite que l'on ait coupé le rhomboïde primitif représenté (fig. 112) par un plan *mnr* (fig. 113) perpendiculaire à l'axe, et que l'on regarde l'épingle à travers ce plan, de manière que le rayon visuel lui soit perpendiculaire, et que son prolongement passe par l'épingle, l'image alors sera simple; mais si le rayon visuel s'écarte de sa position, en s'inclinant d'un côté ou de l'autre, l'œil verra deux images. L'effet sera le même, si le rhomboïde a été coupé par un second plan (fig. 114) parallèle au premier; c'est-à-dire que l'image sera simple ou double sous les mêmes conditions que dans le cas précédent, relativement à la direction du rayon visuel.

1362. Lorsqu'on se sert du premier rhomboïde, fig. 113, et que l'image est simple, le rayon réfracté qui est entré dans ce rhomboïde, perpendiculairement au plan *mnr*, faisant des angles égaux avec les trois faces *gmnbx*, *grnbx* et *amrgo*, et avec celles qui leur sont parallèles, n'est pas plus sollicité à se rejeter d'un côté que de l'autre; en sorte qu'il reste sur la direction de l'axe; et repassant dans l'air par une des faces inférieures, se réfracte suivant la loi ordinaire.

1363. Comparons maintenant les effets qui viennent d'être décrits avec leurs analogues dans un cristal de quarz. La forme ordinaire de ce minéral est un prisme hexaèdre régulier (fig. 115), terminé par deux pyramides droites du même nombre de faces. Trois de ces faces, prises alternativement vers cha-

(1) Nous substituons ici le pan dont il s'agit à une face qui coïncide avec l'axe du cristal; ce qui ne change rien à l'observation, puisque cette face est censée lui être parallèle : nous en userons de même dans les cas suivants.

que sommet, telles que *cbd*, *fbg*, *abh*, et celles qui leur sont parallèles dans le sommet inférieur, appartiennent à un rhomboïde qui est la forme primitive; en sorte que si l'on regarde une épingle à travers la face P prise pour exemple, et le pan *hgry* situé du côté opposé, les deux faces réfringentes feront respectivement la même fonction que les faces *psul*, *abrk*, sur le cristal de chaux carbonatée que nous avons considéré précédemment. On verra deux images de l'épingle comme à travers ces dernières faces, excepté qu'elles seront beaucoup moins écartées l'une de l'autre (1). L'angle réfringent, dans ce cas, est de 38° 20′. Si l'on continue de prendre la face P pour une des faces réfringentes, et que l'on substitue au plan *hgry* une face artificielle *lmnory* perpendiculaire à l'axe, l'image sera simple, et cela même sous toutes les directions du rayon visuel, en quoi cette observation différera de celle qui lui correspond, lorsqu'on se sert d'un cristal de chaux carbonatée.

1364. Nous croyons devoir prévenir ici une cause d'illusion qui existe dans certains cristaux de quarz, et qui se retrouve dans plusieurs de ceux qui appartiennent à d'autres substances. Elle dépend des petits défauts de continuité connus sous le nom de *glaces*, et des autres accidents qui interceptent les rayons ou dérangent leur marche, et dont l'effet, dans ce dernier cas, est quelquefois de faire paraître la réfraction double lorsqu'elle est simple. Mais les fausses images produites par cette cause sont beaucoup plus faibles que les véritables. On les reconnaît encore à ce qu'elles changent de position à l'égard de ces dernières, en se montrant tantôt au-dessus, tantôt au-dessous d'elles, à mesure que l'on incline la pierre dans un sens ou dans l'autre, et il y a tel degré d'inclinaison qui les fait disparaître entièrement. Mais le cristal qui a servi aux observations précédentes est entièrement exempt de ces imperfections; sa transparence égale celle de l'eau la plus limpide, et rien n'altère l'unité de l'image à travers deux faces dont l'une est perpendiculaire à l'axe. Les autres substances dont nous allons parler sont dans le même cas que le quarz; l'image qui était simple lorsque le rayon visuel avait une direction perpendiculaire à l'une des faces réfringentes, ne cesse point de l'être au jugement de l'œil exercé et attentif, sous toutes les inclinaisons du même rayon; nous nous bornons ici à énoncer le fait, nous réservant à exposer, vers la fin de cet article, les réflexions qu'il tend à faire naître, lorsqu'on le compare à lui-même, en prenant pour termes de comparaison d'une part un cristal de chaux carbonatée, et de l'autre des cristaux choisis parmi ceux d'une espèce différente.

1365. L'exemple suivant nous sera fourni par l'émeraude, et nous prendrons, pour type du sujet des observations, un cristal de la variété que nous nommons *annulaire*, et que représente la figure 117. Sa forme primitive est le prisme hexaèdre régulier qui résulterait du prolongement des faces P, M, M, etc. Mais ce prisme est ici modifié par des facettes secondaires *t*, *t′*, qui remplacent les arêtes du contour de la base. La réfraction suit la même marche que dans le quarz; l'image est simple à travers une des facettes secondaires telle que *t*, et la base *ursxyz* opposée à P. Elle est double à travers la même face, et le pan *onsr* situé du côté opposé. Dans le premier cas, l'angle réfringent est de 30°; et dans le deuxième, il est de 60°. Mais l'émeraude est, parmi les substances minérales que nous avons soumises à l'observation, celle qui donne le *minimum* de double réfraction. Les deux images ne commencent à être distinctes que quand l'épingle est éloignée du cristal d'environ 5 décimètres (un pied $\frac{1}{2}$). Nous avons employé à nos observations des cristaux diaphanes d'émeraude dite *béryl*, qui venaient de Sibérie, et des morceaux taillés d'une transparence parfaite.

1366. La substance à laquelle nous allons passer, et qui est la baryte sulfatée, a pour forme primitive un prisme droit rhomboïdal A*a′* (fig. 118) dans lequel la plus grande inclinaison des pans M, M est de 101° 32′. Le cas où l'image est double existe naturellement dans une variété que nous nommons *apophane*, et que présente la figure 119. Les angles solides obtus A, A′ (fig. 118) des bases

(1) L'effet serait le même si l'on employait, comme faces réfringentes, les triangles *dbf*, *abc*, qui alternent avec les précédents, en les combinant avec les pans qui leur correspondent du côté opposé. La structure du cristal se prête à cette substitution.

y sont remplacés par des facettes secondaires *d, d'* (fig. 119), d'une figure triangulaire. En regardant l'épingle à travers une de ces facettes telle que *d* et la base opposée à P, auquel cas l'angle réfringent est de 39° 11', on voit très-distinctement deux images parallèles à la grande diagonale E, E' (fig. 118). On les verrait également dans une direction parallèle à la petite diagonale A, A', si on les regardait à travers une facette qui interceptât l'un des angles solides E, E', et la base opposée à P. On connaît une autre variété de baryte sulfatée, dont la forme se prête à cette observation. A l'égard des faces réfringentes qui donnent les images simples, il y a ici une distinction à faire, fondée sur ce que, dans ce cas, une des faces dont il s'agit peut coïncider avec le plan qui passe par les grandes diagonales EE' et *ee'*, ou avec celui qui passe par les petites diagonales AA' et *aa'*. Il se présente donc ici deux observations, dans chacune desquelles le plan mené par une des diagonales se combine avec une des faces latérales M, M.

1367. L'une de ces observations peut être faite à l'aide de la variété que nous nommons *rétrécie*, et qui offre deux facettes telles que *s* (fig. 120), parallèles au plan qui coïncide avec la grande diagonale E E' (fig. 118). On peut employer à la seconde observation une autre variété appelée *raccourcie*, dans laquelle la facette *k* (fig. 121) et son opposée sont au contraire situées parallèlement à la petite diagonale. Or, c'est la première variété qui donne l'image simple, lorsqu'on regarde à travers un des pans M (fig. 120) et la facette opposée à *s*, c'est-à-dire parallèle au plan qui passe par les grandes diagonales; l'angle réfringent est alors de 50° 46'. Si l'on avait commencé par se servir de l'autre variété, la réfraction aurait été double, et l'on en aurait conclu que, pour la voir simple, il fallait substituer au plan dont nous venons de parler l'un de ceux qui coïncident avec les faces *k* (fig. 121). Il est aisé de se procurer des corps à l'aide desquels on puisse vérifier les observations précédentes, en profitant de la grande facilité avec laquelle les masses lamelleuses de baryte sulfatée se prêtent à la division mécanique pour en extraire le prisme rhomboïdal qui offre la forme primitive; après quoi on fera naître sur ce prisme des facettes artificielles qui aient la même relation avec ce prisme que celles qui existent sur les cristaux naturels.

1368. Nous terminerons cet article par des observations relatives aux substances douées de la double réfraction, dont la forme primitive est un octaèdre dans lequel la base commune des deux pyramides dont il est l'assemblage est, suivant les espèces, un carré, un rectangle ou un rhombe. Il arrive souvent que ces deux pyramides sont séparées par un prisme intermédiaire, produit en vertu d'une loi de décroissement, ou que l'octaèdre lui-même, par une suite de l'allongement qu'il a subi dans un certain sens, se présente sous une forme prismatique. Or, l'une et l'autre de ces circonstances offrent l'avantage de simplifier et de faciliter les applications de la méthode, en substituant à l'octaèdre le prisme qui en dérive.

1369. Nous prendrons pour exemple les cristaux de topaze dont la forme primitive, représentée (fig. 122), se rapporte au second cas, c'est-à-dire que le quadrilatère *efgh*, qui fait la fonction de base, est un rectangle. L'inclinaison de M sur M' est de 122° 42', et celle de P sur P' est de 88° 2'. Les faces de cet octaèdre existent sur plusieurs variétés, parmi celles qui sont secondaires; et dans tous les cristaux que nous avons observés jusqu'ici, la partie moyenne, abstraction faite de quatre pans additionnels, présente la forme d'un prisme droit rhomboïdal (fig. 123), dans lequel l'inclinaison mutuelle des pans *acxo*, *bcxy* est de 124° 22' (1). La division mécanique des cristaux a lieu avec une grande facilité dans le sens de deux joints naturels très-nets et très-éclatants, situés parallèlement aux bases du prisme. Maintenant, tel est le rapport de position qui existe entre ce même prisme et l'octaèdre, que les diagonales menées l'une de *a* en *b*, et l'autre de *c* en *d* sont parallèles, la première au côté *fg* (fig. 122) du rectangle *efgu*, et la seconde au côté *ef*.

(1) Nous avons exposé, dans l'article de la Cristallographie relatif à l'octaèdre, le double point de vue sous lequel la structure des cristaux de topaze peut être considérée et qui permet d'adopter à volonté, comme forme primitive, soit l'octaèdre rectangulaire (fig. 122), soit le prisme rhomboïdal (fig. 123), en laissant subsister l'unité des molécules.

1370. Cela posé, il est facile de déterminer, relativement au prisme, les positions des faces réfringentes qui doivent être employées aux observations. On fera naître d'abord, à la place de l'angle solide *c* (fig. 124), une face triangulaire *fgn*, dont le côté *fg* soit parallèle à la diagonale comprise entre les points *a*, *b*, et dont l'inclinaison sur la base soit de 51° 1/3, et l'on remplacera l'arête *dn* située du côté opposé, par une face rectangulaire *hluk*, située parallèlement à la même diagonale. Si l'on regarde une épingle à travers ces deux faces, son image sera très-sensiblement doublée. Dans ce cas, l'angle réfringent est de 28° 2/3. Si ensuite on regarde la même épingle à travers la face *fgn* de la base *onxz*, elle paraîtra simple.

1371. Il est aisé de retrouver, dans la structure de l'octaèdre, les analogues des faces réfringentes qui existent dans celle du prisme. A la face triangulaire *fgn* répond le triangle *fsg* (fig. 122); à la face *dluk* (fig. 124) répond le plan qui, en partant du sommet *s* (fig. 122) de l'octaèdre, passe par l'axe perpendiculairement aux côtés *ef*, *hg*; et à la base *ahbc* (fig. 124) répond le rectangle *efgh*, qui sous-divise l'octaèdre en deux pyramides. C'est surtout dans les topazes incolores du Brésil, dites *topazes blanches*, que le poli naturel du joint qui coïncide avec ce rectangle est si vif et si égal, qu'on le prendrait pour le poli de l'art (1).

1372. On peut obtenir, dans des sens différents de ceux que nous avons indiqués, la face réfringente dont l'effet se combine avec celui de la limite. La seule condition essentielle est que cette dernière soit toujours une des deux faces employées à l'observation de la réfraction. On peut aussi produire arbitrairement dans un cristal des faces artificielles inclinées d'un nombre quelconque de degrés sur celle qui répond à la limite, et dont la position est constante. On aura des effets analogues à ceux que produiraient les faces naturelles auxquelles on substitue celles dont nous venons de parler; mais nous avons cru devoir ramener les positions des faces réfringentes à des types choisis parmi les résultats de la cristallisation, parce que la marche de l'observation en est plus simple et plus conforme au mécanisme de la structure.

1373. Dans la méthode que nous venons d'exposer, nous avons fait dépendre la détermination de l'axe de double réfraction de la condition que l'œil voie les images des objets sensiblement simples à travers deux faces inclinées entre elles, dont l'une soit perpendiculaire ou parallèle à l'axe du cristal qui est le sujet de l'observation. La ligne qui tombe perpendiculairement sur cette dernière face, est l'*axe de double réfraction*; et l'on nomme *section principale* le plan qui passe par cet axe perpendiculairement à la même face. De plus, nous avons dit que les images restaient sensiblement simples, sous toutes les directions du rayon visuel, à moins que le cristal n'appartînt à la chaux carbonatée.

1374. La méthode employée par les physiciens pour déterminer l'axe de double réfraction diffère de la nôtre, 1° en ce qu'au lieu de la face inclinée à celle qui est parallèle ou perpendiculaire à l'axe du cristal, on en suppose une autre située parallèlement à cette dernière; 2° en ce qu'un rayon dirigé vers les deux faces dont il s'agit ne reste

(1) Nous nous sommes borné au cas le plus ordinaire, qui est celui dans lequel la forme primitive donnée par la théorie est celle d'un prisme droit à bases rhombes, ou peut être ramenée à cette dernière. La face réfringente parallèle à l'axe est alors située dans le sens d'une des diagonales de la base, ou, ce qui revient au même, elle coïncide avec une face produite en vertu d'un décroissement par une rangée sur une des arêtes longitudinales. Mais dans certaines espèces, et entre autres dans l'épidote, la forme primitive est un prisme, qui a pour bases des parallélogrammes obliquangles dont les côtés sont inégaux, et qui n'a pas un aspect symétrique propre à fournir par lui-même une indication sur la position de la face réfringente dont il s'agit; et alors il ne serait pas impossible que cette face fût le résultat d'un décroissement par deux ou par trois rangées sur une des arêtes longitudinales de ce prisme. Nous nous proposons de faire des recherches particulières relativement à cette hypothèse à laquelle la théorie ne s'oppose pas, et qui permettrait également de déterminer la position proposée. Seulement, il pourrait arriver que cette détermination exigeât une ou deux observations de plus que dans le cas où le prisme est rhomboïdal.

simple, en entrant par celle qui se présente à lui, qu'autant qu'il lui est perpendiculaire. Il paraîtrait en résulter que l'œil ne pourrait voir les images simples à travers les deux faces réfringentes dans le cas du parallélisme dont nous venons de parler, qu'autant que le rayon visuel leur serait perpendiculaire. A plus forte raison serait-il nécessaire, dans le cas de l'inclinaison, qu'il eût la même direction relativement à celle qui serait parallèle ou perpendiculaire à l'axe du cristal. Or, nous avons vu que notre méthode n'exigeait pas que cette condition fût remplie, si ce n'est à l'égard d'un cristal de chaux carbonatée.

1375. On concilierait tout en admettant que, dans le cas où les images paraissent simples, le rayon réfracté qui les donne se sous-divise réellement en pénétrant le cristal, mais d'une si petite quantité, qu'elle ne pourrait être saisie que par des observations très-précises; mais cela n'empêcherait pas que nous n'eussions rempli notre but en faisant dépendre la détermination de l'axe de double réfraction d'une distinction qui s'offre comme d'elle-même entre deux réfractions, dont l'une est simple au jugement de l'œil, et l'autre évidemment double.

1376. Nous ne devons pas omettre un autre genre d'observations qui est lié au sujet que nous traitons ici. Nous avions dit que jusqu'alors la chaux carbonatée et le soufre étaient les seules substances qui présentassent deux images du même objet vu à travers deux de leurs faces parallèles (1). Cependant on a indiqué la même propriété dans diverses autres substances, et on l'a même fait entrer comme élément dans la détermination de l'axe de double réfraction relatif à quelques-unes, entre autres à la baryte sulfatée. On partait de l'observation qu'un rayon incident qui tombait sur un des pans M, restait simple en pénétrant le prisme, lorsqu'il était perpendiculaire au même pan, et se sous-divisait lorsqu'il lui était incliné. M. Bernhardi, dans un mémoire qu'il a publié sur ce sujet, admet, dans tous les corps qui doublent les images, un axe de réfraction auquel se rapportent les phénomènes. Il dit qu'on peut en général apercevoir la double réfraction à travers deux faces parallèles entre elles; qu'elle est simple seulement dans les cas où ces faces sont en même temps parallèles à l'axe *s* et dans celui où elles lui sont perpendiculaires (1). Parmi plusieurs conditions propres à assurer le succès des expériences, il en est une qu'il regarde comme nécessaire à l'égard de certaines substances, et en particulier à l'égard des cristaux de quarz, c'est qu'ils aient plusieurs pouces d'épaisseur; mais il cite une observation faite avec ces mêmes cristaux, et qui n'est pas à son avantage. Il dit que la double réfraction à travers deux faces parallèles et opposées sur les deux pyramides, telles que *cbd* et *msn* (fig. 115), est un peu plus forte que quand on regarde les objets à travers une face d'une pyramide, telle que *cbd* et le pan opposé *hgry*. Nous avons répété ces deux observations en nous servant d'un cristal d'une belle transparence et d'une forme très-prononcée. La première a donné des images qu'il nous était impossible de ne pas juger simples, tandis que, dans la seconde, elles étaient doubles et écartées l'une de l'autre d'une quantité très-sensible. A la vérité le cristal n'avait qu'environ 13 millimètres (près de 6 lignes) d'épaisseur, et la distance entre les deux faces qui avaient servi à la première observation n'était que de 2 centimètres (environ 9 lignes). Mais si nous supposons, par la pensée, que ce cristal ait pris tout à coup un accroissement considérable, l'écartement entre les images, dans la seconde observation, augmentera à proportion, et il sera impossible que la double réfraction qui, avant l'accroissement, était encore nulle dans la première observation, puisse jamais atteindre le degré auquel elle sera parvenue dans la seconde; à plus forte raison ne pourra-t-elle le surpasser: une pareille marche mettrait les lois de la lumière en contradiction avec elles-mêmes.

1377. Nous ajouterons que, dans le grand nombre d'expériences que nous avons faites avec des cristaux de diverses substances, auxquels rien ne manquait de ce qui pouvait conduire à des résultats décisifs, jamais les images vues à travers deux faces parallèles, sous

(1) Traité élémentaire de Physique, deuxième édit., t. II, n° 1170.

(1) Journal de Gehlen, t. IV, p. 230 et suiv.

toutes les inclinaisons du rayon visuel, n'ont offert le moindre indice d'une double réfraction susceptible d'être saisie par l'œil. Maintenant, si nous raisonnons dans l'hypothèse où son effet aurait été assez peu sensible pour nous échapper, il faudra en conclure qu'il y a un passage brusque entre la même propriété, considérée successivement dans le spath d'Islande, où elle agit avec tant d'énergie, et tant d'autres minéraux où elle se fait pour ainsi dire chercher; ce qui est le contraire de ce qu'on observe dans d'autres phénomènes, où les propriétés physiques marchent en allant d'une substance à l'autre par une gradation de nuances. On serait plutôt porté à croire que la chaux carbonatée, par une suite de la nature et de la forme de ses molécules, occupe un rang à part dans la série des corps doués de la double réfraction. Au reste, nous proposons ces réflexions avec toute la réserve convenable, et nous y attachons d'autant moins d'importance, qu'elles sont étrangères à notre objet principal, qui a été d'indiquer des moyens également simples et faciles pour déterminer dans tous les cas la position de l'axe de double réfraction.

1378. Nous avons vu qu'il y avait pour chaque cristal doué de la double réfraction une limite qui la donnait simple, et qui dépendait de la position respective des faces réfringentes, soit entre elles, soit à l'égard de l'axe. Mais il existe des formes primitives dans lesquelles l'effet de la double réfraction est nul, de quelque manière que les faces à travers lesquelles on regarde les objets soient situées l'une à l'égard de l'autre, et sous toutes les directions du rayon visuel. Ces formes sont celles qui, par une suite du caractère de symétrie et de régularité dont les a marquées la cristallisation, peuvent être regardées elles-mêmes comme les limites des autres du même genre. Elles sont au nombre de trois, savoir : le cube, l'octaèdre régulier, et le dodécaèdre dont la surface est composée de 12 rhombes égaux et semblables, tous inclinés entre eux de 120 degrés. La forme du tétraèdre régulier, à raison de son aspect symétrique, doit être réunie aux trois précédentes, mais nous ne connaissons aucun minéral transparent qui la présente. Parmi les substances auxquelles appartiennent les autres, et qui se prêtent, au moins dans certains cas, à l'observation dont nous avons parlé, nous citerons, pour le cube, la magnésie boratée et la soude muriatée dite *sel gemme*; pour l'octaèdre régulier, le diamant et la chaux fluatée, et, pour le dodécaèdre à plans rhombes, le grenat.

1379. Chacune des formes dont il s'agit est commune à des minéraux de différentes espèces (1), et il y a tout lieu de croire que la propriété de donner des images simples est générale pour toutes; mais il n'est pas prouvé qu'elle ne soit pas susceptible d'exister aussi dans quelques unes des formes qui ne sont pas des limites. Nous avons déjà fait quelques observations qui ne paraissent laisser aucun doute à cet égard. Mais avant de les publier, nous nous proposons d'y mettre le dernier degré de précision, et de les étendre à d'autres substances qui nous ont déjà offert quelques indices de la même propriété.

Sous-division des corps naturels, déduite de la double réfraction.

1380. Les effets de la double réfraction que nous ont offerts plusieurs des corps cités dans l'article précédent, peuvent déjà faire juger de la latitude que parcourt cette propriété en allant d'une espèce à l'autre. Nous allons en citer de nouveaux exemples qui, joints aux premiers, serviront à donner une idée de la gradation que suit cette propriété considérée dans l'ensemble des corps naturels. La substance qui paraît la posséder au plus haut degré est le zircon, vulgairement appelé *jargon de Ceylan*. Ayant détaché de l'un de ses cristaux le prisme à base carrée qui en faisait partie, nous avons fait naître une facette artificielle à la place d'une des arêtes au contour de sa base supérieure. Les images des barreaux d'une fenêtre vus à travers cette facette et le pan situé du côté opposé ont été fortement doublées à la distance de 2 mètres (6 pieds). L'angle réfringent n'était que de 21 degrés.

(1) Nous avons donné, dans la Cristallographie, à l'article qui a pour titre : *Des formes communes à différentes espèces*, la solution de la difficulté qui parait naître de l'adoption d'une même forme dans des substances de diverse nature, relativement à la distinction des espèces minérales.

1381. La pierre précieuse dite *péridot* (chrysolite des Allemands) est, après le zircon, une de celles sur lesquelles la même propriété agit avec le plus d'énergie. Sa forme primitive est un prisme à base rectangle, qui, dans le cristal employé à nos observations, était terminé par une pyramide droite quadrangulaire. L'une des deux faces réfringentes était une face de pyramide qui naissait sur un des grands côtés de la base ; l'autre était le pan opposé. L'écartement des images des mêmes barreaux a été à peu près le même que dans l'expérience faite avec le zircon ; mais nous étions placé à la distance de 3 mètres, et l'angle réfringent était de 38° 20′.

1382. Vient ensuite la variété de pyroxène dite *diopside*, qui a pour forme primitive un prisme rhomboïdal oblique, représenté fig. 125, dans lequel l'inclinaison mutuelle des pans M, M est de 87° 42′, et celle de la base P sur l'arête adjacente H est de 106° 6′. Nous avons regardé les mêmes barreaux à travers une facette triangulaire artificielle *ofl* (fig. 126), qui interceptait l'angle solide *b* au contour de la base, et à travers une face naturelle *stux*, qui remplaçait l'arête *df*, située du côté opposé, parallèlement à une autre que la cristallisation avait produite à la place de l'arête antérieure H, ainsi que l'exigeait la symétrie. Les images ont présenté à peu près le même aspect à une égale distance. L'angle réfringent était de 36 degrés à peu près.

1383. En suivant la gradation, on arrive à la topaze et au quarz, que nous avons déjà cités, et dont la réfraction est sensiblement moins forte que celle des substances précédentes. Nous avons parlé aussi de celle de l'émeraude, qui est peut-être la plus faible de toutes, et dont celle du corindon est voisine. La forme primitive de celui-ci est un rhomboïde un peu aigu, dans lequel l'inclinaison de deux faces situées vers un même sommet est de 86° 38′. Ici nous étions obligé de prendre une épingle pour objet de la vision. Les deux faces réfringentes avaient les mêmes positions respectives que les faces P et *hgry* (*fig.* 115) du cristal de quarz employé à l'une des observations que nous avons citées plus haut. Mais il fallait écarter l'épingle de toute la longueur du bras pour apercevoir la distinction des images.

1384. La lumière, en traversant les portions de cristaux comprises entre les deux faces réfringentes, se décompose, comme dans l'expérience du prisme, en rayons de diverses couleurs qui donnent aux images un aspect irisé. Lorsque la double réfraction est très-forte, comme dans le zircon, on peut employer, comme objet, la flamme d'une bougie. La lumière qui en émane avive les couleurs que la distance entre les images fait mieux ressortir, et l'expérience devient susceptible d'être vue avec intérêt, même par ceux à qui la physique est étrangère.

De la diffraction de la lumière.

Grimaldi a remarqué le premier que les rayons lumineux qui passent près des extrémités des corps subissent des inflexions qui les écartent de leur route directe, et il a même observé les diverses circonstances relatives à ce phénomène, tel que nous allons le décrire. Nous nous bornerons ici aux expériences principales à l'aide desquelles on peut le produire.

1385. Si l'on introduit un faisceau de lumière dans une chambre obscure par un très-petit trou, et qu'ayant exposé à cette lumière un corps d'une forme déliée, tel qu'un fil de fer, on reçoive l'ombre de celui-ci sur un carton blanc ou sur un verre légèrement dépoli, derrière lequel on place l'œil, on remarque que l'ombre de ce corps est beaucoup plus large qu'elle n'aurait dû l'être si les rayons avaient été raser ses extrémités. On remarque de plus, que l'ombre est bordée à l'extérieur de franges de diverses nuances de couleurs et de différentes largeurs, et l'on voit dans son intérieur des franges, les unes brillantes, les autres obscures, qui la partagent en intervalles égaux, et dont les premières sont colorées comme celles qui se montrent à l'extérieur. — Ce phénomène, auquel Newton avait donné le nom d'*inflexion de la lumière*, que l'on a changé depuis en celui de *diffraction de la lumière*, a été attribué pendant long-temps à une force répulsive que le corps mince exerçait sur la lumière, et en vertu de laquelle les rayons subissaient des inflexions plus ou moins sensibles, suivant qu'ils passaient plus ou moins près du corps dont il s'agit. — Newton a fait un grand nombre d'expériences sur le même sujet, qui, entre autres défauts, ont celui de donner des résultats incomplets, par une suite de ce que les franges colorées qui occupent l'intérieur des ombres lui avaient échappé. Il semble avoir annoncé lui-même qu'il ne regardait pas comme évidentes les conséquences auxquelles paraissaient conduire les mêmes résultats, en plaçant l'exposé qu'il en avait fait dans ses questions sur l'optique, et il paraît les avoir eus en vue lorsqu'il demande si l'on ne peut pas dire que les corps agissent sur la lumière, à une certaine distance, de manière à en infléchir les rayons par une force d'autant plus grande que cette distance est plus petite.

1386. Cette cause de la diffraction, que Newton présumait être la véritable, avait été généralement adoptée par les physiciens, lorsque l'Académie royale des sciences, ayant proposé pour sujet du prix de physique qu'elle donne chaque année, l'explication du même phénomène, couronna le mémoire dans lequel M. Fresnel, ingénieur des ponts et chaussées, également distingué par ses connaissances en physique et en géométrie, avait déduit cette explication du système des ondulations.

1387. Le savant auteur du mémoire oppose d'abord, à celle qui est fondée sur l'hypothèse de l'émission, un résultat de ses propres observations, qui tend à la rendre inadmissible. Car, pour que les faits fussent d'accord avec elle, il faudrait que la nature du corps près duquel passerait la lumière et la figure de ses bords eussent une influence marquée sur la dilatation du faisceau composé de cette lumière. Mais des expériences variées et des mesures précises prouvent au contraire que cette influence est nulle; et, pour nous borner à un seul fait qui est très-simple, on observe que les bandes diffractées ont précisément le même éclat et la même disposition, soit qu'elles aient été produites sur le dos d'un rasoir ou sur son tranchant.

1388. Maintenant, pour nous faire une idée de la manière dont M. Fresnel explique la diffraction, rappelons-nous que, dans une onde dont toutes les molécules ne sont sollicitées que par leurs propres forces ou par celles des ondes voisines, les pressions latérales se détruisent mutuellement, en sorte qu'il n'y a de mouvement que dans les directions perpendiculaires à la surface. Mais si une portion de quelque onde se trouve interceptée ou arrêtée dans sa marche par l'interposition d'un corps étranger, on conçoit que l'équilibre étant rompu entre les pressions transversales, il doit en résulter dans les divers points de l'onde une disposition à envoyer des rayons suivant de nouvelles directions.

1389. C'est de ce dérangement qu'a subi le système des actions primitives que proviennent, ainsi que nous le verrons bientôt, les franges, les unes colorées, les autres obscures, qui se forment à l'extérieur du corps interposé, ou qui, semblables aux premières, naissent dans l'intérieur de son ombre. La production de celles-ci nécessite le concours de deux ondes parties des deux côtés du corps interposé, et dont les rayons, en se croisant, exercent leur influence les uns sur les autres. C'est en cela que consiste le principe des interférences, découvert par M. Thomas Young, et qu'il a consigné dans les Transactions philosophiques de la Société royale de Londres, pour l'année 1813. Il en a confirmé l'existence par une expérience très-remarquable, dans laquelle il arrêtait, au moyen d'un écran opaque, la portion de lumière qui venait de raser ou qui était sur le point de raser un seul des deux bords du corps interposé, et à l'instant la totalité des bandes lumineuses qui sont formées dans l'ombre intérieure disparaissait, quoique les rayons qui passaient près du bord opposé continuassent leur route.

1390. M. Fresnel, après avoir déterminé par des formules qu'il manie avec beaucoup d'adresse, la vitesse des vibrations produites dans les molécules d'un nombre quelconque d'ondes lumineuses de même longueur, et qui se propagent suivant une même direction, combine les mêmes formules avec le principe d'Huyghens et avec celui des interférences, pour soumettre au calcul les diverses circonstances du phénomène de la diffraction.

1391. Parmi les divers résultats qu'il a obtenus, nous citerons celui qui l'a conduit à expliquer la différence entre les franges lumineuses et les franges obscures dont nous avons parlé, d'après les rapports entre les vibrations des rayons lumineux qui concourent en un même point. Tantôt ce rapport est tel, que les actions des rayons s'entre-détruisent; et ces rayons se trouvant alors en *discordance*, suivant l'expression de l'auteur, la lumière s'éteint dans les points où ils concourent, et de là les franges obscures. Tantôt le rapport laisse subsister l'effet des vibrations, et l'accord qui en résulte donne naissance aux franges lumineuses et colorées. L'auteur prouve que les portions de courbe produites par les inflexions de ces dernières franges sont des arcs d'hyperbole.

1392. En même temps que le système des ondulations fournit l'explication d'un phénomène qui échappe à la théorie fondée sur le système de l'émission, il se prête également à celle de la réflexion et à celle de la réfraction, comme le fait voir M. Fresnel, en associant aux résultats qu'il a obtenus les principes d'Young et d'Huyghens. Ainsi, à ne considérer que les faits contenus dans les mémoires du même savant, l'avantage serait plutôt du côté d'Huyghens que de Newton. Mais, pour juger auquel des deux il doit rester, il faut comparer leurs systèmes sous tous les rapports susceptibles d'offrir des motifs de préférence en faveur de l'un ou de l'autre, et c'est ce que nous allons essayer de faire avec toute l'impartialité qu'exige une discussion d'un aussi grand intérêt.

1393. Nous observerons d'abord que le système des ondulations présente aussi des difficultés dont une des plus embarrassantes a pour elle une autorité d'autant plus importante, qu'elle a été émise avec cette droiture qui sied si bien aux hommes de génie, par l'auteur même du système dont il s'agit. Parmi les divers phénomènes que présentent les rhomboïdes de spath d'Islande, un des plus remarquables, que nous avons cité plus haut, est celui qui a lieu dans l'expérience où deux de ces rhomboïdes étant superposés, les deux rayons qui les traversent et qui restaient simples lorsque les coupes principales étaient parallèles ou faisaient entre elles un angle droit, se sous-divisent chacun en deux nouveaux rayons, dans tous les cas où les deux coupes sont inclinées l'une sur l'autre. Huyghens ne conçoit pas comment deux ondes de lumiere acquièrent, en traversant un premier rhomboïde, une forme et une disposition en vertu desquelles chacune d'elles puisse mettre en mouvement dans le second rhomboïde deux portions différentes de matières susceptibles de donner deux réfractions, lorsque ce rhomboïde est tourné dans un certain sens, et n'en faire mouvoir qu'une seule lorsqu'il est tourné dans un autre sens. Huyghens finit par avouer qu'il n'a rien pu trouver qui l'ait satisfait sur la manière dont les choses se passent dans cette expérience (1).

1394. M. Malus va plus loin, et cet habile physicien, qui a mis autant de justesse que de sagacité dans l'étude des diverses actions de la lumière, regarde comme étant bien plus contraires encore à l'hypothèse des ondulations ses expériences dans lesquelles un rayon de lumière, réfléchi successivement par deux glaces sous le même angle d'incidence, reste simple ou se sous-divise suivant les positions respectives que l'on donne à ces glaces; « ce qui ne peut avoir lieu, ajoute M. Malus, dans le système des ondulations : » d'où il conclut non-seulement que la lumière est une substance soumise aux forces qui animent les autres corps, mais de plus que la forme et la disposition de ses molécules ont une grande influence sur les phénomènes (2).

1395. Après tout, la difficulté qui naîtrait d'un très-petit nombre de faits que la science, en reculant ses limites, pourra faire rentrer un jour dans le système de l'émission, serait loin de suffire pour faire donner à ce système une exclusion contre laquelle réclameraient tant d'autres phénomènes dont il fournit des explications si simples et si heureuses. Mais il y a mieux, c'est que la discussion présente ne porte que sur la cause physique de ces phénomènes, et que tout s'y passe comme si le système de l'émission était le véritable; en sorte que, suivant la remarque d'Euler, les rayons, dans l'un et l'autre, nous sont représentés par des lignes droites tant qu'ils restent dans le même milieu transparent, et ne s'infléchissent pour subir la réfraction qu'au passage d'un milieu dans un autre (3).

1396. Ainsi la ligne droite qui caractérise l'émission est à la fois l'élément

(1) Quo autem pacto id fiat, nihil reperire potui quod mihi satisfaceret. Christ. Eugenii Opera reliqua, Amstelod., 1728, p. 68 et 69.

(2) Théorie de la double Réfraction, p. 238 et 239.

(3) Lettres à une princesse d'Allemagne, t. 1, p. 137.

de toutes les constructions géométriques que nous traçons, et de tous les calculs que nous employons dans la solution des problèmes relatifs à l'optique et à la dioptrique; il semble que la physique n'ait fait ici autre chose que de prendre la forme de la géométrie pour s'accorder avec elle-même. De là il résulte qu'en nous occupant de ces sujets, nous nous sommes tellement accoutumés à voir par la pensée ce que nos yeux eux-mêmes semblent nous dire à l'aspect des corps lumineux, savoir, qu'ils nous envoient directement des rayons émanés de leur substance, qu'il faudrait des preuves aussi nombreuses qu'évidentes pour nous forcer de substituer dans nos idées à leurs mouvements rectilignes les ondes d'une matière subtile ébranlée par les agitations des mêmes corps.

DE LA LUMIÈRE POLARISÉE.

Polarisation dans laquelle la lumière conserve sa blancheur, et notion de cette propriété.

1397. En réfléchissant sur les circonstances des phénomènes produits par la double réfraction qui ont été décrits précédemment, on remarque une différence sensible entre la lumière qui a déjà traversé un corps doué de cette propriété, et celle qui, après avoir parcouru l'espace, arrive sous une direction oblique à la surface d'un des mêmes corps, dans lequel la partie de ses rayons qui a échappé à la réflexion est réfractée. Celle-ci, quelle que soit sa direction, se sous-divise toujours en deux faisceaux qui subissent, l'un la réfraction ordinaire, l'autre la réfraction extraordinaire; l'autre, en poursuivant sa marche, reste simple lorsqu'elle est dans le plan de la section principale ou dans un plan perpendiculaire à ce dernier, et elle se sous-divise dans tous les autres plans.

1398. M. Malus a découvert une analogie très-remarquable entre la lumière qui a subi une réflexion partielle à la surface d'un corps, et celle qui sort d'un corps doué de la double réfraction. Cette analogie se rapporte à deux faits que nous allons faire connaître successivement. Le premier consiste en ce que la lumière réfléchie dont nous venons de parler, lorsque sa réflexion s'est faite sous un certain degré d'obliquité, et qu'elle entre ensuite dans un corps à double réfraction, y subit les mêmes modifications que si elle avait déjà passé à travers un premier corps doué de la même propriété, dont la section principale coïncidât avec le plan suivant lequel elle s'était d'abord réfléchie. Pour mieux faire concevoir cette corrélation, supposons que *ab* (fig. 127) soit la projection verticale d'une glace non étamée, et que *nm* représente un rayon de lumière incidente qui rencontre cette glace sous un angle *nmb* d'environ 35 degrés. Il se réfléchira, en faisant avec la glace l'angle de réflexion *oma* égal au premier. Supposons maintenant que l'on présente au rayon *mo* un corps doué de la double réfraction, dont la section principale *glkh* soit sur le prolongement du plan *amo* suivant lequel s'est faite la réflexion du rayon *nm*. Le rayon *mo* passera dans le corps à double réfraction sans se sous-diviser, en prenant une direction telle que *or*, qui se rapportera à la réfraction ordinaire. Si, au contraire, la section principale de ce même corps était perpendiculaire au plan *amo*, le rayon *mo* resterait de même simple en le pénétrant, avec la différence qu'il y subirait la réfraction extraordinaire. Dans toutes les positions respectives intermédiaires entre les deux précédentes, le rayon *mo* se sous-divisera en deux rayons qui subiront les deux espèces de réfraction (1). La quantité de rayons partiels ordinaires provenue de cette sous-division ira en diminuant, tandis que la quantité de rayons extraordinaires augmentera jusqu'à ce que la première s'évanouisse.

1399. Nous sommes maintenant en état d'expliquer ce qu'on doit entendre par *lumière polarisée*. Nous raisonnerons dans l'hypothèse admise par Newton, savoir, que les molécules de la lumière ont des pôles sur lesquels agissent celles des corps doués de la double réfraction, que traversent les rayons de ce fluide. Parmi ces corps, nous choisirons comme exemple le rhomboïde du spath d'Islande. Nous avons vu que chacun des deux faisceaux émanés de

(1) Nous nous conformons ici au langage reçu, d'après lequel on désigne souvent par le mot de *rayon* un faisceau de lumière qui est un assemblage de rayons.

la lumière directe à laquelle on a présenté un de ces rhomboïdes n'était plus susceptible, après en être sorti, de se sous-diviser en traversant un nouveau rhomboïde dont la section principale était parallèle ou perpendiculaire à celle du premier. Or, cette propriété dérive de ce qu'en vertu de l'action que le premier rhomboïde exerçait sur les molécules de chaque faisceau, elles tournaient toutes à la fois dans le même sens les pôles analogues à cette action; d'où résultait, dans tous les rayons dont le faisceau était l'assemblage, une tendance générale et permanente à ne subir qu'une seule réfraction en passant dans un second rhomboïde, pourvu que la section principale de celui-ci fût dans une des positions d'où dépend l'action de ses molécules sur les pôles des molécules lumineuses. Or, l'effet de la glace qui reçoit les rayons sous un angle de 35° 25′ est absolument le même, par rapport à ces rayons, que celui qu'a produit le premier rhomboïde à l'égard du faisceau qui, en le traversant, a subi la réfraction ordinaire. Tous ces rayons ont leurs pôles homologues tournés dans le même sens, tous sont disposés de la même manière; d'où il suit que le faisceau qui en est l'assemblage reste simple en pénétrant le rhomboïde dont le quadrilatère *ghkl* représente la coupe principale. C'est l'uniformité de leur disposition, dépendante de l'angle sous lequel ils ont été réfléchis par la glace, qui est le caractère distinctif de la lumière polarisée. — Dans toutes les incidences qui précèdent celle dont il s'agit ici, il y a toujours un certain nombre de rayons déjà polarisés mêlés à ceux qui ne le sont pas encore, et qui va en croissant à mesure que l'incidence se rapproche de la limite à laquelle répond la polarisation complète du faisceau. Il en est encore de ce dernier comme de celui qui, ayant passé d'un rhomboïde de spath d'Islande dans un autre, arrive par degrés de l'état de réfraction ordinaire à celui de réfraction extraordinaire, ou réciproquement, à mesure que, pendant le mouvement d'un des deux rhomboïdes, les deux sections principales approchent d'être perpendiculaires entre elles.

1400. D'après ce qui précède, on voit que la propriété dont jouit un rayon polarisé, de se trouver en prise ou d'échapper tout entier aux forces réfringentes des cristaux, dépend uniquement du sens dans lequel les molécules lumineuses tournent leurs pôles relativement aux centres d'action de ces forces, en sorte que le même rayon doit se comporter différemment à l'égard d'un corps cristallisé, qu'il rencontre d'ailleurs sous une incidence constante, suivant qu'il se présente à sa surface par tel ou tel côté. Il importe donc de connaître le sens dans lequel il a été polarisé pour être en état de déterminer d'avance son mode d'action sur une substance diaphane dont la position est donnée. Or, lorsqu'un rayon a été réfléchi par une lame de verre sous l'angle de 35 degrés environ, les forces réfléchissantes ayant déterminé ses molécules à tourner dans le plan même de réflexion les pôles qui sont analogues à leur action, on dit alors que le rayon a été polarisé dans le sens de ce plan, que l'on appelle aussi pour cette raison le *plan de polarisation*.

1401. M. Malus a fait la remarque que, toutes les fois qu'on produit par un moyen quelconque un rayon polarisé dans un certain sens, on obtient nécessairement un second rayon polarisé dans un sens perpendiculaire au premier (1). Ainsi, lorsqu'un rayon de lumière traverse un rhomboïde de spath d'Islande en se divisant, le rayon ordinaire est polarisé dans le sens de la coupe principale, et le rayon extraordinaire l'est dans un plan perpendiculaire à cette coupe. Lorsqu'un rayon lumineux tombe sur une lame de verre sous l'angle de 35° 25′, toute la lumière réfléchie est polarisée dans le plan de réflexion, et celle qui traverse la glace l'est en grande partie dans un plan perpendiculaire au premier.

Détermination approximative du maximum de polarisation relatif à une substance donnée.

1402. L'angle sous lequel la polarisation est complète varie d'une substance à l'autre. En général, il décroît à mesure que la force de la réfraction augmente. M. Brewster a découvert, dans cette dépendance mutuelle de la lumière réfléchie et complétement polarisée avec la lumière réfractée, une

(1) Voyez les Mémoires de l'Institut, année 1810, 2e partie.

tendance générale vers une limite dont elle ne s'écarte que d'une petite quantité. Elle consiste en ce que le rayon réfracté est, à peu de chose près, perpendiculaire au rayon réfléchi. Il en résulte que le rapport entre le cosinus et le sinus de l'angle d'incidence du rayon polarisé sur la surface réfléchissante est égal au rapport entre le sinus de l'angle que fait ce même rayon avec la verticale et le sinus de réfraction; d'où il suit que, connaissant ce dernier rapport, qui est constant, on en déduit la mesure de l'angle qui répond à la polarisation (1).

Nouvelle expérience dans laquelle la lumière reste blanche en se polarisant.

1403. Revenons maintenant au second fait découvert par M. Malus, et, pour en avoir une idée, substituons au corps doué de la double réfraction, employé dans l'expérience précédente, une seconde glace qui réfléchisse, sous le même angle d'incidence, les rayons renvoyés par la première. Le plan de réflexion relatif à cette incidence s'assimile alors, autant que le permet la nature du corps qui reçoit la lumière, à la section principale de celui dont il a pris la place. — Soit toujours *ab* (fig. 128) la projection horizontale de la première glace. Soit *yz* celle de la seconde, que nous supposerons d'abord être parallèle à l'autre. Soit de plus *mt* le rayon réfléchi par celle-ci : il se réfléchira de nouveau sur la glace *yz*, suivant une direction *tx* située dans le plan *mty*, et qui fera avec *yz* un angle de 35 degrés, en sorte qu'il n'y aura aucune différence entre l'effet de cette réflexion et celui de la première. Concevons maintenant que la glace *yz* tourne autour du rayon *mt*, de manière que celui-ci conserve à son égard la même inclinaison. Au terme où la position du plan de réflexion *mty* sera devenue perpendiculaire à celle qu'il avait dans le premier instant, ou, ce qui revient au même, à celle du plan *bmn*, toute la lumière que la glace réfléchissait aura disparu. A mesure qu'en partant de sa première position elle parcourt tous les intermédiaires compris entre cette position et la seconde, la quantité de rayons partiels contenue dans le rayon réfléchi *tz* va en diminuant, en sorte qu'elle finit par s'évanouir.

1404. Il ne sera pas inutile de comparer la marche de ce dernier phénomène avec celle du précédent, pour en saisir les rapports et les différences. Dans le premier cas, à mesure que la section principale *hklg* (fig. 127) s'incline vers le plan de réflexion *amo*, le faisceau *or* cède à la réfraction extraordinaire une partie de ses rayons, qui va toujours en augmentant jusqu'à ce que le faisceau entier se trouve soumis à la même réfraction, en sorte qu'il n'y a de changé que l'aspect sous lequel se présente le phénomène. Dans le second cas, la quantité de rayons que conserve la lumière réfléchie subit les mêmes variations à mesure que les deux plans de réflexion s'inclinent l'un sur l'autre; mais la partie qui s'en détache disparaît en pénétrant la glace, où elle subit la réfraction ordinaire, en sorte que le phénomène finit par être à l'égard de l'œil comme s'il n'avait pas existé. — Nous n'avons considéré, dans les deux faits qui précèdent, que ce qui se passe

(1) Soit *xz* (fig. 129) la surface réfléchissante, *bcn* l'angle d'incidence de la lumière polarisée, et *fcr*, l'angle de réflexion. Du point *c*, pris pour centre, et d'un intervalle quelconque *cb* pris pour rayon, décrivons une circonférence de cercle *hbd*. La perpendiculaire *bn* menée sur la surface *xz* sera le sinus de l'angle d'incidence, et la ligne *cn* en sera le cosinus. De plus, si nous menons la verticale *ch*, le sinus *ba* de l'angle *bch* relatif à cette verticale sera égal au cosinus *cn* déjà désigné. Soit *cd* le rayonr éfracté, et *dg* le sinus de réfraction. D'après l'observation faite par M. Brewster l'angle *rcd* est droit, ou à peu près. Donc l'angle *dcf*, ou son égal *cdg* est le complément de l'angle *fcr*, ou, ce qui revient au même, de l'angle *bcn*. Donc l'angle *dcg*, qui, à son tour, est le complément de *cdg*, est égal à l'angle *bcn*. De là il résulte que le sinus de réfraction *dg* est égal au sinus d'incidence *bn*; d'ailleurs le sinus *ab* de l'incidence relative à la réfraction est égal au cosinus *cn* donné par la réflexion, d'où l'on déduit le rapport proposé. Ainsi, lorsque la surface *xz* est celle de l'eau, le rapport entre *ba* et *dg* est celui de 4 à 3, d'où il suit que *cn* est à *bn* dans le même rapport. On en conclut, à l'aide du calcul, que l'angle $bcn = 36^d\,52'$. M. Malus, qui a déterminé cet angle par l'observation, l'a trouvé de $37^d\,15'$, c'est-à-dire plus fort de 23′ que le précédent.

pendant la rotation de la section *hklg* (fig. 127), ou du plan de réflexion *ytx* (fig. 128), depuis l'origine du mouvement jusqu'au terme qui en est éloigné de 90 degrés. Nous reviendrons bientôt sur le même sujet, et nous exposerons avec détail la manière dont les mêmes effets se répètent successivement en sens contraire, ou suivant le même ordre, dans les autres parties de la circonférence.

Description et usage d'un appareil simple et facile à manier, destiné aux expériences sur la lumière polarisée.

1405. Les faits dont nous venons de parler, et tous les autres qui doivent suivre, occupent un des premiers rangs parmi ceux qui sont si remarquables, qu'il faut les avoir vus pour en concevoir une juste idée; mais, d'une autre part, ils sont de nature à ne pouvoir être observés que solitairement. C'était pour nous un motif encore plus puissant de nous conformer ici à notre usage ordinaire, en indiquant à ceux qui étudient la physique de la lumière un appareil simple et peu dispendieux à l'aide duquel il leur fût facile de faire eux-mêmes les expériences relatives aux phénomènes dont il s'agit. Nous sommes redevables de celui dont nous nous servons à l'amitié de M. Fauquet, qui en a doublé le prix en voulant bien l'exécuter lui-même. C'est une nouvelle preuve de l'avantage qu'a son auteur de réunir à des connaissances variées le talent d'un habile artiste, dont il fait hommage aux sciences qu'il cultive, en le dirigeant vers ces moyens ingénieux d'observation qui rendent sensible à l'œil la marche des phénomènes et aident l'esprit à en mieux saisir la théorie.

1406. On distingue, dans l'appareil dont nous venons de parler, une partie fixe qui est commune à toutes les expériences, et différentes pièces dont l'usage est limité et que l'on met en place suivant que le besoin l'exige. La partie fixe que représente la figure 130 a pour base une tablette de bois ayant la figure d'un rectangle, dont le grand côté est d'environ 23 centimètres (8 pouces et demi) et le petit côté de 8 centimèt. 5 (3 pouces). Cette tablette est garnie, vers une de ses extrémités, d'une glace GINL non étamée et noircie en dessous. Au delà de cette glace s'élève, à égale distance entre les grands côtés de la tablette, une plaque de bois PZYX taillée en trapèze, qui sert de support à un cylindre creux OF de carton ou de fer-blanc dont la longueur est de 15 centimètres (5 pouces et demi) et le diamètre de 4 centimet. 5 (1 pouce 8 lignes). L'angle que forment entre eux les grands côtés PZ, XY du trapèze est de 35° 25′, d'où il suit que l'axe du cylindre fait le même angle avec le plan de la tablette. Le bas de ce cylindre est occupé par un bout de tuyau fait en carton et d'environ 3 centimètres de longueur, qui n'y entre que jusqu'à une distance de 3 ou 4 millimètres de son extrémité. Là il est arrêté par une espèce de collier fixé sur sa circonférence, et fait d'une lame de carton qui a été taillée en forme d'octogone régulier, et percée d'une ouverture circulaire, ainsi qu'on le voit fig. 131, par laquelle passe le bout de tuyau dont nous avons parlé. Le tout est disposé de manière que l'on peut imprimer à la lame octogonale et au bout de tuyau qui adhère à son ouverture un mouvement commun de rotation autour de l'axe du cylindre. Nous indiquerons bientôt l'usage de ce tuyau.

1407. Parmi les pièces mobiles que nous avons annoncées, nous décrirons d'abord celle que représente la fig. 132. Sa partie principale est un assemblage de deux prismes octogones réguliers, faits en carton, dont chacun est terminé seulement d'un côté par une base, et ouvert du côté opposé. Telle est la manière dont ils sont assortis, que l'un sert d'étui à l'autre, ce qui donne la facilité de les séparer pour placer dans l'intérieur un rhomboïde de spath d'Islande, ainsi que nous le dirons. On a pratiqué une large ouverture circulaire *or* à chacune des bases. Celle de ces ouvertures que désigne la lettre *o* communique avec la cavité d'un tuyau *gh* qui adhère par le haut à sa circonférence, et dans lequel on introduit du côté opposé la partie supérieure du cylindre OF (fig. 130), de manière que l'on peut faire mouvoir le tuyau autour de l'axe de ce cylindre. L'autre ouverture, dont la fonction est de transmettre à l'œil les rayons qui ont passé à travers le rhomboïde, est bordée d'une naissance de tuyau *mn*, destinée à intercepter toute autre lumière que celle qui arrive de l'intérieur. — La boîte que nous venons de décrire est remplacée dans une grande partie des expériences par une espèce de cage (fig. 130 *bis*) dont l'usage est tout différent. Pour mieux en faire concevoir la construction, supposons six lames rectangulaires de bois, égales et semblables deux à deux, et réunies par leurs bords sous la forme d'un parallélipipède rectangle *hy* (fig. 133), dans lequel les côtés B, C de la base soient entre eux à très peu près comme 7 est à 6. Quant à la hauteur G, qui est arbitraire, M. Fauquet a pris le parti le plus simple, qui est de la faire égale au côté B, d'où il suit que le pan *slhp* est un carré. Maintenant, prenons sur chacun des côtés *sy*, *pu*, une partie *ns* ou *pm* qui en soit 1/6; puis, ayant tracé les lignes *gn*, *om*, coupons le parallélipipède par un plan *gnmo* qui coïncide avec elles. Le solide alors sera semblable à celui que représente séparément la figure 134, et dont il est aisé de faire le rapprochement avec celui dont il dérive. Pour assortir ce solide à sa destination, il faut garnir intérieurement le pan *gnmo* d'une glace non étamée et noircie en dessous, et laisser le pan *lsph* à jour. D'après les dimensions indiquées, l'angle que forme cette glace avec le pan *hlgo* est de 55 degrés. Pour terminer l'exécution de la pièce dont ce solide n'offre qu'une partie, on pratique dans le pan *gkh* (fig. 135) une ouverture circulaire *x*, à laquelle on adapte un tuyau par une de ses extrémités, près de laquelle il est garni d'un collet de figure octogone semblable à celui dont nous avons parlé plus haut. Lorsqu'on veut faire usage de la pièce dont il s'agit, on introduit le haut du cylindre dans la partie inférieure du tuyau, après quoi on peut à volonté faire tourner celui ci soit dans un sens, soit dans l'autre, de manière qu'il entraîne dans son mouvement l'octogone *hg* et le solide *nh*, auquel il adhère. — Une troisième pièce, qu'il nous suffira d'indiquer, consiste dans un prolongement que l'on ajoute au cylindre qui est dans l'appareil, et à l'aide duquel l'axe de celui-ci, qui n'était que de 15 centimètres (environ 5 pouces et demi), s'accroît jusqu'à environ 40 centimètres (15 pouces). On ne se sert de ce prolongement que dans une seule expérience que nous citerons bientôt.

1408. M. Fauquet a joint aux différentes pièces que nous venons de décrire, un certain nombre de diaphragmes, dont l'usage facilite et abrège les expériences. Ce sont des cercles de carton qui, à l'exception d'un seul, dont nous parlerons plus bas, ont tous le même diamètre, et dont telle est la mesure que l'on peut les introduire dans la cavité du cylindre, de manière qu'ils y fassent l'office de cloisons transversales. Les uns sont percés à l'endroit de leur centre d'un trou d'environ 2 millimètres (près d'une ligne) de diamètre, dont l'image est transmise à l'œil au moyen de la lumière à laquelle il donne passage. Les autres ont été évidés jusqu'à une petite distance de leur circonférence, et ce qui en reste sert de cadre à une lame circulaire d'une substance diaphane, dont l'action modifie la lumière qui la traverse. Tous ces diaphragmes se remplacent l'un l'autre à un endroit voisin de la base inférieure du cylindre. Nous avons dit qu'il y avait en cet endroit un bout de tube engagé par le haut dans la lame octogonale que représente la figure 131. C'est au fond de ce tuyau que l'on place les diaphragmes, dont les bords reposent sur une bande circulaire de carton attachée à ce même fond. Le diaphragme étant placé, on emploie, pour le maintenir dans une position fixe, un second bout de tuyau que l'on introduit dans le premier, jusqu'à ce que son bord inférieur agisse par pression sur ce même diaphragme. La description précédente excède les bornes que nous aurions dû nous prescrire, si nous ne nous étions proposé que de faire concevoir l'usage de l'appareil qui en est le sujet; mais elle aura rempli notre but, si nous n'y avons omis aucun des détails nécessaires pour en diriger l'exécution.

1409. Pour vérifier, à l'aide de l'expérience, le premier des faits découverts par M. Malus, on placera un rhomboïde de spath d'Islande dans la boîte octogonale (fig. 132), et on l'y fixera de manière que la diagonale oblique de la face opposée à celle qui sera en contact avec le fond de la boîte soit parallèle à une ligne menée par le centre de l'octogone *es* (fig. 131), et par les milieux de deux côtés parallèles, tels que *ek*, *ys*. On marquera de deux indices les points qui répondent à ces milieux. On mettra ensuite la boîte sur l'appareil, comme nous l'avons dit, puis on garnira la circonférence inférieure du cylindre d'un diaphragme percé à son centre. On fera tourner la boîte jusqu'à ce que la ligne menée par les deux indices dont nous avons parlé ait pris une position verticale; on sera sûr alors que la section principale du rhomboïde coïncide elle-même avec un plan vertical. Maintenant, si l'on dispose l'appareil de manière que la glace soit tournée vers la lumière, les rayons incidents qui font avec elle un angle de 35° sous lequel ils sont polarisés, après s'être réfléchis en sens contraire de la même quantité, passeront par le trou du diaphragme, en se dirigeant dans le sens de l'axe du cylindre, et, arrivés au rhomboïde, le traverseront suivant le plan de sa section principale. En regardant alors par l'ouverture F (fig. 132), on verra, dans la région de la coupe principale du rhomboïde, une image simple du trou du diaphragme, sous l'aspect d'un petit cercle de lumière blanche. Supposons que, dans cet état de choses, l'angle obtus de la coupe principale soit tourné vers le haut. Si l'on fait prendre à la boîte octogone un mouvement lent de rotation, soit d'un côté, soit de l'autre, on verra paraître une seconde image, en dessous de la première. Elle sera d'abord très-faible, mais bientôt elle acquerra une intensité qui augmentera de plus en plus, à mesure que l'arc de rotation s'accroîtra lui-même, et qui atteindra son *maximum* au terme où cet arc étant de 90°, la section principale sera devenue perpendiculaire au plan de réflexion de la lumière reçue par la glace. Pendant le même temps, la première image perdra continuellement de sa force, et elle finira par s'évanouir au terme où l'intensité de la première aura pris tout son accroissement. Il est facile de s'assurer que celle-ci est produite par la réfraction ordinaire, en observant la seconde à sa naissance. On remarquera qu'elle coïncide alors avec un point plus rapproché de l'angle aigu de la coupe principale du rhomboïde que celui auquel répond la première image, et qu'elle s'éloigne davantage de l'œil par sa position. Ces caractères étant ceux qui dérivent de la réfraction extraordinaire, on en conclut la distinction entre les deux images. Si l'on continue le mouvement de rotation au delà du terme dont nous avons parlé, les mêmes effets se répèteront en sens contraire. On verra la première image renaître, et devenir toujours plus sensible à mesure que la seconde s'affaiblira par degrés, en sorte qu'elle finira par être nulle, au terme où la rotation ayant parcouru une demi-circonférence, le *maximum* d'intensité aura passé à la première. On conçoit d'avance ce qui doit arriver, en vertu du mouvement dans les deux arcs de 90° qui mesurent le reste de la circonférence. Il résultera de ce mouvement deux successions d'effets semblables à ceux qui ont eu lieu dans les deux arcs correspondants, à partir de l'origine du mouvement.

1410. Pour vérifier l'autre fait, on substitue au prisme octogone la pièce représentée (fig. 130 *bis*), qui renferme une seconde glace dont l'effet se combine avec celui de la première. Nous avons dit plus haut que cette glace, qui est indiquée par le rectangle *gnmo* (fig. 134), était inclinée de 55° sur le rectangle *gohl*. Supposons maintenant que, du centre *z* de ce dernier rectangle, on élève une droite qui lui soit perpendiculaire; elle fera avec le plan de la glace un angle de 35° égal au complément de 55°. Si l'on fait tourner le rectangle *gohl* autour de la droite dont il s'agit, de manière qu'elle fasse toujours un angle droit avec lui, la glace qui tournera en même temps continuera aussi de faire un angle de 35° avec la même droite. Or, celle-ci est sur le prolongement de l'arc du cylindre, d'où il suit qu'elle coïncide avec le rayon qui, après deux réflexions sur la première glace, est reçue sous le même angle par la seconde glace. Donc, en faisant tourner celle-ci, on obtiendra le résultat dont il s'agit. Maintenant, il suit de la comparaison que nous avons faite des variations que subit la lumière réfléchie par cette seconde glace, avec celles qui avaient eu lieu à l'égard de la lumière réfractée dans le rhomboïde, que le phénomène offert par la première est composé d'une partie que l'expérience rend sensible, et d'une autre que la réfraction dans la glace dérobe à l'observateur. On voit de plus que la première n'est qu'une répétition de ce qui a lieu à l'égard de la lumière qui, dans le rhomboïde, était soumise à la réfraction ordinaire. Il en résulte que si l'on fait faire à la seconde glace une révolution autour de l'axe du tube, il y aura deux points éloignés l'un de l'autre de 180°, où l'image de l'ouverture faite au diaphragme, vue dans cette même glace, aura atteint son *maximum* d'intensité, et deux autres points situés entre les précédents, à la distance de 90°, où elle aura disparu. Les deux *maxima* répondront aux termes où les plans des deux glaces seront parallèles entre eux, et les points de zéro à ceux où ils seront perpendiculaires l'un sur l'autre. En allant de l'un de ces derniers points vers un des termes où l'intensité est à son *maximum*, on verra l'image renaître, et sa force suivre une progression croissante, jusqu'à ce qu'elle soit parvenue au terme dont nous venons de parler.

Polarisation dans laquelle la lumière blanche se sous-divise en deux rayons teints de couleurs complémentaires l'une de l'autre.

1411. Dans les expériences que nous venons de citer, la lumière, soit réfractée, soit réfléchie, qui fait naître les phénomènes ne se décompose pas, et ne fait que se sous-diviser dans certains cas, en sorte que les images qu'elle produit sont constamment blanches. M. Arago a découvert une modification du même fluide, en vertu de laquelle les mêmes images se montrent ornées de diverses couleurs, et les résultats qu'elle a offerts à cet habile astronome sont d'autant plus dignes d'attention, qu'ils ont ouvert aux expériences sur la lumière polarisée un nouveau champ qui s'agrandit de jour en jour (1).

1412. M. Arago est parvenu, par une suite d'expériences dans lesquelles l'intensité des couleurs allait en croissant, au terme qui répondait à son *maximum*, et qui avait lieu, comme dans les cas précédents, lorsque l'incidence de la lumière se faisait sous un angle de 35°. C'est à ce terme que se rapporte l'expérience que nous allons d'abord exposer. L'appareil et la manière d'opérer sont les mêmes que dans celles de M. Malus, dont nous avons parlé plus haut, où la lumière réfléchie, sous l'angle cité, subit, en pénétrant un corps doué de la double refraction, par exemple, un rhomboïde de spath d'Islande, les mêmes modifications que si elle avait déjà passé par un autre corps qui partageât la même propriété. Mais M. Arago introduit dans son expérience un nouveau corps qui fait prendre au phénomène un nouvel aspect, savoir, une lame de mica ou de chaux sulfatée d'une petite épaisseur, qu'il applique sur la surface inférieure du rhomboïde. Les choses étant dans cet état, si l'on fait passer la lumière réfléchie à travers le trou du diaphragme qui termine le cylindre, comme dans l'expérience de M. Malus, et si l'on regarde cette ouverture à travers le rhomboïde situé de manière que sa section principale soit parallèle au plan de réflexion, la lame de mica agira diversement sur les rayons de diverses couleurs, de manière qu'une partie conservera sa polarisation primitive, tandis que le reste sera de nouveau polarisé dans un sens différent. Il en résulte qu'au lieu d'une seule image blanche, on en voit deux situées l'une au-dessus de l'autre, et qui sont teintes de couleurs complémentaires. Dans la plus grande partie des expériences, l'image supérieure était d'un rouge violet, et l'inférieure d'un vert bleuâtre appelé *vert-céladon*; et il est remarquable que, de ces deux couleurs, la dernière soit à très-peu près celle qui occupe le milieu du spectre solaire, et la première un mélange des deux couleurs extrêmes sur le même spectre. Si ensuite on fait tourner les deux corps vers la droite ou vers la gauche, les deux images s'affaiblissent en passant par différentes teintes toujours complémentaires l'une de l'autre; et, au terme où l'arc de rotation est de 45°, les deux images deviennent blanches; au delà de ce terme, les couleurs reparaissent dans l'ordre inverse de celui qui a précédé la blancheur, et quand le mouvement de rotation a parcouru 90°, elles se retrouvent les mêmes que dans le premier instant. Les mêmes effets se répètent aux mêmes intervalles pendant que l'on continue le mouvement, en sorte que, dans la rotation totale, il y a quatre points éloignés l'un de l'autre de 90° où les couleurs des deux images sont à leur *maximum*, et quatre autres points situés à égale distance des précédents où elles sont remplacées par la blancheur. On voit, ainsi que le remarque M. Arago, que les rayons qui ont passé à travers la lame de mica ou de chaux sulfatée, sont distingués de ceux de la lumière directe, par la coloration des deux faisceaux qui résultent de leur sous-division, et dont les teintes sont complémentaires l'une de l'autre, et de ceux de la lumière déjà polarisée par son passage à travers un premier rhomboïde, en ce qu'ils donnent constamment deux images en traversant celui de l'expérience.

(1) Mémoires de la classe des Sciences physiques et mathématiques de l'Institut, année 1811, p. 1 et suiv.

1413. Il y a pour les lames soumises à l'expérience, un degré de ténuité au delà duquel leurs effets disparaissent, et un degré d'épaisseur en deçà duquel on ne les observe pas encore, en sorte que la gradation du phénomène est comprise entre deux limites plus ou moins rapprochées, suivant la diversité des substances que l'on soumet à l'expérience. — De plus, l'espèce de couleur que présente une lame de mica ou de chaux sulfatée, dans une position et sous une inclinaison déterminée, dépend de l'épaisseur de cette lame, en sorte qu'en la divisant dans un sens parallèle à ses grandes faces, en lames toujours plus minces, on voit les couleurs changer à mesure que l'on présente successivement à la lumière ces dernières lames.

1414. L'angle de 35 degrés coïncide avec la limite où la lumière réfléchie est complétement polarisée. Mais, dans toutes les incidences plus grandes ou plus petites, il y a toujours une partie des rayons qui ont subi naturellement la même modification, et c'est en observant la gradation croissante de cette dernière partie, que M. Arago a été conduit au terme où la polarisation est totale. On peut vérifier ce que nous venons de dire à l'aide d'une expérience fort simple. On pose sur une table voisine de la fenêtre, dans une direction parallèle au plan de celle-ci, un fragment détaché d'un bâton de gomme laque, ou un petit étui d'un brun foncé qui ait un certain degré de poli, et l'on se place du côté opposé, vis-a-vis de la même fenêtre. On voit alors une bande de lumière blanche sur la partie supérieure de la convexité du corps dont nous avons parlé. On regarde cette lumière à travers la lame de mica ou de gypse appliquée au rhomboïde de spath d'Islande, et on observe que la bande de lumière blanche se sous divise en deux, qui offrent des couleurs complémentaires l'une de l'autre. Ces couleurs augmentent ou diminuent d'intensité à mesure que l'œil s'élève ou s'abaisse, et que les rayons, en tombant plus ou moins obliquement sur le corps qui les reçoit, se rapprochent ou s'écartent de la direction qui coïncide avec l'angle auquel répond le *maximum* de polarisation.

1415. Nous avons vu que le second fait découvert par M. Malus différait du premier en ce que, dans l'expérience destinée à le faire naître, on substituait une seconde glace au rhomboïde de spath d'Islande. On peut, à l'aide de l[a] même substitution, transformer l'expé[-]rience de M. Arago, que nous avon[s] exposée plus haut, en une autre qui of[-]frira l'analogue de la seconde de M. Ma[-]lus, toujours avec la différence qui ré[-]sulte du passage de la lumière blanch[e] à la lumière colorée. Mais, avant d'e[n] décrire le résultat, nous ne devons pa[s] omettre une observation qui concerne l[a] manière de la faire. — Supposons que le[s] plans de réfraction relatifs aux deu[x] glaces soient perpendiculaires l'un [à] l'autre. Si l'on remplace par une lam[e] de chaux sulfatée ou de mica le diaphragme percé de la petite ouvertur[e] qui, dans l'expérience de M. Malus, transmettait la lumière réfléchie par l[a] première glace, et que l'on fasse tourne[r] lentement la lame autour de son centr[e] à l'aide du moyen que nous avons indiqué, il y aura un terme où l'on verra souvent paraître sur la surface de cette lame diverses couleurs plus ou moins vives, distribuées comme les pièces de rapport qui composent un compartiment. Cet effet, qui est très-agréable, provient de l'inégalité d'épaisseur des différentes parties de la lame qui transmet la lumière. Quelquefois l'espace occupé par une des couleurs a la figure d'un triangle ou d'un trapèze, et si l'on observe la lame au même endroit, on y voit la figure dont nous venons de parler se dessiner par une interruption de niveau.

1416. Ces différentes couleurs n'arrivent que successivement à leur *maximum* d'intensité, suivant que les parties qui les offrent sont plus ou moins épaisses, en sorte que si l'on en adopte une comme sujet de l'expérience, il faut choisir dans la rotation de la lame le point auquel répond le *maximum* qui lui est particulier. Supposons que cette couleur soit le vert. Si l'on continue de faire tourner la glace, et qu'on suive de l'œil l'image produite par cette même couleur, on la verra s'affaiblir par degrés, jusqu'à ce que l'arc de rotation, à partir du *maximum*, étant de 45 degrés, elle disparaisse. Au delà de ce terme, on verra l'image d'un rouge violet, dont la couleur est la complémentaire du vert, prendre naissance, et se renforcer graduellement, jusqu'à ce que le mouvement de rotation ait parcouru 90 degrés, depuis le *maximum* du rouge-violet, et 45 degrés depuis son zéro, et à ce terme l'image violette sera parvenue elle-même à son *maximum*. La glace continuant de tourner, les mêmes effets se renouvelleront en sens contraire, de manière que, dans la rotation totale, il y aura deux points éloignés l'un de l'autre de 180 degrés, où l'image verte aura atteint son *maximum* d'intensité, et deux autres points éloignés chacun de 90 degrés des précédents, auxquels répondra le *maximum* de l'image violette. Il y aura de même quatre points de zéro, situés à des distances égales des *maxima*.

1417. Parmi les différentes lames obtenues par la sous-division d'un fragment de mica ou de gypse cristallisé, on en trouve qui donnent une couleur uniforme, et que l'on peut employer de préférence pour simplifier l'expérience. On peut aussi placer en dessus d'une lame diversement colorée un diaphragme percé d'une petite ouverture en son milieu, et à l'aide de ce moyen on isolera la couleur qui répondra à cette ouverture, et les effets en deviendront plus nets et plus faciles à saisir.

1418. Si, au lieu de faire tourner la lame soumise à l'expérience jusqu'au terme où la couleur est parvenue à son *maximum* d'intensité, on arrête son mouvement à l'un des termes situés en deçà, où cette couleur est moins vive, et si ensuite on fait marcher la glace supérieure, les choses se passeront comme dans le cas où le point de départ coïncide avec le *maximum* d'intensité, en sorte que la différence consistera en ce que les images seront en général plus faibles, et il y aura de même pour chaque degré inférieur d'intensité primitive, un *maximum* relatif qui se montrera et disparaîtra aux mêmes distances respectives que dans le cas de l'intensité absolue. — Supposons enfin qu'en faisant tourner la lame on l'ait amenée à l'un des points de zéro, en sorte que l'image ait disparu; si ensuite on imprime à la glace un mouvement de rotation, l'image restera nulle, et toute la lumière incidente continuera de se réfracter en pénétrant la glace.

Diverses expériences sur la lumière polarisée.

1419. M. Biot, en variant la manière de soumettre le même appareil à l'expérience, et en se servant d'une lame de gypse, a obtenu un nouveau résultat, auquel il a donné un grand développement, en le considérant sous le rapport de la théorie. Pour mieux concevoir en quoi il consiste, rappelons-nous que lorsque la rotation de la lame est parvenue au terme où la couleur verte produite par la réflexion sur la seconde glace a atteint son *maximum*, on laisse cette lame dans sa position, et l'on fait tourner la glace, ce qui produit successivement deux images, dont les couleurs sont complémentaires l'une de l'autre. Pour avoir le résultat de M. Biot, il faut au contraire conserver à la seconde glace la position sous laquelle son plan de réflexion est perpendiculaire à celui de la première glace, et continuer la rotation de la lame. Alors la couleur de l'image reste constante; seulement elle s'affaiblit par degrés jusqu'à une distance de 45 degrés du point de départ, où elle disparaît entièrement, après quoi elle renaît, et augmente d'intensité jusqu'à ce que la rotation ait parcouru un nouvel arc de 45 degrés, et ainsi de suite.

1420. Nous avons désiré de savoir ce qui arriverait, si l'expérience poursuivait sa marche en s'assimilant aux autres qui ont été citées précédemment, et dans lesquelles la glace supérieure passe successivement par toutes les positions respectives intermédiaires entre les deux qui sont les limites des autres, et voici ce que l'observation nous a appris. La couleur de l'image que nous avions vu être constante, dans le cas précédent, étant le vert, nous avons fait d'abord tourner la glace supérieure d'un petit nombre de degrés, et l'ayant laissée dans cette position, nous avons imprimé à la lame de gypse un mouvement de rotation, jusqu'à ce qu'elle eût parcouru toute la circonférence. Nous avons vu alors les deux couleurs complémentaires se succéder quatre fois l'une à l'autre, mais la couleur d'un rouge violet était plus faible que la verte. Un nouveau mouvement de la glace, à peu près égal au premier, suivi du même mouvement de la lame dans toute la circonférence, a fait reparaître la même succession de couleurs, mais de manière que l'intensité du rouge violet s'était accrue, et que celle du vert avait diminué. Le mouvement de la glace ayant été continué jusqu'à 45 degrés du terme de départ, les deux images qui se succédaient pendant la rotation de la glace étaient à peu près égales en intensité; au delà, le rouge violet était devenu prédominant, et toujours de plus en plus; et, lorsque les deux plans de réflexion avaient fini par coïncider, l'image vue dans la glace était parvenue à son *maximum* d'intensité. Nous avons laissé alors les deux plans de réflexion dans les mêmes positions respectives, et pendant une nouvelle rotation de la lame, l'image a conservé constamment la même couleur, comme dans le cas où les deux plans de réflexion étaient perpendiculaires l'un sur l'autre.

1421. Une lame de mica, substituée à la lame de gypse, a offert des effets analogues. Nous avons aussi essayé une substance minérale connue des minéralogistes sous le nom de *stilbite*, et en divisant un de ses cristaux, nous en avons détaché une lame mince, dont les faces étaient parallèles aux deux pans de la forme primitive, qui ont un aspect nacré. La couleur de cette lame, qui, vue dans la glace supérieure, était d'abord d'un bleu foncé, dont la complémentaire est le jaune-orangé, a subi les mêmes variations que celles qui avaient eu lieu sur une lame de gypse ou de mica. — On a vu, par ce qui précède, que l'uniformité de l'image réfléchie par la glace supérieure mettait déjà une différence sensible entre les résultats des deux genres d'expériences faites avec le même appareil. Le retour des deux images renouvelé quatre fois, lorsque les deux plans de réflexion sont inclinés l'un sur l'autre, nous a paru indiquer entre les mêmes résultats une nouvelle distinction qui méritait d'entrer dans leur comparaison.

1422. Le résultat que nous allons maintenant exposer offre la réunion de deux phénomènes qui se montrent séparément dans les expériences précédentes. L'un consiste dans la couleur produite par des rayons déjà polarisés, qui se sont réfractés en traversant une lame de chaux sulfatée. L'autre dépend de la couleur qui émane de la réflexion immédiate des rayons, sous l'angle favorable à la polarisation. Pour obtenir le premier phénomène, nous avons pris un diaphragme garni d'une lame de la substance dont nous venons de parler, et nous l'avons placé dans la partie inférieure du cylindre, de manière que l'image de la lame vue dans la glace mobile paraissait d'un vert intense. Nous avons ensuite marqué de deux points les extrémités de celui de ses diamètres qui était situé parallèlement au bord NL (fig. 130) de la tablette. Nous avons couvert la glace GINL d'un morceau de carton noir, et nous avons placé le diaphragme sur ce carton, de manière que le diamètre indiqué se trouvât de nouveau parallèle au même bord de la tablette. La réflexion de la lumière sur la lame de chaux sulfatée pouvait alors être assimilée à celle qui, dans le cas précédent, avait eu lieu sur la glace GINL, parce que l'angle qui répond à la polarisation complète est à peu près le même à l'égard des deux substances. L'image a reparu dans la glace avec la même couleur; c'est le contraire de ce qui arrive dans le phénomène des anneaux colorés, où la couleur produite par la réfraction est la complémentaire de celle qui provient de la réflexion.

1423. L'expérience suivante donne naissance à un résultat auquel M. Arago est aussi parvenu le premier en suivant une marche un peu différente. Elle consiste à présenter une lame de mica sous différents degrés d'obliquité à la lumière polarisée; les rayons dans ce cas ayant successivement différentes épaisseurs à traverser, la couleur de cette lame subit des changements analogues à ceux qu'offre dans le même cas la couche d'air qui produit le phénomène des anneaux colorés. — La lame destinée pour l'expérience, dont la forme est circulaire, s'insère dans une petite monture faite d'une espèce d'anneau de cuivre, où l'on a la liberté de la faire mouvoir autour de son centre, pour lui donner la position convenable. Cet anneau est situé entre deux pivots de cuivre ; de manière qu'on peut lui imprimer, dans un sens ou dans l'autre, un mouvement de rotation autour d'un axe horizontal qui répond à l'un des diamètres de la lame, d'où il suit que, pendant le même mouvement, elle reste perpendiculaire au plan de réflexion des rayons sur la glace. On dispose d'abord cette lame parallèlement à la base du cylindre et de manière que l'image, vue dans la glace, montre dans toute son intensité la couleur qui lui est propre. On fait ensuite tourner la lame vers le haut ou vers le bas; et l'on observe les couleurs auxquelles elle passe successivement. La série de ces couleurs varie d'une lame à l'autre, parce que l'épaisseur elle-même est différente.

1424. Le gypse, dont l'analogie avec le mica se soutient dans toutes les autres expériences, y déroge dans celle que nous venons d'exposer, en ce que les couleurs de ses lames paraissent constantes sous tous les degrés d'inclinaison. Seulement leur teinte subit de légères variations lorsque l'inclinaison est considérable. Ce que nous disons ici suppose que les couleurs soient vives et bien décidées. Car, dans le cas où elles sont faibles, ce qui provient souvent de la ténuité des parties qui les réfléchissent, elles éprouvent des changements quelquefois assez sensibles, en passant, par exemple, du rouge-violet au vert, ou réciproquement. C'est lorsque l'on compare les lames des deux substances dans la circonstance où elles ont atteint leur *maximum* d'intensité, que la fixité des couleurs du gypse contraste avec la succession de teintes fugitives que présente le mica, à mesure que l'inclinaison varie.

1425. Les observations faites par M. Arago, sur des substances distinguées par leur nature de la chaux sulfatée et du mica, lui ont fourni de nouvelles applications de son importante découverte. Il a obtenu des résultat analogues à ceux qu'avaient offerts ces deux substances, en employant une lame de cristal de roche dont l'épaisseur était de plus de six millimètres (environ trois lignes), en sorte qu'elle excédait de beaucoup la limite à laquelle s'arrête la propriété de décomposer la lumière blanche en couleurs complémentaires l'une de l'autre, lorsqu'on se sert des substances déjà citées. Il a soumis aux mêmes expériences des plaques de flint-glass, et les phénomènes qu'elles ont fait naître l'ont conduit à cette conséquence remarquable, qu'il existe des corps qui, n'ayant pas la double réfraction, se comportent par rapport aux rayons polarisés comme s'ils étaient doués de cette propriété (1).

1426. C'est en partant des résultats que nous venons d'exposer, que des physiciens d'un mérite distingué ont étendu si loin nos connaissances sur la physique de la lumière; mais aucun n'a autant contribué à leur accroissement, et n'a travaillé avec plus de constance que M. Biot, pour mettre en évidence la fécondité des lois auxquelles est soumise la lumière polarisée. Il a ramené ces lois à une propriété physique des molécules lumineuses, qui lui a donné comme la clef d'une théorie très-ingénieuse de la polarisation qu'il appelle *mobile*, et qui est fondée sur les principes suivants. Lorsqu'un rayon blanc polarisé tombe perpendiculairement sur la surface d'une lame de mica, de chaux sulfatée ou de cristal de roche, toutes les molécules lumineuses dont il est l'assemblage pénètrent d'abord jusqu'à une petite profondeur, sans éprouver aucune déviation sensible dans la direction de leurs axes de polarisation; mais arrivées à cette limite, qui est différente pour celles de diverses couleurs, elles commencent toutes à osciller autour de leur centre de gravité, comme le balancier d'une montre. Ces oscillations sont de même étendue pour les molécules de toutes les couleurs; mais leurs vitesses sont inégales. Les molécules violettes tournent plus vite que les bleues, celles-ci plus vite que les vertes, et ainsi de suite jusqu'aux molécules rouges, qui sont les plus lentes. — Or, les oscillations successives des molécules diversement colorées devant se répéter dans l'épaisseur de la lame à des distances de la surface qui varient dans le même ordre que celles où elles ont pris naissance, il en résulte que ces distances sont plus grandes ou plus petites pour les molécules de telle couleur que pour celles d'une couleur différente; en sorte qu'à leur émergence du cristal, lorsque le mouvement oscillatoire aura cessé, une partie des molécules sera polarisée dans un sens, tandis que la portion complémentaire le sera dans un sens différent. M. Biot explique, d'après cette diversité de polarisation des rayons émergents, celle des couleurs que présentent les différentes lames que l'on retire d'une même substance, à l'aide de la division mécanique, suivant que leur épaisseur est plus grande ou plus petite. Il compare les différentes épaisseurs dont il s'agit à celles des lames minces qui transmettent les diverses couleurs dans le phénomène des anneaux colorés, et trouve qu'elles sont en rapport les unes avec les autres, excepté que ce rapport est beaucoup plus grand dans le phénomène de la lumière polarisée.

1427. M. Biot a remarqué que quand les rayons réfractés dans une plaque de cristal de roche la traversaient perpendiculairement à l'axe, ils subissaient des modifications différentes de celles qui dépendent des forces polarisantes générales. Il explique cette différence à l'aide d'une nouvelle hypothèse qui consiste en ce que les molécules, dans le cas dont il s'agit, au lieu de faire seulement des oscillations, comme dans les phénomènes ordinaires, ont un mouvement

(1) Mémoire cité plus haut.

continu de rotation autour de leurs centres. Il a retrouvé des indices du même mouvement dans des substances qui non-seulement n'offraient aucune structure cristalline, mais même étaient parfaitement fluides. — Les détails dans lesquels nous serions obligé d'entrer, pour donner une juste idée des principes de M. Biot et des applications qu'il en a faites à divers phénomènes, nous entraîneraient au delà des bornes que nous prescrit la nature d'un ouvrage élémentaire. Mais les personnes qui auront celui-ci entre les mains, et qui cultivent la physique de la lumière, seront bien dédommagées de cette privation, si c'en est une, par la lecture du bel et important ouvrage où le célèbre auteur de la théorie dont il s'agit l'a exposée lui-même avec tout le développement convenable (1).

De la vision à l'aide d'un seul verre terminé par des surfaces curvilignes.

Nous commencerons par l'espèce de verre qui est d'une utilité plus générale; savoir celle à laquelle on a donné le nom de *verre lenticulaire*, ou simplement celui de *lentille*, à cause de sa forme, qui représente deux segments de sphère appliqués l'un à l'autre par leurs faces planes.

Idée des caustiques par réfraction.

1428. Nous avons déjà vu (1040) que parmi les rayons qui tombent sur la surface d'un verre lenticulaire, dans des directions parallèles à l'axe, ceux qui sont voisins de cet axe, après avoir subi deux réfractions, l'une en pénétrant le verre, l'autre en repassant dans l'air, concourent à peu près dans un point commun que l'on l'on appelle le *foyer* des rayons parallèles. Concevons maintenant qu'il y ait un point radieux (fig. 136), situé à l'endroit de ce même foyer. Parmi les rayons que ce point envoie vers la lentille dans toutes les directions imaginables, ceux qui s'écartent peu de l'axe, tels que *rg*, *ri*, sortiront du côté opposé, parallèlement au même axe, suivant des directions *mp*, *uz*. Mais les rayons plus éloignés de *rx*, tels que *rb*, *rf*, étant plus divergents que les rayons *rg*, *ri*, et par là moins disposés à s'infléchir de la quantité nécessaire pour qu'ils deviennent parallèles à l'axe, en repassant dans l'air, sortiront suivant les directions *es*, *ln*, qui divergeront soit entre elles, soit par rapport à l'axe, de manière cependant que cette divergence sera moindre que celle des rayons incidents. — Il suit de là que si l'on prolonge les rayons émergents *zu*, *se*, *yq*, leurs prolongements iront se couper aux points *v*, *a*, *c*, etc., plus éloignés de la lentille que le point *r*, de manière que leurs intersections formeront une caustique, comme dans le cas de la réflexion sur la surface des miroirs concaves ou convexes. On donne aux courbes du genre de celle qui nous occupe ici le nom de *caustiques par réfraction*.

Effets d'une lentille lorsque l'objet est en deçà du foyer des rayons parallèles.

1429. Si l'on suppose que le point radieux soit situé entre le foyer des rayons parallèles et la lentille, alors les rayons qui tomberont sur le petit espace *gi* étant plus divergents que quand ils partaient de ce même foyer, il en résulte qu'à leur retour dans l'air ils continueront de diverger, au lieu d'être parallèles, et en même temps la divergence de tous les autres augmentera.

1430. Au lieu d'un simple point radieux, concevons un objet AB (fig. 137) d'une certaine étendue et placé de même en deçà du foyer des rayons parallèles. Soit O la position de l'œil. En nous bornant encore ici à considérer la marche des rayons qui partent des extrémités A, B de l'objet, nous pourrons toujours supposer deux cônes de lumière *c*A*e*, *f*B*h*, tellement situés qu'après s'être repliés d'abord en pénétrant dans la lentille, puis en rentrant dans l'air, ils aillent passer par la prunelle de l'œil O. Dans ce cas, les rayons tels que A*c*, A*e*, qui divergent sensiblement en partant du point A, n'auront plus, après leur émergence suivant les directions *ky*, *pu*, que le petit degré de divergence qui s'accorde avec la conformation de l'œil, en sorte que tous les cônes envoyés par les différents points de l'objet iront en peindre l'image sur la rétine. Si l'on prolonge du côté opposé à l'œil les rayons *yk*, *up*, et tous les autres qu'il faut se représenter comme étant compris entre

(1) Recherches sur la Lumière. Paris, 1814.

ceux-ci, on pourra appliquer à tous ces rayons ce que nous avons dit des rayons *yq*, *sc*, *zu* (fig. 136), c'est-à-dire que les intersections de leurs prolongements ne coïncideront pas en un point commun. Mais comme ceux qui composent le cône parti du point A (fig. 137) sont très-rapprochés, les points de concours des prolongements dont il s'agit seront resserrés dans un très-petit espace, en sorte qu'ici, comme dans d'autres cas analogues, dont nous avons déjà parlé (1037), les directions des différents rayons sont censées concourir vers un point unique, qui est comme leur centre d'action.

1431. Dans toutes les circonstances semblables à celles dont il s'agit ici, on voit l'objet droit et en même temps amplifié ; car l'œil l'aperçoit sous l'angle *l*Oz sensiblement plus ouvert que AOB, sous lequel il le verrait à la vue simple.

1432. Dans les mêmes circonstances, la clarté de l'objet paraît augmentée. Car soit *r* (fig. 138) un des points de l'objet, que nous supposerons être le point du milieu, et soit *hi* le diamètre de la prunelle, tous les rayons compris dans l'angle *prs* passeront par l'ouverture de la prunelle, suivant les directions *qh*, *li*, et les autres intermédiaires. Or, si l'on prolonge *rp* et *rs* vers l'œil, et qu'on supprime la lentille, les rayons renfermés dans l'angle *prs* se répandront sur tout l'espace *gk* qui est plus grand que le diamètre de la prunelle ; d'où il suit que la prunelle recevra plus de rayons par l'intermède de la lentille, que dans la vision simple ; et quoiqu'il y ait un certain nombre de rayons qui soient interceptés dans leur trajet à travers la lentille, cette perte étant plus que compensée par l'effet de la réfraction, il en résultera toujours un accroissement de lumière. Enfin, le point de concours des rayons qui apportent à l'œil l'image de chaque point de l'objet, est plus éloigné que dans la vision ordinaire ; car le rayon réfracté *sl*, par exemple, en repassant dans l'air, s'écartera de la perpendiculaire au point *l* suivant une direction *li*, de manière que son prolongement *lz* passera à la droite du point *s* : d'où il suit que les rayons *il*, *hq* concourront en un point *z* plus éloigné de l'œil que le point correspondant *r* de l'objet.

1433. A l'égard du jugement que nous portons des dimensions et de la distance de l'image, tout le monde sait qu'elle paraît effectivement plus grande que l'objet, et qu'en même temps on est porté à la juger plus près, quoique les rayons qui la dessinent au fond de l'œil soient dirigés comme s'ils partaient d'un objet fictif plus éloigné de l'œil que le véritable. Mais ce n'est ici qu'un jugement en quelque sorte précipité, dans lequel nous sommes d'abord entraînés par l'augmentation de grandeur, et auquel contribue encore l'augmentation de clarté. Prenez une longue aiguille et faites-la passer doucement sous une lentille, dans une direction transversale et à une distance convenable du verre ; comparez attentivement la position de l'image avec celle de l'objet, et vous remarquerez que l'image est sensiblement plus éloignée, surtout si la lentille a une certaine étendue. Vous saisirez encore mieux la différence, en faisant aller et revenir l'aiguille parallèlement à elle-même ; car il est des moments où l'on a encore besoin de se défendre de l'illusion qui tend à nous faire juger que ce qui nous paraît plus grand s'est rapproché de nous.

Cas où l'objet est au delà du foyer des rayons parallèles.

1434. Revenons à la considération d'un simple point radieux *r* (fig. 136), et supposons que ce point, en partant du foyer des rayons parallèles, s'écarte peu à peu de la lentille ; dans ce cas, les rayons qui tomberont sur le petit espace *gi* étant moins divergents que dans le cas où le foyer des rayons parallèles était leur point de départ, seront par là même déterminés à converger, soit entre eux, soit avec l'axe, derrière la lentille : en même temps la divergence des rayons *es*, *qy* plus éloignés de l'axe diminuera, et il y aura un terme où tous les rayons émergents se rejetteront vers l'axe, comme on le voit (fig. 139). Dans ce dernier cas, parmi les rayons situés d'un même côté de l'axe, chacun sera coupé par le suivant, et l'on pourra concevoir une caustique qui passe par tous les points d'intersection.

1435. Substituons de nouveau à un simple point un objet AB (fig. 140) d'une certaine longueur, en le supposant toujours placé au delà du foyer des rayons parallèles, et ne considérons, pour plus de simplicité, que ce qui a lieu par rapport au point R du milieu et aux deux points extrêmes A, B. Le point R est encore ici le sommet commun d'une infinité de cônes qui tombent à différents endroits de la surface de la lentille. Or, parmi tous ces cônes, celui dont l'axe R*t* est perpendiculaire à la surface réfringente *mtn*, est composé de rayons qui concourent sensiblement en un point commun *r* derrière la lentille, en sorte qu'il se forme un foyer en cet endroit (1). De même il part de chaque extrémité, par exemple de A, une infinité de cônes plus ou moins obliques, dont les bases correspondent à différents endroits de la surface *mtn*. Or, parmi tous ces cônes, il y en a un dont les rayons concourent aussi à peu près en un même point derrière la lentille : c'est celui dont l'axe A*c* est tellement situé qu'après s'être réfracté suivant *ch*, il rencontre la surface *mxn* à l'endroit où la tangente au point d'incidence *h* sur l'arc concave, est parallèle à la tangente au point d'incidence *c* sur l'axe convexe. Dans ce même cas, le rayon réfracté *ch* passe par le milieu de la lentille (2). On conçoit qu'il y aura toujours un cône envoyé par le point A, qui satisfera à ces conditions, car si l'on suppose que la ligne *xt*, qui fait partie de l'axe du cône envoyé par le point R, restant fixe par son milieu, qui coïncide avec le centre de la lentille, tourne autour de ce centre, de manière que son extrémité *t* parcoure l'arc *tm*, et que son prolongement se réfracte continuellement dans l'espace situé entre *tm* et RA, ce prolongement aboutira successivement à différents points placés entre R et A, et il finira par coïncider avec le point A. Or, il est évident qu'à ce terme la ligne *xt* aura la position *hc*, d'où il suit que si l'on considère maintenant A*c* comme rayon incident, le rayon réfracté sera *ch*. On voit aussi que le rayon A*c*, en repassant dans l'air après sa réfraction en *h*, prendra une direction *ha* parallèle à celle qu'il avait d'abord ; et si l'on suppose que la lentille n'ait qu'une petite épaisseur, on pourra considérer le rayon *ha* comme étant sensiblement sur la direction du rayon A*c*, et ne formant avec lui qu'une même ligne. Il suit de là que le cône auquel appartient l'axe A*c* est, parmi tous ceux qu'envoie le point A, celui qui approche le plus de se trouver dans les mêmes circonstances que le cône du milieu, dont l'axe est la ligne R*t* : or, ce cône sera aussi celui dont les rayons concourront sensiblement derrière la lentille en un point commun *a*.

1436. On pourra appliquer le même raisonnement à tous les cônes partis des autres points de l objet AB, d'où l'on voit que les rayons de tous ces différents cônes auront leurs foyers à peu près sur une ligne *bra* parallèle à la ligne ARB. Or, partout où il y a un foyer, il se forme une image du point radieux auquel appartient ce foyer ; et de là vient que si l'on expose derrière la lentille un carton à la distance convenable, on verra l'image se peindre sur ce carton. On conçoit pourquoi, dans le même cas, l'image est renversée,

(1) Nous avons prouvé (note du n° 1039) que la formule qui donne dans ce cas l'expression de la distance du foyer à la lentille est $z = \frac{mab}{(1-m)\,2b-ma}$ quantité dans laquelle *a* représente le rayon de la sphéricité que l'on suppose le même pour les deux surfaces, *b* la distance du point radieux à la lentille, et $\frac{1}{m}$ le rapport entre les sinus. Or, dans le cas d'une lentille de verre, $m = \frac{20}{31}$; donc $z = \frac{10ab}{11b-10a}$.

(2) Soit *mn* (fig. 141) une lentille dont les deux arcs *mxn*, *mtn*, que nous supposons de différentes courbures, pour plus grande généralité, aient leurs centres en *b* et en *l*. Sur l'axe *bl* prenons un point *o* tellement situé, que *bo* soit à *ol* comme le demi-diamètre de l'arc *mxn* est à celui de l'arc *mtn*. Par ce même point menons une droite *ch* qui traverse la lentille dans une direction quelconque, et menons ensuite les deux demi-diamètres *bh*, *lc*. Dans les triangles *boh*, *loc*, on a *bo* : *ol* :: *bh* : *lc*. De plus, *col* = *hob*. Donc ces triangles sont semblables ; donc *ocl* = *ohb*. Donc si nous considérons la ligne *ch* comme rayon incident, relativement aux arcs *mxn*, *mtn*, ce rayon étant également incliné sur les lignes *lc*, *bh*, perpendiculaires aux surfaces réfringentes, les réfractions suivant les lignes *ca*, *ho'* seront égales, d'où il suit que ces lignes sont parallèles. Le point *o*, dont la position est évidemment invariable, d'après ce qui précède, se nomme *centre de la lentille*.

puisque les seuls cônes dont les rayons soient ramassés, pour ainsi dire, de manière à produire des foyers, s'entrecoupent au milieu de la lentille. C'est sur ce principe qu'est fondée la construction de la chambre obscure, dont nous donnerons dans la suite la description. — Il est aisé de juger que la lentille de l'expérience que nous venons de citer est à peu près, à l'égard du carton qui présente l'image de l'objet, ce qu'est le cristallin par rapport à la membrane qui tapisse le fond de l'œil, et qui reçoit parallèlement les images des objets. Seulement cette lentille agit seule pour produire l'image que l'on voit sur le carton, au lieu que les différentes humeurs de l'œil concourent avec le cristallin à la représentation des objets sur la rétine.

1437. Les choses étant dans le même état, au lieu de supposer à l'endroit de l'image *ab* un carton sur lequel l'œil aperçoive cette image, comme sur un tableau, à l'aide des rayons qui se réfléchissent de ses différents points, supprimons le carton, et concevons que l'œil aille se placer lui-même derrière la lentille, pour voir immédiatement l'image de l'objet AB (1). Il est d'abord évident qu'il ne pourra plus la voir par l'intermède des rayons *fb*, *ha*, etc., qui avaient servi à la lui rendre présente lorsqu'elle était peinte sur le carton, puisque les axes des cônes auxquels appartiennent ces rayons continuent de diverger, au lieu qu'il serait nécessaire qu'ils convergeassent vers cet œil. — Aussi la simple observation de l'espèce de changement de scène qui a lieu dans ce cas, suffit-elle pour indiquer que les rayons eux-mêmes ont changé de route; car on voit alors communément deux images de l'objet; de plus, chaque image n'est vue que d'un seul œil, et cela de manière que celle qui est située vers la gauche se peint dans l'œil droit et réciproquement, c'est ce dont on peut s'assurer en fermant et en ouvrant chaque œil tour à tour. Enfin, quoique les rayons qui, dans ce cas, arrivent de chaque point de l'image à l'un ou à l'autre organe, continuent de se croiser entre la lentille et cet organe, ainsi que nous le verrons plus bas, nous ne rapportons plus alors cette image à sa vraie place, c'est-à-dire aux endroits où se croisent les rayons, mais elle nous paraît être derrière la lentille, à peu près comme celle qui a lieu lorsque l'objet est situé en deçà du foyer des rayons parallèles, excepté que dans le cas présent, elle est renversée et plus petite que l'objet. Nous parlerons bientôt d'un cas particulier, dans lequel les deux images se réduisent à une seule que l'on voit alors des deux yeux.

1438. Il s'agit maintenant de prouver que parmi les divers cônes qui, des différents points d'un objet AB (fig. 142), se dirigent vers la lentille, il y en aura toujours qui seront repliés par la réfraction, de manière à produire les effets qui viennent d'être décrits. Supposons les deux yeux situés en *o* et *o'*. Du point B il part un faisceau *eBu*, dont les rayons extrêmes B*e*, B*u* se réfractent dans la lentille suivant *es* et *uz*; et comme le rayon émergent qui sort par *s* est plus éloigné de l'axe que celui qui sort par *z*, il s'inclinera vers ce dernier; en sorte que les deux rayons, après s'être croisés en *b*, se dirigeront vers l'œil, et tendront à lui faire apercevoir dans ce même point ou à peu près, l'image du point B. Par un raisonnement semblable, on prouvera que le faisceau A*d* tend à produire le même effet sur l'œil *o*, par rapport à l'image qui se forme en *a* du point A, et ainsi de tous les points intermédiaires de l'image *ab*. Ce qui vient d'être dit de cette image s'applique, de soi-même, à l'image *a'b'* que l'œil *o'* aperçoit par l'intermède des faisceaux A*g* et B*f*, et l'on conçoit sans peine comment les deux images sont l'une et l'autre renversées et plus petites que l'objet. La circonstance dont il s'agit ici est analogue à celle qui a lieu lorsqu'à l'aide d'un miroir concave (1290) on aperçoit l'image double, soit derrière le miroir, soit par-devant, parce que l'œil, qui est accoutumé à rapprocher et à identifier, pour ainsi dire, les deux images dans les cas ordinaires, où elles coïncident presque exactement, les reçoit ici sous des positions tellement séparées, qu'il ne se prête plus à l'illusion qui les lui ferait juger réunies en une seule.

1439. Mais il peut arriver que les yeux, en variant leurs mouvements, parviennent à une position sous laquelle les quatre faisceaux se croisent deux à deux aux endroits où leurs rayons ont

(1) L'œil doit être situé dans ce cas, au delà du foyer des rayons parallèles qui est de son côté.

eux-mêmes leurs intersections, auquel cas, les points a, a' d'une part, et les points b, b' de l'autre se confondront, ainsi que le représente la fig. 143, et alors il n'y aura plus qu'une seule image, qui sera vue des deux yeux à la fois. Le premier phénomène, savoir, celui qui produit les deux images représentées fig. 142, a cela de singulier, que les lieux où l'on rapporte ces images ne sont pas situés entre la lentille et l'objet ; et voici comment on peut expliquer jusqu'à un certain point cette singularité. On ne voit chacune des images dont il s'agit que d'un œil, comme nous l'avons dit, d'où il suit qu'il n'y a qu'un des axes optiques qui soit dirigé vers chaque image ; et ainsi il manque une des conditions qui sont communément nécessaires pour nous aider à bien juger de la position des objets (1221) et qui le deviennent surtout lorsque la vision se fait par l'intermède d'un verre qui tire l'œil, en quelque sorte, de son état ordinaire. Ajoutons que, dans le cas présent, la position du véritable objet, au delà du verre, nous porte à juger que l'image est située du même côté.

1440. Si l'on présente un verre terne en deçà de la lentille, à l'endroit où se forment des cônes partis des différents points de l'objet, on apercevra les deux images sur ce verre même, comme s'il était nécessaire de donner un fond à cette peinture, tracée en quelque sorte au milieu de l'air, pour distraire l'œil de l'illusion où le jette la présence de la lentille ; et ce qui prouve que, dans ce cas, ce sont les prolongements mêmes des rayons reçus par ce tableau qui, en pénétrant le verre vont copier au fond de l'œil les traits du dessin, et non pas de nouveaux rayons réfléchis par la surface postérieure du verre, c'est que s'il n'y a qu'une seule image, elle se montre ou disparaît suivant que l'on ferme l'un ou l'autre œil, comme cela aurait lieu sans l'interposition du verre terne. Voilà déjà un moyen de rapporter l'image à sa vraie place.

1441. Mais voici une expérience qui produit le même effet sans intermédiaire. Vous placez une lentille dans une position verticale, à une telle distance d'un objet très-sensible, par exemple, d'une boule de métal attachée au haut d'un fil de fer vertical, que vous puissiez voir deux images de cette boule à travers la lentille ; vous écartez les yeux ensuite par degrés, et en même temps les deux images se rapprochent et deviennent toujours plus petites. Enfin, il y a un terme où elles concourent en une seule, et alors les deux axes optiques se trouvant dirigés sur cette image unique, vous la voyez très-distinctement en deçà de la lentille. Ce cas est celui que présente la fig. 143. Maintenant si, en continuant de fixer l'image, vous rapprochez peu à peu les yeux de la lentille, vous voyez toujours l'image simple, quoique vous repassiez par des points où auparavant vous l'aviez vue double, et de plus, elle vient elle-même comme au-devant de vous. Il nous est arrivé quelquefois, en pareille circonstance, d'amener cette image à la proximité de sept ou huit centimètres de l'œil, ce dont il était facile de juger en avançant le doigt de manière qu'il se trouvât à côté de l'image ; et pour parvenir de nouveau à la voir double, nous étions obligé de recommencer l'expérience, après avoir regardé d'autres objets, comme pour effacer la dernière impression, et faire naître l'illusion dont elle avait pris la place.

Moyen de remédier au défaut de la vue chez les presbytes.

1442. Les yeux naturellement le mieux conformés subissent avec l'âge différentes altérations : leurs humeurs se dessèchent et diminuent de volume ; la cornée et le cristallin s'aplatissent, la lumière y est moins infléchie par la réfraction : et, par une suite nécessaire, les sommets des pinceaux qui se forment dans l'œil ne tombent plus sur le fond de cet organe, mais tendent à aboutir au delà. L'image alors, au lieu d'être composée de points distincts, n'est plus qu'un assemblage confus de petits cercles qui anticipent les uns sur les autres. On conçoit, d'après cela, pourquoi ceux dont la vue commence ainsi à baisser par l'effet de l'âge, et auxquels on a donné le nom de *presbytes*, parviennent à lire encore assez distinctement, en plaçant le livre plus loin de leurs yeux ; car de cette manière les cônes de lumière envoyés par les différents points de l'écriture ayant des axes plus longs, tandis que leur base reste égale au cercle de la prunelle, il en résulte qu'en général les rayons divergent moins en allant vers l'œil, que dans le cas où le livre serait plus près, et cette divergence les rend plus propres à converger, en vertu de leur réfraction dans les humeurs de l'œil, ce qui peut rapprocher assez leur point de concours, pour le faire correspondre sur la rétine. Mais lorsque le vice de l'œil, venant à augmenter, prive le vieillard de cette dernière ressource, il y supplée au moyen de verres légèrement convexes, appelés *lunettes*, dont l'effet est de diminuer la divergence des rayons qui, dans ce cas, arrivent à l'œil comme s'ils partaient d'un point plus éloigné; en sorte que quand les verres ont le degré de convexité assorti à l'état de l'œil, les rayons concourent au fond de cet organe.

Usage des lentilles pour exciter la combustion.

1443. Lorsque l'on présente une lentille aux rayons solaires, de manière que son axe coïncide avec leur direction, ces rayons, après s'être réfractés deux fois, l'une en traversant le verre, l'autre en repassant dans l'air, vont se rassembler dans un certain espace situé sur l'axe, et que l'on appelle le *foyer* de la lentille. Les corps exposés à l'activité de ce foyer y subissent des altérations analogues à celles que produit le foyer du miroir concave. La lentille, dans ce cas, prend le nom de *verre ardent*. Tschirnhausen et Hartzoeker ont construit de ces lentilles qui avaient 13 décimètres (4 pieds) de diamètre. Plus la lentille a d'étendue, et plus le foyer renferme de rayons. Mais ce foyer est proprement un assemblage d'une infinité de foyers, dont la dispersion sur différents points de l'axe fait perdre aux rayons une grande partie de leur activité. On les détermine à produire des effets beaucoup plus puissants, en les faisant passer par une seconde lentille plus petite, et d'une forme très-convexe. Cette lentille réunit ainsi à l'avantage qui résulte d'une plus grande abondance de rayons, celui de les resserrer dans un espace plus étroit, où leur action s'exerce avec beaucoup plus d'énergie.

Effets des verres biconcaves.

1444. Lorsqu'on a bien saisi les effets des verres lenticulaires, il est facile de concevoir ceux des verres biconcaves, qui ont en général des propriétés contraires. Ainsi ces derniers verres font voir les objets plus petits qu'ils ne le sont réellement, parce que les deux côtés de l'angle visuel, qui mesure la grandeur apparente de l'objet, perdant une partie de leur convergence en traversant le verre, cet angle devient plus petit qu'il ne le serait à la vue simple.

1445. Les mêmes verres diminuent la clarté des objets, parce que chaque pinceau de lumière se dilate par l'effet de la réfraction; d'où il suit qu'il arrive moins de rayons à la prunelle que si le pinceau eût conservé le degré de dilatation qu'il avait en partant de l'objet.

1446. Enfin, si l'on suppose que les rayons qui entrent dans l'œil soient prolongés du côté opposé, leur point de concours sera plus près de l'œil que dans le cas de la vision ordinaire. C'est encore une suite de la dilatation des pinceaux, qui rend les rayons plus divergents vers l'œil, ou, ce qui revient au même, plus convergents dans le sens opposé, que si le verre n'existait pas. Il est vrai que quand nous regardons un objet au moyen d'un verre biconcave, notre premier mouvement est de le juger plus éloigné qu'à la vue simple, parce que nous le voyons plus petit; mais un coup d'œil plus attentif redresse bientôt ce faux jugement; car si l'on fait une expérience semblable à celle que nous avons indiquée (1433), en parlant du verre lenticulaire, c'est-à-dire, si l'on fait aller et revenir, derrière le verre biconcave, un objet délié et d'une certaine longueur, et que l'on compare la distance apparente de la partie vue par réfraction, avec celle de l'autre partie qui dépasse le verre et que l'on voit à l'œil nu, il sera facile d'apercevoir que la première distance est plus petite que l'autre.

Moyen de remédier au défaut de la vue chez les myopes.

1447. On apelle *myopes* ceux qui, par un défaut naturel, ont la cornée et le cristallin trop convexes. Cette figure, qui augmente la quantité de la réfraction, tend à rendre plus convergents les rayons des pinceaux qui se forment dans l'œil, en sorte que le point de concours des mêmes rayons est situé en deçà de la rétine. Aussi les myopes ne voient-ils distinctement que les objets voisins, qui envoient vers l'œil des rayons plus divergents, et par là moins disposés à converger, par l'effet de la réfraction dans le cristallin et les humeurs de l'œil.

Cette imperfection étant opposée à celle qui affecte l'œil des presbytes, on y remédie par l'usage d'un verre légèrement concave, qui, augmentant la divergence des rayons que reçoit l'œil, allonge les pinceaux qui se forment dans cet organe, et détermine leurs sommets à tomber exactement sur la rétine.

1448. Les myopes semblent affectionner les petits objets : la plupart écrivent très-fin, et préfèrent de lire les ouvrages imprimés en petit caractère, parce qu'en adoptant des dimensions assorties à la portée étroite de leur vue, ils se ménagent la faculté d'embrasser un plus grand nombre d'objets d'un seul regard. Ils ont aussi l'habitude de fermer en partie les paupières (1), lorsqu'ils veulent voir distinctement des objets trop éloignés pour eux. On a cité deux avantages de ce mouvement naturel. D'une part, il détermine la paupière à se contracter et à donner accès à une plus petite quantité de lumière. Or, les myopes ne voient confusément les objets situés à une certaine distance, qu'en conséquence de ce que les cônes qui se forment dans leurs yeux ont, comme nous l'avons dit, leur sommet en deçà de la rétine, en sorte que les prolongements des rayons dont ces cônes sont les assemblages donnent naissance à de nouveaux cônes, dont la base rencontrant le fond de l'œil, y dessine un petit cercle, au lieu d'un simple point. Donc, lorsque le nombre des rayons qui s'introduisent dans l'œil est diminué, le petit cercle dont il s'agit est plus rétréci, et la vision en devient moins confuse. D'une autre part, les paupières, en se fermant, exercent sur l'organe une pression qui en diminue la convexité, et le ramène en partie vers la forme la plus favorable à la netteté de la vision.

Microscope simple.

1449. Lorsqu'on veut observer de très-petits objets, comme les étamines et les pistils des fleurs, les parties d'un insecte, on se sert communément d'une petite lentille dont la distance focale est fort courte, ou d'un globule de verre : c'est ce que l'on appelle *microscope simple*. Supposons d'abord que l'on emploie une lentille *mn* (fig. 144) : il est facile de concevoir que si cette lentille est mince et que l'œil soit appliqué en *o*, tout près de sa surface, l'angle *aob*, sous lequel cet œil verra l'objet *ab* que l'on suppose très-petit, sera à peu près le même qu'à la vue simple, car les rayons *ao*, *bo* passeront très-près du milieu *c* de la lentille, et par conséquent ils sortiront sensiblement parallèles aux directions qu'ils avaient en partant de l'objet, en sorte que leurs inclinaisons mutuelles ne seront presque point dérangées par l'effet de la lentille. Il suit de là que le microscope simple fait voir les objets à peu près sous la même grandeur apparente que s'ils étaient vus immédiatement à la même proximité de l'œil. Or, voici ce que l'on gagne à se servir d'une lentille.

1450. Un petit objet placé très-près de l'œil nu n'y produit qu'une image confuse, parce que les rayons qui composent les cônes de lumière envoyés par les différents points de cet objet, étant très-sensiblement divergents, ne peuvent se replier assez dans les humeurs de l'œil pour que les sommets des cônes intérieurs aboutissent à la rétine. Les points de concours tendent à se former plus loin, et l'on peut dire qu'à cet égard tous les hommes sont presbytes. On s'en convaincra facilement en regardant un petit objet très-voisin de l'œil; l'image de cet objet paraîtra très-amplifiée, parce que l'œil étant, pour ainsi dire, en deçà des limites dans lesquelles est renfermé le champ de ses observations ordinaires, juge de la grandeur réelle par la grandeur apparente, comme lorsqu'il est au delà des mêmes limites, c'est-à-dire lorsque l'objet est très-éloigné de lui ; mais en même temps l'image prendra la forme d'une espèce de brouillard par la raison que nous avons exposée. Si, dans la même circonstance, on regarde l'objet à travers un papier percé d'un trou d'épingle, l'image paraîtra beaucoup plus nette; parce que ce trou ne laissera passer qu'une petite portion des rayons qui appartiennent à chaque cône, en sorte que les petits cercles que formeront sur le fond de l'œil les cônes intérieurs, étant presque réduits à de simples points, leurs impressions seront beaucoup plus distinctes.

1451. Maintenant voici ce que fait le microscope simple; il diminue sensiblement la divergence des rayons qui composent les cônes partis de l'objet, et les

(1) C'est ce qu'on appelle communément *cligner*.

fait parvenir à l'œil sous le même degré d'inclinaison que s'ils venaient d'un objet situé à une distance ordinaire. En conséquence, la vision de cet objet deviendra distincte, et en même temps l'image prendra un nouveau degré de clarté, parce que, dans ce cas, la réfraction rassemble et condense les rayons, de manière qu'il en arrive davantage à la prunelle qu'elle n'en recevrait sans l'interposition du verre (1441); de plus, l'angle visuel restant le même, l'objet sera vu sous la même grandeur apparente. Ainsi, l'on sait qu'en général un homme doué d'une bonne vue aperçoit distinctement un objet à la distance d'environ 22 centimètres (8 pouces); mais si l'objet est très-petit, l'angle sous lequel on le voit à cette distance rétrécit tellement l'image au fond de l'œil, que la vision n'a plus assez de netteté. Le microscope assimile l'image à celle d'un objet d'une grandeur très-sensible qui serait placé à cette distance ordinaire de 22 centim., où la vision immédiate est distincte. Il laisse à l'œil l'avantage de l'augmentation de grandeur, et fait disparaître l'inconvénient qui naît de la trop grande proximité de l'objet. On dispose la lentille de manière que l'objet coïncide sensiblement avec son foyer, parce qu'alors les rayons de chaque pinceau extérieur arrivent à l'œil ou parallèles, ou très-peu divergents; ce qui est la condition requise pour la netteté de la vision, en supposant l'œil bien conformé.

1452. Dans la même hypothèse, le diamètre apparent de l'objet, vu à travers la lentille, est à celui qui aurait lieu à la distance où l'œil aperçoit distinctement les objets ordinaires, comme l'angle sous lequel cet œil voit l'objet placé au foyer de la lentille est à celui sous lequel il le verrait à la distance dont nous avons parlé. Or, les deux angles sous-tendent des cordes égales qui mesurent l'une et l'autre le diamètre réel de l'objet, de manière que chacun d'eux forme avec sa corde un triangle dont celle-ci est la base. Donc, ces angles sont entre eux à peu près en raison inverse des hauteurs des triangles auxquels ils appartiennent. Or, la hauteur du triangle le plus court est la distance focale de la lentille, et la hauteur du plus long triangle est la distance relative à la vision distincte; d'où il suit que le diamètre de l'objet paraît amplifié dans le rapport de cette dernière distance à la distance focale de la lentille. Par exemple, si nous supposons toujours que la distance relative à la vision distincte des objets d'une grandeur sensible soit de 22 centimètres et que la distance focale de la lentille soit de 2 millim. 5, le diamètre de l'objet paraîtra augmenté dans le rapport de 88 à l'unité.

1453. On peut substituer à une lentille un globule de verre, que l'on forme aisément en faisant fondre un petit fragment de cette substance à la flamme d'une mèche à alcool, pour éviter le mélange de matière fuligineuse qui troublerait la transparence du verre. On fait aussi des microscopes simples par un procédé très-facile, en perçant une plaque mince de métal d'un petit trou, et en faisant couler dans ce trou une goutte d'eau suspendue à une tête d'épingle, de manière que la goutte prenne une forme bien arrondie; mais ces sortes de gouttes produisent moins d'effet que les globules de verre, parce que leur puissance réfractive est plus petite.

De la vision aidée par les instruments composés de plusieurs verres.

Il nous reste à faire connaître les ressources que l'art a su tirer de la combinaison des verres soit entre eux, soit avec les miroirs, pour créer ces instruments qui sont devenus si féconds en découvertes entre les mains des astronomes, des naturalistes et de toute cette classe d'observateurs qu'on a désignés sous le nom de *savants aux yeux de lynx*. — Les effets des télescopes et des microscopes dépendent, en général, de ce qu'un premier verre fait naître dans l'espace compris entre lui et le suivant une image que celui-ci transporte à son tour derrière un nouveau verre, et ainsi de suite, de manière que la dernière image devient comme l'objet immédiat de la vision; et toute la théorie relative à ce sujet consiste à déterminer la construction la plus avantageuse pour rendre cette dernière image aussi distincte, aussi grande et aussi éclairée qu'il est possible. L'œil qui reçoit cette image fait en quelque sorte partie du télescope ou du microscope, et l'ensemble de l'un et l'autre forme comme un seul instrument d'optique, ou, si l'on veut, un œil unique qui réunit toute la puissance de la nature et de l'art pour élever la vision à son plus haut point de perfection.

Lunette astronomique.

1454. Le plus simple de tous les télescopes est celui qui porte le nom de *télescope* ou de *lunette astronomique* : il est composé de deux verres convexes, dont l'un *gh* (fig. 145), qui est tourné vers l'objet, s'appelle *objectif*, et l'autre *kn*, situé vers l'œil *o*, est l'*oculaire*. Ce dernier a plus de convexité que l'autre, et son foyer *r* se confond avec celui de l'objectif *gh*, en sorte que *cl* est égale à la somme des distances focales. L'œil placé au point *o*, où est situé l'autre foyer de l'oculaire, reçoit des rayons dont les impressions sur la rétine y représentent l'objet renversé et très-amplifié. Il est aisé de juger, d'après la seule inspection de la figure, que l'objectif *gh* produit d'abord en *ab* une image de l'objet très-éloigné AB, semblable à celle dont nous avons exposé précédemment la formation (1435), et que l'on pourrait recevoir immédiatement en plaçant un carton blanc à la distance *rc* du centre de l'objectif. Cette image se trouve substituée au véritable objet, et les pinceaux *kbm*, *nax*, etc., qui partent de ses différents points, et dont les rayons ne sont autre chose que les prolongements de ceux qui ont passé à travers l'objectif, se replient dans l'oculaire, de manière qu'en repassant dans l'air ils concourent vers l'œil suivant des directions *zo*, *po*, en même temps que les rayons de chaque pinceau perdent presque toute leur divergence, ce qui donne de la netteté à l'image au fond de l'œil. D'une autre part, l'angle *zop* sous lequel l'œil aperçoit l'objet fictif *ab* étant beaucoup plus grand que celui sous lequel il verrait le véritable objet, la grandeur apparente se trouve considérablement augmentée ; et l'on prouve, par la géométrie, qu'elle est à la grandeur sous laquelle l'œil verrait immédiatement l'objet comme la distance focale de l'objectif est à celle de l'oculaire (1). Il suit de là que l'on gagne du côté des dimensions à employer des oculaires d'un foyer plus court ; mais en même temps on perd du côté de la netteté de l'image qui se peint au fond de l'œil, parce que les rayons d'un même pinceau, après avoir traversé un oculaire dont le foyer, étant plus rapproché, exige une plus grande convexité, ne concourent pas aussi exactement sur la rétine en un point commun.

(1) Soit AB (fig. 146) le diamètre d'un objet très éloigné, tel que la lune ; soient *m*, *r* les foyers des rayons parallèles, relativement à l'objectif *gh*, et *r*, *f* ceux des mêmes rayons à l'égard de l'oculaire *kn*. On pourra toujours supposer, à cause de la grande distance à laquelle l'objet est situé, qu'un rayon parti d'une des extrémités, telle que A, de cet objet, après avoir passé par le foyer *m*, aille rencontrer la lentille *gh* ; d'où il suit qu'il en sortira suivant une direction telle que *hn*, parallèle à l'axe R*r*, et qu'après avoir subi une nouvelle réfraction dans la lentille *kn*, il se dirigera vers le foyer *f*. Concevons maintenant un autre rayon A*c* qui passe par le centre de la lentille *gh*. Le rayon réfracté *ca* faisant un angle extrêmement petit avec l'axe *cl*, de manière qu'il lui est à peu près parallèle, sortira de la lentille *nk* sous une direction telle, que le point *o* où il ira couper l'axe, coïncidera presque avec le foyer *f* des rayons parallèles. Or le rayon A*ca* peut être regardé comme l'axe du pinceau qui forme en *a* une des extrémités de l'image située dans l'intervalle entre les deux lentilles ; et puisque les points *o*, *f*, ainsi que les directions des deux rayons qui aboutissent à ces points, approchent beaucoup de se confondre, si l'on suppose l'œil situé en *o*, l'angle *nfl* sera sensiblement celui sous lequel cet œil voit, à travers le télescope, le demi-diamètre de l'image amplifiée. Mais parce que l'objet est extrêmement éloigné, l'intervalle entre les points *o*, *m* doit être considéré comme nul ; en sorte que l'on peut supposer que l'angle A*m*R, ou son égal *cmh*, soit celui sous lequel l'œil verrait le demi-diamètre de l'objet à la vue simple. Donc la grandeur apparente, dans la vision à l'aide du télescope, sera à celle qui résulte de la vision naturelle, comme l'angle *nfl* est à l'angle *cmh*. Or, ces deux angles étant très-petits et appuyés sur des côtés égaux *ch* et *ln*, sont sensiblement entre eux comme *cm* ou *cr* est à *fl*.

Car si l'on fait coïncider *cmh*, *lon* par leurs côtés *ch*, *ln*, ainsi que le représente la fig. 147, les angles *chm*, *coh*, que l'on suppose toujours très-petits, seront à peu près comme leurs sinus, ou comme les côtés *oh*, *hm*, qui, dans le triangle *moh*, sont opposés à ces angles. Or, le rapport de *oh* à *hm* diffère très-peu à son tour de celui de *co* à *cm*, qui sont les deux distances focales. Voyez Huyghens, Opera reliqua, Amstelod. t. II, Dioptr., p. 154 et Smith, Traité de l'Optique, p. 76.

Lunette de Galilée.

1455. La lunette que nous venons de décrire ne sert que pour les objets célestes, à l'égard desquels le renversement de l'image a peu d'inconvénients. On a imaginé, pour les objets terrestres, une autre espèce de lunette, connue sous le nom de *lunette batavique* ou de *lunette de Galilée*, qui est composée d'un objectif convexe et d'un oculaire concave, et qui fait voir les objets droits. Voici la marche de la lumière dans cette lunette. — Lorsqu'un objet est situé derrière un verre convexe, au delà du foyer des rayons parallèles, l'image que forment, du côté opposé, les rayons partis des différents points de l'objet (1438), devient plus petite à mesure que cet objet est plus éloigné. Or, telle est la petitesse de celle que tend à produire l'objectif de la lunette batavique, que l'espace qu'elle occuperait, sur un carton placé à la distance convenable, serait sensiblement moindre que la surface sur laquelle les objets se peignent au fond de l'œil. Soit *gh* (fig. 148) l'objectif : soient AC, BC deux rayons partis des extrémités de l'objet, lesquels, après s'être croisés au centre C de l'objectif, auraient été former en *ab* une petite image de l'objet. Si l'on place un oculaire biconcave *kn* entre l'objectif et cette image, les rayons divergents C*s*, C*t* le deviendront encore davantage en passant à travers cet oculaire, et prendront les directions *s'b'*, *t'a'*; d'où il suit que si la ligne D*d* représente le diamètre de la prunelle de l'observateur, il verra l'image de l'objet sous la grandeur *b'a'* beaucoup plus considérable que celle sous laquelle il la verrait sans intermédiaire. — Supposons que C*s*, D*t* soient les axes des pinceaux envoyés par les points A, B; les rayons qui forment ces pinceaux convergeront vers l'oculaire, puisqu'ils iraient sans lui se réunir en *a* et en *b*; et telle est la courbure de ce verre, qu'il rendra les rayons émergents parallèles ou à peu près, en sorte qu'ils entreront dans l'œil sous les directions convenables pour produire une image nette au fond de cet organe. — Enfin, il est évident que l'objet paraîtra droit, parce que les rayons partis des points A et B, au lieu de se croiser à l'ordinaire en traversant la prunelle, se seront croisés en passant à travers l'objectif, ce qui produit le même effet par rapport à la situation de l'image. — Tel est donc l'effet de l'oculaire *kn* que, par son intermède, les rayons qui tendaient à faire naître dans l'espace l'image *ab*, la peignent au fond de l'œil sous de plus grandes dimensions, comme si cette image était celle d'un objet situé au delà de *z*, et dont les extrémités envoyassent des rayons qui, après s'être croisés dans ce même point, continuassent leur route sans se croiser dans la prunelle elle-même, en suivant les directions *zb'*, *za'*. La grandeur apparente de l'image est à celle sous laquelle l'œil verrait l'objet, à la vue simple, dans le rapport de la distance focale de l'objectif à celle de l'oculaire, comme cela a lieu pour la lunette astronomique (1).

1456. On nomme *champ* d'une lunette l'étendue de l'espace qu'elle permet à l'œil d'embrasser. Dans la lunette astronomique, la grandeur du champ dépend de la largeur de l'oculaire ; mais dans celle de Galilée elle est déterminée par la largeur de la prunelle, parce que les pinceaux de lumière *s'b'*, *t'a'*, qui sortent de l'oculaire et qui renferment entre eux tous les autres envoyés par l'objet, vont, en s'écartant, passer près des bords de la prunelle, au lieu que dans la lunette astronomique, les pinceaux partent des bords de l'oculaire sous des directions convergentes, pour aller ensuite se croiser dans la prunelle ; aussi la lunette de Galilée a-t-elle moins de champ, ce qui la rend d'un usage moins commode.

Lunettes à quatre verres.

1457. On parvient à redresser les objets vus au moyen de la lunette astronomique, en ajoutant deux nouveaux verres tellement disposés, que les foyers des verres voisins se confondent toujours en un point commun. Ces verres portent le nom d'*oculaires*, comme celui qui est à la proximité de l'œil. On jugera aisément des effets de cette lunette à la seule inspection de la figure 149. Les rayons *eb*, *da*, etc., qui forment l'image *ab* derrière l'objectif *gh*, après avoir pénétré le deuxième verre *il*, se croisent au foyer commun *c* de ce verre et du suivant *ts* ; ils passent à travers ce troisième verre, au delà duquel ils vont former une seconde image *a'b'*, qui est renversée par rapport à la précé-

(1) Smith, Traité d'Optique, p. 79.

dente, et enfin l'oculaire *kn* les reçoit, en les rendant convergents vers le centre O de la prunelle.

1458. A mesure que les objets vus à travers cette espèce de lunette sont plus éloignés, on est obligé de la raccourcir, pour conserver à la vision le même degré de netteté, c'est-à-dire que l'on fait mouvoir un tuyau qui porte les oculaires *kn*, *ts*, *il*, de manière que le dernier se rapproche de l'objectif *gh*. Si au contraire les objets sont à une plus petite distance, on allonge la lunette, à l'aide d'un mouvement contraire, qui écarte l'oculaire *il* de l'objectif *gh*. — Pour concevoir la raison de ces mouvements, supposons d'abord l'objet à la distance où la marche des rayons étant celle que représente la figure, tout soit disposé de la manière la plus favorable à la netteté de la vision. Imaginons ensuite que le spectateur aille se placer plus loin de l'objet. Les rayons partis du point R, que nous prenons pour exemple, formeront derrière l'objectif leur foyer en deçà du point *r* (1042); il faudra donc, pour que la vision ne souffre pas de ce déplacement du foyer, que les oculaires s'avancent vers l'objectif, d'une quantité égale à celle dont le foyer *r* s'en est rapproché. Alors ce foyer se retrouvant dans la même position qu'auparavant, à l'égard des oculaires, les rayons qu'il leur envoie les traverseront et arriveront à l'œil dans le même ordre. Si nous supposons au contraire que le spectateur se rapproche de l'objet, alors le foyer qui était en *r* se placera plus loin de l'objectif, et il faudra que les oculaires reculent à leur tour d'une égale quantité, pour que l'œil continue de voir nettement l'image de l'objet.

1459. Les personnes qui regardent pour la première fois des objets éloignés à travers une lunette, sont souvent surprises de ne pas les voir d'une grandeur démesurée, comme elles s'y attendaient. Car l'effet de la lunette, lorsqu'on s'en sert, par exemple, pour observer un homme placé à une grande distance, est de nous le faire juger beaucoup plus près, et de rendre tous ses traits beaucoup plus nets et mieux prononcés; et quant à la grandeur, il est vrai qu'elle est augmentée, si nous la comparons à celle sous laquelle nous verrions cet homme dans l'éloignement où nous le supposons; mais elle n'excède pas sensiblement celle que nous lui attribuerions, s'il était placé à une distance ordinaire. — Pour analyser cette action de la lunette, il faut d'abord remarquer que l'objet immédiat de la vision est ici l'image *a'b'* qui se forme derrière l'oculaire, et qui est beaucoup plus petite que l'objet réel, et en même temps très-voisine de l'œil. Mais l'oculaire produit ici deux effets; d'une part, les rayons de chacun des cônes envoyés par les extrémités *a' b'*, que nous nous bornons encore ici à considérer, sortent de ce verre avec un léger degré de divergence, qui les met dans le même cas que s'ils partaient d'un objet beaucoup plus éloigné que l'image, mais beaucoup moins que l'objet réel. D'une autre part, ces cônes, après leur émergence, deviennent convergents, en formant un angle beaucoup plus grand que celui sous lequel l'œil verrait, à la vue simple, l'homme vers lequel est dirigée la lunette; enfin telle est l'abondance des rayons qui composent ces mêmes cônes, que l'image qu'ils substituent à celle de l'objet réel se peint nettement sur la rétine. — Il résulte de ce qui vient d'être dit, que la lunette produit en nous une illusion qui tend à nous faire croire que c'est l'objet réel qui est venu tout à coup se mettre à la portée ordinaire de nos yeux. La diminution apparente de distance devient très-sensible pour nous, ainsi que l'augmentation de clarté, comme cela aurait lieu dans l'hypothèse d'un véritable rapprochement; et à l'égard de la grandeur jugée, quoiqu'elle se trouve aussi augmentée, par rapport à celle de l'objet vu dans le lointain, cet accroissement n'a rien d'extraordinaire, par la raison que l'homme qui est le sujet supposé de l'expérience, ne nous paraîtrait pas être un géant, s'il s'était avancé vers nous, par un mouvement subit.

Aberration de sphéricité.

1460. Les instruments que nous venons de décrire, et en général tous ceux qui sont connus sous le nom de *télescopes dioptriques*, ont deux défauts frappants qui empêchent que les images ne soient nettes et bien terminées. — Le premier, que l'on nomme *aberration de sphéricité*, provient de la figure sphérique des verres, qui ne permet qu'aux rayons très-voisins de l'axe de concourir sensiblement en un point commun. Ceux qui sont plus éloignés, étant plus fortement réfractés, coupent l'axe en deçà du même point, en sorte que le foyer est réellement un espace d'une certaine étendue. Il en résulte que l'image principale, ou celle qui est produite à l'endroit où il se réunit le plus de rayons, est comme offusquée par une multitude d'autres images qui rendent la vision confuse.

1461. Le moyen le plus simple que l'on ait trouvé jusqu'ici pour remédier à cet inconvénient, est de diminuer la surface de l'objectif. L'étendue de cette surface est ce qu'on appelle l'*ouverture* du télescope, et elle se mesure par le nombre de degrés renfermés dans l'arc qui passe par deux points opposés du bord circulaire de la même surface, et par le point où l'axe de l'objectif la rencontre. En rétrécissant l'ouverture, on intercepte les rayons qui tombent à une certaine distance de l'axe, et qui troubleraient la vision.

Aberration de réfrangibilité.

1462. On avait regardé d'abord le défaut dont nous venons de parler, comme le seul qui s'opposât à la perfection des télescopes; mais celui qui provient de la différente réfrangibilité des rayons diversement colorés influe d'une manière bien plus nuisible sur la netteté des images. — Pour bien entendre ceci, remarquons que la surface d'un verre lenticulaire n'est autre chose qu'un assemblage d'une infinité de petits plans, dont deux quelconques pris de deux côtés opposés, sont censés appartenir à deux faces d'un prisme, pourvu qu'ils ne soient point dans les positions où les tangentes sont parallèles. Or, parmi les rayons d'un même faisceau, qui forment un foyer derrière une lentille, il n'y a que l'axe qui sorte parallèlement à lui-même. Tous les autres rayons sortent par des facettes inclinées à l'égard de celles par lesquelles ils sont entrés. Il en résulte qu'une lentille fait subir à la lumière une décomposition analogue à celle qui a lieu par l'intermède d'un prisme. Supposons, pour plus grande simplicité, qu'un faisceau de rayons parallèles rencontre une lentille sous des directions qui soient elles-mêmes parallèles à l'axe de cette lentille. Les rayons, après avoir repassé dans l'air, iront former le long de l'axe une série de foyers parmi lesquels le plus voisin de la lentille sera celui des rayons violets, qui sont les plus réfrangibles, et le plus éloigné celui des rayons rouges, qui ont la plus petite réfrangibilité; les autres foyers seront situés entre les précédents, suivant l'ordre de leurs degrés de réfrangibilité. La même chose a lieu à l'égard d'un faisceau qui fait son incidence sous une direction quelconque.

1463. L'effet de la décomposition dont nous venons de parler exerce son influence sur la vision à l'aide des lunettes et des télescopes ordinaires. Les rayons diversement colorés, qui forment les pinceaux envoyés par les différents points de l'objet, étant dégagés les uns des autres au sortir de l'objectif, font naître derrière ce verre une image altérée par la diffusion des foyers; et les rayons qui sortent de l'oculaire transportent cette image au fond de l'œil, avec toutes ses causes d'imperfection. Les couleurs produites par la lumière décomposée s'effacent vers le milieu de l'image, où les rayons recomposent le blanc par leur mélange; mais elles deviennent sensibles en approchant des bords, et y font apercevoir ces franges irisées qui défigurent les images et les empêchent d'être nettement terminées: ce défaut a été nommé *aberration de réfrangibilité*.

Télescope newtonien.

1464. Newton, dont les découvertes sur les couleurs ont servi à mettre en évidence le défaut dont nous venons de parler, s'attacha à prouver combien il était nuisible au perfectionnement des télescopes dioptriques, surtout si l'on se proposait de raccourcir ces instruments, pour les rendre plus maniables et d'un usage plus commode. En conséquence il prononça que la construction d'un télescope de ce genre, qui n'eût qu'une médiocre longueur et conservât aux images une netteté suffisante, était une *affaire désespérée* (1). — Dans cette persuasion, il tourna ses vues du côté de la réflexion, et imagina une construction dans laquelle il substituait à l'objectif un miroir concave de métal. L'instrument qu'il exécuta d'après ce principe, est connu sous le nom de *télescope newtonien*, et nous allons en donner une idée.

1465. Soit AB (fig. 150) l'image d'un objet lointain, produite à l'aide du mi-

(1) Newtonis Optice, lib. I, pars 1, propos. 7.

roir concave MVN, de manière que SMA, TGA représentent les rayons extrêmes du pinceau envoyé par le point de l'objet auquel répond le point A de l'image. Si l'on voulait faire passer immédiatement cette image à travers un oculaire, on en intercepterait une partie: or on pare à cet inconvénient, en détournant cette image au moyen d'un petit miroir plan *de*, incliné de 45 degrés à l'axe HV du miroir concave, d'où résulte une seconde image *ab*, qui devient l'objet de la vision. Les rayons *ar*, *az* passent à travers l'oculaire *kn*, qui, comme on le voit, est situé de côté, et, après s'être réfractés en repassant dans l'air, suivant des directions *uy*, *qh*, à peu près parallèles, se dirigent vers l'œil placé en O, et lui font voir l'image amplifiée sous l'angle *qOx*. Cette image est renversée en vertu des propriétés du miroir concave que nous avons exposées plus haut (1293). Ces sortes d'instruments ont été nommés, en général, *Télescopes catadioptriques*, parce qu'ils réunissent les effets combinés de la réflexion et de la réfraction.

1466. Newton avait été prévenu quelques années auparavant, relativement à l'idée d'un télescope construit suivant cette méthode, par Jacques Gregori, qui donna dans son *Optica promota* la description de celui qu'il avait imaginé. Il employait deux miroirs curvilignes, l'un parabolique, l'autre elliptique; mais la difficulté d'exécuter de pareils miroirs, y a fait substituer depuis des miroirs simplement sphériques : le plus grand est placé au fond du télescope, comme dans la construction de Newton; l'autre qui est très-petit, regarde le premier par sa concavité. L'image formée par la réflexion sur le grand miroir, est reçue par le petit, qui la réfléchit à son tour. On place deux oculaires derrière le grand miroir qui est percé dans son milieu d'une ouverture circulaire, par laquelle passe l'image renvoyée par le petit miroir. Le premier oculaire produit une nouvelle image, d'où partent les rayons qui vont se rendre à l'œil en sortant du second oculaire sous des directions parallèles. — Ce télescope fait voir les objets droits, et par là même est plus propre que celui de Newton à l'observation des objets terrestres; mais il le cède à ce dernier, soit du côté de la clarté, parce que la lumière a un verre de plus à traverser, soit pour la perfection de l'image, parce que le second miroir, qui est concave comme le premier, ajoute encore aux petites altérations inséparables de la réflexion qui se fait sur ces sortes de miroirs. Après tout, la construction des télescopes catadioptriques exigeait une multitude de précautions délicates, et il fallait longtemps tâtonner, pour les diriger vers les objets que l'on voulait observer.

Découverte des lunettes achromatiques.

1467. Tel était l'état de la dioptrique, lorsqu'en 1747, Euler, en réfléchissant sur la structure de l'œil, conçut une idée qui a eu les suites les plus avantageuses pour le progrès de cette science. Voici en quoi consiste l'idée dont il s'agit. Lorsque nous regardons les objets à la vue simple, leurs images ne sont altérées par aucun mélange de couleurs étrangères. Cet inconvénient n'a lieu que quand des images produites par la réfraction à travers une lentille, et déjà teintes de couleurs prismatiques, deviennent les objets immédiats de la vision. Euler concluait de là que l'œil avait toutes les propriétés d'un instrument capable de faire disparaître l'aberration de réfrangibilité; il ne douta point que les différentes humeurs de cet organe ne fussent arrangées de manière qu'il n'en résultât aucune diffusion des foyers, et il jugea qu'en le prenant pour modèle, et en combinant, d'une certaine manière, des milieux de densités différentes, on parviendrait à construire des télescopes, à l'aide desquels les images auraient la même perfection que celles qui ont lieu lorsque nous n'employons pour voir les objets, d'autre instrument que l'œil lui-même.

1468. Euler, en partant de l'idée que nous venons d'exposer, chercha les dimensions que devaient avoir des objectifs composés de verre et d'eau, pour imiter la combinaison qui a lieu naturellement par rapport à l'œil; mais Dollond, savant opticien anglais, rejeta ces dimensions, parce qu'elles étaient fondées sur une loi de réfraction dont il soupçonnait la vérité (1) : il essaya d'employer une loi différente, qui ne lui réussit pas. La discussion s'engagea de part et d'autre. Euler insistait toujours sur la possibilité d'anéantir la diffusion

(1) Smith, Traité d'Optique, page 384, note 661.

du foyer par le procédé qu'il avait indiqué. Dollond, de son côté, avait fini par regarder la chose comme absolument impraticable, et il repoussait, avec le nom de l'autorité de Newton, toutes les raisons qu'on lui opposait.

1469. Ce qui rendait ce célèbre artiste si ferme dans son opinion, c'était le résultat d'une expérience de Newton, que nous avons déjà indiquée (1312), et qu'on était bien éloigné de croire qu'il eût manquée, lui qui avait coutume d'interroger si adroitement la nature.— Newton ayant fait passer un faisceau de lumière à travers deux milieux contigus, de densités différentes, savoir, l'eau et le verre, crut remarquer que quand les deux surfaces, dont l'une recevait les rayons incidents et l'autre donnait issue aux rayons émergents, se trouvaient tellement disposées, que la lumière fût redressée par des réfractions contraires, en sorte que les rayons émergents devenaient parallèles aux incidents, elle sortait toujours blanche. Au contraire, si les rayons émergents étaient inclinés aux incidents, la blancheur de la lumière se colorait vers ses extrémités, à mesure qu'elle s'éloignait du point d'émergence (1).

1470. Voici maintenant la conséquence à laquelle conduisait ce résultat, que Newton étendait, par analogie, à toutes les espèces de milieux. Les objectifs que l'on emploie dans la construction des télescopes ne produisent les images qui deviennent les objets de la vision (1453) pour un œil placé derrière l'oculaire, qu'autant que la réfraction à travers ces objectifs écarte les rayons émergents, relatifs à chaque pinceau de lumière, du parallélisme avec les rayons incidents. Donc, puisque l'on ne peut empêcher que, dans le cas où ce parallélisme cesse d'avoir lieu, les couleurs renfermées dans la lumière ne se séparent, même lorsque l'on essaie de combiner des substances différemment réfringentes, il est impossible de concilier la destruction des franges irisées qui bordent les images, avec l'effet de la réfraction pour produire ces mêmes images. Cette conséquence s'éclaircira encore d'après les nouveaux détails dans lesquels nous entrerons bientôt. — La persuasion où l'on était que Newton avait fait son expérience avec l'exactitude qui lui était ordinaire, les recherches de Clairaut, qui, ayant examiné la loi proposée par Euler, avait trouvé qu'elle ne soutenait pas l'épreuve du calcul, tout conspirait à faire croire que Newton avait posé la borne qu'il était défendu à la science et à l'art de franchir.

1471. Cependant, en 1755, Klingenstiern, professeur de mathématiques à Upsal, fit passer à Dollond un écrit dans lequel il se bornait à attaquer l'expérience de Newton par la métaphysique et par la géométrie, mais d'une manière assez imposante pour forcer Dollond de douter de la vérité de cette expérience. Enfin il osa la répéter, et la trouva fausse. Il joignit deux plaques de verre par deux de leurs bords, en sorte qu'il pouvait faire varier à volonté l'angle qu'elles formaient entre elles, puis il remplit d'eau l'espace intermédiaire; il plongea dans cette eau un prisme de verre, dont l'angle était tourné en haut, c'est-à-dire en sens contraire de l'angle formé par les deux plaques de verre. Il inclina ensuite ces plaques sous différents degrés, jusqu'à ce que les objets vus au travers de ce double prisme parussent sensiblement à la même hauteur que dans la vision simple. Il était bien sûr alors que les réfractions se détruisaient l'une l'autre, c'est-à-dire que les rayons émergents étaient parallèles aux rayons incidents. Or, les images, dans ce même cas, étaient teintes des couleurs de l'iris. Venait-on ensuite à faire mouvoir de nouveau les plaques de verre jusqu'à un certain degré d'inclinaison, les iris disparaissaient; mais les objets n'étaient plus à la même hauteur que quand on les regardait immédiatement, et ainsi l'aberration de réfrangibilité était anéantie, sans que les réfractions se corrigeassent mutuellement (1). — Cette expérience décida la question. On chercha des substances dont la combinaison fût propre à détruire la diffusion des foyers, en laissant subsister la plus grande quantité possible de réfraction. Des géomètres illustres s'occupèrent de déterminer les courbures les plus avantageuses relativement aux objectifs composés de différents milieux; et c'est de toutes ces recherches qu'est sortie la

(1) Optice Lucis; lib. 1, pars. 2, experim. 8

(1) Smith, Traité d'Optique, p. 383, notes 658 et suiv.

construction des lunettes *achromatiques*, c'est-à-dire de celles qui font voir les images nettement terminées et sans aucunes franges de couleurs empruntées. Nous allons exposer, le plus clairement que nous pourrons, à l'aide du simple raisonnement, les principes sur lesquels est fondée cette construction.

Théorie des lunettes achromatiques.

1472. Nous avons vu (1105) que Newton avait déterminé immédiatement les différences entre les sinus de réfraction des rayons diversement colorés qui composent la lumière, pour le cas où le passage se fait du verre dans l'air, et qu'il avait trouvé que la loi de ces différences était la même que celle qui représente les sept notes de notre échelle musicale, relative au mode mineur. Supposons que l'on emploie un prisme d'une autre matière que le verre, et qui soit, par exemple, beaucoup plus dense. Si les circonstances sont les mêmes, c'est-à-dire si les deux angles réfringents sont égaux, et les rayons incidents également inclinés aux surfaces réfringentes, ces rayons s'infléchiront en général sous de plus grands angles dans le second prisme; d'où il suit que la quantité dont le faisceau sera dilaté au sortir de ce prisme sera plus considérable. Supposons, de plus, que les réfractions partielles suivent entre elles une même loi relativement à toutes les espèces de substances, c'est-à-dire cette loi qui est représentée par notre échelle musicale. Si l'on prend pour terme de comparaison la réfraction du rayon qui occupe le milieu du spectre solaire, et que l'on peut regarder comme l'axe du faisceau dilaté, il est clair que la quantité totale de la dilatation suivra, pour les différentes substances, le même rapport que la réfraction du rayon dont il s'agit; en sorte que si cette dernière est, par exemple, d'un tiers plus forte dans le second prisme, le faisceau qui en sort se trouvera dilaté sous un angle plus ouvert à proportion. La réfraction de ce rayon, qui occupe le milieu du spectre, est ce qu'on appelle la *réfraction moyenne*, et la quantité de la dilatation, ou l'excès de la réfraction du rayon violet sur celle du rayon rouge, se nomme *dispersion*. — Dans la même hypothèse, où la réfraction moyenne serait proportionnelle à la dispersion, on ne pourrait jamais détruire l'effet de la dispersion en combinant plusieurs milieux, sans que l'effet de la réfraction moyenne ne fût en même temps anéanti; car la compensation qui aurait lieu à l'égard de l'axe du faisceau s'étendrait également à tous les autres rayons qui sortiraient de même parallèles à leurs premières directions. C'était la conséquence à laquelle conduisait l'expérience de Newton, et que lui-même en avait déduite. — Mais il n'en est pas ainsi, et la loi que suivent les réfractions des rayons diversement colorés varie suivant les différentes natures des milieux, ou, ce qui revient au même, la dispersion n'est pas proportionnelle, dans les différents milieux, à la réfraction moyenne; en sorte qu'il peut très-bien arriver, par exemple, qu'un milieu qui aurait une réfraction moyenne seulement un peu plus forte que celle d'un autre milieu fasse subir aux rayons de la lumière une dispersion plus considérable.

1473. Cela posé, concevons d'abord deux prismes égaux et semblables de la même manière, appliqués l'un contre l'autre, de manière que leurs angles réfringents se trouvent tournés en sens contraire. Soient *acb*, *cby* (fig. 151) les coupes des deux prismes dans un sens perpendiculaire aux axes; *c* et *b* seront les angles réfringents. Or, dans ce cas, il est évident qu'un faisceau de lumière *de* qui rencontre la surface *ca* sous une obliquité quelconque, après s'être dilaté en traversant les deux prismes, sortira de manière que les différents rayons émergents *ks*, *rq*, *tu* seront parallèles au rayon incident *de*, puisque *by* est elle-même parallèle à *ca*. — Imaginons maintenant que le prisme *cby*, étant d'une nature différente de celle du prisme *acb*, ait une réfraction moyenne seulement un peu plus forte, et qu'en même temps la dispersion qu'il fait subir aux rayons soit beaucoup plus considérable à proportion : l'axe *rq* du faisceau émergent ne sera plus dirigé par la réfraction moyenne parallèlement à *de*; et par conséquent l'image du point *d* sera un peu déplacée. De plus, les rayons extrêmes *ks*, *tu* divergeront d'une quantité beaucoup plus grande que celle qui mesure le déplacement de l'image du point *d*. Si l'on fait varier alors l'angle *cby* jusqu'au point où cette image serait remise à sa place, et où par conséquent l'effet de la réfraction moyenne serait détruit, il est clair que la dispersion sera encore très-sensible. Enfin, si l'on continue de faire varier le même angle jusqu'à ce que l'effet de la dispersion soit nul à son tour, la réfraction moyenne reparaîtra, et l'image du point *d* sera déplacée de nouveau ; c'est-à-dire que, d'une part, la lumière sera recomposée, et que d'une autre part les rayons émergents s'écarteront du parallélisme avec les incidents.

1474. Supposons que *al* (fig. 152) représente un filet de lumière parti d'un point visible, situé à une très-grande distance sur l'axe AR de la lentille *mn;* en sorte qu'il puisse être censé parallèle à cet axe (1). Imaginons de plus que ce filet ne soit composé que de deux rayons, l'un rouge et l'autre violet; ils se réfracteront tous les deux dans la lentille, en se rapprochant de la perpendiculaire *pls* au point d'immersion. Mais la direction *lk* du rayon violet, dont la réfrangibilité est plus considérable, fera un plus petit angle avec la perpendiculaire que la direction *lg* du rayon rouge, d'où il suit que le premier sera plus incliné vers l'axe que le second. — Maintenant, si les deux perpendiculaires *qi*, *be*, relatives à l'incidence des rayons sur la surface *mhn*, étaient parallèles, l'angle d'incidence *lkb* du rayon violet étant plus grand que l'angle d'incidence *lkq* du rayon rouge, cette seule circonstance, à réfrangibilité égale, déterminerait le rayon violet à repasser dans l'air sous une direction qui divergerait par rapport à celle du rayon rouge, et ainsi le premier irait rencontrer l'axe à une distance de la lentille plus petite que celle du second. Or, quoique la direction de la perpendiculaire *be*, qui se rejette un peu par son extrémité supérieure vers la perpendiculaire *qi*, tende à diminuer l'angle d'incidence *lkb*, et, par une suite nécessaire, l'angle de réfraction *ekf*, comme le rayon violet est plus réfrangible que le rayon rouge, et que d'ailleurs il part d'un point *k* plus voisin de l'axe que le point *g* qui appartient au rayon rouge, il en résulte toujours que son point d'intersection *f* avec l'axe est plus voisin de la lentille que le point *f'* où se fait la rencontre du rayon rouge avec le même axe (1). — Si l'on suppose d'autres rayons de chaque espèce, qui, en allant du point radieux vers la lentille, passent de même très-près de l'axe, tous les rayons violets émergents formeront un foyer en *f*, et les rayons rouges en formeront un autre en *f'*. Tel sera l'effet de la dispersion à l'égard de la lentille *mn*.

1475. Mais concevons derrière cette lentille un second verre *mnxz* (fig. 153), qui soit biconcave, et qui ait une réfraction moyenne seulement un peu plus sensible que celle de la lentille et une dispersion beaucoup plus considérable à proportion. Le rayon rouge *lg* se réfractera de nouveau dans le verre biconcave suivant une direction telle que *gt*; et comme la grande dispersion de ce verre rend la réfraction du rayon violet beaucoup plus forte, par rapport à celle du rayon rouge, qu'elle ne l'était dans la lentille, le rayon violet, en entrant dans le verre biconcave, se rapprochera tellement de la perpendiculaire *bpe*, que sa nouvelle direction *pd* ira croiser en un point *u* la direction *gt* du rayon rouge. Il en résulte que l'angle d'incidence *pdr* du rayon violet, à la rencontre de la surface *zx*, sera plus

(1) Il faut concevoir en même temps ce filet comme très-voisin de l'axe, dont on ne l'a séparé ici d'un intervalle sensible, que pour la netteté de la figure.

(2) La formule qui donne la distance *z* entre le foyer et la lentille est, en général, $z=\frac{ma}{2(1-m)}$, comme nous l'avons vu (1040), *m* étant le sinus de réfraction lorsque le sinus d'incidence est l'unité. Concevons que cette formule se rapporte à la réfraction du rayon rouge, et que celle qui est relative à la réfraction du rayon violet soit $z'=\frac{ma'}{2(1-m')}$. Dans cette hypothèse, *m* et *m'* étant les sinus de réfraction au passage de l'air dans le verre, il est évident que *m'* sera plus petite que *m*, puisqu'alors le rayon violet, à incidence égale, se rapproche plus de la perpendiculaire au point d'immersion, que le rayon rouge. Donc le numérateur *m'a* sera plus petit que le numérateur *ma*; d'une autre part, le dénominateur 2 (1—*m'*) sera plus grand que le dénominateur 2(1—*m*), puisqu'ici la quantité *m* ou *m'* est soustraite. Il suit de là que la fraction $\frac{m'a}{2(1-m')}$ sera plus petite que la fraction $\frac{ma}{2(1-m)}$, c'est-à-dire que le foyer *z'* des rayons violets sera plus rapproché de la lentille que le foyer *z* des rayons rouges.

petit que l'angle d'incidence *gto* du rayon rouge. Mais le rayon violet, par une suite de la supériorité de sa réfraction, repassera dans l'air sous une direction *df* tellement située, que l'angle qu'elle formera avec la perpendiculaire *rh* regagnera sur l'angle de la direction *tf* du rayon rouge avec la perpendiculaire *oy*, ce qui sera nécessaire pour que les deux directions aillent concourir en un point commun *f*. Tous les rayons de chacune des deux espèces qui partiront du même point visible sous des directions très-voisines de l'axe, se croiseront aussi au foyer *f*, où ils produiront une image unique du point dont il s'agit, et de là ils continueront leur route en se dirigeant vers l'oculaire.

1476. Ainsi, il y a cette différence entre l'effet des deux verres dont il s'agit ici, pour corriger l'aberration de réfrangibilité, et celui de deux prismes appliqués l'un à l'autre par une de leurs faces (1473), que les figures curvilignes des verres déterminent les rayons émergents à se confondre en un même point, au lieu que ces rayons, en sortant des prismes, sont parallèles entre eux comme ils l'étaient avant d'y entrer, et cela par une suite des surfaces planes que leur présentent les deux milieux qu'ils ont à traverser. — Si le pouvoir dispersif du verre biconcave variait dans le même rapport que sa réfraction moyenne, le rayon rouge et le rayon violet ne pouvant se croiser dans ce même verre, ne concourraient jamais en un foyer commun après leur émergence. Dans le cas où tous les rayons de chaque espèce qui seraient partis d'un même point de l'objet prendraient, en repassant dans l'air, des directions inclinées à celles des rayons incidents pour se rejeter vers l'axe, ils formeraient deux foyers distincts comme lorsqu'ils traversent un seul verre *mn* (fig. 189), c'est-à-dire que la réfraction moyenne nécessaire à la production des images subsistant encore, la dispersion ne serait pas détruite; et, si telle était la courbure des verres, que l'effet de la dispersion eût disparu, cela ne pourrait avoir lieu sans que les rayons émergents de l'une et l'autre espèce ne fussent parallèles aux rayons incidents; et parce que ceux-ci composent un seul cône par leur assemblage, ce cône serait censé se prolonger au delà du verre biconcave, abstraction faite de la petite déviation produite par l'épaisseur des verres. Alors il n'y aurait plus de foyers, ni par conséquent d'images, et l'on ne gagnerait rien à placer un pareil assortiment de verres entre l'œil et l'objet.

1477. On voit, par ce qui précède, qu'à la rigueur le foyer *f* (fig 190) n'est que le point de réunion des rayons extrêmes, savoir, les rouges et les violets, auxquels il faut ajouter les rayons moyens, qui sont les verts, et qui forment comme l'axe du cône dont le sommet est à l'endroit du même foyer. Mais les petites aberrations qui existent encore dans les rayons intermédiaires sont en quelque sorte couvertes par la parfaite coïncidence des extrêmes.

1478. Les deux substances dont on compose l'objectif des lunettes achromatiques sont, l'une le *flint-glass*, qui est une espèce de verre dans lequel il entre environ un tiers de *minium* ou d'oxyde rouge de plomb, et l'autre le *crown-glass*, qui est de la nature du verre ordinaire employé par les vitriers. On a trouvé que la dispersion produite par le flint glass était très-grande à l'égard de celle qui provenait du crown-glass, à peu près dans le rapport de 3 à 2, tandis que sa réfraction moyenne surpassait peu celle du même verre (1). Dans un grand nombre de lunettes achromatiques, l'objectif est formé simplement de deux verres, l'un biconcave, ou convexe d'un côté et concave de l'autre, qui est de flint-glass; l'autre biconvexe, qui est de crown-glass, et dont une des convexités s'emboîte dans la concavité du premier. D'autres lunettes ont leur objectif composé d'un verre biconcave de flint-glass placé entre deux verres biconvexes de crown-glass. Ces lunettes sont plus parfaites que les précédentes.

1479. La construction que nous venons de décrire ne corrige l'aberration de réfrangibilité que par rapport à l'objectif; elle laisse subsister celle qui provient de l'oculaire. Mais comme le court trajet que les rayons qui sortent de ce verre ont à faire pour arriver à l'œil ne leur permet que de subir une assez légère séparation, on regarde l'a-

(1) Suivant les expériences de Clairaut, le rapport de réfraction pour le rayon moyen est, dans le flint-glass, celui de 1,6 à 1, et dans le verre commun, celui de 1,55 à 1. Smith, Traité d'Optiq., p. 447.

berration qui en résulte comme susceptible d'être négligée : l'objectif fait l'essentiel, le reste est de nature à pouvoir être toléré par l'œil.

Microscope à deux verres.

1480. Nous venons de parler des instruments qui font franchir à l'œil des distances immenses ; nous devons faire connaitre aussi ceux qui donnent pour lui de la grandeur aux atomes. Le microscope à deux verres a beaucoup d'analogie avec le télescope astronomique (1454). L'objectif *gh* (fig. 191) est très-petit et très-convexe ; on place l'objet *ab* un peu plus loin que le foyer de ce verre, d'où il suit que les rayons de chacun des faisceaux, qui vont de *a* en *a'* et de *b* en *b'*, lesquels rayons sortiraient parallèles si l'objet était exactement au foyer, ne s'inclinent que peu l'un vers l'autre, en sorte qu'ils forment une image renversée *a'b'* de l'objet, à une grande distance de l'objectif, et qui par conséquent a déjà beaucoup plus d'étendue que cet objet. L'oculaire *kn* est situé de manière que son foyer concourt à peu près avec le milieu *x* de l'image *a'b'*; et ainsi les rayons *lo*, *sy* d'une part, et *ty*, *ro* de l'autre, étant très-peu divergents, et, de plus, les deux pinceaux auxquels appartiennent ces rayons acquérant au contraire une convergence considérable, l'œil, placé en *o*, verra l'objet en *a'' b''* très-amplifié pour deux raisons différentes : car l'image *a'b'*, si l'œil pouvait en recevoir immédiatement l'impression, paraîtrait déjà sensiblement plus grande que l'objet *ab*. Or cette image, à son tour, devient l'objet que l'œil aperçoit à travers l'oculaire, et ce verre faisant ici l'office d'une forte lentille, l'angle *rol* sous lequel l'œil verra distinctement ce même objet en *a'' b''*, sera beaucoup plus grand que celui sous lequel il le verrait avec la même netteté sans aucun intermédiaire. Donc, le grossissement de l'image étant une combinaison de deux effets, dont chacun tend par lui-même à augmenter très-sensiblement ses dimensions, croîtra dans un très-grand rapport. On fait aussi des microscopes à trois verres, auxquels il est facile d'appliquer l'explication précédente.

1481. Ces admirables instruments ont pour ainsi dire doublé l'univers à notre égard: ils nous ont fait voir, dans des gouttes presque imperceptibles de différents liquides, des animaux jusqu'alors inconnus ; ils nous ont dévoilé plusieurs mystères de l'organisation des plantes. Des corpuscules en apparence informes prennent des figures régulières ; les poussières qui composent la graine de la mauve deviennent des globules hérissés de pointes ; celles qui sont portées des étamines sur les pistils des diverses plantes paraissent de même sous des formes symétriques et constantes dans chaque espèce, les plus petites parties des insectes offrent des assemblages de pièces assorties entre elles avec un art dont le nôtre n'est qu'une imitation grossière ; et ce que l'œil revoit est aussi nouveau pour lui que ce qu'il n'a pas encore vu.

Description de quelques instruments particuliers de dioptrique.

Les instruments que nous nous proposons de décrire dans cet article ont pour but de représenter des images qui sont vues immédiatement sur des surfaces planes disposées pour les recevoir.

Chambre obscure.

1482. Si l'on pratique au volet d'une chambre exactement fermée, une ouverture d'environ 27 millimètres (un pouce) de diamètre, la lumière qui s'introduit par ce trou va dessiner sur la muraille opposée les images des objets extérieurs, dont les traits sont seulement comme ébauchés, et ressemblent à des ombres légères. Cette observation a fait naître l'idée de l'instrument d'optique appelé *chambre obscure* ou *chambre noire*. Au lieu de laisser libre l'ouverture par laquelle entre la lumière, on y applique un verre lenticulaire, qui détermine les différents pinceaux envoyés par les objets extérieurs à former autant de foyers derrière le verre, et l'on dispose, à la distance de ces foyers, un carton blanc sur lequel les images se peignent avec netteté et revêtues de toutes leurs couleurs.

1483. La marche des rayons qui produisent ces images est la même que celle qu'on voit fig. 177, où AB représente l'objet, *mn* la lentille, et *ab* l'image qui se peint sur le carton. Celle-ci est renversée, parce que les pinceaux de lumière se croisent en traversant la lentille. On peut redresser cette image en a regardant par réflexion dans un miroir situé horizontalement ou à peu près. Si la chambre obscure est à la portée d'un endroit fréquenté, on aura un tableau mouvant, où tous les objets seront rendus au naturel, ou plutôt on aura une succession de tableaux agréablement diversifiés.

1484. Il est facile de concevoir que plus les objets sont éloignés, et plus leurs images sont petites, puisque l'angle que font entre eux les rayons Ac, Bd, qui partent des extrémités de chacun de ces objets diminue sans cesse à mesure que la distance augmente, d'où résulte une diminution proportionnelle dans l'angle que font les rayons fb, ha, entre lesquels l'image est comprise. En même temps le foyer r formé derrière le verre par les rayons qu'envoie le point R que nous prenons pour exemple, se rapproche de la lentille, et alors l'image de ce point devient la base d'un cône qui résulte du prolongement des mêmes rayons au delà du foyer. On détruit l'effet de ce cône en éloignant un peu la lentille du fond de la chambre obscure, pour augmenter la divergence des rayons Re, Rl qui tombent sur le petit espace el (1042), et les déterminer à se réunir derrière la lentille à une plus grande distance de ce verre. Dans le cas contraire, où les objets sont trop rapprochés eu égard à la position actuelle de la lentille, le fond de la chambre obscure coupe le cône en deçà de son sommet, et l'image du point R prend encore une figure circulaire, que l'on ramène à n'être plus qu'un point, en rapprochant la lentille du tableau.

1485. On fait des chambres obscures portatives, qui sont des espèces de boîtes carrées dont une des faces latérales porte un tuyau garni de sa lentille. Les images qui se forment à l'intérieur sont reçues par un miroir plan incliné, qui les réfléchit vers le haut de la boîte, où elles deviennent visibles sur un verre dont la surface extérieure est dépolie, et qui sert de couvercle à la boîte. Ces images sont droites pour un spectateur qui a le visage tourné vers les objets. On a varié de différentes manières la construction de cet instrument : on l'exécute aussi en forme de petite cabane pyramidale, dont la partie supérieure porte le tuyau avec sa lentille, qui, dans ce cas, a une position horizontale. Le miroir est disposé en dessus, et toujours dans une position inclinée, qui, pour être la plus avantageuse qu'il est possible, doit former, avec l'horizon, un angle de 45 degrés. C'est le miroir qui reçoit les rayons partis immédiatement des objets, et les renvoie vers la lentille, au lieu que, dans la construction précédente, les rayons vont de la lentille au miroir. Les images se peignent sur un papier blanc placé horizontalement au fond de la chambre obscure ; on les voit par une large ouverture faite à l'une des faces latérales, et que l'on garnit ordinairement de deux petits rideaux, pour que l'observateur, ayant la tête couverte, puisse l'avancer un peu dans la chambre obscure sans y laisser passer de lumière. Si l'on pratique dans la même partie une seconde ouverture, de manière à y introduire le bras droit, on pourra se servir de la chambre obscure pour dessiner un paysage ou un édifice, en conduisant le crayon sur les traits de l'image que l'on aura devant les yeux.

Lanterne magique.

1486. La lanterne magique inventée par Kircher, et dont le nom est devenu en quelque sorte trivial par l'usage qu'on fait de cet instrument pour offrir à la curiosité du peuple une apparence de prestige, mérite de fixer l'attention même de ceux pour qui elle n'a rien de magique. Elle consiste dans une caisse de bois ou de fer-blanc, vers le fond de laquelle est une lampe ou une grosse chandelle allumée. Les rayons que lance la flamme sont reçus par une lentille qui les rassemble et les fait tomber plus denses sur un verre plan et mince où l'on a peint diverses figures. Ainsi l'effet de cette première lentille se borne à bien éclairer les figures qui doivent être dans une situation renversée. Quelquefois on substitue à la lentille un miroir concave situé derrière la lumière; et, dans certaines constructions, on combine ensemble les effets de la lentille et du miroir. En avant du verre plan est une seconde lentille, à travers laquelle les pinceaux envoyés par les différents points d'une même figure se croisent, en même temps que la réfraction détermine les rayons dont chaque pinceau est l'assemblage à sortir parallèles. Ces rayons passent ensuite par une ouverture circulaire faite à un carton situé convenablement, et tombent sur une troisième lentille que l'on peut éloigner ou rapprocher à volonté de la seconde, au moyen d'un tuyau mobile, à l'extrémité duquel cette lentille est fixée. — Les rayons qui ont traversé cette même lentille produisent sur une muraille ou une toile blanche située à l'opposé une copie en grand des figures tracées sur le verre plan; et il est facile de voir que cette copie représente les objets droits, en conséquence de ce que les pinceaux lumineux se croisent dans la seconde lentille. Deux circonstances contribuent à rendre plus vives les couleurs des images qui s'offrent aux yeux des spectateurs, savoir, la force de la lumière à laquelle est exposé le verre plan, et le cercle lumineux que les rayons émergents vont former sur la muraille.

Fantasmagorie.

1487. Les physiciens, en modifiant la construction et le jeu de la lanterne magique, l'ont transformée en un instrument capable de produire un effet beaucoup plus imposant, auquel ils ont donné le nom de *fantasmagorie*. Ici le mécanisme de l'opération est nul pour les spectateurs, qui n'ont devant les yeux qu'une mousseline gommée, tendue verticalement, qui est comme la toile d'un tableau où les images sont vues par transparence. L'appartement est privé de toute autre lumière que celle qui vient d'un appareil caché derrière cette toile. Au moment où commence l'opération, on voit paraître un spectre d'abord extrêmement petit, qui ensuite s'accroît rapidement, et semble s'avancer à grands pas vers les spectateurs; et lorsque la scène se passe dans un souterrain tapissé en noir, et qu'un morne silence, interrompu par les sons lugubres d'un harmonica, a servi de prélude, il est difficile de se défendre d'une certaine impression de frayeur à la vue d'un objet propre par lui-même à faire illusion, et qui trouve dans l'imagination une place toute préparée pour des fantômes.

1488. Voici maintenant ce qui se passe derrière la mousseline. Soit AB (fig. 192), une figure de spectre peinte sur une lame de verre, et placée dans une situation renversée. Cette figure est éclairée, comme dans la lanterne magique, par la lumière d'une lampe, dont les rayons ont passé à travers une lentille que nous supprimons ici (1). De nouveaux rayons, partis des différents points de l'image, traversent successivement deux autres lentilles *mn*, *m'n'*, et le tout est disposé de manière que la lentille *mn* ayant une position fixe, on peut en approcher et en écarter à volonté la lentille *m'n'*, en faisant glisser un tuyau qui porte celle-ci dans celui qu'occupe la première. De plus, l'appareil entier est mobile, en sorte qu'on est libre de faire varier sa distance par rapport à la toile. La lame de verre étant située en deçà du foyer des rayons parallèles, à une petite distance de la lentille *mn*, les deux extrémités A, B de l'objet peint sur cette lame (2) envoient deux cônes de rayons *iAk*, *dBh* qui, après s'être réfractés dans la lentille *mn*, en sortent sous des directions *lu*, *sc* et *fq*, *ge*, moins divergentes; et de plus, ces cônes convergent plus fortement l'un vers l'autre, que quand ils allaient de l'objet à la lentille. Ils sont reçus par l'autre lentille *m'n'*, dans laquelle ils se croisent, et leurs rayons *ta*, *oa*, et *pb*, *xb*, en sortent convergents, de manière qu'ils vont peindre sur la toile *zy* les images des points qui les ont lancés, d'où l'on voit que l'image totale doit avoir une position droite, à cause du croisement des cônes dans la seconde lentille.

1489. Il résulte d'abord de ce qui vient d'être dit, que les portions de cônes *lucs*, *fqeg*, font entre elles un plus grand angle que dans le cas où la lentille *mn* étant supprimée, les rayons envoyés par les points A, B, iraient immédiatement vers la lentille *m'n'*, et cette circonstance tend à augmenter, toutes choses égales d'ailleurs, les dimensions de l'image *ab*. D'une autre part, les rayons *lu*, *sc*, et *fq*, *ge*, étant moins divergents que dans le cas où la lentille *mn* n'existerait pas, leur concours derrière la lentille *m'n'* se fait plus loin de ce dernier verre, ce qui est encore une circonstance favorable à l'agrandissement de l'image, parce qu'alors il faut mettre une plus grande distance entre l'appareil et la toile. On supplée

(1) On a soin d'appliquer un vernis sur les parties de la lame de verre qui servent de fond à la figure pour intercepter la lumière qui les traverserait.

(2) Ce que nous disons ici de ces deux points, s'applique à tous les autres.

ainsi à la petitesse de l'objet, en combinant les effets des deux lentilles, dont la première *mn* fait prendre aux rayons qu'elle envoie vers l'autre les mêmes directions que s'ils étaient partis d'un objet beaucoup plus grand.

1490. Concevons que les choses étant dans l'état que représente la figure, l'image *ab* soit nette, et que l'on veuille tout à coup la rendre très-petite. Pour y parvenir, on placera l'appareil très-près de la toile *zy*. Mais alors les cônes *oat*, *pbx* étant coupés par la toile en dessous de leur sommet, l'image sera confuse. Or, supposons que l'on écarte la lentille *m'n'* de la première; l'effet sera le même que si le point d'où les rayons *lu*, *sc*, ou *fq*, ge sont censés partir s'éloignait (1044). Mais nous avons vu qu'alors les foyers *a*, *b*, se rapprochent de la lentille *m'n'* (1042). Donc il sera possible de restituer à l'image diminuée de grandeur toute sa netteté. Concevons au contraire que l'on veuille rendre l'image beaucoup plus grande que ne le représente la figure. On écartera d'abord l'appareil de la toile. Mais alors les cônes *oat*, *pbx*, auront leurs sommets en deçà de cette toile, et l'image sera encore confuse. Or, supposons que l'on fasse mouvoir la lentille *m'n'* vers la première. L'effet sera le même que si le point d'où les rayons *lu*, *sc*, ou *fq*, *ge* sont censés partir se rapprochait, auquel cas les foyers *a*, *b* doivent s'écarter de la lentille *m'n'*, et ainsi l'image reprendra sa netteté.

1491. Que fait donc l'opérateur? Il dispose d'abord l'appareil à une petite distance de la toile, et alors l'intervalle entre les deux lentilles requis pour la netteté de l'image est à son *maximum*. Il éloigne ensuite progressivement l'appareil, et en même temps il rapproche la lentille *m'n'* de la première, et cela dans la proportion nécessaire pour que l'image qui s'accroît continuellement soit toujours distincte. Or les spectateurs, que l'obscurité empêche de s'apercevoir que le lieu de l'image ne change point à leur égard, se laissent séduire par l'illusion qui les porte à croire qu'elle s'approche d'eux, en même temps que ses dimensions augmentent; et cette illusion a d'autant plus d'empire sur eux que le spectre, en partant d'une petitesse qui le fait paraître d'abord comme un point, parvient rapidement à une étendue considérable, et que leur imagination trompée prend cet accroissement pour l'effet d'un mouvement progressif, à l'aide duquel un objet qu'ils auraient vu il n'y a qu'un instant dans le lointain, serait venu se placer près d'eux.

Microscope solaire.

1492. Le microscope solaire ne diffère proprement de la lanterne magique, qu'en ce qu'il est éclairé par un rayon solaire que l'on introduit dans un endroit obscur, au moyen d'un miroir plan qui le réfléchit horizontalement. Ce rayon passe à travers une lentille adaptée au trou de la fenêtre. On présente à la vive lumière qui sort de cette lentille un petit verre blanc nommé *porte-objet*, et sur lequel on a fixé de petits insectes, des poussières de papillon ou autres corpuscules transparents. Une seconde lentille, destinée à produire l'image, est couverte, du côté du porte-objet, d'une petite lame de plomb percée d'un trou d'épingle; c'est par ce trou que passent en se croisant les jets de lumière qui viennent des différents points de l'objet, et voici l'avantage qui résulte de cette construction.

1493. Les jets lumineux dont il s'agit approchent beaucoup d'être des rayons simples ou des cylindres infiniment déliés de lumière, ce qui les rend propres à laisser des empreintes nettes et distinctes sur un plan placé à une distance quelconque; et quoique la petitesse de l'ouverture ne laisse passer que peu de lumière, comme cette lumière est par elle-même fort éclatante, les images qu'elle produit ne laissent pas d'avoir beaucoup de vivacité. On peut donc écarter à la distance de trois ou quatre mètres le plan qui reçoit ces images, ce qui en amplifie prodigieusement les dimensions, et change le plus petit insecte en un colosse effrayant. Cependant, à une distance moyenne, les images ont quelque chose de plus net et de mieux prononcé.

1494. Nous venons de parcourir une des branches de la physique les plus fécondes, et peut-être la plus difficile de toutes à manier. Le fluide et l'organe contribuent également à la compliquer. Le premier, infiniment varié dans sa composition, se modifie encore de mille manières par la diversité de ses mouvements. Nulle part les phénomènes ne présentent des successions de nuances plus légères, et n'exigent plus de sagacité pour être bien saisis. C'est un fil qui demande à être tenu d'une main assez sûre pour ne pas le laisser échapper, et assez délicate pour ne pas le rompre. L'organe, de son côté, semble se transformer à chaque instant par la variété des impressions qu'il éprouve. Il a fallu des idées très-fines pour démêler les résultats de tout ce qui se passe en lui, soit qu'il reste abandonné à ses facultés naturelles, soit qu'il les étende à l'aide de ces productions de l'art, qui sont pour lui autant de nouveaux moyens de voir. A en juger par le calcul, rien n'est si simple et si précis que les effets de la vision. Mais combien les lois dont ces effets dépendent se modifient dans leurs applications, et qu'il y a loin de ce que représente la marche des rayons tracée par la géométrie, à la sensation que fait naître l'image dessinée au fond de l'œil par les rayons eux-mêmes! La théorie de la lumière n'est point épuisée. Plusieurs questions relatives à la vision n'ont pas été complétement résolues. Il existe certains phénomènes, comme ceux qui ont rapport à la diffraction, à la polarisation, etc., dans lesquels l'action du fluide lumineux n'a pas été suffisamment expliquée jusqu'à présent; on n'a pas non plus déterminé jusqu'où s'étend l'analogie entre le même fluide et le calorique; le problème de la double réfraction, sur lequel nous n'avons encore que des expressions géométriques, attend sa parfaite solution d'une main assez habile, pour déterminer la loi physique dont il dépend. Enfin, si l'on considère cette foule de résultats auxquels l'étude de la lumière a conduit les géomètres, les physiciens et les chimistes; si l'on réunit au souvenir de ce qui a été fait, l'expectative de ce qui reste à faire, on conviendra qu'aucun sujet ne se prête à des observations plus étendues et à la fois plus intéressantes, que le fluide dont l'action s'exerce sur l'organe qui nous sert d'instrument pour observer la nature entière.

FIN DU TRAITÉ ÉLÉMENTAIRE DE PHYSIQUE.

TABLE DES MATIÈRES

CONTENUES

DANS CE VOLUME.

FIN DE LA TABLE DU TRAITÉ ÉLÉMENTAIRE DE PHYSIQUE.

Physique

Pl. 4

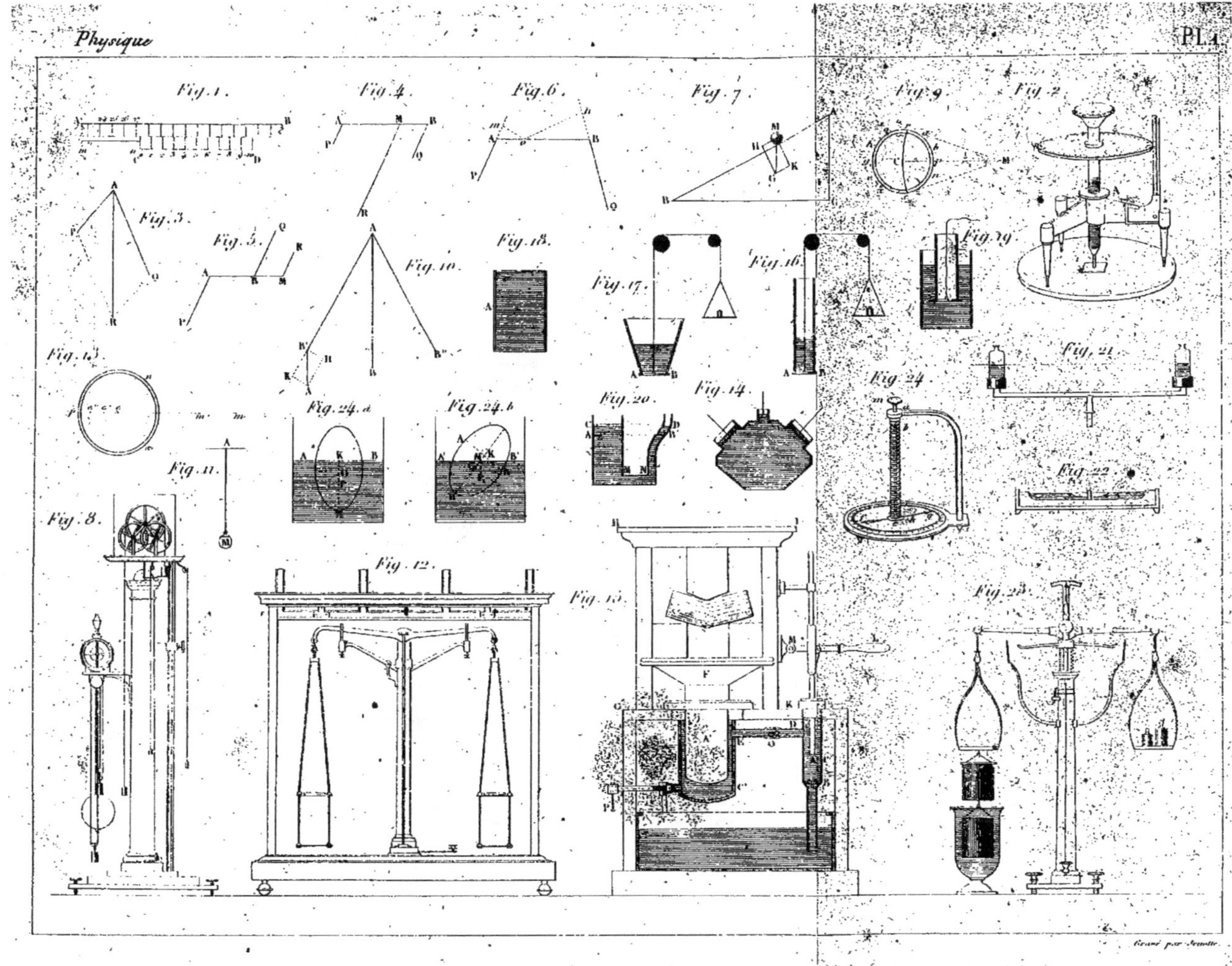

Gravé par Jeuotte.

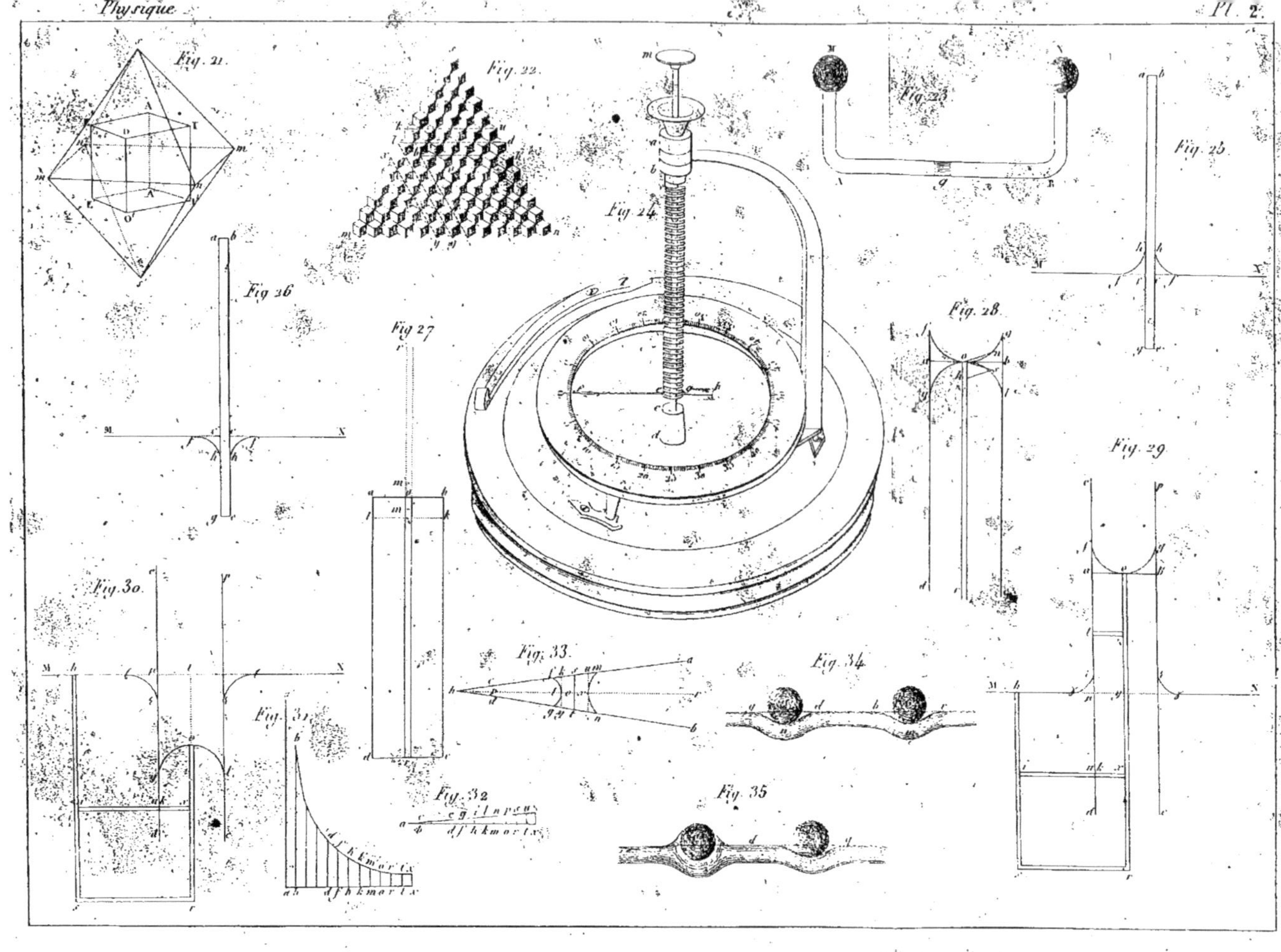
Fig. 21.
Fig. 22.
Fig. 23
Fig. 24
Fig. 25.
Fig. 26
Fig. 27
Fig. 28.
Fig. 29.
Fig. 30.
Fig. 31
Fig. 32
Fig. 33.
Fig. 34.
Fig. 35

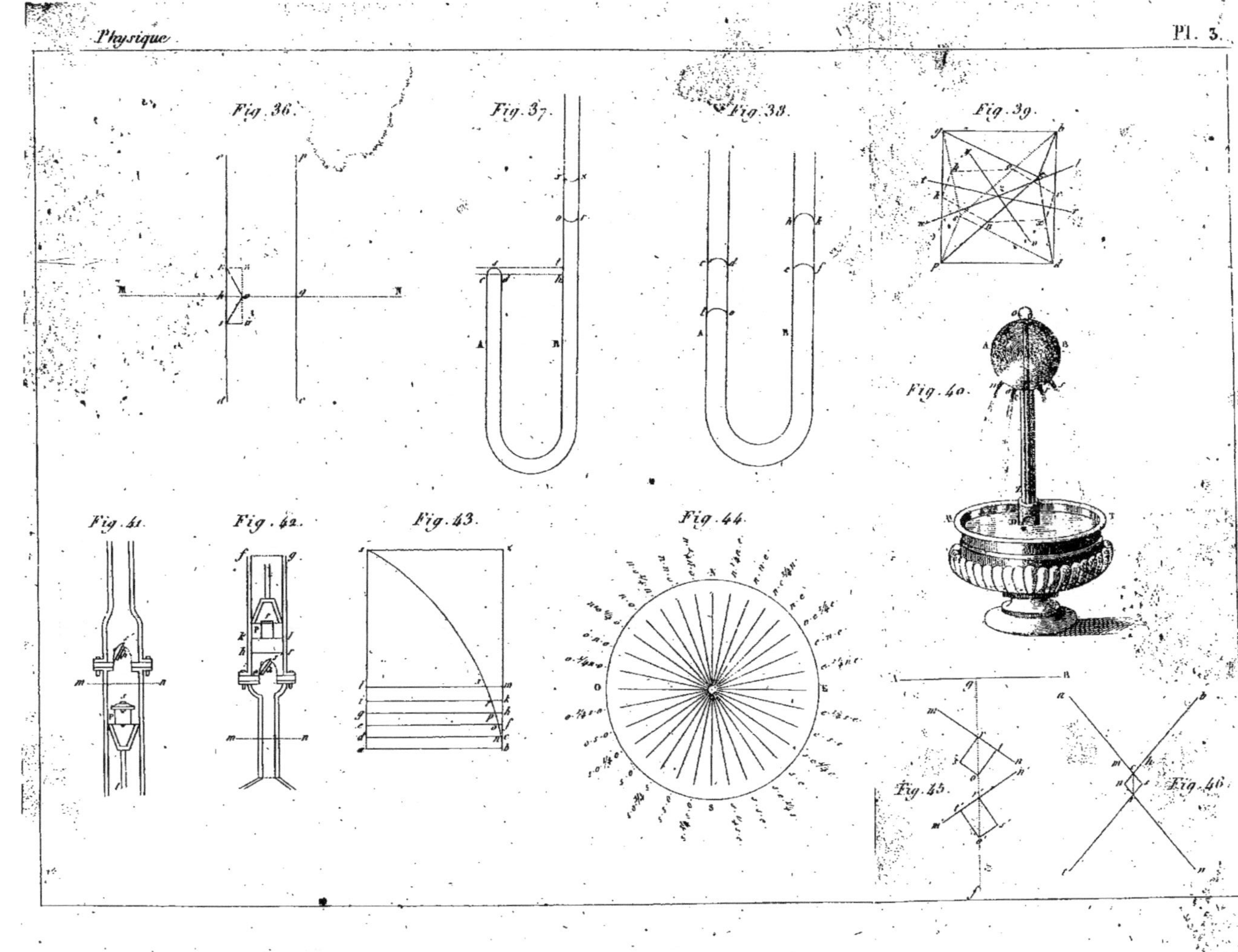
Fig. 36.
Fig. 37.
Fig. 38.
Fig. 39.
Fig. 40.
Fig. 41.
Fig. 42.
Fig. 43.
Fig. 44.
Fig. 45.
Fig. 46.

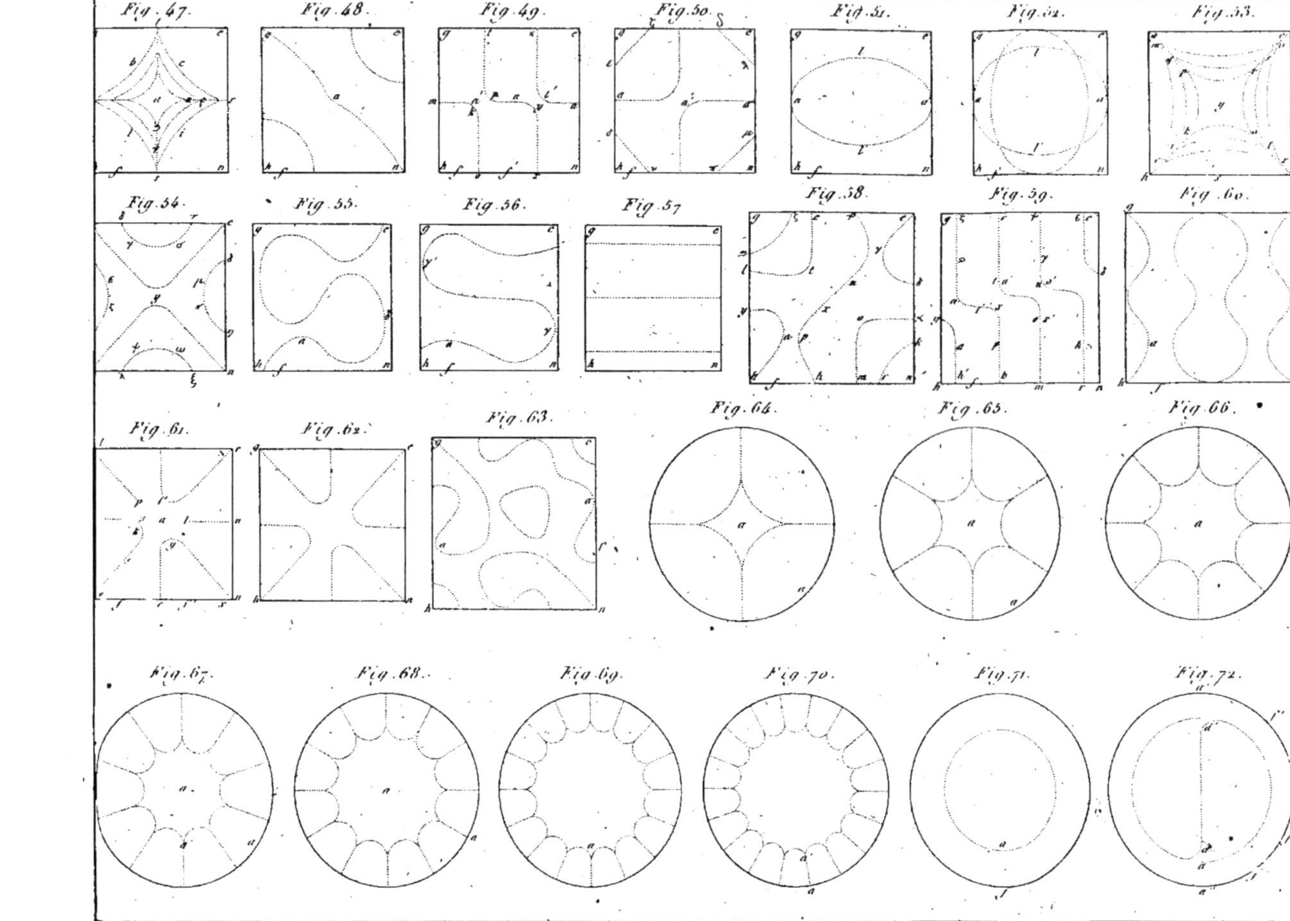
Fig. 47.
Fig. 48.
Fig. 49.
Fig. 50.
Fig. 51.
Fig. 52.
Fig. 53.
Fig. 54.
Fig. 55.
Fig. 56.
Fig. 57.
Fig. 58.
Fig. 59.
Fig. 60.
Fig. 61.
Fig. 62.
Fig. 63.
Fig. 64.
Fig. 65.
Fig. 66.
Fig. 67.
Fig. 68.
Fig. 69.
Fig. 70.
Fig. 71.
Fig. 72.

Imp. R. Binet

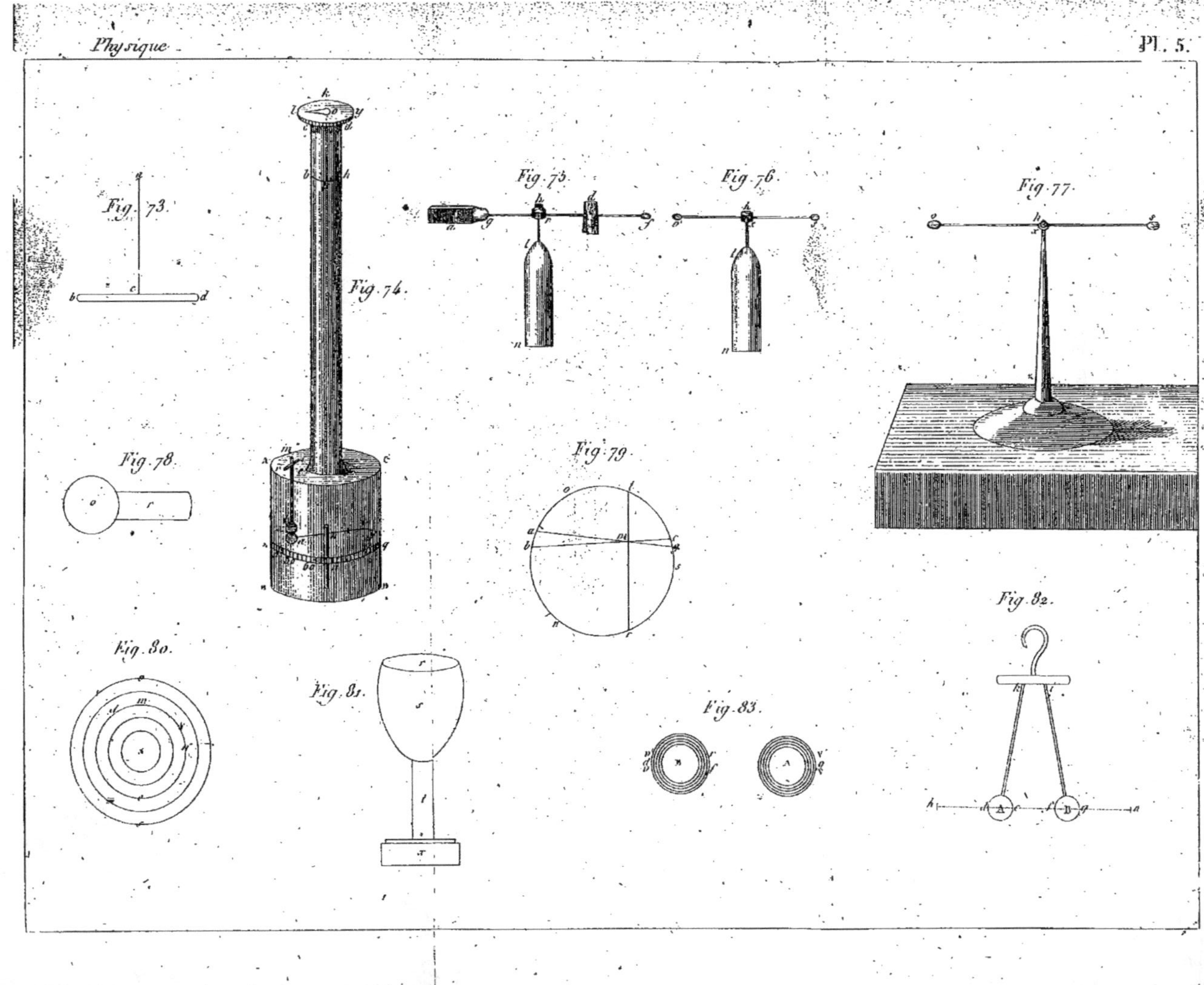
Fig. 73.
Fig. 74.
Fig. 75.
Fig. 76.
Fig. 77.
Fig. 78.
Fig. 79.
Fig. 80.
Fig. 81.
Fig. 82.
Fig. 83.

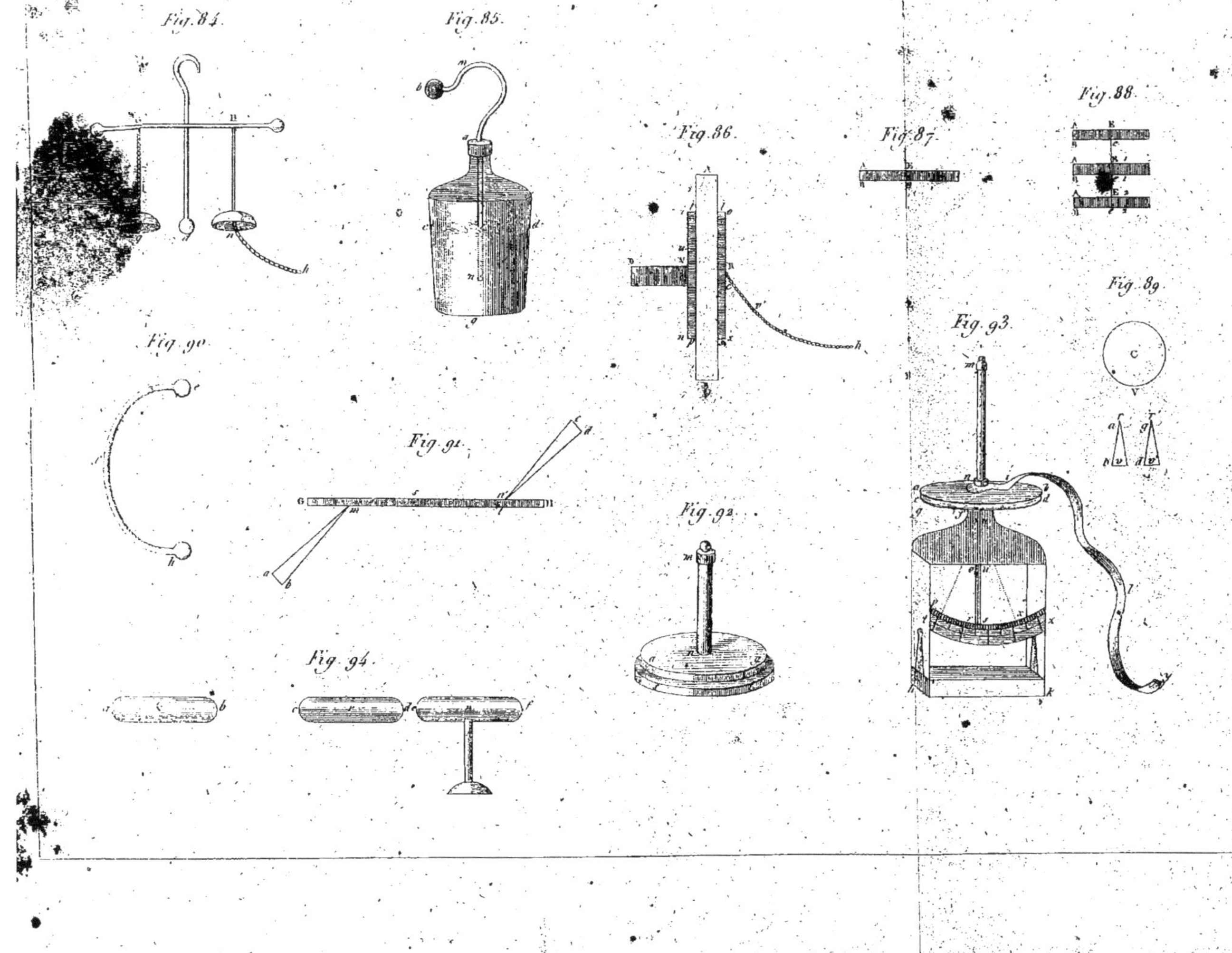
Fig. 84.
Fig. 85.
Fig. 86.
Fig. 87.
Fig. 88.
Fig. 89.
Fig. 90.
Fig. 91.
Fig. 92.
Fig. 93.
Fig. 94.

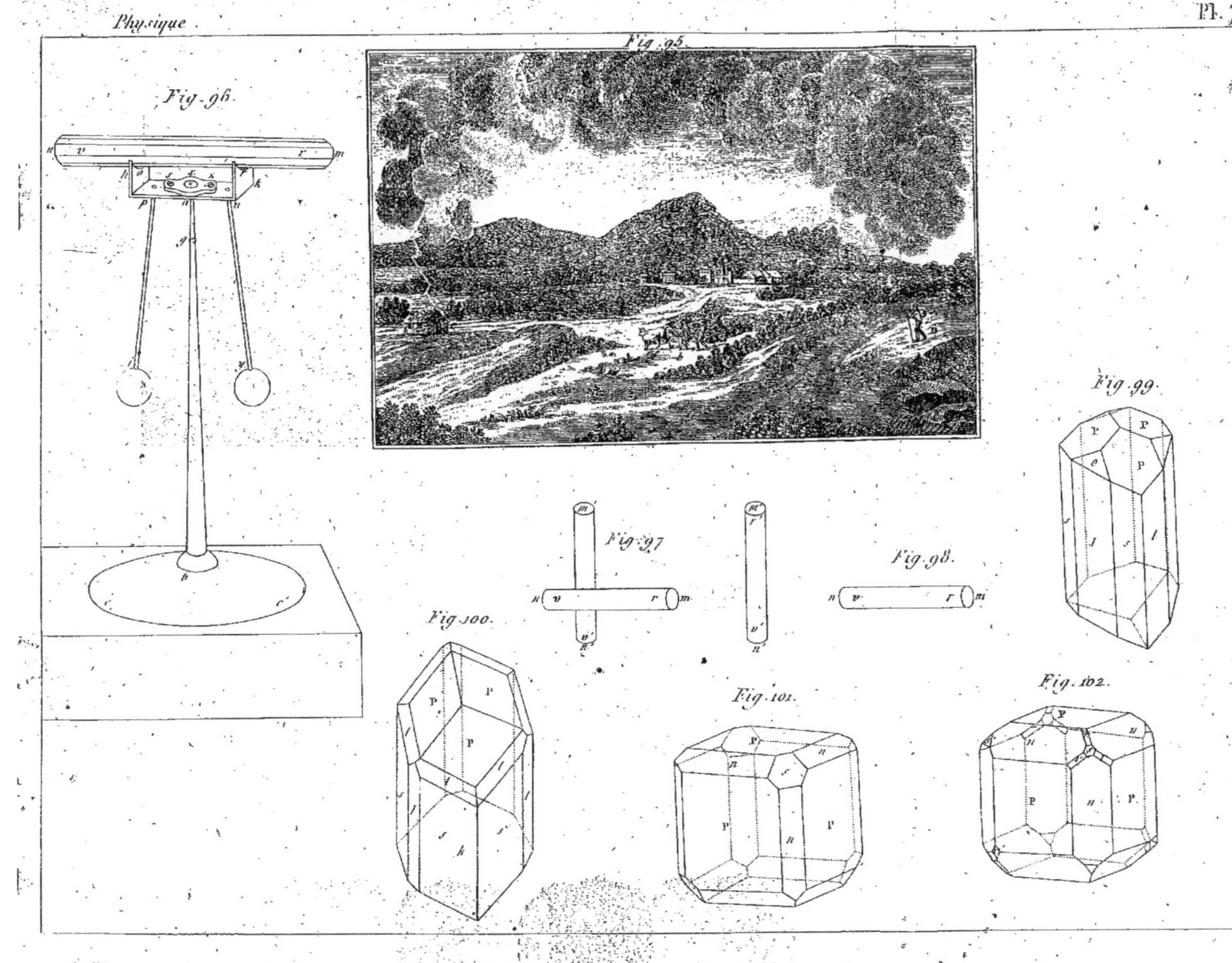
Physique
Pl. 7
Fig. 95.
Fig. 96.
Fig. 97
Fig. 98.
Fig. 99.
Fig. 100.
Fig. 101.
Fig. 102.

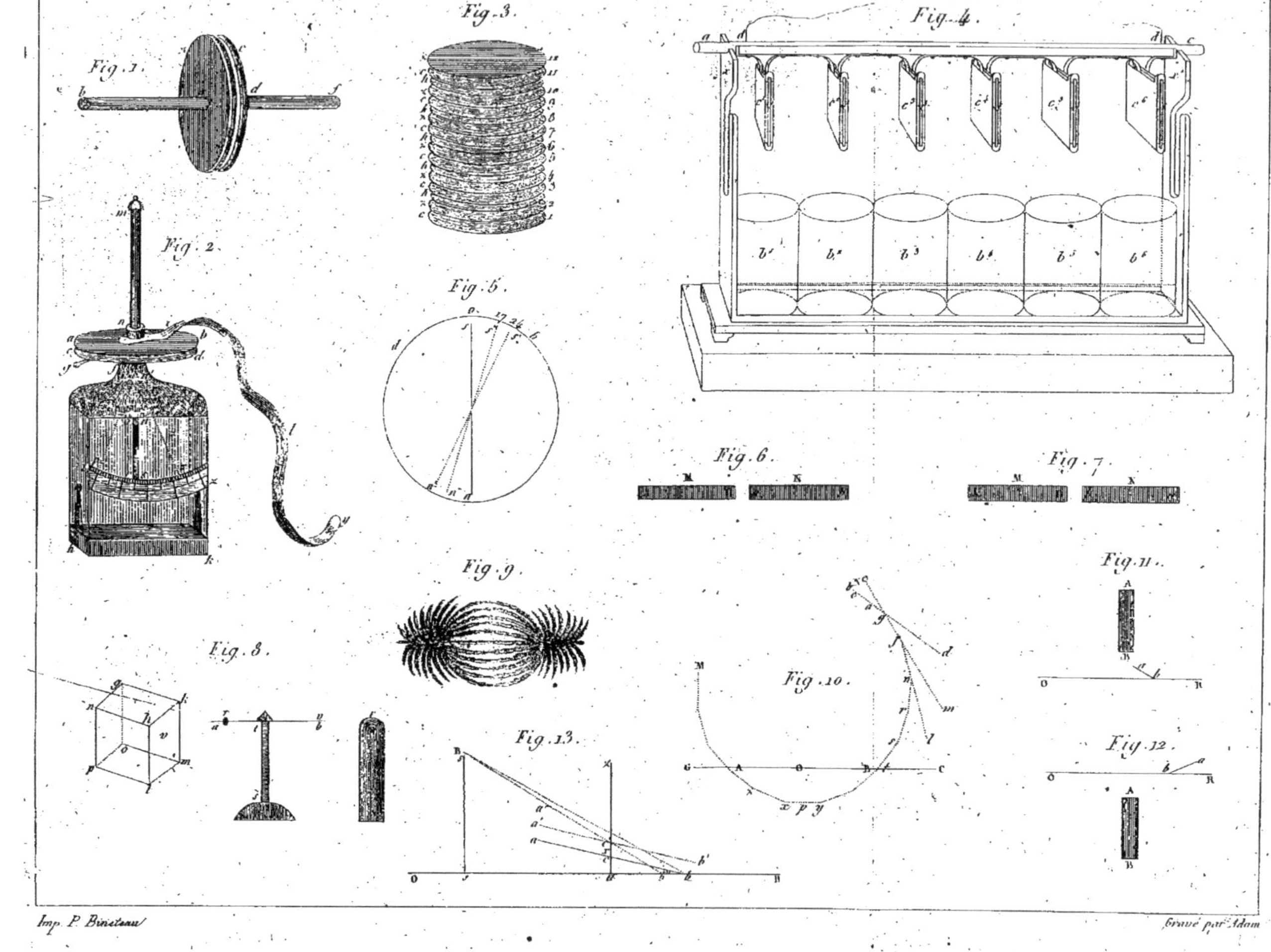

Imp. P. Bineteau

Gravé par Adam

Physique

Pl. 9.

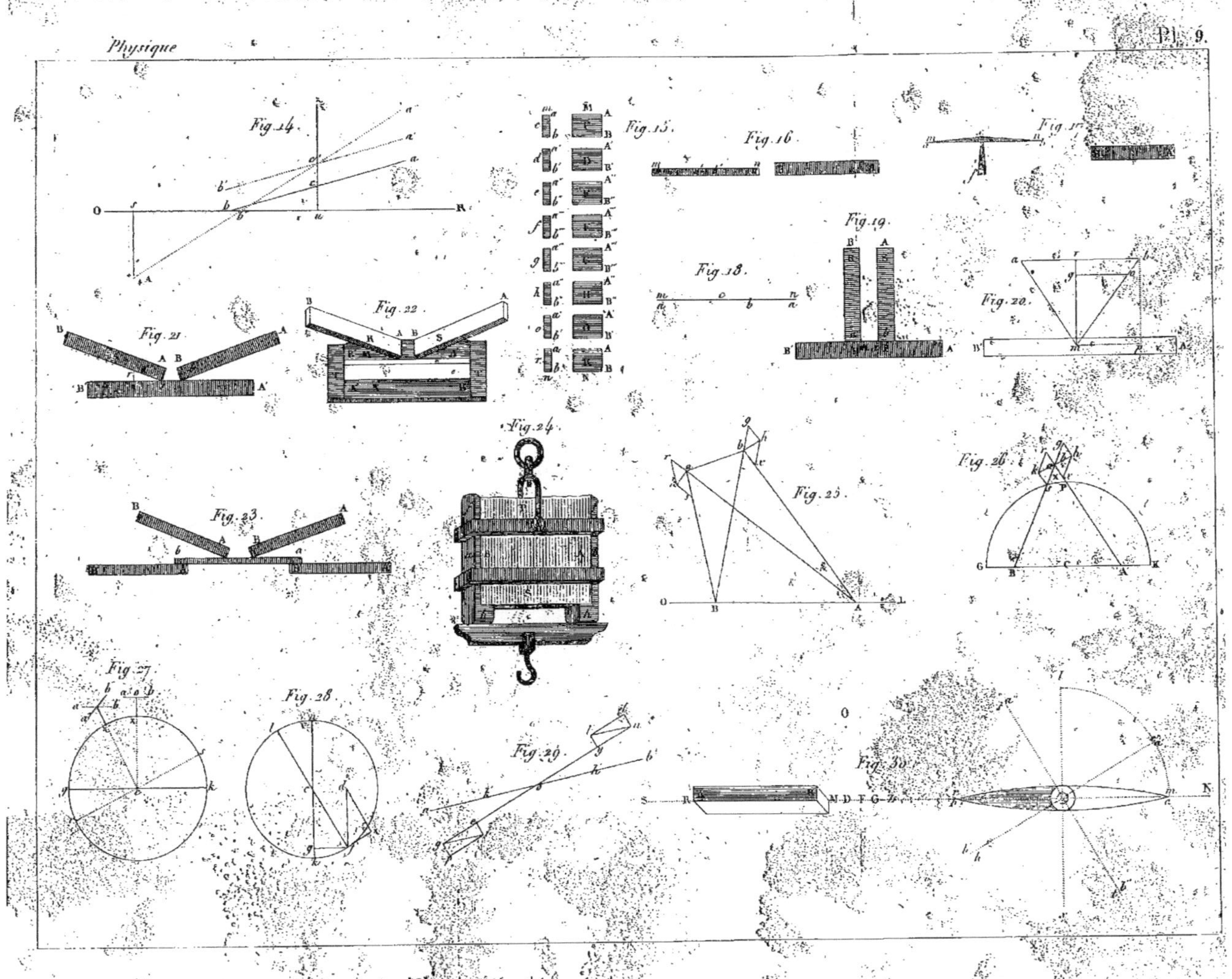

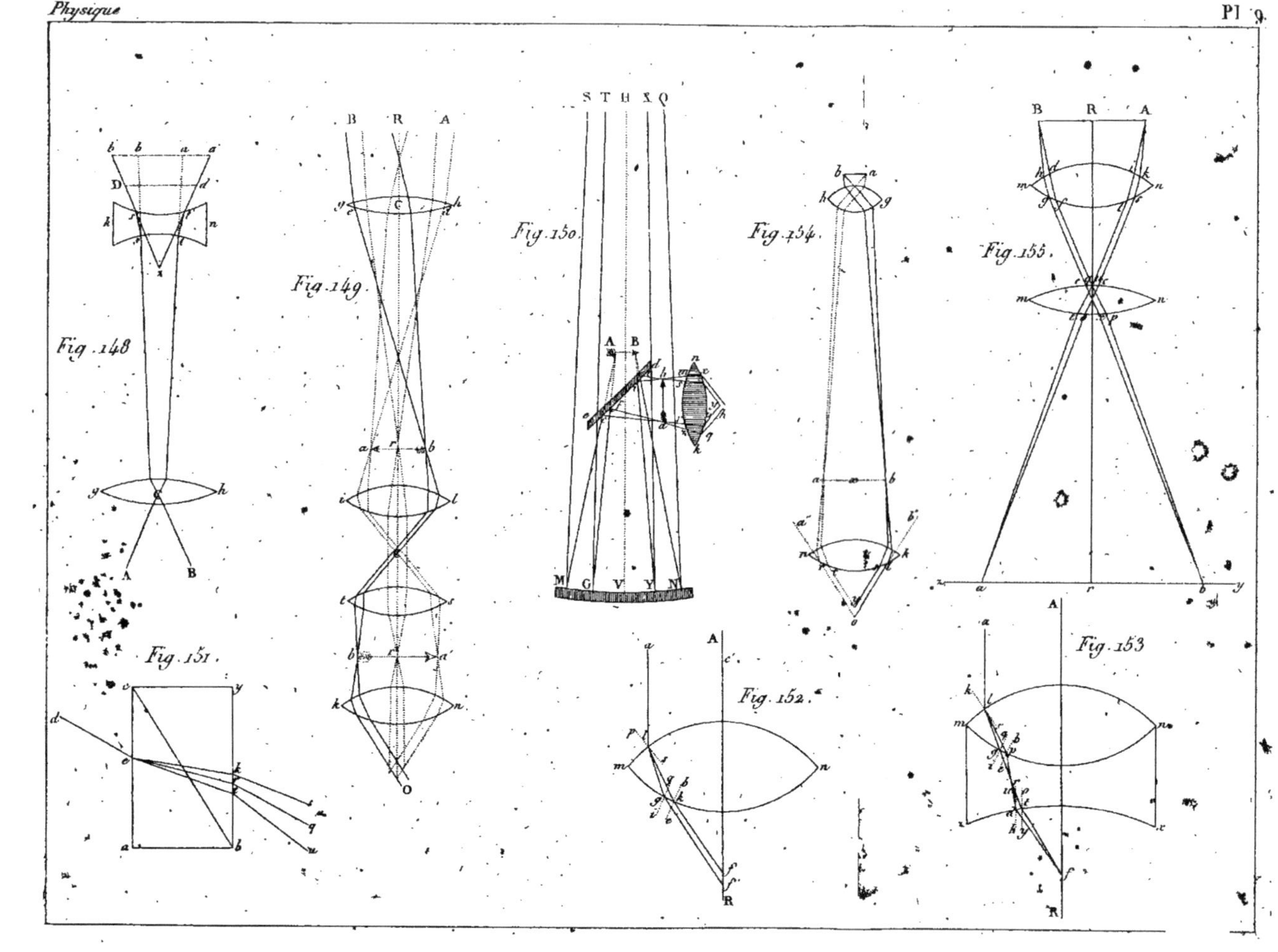
Fig. 148.
Fig. 149.
Fig. 150.
Fig. 151.
Fig. 152.
Fig. 153
Fig. 154.
Fig. 155.

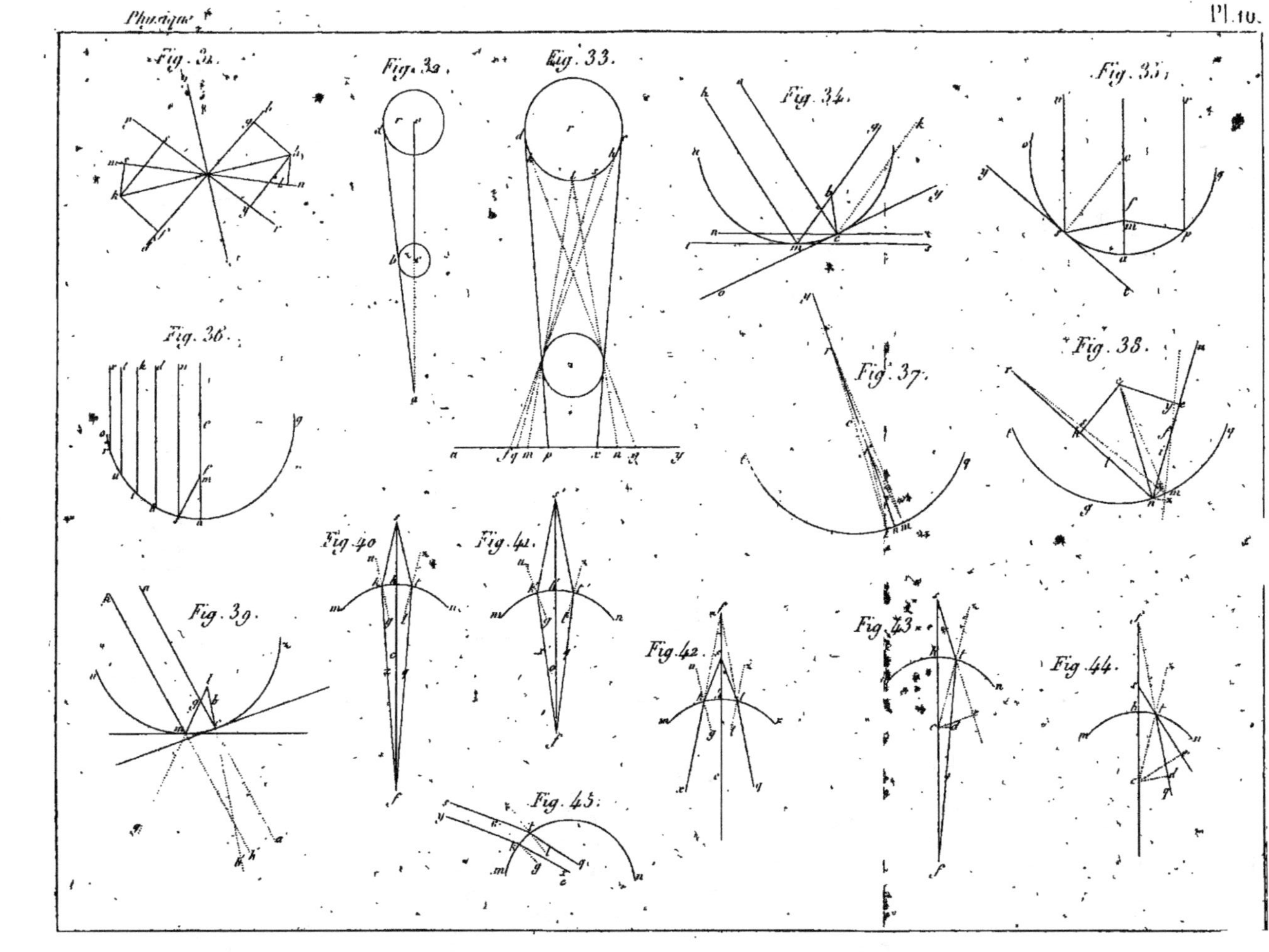
Fig. 31.
Fig. 32.
Fig. 33.
Fig. 34.
Fig. 35.
Fig. 36.
Fig. 37.
Fig. 38.
Fig. 39.
Fig. 40
Fig. 41.
Fig. 42.
Fig. 43.
Fig. 44.
Fig. 45.

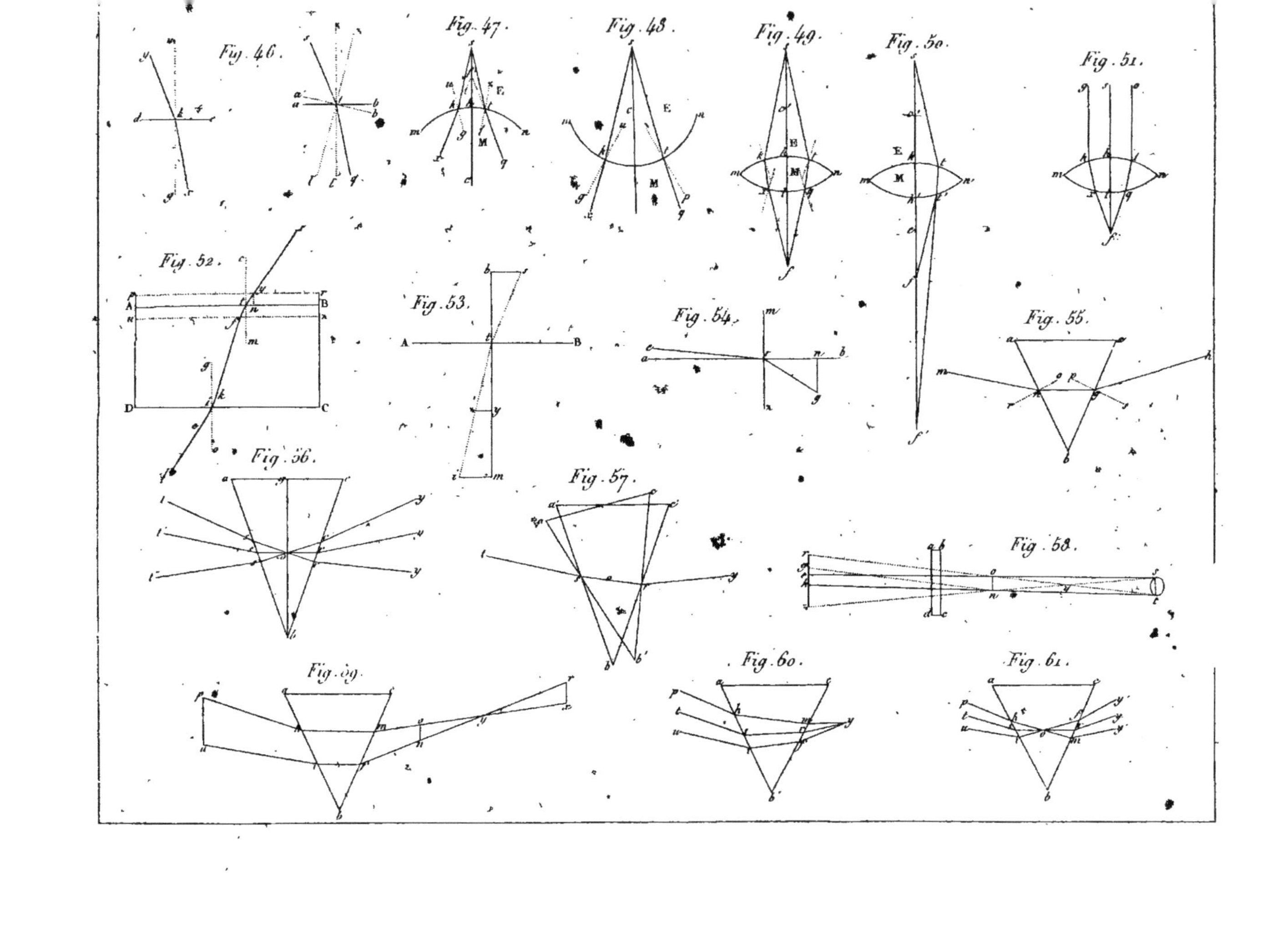

Fig. 46.
Fig. 47.
Fig. 48.
Fig. 49.
Fig. 50.
Fig. 51.
Fig. 52.
Fig. 53.
Fig. 54.
Fig. 55.
Fig. 56.
Fig. 57.
Fig. 58.
Fig. 60.
Fig. 61.

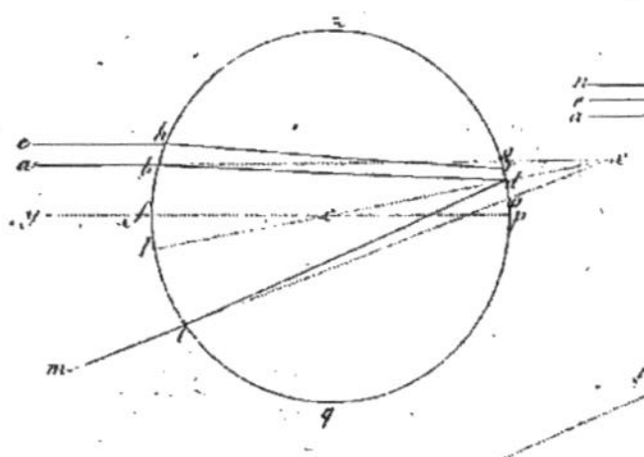

Fig. 62.

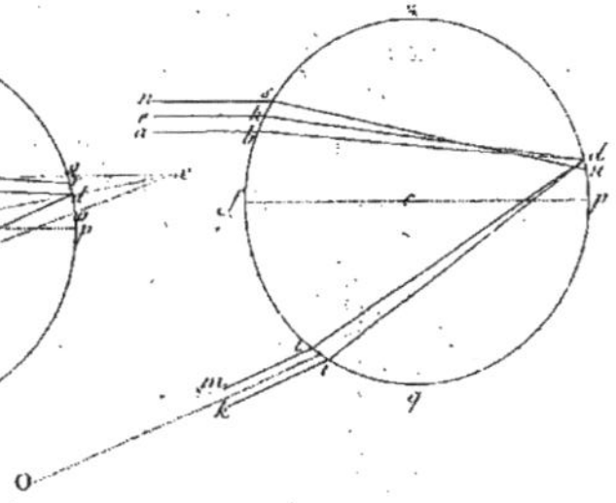

Fig. 63

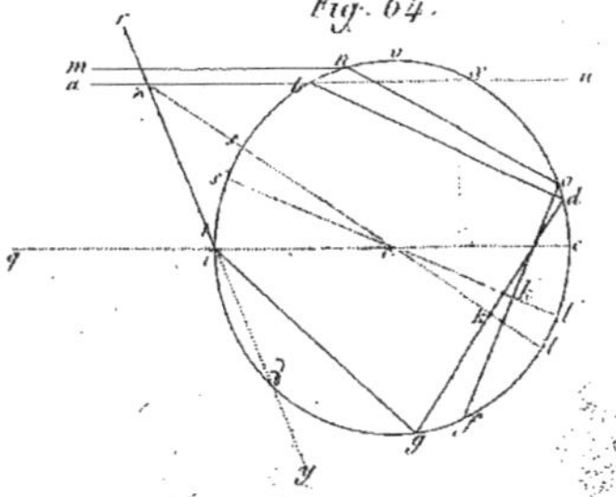

Fig. 64.

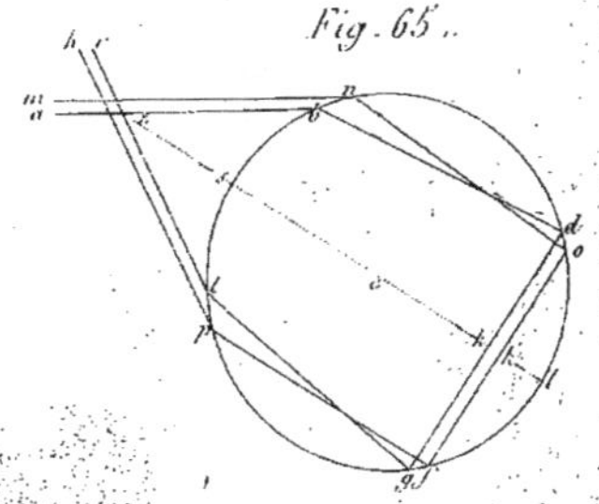

Fig. 65.

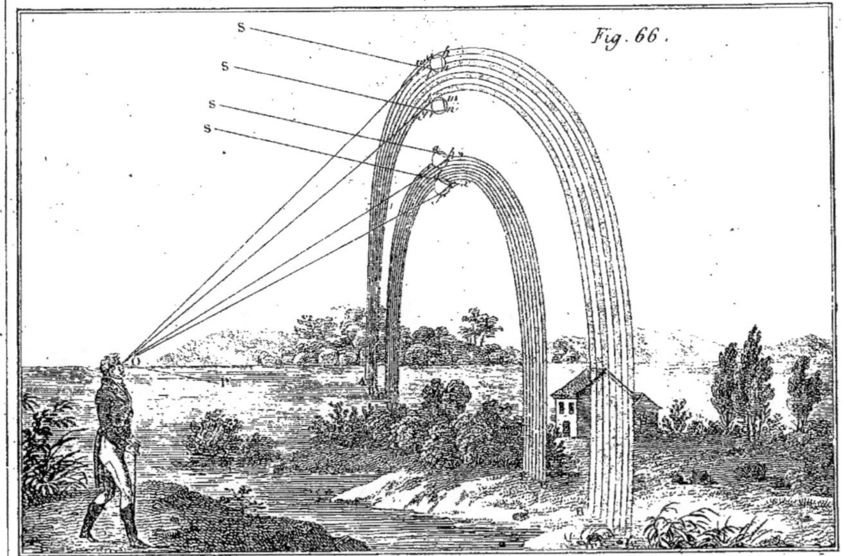

Fig. 66.

Fig. 71.

Violet	6300
Indigo	6814
Bleu	7114
Vert	7631
Jaune	8255
Orange	8833
	9243
Rouge	10000

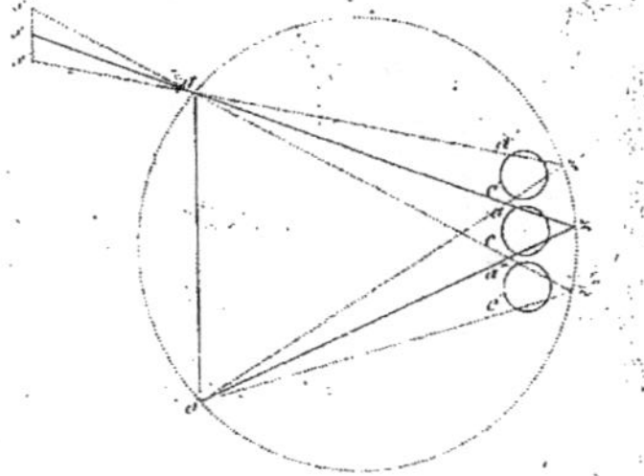

Fig. 67.

Imp. P. Bineteau

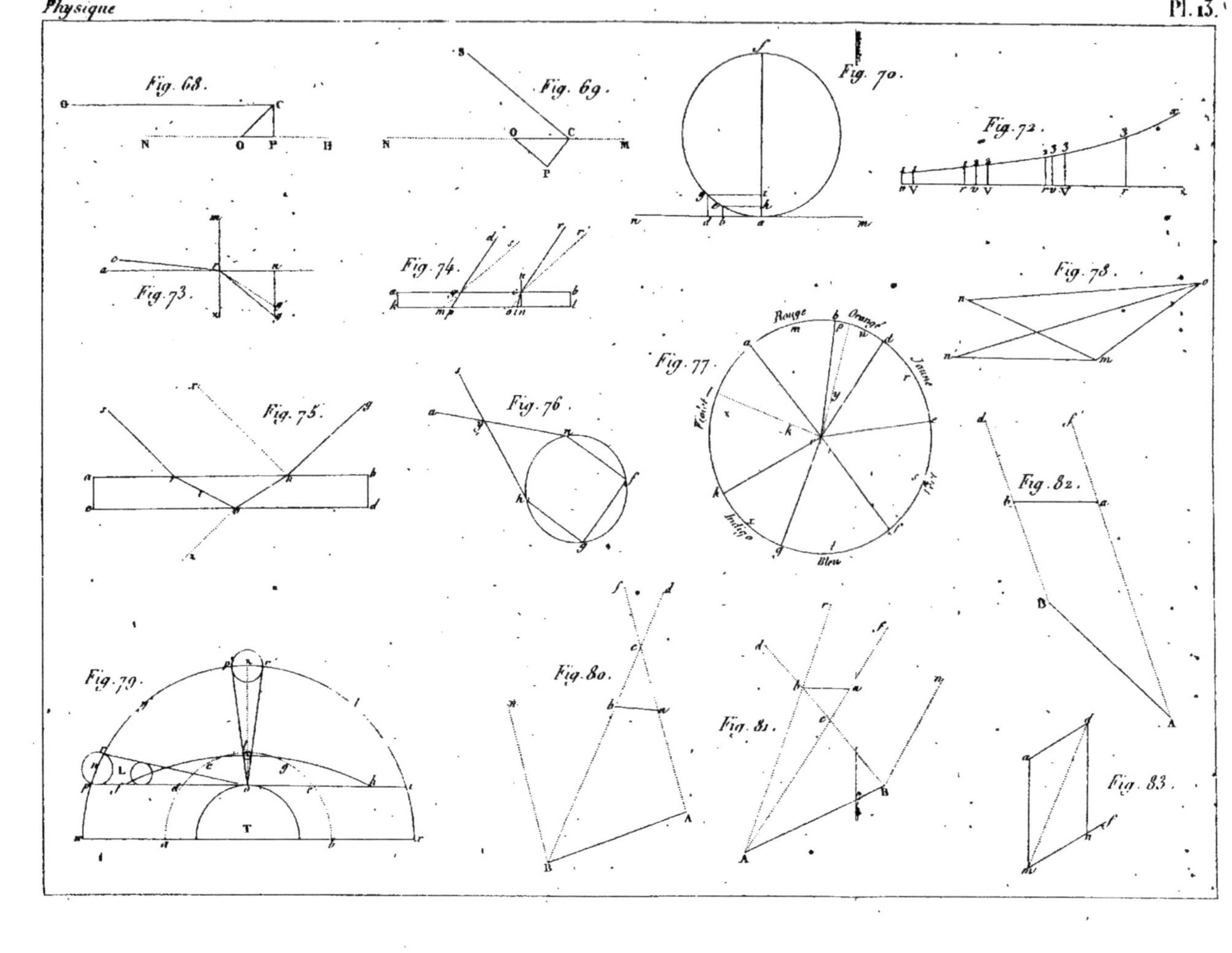
Fig. 68.
Fig. 69.
Fig. 70.
Fig. 72.
Fig. 73.
Fig. 74.
Fig. 75.
Fig. 76.
Fig. 77.
Rouge
Orangé
Jaune
Bleu
Indigo
Violet
Fig. 78.
Fig. 79.
Fig. 80.
Fig. 81.
Fig. 82.
Fig. 83.

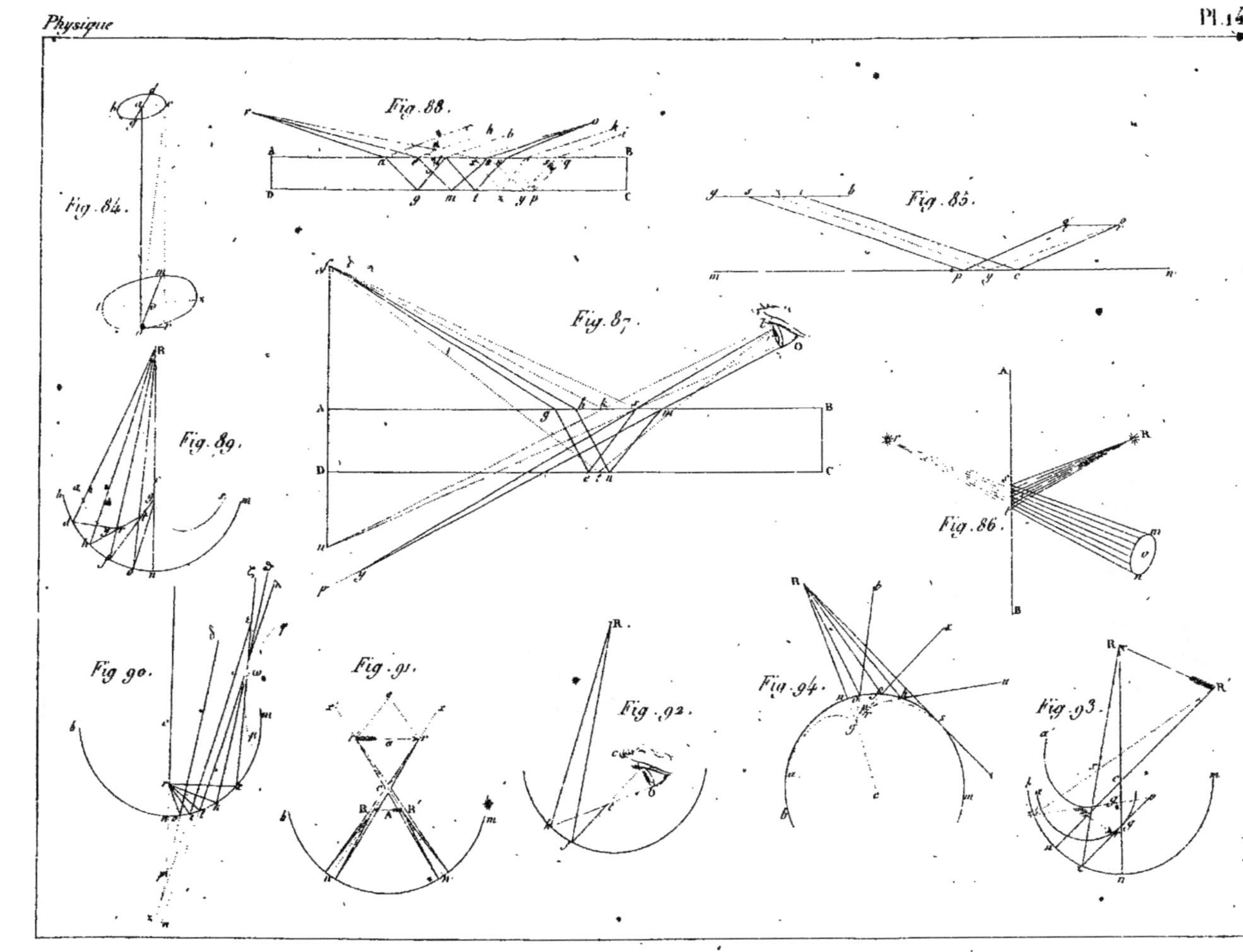
Fig. 84.
Fig. 85.
Fig. 86.
Fig. 87.
Fig. 88.
Fig. 89.
Fig. 90.
Fig. 91.
Fig. 92.
Fig. 93.
Fig. 94.

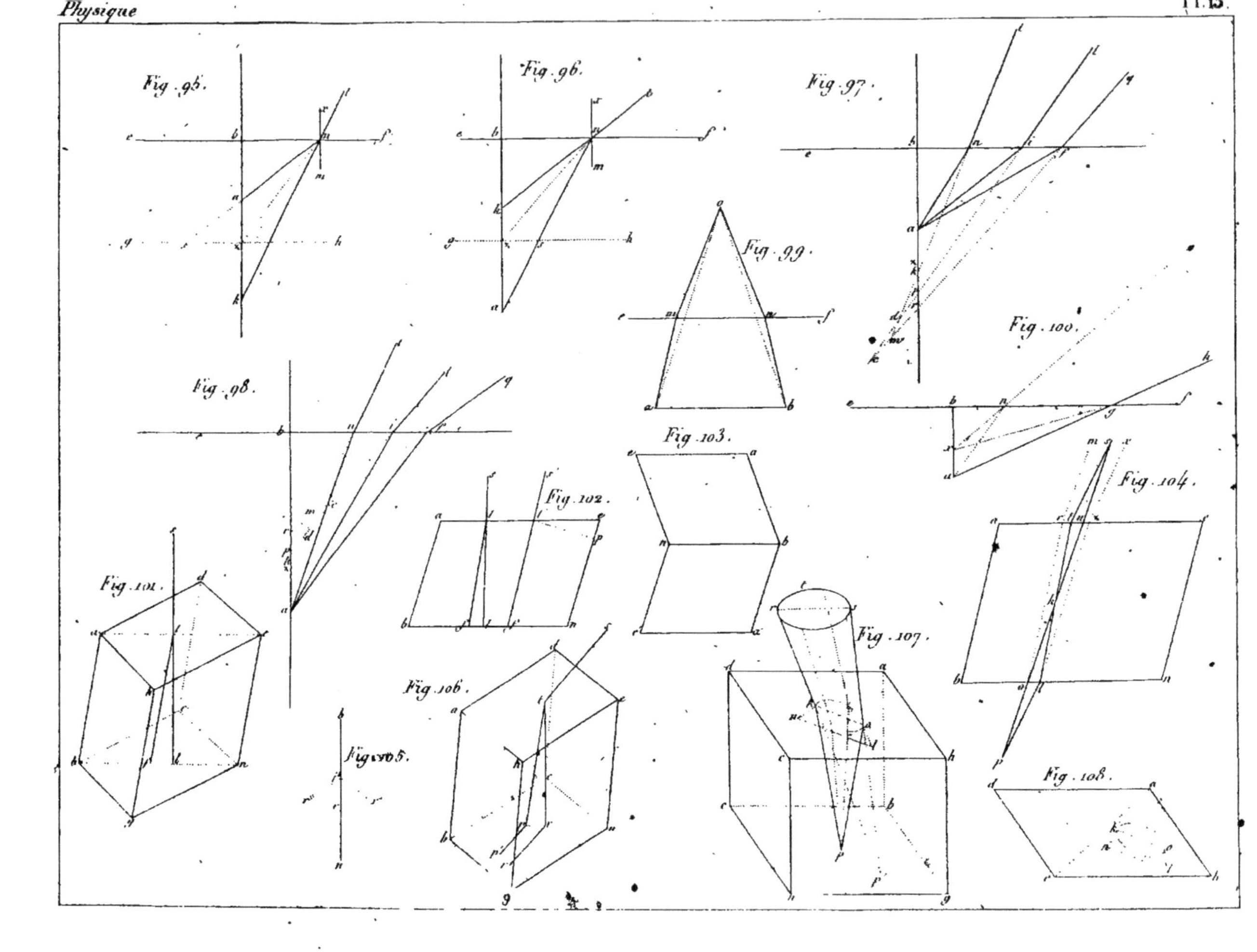
Fig. 95.
Fig. 96.
Fig. 97.
Fig. 98.
Fig. 99.
Fig. 100.
Fig. 101.
Fig. 102.
Fig. 103.
Fig. 104.
Fig. 105.
Fig. 106.
Fig. 107.
Fig. 108.

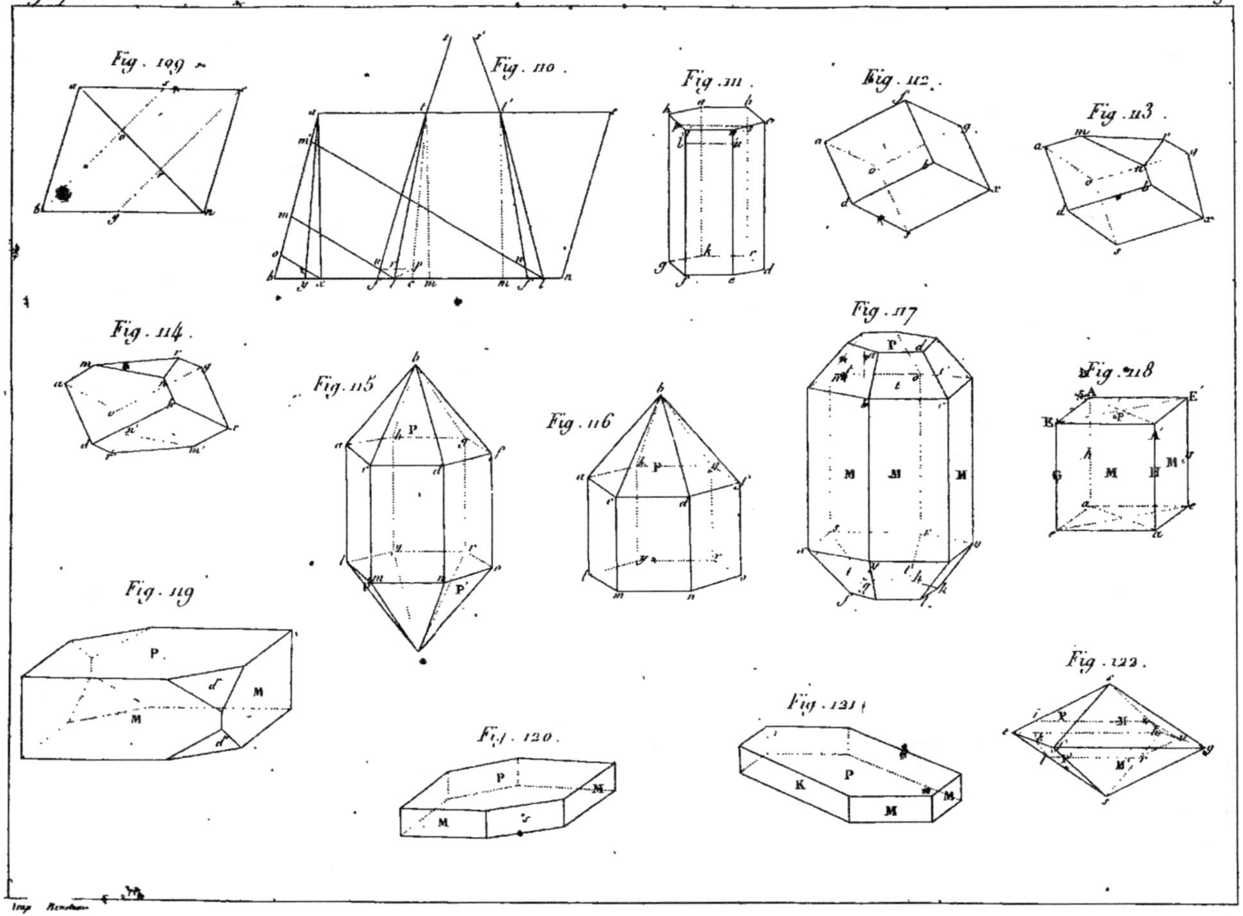

Fig. 199. Fig. 110. Fig. 111. Fig. 112. Fig. 113. Fig. 114. Fig. 115. Fig. 116. Fig. 117. Fig. 118. Fig. 119. Fig. 120. Fig. 121. Fig. 122.

Imp. Rémond

Fig. 123.

Fig. 124.

Fig. 125.

Fig. 126.

Fig. 127.

Fig. 128.

Fig. 129.

Fig. 130. bis

Fig. 130.

Fig. 131.

Fig. 132.

Fig. 135.

Fig. 133.

Fig. 134.

Fig. 136.

Fig. 137.

Fig. 138.

Fig. 139.

Fig. 140.

Fig. 141.

Fig. 142.

Fig. 143.

Fig. 144.

Fig. 145.

Fig. 146.

Fig. 147.

Imp. [illegible]

www.ingramcontent.com/pod-product-compliance
Lightning Source LLC
Chambersburg PA
CBHW060516220326
41599CB00022B/3346

9782011853813